11e

Chemistry

Raymond Chang · Kenneth A. Goldsby 著
陳志欣 · 魏屹 編譯

普通化學

Mc Graw Hill Education
東華書局

國家圖書館出版品預行編目(CIP)資料

普通化學 ／ Raymond Chang, Kenneth Goldsby 著 ； 陳志欣, 魏屹譯. – 三版. -- 臺北市 : 麥格羅希爾, 2014.09
面； 公分
譯自：Chemistry, 11th ed
ISBN 978-986-341-131-4（平裝）.

1. 化學

340 103013730

普通化學 第十一版

作　者 Raymond Chang, Kenneth Goldsby

編　譯 陳志欣 魏屹

合作出版
暨發行所 美商麥格羅希爾國際股份有限公司台灣分公司
台北市 10044 中正區博愛路 53 號 7 樓
TEL: (02) 2383-6000　FAX: (02) 2388-8822

臺灣東華書局股份有限公司
10045 台北市重慶南路一段 147 號 3 樓
TEL: (02) 2311-4027　FAX: (02) 2311-6615
郵撥帳號：00064813
門市：10045 台北市重慶南路一段 147 號 1 樓
TEL: (02) 2382-1762

總 經 銷 臺灣東華書局股份有限公司

出版日期 西元 2016 年 1 月 三版二刷

ISBN：978-986-341-131-4

譯者序

基礎科學的奧妙在於：雖然許多現象隨時隨地在發生，但卻未必人人都知道為什麼；化學更是兼具理論與實用的學問，和日常生活中的食、衣、住、行息息相關。因此，如何讓社會大眾善用化學常識來面對生活中的小難題，或是引發就讀化學相關科系之學生的學習動機，身為教育工作者的我們責無旁貸。

好的教科書能夠引人入勝，使艱澀的學理不至於索然無味，更能將化學和生活中的大小事相連結，讓人有豁然開朗的感覺，Raymond Chang 與 Kenneth Goldsby 長期致力於化學教育的推展，他們所著的 *Chemistry* 一書已經出版至第十一版，本書即是以其為基礎，再配合國人的閱讀習慣改編而成。書中除了將基本化學概念做完整且深入淺出的闡述之外，也利用各種例題來輔佐學習，並分別透過每章開頭與結尾的重點歸納，使讀者「先知道要學什麼，再回顧學到什麼」。而「化學之謎」專欄中的小故事亦能使讀者更加了解生活周遭的化學新知；另一方面，書中所使用的臺灣在地實例會讓人讀起來更具親切感。

本書內容乃依據各校學分、時數之實際需求與適量性，並考量到學生未來的實際需求進行編譯，為求課程連貫性將原本「第二十四章有機化學」、「第二十五章合成及天然有機高分子聚合物」整合成「第十九章有機化學與高分子聚合物」。而為了因應教學，原文書第十九章核化學、第二十章大氣中的化學、第二十一章冶金和金屬化學、第二十二章非金屬元素及其化合物，以及第二十三章過渡金屬化學和配位化合物之譯文不收錄於本書中。讀原文書時也常遇到專有名詞不統一的情況，造成理解上的困擾，針對較不常見的化學名詞，本書皆附上原文以供對照，至於有機化合物的名稱則是改用中文命名規則，所以會與原內容稍有不同。

誠摯感謝東華書局全體同仁的努力，否則本書絕不可能如期付梓；除此之外，針對國立花蓮高中化學科孟昭安老師在編著工作上的鼎力協助，在這裡特地致上由衷的謝意；書中若有任何的疏漏或誤植之處，還懇請各位讀者、專家們不吝指教，以使本書更臻完備。

陳志欣

魏屹

謹致

中華民國一百零三年八月一日

前言

普通化學這門課之所以會常被認為比其他科目難懂可能的其中一種理由是：化學所用的字彙是很特殊的。在學習化學的一開始，你們可能會感覺到像是在學習一種新的語言。不過，要是願意勤奮地學習，你們就可以成功地學習這門課，甚至會樂在其中。這裡筆者有一些建議可以幫助你們養成良好的學習習慣，並確實了解課文中所包含的內容。

- 準時去上課並仔細記筆記。
- 可以的話，要在上課當天複習所學的內容。利用課本來幫助理解你寫的筆記。
- 認真的思考，自問是否真的了解所見詞彙或方程式的意義。可以藉由對同學或其他人解釋特定的觀念來測試自己的了解程度。
- 不要猶豫或害怕問老師及助教問題。

《普通化學》第十一版的目的在於希望你們能學好普通化學這門課。以下將介紹如何完整地利用這本書的內容以及其他附屬工具。

- 在探索章節內容之前，仔細閱讀章節的綱要和簡介以了解本章標題的意義。利用綱要的順序來整理上課寫的筆記。
- 在每一章的章末你會看到觀念整理和重要方程式的部分，這些都可以幫助你們在考試前做複習。
- 小心地去研究每個章節課文中附有詳解的例題，可以增進你們對於問題的分析能力和計算能力。同時也必須花時間去做每個例題後的練習題，以確認你已經懂得如何解決類似的問題。在每章章末習題之後，收錄了練習題的答案。為了加強練習，你們可以多做例題旁邊所標示習題中相對應的類題。
- 每章章末的習題是根據章節順序排列的。

如果你們可以照著以上的建議去做，並都有及時完成所交付的作業，應該會發現學習化學雖然充滿了挑戰，但並沒有你們想像中的困難反而更有趣。

Raymond Chang
Ken Goldsby

目 錄

Chapter 1
化學——變化之學

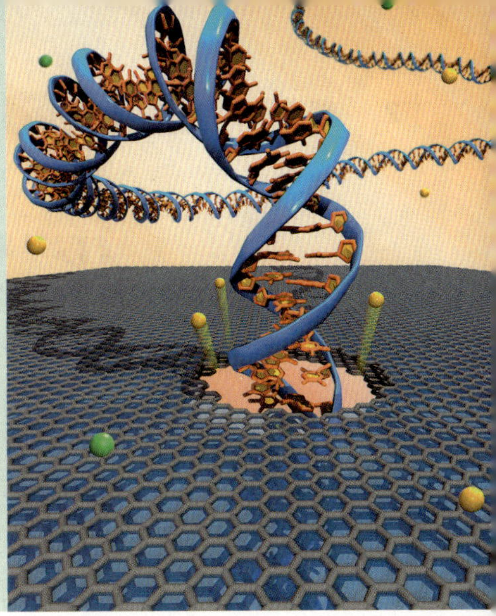

科學家建立了一種技術利用外加電場將 DNA 分子推進石墨烯的孔洞中，或許將來可以用來快速地將 DNA 的四種化學鹼基根據其特殊電性而定序。

先看看本章要學什麼？

- 首先我們將簡單地介紹化學這門學問，並描述其在現代社會中所扮演的角色。(1.1 和 1.2)
- 接著要了解什麼是科學方法，它是一種系統性的方法來研究所有的科學學門。(1.3)
- 我們會定義什麼是物質，純物質不僅可以是元素也可以是化合物。我們也會說明勻相混合物和非勻相混合物的差異。並將了解所有物質都可以物質三態 (固態、液態、氣態) 其中一種形態存在。(1.4 和 1.5)
- 要描述一個物質的特性，我們必須了解它的物理性質和化學性質。其中，物理性質在不改變物質本質的條件下即可觀察，而化學性質只能在物質發生化學變化時才觀察得到。(1.6)
- 化學是以實驗為基礎的科學，所以在研究化學的過程中必須進行很多測量。測量的結果必伴隨著單位。因此，我們將學習什麼是基本 SI 單位，並將 SI 衍生的單位用來表示體積和密度的大小。我們也將說明三種溫度的標準，包含：攝氏、華氏、絕對溫度標準。(1.7)
- 化學的計算通常牽涉到極大或極小的數字，因此需要一種便利的方法來表達這些數字，這種方法稱為科學標記法。(1.8)
- 我們將學到因次分析在化學的計算中是很有用的。在因次分析中，將所有的單位都代入運算過程中，最終會把全部的單位都消去，只留下想要的單位。(1.9)

綱　要

化學是一門不斷在進展中的科學。不論在自然和社會的範疇下，它對我們的世界都極其重要。化學雖然源自於古代，但正如我們將在本書中所見，化學也是一門相當現代的科學。

一開始我們將由巨觀的角度來學習化學。藉由巨觀的角度，我們可以看到且量測到組成這個世界的各種不同物質。此外，本章將討論科學方法，它可以用來建立不單是化學，也包含其他所有科學的研究架構。接下來我們會說明科學家如何定義及描述物質，然後會花一點時間學習如何處理化學測量中所得到的數字，並計算數字相關問題。在緊接著的第二章中，我們將開始探討微觀世界中的原子和分子。

1.1 化學：二十一世紀的科學

中文的「化學」指的是「變化之學」。

化學 (chemistry) 是一門學習物質及其所進行之改變的學問。它常被認定為基礎科學，主要是因為化學的基本知識是對於像是生物、物理、地質學、生態學以及很多其他科系的學生來說是不可或缺的。事實上，它確實影響了我們的生活方式。沒有了它，我們的生活將回歸到沒有汽車、電力、電腦、CD，以及其他許多方便日常生活之發明的原始時代。

雖然化學是一門歷史悠久的科學，但是現代化學的基礎主要建立於十九世紀。那個時候，由於人類智慧與科技的進步，使得科學家可以將所見物質分離成更微小的單位進而解釋其物理和化學的特性。後來到了二十世紀，由於高科技的快速發展提供我們更好的方法去研究肉眼觀察不到的事物。例如：化學家可以藉由電腦和特殊的顯微鏡來分析原子和分子 (學習化學現象所依據的最基本單位) 的結構，並設計具有特殊性質的新物質，像是有新功能的藥物及不會造成環境汙染的新產品。

二十一世紀的科學重點會有哪些部分？無庸置疑地，化學在所有的科技領域中將持續扮演重要的角色。在開始學習物質及其變化之前，讓我們先看看一些化學家正在研究探索的新事物 (圖 1.1)。不論你選修化學這門課的原因為何，學好它會讓你更了解化學對於社會與個人所帶來的影響。

1.2 學習化學

和其他科目比起來，化學通常被認為至少在入門階段是比較難學習的。對於這個既定印象可以用幾個原因來解釋。首先，化學有很特殊

(a)

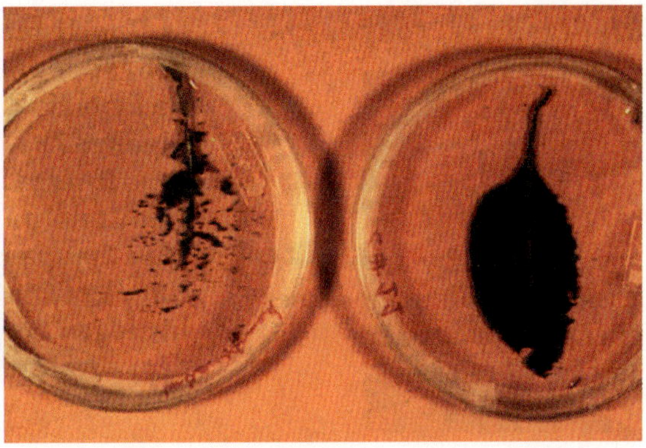
(b)

圖 1.1 (a) 正在處理中的矽晶圓；(b) 左邊為非基因工程改造的菸草葉，而右邊為基因工程改造過的菸草葉。當有菸草天蛾時，右邊的葉子幾乎不受到攻擊。運用這樣的技術可以用來保護其他樹種的樹葉。

的字彙。然而，不用太擔心，即便這是你的第一門化學課，你對於化學的了解可能比你想像中的多。事實上，在每天日常生活的對話中我們都可以聽到很多跟化學相關的詞，例如：「電子」、「量子躍遷」、「平衡」、「催化劑」、「連鎖反應」、「臨界質量」等。雖然有時候這些詞在日常生活中的用法可能不是很準確。此外，如果你會煮飯的話，那你已經是化學家了！從在廚房的經驗中，你知道油和水不相容，你也知道煮沸的水繼續放在火爐上會蒸發。再者，當你在用小蘇打粉發酵麵包、選擇壓力鍋來縮短煮湯的時間、燉肉時加嫩肉粉、擠檸檬汁在切片的梨子上來預防梨子氧化或是在魚肉上來減少它的氣味、水煮蛋時在水中加醋，這些時候你都已經用到了化學和物理的概念。但是，我們每天觀察到這些現象時都不會思考它們的化學本質。而這門課的目的就是要你學習用化學家的角度來思考，我們不僅要學習如何從我們可以看到、感覺到且測量到的**巨觀世界**來觀察事物，還必須學習從需要靠現代科技幫助和一些想像力才能體會的**微觀世界**來觀察事物。

剛開始或許有些學生會對於老師和教科書中在巨觀和微觀世界的角度不斷轉換的敘述方式感到困惑。其原因主要是因為在研究化學時所有現象都是在巨觀環境下觀察，但是若要解釋這些現象，我們必須從我們無法看到，而甚至部分是想像出來原子與分子的微觀世界來說明。也就是說，化學家雖然**看到**的是巨觀世界，但腦袋**想的**都是微觀世界所發生的事情。就以圖 1.2 所看到的生鏽鐵釘來說，化學家所思考的是個別鐵原子的性質，以及它如何和其他原子或分子反應而造成生鏽的現象。

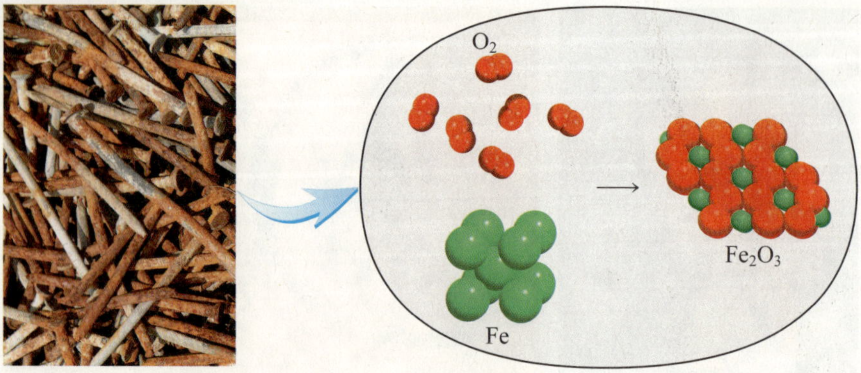

圖 1.2 用簡化的分子示意圖來表達如何由鐵原子 (Fe) 和氧分子 (O_2) 來生成鐵鏽 (Fe_2O_3)。實際上，這個過程需要水的參與且鐵鏽中有水分子存在。

1.3 科學方法

所有的科學，包含社會科學，都會採用一種系統性的方法來做研究。這種方法稱為**科學方法** (scientific method)。例如：心理學家想知道噪音如何影響一個人學習化學的能力，而化學家有興趣的是測量氫氣在空氣中燃燒所放出的熱量。雖然這是兩種完全不同的研究，但其思考過程會有一定的邏輯存在。在面對一項新的研究時，我們首先必須小心地定義問題，接下來以實驗的方式來解釋問題。在實驗的過程中，我們必須對系統做小心仔細地觀察並記錄數據。在這裡，系統指的是所有宇宙中研究所包含的範圍。(像是上述例子中，生物學家要研究的系統為一特定族群的人，而化學家的系統則是氫氣和空氣的混合物。)

研究中所得到的數據可以是定性且定量的。**定性** (qualitative) 是對系統一般性質的觀察，**定量** (quantitative) 則是用系統中不同的測量方法所量測出的數值。化學家通常會用標準的符號和方程式來記錄所量測與觀察到的數據。這樣的方式不僅僅簡化了記錄的過程，也提供一個和其他化學家溝通的共同基礎。

當實驗完成且數據被完整的記錄之後，科學方法下一件要做的事就是解釋，也就是說，科學家會嘗試去解釋他們在實驗中所觀察到的現象。根據所得到的數據，科學家會提出**假設** (hypothesis)，也就是對於觀察結果提出暫時性的解釋。然後再去設計更多的實驗去證明這個假設是否為真，因此整個過程會重新開始。圖 1.3 說明了這個過程的主要步驟。

在經過重複的假設與實驗且得到很多數據之後，我們可以將從這些數據中所得到的資訊整理並歸納成定律。在科學中，**定律** (law) 是對於一個在相同條件下總是可以得到的現象做文字或是數字上的精簡陳述。

圖 1.3 研究化學的三步驟及其關係。首先是對於巨觀世界實驗的觀察。接下來的表述，則是將實驗的結果以符號或方程式簡單的表達。最後，化學家用他們對於原子和分子的知識以微觀世界的角度來解釋所觀察到的現象。

例如：你在高中就學過的牛頓第二運動定律說明作用力等於質量乘以加速度 ($F = ma$)。這個定律告訴我們當一個物體的質量或加速度增加時，其作用力也一定會以正比方式來增加；反之，質量或加速度的減少必定造成作用力的減少。

一個假說若經過大量的實驗測試仍為有效的話，則可演化成理論。而**理論** (theory) 就是*用來解釋一個事實和由此事實衍生的定律本質的統一規則*。所以理論也是被不斷驗證之後的結果。如果理論被實驗所推翻，則此理論必須被捨棄或是被修正到符合實驗所觀察到的結果。受到所需技術的限制，要證明或是推翻一個理論可能會花上數年甚至數世紀。就像我們即將在第二章所學到的原子理論 (atomic theory) 就是這樣的例子。首先提出這個理論的是一個古代的希臘學者叫作德謨克利特 (Democritus)。後來科學家花了超過兩千年的時間才發展出這套化學的基礎理論。另一個比較新的例子則將在下一頁提及，是用來討論宇宙來源的大爆炸理論 (Big Bang Theory)。

科學的發展很少是按部就班的。有時候定律發展在理論之前，反之亦然。兩個科學家會為了相同的目的而對一件事做研究，但所採取的方法可能是完全不同的。科學家也都是人，他們思考和工作的模式很容易受到他們的背景、人格及受到的訓練所影響。

到目前為止，科學的發展沒有一定的規律性，有時候也沒有邏輯性。雖然建立一個新的理論或定律常常歸功於單一個人身上，但不可否認的，科學上的重大發現常常是集合眾人的智慧和經驗。當然科學上的發現多少也有運氣的成分，但是「機會是給準備好的人」，你必須是有敏銳性且受過良好訓練的人，才有辦法在偶然發生的現象中發現其重要性且善用它。大眾往往都只會記得科學上的重要突破。然而，在每個成功故事的背後，事實上有許多的情況是，科學家花了很多時間去研究一件事物但卻沒有好的結果，即便是有成功的發展卻也總是建立在許多錯誤的基礎之上。因此，我們無法預期科學發展的速度。然而，即便是錯

宇宙中的氦與大爆炸理論

人類怎麼會出現在這個世界上？宇宙又是如何產生的？一直以來人類不斷地思考這些問題，並以科學方法來追尋問題的答案。

在 1940 年代俄裔的美國物理學家喬治・伽莫夫 (George Gamow) 提出一個假設。他認為宇宙的形成是由於數十億年前的一次突然的**大爆炸**。在他的理論中，整個宇宙最初聚集在一個非常小且熱的空間中，當這個充滿能量的火球瞬間膨脹，它會和空間中其他粒子碰撞而降低溫度，進而導致原子的產生。在引力作用之下，這些原子會聚集而形成數十億的星系，其中包含我們生存的銀河系。

遙遠星系的彩色圖像，包含類星體的位置。

伽莫夫的想法很有趣且吸引了很多人的注意，這個想法隨後也被很多種方法驗證過。首先，科學家經由測量證明了宇宙的空間不斷在擴張，也就是說，所有的星系正以高速向彼此遠離。這結果正符合宇宙是由一次大爆炸產生的想法。若我們以電影倒帶的方式來想像，可以推測出宇宙大約是在 130 億年前所誕生。第二個支持伽莫夫假設的觀察是**宇宙背景輻射**的檢測。經過數十億年後，原本溫度很高的宇宙現在的溫度降到只有 3 K (攝氏零下 270 度)！在這個溫度大多能量會以微波的方式存在。由於大爆炸所產生的輻射應會充滿整個宇宙，所以我們可以觀察到的輻射應該是沒有方向性的。而事實上，太空人在宇宙中所量測到的微波也是沒有方向性的。

第三個支持伽莫夫假設的證據是發現了宇宙中的氦。科學家相信氦和氫 (最輕的兩個元素) 是宇宙在演化初期最早出現的兩個元素。其他較重的元素，像是碳、氮、氧被認為是之後才經由在星球中氫與氦的核反應所產生。若是如此，在宇宙中氫氣和氦氣的擴散將早於許多其他星系的生成。在西元 1995 年，太空人分析了遠從**類星體** (一個在宇宙邊緣正在爆炸的星系，可以產生很強的光與輻射) 來的 UV 光，發現有些光在傳送到地球的過程中會被氦原子所吸收。由於此類星體離地球的距離超過 100 億光年 (一光年是光傳送一年所行經的距離)，當此光傳送到地球時表示它實際產生的時間是在 100 億年之前，也因此證明氦原子在 100 億年前就已經存在。但為什麼氫原子沒有被發現呢？主要是因為氫原子上只有一個電子，當它遇到光時會被**離子化**。離子化的氫無法吸收任何來自於類星體的光。而氦原子上有兩個電子，當它被離子化時還有一個在電子在氦原子上，因此離子化後的氦原子還是可以吸收光而被檢測。

支持伽莫夫假設的人對於可以偵測到遠從宇宙中來的氦感到欣喜。也正因為有這些證據，科學家現在稱伽莫夫的假設為大爆炸理論。

誤的實驗結果也常有很多正確的知識蘊含其中，是科學家的熱情讓他們對此過程樂此不疲。

1.4 物質分類

在 1.1 節中我們定義化學是一門學習物質及其所進行之改變的學問。而**物質** (matter) 的定義是指任何占有空間且具有質量的東西。物質包含我們可以看到、摸到的東西 (像是水、土、樹)，它也包含我們看不到、摸不到的東西 (像是空氣)。因此，我們可以說宇宙中所有的東西都和「化學」有關。

化學家根據物質的組成和性質將物質分為幾個子種類。其中包含：純物質、混合物、元素、化合物，以及我們即將在第二章討論的原子和分子。

純物質和混合物

純物質 (substance) 具有一定的組成成分與特定的性質。像是水、氨氣、蔗糖、黃金、氧氣等。不同成分的純物質可由其外觀、氣味、味道和其他性質來區分。

混合物 (mixture) 則是將超過兩種的純物質混合在一起，且純物質本身的特性沒有改變。常見的例子有：空氣、汽水、牛奶、水泥等。混合物沒有特定的組成成分。因此，不同城市收集到的空氣成分會因為其緯度、汙染程度或其他原因而有所不同。

混合物又可分為勻相和非勻相兩種。當我們將一匙糖加入水中完全溶解，所得到的是**勻相混合物** (homogeneous mixture)，其成分在整個混合物之中的各個位置都是一樣的。然而，若我們將沙和鐵屑混合在一起，沙和鐵屑仍然是分開的 (圖 1.4)。這樣的混合物稱為**非勻相混合物** (heterogeneous mixture)，其成分在整個混合物中的各個位置是不一致的。

(a) (b)

圖 1.4 (a) 鐵屑和沙的混合物；(b) 用磁鐵可以把鐵屑從此混合物中分開。同樣的方式也可以用來將大量的鐵從其他未具磁性的物質像是鋁、玻璃或塑膠中分開。

不論是勻相還是非勻相混合物的成分都可以用物理的方式在不改變成分本質的前提下分離。因此，我們若將糖水經由加熱而將水分蒸發，即可以將糖回收。若再將水蒸氣凝結即可回收水。另外，若我們想將鐵屑從沙中分離出來，因為沙不會被磁鐵所吸引，因此用一磁鐵即可將鐵屑從沙中分離出來 [圖 1.4(b)]。分離之後，這些混合物成分的性質會和原來一樣。

元素和化合物

純物質可以是元素或是化合物。*若一純物質不能用化學方法再分解成更簡單的物質，則定義此純物質為***元素** (element)。到目前為止，已經有 118 種元素被發現，其中大多數都是地球上自然存在的，有一些則是科學家利用核子反應過程所創造出來。

為了方便，化學家用一或兩個英文字母所構成的符號來代表元素。元素符號的第一個字母*一定*要大寫，之後的字母則小寫。舉例來說，Co 是代表元素的鈷，而 CO 則是一氧化碳的分子式。為了避免混淆，元素符號的大小寫一定要注意。表 1.1 列出一些較常見元素的名稱和符號。完整的元素名稱和符號以週期表的方式呈現在書末附錄中。有些元素的名稱是由它們的拉丁文所衍生出來的，像是金 (Au) 就是由拉丁文的黃金 (aurum) 而來、鐵 (Fe) 就是由拉丁文的鐵 (ferrum) 而來、鈉 (Na) 就是由拉丁文的鈉 (natrium) 而來。大多數的元素名稱還是從它們的英

表 1.1 常見元素及其符號

名稱	符號	名稱	符號	名稱	符號
Aluminum	Al	Fluorine	F	Oxygen	O
Arsenic	As	Gold	Au	Phosphorus	P
Barium	Ba	Hydrogen	H	Platinum	Pt
Bismuth	Bi	Iodine	I	Potassium	K
Bromine	Br	Iron	Fe	Silicon	Si
Calcium	Ca	Lead	Pb	Silver	Ag
Carbon	C	Magnesium	Mg	Sodium	Na
Chlorine	Cl	Manganese	Mn	Sulfur	S
Chromium	Cr	Mercury	Hg	Tin	Sn
Cobalt	Co	Nickel	Ni	Tungsten	W
Copper	Cu	Nitrogen	N	Zinc	Zn

文名字而來。

大部分元素的原子可以和另一個元素的原子反應形成化合物。例如：氫氣在氧氣中燃燒會生成水，其性質和氫與氧都截然不同。水是由兩個氫原子和一個氧原子所組成。不論水的來源是台灣自來水公司、美國的密西根湖，抑或是火星上的冰蓋，它的成分都不會改變。也因此，水是一個**化合物** (compound)，其定義為*由兩個以上的元素中的原子以固定比例用化學鍵所組成*。和混合物不同的是，化合物只能用化學方法將其用來組成的純物質分離。

圖 1.5 說明元素、化合物及其他物質分類的關係。

1.5 物質三態

所有的物質基本上至少可以三種狀態存在，分別為：固體、液體、氣體。如圖 1.6 所示，氣體之所以不同於固體與液體是因為分子之間的距離不同。在固體中，分子是有規則地緊密排列在一起且無法自由移動。而在液體中，分子也是緊密排列，但是在空間上並沒有固定位置且可以自由移動。至於氣體，其分子之間的距離則是遠大於分子本身的大小。

物質的三態可以在不改變其成分的前提下互相轉換。舉例來說，若將固體 (例如：冰塊) 加熱熔化會產生液體 (水)。在這個現象中，從固體熔化成液體所發生的溫度稱為*熔點*。另一方面，若將氣體冷卻則可凝結成液體，當此液體再進一步的冷卻則會凝固成固體。

圖 1.7 中顯示水的三態。值得注意的是，水有個特殊性質，其分子在液體時的排列比在固體時的排列更加緊密。

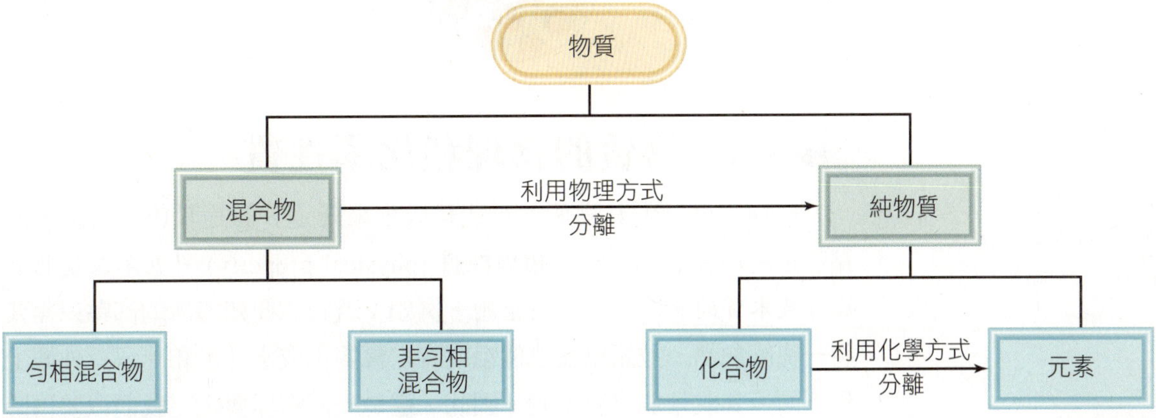

圖 1.5 物質的分類。

圖 1.6 微觀世界下的固體、液體、氣體。

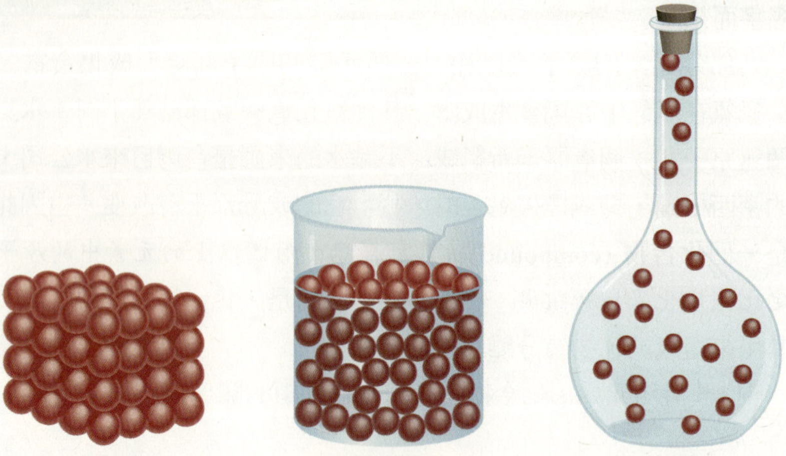

圖 1.7 物質的三態。一根極熱的撥火棒將冰塊變成水和水蒸氣。

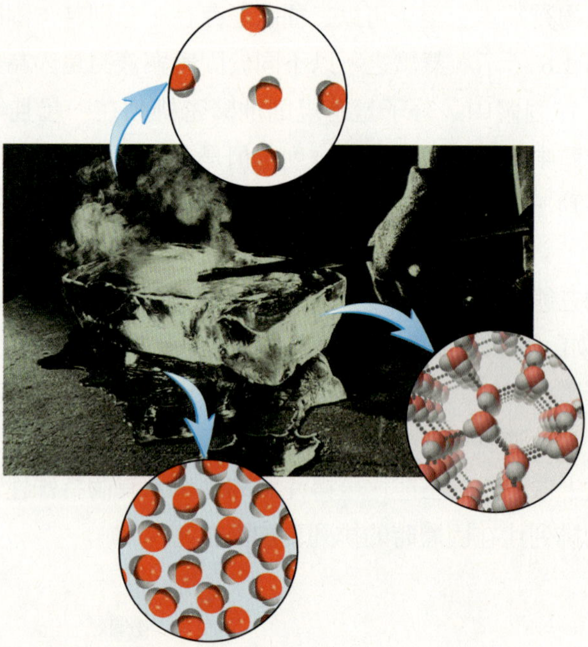

1.6 物質的物理和化學性質

純物質可以由其物理性質或是成分來鑑定，像是顏色、熔點、沸點都是物理性質的一種。**物理性質 (physical property) 可在不改變物質成分及本質的狀況下觀察與量測**。例如：若我們要知道冰的沸點只需要將一塊冰加熱，並記錄在哪個溫度時它會熔化成水。水和冰只有外觀上的不同，其成分並沒有不同。因此，這是一個物理變化。我們只要再降溫冷凍即可將水回復成冰的狀態，也因此物質的熔點是物理性質。相同

地，當我們說氦氣比空氣輕時，我們在討論是它們的物理性質。

另一方面，若提到「氫氣在氧氣中燃燒會產生水」則是在描述一個氫的**化學性質** (chemical property)，原因是觀察這個性質需要進行一個化學變化，在這個例子中指的是燃燒。在這個改變之後，原來的化學物質 (氫氣) 會消失不見，所剩下的會是一個不同的化學物質 (水)。我們無法以物理的方式，像是沸騰或冷凍，將水回復成氫氣。

每當我們將蛋煮熟也是在進行一個化學變化。因為在攝氏 100 度時，蛋黃和蛋白不但會改變其外觀還會改變其化學組成。而當蛋被吃入胃中時，又會藉由身體內存在的酵素進行另一次改變。像這樣的消化作用也是一種化學變化。在消化作用中實際上會進行的化學反應，則是會因為酵素和食物的化學性質而有所不同。

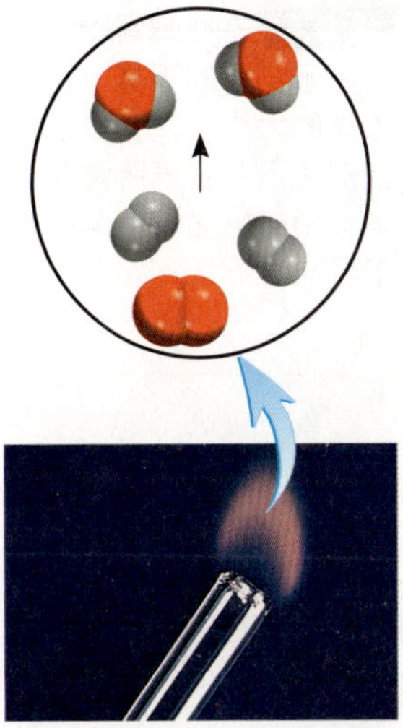
氫氣在空氣中燃燒生成水。

所有可量測的物質性質可再細分為外延性質和內涵性質兩種。**外延性質** (extensive property) 的測量值和物質的數量有關。像是**質量** (mass)，它的測量值和特定樣本內物質的數量有關，所以質量是外延性質。物質愈多，質量就愈多。相同外延性質的質是有加成性的。例如：兩個銅板的總質量會等於兩個單獨銅板的質量和、兩個網球場的總長度會等於個別網球場的長度相加。而**體積** (volume)，其定義為長度的立方，也是一個外延性質。物質的體積也是與其數量有關。

相反地，**內涵性質** (intensive property) 的測量值和物質的數量無關。像是**密度** (density)，其定義為物質的質量除以體積，就是內涵性質。此外，溫度也是內涵性質。假設我們將兩小杯同溫度的水倒入一個大杯子中，這一大杯水的溫度會和原來小杯水的溫度一樣。溫度等內涵性質不像質量、長度、體積等性質，是不具有加成性的。

1.7 測量法

化學家做測量的目的通常是拿測量的結果來計算其他相關的數值。不同的測量工具可以讓我們測量到不同的性質。例如：尺可以用來測量長度；滴定管、吸量管、量筒、量瓶等可用來測量體積 (圖 1.8)；天秤可用來測量質量；而溫度計是用來測量溫度的。這些工具可讓我們測量**巨觀性質** (macroscopic properties)，也就是可直接測定的數值；而在原子或分子尺寸等級的**微觀性質** (microscopic properties) 則必須用間接的方式測定，這部分我們會在第二章中討論。

一個測量值通常是以數字加上適當單位的方式表達。若說開車從台

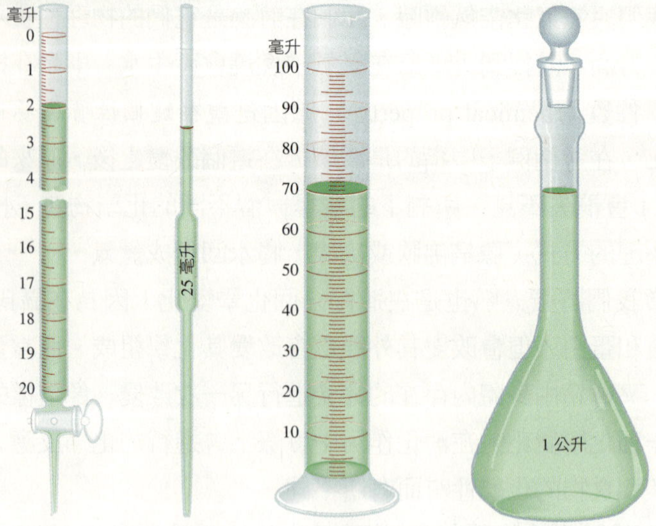

圖 1.8 在化學實驗室中常用來測量的工具。這些工具的大小並沒有依相關比例表示。我們將會在第四章中討論如何使用這些工具。

北到高雄走高速公路的距離是 342 是沒有意義的，我們必須說明這個距離是 342 公里。這個原則在化學中也適用；一個正確的測量是不能缺少單位的。

SI 單位

多年來，科學家都是用**公制單位** (十進位制) 來記錄所量測的值。然而，在西元 1960 年，國際度量衡大會 (General Conference of Weights and Measures)，也就是國際上對於單位定義的官方組織，提出了一個修正的公制單位稱作**國際單位制** (International System of Units 或簡稱 **SI 單位**；是由法文的 *S*ystème *I*nternationale d'Unites 而來)。表 1.2 列出七

表 1.2 SI 基本單位

基本量	單位名稱	符號
長度	公尺	m
質量	公斤	kg
時間	秒	s
電流	安培	A
溫度	Kelvin	K
物質的數目	莫耳	mol
光強度	燭光	cd

個基本的 SI 單位。所有其他的測量單位皆可從這些基本單位來衍生。就像公制單位一樣，SI 單位是以十進位的方式加入一系列的字首來表示，如表 1.3。在本書中，我們同時採用公制單位和 SI 單位。

在學習化學中，我們常常需要測量的性質包含時間、質量、體積、密度、溫度。

太空人在月球表面上跳躍。

質量和重量

「質量」和「重量」這兩個詞嚴格來說是不同的概念，但它們常常在使用時是可以互換的。質量是指一個物體中物質所含的多寡；而**重量** (weight) 則是指**地心引力施予一個物體的力**。所以，一個物質的質量是固定的，不會因為它的所在位置而改變，但是重量則不同。如果將一個蘋果拿到月球表面上去秤其重量，會只有在地球上重量的六分之一，其主要是因為月球的引力只有地球的六分之一。也因為在月球上有較小的引力，太空人儘管背負著很重的裝備還是可以輕易地在月球表面上跳躍。然而，在化學研究中討論的部分僅限於質量，一個物體的質量可以直接用天秤測量。

圖 1.9 公斤的原型是由一鉑銥合金所製成。它被放置在法國的國際度量衡局保管室中。西元 2007 年時，這個合金的質量被發現竟然莫名地減少了 50 微克！

質量的 SI 單位為**公斤** (kg)。公斤的大小是根據一特定地點的物體重量所定義的 (圖 1.9)。然而，在化學中，比較方便使用的單位則是較小的**公克** (g)：

$$1\ \text{kg} = 1000\ \text{g} = 1 \times 10^3\ \text{g}$$

請注意：公制單位的字首就等於是一個數字：

$1\ \text{mm} = 1 \times 10^{-3}\text{m}$

表 1.3 SI 單位使用的字首

字首	符號	意義	例子
tera-	T	1,000,000,000,000 或 10^{12}	1 兆米 (Tm) = 1×10^{12} m
giga-	G	1,000,000,000 或 10^9	1 吉米 (Gm) = 1×10^9 m
mega-	M	1,000,000 或 10^6	1 百萬米 (Mm) = 1×10^6 m
kilo-	k	1,000 或 10^3	1 公里 (km) = 1×10^3 m
deci-	d	1/10 或 10^{-1}	1 公寸 (dm) = 0.1 m
centi-	c	1/100 或 10^{-2}	1 公分 (cm) = 0.01 m
milli-	m	1/1,000 或 10^{-3}	1 毫米 (mm) = 0.001 m
micro-	μ	1/1,000,000 或 10^{-6}	1 微米 (μm) = 1×10^{-6} m
nano-	n	1/1,000,000,000 或 10^{-9}	1 奈米 (nm) = 1×10^{-9} m
pico-	p	1/1,000,000,000,000 或 10^{-12}	1 皮米 (pm) = 1×10^{-12} m

體 積

長度的 SI 單位為**公尺** (m)；而衍生出體積的 SI 單位為**立方公尺** (m^3)。然而，化學家常用到的是更小的體積單位，像是立方公分 (cm^3) 和立方公寸 (dm^3)：

$$1\ cm^3 = (1 \times 10^{-2}\ m)^3 = 1 \times 10^{-6}\ m^3$$
$$1\ dm^3 = (1 \times 10^{-1}\ m)^3 = 1 \times 10^{-3}\ m^3$$

另一個常用的體積單位為公升 (L)。1 **公升** (liter) 的定義為 1 **立方公寸所占有的體積**。1 公升等於 1000 毫升 (mL) 或是 1000 立方公分 (cm^3)；

$$\begin{aligned} 1\ L &= 1000\ mL \\ &= 1000\ cm^3 \\ &= 1\ dm^3 \end{aligned}$$

而 1 毫升等於 1 立方公分：

$$1\ mL = 1\ cm^3$$

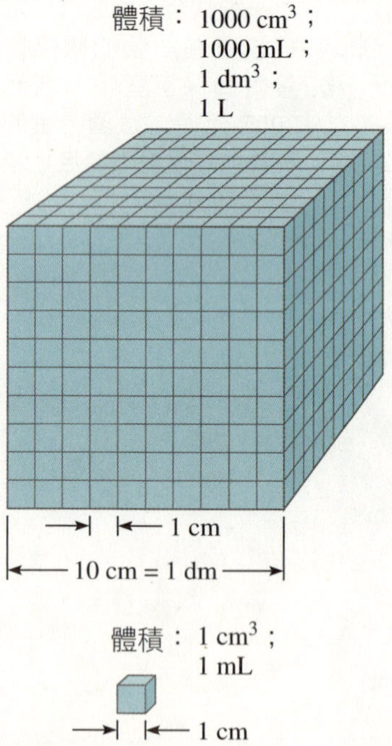

圖 1.10 1 毫升與 1000 毫升兩種體積的比較。

圖 1.10 比較兩種體積的相對大小。即便公升不是 SI 單位，在表達體積時還是常用公升和毫升。

密 度

密度的等式為

$$密度 = \frac{質量}{體積}$$

$$d = \frac{m}{V} \tag{1.1}$$

其中 d、m、V 指的依序是密度、質量、體積。因為密度是內涵性質且和物質的多寡無關，所以特定物質的質量體積比為一定值。也就是說，若物質的體積增加，質量便增加。此外，密度通常隨著溫度降低而降低。

密度的 SI 衍生單位為公斤/立方公尺 (kg/m^3)，但是在化學的應用上這個單位太大。相較來說，比較方便使用在固體和液體的密度單位為公克/立方公分 (g/cm^3)，或是公克/毫升 (g/mL)。因為氣體的密度通常很小，用的單位是公克/每公升 (g/L)：

$$1\ \text{g/cm}^3 = 1\ \text{g/mL} = 1000\ \text{kg/m}^3$$
$$1\ \text{g/L} = 0.001\ \text{g/mL}$$

表 1.4 列出了一些物質的密度。

例題 1.1 和 1.2 說明了如何計算物質的密度。

表 1.4 一些物質在攝氏25度時的密度

物質	密度 (g/cm³)
空氣*	0.001
乙醇	0.79
水	1.00
石墨	2.2
食鹽	2.2
鋁	2.70
鑽石	3.5
鐵	7.9
水銀	13.6
金	19.3
鋨†	22.6

*在 1 大氣壓下測量。
†鋨是已知密度最大的元素。

類題：1.5。

金條和固態金原子的排列。

例題 1.1

黃金是一種化學活性低的貴金屬。它主要用來製作首飾、假牙和電子元件。若有一塊金塊的質量為 301 公克；體積為 15.6 立方公分，則這塊金塊的密度為何？

解 答

已知質量和體積求密度。根據方程式 (1.1) 可知：

$$d = \frac{m}{V} = \frac{301\ \text{g}}{15.6\ \text{cm}^3} = 19.3\ \text{g/cm}^3$$

練習題

若有一塊白金的密度為 21.5 公克/立方公分；體積為 4.49 立方公分，則其質量為何？

例題 1.2

水銀是唯一在室溫下是液體的金屬，其密度為 13.6 公克/毫升。若有 5.50 毫升的水銀，其質量為何？

解 答

已知液體的密度和體積求質量。若將方程式 (1.1) 重新排列可得：

$$m = d \times V = 13.6\frac{\text{g}}{\cancel{\text{mL}}} \times 5.50\ \cancel{\text{mL}} = 74.8\ \text{g}$$

練習題

一汽車電池中硫酸的密度為 1.41 公克/毫升，242 毫升的此硫酸之質量為何？

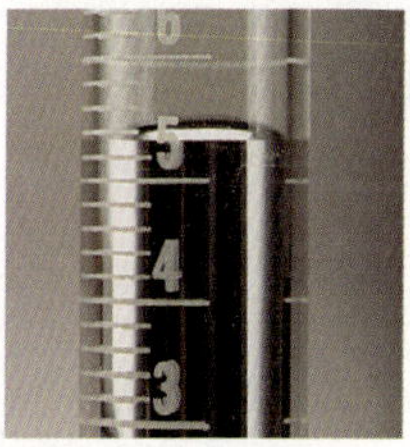

水銀。

類題：1.5。

溫度標準

目前在使用的溫度標準有三種，它們的單位分別為 °F (華氏)、°C (攝氏)、K (Kelvin)。其中，華氏溫標在美國是最常被使用的一種溫標 (實驗室中除外)，它將水在正常狀況下的凝固點和沸點分別定義為華氏 32 度和華氏 212 度。而攝氏溫標則是將水的凝固點 (攝氏 0 度) 和沸點 (攝氏 100 度) 之間簡化區分為 100 個刻度。在表 1.2 中，**Kelvin** 則是溫度的 SI 基本單位，是一種絕對溫標。所謂的絕對溫標就是我們將理論上可以達到溫度的最小值定為此溫標的零度 (0 K)，也就是絕對零度。相較之下，華氏和攝氏溫標則是以水的性質而定。圖 1.11 中比較了這三種溫標。

就刻度來看，華氏溫標中的 1 度只有攝氏溫標 1 度的 100/180，或是 5/9。因此，若要將華氏溫度轉換成攝氏溫度，可以用下列的公式：

$$?°C = (°F - 32°F) \times \frac{5°C}{9°F} \qquad (1.2)$$

下列的公式則可以將攝氏溫度轉換成華氏溫度：

$$?°F = \frac{9°F}{5°C} \times (°C) + 32°F \qquad (1.3)$$

攝氏和 Kelvin 溫標的刻度是一樣大的；也就是說，攝氏 1 度等於 1 Kelvin。從實驗的結果證明 Kelvin 溫標的絕對零度等於攝氏零下 273.15

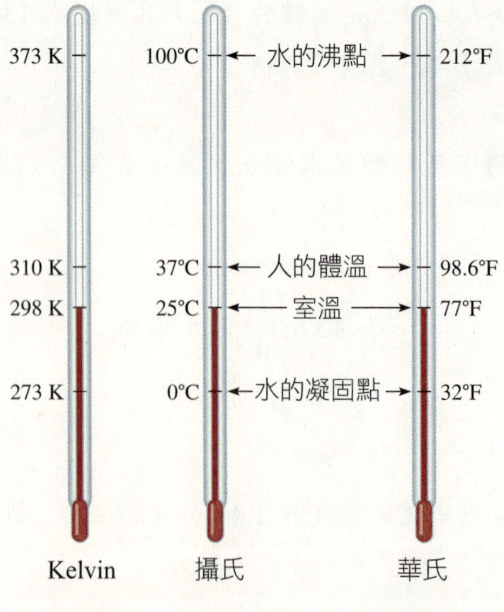

圖 1.11 三種溫度標準的比較：攝氏、華氏、絕對 (Kelvin) 溫標。請注意：在攝氏溫標中水的凝固點和沸點之間有 100 個刻度；而在華氏溫標中相同的溫度差之間則有 180 個刻度。攝氏溫標從前稱為百分溫標。

度。因此，我們可以用以下的方程式將攝氏溫度轉換成 Kelvin：

$$?\,\mathrm{K} = (°\mathrm{C} + 273.15°\mathrm{C}) \times \frac{1\,\mathrm{K}}{1°\mathrm{C}} \tag{1.4}$$

在化學的計算中，我們常常需要做攝氏和華氏溫度，或是攝氏溫度和 Kelvin 之間的轉換。例題 1.3 說明如何進行這些溫標之間的轉換。

在第 18 頁「生活中的化學」單元中說明了為什麼我們在做有關科學的工作時使用單位要非常地小心。

例題 1.3

(a) 焊錫是一種錫與鉛的合金常用於電子迴路的焊接上。若一焊錫的熔點是攝氏 224 度，則它的熔點是華氏多少度？(b) 氦的沸點是華氏零下 452 度，是所有元素中最低的，則氦的沸點是攝氏幾度？(c) 水銀是唯一在室溫下為液體的金屬，它會在攝氏零下 38.9 度時熔化，則水銀的熔點是多少 Kelvin？

焊錫被廣泛地應用在連接電子迴路。

解答

要解答這三個問題，我們需要方程式 (1.2)、(1.3) 及 (1.4) 來做溫度標準的轉換。要記得 Kelvin 溫標的最低溫度是零 (0 K)，所以其值不能為負。

(a) 要將攝氏溫度轉換成華氏溫度，我們可以利用方程式 (1.3)，所以：

$$\frac{9°\mathrm{F}}{5°\mathrm{C}} \times (224°\mathrm{C}) + 32°\mathrm{F} = 435\ °\mathrm{F}$$

(b) 要將華氏溫度轉換成攝氏溫度，要用的則是方程式 (1.2)，所以：

$$(-452°\mathrm{F} - 32°\mathrm{F}) \times \frac{5°\mathrm{C}}{9°\mathrm{F}} = -269\ °\mathrm{C}$$

(c) 要將攝氏溫度轉換成 Kelvin，要用的則是方程式 (1.4)，所以：

$$(-38.9°\mathrm{C} + 273.15°\mathrm{C}) \times \frac{1\,\mathrm{K}}{1°\mathrm{C}} = 234.3\ \mathrm{K}$$

類題：1.6、1.7。

練習題

(a) 將鉛的熔點攝氏 327.5 度轉換成華氏溫度；(b) 將乙醇的沸點華氏 172.9 度轉換成攝氏溫度；(c) 將液態氮的沸點 77 K 轉換成攝氏溫度。

CHEMISTRY in Action

生活中的化學

單位的重要性

在西元 1998 年 12 月，美國太空總署 (NASA) 發射了一枚名為 Mars Climate Orbiter，價值 1 億 2500 萬美元的衛星，目的是要初次探測火星上的天氣。經過 4 億 1600 萬英里的飛行之後，這枚衛星理應在西元 1999 年 9 月 23 日進入火星的軌道。但是，它卻進入了火星的大氣層，跟原本預期的位置差了約 100 公里 (62 英里)，也因此受到高熱而摧毀，任務因而失敗。這個任務的指揮者後來宣稱這個誤差是因為在導航系統中沒有將英制單位轉換成公制單位所造成的。

洛克希德．馬丁公司 (Lockheed Martin Corporation) 的工程師在建造這枚衛星時將推力的單位以磅 (pounds，簡寫為 lb) 來計算，磅是一個英制單位。而另一方面，在美國太空總署噴射推力實驗室的科學家以為他們得到的推力數據是用公制單位來計算，也就是牛頓 (newton, N)。若要將磅轉換成牛頓，要利用牛頓第二運動定律公式，代入 1 磅 = 0.4536 公斤：

$$\begin{aligned}\text{作用力} &= \text{質量} \times \text{加速度}\\ &= 0.4536\ \text{kg} \times 9.81\ \text{m/s}^2\\ &= 4.45\ \text{kg m/s}^2\\ &= 4.45\ \text{N}\end{aligned}$$

因為 1 牛頓 = 1 公斤 × 公尺/平方秒。因此，在計算上原本應該把 1 磅的作用力轉換成 4.45 牛頓，但是科學家把 1 磅當作是 1 牛頓。

這個以牛頓表示的引擎推力比用磅來表示的推力相對小很多，也因此降低了軌道的高度而導致衛星的摧毀。對於這個失敗的火星任務，某位科學家曾說：「這個教訓將可以放入小學、中學以及大學裡介紹公制單位的科學課程中，以警惕學生單位的重要性。」

Martian Climate Orbiter 的假想圖。

1.8 數字的運算

在介紹一些化學中常用的單位之後，我們接下來要學的是如何運算在測量中所得到的數字。其主要的技巧為利用科學標記法和有效數字。

科學標記法

化學家要處理的數字常常不是特別大就是特別小。像是 1 公克的氫元素大概包含 602,200,000,000,000,000,000,000 個氫原子。每個氫原子的質量只有 0.00000000000000000000000166 公克。這些數字處理起來非常累贅且麻煩，計算起來很容易出錯。就像是下列的計算：

$$0.0000000056 \times 0.00000000048 = 0.000000000000000002688$$

這樣的計算在小數點後的零常常會多寫或少寫一個。因此，當我們在處理這樣非常大或非常小的數字時，需要利用到**科學標記法**。用這個方法，所有數字不管其大小都可以下列格式來表示：

$$N \times 10^n$$

其中 N 為一介於 1~10 之間的數字，而 n 為指數，是一個正或負的整數。所有以這種方式表示的數字都可說是以科學標記法表達的數字。

如果我們被要求將一個數字以科學標記法表示，基本上，我們首先要做的是找出 n。我們必須計算小數點要移動幾位原來的數字才能等於 N (介於 1~10)。如果小數點是向左移動，則 n 是正整數；反之，如果小數點是向右移動，則 n 是負整數。以下的例子說明科學標記法的用法：

(1) 用科學標記法表示 568.762：

$$568.762 = 5.68762 \times 10^2$$

請注意：小數點向左移了兩位，所以 $n = 2$。

(2) 用科學標記法表示 0.00000772：

$$0.00000772 = 7.72 \times 10^{-6}$$

在這裡小數點向右移了六位，所以 $n = -6$。

要記住以下兩點。首先，當 $n = 0$ 時，此數字可以不用以科學標記法表示。例如：74.6×10^0 ($n = 0$) 這個數字其實就等於 74.6。第二，當 $n = 1$ 時，上標的指數通常省略。所以，74.6 的科學標記法為 7.46×10；而不是 7.46×10^1。

接下來，我們要介紹這些以科學標記法表示的數字在數學運算中如何處理。

加和減

若要將科學標記法的數字相加或相減，首先我們必須把每個數字 (以 N_1 和 N_2 為例) 寫成具有相同的指數 n。然後將 N_1 和 N_2 相加或相減，指數會保持一致。我們以下列的算式為例：

$$(7.4 \times 10^3) + (2.1 \times 10^3) = 9.5 \times 10^3$$

$$\begin{aligned}(4.31 \times 10^4) + (3.9 \times 10^3) &= (4.31 \times 10^4) + (0.39 \times 10^4) \\ &= 4.70 \times 10^4\end{aligned}$$

$$\begin{aligned}(2.22 \times 10^{-2}) - (4.10 \times 10^{-3}) &= (2.22 \times 10^{-2}) - (0.41 \times 10^{-2}) \\ &= 1.81 \times 10^{-2}\end{aligned}$$

乘和除

若要將科學標記法的數字相乘，在 N_1 和 N_2 部分還是用一般的方式相乘，但在指數部分則必須相加。用一樣的概念，若要將科學標記法的數字相除，在 N_1 和 N_2 部分還是用一般的方式相除，但在指數部分則必須相減。下列例子說明如何操作這樣的運算：

$$\begin{aligned}(8.0 \times 10^4) \times (5.0 \times 10^2) &= (8.0 \times 5.0)(10^{4+2}) \\ &= 40 \times 10^6 \\ &= 4.0 \times 10^7\end{aligned}$$

$$\begin{aligned}(4.0 \times 10^{-5}) \times (7.0 \times 10^3) &= (4.0 \times 7.0)(10^{-5+3}) \\ &= 28 \times 10^{-2} \\ &= 2.8 \times 10^{-1}\end{aligned}$$

$$\begin{aligned}\frac{6.9 \times 10^7}{3.0 \times 10^{-5}} &= \frac{6.9}{3.0} \times 10^{7-(-5)} \\ &= 2.3 \times 10^{12}\end{aligned}$$

$$\begin{aligned}\frac{8.5 \times 10^4}{5.0 \times 10^9} &= \frac{8.5}{5.0} \times 10^{4-9} \\ &= 1.7 \times 10^{-5}\end{aligned}$$

有效數字

除非要計數的個體只能是整數且不可分割之外 (例如：教室裡學生的人數)，不然我們通常不可能得到一個完全精確的數字來代表某一個測量值。也因此，我們必須要清楚地指定**有效數字** (significant figures) 的位數來界定一個測量值的準確範圍，也就是指出*在一個計算或測量值中，哪些位數是有意義的*。在使用有效數字時，最後一位數是被認定為不準確的。舉例來說，若我們用最小刻度為 1 毫升的量筒來測量液體的體積，當量測到的體積為 6 毫升時，則實際的液體體積會落在 5~7 毫升之間。而我們會將此液體體積的測量值寫成 (6 ± 1) 毫升，代表只有一位有效數字 (6)；且此數值的誤差範圍在正負 1 毫升。為了要使測量更準確，我們可以使用有更小刻度的量筒 (最小刻度為 0.1 毫升)，因此我們測量的誤差範圍會只有正負 0.1 毫升。如果我們測到的體積是 6.0 毫升，此時液體體積的測量值可寫成 (6.0 ± 0.1) 毫升，而實際的液體體積會落在 5.9~6.1 毫升之間。當然我們可以用更準確的測量工具來得到更多位數的有效數字，但不管用的是什麼工具，最後一位數總是不準確的。如此不準確因素的大小取決於我們當時所用的量測工具。

圖 1.12 是一台新型的天秤。像這樣的天秤一般在化學實驗室中是很常見的，它可以很快地量測物體的質量到小數點以下四位數，因此所得到的質量通常有四位以上的有效數字 (例如：0.8642 公克和 3.9745 公克)。隨時注意量測時有效數字的位數可以確保用此數據所做計算的準確性。

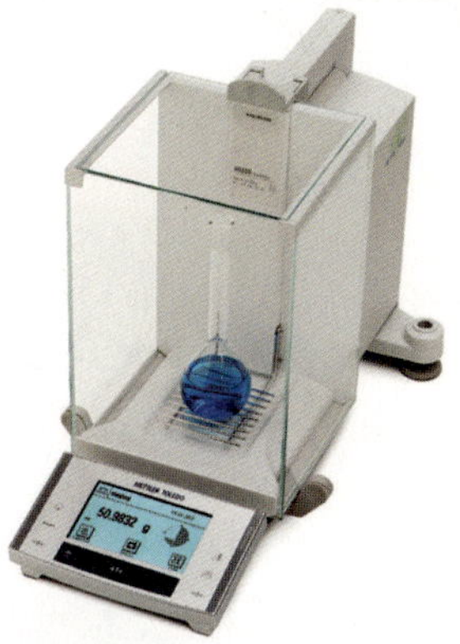
圖 1.12 梅特勒．托利多 (Mettler Toledo) 公司出產的分析用天秤。

使用有效數字的原則

在科學研究中，對於數字我們必須很小心地寫出其適當的有效數字位數。一般來說，我們可以利用以下的原則很快地訂出一個數字有多少位有效數字：

1. 任何非零的位數都視為有效。因此，845 公分有三位有效數字、1.234 公斤有四位有效數字，以此類推。
2. 介於非零位數之間的零都視為有效。因此，606 公尺有三位有效數字、40,501 公斤有五位有效數字，以此類推。
3. 在第一個非零位數左邊的零都不是有效的。寫它們的目的是用來指出小數點的位置。例如：0.08 公升有一位有效數字、0.0000349 公克有三位有效數字，以此類推。
4. 如果數字大於 1，則所有小數點右邊的零都視為有效。因此， 2.0 毫克有兩位有效數字、40.062 毫升有五位有效數字、3.040 公寸有四位有效數字。如果數字小於 1，則只有「在最後一個非零位數後面的零」以及「介於非零位數之間的零」才視為有效。因此，0.090 公斤有兩位有效數字、0.3005 公升有四位有效數字、0.00420 分鐘有三位有效數字，以此類推。
5. 如果數字沒有小數點，在最後一個非零位數後面的零則可能有效也可能無效。例如：400 公分可以是一位有效數字 (4)，也可以是兩位 (40) 或三位 (400) 有效數字。如果沒有更多的資訊，我們無法判斷有效數字的位數。然而，使用科學標記法就可以避免這個模稜兩可的問題。在上面的例子中，400 若寫成 4×10^2 則表示是一位有效數字，寫成 4.0×10^2 則表示是兩位有效數字。同理，寫成 4.00×10^2 則表示是三位有效數字。

例題 1.4 說明如何決定有效數字。

例題 1.4

寫出下列測量值有效數字的位數：(a) 478 公分；(b) 6.01 公克；(c) 0.825 公尺；(d) 0.043 公斤；(e) 1.310×10^{22} 個原子；(f) 7000 毫升。

解 答

(a) 三位有效數字，因為每個位數都是非零位數；(b) 三位有效數字，因為介於非零位數之間的零都是有效數字；(c) 三位有效數字，因為在第一個非零位數左邊的零都不是有效數字；(d) 兩位有效數字，和 (c) 小題的原因一樣；(e) 四位有效數字，因為數字大於 1，所以所有小數點右邊的零都是有效數字；(f) 不確定，此數字有效數字的位數可以是四位 (7.000×10^3)、三位 (7.00×10^3)、兩位 (7.0×10^3)，或是一位 (7×10^3)。這個例子說明為什麼必須用科學標記法來表示適當的有效數字位數。

類題：1.10。

練習題

寫出下列測量值有效數字的位數：(a) 24 毫升；(b) 3001 公克；(c) 0.0320 立方公尺；(d) 6.4×10^4 個分子；(e) 560 公斤。

除了以上用來指定有效數字位數的原則之外，我們還需要以下原則來處理有效數字的運算：

1. 在處理加和減時，運算後答案小數點後的位數不可多於任一的原始數字小數點後的位數。以下面的算式為例：

$$\begin{array}{rl} 89.332 & \longleftarrow \text{小數點後有三位數} \\ +\ 1.1 & \longleftarrow \text{小數點後只有一位數} \\ \hline 90.432 & \longleftarrow \text{四捨五入到小數點後一位 } 90.4 \end{array}$$

$$\begin{array}{rl} 2.097 & \longleftarrow \text{小數點後有三位數} \\ -\ 0.12 & \longleftarrow \text{小數點後只有兩位數} \\ \hline 1.977 & \longleftarrow \text{四捨五入到小數點後兩位 } 1.98 \end{array}$$

以下是四捨五入的方式。我們要將一數字四捨五入至特定位數，若此位數右邊的第一位數小於 5，則此位數右邊的數字可全部捨棄。因此，若我們要將 8.724 四捨五入至小數點後兩位，則寫成 8.72。若此位數右邊的第一位數大於 5，則四捨五入後此位數要加 1。因此，8.727 四捨五入至小數點後兩位為 8.73；0.425，四捨五入至小數點後兩位為 0.43。

2. 在處理乘和除時，運算後答案的有效數字位數以原始數字中有效數字位數最小的數字為準。舉例來說：

$$\underset{\text{兩位有效數字}}{2.8} \times \underset{\text{五位有效數字}}{4.5039} = 12.61092 \longleftarrow \text{四捨五入到兩位有效數字 } 13$$

$$\frac{\overset{\text{三位有效數字}}{6.85}}{\underset{\text{五位有效數字}}{112.04}} = 0.0611388789 \longleftarrow \text{四捨五入到三位有效數字 } 0.0611$$

3. 要注意根據定義或是計算不可分割的物體而來的**精確數字**可認定為具有無限個有效數字位數。例如：1 英寸根據定義等於 2.54 公分，也就是

1 英寸 = 2.54 公分

因此，在這裡 “2.54” 不可被認定為一個具有三位有效數字的測量值。在涉及「英寸」和「公分」換算之間的計算時，“1” 和「2.54」都是具有無限個有效數字位數的數字，不會用來決定有效數字的位數。同樣地，如果一個物體的質量是 5.0 公克，則 9 個這樣的物體總質量為

5.0 公克 × 9 = 45 公克

這個答案有兩位有效數字因為 5.0 公克有兩位有效數字。上列計算中的 9 是精確數字，因此不會影響計算後答案有效數字的位數。

例題 1.5 說明如何處理有效數字的運算。

例題 1.5

試計算下列式子並將答案取正確的有效數字位數：(a) 11,254.1 公克 + 0.1983 公克；(b) 66.59 公升 − 3.113 公升；(c) 8.16 公尺 × 5.1355；(d) 0.0154 公斤 ÷ 88.3 毫升；(e) 2.64×10^3 公分 + 3.27×10^2 公分。

解答

在處理加和減時，運算後答案小數點後的位數決定於原始數字中哪個數字小數點後的位數最少。在處理乘和除時，運算後答案的有效數字位數決定於原始數字中哪個數字的有效數字位數最小。

(a)
```
    11,254.1 公克   ←── 小數點後只有一位數
+       0.1983公克 ←── 小數點後有四位數
─────────────────
    11,254.2983公克 ←── 四捨五入到小數點後一位 11,254.3 公克
```

(b) 66.59 公升 ⟵ 小數點後只有兩位數
$-$ 3.113 公升 ⟵ 小數點後有三位數
63.477 公升 ⟵ 四捨五入到小數點後兩位 63.48 公升

(c) 8.16 公尺 × 5.1355 = 41.90568 公尺 ⟵ 四捨五入到三位有效數字 41.9 公尺

(d) $\frac{0.0154\ 公斤}{88.3\ 毫升}$ = 0.000174405436 公斤/毫升 ⟵ 四捨五入到三位有效數字 0.000174 公斤/毫升或 1.74×10^{-4} 公斤/毫升

(e) 我們先將 3.27×10^2 公分寫成 0.327×10^3 公分再與 2.64×10^3 公分相加，(2.64 公分 + 0.327 公分) × 10^3 = 2.967×10^3 公分，四捨五入到小數點後兩位可得 2.97×10^3 公分。

類題：1.11。

練習題

試計算下列式子並將答案取正確的有效數字位數：(a) 26.5862 公升 + 0.17 公升；(b) 9.1 公克 – 4.682 公克；(c) 7.1×10^4 公寸 × 2.2654×10^2 公寸；(d) 6.54 公克 ÷ 86.5542 毫升；(e) (7.55×10^4 公尺) – (8.62×10^3 公尺)。

以上的四捨五入原則適用於一次運算。在連續運算 (計算步驟多於一步) 中，若我們四捨五入的時間點不同，則可能會得到不一樣的答案。就以下面這個兩步的運算為例：

第一步：A × B = C
第二步：C × D = E

假設 A = 3.66，B = 8.45，D = 2.11。我們有沒有將 C 四捨五入會導致最後的答案 E 不同：

方法一	方法二
3.66 × 8.45 = 30.9	3.66 × 8.45 = 30.93
30.9 × 2.11 = 65.2	30.93 × 2.11 = 65.3

然而，如果我們將此計算用計算機做連續運算 (3.66 × 8.45 × 2.11)，而不將中間答案四捨五入，則會得到 E 的答案是 65.3。雖然將中間答案的位數完整保留會減少因為四捨五入所造成的誤差，但事實上對於大

多數的計算來說，我們不需要這樣做，因為你最終會發現這樣所產生的誤差其實很小。因此，在本書中的例題和章末習題中，當中間答案需要列入計算時，我們會將中間答案和最後答案都四捨五入。

正確性和精確性

當討論測量和有效數字時，我們必須區分*正確性*和*精確性*的差別。**正確性** (accuracy) 所指的是*一個測量所得的值和它實際的值有多接近*。對科學家來說，正確性和精確性是不同的概念。**精確性** (precision) *指的則是對一個相同的值做兩次以上的測量所得到的值之間彼此有多接近* (圖 1.13)。

正確性和精確性之間的差別不大，但卻是非常重要。假設有 3 個學生分別量測同一條銅線的質量。每個學生連續量測兩次，所得到的結果如下：

	學生甲	學生乙	學生丙
	1.964 公克	1.972 公克	2.000 公克
	1.978 公克	1.968 公克	2.002 公克
平均值	1.971 公克	1.970 公克	2.001 公克

這條銅線的真實質量為 2.000 公克。從上面的數據來看，學生乙得到的值比學生甲所得到的值更*精確*，因為 1.972 公克和 1.968 公克對應於 1.970 公克的誤差比 1.964 公克和 1.978 公克對應於 1.971 公克的誤差來得小。但是，這兩組數據都不是非常*正確*。而學生丙所得到的平均值和真實的值非常接近，所以它不僅僅是最精確也是最正確的。通常一組非常正確的測量同時也會非常精確；反之，一組非常精確的測量卻不保證

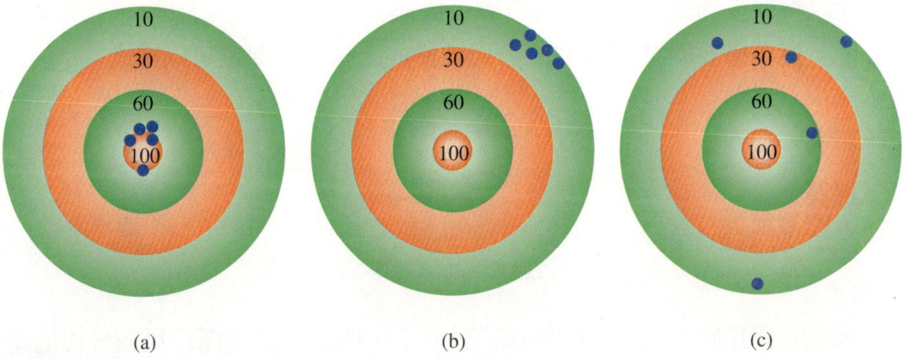

圖 1.13 標靶上飛鏢的落點 (以藍點表示) 分布說明正確性和精確性的差別。(a) 正確且精確；(b) 不正確但精確；(c) 不正確且不精確。

非常正確。就像是當你使用一把沒校正好的尺或是一個壞掉的天秤做連續測量，會得到一組精確但錯誤的數值。

1.9 利用因次分析解題

因次分析或許幫助愛因斯坦導出他眾所皆知的質能轉換公式 $E = mc^2$。

正確的數字建立在小心地測量、適當地使用有效數字，以及正確地計算之上。但是為了要使計算出來的值更有意義，這個值必須要以適當的單位表達。在解決化學的問題時，我們可以用**因次分析**來做單位之間轉換。這個步驟利用同一物理量在使用不同單位時的相對關係來做單位轉換，它的操作很簡單但需要一點點的記憶。例如：從定義得知 1 英寸 = 2.54 公分。這個關係可以寫成一個轉換因子如下：

$$\frac{1\ 英寸}{2.54\ 公分}$$

因為分母和分子都代表同一個長度，這個分數的值為 1。因此，我們可以將這個分數上下顛倒寫成另一個轉換因子，其值也是 1。

$$\frac{2.54\ 公分}{1\ 英寸}$$

轉換因子在做單位轉換時是非常有用的。因此，如果我們想將一以英寸為單位的長度轉換成以公分為單位，我們可以將長度乘以適當的轉換因子。

$$12.00\ \cancel{英寸} \times \frac{2.54\ 公分}{1\ \cancel{英寸}} = 30.48\ 公分$$

這裡我們選擇相乘之後會將英寸單位約分，而剩下所需公分單位的轉換因子。請注意：因為 2.54 是一個精確數字，不影響有效數字的位數，所以轉換後的結果以四位有效數字表達。

接下來我們試著將 57.8 公尺轉換成公分。此問題可以寫成

$$?\ 公分 = 57.8\ 公尺$$

根據定義，

$$1\ 公分 = 1 \times 10^{-2}\ 公尺$$

因為我們想將「公尺」轉換成「公分」，所以必須選擇公尺在分母的轉換因子，

$$\frac{1\ \text{公分}}{1 \times 10^{-2}\ \text{公尺}}$$

其轉換則可以下式運算：

$$\begin{aligned} ?\ \text{公分} &= 57.8\ \cancel{\text{公尺}} \times \frac{1\ \text{公分}}{1 \times 10^{-2}\ \cancel{\text{公尺}}} \\ &= 5780\ \text{公分} \\ &= 5.78 \times 10^{3}\ \text{公分} \end{aligned}$$

這裡一樣用科學標記法將答案寫成三位有效數字。同樣地，轉換因子中的數字 1 公分/1 × 10^{-2} 公尺都是精確數字，因此不會影響有效數字的位數。

一般而言，在用因次分析時我們使用以下關係式：

$$\text{已知單位} \times \text{轉換因子} = \text{所求單位}$$

然後已知單位會被約分，剩下所求單位，如下式：

$$\cancel{\text{已知單位}} \times \frac{\text{所求單位}}{\cancel{\text{已知單位}}} = \text{所求單位}$$

記得所求單位寫在分子，而欲消去單位寫在分母。

在因次分析中，不同的單位會一路出現在所有的計算過程中。因此，只要寫對算式，除了所求單位之外的其他單位都會被約分而消去。如果計算結果不是如此，則一定是哪裡出了問題，此時必須檢查算式來找出錯誤。

例題 1.6

一個人對於葡萄糖的平均每日攝取量為 0.0833 磅 (lb)。這個量等於多少毫克 (mg)？(1 磅 = 453.6 公克。)

策　略

這個問題可以寫成

$$?\ \text{毫克} = 0.0833\ \text{磅}$$

題目中提供磅和公克之間的關係，這個關係可以用來將磅轉換成公克。但這裡題目問的是毫克，所以我們要先做一次公制單位的轉換 (1 毫克 = 1 × 10^{-3} 公克)。然後將適當的轉換因子寫入算式中將磅和公克都約分，使最後答案中只剩毫克單位。

解　答

單位轉換的順序應為

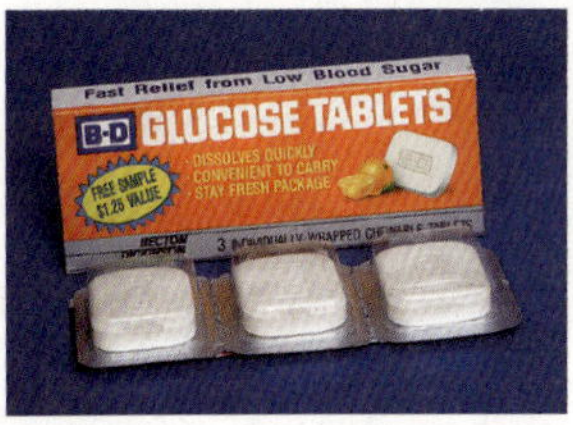

葡萄糖片可以使糖尿病患者的血糖值快速上升。

磅 → 公克 → 毫克

要用下列的轉換因子：

$$\frac{453.6\ \text{g}}{1\ \text{lb}} \text{ 和 } \frac{1\ \text{mg}}{1 \times 10^{-3}\ \text{g}}$$

我們從步驟中得到答案：

$$?\text{ 毫克} = 00833\ \text{lb} \times \frac{453.6\ \text{g}}{1\ \text{lb}} \times \frac{1\ \text{mg}}{1 \times 10^{-3}\ \text{g}} = 3.78 \times 10^4\ \text{mg}$$

檢 查

用估計的方式，我們將 1 磅估計成約 500 公克，而 1 公克 = 1000 毫克。所以，1 磅約等於 5×10^5 毫克。然後將題目提供的 0.0833 磅四捨五入成 0.1 磅，可以得到 0.1 磅等於 5×10^4 毫克。這個數字和之前算出來的數字相近，所以答案應該是正確的。

練習題

一卷鋁箔紙的質量為 1.07 公斤，則這卷鋁箔紙是多少磅？

如例題 1.7 和 1.8 所示，在因次分析中也可以有平方和立方的轉換因子。

例題 1.7

一個成人平均體內有 5.2 公升的血液，則此血液的體積為多少立方公尺？

策 略

這個問題可以寫成

$$?\text{ 立方公尺} = 5.2\text{ 公升}$$

在這裡我們需要多少個轉換因子？要記得 1 公升 = 1000 立方公分；1 公分 = 1×10^{-2} 公尺。

解 答

這裡我們需要兩個轉換因子：一個將公升轉換成立方公分；另一個將公分轉換成公尺：

$$\frac{1000\ \text{cm}^3}{1\ \text{L}} \text{ 和 } \frac{1 \times 10^{-2}\ \text{m}}{1\ \text{cm}}$$

其中第二個轉換因子是長度單位 (公尺和公分)，而我們要求的是體積單位，所以要將這個轉換因子立方：

$$\frac{1\times10^{-2}\,\text{m}}{1\text{ cm}}\times\frac{1\times10^{-2}\,\text{m}}{1\text{ cm}}\times\frac{1\times10^{-2}\,\text{m}}{1\text{ cm}}=\left(\frac{1\times10^{-2}\,\text{m}}{1\text{ cm}}\right)^3$$

記得當單位的次方數改變時，任何所使用的轉換因子次方數也要跟著改變。

所以我們可以將這個立方後的轉換分子寫成

$$\frac{1\times10^{-6}\,\text{m}^3}{1\text{ cm}^3}$$

如此一來，整個算式可以寫成

$$?\,\text{m}^3=5.2\,\cancel{\text{L}}\times\frac{1000\text{ cm}^3}{1\,\cancel{\text{L}}}\times\frac{1\times10^{-6}\,\text{m}}{1\,\cancel{\text{cm}}}$$

$$=5.2\times10^{-3}\,\text{m}^3$$

類題：1.18(d)。

檢　查

將上式用的兩個轉換因子相乘可以得知 1 公升 = 1×10^{-3} 立方公尺。因此，5 公升的血液會等於 5×10^{-3} 立方公尺，與答案相近。

練習題

若一房間的體積為 1.08×10^{8} 立方公寸，則此房間體積為多少立方公尺？

例題 1.8

液態氮是由空氣液化而得，通常用來冷凍食物以及做低溫研究。在沸點時 (攝氏零下 196 度或 77 K)，液態氮的密度為 0.808 公克/立方公分。將此密度的單位轉換成公斤/立方公尺。

液態氮常用來冷凍食物以及做低溫研究。

策　略

這個問題可以寫成

$$?\,\text{kg/m}^3=0.808\text{ g/cm}^3$$

解這個題目需要兩次的單位轉換：公克→公斤和立方公分→立方公尺。要記得 1 公斤 = 1000 公克；1 公分 = 1×10^{-2} 公尺。

解　答

從例題 1.7，我們知道 1 立方公分 = 1×10^{-6} 立方公尺。所以，這裡我們需要的轉換因子為

$$\frac{1\text{ kg}}{1000\text{ g}}\ \text{和}\ \frac{1\text{ cm}^3}{1\times10^{-6}\,\text{m}^3}$$

整個算式可以寫成

$$?\,\text{kg/m}^3=\frac{0.808\,\cancel{\text{g}}}{1\,\cancel{\text{cm}^3}}\times\frac{1\text{ kg}}{1000\,\cancel{\text{g}}}\times\frac{1\,\cancel{\text{cm}^3}}{1\times10^{-6}\,\text{m}^3}$$

$$=808\text{ kg/m}^3$$

檢 查

因為 1 立方公尺 = 1×10^6 立方公分，我們可以預期在 1 立方公尺中相同密度物質的質量會比起在 1 立方公分中大幅增加。808 比 0.808 大 1000 倍，因此答案是合理的。

練習題

最輕的金屬鋰 (Li) 密度為 5.34×10^2 公斤/立方公尺。將此密度的單位轉換成公克/立方公分。

重要方程式

$$d = \frac{m}{V} \quad (1.1)$$ 密度方程式。

$$?°C = (°F - 32°F) \times \frac{5°C}{9°F} \quad (1.2)$$ 華氏溫度轉攝氏溫度。

$$?°F = \frac{9°F}{5°C} \times (°C) + 32°F \quad (1.3)$$ 攝氏溫度轉華氏溫度。

$$?\,K = (°C + 273.15°C)\frac{1\,K}{1°C} \quad (1.4)$$ 攝氏溫度轉 K。

觀念整理

1. 學習化學主要有三個步驟：觀察、表述、解釋。觀察是有關於巨觀世界的測量；表述則是以簡單的符號或方程式來溝通；解釋則是根據原子和分子的性質，屬於微觀世界的範圍。
2. 科學方法是一種系統性的研究方法。這個方法首先必須收集資訊，之後接著觀察和測量。在此過程中，假設、定律和理論不斷地被提出且測試。
3. 化學家研究的是物質及其所進行之改變。每個組成物質的純物質都有其特殊的物理性質 (可在不改變物質本質的狀況下觀察) 及化學性質 (物質本質會改變才可觀察)。不論是勻相還是非勻相混合物都可用物理方式將其中的純物質分離。
4. 化學中最簡單的物質是元素。化合物則是由不同元素的原子以固定比例經由化學方式組成。
5. 基本上所有的物質可以三種狀態存在：固體、液體、氣體。物質三態之間的轉換可經溫度改變達成。
6. SI 單位用來表達所有科學學門中會用到的物理量，其中包含化學。
7. 以科學標記法表示的數字其形式為 $N \times 10^n$。其中 N 為一介於 1~10 之間的數字，而 n 是一個正或負的整數。科學標記法幫助我們簡單的表達極大和極小的數字。

習　題

科學方法

1.1 下列敘述為假設、定律，還是理論？(a) 貝多芬如果有結婚的話對於音樂世界的貢獻會更大；(b) 秋天葉子會落下是因為葉子和地球中間有吸引力；(c) 所有的物質皆是由稱作原子的非常小粒子所組成。

物質分類

1.2 下列現象為物理變化還是化學變化？(a) 氣球中的氦氣過了幾小時後會慢慢洩出；(b) 閃光燈的光線會慢慢變暗，然後消失不見；(c) 結冰的柳橙汁加水後會重新恢復液體的狀態；(d) 植物的生長需要陽光的能量進行光合作用；(e) 一湯匙的食鹽溶化在一碗湯裡。

1.3 寫出下列元素的化學符號：(a) 銫；(b) 鍺；(c) 鎵；(d) 鍶；(e) 鈾；(f) 硒；(g) 氖；(h) 鎘。(見表 1.1 及書末附表。)

1.4 下列物質為元素、化合物、勻相混合物，還是非勻相混合物？(a) 井水；(b) 氬氣；(c) 蔗糖；(d) 紅酒；(e) 雞湯；(f) 血液；(g) 臭氧。

測量法

1.5 甲醇是一種無色有機溶劑，密度為 0.7918 公克/毫升。89.9 毫升的甲醇質量為何？

1.6 (a) 一般人的身體在華氏 105 度時只能忍耐一小段時間，而不會造成心臟或其他重要器官的損害。請問這個溫度是攝氏幾度？(b) 乙二醇是一種液體有機化合物可以用在汽車的冷卻器中當作抗凍劑。它在攝氏零下 11.5 度時會凝結成固體。請問這個溫度是華氏幾度？(c) 太陽表面的溫度約是攝氏 6300 度，請問這個溫度是華氏幾度？(d) 紙的著火點是華氏 451 度，請問這個溫度是攝氏幾度？

1.7 將下列溫度轉換成攝氏溫度：(a) 77 K，液態氮的沸點；(b) 4.2 K，液態氦的沸點；(c) 601 K，鉛的熔點。

數字的運算

1.8 將下列的數字以小數點表示：(a) 1.52×10^{-2}；(b) 7.78×10^{-8}。

1.9 將下列算式的答案以科學標記法表示：

(a) $0.0095 + (8.5 \times 10^{-3})$

(b) $653 \div (5.75 \times 10^{-8})$

(c) $850{,}000 - (9.0 \times 10^{5})$

(d) $(3.6 \times 10^{-4}) + (3.6 \times 10^{6})$

1.10 下列數字中有多少位數的有效數字？(a) 0.006 公升；(b) 0.0605 公寸；(c) 60.5 毫克；(d) 605.5 平方公分；(e) 960×10^{-3} 公克；(f) 6 公斤；(g) 60 公尺。

1.11 將下列算式當作實驗結果來計算，寫出具有正確單位及有效數字的答案。

(a) 7.310 公里 ÷ 5.70 公里

(b) (3.26×10^{-3} 毫克) − (7.88×10^{-5} 毫克)

(c) (4.02×10^{6} 公寸) + (7.74×10^{7} 公寸)

(d) (7.8 公尺 − 0.34 公尺)/(1.15 秒 + 0.82 秒)

1.12 有三個裁縫學徒 (甲、乙、丙) 被指派去量測一條褲子縫合處的長度。一個人量測三次，而所得到的數據分別為：甲 (31.5, 31.6, 31.4) 英寸、乙 (32.8, 32.3, 32.7) 英寸、丙 (31.9, 32.2, 32.1) 英寸。而縫合處的實際長度為 32.0 英寸。請問這三個學徒測量值的正確性及精確性如何？

因次分析

1.13 轉換下列數值單位：(a) 242 磅 → 毫克；(b) 68.3 立方公分 → 立方公尺；(c) 7.2 立方公尺 → 公升；(d) 28.3 微克 → 磅。

1.14 一個太陽年 (365.24 天) 有幾秒？

1.15 一個慢跑者用 8.92 分鐘跑了 1 英里。請問這個速度以下列單位表示為多少？(a) 英寸/秒；(b) 公尺/分鐘；(c) 公里/小時。(1 英里 =

1609 公尺；1 英寸 = 2.54 公分。)

1.16 德國部分高速公路的速限一度曾經訂為 286 公里/小時。請問這個速度為多少英里/小時？

1.17 「正常」人體血液內鉛含量為 0.40 ppm (也就是每百萬公克的血液中有 0.40 毫克的鉛)。如果血液內鉛含量為 0.80 ppm 則被視為高危險。如果血液內鉛含量為 0.62 ppm，則在 6.0×10^3 公克的血液 (一成人體內平均血液含量中) 含有多少的鉛？

1.18 轉換下列數值單位：(a) 70 公斤，男性成人平均體重 → 磅；(b) 140 億年，宇宙的大約年齡 → 磅 (假定一年有 365 天)；(c) 7 呎 6 吋，籃球員姚明的身高 → 公尺；(d) 88.6 立方公尺 → 公升。

1.19 氨氣的密度為 0.625 公克/公升。此密度為多少公克/立方公分？

附加問題

1.20 下列敘述是描述物理變化還是化學變化？(a) 鐵會生鏽；(b) 工業地區的雨水是酸的；(c) 血紅素分子是紅色的；(d) 當一瓶水曝曬在陽光下，水會慢慢消失不見；(e) 二氧化碳經由植物的光合作用形成更複雜的分子。

1.21 學生為了算出一個長方形金屬條的密度，做了以下測量：長度 8.53 公分，寬度 2.4 公分，高度 1.0 公分，質量 52.7064 公克。試計算此金屬具有正確有效數字位數的密度。

1.22 若將一長度為 21.5 公分的圓柱型玻璃瓶填滿需要 1360 公克的食用油 (密度為 0.953 公克/毫升)，則此瓶子的內徑為多少？

1.23 空氣中的音速在室溫下為 343 公尺/秒。此速度為多少英里/小時。(1 英里 = 1609 公尺。)

1.24 鋰是已知密度最小的金屬 (密度：0.53 公克/立方公分)。1.20×10^3 公克鋰的體積為何？

1.25 一個 NBA 認證的籃球周長為 29.6 英寸。已知地球的半徑約為 6400 公里，若在赤道將籃球一顆顆緊密相接，則需要多少顆籃球才可以將地球環繞一圈？請將答案取三位有效數字的整數。

1.26 太平洋的表面積及平均深度分別為 1.8×10^8 平方公里及 3.9×10^3 公尺，則太平洋中水的總體積為多少公升？

1.27 鋨 (Os) 為已知密度最大的元素 (密度 = 22.57 公克/立方公分)，則一顆直徑 15 公分的鋨金屬球，其質量分別為多少磅和多少公斤？(球體積 $V = 4/3\pi r^3$。)

1.28 金星是距離太陽第二近的行星，其表面溫度為 7.3×10^2 K。請將此溫度轉換成攝氏及華氏溫度。

1.29 有人曾估計過到目前為止約有 8.0×10^4 噸的黃金被開採出來。若 1 盎司的黃金價值 948 美元，則已被開採出來的黃金總值為多少？

1.30 經由測量得之 1.0 公克的鐵中含有 1.1×10^{22} 個鐵原子。一個成人體內平均含有 4.9 公克的鐵，這樣是有多少個鐵原子？

1.31 一張鋁箔紙的總面積為 1.000 平方英尺且質量為 3.636 公克，則這張鋁箔紙的厚度為多少公釐？(鋁的密度 = 2.699 公克/立方公分。)

1.32 氯常用來消毒游泳池，其容許的最高濃度為 1 ppm (每百萬公克的水中有 1 公克的氯)。若一游泳池中有 2.0×10^4 加侖的水，且含氯的消毒水重量百分濃度為 6%，則最多可以加多少消毒水到此游泳池中？(1 加侖 = 3.79 公升，消毒水密度 = 1.0 公克/毫升。)

1.33 青銅是一種銅 (Cu) 和錫 (Sn) 的合金。若有一塊青銅圓柱體半徑為 6.44 公分，長 44.37 公分；其組成成分為銅 79.42%，錫 20.58%，則此青銅圓柱體質量為何？在此計算中必須做什麼假設？

1.34 將一 250 毫升玻璃瓶在攝氏 20 度時填入 242

毫升的水並緊閉瓶蓋。然後將此玻璃瓶放置在平均攝氏零下 5 度的戶外一個晚上。請預測將會發生什麼事。(攝氏 20 度水的密度為 0.998 公克/立方公分；攝氏零下 5 度冰的密度為 0.916 公克/立方公分。)

練習題答案

1.1 96.5 公克 **1.2** 341 公克 **1.3** (a) 華氏 621.5 度；(b) 攝氏 78.3 度；(c) 攝氏零下 196 度 **1.4** (a) 兩位；(b) 四位；(c) 三位；(d) 兩位；(e) 三位或兩位 **1.5** (a) 26.76 公升；(b) 4.4 公克；(c) 1.6×10^7 平方公寸；(d) 0.0756 公克/毫升；(e) 6.69×10^4 公尺 **1.6** 2.36 磅 **1.7** 1.08×10^5 立方公分 **1.8** 0.534 公克/立方公分

化學之謎

消失的恐龍

恐龍主宰地球數百萬年之後突然就消失了，其消失的原因到現在都還是個謎。為了要解開這個謎團，古人類學家研究了從不同地殼層所挖出恐龍化石和骨骼殘骸。從他們發現的證據可以用來排列出哪種恐龍曾經生存在哪一個地質時代。同時他們也發現在白堊紀 (可追溯到大約 6500 萬年前) 之後所生成的岩石中沒有恐龍殘骸的存在，也因此假設恐龍應該是在大約 6500 萬年前消失的。

在許多的假設中，最常被用來解釋恐龍消失的原因是食物鏈被破壞，以及火山爆發所造成的巨大氣候變異，但是卻一直缺乏具有說服力的證據來證明這個假設。直到西元 1977 年，義大利的一群古人類學家在古比奧 (Gubbio) 附近發現了一些令他們感到困惑的文物。後來，他們將一層沉積在白堊紀所生成沉澱物上的黏土 (這層黏土只會記錄在白堊紀之後發生的事) 拿去做化學分析，令人意外地在其中發現高含量的銥元素 (Ir)。一般來說，銥元素在地殼中的含量很稀少，但在太空的小行星中含量相對很高。

這樣的研究結果可將恐龍的滅絕歸因於以下假設。為了要解釋所發現的高含量銥元素，科學家假設有很多直徑數英里的小行星在恐龍滅絕的時候撞擊了地球，這些行星對於地球的撞擊必定非常巨大，而其產生的能量足以將周遭大多數的岩石、土壤及其他物質蒸發。行星撞擊所產生的灰塵及碎片很快地瀰漫在空氣中，阻絕了陽光對地球的照射，時間長達數個月甚至數年之久。在缺乏充足陽光的環境之下，大多數植物無法生長。而從化石紀錄中也確認了許多植物確實是在這個時代絕跡。沒有了植物，當然許多草食性的動物也因此消滅，間接也導致肉食性動物餓死。食物減少所產生的影響對於需要大量食物的大型動物明顯地要比小型動物來得快。因此，巨大的恐龍，最大可能有 30 噸重，就因為缺乏食物而快速地在地球上消失。

化學線索

1. 這個恐龍滅絕原因的研究如何使用了科學方法？
2. 提出兩個方法來測試行星撞擊的假設是否為真。
3. 就你的看法，行星撞擊的假設是否足以解釋恐龍滅絕？
4. 有已知的證據顯示當行星穿過上大氣層後，會有 20% 此行星的質量轉變成灰塵而平均散布在地球上。此灰塵的總量相對於地球表面積約為 0.02 公克/平方公分。行星的密度應非常近似 2 公克/立方公分。假設行星為圓球體，分別以公斤和噸為單位計算此行星的質量，並以公尺為單位計算其半徑。(地球的表面積為 5.1 $\times 10^{14}$ 平方公尺；1 磅 = 453.6 公克。) (資料來源：*Consider a Spherical Cow – A Course in Environmental Problem Solving* by J. Harte, University Science Books, Mill Valley, CA 1988. 授權使用。)

Chapter 2

原子、分子和離子

這張圖描述居里夫人和她先生在實驗室工作的狀況。居里夫婦研究且發現了許多放射性元素。

先看看本章要學什麼？

- 首先我們將以說故事的方式來介紹發現物質最基本單位——原子的過程。當代的原子理論是由道耳吞在十九世紀所提出，他假設元素是由非常小且不可分割的粒子所組成，而這些小粒子稱為原子。在一個元素中所有的原子都是完全相同的，但一個元素相較於其他元素的原子則是完全不同的。(2.1)
- 我們會提到科學家經由實驗的觀察，了解到一個原子實際上是由三種基本粒子：質子、電子和中子所組成。質子帶一個正電荷，電子帶一個負電荷，而中子本身不帶電荷。質子和中子在原子內會集中在中心位置，這中心稱為原子核。電子則是會平均散布在距離原子核周圍的一定距離之內。(2.2)
- 我們將學習用下列的原子性質來鑑別原子。其中，原子序指的是原子核中質子的數目，不同元素的原子會有不同的原子序。若相同元素的原子具有不同的中子數，則彼此稱為是同位素。質量數是一個原子中質子加中子數目的總和。因為原子是電中性的，原子中質子的數目會等於電子的數目。(2.3)
- 接下來，將看到化學家如何依據元素的化學和物理性質將所有的元素分類並排列成週期表。週期表將元素分成金屬、類金屬和非金屬三大類，並以系統性的方式將各元素性質之間的關係連結。(2.4)
- 我們會學到大多數元素的原子會互相作用而生成化合物。化合物又可分為分子化合物和以正、負離子組成的離子化

綱　要

合物。(2.5)

- 學習如何利用化學式 (包含分子式和實驗式) 來表示分子化合物和離子化合物，並學習如何利用分子模型來表示分子結構。(2.6)
- 學習命名無機化合物的規則。(2.7)

自從很久很久以前，人類一直在思考探索物質的本質會是什麼？而我們現在對於物質本質的概念其實是從十九世紀的道耳吞提出的原子理論開始慢慢成形。從那時到現在，我們逐漸知道所有的物質都是由原子、分子和離子所組成。而化學這門科學就是由這些物種的角度來探討物質變化的現象。

2.1 原子理論

在西元前五世紀，希臘哲學家德謨克利特提出一個看法：所有物質是由非常小且不可分割的粒子所組成，他把這些粒子命名為原子 (atomos，意指不可被切開或分開)。雖然德謨克利特的看法在那時代不被許多人所接受 [尤其是柏拉圖 (Plato) 和亞里斯多德 (Aristotle)]，但卻始終沒有被推翻。早期科學研究的實驗證據支持了「原子論」的想法，並且後來陸續衍生出現在對於元素和化合物的定義。到了西元 1808 年，有一個英國的科學家道耳吞[1]，他同時也是學校老師，對於這個被稱作原子的物質基本組成單元進一步提出明確的定義。

道耳吞的發現開啟了一個化學的新世紀。他所提出的道耳吞原子理論對於物質的本質提出以下假設：

1. 元素是由稱為原子的極微小粒子所組成。
2. 在一個元素中所有的原子都是完全相同的，這些原子具有相同的大小、質量和化學性質，但一個元素的原子和所有其他元素的原子則是不同的。
3. 化合物則是由兩個以上元素的原子所組成。在任何化合物中，任何兩個原子數目的比值會是一個整數或是一個簡單分數。
4. 一個化學反應牽涉到原子的分離、結合和重排。化學反應並不會創造或破壞原子。

1 約翰・道耳吞 (John Dalton, 1766~1844)，英國科學家、數學家和哲學家。除了他的原子理論之外，他也提出一些氣體定律，並經由他的親身遭遇提出第一個對於色盲的描述。根據描述，道耳吞並不擅長實驗，也不擅長使用語言及圖示。他唯一的娛樂是每週四下午在草地上打保齡球，或許就是那些木製的保齡球激發了他對於原子理論的靈感。

圖 2.1 用圖示說明以上假設。

道耳吞所提出的原子概念遠比德謨克利特提出的仔細且明確。其中第二個假設說明一個元素的原子和所有其他元素的原子不同，不過道耳吞並沒有實際去描述原子的結構和組成成分，這或許是因為他不了解原子的本質，但他的確了解不同元素 (例如：氫和氧) 所展示的不同性質可以用原子不同來解釋。

道耳吞的第三個假設提出，若要生成一個化合物，不僅原子的種類要正確，而這些原子的數目也是一定的。這個想法是由法國化學家普魯斯特[2] 在西元 1799 年發表的定律所衍生出來的。普魯斯特所提出的**定比定律** (law of definite proportions) 指出由相同化合物所組成的不同樣品，其元素總是有一定的質量比。因此，我們要分析從兩個不同來源得到的二氧化碳氣體樣品，我們將會發現每個樣品中碳和氧的質量比都是一樣的。然而，這個定律可以用來推測當在一個化合物中各原子的質量比固定時，化合物中各原子的數目比也會是固定的。

道耳吞的第三個假設支持了另一個重要的定律——**倍比定律** (law of multiple proportions)。根據這個定律，如果兩個元素結合可以生成兩個以上的化合物，當不同化合物其中一個原子的質量固定，則另一個原子的質量會成簡單整數比。道耳吞的理論簡單地解釋了倍比定律的概念：相同元素可依原子的數量不同而組成不同的化合物。例如：碳可以和氧生成穩定的一氧化碳和二氧化碳化合物。經由現代技術鑑定得知一氧化碳是由一個碳原子和一個氧原子組成，而二氧化碳是由一個碳原子和兩個氧原子組成。因此，氧原子在一氧化碳和二氧化碳中的比例是 1:2。這樣的結果和倍比定律所描述的一致 (圖 2.2)。

圖 2.1 (a) 根據道耳吞的原子理論，同一個元素中所有的原子都是完全相同的，但一個元素的原子和其他所有元素的原子則是不同的；(b) 由 X 元素和 Y 元素原子所生成的化合物。在本例中，X 元素原子和 Y 元素原子的比例為 2:1。請注意：化學反應只造成原子的重排，並不會創造或破壞原子。

2 約瑟夫・普魯斯特 (Joseph Louis Proust, 1754~1826)，法國化學家。普魯斯特是第一個從葡萄中分離出醣類的人。

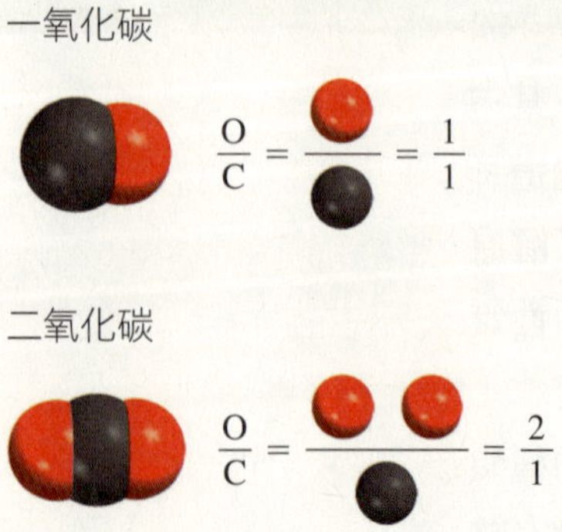

一氧化碳中氧原子的數量和二氧化碳中氧原子數量的比例為 1:2。

圖 2.2 倍比定律圖示。

道耳吞的第四個假設則是**質量守恆定律** (law of conservation of mass)[3] 的另一種敘述方式。質量守恆定律指的是物質不能自行創造或破壞。因為物質是由原子所組成，而原子在化學反應中不會被改變，也因此物質的質量也不會改變。因為道耳吞對於物質本質細微的洞察力，大大刺激了十九世紀化學的快速發展。

2.2 原子結構

根據道耳吞的原子理論，我們可以將**原子** (atom) 定義成組成的元素最基本單位。在道耳吞的想像中，原子是非常小且不可分割的。然而，從西元 1850 年代一直到二十世紀的研究明確地證明原子是有其內部結構的。也就是說，原子是由更小的粒子所組成，這些粒子可以稱作次原子粒子。這方面的研究也確實發現三種這樣的粒子，分別是：電子、質子、中子。

電 子

在西元 1890 年代，很多科學家被有關**輻射** (radiation，能量以波的形式在空間中發射及傳送) 的研究所吸引。藉由這方面研究所得到的知識對於原子結構的了解有很大的貢獻。而電視顯像管的前身——陰極射線管，是其中一個用來研究輻射現象的工具 (圖 2.3)。陰極射線管是一

圖 2.3 陰極射線管外加垂直電場與磁場。符號 N 和 S 是磁場的北極和南極。當電場關閉時，陰極射線會撞擊射線管末端 A 點。當磁場關閉時，陰極射線會撞擊 C 點。當磁場和電場都關閉，或是都開啟但是其作用力大小平衡互相抵銷時，陰極射線會撞擊 B 點。

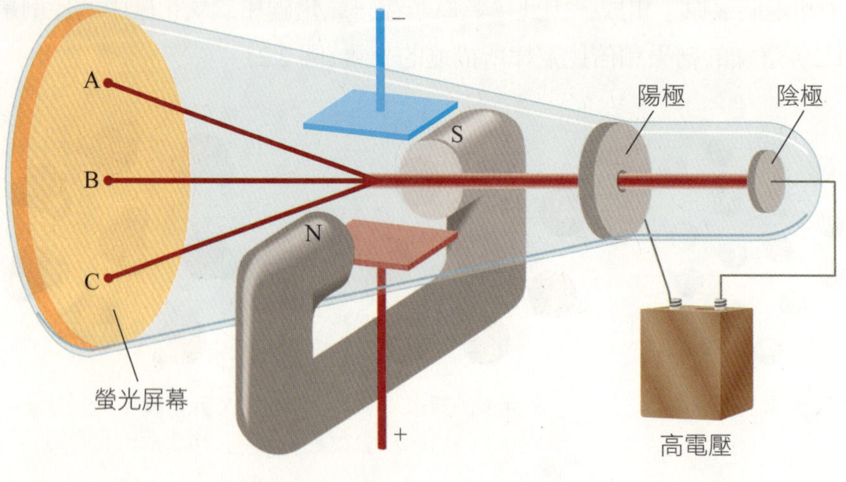

3 根據愛因斯坦 (Albert Einstein) 的理論，質量和能量是一種稱為質能的單一實體兩面。化學反應通常牽涉到熱或其他能量的轉換。因此，當能量在一個反應中散失，其質量也會散失。然而，在核反應中則例外，主要是因為化學反應所造成的質量改變太小而無法測得，所以質量還是守恆。

根玻璃真空管，當管中的兩片金屬電極與高電壓連結時，帶有負電荷的電極，也就是陰極，會發射出肉眼看不到的射線。此陰極射線會被帶有正電荷的電極，也就是陽極，所吸引而通過陽極上的一個小孔，然後繼續行進至此射線管的另外一端。當此射線撞擊到射線管另一端事先塗布好的特殊表面時，會產生很強的螢光或是很亮的光。

在特定實驗中會在射線管的外面加上電極和磁鐵 (見圖 2.3)。當磁場開啟而電場關閉時，陰極射線會撞擊 A 點。當只有電場開啟時，陰極射線會撞擊 C 點。當磁場和電場都關閉，或是都開啟但是其作用力大小平衡互相抵銷時，陰極射線會撞擊 B 點。根據電磁學理論，一個移動中的帶電物體的行為會與磁鐵類似，且會與它所經過的磁場與電場相互作用。從實驗結果得知陰極射線會被帶正電荷的金屬板吸引，而會被帶負電荷的金屬板排斥，所以可以推論陰極射線必定是由帶負電的粒子所組成。而這些帶負電的粒子就是所謂的**電子** (electrons)。從圖 2.4 可以看出一塊磁條對於陰極射線的影響。

正常來說電子和原子有關，但是電子也可以被單獨研究。

一個英國的物理學家湯姆森[4] 根據陰極射線管實驗和他對於電磁學理論的知識，測定出一個電子中電荷對於質量的比例。他所得到的數字為 -1.76×10^8 C/g，其中 C 是電荷單位庫侖 (coulomb)。從那之後，在西元 1908~1917 年之間科學家又做了一系列相關的實驗。其中，密立根[5] 成功準確地量測出一個電子上所帶的電荷，他的結果證明每個電子所帶的電荷數是一致的。他觀察從空氣中離子得到靜電荷的單獨微小油

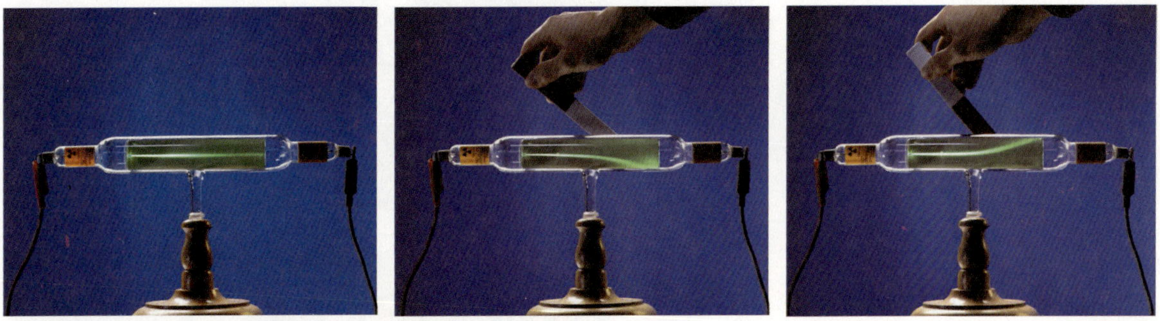

(a) (b) (c)

圖 2.4 (a) 一根陰極射線管，射線由左邊的陰極行進至右邊的陽極。射線本身是看不到的，但在玻璃管上塗布一層帶有螢光的硫化鋅會使陰極射線看起來是綠色；(b) 當一磁條靠近時，陰極射線會向下彎；(c) 若把磁條的南北極顛倒，陰極射線會朝另一個方向彎。

4 湯姆森 (J. J. Thomson, 1856~1940)，英國物理學家。因為發現電子而在西元 1906 年得到諾貝爾物理學獎。

5 密立根 (R. A. Millikan, 1868~1953)，美國物理學家。因為訂出電子的電荷而在西元 1923 年得到諾貝爾物理學獎。

滴的移動過程。作法是利用外加電場將帶電荷油滴懸浮於空氣中，然後用顯微鏡觀察油滴的移動 (圖 2.5)。根據靜電學的知識，密立根發現一個電子的電荷為 -1.6022×10^{-19} C。有了這些數據，他也計算出一個電子的質量：

$$一個電子質量 = \frac{電荷}{電荷/質量}$$
$$= \frac{-1.6022 \times 10^{-19}\ \text{C}}{-1.76 \times 10^{8}\ \text{C/g}}$$
$$= 9.10 \times 10^{-28}\ \text{g}$$

這個質量相當相當小。

放射性

在西元 1895 年德國物理學家倫琴[6] 發現陰極射線會使射線管附近的玻璃和金屬發出非常不尋常的光。這個高能量的輻射會穿透物質，會使攝影底片感光，也會使許多物質放出螢光。因為此射線不會因磁場作用所偏斜，所以它不像陰極射線一般具有帶電荷的粒子。由於對此射線的性質不了解，倫琴將此射線稱為 X 射線。

在倫琴發現 X 射線後不久，貝克勒[7] 這位在巴黎的物理教授開始研

圖 2.5 密立根油滴實驗圖示。

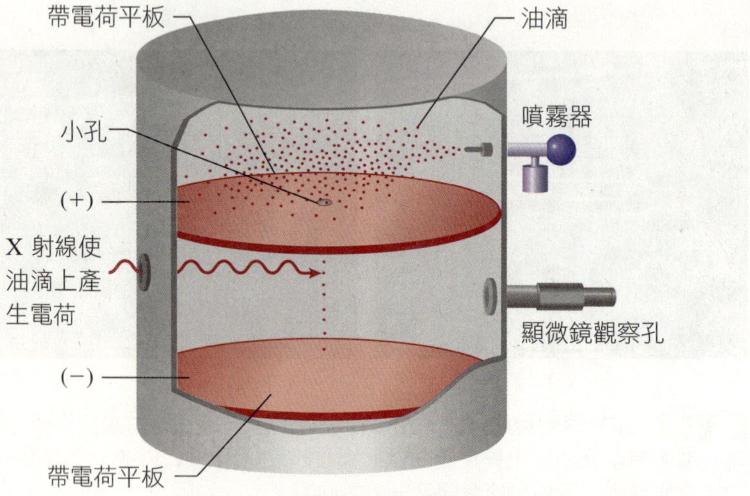

6 威廉‧倫琴 (Wilhelm Konrad Röntgen, 1845~1923)，德國物理學家。因為發現 X 射線而在西元 1901 年得到諾貝爾物理學獎。

7 貝克勒 (Antoine Henri Becquerel, 1852~1908)，法國物理學家。因為發現鈾元素的放射性而在西元 1903 年得到諾貝爾物理學獎。

究這些物質的螢光性質。意外之中，他發現若將層層包覆好的攝影底片靠近一特定鈾化合物，即使在沒有陰極射線的狀況下，底片還是會感光。就像 X 射線一樣，這些從鈾化合物中放射出來的射線具有高能量，也不會因磁場作用而偏斜。但是和 X 射線不同的是，它會自發產生。貝克勒的學生——瑪麗・居禮[8] 建議用**放射性** (radioactivity) 一詞來描述這種*自動放射出粒子或輻射的現象*。從那之後，任何會自發產生出輻射的元素都視為是具有*放射性*。

有三種射線會經由放射性物質 (像是鈾) 的*衰退*而產生。其中有兩種會受到帶有相對電荷的金屬板作用而偏斜 (圖 2.6)。其中，α **射線** (alpha rays) 由*帶正電荷的粒子*所組成。這些帶正電荷的粒子稱為 α **粒子** (α particles)，也因此 α 射線會受到帶有正電荷的金屬板作用而偏斜。而 β **射線** (beta rays) 中的 β **粒子** (β particles) 是帶負電荷的電子，因此會受到帶有負電荷的金屬板作用而偏斜。第三種放射性輻射則是也是一種高能量的射線稱為 γ **射線** (gamma rays)。就像 X 射線一樣，γ 射線不帶電荷且不受外加電場或磁場影響。

質子和原子核

到了十九世紀初期，有兩種原子特性已被科學家所了解，分別為：

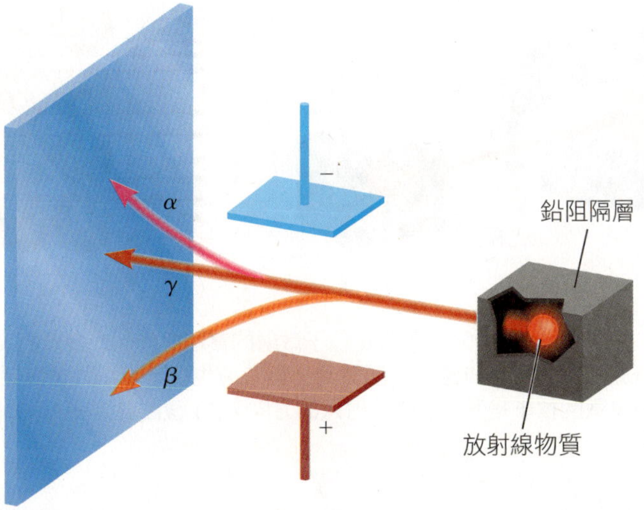

圖 2.6 三種由放射性元素產生的射線。β 射線由帶負電荷的粒子 (電子) 組成，因此會受到帶有正電荷的金屬板吸引。相反地，α 射線由帶正電荷的粒子組成，因此會受到帶有負電荷的金屬板吸引。因為 γ 射線不帶電，它的路徑不受外加電場或磁場影響。

8 瑪麗・居禮 (Marie Curie, 1867~1934)，出生於波蘭的化學和物理學家。因為她和法國籍先生皮埃爾・居禮 (Pierre Curie) 在放射性的研究，和貝克勒一同在西元 1903 年得到諾貝爾物理學獎。在西元 1911 年，由於她發現放射性元素鐳和釙再次獲得諾貝爾化學獎。到目前為止，只有三位科學家獲得過兩次諾貝爾獎。除了她在科學上的重要貢獻之外，她在西元 1911 年被提名為法國科學院院士，但卻因為她是女性而被否決！她的女兒和女婿也在西元 1935 年共同得到諾貝爾化學獎。

圖 2.7 湯姆森的原子模型。由於有一種英國傳統含有葡萄乾的點心，有時候也稱為「梅子布丁模型」。這個模型對於原子的描述是：電子被嵌入一個正電荷平均分布的球體中。

原子中有電子；且原子是電中性的。然而，要維持電中性，一個原子必須有相等數量的正負電荷。因此，湯姆森 (Thomson) 認為原子應該是一個正電荷平均分布的球體中有嵌入帶負電的電子，就像是蛋糕裡有葡萄乾一樣 (圖 2.7)。這個稱為「梅子布丁模型」(也稱作「葡萄乾蛋糕模型」) 的理論在當時被廣為被大家認同。

直到西元 1910 年，一位曾經跟湯姆森一起在劍橋大學做研究的紐西蘭物理學家拉塞福[9] 決定用 α 粒子來研究原子的結構。拉塞福和他的助手蓋革[10] 與一位大學生馬士登[11] 一起做了一系列實驗。他們用輻射產生 α 粒子去撞擊非常薄的金箔或其他金屬的薄片 (圖 2.8)。他們發現大多數的 α 粒子都會以直線的方式穿透金屬薄片，頂多也只有一點點的偏折。但有時也會出現以大角度散射或偏折的 α 粒子，甚至也會有少數的粒子是完全反彈回射入的方向。這是個令人意外的結果，以湯姆森的模型來看，原子中正電荷的分布應非常平均，所以當 α 粒子穿透時應該會有很小的偏折。當被告知這個發現時，拉塞福德第一個反應是：「這就像是你對一張面紙開槍，但子彈卻反彈回來打到你一樣的令人不可置信。」

拉塞福後來用了一套新的原子模型來解釋 α 散射實驗所觀察到的

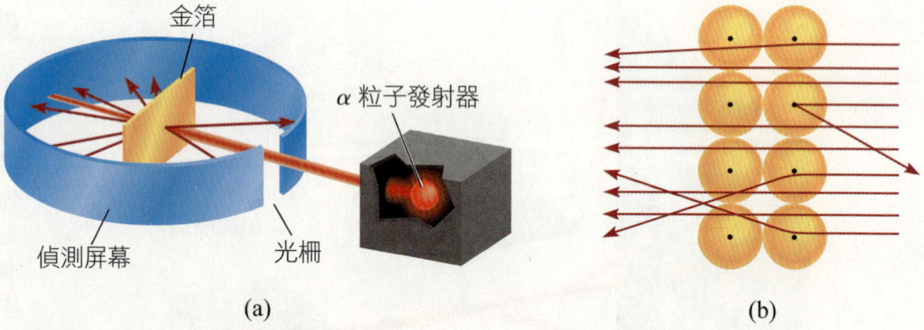

圖 2.8 (a) 拉塞福利用一片金箔來觀測 α 粒子散射的實驗設計。大多數的 α 粒子都會以直線的方式或是小角度的偏折穿透金屬薄片，但有時也會出現以大角度偏折的 α 粒子，甚至也會有少數的粒子是完全反彈回射入的方向；(b) 微觀 α 粒子穿透或因原子核而偏折的現象。

9 歐內斯特・拉塞福 (Ernest Rutherford, 1871~1937)，紐西蘭物理學家。他的研究大多數是在英國完成的 (曼徹斯特大學和劍橋大學)。因為他對於原子核結構的研究，在西元 1908 年得到諾貝爾化學獎。他有一句對學生說的話常被引用：「所有的科學中，不是屬於物理的就只是在做郵票收集而已。」

10 漢斯・蓋革 (Hans Geiger, 1882~1945)，德國物理學家。蓋革的研究重點在原子核的結構和放射性。他發明了一個可以用來量測輻射的工具，這個工具現在常被稱作蓋革計數器。

11 歐內斯特・馬士登 (Ernest Marsden, 1889~1970)，英國物理學家。有時大學生也可以幫助贏得諾貝爾獎真是令人覺得高興。馬士登對於紐西蘭科學的發展也有重大的貢獻。

現象。他的新模型提出原子中大部分的空間是空的，這也解釋了為什麼大多數的 α 粒子都會以直線或是小角度的偏折穿透金屬薄片。拉塞福另外也提出原子的正電荷是高密度地集中在原子中心的**原子核** (nucleus) 上。在 α 散射實驗中，當 α 粒子接近原子核時會有很大的排斥力產生，所以會以大角度偏折。再者，若 α 粒子直接撞擊到原子核則會受到一完全排斥的作用力，而向相反方向反彈回去。

在原子核中的正電粒子稱為**質子** (protons)。經由其他實驗的結果發現一個質子所帶的電荷數會和一個電子所帶的電荷數一致，且可以計算出一個質子的質量為 1.67262×10^{-24} 公克，大約是一個電子質量的 1840 倍。

研究到了這個階段，科學家理解到的原子性質如下：原子的質量大部分集中在原子核，但是原子核只占了大約 $1/10^{13}$ 的原子體積。我們可以將原子和分子的尺寸以 SI 單位的皮米 (picometer, pm) 來表示：

原子的大小常用一個非 SI 的長度單位埃 (angstrom, Å；1 Å = 100 pm) 來表示。

$$1 \text{ 皮米} = 1 \times 10^{-12} \text{ 公尺}$$

典型的原子半徑約為 100 皮米，而原子核半徑只有約 5×10^{-3} 皮米。要體會原子和原子核的相對大小，你可以想像若原子跟運動場一樣大，則原子核的大小就像是放在運動場中心的一顆小大理石。雖然所有質子集中在原子核，但電子則被認為是散布在原子核的周圍。

雖然原子核的概念在實驗上非常有用，但這不是意味著一個原子在空間中所占的體積有清楚界定的邊界或表面。我們之後將會學到原子外圍區域的界定其實是相對「模糊」的。

如果將原子想像成運動場一樣大時，原子核的大小就像是大理石一般。

中　子

拉塞福的原子模型留下一個尚未解決的問題。我們知道最小的氫原子有一個質子，而氦原子有兩個質子。因此，氦原子質量和氫原子質量的比應該為 2:1。(因為電子的質量遠小於質子，在計算原子質量的時候可以省略。) 然而，事實上這個比例是 4:1。為了要解釋這個現象，拉塞福和其他人都提出一定有另外一種次原子粒子存在於原子核中。而由一位英國物理學家查德威克[12] 在西元 1932 年的實驗結果證明了這個假設。當查德威克用 α 粒子撞擊鈹金屬薄片時，金屬會放射出像是 γ 射

12 詹姆斯・查德威克 (James Chadwick, 1891~1972)，英國物理學家。因為證明了中子的存在，而在西元 1935 年得到諾貝爾物理學獎。

線的非常高能量輻射。隨後的實驗也顯示出事實上是由第三種次原子粒子所組成。因為這種次原子粒子後來被證明是**電中性且其質量略大於質子**，查德威克稱它為**中子** (neutrons)。也因此上述質量比例的問題獲得了解釋，也就是在氦的原子核中有兩個質子和兩個中子，而氫的原子核中只有一個質子而沒有中子，所以氦原子和氫原子的質量比為 4:1。

圖 2.9 說明在一個原子中，基本粒子 (質子、中子和電子) 之間的相對位置。其實還有其他次原子粒子的存在，不過質子、中子和電子是構成原子的三種基本成分，而原子對於化學的重要性不可言喻。表 2.1 列出了這三種基本粒子的質量和電荷性質。

2.3 原子序、質量數、同位素

所有的原子可以依照其所含的質子和中子數來做區分。**原子序** (atomic number; Z) 指的是單一原子的原子核中質子的數量。若原子為電中性，則其所含的質子數和電子數會一樣，在此狀況下原子序也等於

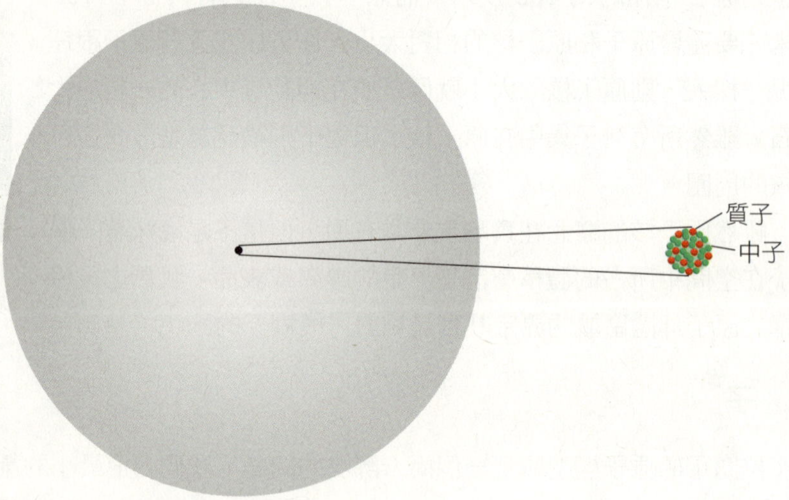

圖 2.9 原子中的質子和中子集中在一個非常小的原子核中。電子則是像「雲」一樣環繞在原子和周圍。

表 2.1 三種基本粒子的質量和電荷性質

粒子	質量 (公克)	電荷	
		庫侖	單位電荷
電子*	9.10938×10^{-28}	-1.6022×10^{-19}	-1
質子	1.67262×10^{-24}	$+1.6022 \times 10^{-19}$	$+1$
中子	1.67493×10^{-24}	0	0

*後來更精準地測量得到一個比密立根所算出來的原子質量更正確的值。

原子中的電子數。由於沒有原子序相同的原子，因此在化學中原子可以單純用其原子序來做區分。舉例來說，氟的原子序是 9，這代表每個氟原子有 9 個質子和 9 個電子。換句話說，在世界上只要是有 9 個質子的原子就是氟原子。

質量數 (mass number; *A*) 指的則是*原子核中質子數和中子數的總和*。除了氫原子只有一個質子沒有中子之外，所有的原子核中都有質子和中子的存在。一般來說，質量數可由下式得知：

質子和中子合稱為核子。

$$\begin{aligned}\text{質量數} &= \text{質子數} + \text{中子數}\\ &= \text{原子序} + \text{中子數}\end{aligned} \tag{2.1}$$

原子的中子數會等於質量數和原子序的差值 ($A - Z$)。例如：若硼原子的質量數為 12，原子序為 5 (原子核中 5 個質子)，則其中子數為 12 – 5 = 7。請注意：原子序、質子數和質量數這三個值都必須為正整數。

同一個元素的原子其質量不一定都相同。若*兩個原子有一樣的原子序但不一樣的質量數*，則這兩個原子彼此互稱為**同位素** (isotopes)。大多數元素有兩個以上的同位素。例如：氫就有三個同位素。其中之一的氫有一個質子，沒有中子；而氫的同位素氘則是有一個質子、一個中子；另一個同位素氚則是有一個質子、兩個中子。以下方式常用來表達元素 (X) 原子中的原子序和質量數：

質量數 → $^{A}_{Z}\text{X}$

原子序 → $^{A}_{Z}\text{X}$

因此，氫元素的三個同位素可以寫成

$$^{1}_{1}\text{H} \qquad ^{2}_{1}\text{H} \qquad ^{3}_{1}\text{H}$$

氫 氘 氚

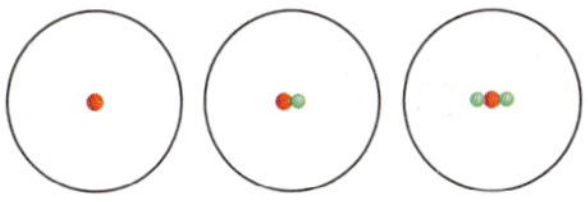

$^{1}_{1}\text{H}$ $^{2}_{1}\text{H}$ $^{3}_{1}\text{H}$

此外，鈾元素兩個常見的元素其質量數分別為 235 和 238。所以可以將這兩個同位素寫成

$$^{235}_{92}\text{U} \qquad ^{238}_{92}\text{U}$$

其中前者常用於核子反應器或是原子彈；而後者則沒辦法做類似的應用。除了氫元素的同位素各自有名稱之外，其他同位素的名稱都是以其質量數來做區分的。因此，上述的兩個鈾同位素稱為鈾-235 和鈾-238。

一個元素的化學性質主要是由原子中的質子和電子所決定，而中子一般在正常狀況下不會參與化學變化。因此，同元素的同位素會有相似

的化學性質，生成相同種類的化合物，表現出相似的反應性。

例題 2.1 說明如何利用原子序和質量數算出原子中質子、中子和電子的數量。

例題 2.1

請算出下列物種中的質子數、中子數和電子數：(a) $^{20}_{11}Na$；(b) $^{22}_{11}Na$；(c) ^{17}O；(d) 碳-14。

策 略

要記得上標數字代表質量數 (A)，而下標數字代表原子序 (Z)，質量數一定會大於原子序。(唯一的例外是 $^{1}_{1}H$，其質量數等於原子序。) 在沒有下標數字的時候 [像是本題中的 (c) 和 (d) 小題]，原子序可由其元素符號或是元素名稱得知。若要算電子數時，要記得因為原子都是電中性的，所以電子數會等於質子數。

解 答

(a) 因為原子序是 11，所以有 11 個質子。而質量數是 20，所以中子數是 $20 - 11 = 9$。電子數會等於質子數，所以是 11。

(b) 原子序和上一小題一樣是 11，所以有 11 個質子。而質量數是 22，所以中子數是 $22 - 11 = 11$。電子數會等於質子數，所以是 11。這裡 (a) 和 (b) 中的兩個物種是化學性質相似的鈉同位素。

(c) 因為氧的原子序是 8，所以有 8 個質子。而質量數是 17，所以中子數是 $17 - 8 = 9$。電子數會等於質子數，所以是 8。

(d) 碳-14 也可以寫成 ^{14}C。因為碳的原子序是 6，所以有 6 個質子。而質量數是 14，所以中子數是 $14 - 6 = 8$。電子數會等於質子數，所以是 6。

類題：2.3。

練習題

銅的同位素 ^{63}Cu 的質子數、中子數和電子數為何？

2.4 週期表

目前已知的所有元素中有超過一半都是在西元 1800~1900 年間發現的。在那個時候，化學家注意到很多元素的性質是彼此相似的。在仔細分析研究之後，發現到元素之間物理和化學行為的變化有週期規律性。當時的化學家便將這些已知的大量元素性質做了整理，進而將具有相似物理和化學性質的元素分類之後排列成一個表格，並將這個表格稱

為**週期表** (periodic table)。圖 2.10 是一張現代的週期表，其中將元素根據其原子序 (寫在元素符號上面) 做橫向排列，每一個橫列稱為一個**週期** (periods)。另外，也根據其相似的化學性質做縱向排列，每一個縱列稱為一個**族** (groups/families)。這裡需要注意的是，原子序 113~118 的元素是最近才合成出來的，所以它們還沒有被命名。

元素可以被分為三大類——金屬、非金屬和類金屬。**金屬** (metal) 是良好電和熱的導體；**非金屬** (nonmetal) 則通常不是良好電和熱的導體；**類金屬** (metalloid) 的性質則介於金屬和非金屬之間。由圖 2.10 可知，已知元素大多數是金屬，只有 17 個元素是非金屬，而 8 個元素是類金屬。在任一週期中，元素的性質會由左向右從金屬變化成非金屬。

同一族的元素常以其週期表上每一族的號碼來統稱 (例如：1A 族、2A 族等)。然而，為了方便，有些族也被冠上特殊名稱。像是 1A 族元

1 1A	2 2A	3 3B	4 4B	5 5B	6 6B	7 7B	8	9 8B	10	11 1B	12 2B	13 3A	14 4A	15 5A	16 6A	17 7A	18 8A
1 H																	2 He
3 Li	4 Be											5 B	6 C	7 N	8 O	9 F	10 Ne
11 Na	12 Mg											13 Al	14 Si	15 P	16 S	17 Cl	18 Ar
19 K	20 Ca	21 Sc	22 Ti	23 V	24 Cr	25 Mn	26 Fe	27 Co	28 Ni	29 Cu	30 Zn	31 Ga	32 Ge	33 As	34 Se	35 Br	36 Kr
37 Rb	38 Sr	39 Y	40 Zr	41 Nb	42 Mo	43 Tc	44 Ru	45 Rh	46 Pd	47 Ag	48 Cd	49 In	50 Sn	51 Sb	52 Te	53 I	54 Xe
55 Cs	56 Ba	57 La	72 Hf	73 Ta	74 W	75 Re	76 Os	77 Ir	78 Pt	79 Au	80 Hg	81 Tl	82 Pb	83 Bi	84 Po	85 At	86 Rn
87 Fr	88 Ra	89 Ac	104 Rf	105 Db	106 Sg	107 Bh	108 Hs	109 Mt	110 Ds	111 Rg	112 Cn	113	114	115	116	117	118
				58 Ce	59 Pr	60 Nd	61 Pm	62 Sm	63 Eu	64 Gd	65 Tb	66 Dy	67 Ho	68 Er	69 Tm	70 Yb	71 Lu
				90 Th	91 Pa	92 U	93 Np	94 Pu	95 Am	96 Cm	97 Bk	98 Cf	99 Es	100 Fm	101 Md	102 No	103 Lr

金屬

類金屬

非金屬

圖 2.10 現代的化學週期表。元素是依照寫在其元素符號之上的原子序來排列。除了氫 (H) 以外，非金屬元素都出現在週期表右端。為了要使整個表格不要太寬，在主週期表下面的兩列金屬元素一般都是分開寫的。事實上，鈰 (Ce) 是接在鑭 (La) 之後，而釷 (Th) 是接在錒 (Ac) 之後。國際理論與應用化學聯合會 (International Union of Pure and Applied Chemistry, IUPAC) 建議將週期表分為 1~18 族，但是並沒有被廣泛地接受。在本書中，我們將採用標準美國分類法將週期表分為 1A-8A 和 1B-8B 族。原子序 113~118 的元素尚未被命名。

CHEMISTRY in Action

生活中的化學

元素在地球上以及在生物系統內的分布情形

大多數的元素是自然存在的，但你們知道地球上這些元素的分布情形如何？而又有哪些元素是生物系統中不可或缺的？

地殼的範圍大約是從地表面向地心延伸 40 公里 (大約 25 英里) 深。由於技術上的困難，科學家沒辦法像研究地殼一樣地研究地心。然而，一般相信在地球的中心有一個以鐵為主要成分的核心。在這個核心的周圍是一層地幔，其主要組成為含有鐵、碳、矽和硫的熱流體。

在自然界發現的 83 個元素中，地殼質量的 99.7% 是由其中 12 個元素所組成。它們若以自然界含量多到少來做排列，分別為：氧 (O)、矽 (Si)、鋁 (Al)、鐵 (Fe)、鈣 (Ca)、鎂 (Mg)、鈉 (Na)、鉀 (K)、鈦 (Ti)、氫 (H)、磷 (P)、錳 (Mn)。在討論元素的自然含量時，我們必須知道元素在地殼中並不是均勻分布的，且大多元素是以化合物的方式存在，也因此科學家必須去研究如何從化合物中得到純元素的方法，這部分也會在之後的章節提到。

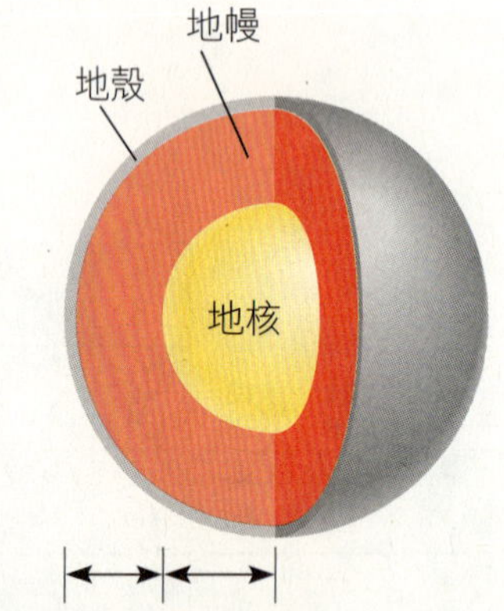

地球的內部結構。

下列表格中列出人體內的基本元素。比較值得一提的是微量元素的存在，這些微量元素像是鐵 (Fe)、銅 (Cu)、鋅 (Zn)、碘 (I)、鈷 (Co) 的總量約占人體質量的 0.1%。這些元素對於人體中像是生長、代謝作用中氧氣的傳輸、疾病的抵抗等生理機能是不可缺少的。在人體中這些元素的含量是個微妙的平衡。長時間失去這個平衡會造成嚴重的疾病、退化，甚至死亡。

人體內的基本元素

元素	質量百分比*	元素	質量百分比*
氧	65	鈉	0.1
碳	18	鎂	0.05
氫	10	鐵	<0.05
氮	3	鈷	<0.05
鈣	1.6	銅	<0.05
磷	1.2	鋅	<0.05
鉀	0.2	碘	<0.05
硫	0.2	硒	<0.01
氯	0.2	氟	<0.01

*質量百分比是指每 100 公克樣品中所含元素的公克數。

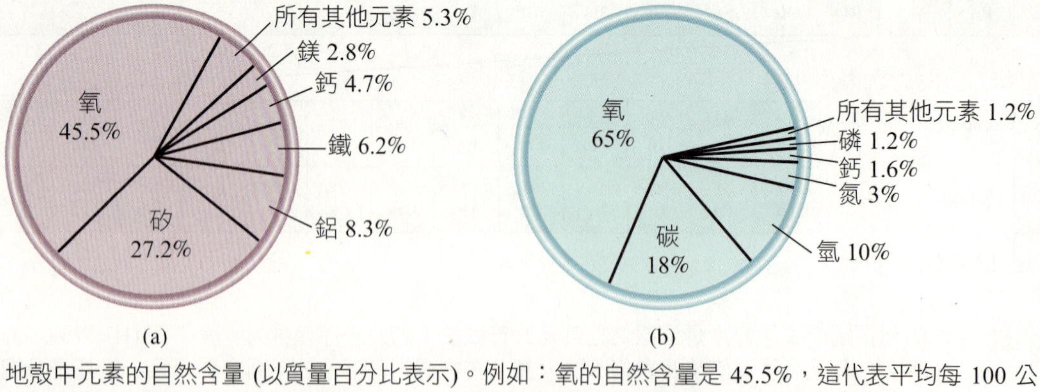

(a) 地殼中元素的自然含量 (以質量百分比表示)。例如：氧的自然含量是 45.5%，這代表平均每 100 公克的地殼樣品中會有 45.5 公克的氧元素；(b) 人體中元素的自然含量 (以質量百分比表示)。

素 (鋰、鈉、鉀、銣、銫、鍅) 稱作**鹼金屬** (alkali metals)；2A 族元素 (鈹、鎂、鈣、鍶、鋇、鐳) 稱作**鹼土金屬** (alkaline earth metals)；7A 族元素 (氟、氯、溴、碘、砈) 稱作**鹵素** (halogens)；8A 族元素 (氦、氖、氬、氪、氙、氡) 稱作**惰性氣體** (noble gases) 或稀有氣體。

週期表中將元素的性質以系統性的方式排列，也因此可以用來幫助我們推測元素的性質。在第八章中我們將更深入探討週期表這個在化學發展上的重要基礎。

在第 48 頁「生活中的化學」單元中描述元素在地球上以及在人體內的分布情形。

2.5 分子和離子

在所有的元素中，只有週期表 8A 族的 6 個惰性氣體 (氦、氖、氬、氪、氙、氡) 在自然界是以單原子的形式存在，因此它們被稱為是單原子氣體。大多數的物質是由原子組成的分子或離子建構而成。

分 子

我們將在第九和十章討論化學鍵的本質。

分子 (molecule) 是由兩個以上的原子以化學作用力 (也可稱作化學鍵) 以特定的排列方式所組成。分子中的原子可以來自相同或兩種以上不同元素的原子，其中的原子比例固定，正符合之前在 2.1 節中所提到的定比定律。然而，化合物以定義來說是由兩種以上的元素組成 (見 1.4 節)，因此分子不一定是化合物。舉例來說，氫氣的成分是兩個氫原子組成的氫分子，它是純元素，不是化合物。另一方面，水則是氫原子和氧原子以 2:1 比例組成的分子化合物。和原子一樣，分子也是電中性的。

氫分子 (分子式為 H_2) 中只有兩個原子，所以它是一個**雙原子分子** (diatomic molecule)。其他以雙原子分子存在的元素有氮氣 (N_2)、氧氣 (O_2)，以及 7A 族的元素——氟 (F_2)、氯 (Cl_2)、溴 (Br_2)、碘 (I_2)。當然雙原子分子也可以由兩個不同元素的原子組成。常見的例子有氯化氫 (HCl) 和一氧化碳 (CO)。

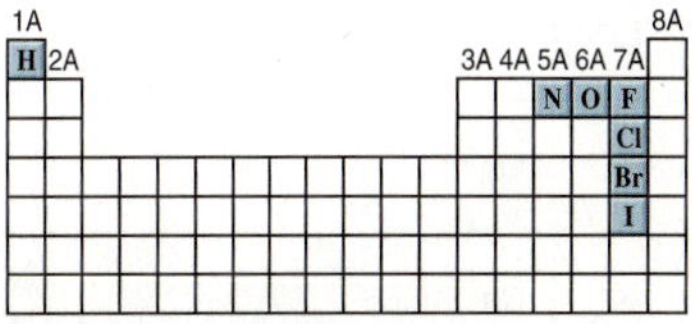

以雙原子分子存在的元素。

其他還有很多分子是由三個以上的原子所組成，這樣的分子稱為多原子分子。**多原子分子** (polyatomic molecules) 可以由相同元素的原子組成，像是由三個氧原子組成的臭氧 (O_3)；也可以由不同元素的原子組成，像是水 (H_2O) 和氨 (NH_3)。

離　子

離子 (ion) 是帶有正電荷或負電荷的一個或一組原子。離子的形成是因為原子失去或得到帶負電的電子，原子核中帶正電荷的質子數目並沒有改變。電中性的原子失去電子會形成帶正電的**陽離子** (cation)。例如：鈉原子 (Na) 很容易失去一個電子形成鈉陽離子 (Na^+)：

鈉原子 (Na)	鈉陽離子 (Na^+)
11 個質子	11 個質子
11 個電子	10 個電子

另一方面，電中性的原子得到電子則會形成帶負電的**陰離子** (anion)。例如：氯原子 (Cl) 得到一個電子就形成氯陰離子 (Cl^-)：

氯原子 (Cl)	氯陰離子 (Cl^-)
17 個質子	17 個質子
17 個電子	18 個電子

通常稱食鹽的氯化鈉 (NaCl) 是由陽離子和陰離子組成，所以是**離子化合物** (ionic compound)。

原子也可能失去或得到兩個以上的電子而生成離子。這樣的例子有 Mg^{2+}、Fe^{3+}、S^{2-}、N^{3-}，這些離子和 Na^+、Cl^- 一樣，因為只由一個原子組成，所以都稱為**單原子離子** (monatomic ions)。從圖 2.11 可以知道許多單原子離子的電荷。除了少數例子之外，大多數金屬傾向生成陽離子

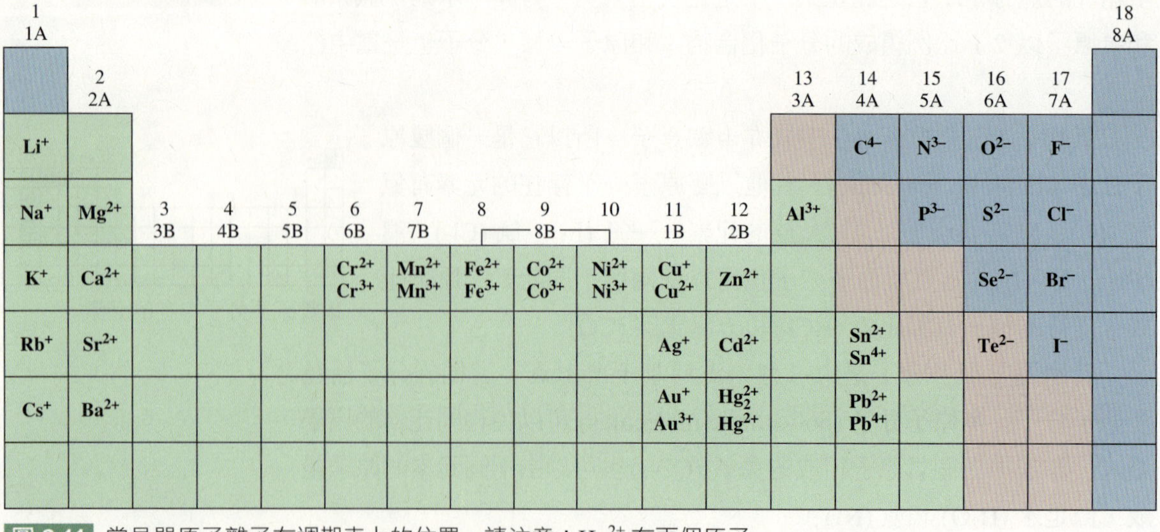

圖 2.11 常見單原子離子在週期表上的位置。請注意：Hg_2^{2+} 有兩個原子。

而大多數非金屬傾向生成陰離子。

除此之外，兩個以上原子所生成的離子稱為**多原子離子** (polyatomic ions)。多原子離子的例子有氫氧根離子 (OH^-)、氰離子 (CN^-)、銨根離子 (NH_4^+)。

2.6 化學式

化學家用化學符號構成的**化學式** (chemical formulas) 來表達分子和離子化合物的組成成分。這裡組成成分指的不僅是組成元素的種類，也是組成原子的比例。這裡將介紹兩種化學式，分別是：分子式和實驗式。

分子式

從**分子式** (molecular formula) 可以看出在一個分子 (純物質的最小單位) 中每個元素確切的原子數。在這裡我們討論分子時，每個分子除了名稱之外都會同時寫出其括弧內的分子式。例如：H_2 是氫氣的分子式、O_2 是氧氣的分子式、O_3 是臭氧的分子式、H_2O 是水的分子式。分子式中下標的數字代表個別原子的數量。H_2O 中的 O 沒有下標數字是因為在水分子中只有一個氧原子，分子式中下標數字若為 1 會省略不寫。請注意：氧氣 (O_2) 和臭氧 (O_3) 是氧的同素異形體。**同素異形體** (allotrope) 指的是由同一個元素組成的不同形體。像是碳的兩個同素異形體——鑽石和石墨——不僅是在性質上有很大的不同，它們的價錢也差很多。

分子模型

分子的尺寸對我們來說太小而無法直接觀察，用分子模型則可以有效地將分子視覺化。目前常用的標準分子模型有兩種：球棒模型 (ball-and-stick models) 和空間填充模型 (space-filling models) (圖 2.12)。在一個球棒模型中，原子是有洞的木球或塑膠球，化學鍵則是以棒狀物或是彈簧代表，而這些化學鍵和原子形成的角度約等於真實分子中的鍵角。在球棒模型中，除了氫原子之外，其他原子的大小都一致，並且用不同顏色來表示不同原子。而在空間填充模型中，原子是以斜截的圓球來表示，並用金屬押扣 (或稱子母扣) 來將原子連接，所以化學鍵在此模型中是看不到的，且斜截圓球的大小和原子的大小成正比。要建立一個分子結構的第一步是寫出表示分子中原子連接方式的**結構式** (structural formula)。例如：我們知道水分子的結構是兩個氫原子接在一個氧原子

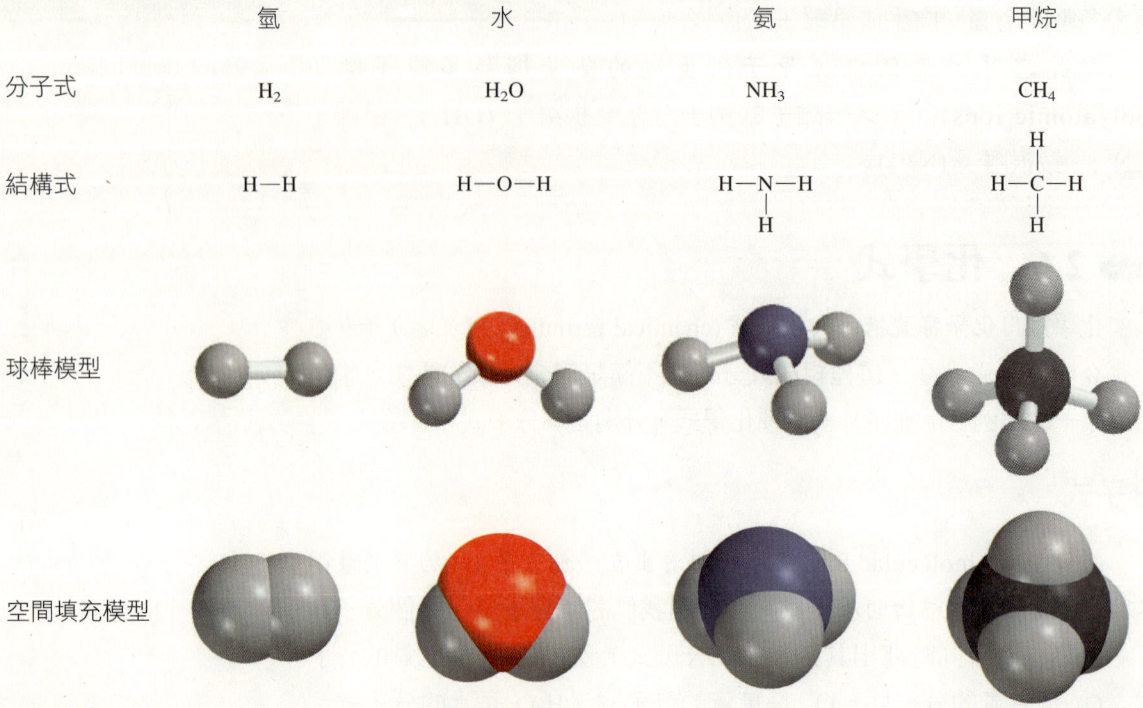

圖 2.12 四種常見分子的分子式、結構式和分子模型。

上。因此，水分子的結構式為 H—O—H。連接兩個原子符號的直線代表化學鍵。

球棒模型可以清楚看出原子的三維排列，而且很容易組合。然而，要注意的是，此模型中球體的大小並不正比於真實原子的大小。此外，棒相對於球的長度也遠大於真實分子中原子間的距離。而空間填充模型中的原子有不同的大小，比較可以正確地描述出分子的形狀。不過，缺點是它比較難組合，且原子的三維排列比較不清楚。在本書中，我們兩種模型都會使用。

實驗式

H_2O_2

過氧化氫 (雙氧水) 的分子式 H_2O_2，它是一種防腐劑也是頭髮和紡織品的漂白劑。這個分子式說明了一個過氧化氫分子是由兩個氫原子和兩個氧原子組成。分子中氫原子和氧原子的比例為 2:2 或 1:1。過氧化氫的實驗式為 HO。因此，**實驗式** (empirical formula) *告訴我們的是有哪些原子存在於分子中，以及這些原子的最簡單整數比*。此最簡單整數比不一定等於分子中原子的真實數量。再舉一個例子，聯氨 (N_2H_4) 是一種火箭的燃料，其實驗式為 NH_2。雖然在聯氨的分子式和實驗式中都可

以看出聯氨分子中氮原子和氫原子的比例為 1:2，但是只有分子式可以告訴我們一個聯氨分子中氮原子 (兩個) 和氫原子 (四個) 的實際數量。

實驗式是最簡單的化學式，它的寫法是將分子式中下標的數字寫成最小的整數。相對地，分子式表達的則是分子的實際原子數。如果我們知道一個分子的分子式，就可以知道它的實驗式；反之，若只知道分子的實驗式則無法確認其分子式。看起來分子式就可以提供實驗式有的資訊，然而，為什麼化學家還要在實驗式上費心呢？我們將在第三章討論這個原因，主要是因為當化學家在分析一個未知的化合物時，第一步知道的都是分子的實驗式，當得到進一步實驗結果後，才可以推導出分子的化學式。

empirical formula 中的 "empirical" 是由 "experiment" 這個字來的。在第三章我們將看到 empirical formulas 是由實驗決定的。

許多分子的分子式和實驗式是一樣的。像是水 (H_2O)、氨 (NH_3)、二氧化碳 (CO_2)、甲烷 (CH_4)。

例題 2.2 和 2.3 教我們如何看分子模型寫出分子式，以及由分子式去推導出實驗式。

例題 2.2

甲醇是一種有機溶劑也是抗凍劑，其球棒模型示於邊欄。請寫出甲醇的分子式。

解 答

由分子模型上的標示可知一個甲醇分子有四個氫原子、一個碳原子和一個氧原子。所以其分子式為 CH_4O。然而，甲醇分子式的標準寫法是 CH_3OH，因為這樣寫可以表示出分子中原子是如何結合在一起的。

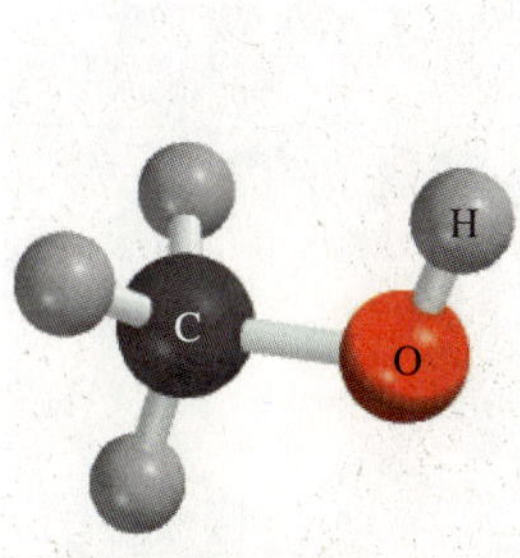

甲醇

練習題

氯仿是一種有機溶劑也是清潔劑，其球棒模型示於邊欄。請寫出氯仿的分子式。

類題：2.12。

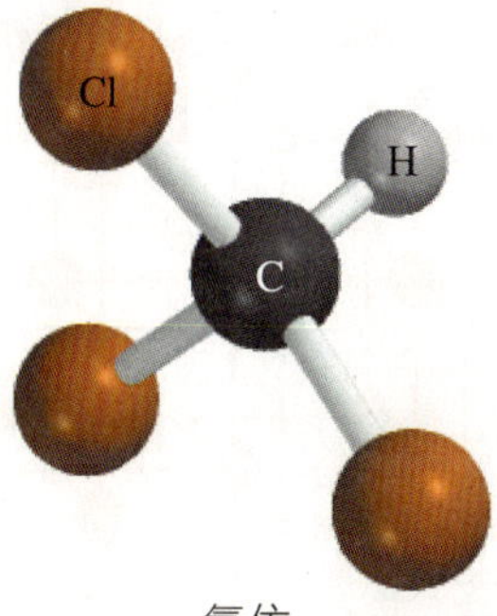

氯仿

例題 2.3

寫出以下分子的實驗式：(a) 乙炔 (C_2H_2)，用來焊接金屬；(b) 葡萄糖 ($C_6H_{12}O_6$)，血糖的成分；(c) 一氧化二氮 (N_2O)，一種麻醉用氣體 (俗稱「笑氣」)，也是生奶油罐中的推進氣體。

策 略

記得寫實驗式要將分子式中下標的數字都寫成最小的整數。

解　答

(a) 乙炔分子中有兩個碳原子和兩個氫原子。所以可以把下標數字同除以二，得到實驗式為 CH。

(b) 葡萄糖分子中有六個碳原子、十二個氫原子和六個氧原子。把下標數字同除以六，可得實驗式為 CH_2O。在這裡若我們將下標數字同除以三，可得另一個實驗式為 $C_2H_4O_2$。雖然在 $C_2H_4O_2$ 中碳氫氧的比例和在 $C_6H_{12}O_6$ 中是一樣的 (1:2:1)，但 $C_2H_4O_2$ 並不是葡萄糖的實驗式，由於其下標數字並不是最簡單整數比。

(c) 因為在 N_2O 中，下標數字已經是最簡單整數比，所以一氧化二氮的實驗式和分子式一樣。

類題：2.11。

練習題

尼古丁 ($C_{10}H_{14}N_2$) 是一種在菸草中會令人上癮的成分，請寫出尼古丁的實驗式。

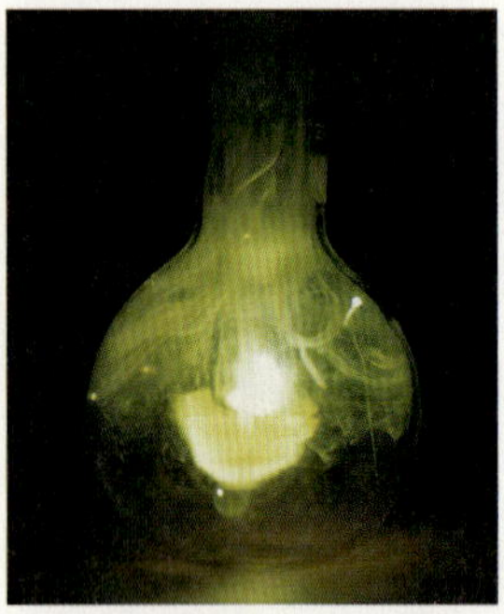

鈉金屬和氯氣反應生成氯化鈉。

離子化合物的化學式

因為離子化合物不會由個別的分子單位組成，所以其化學式通常和實驗式一樣。以氯化鈉 (NaCl) 固體為例，它是由等量的 Na^+ 和 Cl^- 離子排列成的三維網狀結構 (圖 2.13)。在此化合物中陽離子和陰離子的比例是 1:1，所以化合物是電中性的。如圖 2.13 所示，在 NaCl 中沒有任何一個 Na^+ 是跟特定的一個 Cl^- 配對，事實上，每個 Na^+ 是被等距離的六個 Cl^- 所包圍；而每個 Cl^- 是被等距離的六個 Na^+ 所包圍，因此 NaCl 就是氯化鈉的實驗式。在其他的離子化合物中，真實的排列結構或許和氯化

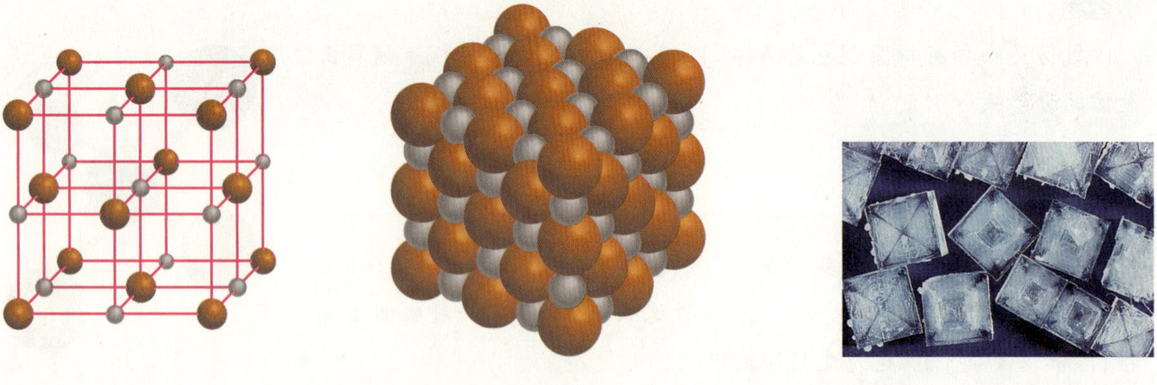

(a)　(b)　(c)

圖 2.13 (a) 固體 NaCl 結構；(b) 在真實的情況中，陽離子和陰離子是互相接觸在一起的，在 (a) 和 (b) 中，較小的球體是 Na^+，而較大的球體是 Cl^-；(c) NaCl 晶體。

鈉不同，但是陽離子和陰離子的電荷會抵銷，所以都是電中性的。請注意：在離子化合物的化學式中，陽離子和陰離子的電荷是省略不寫的。

為了要使離子化合物成為電中性，化學式中陽離子和陰離子的電荷總和要等於零。如果單一陽離子和單一陰離子的電荷數不同，要用以下的方式使電荷平衡：**陽離子的下標數字要和陰離子的電荷數相同，而陰離子的下標數字要和陽離子的電荷數相同**。如果陰離子和陽離子的電荷數相同，則下標數字省略不寫。這樣做的目的主要是因為離子化合物的化學式通常等於實驗式，所以下標數字必須簡化到最簡單的整數比。看看下列的例子：

陽離子和陰離子的電荷數請參考圖 2.11。

- **溴化鉀** (Potassium Bromide)：溴化鉀是由鉀陽離子 (K^+) 和溴陰離子 (Br^-) 所組成。電荷總和是 +1 + (–1) = 0，所以不需要下標數字。化學式是 KBr。
- **碘化鋅** (Zinc Iodide)：碘化鋅是鋅陽離子 (Zn^{2+}) 和碘陰離子 (I^-) 所組成。電荷總和是 +2 + (–1) = 1。要使總電荷加起來為零，我們必須將帶 –1 價的陰離子乘以二，所以在化學式中碘的下標數字要為 “2”。因此，碘化鋅的化學式為 ZnI_2。
- **氧化鋁** (Aluminum Oxide)：氧化鋁的陽離子為 Al^{3+}，而陰離子為 O^{2-}。以下圖示可以幫助我們決定氧化鋁化學式的下標數字：

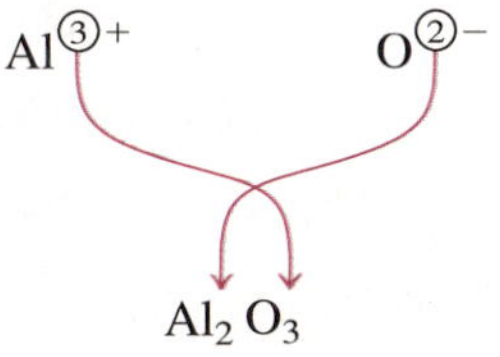

電荷總和是 2(+3) + 3(–2) = 0。因此，氧化鋁的化學式為 Al_2O_3。

請注意：以上三個例子的下標數字都是最小整數比。

例題 2.4

寫出氮化鎂的化學式，它是由 Mg^{2+} 和 N^{3-} 離子所組成。

策　略

寫離子化合物化學式的中心概念是要維持電中性；也就是陽離子電荷數總和要等於陰離子電荷數總和。因為 Mg^{2+} 和 N^{3-} 上的電荷數不相等，所以我們知道化學式不能為 MgN，應該要是 Mg_xN_y，其中 x 和 y 是下標數字。

解　答

要滿足電中性原則，以下算式要成立：

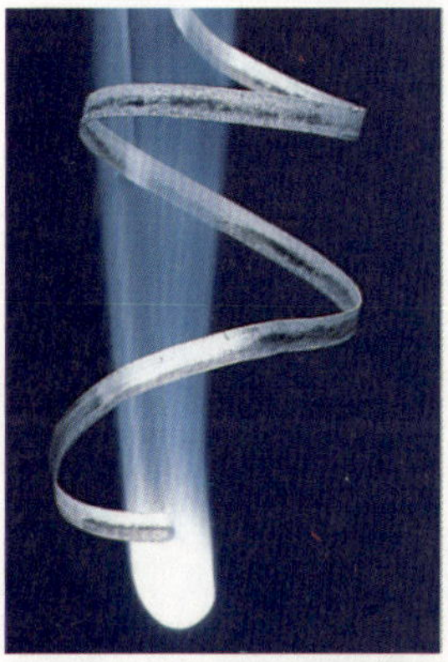

當鎂在空氣中燃燒會同時形成氧化鎂和氮化鎂。

$$(+2)x + (-3)y = 0$$

移位後得 $x/y = 3/2$，我們可以寫成

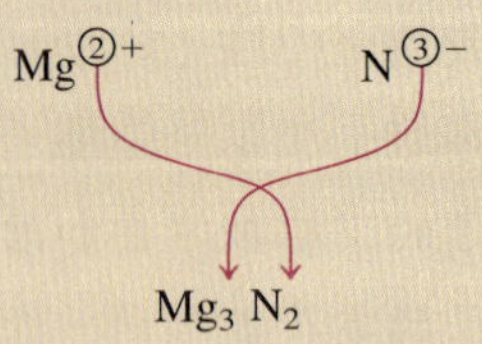

檢　查

下標數字必須為最小整數比，因為離子化合物的化學式通常等於它的實驗式。

類題：2.10。

練習題

寫出以下離子化合物的化學式：(a) 硫酸鉻 (由 Cr^{3+} 和 SO_4^{2-} 離子所組成)；(b) 氧化鈦 (由 Ti^{4+} 和 O^{2-} 離子所組成)。

2.7 化合物命名

當化學在發展初期時，我們知道的化合物不多，所以可以記得每個化合物的名稱。那時候很多化合物的名字其實都是來自於其物理外觀、性質、來源或應用——例如：鎂乳、笑氣、石灰石、苛性鈉、鹼液、洗滌鹼、小蘇打。

到了今天已知的化合物已經超過 6600 萬種，幸好我們現在要學化學不用把全部化合物的名稱背下來。從化學開始發展的這些年來，化學家已經發展出一套清楚的規則來命名化合物，稱作「化學命名法」。這套規則全世界通用，也因此加速化學家之間在研究上的溝通，同時也可以有效地被用來命名不斷發現的新化合物。了解這套命名規則會對學習化學有很大幫助。

在開始討論化學命名法之前，我們必須先了解有機化合物和無機化合物之間的差異。**有機化合物** (organic compounds) 是以碳為主要原子加上其他原子像是氫、氧、氮、硫所組成；而不屬於有機化合物的就歸類於**無機化合物** (inorganic compounds)。為了方便，有些含碳化合物像是一氧化碳 (CO)、二氧化碳 (CO_2)、二硫化碳 (CS_2)，以及一些含有氰離子 (CN^-)、碳酸根離子 (CO_3^{2-})、碳酸氫根離子 (HCO_3^-) 的化合物都被歸為無機化合物。

元素符號和名稱請參考書末附錄的週期表。

為了整理並簡化命名化合物的流程，我們可以將無機化合物分成四大類，分別為：離子化合物、分子化合物、酸和鹼、水合物。

離子化合物

在 2.5 節我們學過離子化合物是由陽離子和陰離子所組成。除了銨根離子 (NH_4^+) 之外，所有我們會看到的陽離子都是由金屬原子所產生。金屬陽離子的命名是由其金屬元素的名稱而來，例如：

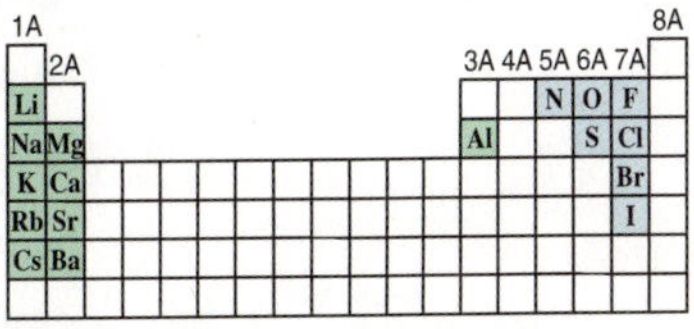

離子化合物是由反應性最強 (綠色) 的金屬和反應性最弱 (藍色) 的非金屬組成。

元素		陽離子名稱	
Na	sodium	Na^+	sodium ion (或 sodium cation)
K	potassium	K^+	potassium ion (或 potassium cation)
Mg	magnesium	Mg^{2+}	magnesium ion (或 magnesium cation)
Al	aluminum	Al^{3+}	aluminum ion (或 aluminum cation)

很多離子化合物是**二元化合物** (binary compounds)，也就是指由兩種元素組成的化合物。命名二元化合物的原則是先命名金屬陽離子，接著命名非金屬陰離子。因此，NaCl 是 sodium chloride。這裡要注意的是，陽離子的命名就是用原本金屬元素的名稱；而陰離子的命名是將其原本元素名稱 (chlorine) 的字尾改成 “-ide”。其他像是 potassium bromide (KBr)、zinc iodide (ZnI2)、aluminum oxide (Al_2O_3) 也都是二元化合物。表 2.2 中列出一些常見單原子陰離子加上 “-ide” 字尾的名稱。

“-ide” 字尾也會用在特定以不同元素組成的陰離子上，像是氫氧根 hydroxide (OH^-) 和氰根 cyanide (CN^-)。因此，LiOH 和 KCN 分別命名為 lithium hydroxide 和 potassium cyanide。像這類還有許多其他類似的化合物稱為**三元化合物** (ternary compounds)，也就是指由三種元素組成的化合物。表 2.3 中依照字母順序列出許多常見陽離子和陰離子的名稱。

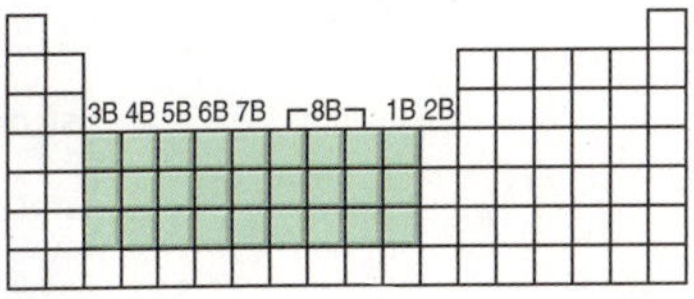

過渡金屬是在 1B 族與 3B~8B 族的元素 (見圖 2.10)。

有些特定金屬，特別是過渡金屬，可以形成兩種以上的陽離子。舉鐵作為例子，它可以形成 Fe^{2+} 和 Fe^{3+} 兩種陽離子。依照

表 2.2 一些常見的單原子陰離子用 “-ide” 當字尾的命名法

4A 族	5A 族	6A 族	7A 族
C carbide (C^{4-})*	N nitride (N^{3-})	O oxide (O^{2-})	F fluoride (F^-)
Si silicide (Si^{4-})	P phosphide (P^{3-})	S sulfide (S^{2-})	Cl chloride (Cl^-)
		Se selenide (Se^{2-})	Br bromide (Br^-)
		Te telluride (Te^{2-})	I iodide (I^-)

* “carbide” 也可以是 C_2^{2-}。

表 2.3 一些常見陽離子和陰離子的名稱和化學式

陽離子	陰離子
aluminum (Al^{3+})	bromide (Br^-)
ammonium (NH_4^+)	carbonate (CO_3^{2-})
barium (Ba^{2+})	chlorate (ClO_3^-)
cadmium (Cd^{2+})	chloride (Cl^-)
calcium (Ca^{2+})	chromate (CrO_4^{2-})
cesium (Cs^+)	cyanide (CN^-)
chromium(III) 或 chromic (Cr^{3+})	dichromate ($Cr_2O_7^{2-}$)
cobalt(II) 或 cobaltous (Co^{2+})	dihydrogen phosphate ($H_2PO_4^-$)
copper(I) 或 cuprous (Cu^+)	fluoride (F^-)
copper(II) 或 cupric (Cu^{2+})	hydride (H^-)
hydrogen (H^+)	hydrogen carbonate 或 bicarbonate (HCO_3^-)
iron(II) 或 ferrous (Fe^{2+})	hydrogen phosphate (HPO_4^{2-})
iron(III) 或 ferric (Fe^{3+})	hydrogen sulfate 或 bisulfate (HSO_4^-)
lead(II) 或 plumbous (Pb^{2+})	hydroxide (OH^-)
lithium (Li^+)	iodide (I^-)
magnesium (Mg^{2+})	nitrate (NO_3^-)
manganese(II) 或 manganous (Mn^{2+})	nitride (N^{3-})
mercury(I) 或 mercurous (Hg_2^{2+})*	nitrite (NO_2^-)
mercury(II) 或 mercuric (Hg^{2+})	oxide (O^{2-})
potassium (K^+)	permanganate (MnO_4^-)
rubidium (Rb^+)	peroxide (O_2^{2-})
silver (Ag^+)	phosphate (PO_4^{3-})
sodium (Na^+)	sulfate (SO_4^{2-})
strontium (Sr^{2+})	sulfide (S^{2-})
tin(II) 或 stannous (Sn^{2+})	sulfite (SO_3^{2-})
zinc (Zn^{2+})	thiocyanate (SCN^-)

* mercury(I) ion 以雙原子離子 (Hg_2^{2+}) 形式存在。

較古老的命名系統，若一個金屬可以形成兩個陽離子，其中有較少電荷的陽離子字尾要改成 “-ous”，而有較多電荷的陽離子字尾要改成 “-ic”，所以：

Fe^{2+}	ferrous ion	(亞鐵離子)
Fe^{3+}	ferric ion	(鐵離子)

而這兩個鐵離子和氯生成的化合物名稱為

$FeCl_2$	ferrous chloride	(氯化亞鐵)
$FeCl_3$	ferric chloride	(氯化鐵)

氯化亞鐵 (左) 和氯化鐵 (右)。

然而，這樣的命名方式很明顯有許多限制。首先，“-ous” 和 “-ic” 的字尾無法表示出這兩個陽離子的實際電荷數。像是 ferric ion (鐵離子) 是 Fe^{3+}，而 cupric ion (銅離子) 是 Cu^{2+}。此外，“-ous” 和 “-ic” 的字尾只足以用來分辨兩種不同的陽離子，而有些金屬元素在化合物中會有多於三種不同電荷數。因此，近年來愈來愈普遍的方法是將陽離子冠上不同羅馬數字做區分，這樣的方法叫作史托克[13] 系統。在這個系統中，羅馬數字 I 代表一個正電荷、羅馬數字 II 代表兩個正電荷，以此類推。例如：錳 (Mn) 原子可以有三種不同的電荷數：

Mn^{2+}：MnO	manganese(II) oxide
Mn^{3+}：Mn_2O_3	manganese(III) oxide
Mn^{4+}：MnO_2	manganese(IV) oxide

要記得羅馬數字代表的是金屬陽離子的電荷數。

這些名稱的英文發音為 “manganese-two oxide”、“manganese-three oxide” 和 “manganese-four oxide”。利用史托克系統，我們可以將 ferrous ion 和 ferric ion 分別寫成 iron(II) 和 iron(III)。ferrous chloride 寫成 iron(II) chloride，而 ferric chloride 寫成 iron(III) chloride。為了要迎合現代較普遍的用法，在本書中會用史托克系統命名化合物。

非過渡金屬，例如：錫 (Sn) 和鉛 (Pb) 也可生成兩種以上的陽離子。

例題 2.5 和 2.6 說明如何命名離子化合物，以及根據圖 2.11、表 2.2 和 2.3 所提供的資訊寫出離子化合物的化學式。

例題 2.5

命名以下化合物：(a) $Cu(NO_3)_2$；(b) KH_2PO_4；(c) NH_4ClO_3。

策　略

這裡在 (a) 和 (b) 中的化合物都含有金屬和非金屬原子，所以我們將它們歸類為離子化合物。雖然在 (c) 中沒有金屬原子，但有帶正電的銨根離子 (NH_4^+)，所以 NH_4ClO_3 也是離子化合物。要知道陽離子和陰離子的名稱，我們可以參考表 2.3。記得如果一個金屬原子可以形成不同電荷的離子 (見圖 2.11)，要用史托克系統來命名。

13 史托克 (Alfred E. Stock, 1876~1946)，德國化學家。史托克大部分的研究是在合成與鑑定硼、鈹、矽化合物。他是第一個研究汞汙染毒性的科學家。

解 答

(a) 因為硝酸根離子 (nitrate ion; NO_3^-) 有一個負電荷，所以銅離子要有兩個正電荷才能維持電中性。銅可以生成的陽離子有 Cu^+ 和 Cu^{2+}，所以這裡的銅陽離子為 Cu^{2+}。根據史托克系統，我們得將 $Cu(NO_3)_2$ 命名為 copper(II) nitrate。

(b) 陽離子是 K^+，而陰離子是 $H_2PO_4^-$ (dihydrogen phosphate)。因為鉀陽離子只有一種電荷數，所以羅馬數字 (I) 可以省略，不需要以 potassium(I) 來表示。因此，KH_2PO_4 是 potassium dihydrogen phosphate。

(c) 陽離子是 NH_4^+ (ammonium ion)，而陰離子是 ClO_3^-。因此，NH_4ClO_3 是 ammonium chlorate。

練習題

命名以下化合物：(a) V_2O_5；(b) Li_2SO_3。

例題 2.6

寫出以下化合物的分子式：(a) mercury(I) nitrite；(b) cesium sulfide；(c) calcium phosphate。

策 略

參考表 2.3 可以知道陽離子和陰離子的化學式。由羅馬數字可以看出金屬陽離子的電荷數。

解 答

請注意：這個離子化合物中的下標數字並非最小整數比，這是因為 Hg(I) 離子都是以二聚體存在。

(a) 由羅馬數字 (I) 得知汞離子的電荷數是 +1。然而，根據表 2.3，正一價汞離子 [mercury(I) ion] 是雙原子離子 (Hg_2^{2+})，而亞硝酸離子 (nitrite ion) 是 NO_2^-。所以，分子式為 $Hg_2(NO_2)_2$。

(b) 每個硫酸根離子 (sulfide ion) 有兩個負電荷，每個銫離子 (cesium ion) 有一個正電荷 (銫和鈉一樣是 1A 族)。所以，分子式為 Cs_2S。

(c) 每個鈣離子 (calcium ion; Ca^{2+}) 有兩個正電荷，每個磷酸根離子 (phosphate ion; PO_4^{3-}) 有三個負電荷。為了要使總電荷數為零，我們必須調整陽離子和陰離子的數目：

$$3(+2) + 2(-3) = 0$$

所以，分子式為 $Ca_3(PO_4)_2$。

練習題

寫出以下化合物的分子式：(a) rubidium sulfate；(b) barium hydride。

分子化合物

不像離子化合物，分子化合物是由個別的分子單位所組成。這些分子單位通常由非金屬元素組成 (見圖 2.10)。很多分子化合物是二元化合物。二元分子化合物的命名類似於二元離子化合物。原則是先命名寫在化學式前面的元素，再命名寫在化學式後面的元素，化學式後面的元素名稱字尾要改成 *-ide*。例子如下：

HCl	hydrogen chloride	(氯化氫)
HBr	hydrogen bromide	(溴化氫)
SiC	silicon carbide	(碳化矽)

通常兩個不同的元素可以組成幾種不一樣的化合物。在這種狀況下，為了避免命名上的混淆，必須要用到希臘字首來代表每一種元素的原子數量 (表 2.4)。看看下列的例子：

CO	carbon monoxide	(一氧化碳)
CO_2	carbon dioxide	(二氧化碳)
SO_2	sulfur dioxide	(二氧化硫)
SO_3	sulfur trioxide	(三氧化硫)
NO_2	nitrogen dioxide	(二氧化氮)
N_2O_4	dinitrogen tetroxide	(四氧化二氮)

表 2.4 用於命名分子化合物的字首

字首	數字意義
mono-	1
di-	2
tri-	3
tetra-	4
penta-	5
hexa-	6
hepta-	7
octa-	8
nona-	9
deca-	10

下列是在用字首命名化合物時需要注意到的要點：

- 第一個元素若字首是 “mono-” 可以省略。例如：PCl_3 命名為 phosphorus trichloride，而不是 monophosphorus trichloride。所以，若第一個元素的字首省略，則表示在分子中此元素的原子只有一個。
- 對於氧化物的命名來說，有時候字首中後面的 “a” 可以省略。例如：N_2O_4 命名為 dinitrogen tetroxide，而不是 dinitrogen tetraoxide。

此外，若是含有氫的分子化合物則不用希臘字首命名。習慣上，許多這類的化合物都是用它的俗名，或是不特別指出其氫原子數量的名稱：

B_2H_6	diborane	(乙硼烷)
CH_4	methane	(甲烷)
SiH_4	silane	(甲矽烷)

NH_3	ammonia	(氨)
PH_3	phosphine	(磷化氫)
H_2O	water	(水)
H_2S	hydrogen sulfide	(硫化氫)

請注意：含氫化合物在命名時，元素在分子式中的順序也是沒有規則的。氫原子 (H) 在水和硫化氫分子的化學式中先寫，而在其他分子的化學式中則後寫。

要寫出一個分子化合物的化學式通常是很直截了當地。因此，arsenic trifluoride 指的是三個 F 原子和一個 As 原子組成一個分子，其分子式為 AsF_3。請注意：這裡的分子式中元素的順序和命名時的順序一致。

例題 2.7

命名以下分子化合物：(a) $SiCl_4$；(b) P_4O_{10}。

策 略

參考表 2.4 中的字首。在 (a) 中只有一個 Si 原子，所以字首 "mono" 省略。

解 答

(a) 因為分子式中有四個氯原子，所以分子命名為 silicon tetrachloride。

(b) 因為分子式中有四個磷原子和十個氧原子，所以分子命名為 tetraphosphorus decoxide。請注意：字首 "deca" 中的 "a" 省略。

練習題

命名以下分子化合物：(a) NF_3；(b) Cl_2O_7。

例題 2.8

寫出以下分子化合物的化學式：(a) carbon disulfide；(b) disilicon hexabromide。

策 略

這裡我們必須會把字首轉換成原子的數目 (見表 2.4)。在 (a) 中 carbon 沒有字首，表示只有一個碳原子在分子中。

解 答

(a) 從命名得知此分子中有兩個硫原子和一個碳原子，所以化學式為

CS_2。

(b) 從命名得知此分子中有兩個矽原子和六個溴原子，所以化學式為 Si_2Br_6。

練習題

寫出以下分子化合物的化學式：(a) sulfur tetrafluoride；(b) dinitrogen pentoxide。

圖 2.14 歸納了命名離子和二元化合物的步驟。

酸和鹼

酸的命名

若一物質溶於水中會釋放出氫離子 (H^+，也常被稱為是質子)，則此

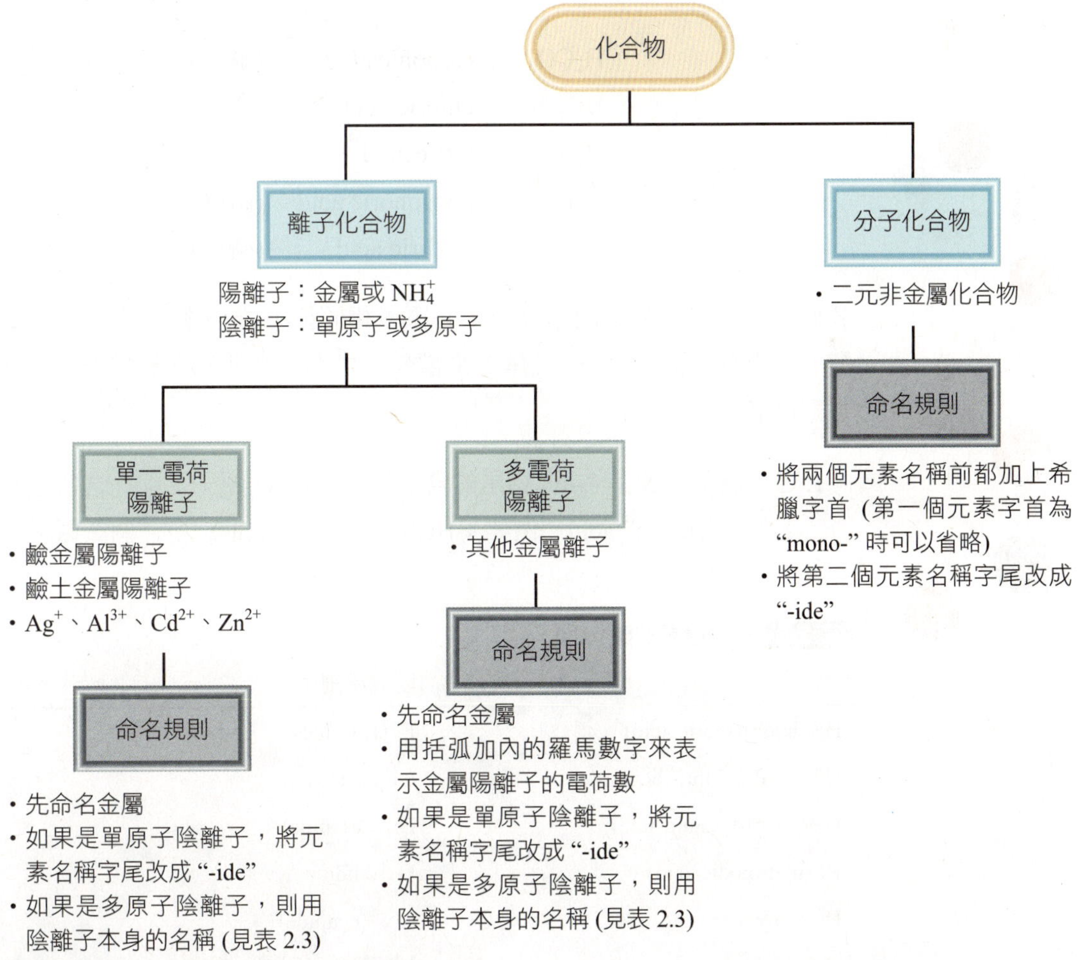

圖 2.14 命名離子和二元化合物的步驟。

物質可以稱作是一種**酸** (acid)。酸的化學式是由一個或多個氫原子以及另一個陰離子團所組成。酸的命名要從陰離子開始，以 “-ide” 結尾的陰離子所構成的酸，其命名為此陰離子名稱加字首 “hydro-” 和字尾 “-ic” + acid，如表 2.5 所列。有時候相同化學式的酸也會有兩種名稱，例如：

HCl	hydrogen chloride	(氯化氫)
HCl	hydrochloric acid	(鹽酸)

其實，這個差別是來自於酸的物理狀態。若是在氣態或純液態時， HCl 是一個分子化合物，稱為 hydrogen chloride。但當 HCl 溶於水中時會解離成 H^+ 和 Cl^- 離子，在這個狀況下，此水溶液稱為 hydrochloric acid。

當 HCl 分子溶於水中會解離成 H^+ 和 Cl^- 離子。H^+ 離子通常會與一個或多個水分子結合，所以也可寫成 H_3O^+。

含氧酸 (oxoacids) 則是由氫、氧，再加上另一個元素當中心元素而組成。含氧酸的化學式通常把 H 寫在最前面，接著是中心元素，最後是 O。我們用下列五個常見的含氧酸當參考標準來說明含氧酸的命名：

H_2CO_3	carbonic acid	(碳酸)
$HClO_3$	chloric acid	(氯酸)
HNO_3	nitric acid	(硝酸)
H_3PO_4	phosphoric acid	(磷酸)
H_2SO_4	sulfuric acid	(硫酸)

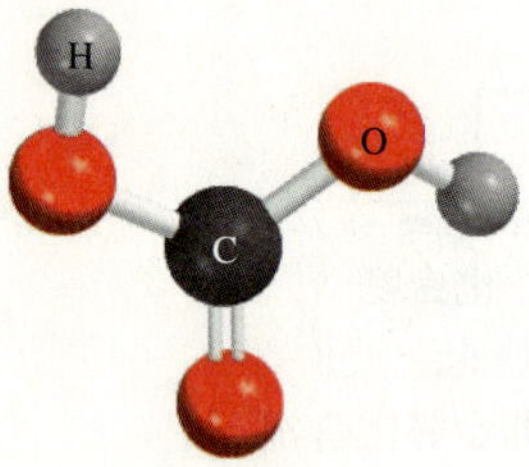

H_2CO_3

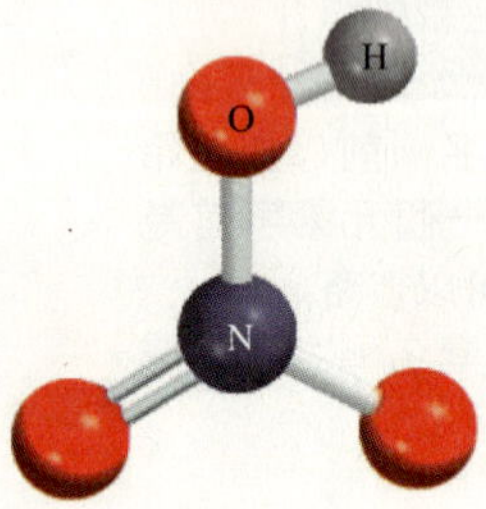

HNO_3

請注意：這些酸在氣態時都以分子化合物方式存在。

我們常常可以看到有兩種以上中心原子相同但 O 原子數目不同的含氧酸。以上列五個以 “-ic” 結尾的來當參考標準，其他的含氧酸可以下列規則命名：

1. 若一含氧酸比其 “-ic” 結尾的含氧酸多一個 O 原子，則此含氧酸命名為 “per...-ic” acid。例如：$HClO_4$ 因為比 $HClO_3$ 多一個氧原子，

表 2.5 一些簡單的酸

酸	對應陰離子
HF (hydrofluoric acid)	F^- (fluoride)
HCl (hydrochloric acid)	Cl^- (chloride)
HBr (hydrobromic acid)	Br^- (bromide)
HI (hydroiodic acid)	I^- (iodide)
HCN (hydrocyanic acid)	CN^- (cyanide)
H_2S (hydrosulfuric acid)	S^{2-} (sulfide)

所以稱為 perchloric acid (過氯酸)。

2. 若一含氧酸比其 “-ic” 結尾的含氧酸少一個 O 原子，則將字尾改成 “-ous”，將此含氧酸命名為 “-ous” acid。例如：HNO_2 因為比 HNO_3 少一個氧原子，所以稱為 nitrous acid (亞硝酸)。
3. 若一含氧酸比其 “-ic” 結尾的含氧酸少兩個 O 原子，則此含氧酸命名為 “hypo...-ous” acid。例如：HBrO 因為比 $HBrO_3$ 少兩個氧原子，所以稱為 hypobromous acid (次溴酸)。

命名**含氧酸陰離子** (oxoanions) 的規則如下：

1. 將所有在 “-ic” acid 的 H 離子移去所生成的陰離子名稱會以 “-ate” 當字尾。例如：carbonic acid (H_2CO_3) 的陰離子 CO_3^{2-} 稱作 carbonate。
2. 將所有在 “-ous” acid 的 H 離子移去所生成的陰離子名稱會以 “-ite” 當字尾。例如：chlorous acid ($HClO_2$) 的陰離子 ClO_2^- 稱作 chlorite。
3. 若是在含氧酸中的 H 離子沒有全部移去，則所生成的陰離子名稱必須指出 H 離子的數量。以下列由磷酸所衍生出來的含氧酸陰離子為例：

H_3PO_4	phosphoric acid	(磷酸)
$H_2PO_4^-$	dihydrogen phosphate	(磷酸二氫根)
HPO_4^{2-}	hydrogen phosphate	(磷酸一氫根)
PO_4^{3-}	phosphate	(磷酸根)

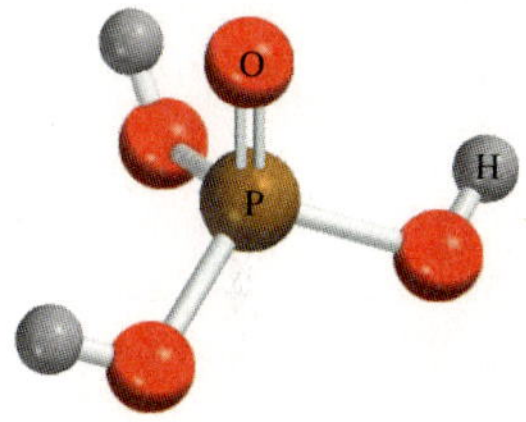

H_3PO_4

請注意：在這裡當陰離子上的 H 原子只有一個時，我們一樣可以把字首的 “mono-” 省略。圖 2.15 整理含氧酸和含氧酸陰離子的命名方法。表 2.6 則是列出一些含氯的含氧酸和含氧酸陰離子名稱。

例題 2.9 說明含氧酸和含氧酸陰離子的命名方法。

表 2.6 一些含氯的含氧酸和含氧酸陰離子名稱

酸	對應陰離子
$HClO_4$ (perchloric acid)	ClO_4^- (perchlorate)
$HClO_3$ (chloric acid)	ClO_3^- (chlorate)
$HClO_2$ (chlorous acid)	ClO_2^- (chlorite)
HClO (hypochlorous acid)	ClO^- (hypochlorite)

圖 2.15 含氧酸和含氧酸陰離子的命名。

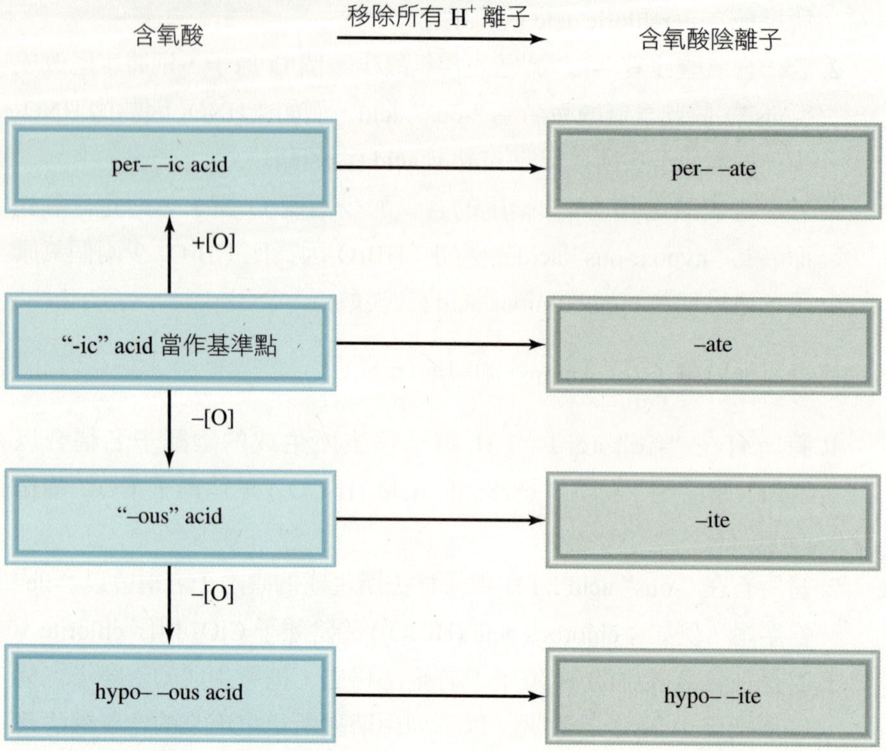

例題 2.9

命名以下含氧酸和含氧酸陰離子：(a) H_3PO_3；(b) IO_4^-。

策　略

要命名 (a) 中的酸，我們首先必須找出其對應以 "ic" 當名稱字尾的酸，如圖 2.15 所示。在 (b) 中，我們需要在表 2.6 中找出此陰離子失去 H 原子前的對應酸。

解　答

(a) 我們從磷酸系列中當作參考標準的 phosphoric acid (H_3PO_4) 開始。因為 H_3PO_3 比 H_3PO_4 少一個 O 原子，所以它的名稱是 phosphorous acid。

(b) IO_4^- 的對應酸是 HIO_4。因為它比系列中當作參考標準的 iodic acid (HIO_3) 多一個 O 原子，所以它的名稱是 periodic acid。periodic acid 的對應陰離子則稱作 periodate。

類題：2.14。

練習題

命名以下含氧酸和含氧酸陰離子：(a) HBrO；(b) HSO_4^-。

鹼的命名

若一物質溶於水中會釋放出氫氧根離子 (OH^-)，則此物質可以稱作是一種**鹼** (base)。以下為鹼的例子：

NaOH	sodium hydroxide	(氫氧化鈉)
KOH	potassium hydroxide	(氫氧化鉀)
$Ba(OH)_2$	barium hydroxide	(氫氧化鋇)

氨 (NH_3) 是一種氣態或純液態的分子化合物，它也被歸類為是一種鹼。乍看或許會認為這種鹼不符合上述鹼的定義，因為這個分子沒有氫氧根離子，但是仔細看看鹼的定義，只要是物質溶於水中會釋放出氫氧根離子，而物質本身結構中不一定要有氫氧根離子。事實上，當氨溶於水中會部分和水反應產生 NH_4^+ 和 OH^- 離子，所以氨是一種鹼。

水合物

當一個化合物結合了特定數目的水分子，則此化合物稱為**水合物** (hydrates)。例如：在正常狀態下每一單位的 copper(II) sulfate (硫酸銅) 分子會和五個水分子結合，此化合物的系統命名為 copper(II) sulfate pentahydrate，而它的化學式則是 $CuSO_4 \cdot 5H_2O$。加熱水合物可以把水分子趕走而生成 *anhydrous* copper(II) sulfate (無水硫酸銅)。“anhydrous” 的意思是化合物中沒有結合的水分子 (圖 2.16)。以下為一些水合物的例子：

$BaCl_2 \cdot 2H_2O$	barium chloride dihydrate
$LiCl \cdot H_2O$	lithium chloride monohydrate
$MgSO_4 \cdot 7H_2O$	magnesium sulfate heptahydrate
$Sn(NO_3)_2 \cdot 4H_2O$	strontium nitrate tetrahydrate

圖 2.16 $CuSO_4 \cdot 5H_2O$ (左) 是藍色的；而 $CuSO_4$ (右) 是白色的。

常見的無機化合物

有些化合物的俗名比它們的系統命名還廣為人知，表 2.7 列出一些常見的例子。

表 2.7 一些常見化合物的俗名和系統命名

化學式	俗名	系統命名
H_2O	Water	Dihydrogen monoxide
NH_3	Ammonia	Trihydrogen nitride
CO_2	Dry ice	Solid carbon dioxide
NaCl	Table salt	Sodium chloride
N_2O	Laughing gas	Dinitrogen monoxide
$CaCO_3$	Marble、chalk、limestone	Calcium carbonate
CaO	Quicklime	Calcium oxide
$Ca(OH)_2$	Slaked lime	Calcium hydroxide
$NaHCO_3$	Baking soda	Sodium hydrogen carbonate
$Na_2CO_3 \cdot 10H_2O$	Washing soda	Sodium carbonate decahydrate
$MgSO_4 \cdot 7H_2O$	Epsom salt	Magnesium sulfate heptahydrate
$Mg(OH)_2$	Milk of magnesia	Magnesium hydroxide
$CaSO_4 \cdot 2H_2O$	Gypsum	Calcium sulfate dihydrate

重要方程式

$$\text{質量數} = \text{質子數} + \text{中子數} = \text{原子序} + \text{中子數} \quad (2.1)$$

觀念整理

1. 近代化學的發展起源是道耳吞的原子理論，它的主要概念是所有物質都是由非常小且不可分割的粒子所組成，這樣的粒子稱為原子。此外，在相同元素中所有的原子都是完全相同的。化合物是由不同元素的分子以特定整數比組成。原子在化學反應中不會被創造或破壞(質量守恆定律)。

2. 特定化合物的組成元素總是有一定的質量比(定比定律)。如果兩個元素結合可以生成兩個以上的化合物，當不同化合物其中一個元素的質量固定，則另一個元素的質量會成簡單整數比 (倍比定律)。

3. 原子是由質子、中子、電子所組成。質子和中子會在原子中心形成高密度原子核；而電子則

會分散在距離原子核周圍一定距離之內。

4. 質子帶正電荷；中子不帶電荷；電子帶負電荷。質子和中子的質量幾乎一樣，大約是一個電子質量的 1840 倍。
5. 原子序等於原子核中的質子數，它可以用來決定元素的身分。質量數則等於原子核中質子加中子的數量。
6. 同位素是相同元素的原子具有相同的質子數但不同的中子數。
7. 化學式是由組成元素的化學符號加上整數的下標數字來表達在一個最小單位的化合物中原子的種類和數目。
8. 分子式可以告訴我們化合物中每一個分子中的原子種類和數目；實驗式則是告訴我們化合物中組成原子的最小整數比。
9. 化學化合物可分為分子化合物和離子化合物。分子化合物的最小組成單位是個別的分子；離子化合物則是由陰離子和陽離子組成。
10. 無機化合物的命名有一套簡單的規則，根據化合物的名稱就可以寫出其化學式。
11. 有機化合物是以碳為主要原子加上其他原子像是氫、氧、氮、硫所組成。碳水化合物是有機化合物中最簡單的一種形式。

習 題

原子結構

2.1 一個原子的半徑大約是其原子核半徑的 10,000 倍。如果將原子放大到其原子核半徑變成 2 公分，大約是一顆大理石的大小。則此原子的半徑會是幾英里？(1 英里 = 1609 公尺。)

原子序、質量數、同位素

2.2 試計算 ^{239}Pu 的中子數。

2.3 試計算以下物種的質子、中子和電子數：$^{15}_{7}N$、$^{33}_{16}S$、$^{63}_{29}Cu$、$^{84}_{38}Sr$、$^{130}_{56}Ba$、$^{186}_{74}W$、$^{202}_{80}Hg$

2.4 試計算下列同位素正確的化學符號：(a) $Z = 74$，$A = 186$；(b) $Z = 80$，$A = 201$。

週期表

2.5 寫出週期表中 (a) 同一族由上到下；(b) 同一週期由左至右元素性質的變化 (由金屬到非金屬或非金屬到金屬)。

2.6 將以下化學性質相似的元素兩兩分組：K、F、P、Na、Cl、N。

分子和離子

2.7 下圖中哪些是雙原子分子？哪些是多原子分子？又哪些是元素？哪些是化合物？

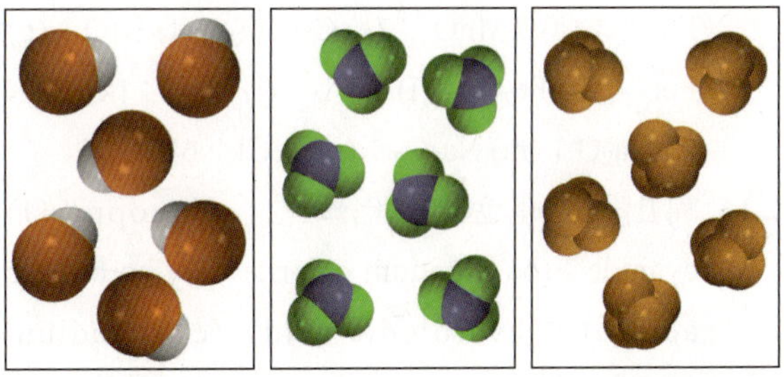

(a) (b) (c)

2.8 各舉兩個下列的例子：(a) 由相同元素的原子組成的雙原子分子；(b) 由不同元素的原子組成的雙原子分子；(c) 由相同元素的原子組成的多原子分子；(d) 由不同元素的原子組成的多原子分子。

2.9 寫出下列離子的質子數和電子數：K^+、Mg^{2+}、Fe^{3+}、Br^-、Mn^{2+}、C^{4-}、Cu^{2+}。

化學式

2.10 寫出下列離子化合物的化學式：(a) copper bromide (包含 Cu^+ 離子)；(b) manganese oxide (包含 Mn^{3+} 離子)；(c) mercury iodide (包含 Hg_2^{2+} 離子)；(d) magnesium phosphate

(包含 PO_4^{3-} 離子)。(提示：見圖 2.11。)

2.11 下列化合物的實驗式為何？(a) Al_2Br_6；(b) $Na_2S_2O_4$；(c) N_2O_5；(d) $K_2Cr_2O_7$。

2.12 看圖寫出乙醇的分子式。圖中黑球代表碳，紅球代表氧，灰球代表氫。

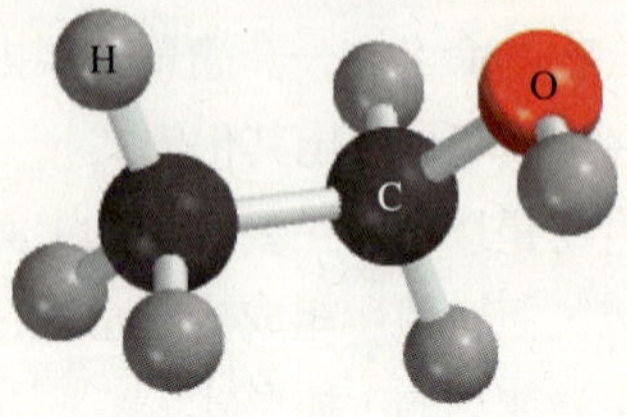

2.13 下列哪些是離子化合物？哪些是分子化合物？CH_4、NaBr、BaF_2、CCl_4、ICl、CsCl、NF_3。

無機化合物命名

2.14 命名下列化合物：(a) KClO；(b) Ag_2CO_3；(c) $FeCl_2$；(d) $KMnO_4$；(e) $CsClO_3$；(f) HIO；(g) FeO；(h) Fe_2O_3；(i) $TiCl_4$；(j) NaH；(k) Li_3N (l) Na_2O；(m) Na_2O_2；(n) $FeCl_3 \cdot 6H_2O$。

2.15 寫出下列化合物的化學式：(a) copper(I) cyanide；(b) strontium chlorite；(c) perbromic acid；(d) hydroiodic acid；(e) disodium ammonium phosphate；(f) lead(II) carbonate (g) tin(II) fluoride；(h) tetraphosphorus decasulfide；(i) mercury(II) oxide；(j) mercury(I) iodide；(k) selenium hexafluoride。

2.16 命名以下化合物：

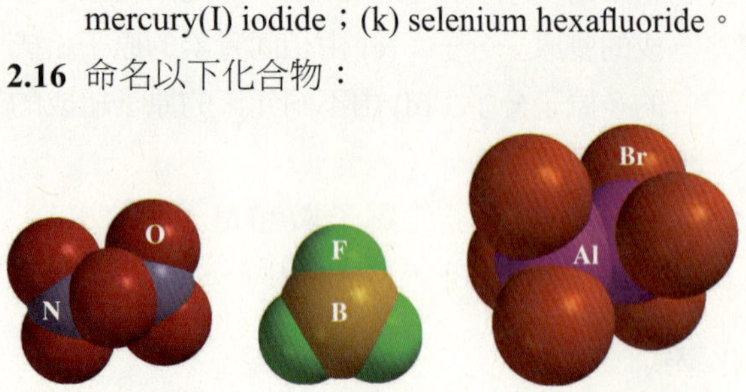

2.17 寫出當原子有 (a) 25 個質子、25 個電子、27 個中子；(b) 10 個質子、10 個電子、12 個中子；(c) 47 個質子、47 個電子、60 個中子；(d) 53 個質子、53 個電子、74 個中子；(e) 94 個質子、94 個電子、145 個中子時的化學符號。

附加問題

2.18 下列哪一組物種有最相似的化學性質？為什麼？(a) ${}^1_1H$ 和 ${}^1_1H^+$；(b) ${}^{14}_7N$ 和 ${}^{14}_7N^{3-}$；(c) ${}^{12}_6C$ 和 ${}^{13}_6C^+$。

2.19 有一個非金屬元素的同位素其質量數為 127，中子數為 74。這個同位素的陰離子有 54 個電子。寫出此陰離子的化學符號。

2.20 「四個 NaCl 分子」這個敘述在語意上有什麼不對或模糊不清的地方？

2.21 下列哪些是元素？哪些是分子但不是化合物？哪些是化合物但不是分子？哪些是化合物也是分子？(a) SO_2；(b) S_8；(c) Cs；(d) N_2O_5；(e) O；(f) O_2；(g) O_3；(h) CH_4；(i) KBr；(j) S；(k) P_4；(l) LiF。

2.22 指出下列符號所代表的元素並寫出其質子數和中子數：(a) ${}^{20}_{10}X$；(b) ${}^{63}_{29}X$；(c) ${}^{107}_{47}X$；(d) ${}^{182}_{74}X$；(e) ${}^{203}_{84}X$；(f) ${}^{234}_{94}X$。

2.23 指出下列 (a)~(h) 的描述符合下列哪一個元素：P、Cu、Kr、Sb、Cs、Al、Sr、Cl。(a) 過渡金屬；(b) 會生成 –3 價離子的非金屬；(c) 惰性氣體；(d) 鹼金屬；(e) 會生成 +3 價離子的金屬；(f) 類金屬；(g) 以雙原子氣體分子存在的元素；(h) 鹼土金屬。

2.24 Acetaminophen (結構如下圖) 是一種止痛藥 (Tylenol) 的主要活性成分。請寫出其分子式和實驗式。

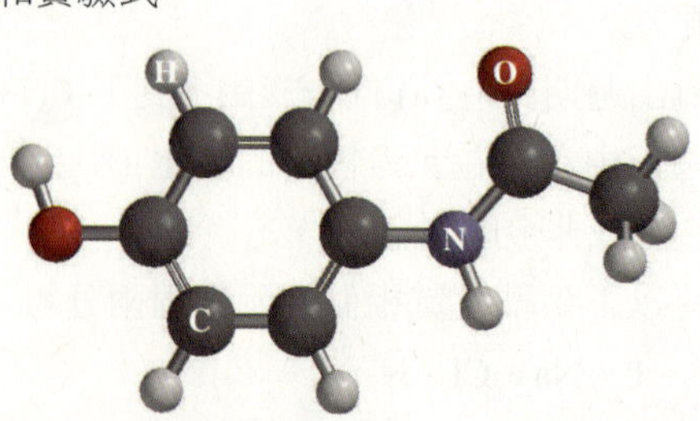

2.25 以下化合物在括弧內的命名有哪裡錯誤？(a) $SnCl_4$ (tin chloride)；(b) Cu_2O [copper(II)

oxide]；(c) $Co(NO_3)_2$ (cobalt nitrate)；(d) $Na_2Cr_2O_7$ (sodium chromate)。

2.26 (a) 哪些元素最容易生成離子化合物？(b) 哪些金屬元素最容易生成不同電荷數的陽離子？

2.27 下列哪個化學符號提供較多的原子資訊：^{23}Na 和 $_{11}Na$，為什麼？

2.28 已知的 118 個元素之中只有兩個元素在室溫下 (攝氏 25 度) 是液體，這兩個元素是什麼？(提示：一個是常見的金屬，另一個是 7A 族元素。)

2.29 請列出在室溫下是氣體的元素。(提示：大多數這類元素可在 5A、6A、7A、8A 族找到。)

2.30 週期表裡 8A 族元素稱為惰性氣體，請問「惰性」這個詞在這裡的意義是什麼？

2.31 寫出下列元素所形成二元化合物的分子式和化學命名：(a) Na 和 H；(b) B 和 O；(c) Na 和 S；(d) Al 和 F；(e) F 和 O；(f) Sr 和 Cl。

2.32 完成下列表格。

陽離子	陰離子	分子式	命名
			Magnesium bicarbonate
		$SrCl_2$	
Fe^{3+}	NO_2^-		
			Manganese(II) chlorate
		$SnBr_4$	
Co^{2+}	PO_4^{3-}		
Hg_2^{2+}	I^-		
		Cu_2CO_3	
			Lithium nitride
Al^{3+}	S^{2-}		

2.33 乙烷和乙炔是兩種氣體碳水化合物。分析乙烷的一個樣品得知其中有 2.65 公克的碳和 0.665 公克的氫。另外，分析乙炔的一個樣品得知其中有 4.56 公克的碳和 0.383 公克的氫。(a) 這個結果符合倍比定律嗎？(b) 寫出乙烷和乙炔的分子式。

2.34 有一個元素會生成電荷數 +2 的單原子離子，且其原子的質量數是 55。如果這個原子的中子數是質子數的 1.2 倍，則此元素的名稱及化學符號為何？

練習題答案

2.1 29 個質子，34 個中子，29 個電子 **2.2** $CHCl_3$ **2.3** C_5H_7N **2.4** (a) $Cr_2(SO_4)_3$；(b) TiO_2 **2.5** (a) Vanadium(V) oxide；(b) lithium sulfite **2.6** (a) Rb_2SO_4；(b) BaH_2 **2.7** (a) Nitrogen trifluoride；(b) dichlorine heptoxide **2.8** (a) SF_4；(b) N_2O_5 **2.9** (a) Hypobromous acid；(b) hydrogen sulfate ion

Chapter 3

化學反應中的計量

施放煙火也是在進行化學反應。不過，一般人大多只注意到這個化學反應產生壯麗的顏色，而沒有注意到反應產生的能量和有用物質。

先看看本章要學什麼？

- 首先我們將學習在週期表中一個原子的質量是根據碳-12 同位素標準訂定出來的。這個標準是將一個碳-12 同位素原子的質量被指定為 12 原子質量單位 (atomic mass units，簡寫為 amu) 整。但這個質量太小不好計算，為了要更方便地用公克來計量，我們這裡用的是莫耳質量。碳-12 的莫耳質量指的是 6.022×10^{23} (亞佛加厥常數) 個碳-12 原子的質量為 12 公克整。其他元素當有相同數量原子時，其莫耳質量也是用公克來表示。(3.1 和 3.2)
- 我們會從原子量的討論中衍生出分子量的計算。一個分子的分子量就是將其組成原子的原子量加總在一起。我們將會介紹要得到一個分子的分子量最直接的方法就是使用質譜儀。(3.3 和 3.4)
- 接續之前對於分子和離子化合物的討論，在這一章中將介紹如何經由化學式來計算化合物的百分組成。(3.5)
- 我們將介紹如何經由實驗的結果訂出一個化合物的實驗式和分子式。(3.6)
- 接下來，將學習如何用化學方程式來描述化學反應的結果。化學方程式必須要平衡，也就是說，一個化學反應中，反應物的原子種類和數量要等於產物的原子種類和數量。(3.7)
- 延續對於化學方程式的介紹，我們將學習化學反應中的計量問題。一個化學方程式可以讓我們藉由莫耳的方式來預測多少反應物會被消耗，以及多少反應物會產生。我們將會看到反應的產率和限量試劑 (先消耗完的反應物) 的多寡

綱　要

有很大的關係。(3.8 和 3.9)

- 我們會學到一個反應進行總會有許多不同狀況，反應實際的產率總是會小於從化學方程式中推測出的產率 (也稱理論產率)。(3.10)

在這一章中，我們要討論的是原子和分子的質量，以及化學反應發生時這些質量會有什麼變化。而這些在化學反應中的質量變化問題要遵守的準則就是質量守恆定律。

3.1 原子量

在這一章中，我們會用到已經學過的化學結構和化學式來學習原子和分子之間的質量關係。這些關係可以用來幫助我們解釋化合物的組成成分以及組成成分改變的方式。

在 3.4 節中描述一種測原子量的方法。

一個原子的質量主要決定於它的電子數、質子數和中子數。在化學實驗室的工作中，了解一個原子到底有多重是非常重要的一件事。但是一個原子的大小對人類來說實在是太小了——即便是一顆可以用肉眼看到的灰塵微粒也大約包含了 1×10^{16} 個原子！這樣看來，很明顯地我們無法去秤量一個原子的重量，比較可行的是我們經由實驗訂出一個原子和另一個原子的*相對*質量。所以第一步我們要做的就是將一個數值指定為某個特定元素的原子質量，因此這個數值可以當作標準用來推算出其他原子的質量。

一原子質量單位也可以稱為一道耳吞。

根據國際之間的協議，**原子量** (atomic mass) 定義為*原子以原子質量單位 (amu) 所表示的質量*。而一個**原子質量單位** (atomic mass unit) 的大小則定義為*一個碳-12 原子質量的十二分之一*。碳-12 是一種碳的同位素有六個質子和六個中子。以一個碳-12 原子質量的十二分之一定為 12 amu 當作標準可以用來推算出其他元素的原子量。例如，由實驗結果得知一個氫原子的質量平均是一個碳原子質量的 8.400%。因此，如果一個碳原子的質量是 12 amu 整，則氫的原子量必然是 0.08400 × 12 amu，或等於 1.008 amu。經由相似的計算可得氧的原子量為 16.00 amu，鐵的原子量為 55.85 amu。所以，雖然我們不知道一個鐵原子的實際質量為何，但可以推測出一個鐵原子質量大約是一個氫原子質量的 56 倍。

平均原子量

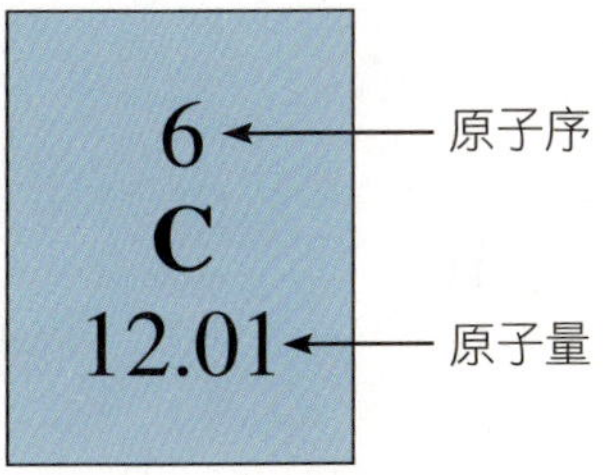

當你在像是書末附錄週期表查閱碳的原子量時，你會發現碳的原子量是 12.01 amu，而不是 12.00 amu。這個差異的原因是大多數自然存在的元素 (包含碳) 都有多於一種同位素。這個意思是當我們在計算一個元素的原子量時，我們必須要計算這個元素所有存在自然界同位素的平均質量。例如：碳-12 和碳-13 的自然含量分別為 98.90% 和 1.10%。因為碳-13 的原子量被定為 13.00335 amu，所以碳的平均原子量可用下列算式計算：

$$\text{碳的平均原子量} = (0.9890)(12\ \text{amu}) + (0.0110)(13.00335\ \text{amu}) = 12.01\ \text{amu}$$

請注意：在處理百分比的運算時要將百分比轉換成分數或小數。例如，98.90% 要寫成 98.90/100 或 0.9890。因為在自然界中碳-12 的含量遠多於碳-13，所以碳原子的平均原子量會很接近 12 amu，而不是 13 amu。

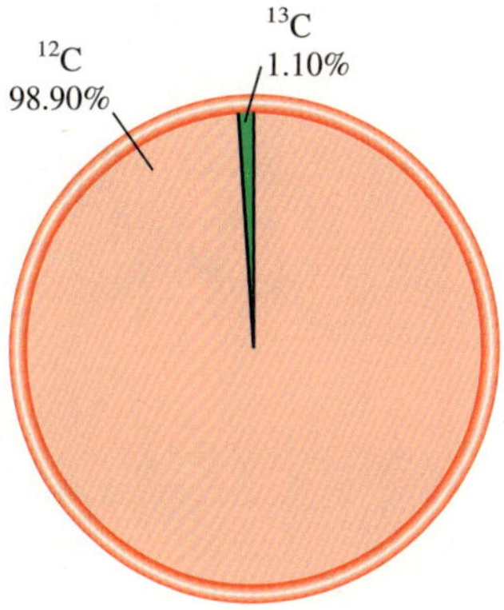

碳-12 和碳-13 同位素的自然含量。

要了解當我們說碳的原子量是 12.01 amu 時，我們說的是一個平均值。如果我們真的有辦法去秤量一個碳原子的質量時，秤出來的一個碳原子質量不是 12 amu，就是 13.00335 amu，不會秤到任何一個碳原子的質量是 12.01 amu。例題 3.1 說明如何計算元素的平均原子量。

例題 3.1

銅 (Cu) 是一種自古代就廣為人知的金屬，它常被用來當作電纜、錢幣和其他東西的材料。銅的兩種同位素 $^{63}_{29}Cu$ (69.09%) 和 $^{65}_{29}Cu$ (30.91%) 的原子量分別為 62.93 amu 和 64.9278 amu。試計算銅的平均原子量。括弧內的數字代表自然含量。

策　略

每一種同位素是依照其自然含量的不同，而對於平均原子量有不同的貢獻。將每一種同位素的質量乘以自然含量 (分數或小數，不要直接乘以百分率的數字) 之後相加就等於平均原子量。

解　答

首先將百分率自然含量轉換成分數或小數。所以，69.09% = 69.09/100 或 0.6909，而 30.91% = 30.91/100 或 0.3091。因此，可以算出每個同位素對平均原子量的貢獻，加總起來就是平均原子量。

$$(0.6909)(62.93\ \text{amu}) + (0.3091)(64.9278\ \text{amu}) = 63.55\ \text{amu}$$

檢　查

平均原子量應該要介於兩個同位素的質量之間，所以答案是合理的。也因為 $^{63}_{29}Cu$ 的自然含量比 $^{65}_{29}Cu$ 的自然含量多，所以平均原子量應該要比較靠近 62.93，而不是 64.9278。

類題：3.1。

練習題

硼的兩種同位素 $^{10}_{5}B$ (19.78%) 和 $^{11}_{5}B$ (80.22%) 的原子量分別為 10.0129 amu 和 11.0093 amu。試計算硼的平均原子量。括弧內的數字代表自然含量。

有許多元素的平均原子量算出來會有五位或六位有效數字。但在本書中我們都只用到四位有效數字的原子量 (見書末附錄週期表中的原子量)。為了討論方便，之後我們會將「平均」兩字省略，只用「原子量」來代表平均原子量。

3.2 亞佛加厥常數和元素的莫耳質量

我們之前提過的原子質量單位被用來當作訂定元素原子量的相對標準。但是原子的質量實在是太小了，實際上沒有任何的天秤能以原子質量單位測量出原子的質量。在真實情況下，我們面對的是在巨觀世界中包含著原子數目龐大的樣本。因此，我們需要一個特殊的單位來表達這麼大量的原子。其實，以一個特殊單位來表達特定數量的概念也不是化學家先提出的。常見的例子像是一雙 (兩個)、一打 (十二個)、一籮 (144 個) 等都是常見的單位。而化學家用來測量原子和分子的單位是莫耳。

"molar" 是由名詞 "mole" 衍生而來。

在 SI 系統中，若一純物質中所包含基本物質單位 (原子、分子和其他粒子) 的數量和 12 公克 (或 0.012 公斤) 的碳-12 同位素中的原子一樣多，則此純物質中基本物質數量定義成 **1 莫耳** (mole；簡寫為 mol)。實際上 12 公克的碳-12 同位素中原子的數量已經由實驗結果得知。這個數字稱為**亞佛加厥常數** (Avogadro's number; N_A)，主要是為了紀念一位義大利的科學家亞佛加厥[1]。目前科學家接受的亞佛加厥常數是

$$N_A = 6.0221415 \times 10^{23}$$

1 亞佛加厥 (Amedeo Avogadro, 1776~1856)，義大利數學物理學家。他在對科學產生興趣之前學了好多年的法律，他最著名的發表也就是目前所知的亞佛加厥定律，即便後來在十九世紀成為決定原子量的依據，但在他還在世時是被嚴重忽略的。

一般來說，我們在使用的亞佛加厥常數會四捨五入成 6.022 × 10^{23}。因此，就像是一打柳丁有 12 個柳丁一樣，1 莫耳氫原子有 6.022 × 10^{23} 個 H 原子。在圖 3.1 中可以看到 1 莫耳的一些常見元素。

我們很難想像亞佛加厥常數到底有多大。舉例來說，要是我們把 6.022 × 10^{23} 個柳丁鋪滿整個地球表面，所疊起來的柳丁厚度會穿過大氣層而進入到太空約 9 英里的地方！但因為原子和分子都實在太小了，我們需要用這樣大的單位才使得原子和分子的質量容易被測量到而進行研究。

我們已經知道 1 莫耳的碳-12 同位素質量為 12 公克整；且其中包含了 6.022 × 10^{23} 個原子。這裡的 12 公克就是碳-12 同位素的**莫耳質量** (molar mass，代號為 $\mathcal{M}$)，其定義為 *1 莫耳的物質單位* (例如：原子或分子) *以公克或公斤為單位表示的質量*。值得注意的是，碳-12 同位素以公克為單位的莫耳質量和它以 amu 為單位的原子量在數字上是一樣的。一樣的道理，鈉 (Na) 的原子量是 22.99 amu，而它的莫耳質量就是 22.99 公克；磷 (P) 的原子量是 30.97 amu，而它的莫耳質量就是 30.97 公克，以此類推。所以如果我們知道一個元素的原子量，同時也知道了它的莫耳質量。

在計算中，莫耳質量的單位是 g/mol 或 kg/mol。

知道了莫耳質量和亞佛加厥常數之後，我們可以去算出一個原子的實際質量。例如，我們知道碳-12 同位素的莫耳質量是 12 公克；且 1 莫耳中有 6.022 × 10^{23} 個碳-12 同位素原子，所以一個碳-12 同位素原子的質量為

元素的莫耳質量可參見書末附錄。

$$\frac{12\ \text{公克碳-12 同位素原子}}{6.022 \times 10^{23}\ \text{個碳-12 同位素原子}} = 1.993 \times 10^{-23}\ \text{公克}$$

我們可以用此結果來算出 amu 和公克之間的關係。因為每一個碳-12 同

圖 3.1 1 莫耳的一些常見元素。碳 (黑色碳粉)、硫 (黃色粉末)、鐵 (鐵釘)、銅線和水銀 (會反光的液體金屬)。

位素的質量為 12 amu 整，所以 amu 和公克之間的關係可寫成：

$$\frac{\text{amu}}{\text{gram}} = \frac{12\ \text{amu}}{\cancel{\text{一個碳-12 同位素}}} \times \frac{\cancel{\text{一個碳-12 同位素}}}{1.993 \times 10^{-23}\ \text{g}}$$

$$= 6.022 \times 10^{23}\ \text{amu/g}$$

因此，

$$1\ \text{g} = 6.022 \times 10^{23}\ \text{amu}$$

且

$$1\ \text{amu} = 1.661 \times 10^{-24}\ \text{g}$$

這個例子說明亞佛加厥常數可以用來將原子質量單位和公克單位互相轉換。

因為亞佛加厥常數和莫耳質量都是用 1 莫耳來定義，所以我們可以利用它們來做質量和原子莫耳數；或是原子莫耳數和原子數量之間的轉換 (圖 3.2)。這樣的轉換需要用到以下轉換因子：

經過練習之後，你可以用圖 3.2 中的等式 ($n = m/\mathcal{M}$ 和 $N = nN_A$) 來做計算。

$$\frac{1\ \text{莫耳 X 原子}}{\text{X 原子的莫耳質量}} \quad \text{和} \quad \frac{1\ \text{莫耳 X 原子}}{6.022 \times 10^{23}\ \text{個 X 原子}}$$

其中的 X 是元素符號。接下來的例題 3.2 至 3.4 說明了如何運用適當的轉換因子做數值之間的轉換。

用於科學研究的氦氣球。

例題 3.2

氦 (He) 是一種在工業上很有價值的氣體，它也常被用來做低溫研究以及填充氣球。請問 6.46 公克的 He 中有多少莫耳 He 原子？

策 略

我們已知氦氣的公克數要求莫耳數，因此我們需要一個公克和莫耳之間的轉換因子。要求的是莫耳數，所以我們要寫出一個可以把公克數消去剩下莫耳數在答案中當單位的轉換因子。

解 答

公克和莫耳之間的轉換因子其實就是莫耳質量。在週期表中 (見

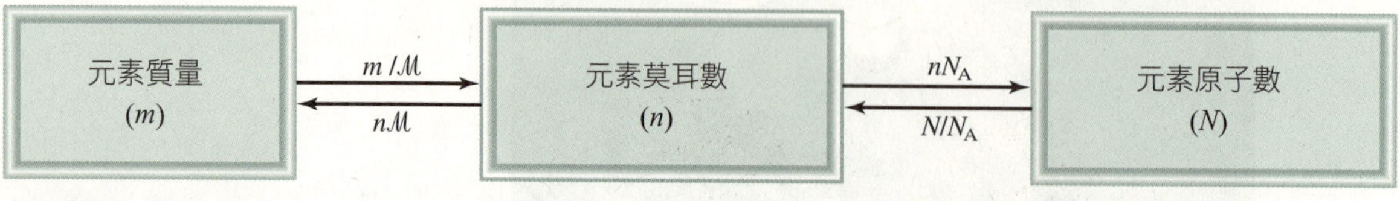

圖 3.2 元素質量 (m，以公克為單位)、莫耳數 (n)、原子數 (N) 之間的關係。$\mathcal{M}$ 是元素的莫耳質量 (g/mol)，而 N_A 是亞佛加厥常數。

書末附錄)，我們可以找到 He 的莫耳質量是 4.003 公克。可以寫成

$$1 \text{ mol He} = 4.003 \text{ g He}$$

從這個等式，我們可以寫出兩個轉換因子：

$$\frac{1 \text{ mol He}}{4.003 \text{ g He}} \text{ 和 } \frac{4.003 \text{ g He}}{1 \text{ mol He}}$$

我們要選擇的是左邊的轉換因子，如此一來，公克單位會消去而留下莫耳單位。也就是

$$6.46 \text{ g He} \times \frac{1 \text{ mol He}}{4.003 \text{ g He}} = 1.61 \text{ mol He}$$

因此，6.46 公克的 He 中有 1.61 莫耳 He 原子。

檢　查

因為題目所給的質量 (6.46 公克) 大於 He 的莫耳質量，所以我們可以預期莫耳數會大於 1。

練習題

請問 87.3 公克的鎂 (Mg) 中有多少莫耳 Mg 原子？

例題 3.3

鋅 (Zn) 是一種有銀色光澤的金屬，它常摻雜在銅中以製造黃銅，或是電鍍在鐵上以防腐蝕。請問 0.356 莫耳的鋅有多少公克的鋅？

策　略

這裡要算的是鋅的公克數，那我們需要的是什麼轉換因子呢？我們需要的是一個適當的轉換因子把莫耳數消去，剩下公克數單位在答案中。

解　答

跟上題類似，如要將莫耳轉換成公克，我們需要的轉換因子是莫耳質量。在週期表中 (見書末附錄)，我們可以找到 Zn 的莫耳質量是 65.39 公克。可以寫成

$$1 \text{ mol Zn} = 65.39 \text{ g Zn}$$

從這個等式，我們可以寫出兩個轉換因子：

$$\frac{1 \text{ mol Zn}}{65.39 \text{ g Zn}} \text{ 和 } \frac{65.39 \text{ g Zn}}{1 \text{ mol Zn}}$$

我們要選擇的是右邊的轉換因子，如此一來，莫耳單位會消去而留下

公克單位。也就是

$$0.356\ \text{mol Zn} \times \frac{65.39\ \text{g Zn}}{1\ \text{mol Zn}} = 23.3\ \text{g Zn}$$

因此，0.356 莫耳的 Zn 等於 23.3 公克的 Zn。

檢 查

0.356 莫耳的 Zn 等於 23.3 公克的 Zn 這個答案合理嗎？1 莫耳 Zn 的質量是多少？

類題：3.4。

練習題

請問 12.4 莫耳的鉛 (Pb) 有多少公克？

例題 3.4

硫 (S) 是一種存在於煤礦中的非金屬元素。當煤礦燃燒時，硫會與空氣中氧氣反應生成二氧化硫，二氧化硫最終會轉換成硫酸而早成酸雨現象。請問 16.3 公克的硫中有多少個硫原子？

策 略

這個問題問的是硫的原子數，而我們無法用一個轉換因子就將公克數轉換成原子數。這裡我們要想的是需要哪個單位才能將公克數轉換成原子數？而亞佛加厥常數代表的意義是什麼？

解 答

這裡我們需要兩次的轉換：先將公克數轉換成莫耳數，再將莫耳數轉換成原子數。第一次的轉換和例題 3.2 類似。因為

$$1\ \text{mol S} = 32.07\ \text{g S}$$

轉換因子是

$$\frac{1\ \text{mol S}}{32.07\ \text{g S}}$$

亞佛加厥常數則是第二次轉換的關鍵，我們可以寫

$$1\ \text{mol} = 6.022 \times 10^{23}\ \text{個原子}$$

所以可以寫出兩個轉換因子：

$$\frac{6.022 \times 10^{23}\ \text{個原子}}{1\ \text{mol S}} \quad 和 \quad \frac{1\ \text{mol S}}{6.022 \times 10^{23}\ \text{個原子}}$$

我們需要的是左邊的轉換因子，因為當中原子的數量在分子的位置。我們可以先由硫的公克數算出莫耳數 (16.3 公克)，再從莫耳數去計算出原子的數量有多少：

S 的公克數 → S 的莫耳數 → S 的原子數量

我們可以將以上的轉換合併如下：

$$16.3\ \text{g S} \times \frac{1\ \text{mol S}}{32.07\ \text{g S}} \times \frac{6.022 \times 10^{23}\ \text{個原子}}{1\ \text{mol S}}$$

$$= 3.06 \times 10^{23}\ \text{S 原子}$$

因此，16.3 公克的硫中有 3.06×10^{23} 個硫原子。

檢 查

想想 16.3 公克硫的原子數量是否會比亞佛加厥常數還少？有相當於亞佛加厥常數的硫原子數量其質量應該為何？

練習題

請問 0.551 公克的鉀 (K) 中有多少個鉀原子？

類題：3.6。

3.3 分子量

如果知道一個分子其組成原子的原子量的話，我們就可以算這個分子的分子量。**分子量** (molecular mass) 是分子內各原子的原子量總和 (以 amu 為單位)。例如：水 (H_2O) 的分子量為：

2(H 的原子量) + O 的原子量

或 $2(1.008\ \text{amu}) + 16.00\ \text{amu} = 18.02\ \text{amu}$

基本上，我們要將每個原子的原子量乘以分子中這個原子的數量，再將所有原子得到的原子量加總在一起。例題 3.5 示範如何做這樣的加總。

例題 3.5

試計算下列化合物的分子量 (以 amu 為單位)：(a) 二氧化硫 (SO_2)，一種會造成酸雨的氣體；(b) 咖啡因 ($C_8H_{10}N_4O_2$)，一種存在於咖啡、茶、可樂等飲料的刺激劑。

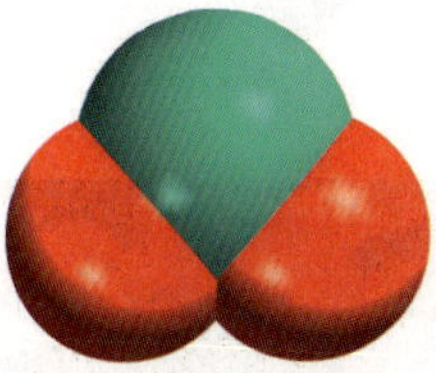

SO_2

策 略

想想如何將不同元素的原子量加總而算出化合物的分子量。

解 答

要算化合物分子量的話，我們必須將分子中所有原子的原子量加總在一起。每一種不同元素的原子必須乘以它在分子中的數量。計算所需的原子量可以在書末附錄的週期表中找到。

(a) 二氧化硫 (SO_2) 分子中有一個 S 原子、兩個 O 原子，所以

$$SO_2 \text{ 的分子量} = 32.07 \text{ amu} + 2(16.00 \text{ amu}) = 64.07 \text{ amu}$$

(b) 咖啡因 ($C_8H_{10}N_4O_2$) 分子中有八個 C 原子、十個 H 原子、四個 N 原子、兩個 O 原子，所以

$$C_8H_{10}N_4O_2 \text{ 的分子量} = 8(12.01 \text{ amu}) + 10(1.008 \text{ amu}) + 4(14.01 \text{ amu}) + 2(16.00 \text{ amu}) = 194.20 \text{ amu}$$

類題：3.8。

練習題

請問甲醇 (CH_4O) 的分子量為何？

從上述我們可以從分子量得知分子或化合物的莫耳質量。事實上，一個化合物以公克為單位的莫耳質量就等於它以 amu 為單位的分子量。舉例來說，水的分子量是 18.02 amu，也就是說，水的莫耳質量是 18.02 公克。也可以說一莫耳的水分子重 18.02 公克，其中有 6.022×10^{23} 個水分子，這個概念就等同於一莫耳的碳元素中有 6.022×10^{23} 個碳原子一樣。

在例題 3.6 和 3.7 中，我們將看到如何運用莫耳質量的概念來計算一定量化合物的莫耳數和個別元素的原子數。

例題 3.6

CH_4

甲烷在瓦斯爐上燃燒。

甲烷 (CH_4) 是天然氣的主要成分。請問 6.07 公克的甲烷是多少莫耳？

策　略

若已知甲烷的公克數而要求莫耳數。我們需要什麼樣的轉換因子來做公克和莫耳之間的轉換呢？在這裡，我們要寫出一個可以把公克數消去剩下莫耳數在答案中當單位的轉換因子。

解　答

在前面的例題有提過，公克和莫耳之間的轉換因子其實就是莫耳質量。首先，我們要照著例題 3.5 的步驟算出 CH_4 的莫耳質量：

$$CH_4 \text{ 的莫耳質量} = 12.01 \text{ g} + 4(1.008 \text{ g}) = 16.04 \text{ g}$$

因為

$$1\ \text{mol CH}_4 = 16.04\ \text{g CH}_4$$

而我們要的是莫耳數，所以要寫的是公克單位在分母的轉換因子，這樣運算後才可以把公克單位消去，留下在分子的莫耳單位在答案中：

$$\frac{1\ \text{mol CH}_4}{16.04\ \text{g CH}_4}$$

算式可寫成

$$6.07\ \cancel{\text{g CH}_4} \times \frac{1\ \text{mol CH}_4}{16.04\ \cancel{\text{g CH}_4}} = 0.378\ \text{mol CH}_4$$

所以，6.07 公克的甲烷是 0.378 莫耳的甲烷。

檢　查

想想 6.07 公克的甲烷是否小於等於 1 莫耳的甲烷？有相當於 1 莫耳的甲烷其質量應為何？

類題：3.9。

練習題

請問 198 公克的氯仿 ($CHCl_3$) 是多少莫耳？

例題 3.7

尿素 $[(NH_2)_2CO]$ 常被用來當作肥料或製作高分子的原料，也會用來加在動物飼料中。請問 25.6 公克的尿素中有多少個氫原子？尿素的莫耳質量是 60.06 公克。

尿素。

策　略

我們想知道 25.6 公克的尿素中有多少個氫原子，但無法經由一次轉換就直接把尿素的公克數轉換成氫原子的數量。這裡我們要思考的是，如何將莫耳質量和亞佛加厥常數運用在這些轉換之中，而 1 莫耳的尿素之中又有多少莫耳的氫原子呢？

解　答

若要算氫原子的數目，我們首先得用尿素的莫耳質量將公克數轉換成莫耳數。這部分的算法和例題 3.2 一樣。由尿素的分子式可知一莫耳的尿素分子中會有四莫耳的氫原子，所以尿素分子和氫原子的比例為 4:1。知道氫原子的莫耳數之後，將莫耳數乘以亞佛加厥常數就可以得到氫原子的數量。這裡我們需要兩個轉換因子：莫耳質量和亞佛加厥常數。需要做的轉換順序如下：

尿素的公克數 → 尿素的莫耳數 → 氫原子的莫耳數 → 氫原子的數量

寫成算式為：

$$25.6\ g\ (NH_2)_2CO \times \frac{1\ mol\ (NH_2)_2CO}{60.06\ g\ (NH_2)_2CO} \times \frac{4\ mol\ H}{1\ mol\ (NH_2)_2CO}$$

$$\times \frac{6.022 \times 10^{23}\ \text{個 H 原子}}{1\ mol\ H} = 1.03 \times 10^{24}\ \text{個氫原子}$$

檢　查

類題：3.10。

答案看起來合理嗎？60.06 公克的尿素會有多少個氫原子呢？

練習題

請問 72.5 公克的異丙醇 (C_3H_8O) 中有多少個氫原子？

最後，如果我們要討論的是沒有個別分子單位的離子化合物，則要用化學式質量這個詞來代替莫耳質量。NaCl 的化學式單位有一個 Na^+ 離子和一個 Cl^- 離子。因此，NaCl 的化學式質量為一個化學式單位的質量：

請注意：Na^+ 離子和 Cl^- 離子質量總和會等於 Na 原子和 Cl 原子質量總和。

$$\text{NaCl 的化學式質量} = 22.99\ amu + 35.45\ amu$$
$$= 58.44\ amu$$

而它的莫耳質量為 58.44 公克。

3.4 質譜儀

質譜儀 (mass spectrometer) 是用來鑑定原子量和分子量最直接且正確的方法，其裝置如圖 3.3。質譜儀訊號來源的其中一種方式是將用一高能量的電子束去撞擊氣體樣品，氣體原子或分子被電子撞擊之後會失去一個電子而形成帶正電的離子。這些帶正電的離子 (其質量為 m；電

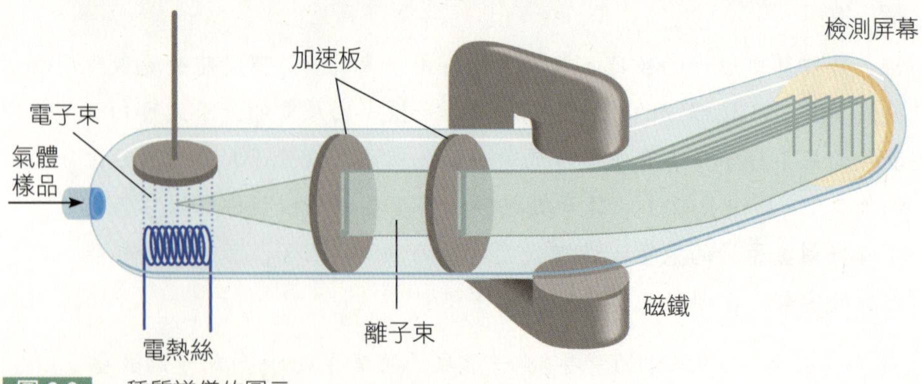

圖 3.3 一種質譜儀的圖示。

荷為 e) 經由兩個帶正電荷的電極加速而迅速通過電極。經由磁鐵的作用力，離子的行進路線會偏折而繼續前進，而此偏折路徑的角度會和此離子的電荷質量比有關 (簡稱荷質比；也就是 e/m)。較小荷質比離子行進路線的偏折角度會比較大荷質比的離子行進路線的偏折角度來得大，因此若不同離子的電荷數相同而質量不同，就可以藉此方法而彼此分離。不同的偏折角度就代表不同離子的質量。這裡得到的離子質量也就可以拿來對應原本原子或分子的質量。最終當離子抵達偵測器時會產生電流，電流的大小會和離子的數量成正比，所以電流大小就可以用來得知同位素的自然含量。

世界上第一台質譜儀是由一位英國物理學家弗朗西斯．阿斯頓[2] 在西元 1920 年代發明的，就現代的標準來看這台質譜儀還相當的簡略。但是，無可置疑它證明了同位素——氖-20 (原子量 19.9924 amu；自然含量 90.92%) 和氖-22 (原子量 21.9914 amu；自然含量 8.82%) 的存在。後來當質譜儀的技術發展比較成熟之後，科學家又發現其實氖元素還有第三種同位素氖-21，其原子量為 20.9940 amu；自然含量為 0.257% (圖 3.4)。這個例子告訴我們，在像化學這種需要計量的科學中，正確的實驗測量有多重要。早期的實驗之所以測量不到氖-21 是因為它的自然含量太少，只有 0.257%。也就是說，一萬個氖原子中只有 26 個是氖-21。再者，分子的質量也可以用質譜儀的方法測得。

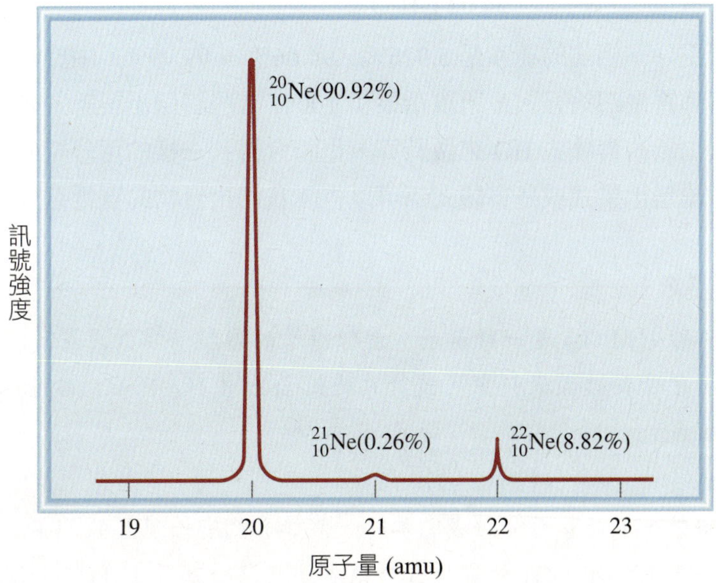

圖 3.4 三種氖同位素的質譜圖。

2 弗朗西斯．阿斯頓 (Francis William Aston, 1877~1945)，英國化學家及物理學家。因為發明了質譜儀，而在西元 1922 年得到諾貝爾化學獎。

3.5 化合物的百分組成

正如之前所提到的，化學式可以告訴我們一個單位化合物中各元素的原子數量。然而，當我們在化學實驗中需要知道化合物的純度時，經由化學式我們可以算出每個元素在整個化合物質量中所占的比例。然後，將此比例與實驗所測得的樣品中元素的百分組成做比較，就可以算出樣品的純度。

質量百分組成 (percent composition by mass) 是每個元素的質量在化合物質量中所占的百分比。百分組成的算法是將每一莫耳化合物中單一元素的質量除以化合物的莫耳質量，再乘以 100%。若以算式表示，一個元素在化合物中的百分組成為

$$\text{元素的百分組成} = \frac{n \times \text{元素的莫耳質量}}{\text{化合物的莫耳質量}} \times 100\% \tag{3.1}$$

H_2O_2

其中 n 是每一莫耳化合物中元素的莫耳數。例如，一莫耳的過氧化氫 (H_2O_2) 中有兩莫耳的氫原子和兩莫耳的氧原子，而 H_2O_2、H、O 的莫耳質量分別為 34.02 公克、1.008 公克和 16.00 公克。因此，H_2O_2 的百分組成可計算為

$$\%H = \frac{2 \times 1.008 \text{ g H}}{34.02 \text{ g } H_2O_2} \times 100\% = 5.926\%$$

$$\%O = \frac{2 \times 16.00 \text{ g O}}{34.02 \text{ g } H_2O_2} \times 100\% = 94.06\%$$

將兩個百分率相加的總和是 5.926% + 94.06% = 99.99%。由於我們將元素的莫耳質量四捨五入，所以結果和 100% 有些許微小誤差。如果我們用過氧化氫的實驗式 HO 來做計算，也將會得到一樣的百分組成。這是因為不論是化學式或是實驗式都可以告訴我們化合物的質量百分組成。

例題 3.8

H_3PO_4

磷酸 (H_3PO_4) 是一種無色、看似糖漿的液體，常被用在清潔劑、肥料、牙膏和碳酸飲料中。試計算此化合物中 H、P、O 個別的質量百分組成。

策 略

回想一下計算百分組成的步驟。假設我們有一莫耳的 H_3PO_4。每一個元素 (H、P、O) 的質量百分組成是將每一莫耳 H_3PO_4 中原子的總莫耳質量除以 H_3PO_4 的莫耳質量，再乘以 100%。

解　答

H_3PO_4 的莫耳質量是 97.99 公克，則 H_3PO_4 中各元素的質量百分組成為

$$\%H = \frac{3 \times 1.008\ g\ H}{97.99\ g\ H_3PO_4} \times 100\% = 3.086\%$$

$$\%P = \frac{30.97\ g\ P}{97.99\ g\ H_3PO_4} \times 100\% = 31.61\%$$

$$\%O = \frac{4 \times 16.00\ g\ O}{97.99\ g\ H_3PO_4} \times 100\% = 65.31\%$$

檢　查

這三個百分組成總和為 100% 嗎？將三個百分率相加的總和是 (3.086% + 31.61% + 65.31%) = 100.01%。這結果和 100% 有些許誤差，其原因是我們將元素的莫耳質量四捨五入。

練習題

試計算硫酸 (H_2SO_4) 中每個元素的質量百分組成。

類題：3.13。

若有需要的話，上列例題中的運算步驟也可以反過來操作。也就是如果我們知道化合物的質量百分組成，就可以推算出此化合物的實驗式 (圖 3.5)。在這類的運算中，因為用的數字都是百分率且總和皆為 100%，我們通常可以將化合物的質量先假定為 100 公克來計算，就像例題 3.9 的運算一樣。

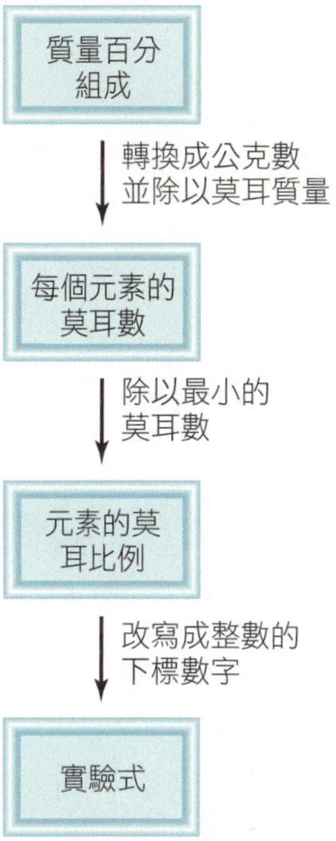

圖 3.5 由化合物百分組成計算其實驗式的步驟。

例題 3.9

抗壞血酸 (一種維他命 C) 可以用來治療壞血病。在質量上它是由 40.92% 的碳 (C)、4.58% 的氫 (H) 和 54.50% 的氧 (O) 所組成。請問抗壞血酸的實驗式為何？

策　略

在一個化合物的化學式中，下標數字代表的是一莫耳化合物中各組成元素的莫耳比。然而，我們要如何將質量百分組成轉換成莫耳數呢？如果我們假定剛好有 100 公克的化合物，能不能推測化合物中每個元素的質量是多少？我們又如何將公克數轉換成莫耳數呢？

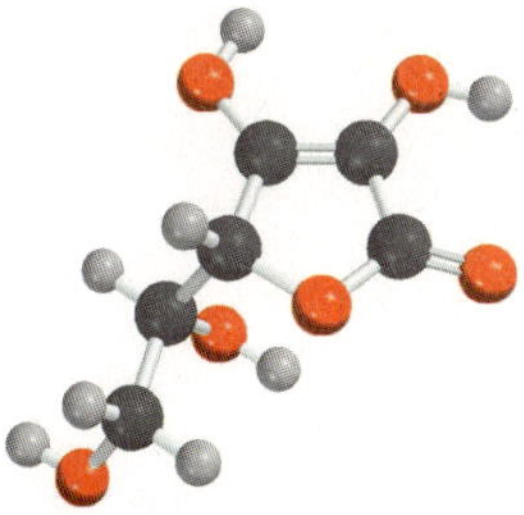

抗壞血酸的分子式是 $C_6H_8O_6$。

解　答

如果有 100 公克的抗壞血酸，我們就可以將質量百分組成的數字直接轉換成組成元素的公克數。所以在這個樣本中就會有 40.92 公克

的 C、4.58 公克的 H 和 54.50 公克的 O。因為化學式中下標數字代表的是莫耳比，我們必須將每個元素的公克數轉換成莫耳數。而這裡需要的轉換因子是每個元素的莫耳質量。若以 n 來代表每個元素的莫耳數則可寫成：

$$n_C = 40.92\ \text{g C} \times \frac{1\ \text{mol C}}{12.01\ \text{g C}} = 3.407\ \text{mol C}$$

$$n_H = 4.58\ \text{g H} \times \frac{1\ \text{mol H}}{1.008\ \text{g H}} = 4.54\ \text{mol H}$$

$$n_O = 54.50\ \text{g O} \times \frac{1\ \text{mol O}}{16.00\ \text{g O}} = 3.406\ \text{mol O}$$

根據以上的結果得到組成元素的莫耳比，所以我們可以把化學式寫成 $C_{3.407}H_{4.54}O_{3.406}$。然而，化學式的下標數字必須為整數，所以我們必須將每個數字同除以這三個下標數字中最小的那一個數字 (3.406) 試著將小數轉換成整數：

$$C：\frac{3.407}{3.406} \approx 1 \qquad H：\frac{4.54}{3.406} = 1.33 \qquad O：\frac{3.406}{3.406} = 1$$

其中，≈ 是「近似於」的意思。這個結果告訴我們抗壞血酸的化學式為 $CH_{1.33}O$。接下來，我們可以用試誤法再將 H 的下標數字 1.33 轉換為正整數：

$$1.33 \times 1 = 1.33$$

$$1.33 \times 2 = 2.66$$

$$1.33 \times 3 = 3.99 \approx 4$$

因為 1.33 × 3 可以得到正整數 4，所以我們將每個下標數字都乘以 3，便可以得到抗壞血酸的實驗式為 $C_3H_4O_3$。

檢 查

檢查看看是否 $C_3H_4O_3$ 所有的下標數字已經約分到最小整數比。

類題：3.18。

練習題

寫出具有下列質量百分組成化合物的實驗式：K：24.75%；Mn：34.77%；O：40.51%。

化學家常常想知道在一個已知質量的化合物中某一個元素的實際質量有多少。若應用在採礦工業中，這就可以讓我們知道所開採礦的品質好壞。正因為只要知道物質的化學式就可以經由計算得知其質量百分組成，所以我們就可以直接用計算來解決這樣的問題。

例題 3.10

黃銅礦 ($CuFeS_2$) 是一種主要的銅礦。試計算 3.71×10^3 公斤的黃銅礦中有多少公斤的 Cu？

策略

黃銅礦是由 Cu、Fe、S 所組成。其中 Cu 的質量是由此化合物的質量百分組成來決定。然而，我們要怎麼知道其中的一個元素在化合物中所占的質量百分率有多少？

解答

Cu 和 $CuFeS_2$ 的莫耳質量分別為 63.55 公克和 183.5 公克。因此，Cu 的質量百分率為

$$\%Cu = \frac{\text{Cu 的莫耳質量}}{CuFeS_2\text{ 的莫耳質量}} \times 100\%$$

$$= \frac{63.55\text{ g}}{183.5\text{ g}} \times 100\% = 34.63\%$$

接下來要算 3.71×10^3 公斤的黃銅礦中有多少公斤的 Cu，我們得將百分率轉換成分數或小數 (將 34.63% 寫成 34.63/100 或 0.3463) 之後寫出以下的算式：

$$CuFeS_2\text{ 中 Cu 的質量} = 0.3463 \times (3.71 \times 10^3\text{ kg}) = 1.28 \times 10^3\text{ kg}$$

檢查

大概估計一下，Cu 的質量百分率約為 33%，所以約有三分之一的質量是 Cu，也就是 $\frac{1}{3} \times 3.71 \times 10^3$ 公斤 $\approx 1.24 \times 10^3$ 公斤。這個值很接近我們剛剛算出來的答案。

練習題

試計算 371 公克的 Al_2O_3 中有多少公斤的 Al。

3.6 用實驗決定化合物的實驗式

在上一節中，我們學到了化合物的實驗式可以經由質量百分組成算出，因此我們可以藉由實驗得知質量百分組成進而鑑定出化合物的種類。其步驟如下：首先，藉由化學分析我們可以知道定量化合物中每個元素的公克數。然後，我們將每個元素的公克數轉換成莫耳數。最後用例題 3.9 的方法定出化合物的實驗式。

讓我們用乙醇來作例子。當乙醇被放入像是圖 3.6 的裝置中通入氧

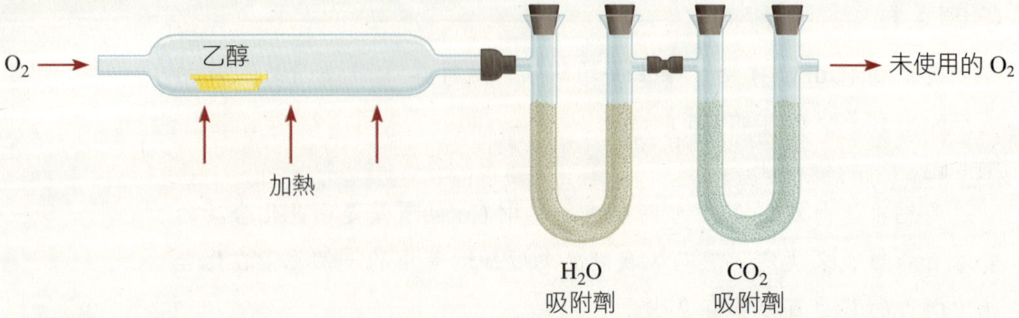

圖 3.6 用來決定乙醇實驗式的裝置。其中的吸附劑指的是可以吸附水和二氧化碳的物質。

氣加熱燃燒，會分解放出二氧化碳 (CO_2) 和水 (H_2O)。因為通入的氧氣沒有碳原子也沒有氫原子，所以我們可以推論釋放出的 CO_2 和 H_2O 中的 C 原子和 H 原子都是由乙醇所貢獻的；而 CO_2 和 H_2O 中的 O 原子則是部分由氧氣而來，部分則也是由乙醇貢獻。

這裡所釋放出的 CO_2 和 H_2O 質量可藉由分別測量 CO_2 和 H_2O 吸收劑所增加的質量而得知。假設在一次實驗中燃燒 11.5 公克的乙醇後產生 22.0 公克的 CO_2 和 13.5 公克的 H_2O，我們可以用下列算式算出在原本的 11.5 公克乙醇中碳原子和氫原子的質量：

$$\text{C 的質量} = 22.0\ \text{g}\ \cancel{\text{CO}_2} \times \frac{1\ \cancel{\text{mol CO}_2}}{44.01\ \cancel{\text{g CO}_2}} \times \frac{1\ \cancel{\text{mol C}}}{1\ \cancel{\text{mol CO}_2}}$$

$$\times \frac{12.01\ \text{g C}}{1\ \cancel{\text{mol C}}} = 6.00\ \text{g C}$$

$$\text{H 的質量} = 13.5\ \text{g}\ \cancel{\text{H}_2\text{O}} \times \frac{1\ \cancel{\text{mol H}_2\text{O}}}{18.02\ \cancel{\text{g H}_2\text{O}}} \times \frac{2\ \cancel{\text{mol H}}}{1\ \cancel{\text{mol H}_2\text{O}}}$$

$$\times \frac{1.008\ \text{g H}}{1\ \cancel{\text{mol H}}} = 1.51\ \text{g H}$$

因此，11.5 公克乙醇中有 6.00 公克的 C 和 1.51 公克的 H，剩下的便是 O，其質量為

$$\begin{aligned}\text{O 的質量} &= \text{樣品的質量} - (\text{C 的質量} + \text{H 的質量})\\ &= 11.5\ \text{g} - (6.00\ \text{g} + 1.51\ \text{g})\\ &= 4.0\ \text{g}\end{aligned}$$

而 11.5 公克乙醇中各元素的莫耳數為

$$\text{C 的莫耳數} = 6.00\ \text{g}\ \cancel{\text{C}} \times \frac{1\ \text{mol C}}{12.01\ \text{g}\ \cancel{\text{C}}} = 0.500\ \text{mol C}$$

$$\text{H 的莫耳數} = 1.51\ \cancel{\text{g H}} \times \frac{1\ \text{mol H}}{1.008\ \cancel{\text{g H}}} = 1.50\ \text{mol H}$$

$$\text{O 的莫耳數} = 4.0\ \cancel{\text{g O}} \times \frac{1\ \text{mol O}}{16.00\ \cancel{\text{g O}}} = 0.25\ \text{mol O}$$

所以乙醇的化學式可寫為 $C_{0.50}H_{1.5}O_{0.25}$ (寫到兩位有效數字)。但因為原子的數目必須為整數，所以我們將所有下標數字除以其中最小的下標數字 0.25，而得到乙醇的化學式為 C_2H_6O。

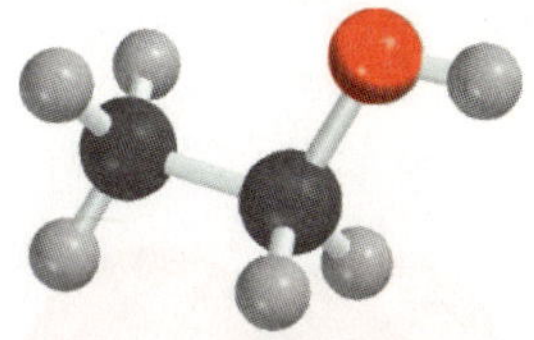

乙醇的分子式剛好等於實驗式。

現在你們應該比較了解實驗式中的「實驗」兩字其字面上的意義就是「根據觀察與測量」而定。而乙醇的實驗式便是經由分析化合物的元素百分組成而算出。過程不需要知道原子在化合物中是如何連接在一起的。

決定分子式

從質量百分組成我們只能算出實驗式因為下標數字總是約分到最小整數，但是如果我們想知道化合物實際的分子式的話，除了實驗式之外，還需要的是化合物大約的莫耳質量。這裡要知道的概念是化合物的莫耳質量會是其實驗式莫耳質量的整數倍數，因此我們就可以利用莫耳質量來決定化合物的分子式，正如例題 3.11 所示。

例題 3.11

有一個未知的化合物經質譜儀鑑定後，得知其質量百分組成為 30.46% 的氮和 69.54% 的氧。由另一個實驗得知這個化合物的莫耳質量介於 90 公克到 95 公克之間。請寫出此化合物的分子式和正確的莫耳質量。

策　略

若要知道化合物的分子式我們得先知道它的實驗式才行。然後比較實驗式的莫耳質量和實驗所得的莫耳質量，就會發現此化合物的實驗式和分子式之間的關係。

解　答

我們先把化合物的質量假定為 100 公克，所以把百分率的數字當作公克數來表示，也就是有 30.46 公克的氮和 69.54 公克的氧。若以 n 來代表每個元素的莫耳數則可寫成：

$$n_{\text{N}} = 30.46\ \cancel{\text{g N}} \times \frac{1\ \text{mol N}}{14.01\ \cancel{\text{g N}}} = 2.174\ \text{mol N}$$

$$n_O = 69.54\ \text{g O} \times \frac{1\ \text{mol O}}{16.00\ \text{g O}} = 4.346\ \text{mol O}$$

所以可以把化學式寫成 $N_{2.174}O_{4.346}$，從中可以看出組成元素的比例。然而，化學式的下標數字必須為整數，所以我們必須將這兩個下標數字同除以數字較小的那一個下標數字 (2.174)。經過約分之後，可以得到實驗式為 NO_2。

然而，化合物的分子式不是跟實驗式相同，就是實驗式的整數倍 (像是兩倍、三倍、四倍或更多倍)。接下來比較實驗式的莫耳質量和實驗所得的莫耳質量，就會發現此化合物的實驗式和分子式之間的整數關係。NO_2 實驗式的莫耳質量為

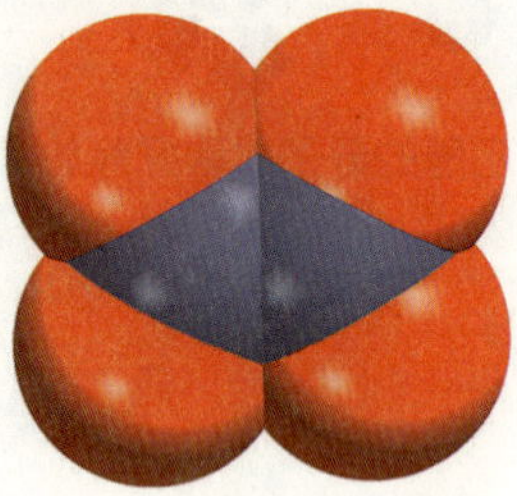

N_2O_4

NO_2 實驗式莫耳質量 = 14.01 公克 + 2(16.00 公克) = 46.01 公克

接著，判斷實驗式和分子式之間的整數關係

$$\frac{\text{莫耳質量}}{\text{實驗式莫耳質量}} = \frac{90\ \text{g}}{46.01\ \text{g}} \approx 2$$

這裡看出莫耳質量應該是實驗式莫耳質量的兩倍，也就是每個化合物分子中有兩個單位的 NO_2。所以，此化合物的分子式為 $(NO_2)_2$ 或 N_2O_4。

也因此化合物的實際莫耳質量為實驗式莫耳質量的兩倍，也就是 2(46.01 公克) 或 92.02 公克，符合題目說的介於 90 公克到 95 公克之間。

檢　查

請注意：如果想從實驗式去推斷分子式時，我們只需要知道化合物**大約的**莫耳質量。其原因是因為實際的莫耳質量會是實驗式莫耳質量的整數倍 (一倍、兩倍、三倍……等)。因此，實際莫耳質量和實驗式莫耳質量的比例會永遠趨近於整數。

類題：3.19。

練習題

一個由硼 (B) 和氫 (H) 組成化合物樣品其中含有 6.444 公克的 B 和 1.803 公克的氫。此化合物的莫耳質量約為 30 公克。請寫出此化合物的分子式為何？

3.7　化學反應和化學方程式

到目前為止我們都在討論原子和分子的質量，接下來將開始討論原子和分子在**化學反應** (chemical reaction) 中發生了什麼事。所謂的化學

反應指的是將一個 (或多個) 純物質轉變成另外一個 (或多個) 不同的純物質。為了要相互溝通化學反應中所包含的訊息，化學家必須設計一種標準方法來表示化學反應。而這個標準方法就是化學反應方程式。在**化學反應方程式** (chemical equation) 中，我們用化學符號來表示反應過程發生了什麼事。在這一節中，我們將學習如何寫出並平衡化學反應方程式。

寫化學反應方程式

如果我們想知道當氫氣 (H_2) 在空氣 [其中有氧氣 (O_2)] 中燃燒會產生水 (H_2O) 時到底發生了什麼事，可用以下化學反應方程式來表示：

$$H_2 + O_2 \longrightarrow H_2O \quad (3.2)$$

其中的「加號 (+)」意思是「與……反應」，而「箭號 (→)」意思是「產生……」。因此，這個以符號寫成的方程式可讀成：「氫分子與氧分子反應產生水分子。」而反應的方向就是箭頭所指由左至右的方向。

不過方程式 (3.2) 還並不完整。因為方程式左邊的氧原子數 (兩個) 比右邊的氧原子數 (一個) 多了一倍。為了要遵守質量守恆定律，同一種原子在方程式中箭號兩邊的數量要一樣。也就是說，反應前後的原子數目要一致。要平衡方程式 (3.2)，我們可以在 H_2 和 H_2O 前加上適當的係數 (這裡的係數是 2)：

我們以質量守恆定律來當作平衡化學方程式的原則。

$$2H_2 + O_2 \longrightarrow 2H_2O$$

當係數為 1 時，則不寫係數，像是右式中的 O_2。

這個平衡過的反應方程式告訴我們：「兩個氫分子和一個氧分子反應產生兩個水分子」(圖 3.7)。而因為分子數的比例會等於莫耳數的比例，所以這個方程式也可以讀成：「2 莫耳氫分子和 1 莫耳氧分子反應產生 2 莫耳水分子。」由於我們知道這其中每一種物質的莫耳質量，所以也可以把這個方程式解釋成：「4.04 公克氫分子和 32.00 公克氧分子反

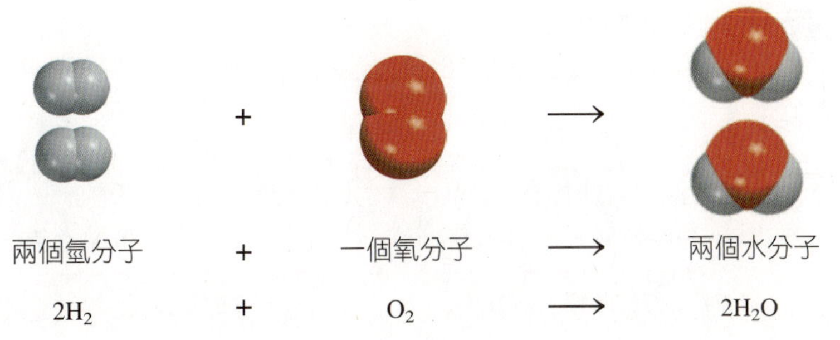

圖 3.7 氫氣燃燒的三種表達方式。為了遵守質量守恆定律，每一種原子在方程式兩邊的數目必須相同。

應產生 36.04 公克水分子。」表 3.1 整理了這裡介紹的三種方程式的讀法。

另外，在方程式 (3.2) 中的 H_2 和 O_2，我們稱作**反應物** (reactants)，意思是化學反應中的起始物質；而 H_2O 稱作**產物** (product)，意思是化學反應後所產生的物質。因此，化學反應方程式就是化學家對於一個化學反應的簡化描述。在一個化學反應方程式中，通常是把反應物寫在箭號的左邊，而把產物寫在箭號的右邊：

$$\text{反應物} \longrightarrow \text{產物}$$

為了要在化學反應方程式中提供更多的資訊，化學家通常用字母 *g*、*l*、*s* 來表示反應物和產物的物理狀態分別為氣態、液態、固態。例如：

平衡化學方程式的步驟寫在第 95 頁。

$$2CO(g) + O_2(g) \longrightarrow 2CO_2(g)$$
$$2HgO(s) \longrightarrow 2Hg(l) + O_2(g)$$

若要表示當氯化鈉 (NaCl) 加入水中發生了什麼事，我們可以寫：

$$NaCl(s) \xrightarrow{H_2O} NaCl(aq)$$

其中，*aq* 代表的是 aqueous，中文是水相環境，也就是水溶液的意思；而寫在箭號上的 H_2O 表示將物質溶於水中這個物理過程，雖然常常為了簡化方程式就省略不寫。

在做實驗時，知道反應物和產物的物理狀態是非常有用的。例如：當溴化鉀 (KBr) 和硝酸銀 ($AgNO_3$) 在水溶液中反應會產生溴化銀 (AgBr) 固體。此反應可用下列方程式表示：

$$KBr(aq) + AgNO_3(aq) \longrightarrow KNO_3(aq) + AgBr(s)$$

如果在上述化學反應方程式中沒有告知反應物和產物的物理狀態，不了解的人可能會把固體的 KBr 和固體的 $Ag(NO)_3$ 混合。這些混合的固

表 3.1 解讀化學反應方程式

$2H_2$	$+ O_2$	$\longrightarrow$	$2H_2O$
兩個分子	+ 一個分子	$\longrightarrow$	兩個分子
2 莫耳	+ 1 莫耳	$\longrightarrow$	2 莫耳
2(2.02 公克) = 4.04 公克	+ 32.00 公克	$\longrightarrow$	2(18.02 公克) = 36.04 公克
36.04 公克反應物			36.04 公克產物

體可能會反應非常慢，或甚至完全不反應。若以微觀的角度來想像這個過程，我們可以理解當反應要生成像是 AgBr 的固體，必須要有 Ag^+ 和 Br^- 離子互相結合。然而，當這些離子在原始的固體化合物狀態時，它們在空間上的位置是幾乎固定的，無法自由移動。(這個例子說明如何用微觀世界的角度來思考，並解釋在分子等級大小所發生的事情，就像我們在 1.2 節所討論過的一樣。)

平衡化學反應方程式

如果我們想寫一個化學反應方程式來表示剛剛在實驗室裡做的實驗，應該要如何開始呢？首先，因為我們知道用了什麼化合物當作反應物，所以可以先把它們的化學式寫出來。而至於產物是什麼就比較難知道，如果是一些簡單的反應，產物是可以預測的，但若是牽涉到有三種以上產物的較複雜反應，化學家就必須要做更多的測試才能知道產物到底有哪些。

當我們知道反應物和產物是什麼且寫出它們的化學式之後，就可以開始排列寫出反應方程式。反應物通常寫在箭號的左邊，而產物寫在箭號的右邊。排列好之後，這個時候的反應方程式還*沒有平衡*，也就是說，在箭號左邊每一種原子的數量並沒有和箭號右邊每一種原子的數量相同。一般來說，我們可以依照下列步驟來平衡反應方程式：

1. 先確認所有的反應物和產物化學式都正確，且分別寫在方程式箭號的左邊和右邊。
2. 試著在每個分子前加入不同的係數，而使得每個原子在方程式的兩邊數量相同。我們可以改變係數來平衡方程式，但每個化學式的下標數字是不能改變的。若改變下標數字等於是將反應物或產物變成不同的化合物。例如：$2NO_2$ 代表「兩分子的二氧化氮」；但如果把此化學式的下標數字都乘以二寫成 N_2O_4，則此化學式代表的是四氧化二氮，這和二氧化氮是完全不同的化合物。
3. 接下來是找出平衡係數的技巧。首先，去找在方程式箭號兩邊都只出現一次且原子數量相同的原子。如果有的話，有這些原子的化學式一定有相同的係數。因此，在這個時候先不用改變這些化學式的係數。接下來，要找出在方程式箭號兩邊都只出現一次但原子數量不同的原子，並加上適當係數加以平衡。最後再去平衡出現在方程式箭號同一邊兩次以上的原子。

4. 最後再檢查一次在方程式中出現的每一種原子在箭號兩邊是不是有相同的數量，以確定此方程式已經平衡。

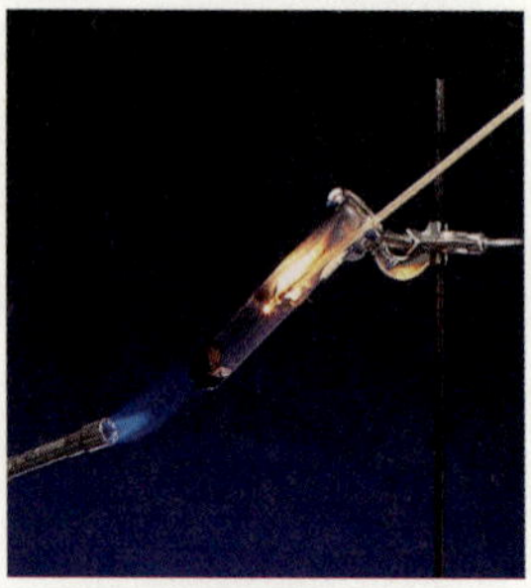

加熱氯酸鉀會產生氧氣，使得管中的木屑可以燃燒。

我們用一個實際的例子來說明如何平衡反應方程式。在實驗室中，我們可以經由將加熱氯酸鉀 ($KClO_3$) 來製備少量的氧氣。此反應的產物是氧氣 (O_2) 和氯化鉀 (KCl)。從以上的資訊，我們可以將方程式寫成：

$$KClO_3 \longrightarrow KCl + O_2$$

(為了簡化討論的過程，這裡我們不寫出反應物和產物的物理狀態。) 這裡所有原子 (K、Cl、O) 在方程式的同一邊都只出現一次，但只有 K 和 Cl 原子在兩邊的數目相同。因此，$KClO_3$ 和 KCl 會有相同的係數。下一步就是要使 O 原子的數目在方程式箭號兩邊相同。因為箭號左邊有三個 O 原子，而右邊只有兩個氧原子，我們可以在 $KClO_3$ 前加上係數 2；同時在 O_2 前加上係數 3 來平衡 O 原子的數量。

$$2KClO_3 \longrightarrow KCl + 3O_2$$

最後，在 KCl 前加上係數 2 來平衡 K 和 Cl 原子的數量。

$$2KClO_3 \longrightarrow 2KCl + 3O_2 \qquad (3.3)$$

我們可以列一個反應物和產物的平衡表格來做最後的檢查。括弧內的數字代表每個原子的數量：

反應物	產物
K (2)	K (2)
Cl (2)	Cl (2)
O (6)	O (6)

請注意：若將此方程式的係數都寫成原本係數的整數倍數後，方程式還是平衡的。例如，將所有係數乘以二變成：

$$4KClO_3 \longrightarrow 4KCl + 6O_2$$

然而，一般的慣例都是用**最簡單的**整數係數來平衡反應方程式，方程式 (3.3) 就遵守了這個慣例。

現在我們來看天然氣的成分乙烷 (C_2H_6) 在空氣或氧氣中燃燒產生二氧化碳和水的反應。這個反應平衡前的方程式為：

$$C_2H_6 + O_2 \longrightarrow CO_2 + H_2O$$

C_2H_6

我們發現每一個原子 (這裡有 C、H、O) 的數目在方程式的兩邊都不一樣。此外，C 和 H 原子在方程式的兩邊都只出現一次；而 O 原子在方程式右邊出現兩次 (CO_2 和 H_2O)。為了要平衡 C 原子，我們在 CO_2 前加上係數 2：

$$C_2H_6 + O_2 \longrightarrow 2CO_2 + H_2O$$

為了要平衡 H 原子，我們在 H_2O 前加上係數 3：

$$C_2H_6 + O_2 \longrightarrow 2CO_2 + 3H_2O$$

到這裡我們已經平衡了 C 和 H 原子的數量，但是 O 原子的數量在方程式右邊有七個，而在方程式左邊只有兩個，所以還沒有平衡。為了解決這個問題，我們可以在方程式左邊的 O_2 前加上係數 ：

$$C_2H_6 + \tfrac{7}{2}O_2 \longrightarrow 2CO_2 + 3H_2O$$

這裡用 $\frac{7}{2}$ 當係數的概念，是因為方程式右邊有七個 O 原子，而在方程式左邊只有一對 O 原子。為了平衡，我們要知道方程式左邊需要多少對 O 原子。就像 3.5 對鞋子等於七隻鞋子的概念，$\frac{7}{2}$ 對 O_2 分子也等於七個氧原子。就像下列的平衡表格所示，這個方程式已經平衡了：

反應物	產物
C (2)	C (2)
H (6)	H (6)
O (7)	O (7)

然而，我們通常較喜歡將係數寫成整數，而不是分數，因此我們把整個方程式乘以 2，而將係數 $\frac{7}{2}$ 轉換成 7：

$$2C_2H_6 + 7O_2 \longrightarrow 4CO_2 + 6H_2O$$

最後的平衡表格變成：

反應物	產物
C (4)	C (4)
H (12)	H (12)
O (14)	O (14)

請注意：最終在平衡方程式中用的係數是一組最小的整數。

在例題 3.12 中，我們將繼續練習平衡反應方程式的技巧。

原子等級大小的氧化鋁。

例題 3.12

當鋁接觸到空氣時會在表面形成一層氧化鋁 (Al_2O_3)。這一層氧化鋁阻隔了金屬鋁和空氣中的氧氣繼續反應，這也是鋁罐可以抗腐蝕的原因。[但是同樣的狀況發生在鐵時，由於產生的鐵鏽 (或稱氧化鐵) 的孔洞太多，而無法保護在下面的金屬鐵，所以生鏽繼續發生。] 請寫出形成氧化鋁反應的平衡方程式。

策 略

請記得在平衡化學反應方程式時，元素或化合物的化學式不能改變。再藉由在化學式前插入適當的係數將方程式平衡。請參考第 95 頁的步驟。

解 答

未平衡的方程式為

$$Al + O_2 \longrightarrow Al_2O_3$$

在平衡的方程式中，方程式兩邊的原子種類和數量要一致。我們可以看到只有 1 個鋁原子在反應物端，而有 2 個鋁原子在產物端。所以我們可以在反應物 Al 前加上係數 2，以平衡鋁原子的數目：

$$2Al + O_2 \longrightarrow Al_2O_3$$

另外，有 2 個氧原子在反應物端，而有 3 個氧原子在產物端。所以我們可以在反應物 O_2 前加上係數 $\frac{3}{2}$ 以平衡氧原子的數目：

$$2Al + \tfrac{3}{2}O_2 \longrightarrow Al_2O_3$$

到現在我們已經把方程式平衡了。但是慣例上平衡方程式的係數要是一組最小的整數，所以我們可以把整個方程式乘以 2，以得到係數為整數的平衡方程式：

$$2(2Al + \tfrac{3}{2}O_2 \longrightarrow Al_2O_3)$$

或

$$4Al + 3O_2 \longrightarrow 2Al_2O_3$$

檢 查

一個平衡的方程式中，方程式兩邊的原子種類和數量要一致。最後的平衡表格可寫成：

反應物	產物
Al (4)	Al (4)
O (6)	O (6)

所以這個方程式已經平衡了，且係數也是最小的整數。

類題：3.20。

練習題

請寫出氧化鐵 (Fe_2O_3) 和一氧化碳 (CO) 反應產生鐵 (Fe) 和二氧化碳 (CO_2) 的平衡反應方程式。

3.8 反應物和產物的計量

在實驗室做化學反應時，我們最常也最想知道的一個問題是：「用了這麼多的反應物可以得到多少產物呢？」或是有時候會反過來問：「若想要得到這麼多的產物，那我們要用多少反應物呢？」為了要使化學反應可以計量，我們要將莫耳質量和莫耳數的概念運用在反應方程式中。而接下來要介紹的**化學計量學** (stoichiometry) 就是一門用來計算化學反應中的反應物和產物數量的方法。

首先我們要知道，不管已知反應物或產物的單位為莫耳、公克、公升 (氣體單位)、或是一些其他的單位，我們都用莫耳來計算反應中產物的數量。這樣的方法稱作**莫耳方法** (mole method)，其簡單地說就是將化學反應方程式中的係數解釋為每個物質實際參與反應的莫耳數。例如，工業上氨氣是是經由氫氣和氮氣所合成出來的，其反應方程式如下：

$$N_2(g) + 3H_2(g) \longrightarrow 2NH_3(g)$$

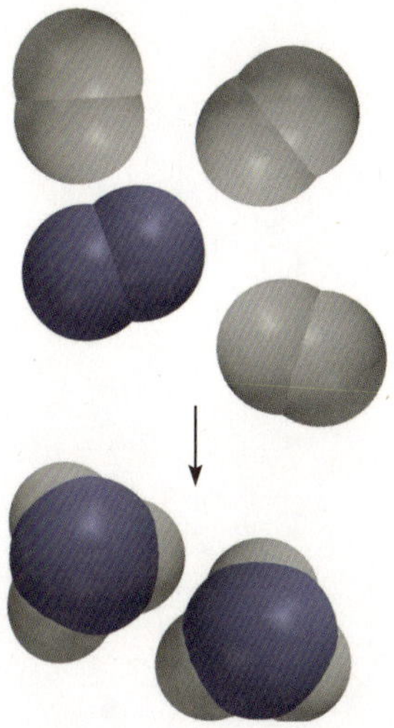

用 H_2 和 N_2 合成 NH_3。

這裡的係數說明了 1 個分子的 N_2 和 3 個分子的 H_2 反應會產生 2 個分子的 NH_3。此概念中的分子數也可以用來代表莫耳數：

$N_2(g)$	+	$3H_2(g)$	$\longrightarrow$	$2NH_3(g)$
1 個分子		3 個分子		2 個分子
6.022×10^{23} 個分子		$3(6.022 \times 10^{23}$ 個分子)		$2(6.022 \times 10^{23}$ 個分子)
1 莫耳		3 莫耳		2 莫耳

因此，此方程式也可以解讀成：「1 莫耳的 N_2 和 3 莫耳的 H_2 反應會產生 2 莫耳的 NH_3。」在計量的計算中，我們可以認定 3 莫耳的 H_2 反應等於 2 莫耳的 NH_3，也就是：

$$3\ \text{mol H}_2 \simeq 2\ \text{mol NH}_3$$

其中符號 $\simeq$ 的意思是「計量上等於」或簡略為「等於」。根據這個等是可以寫出兩個轉換因子：

$$\frac{3\ \text{mol H}_2}{2\ \text{mol NH}_3} \text{ 和 } \frac{2\ \text{mol NH}_3}{3\ \text{mol H}_2}$$

用相同的概念，我們也知道 1 莫耳 $N_2 \simeq 2$ 莫耳 NH_3 和 1 莫耳 $N_2 \simeq 3$ 莫耳 H_2。

讓我們用一個簡單的例子說明。6.0 莫耳的 H_2 會和 N_2 完全反應而產生 NH_3，若要計算有多少莫耳的 NH_3 會產生，我們要用到以 H_2 當分母的轉換因子去寫出以下的算式：

$$\begin{aligned}\text{產生的 NH}_3\text{ 莫耳數} &= 6.0\ \cancel{\text{mol H}_2} \times \frac{2\ \text{mol NH}_3}{3\ \cancel{\text{mol H}_2}} \\ &= 4.0\ \text{mol NH}_3\end{aligned}$$

另外，若假設 16.0 公克的 H_2 會和 N_2 完全反應而產生 NH_3，則所生成的 NH_3 會有多少公克？在做這個計算之前，我們要知道在平衡方程式中 H_2 和 NH_3 之間的關係是莫耳比，所以我們得先將 H_2 的公克數轉換成莫耳數，再用 H_2 的莫耳數轉換成 NH_3 的莫耳數，最後再將 NH_3 的莫耳數轉換成 NH_3 的公克數。整個轉換步驟如下：

$$\text{H}_2\text{ 公克數} \longrightarrow \text{H}_2\text{ 莫耳數} \longrightarrow \text{NH}_3\text{ 莫耳數} \longrightarrow \text{NH}_3\text{ 公克數}$$

首先，我們用 H_2 的莫耳質量當作轉換因子將 16.0 公克的 H_2 轉換成莫耳數：

$$\begin{aligned}\text{H}_2\text{ 莫耳數} &= 16.0\ \cancel{\text{g H}_2} \times \frac{1\ \text{mol H}_2}{2.016\ \cancel{\text{g H}_2}} \\ &= 7.94\ \text{mol H}_2\end{aligned}$$

接下來，計算所產生 NH_3 的莫耳數：

$$\begin{aligned}\text{NH}_3\text{ 莫耳數} &= 7.94\ \cancel{\text{mol H}_2} \times \frac{2\ \text{mol NH}_3}{3\ \cancel{\text{mol H}_2}} \\ &= 5.29\ \text{mol NH}_3\end{aligned}$$

最後，用 NH_3 的莫耳質量當轉換因子算出所產生的 NH_3 公克數：

$$\begin{aligned}\text{NH}_3\text{ 公克數} &= 5.29\ \cancel{\text{mol NH}_3} \times \frac{17.03\ \text{g NH}_3}{1\ \cancel{\text{mol NH}_3}} \\ &= 90.1\ \text{g NH}_3\end{aligned}$$

我們可以將這三步分開的計算結合寫成以下一步的算式：

$$NH_3 \text{ 公克數} = 16.0\ \cancel{g\ H_2} \times \frac{1\ \cancel{mol\ H_2}}{2.016\ \cancel{g\ H_2}} \times \frac{2\ \cancel{mol\ NH_3}}{3\ \cancel{mol\ H_2}} \times \frac{17.03\ g\ NH_3}{1\ \cancel{mol\ NH_3}} = 90.1\ g\ NH_3$$

用同樣的方法，我們可以算出在這個反應中 N_2 消耗掉的公克數。其轉換步驟為：

$$H_2 \text{ 公克數} \longrightarrow H_2 \text{ 莫耳數} \longrightarrow N_2 \text{ 莫耳數} \longrightarrow N_2 \text{ 公克數}$$

用平衡方程式中所得到 1 莫耳 $N_2 \bumpeq$ 3 莫耳 H_2，我們可以寫出以下算式：

$$N_2 \text{ 公克數} = 16.0\ \cancel{g\ H_2} \times \frac{1\ \cancel{mol\ H_2}}{2.016\ \cancel{g\ H_2}} \times \frac{1\ \cancel{mol\ N_2}}{3\ \cancel{mol\ H_2}} \times \frac{28.02\ g\ N_2}{1\ \cancel{mol\ N_2}} = 74.1\ g\ N_2$$

我們將用來解決化學反應中計量問題的方法整理如下：

1. 針對反應寫出平衡方程式。
2. 將已知反應物的量 (不論是公克或其他單位) 轉換成莫耳數。
3. 利用平衡反應方程式中反應物和產物的莫耳比例算出產物的莫耳數。
4. 將產物的莫耳數轉換成公克數或其他單位。

圖 3.8 說明了這些步驟的順序。有時候題目問的是要得到特定質量的產物要有多少反應物，這時候只要把圖 3.8 中的順序顛倒即可。

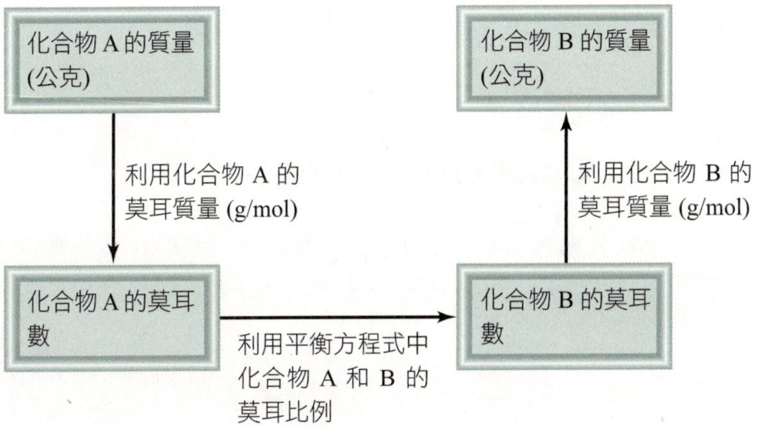

圖 3.8 利用莫耳方法計算在一個反應中反應物或產物數量的步驟。

例題 3.13 和 3.14 說明如何應用這個方法。

例題 3.13

我們吃的食物在身體內會被消化分解而提供人體成長和其他機能所需要的能量。這個複雜的步驟的總反應是可以用葡萄糖 ($C_6H_{12}O_6$) 分解產生二氧化碳 (CO_2) 和水 (H_2O) 來表示：

$$C_6H_{12}O_6 + 6O_2 \longrightarrow 6CO_2 + 6H_2O$$

如果一個人吃東西消化了 856 公克的葡萄糖，會產生多少公克的 CO_2？

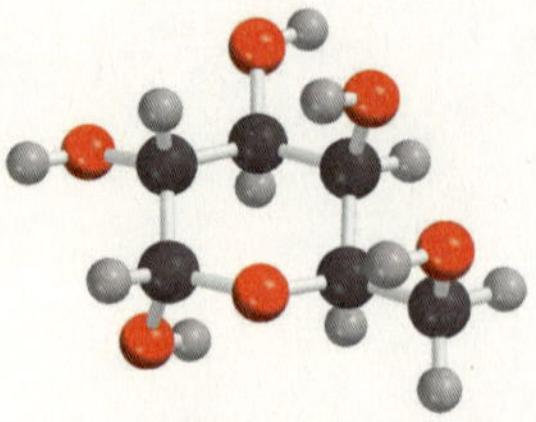

$C_6H_{12}O_6$

策 略

看看這反應的平衡方程式，我們要如何比較反應中 $C_6H_{12}O_6$ 和 CO_2 的數量呢？我們可以根據它們在平衡方程式中的**莫耳比例**來做比較。題目告知 $C_6H_{12}O_6$ 的公克數，我們要如何轉換成莫耳數呢？當我們用平衡方程式中的莫耳比例求出 CO_2 的莫耳數後，又要如何轉換成 CO_2 的公克數呢？

解 答

我們利用前面提過的方法和圖 3.8 來解這個題目。

步驟 1：寫出這個反應的平衡方程式。在題目中已經告知。

步驟 2：將 $C_6H_{12}O_6$ 的公克數轉換成莫耳數：

$$856\ \text{g}\ C_6H_{12}O_6 \times \frac{1\ \text{mol}\ C_6H_{12}O_6}{180.2\ \text{g}\ C_6H_{12}O_6} = 4.750\ \text{mol}\ C_6H_{12}O_6$$

步驟 3：從平衡方程式中所得到的莫耳比例得知 1 莫耳 $C_6H_{12}O_6 \simeq 6$ 莫耳 CO_2。因此，反應生成的 CO_2 莫耳數可寫成

$$4.750\ \text{mol}\ C_6H_{12}O_6 \times \frac{6\ \text{mol}\ CO_2}{1\ \text{mol}\ C_6H_{12}O_6} = 28.50\ \text{mol}\ CO_2$$

步驟 4：最終算出所產生 CO_2 的公克數：

$$28.50\ \text{mol}\ CO_2 \times \frac{44.01\ \text{g}\ CO_2}{1\ \text{mol}\ CO_2} = 1.25 \times 10^3\ \text{g}\ CO_2$$

經過練習之後，我們可以把以上的步驟：

$$C_6H_{12}O_6\ \text{公克數} \longrightarrow C_6H_{12}O_6\ \text{莫耳數} \longrightarrow CO_2\ \text{莫耳數} \longrightarrow CO_2\ \text{公克數}$$

結合成一步

$$CO_2 \text{ 公克數} = 856 \text{ g } C_6H_{12}O_6 \times \frac{1 \text{ mol } C_6H_{12}O_6}{180.2 \text{ g } C_6H_{12}O_6} \times \frac{6 \text{ mol } CO_2}{1 \text{ mol } C_6H_{12}O_6} \times \frac{44.01 \text{ g } CO_2}{1 \text{ mol } CO_2}$$

$$= 1.25 \times 10^3 \text{ g } CO_2$$

檢　查

這答案看起來合理嗎？即便 CO_2 的莫耳質量比 $C_6H_{12}O_6$ 的莫耳質量小很多，所產生的 CO_2 質量應該會大於反應掉的 $C_6H_{12}O_6$ 質量嗎？在平衡方程式中，CO_2 和 $C_6H_{12}O_6$ 的莫耳比例為何？

練習題

甲醇 (CH_3OH) 在空氣中燃燒的反應方程式為

$$2CH_3OH + 3O_2 \longrightarrow 2CO_2 + 4H_2O$$

如果在一個反應中消耗掉 209 公克的甲醇會產生多少公克的 H_2O？

例題 3.14

所有的鹼金屬元素和水反應都會產生氫氣和對應的鹼金屬氫氧化物。典型的鋰金屬和水反應方程式如下：

$$2Li(s) + 2H_2O(l) \longrightarrow 2LiOH(aq) + H_2(g)$$

若要產生 9.89 公克的 H_2 需要多少公克的 Li？

鋰和水反應產生氫氣。

策　略

題目問的是用多少反應物 (Li) 可以產生特定質量的產物 (H_2)。因此，我們需要將圖 3.8 中的順序顛倒。從方程式中我們得到 2 莫耳 Li ≏ 1 莫耳 H_2。

解　答

轉換步驟為

H_2 公克數 ⟶ H_2 莫耳數 ⟶ Li 莫耳數 ⟶ Li 公克數

可將這些步驟結合成一個等式：

$$9.89 \text{ g } H_2 \times \frac{1 \text{ mol } H_2}{2.016 \text{ g } H_2} \times \frac{2 \text{ mol Li}}{1 \text{ mol } H_2} \times \frac{6.941 \text{ g Li}}{1 \text{ mol Li}}$$

$$= 68.1 \text{ g Li}$$

檢　查

9.89 公克的 H_2 大約是 5 莫耳，所以我們需要 10 莫耳的 Li。看看 Li 大約的莫耳質量 (7 公克)，這個答案合理嗎？

類題：3.22。

練習題

一氧化氮 (NO) 和氧氣反應產生二氧化氮 (NO_2) 是光化學煙霧形成的關鍵步驟，其反應方程式如下：

$$2NO(g) + O_2(g) \longrightarrow 2NO_2(g)$$

若要產生 2.21 公克的 NO_2 需要多少公克的 O_2？

3.9 限量試劑

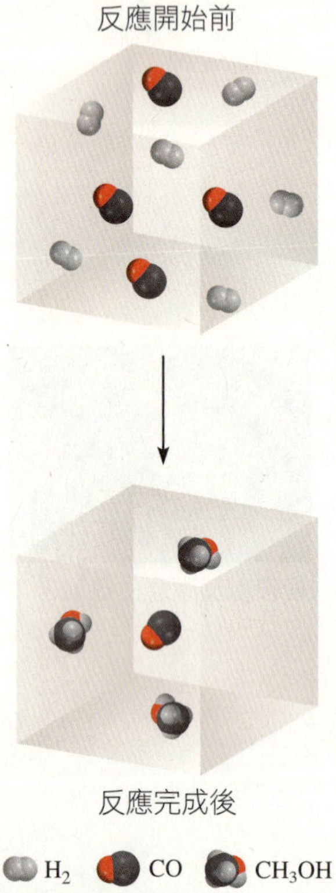

圖 3.9 反應開始時有 6 個 H_2 分子和 4 個 CO 分子。反應後，所有的 H_2 分子都消失而只剩 1 個 CO 分子。因此，H_2 分子是限量試劑，而 CO 分子是過量試劑。在這裡我們也可以把每個分子當作一莫耳分子。

當化學家在做反應時，不同反應物所用的數量通常不會剛好等於**化學計量** (stoichiometric amounts)，也就是平衡方程式中所指示的比例，這是因為做反應的最終目的還是希望可以得到最多有用的化合物。所以做反應時通常會使其中一個反應物過量，而使得其他較昂貴的反應物可以完全反應生成產物。因此，在反應之後會有部分反應物剩下。這當中最先用完的反應物稱為**限量試劑** (limiting reagent)，主要是因為產物可以生成的最大值決定於原本加了多少的這個反應物。當這個反應物用完時，就不會有更多的產物再產生。而**過量試劑** (excess reagents) 指的就是在反應中使用量超過和限量試劑反應所需量的反應物。

限量試劑的概念就像是在一個俱樂部中參加配對跳舞比賽的男生和女生的關係一樣。當有 14 個男生和 9 個女生時，只能組成 9 對來比賽，有 5 個男生會落單沒有舞伴。女生的人數限制了男生可以參加比賽的人數，在這裡男生是過量的。

想想工業上用一氧化碳和氫氣在高溫下合成甲醇 (CH_3OH) 的反應：

$$CO(g) + 2H_2(g) \longrightarrow CH_3OH(g)$$

假設一開始我們有 4 莫耳 CO 和 6 莫耳 H_2 (圖 3.9)。要決定哪一個反應物是限量試劑的方法是分別去計算根據原本 CO 和 H_2 反應物的數量可以得到多少莫耳 CH_3OH。根據之前的定義，限量試劑會限制產物的數量而因此產生較少的產物。這裡若反應消耗完 4 莫耳的 CO，會產生的 CH_3OH 莫耳數為

$$4\ \cancel{\text{mol CO}} \times \frac{1\ \text{mol CH}_3\text{OH}}{1\ \cancel{\text{mol CO}}} = 4\ \text{mol CH}_3\text{OH}$$

但若是反應消耗完 6 莫耳的 H_2，會產生的 CH_3OH 莫耳數為

$$6\ \cancel{\text{mol H}_2} \times \frac{1\ \text{mol CH}_3\text{OH}}{2\ \cancel{\text{mol H}_2}} = 3\ \text{mol CH}_3\text{OH}$$

因為消耗完 6 莫耳的 H_2 所產生的 CH_3OH 莫耳數比較少，所以 H_2 是限量試劑，而 CO 就是過量試劑。

在有關限量試劑的化學計算中，第一步就是要決定哪一個反應物是限量試劑。在決定了限量試劑之後，之後的問題就可以依照 3.8 節中所介紹的方法來解決。例題 3.15 說明如何解這樣的題目。

例題 3.15

尿素 [$(NH_2)_2CO$] 是經由氨和二氧化碳反應來製備：

$$2NH_3(g) + CO_2(g) \longrightarrow (NH_2)_2CO(aq) + H_2O(l)$$

若取 637.2 公克的 NH_3 和 1142 公克的 CO_2 做反應，則 (a) 哪一個反應物是限量試劑？(b) 會生成多少公克 $(NH_2)_2CO$？(c) 反應結束後會剩下多少公克的過量試劑？

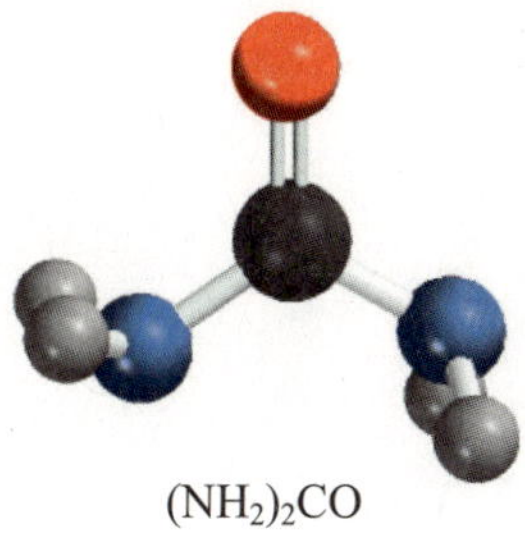

$(NH_2)_2CO$

(a) 策略

限量試劑限制了產物的數量，它指的是當其消耗完會產生較少產物的反應物。而我們要如何把反應物的數量轉換成產物的數量呢？試著用每個反應物當標準，去算出當它消耗完會產生多少莫耳的 $(NH_2)_2CO$，比較哪一個反應物會生成較少的產物，來決定哪一個是限量試劑。

解　答

這裡我們分兩個步驟來計算。首先，以 637.2 公克 NH_3 當標準反應物，照著以下的轉換步驟，我們可以算出當所有反應物都用完時會產生多少莫耳的 $(NH_2)_2CO$：

$$NH_3 \text{ 公克數} \longrightarrow NH_3 \text{ 莫耳數} \longrightarrow (NH_2)_2CO \text{ 莫耳數}$$

將這些轉換步驟結合可寫成以下算式：

$$(NH_2)_2CO \text{ 莫耳數} = 637.2\ \cancel{g\ NH_3} \times \frac{1\ \cancel{mol\ NH_3}}{17.03\ \cancel{g\ NH_3}} \times \frac{1\ mol\ (NH_2)_2CO}{2\ \cancel{mol\ NH_3}} = 18.71\ mol\ (NH_2)_2CO$$

接著，以 1142 公克 CO_2 當標準反應物做以下的轉換：

$$CO_2 \text{ 公克數} \longrightarrow CO_2 \text{ 莫耳數} \longrightarrow (NH_2)_2CO \text{ 莫耳數}$$

當所有 CO_2 都用完時可產生多少 $(NH_2)_2CO$ 可用下列算式計算：

$$(NH_2)_2CO \text{ 莫耳數} = 1142\ \cancel{g\ CO_2} \times \frac{1\ \cancel{mol\ CO_2}}{44.01\ \cancel{g\ CO_2}} \times \frac{1\ mol\ (NH_2)_2CO}{1\ \cancel{mol\ CO_2}} = 25.95\ mol\ (NH_2)_2CO$$

因為用完 NH_3 產生較少的 $(NH_2)_2CO$，所以 NH_3 為限量試劑。

(b) 策略

在前一部分我們已經知道以 NH_3 為限量試劑時可以產生的 $(NH_2)_2CO$ 莫耳數。接下來要怎麼把它的莫耳數轉換成公克數呢？

解　答

$(NH_2)_2CO$ 的莫耳質量為 60.06 公克。我們用它當作轉換因子來把 $(NH_2)_2CO$ 的莫耳數轉換成公克數：

$$(NH_2)_2CO\text{ 質量} = 18.71\ \cancel{\text{mol }(NH_2)_2CO} \times \frac{60.06\text{ g }(NH_2)_2CO}{1\ \cancel{\text{mol }(NH_2)_2CO}}$$
$$= 1124\text{ g }(NH_2)_2CO$$

檢　查

你的答案合理嗎？總共應該產生了 18.71 莫耳的產物。而 1 莫耳的 $(NH_2)_2CO$ 是多少公克呢？

(c) 策略

從上面的答案我們可以回推 NH_3 跟多少 CO_2 反應可以生成 18.71 莫耳 $(NH_2)_2CO$。CO_2 原本有的數量減掉反應掉的數量就是剩下的 CO_2 數量。

解　答

利用平衡反應方程式中的莫耳比例和 CO_2 的莫耳質量，我們可以算出要用掉多少 CO_2 才可以產生 18.71 莫耳 $(NH_2)_2CO$。這個轉換的步驟為：

$$(NH_2)_2CO\text{ 莫耳數} \longrightarrow CO_2\text{ 莫耳數} \longrightarrow CO_2\text{ 公克數}$$

所以

$$\text{反應掉的 }CO_2\text{ 質量} = 18.71\ \cancel{\text{mol }(NH_2)_2CO} \times \frac{1\ \cancel{\text{mol }CO_2}}{1\ \cancel{\text{mol }(NH_2)_2CO}}$$
$$\times \frac{44.01\text{ g }CO_2}{1\ \cancel{\text{mol }CO_2}} = 823.4\text{ g }CO_2$$

剩下的 CO_2 數量等於原本 CO_2 的數量 (1142 公克) 減掉反應掉的數量 (823.4 公克)：

$$\text{剩下的 }CO_2\text{ 質量} = 1142\text{ g} - 823.4\text{ g} = 319\text{ g}$$

類題：3.28。

練習題

鋁和氧化鐵反應產生的溫度高達攝氏 3000 度，因此可以用來焊接金屬。其反應方程式如下：

$$2Al + Fe_2O_3 \longrightarrow Al_2O_3 + 2Fe$$

若取 124 公克的 Al 和 601 公克的 Fe_2O_3 做反應，則 (a) 會產生多少公克 Al_2O_3？(b) 在反應結束後會剩下多少公克的過量試劑？

例題 3.15 告訴我們一件很重要的事。在實際操作實驗的時候，化學家通常選擇較貴的反應物當作限量試劑，因此在反應中全部或大部分的限量試劑會轉換成產物。在尿素的合成中，NH_3 總是被當作限量試劑，因為它的價格遠比 CO_2 來得高。而在反應中控制其中一種反應物過量也可以促使反應完成，或是補償在副反應中消耗掉的反應物。合成化學家通常會依照需要來計算反應物的量，而決定要一種或多種的反應物過量。例題 3.16 說明這樣的計算。

例題 3.16

醇類和鹵素化合物反應產生醚類是有機化學中一個重要的反應。例如甲醇 (CH_3OH) 和溴甲烷 (CH_3Br) 反應生成二甲醚 (CH_3OCH_3)，它常用來合成其他有機化合物，也可以當作氣體噴霧的推進劑。

$$CH_3OH + CH_3Br + LiC_4H_9 \longrightarrow CH_3OCH_3 + LiBr + C_4H_{10}$$

這個反應要在乾燥過 (無水) 的有機溶劑中進行，且丁基鋰 (LiC_4H_9) 在反應中所扮演的角色是移去 CH_3OH 上的一個氫離子。然而，丁基鋰也會跟反應中剩餘的水分子反應，因此這個反應通常需要使用 2.5 倍莫耳當量的丁基鋰當作反應物。請問在此反應中，10.0 公克的 CH_3OH 需要和多少公克的 CH_3Br 和 LiC_4H_9 反應？

解　答

我們首先要知道這個反應需要等量的 CH_3OH 和 CH_3Br，而 LiC_4H_9 是過量試劑。所以，如果要算需要多少公克的 CH_3Br 和 LiC_4H_9，我們可以參考例題 3.14 的作法。

$$CH_3Br\text{ 公克數} = 10.0\ \text{g}\ \cancel{CH_3OH} \times \frac{1\ \cancel{\text{mol}\ CH_3OH}}{32.04\ \cancel{\text{g}\ CH_3OH}} \times \frac{1\ \cancel{\text{mol}\ CH_3Br}}{1\ \cancel{\text{mol}\ CH_3OH}} \times \frac{94.93\ \text{g}\ CH_3Br}{1\ \cancel{\text{mol}\ CH_3Br}}$$

$$= 29.6\ \text{g}\ CH_3Br$$

$$LiC_4H_9\text{ 公克數} = 10.0\ \text{g}\ \cancel{CH_3OH} \times \frac{1\ \cancel{\text{mol}\ CH_3OH}}{32.04\ \cancel{\text{g}\ CH_3OH}} \times \frac{2.5\ \cancel{\text{mol}\ LiC_4H_9}}{1\ \cancel{\text{mol}\ CH_3OH}} \times \frac{64.05\ \text{g}\ LiC_4H_9}{1\ \cancel{\text{mol}\ LiC_4H_9}}$$

$$= 50.0\ \text{g}\ LiC_4H_9$$

練習題

苯甲酸 (C_6H_5COOH) 和辛醇 ($C_8H_{17}OH$) 反應會生成苯甲酸辛酯 ($C_6H_5COOC_8H_{17}$) 和水：

$$C_6H_5COOH + C_8H_{17}OH \longrightarrow C_6H_5COOC_8H_{17} + H_2O$$

這個反應要用過量的 $C_8H_{17}OH$ 以促使反應完成得到最多的產物。如果一位有機化學家決定用 1.5 倍莫耳當量的 $C_8H_{17}OH$ 來做這個反應。則當有 15.7 公克 C_6H_5COOH 時，需要多少公克的 $C_8H_{17}OH$？

3.10 化學反應的產率

請記得理論產率是可以用平衡方程式算出來的，而實際產率則是經由實驗操作得知。

反應一開始限量試劑的多少決定了這個反應的**理論產率** (theoretical yield) 有多少。所謂的理論產率指的是當一個反應中所有的限量試劑都反應完後所會產生的產物數量，也因此理論產率也是我們從平衡方程式中預測出當這個反應完成後可以得到的最大產率。另一方面，所謂的**實際產率** (actual yield) 指的是反應做完後真實得到的產物數量，它在大部分的狀況下會小於理論產率。有很多的原因會造成理論產率和實際產率的差距。例如：有很多反應是可逆的，所以它們不會 100% 從反應方程式左邊進行到右邊。即便反應可以 100% 完成，產物也很難全部從反應的介質 (反應所使用的溶劑) 中提取出來。有些原因則比較複雜，像是產物生成後還會繼續與自身或與剩餘的反應物反應成其他產物。這些副反應的發生都會降低主反應的產率。

當討論一個反應的效率時，化學家通常使用的是**百分比產率** (percent yield)，其代表的意義是理論產率占實際產率的比例。百分比產率可以用下列算式表示：

$$\text{百分比產率} = \frac{\text{實際產率}}{\text{理論產率}} \times 100\% \tag{3.4}$$

百分比產率的值可以從 1% 到 100%。化學家做反應時都會試著去得到最大的產率。影響百分比產率的因素包含溫度和壓力，這一部分我們將在之後的章節中討論。

例題 3.17 中，我們將會計算一個工業製程反應的產率。

例題 3.17

鈦 (Ti) 是一種堅硬、質輕、抗腐蝕的金屬，所以它常被用來製作火箭、飛機、噴射引擎和腳踏車的骨架。鈦是由四氯化鈦和熔融態的

鎂在攝氏 950 和 1150 度之間製備而成，其反應方程式如下：

$$\mathrm{TiCl_4}(g) + 2\mathrm{Mg}(l) \longrightarrow \mathrm{Ti}(s) + 2\mathrm{MgCl_2}(l)$$

若在一次工業製程中取 3.54×10^7 公克的 $TiCl_4$ 和 1.13×10^7 公克的 Mg 進行反應。(a) 試計算 Ti 的理論產率有多少公克？(b) 若這次製程最終共得到 7.91×10^6 公克的 Ti，請問此反應的百分比產率為何？

(a) 策略

因為有兩個反應物，首先我們必須決定哪一個反應物是限量試劑。記得完全消耗後產生較少產物的反應物為限量試劑。想想之前我們怎麼把反應物的量轉換成產物的量。把每一個反應物分別當限量試劑來算算看，比較一下所產生 Ti 的莫耳數。

解　答

我們用兩個分開的計算來決定哪個反應物是限量試劑。首先用 3.54×10^7 公克的 $TiCl_4$ 來計算，看看如果所有的都反應完會產生多少莫耳的 Ti。要做的轉換如下：

$$\mathrm{TiCl_4}\text{ 公克數} \longrightarrow \mathrm{TiCl_4}\text{ 莫耳數} \longrightarrow \mathrm{Ti}\text{ 莫耳數}$$

所以

$$\begin{aligned}\mathrm{Ti}\text{ 莫耳數} &= 3.54 \times 10^7\ \cancel{\mathrm{g\ TiCl_4}} \times \frac{1\ \cancel{\mathrm{mol\ TiCl_4}}}{189.7\ \cancel{\mathrm{g\ TiCl_4}}} \times \frac{1\ \mathrm{mol\ Ti}}{1\ \cancel{\mathrm{mol\ TiCl_4}}}\\ &= 1.87 \times 10^5\ \mathrm{mol\ Ti}\end{aligned}$$

接下來，用 1.13×10^7 公克的 Mg 來計算會產生多少莫耳的 Ti。要做的轉換如下：

$$\mathrm{Mg}\text{ 公克數} \longrightarrow \mathrm{Mg}\text{ 莫耳數} \rightarrow \mathrm{Ti}\text{ 莫耳數}$$

所以

$$\begin{aligned}\mathrm{Ti}\text{ 莫耳數} &= 1.13 \times 10^7\ \cancel{\mathrm{g\ Mg}} \times \frac{1\ \cancel{\mathrm{mol\ Mg}}}{24.31\ \cancel{\mathrm{g\ Mg}}} \times \frac{1\ \mathrm{mol\ Ti}}{2\ \cancel{\mathrm{mol\ Mg}}}\\ &= 2.32 \times 10^5\ \mathrm{mol\ Ti}\end{aligned}$$

因為 $TiCl_4$ 完全消耗後產生較少的 Ti，所以 $TiCl_4$ 是限量試劑。也因此可以產生的 Ti 公克數為

$$1.87 \times 10^5\ \cancel{\mathrm{mol\ Ti}} \times \frac{47.88\ \mathrm{g\ Ti}}{1\ \cancel{\mathrm{mol\ Ti}}} = 8.95 \times 10^6\ \mathrm{g\ Ti}$$

(b) 策略

在前一部分所算出來的 Ti 公克數為反應的理論產率，而 (b) 小題中給的是反應的實際產率。

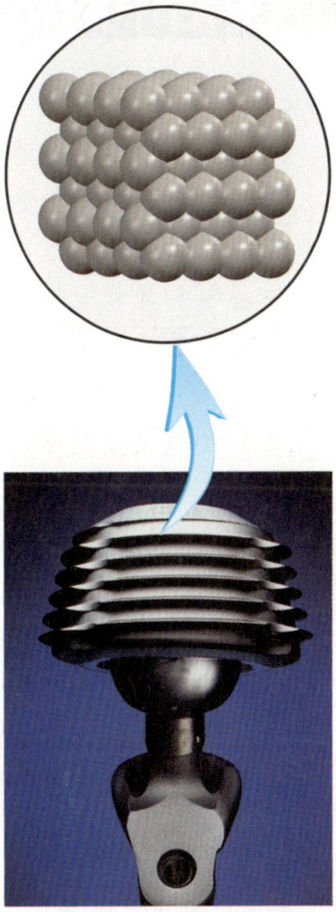

一個以鈦金屬製成的人工臂關節以及固體鈦的結構。

化學肥料

要提供世界快速成長人口足夠的糧食需要靠農夫種植出愈多且愈健康的農作物。每年農夫們都在土壤中加入數億噸的化學肥料以增加農作物的品質和產量。除了二氧化碳和水之外，植物至少還需要六種元素以供成長所需。這六種元素分別為 N、P、K、Ca、S 和 Mg。部分含氮和含磷肥料的製備及性質則說明了一些在本章中介紹過的化學原則。

含氮肥料中有硝酸鹽 (由硝酸根離子 NO_3^- 組成)、銨鹽 (由銨根離子 NH_4^+ 組成) 和其他化合物。植物可以直接吸收硝酸鹽中的氮，但是銨鹽或氨 (NH_3) 中的氮則必須經由土壤中的細菌將其轉換成硝酸鹽後才可被吸收。含氮肥料的主原料是氨，它可以用氫氣和氮氣來製備：

$$3H_2(g) + N_2(g) \longrightarrow 2NH_3(g)$$

(我們之後會在第十三及十四章詳細討論這個反應。) 當氨被液化後即可直接注入土壤中。

另一種方法就是用以下的酸鹼反應將氨轉換成硝酸銨 (NH_4NO_3)、硫酸銨 [$(NH_4)_2SO_4$] 或磷酸氫銨 [$(NH_4)_2HPO_4$]：

$$NH_3(aq) + HNO_3(aq) \longrightarrow NH_4NO_3(aq)$$
$$2NH_3(aq) + H_2SO_4(aq) \longrightarrow (NH_4)_2SO_4(aq)$$
$$2NH_3(aq) + H_3PO_4(aq) \longrightarrow (NH_4)_2HPO_4(aq)$$

另外，還有一個製備硫酸銨的方法則需要兩個步驟：

$$2NH_3(aq) + CO_2(aq) + H_2O(l) \longrightarrow (NH_4)_2CO_3(aq) \qquad (1)$$

$$(NH_4)_2CO_3(aq) + CaSO_4(aq) \longrightarrow (NH_4)_2SO_4(aq) + CaCO_3(s) \qquad (2)$$

雖然需要多一個步驟，但在工業上這個方法卻比較實用，其主要原因是這個方法所使用的原料二氧化碳和水比前一個方法所使用的原料硫酸便宜很多。為了增加產率，在上述的反應 (1) 中要用氨當限量試劑；而在反應 (2) 中要用碳酸銨當限量試劑。

下面的表格列出了一些含氮肥料中氮的質量百分組成。其中尿素的製備方法我們已經在例題 3.15 中討論過。

五種常見肥料中氮的質量百分組成

肥料	氮的質量 %
NH_3	82.4
NH_4NO_3	35.0
$(NH_4)_2SO_4$	21.2
$(NH_4)_2HPO_4$	21.2
$(NH_2)_2CO$	46.7

以下幾個因素影響了我們對於肥料的選擇：(1) 製備肥料所需的原料成本；(2) 保存、運送及使用肥料的難易度；(3) 肥料中所需元素的質量百分組成；以及 (4) 肥料的合適性，這裡指的像是此肥料是否溶於水，以及它是否可以很快地被植物吸收。若考慮以上所有因素，雖然 NH_3 有最大的氮質量百分組成，但是我們發現 NH_4NO_3 才是世界上最適合使用的含氮肥料。

含磷肥料則是由一種稱作氟磷灰石 [$Ca_5(PO_4)_3F$] 的磷酸鹽岩石中得到。因為氟磷灰石不溶於水，所以它必須先被轉換成可溶於水的磷酸二氫鈣 [$Ca(H_2PO_4)_2$]：

$$2Ca_5(PO_4)_3F(s) + 7H_2SO_4(aq) \longrightarrow 3Ca(H_2PO_4)_2(aq) + 7CaSO_4(aq) + 2HF(g)$$

為了要得到最大的產率，此反應要用氟磷灰石當作限量試劑。

以上我們看到所有用來製備肥料的反應都相對簡單，然而還需要藉由控制像是溫度、壓力等因素來增加反應的產率。工業化學家在做量產製程前，通常會在實驗室先確定反應的可行性，然後用其設備先做少量的初步試驗，最後才真正進行量產。

解　答

百分比產率可由下列算式計算：

$$\text{百分比產率} = \frac{\text{實際產率}}{\text{理論產率}} \times 100\%$$

$$= \frac{7.91 \times 10^6\ \text{g}}{8.95 \times 10^6\ \text{g}} \times 100\%$$

$$= 88.4\%$$

檢　查

百分比產率會小於 100% 嗎？

類題：3.29。

練習題

釩 (V) 金屬常被用來製造鋼的合金，它在工業上可由氧化釩和鈣在高溫下製備，其反應方程式如下：

$$5Ca + V_2O_5 \longrightarrow 5CaO + 2V$$

若在一次工業製程中取 1.54×10^3 公克的 V_2O_5 和 1.96×10^3 公克的 Ca 進行反應。(a) 試計算 V 的理論產率有多少公克；(b) 若這次製程最終共得到 803 公克的 V，請問此反應的百分比產率為何？

工業製程所得到的產物都是相當大量的 (數千至數百萬噸)，因此，即便是能些許改善反應的產率都可以大幅減少製作的成本。工業上化學肥料的製程就是這樣的例子，這部分我們在上一頁的「生活中的化學」單元中有進一步的討論。

重要方程式

$$\text{化合物中元素的百分組成} = \frac{n \times \text{元素的莫耳質量}}{\text{化合物的莫耳質量}} \times 100\% \qquad (3.1)$$

$$\text{百分比產率} = \frac{\text{實際產率}}{\text{理論產率}} \times 100\% \qquad (3.4)$$

觀念整理

1. 原子量是以原子質量單位 (amu) 表示。原子質量單位是相對的單位，12 個碳-12 原子的質量定義為 12 amu。一個元素所被指定的原子量為這個元素所有存在自然界同位素的平均質量。一個分子的分子量就是將其組成原子的原子量加總在一起。原子量和分子量都可以用質譜儀來鑑定。
2. 1 莫耳有 6.022×10^{23} (亞佛加厥常數) 個原子、分子或是其他粒子。一個元素或化合物以公克為單位的莫耳質量，和它以 amu 為單位的原子量或分子量在數字上是相同的，它代表當這個元素有 6.022×10^{23} 個原子 (或分子有

6.022×10^{23} 個分子；離子化合物有 6.022×10^{23} 個最簡分子單位) 時的質量。

3. 化合物的質量百分組成是指化合物中每個元素質量在化合物總質量中所占的百分比。如果知道一個化合物的質量百分組成，我們就可以推斷出這個化合物的實驗式。如果也知道此化合物大約的莫耳質量，我們就可以推算出此化合物的分子式。

4. 化學反應的內容可以用反應方程式來表示。要進行變化的物質——也就是反應物，寫在方程式箭號左邊；而所產生的物質——也就是產物，寫在方程式箭號右邊。正確的化學反應方程式必須按照質量守恆定律來平衡。反應物中每個原子的數量總和要等於產物中每個原子的數量總和。

5. 化學計量學是一門用來計算化學反應中的反應物和產物數量的方法。在化學計量中最好是先用莫耳數當單位來表示已知和未知的量，若有需要之後再轉換成其他單位。限量試劑指的是一個反應中最先用完的反應物。當限量試劑用完反應即停止，因此限量試劑的量限制了產物可以生成的量。一個反應結束所得到產物的量 (實際產率) 通常會小於最大可能產生的量 (理論產率)。實際產率和理論產率的比值乘以 100% 就等於百分比產率。

習 題

原子量

3.1 $^{6}_{3}Li$ 和 $^{7}_{3}Li$ 的原子量分別為 6.0151 amu 和 7.0160 amu。已知 Li 的平均原子量為 6.941 amu，試計算這兩種同位素的自然含量。

3.2 8.4 公克等於多少 amu？

亞佛加厥常數

3.3 6.00×10^{9} 個鈷原子 (Co) 等於多少莫耳的鈷原子？

3.4 15.3 莫耳的金 (Au) 是多少公克？

3.5 一個 (a) As；(b) Ni 原子重量是多少公克？

3.6 一個銅板重 2.5 公克但只含有 0.063 公克的銅 (Cu)。請問一個銅板中有幾個銅原子？

3.7 下列何者質量較大？2 個鉛原子還是 5.1×10^{-23} 莫耳的氦。

莫耳質量

3.8 試計算以下物質的莫耳質量：(a) Li_2CO_3；(b) CS_2；(c) $CHCl_3$ (氯仿)；(d) $C_6H_8O_6$ (抗壞血酸；或稱維他命 C)；(e) KNO_3；(f) Mg_3N_2。

3.9 0.334 公克乙烷 (C_2H_6) 中有多少個乙烷分子？

3.10 二甲基亞碸 [$(CH_3)_2SO$]，英文簡稱 DMSO，是一種可以滲透皮膚的溶劑，因此可以用來做局部的藥物傳遞時所用的試劑。試計算在 7.14×10^{3} 公克 DMSO 中分別有多少 C、S、H 和 O 原子。

3.11 水的密度在攝氏 4 度時是 1.00 公克/毫升，則在此溫度 2.56 毫升的水中有多少個水分子？

質譜儀

3.12 氫原子有兩個穩定的同位素 $^{1}_{1}H$ 和 $^{2}_{1}H$；硫原子有四個穩定的同位素 $^{32}_{16}S$、$^{33}_{16}S$、$^{34}_{16}S$ 和 $^{36}_{16}S$。若假定離子在質譜儀中不會分解成更小的片段，則硫化氫陽離子 H_2S^+ 的質譜圖應該要有幾個峰？

百分組成和化學式

3.13 儘管氯仿 ($CHCl_3$) 是一個會造成嚴重肝、腎及心臟損傷的毒性物質，它長期以來還是被用來當作吸入性的麻醉劑。試計算氯仿的質量百分組成。

3.14 以下化合物都是可以提供氮給土壤的肥料。請問當中哪一個以質量百分率來說所含的氮最多？

(a) 尿素，$(NH_2)_2CO$。

(b) 硝酸銨，NH_4NO_3。

(c) 胍，$HNC(NH_2)_2$。

(d) 氨，NH_3。

3.15 過氧醯基硝酸鹽 (Peroxyacetylnitrate，簡稱 PAN) 是煙霧的一種成分。它是一個由 C、H、N 和 O 所組成的化合物。若已知其 C、H 和 N 的質量百分組成分別為 19.8%、2.50% 和 11.6%，請問此化合物 O 的質量百分組成為何？實驗式為何？若它的莫耳質量約為 120 公克，則此化合物的分子式為何？

3.16 要多少公克的硫 (S) 才可以和 246 公克的汞 (Hg) 完全反應生成 HgS？

3.17 氟化錫 (SnF_2) 常用來加在牙膏內以預防蛀牙。請問 24.6 公克的氟化錫中有多少公克的氟？

3.18 請寫出有下列質量百分組成化合物的實驗式：(a) 40.1% C，6.6% H，53.3% O；(b) 18.4% C，21.5% N，60.1% K。

3.19 若一化合物的的化學式是 CH，且莫耳質量大約為 78 公克，則此化合物的分子式為何？

化學反應和反應方程式

3.20 利用 3.7 節中介紹的方法來平衡以下反應方程式：

(a) $N_2O_5 \longrightarrow N_2O_4 + O_2$

(b) $KNO_3 \longrightarrow KNO_2 + O_2$

(c) $NH_4NO_3 \longrightarrow N_2O + H_2O$

(d) $NH_4NO_2 \longrightarrow N_2 + H_2O$

(e) $NaHCO_3 \longrightarrow Na_2CO_3 + H_2O + CO_2$

(f) $P_4O_{10} + H_2O \longrightarrow H_3PO_4$

(g) $HCl + CaCO_3 \longrightarrow CaCl_2 + H_2O + CO_2$

(h) $Al + H_2SO_4 \longrightarrow Al_2(SO_4)_3 + H_2$

(i) $CO_2 + KOH \longrightarrow K_2CO_3 + H_2O$

(j) $CH_4 + O_2 \longrightarrow CO_2 + H_2O$

(k) $Be_2C + H_2O \longrightarrow Be(OH)_2 + CH_4$

(l) $Cu + HNO_{32} \longrightarrow Cu(NO_3)_2 + NO + H_2O$

(m) $S + HNO_3 \longrightarrow H_2SO_4 + NO_2 + H_2O$

(n) $NH_3 + CuO \longrightarrow Cu + N_2 + H_2O$

反應物和產物的計量

3.21 下列哪一個方程式可以用來表示下圖中的反應？

(a) $A + B \longrightarrow C + D$

(b) $6A + 4B \longrightarrow C + D$

(c) $A + 2B \longrightarrow 2C + D$

(d) $3A + 2B \longrightarrow 2C + D$

(e) $3A + 2B \longrightarrow 4C + 2D$

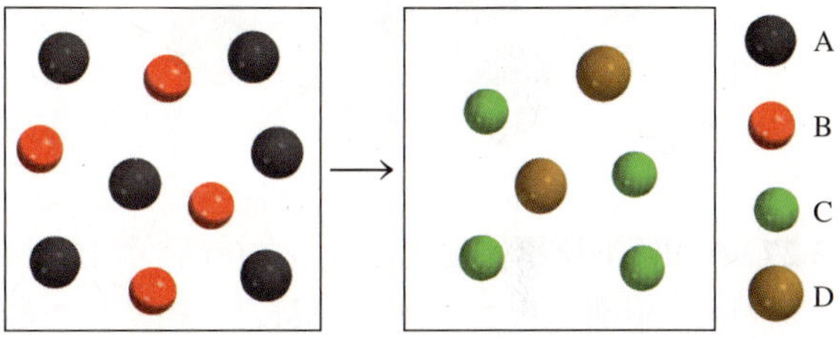

3.22 四氯化矽 ($SiCl_4$) 可由 Si 和氯氣加熱製備，其反應方程式如下：

$$Si(s) + 2Cl_2(g) \longrightarrow SiCl_4(l)$$

請問此反應要消耗多少莫耳的氯氣才能產生 0.507 莫耳的 $SiCl_4$？

3.23 部分賽車以甲醇 (CH_3OH) 當作燃料。甲醇燃燒的反應方程式如下：

$$2CH_3OH(l) + 3O_2(g) \longrightarrow 2CO_2(g) + 4H_2O(l)$$

若 9.8 莫耳甲醇與過量的 O_2 反應，會產生多少莫耳的 H_2O？

3.24 將碳酸氫鈉 ($NaHCO_3$，也稱小蘇打) 加熱會釋放出二氧化碳氣體，這也就是製作餅乾、甜甜圈、麵包時麵粉會膨脹的原因。(a) 請寫出此化合物分解的平衡反應方程式 (其中一個產物是 Na_2CO_3)；(b) 若要產生 20.5 公克的 CO_2 需要多少 $NaHCO_3$？

3.25 一氧化二氮 (N_2O) 也稱作「笑氣」，它可以經由熱分解硝酸銨 (NH_4NO_3) 來製備。反應的另一個產物是水。(a) 請寫出此反應的平衡方程式；(b) 若反應消耗掉 0.46 莫耳的 NH_4NO_3 會產生多少公克的 N_2O？

限量試劑

3.26 若下圖中的分子依照以下方程式進行反應：

$$N_2 + 3H_2 \longrightarrow 2NH_3$$

假設圖中每個分子代表 1 莫耳，請問反應完成後會產生多少產物，又有多少反應物會剩下？

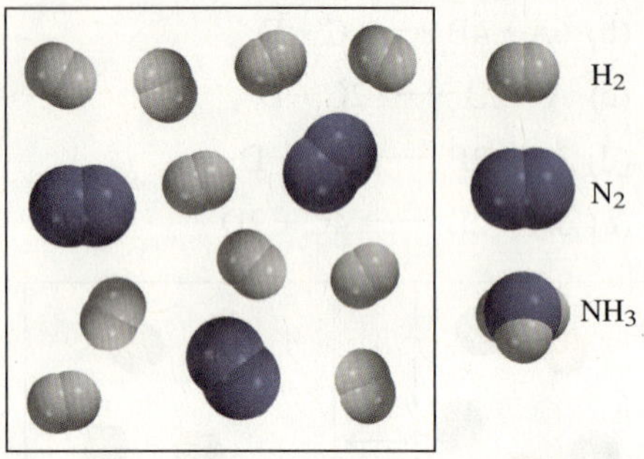

3.27 氨和硫酸反應會生成硫酸銨。(a) 請寫出此反應的平衡方程式；(b) 如果反應後產生 20.3 公克硫酸銨，而剩下 5.89 公克硫酸，請問一開始用來反應的反應物各有多少公克？

3.28 請參考以下反應方程式：

$$MnO_2 + 4HCl \longrightarrow MnCl_2 + Cl_2 + 2H_2O$$

如果有 0.86 莫耳的 MnO_2 和 48.2 公克的 HCl 反應，請問哪一個反應物會先消耗完？又會產生多少公克的 Cl_2？

反應產率

3.29 硝化甘油 ($C_3H_5N_3O_9$) 是一種強有力的炸藥。它的分解反應可以下列方程式表示：

$$4C_3H_5N_3O_9 \longrightarrow 6N_2 + 12CO_2 + 10H_2O + O_2$$

這反應會產生大量的熱和許多氣體產物。正是因為這些突然產生的大量氣體加上快速膨脹，所以會產生爆炸。(a) 2.00×10^2 公克的 $C_3H_5N_3O_9$ 反應最多可以產生多少公克的 O_2？(b) 如果這個反應產生 6.55 公克的 O_2，請問此反應的百分比產率是多少？

3.30 乙烯 (C_2H_4) 是一種重要的有機化學原料，它可以經由將己烷加熱到攝氏 800 度來製備，其反應方程式如下：

$$C_6H_{14} \longrightarrow C_2H_4 + \text{其他產物}$$

如果製備乙烯的反應產率為 42.5%，請問需要多少公克己烷反應才可產生 481 公克乙烯？

附加問題

3.31 $^{85}_{37}Rb$ (84.912 amu) 和 $^{87}_{37}Rb$ (86.909 amu) 的平均原子量為 85.47 amu。請問這兩種 Rb 同位素的自然含量是多少？

3.32 一個由 Cl 和 O 組成的化合物和過量的 H_2 反應生成 0.233 公克 HCl 和 0.403 公克 H_2O。請寫出此化合物的實驗式。

3.33 硫酸鋁水合物 [$Al_2(SO_4)_3 \cdot xH_2O$] 中 Al 的質量百分組成為 8.10%。請算出 x 是多少？

3.34 磷酸鈣 [$Ca_3(PO_4)_2$] 是骨頭的主要成分。試計算磷酸鈣中所有組成元素的百分組成。

3.35 下列哪一個物質所含的氯質量最多？(a) 5.0 公克 Cl_2；(b) 60.0 公克 $NaClO_3$；(c) 0.10 莫耳 KCl；(d) 30.0 公克 $MgCl_2$；(e) 0.50 莫耳 Cl_2。

3.36 在工業上氫氣可以用丙烷 (C_3H_8) 用蒸氣加熱到攝氏 400 度來製備，此反應的產物是一氧化碳 (CO) 和氫氣 (H_2)。(a) 請寫出此反應的平衡反應方程式；(b) 用 2.84×10^3 公斤丙烷可以製備多少公斤氫氣？

練習題答案

3.1 10.81 amu **3.2** 3.59 莫耳 **3.3** 2.57×10^3 公克 **3.4** 8.49×10^{21} K 原子 **3.5** 32.04 amu **3.6** 1.66 莫耳 **3.7** 5.81×10^{24} H 原子 **3.8** H：2.055%、S：32.69%、O：65.25% **3.9** $KMnO_4$ (過錳酸鉀) **3.10** 196 公克 **3.11** B_2H_6 **3.12** $Fe_2O_3 + 3CO \longrightarrow 2Fe + 3CO_2$ **3.13** 235 公克 **3.14** 0.769 公克 **3.15** (a) 234 公克；(b) 234 公克 **3.16** 25.1 公克 **3.17** (a) 863 公克；(b) 93.0%

Chapter 4
水溶液中的反應

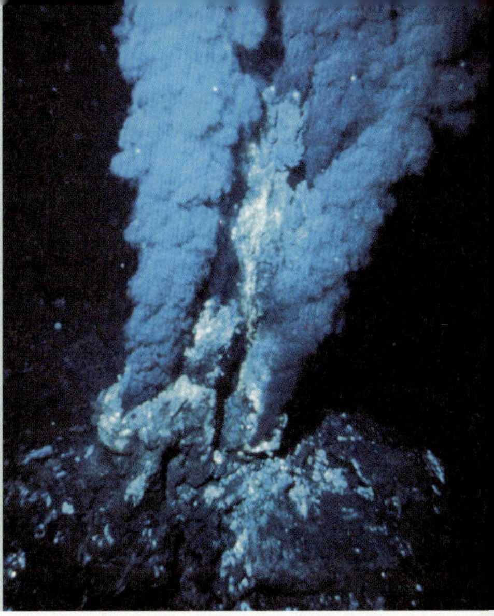

當地殼中富含礦物質的高溫熱水經由海底火山的岩漿的帶動，而在海床上噴出時會產生黑煙囪現象。其中的硫化物遇到海水冷卻，會和金屬離子形成不溶於水的金屬硫化物。

先看看本章要學什麼？

- 我們將從學習水溶液的性質開始。水溶液是指將純物質溶於水中所得到的溶液，根據其導電度可以分為非電解質水溶液和電解質水溶液。(4.1)
- 所謂沉澱反應指的是產物不溶於水的反應。我們將學到如何用離子方程式和淨離子方程式來表示沉澱反應。(4.2)
- 接下來，將學習什麼是酸鹼反應。酸鹼反應中牽涉到質子 (H^+) 從酸轉移到鹼的過程。(4.3)
- 然後我們會學到什麼是氧化還原反應。在氧化還原反應中，電子會在反應物之間轉移。我們將會看到有幾種不同形式的氧化還原反應。(4.4)
- 為了要做溶液系統的定量研究，我們會學到如何用莫耳濃度來表示溶液的濃度。(4.5)
- 最後，我們將把在第三章學到的莫耳方法應用在這一章所學到的三種化學反應上。並看到如何用定量分析來研究沉澱反應；以及如何用滴定法來研究酸鹼反應和氧化還原反應。(4.6、4.7 和 4.8)

許多化學反應以及所有的生物程序都是在水溶液中進行的。在這一章中，我們將會討論在水溶液中進行的三種主要反應，分別為：沉澱反應、酸鹼反應和氧化還原反應。在後面的章節中，我們將再進一步討論水這個被稱作萬能溶劑的性質，以及水分子在結構上的特性，還有水溶液的特性。

綱　要

4.1 水溶液的基本性質

所謂**溶液** (solution) 所指的是兩個以上的純物質所組成的勻相混合物。其中，**溶質** (solute) 指的是溶液中較少的物質，而**溶劑** (solvent) 指的是溶液中較多的物質。溶液可以是氣態的 (像是空氣)、固態的 (像是合金)、或是液態的 (像是海水)。在這一節中，我們只討論**水溶液** (aqueous solutions) 的部分，水溶液是指以液態或固態的物質當作溶質並以水當溶劑所形成的溶液。

電解性質

所有溶於水中的溶質都可以分為電解質或是非電解質兩種。其中，當一個物質溶於水中所形成的水溶液會導電，則此物質就是**電解質** (electrolyte)。反之，當一個物質溶於水中所形成的水溶液不會導電，則此物質就是**非電解質** (nonelectrolyte)。圖 4.1 所呈現的是一個直接且簡單可以用來區分電解質和非電解質的方法。我們將一對以外部線路連接到燈泡的電極放入一杯水中，若要點亮電燈，電流必須由一個電極流到另一個電極以形成一完整電路。純水的導電能力很不好。然而，若在水中加入一點點氯化鈉 (NaCl)，當 NaCl 一溶於水中燈泡馬上會點亮。其原因是固體 NaCl 是一個離子化合物，當它溶於水中會解離成 Na^+ 和 Cl^- 離子，Na^+ 離子會被帶負電的電極所吸引，而 Cl^- 離子則會被帶正電的電極所吸引，而這樣的離子移動相當於電子在金屬導線中的電子流動。也因為 NaCl 水溶液會導電，所以我們稱 NaCl 是一個電解質。因為純水中的離子很少，所以純水不會導電。

自來水中有很多溶解的離子，所以可以導電。

當我們以等莫耳的物質溶於水中再去比較燈泡的亮度，就可以區分

(a) (b) (c)

圖 4.1 可以用來區分電解質和非電解質的方法。溶液的導電能力和它有的離子數量有關。(a) 非電解質溶液中沒有離子，所以燈泡無法點亮；(b) 弱電解質溶液中有少數離子，所以燈泡點亮後只有微弱的燈光；(c) 強電解質溶液中有很多離子，所以燈泡可以完全點亮。在這個方法中，所加入溶質的莫耳數要一樣。

出電解質的強弱。我們假設強電解質在水溶液中會 100% 解離 (解離指的是化合物分解成陽離子和陰離子。) 因此，氯化鈉溶於水可以下列方程式表示：

$$NaCl(s) \xrightarrow{H_2O} Na^+(aq) + Cl^-(aq)$$

這個方程式表示所有的 NaCl 溶於水之後都會變成 Na^+ 和 Cl^- 離子，在水溶液中沒有未解離的 NaCl 存在。

表 4.1 列出了一些常見的強電解質、弱電解質和非電解質。像是氯化鈉、碘化鉀 (KI)、硝酸鈣 [$Ca(NO_3)_2$] 等離子化合物都是強電解質。值得注意的是，人的體液內也有許多不同的強電解質和弱電解質。

水對於離子化合物來說是好的溶劑。雖然水分子是電中性的，但是它的分子結構上有帶正電的區域 (H 原子) 和帶負電的區域 (O 原子)；我們也可以稱作是正「極」和負「極」。因此，水是一個極性溶劑。當像是氯化鈉的離子化合物溶於水中，原本固體中的三維離子排列方式被破壞，Na^+ 離子和 Cl^- 離子也因此彼此分開，而被周圍的水分子以特定的形式包圍起來，這樣的過程稱作**水合作用** (hydration)。其中每一個 Na^+ 離子被許多水分子以負極端包圍起來；相同地，每一個 Cl^- 離子也被許多水分子以正極端包圍起來 (圖 4.2)。水合作用幫助離子在水溶液中穩定存在而避免陽離子和陰離子在水中結合。

酸和鹼也是電解質。有些常見的酸，像是鹽酸 (HCl) 和硝酸 (HNO_3) 都是強電解質，這些強酸也被假定在水溶液中會百分之百解離；例如，當氯化氫氣體溶於水中會形成水合的 H^+ 和 Cl^- 離子：

$$HCl(g) \xrightarrow{H_2O} H^+(aq) + Cl^-(aq)$$

表 4.1 水溶液中的溶質分類

強電解質	弱電解質	非電解質
HCl	CH_3COOH	尿素 [$(NH_2)_2CO$]
HNO_3	HF	甲醇 (CH_3OH)
$HClO_4$	HNO_2	乙醇 (C_2H_5OH)
H_2SO_4*	NH_3	葡萄糖 ($C_6H_{12}O_6$)
NaOH	H_2O†	蔗糖 ($C_{12}H_{22}O_{11}$)
$Ba(OH)_2$		
離子化合物		

* H_2SO_4 雖然有兩個可以解離的 H^+ 離子，但其中只有一個會完全解離。

† 純水是非常弱的電解質。

圖 4.2 Na^+ 和 Cl^- 離子的水合作用。

也就是說，所有溶解的 HCl 分子在水中都分開成為水合的 H^+ 和 Cl^- 離子。因此，當我們寫 HCl(*aq*) 時，所代表的是一個水溶液中只有 $H^+(aq)$ 和 $Cl^-(aq)$ 離子，並沒有水合的 HCl 分子在水中。另一方面，也有某些酸，像是有刺鼻氣味的醋酸，在水中是不會完全解離，也因此被視為弱電解質。醋酸的解離可以下列方程式表示：

$$CH_3COOH(aq) \rightleftharpoons CH_3COO^-(aq) + H^+(aq)$$

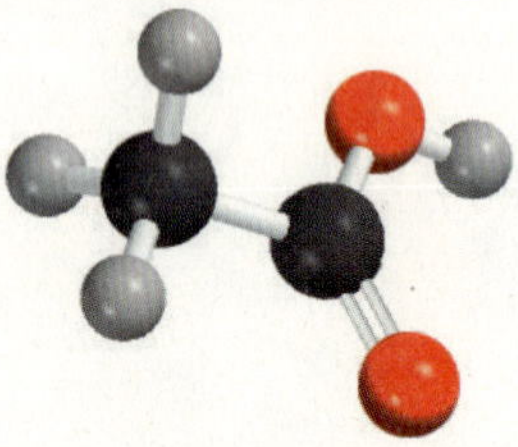

CH_3COOH

其中 CH_3COO^- 是醋酸根離子。我們用**解離**這個詞來描述酸和鹼在水中分解成離子的過程。我們把醋酸的分子式寫成 CH_3COOH，其意義是要指示在醋酸分子中可以解離的質子是在 COOH 上。

醋酸解離方程式所用的箭號是雙箭號，其目的是說明此反應是指這個反應是兩個方向都可以進行的**可逆反應** (reversible reaction)；這個反應一開始有很多 CH_3COOH 分子解離成 CH_3COO^- 和 H^+ 離子。過了一段時間之後，有些 CH_3COO^- 和 H^+ 離子會再結合成 CH_3COOH 分子。最終會達到一個分子解離和離子再結合速度一樣快的狀態。這樣一個沒有淨化學變化的狀態 (雖然實際上反應並沒有真正停止) 稱作化學平衡。也因為醋酸在水中的解離並沒有完全，所以它是弱電解質。相反地，在鹽酸水溶液中的 H^+ 和 Cl^- 離子並不會再結合成 HCl 分子，所以我們在鹽酸解離方程式中可以用單箭號來表示完全解離。

化學平衡可分為幾種不同形式，我們將在第十四章中討論。

4.2 沉澱反應

沉澱反應 (precipitation reaction) 是一個常見的水溶液反應。它的特徵是會產生不溶於水的產物，或稱沉澱物。因此，**沉澱物** (precipitate) 指的就是可從溶液中分離出來的不溶固體。沉澱反應的發生通常跟離子化合物有關。例如，將硝酸鉛 [$Pb(NO_3)_2$] 水溶液加入碘化鉀 (KI) 水溶液中會產生黃色的碘化鉛 (PbI_2) 沉澱物，其反應方程式如下：

$$Pb(NO_3)_2(aq) + 2KI(aq) \longrightarrow PbI_2(s) + 2KNO_3(aq)$$

而硝酸鉀仍然溶於水中。圖 4.3 說明了這個反應的過程。

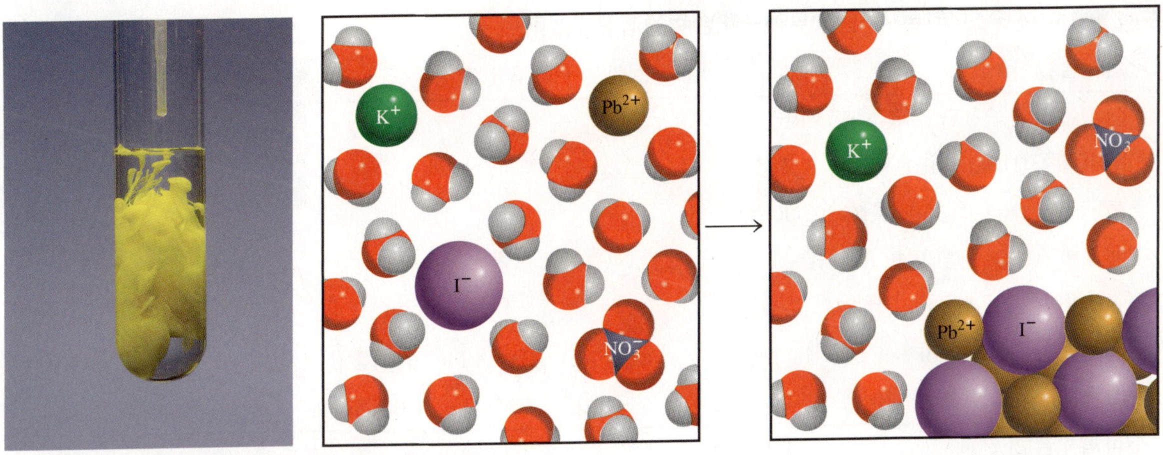

圖 4.3 將硝酸鉛 $[Pb(NO_3)_2]$ 水溶液加入碘化鉀 (KI) 水溶液中會產生黃色的碘化鉛 (PbI_2) 沉澱物。

上述的反應是**置換反應** (metathesis reaction)(也叫作雙取代反應) 的一個例子。它所指的是關於將兩個化合物做部分交換的反應。(在這個例子中，兩個化合物中陽離子所搭配的陰離子互相交換，所以最後 Pb^{2+} 和 I^- 結合形成 PbI_2，而 K^+ 和 NO_3^- 結合形成 KNO_3。) 正如我們之後所會看到的，這一章所討論的沉澱反應都是置換反應。

溶解度

要如何預測當一個化合物加入一個溶液中；或是將兩個溶液混合在一起時是否會產生固體沉澱呢？我們可以用來判斷的依據是溶質的**溶解度** (solubility)。溶解度的定義是在特定溫度下，溶質可以溶解在定量溶劑中的最大數量。對於一個溶質在定性上的描述，化學家會說它是可溶、微溶或不可溶。若一個溶質加入水中後大部分都明顯地溶於水中，則此物質可以說是可溶於水；如果不是的話，則是微溶或不溶於水。雖然所有離子化合物都是強電解質，但是它們的溶解度並非都相同。

表 4.2 將許多常見的離子化合物分為可溶和不可溶兩大類。然而，我們要知道物質即便是被分類為不可溶化合物，但還是會有某些程度的微小溶解性。在圖 4.4 中，我們可以看到一些反應後沉澱物的產生。

例題 4.1 要用到表 4.2 的溶解度規則來解題。

例題 4.1

請判斷下列離子化合物為可溶還是不可溶？(a) silver sulfate (Ag_2SO_4)；(b) calcium carbonate $(CaCO_3)$；(c) sodium phosphate (Na_3PO_4)。

表 4.2 在攝氏 25 度時，一些常見離子化合物的溶解度規則

可溶化合物	例外的不可溶化合物
含有鹼金屬離子 (Li^+、Na^+、K^+、Rb^+、Cs^+) 和銨根離子 (NH_4^+) 的化合物	
含有硝酸根 (NO_3^-)、醋酸根 (CH_3COO^-)、碳酸氫根 (HCO_3^-)、氯酸根 (ClO_3^-)、過氯酸根 (ClO_4^-) 離子的化合物	
含有鹵素離子 (Cl^-、Br^-、I^-) 的化合物	含有 Ag^+、Hg_2^{2+}、Pb^{2+} 的鹵素化合物
含有硫酸根 (SO_4^{2-}) 離子的化合物	含有 Ag^+、Ca^{2+}、Sr^{2+}、Ba^{2+}、Hg_2^{2+}、Pb^{2+} 的硫酸根化合物
不可溶化合物	**例外的可溶化合物**
含有碳酸根 (CO_3^{2-})、磷酸根 (PO_4^{3-})、鉻酸根 (CrO_4^{2-})、硫化物 (S^{2-}) 離子的化合物	含有鹼金屬離子和銨根離子的化合物
含有氫氧根離子 (OH^-) 的化合物	含有鹼金屬離子和 Ba^{2+} 離子的化合物

圖 4.4 幾種沉澱物的產生。從左到右分別為：CdS、PbS、$Ni(OH)_2$、$Al(OH)_3$。

策 略

雖然我們不用把所有化合物的溶解度都背下來，但是知道一些簡單的規則對於溶解度的判斷還是很有幫助的。我們只要記得所有含有鹼金屬離子、銨根離子、硝酸根離子、碳酸氫根離子、氯酸根離子的化合物都是可溶的。其他的化合物溶解度則要參考表 4.2。

解 答

(a) 依照表 4.2 的規則，Ag_2SO_4 是不可溶的。

(b) $CaCO_3$ 是一個含有碳酸根的離子化合物，且 Ca 是 2A 族金屬。所以，$CaCO_3$ 是不可溶的。

(c) Na_3PO_4 中的 Na 是鹼金屬 (1A 族)，所以 Na_3PO_4 是可溶的。

練習題

請判斷下列離子化合物為可溶還是不可溶？(a) CuS；(b) $Ca(OH)_2$；(c) $Zn(NO_3)_2$。

類題：4.4。

分子方程式、離子方程式和淨離子方程式

在第 118 頁中我們所提到的描述碘化鉛沉澱的反應方程式中，可以看到所有化合物都是以完整的分子式來表示，看起來似乎所有化合物都是以分子的狀態存在。像這樣的方程式可以稱為**分子方程式** (molecular equation)。寫這種方程式的好處是它說明了反應物是什麼 (在這裡是硝酸鉛和碘化鉀)。如果在實驗室要做這個反應時，我們會用分子方程式比較方便。然而，分子方程式卻無法真實呈現在水溶液中發生了什麼事。

正如我們之前提過的，離子化合物溶於水中會解離成陽離子和陰離子。為了要更真實呈現反應的狀況，方程式中應該要表示出溶解後的離子化合物在水中其實是離子的狀態。因此，再看看碘化鉛沉澱的反應，我們可以把方程式寫成：

$$Pb^{2+}(aq) + 2NO_3^-(aq) + 2K^+(aq) + 2I^-(aq) \longrightarrow PbI_2(s) + 2K^+(aq) + 2NO_3^-(aq)$$

這樣的方程式可稱作**離子方程式** (ionic equation)，它呈現出溶解後的化合物是以自由離子存在於水中。若想知道這個反應是否會產生沉澱，我們要先將反應物的陰陽離子互換後結合成另外兩個化合物；在上面的例子就是 PbI_2 和 KNO_3。參考表 4.2 的溶解度規則，我們發現 PbI_2 不溶於水，而 KNO_3 可溶於水。因此，在水中溶解的 KNO_3 仍以分開的 K^+ 和 NO_3^- 離子存在，我們稱這樣的離子為**旁觀離子** (spectator ions)；或解釋為不參與反應的離子。因為旁觀離子在反應方程式的兩邊都有出現，它們在離子方程式中可以被消去：

$$Pb^{2+}(aq) + \cancel{2NO_3^-(aq)} + \cancel{2K^+(aq)} + 2I^-(aq) \longrightarrow PbI_2(s) + \cancel{2K^+(aq)} + \cancel{2NO_3^-(aq)}$$

最後，我們可以得到一個只呈現出有參與反應物種的**淨離子方程式** (net ionic equation)：

$$Pb^{2+}(aq) + 2I^-(aq) \longrightarrow PbI_2(s)$$

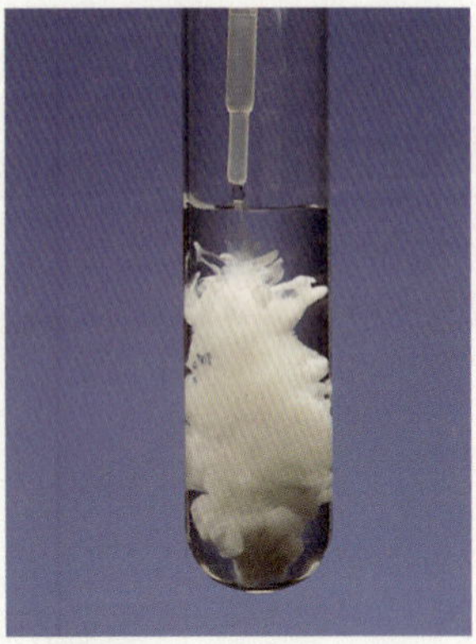

圖 4.5 沉澱物 $BaSO_4$ 的生成。

再看看另外一個例子，我們發現當氯化鋇 ($BaCl_2$) 水溶液加入硫酸鈉 (Na_2SO_4) 水溶液中會產生白色沉澱物 (圖 4.5)。若把這個反應想成是置換反應，則產物為 $BaSO_4$ 和 NaCl。依照表 4.2 的規則我們可以知道產物中只有 $BaSO_4$ 是不可溶的。因此，我們可以將此反應的分子方程式寫成：

$$BaCl_2(aq) + Na_2SO_4(aq) \longrightarrow BaSO_4(s) + 2NaCl(aq)$$

而離子方程式為

$$Ba^{2+}(aq) + 2Cl^-(aq) + 2Na^+(aq) + SO_4^{2-}(aq) \longrightarrow BaSO_4(s) + 2Na^+(aq) + 2Cl^-(aq)$$

再把旁觀離子 (Na^+ 和 Cl^-) 消去，可以得到淨離子方程式為：

$$Ba^{2+}(aq) + SO_4^{2-}(aq) \longrightarrow BaSO_4(s)$$

我們把要寫出離子方程式與淨離子方程式所需的四個步驟整理如下：

1. 將平衡後的分子方程式寫出，確認反應物和產物的化學式是正確的。參考表 4.2 的規則判斷哪個產物是不可溶的，這個產物就是沉澱物。
2. 寫出反應的離子方程式。不會沉澱的產物以自由離子的形式表示。
3. 找出旁觀離子並將它們從方程式的兩邊消去後，可得到淨離子方程式。
4. 檢查在淨離子方程式中的電荷數和原子數是否平衡。

在例題 4.2 中將用到這些步驟來解題。

$K_3PO_4(aq)$ 和 $Ca(NO_3)_2(aq)$ 反應所產生的沉澱物。

例題 4.2

請預測當磷酸鉀 (K_3PO_4) 水溶液和硝酸鈣 [$Ca(NO_3)_2$] 水溶液混合時會發生什麼反應？請寫出反應的淨離子方程式。

策　略

從已知的條件中，我們可以先寫出尚未平衡的方程式：

$$K_3PO_4(aq) + Ca(NO_3)_2(aq) \longrightarrow ?$$

當離子化合物溶於水中會發生什麼事？K_3PO_4 和 $Ca(NO_3)_2$ 解離後會生成什麼離子？當水溶液中的陽離子和陰離子遇到後又會發生什麼事？

解 答

在水溶液中，K_3PO_4 會解離成 K^+ 和 PO_4^{3-}，而 $Ca(NO_3)_2$ 會解離成 Ca^{2+} 和 NO_3^-。根據表 4.2 的規則，Ca^{2+} 和 PO_4^{3-} 結合會生成不可溶的磷酸鈣 $[Ca_3(PO_4)_2]$，然而另一個產物 KNO_3 則依然會溶於水溶液中。因此這是一個沉澱反應，我們可以依照剛剛提過的步驟來解題。

步驟 1：這個反應的平衡分子方程式為

$$2K_3PO_4(aq) + 3Ca(NO_3)_2(aq) \longrightarrow Ca_3(PO_4)_2(s) + 6KNO_3(aq)$$

步驟 2：要寫出離子方程式，我們得將在水中可溶的化合物寫成離子的形式：

$$6K^+(aq) + 2PO_4^{3-}(aq) + 3Ca^{2+}(aq) + 6NO_3^-(aq) \longrightarrow 6K^+(aq) + 6NO_3^-(aq) + Ca_3(PO_4)_2(s)$$

步驟 3：將旁觀離子 (K^+ 和 NO_3^-) 從方程式的兩邊消去後，可得到淨離子方程式：

$$3Ca^{2+}(aq) + 2PO_4^{3-}(aq) \longrightarrow Ca_3(PO_4)_2(s)$$

步驟 4：因為我們在第一步已經平衡了分子方程式，所以方程式的原子數目已經平衡。加上方程式的兩邊的正電荷數 (+6) 和副電荷數 (–6) 也相同，所以此淨反應方程式已經平衡。

類題：4.5。

練習題

請預測將 $Al(NO_3)_3$ 水溶液和 NaOH 水溶液混合會產生的沉澱物。請寫出反應的淨離子方程式。

4.3 酸鹼反應

酸和鹼其實在我們日常生活中相當常見。雖然大家可能不知道它們的化學名稱，但像是用來治療感冒的阿斯匹靈就是一種酸，其化學名稱為鄰-乙醯水楊酸或醋柳酸；而用來抑制胃酸的鎂乳就是一種鹼，其化學名稱為氫氧化鎂。酸和鹼除了常用來當作藥品或是家庭用的物品之外，在許多重要的工業製程或是生物的生理機制上，酸鹼化學也扮演相當重要的角色。在開始討論酸鹼反應之前，我們必須先多了解酸和鹼本身的性質為何。

酸和鹼的基本性質

在 2.7 節中，我們定義了在水中會解離而釋放出 H^+ 離子的物質是酸；而在水中會解離而釋放出 OH^- 離子的物質是鹼。這些定義是一個瑞典化學家阿瑞尼士[1] 在十九世紀末為了要將在水溶液中的物質分類而提出。

酸

- 酸有酸味。像食用醋的酸味就是由醋酸來的。另外，像是檸檬或是其他柑橘類水果的酸味就是由檸檬酸來的。
- 酸可使植物染料變色。例如，酸性溶液可以使石蕊試紙由藍色變成紅色。
- 酸會和特定金屬像是鋅、鎂、鐵反應產生氫氣。一個典型的這類反應是鹽酸和鎂的反應，其反應方程式如下：

$$2HCl(aq) + Mg(s) \longrightarrow MgCl_2(aq) + H_2(g)$$

- 酸會和碳酸根鹽類和碳酸氫根鹽類，像是 Na_2CO_3、$CaCO_3$ 和 $NaHCO_3$ 反應產生二氧化碳氣體 (圖 4.6)。例如，以下的方程式：

$$2HCl(aq) + CaCO_3(s) \longrightarrow CaCl_2(aq) + H_2O(l) + CO_2(g)$$
$$HCl(aq) + NaHCO_3(s) \longrightarrow NaCl(aq) + H_2O(l) + CO_2(g)$$

- 酸性水溶液可以導電。

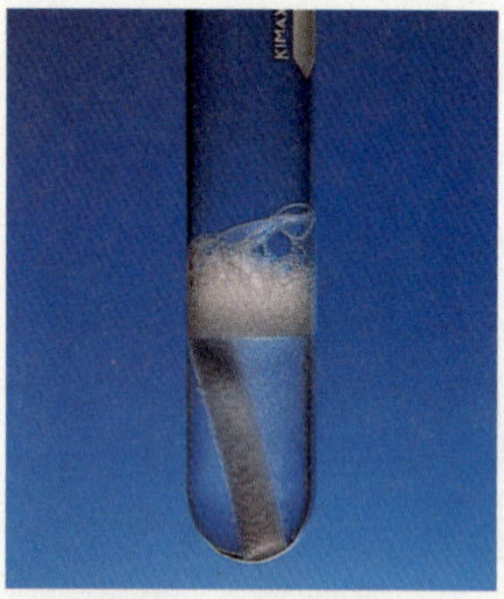

圖 4.6 一小塊粉筆 (主要成分是 $CaCO_3$) 和鹽酸反應。

鹼

- 鹼有苦味。
- 接觸到鹼時會有滑滑的感覺，像是含有鹼的肥皂就有這個性質。
- 鹼也可使植物染料變色。例如，鹼性溶液可以使石蕊試紙由紅色變成藍色。
- 鹼性水溶液可以導電。

布忍斯特酸和鹼

阿瑞尼士的酸鹼定義僅限於對水溶液的描述。之後有一位丹麥化

1 斯凡特・奧古斯特・阿瑞尼士 (Svante August Arrhenius, 1859~1927)，瑞典化學家。阿瑞尼士在化學動力學和電解質溶液的研究上有很大的貢獻。他也提出假說認為地球上的生物是來自其他星球，這個假說就是所謂的泛種論 (panspermia)。阿瑞尼士在西元 1903 年獲得諾貝爾化學獎。

學家布忍斯特[2] 在西元 1932 年提出了一個更廣義的酸鹼定義。他提出**布忍斯特酸** (Brønsted acid) 是質子的提供者；而**布忍斯特鹼** (Brønsted base) 是質子的接受者。這裡和阿瑞尼士的酸鹼定義不同的是，布忍斯特酸鹼不一定要在水溶液中才能定義。

鹽酸可以在水中釋放出質子，所以它是布忍斯特酸：

$$HCl(aq) \longrightarrow H^+(aq) + Cl^-(aq)$$

請注意：這裡的 H^+ 離子是一個 H 原子失去電子的狀態，也就是質子的狀態。一個少了電子的質子大小大約是 10^{-15} 公尺，比一個原子或離子的平均直徑約 10^{-10} 公尺來得小。由於水分子負極 (O 原子) 的強大吸引力，像質子這樣小的帶正電粒子無法以獨立個體存在於水溶液中。因此，質子會以水合的形式存在於水中，如圖 4.7 所示。所以，鹽酸的解離方程式應該寫成：

$$HCl(aq) + H_2O(l) \longrightarrow H_3O^+(aq) + Cl^-(aq)$$

水合後的質子 H_3O^+ 稱為**水合氫離子** (hydronium ion)。這個方程式說明一個布忍斯特酸 (HCl) 提供一個質子給一個布忍斯特鹼 (H_2O) 的過程。

H_3O^+ 離子的電荷分布圖。此圖用彩虹的顏色來表示電子的密度，電子最多的區域是紅色，而電子最少的區域是藍色。

實驗的結果顯示，水合氫離子可以進一步發生水合作用，因此真實的狀況中一個質子可能有好幾個水分子包圍在旁邊。但是，因為質子的性質不會因為水合的程度所影響，所以在本書中我們都用 $H^+(aq)$ 來代表水合後的質子。雖然這樣的寫法比較簡單方便，但是寫成 H_3O^+ 會比較接近真實的狀況。在這裡我們要知道這兩種寫法都是代表一樣的東西。

在實驗室常用的酸有鹽酸 (HCl)、硝酸 (HNO_3)、醋酸 (CH_3COOH)、硫酸 (H_2SO_4)、磷酸 (H_3PO_4) 等；上述的酸前三個是**單質**

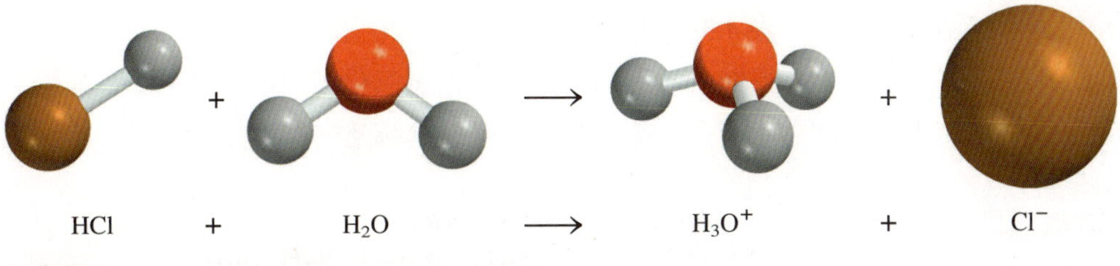

圖 4.7 HCl 在水中解離成水合氫離子和氯離子。

2 布忍斯特 (Johannes Nicolaus Brønsted, 1879~1947)，丹麥化學家。除了酸鹼理論之外，他也研究熱力學和汞同位素的分離。有些課本會把布忍斯特酸鹼稱為布忍斯特－羅瑞 (Brønsted-Lowry) 酸鹼。湯瑪士・馬丁・羅瑞 (Thomas Martin Lowry, 1874~1936)，英國化學家。他和布忍斯特同時在西元 1923 年分別發表了一樣的酸鹼理論。

子酸 (monoprotic acids)，所指的是每個單位的這種酸解離後只會產生一個氫離子：

在大多數的情況下，酸的分子式會以 H 開頭，或是其中有 COOH。

$$HCl(aq) \longrightarrow H^+(aq) + Cl^-(aq)$$
$$HNO_3(aq) \longrightarrow H^+(aq) + NO_3^-(aq)$$
$$CH_3COOH(aq) \rightleftharpoons CH_3COO^-(aq) + H^+(aq)$$

就像之前所提過的，因為醋酸在水中並不會完全解離 (請注意：方程式中的雙箭號)，所以它是弱電解質，也因為如此醋酸被稱為弱酸 (見表 4.1)。另一方面，鹽酸和硝酸因為是強電解質，所以在水中會完全解離 (請注意：方程式中的單箭號)，所以它們是強酸。

硫酸 (H_2SO_4) 是**雙質子酸** (diprotic acid)，所指的是每個單位的硫酸解離後會產生兩個氫離子，而其解離的步驟分為兩步：

$$H_2SO_4(aq) \longrightarrow H^+(aq) + HSO_4^-(aq)$$
$$HSO_4^-(aq) \rightleftharpoons H^+(aq) + SO_4^{2-}(aq)$$

H_2SO_4 是一個強電解質或強酸 (解離的第一步完全解離)，但 HSO_4^- 是一個弱電解質或弱酸，所以我們需要用雙箭號來表示沒有完全解離。

另外，也有可以解離出三個氫離子的**三質子酸** (triprotic acids)，但數量相對較少。最為大家所知的三質子酸是磷酸 (H_3PO_4)，其解離步驟如下：

$$H_3PO_4(aq) \rightleftharpoons H^+(aq) + H_2PO_4^-(aq)$$
$$H_2PO_4^-(aq) \rightleftharpoons H^+(aq) + HPO_4^{2-}(aq)$$
$$HPO_4^{2-}(aq) \rightleftharpoons H^+(aq) + PO_4^{3-}(aq)$$

在這個例子中，H_3PO_4、$H_2PO_4^-$、HPO_4^{2-} 都是弱酸，所以其解離方程式用雙箭號表示。$H_2PO_4^-$ 和 HPO_4^{2-} 陰離子可在 NaH_2PO_4 和 Na_2HPO_4 的水溶液中出現。表 4.3 列出一些常見的強酸和弱酸。

表 4.3 一些常見的強酸和弱酸

強酸	
鹽酸	HCl
氫溴酸	HBr
氫碘酸	HI
硝酸	HNO_3
硫酸	H_2SO_4
過氯酸	$HClO_4$
弱酸	
氫氟酸	HF
亞硝酸	HNO_2
磷酸	H_3PO_4
醋酸	CH_3COOH

由表 4.1 得知氫氧化鈉 (NaOH) 和氫氧化鋇 [$Ba(OH)_2$] 都是強鹼。意思是它們在水溶液中都會完全解離，其解離方程式如下：

$$NaOH(s) \xrightarrow{H_2O} Na^+(aq) + OH^-(aq)$$
$$Ba(OH)_2(s) \xrightarrow{H_2O} Ba^{2+}(aq) + 2OH^-(aq)$$

而 OH^- 離子會接受一個質子形成水分子：

$$H^+(aq) + OH^-(aq) \longrightarrow H_2O(l)$$

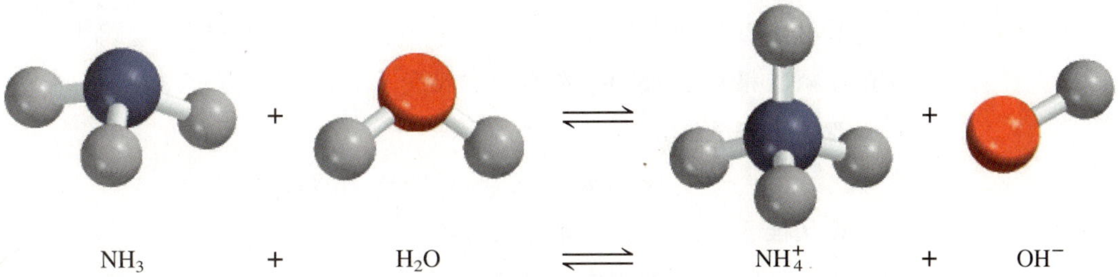

圖 4.8 氨在水中解離生成銨根離子和氫氧根離子。

因此，OH^- 是布忍斯特鹼。

氨 (NH_3) 也被分類為布忍斯特鹼，因為它在水中會接受一個 H^+ 離子而形成 NH_4^+ 離子 (見圖 4.8)：

$$NH_3(aq) + H_2O(l) \rightleftharpoons NH_4^+(aq) + OH^-(aq)$$

氨溶在水中只有一小部分和水反應生成 NH_4^+ 和 OH^- 離子，所以氨是弱電解質 (也因此是弱鹼)。

在實驗室中最常用到的強鹼是氫氧化鈉，它便宜且可溶於水。(事實上所有鹼金屬的氫氧化物都溶於水。) 而最常用到的弱鹼則是氨水，它有時會被誤稱為氫氧化氨 (ammonium hydroxide)。但是實驗上並找不到證據說明在水溶液中存在的是 NH_4OH，而不是 NH_4^+ 和 OH^- 離子。所有的 2A 族金屬都會形成 $M(OH)_2$ 形式的氫氧化物，其中的 M 是指鹼土族金屬。在這些 2A 族的氫氧化物中，只有 $Ba(OH)_2$ 是可溶於水的。鎂和鈣氫氧化物常用於醫藥及工業中。其他金屬的氫氧化物，像是 $Al(OH)_3$ 和 $Zn(OH)_2$ 則不溶於水，所以通常不當作鹼使用。

例題 4.3 說明如何將物質分類為布忍斯特酸或布忍斯特鹼。

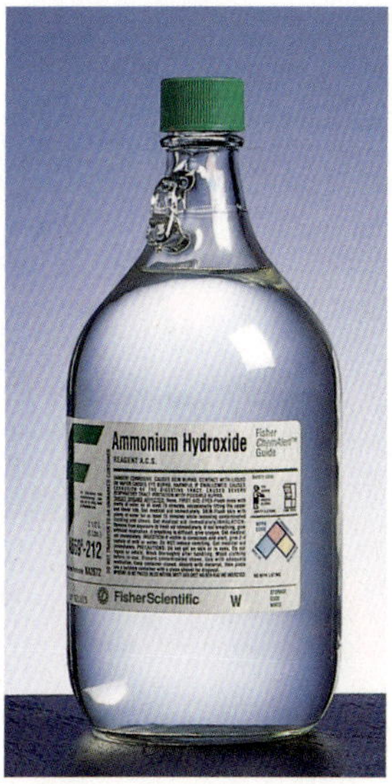

請注意：這瓶氨水溶液上的標誌寫錯了。

例題 4.3

請問下列在水溶液中的物種是布忍斯特酸還是布忍斯特鹼？(a) HBr；(b) NO_2^-；(c) HCO_3^-。

策 略

什麼是布忍斯特酸的特徵？它是不是至少要有一個 H 原子？除了氨之外，目前我們會看到的鹼都是陰離子。

解 答

(a) 我們知道 HCl 是酸，因為 Br 和 Cl 都是鹵素 (7A 族)，所以我們可以預期 HBr 會和 HCl 一樣在水中以下列方程式解離：

$$HBr(aq) \longrightarrow H^+(aq) + Br^-(aq)$$

所以 HBr 是布忍斯特酸。

(b) 亞硝酸根離子 (NO_2^-) 在水中會接受來自水分子的一個質子而形成亞硝酸 (HNO_2)，其方程式如下：

$$NO_2^-(aq) + H^+(aq) \longrightarrow HNO_2(aq)$$

這個性質使得 NO_2^- 是布忍斯特鹼。

(c) 碳酸氫根離子 (HCO_3^-) 是布忍斯特酸，因為它在水中可以下列方程式解離：

$$HCO_3^-(aq) \rightleftharpoons H^+(aq) + CO_3^{2-}(aq)$$

但碳酸氫根離子也可以是布忍斯特鹼，因為它可以接受來自水分子的一個質子而形成碳酸 (H_2CO_3)，其方程式如下：

$$HCO_3^-(aq) + H^+(aq) \rightleftharpoons H_2CO_3(aq)$$

說　明

因為 HCO_3^- 可以是酸也可以是鹼，所以它被稱為是**兩性物質** (amphoteric)。方程式中的雙箭號代表這是可逆反應。

類題：4.7。

練習題

請問下列物種是布忍斯特酸還是布忍斯特鹼？(a) SO_4^{2-}；(b) HI。

酸鹼中和

酸和鹼之間的反應稱為**中和反應** (neutralization reaction)。一般來說，酸和鹼的水溶液反應會生成水和**鹽類** (salt)。這裡所謂的鹽類，是指由一個除了 H^+ 之外的陽離子和另一個除了 OH^- 或 O^{2-} 之外的陰離子所組成的離子化合物：

$$\text{酸} + \text{鹼} \longrightarrow \text{鹽類} + \text{水}$$

像我們所知的食鹽 (NaCl) 就是一個酸鹼反應的產物：

$$HCl(aq) + NaOH(aq) \longrightarrow NaCl(aq) + H_2O(l)$$

然而，因為強酸和強鹼都是強電解質，所以它們在水中都會完全解離，其離子方程式為：

$$H^+(aq) + Cl^-(aq) + Na^+(aq) + OH^-(aq) \longrightarrow Na^+(aq) + Cl^+(aq) + H_2O(l)$$

所以，這個反應用淨離子方程式可以寫成：

$$H^+(aq) + OH^-(aq) \longrightarrow H_2O(l)$$

Na^+ 和 Cl^- 都是旁觀離子。

在上述的反應中，若一開始酸和鹼的莫耳數相同時，反應結束後只會有鹽類在水溶液中，酸和鹼都不會有多餘剩下。這是酸鹼反應的一種特性。

接下來看看一個像是氫氰酸 (HCN) 的弱酸和強鹼的反應：

$$HCN(aq) + NaOH(aq) \longrightarrow NaCN(aq) + H_2O(l)$$

因為 HCN 是弱酸，在水中並不會完全解離。因此，這個反應的離子方程式可寫成：

$$HCN(aq) + Na^+(aq) + OH^-(aq) \longrightarrow Na^+(aq) + CN^-(aq) + H_2O(l)$$

而淨離子方程式為：

$$HCN(aq) + OH^-(aq) \longrightarrow CN^-(aq) + H_2O(l)$$

請注意：這裡只有 Na^+ 是旁觀離子；OH^- 和 CN^- 不是。

下面還有一些酸鹼中和反應的例子，分別以它們的分子方程式表示：

$$HF(aq) + KOH(aq) \longrightarrow KF(aq) + H_2O(l)$$
$$H_2SO_4(aq) + 2NaOH(aq) \longrightarrow Na_2SO_4(aq) + 2H_2O(l)$$
$$HNO_3(aq) + NH_3(aq) \longrightarrow NH_4NO_3(aq)$$

其中最後一個方程式看起來有點怪怪的，因為它產物中沒有水。然而，就像之前提過的，如果我們把 $NH_3(aq)$ 寫成 $NH_4^+(aq)$ 和 $OH^-(aq)$，則方程式會變成：

$$HNO_3(aq) + NH_4^+(aq) + OH^-(aq) \longrightarrow NH_4NO_3(aq) + H_2O(l)$$

例題 4.4

請寫出下列酸鹼反應的分子方程式、離子方程式和淨離子方程式：

(a) $HBr\ (aq) + Ba(OH)_2\ (aq) \longrightarrow$

(b) $H_2SO_4\ (aq) + KOH\ (aq) \longrightarrow$

策　略

第一步是要確認這裡酸和鹼的強弱。我們知道氫溴酸 (HBr) 是強酸；而硫酸 (H_2SO_4) 在第一次解離時是強酸，在第二次解離時是弱

酸。氫氧化鋇 [$Ba(OH)_2$] 和氫氧化鉀 (KOH) 則都是強鹼。

解 答

(a) 分子方程式：

$$2HBr(aq) + Ba(OH)_2(aq) \longrightarrow BaBr_2(aq) + 2H_2O(l)$$

離子方程式：

$$2H^+(aq) + 2Br^-(aq) + Ba^{2+}(aq) + 2OH^-(aq) \longrightarrow Ba^{2+}(aq) + 2Br^-(aq) + 2H_2O(l)$$

淨離子方程式：

$$2H^+(aq) + 2OH^-(aq) \longrightarrow 2H_2O(l)$$

或

$$H^+(aq) + OH^-(aq) \longrightarrow H_2O(l)$$

Ba^{2+} 和 Br^- 都是旁觀離子。

(b) 分子方程式：

$$H_2SO_4(aq) + 2KOH(aq) \longrightarrow K_2SO_4(aq) + 2H_2O(l)$$

離子方程式：

$$H^+(aq) + HSO_4^-(aq) + 2K^+(aq) + 2OH^-(aq) \longrightarrow 2K^+(aq) + SO_4^{2-}(aq) + 2H_2O(l)$$

淨離子方程式：

$$H^+(aq) + HSO_4^-(aq) + 2OH^-(aq) \longrightarrow SO_4^{2-}(aq) + 2H_2O(l)$$

請注意：這裡因為 HSO_4^- 是弱酸，在水中並不會完全解離，所以只有 K^+ 是旁觀離子。

練習題

請寫出磷酸水溶液和氫氧化鈉反應的分子方程式、離子方程式和淨離子方程式。

產生氣體的酸鹼反應

某些特定的鹽類像是碳酸鹽 (含有 CO_3^{2-} 的鹽類)、碳酸氫鹽 (含有 HCO_3^- 的鹽類)、亞硫酸鹽 (含有 SO_3^{2-} 的鹽類) 和硫化物 (含有 S^{2-} 的鹽類) 會和酸反應而產生氣體產物。例如，碳酸鈉 (Na_2CO_3) 和鹽酸的分子方程式為 (見圖 4.6)

$$Na_2CO_3(aq) + 2HCl(aq) \longrightarrow 2NaCl(aq) + H_2CO_3(aq)$$

碳酸在水中不太穩定，若碳酸在水溶液中濃度夠高時會以下列方程式來分解：

$$H_2CO_3(aq) \longrightarrow H_2O(l) + CO_2(g)$$

有關這種鹽類類似的反應還有：

$$NaHCO_3(aq) + HCl(aq) \longrightarrow NaCl(aq) + H_2O(l) + CO_2(g)$$
$$Na_2SO_3(aq) + 2HCl(aq) \longrightarrow 2NaCl(aq) + H_2O(l) + SO_2(g)$$
$$K_2S(aq) + 2HCl(aq) \longrightarrow 2KCl(aq) + H_2S(g)$$

4.4 氧化還原反應

如果說酸鹼反應是有關質子轉移的反應，則**氧化還原反應** (oxidation-reduction/redox reactions) 指的就是有關電子轉移的反應。氧化還原反應和我們周遭的環境息息相關，從化石燃料的燃燒到家用漂白水的作用都和氧化還原反應有關。除此之外，大多數的金屬和非金屬元素都是由礦物中經由氧化或還原反應來得到。

很多重要的氧化還原反應都在水中發生，但也不是所有氧化還原反應都是這樣。我們先來看看一個由兩個元素結合成一個化合物的反應，像是鎂和氧氣生成氧化鎂 (MgO) (圖 4.9)：

$$2Mg(s) + O_2(g) \longrightarrow 2MgO(s)$$

氧化鎂是由 Mg^{2+} 和 O^{2-} 組成的離子化合物。在這個反應中，兩個鎂原子共轉移了四個電子給組成氧氣的兩個氧原子。為了理解方便，我們可以將這整個過程想成兩個分開的步驟：其中一步是兩個鎂原子失去四個電子；另一步則是一個氧氣分子得到四個電子：

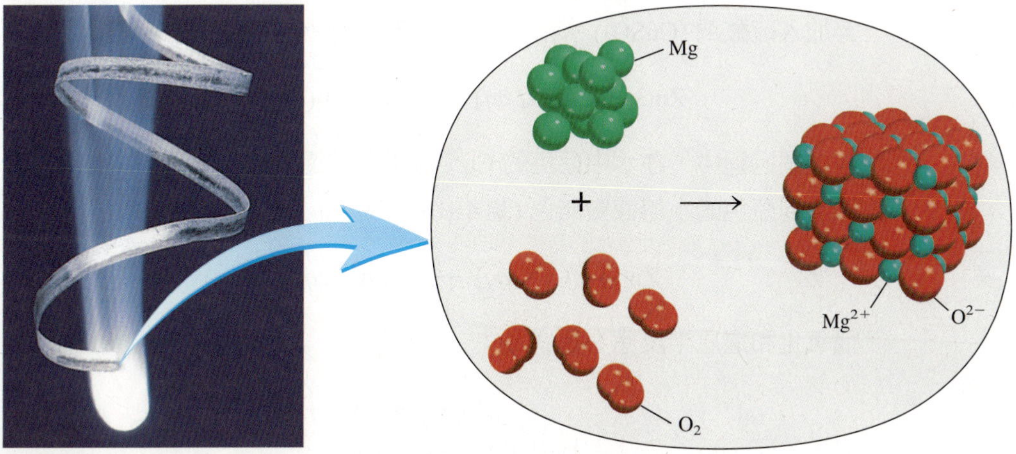

圖 4.9 鎂在氧氣中燃燒生成氧化鎂。

請注意：在氧化半反應中，電子出現在產物端，而在還原半反應中，電子出現在反應物端。

$$2Mg \longrightarrow 2Mg^{2+} + 4e^-$$
$$O_2 + 4e^- \longrightarrow 2O^{2-}$$

這些步驟每一步都稱作是一個**半反應** (half-reaction)，每一個半反應清楚地表示出一個氧化還原反應中所牽涉到的電子。將半反應方程式加總會得到總反應方程式：

$$2Mg + O_2 + 4e^- \longrightarrow 2Mg^{2+} + 2O^{2-} + 4e^-$$

如果我們將方程式兩邊的電子都消去會變成：

$$2Mg + O_2 \longrightarrow 2Mg^{2+} + 2O^{2-}$$

最後，Mg^{2+} 和 O^{2-} 再結合成 MgO：

$$2Mg^{2+} + 2O^{2-} \longrightarrow 2MgO$$

氧化反應 (oxidation reaction) 一詞指的是有關失去電子的半反應。化學家原來用「氧化」這個詞來表示元素和氧結合的過程。然而，現在較廣義的定義也把沒有氧原子的反應也含括在氧化反應的範圍內。另一方面，**還原反應** (reduction reaction) 這個名詞則指的是有關得到電子的半反應。在生成氧化鎂的反應中，鎂在反應後被氧化。而由另一個角度來看，鎂本身在此反應中是扮演**還原劑** (reducing agent) 的角色，因為它被氧化後把電子給了氧使得氧被還原。同理，氧在此反應中是扮演**氧化劑** (oxidizing agent) 的角色，因為它從鎂接受了電子使得鎂被氧化。在一個氧化還原反應中，氧化的程度必須要等於還原的程度；也就是說，反應中還原劑所失去的電子數要和氧化劑所得到的電子數相同。

氧化劑總被還原，而還原劑總被氧化。這句話在某種程度上令人困惑，但經由這兩個過程的定義，你很容易了解原因。

在某些氧化還原反應中，電子轉移的現象特別明顯。例如，將金屬鋅加入硫酸銅 ($CuSO_4$) 水溶液時，鋅會給銅兩個電子而將銅還原：

$$Zn(s) + CuSO_4(aq) \longrightarrow ZnSO_4(aq) + Cu(s)$$

在這個過程中，在水中藍色的 Cu^{2+} 離子會被還原成 Cu 原子，所以會明顯看到藍色的水溶液變無色 (圖 4.10)：

$$Zn(s) + Cu^{2+}(aq) \longrightarrow Zn^{2+}(aq) + Cu(s)$$

而氧化和還原半反應方程式為：

$$Zn \longrightarrow Zn^{2+} + 2e^-$$
$$Cu^{2+} + 2e^- \longrightarrow Cu^-$$

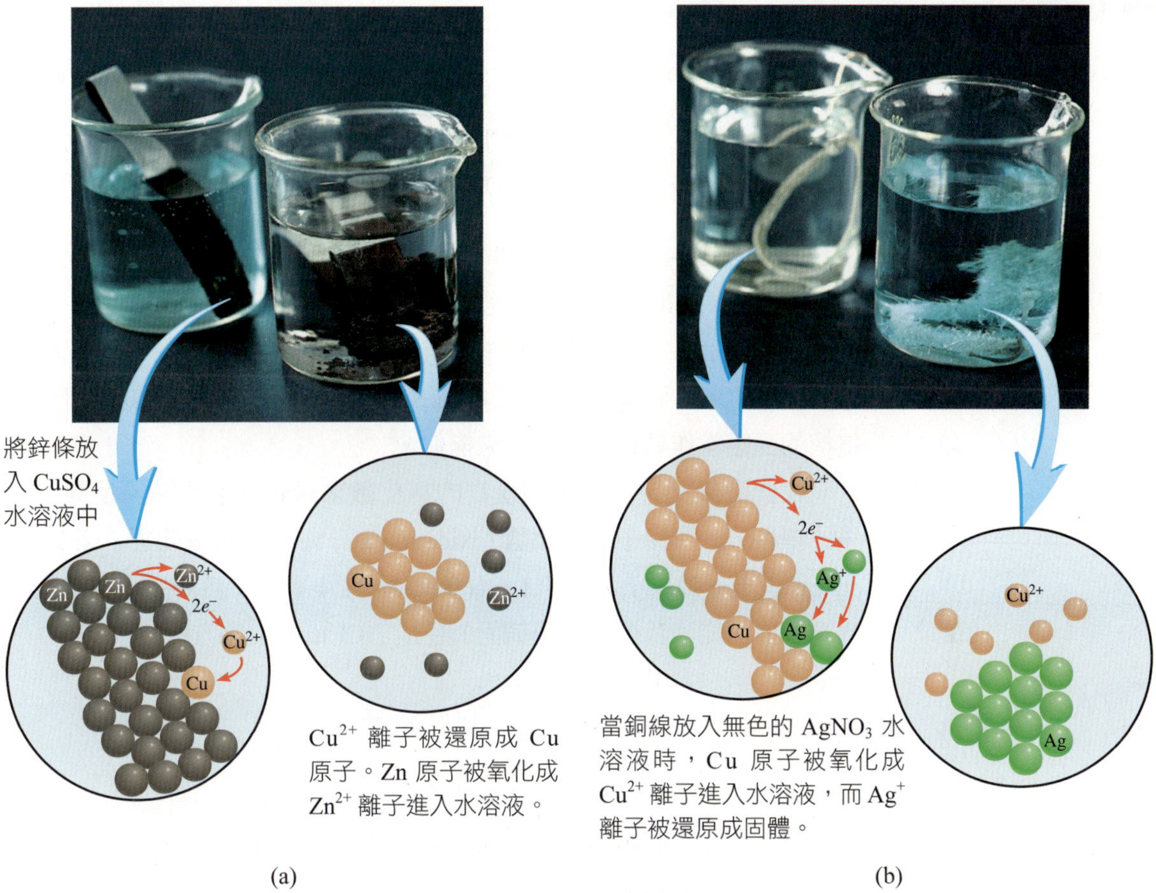

圖 4.10 水溶液中的金屬取代反應。(a) 在左邊的燒杯中將鋅條放入藍色的 $CuSO_4$ 水溶液中，在鋅條上馬上可以看到一層由 Cu^{2+} 離子還原的金屬銅。過了一段時間後，右邊的燒杯可以看到大部分的 Cu^{2+} 離子都被還原成金屬銅，而水溶液變成無色；(b) 在左邊的燒杯中將銅線放入無色的 $AgNO_3$ 水溶液中，在銅線上可以看到 Ag^+ 離子被還原成金屬銀。過了一段時間後，右邊的燒杯可以看到大部分的 Ag^+ 離子都已經被還原，而水溶液中因為多了 Cu^{2+} 離子，所以變成藍色。

相同地，金屬銅也可以將硝酸銀 ($AgNO_3$) 水溶液中的銀離子還原成銀：

$$Cu(s) + 2AgNO_3(aq) \longrightarrow Cu(NO_3)_2(aq) + 2Ag(s)$$

或

$$Cu(s) + 2Ag^+(aq) \longrightarrow Cu^{2+}(aq) + 2Ag(s)$$

氧化數

我們可以用失去或得到電子的行為來定義上述 MgO 的離子化合物生成反應，和 Cu^{2+} 離子被 Zn 原子還原的反應中所發生的氧化和還原

過程。然而，這樣的定義並無法正確地說明氯化氫 (HCl) 和二氧化硫 (SO_2) 生成的過程：

$$H_2(g) + Cl_2(g) \longrightarrow 2HCl(g)$$
$$S(s) + O_2(g) \longrightarrow SO_2(g)$$

因為 HCl 和 SO_2 是分子化合物，而不是離子化合物，和生成 MgO 不同的是，在生成 HCl 和 SO_2 的過程中電子不會被真正轉移。但是，根據實驗結果顯示，在這兩個反應中還是有部分電子在分子的原子之間轉移 (在 HCl 中由 H 到 Cl，在 SO_2 中由 S 到 O)，所以化學家認為也可以把這樣的反應當作氧化還原反應來描述。

我們可以指定反應物和產物的氧化數來觀察在氧化還原反應中電子的轉移。一個原子的**氧化數** (oxidation number) [也稱**氧化態** (oxidation state)] 指出一個原子在分子 (或離子化合物) 中當電子轉移完成後最後的電荷數。例如，我們可以將前面的生成 HCl 和 SO_2 的方程式改寫成：

$$\overset{0}{H_2}(g) + \overset{0}{Cl_2}(g) \longrightarrow 2\overset{+1}{H}\overset{-1}{Cl}(g)$$
$$\overset{0}{S}(s) + \overset{0}{O_2}(g) \longrightarrow \overset{+4}{S}\overset{-2}{O_2}(g)$$

寫在元素符號上的數字就是那個原子的氧化數。在上面的兩個反應中，反應物分子的原子上都沒有電荷，因此它們的氧化數都是零。然而，當反應結束後電子轉移發生且反應物原子已經失去或得到電子，而這個時候的氧化數反應了在原子間電子實際「轉移」的數量。

氧化數讓我們一眼就可以看出這個原子是被氧化還是被還原了。在上面的例子中，氫原子和硫原子在反應後氧化數增加，所以它們在這個反應中是被氧化的；相反地，氯原子和氧原子在反應後氧化數減少，所以它們在這個反應中是被還原的。要注意這裡產物的 H 和 Cl 原子氧化數的總和 (+1 和 –1) 是零。相同地，如果將產物的 S 原子氧化數 (+4) 和兩個 O 原子氧化數 [$2 \times (-2)$] 加總起來也會等於零。其原因是 HCl 和 SO_2 分子是電中性的，分子的總電荷數要為零。

我們可以用以下的規則來指定氧化數：

1. 元素在沒有跟其他不同原子結合的狀態時，每個原子的氧化數均為零。因此，在 H_2、Br_2、Na、Be、K、O_2 和 P_4 中，每個原子都有相同的氧化數：零。
2. 若離子只由單獨一個原子組成 (即單原子離子)，此原子的氧化數就

等於離子的電荷數。因此，Li^+ 離子的氧化數為 +1；Be^{2+} 離子的氧化數為 +2；Fe^{3+} 離子的氧化數為 +3；I^- 離子的氧化數為 –1；O^{2-} 離子的氧化數為 –2 等，以此類推。所有的鹼金屬在化合物中的氧化數都是 +1；所有的鹼土金屬在化合物中的氧化數都是 +2。鋁在所有化合物的中氧化數都是 +3。

3. 氧的氧化數在大部分的化合物中 (例如，MgO 和 H_2O) 是 –2；但在過氧化氫 (H_2O_2) 和過氧根離子中 (O_2^{2-}) 中，氧的氧化數是 –1。
4. 氫的氧化數是 +1。但是，氫和金屬結合成二元化合物時 (例如，LiH、NaH、CaH_2)，它的氧化數會是 –1。
5. 氟在所有化合物的中氧化數都是 –1。其他的鹵素 (Cl、Br、I) 當以鹵素離子存在於化合物時，氧化數為負值。但若它們和氧結合時——例如，含氧酸和涵養酸離子 (見 2.7 節)，氧化數為正值。
6. 中性分子中，所有原子的氧化數總和要為零。在一個多原子離子中，所有原子的氧化數總和要等於這個離子的淨電荷數。例如，在銨根離子中 (NH_4^+)，N 的氧化數是 –3，而 H 的氧化數是 +1。因此，將氧化數加總 $-3 + 4(+1) = +1$，會等於此離子的淨電荷數。
7. 氧化數不一定要是整數。例如，在超氧陰離子 (O_2^-) 中 O 的氧化數是 $-\frac{1}{2}$。

我們用以上的規則來指定例題 4.5 中的氧化數。

例題 4.5

請寫出以下化合物或離子中各元素的氧化數：(a) Li_2O；(b) HNO_3；(c) $Cr_2O_7^{2-}$。

策 略

一般而言，我們只要利用上述的規則就可以指定元素的氧化數。這裡我們會用到的是：所有的鹼金屬在化合物中的氧化數都是 +1；大多數狀況下，氫的氧化數是 +1，而氧的氧化數是 –2。

解 答

(a) 根據上述的規則 2，我們知道 Li 的氧化數是 +1 (Li^+)，而 O 的氧化數是 –2 (O^{2-})。

(b) HNO_3 是硝酸的分子式，它在水溶液中會產生一個 H^+ 離子和一個 NO_3^- 離子。根據上述的規則 4，我們知道 H 的氧化數是 +1 (Li^+)，因此另一個 NO_3^- 離子的淨氧化數要為 –1。已知 O 的氧化數是

–2，若將 N 的氧化數設為 x，則硝酸根離子可寫成

$$[N^{(x)}O_3^{(2-)}]^-$$

因此 $x + 3(-2) = -1$

即 $x = +5$

(c) 從規則 6，我們可以知道重鉻酸根離子 $Cr_2O_7^{2-}$ 的氧化數總和是 –2。我們知道 O 的氧化數是 –2，若將 Cr 的氧化數設為 y，則重鉻酸根離子可寫成

$$[Cr_2^{(y)}O_7^{(2-)}]^{2-}$$

因此 $2(y) + 7(-2) = -2$

即 $y = +6$

檢　查

在每個題目中，所有原子的氧化數總和是否等於這個化合物或離子的淨電荷數？

練習題

請寫出以下化合物或離子中各元素的氧化數：(a) PF_3；(b) MnO_4^-。

圖 4.11 根據元素在週期表中的位置，列出它們的已知的氧化數。我們可以將這張圖的主要內容整理如下：

- 金屬元素的氧化數都是正值，而非金屬元素的氧化數可以是正值也可以是負值。
- 1A 至 7A 族元素的氧化數不會大於它們的族數。例如，鹵素是 7A 族元素，所以它最大可能的氧化數是 +7。
- 過渡金屬 (1B 族、3B 至 8B 族) 通常有數個可能的氧化數。

氧化還原方程式的種類

最常見的氧化還原反應為化合、分解、燃燒和取代反應，還有另一種較複雜的自身氧化還原反應 (或稱歧化反應) 在這裡也會討論到。

化合反應

並非所有的結合反應都是氧化還原反應，分解反應也是一樣。

化合反應 (combination reaction) 是指在一個反應中由兩個以上的物質結合生成單一產物。圖 4.12 是一些化合反應的例子。例如：

$$\overset{0}{S}(s) + \overset{0}{O_2}(g) \longrightarrow \overset{+4\ -2}{SO_2}(g)$$

$$2\overset{0}{Al}(s) + 3\overset{0}{Br_2}(l) \longrightarrow 2\overset{+3\ -1}{AlBr_3}(s)$$

1 1A	2 2A	3 3B	4 4B	5 5B	6 6B	7 7B	8 8B	9 8B	10 8B	11 1B	12 2B	13 3A	14 4A	15 5A	16 6A	17 7A	18 8A
1 **H** +1 −1																	2 **He**
3 **Li** +1	4 **Be** +2											5 **B** +3	6 **C** +4 +2 −4	7 **N** +5 +4 +3 +2 +1 −3	8 **O** +2 $-\frac{1}{2}$ −1 −2	9 **F** −1	10 **Ne**
11 **Na** +1	12 **Mg** +2											13 **Al** +3	14 **Si** +4 −4	15 **P** +5 +3 −3	16 **S** +6 +4 +2 −2	17 **Cl** +7 +6 +5 +4 +3 +1 −1	18 **Ar**
19 **K** +1	20 **Ca** +2	21 **Sc** +3	22 **Ti** +4 +3 +2	23 **V** +5 +4 +3 +2	24 **Cr** +6 +5 +4 +3 +2	25 **Mn** +7 +6 +4 +3 +2	26 **Fe** +3 +2	27 **Co** +3 +2	28 **Ni** +2	29 **Cu** +2 +1	30 **Zn** +2	31 **Ga** +3	32 **Ge** +4 −4	33 **As** +5 +3 −3	34 **Se** +6 +4 −2	35 **Br** +5 +3 +1 −1	36 **Kr** +4 +2
37 **Rb** +1	38 **Sr** +2	39 **Y** +3	40 **Zr** +4	41 **Nb** +5 +4	42 **Mo** +6 +4 +3	43 **Tc** +7 +6 +4	44 **Ru** +8 +6 +4 +3	45 **Rh** +4 +3 +2	46 **Pd** +4 +2	47 **Ag** +1	48 **Cd** +2	49 **In** +3	50 **Sn** +4 +2	51 **Sb** +5 +3 −3	52 **Te** +6 +4 −2	53 **I** +7 +5 +1 −1	54 **Xe** +6 +4 +2
55 **Cs** +1	56 **Ba** +2	57 **La** +3	72 **Hf** +4	73 **Ta** +5	74 **W** +6 +4	75 **Re** +7 +6 +4	76 **Os** +8 +4	77 **Ir** +4 +3	78 **Pt** +4 +2	79 **Au** +3 +1	80 **Hg** +2 +1	81 **Tl** +3 +1	82 **Pb** +4 +2	83 **Bi** +5 +3	84 **Po** +2	85 **At** −1	86 **Rn**

圖 4.11 元素在化合物中可能的氧化數。較常見的氧化數以紅字表示。

(a) (b)

圖 4.12 一些簡單的化合氧化反應。(a) 硫在空氣中燃燒生成二氧化硫；(b) 鋁和溴反應生成溴化鋁。

分解反應

分解反應的概念和化合反應相反。更準確地說，**分解反應** (decomposition reaction) 是指在一個反應中由一個化合物分解而生成兩個以上的產物 (圖 4.13)。例如：

只有被氧化或還原的元素才標出氧化數。

$$\overset{+2\,-2}{2HgO(s)} \longrightarrow \overset{0}{2Hg(l)} + \overset{0}{O_2(g)}$$

$$\overset{+5\,-2}{2KClO_3(s)} \longrightarrow \overset{-1}{2KCl(s)} + \overset{0}{3O_2(g)}$$

$$\overset{+1\,-1}{2NaH(s)} \longrightarrow \overset{0}{2Na(s)} + \overset{0}{H_2(g)}$$

燃燒反應

所有的燃燒反應都是氧化還原的過程。

燃燒反應 (combustion reaction) 指的是在一個反應中反應物和氧氣反應伴隨著以火焰的方式釋放出熱和光。我們之前提過的鎂和硫與氧氣的反應都是燃燒反應。另外，丙烷 (C_3H_8) 是天然氣的其中一種成分，常在家庭中用來加熱及烹調。丙烷的燃燒也是燃燒反應的一種：

$$C_3H_8(g) + 5O_2(g) \longrightarrow 3CO_2(g) + 4H_2O(l)$$

要指定有機化合物中 C 原子的氧化數需要比較複雜的概念。這裡我們只著重在指定 O 原子的氧化數。在此反應中，O 的氧化數由 0 變成 –2。

取代反應

取代反應 (displacement reaction) 指的是在一個反應中化合物中的原子或離子被另一個元素的原子或離子取代。大多數的取代反應可分為以下三種：氫原子取代反應、金屬取代反應，或鹵素取代反應。

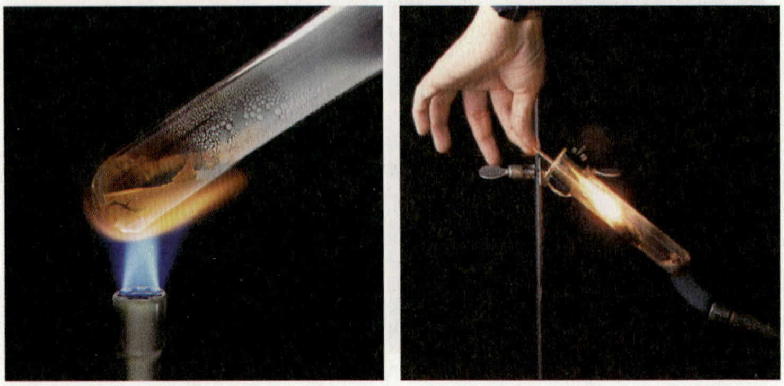

(a) (b)

圖 4.13 (a) 將氧化汞 (HgO) 加熱時分解成液態汞和氧氣；(b) 加熱氯酸鉀 ($KClO_3$) 產生氧氣，幫助玻璃管中的薄木條燃燒。

1. **氫原子取代反應**。反應性較強的金屬元素，包含所有的鹼金族金屬和部分的鹼土族金屬 (Ca、Sr、Ba) 會取代冷水分子中的氫原子 (圖 4.14)：

$$\overset{0}{2\text{Na}}(s) + 2\overset{+1}{\text{H}_2}\text{O}(l) \longrightarrow 2\overset{+1}{\text{Na}}\overset{+1}{\text{OH}}(aq) + \overset{0}{\text{H}_2}(g)$$

$$\overset{0}{\text{Ca}}(s) + 2\overset{+1}{\text{H}_2}\text{O}(l) \longrightarrow \overset{+2}{\text{Ca}}(\overset{+1}{\text{OH}})_2(s) + \overset{0}{\text{H}_2}(g)$$

很多金屬都會和酸進行氫原子取代反應，其中包含那些不會與水反應的金屬。例如：鋅 (Zn) 和鎂 (Mg) 不跟冷水反應，但會跟鹽酸反應，反應方程式如下：

$$\overset{0}{\text{Zn}}(s) + 2\overset{+1}{\text{H}}\text{Cl}(aq) \longrightarrow \overset{+2}{\text{Zn}}\text{Cl}_2(aq) + \overset{0}{\text{H}_2}(g)$$

$$\overset{0}{\text{Mg}}(s) + 2\overset{+1}{\text{H}}\text{Cl}(aq) \longrightarrow \overset{+2}{\text{Mg}}\text{Cl}_2(aq) + \overset{0}{\text{H}_2}(g)$$

在圖 4.15 中可以看到鹽酸 (HCl) 分別和鐵 (Fe)、鋅 (Zn)、鎂 (Mg) 的反應。這些反應常在實驗室中被用來製備氫氣。

2. **金屬取代反應**。在化合物中的金屬原子可被另一個在元素態的金屬原子所取代，這樣的反應叫作金屬取代反應。我們先前已經看過鋅取代銅離子和銅取代銀離子的例子 (見第 133 頁)。若將上述反應中不同金屬的角色互換，則不會發生反應。所以，銅不會取代硫酸鋅的鋅離子；銀不會取代硝酸銅的銅離子。

如圖 4.16 所示，元素的**活性順序** (activity series)(有時也稱電化學順序) 可以用來簡單地判斷一個金屬或氫原子取代反應是否會發

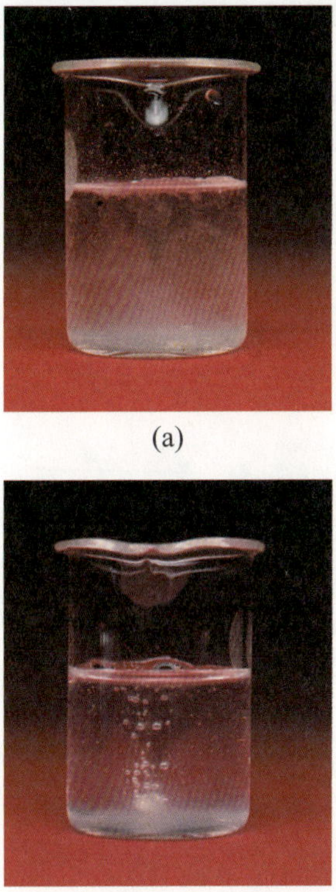

(a) (b)

圖 4.14 (a) 鈉 (Na) 和 (b) 鈣 (Ca) 與冷水的反應。請注意：鈉的反應比鋁的反應劇烈得多。

(a) (b) (c)

圖 4.15 (a) 鐵 (Fe)；(b) 鋅 (Zn)；(c) 鎂 (Mg) 和鹽酸反應產生氫氣與金屬氯化物 ($FeCl_2$、$ZnCl_2$、$MgCl_2$)。這些金屬的活性反映在氫氣產生的速度，其中鐵的活性最差，而鎂的活性最好。

圖 4.16 金屬的活性順序。活性大小取決於它們在酸或水中取代氫的能力。鋰 (Li) 是活性最好的金屬；而金 (Au) 是活性最差的金屬。

還原能力增加 ↑

反應	
$Li \rightarrow Li^+ + e^-$	與冷水反應產生 H_2
$K \rightarrow K^+ + e^-$	
$Ba \rightarrow Ba^{2+} + 2e^-$	
$Ca \rightarrow Ca^{2+} + 2e^-$	
$Na \rightarrow Na^+ + e^-$	
$Mg \rightarrow Mg^{2+} + 2e^-$	與水蒸氣反應產生 H_2
$Al \rightarrow Al^{3+} + 3e^-$	
$Zn \rightarrow Zn^{2+} + 2e^-$	
$Cr \rightarrow Cr^{3+} + 3e^-$	
$Fe \rightarrow Fe^{2+} + 2e^-$	
$Cd \rightarrow Cd^{2+} + 2e^-$	
$Co \rightarrow Co^{2+} + 2e^-$	與酸反應產生 H_2
$Ni \rightarrow Ni^{2+} + 2e^-$	
$Sn \rightarrow Sn^{2+} + 2e^-$	
$Pb \rightarrow Pb^{2+} + 2e^-$	
$H_2 \rightarrow 2H^+ + 2e^-$	
$Cu \rightarrow Cu^{2+} + 2e^-$	不會與水或酸反應產生 H_2
$Ag \rightarrow Ag^+ + e^-$	
$Hg \rightarrow Hg^{2+} + 2e^-$	
$Pt \rightarrow Pt^{2+} + 2e^-$	
$Au \rightarrow Au^{3+} + 3e^-$	

生。基本上來說，活性順序表整理了很多類似於之前我們所討論過的取代反應結果。根據這個順序的上下排列，任何寫在氫上方的金屬都可以將氫從水分子或酸中取代出來；但寫在氫下方的金屬都無法與水或酸反應。事實上，任何寫在此順序中的金屬都會和寫在它下方的金屬反應。例如：Zn 寫在 Cu 的上方，所以金屬鋅會取代硫酸銅中的銅離子。

金屬取代反應在冶金上有許多應用，其目的是將純金屬從它們原本的礦物中分離。例如：純的釩 (V) 金屬就是由氧化釩和鈣反應而得：

$$V_2O_5(s) + 5Ca(l) \longrightarrow 2V(l) + 5CaO(s)$$

也可以用相似的方法從氯化鈦中提煉出鈦金屬：

$$TiCl_4(g) + 2Mg(l) \longrightarrow Ti(s) + 2MgCl_2(l)$$

在這兩個例子中，寫在活性順序較上方的金屬會當還原劑將寫在較下方的金屬還原 (Ca 在 V 的上方；Mg 在 Ti 的上方)。在第十八章中我們將會介紹更多這種類型的反應。

3. **鹵素取代反應**。我們用另一種活性順序來看鹵素取代反應中鹵素的行為：

$$F_2 > Cl_2 > Br_2 > I_2$$

鹵素當作氧化劑的能力會隨著 7A 族上到下的順序由氟到碘依序減小。所以，氟分子可以取代溶液中的氯、溴、碘離子。事實上氟分子的反應性極大，它也會和水分子反應，因此這類的反應不可以在水中進行。另一方面，氯分子可以取代溶液中的溴和碘離子，其取代反應方程式如下：

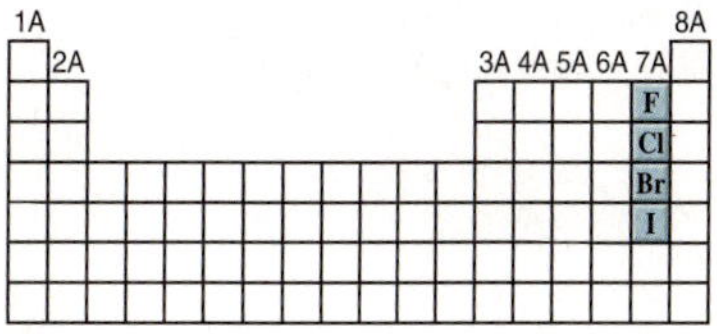

鹵素。

$$\overset{0}{Cl_2}(g) + 2K\overset{-1}{Br}(aq) \longrightarrow 2K\overset{-1}{Cl}(aq) + \overset{0}{Br_2}(l)$$

$$\overset{0}{Cl_2}(g) + 2Na\overset{-1}{I}(aq) \longrightarrow 2Na\overset{-1}{Cl}(aq) + \overset{0}{I_2}(s)$$

離子方程式為

$$\overset{0}{Cl_2}(g) + 2\overset{-1}{Br}(aq) \longrightarrow 2\overset{-1}{Cl^-}(aq) + \overset{0}{Br_2}(l)$$

$$\overset{0}{Cl_2}(g) + 2\overset{-1}{I^-}(aq) \longrightarrow 2\overset{-1}{Cl^-}(aq) + \overset{0}{I_2}(s)$$

一樣的道理，溴分子可以取代溶液中的碘離子：

$$\overset{0}{Br_2}(l) + 2\overset{-1}{I^-}(aq) \longrightarrow 2\overset{-1}{Br^-}(aq) + \overset{0}{I_2}(s)$$

若將鹵素在方程式中的角色顛倒，則反應不會發生。所以，溴無法取代氯離子；碘無法取代溴離子和氯離子。

鹵素取代反應可直接被應用在工業上。鹵素是非金屬元素中反應性最強的元素，它們都是強氧化劑。因此，鹵素在自然界中都是以金屬鹵化物的方式，而不會以自由元素的方式存在。在這四個元素中，氯在目前工業上的使用最為重要。在西元 2010 年，美國製造大約 250 億磅的氯氣，在全部化學物的產量上排名第十。而每年溴的產量只有氯的百分之一，氟和碘的產量則更少。

將鹵素由鹵化物中提煉出來需要一個氧化的過程如下：

$$2X^- \longrightarrow X_2 + 2e^-$$

其中 X 代表鹵素原子。海水和天然的鹽水 (像是含有鹽的地下水) 中富含相當多 Cl^-、Br^-、I^- 離子。而礦物 [像是螢石 (CaF_2)、冰晶石 (Na_3AlF_6)] 中因為有 F^- 離子，所以可以用來製備氟。但因為氟是最強的氧化劑，無法以化學的方法將 F^- 氧化成 F_2。唯一的方法

是用電解的方法將氟氧化，細節將在第十八章再敘述。在工業上氯和氟一樣都是用電解來製備。

溴是一種會發煙的紅色液體。

至於溴在工業上，則是用氯將 Br^- 離子氧化而得到。氯的氧化能力足以氧化 Br^- 離子，但不會氧化水分子：

$$2Br^-(aq) \longrightarrow Br_2(l) + 2e^-$$

Br^- 離子最豐富的來源之一是死海——在溶解於死海所有的物質當中，在質量上有 4000 ppm 是 Br。當 Br^- 離子被氧化之後，接著在溶液中引入空氣，最後再將溴和空氣的混合物冷凝得到溴水。

碘也是經由將海水和天然的鹽水中的 I^- 離子用氯氧化來製備。但因為 Br^- 離子和 I^- 離子不可避免都會出現在海水和天然的鹽水中，它們都會被氯氧化。然而，因為碘是固體且不太溶於水，所以要將 Br_2 從 I_2 分離出來並不困難。可以在溶液中通空氣來分離出大部分的溴，但不會影響碘的存在。

自身氧化還原反應

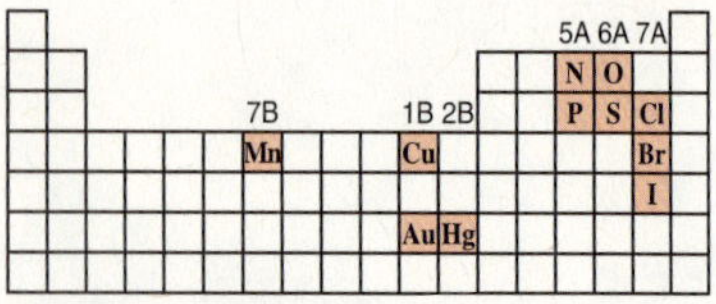

最可能進行自身氧化還原反應的元素。

自身氧化還原反應是一種特殊的氧化還原反應。在**自身氧化還原反應** (disproportionation reaction) 中，同一氧化態的元素同時被氧化及還原。自身氧化還原反應的其中一個反應物一定要有三種以上的氧化數。元素本身在一個過渡的氧化態中；而高於和低於此元素的氧化態都會存在於產物中。過氧化氫的分解就是自身氧化還原反應的一個例子：

請注意：H 的氧化數維持在 +1 不變。

$$2H_2\overset{-1}{O_2}(aq) \longrightarrow 2H_2\overset{-2}{O}(l) + \overset{0}{O_2}(g)$$

這裡在反應物中氧的氧化數為 –1，此氧化數在 O_2 產物中增加到 0，也在 H_2O 產物中減少到 –2。另一個自身氧化還原反應的例子，則是氯氣和氫氧化鈉溶液的反應：

$$\overset{0}{Cl_2}(g) + 2OH^-(aq) \longrightarrow \overset{+1}{Cl}O^-(aq) + \overset{-1}{Cl^-}(aq) + H_2O(l)$$

這個反應就是家用漂白劑的原理。其中的次氯酸離子 (ClO^-) 將汙漬中有顏色的物質氧化之後，轉換成沒有顏色的物質。

最後，讓我們來比較一下氧化還原反應和酸鹼反應的差異。它們相似的地方是酸鹼反應是有關質子轉移的反應，而氧化還原反應是有關電

子轉移的反應。然而，是否為酸鹼反應比較好判斷 (因為在反應中都會有酸和鹼)，但是卻沒有方法可以簡單的判斷是否為氧化還原反應。唯一確定的方法是比較所有產物和反應物中各元素的氧化數。如果有任何氧化數的改變代表這個反應就是氧化還原反應。

在例題 4.6 中，我們說明如何將不同的氧化還原反應分類。

例題 4.6

指出下列氧化還原反應的種類，並說明各元素氧化數的變化：

(a) $2N_2O(g) \longrightarrow 2N_2(g) + O_2(g)$

(b) $6Li(s) + N_2(g) \longrightarrow 2Li_3N(s)$

(c) $Ni(s) + Pb(NO_3)_2(aq) \longrightarrow Pb(s) + Ni(NO_3)_2(aq)$

(d) $2NO_2(g) + H_2O(l) \longrightarrow HNO_2(aq) + HNO_3(aq)$

策 略

回顧一下化合反應、分解反應、燃燒反應、取代反應和自身氧化還原反應的定義分別是什麼？

解 答

(a) 分解反應，因為這個反應只有一個反應物，而反應後轉變成兩個產物。N 的氧化數由 +1 變成 0；O 的氧化數由 −2 變成 0。

(b) 化合反應，因為這個反應有兩個反應物，而反應後只有一個產物。Li 的氧化數由 0 變成 +1；N 的氧化數由 0 變成 −3。

(c) 金屬取代反應，因為 Ni 金屬取代 (還原) 了 Pb^{2+} 離子。Ni 的氧化數由 0 變成 +2；Pb 的氧化數由 +2 變成 0。

(d) 自身氧化還原反應，因為 N 的氧化數在反應後**同時**增加和減少。N 的氧化數反應前在 NO_2 是 +4；反應後在 HNO_2 是 +3，而在 HNO_3 是 +5。

類題：4.15。

練習題

指出下列氧化還原反應的種類：

(a) $Fe + H_2SO_4 \longrightarrow FeSO_4 + H_2$

(b) $S + 3F_2 \longrightarrow SF_6$

(c) $2CuCl \longrightarrow Cu + CuCl_2$

(d) $2Ag + PtCl_2 \longrightarrow 2AgCl + Pt$

下一頁「生活中的化學」單元中說明法律如何利用氧化還原反應來懲罰酒駕者。

CHEMISTRY *in Action*

生活中的化學

呼吸分析器 (呼氣酒精測量儀)

每年在美國約有兩萬五千人死於酒駕造成的車禍，而因此受傷的人數每年更高達五十萬人以上。在台灣，民國 101 年死於酒駕車禍的人數也有 376 人，平均每天都有人因為酒駕而失去親人。政府單位除了要教育社會大眾酒駕的危險性，以及用更嚴厲的罰則規範酒駕的行為之外，執法單位應該要更致力於如何從根本上阻止酒醉的人開車上路。

用呼吸分析器測量駕駛人呼氣的酒精濃度。

交通警察通常用一種叫作呼吸分析器 (呼氣酒精測量儀，在台灣常簡稱為酒測器) 來檢查駕駛人是否有喝酒。這種儀器的化學原理就是利用一個氧化還原反應。當被測試的人吐一口氣到此儀器中的重鉻酸鉀溶液中時，呼吸氣體中的酒精會以下列反應方程式被轉換成醋酸：

$$\underset{\text{酒精}}{3CH_3CH_2OH} + \underset{\text{重鉻酸鉀 (橘黃色)}}{2K_2Cr_2O_7} + \underset{\text{硫酸}}{8H_2SO_4} \longrightarrow$$

$$\underset{\text{醋酸}}{3CH_3COOH} + \underset{\text{硫酸鉻 (綠色)}}{2Cr_2(SO_4)_3} + \underset{\text{硫酸鉀}}{2K_2SO_4} + 11H_2O$$

在這個反應中，酒精被氧化成醋酸而重鉻酸鉀溶液中橘黃色的六價鉻離子被還原成綠色的三價鉻離子 (見圖 4.21)。藉由這個反應所產生的顏色變化測量出駕駛人呼氣的酒精濃度 (利用和儀器上標準值的差異)。目前美國的酒駕取締標準為呼氣的酒精濃度不超過 0.4 毫克/公升。而由於酒駕致死的案件頻頻發生，台灣政府更在民國 102 年 6 月將酒駕取締標準從呼氣酒精濃度不超過 0.25 毫克/公升調降到 0.15 毫克/公升，堪稱是全球最嚴格的酒駕取締標準。

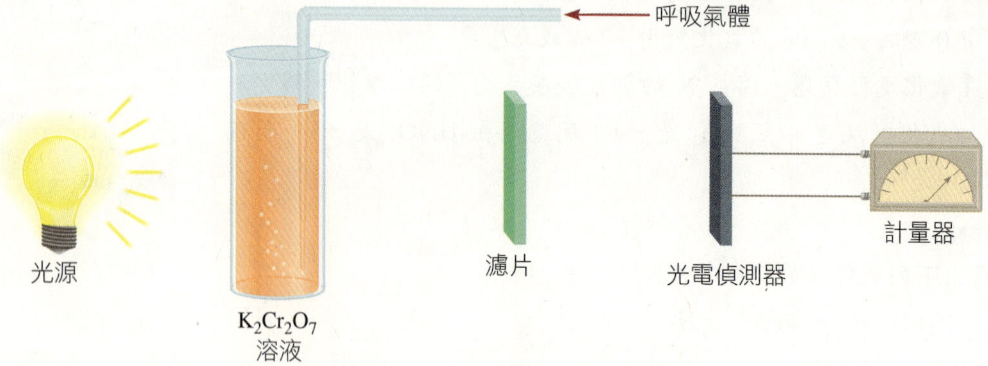

圖示呼吸分析器的各部分。駕駛人呼吸中的酒精會和重鉻酸鉀溶液反應，所形成硫酸鉻而造成的吸收光改變強度可以用偵測器測得，進而用來代表呼吸氣體中的酒精濃度。其中所使用的濾片，是用來使要測的光線可以通過到達偵測器。

4.5 溶液的濃度

為了要做溶液系統的定量研究，我們必須有能力知道有多少物質在溶液中，以及要做溶液反應時如何控制溶液中所需要反應物的量。

所謂**溶液的濃度** (concentration of a solution) 指的是*在定量溶液中溶質的數量*。(在這裡我們假定溶質為液體或固體而溶液為液體。) 正如我們之後會在第十二章學到的，溶液的濃度可以用好幾種不同方式來表示。而這裡，我們只討論在化學中最常用的一個單位——**莫耳濃度** (molarity/molar concentration; M)。莫耳濃度指的是*每公升溶液中有的溶質莫耳數*，其定義為

$$\text{莫耳濃度} = \frac{\text{溶質莫耳數}}{\text{溶液公升數}} \tag{4.1}$$

方程式 (4.1) 也可以代數表示為

$$M = \frac{n}{V} \tag{4.2}$$

記得體積 (V) 指的是溶液公升數而不是溶劑公升數。此外，溶液的莫耳濃度和溫度有關。

其中 n 代表溶質莫耳數，V 代表溶液公升數。

一個濃度為 1.46 M 的葡萄糖 ($C_6H_{12}O_6$) 溶液 (寫成 1.46 M $C_6H_{12}O_6$) 代表的是有 1.46 莫耳的葡萄糖在 1 公升的溶液中。當然，溶液的體積不會永遠是 1 公升，所以我們要知道 0.730 莫耳的葡萄糖在 500 毫升的溶液中也等於 1.46 M：

$$\text{莫耳濃度} = \frac{0.730\text{ mol } C_6H_{12}O_6}{500\ \cancel{\text{mL 溶液}}} \times \frac{1000\ \cancel{\text{mL 溶液}}}{1\text{ L 溶液}} = 1.46\ M\ C_6H_{12}O_6$$

請注意：濃度和密度一樣都是內含性質，所以一個溶液的濃度大小不會因為溶液體積改變而不同。

還有一個濃度的概念也很重要，就是莫耳濃度只跟一開始加入溶劑的溶質多寡有關，它並不考慮溶質在加入溶劑後發生的事，像是鹽類或酸的解離。若將氯化鉀 (KCl) 加入適量的水成為 1 M 的水溶液時，其解離方程式如下：

$$KCl(s) \xrightarrow{H_2O} K^+(aq) + Cl^-(aq)$$

因為 KCl 是強電解質，它在水溶液中會完全解離。因此，1 M 的 KCl 溶液中有 1 莫耳的 K^+ 離子和 1 莫耳的 Cl^- 離子，這時水溶液中已經沒有原來的 KCl 存在。溶液中離子的濃度可以寫成 $[K^+] = 1\ M$ 和 $[Cl^-] = 1\ M$，其中的中括號 [ ] 是指莫耳濃度。相同地，在 1 M 的 $[Ba(NO_3)_2]$ 溶液中解離的狀況如下：

$$Ba(NO_3)_2(s) \xrightarrow{H_2O} Ba^{2+}(aq) + 2NO_3^-(aq)$$

此溶液中 $[Ba^{2+}] = 1\ M$，而 $[NO_3^-] = 2\ M$，沒有 $Ba(NO_3)_2$ 固體。

若要準備一特定莫耳濃度溶液則需要以下的步驟。首先，正確地秤量溶質的質量，並用漏斗將溶質倒入一個量瓶中 (圖 4.17)。接下來，將水加入量瓶並小心搖晃以溶解溶質固體。當所有溶質都溶解之後，在緩慢加入更多的水，直到水位的高度到達量瓶標記的位置。這時候我們已知量瓶中溶液的總體積和所加入溶質的莫耳數 (可用溶質質量和分子量計算)，就可以用方程式 (4.1) 算出容易的莫耳濃度。要注意的地方是，這裡我們不需要知道加了多少水，只需要知道溶液最終的總體積就可以計算莫耳濃度。

例題 4.7 和 4.8 說明如何利用方程式 (4.1) 和 (4.2) 去計算有關莫耳濃度的問題。

$K_2Cr_2O_7$ 水溶液。

例題 4.7

請問要準備 250 毫升 2.16 M 的重鉻酸鉀 ($K_2Cr_2O_7$) 溶液需要多少公克的重鉻酸鉀固體？

策　略

1 公升 (或 1000 毫升) 2.16 M 的重鉻酸鉀 ($K_2Cr_2O_7$) 溶液中有多少公克的重鉻酸鉀固體？在 250 毫升溶液中又有多少公克的重鉻酸鉀固體？如何將莫耳數轉換成公克數？

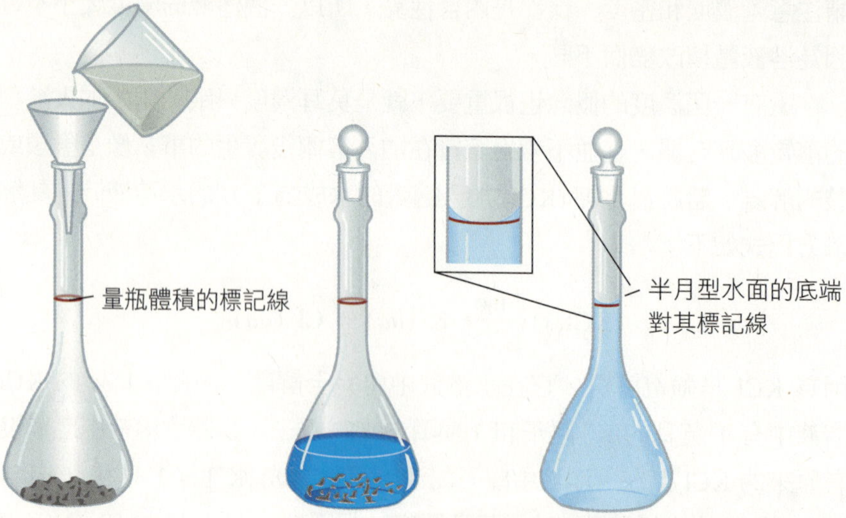

圖 4.17 製備特定莫耳濃度的溶液。(a) 將已知質量的固體放入量瓶中，然後用漏斗將水加入；(b) 輕輕搖晃瓶身使固體溶於水中；(c) 在固體完全溶解之後，加入更多的水，直到水位到達瓶身上的標記線為止。已知溶液的體積和溶於水中溶質的質量，我們就可以算出此溶液的莫耳濃度。

解　答

第一步要算出 250 毫升 (或 0.250 公升) 2.16 M 的重鉻酸鉀溶液中又有多少莫耳的重鉻酸鉀。將方程式 (4.1) 重排可得

溶質莫耳數 = 莫耳濃度 × 溶液公升數

因此，

$$K_2Cr_2O_7 \text{ 的莫耳數} = \frac{2.16\ \text{mol}\ K_2Cr_2O_7}{1\ \cancel{\text{L 溶液}}} \times 0.250\ \cancel{\text{L 溶液}}$$
$$= 0.540\ \text{mol}\ K_2Cr_2O_7$$

$K_2Cr_2O_7$ 的莫耳質量為 294.2 公克，所以

$$\text{所需 } K_2Cr_2O_7 \text{ 的公克數} = 0.540\ \cancel{\text{mol}\ K_2Cr_2O_7} \times \frac{294.2\ \text{g}\ K_2Cr_2O_7}{1\ \cancel{\text{L 溶液}}}$$
$$= 159\ \text{g}\ K_2Cr_2O_7$$

檢　查

用大約估計法，$K_2Cr_2O_7$ 的質量應該是 [莫耳濃度 (莫耳/公升) × 體積 (公升) × 莫耳質量 (公克/莫耳)] 或是 [2 莫耳/公升 × 0.25 公升 × 300 公克/莫耳] = 150 公克。所以答案是合理的。

類題：4.20。

練習題

若 85.0 毫升的乙醇 (C_2H_5OH) 中有 1.77 公克的乙醇，請問此溶液的莫耳濃度為何？

例題 4.8

在一生化實驗中，需要將 3.81 公克的葡萄糖 ($C_6H_{12}O_6$) 加入反應的混合物中以進行反應。若我們有的葡萄糖溶液濃度是 2.53 M，則要加入多少此濃度的葡萄糖溶液？

策　略

我們要先算出 3.81 公克的葡萄糖是多少莫耳，然後用方程式 (4.2) 算出所需的體積。

解　答

我們可以用葡萄糖的莫耳質量計算莫耳數：

$$3.81\ \cancel{\text{g}\ C_6H_{12}O_6} \times \frac{1\ \text{mol}\ C_6H_{12}O}{180.2\ \cancel{\text{g}\ C_6H_{12}O_6}} = 2.114 \times 10^{-2}\ \text{mol}\ C_6H_{12}O_6$$

請注意：我們在中間的步驟多取了一位有效數字。

接下來，要算出多少體積的葡萄糖溶液才有 2.114×10^{-2} 莫耳的葡萄糖。我們可以將方程式 (4.2) 重排寫成

$$V = \frac{n}{M}$$

$$= \frac{2.114 \times 10^{-2} \text{ mol } C_6H_{12}O_6}{2.53 \text{ mol } C_6H_{12}O_6/\text{L 溶液}} \times \frac{1000 \text{ mL 溶液}}{1 \text{ L 溶液}}$$

$$= 8.36 \text{ mL 溶液}$$

檢　查

1 公升的溶液中有 2.53 莫耳的葡萄糖。因此，在 8.36 毫升 (或 8.36×10^{-3} 公升) 中葡萄糖的莫耳數為 2.53 莫耳 $\times 8.36 \times 10^{-3} = 2.12 \times 10^{-2}$ 莫耳。因為四捨五入的方式不同，所以答案和上面算的會有點誤差。

練習題

請問多少毫升 0.315 *M* NaOH 水溶液中有 6.22 公克的 NaOH？

溶液的稀釋

兩杯不同濃度的 $KMnO_4$ 水溶液。

實驗室中常用的溶液都是以高濃度的方式存放以備各種實驗所需。這種高濃度的溶液稱為「儲備」溶液。通常我們要使用前會將儲備溶液稀釋到做實驗所需要的濃度。這裡所謂的**稀釋** (dilution)，指的就是用較高濃度的儲備溶液來製備較低濃度溶液的過程。

假設我們要用 1.00 *M* 的 $KMnO_4$ 溶液來製備 1 公升的 0.400 *M* $KMnO_4$ 溶液，我們會需要 0.400 莫耳的 $KMnO_4$。因為 1 公升的 1.00 *M* 的 $KMnO_4$ 溶液中有 1.00 莫耳的 $KMnO_4$；0.400 公升的相同溶液中有 0.400 莫耳的 $KMnO_4$：

$$\frac{1.00 \text{ mol}}{1 \text{ L 溶液}} = \frac{0.400 \text{ mol}}{0.400 \text{ L 溶液}}$$

因此，我們要取 400 毫升的 1.00 *M* $KMnO_4$ 溶液然後加水稀釋到總體積為 1 公升 (用 1 公升的量瓶)。這樣我們就可以得到 1 公升的 0.400 *M* $KMnO_4$ 溶液。

在稀釋的過程中，當我們加入更多的溶劑到儲備溶液中只會改變 (降低) 溶液濃度，溶液中溶質的莫耳數是不變的 (圖 4.18)，也就是說，

$$\text{稀釋前溶質的莫耳數} = \text{稀釋後溶質的莫耳數}$$

莫耳濃度的定義是每公升溶液中溶質的莫耳數，所以溶質的莫耳數可用下列的算式計算 [見方程式 (4.2)]：

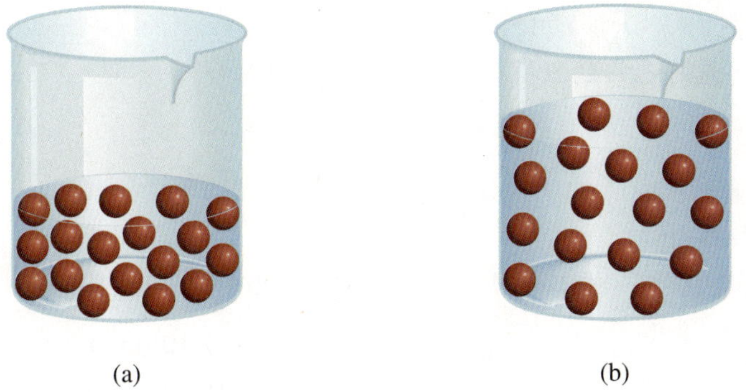

圖 4.18 將一個高濃度溶液 (a) 稀釋成低濃度溶液；(b) 之後不會改變溶液中的總溶質粒子數 (稀釋前後都是 18 個溶質粒子)。

$$\underbrace{\frac{\text{溶質莫耳數}}{\text{溶液公升數}}}_{M} \times \underbrace{\text{溶液體積 (以公升表示)}}_{V} = \underbrace{\text{溶質莫耳數}}_{n}$$

或

$$MV = n$$

因為稀釋前後所有的溶質都來自原來的儲備溶液，稀釋前後溶液中溶質的莫耳數不會改變，所以我們可以寫

$$\underbrace{M_iV_i}_{\text{稀釋前溶質的莫耳數}} = \underbrace{M_fV_f}_{\text{稀釋後溶質的莫耳數}} \quad (4.3)$$

其中 M_i 和 M_f 分別是稀釋前和稀釋後溶液的莫耳濃度，V_i 和 V_f 分別是稀釋前和稀釋後溶液的體積。當然，為了正確計算，V_i 和 V_f 的單位要一致 (毫升或公升)。若要知道稀釋的結果是否合理，我們要確定 $M_i > M_f$，且 $V_f > V_i$。

以下我們將用方程式 (4.3) 來解例題 4.9。

例題 4.9

請說明如何用 8.61 *M* 的 H_2SO_4 儲備溶液來製備 5.00×10^2 毫升 1.75 *M* H_2SO_4 溶液。

策　略

因為最後要得到溶液的濃度比原始溶液的濃度低，所以這是一個稀釋的過程。要記得雖然稀釋會造成溶液的濃度降低，但是溶液中溶質的莫耳數是不會變的。

解 答

我們先將已知的數據整理一下再開始計算：

$$M_i = 8.61\ M \quad M_f = 1.75\ M$$
$$V_i = ? \quad V_f = 5.00 \times 10^2 \text{ 毫升}$$

代入方程式 (4.3)，

$$(8.61\ M)(V_i) = (1.75\ M)(5.00 \times 10^2\ \text{mL})$$
$$V_i = \frac{(1.75\ M)(5.00 \times 10^2\ \text{mL})}{8.61\ M}$$
$$= 102\ \text{mL}$$

因此，我們必須將 102 毫升 8.61 M 的 H_2SO_4 標準溶液放入 500 毫升的量瓶中，再加水稀釋到總體積為 5.00×10^2 毫升即可得到我們想要的濃度。

檢 查

稀釋前溶液的體積小於稀釋後溶液的體積，所以答案合理。

類題：4.23。

練習題

請說明如何用 5.07 M 的 NaOH 儲備溶液來製備 2.00×10^2 毫升 0.866 M NaOH 溶液。

到目前為止，我們已經學了溶液的濃度怎麼計算，也知道該如何稀釋溶液。所以我們已經可以處理水溶液反應的計量問題了。接下來的 4.6 節至 4.8 節，我們將把重點放在研究溶液計量的兩個方法：重量分析法和滴定法。在化學的研究中，**定量分析** (quantitative analysis) 指的是利用方法算出一個物質在溶液中的數量和濃度。而重量分析法和滴定法正是可以讓我們對溶液做定量分析的重要方法。

4.6 重量分析法

重量分析法 (gravimetric analysis) 指的是一種經由測量物質的質量來決定溶液中溶質數量的分析方法。其中一種重量分析法要利用反應後沉澱物的生成、分離、秤重來推算出反應前溶質的量。這種方法一般運用在離子化合物的定量。首先，將一個未知化合物溶在水中並加入另一個化合物使沉澱發生。然後將沉澱物過濾、乾燥、秤重。當我們知道沉澱物的質量及化學式之後，就可以計算一開始未知化合物中特定化學成分 (就是陰離子或陽離子) 的質量。最後，用這些特定化學成分的質量

和原來未知化合物的質量相比，就可以算出此成分在化合物中的質量百分組成。

下面這個反應因為產物容易純化，所以常被利用在重量分析法上：

$$AgNO_3(aq) + NaCl(aq) \longrightarrow NaNO_3(aq) + AgCl(s)$$

其淨離子方程式為

$$Ag^+(aq) + Cl^-(aq) \longrightarrow AgCl(s)$$

反應的沉澱物是氯化銀 (見表 4.2)。如果我們想利用實驗的方法來算出 Cl 在 NaCl 中的質量百分比是多少，首先，我們要先將已知質量的 NaCl 溶在水中。接著，將過量的 $AgNO_3$ 水溶液加入 NaCl 水溶液已確定所有溶液中的 Cl^- 離子都形成 AgCl 沉澱。在這個步驟中，NaCl 是限量試劑而 $AgNO_3$ 是過量試劑。然後將水溶液中的 AgCl 過濾出來後乾燥秤重。從秤出來的 AgCl 質量，我們可以算出這些 AgCl 沉澱物中 Cl 的質量有多少。因為沉澱物中的 Cl 都是由一開始溶解的 NaCl 而來，所以可算出來 AgCl 中 Cl 的質量也等於一開始 NaCl 中 Cl 的質量，也因此可以算出 Cl 在 NaCl 中的質量百分比。在圖 4.19 中，可以看到如何操作這些步驟。

此步驟可以用來決定 NaCl 樣品的純度。

因為我們可以利用測量工具準確地得到一個樣品的質量，所以重量分析法可以說是一個很準確的分析方法。但是，這樣的方法只能用

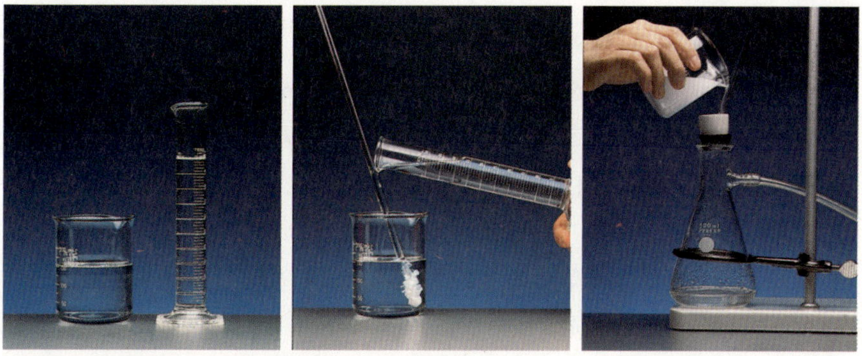

(a) (b) (c)

圖 4.19 重量分析法的基本步驟。(a) 燒杯中裝有已知質量的 NaCl 水溶液；(b) 將量筒中的 $AgNO_3$ 水溶液加入燒杯產生白色沉澱物 AgCl。在這個反應中，NaCl 是限量試劑，而 $AgNO_3$ 是過量試劑；(c) 用預先秤重好的帶有濾片的坩堝，將含有 AgCl 沉澱的水溶液過濾，如此一來，只有 AgCl 會留在坩堝上。最後將坩堝取出放入烘箱乾燥之後再秤重一次。這時的質量減掉空坩堝的質量就是沉澱物 AgCl 的質量。

在會完全反應或產率接近 100% 的反應上；也就是說，如果 AgCl 在水中是部分可溶，而不是完全不溶的話，會因為我們無法靠沉澱反應去除 NaCl 溶液中所有的 Cl^- 離子，而造成接下來計算上的誤差。

例題 4.10 中說明有關重量分析法的計算過程。

例題 4.10

已知一個離子化合物是由氯離子和未知金屬組成。若將 0.5662 公克的此離子化合物溶於水中再加入過量的 $AgNO_3$ 後產生了 1.0882 公克的 AgCl 沉澱，請問此離子化合物中 Cl 的質量百分比為何？

策 略

我們要算的是未知化合物中 Cl 的質量百分比，也就是

$$\%Cl = \frac{\text{Cl 的質量}}{0.5662\ \text{g 樣品}} \times 100\%$$

Cl^- 離子的唯一來源是此未知化合物，這些 Cl^- 離子最後都會變成 AgCl 沉澱。如果知道 Cl 在 AgCl 中的質量百分組成，我們能不能算出 Cl^- 離子的質量？

解 答

Cl 和 AgCl 的莫耳質量分別為 35.45 公克和 143.4 公克。因此，AgCl 中 Cl 的質量百分組成為

$$\%Cl = \frac{35.45\ \text{g Cl}}{143.4\ \text{g AgCl}} \times 100\%$$

$$= 24.72\%$$

接下來，我們要算 1.0882 公克的 AgCl 中 Cl 的質量。要先將剛剛得到質量百分比 24.72% 寫成 0.2472，然後寫出以下的算式：

$$\text{Cl 質量} = 0.2472 \times 1.0882\ \text{g}$$

$$= 0.2690\ \text{g}$$

因為這些 Cl 的質量就等於原來未知化合物中 Cl 的質量，所以知化合物中 Cl 的質量百分比是

$$\%Cl = \frac{0.2690\ \text{g}}{0.5662\ \text{g}} \times 100\%$$

$$= 47.51\%$$

檢 查

AgCl 中 Cl 的質量百分組成約為 25%，所以約為 1 公克的沉澱

物中應該有 0.25 公克是 Cl。0.25 公克約是未知化合物的一半再少一點，所以答案 47.51% 是合理的。

類題：4.25。

練習題

已知一個離子化合物中含有溴離子 (Br^-)。若將 0.3220 公克的此離子化合物溶於水中，再加入過量的 $AgNO_3$ 後產生了 0.6964 公克的 AgBr 沉澱，請問此離子化合物中 Br 的質量百分比為何？

請注意：重量分析法並無法確認未知化合物中的所有成分。因此，我們依然無法知道例題 4.10 中離子化合物的陽離子是什麼。但是，當我們知道 Cl 的質量百分比，就可以大大幫助我們將可能的範圍縮小。因為相同離子組成的不同化合物不會有相同的質量百分組成，我們若進一步將由重量分析法所得的未知化合物質量百分組成，和一系列其他已知化合物質量百分組成做比較，我們就可以知道未知化合物是什麼。

4.7 酸鹼滴定法

要針對酸鹼中和反應做定量研究最方便的方法就是用滴定法。在**滴定法** (titration) 中，我們將一個已知其精確濃度的溶液 [稱為**標準溶液** (standard solution)] 慢慢加入另一個未知濃度的溶液，直到兩個溶液之間的反應完成為止。這時候，只要我們知道標準溶液和未知溶液的體積，加上標準溶液的濃度，就可以計算未知溶液的濃度。

氫氧化鈉是實驗室中常用的一種鹼。但是，因為它很容易從空氣中吸水，且它的溶液會與空氣中的二氧化碳反應，所以一般不容易得到非常純的氫氧化鈉固體，也因此要用氫氧化鈉溶液必須先經過標準化的程序才能拿來做準確的分析實驗。我們可以用一個已知濃度的酸性溶液來滴定氫氧化鈉溶液來將其標準化。通常被用來滴定氫氧化鈉溶液的酸是一個叫作鄰苯二甲酸氫鉀 (potassium hydrogen phthalate, KHP) 的單質子酸。鄰苯二甲酸氫鉀的化學式為 $KHC_8H_4O_4$ (莫耳質量 = 204.2 公克)。市售的鄰苯二甲酸氫鉀是高純度白色可溶於水的固體。鄰苯二甲酸氫鉀和氫氧化鈉的反應方程式為：

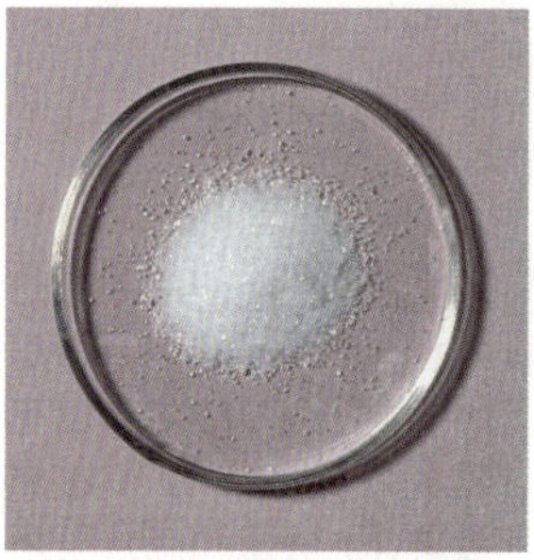

鄰苯二甲酸氫鉀 (KHP)。

KHP 是弱酸。

$$KHC_8H_4O_4(aq) + NaOH(aq) \longrightarrow KNaC_8H_4O_4(aq) + H_2O(l)$$

其淨離子方程式為

$$HC_8H_4O_4^-(aq) + OH^-(aq) \longrightarrow C_8H_4O_4^{2-}(aq) + H_2O(l)$$

在圖 4.20 中，我們可以看到滴定的步驟。首先，將已知量的鄰苯二甲酸氫鉀加入錐形瓶中，再加入蒸餾水，以製備鄰苯二甲酸氫鉀水溶液。然後將氫氧化鈉溶液以滴定管逐滴加入鄰苯二甲酸氫鉀水溶液直到到達**當量點** (equivalence point) 為止。這裡當量點指的是溶液中的酸經由反應完全被消耗完，或是被完全被鹼中和的點。通常會利用溶液中指示劑在到達當量點時所產生的明顯顏色變化知道此滴定已經完成。在酸鹼滴定中，**指示劑** (indicators) 的要件是在酸性和鹼性溶液中能呈現明顯不同的顏色。酚酞是常見的一種酸鹼指示劑，它在酸性和中性溶液中呈現無色；而在鹼性溶液中呈現粉紅色。當量點到達時，溶液中所有的鄰苯二甲酸氫鉀都被氫氧化鈉中和，而溶液呈現無色。然而，當從滴定管再多加一滴氫氧化鈉溶液之後，因為溶液變成鹼性所以會馬上變成粉紅色。例題 4.11 就是一個滴定的例子。

例題 4.11

某學生在一個滴定實驗中發現需要用 23.48 毫升的 NaOH 溶液來中和 0.5468 公克的 KHP。請問此氫氧化鈉溶液的莫耳濃度？

策 略

我們要算的是氫氧化鈉溶液的莫耳濃度。那莫耳濃度的定義是什麼？

$$\text{氫氧化鈉溶液的莫耳濃度} = \frac{\text{NaOH 莫耳數}}{\text{溶液公升數}}$$

題目要問的（指向：氫氧化鈉溶液的莫耳濃度）
需要從題目找出（指向：NaOH 莫耳數）
已知（指向：溶液公升數）

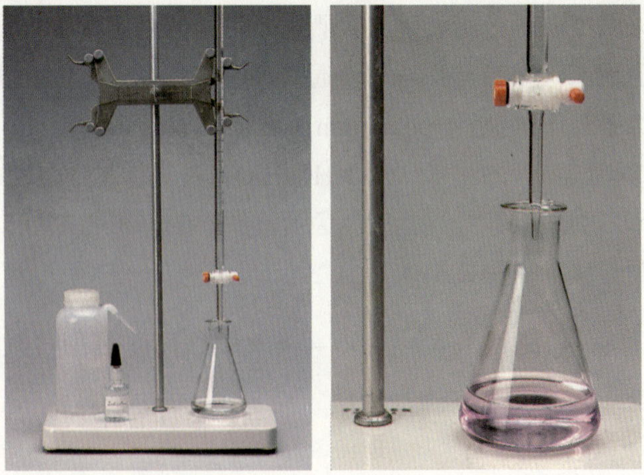

(a) (b)

圖 4.20 (a) 酸鹼滴定的裝置。將氫氧化鈉溶液以滴定管逐滴加入錐形瓶中的鄰苯二甲酸氫鉀水溶液；(b) 當量點到達時溶液變成粉紅色。為了便於肉眼觀察差異，在這裡的顏色有稍微加強。

從題目敘述可以知道 NaOH 溶液的體積，我們再找出 NaOH 莫耳數就可以算莫耳濃度。從之前文章中所提到 KHP 和 NaOH 的反應方程式，可以知道 1 莫耳 KHP 可以中和 1 莫耳 NaOH。那麼 0.5468 公克 KHP 是多少莫耳？

解　答

我們先算出在滴定中消耗多少莫耳的 KHP：

$$\text{KHP 莫耳數} = 0.5468\ \cancel{\text{g KHP}} \times \frac{1\ \text{mol KHP}}{204.2\ \cancel{\text{g KHP}}}$$

$$= 2.678 \times 10^{-3}\ \text{mol KHP}$$

複習一下 KHP 是 $KHC_8H_4O_4$。

因為 1 莫耳 KHP ≏ 1 莫耳 NaOH，所以 23.48 毫升的 NaOH 溶液中有 2.678×10^{-3} 莫耳 NaOH。如此一來，就可以算出 NaOH 溶液的莫耳濃度：

$$\text{氫氧化鈉溶液的莫耳濃度} = \frac{2.678 \times 10^{-3}\ \text{mol NaOH}}{23.48\ \cancel{\text{mL 溶液}}} \times \frac{1000\ \cancel{\text{mL 溶液}}}{1\ \text{L 溶液}}$$

$$= 0.1141\ \text{mol NaOH/1 L 溶液} = 0.1141\ M$$

類題：4.27。

練習題

要用多少公克 KHP 才能中和 18.64 毫升 0.1004 M 的 NaOH 溶液？

NaOH 和 KHP 的中和反應在所有酸鹼中和反應裡是比較簡單的。除了 KHP 之外，如果我們要在滴定中用的是像 H_2SO_4 的雙質子酸，反應方程式則是

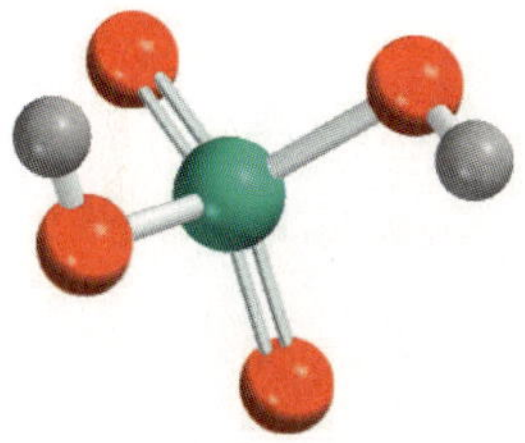

H_2SO_4 有兩個可解離的質子。

$$2NaOH(aq) + H_2SO_4(aq) \longrightarrow Na_2SO_4(aq) + 2H_2O(l)$$

這裡因為 1 莫耳 H_2SO_4 ≏ 2 莫耳 NaOH，我們需要兩倍的 NaOH 才能與像是 HCl 的單質子酸相同莫耳濃度和體積的 H_2SO_4 溶液完全反應。同理，因為 1 莫耳 $Ba(OH)_2$ 會產生 2 莫耳 OH^- 離子，我們需要兩倍的 HCl 才能中和與 NaOH 溶液相同莫耳濃度和體積的 $Ba(OH)_2$ 溶液：

$$2HCl(aq) + Ba(OH)_2(aq) \longrightarrow BaCl_2(aq) + 2H_2O(l)$$

在有關酸鹼滴定的計算中，不論是酸還是鹼發生反應，要知道在當量點時 H^+ 離子反應掉的總莫耳數必須等於 OH^- 離子反應掉的總莫耳數。

例題 4.12 說明 NaOH 溶液和一個雙質子酸的滴定計算。

例題 4.12

請問要中和 20.0 毫升 0.245 M H_2SO_4 溶液需多少毫升的 0.610 M NaOH 溶液？

策略

我們要算的是 NaOH 溶液的體積。根據莫耳濃度的定義，我們可寫出以下算式 [見方程式 (4.1)]

$$\text{NaOH 溶液公升數} = \frac{\text{NaOH 莫耳數}}{\text{莫耳濃度}}$$

（NaOH 溶液公升數：題目要問的；NaOH 莫耳數：需要從題目找出；莫耳濃度：已知）

從剛剛的中和反應方程式可以知道，1 莫耳 H_2SO_4 可以中和 2 莫耳 NaOH。那 20.0 毫升 0.245 M H_2SO_4 溶液中有多少莫耳 H_2SO_4？又需要多少莫耳 NaOH 才能把這些 H_2SO_4 中和？

解答

首先，我們要算出 20.0 毫升 0.245 M H_2SO_4 溶液中有多少莫耳 H_2SO_4：

$$H_2SO_4\text{ 莫耳數} = \frac{0.245\ M\ H_2SO_4}{1000\ \cancel{\text{mL 溶液}}} \times 20.0\ \cancel{\text{mL 溶液}}$$

$$= 4.90 \times 10^{-3}\ \text{mol } H_2SO_4$$

從方程式中，我們知道 1 莫耳 H_2SO_4 ≏ 2 莫耳 NaOH。所以，反應的 NaOH 莫耳數為 $2 \times 4.90 \times 10^{-3} = 9.80 \times 10^{-3}$ 莫耳。根據莫耳濃度的定義，我們可以寫出

$$\text{溶液公升數} = \frac{\text{溶液莫耳數}}{\text{莫耳濃度}}$$

或

$$\text{NaOH 體積} = \frac{9.80 \times 10^{-3}\ \text{mol NaOH}}{0.610\ \text{mol/L 溶液}}$$

$$= 0.0161\ \text{L 或 } 16.1\ \text{mL}$$

練習題

請問要中和 60.2 毫升 0.427 M KOH 溶液需要多少毫升的 1.28 M H_2SO_4 溶液？

4.8 氧化還原滴定法

正如之前提過的，氧化還原反應是有關電子轉移的反應，酸鹼反應是有關質子轉移的反應。所以就像酸可以用來滴定鹼的道理一樣，我們也可以相似的步驟用氧化劑來滴定還原劑。例如，我們可以將氧化劑溶液小心地加入還原劑溶液中。當還原劑完全被氧化的時候就是**當量點**到達的時候。

就像酸鹼滴定一樣，氧化還原滴定通常也需要一個會明顯變色的指示劑。當溶液中有很多還原劑的時候，指示劑的顏色決定於溶液中未被氧化 (還原態) 的指示劑，而當指示劑被滴定加入的氧化劑被氧化後會呈現出被氧化 (氧化態) 的指示劑顏色。所以，在當量點皆到達或接近時，由於溶液中的指示劑由還原態轉換成氧化態，溶液的顏色會明顯改變，所以我們就可以馬上知道當量點已經到達。

氧化還原指示劑的數量沒有酸鹼指示劑多。

過錳酸鉀 ($KMnO_4$) 和重鉻酸鉀 ($K_2Cr_2O_7$) 是兩種很常見的氧化劑。如圖 4.21 所示，過錳酸鉀和重鉻酸鉀陰離子在被還原之後，顏色會有很明顯的改變：

$$\underset{\text{紫色}}{MnO_4^-} \longrightarrow \underset{\text{淡粉紅色}}{Mn^{2+}}$$

$$\underset{\text{橘黃色}}{Cr_2O_7^{2-}} \longrightarrow \underset{\text{綠色}}{Cr^{3+}}$$

因為這兩個氧化劑的氧化態和還原態有明顯不同的顏色，所以它們本身在溶液中也可以當作**內部**指示劑使用。

氧化還原滴定的計算和酸鹼滴定的計算相同，都是根據莫耳方法。不同的是，氧化還原反應的方程式和計量都比較複雜。以下就是一個氧化還原滴定的例子。

圖 4.21 從左到右：分別是有 MnO_4^-、Mn^{2+}、$Cr_2O_7^{2-}$、Cr^{3+} 離子的溶液。

用滴定管將 $KMnO_4$ 溶液加入 $FeSO_4$ 溶液。

例題 4.13

若將 25.00 毫升的 $FeSO_4$ 溶液在酸性條件下氧化需要 16.42 毫升的 0.1327 M $KMnO_4$ 溶液，請問此 $FeSO_4$ 溶液的莫耳濃度為何？此反應的淨離子方程式是

$$5Fe^{2+} + MnO_4^- + 8H^+ \longrightarrow Mn^{2+} + 5Fe^{3+} + 4H_2O$$

策 略

我們想算 $FeSO_4$ 溶液的莫耳濃度，可由莫耳濃度的定義寫出：

$$FeSO_4\text{ 溶液的莫耳濃度} = \frac{FeSO_4\text{ 莫耳數}}{\text{溶液公升數}}$$

需要從題目找出（分子）；題目要問的（左邊）；已知（分母）

題目中告知了 $FeSO_4$ 溶液的體積，因此，我們需要的是 $FeSO_4$ 的莫耳數就可以算出 $FeSO_4$ 溶液的莫耳濃度。從淨離子方程式中，Fe^{2+} 和 MnO_4^- 的計量關係為何？16.42 毫升的 0.1327 M $KMnO_4$ 溶液中有多少莫耳的 $KMnO_4$？

解 答

16.42 毫升的溶液中 $KMnO_4$ 的莫耳數是：

$$KMnO_4\text{ 莫耳數} = \frac{0.1327\text{ mol }KMnO_4}{1000\text{ mL 溶液}} \times 16.42\text{ mL}$$
$$= 2.179 \times 10^{-3}\text{ mol }KMnO_4$$

從淨離子方程式中，我們知道 5 莫耳 $Fe^{2+} \simeq$ 1 莫耳 MnO_4^-。因此，$FeSO_4$ 被氧化的莫耳數為

$$FeSO_4\text{ 莫耳數} = 2.179 \times 10^{-3}\text{ mol }KMnO_4 \times \frac{5\text{ mol }FeSO_4}{1\text{ mol }KMnO_4}$$
$$= 1.090 \times 10^{-2}\text{ mol }FeSO_4$$

而 $FeSO_4$ 溶液的莫耳濃度，也就是每公升溶液中有多少莫耳 $FeSO_4$ 則是

$$FeSO_4\text{ 溶液的莫耳濃度} = \frac{FeSO_4\text{ 莫耳數}}{\text{溶液公升數}}$$
$$= \frac{1.090 \times 10^{-2}\text{ mol }FeSO_4}{25.00\text{ mL 溶液}} \times \frac{1000\text{ mL 溶液}}{1\text{ L 溶液}}$$
$$= 0.4360\ M$$

類題：4.29。

練習題

根據下列的方程式，需要多少毫升的 0.206 M HI 溶液才能將 22.5 毫升 0.374 M 的 $KMnO_4$ 溶液還原？

$$10HI + 2KMnO_4 + 3H_2SO_4 \longrightarrow 5I_2 + 2MnSO_4 + K_2SO_4 + 8H_2O$$

重要方程式

$$莫耳濃度 = \frac{溶質莫耳數}{溶液公升數} \quad (4.1)$$ 求莫耳濃度。

$$M = \frac{n}{V} \quad (4.2)$$ 求莫耳濃度。

$$M_iV_i = M_fV_f \quad (4.3)$$ 求溶液稀釋後體積或濃度。

觀念整理

1. 如果水溶液中的溶質是電解質，則此水溶液會導電。如果水溶液中的溶質是非電解質，則此水溶液不會導電。
2. 發生水溶液中的反應可分為三大類：沉澱反應、酸鹼反應、氧化還原反應。
3. 根據離子化合物的溶解度規則我們可以判斷反應是否會發生沉澱。
4. 阿瑞尼士酸在水中會解離而釋放出 H^+ 離子；而阿瑞尼士鹼在水中會解離而釋放出 OH^- 離子。布忍斯特酸是質子的提供者；而布忍斯特鹼是質子的接受者。
5. 酸和鹼的反應叫作中和反應。
6. 氧化還原反應中，氧化和還原總是同時發生。氧化是失去電子，還原是得到電子。
7. 氧化數可以看出化合物或離子中電荷的分布，每個原子的氧化數可以根據特殊規則被指定。氧化定義為氧化數增加；還原定義為氧化數減少。
8. 很多氧化還原反應可以再被細分為化合反應、分解反應、燃燒反應、取代反應、自身氧化還原反應。
9. 溶液的濃度指的是在定量溶液中溶質的數量。莫耳濃度則是每公升溶液中有的溶質莫耳數。
10. 稀釋指的是將溶劑加入溶液中使原本溶液的莫耳濃度降低，但不改變溶液中總溶質的莫耳數。
11. 重量分析法是一種經由測量物質的質量來決定溶液中溶質種類與數量的分析方法。重量分析法通常要用到沉澱反應。
12. 在酸鹼滴定中，我們將已知濃度的一種溶液 (例如：酸的水溶液) 慢慢滴入未知濃度的另一種溶液 (例如：鹼的水溶液) 來推測出未知濃度的溶液的濃度。當滴定的反應完成時，溶液中指示劑的顏色會有明顯的變化，此時稱為滴定到達當量點。
13. 氧化還原滴定類似於酸鹼滴定。氧化還原反應完成時稱為滴定到達當量點。

習題

水溶液的性質

4.1 請指出下列物質分別為強電解質、弱電解質，還是非電解質：(a) $Ba(NO_3)_2$；(b) Ne；(c) NH_3；(d) NaOH。

4.2 請預測並解釋下列哪個系統可以導電：(a) NaCl 固體；(b) 熔融態 NaCl；(c) NaCl 水溶液。

沉澱反應

4.3 下列哪張圖最能表示混合的 KOH 和 $MgCl_2$ 水溶液。為了簡化，水分子在圖中省略。(顏色意義：K^+ = 紫色，OH^- = 紅色，Mg^{2+} = 綠色，Cl^- = 橘色。)

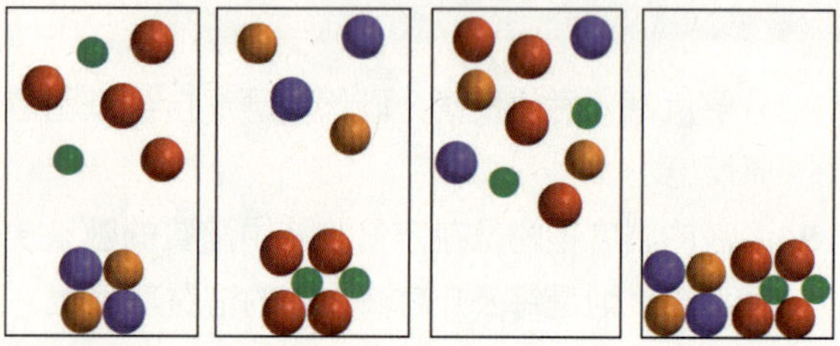

(a) (b) (c) (d)

4.4 請問下列化合物是否溶於水：(a) $CaCO_3$；(b) $ZnSO_4$；(c) $Hg(NO_3)_2$；(d) $HgSO_4$；(e) NH_4ClO_4。

4.5 請寫出下列反應的離子方程式和淨離子方程式：

(a) $Na_2S(aq) + ZnCl_2(aq) \longrightarrow$

(b) $K_3PO_4(aq) + 3Sr(NO_3)_2(aq) \longrightarrow$

(c) $Mg(NO_3)_2(aq) + 2NaOH(aq) \longrightarrow$

4.6 請參考表 4.2 提出一個方法來分離以下離子：(a) K^+ 和 Ag^+；(b) Ba^{2+} 和 Pb^{2+}；(c) NH_4^+ 和 Ca^{2+}；(d) Ba^{2+} 和 Cu^{2+}。假定所有陽離子都在水溶液中，且硝酸根離子是共同離子。

酸鹼反應

4.7 請問下列是布忍斯特酸、布忍斯特鹼，還是兩者都是：(a) PO_4^{3-}；(b) ClO_2^-；(c) NH_4^+；(d) HCO_3^-。

4.8 請完成並平衡下列方程式，並寫出各反應的離子方程式和淨離子方程式 (如果有的話)：

(a) $CH_3COOH(aq) + KOH(aq) \longrightarrow$

(b) $H_2CO_3(aq) + NaOH(aq) \longrightarrow$

(c) $HNO_3(aq) + Ba(OH)_2(aq) \longrightarrow$

氧化還原反應

4.9 請寫下列完整氧化還原反應的半反應式，並指出在反應中哪一個物質是氧化劑，哪一個物質是還原劑。

(a) $4Fe + 3O_2 \longrightarrow 2Fe_2O_3$

(b) $Cl_2 + 2NaBr \longrightarrow 2NaCl + Br_2$

(c) $Si + 2F_2 \longrightarrow SiF_4$

(d) $H_2 + Cl_2 \longrightarrow 2HCl$

4.10 磷可以生成許多含氧酸。請問以下含氧酸中磷的氧化數分別是多少？(a) HPO_3；(b) H_3PO_2；(c) H_3PO_3；(d) H_3PO_4；(e) $H_4P_2O_7$；(f) $H_5P_3O_{10}$。

4.11 請寫出下列物種的氧化數：H_2、Se_8、P_4、O、U、As_4、B_{12}。

4.12 請寫出下列分子或離子中有標底線原子的氧化數：(a) $Mg_3\underline{N}_2$；(b) $Cs\underline{O}_2$；(c) $Ca\underline{C}_2$；(d) $\underline{C}O_3^{2-}$；(e) $\underline{C}_2O_4^{2-}$；(f) $Zn\underline{O}_2^{2-}$；(g) $Na\underline{B}H_4$；(h) $\underline{W}O_4^{2-}$。

4.13 下列哪個金屬可以與水反應？(a) Au；(b) Li；(c) Hg；(d) Ca；(e) Pt。

4.14 請利用活性順序預測下列反應的結果，並寫出完整的平衡反應方程式。

(a) $Cu(s) + HCl(aq) \longrightarrow$

(b) $I_2(s) + NaBr(aq) \longrightarrow$

(c) $Mg(s) + CuSO_4(aq) \longrightarrow$

(d) $Cl_2(g) + KBr(aq) \longrightarrow$

4.15 下列反應分別是哪一種氧化還原反應：

(a) $P_4 + 10Cl_2 \longrightarrow 4PCl_5$

(b) $2NO \longrightarrow N_2 + O_2$

(c) $Cl_2 + 2KI \longrightarrow 2KCl + I_2$

(d) $3HNO_2 \longrightarrow HNO_3 + H_2O + 2NO$

4.16 下列物種中哪一個是最強的氧化劑？O_2、O_2^+、O_2^-、O_2^{2-}。

溶液的濃度

4.17 請敘述要如何製備 250 毫升 0.707 M $NaNO_3$ 溶液。

4.18 請問 35.0 毫升 5.50 M KOH 溶液中有多少公克 KOH？

4.19 請計算以下溶液的莫耳濃度：(a) 1.50×10^2 毫升溶液中有 6.57 公克甲醇 (CH_3OH)；(b) 2.20×10^2 毫升溶液中有 10.4 公克氯化鈣 ($CaCl_2$)；(c) 85.2 毫升溶液中有 7.82 公克萘 ($C_{10}H_8$)。

4.20 試計算若需要製備 2.50×10^2 毫升 0.100 M 溶液分別需要多少下列溶質？(a) 碘化銫 (CsI)；(b) 硫酸 (H_2SO_4)；(c) 碳酸鈉 (Na_2CO_3)；(d) 重鉻酸鉀 ($K_2Cr_2O_7$)；(e) 過錳酸鉀 ($KMnO_4$)。

4.21 氫氧化鋇常用來滴定弱有機酸，它常以帶有 8 個結晶水的方式存在，$Ba(OH)_2 \cdot 8H_2O$。請問要製備 500.0 毫升 OH^- 離子濃度為 0.1500 M 的溶液需要多少 $Ba(OH)_2 \cdot 8H_2O$？

溶液的稀釋

4.22 若將 25.0 毫升 0.866 M KNO_3 溶液加水稀釋到總溶液體積為 500 毫升，此溶液最終的濃度是多少？

4.23 若你想要將一瓶 505 毫升 0.125 M 的 HCl 溶液稀釋成 0.100 M，你需要加多少水進入瓶中？

4.24 若將一瓶 46.2 毫升 0.568 M 的 [$Ca(NO_3)_2$] 溶液與另一瓶 80.5 毫升 1.396 M 的 [$Ca(NO_3)_2$] 溶液混合在一起，請問最終溶液的濃度會變成多少？

重量分析法

4.25 在一實驗中將一個 0.6760 公克，含有鋇離子 (Ba^{2+}) 的未知化合物樣本溶於水中並加入過量的 Na_2SO_4。如果沉澱出來的 $BaSO_4$ 有 0.4105 公克，請問 Ba 在此未知化合物的質量百分組成為何？

4.26 我們可以將氯化鋇溶液滴入硫酸鹽溶液中將硫酸根離子沉澱出來以決定此硫酸鹽溶液的濃度。請問此沉澱反應的淨離子方程式為何？若將一 145 毫升硫酸鹽溶液加入過量氯化鋇 [$BaCl_2(aq)$] 溶液之後產生了 0.330 公克硫酸鋇 ($BaSO_4$)，請問此硫酸鹽溶液的濃度是多少？

酸鹼滴定法

4.27 請問需要用多少莫耳濃度的 NaOH 溶液 25.0 毫升才足以中和 17.4 毫升 0.312 M HCl 溶液？

4.28 請問需要用多少體積的 0.500 M HCl 溶液才足以中和以下溶液：

(a) 10.0 毫升 0.300 M NaOH 溶液。

(b) 10.0 毫升 0.200 M $Ba(OH)_2$ 溶液。

氧化還原滴定法

4.29 空氣中的 SO_2 是造成酸雨現象的主要原因，它的濃度可以用過錳酸鉀標準溶液滴定來測定，其方程式如下：

$$5SO_2 + 2MnO_4^- + 2H_2O \longrightarrow 5SO_4^{2-} + 2Mn^{2+} + 4H^+$$

若滴定需要 7.37 毫升 0.00800 M $KMnO_4$ 溶液，請問此空氣樣本中有多少公克 SO_2？

4.30 過氧化氫溶液的濃度可以簡單地用過錳酸鉀標準溶液在酸性條件下滴定來測定，其方程式如下：

$$2MnO_4^- + 5H_2O_2 + 6H^+ \longrightarrow 5O_2 + 2Mn^{2+} + 8H_2O$$

如果有一個 25.00 毫升的 H_2O_2 溶液需要用

36.44 毫升 0.01652 M $KMnO_4$ 溶液來滴定才能到達當量點，請問此 H_2O_2 溶液的莫耳濃度是多少？

4.31 若有 15.0 毫升的一草酸 ($H_2C_2O_4$) 溶液需要 25.2 毫升 0.149 M NaOH 溶液才能將其中和。請問 15.0 毫升相同的草酸溶液需要多少毫升 0.122 M $KMnO_4$ 溶液才能完全反應？

$$2MnO_4^- + 16H^+ + 5C_2O_4^{2-} \longrightarrow 2Mn^{2+} + 10CO_2 + 8H_2O$$

附加問題

4.32 氧氣 (O_2) 和二氧化碳 (CO_2) 是無色無味的氣體。請寫出兩種可以區分此兩種氣體的化學檢驗法。

4.33 在一實驗中我們將 4.47 公克鎂加到 5.00×10^2 毫升 2.00 M 的 HCl 溶液中產生反應。假設溶液的總體積不變，請問當所有金屬都反應完之後 HCl 溶液的濃度變成多少？

4.34 高純度的碳酸鈉 (Na_2CO_3) 可以用來將酸的溶液標準化。若有一 HCl 溶液 28.3 毫升需要用 0.256 公克 Na_2CO_3 來中和，請問此 HCl 溶液的莫耳濃度是多少？

4.35 若將 10.7 毫升 0.211 M HNO_3 溶液加入 16.3 毫升 0.258 M 的 NaOH 溶液後，最終溶液中酸 (或鹼) 的濃度會變成多少？

4.36 若將一瓶 60.0 毫升 0.513 M 葡萄糖溶液 ($C_6H_{12}O_6$) 和另一瓶 120.0 毫升 2.33 M 葡萄糖溶液混合後，最終溶液的濃度會變成多少？

4.37 在一實驗中我們將 NaCl 和 KCl 的混合物 0.8870 公克溶於水中，再加入過量的 $AgNO_3$ 後產生了 1.913 公克 AgCl 沉澱。請問在原來的混合物中 NaCl 和 KCl 的質量百分組成是多少？

4.38 草酸可以用來移除鐵鏽 (Fe_2O_3)，其反應方程式如下：

$$Fe_2O_3(s) + 6H_2C_2O_4(aq) \longrightarrow 2Fe(C_2O_4)_3^{3-}(aq) + 3H_2O + 6H^+(aq)$$

請問 5.00×10^2 毫升 0.100 M 的草酸溶液可以用來移除多少公克的鐵鏽？

練習題答案

4.1 (a) 不溶；(b) 不溶；(c) 可溶 **4.2** $Al^{3+}(aq) + 3OH^-(aq) \longrightarrow Al(OH)_3(s)$ **4.3** (a) 布忍斯特鹼；(b) 布忍斯特酸 **4.4** 分子方程式：$H_3PO_4(aq) + 3NaOH(aq) \longrightarrow Na_3PO_4(aq) + 3H_2O(l)$；離子方程式：$H_3PO_4(aq) + 3Na^+(aq) + 3OH^-(aq) \longrightarrow 3Na^+(aq) + PO_4^{3-}(aq) + 3H_2O(l)$；淨離子方程式：$H_3PO_4(aq) + 3OH^-(aq) \longrightarrow PO_4^{3-}(aq) + 3H_2O(l)$ **4.5** (a) P：+3，F：−1；(b) Mn：+7，O：−2 **4.6** (a) 氫取代反應；(b) 化合反應；(c) 自身氧化還原反應；(d) 金屬取代反應 **4.7** 0.452 M **4.8** 494 毫升 **4.9** 將 34.2 毫升標準溶液稀釋到 200 毫升 **4.10** 92.02% **4.11** 0.3822 公克 **4.12** 10.1 毫升 **4.13** 204 毫升

CHEMICAL Mystery 化學之謎

誰殺了拿破崙？

自從西元 1815 年在滑鐵盧一役大敗之後，拿破崙流亡到大西洋上一個叫作 St. Helena 的小島待了六年。在西元 1960 年代，拿破崙的頭髮被拿來分析後發現其中含有高濃度的砷，所以懷疑他是被下藥中毒而死的。下毒的最主要嫌疑人是當時 St. Helena 島的總督，他和拿破崙的關係不是很好，同時他也是法國皇室的一員，當時的法國皇室都想阻止拿破崙回到法國。

事實上砷元素並不是那麼毒，常用來當作毒藥的其實是氧化砷 (As_2O_3)。氧化砷是一種可溶於水的白色化合物，它沒有味道，若長期攝取到人體內也很不容易被發現。氧化砷還曾經被稱作是「繼承粉末」，因為它可以被加入祖父在喝的酒中加速他的死亡，而使得他的孫子可以較快繼承到遺產！

西元 1832 年英國化學家 James Marsh 設計了一種檢測砷的方法。這個現在以 Marsh 命名的方法，將經由鋅和硫酸反應所產生的氫氣和懷疑含有砷的樣品一起反應。如果樣品中有氧化砷的存在，它會和氫氣反應生成毒氣砷化氫 (AsH_3)。砷化氫被加熱會分解成氫氣和砷元素，於是就可以從產物的金屬光澤看出它的存在。Marsh 檢驗法可以有效的抑制利用氧化砷的謀殺事件，但它出現得太晚，所以無法幫助到拿破崙，如果他真的是被砷毒死的話。

關於拿破崙死亡的陰謀論在西元 1990 年代初期被提出質疑，主要是因為在拿破崙當時客廳的壁紙上發現有砷酸銅 ($CuHAsO_4$) 的存在，而砷酸銅在當時是常見的一種綠色顏料。有人認為是因為 St. Helena 島上潮濕的天氣加速了黴菌在壁紙上的生長，而黴菌為了避免與砷共存，會將砷轉換成另一種有揮發性和高毒性的化合物三甲基砷 [$(CH_3)_3As$]。雖然這可能不是拿破崙死亡的主因，但長期接觸這樣的氣體可能確實破壞了他的健康，同時也解釋了為什麼砷會出現在他的頭髮中。後來也發現拿破崙當時家中的常客也患有腸胃的疾病以及其他砷中毒的徵狀，但這些人如果在花園裡每天工作好幾個小時，一段時間後發

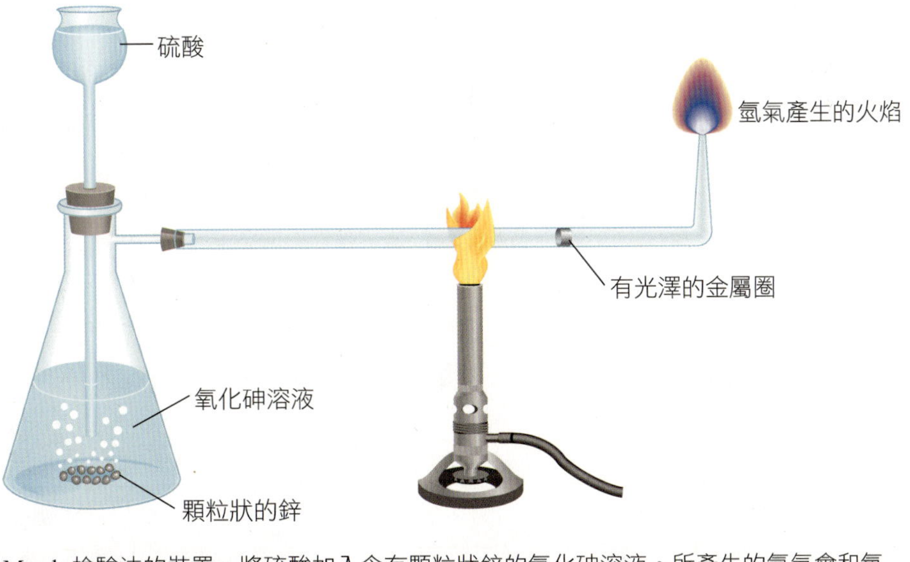

Marsh 檢驗法的裝置。將硫酸加入含有顆粒狀鋅的氧化砷溶液。所產生的氫氣會和氧化砷反應產生砷化氫。加熱後，砷化氫會分解成有金屬光澤的砷元素和氫氣。

現健康狀況明顯有改善，這些現象都支持了拿破崙不是被謀殺的理論。

我們或許永遠不會知道拿破崙是死於蓄意或非蓄意的砷中毒，但這個歷史偵查的過程就是利用化學分析一個很好的例子。化學分析不僅僅可以用在鑑識科學上，它在基礎研究和實際應用的工作中，像是商品的品質管控和醫療上的診斷都可以扮演很重要的角色。

化學線索

1. 拿破崙頭髮內的砷是用一種叫作中子活化的技術測得的。當砷-75 被高能量中子撞擊後會轉換成有輻射性的砷-76 同位素。所以經由此輻射性同位素所釋放出 γ 射線的能量就代表了砷元素的存在，而 γ 射線的強度就可以用來代表樣品中砷元素的含量多寡。用這個技術最小可以在 1 公克的樣品中測出 5 奈克 (5×10^{-9} 公克) 的砷元素。(a) 請寫出兩個砷同位素的元素符號，包含質量數和原子序；(b) 請說出用中子活化法來取代化學分析法來檢測砷元素的兩個優點。
2. 砷不是人體內所必需的元素。(a) 請根據它在週期表中的位置推測它為什麼會有毒性；(b) 若懷疑砷中毒的話，除了頭髮之外，還可以從人體的哪個部位去找出在人體內累積的砷？
3. 用來檢測砷的 Marsh 檢驗法牽涉到以下步驟：(a) 硫酸加入鋅產生氫氣；(b) 氫氣和氧化砷反應產生砷化氫；(c) 加熱將砷化氫轉換成砷。請寫出代表上述每個步驟的反應方程式，並說明這些反應是哪一類型的反應。

Chapter 5
氣　體

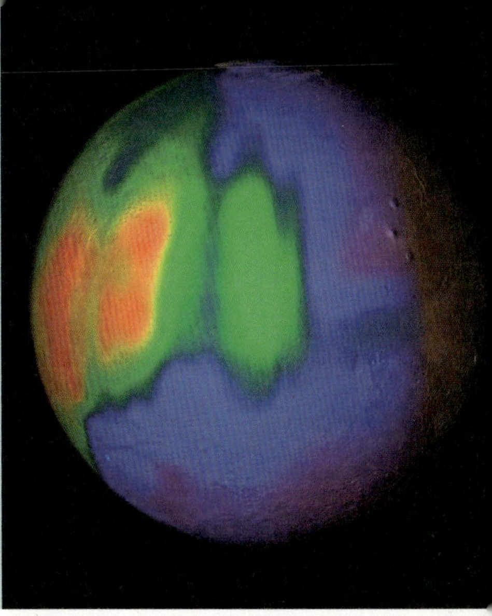

最近在火星的大氣層中測到了大量的水蒸氣和甲烷 (濃度由圖中的紫色往紅色遞增)。其中，甲烷的來源可能是由地熱活動所釋放或是由細菌所製造。由此可推論火星上有生命的存在。

先看看本章要學什麼？

- 首先我們將探討以氣體存在的物質和它們的基本性質。(5.1)
- 學習氣體壓力的單位，以及大氣壓力的特質。(5.2)
- 接下來，要用不同的氣體定律來學習氣體壓力、體積、溫度及數量之間的關係。這些氣體定律可以整理成一個理想氣體方程式，理想氣體方程式可以用來計算氣體的密度和莫耳質量。(5.3 和 5.4)
- 我們將看到理想氣體方程式可以用來研究氣體的計量學。(5.5)
- 我們將學到混合氣體的行為可以用由理想氣體方程式衍生出來的道耳吞分壓定律來解釋。(5.6)
- 我們將看到根據個別分子性質而定的氣體分子動力學，可以用來描述像是氣體壓力和溫度之類的巨觀性質。氣體分子動力學可以表達特定溫度下分子的速度，且了解氣體擴散和瀉流等現象。(5.7)
- 最後，學習如何用凡得瓦方程式來修正非理想氣體的行為。(5.8)

綱　要

在特定的壓力和溫度條件之下，大多數的物質都會以物質三態 (固態、液態、氣態) 的其中一狀態存在。例如：水可以是固態的冰、液態的水或是氣態的水蒸氣。一個物質的物理性質通常由根據它的狀態而定。

我們在本章中要討論的氣體，在許多角度下比液體和

固體簡單許多。例如，氣體分子的移動是完全沒有規則的，且氣體分子之間的吸引力非常的小，以致於每個分子都可以自由的移動，而不受到其他分子的影響。此外，氣體的行為易受到溫度和壓力的影響而很容易預測。決定氣體行為的定律對於建立物質的原子理論和氣體分子動力學上扮演著很重要的角色。

5.1 以氣體存在的物質

人類在地球上生活的空間位於大氣層的底端。大氣層是一層混合氣體，其體積組成成分大約是 78% 的 N_2、21% 的 O_2 和 1% 包含 CO_2 的其他氣體。而當今由於環境汙染所造成的危害，這些有關維持生命所必需氣體的化學持續受到廣泛的注意。在這一節中，我們先將焦點集中在氣體物質在正常大氣條件下 (定義為攝氏 25 度、1 atm) 會發生的行為。

在圖 5.1 中，我們可以看到在正常大氣條件下以氣體存在的元素。其中要注意的是氫、氮、氧、氟、氯是以雙原子分子氣體存在，也就是：H_2、N_2、O_2、F_2、Cl_2。臭氧 (O_3) 是氧的一種同素異形體，它在室溫下也是氣體。此外，所有 8A 族的元素，也就是惰性氣體都是單原子分子氣體，也就是：He、Ne、Ar、Kr、Xe、Rn。

離子化合物由於其中的陽離子和陰離子之間有非常強的靜電作用力，也就是正電荷和負電荷之間的作用力，所以在攝氏 25 度、1 atm 下離子化合物不會是氣體。我們需要更大的能量才能克服這樣的作用力使

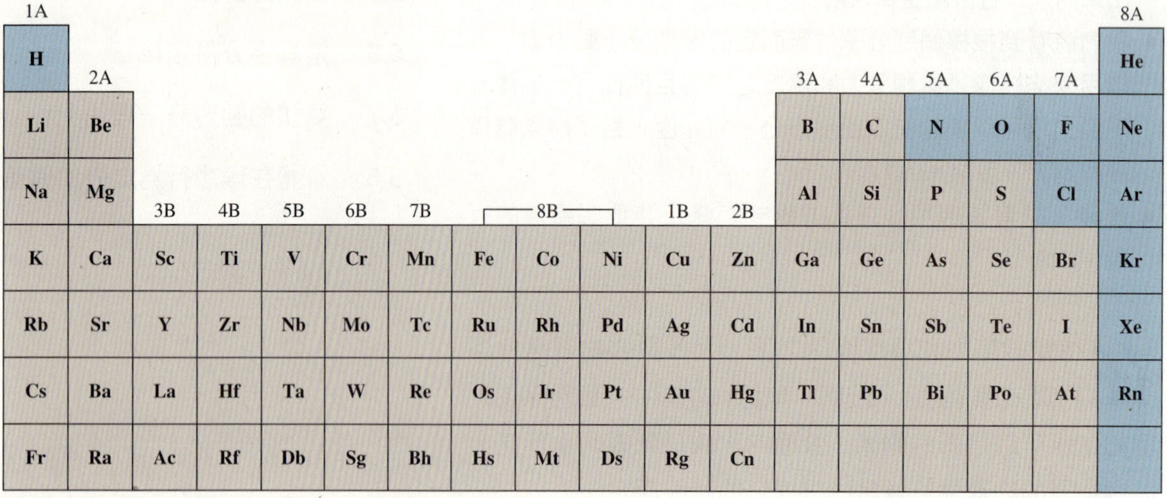

圖 5.1 在攝氏 25 度、1 atm 下以氣體存在的元素。惰性氣體 (8A 族元素) 都是單原子分子氣體；其他元素則是以雙原子分子氣體存在，臭氧 (O_3) 也是氣體。

離子化合物變成氣體，而實際的作法就是把固體的離子化合物加熱。而在正常的條件下，我們最多只能將固體熔化，例如 NaCl 可以在溫度高達攝氏 801 度時熔化。若要進一步將 NaCl 煮到沸騰，則需要將溫度提升到攝氏 1000 度以上。

分子化合物的行為則比較不固定。有些分子化合物是氣體——像是 CO、CO_2、HCl、NH_3、CH_4，但是大部分的分子化合物在室溫下是液體或固體。然而，和離子化合物比起來，分子化合物比較容易藉由加熱變成氣體，也就是說，分子化合物在較低的溫度就可以加熱沸騰。沒有一個簡單的規則可以幫助我們判定一個分子化合物在正常大氣條件下會不會是氣體。而要做這樣的判定，我們需要了解分子之間作用力的本質和大小，也就是所謂的**分子間作用力** (將在第十一章討論)。一般來說，分子間作用力愈大，化合物在室溫下愈不會是氣體。

在表 5.1 列出的氣體中，只有 O_2 是我們維持生命所必需的，而硫化氫 (H_2S) 和氰化氫 (HCN) 都是會致人於死的毒物。其他像是 CO、NO_2、O_3、SO_2 則毒性較弱。有些氣體像是 He、Ne、Ar 則化學上是惰性的，也就是它們不會和任何其他物質反應。大多數的氣體是無色的，例外的有 F_2、Cl_2 和 NO_2。深棕色的 NO_2 有時可以在被汙染的空氣中看到。此外，所有的氣體都有下列的物理特性：

NO_2 氣體。

表 5.1 一些在攝氏 25 度、1 atm 下為氣體的物質

元素	化合物
H_2 (氫分子)	HF (氟化氫)
N_2 (氮分子)	HCl (氯化氫)
O_2 (氧分子)	CO (一氧化碳)
O_3 (臭氧)	CO_2 (二氧化碳)
F_2 (氟分子)	CH_4 (甲烷)
Cl_2 (氯分子)	NH_3 (氨)
He (氦)	NO (一氧化氮)
Ne (氖)	NO_2 (二氧化氮)
Ar (氬)	N_2O (一氧化二氮)
Kr (氪)	SO_2 (二氧化硫)
Xe (氙)	H_2S (硫化氫)
Rn (氡)	HCN (氰化氫)*

* HCN 的沸點為攝氏 26 度，但是它已足以讓 HCN 在正常大氣條件下為氣體。

- 氣體的體積和形狀會和裝它們的容器一致。
- 氣體在物質三態中是最容易被壓縮的。
- 當不同氣體被限制在同一容器時，會均勻且完全地混合在一起。
- 氣體的密度比液體和固體小很多。

5.2 氣體的壓力

因為氣體分子在空間中都是不斷地在移動，所以它們會對所接觸到的任何表面施予壓力。我們人類無法感受到周遭空氣施予的壓力，是因為人類在生理上已經習慣這樣的壓力。這個道理就像是魚也感受不到水在牠們身上施予的壓力一樣。

要觀察到大氣壓力其實並不困難。我們幾乎每天都看得到的例子就是用吸管喝水。將空氣從吸管中吸出可以降低吸管內部的壓力，相對之下吸管外部液體受到較大的大氣壓力，就可以將液體推入吸管中，取代被吸出來空氣的位置。

壓力的 SI 單位

壓力是氣體最容易被測量到的其中一種性質。為了要了解如何測量氣體的壓力，我們得先了解氣體測量的單位是怎麼來的。我們從速度和加速度開始討論。

速度 (velocity) 定義為經過時間內距離的改變量，可以寫成

$$\text{速度} = \frac{\text{移動距離}}{\text{經過時間}}$$

速度的 SI 單位為公尺/秒 (m/s)，雖然有時候也會用公分/秒 (cm/s)。

加速度 (acceleration) 定義為經過時間內速度的改變量，可以寫成

$$\text{速度} = \frac{\text{改變的速度}}{\text{經過時間}}$$

加速度的單位是公尺/平方秒 (m/s^2) 或公分/平方秒 (cm/s^2)。

由牛頓[1] 在十七世紀末所提出的第二運動定律則定義了另一個名詞稱為*力*，力可以用來衍生出壓力的單位。根據牛頓第二運動定律：

$$\text{力} = \text{質量} \times \text{加速度}$$

---

1 艾薩克・牛頓 (Sir Isaac Newton, 1642~1726)，英國數學家、物理學家、天文學家。牛頓被視為是世界上最偉大的兩個物理學家之一 (另一個是愛因斯坦)。牛頓幾乎在所有物理學的分支中都有著極大的貢獻。他在西元 1687 年所發表的《自然哲學的數學原理》(*Principia*) 一書是科學歷史上一個很重要的里程碑。

在本書中，力的 SI 單位為**牛頓** (newton; N)，其中

$$1\ \text{N} = 1\ \text{公斤}\cdot\text{公尺/平方秒}\ (\text{kg m/s}^2)$$

1 N 大約等於地心引力對一顆蘋果所作用的力。

最後，**壓力** (pressure) 可定義為對於一個單位面積所施予的力：

$$\text{壓力} = \frac{\text{力}}{\text{單位面積}}$$

壓力的 SI 單位為**帕斯卡** (pascal; Pa)[2]，定義為每平方公尺有 1 牛頓的力：

$$1\ \text{Pa} = 1\ \text{牛頓/平方公尺}\ (\text{N/m}^2)$$

大氣壓力

和所有其他物質一樣，大氣中氣體原子和分子都受到地球引力的作用。因此，靠近地表面的大氣層密度會大於較高海拔的大氣層密度。(在離地表 9 公里的飛機機艙外的空氣密度太小無法呼吸。) 事實上，空氣的密度隨著距離地表距離的增加下降得非常快。測量的結果顯示，50% 的大氣集中在距離地表 6.4 公里以內，90% 集中在距離地表 16 公里以內，而 99% 集中在距離地表 32 公里以內。不意外地，當空氣密度愈大的時候，它施予周遭環境的壓力就愈大。在地球上任何一塊區域所被大氣施予的壓力就等於那塊區域上方所有空氣柱的重量。而**大氣壓力** (atmospheric pressure) 的定義也就是地球大氣所施予的壓力 (圖 5.2)。大氣壓力的實際值會隨著地點、溫度和氣候條件的不同而有所改變。

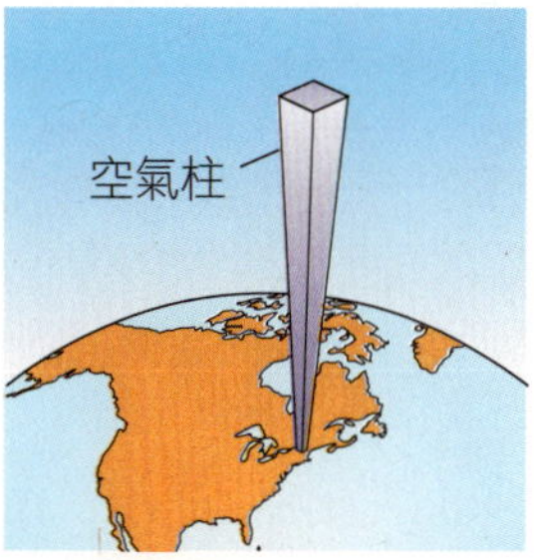

圖 5.2 一個由海平面延伸到大氣層上端的空氣柱。

但是你有沒有想過大氣壓力是否正如它的定義所述只有向下的力？想想以下的狀況：當你用雙手緊抓著一張紙平舉過頭時，你或許會預期這張紙會受到壓力的影響向下彎曲，但事實上這並不會發生。這是因為空氣和水一樣是一種流體，流體對周圍物體所施予的力是來自四面八方——上下左右都有。用分子的角度來看，空氣壓力是來自於空氣分子和它接觸表面所產生的碰撞。壓力的大小則取決於空氣分子碰撞的頻率和強度。上述的現象則是因為紙片上方碰撞的空氣分子和從紙片下方的一樣多，因此紙片不會彎曲。

至於大氣壓力要如何測量呢？或許**氣壓計** (barometer) 是最常被用來測量大氣壓力的工具。簡單的氣壓計裝置是將一根長玻璃管其中一端

2 布萊茲．帕斯卡 (Blaise Pascal, 1623~1662)，法國數學家和物理學家，但他的專長是流體動力學 (關於流體運動的研究)。他也發明了計算機。

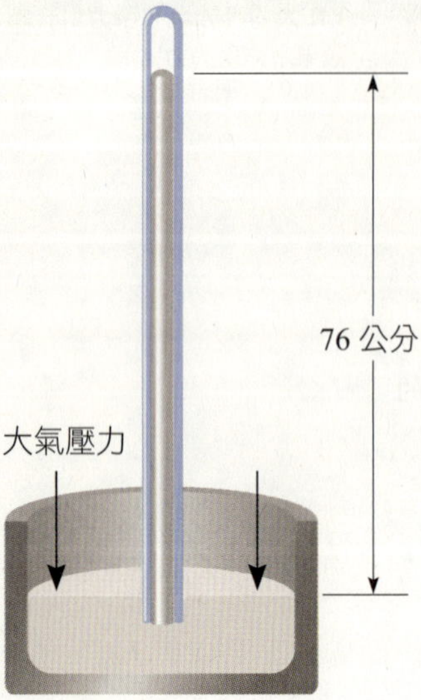

圖 5.3 用來測量大氣壓力的氣壓計。在管中水銀柱的上方是真空狀態，而水銀柱的高度是靠大氣壓力支撐。

封住後填入水銀。如果我們將此含有水銀的玻璃管小心地反過來放入另一個裝有水銀的小碟子，有部分水銀會流入碟子中，造成玻璃管上端有部分真空 (圖 5.3)。而留在玻璃管中的水銀是被施予在碟中水銀表面的大氣壓力所支撐住而沒有流入碟中。所謂的**標準大氣壓力** (standard atmospheric pressure; 1 atm) 就等於溫度為攝氏 0 度時，在海平面上可以支撐起垂直高度為 760 毫米 (或 76 公分) 水銀柱的大氣壓力。也就是說，標準大氣壓力 (1 atm) 等於 760 毫米水銀柱 (mmHg) 可以施予的壓力，而其中的毫米水銀柱就是 1 毫米高的水銀柱可以施予的壓力。在義大利科學家托里切利[3] 發明氣壓計之後，毫米水銀柱這個單位也可以稱作托爾 (torr)。因此，

$$1 \text{ torr} = 1 \text{ mmHg}$$

且

$$1 \text{ atm} = 760 \text{ mmHg}$$

大氣壓力和帕斯卡之間的關係為

$$\begin{aligned} 1 \text{ atm} &= 101{,}325 \text{ Pa} \\ &= 1.01325 \times 10^5 \text{ Pa} \end{aligned}$$

因為 1000 Pa = 1 kPa (千帕)，

$$1 \text{ atm} = 1.01325 \times 10^2 \text{ kPa}$$

例題 5.1 和 5.2 告訴大家如何將 mmHg 轉換成 atm 和 kPa。

例題 5.1

在高空飛行的飛機外面的壓力遠比正常大氣壓力小。因此，飛機飛行時必須在機艙內保持大氣壓力以保護乘客安全。如果在機艙內用氣壓計量到的壓力是 688 mmHg，請問這時機艙內的壓力是多少大氣壓？

策　略

因為 1 atm = 760 mmHg，所以我們可用以下的轉換因子將壓力轉換成大氣壓力的單位：

$$\frac{1 \text{ atm}}{760 \text{ mmHg}}$$

3 埃萬傑利斯塔・托里切利 (Evangelista Torricelli, 1608~1674)，義大利數學家。托里切利被認為是第一個發現大氣壓力存在的人。

解 答

機艙內的壓力為

$$壓力 = 688\ \text{mmHg} \times \frac{1\ \text{atm}}{760\ \text{mmHg}}$$
$$= 0.905\ \text{atm}$$

練習題

請將 749 mmHg 轉換成大氣壓力。

例題 5.2

有一天在舊金山測得的大氣壓力為 732 mmHg。請問這壓力是多少 kPa？

策 略

這裡我們要將 mmHg 轉換成 kPa。因為

$$1\ \text{atm} = 1.01325 \times 10^5\ \text{Pa} = 760\ \text{mmHg}$$

所以我們可用以下的轉換因子來轉換：

$$\frac{1.01325 \times 10^5\ \text{Pa}}{760\ \text{mmHg}}$$

解 答

以 kPa 為單位的壓力為

$$壓力 = 732\ \text{mmHg} \times \frac{1.01325 \times 10^5\ \text{Pa}}{760\ \text{mmHg}}$$
$$= 9.76 \times 10^4\ \text{Pa}$$
$$= 97.6\ \text{kPa}$$

類題：5.1。

練習題

請將 295 mmHg 轉換成 kPa。

此外，**壓力計** (manometer) 則是一種用來測量大氣壓力以外氣體壓力的工具。壓力計和氣壓計的操作原理是相似的。如圖 5.4 所示，有兩種壓力計。閉管式的壓力計通常用來測量低於大氣壓的壓力 [圖 5.4(a)]，而開管式的壓力計則是比較適合用來測量等於或高於大氣壓的壓力 [圖 5.4(b)]。

儘管水銀是毒性物質且其蒸氣對人體有害，但幾乎所有的氣壓計和多數的壓力計都還是用水銀當作所需的液體使用。主要原因是水銀的密

圖 5.4 兩種用來測量氣體壓力的壓力計。(a) 氣體壓力小於大氣壓力；(b) 氣體壓力大於大氣壓力。

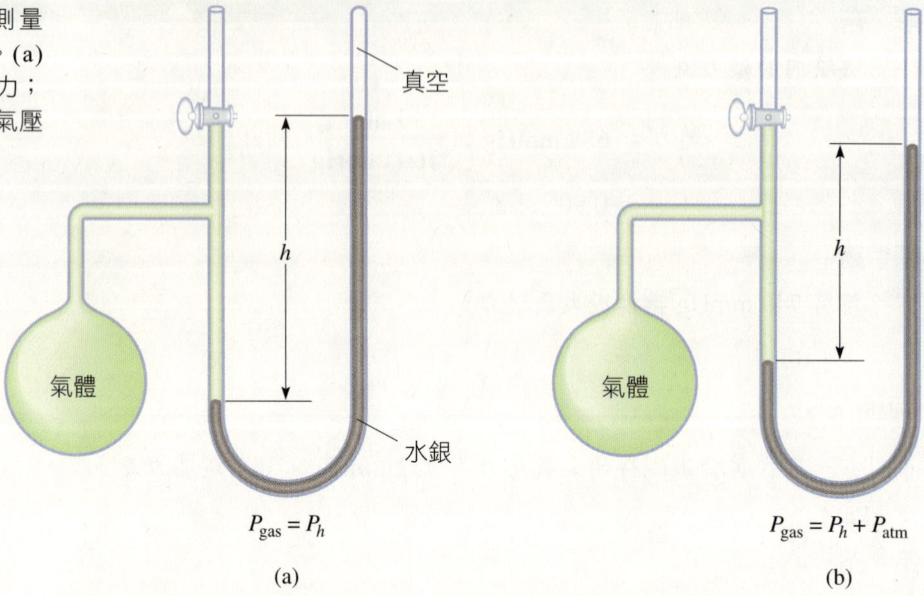

度 (13.6 g/mL) 對其他液體來說相對很高。因為玻璃管內液體的高度會和所使用的液體密度成反比，所以使用密度較大的液體可以使氣壓計和壓力計使用較短的玻璃管柱以便操作。

5.3 氣體定律

我們在本章要學的氣體定律是經過數個世紀對於氣體性質所做的無數個實驗所累積出來的結果。每個可以用來代表氣體巨觀行為定律的產生都是在科學歷史上的里程碑。當這些理論結合在一起時，對於發展化學新的概念有很大幫助。

壓力和體積之間的關係：波以耳定律

在十七世紀時，波以耳[4] 對於氣體做了有系統性且定量的研究。在一系列的研究中，波以耳對於一個氣體樣品做了壓力和體積之間關係的研究。他得到的數據正如表 5.2 所示。我們注意到當在定溫且壓力 (P) 逐漸上升時，定量氣體所占的體積 (V) 是減少的。相較於第一組數據所得到的是當壓力為 724 mmHg 時體積為 1.50 (任意單位)，最後一組數據得到的則是當壓力為 2250 mmHg 時體積為 0.58。很明顯地，氣體在定

4 羅伯特•波以耳 (Robert Boyle, 1627~1691)，英國化學家和自然哲學家。雖然波以耳常令人聯想到以他名字命名的氣體定律，其實他在化學和物理上還有很多其他的貢獻。儘管波以耳和他同時期的科學家意見常不一致，但他所寫的書 *The Skeptical Chymist* (西元 1661 年) 的確影響了接下來的許多化學家。

表 5.2 波以耳發現的典型氣體壓力和體積之間的關係

P (mmHg)	724	869	951	998	1230	1893	2250
V (任意單位)	1.50	1.33	1.22	1.18	0.94	0.61	0.58
PV	1.09×10^3	1.16×10^3	1.16×10^3	1.18×10^3	1.2×10^3	1.2×10^3	1.3×10^3

溫時壓力和體積是成反比的關係。當壓力增加時，氣體所占的體積會減少；相反地，如果壓力減少，氣體所占的體積會增加。這樣的關係被稱為**波以耳定律** (Boyle's law)，也就是在定溫下定量氣體的壓力和體積成反比。

在這個實驗中，波以耳用的裝置非常簡單 (圖 5.5)。在圖 5.5(a) 中，水銀對氣體所施的壓力等於 1 大氣壓，而管內氣體的體積為 100 毫升。 (請注意：管子上端是開口的，所以接觸到大氣壓力。) 在圖 5.5(b) 中，加入更多水銀使得施予在管內氣體壓力變兩倍，而管內氣體的體積變成 50 毫升。接下來將壓力變成原來的三倍，而體積也會減為原來的三分之一 [圖 5.5(c)]。

我們可以用一個數學式來表示氣體壓力和體積之間的反比關係：

$$P \propto \frac{1}{V}$$

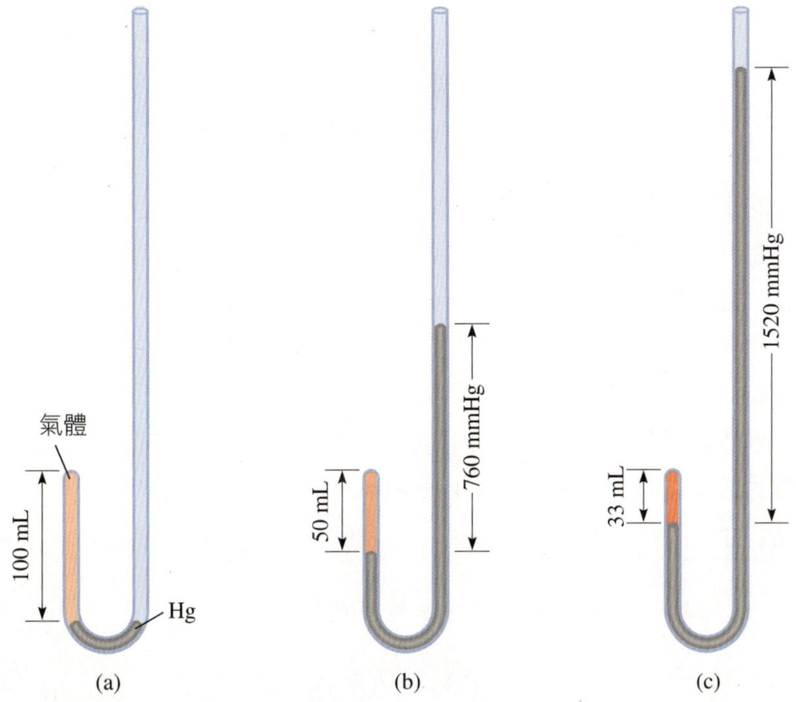

圖 5.5 研究氣體壓力和體積之間關係的裝置。(a) 水銀兩端的壓力相同且氣體壓力等於 1 atm (760 mmHg)。氣體的體積為 100 毫升；(b) 加入更多水銀使壓力加倍，造成氣體體積減半到 50 毫升；(c) 當壓力變成三倍時，氣體體積會變成原來的三分之一。氣體的溫度和數量保持不變。

其中 ∝ 是代表**正比符號**。我們也可以用等號取代正比符號，而把等式寫成

$$P = k_1 \times \frac{1}{V} \tag{5.1a}$$

其中 k_1 是**正比常數**。方程式 (5.1a) 就是波以耳定律的數學式。將方程式 (5.1a) 重排後可得

$$PV = k_1 \tag{5.1b}$$

這個等式告訴我們，定溫下一定量氣體的壓力和體積的乘積為常數。圖 5.6 最上面的圖示就說明了波以耳定律。圖中的 n 代表的是氣體的莫耳數，而 R 是氣體常數，之後會在 5.4 節有詳細的定義。在 5.4 節中我們將會看到在方程式 (5.1) 中的正比常數 k_1 會等於 nRT。

像這種用一個正比常數來表示一個數值會正比於另一個數值的概念，也可以用下面這個例子來說明。一家電影院一天的收入和每張票的票價 (元) 和所銷售的電影票數量有關。假設電影院只有一種票價，我們可以將收入寫成

$$\text{收入} = \text{票價} \times \text{所銷售的電影票數量}$$

因為每天銷售出的票數會有不同，所以電影院一天的收入會正比於當天所銷售出的票數：

$$\begin{aligned}\text{收入} &\propto \text{所銷售出的票數}\\ &= C \times \text{所銷售出的票數}\end{aligned}$$

這裡的正比常數 C 就等於票價。

在圖 5.7 中，我們可以看到兩種簡便的圖示用來表達波以耳定律的概念。圖 5.7(a) 是用 $PV = k_1$ 所作的圖；圖 5.7(b) 則是用 $P = k_1 \times 1/V$ 所作的圖。請注意：後者是相當於 $y = mx + b$ 的關係式，其中 $b = 0$，$m = k_1$。

雖然個別壓力和體積的值可以有很大的差異，但是只要在定溫下且氣體的數量沒有改變，P 乘以 V 永遠為定值。因此，在定溫下同一氣體樣品若在不同壓力或體積的條件下，我們可以寫出以下等式：

$$P_1V_1 = k_1 = P_2V_2$$

或

$$P_1V_1 = P_2V_2 \tag{5.2}$$

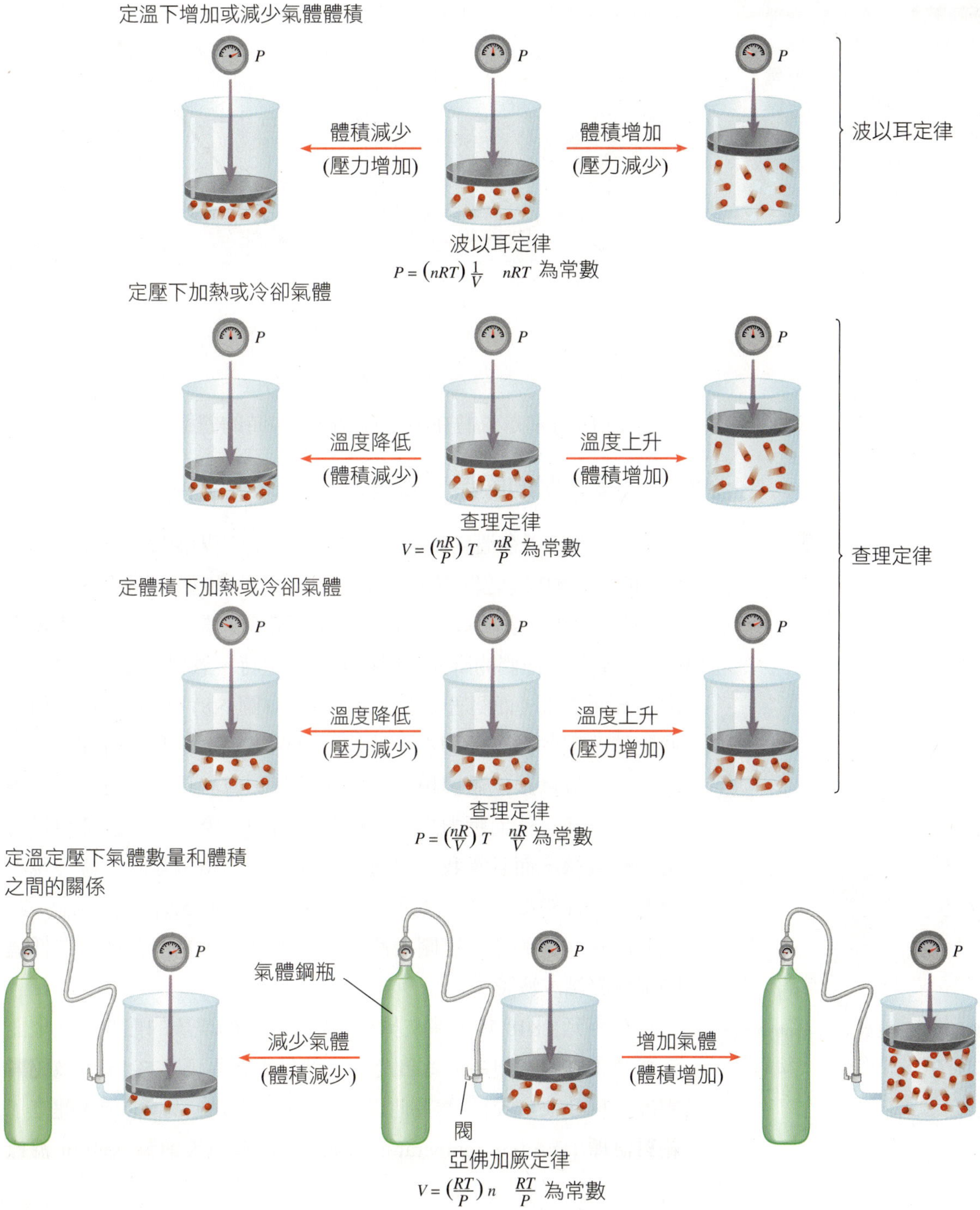

圖 5.6 圖示說明波以耳定律、查理定律和亞佛加厥定律。

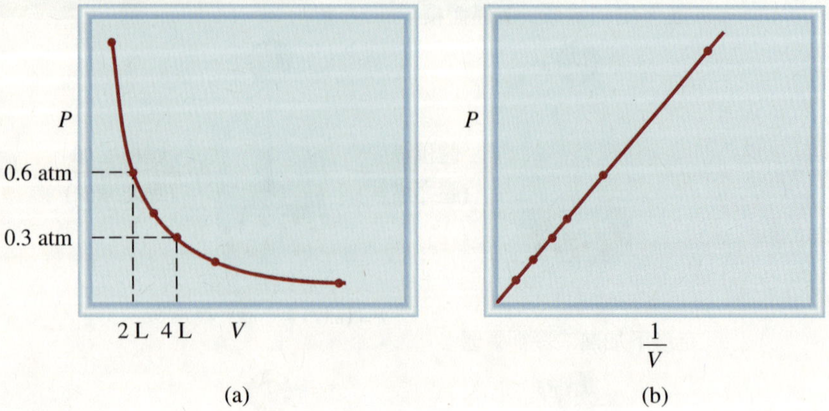

圖 5.7 定溫下氣體體積和壓力之間的關係圖。(a) P 對 V 作圖。當氣體壓力變為原來的兩倍，體積變成原來的二分之一；(b) P 對 $1/V$ 作圖。此線的斜率等於 k_1。

其中的 V_1 和 V_2 分別是氣體在壓力為 P_1 和 P_2 時的體積。

溫度和體積之間的關係：查理和給呂薩克定律

波以耳定律適用在溫度為定值的時候，但是如果溫度不是定值的時候，溫度的改變對於氣體的體積和壓力有什麼影響呢？讓我們先看看溫度對於氣體體積的影響。最早開始研究這個關係的是兩位法國科學家查理[5] 和給呂薩克[6]。他們的研究發現在壓力固定時，氣體的體積會隨著溫度上升而擴張，而隨著溫度下降而收縮 (圖 5.8)。溫度的改變對氣體體積改變的影響是相當一致的。舉例來說，當我們研究在不同壓力下，溫度跟氣體體積之間的關係時，會發現一個有趣的現象就是，不論在任何壓力之下，用氣體體積和溫度來作圖都可以畫出一條直線。而且當我們將這條線延伸到體積為零時，會發現和溫度座標軸的交點是在攝氏零下 273.15 度 (圖 5.9)。(實際上，我們只能在一定的溫度範圍內測量氣體體積，因為所有氣體在低溫時都會凝結成液體。)

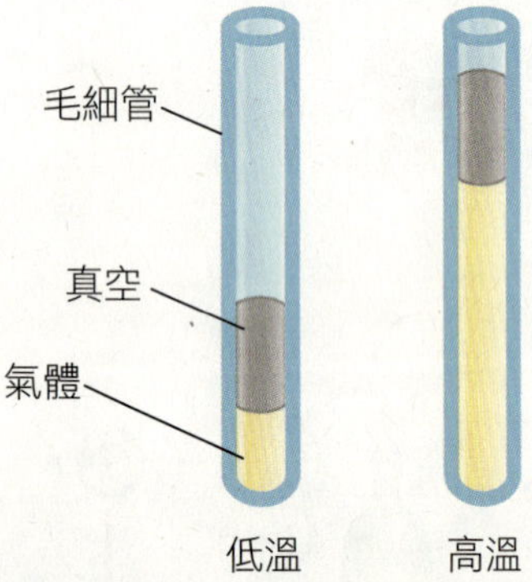

圖 5.8 定壓下氣體體積和溫度之間的變化關係。給氣體的壓力會等於大氣壓力和水銀重量所產生壓力的總和。

在西元 1848 年，凱文男爵[7] 意會到這個現象的重要性。他認定理論上可以達到的最低溫度，也就是攝氏零下 273.15 度為**絕對零度** (absolute zero)。然後他以絕對零度為起點 (見 1.7 節) 建立了**絕對溫標** (absolute temperature scale)，現在也被稱為 **Kelvin 溫標**

5 賈奎斯・亞歷山大・凱薩・查理 (Jacques Alexandre Cesar Charles, 1746~1823)，法國物理學家。他是一位有天賦的老師、科學裝置的發明者，同時也是第一位用氫氣填充氣球的人。

6 約瑟夫・路易士・給呂薩克 (Joseph Louis Gay-Lussac, 1778~1850)，法國化學家和物理學家。和查理一樣，給呂薩克是氣球的愛好者。他曾經搭氣球上升到離地 20,000 英尺去收集空氣樣本來分析。

7 威廉・湯姆森・凱文男爵 (William Thomson, Lord Kelvin, 1824~1907)，蘇格蘭數學和物理學家。凱文在許多不同物理的領域上都有重要的貢獻。

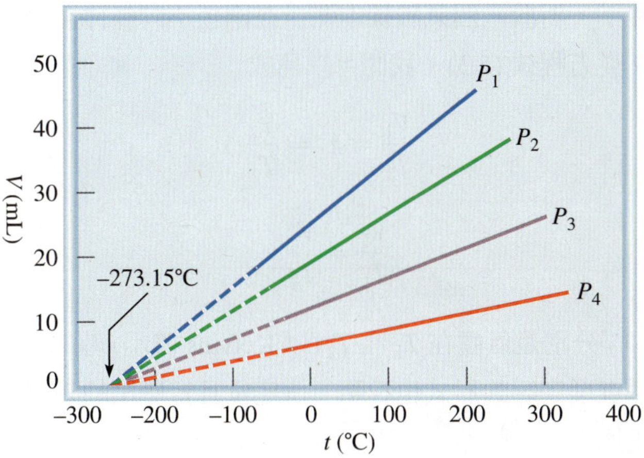

圖 5.9 定壓下氣體體積和溫度之間變化的座標圖。每條線代表一種壓力所造成的變化關係。壓力由 P_1 到 P_4 遞增。當溫度夠低時，所有氣體最終會凝結成液體。實線的部分代表溫度在凝結點之上，當這些直線繼續向外延伸 (虛線部分) 都會和溫度軸交會在同一個代表體積為零的點，此點的溫度為攝氏零下 273.15 度。

(Kelvin temperature scale)。在 Kelvin 溫標中的 1 度等於攝氏溫標中的 1 度。Kelvin 溫標和攝氏溫標唯一的差別是改變了零點。以下是這兩種溫標幾個重要的對應點：

科學家已經可以在特殊的實驗條件下成功地接近絕對零度。

	Kelvin 溫標	**攝氏溫標**
絕對零度	0 K	–273.15°C
水的凝固點	273.15 K	0°C
水的沸點	373.15 K	100°C

在第 16 頁我們已經討論過 °C 和 K 之間的轉換。在大多數有關 °C 和 K 的計算中會用 273 取代 273.15。慣例上，我們用 T 來表示絕對溫度；而用 t 來表示攝氏溫度。

氣體體積和壓力之間的關係可以寫成

$$V \propto T$$
$$V = k_2 T$$

或

$$\frac{V}{T} = k_2 \tag{5.3}$$

請注意：在氣體定律的計算中，溫度要以 Kelvin 溫標來表示。

其中的 k_2 是正比常數。方程式 (5.3) 就是所謂的**查理和給呂薩克定律** (Charle's and Gay-Lussac's law)，或簡稱**查理定律** (Charle's law)。其敘述的是在定壓下一定量氣體的體積和氣體的絕對溫度成正比。在圖 5.6 的圖示中也說明了查理定律。我們可以看到在方程式 (5.3) 中的正比常數 k_2 等於 nR/P。

就像先前我們對壓力和體積所做的關係式一樣，我們也可以在固定

壓力的條件下，對於一個氣體樣本測量在兩組不同條件下體積和溫度之間的關係。從方程式 (5.3)，我們可以寫成

$$\frac{V_1}{T_1} = k_2 = \frac{V_2}{T_2}$$

或

$$\frac{V_1}{T_1} = \frac{V_2}{T_2} \tag{5.4}$$

其中 V_1 和 V_2 分別是氣體在 T_1 和 T_2 (以 Kelvins 表示) 時的體積。

另一個查理定律的形式也說明一個定量且定體積的氣體，其壓力和溫度會成正比：

$$P \propto T$$
$$P = k_3T$$

或

$$\frac{P}{T} = k_3 \tag{5.5}$$

從圖 5.6 中，我們看到 $k_3 = nR/V$。代入方程式 (5.5) 可得

$$\frac{P_1}{T_1} = k_3 = \frac{P_2}{T_2}$$

或

$$\frac{P_1}{T_1} = \frac{P_2}{T_2} \tag{5.6}$$

其中 P_1 和 P_2 分別是氣體在 T_1 和 T_2 時的壓力。

體積和氣體數量的關係：亞佛加厥定律

亞佛加厥這個名字第一次出現是在 3.2 節。

義大利科學家亞佛加厥對於氣體的研究補足了波以耳、查理和給呂薩克研究不足的地方。他在西元 1811 年發表了一個假設：在相同的溫度和壓力下，相同體積的不同氣體所含的分子數相同 (或是原子數相同，如果是單原子氣體)。也因此氣體的體積會和氣體分子的莫耳數成正比，也就是

$$V \propto n$$

$$V = k_4n \tag{5.7}$$

其中 n 是莫耳數，而 k_4 是正比常數。方程式 (5.7) 就是**亞佛加厥定律** (Avogadro's law) 的數學式，而所表達的就是氣體在定溫定壓下的體積和氣體的莫耳數成正比。從圖 5.6 中，我們可知 $k_4 = RT/P$。

根據亞佛加厥定律，當兩個氣體反應時，它們相互反應的體積會成簡單的比例 (這個現象先前給呂薩克也提過)。例如，用氫分子和氮分子合成氨氣的反應：

$$\underset{3\text{ 莫耳}}{3H_2(g)} + \underset{1\text{ 莫耳}}{N_2(g)} \longrightarrow \underset{2\text{ 莫耳}}{2NH_3(g)}$$

因為在相同溫度和壓力之下，氣體的體積和氣體的莫耳數成正比，所以我們可以寫成

$$\underset{3\text{ 單位體積}}{3H_2(g)} + \underset{1\text{ 單位體積}}{N_2(g)} \longrightarrow \underset{2\text{ 單位體積}}{2NH_3(g)}$$

氫分子和氮分子的莫耳數比為 3:1，而氨氣 (產物) 的體積與氫分子和氮分子 (反應物) 總體積的比例為 2:4 或 1:2 (圖 5.10)。

在接下來的 5.4 節中，我們會看到一些適用於氣體定律的例子。

5.4 理想氣體方程式

讓我們整理一下到目前為止討論過的氣體定律：

$$\text{波以耳定律：} V \propto \frac{1}{P} \quad (\text{在固定 } n \text{ 和 } T \text{ 的條件下})$$

$$\text{查理定律：} V \propto T \quad (\text{在固定 } n \text{ 和 } P \text{ 的條件下})$$

$$\text{亞佛加厥定律：} V \propto n \quad (\text{在固定 } P \text{ 和 } T \text{ 的條件下})$$

我們可以將以上三個式子合併成一個式子來描述氣體的行為：

$3H_2(g)$	+	$N_2(g)$	$\longrightarrow$	$2NH_3(g)$
3 個分子	+	1 個分子	→	2 個分子
3 莫耳	+	1 莫耳	→	2 莫耳
3 單位體積	+	1 單位體積	→	2 單位體積

圖 5.10 在化學反應中氣體的體積關係。氫分子和氮分子的體積比為 3:1，而氨氣 (產物) 的體積與氫分子和氮分子 (反應物) 總體積的比例為 2:4 或 1:2。

$$V \propto \frac{nT}{P}$$

$$V = R\frac{nT}{P}$$

或

$$PV = nRT \qquad (5.8)$$

這裡的正比常數 R 就是**氣體常數** (gas constant)。方程式 (5.8) 就是**理想氣體方程式** (ideal gas equation)，它可以用來描述氣體的四個變數 P、V、T 和 n 之間的關係。若一個氣體的壓力、體積、溫度之間的關係完全符合理想氣體方程式的話，則可稱此氣體是一個**理想氣體** (ideal gas)。理想氣體的分子彼此不會互相排斥或吸引，且理想氣體的體積相對於容器的體積來說可以忽略不記。雖然在自然界中不會有真的理想氣體存在，但是在正常的溫度和壓力之下，理想氣體方程式適用於所有氣體行為的假設，因此我們可以用理想氣體方程式來解決許多氣體的問題。

圖 5.11 在 STP 下氣體的莫耳體積 (約是 22.4 公升) 和一顆籃球的大小做比較。

若要將理想氣體方程式應用在真實系統，我們必須先對氣體常數 R 做評估。在攝氏 0 度 (273.15 K)、1 atm 時，很多真實氣體的行為和理想氣體是一樣的。由實驗的結果告訴我們，1 莫耳的理想氣體所占的空間為 22.414 公升，大約比一顆籃球的體積再大一些，如圖 5.11 所示。這裡的攝氏 0 度和 1 atm 稱為**標準溫度壓力** (standard temperature and pressure)，英文簡寫為 **STP**。從方程式 (5.8)，我們可以寫成

氣體常數可用不同單位表示。

$$\begin{aligned} R &= \frac{PV}{nT} \\ &= \frac{(1\ \text{atm})(22.414\ \text{L})}{(1\ \text{mol})(273.15\ \text{K})} \\ &= 0.082057\ \frac{\text{L} \cdot \text{atm}}{\text{K} \cdot \text{mol}} \\ &= 0.082057\ \text{L} \cdot \text{atm/K} \cdot \text{mol} \end{aligned}$$

L 和 atm、K 和 mol 之間所加的點符號提醒我們 L 和 atm 是分子，而 K 和 mol 是分母。在大多數的計算中，我們將 R 的值取三位有效數字 (0.0821 L · atm/ K · mol)；且將氣體在 STP 下的莫耳體積視為 22.41 公升。

從例題 5.3，我們可以知道如果已知氣體的數量、體積和溫度，就可以用理想氣體方程式計算出此氣體的壓力。除非特別提到，不然我們都將所用的攝氏溫度 (°C) 當作實際數字，因此它不會影響有效數字的計算。

例題 5.3

六氟化硫 (SF_6) 是一種無色無味的氣體。因為它缺乏化學反應活性，所以常被用來當作電子設備中的絕緣體。試計算將 1.82 莫耳 SF_6 放入一體積為 5.43 公升、溫度為攝氏 69.5 度的不鏽鋼槽中時所產生的氣體壓力 (以 atm 為單位)。

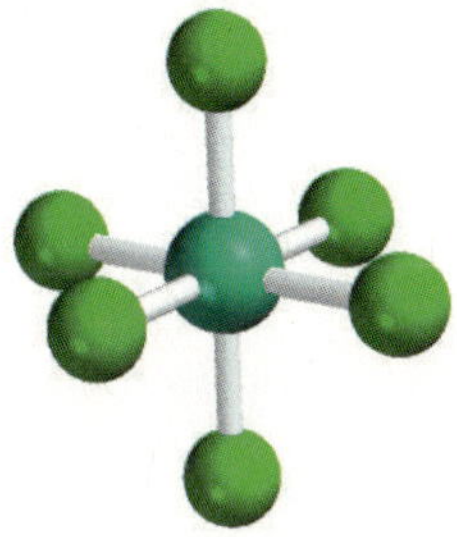

SF_6

策 略

題目告知氣體的數量、體積和溫度。這氣體的其他性質會有改變嗎？要用哪個方程式來算壓力？我們應該用的溫度單位是哪一個？

解 答

因為氣體的性質沒有改變，我們可以用理想氣體方程式來計算壓力。我們可以將方程式 (5.8) 重排寫成：

$$P = \frac{nRT}{V}$$

$$= \frac{(1.82\ \text{mol})(0.0821\ \text{L} \cdot \text{atm/K} \cdot \text{mol})(69.5 + 273)\ \text{K}}{5.43\ \text{L}}$$

$$= 9.42\ \text{atm}$$

類題：5.5。

練習題

試計算 2.12 莫耳 NO 氣體在壓力為 6.54 atm、溫度為攝氏 76 度時的氣體體積 (以公升為單位)。

若利用到氣體在 STP 下的莫耳體積為 22.41 公升，我們也可以不用理想氣體方程式就算出氣體在 STP 下的體積。

例題 5.4

試計算 7.40 公克的 NH_3 在 STP 下的體積 (以公升為單位)。

NH_3

策 略

1 莫耳的理想氣體在 STP 下的體積為多少？7.40 公克的 NH_3 是多少莫耳？

解　答

利用 1 莫耳理想氣體在 STP 下的體積是 22.41 公升，以及 NH_3 的莫耳質量 (17.03 公克)，我們可以寫出以下的轉換順序：

NH_3 公克數 ⟶ NH_3 莫耳數 ⟶ NH_3 在 STP 下的公升數

所以 NH_3 可用以下算式計算：

$$V = 7.40\ \text{g NH}_3 \times \frac{1\ \text{mol NH}_3}{17.03\ \text{g NH}_3} \times \frac{22.41\ \text{L}}{1\ \text{mol NH}_3}$$
$$= 9.74\ \text{L}$$

在化學的問題中，尤其是氣體定律的計算，我們常可以發現解決問題的方法不只一種。這裡我們也可以先將 7.40 公克的 NH_3 轉換成莫耳數，再代入理想氣體方程式 ($V = nRT/P$) 去求出體積。動手試試看吧！

檢　查

因為 7.40 公克的 NH_3 小於它的莫耳質量，所以它在 STP 的體積應該小於 22.41 公升，因此答案是合理的。

類題：5.9。

練習題

試計算 49.8 公克的 HCl 在 STP 下的體積 (以公升為單位)。

理想氣體方程式對於解決那些沒有牽涉到 P、V、T 和 n 改變的氣體問題是很有幫助的。因此，我們知道氣體的其中三個變數，就可以用理想氣體方程式算出剩下的那個變數。然而，大多數的狀況氣體的壓力、體積、溫度，甚至是數量都是會改變的。當條件改變時，我們必須將初始狀況和最終狀況考量進去，而運用修正後的理想氣體方程式。從方程式 (5.8)，我們可以將方程式修正為

下標數字的 1 和 2 分別表示氣體的初始和最終狀態。

$$R = \frac{P_1V_1}{n_1T_1}\ (\text{改變前}) \quad \text{和} \quad \frac{P_2V_2}{n_2T_2}\ (\text{改變後})$$

因此，

$$\frac{P_1V_1}{n_1T_1} = \frac{P_2V_2}{n_2T_2} \tag{5.9}$$

很有趣的是，所有在 5.3 節討論的氣體定律都可以從方程式 (5.9) 衍生出來。在大多數狀況下，分子的莫耳數不會改變，所以 $n_1 = n_2$，且方程式可以寫成

$$\frac{P_1V_1}{T_1} = \frac{P_2V_2}{T_2} \tag{5.10}$$

例題 5.5、5.6、5.7 都需要應用方程式 (5.9) 來解題。

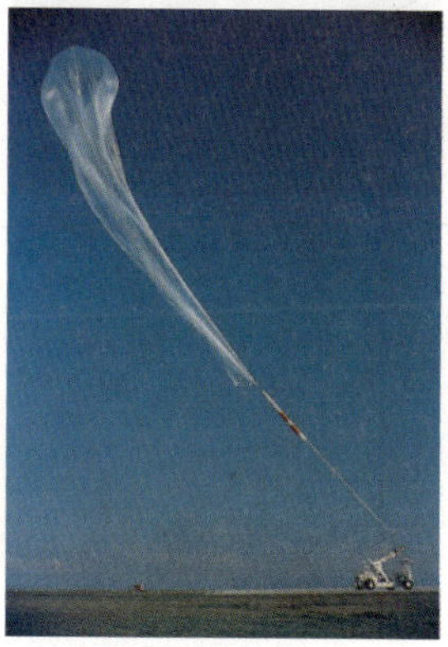

一個科學研究用的氦氣球。

例題 5.5

有一個充滿氦氣的氣球在海平面 (1.0 atm) 體積為 0.55 公升，當這個氣球上升到距離海平面 6.5 公里高時，壓力變成 0.40 atm。假設溫度不變，請問最後氣球的體積變成多少公升？

策 略

氣球內氣體的數量和溫度不變，改變的是壓力和體積。你需要的是哪一個氣體定律？

解 答

我們從方程式 (5.9) 開始

$$\frac{P_1V_1}{n_1T_1} = \frac{P_2V_2}{n_2T_2}$$

因為 $n_1 = n_2$ 且 $T_1 = T_2$，

$$P_1V_1 = P_2V_2$$

這式子其實就是波以耳定律 [見方程式 (5.2)]。已知的資訊可以表列如下：

初始條件	最終條件
P_1 = 1.0 atm	P_2 = 0.40 atm
V_1 = 0.55 公升	V_2 = ?

因此，

$$V_2 = V_1 \times \frac{P_1}{P_2}$$

$$= 0.55\ \text{L} \times \frac{1.0\ \text{atm}}{0.40\ \text{atm}}$$

$$= 1.4\ \text{L}$$

檢 查

當施加在氣球上的壓力減小 (定溫下)，氣球內的氦氣會膨脹且氣球的體積會增加。最終的體積應該會大於一開始的體積，所以答案是合理的。

練習題

若一氦氣樣本在壓力為 726 毫米水銀柱下體積為 946 毫升。在定溫下若體積減為 154 毫升，則壓力變成多少毫米水銀柱？

電燈泡裡常常填充了氬氣。

例題 5.6

氬氣是一種活性很低的氣體，常用在燈泡內以阻止鎢絲蒸發。有一個鎢絲燈泡中的氬氣所產生的壓力在攝氏 18 度時是 1.20 atm，若氬氣的體積不變，當燈泡加熱到攝氏 85 度時氬氣所產生的壓力變成多少 atm？

策　略

此過程中氬氣的溫度和壓力改變了，而數量和體積沒變。需要用哪一個方程式才可以算出最後的壓力？要用的溫度單位又是什麼？

解　答

因為 $n_1 = n_2$ 且 $V_1 = V_2$，方程式 (5.9) 變成

$$\frac{P_1}{T_1} = \frac{P_2}{T_2}$$

這式子就是查理定律 [見方程式 (5.6)]。然後我們可以列一個表：

初始條件	最終條件
P_1 = 1.20 atm	P_2 = ?
T_1 = (18 + 273) K = 291 K	T_2 = (85 + 273) K = 358 K

記得在計算有關氣體定律問題時，要將 °C 轉換成 K。

因此，最終的壓力為

$$\begin{aligned} P_2 &= P_1 \times \frac{T_2}{T_1} \\ &= 1.20\ \text{atm} \times \frac{358\ \text{K}}{291\ \text{K}} \\ &= 1.48\ \text{atm} \end{aligned}$$

此關係有個實際的例子，就是汽車輪胎的胎壓應該要在常溫下檢查。經過長時間的駕駛之後 (尤其在夏天)，輪胎會變得很熱，所以輪胎內的空氣壓力會上升。

檢　查

在體積不變時，定量的氣體壓力和絕對溫度成正比。因此最終的壓力增加是合理的。

練習題

有一個氧氣樣本在攝氏 21 度的壓力為 0.97 atm，若在體積不變的條件下，把此氣體的溫度下降到攝氏零下 68 度，此時氧氣的壓力是多少 atm？

類題：5.7。

例題 5.7

有一個泡泡由湖水的底端 (溫度攝氏 8 度、壓力 6.4 atm) 上升到湖水的表面 (溫度攝氏 25 度、壓力 1.0 atm)。若此泡泡的初始體積為

2.1 毫升，請問最後泡泡體積是多少毫升？

策 略

在解這種有很多已知資訊題目的時候，通常畫一個簡圖來了解狀況是很有幫助的，就像下面畫的：

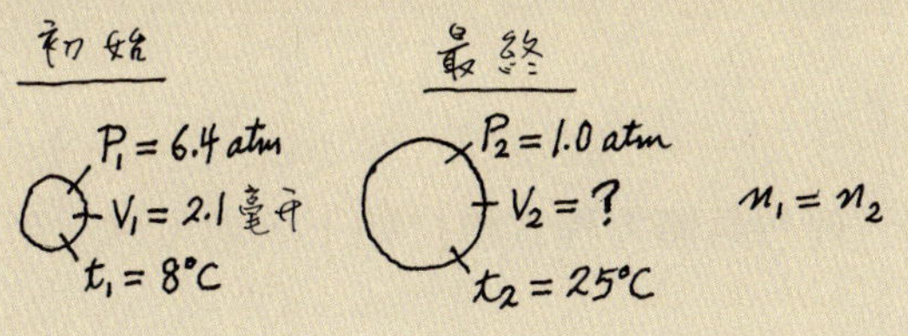

這個計算要用到哪一個溫度單位？

解 答

根據方程式 (5.9)，

$$\frac{P_1V_1}{n_1T_1} = \frac{P_2V_2}{n_2T_2}$$

我們可以假設泡泡內氣體的莫耳數不變，也就是 $n_1 = n_2$，所以

$$\frac{P_1V_1}{T_1} = \frac{P_2V_2}{T_2}$$

也就是方程式 (5.10)。將所有已知資訊整理可得下表：

初始條件	最終條件
$P_1 = 6.4$ atm	$P_2 = 1.0$ atm
$V_1 = 2.1$ mL	$V_2 = ?$
$T_1 = (8 + 273)$ K $= 281$ K	$T_2 = (25 + 273)$ K $= 298$ K

只要在方程式兩邊單位一樣，我們用的體積 (或壓力) 單位可以改變。

接下來將方程式 (5.10) 重排可得

$$V_2 = V_1 \times \frac{P_1}{P_2} \times \frac{T_2}{T_1}$$

$$= 2.1 \text{ mL} \times \frac{6.4 \text{ atm}}{1.0 \text{ atm}} \times \frac{298 \text{ K}}{281 \text{ K}}$$

$$= 14 \text{ mL}$$

檢 查

我們可以看到最後的體積等於一開始體積乘以一個壓力的比例 (P_1/P_2) 和一個溫度的比例 (T_2/T_1)。回想一下，氣體的體積是和壓力成反比，而和溫度成正比。因為當泡泡上升時，壓力逐漸減少，而溫度逐漸上升，我們可以預期泡泡的體積是會增加的。事實上，在這裡壓力變化對氣體體積改變的影響較大。

練習題

有一個氣體從一開始在攝氏 66 度時是體積 4.0 公升、壓力 1.2 atm，後來到了攝氏 42 度時是體積 1.7 公升。請問最後氣體的壓力為多少 atm？假設氣體的莫耳數不變。

密度的計算

如果我們將理想氣體方程式重排如下，則可以用來推算氣體的密度：

$$\frac{n}{V} = \frac{P}{RT}$$

上式的氣體的莫耳數 (n) 可以表示為

$$n = \frac{m}{\mathcal{M}}$$

其中 m 是氣體的質量以公克數表示，$\mathcal{M}$ 則是氣體分子的莫耳質量。代入理想氣體方程式後變成

$$\frac{m}{\mathcal{M}V} = \frac{P}{RT}$$

因為密度 (d) 的定義是單位體積中的質量 (m/V)，所以氣體的密度可表示為

$$d = \frac{m}{V} = \frac{P\mathcal{M}}{RT} \tag{5.11}$$

和液體與固體不同的是，氣體分子在空間中彼此的距離遠大於分子本身的大小。因此，氣體的密度在大氣條件下相當小。也因此正如下列例題 5.8 所示，密度的單位通常以 g/L，而不是 g/mL 來表示。

例題 5.8

CO_2

試計算二氧化碳 (CO_2) 在壓力為 0.990 atm，溫度為攝氏 55 度時的密度 (公克/公升)。

策　略

我們需要用到方程式 (5.11) 來計算氣體密度。題目所提供的資訊夠嗎？要用哪一個溫度單位呢？

解　答

在用方程式 (5.11) 之前，我們先將溫度單位轉換成絕對溫度 ($T =$

$273 + 55 = 328$ K)，並用 44.01 公克當作二氧化碳的莫耳質量：

$$d = \frac{P\mathcal{M}}{RT}$$
$$= \frac{(0.990 \text{ atm})(44.01 \text{ g/mol})}{(0.0821 \text{ L}\cdot\text{atm/K}\cdot\text{mol})(328 \text{ K})} = 1.62 \text{ g/L}$$

另一種方法就是將密度寫成

$$密度 = \frac{質量}{體積}$$

假設我們有 1 莫耳 CO_2，質量為 44.01 公克，則此氣體的體積可用理想氣體方程式求得：

$$V = \frac{nRT}{P}$$
$$= \frac{(1 \text{ mol})(0.0821 \text{ L}\cdot\text{atm/K}\cdot\text{mol})(328 \text{ K})}{0.990 \text{ atm}}$$
$$= 27.2 \text{ L}$$

因此，CO_2 的密度是

$$d = \frac{44.01 \text{ g}}{27.2 \text{ L}} = 1.62 \text{ g/L}$$

密度是一個內含性質，它的大小和物質的數量無關。因此，我們可以取任何方便的數字來幫助解決問題。

說 明

如果用 g/mL 當作密度單位，這裡的氣體密度會是 1.62×10^{-3} g/mL，是一個很小的數字。相較之下，水的密度為 1.0 g/mL，而金的密度是 19.3 g/cm^3。

類題：5.13。

練習題

六氟化鈾 (UF_6) 在壓力為 779 mmHg，溫度為攝氏 62 度時密度是多少 (g/L)？

氣態物質的莫耳質量

從目前為止所學到的看來，你或許會認為要知道物質的莫耳質量就要先找出此物質的分子式，再將分子式中各原子的原子量加總起來。然而，這樣的作法只適用於已知物質分子式的時候。實際上，化學家常常要面對的是未知或是只有部分成分已知的物質。如果未知物質是氣體，則它的莫耳質量可利用理想氣體方程式求得。我們要做的只是用實驗的

圖 5.12 用來測量氣體密度的裝置。將要研究的氣體物質填入一個已知體積的球形容器中，先記錄氣體的溫度和壓力。接著秤量容器的質量，之後把容器中的氣體抽空後再秤量一次，這兩次秤量結果的差就是氣體的質量。已知容器的體積，就可以算出氣體的密度。在大氣條件之下，100 毫升的空氣重約 0.12 公克。

方法，測量出在已知溫度和壓力下氣體的密度 (或是質量和體積)。將方程式 (5.11) 重排可得

$$\mathcal{M} = \frac{dRT}{P} \tag{5.12}$$

這樣的實驗通常會將我們要研究的氣體物質填入一個已知體積的球形容器，先記錄氣體的溫度和壓力，然後秤量出容器加上氣體的質量 (圖 5.12)。接著把容器中的氣體抽空後再秤量一次質量，這兩次秤量結果的差就是氣體的質量。氣體的密度就等於氣體的質量除以容器的體積。一旦我們知道氣體密度後，就可以利用方程式 (5.12) 求算出氣體的莫耳質量。

雖然現在主要用來決定莫耳質量的方法是用質譜儀，但是用密度來求莫耳質量還是相當好用，例題 5.9 就是一個例子。

請注意：用這個方法，我們不用知道化學式就可以推出氣體化合物的莫耳質量。

例題 5.9

某化學家合成了一種含有氯和氧的黃綠色氣體化合物，且此氣體在攝氏 36 度、2.88 atm 時的密度為 7.71 g/L。試計算此化合物的莫耳質量並推測其分子式。

策 略

因為方程式 (5.11) 和 (5.12) 只是互相重排的關係，我們只要知道氣體的密度、溫度、壓力就可以算出氣體的莫耳質量。化合物的分子式組成則必須符合其莫耳質量。此外，溫度要用的單位是什麼？

解 答

從方程式 (5.12)，我們知道

$$\begin{aligned}\mathcal{M} &= \frac{dRT}{P} \\ &= \frac{(7.71\ \text{g/L})(0.0821\ \text{L}\cdot\text{atm/K}\cdot\text{mol})(36 + 273)\ \text{K}}{2.88\ \text{atm}} \\ &= 67.9\ \text{g/mol}\end{aligned}$$

不然，我們也可以利用以下式子來算莫耳質量：

$$莫耳質量 = \frac{質量}{莫耳數}$$

從密度的定義，我們可以知道 1 公升氣體的質量是 7.71 公克。1 公升氣體的莫耳數則可用理想氣體方程式算出：

$$n = \frac{PV}{RT}$$
$$= \frac{(2.88\ \text{atm})(1.00\ \text{L})}{(0.0821\ \text{L}\cdot\text{atm/K}\cdot\text{mol})(309\ \text{K})}$$
$$= 0.1135\ \text{mol}$$

因此，氣體的莫耳質量為

$$\mathcal{M} = \frac{\text{質量}}{\text{莫耳數}} = \frac{7.71\ \text{g}}{0.1135\ \text{mol}} = 67.9\ \text{g/mol}$$

已知氯和氧的莫耳質量分別為 34.45 公克和 16.00 公克，我們可以用試誤法來推測此化合物的分子式。若化合物是由一個 Cl 原子和一個 O 原子所組成，則此化合物的莫耳質量為 51.45 公克，和我們算出來的答案比起來太小；若化合物是由兩個 Cl 原子和一個 O 原子所組成，則此化合物的莫耳質量為 86.90 公克，這樣的話就變得太大。因此，此化合物應該是由一個 Cl 原子和兩個 O 原子所組成，分子式是 ClO_2，莫耳質量是 67.45 公克。

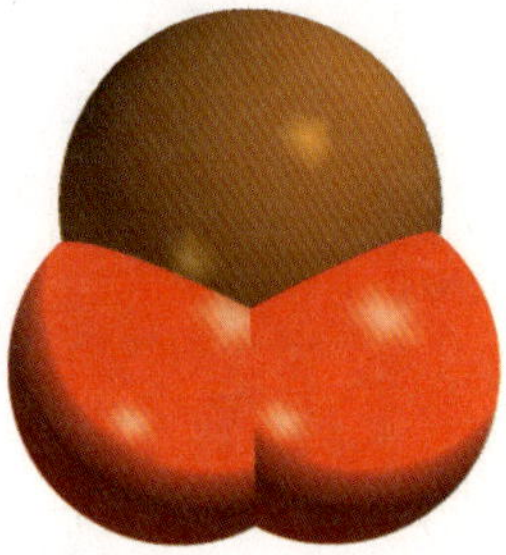

ClO_2

練習題

有一個氣體有機化合物在攝氏 40 度、1.97 atm 時的密度為 3.38 g/L。試計算此化合物的莫耳質量。

因為方程式 (5.12) 是由理想氣體方程式衍生而來的，我們一樣可以用理想氣體方程式來算氣體分子的莫耳質量，例題 5.10 就是這樣的例子。

例題 5.10

有一個氣體化合物經過化學分析之後，得知它的質量百分組成是 33.0% 的矽 (Si) 和 67.0% 的氟 (F)。在攝氏 35 度時，0.210 公升此氣體化合物的壓力為 1.70 atm。如果 0.210 公升此氣體化合物的質量為 2.38 公克，則此化合物的分子式為何？

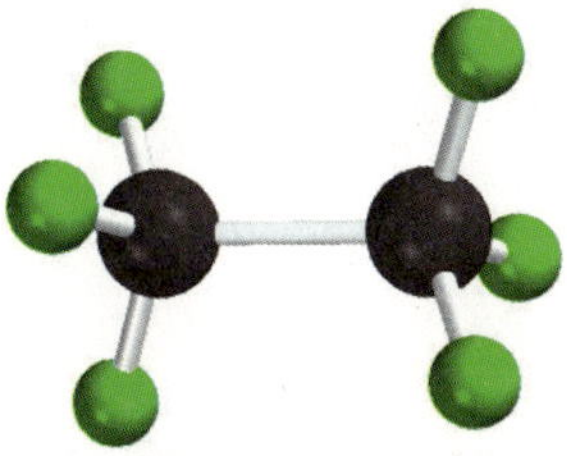

Si_2F_6

策　略

這個問題可以分成兩部分來看：首先，我們怎麼用 Si 和 F 的質量百分組成來算出此化合物的實驗式；此外，題目所提供的資訊可以讓我們算出化合物的莫耳質量，進而推測出化合物的分子式。實驗式的莫耳質量和分子式的莫耳質量之間的關係是什麼呢？

解　答

利用例題 3.9 的作法，我們假定有 100 公克的化合物而算出其實驗式，所以質量百分比可用公克來表示，Si 和 F 的莫耳數分別為

$$n_{Si} = 33.0\ \cancel{g\ Si} \times \frac{1\ mol\ Si}{28.09\ \cancel{g\ Si}} = 1.17\ mol\ Si$$

$$n_F = 67.0\ \cancel{g\ F} \times \frac{1\ mol\ F}{19.00\ \cancel{g\ F}} = 3.53\ mol\ F$$

因此，化合物的實驗式為 $Si_{1.17}F_{3.53}$，將下標數字同除較小的那個下標數字後可得實驗式為 SiF_3。

要計算化合物的莫耳質量前，我們必須先計算 2.38 公克的化合物是多少莫耳。利用理想氣體方程式：

$$n = \frac{PV}{RT}$$

$$= \frac{(1.70\ atm)(0.210\ L)}{(0.0821\ L \cdot atm/K \cdot mol)(308\ K)} = 0.0141\ mol$$

因為 0.0141 莫耳的化合物有 2.38 公克，此化合物的莫耳質量為

$$\mathcal{M} = \frac{2.38\ g}{0.0141\ mol} = 169\ g/mol$$

實驗式 SiF_3 的莫耳質量為 85.09 公克。回想一下之前學過的，一個化合物的莫耳質量和其實驗式的莫耳質量會成簡單整數比。因為 $169/85.09 \approx 2$，所以化合物的分子式一定是 $(SiF_3)_2$，也就是 Si_2F_6。

練習題

有一個氣體化合物的質量百分組成是 78.14% 的硼和 21.86% 的氫。在攝氏 27 度時，74.3 毫升此氣體化合物的壓力為 1.12 atm。若此氣體化合物的質量為 0.0934 公克，則此化合物的分子式為何？

5.5 氣體的計量

解決計量問題的關鍵是莫耳比，和反應物與產物的物理狀態無關。

在第三章中，我們學到用反應物和產物的數量 (以莫耳為單位) 和質量 (以公克為單位) 來解決化學反應中的計量問題。當反應物或產物是氣體的時候，我們也可以用數量 (莫耳，n) 和體積 (V) 之間的關係來解決類似問題 (圖 5.13)。例題 5.11、5.12 和 5.13 說明如何用氣體定律來做這樣的計算。

反應物數量 (公克數或體積) → 反應物莫耳數 → 產物莫耳數 → 產物數量 (公克數或體積)

圖 5.13 和氣體計量有關的計算過程。

例題 5.11

請問若要將 7.64 公升的乙炔 (C_2H_2) 在相同溫度壓力下完全燃燒需要多少公升的氧氣 (O_2)？

$$2C_2H_2(g) + 5O_2(g) \longrightarrow 4CO_2(g) + 2H_2O(l)$$

策 略

請注意：這裡 O_2 和 C_2H_2 的溫度和壓力是一樣的。那麼我們需要的是哪一個氣體定律來將氣體的體積換成莫耳數呢？

解 答

根據亞佛加厥定律，在相同溫度和壓力之下，氣體的莫耳數和體積成正比。從反應方程式中，我們可以看出 5 莫耳 O_2 會和 2 莫耳 C_2H_2 完全反應；也等於 5 公升 O_2 會和 2 公升 C_2H_2 完全反應。因此，和 7.64 公升的 C_2H_2 完全反應所需的 O_2 體積為：

$$O_2 \text{ 體積} = 7.64\ \cancel{\text{L } C_2H_2} \times \frac{5\text{ L } O_2}{2\ \cancel{\text{L } C_2H_2}}$$
$$= 19.1\text{ L}$$

練習題

若溫度和壓力不變，需要多少公升的氧氣 (O_2) 才能將 14.9 公升的丁烷 (C_4H_{10}) 完全燃燒？

$$2C_4H_{10}(g) + 13O_2(g) \longrightarrow 8CO_2(g) + 10H_2O(l)$$

例題 5.12

疊氮化鈉 (NaN_3) 常用來填充汽車安全氣囊。碰撞所產生的力道會觸發以下的分解反應：

$$2NaN_3(s) \longrightarrow 2Na(s) + 3N_2(g)$$

反應所產生的氣體會很快地將駕駛與擋風玻璃和儀表板之間的安全氣囊填滿。請問若 60.0 公克的 NaN_3 在攝氏 80 度、823 mmHg 下完全反應會產生多少公升 N_2？

策 略

從平衡反應方程式，我們可以知道 2 莫耳 NaN_3 完全反應會產生 3 莫耳 N_2，所以 NaN_3 和 N_2 之間的轉換因子為

$$\frac{3 \text{ mol } N_2}{2 \text{ mol } NaN_3}$$

因為已知 NaN_3 的質量，我們可以計算出有多少莫耳的 NaN_3，進而算出會產生多少莫耳的 N_2。最後，再用理想氣體方程式算出 N_2 的體積。

解 答

首先，我們要用以下的轉換步驟算出 60.0 公克的 NaN_3 完全反應會產生多少莫耳的 N_2：

$$NaN_3 \text{ 公克數} \longrightarrow NaN_3 \text{ 莫耳數} \longrightarrow N_2 \text{ 莫耳數}$$

所以

$$N_2 \text{ 莫耳數} = 60.0 \text{ g } NaN_3 \times \frac{1 \text{ mol } NaN_3}{65.02 \text{ g } NaN_3} \times \frac{3 \text{ mol } N_2}{2 \text{ mol } NaN_3}$$
$$= 1.38 \text{ mol } N_2$$

1.38 莫耳 N_2 的體積可用以下理想氣體方程式算出：

$$V = \frac{nRT}{P} = \frac{(1.38 \text{ mol})(0.0821 \text{ L} \cdot \text{atm/K} \cdot \text{mol})(80 + 273 \text{ K})}{(823/760) \text{ atm}}$$
$$= 36.9 \text{ L}$$

類題：5.19。

練習題

葡萄糖 ($C_6H_{12}O_6$) 代謝分解的反應方程式和葡萄糖在空氣中燃燒的反應方程式相同：

$$C_6H_{12}O_6(s) + 6O_2(g) \longrightarrow 6CO_2(g) + 6H_2O(l)$$

請問若有 5.60 公克的 $C_6H_{12}O_6$ 在攝氏 37 度、1 atm 下完全反應會產生多少公升 CO_2？

例題 5.13

在潛水艇和太空船內的空氣必須連續不斷地純化。

氫氧化鋰水溶液因為可以吸附人類新陳代謝的最終產物二氧化碳，所以常在太空船或潛水艇中用來純化空氣。這個過程的反應方程式如下：

$$2LiOH(aq) + CO_2(g) \longrightarrow Li_2CO_3(aq) + H_2O(l)$$

在 312 K 時，潛水艇艙內的二氧化碳氣體有 2.4×10^5 公升，而產生

的壓力為 7.9 × 10^{-3} atm。若將氫氧化鋰水溶液放入艙內後，在不考慮水溶液體積的狀況下，最終二氧化碳的壓力降到 1.2 × 10^{-4} atm。請問這個過程所產生的碳酸鋰有多少公克？

策 略

我們要如何從降低的 CO_2 壓力去計算有多少莫耳 CO_2 反應掉？從理想氣體方程式，我們知道

$$n = P \times \left(\frac{V}{RT}\right)$$

在 T 和 V 固定時，CO_2 壓力的改變量 ΔP 和 CO_2 莫耳數的改變量 Δn 成正比。因此，

$$\Delta n = \Delta P \times \left(\frac{V}{RT}\right)$$

另外，要知道的就是反應中 CO_2 和 Li_2CO_3 的轉換因子是什麼？

解 答

CO_2 壓力的改變量是 (7.9 × 10^{-3} atm) − (1.2 × 10^{-4} atm) = 7.8 × 10^{-3} atm。因此，反應掉的 CO_2 莫耳數為

$$\begin{aligned}\Delta n &= 7.8 \times 10^{-3}\ \text{atm} \times \frac{2.4 \times 10^5\ \text{L}}{(0.0821\ \text{L} \cdot \text{atm/K} \cdot \text{mol})(312\ \text{K})} \\ &= 73\ \text{mol}\end{aligned}$$

從化學反應方程式中我們可以知道 1 莫耳 CO_2 完全反應會產生 1 莫耳 Li_2CO_3，所以反應後產生的 Li_2CO_3 應該也是 73 莫耳。然後，再用 Li_2CO_3 的莫耳質量 (73.89 公克) 就可以算出產生了多少 Li_2CO_3：

$$\begin{aligned}\text{產生的 } Li_2CO_3 \text{ 質量} &= 73\ \text{mol}\ \cancel{Li_2CO_3} \times \frac{73.89\ \text{g}\ Li_2CO_3}{1\ \text{mol}\ \cancel{Li_2CO_3}} \\ &= 5.4 \times 10^3\ \text{g}\ Li_2CO_3\end{aligned}$$

練習題

在 2.61 atm、攝氏 28 度下，2.14 公升的氯化氫 (HCl) 氣體完全溶於 668 毫升的水形成鹽酸水溶液。假設總體積不變的條件之下，此溶液的莫耳濃度為何？

5.6 道耳吞分壓定律

到目前為止，我們都在討論單一氣體物質的行為，但實驗中會遇到的常常是混合的氣體。例如，在研究空氣汙染時，我們有興趣的就是空

氣中壓力、體積和溫度之間的關係。而空氣就是好幾種氣體的混合物。在討論這種混合氣體的時候，氣體所造成的總壓力是和混合物中個別氣體的壓力有直接的關係。而混合物中個別氣體的壓力也稱作氣體的**分壓** (partial pressures)。在西元 1801 年時，道耳吞提出所謂的**道耳吞分壓定律** (Dalton's law of partial pressures)，這個定律敘述了混合氣體的總壓正好等於混合氣體中個別氣體單獨存在時的分壓總和。圖 5.14 說明這個定律。

如果兩種不同氣體 A 和 B 同時存在於體積為 V 的容器中，根據理想氣體定律，氣體 A 所產生的分壓為

$$P_A = \frac{n_A RT}{V}$$

其中 n_A 是氣體 A 的莫耳數。相同地，氣體 B 所產生的分壓為

$$P_B = \frac{n_B RT}{V}$$

在氣體 A 和 B 的混合物中，氣體的總壓 P_T 是由兩種氣體分子 A 和 B 撞擊容器內壁所產生的。因此，根據道耳吞分壓定律：

$$\begin{aligned} P_T &= P_A + P_B \\ &= \frac{n_A RT}{V} + \frac{n_B RT}{V} \end{aligned}$$

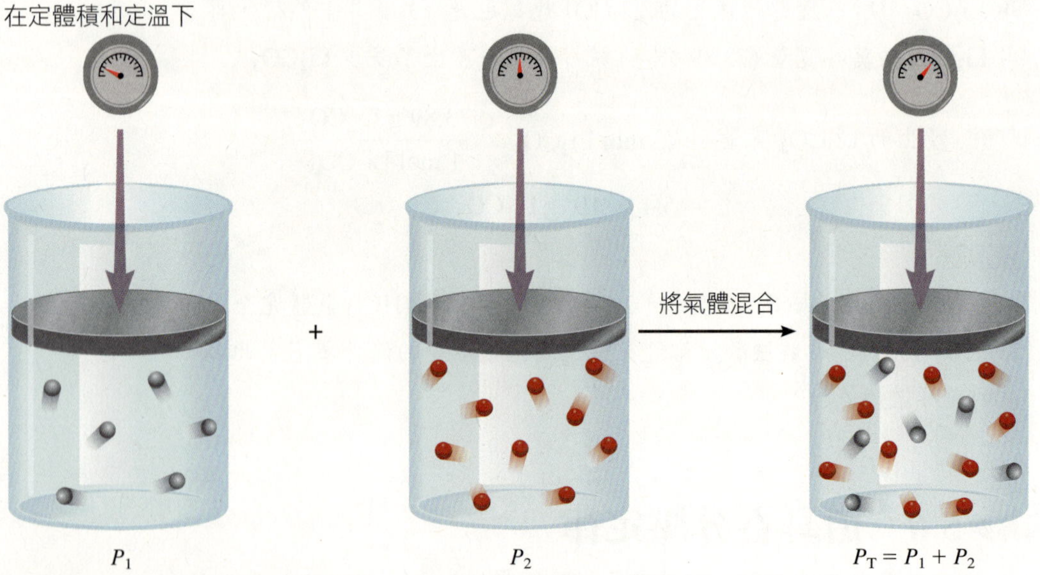

圖 5.14 圖示道耳吞分壓定律。

$$= \frac{RT}{V}(n_A + n_B)$$
$$= \frac{nRT}{V}$$

其中 n 就是混合氣體的總莫耳數，$n = n_A + n_B$，而 P_A 和 P_B 則分別是氣體 A 和氣體 B 的分壓。由此看來，混合氣體的總壓跟氣體分子的總莫耳數有關，而跟氣體分子的本質無關。

一般來說，氣體混合物的總壓等於

$$P_T = P_1 + P_2 + P_3 + \cdots$$

其中 P_1、P_2、P_3、 ⋯ 是組成成分 1、2、3、 ⋯ 的分壓。要知道分壓和總壓之間的關係為何，我們可以再用兩種氣體的混合系統來討論。將上式的 P_A 除以 P_T 可得：

$$\frac{P_A}{P_T} = \frac{n_A RT/V}{(n_A + n_B)RT/V}$$
$$= \frac{n_A}{n_A + n_B}$$
$$= X_A$$

其中 X_A 是 A 的莫耳分率。**莫耳分率** (mole fraction) 是一種用來表示混合物其中一種組成成分的莫耳數在所有組成成分的總莫耳數中所占的比例。一般而言，組成成分 i 在混合物中的莫耳分率可以寫成

$$X_i = \frac{n_i}{n_T} \tag{5.13}$$

其中 n_i 和 n_T 分別是組成成分 i 的莫耳數和混合物的總莫耳數。莫耳分率永遠小於 1。有了莫耳分率之後，我們可以將 A 的莫耳分壓寫成：

$$P_A = X_A P_T$$

一樣地，

$$P_B = X_B P_T$$

請注意：氣體混合物中莫耳分率的總和一定要等於一。如果是兩種氣體的混合物，則

$$X_A + X_B = \frac{n_A}{n_A + n_B} + \frac{n_B}{n_A + n_B} = 1$$

對於氣體混合物來說，分壓的總和必等於總壓，而莫耳分率的總和必等於 1。

如果系統中有兩個以上的氣體，則氣體 i 的分壓和總壓之間的關係是

$$P_i = X_i P_T \tag{5.14}$$

那氣體的分壓又是怎麼被決定的呢？用壓力計只能測量出混合氣體的總壓。要得到分壓，必須要知道氣體的莫耳分率，這部分就必須依靠詳細的化學分析。測量莫耳分率最直接的方法就是使用質譜儀。質譜儀圖譜中每個訊號的相對強度正比於氣體的數量，也因此正比於氣體的莫耳分率。

正如在例題 5.14 將看到的，有了莫耳分率和總壓之後，我們就可以計算個別氣體的分壓。在第 198 到 199 頁「生活中的化學」單元中，我們將介紹道耳吞分壓定律如何直接應用在潛水活動上。

例題 5.14

一個氣體混合物中有 4.46 莫耳的氖氣 (Ne)、0.74 莫耳的氬氣 (Ar) 和 2.15 莫耳的氙氣 (Xe)。在一特定溫度下，若氣體的總壓為 2.00 atm，請問每個氣體的分壓為何？

策　略

氣體分壓和總壓的關係為何？我們要如何計算氣體的莫耳分率？

解　答

根據方程式 (5.14)，Ne 的分壓 (P_{Ne}) 等於它的莫耳分率 (X_{Ne}) 乘以總壓 (P_T)：

$$P_{Ne} = X_{Ne} P_T$$

（X_{Ne}：需要從題目找出；P_{Ne}：題目要問的；P_T：已知）

利用方程式 (5.13)，我們可以算出 Ne 的莫耳分率如下：

$$X_{Ne} = \frac{n_{Ne}}{n_{Ne} + n_{Ar} + n_{Xe}} = \frac{4.46 \text{ mol}}{4.46 \text{ mol} + 0.74 \text{ mol} + 2.15 \text{ mol}} = 0.607$$

因此，

$$\begin{aligned} P_{Ne} &= X_{Ne} P_T \\ &= 0.607 \times 2.00 \text{ atm} \\ &= 1.21 \text{ atm} \end{aligned}$$

相同地，

$$P_{Ar} = X_{Ar}P_T$$
$$= 0.10 \times 2.00 \text{ atm}$$
$$= 0.20 \text{ atm}$$

以及

$$P_{Xe} = X_{Xe}P_T$$
$$= 0.293 \times 2.00 \text{ atm}$$
$$= 0.586 \text{ atm}$$

檢 查

確認所有的氣體分壓加起來會等於總壓，也就是 (1.21 + 0.20 + 0.586) atm = 2.00 atm。

練習題

一個天然氣樣本中有 8.24 莫耳甲烷 (CH_4)、0.421 莫耳乙烷 (C_2H_6) 和 0.116 莫耳丙烷 (C_3H_8)。若天然氣的總壓是 1.37 atm，請問其中各氣體的分壓為何？

道耳吞分壓定律可以用來計算用排水集氣法收集的氣體體積。例如，當氯酸鉀 ($KClO_3$) 加熱會分解成 KCl 和 O_2：

$$2KClO_3(s) \longrightarrow 2KCl(s) + 3O_2(g)$$

如圖 5.15 所示，反應產生的氣體可用排水集氣法收集。一開始先將裝滿水的水瓶倒置於水中，當氧氣產生時，氣泡會上升到瓶子的頂端取代掉原本水所占的體積。這樣收集氣體的方法必須假設氣體不會和水反

使用排水集氣法時，總壓 (氣體加上水蒸氣的壓力) 等於大氣壓力。

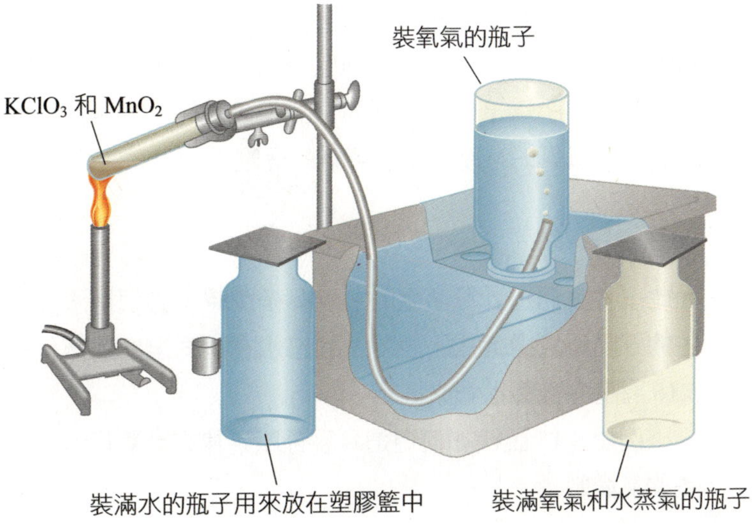

圖 5.15 排水集氣法所用的裝置。藉由少量二氧化錳 (MnO_2) 的催化，加熱氯酸鉀 ($KClO_3$) 所產生的氧氣在水中形成氣泡而上升到瓶子頂端來收集。瓶中原本的水會被氧氣排出。

CHEMISTRY *in Action*

生活中的化學

潛水和氣體定律的關係

潛水是一種刺激的運動，還好有氣體定律，它對於健康且經過訓練的人來說是相當安全的一種活動。而氣體定律在這項熱門的活動上有兩種應用，分別是可以用來計算在潛水後安全回到水面所需的氣體量；以及用來決定要用何種混合氣體才不至於在潛水過程中喪命。

一般潛水的深度大約在 40 到 65 英尺深，但有時也有深達 90 英尺的潛水。因為海水的密度 (1.03 g/mL) 比一般的水 (1.00 g/mL) 來得大，33 英尺深的海水就可提供 1 atm 的壓力。壓力會隨著深度增加而增加，所以 66 英尺深的海水就可提供 2 atm 的壓力，以此類推。

如果一個潛水者很快地從離水面 20 英尺的地方沒有換氣迅速回到水面會發生什麼事？在這個過程壓力的改變會是 (20 英尺/33 英尺) × 1 atm = 0.6 atm。當潛水者回到水面時，留在肺部的空氣體積會增加 (1 + 0.6) atm/1 atm = 1.6 倍，這樣的氣體擴張有可能將肺部撐破，而造成致命的傷害；另外一種可能的嚴重後果是造成空氣在肺部的栓塞。當空氣在肺部膨脹時，空氣會被強制推送進微血管內。這些在血管內的氣泡會阻礙血液向大腦移動，因此潛水者可能在回到水面前就失去意識。唯一治療空氣栓塞的方法就是再壓縮。在這個痛苦的療程中，病人必須進入一個充滿壓縮空氣的槽中，經過幾個小時到一天的治療，塞住血管的氣泡會慢慢被壓縮到不會塞住血管的大小。為了要避免這個危險問題，潛水者知道他們必須慢慢上升至水面，在特定的地方還需要停下來，讓身體有時間來調整面對壓力的快速下降。

潛水對於氣體定律的第二個例子跟道耳吞分壓定律有關。我們都知道氧氣是生命延續所必須的東西，大概很難想像過多的氧氣也會對人體有危害。然而，氧氣過量的毒性早已被發現。例如，被放置在氧氣帳內的新生嬰兒常常會有視網膜組織的傷害，會造成部分或全部視力的損失。

我們的身體在氧氣分壓為 0.20 atm 時會最正常的運作，這個分壓正好等於氧氣在我們呼吸空氣中的分壓。氧氣在空氣中的分壓為

$$P_{O_2} = X_{O_2}P_T = \frac{n_{O_2}}{n_{O_2} + n_{N_2}}P_T$$

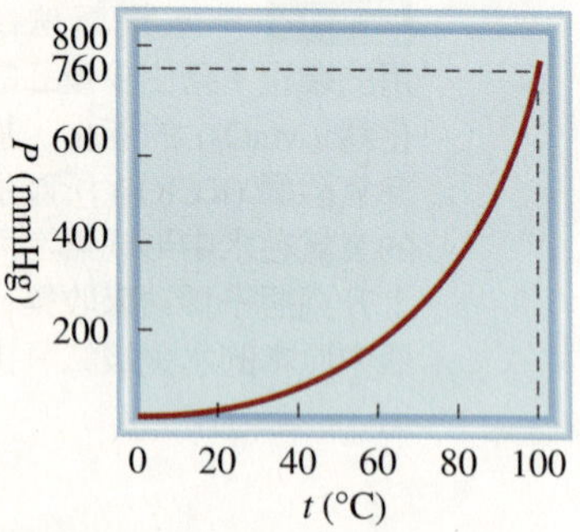

圖 5.16 水的蒸氣壓和壓力之間的關係。請注意：水在沸點時 (100°C) 的蒸氣壓是 760 mmHg，正好等於 1 atm。

應，也不會溶於水。氧氣可以用這個方法，但是像會很快溶於水的氨氣 (NH_3) 就不適合這種收集法。然而，因為水的蒸氣也會在瓶中，所以這樣收集到的氧氣不會很純。而瓶內氣體的總壓會等於氧氣的分壓加上水蒸氣的分壓：

$$P_T = P_{O_2} + P_{H_2O}$$

因此，當我們在計算產生的氧氣有多少時，必須把水蒸氣所產生的分壓也考慮進去。表 5.3 列出水在不同溫度的蒸氣壓。圖 5.16 將這些數據以圖來表示。

例題 5.15 說明如何用道耳吞分壓定律來計算排水集氣法收集的氣體數量。

其中 P_T 是空氣總壓。然而，在定溫定壓下體積正比於氣體的莫耳數，所以我們也可寫成

$$P_{O_2} = \frac{V_{O_2}}{V_{O_2} + V_{N_2}} P_T$$

因此，空氣的體積百分成分為 20% 氧氣和 80% 氮氣。當潛水者潛入海裡，水對潛水者施予的壓力會大於大氣壓力。此時人體內有多餘空間器官 (像是肺或鼻竇) 的壓力必須要和周圍的水壓一樣，不然這些器官會被壓縮。而潛水者用的氣體鋼瓶中有一個特殊的閥門可以自動調節氣體的壓力，使得所吸入氣體的壓力隨時都等於外部的水壓。例如：在水壓為 2.0 atm 的海裡，空氣中氧氣的含量應該要下降到剩下總體積的 10%，以維持氧氣的分壓還是 0.20 atm，也就是

$$P_{O_2} = 0.20 \text{ atm} = \frac{V_{O_2}}{V_{O_2} + V_{N_2}} \times 2.0 \text{ atm}$$

$$\frac{V_{O_2}}{V_{O_2} + V_{N_2}} = \frac{0.20 \text{ atm}}{2.0 \text{ atm}} = 0.10 \text{ 或 } 10\%$$

雖然直覺地認為氮氣可以和氧氣混合填充在氣體鋼瓶內提供潛水者使用，但是潛水用這樣的混合氣體會造成一個嚴重的問題。當氮氣的分壓大於 1 atm 時，會造成過多的氮氣溶於血液中，而對人體造成一種稱為氮麻醉 (nitrogen narcosis) 的現象。氮麻醉對於人的影響就像酒精中毒一樣。潛水者若有氮麻醉的現象時會開始行為異常，像是在海中跳舞或是追逐鯊魚，也因此實際上在潛水者用的氣體鋼瓶中常用氦氣與氧氣混合。氦氣是活性比較低的氣體，相較於氮氣，氦氣不太溶於血液，所以不會造成人體麻醉的現象。

潛水者。

例題 5.15

如圖 5.15 所示，氯酸鉀分解所產生的氧氣可以用排水集氣法來收集。若在一次實驗中在溫度為攝氏 24 度，壓力為 762 mmHg 時所收集到的氧氣有 128 毫升，請問所收集到的氧氣有多少公克？水在攝氏 24 度的蒸氣壓為 22.4 mmHg。

策　略

若要知道產生的 O_2 質量，必須要先知道 O_2 在混合物中的分壓。我們需要哪一個氣體定律？又如何將 O_2 的分壓轉換成 O_2 的公克數呢？

表 5.3 水在不同溫度的蒸氣壓

溫度 (°C)	水的蒸氣壓 (mmHg)
0	4.58
5	6.54
10	9.21
15	12.79
20	17.54
25	23.76
30	31.82
35	42.18
40	55.32
45	71.88
50	92.51
55	118.04
60	149.38
65	187.54
70	233.7
75	289.1
80	355.1
85	433.6
90	525.76
95	633.90
100	760.00

類題：5.23。

解　答

從道耳吞分壓定律，我們知道

$$P_T = P_{O_2} + P_{H_2O}$$

因此，

$$\begin{aligned} P_{O_2} &= P_T - P_{H_2O} \\ &= 762 \text{ mmHg} - 22.4 \text{ mmHg} \\ &= 740 \text{ mmHg} \end{aligned}$$

根據理想氣體定律我們可以寫出

$$PV = nRT = \frac{m}{\mathcal{M}}RT$$

其中 m 和 $\mathcal{M}$ 分別是收集到 O_2 的質量和莫耳質量。將上述的方程式重排可得

$$\begin{aligned} m = \frac{PV\mathcal{M}}{RT} &= \frac{(740/760)\text{atm}(0.128 \text{ L})(32.00 \text{ g/mol})}{(0.0821 \text{ L} \cdot \text{atm/K} \cdot \text{mol})(273 + 24) \text{ K}} \\ &= 0.164 \text{ g} \end{aligned}$$

檢　查

這裡氧氣的密度是 (0.164 g/0.128 L) = 1.28 g/L，這個值在大氣條件下對於氣體來說是合理的 (見例題 5.8)。

練習題

金屬鈣和水產生的氫氣可以用圖 5.15 的裝置收集。若在一次實驗中，溫度為攝氏 30 度，壓力為 988 mmHg 時所收集到的氫氣有 641 毫升，請問所收集到的氧氣有多少公克？已知水在攝氏 30 度的蒸氣壓為 31.82 mmHg。

5.7 氣體的動力分子理論

氣體定律可以幫助我們預測氣體的行為，但是不能用來解釋在分子等級的世界發生了什麼事，而造成在巨觀世界中我們所觀察到的現象。舉例來說，為什麼氣體加熱會膨脹呢？

在十九世紀時，許多物理學家，其中比較有名的是玻爾茲曼[8] 和馬

8 路德維希‧玻爾茲曼 (Ludwig Eduard Boltzmann, 1844~1906)，澳洲物理學家。雖然玻爾茲曼是歷史上最偉大的理論物理學家之一，在他還在世的時候，他的理論一直不被其他科學家認同，也因此他歷經了貧窮與疾病，最後在西元 1906 年自殺身亡。

克士威[9]，發現氣體的物理性質可以用個別分子的運動來解釋。這裡的分子運動是一種能量的形式，可以定義為分子作功或是產生變化的能力。從力學的角度來看，**功**定義為作用力乘以距離。因為能量可以用功來測量，我們可以寫成

$$\begin{aligned}\text{能量} &= \text{所作的功}\\ &= \text{作用力} \times \text{距離}\end{aligned}$$

焦耳 (joule; J)[10] 是 SI 的能量單位：

$$\begin{aligned}1\ \text{J} &= 1\ \text{kg m}^2/\text{s}^2\\ &= 1\ \text{N m}\end{aligned}$$

或者，能量也可以千焦耳 (kJ) 來表示：

$$1\ \text{kJ} = 1000\ \text{J}$$

正如我們在第六章將學到的，能量有很多種形式。其中的**動能** (kinetic energy; KE) 是指一個移動中的物體所擁有的能量。

將馬克士威、玻爾茲曼和其他人的發現歸納起來，就是大家知道的**氣體的動力分子理論** (kinetic molecular theory of gases)，或簡稱氣體的動力理論。這個動力理論主要是由以下幾個假設所構成：

氣體動力理論將分子視為沒有內部結構的硬圓球體。

1. 氣體是由彼此之間距離遠大於本身大小的分子所組成。氣體分子可以想像成「點」；氣體分子具有質量但本身的體積可以忽略。
2. 氣體分子的運動是持續不停且沒有方向性的，它們常常彼此互相碰撞。分子之間的碰撞是完全有彈性的；也就是說，氣體分子的能量可以經由碰撞完全轉移到另一個分子上。然而，系統內所有分子的總能量維持不變。
3. 氣體分子之間不會互相吸引或排斥。
4. 分子的平均動能和氣體的絕對溫度成正比。任何在相同溫度下的兩個氣體會有相同的平均動能。一個分子的平均動能可以寫成：

$$\overline{\text{KE}} = \tfrac{1}{2}m\overline{u^2}$$

9 詹姆斯・克拉克・馬克士威 (James Clerk Maxwell, 1831~1879)，蘇格蘭物理學家。馬克士威是十九世紀最偉大的理論物理學家之一，他的研究包含許多物理學的領域，其中包括氣體動力學理論、熱力學，還有電磁學。

10 詹姆斯・普雷斯科特・焦耳 (James Prescott Joule, 1818~1889)，英國物理學家。在年輕的時候焦耳曾被道耳吞指導過，他最著名的是訂定了熱功當量，以及力學能和熱能之間的轉換。

其中 m 是分子的質量，而 u 是它的速度。式子上方的平行線代表平均值的意思。$\overline{u^2}$ 指的是均方速度，它是所有分子速度平方的平均值：

$$\overline{u^2} = \frac{u_1^2 + u_2^2 + \cdots + u_N^2}{N}$$

其中 N 是分子的數目。

上述的假設 4 可以改寫成

$$\overline{\mathrm{KE}} \propto T$$
$$\tfrac{1}{2}m\overline{u^2} \propto T$$

因此，

$$\overline{\mathrm{KE}} = \tfrac{1}{2}m\overline{u^2} = CT \qquad (5.15)$$

其中 C 是正比常數，而 T 是絕對溫度。

根據動力分子的描述，氣體壓力是由氣體分子和容器的瓶壁碰撞產生的。它的大小決定在單位面積內碰撞的頻率，以及分子以「多大」的力量撞擊瓶壁。這個理論也解釋溫度如何影響分子的行為。根據方程式 (5.15)，氣體的絕對溫度是對於分子的平均動能做測量。換句話說，絕對溫度可以用來表示分子的不規則運動——溫度愈高，分子的動能愈大。也因為和溫度有關，分子的不規則運動有時也被稱為熱力運動。

在氣體定律上的應用

雖然氣體的動力理論是建立在一個相對簡單的模型上，但它在數學上的運算細節是很複雜的。然而，在定性方面，我們可以用這個理論來解釋氣體物質一般性質。以下的例子說明它的應用範圍：

- **氣體的可壓縮性**。因為氣態分子之間的距離很大 (假設 1)，氣體可以輕易地被壓縮成比較小的體積。
- **波以耳定律**。氣體產生的壓力來自於氣體分子對於容器瓶壁的撞擊。撞擊的速率，或是每秒分子撞擊瓶壁的數目，會正比於氣體的密度 (也就是單位體積內的分子數量)。若將氣體的體積壓縮會造成密度增加，也因此撞擊的速率也會增加。也因此氣體的壓力會反比於氣體的體積，體積減少時，氣體壓力增加，反之亦然。
- **查理定律**。因為氣體分子的平均動能正比於絕對溫度 (假設 4)，當

溫度上升時，氣體分子的平均動能也隨之增加。因此，當氣體被加熱時，分子撞擊容器瓶壁的頻率和能量也會增加，所以壓力上升。氣體體積會一直增加，直到氣體壓力與容器外部壓力達到平衡 (圖 5.8)。

- **亞佛加厥定律**。我們已經說明氣體壓力會正比於氣體的密度和溫度。因為氣體的質量正比於氣體的莫耳數 (n)，我們可以把密度表示為 n/V，因此，

$$P \propto \frac{n}{V}T$$

當有兩種氣體 1 和 2 時，我們可以寫成

$$P_1 \propto \frac{n_1T_1}{V_1} = C\frac{n_1T_1}{V_1}$$

$$P_2 \propto \frac{n_2T_2}{V_2} = C\frac{n_2T_2}{V_2}$$

其中 C 是正比常數。因此，兩種氣體若壓力、體積、溫度的條件一樣時 (也就是 $P_1 = P_2$，$T_1 = T_2$，$V_1 = V_2$ 及 $n_1 = n_2$)，這和亞佛加厥定律在數學上表示的概念是一樣的。

亞佛加厥定律的另一種說法是，在相同壓力和溫度下，相同體積的氣體 (不論是相同還是不同的氣體) 都有相同的分子數。

- **道耳吞分壓定律**。如果分子之間彼此不會互相吸引或排斥 (假設 3)，一種氣體分子所產生的壓力就不會因為另一種氣體分子存在而受到影響。因此，氣體的總壓就是個別氣體分壓的總和。

分子速率的分布

氣體的動力理論讓我們可以更詳盡地探討分子的運動。假設我們在一個容器中有很多氣體分子，例如 1 莫耳，只要溫度是固定的，分子的平均動能和均方速度就不會隨著時間的改變而有所變動。就像你認為的，分子的運動是沒有規則且無從預測。在某一個特定瞬間中，有多少分子是用一樣的速度在移動呢？為了要回答這個問題，馬克士威分析氣體分子在不同溫度時的行為。

圖 5.17(a) 是針對氮氣分子在三種不同溫度下所描繪出典型的**馬克士威速度分布曲線** (Maxwell speed distribution curves)。在特定溫度下，分布曲線告訴我們有多少分子以一定的速度移動。每條曲線的波峰代表**最可能的速率**，也就是最多分子所移動的速度。我們注意到氣體分子移動最可能的速率隨著溫度增加而增加 (波峰向右移動)。除此之外，當溫度增加時，曲線也開始變成扁平狀，這說明有愈多分子以較高的速度移

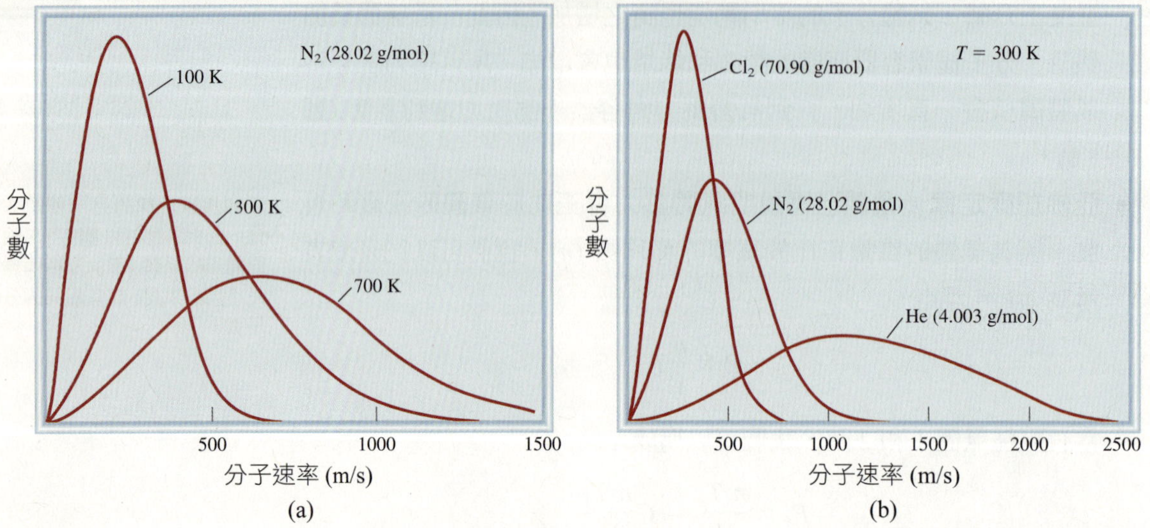

圖 5.17 (a) 氮氣分子在三種不同溫度下的速率分布曲線。溫度較高時，有較多分子以較快的速率移動；(b) 三種不同氣體在 300 K 時的速率分布曲線。在一定的溫度下，平均上較輕的分子移動得較快。

動。在圖 5.17(b) 中，我們可以看到三種不同氣體在相同溫度下的速率分布。在這裡三條曲線形狀是不一樣的，其原因可解釋為平均而言較輕的分子會比較重的分子移動速度快。

分子速度的分布可以用圖 5.18 中的裝置來觀察。首先，一原子束 (或分子束) 由已知溫度的加熱器發射出來，然後使此射線穿過一個針孔 (使此射線平行直射)。同時用馬達旋轉同軸上的兩個圓盤，第一個圓盤

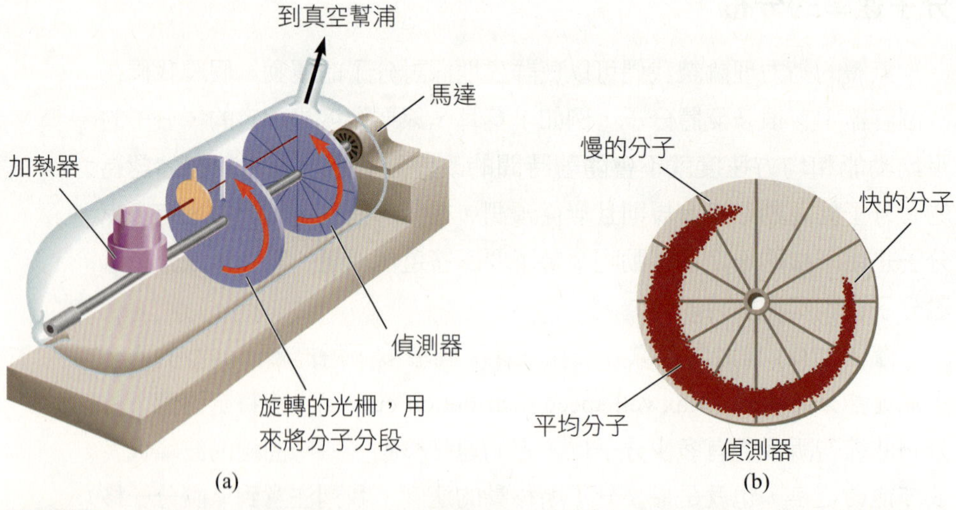

圖 5.18 (a) 用來研究在特定溫度下分子移動速度分布的裝置。裝置連接到真空幫浦使得分子可以如圖所示由左向右移動；(b) 分子撞擊偵測器後分散的沉積代表分子速度的範圍，而沉積的密度代表以不同速率移動分子的比例。

可以用來將射線「分段」，而第二個圓盤就是偵測器。第一個圓盤的功用是依照通過的時間將射線中的原子 (或分子) 切成小的片段。對於每一個片段中，移動快的分子會比移動慢的分子較早到達偵測器。最終，通過的分子會在偵測器上聚集。因為這兩個圓盤是用相同的速度在旋轉，第二個射線片段中和第一個射線片段中，具有相同速度的分子會撞擊到幾乎相同的位置。當撞擊偵測器的分子堆積到一定的程度，就可以在第二個圓盤上被看到。而堆積的密度就代表在那個溫度下分子速度的分布。

均方根速度

在任何溫度 T 下，一個分子平均可以移動得多快？有一個方法是利用計算**均方根** (root-mean-square, rms) **速度** (speed; u_{rms})，也就是分子平均速度來估計。在氣體動力理論中，說明 1 莫耳的任何氣體其總動能為 $\frac{3}{2}RT$。在此之前我們也看見一個分子的平均動能是 $\frac{1}{2}m\overline{u^2}$。因此，我們可以寫出

$$\overline{\text{KE}} = \tfrac{3}{2}RT$$
$$N_{\text{A}}(\tfrac{1}{2}m\overline{u^2}) = \tfrac{3}{2}RT$$

其中 N_{A} 是亞佛加厥常數，m 是單一分子的質量。因為 $N_{\text{A}}m = \mathcal{M}$，上面的等式可以重排為

$$\overline{u^2} = \frac{3RT}{\mathcal{M}}$$

將等式兩邊同取平方根得到

$$\sqrt{\overline{u^2}} = u_{\text{rms}} = \sqrt{\frac{3RT}{\mathcal{M}}} \tag{5.16}$$

從方程式 (5.16)，我們可以看出氣體的均方根速度會隨著溫度 (用絕對溫標) 的平方根增加。因為莫耳質量 $\mathcal{M}$ 出現在分母，所以氣體分子愈重，移動的速度就愈慢。如果我們將 R 以 8.314 J/K · mol 代入且把莫耳質量的單位換成 kg/mol，u_{rms} 的單位就會變成 m/s。在例題 5.16 中將會看到這樣的計算。

例題 5.16

試計算氦原子和氮分子在攝氏 25 度時的均方根速度 (以 m/s 為單位)。

策　略

我們需要用到方程式 (5.16) 來計算均方根速度。我們要用什麼單位來表示 R 和 $\mathcal{M}$ 才會使 u_{rms} 的單位是 m/s？

解　答

要計算 u_{rms}，R 的單位要是 8.314 J/K · mol，而且因為 1 J = 1 kg m^2/s^2，莫耳質量的單位必須是 kg/mol。He 的莫耳質量為 4.003 g/mol，或是 4.003×10^{-3} kg/mol。從方程式 (5.16)，

$$u_{rms} = \sqrt{\frac{3RT}{\mathcal{M}}}$$
$$= \sqrt{\frac{3(8.314 \text{ J/K} \cdot \text{mol})(298 \text{ K})}{4.003 \times 10^{-3} \text{ kg/mol}}}$$
$$= \sqrt{1.86 \times 10^6 \text{ J/kg}}$$

運用轉換因子 1 J = 1 kg m^2/s^2，可以得到

$$u_{rms} = \sqrt{1.86 \times 10^6 \text{ kg m}^2/\text{kg} \cdot \text{s}^2}$$
$$= \sqrt{1.86 \times 10^6 \text{ m}^2/\text{s}^2}$$
$$= 1.36 \times 10^3 \text{ m/s}$$

要計算 N_2 也是用一樣的步驟，N_2 的莫耳質量為 28.02 g/mol，或是 2.802×10^{-2} kg/mol，所以，

$$u_{rms} = \sqrt{\frac{3(8.314 \text{ J/K} \cdot \text{mole})(298 \text{ K})}{2.802 \times 10^{-2} \text{ kg/mol}}}$$
$$= \sqrt{2.65 \times 10^5 \text{ m}^2/\text{s}^2}$$
$$= 515 \text{ m/s}$$

檢　查

因為 He 是較輕的氣體，可以預期它平均上移動得比 N_2 快。較快檢查的方法是注意兩個 u_{rms} 值的比值 ($1.36 \times 10^3/515 \approx 2.6$) 應該等於相對莫耳質量比值取平方根 ($\sqrt{28/4} \approx 2.6$)。

類題：5.26。

練習題

試計算氯分子在攝氏 20 度時的均方根速度 (以 m/s 為單位)。

例題 5.16 中的計算和地球的大氣組成有著很有趣的關係。地球不像木星一般在大氣中有相當可觀數量的氫氣和氦氣。為什麼會這樣呢？

主要是因為地球的質量比木星小，對於這些較輕分子的引力也較小。經過計算發現氣體分子的速度只要大於或等於 1.1×10^4 m/s 就可以脫離地球的地心引力。而因為氦原子的速度遠大於氮分子和氧分子，較多氦原子會離開地球的大氣層進入太空，也因此在地球的大氣中只有少數氦氣存在。另一方面，由於木星質量比地球大 320 倍，所以不論是輕的還是重的氣體都可以被保留在它的大氣層中。

木星。這個巨大行星的內部主要由氫組成。

氣體擴散和氣體瀉流

我們現在將討論兩種氣體移動的現象。

氣體擴散

擴散是分子由濃度較高的區域移動到濃度較低的區域。

氣體分子不規則移動所造成的其中一種直接現象稱為**擴散** (diffusion)，可解釋為*一種氣體分子藉著其動力性質逐漸與另一種氣體分子混合的現象*。除非分子的速度相當大，一般的氣體擴散都需要花很長時間才能完成。例如，在實驗桌的一端打開一瓶濃度高的氨水溶液，一個站在實驗桌另一端的人要在一段時間後才會聞到氨的味道。其原因是氣體分子在從桌子一端移動到另一端的過程中經歷許多次的碰撞，就像圖 5.19 所示。因此，氣體的擴散總是逐漸地發生，而不是像氣體分子的移動速度一般有相同的速度。除此之外，因為較輕氣體的均方根速度會比較重氣體的來得大 (見例題 5.16)，較輕氣體在一個特定空間中的擴散速率也會比較重氣體來得快。圖 5.20 說明氣體的擴散。

圖 5.19 單一氣體分子移動的軌跡。每一個方向的變化代表分子與另一個分子撞擊。

在西元 1832 年，蘇格蘭化學家格雷姆[11] 發現在相同溫度和壓力的條件下，氣體的擴散速率和莫耳質量的平方根成反比。這個敘述就是所

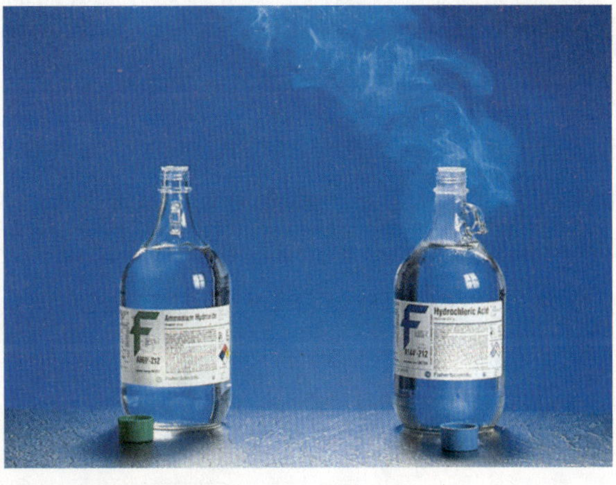

圖 5.20 氣體擴散。NH_3 氣體 (由一瓶氨水溶液流出) 和 HCl 氣體 (由一瓶鹽酸水溶液流出) 結合後生成 NH_4Cl 固體。因為 NH_3 比較輕擴散的比較快，因此 NH_4Cl 固體會先出現在靠近 HCl 瓶子的地方 (靠近右邊)。

11 湯瑪士．格雷姆 (Thomas Graham, 1805~1869)，蘇格蘭化學家。格雷姆對於滲透作用做了許多重要研究，他也鑑定了許多種磷酸。

謂的**格雷姆擴散定律** (Graham's law of diffusion)，用數學是表達就是

$$\frac{r_1}{r_2} = \sqrt{\frac{\mathcal{M}_2}{\mathcal{M}_1}} \tag{5.17}$$

其中 r_1 和 r_2 是氣體 1 和 2 的擴散速率，$\mathcal{M}_1$ 和 $\mathcal{M}_2$ 分別是它們的莫耳質量。

氣體瀉流

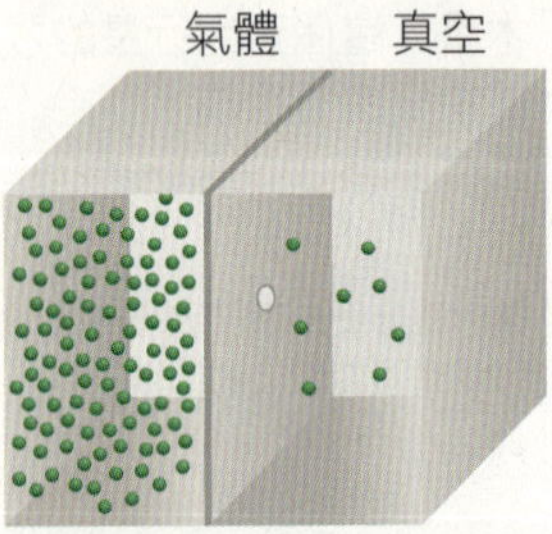

圖 5.21 氣體瀉流。氣體分子從一個壓力比較大的區域 (左邊) 經由一個針孔移動到一個壓力比較小的區域。

相對於擴散所指的是一種氣體逐漸和另一種氣體混合的過程，**瀉流** (effusion) 指的則是在容器中的氣體因為壓力的關係，從容器中其中一個分隔的空間經由一個小開口，移動到另一個空間的過程。圖 5.21 說明一個氣體瀉流到真空的過程。雖然瀉流和擴散在本質上不同，但氣體瀉流的速率會和格雷姆擴散定律形式相同 [見方程式 (5.17)]。一個填滿氦氣的氣球洩氣會比填滿空氣的氣球來得快，其原因是較輕的氦原子從孔洞瀉流的速度比空氣分子快。在工業上，氣體的瀉流常用來分離氣體形式的鈾同位素 $^{235}UF_6$ 和 $^{238}UF_6$。經由多階段的氣體瀉流，科學家可以得到大量的 ^{235}U 同位素，後來也被用來在第二次世界大戰時製造原子彈。

例題 5.17 是一個格雷姆擴散定律的應用。

例題 5.17

有一個由碳和氫組成的可燃氣體分子要花 1.50 分鐘從一孔洞完全瀉流。在相同溫度和壓力的條件下，相等體積的溴蒸氣要花 4.73 分鐘才能從同一個孔洞中完全瀉流。試計算此可燃氣體的莫耳質量，並指出它可能是哪一種氣體。

策　略

擴散速率就是氣體分子在一定時間通過一孔洞分界的分子數量，完全擴散所需的時間愈長，代表擴散的速率愈慢。所以，擴散速率和所需時間成反比。方程式 (5.17) 現在可以寫成 $r_1/r_2 = t_2/t_1 = \sqrt{\mathcal{M}_2/\mathcal{M}_1}$，其中 t_1 和 t_2 分別是氣體 1 和 2 完全瀉流所需的時間。

解　答

根據 Br_2 的莫耳質量，我們可以寫出

$$\frac{1.50\text{ 分鐘}}{4.73\text{ 分鐘}} = \sqrt{\frac{\mathcal{M}}{159.8\text{ g/mol}}}$$

其中 $\mathcal{M}$ 就是未知氣體的莫耳質量。解上式中的 $\mathcal{M}$，可得

$$\mathcal{M} = \left(\frac{1.50\ 分鐘}{4.73\ 分鐘}\right)^2 \times 159.8\ \text{g/mol}$$
$$= 16.1\ \text{g/mol}$$

因為碳的莫耳質量是 12.01 公克，而氫的莫耳質量是 1.008 公克，所以這個可燃氣體是甲烷 (CH_4)。

類題：5.29。

練習題

在相同溫度和壓力下，一個未知氣體要花 192 秒經由一個孔洞完全瀉流，而等體積的 N_2 要花 84 秒完全瀉流。請問此未知氣體的莫耳質量為何？

5.8 氣體在理想行為之外的偏差

氣體定律和分子動力學理論都假設氣態分子彼此之間不會有吸引力和排斥力，另外也假設氣態分子的體積相對於其容器體積來說是小到可以忽略不計的。所以，若一個氣體的行為符合這兩個假設則可稱此氣體有理想行為 (ideal behavior)。

雖然我們可以假設真實氣體也會和理想氣體的行為一樣，但我們不能預期在所有條件下都會如此。例如，若分子間的作用力不存在，氣體是沒有辦法凝結成固體的。所以我們要知道的是：在什麼條件下氣體分子會有非理想行為呢？

圖 5.22 對於三種真實氣體和一種理想氣體用 PV/RT 對 P 的關係作圖。此圖可以用來測試理想氣體的行為。根據理想氣體方程式 (以 1 莫

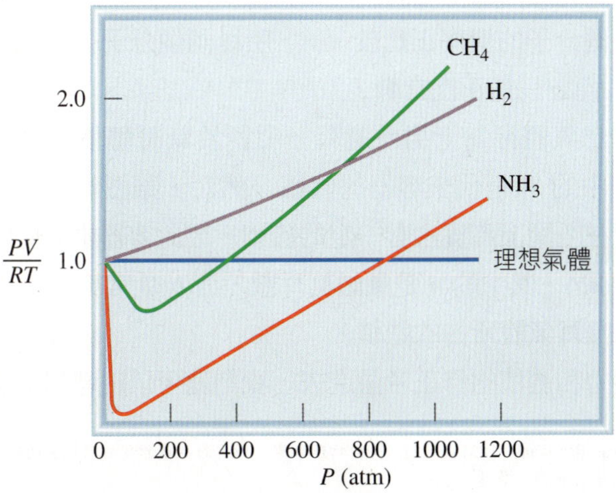

圖 5.22 在攝氏 0 度時用 1 莫耳氣體的 PV/RT 對 P 的關係作圖。對於 1 莫耳理想氣體來說，不論壓力是多少，PV/RT 都等於 1。對於真實氣體來說，我們發現在壓力愈大時，氣體愈偏離理想氣體行為。在壓力非常小時，所有氣體都會有理想氣體行為；也就是說，當 P 接近於零時，PV/RT 值會趨近於 1。

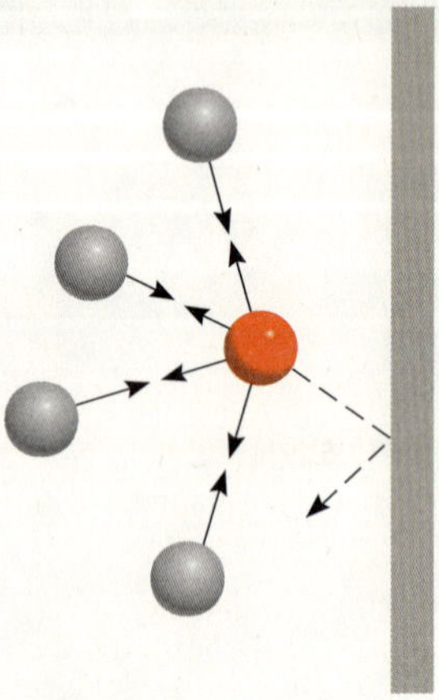

圖 5.23 分子間作用力對於氣體壓力的影響。分子 (紅色圓球) 向容器瓶壁移動的速度會受到鄰近分子 (灰色圓球) 的吸引力影響而降低，因此分子的撞擊力道會比沒有分子間作用力影響時來得小。一般來說，測到的真實氣體壓力會比理想狀況時小。

耳氣體來說)，不管真實氣體壓力為何，PV/RT 會等於 1。(當 $n = 1$ 時，$PV = nRT$ 也可寫成 $PV = RT$，所以 $PV/RT = 1$。) 對於真實氣體來說，這敘述只在壓力小的時候 (≤5 atm) 適用，當壓力增加時偏差會變大。分子間的吸引力只在分子間的距離很小時才會存在。在大氣壓力下，氣體中分子之間的距離會很遠，所以吸引力可以忽略。當壓力大時，氣體的密度增加，氣體中分子之間的距離會縮小，因此分子間的作用力才會大到有辦法影響分子的移動，也因此氣體會有非理想的行為。

另外一個觀察非理想氣體行為的方法是降低溫度。降低氣體的溫度可以減少分子的平均動能，也因此分子之間的吸引力相對較不會被破壞，非理想氣體的行為就容易發生。

為了要正確地研究真實氣體的行為，我們必須將分子間作用力與有限的分子體積列入考量，來修正理想氣體方程式。荷蘭物理學家凡得瓦[12] 在西元 1873 年第一次對非理想氣體的行為做分析。凡得瓦的論述除了在數學上簡單之外，還提供真實氣體在分子層級的行為解釋。

若考量到一特定分子接近容器瓶壁的過程 (圖 5.23)，分子受到周圍分子吸引力的影響後會減低原本分子對瓶壁的衝擊力。所以整體的影響是造成真實氣體的壓力比我們預期的理想氣體來得小。凡得瓦提出真實氣體壓力 (P_{real}) 和理想氣體壓力 (P_{ideal}) 的關係用等式表示為

$$P_{ideal} = \underbrace{P_{real}}_{\text{觀察到的壓力}} + \underbrace{\frac{an^2}{V^2}}_{\text{修正項}}$$

其中 a 是常數，n 和 V 分別是莫耳數和容器的體積。壓力的修正項 (an^2/V^2) 的內容可解釋如下：分子間作用力所造成的非理想氣體行為取決於任何兩個分子靠近的頻率，而因為在特定空間中兩個分子中的一個分子碰撞到另一個分子的機率正比於 n/V，所以兩個分子彼此碰撞的機率正比於 n^2/V^2，而 a 只是正比常數。

在非理想氣體行為上另外還有一項對於氣體體積的修正。在理想氣體方程式中的 V 是代表容器的體積。然而，雖然氣體分子的體積很小，但它們在空間上確實占有一定的體積，因此容器中氣體的有效體積會變成 $(V - nb)$，其中的 n 是氣體莫耳數，而 b 是常數。nb 這項代表的意義就是 n 莫耳氣體所占的體積。

若將壓力和體積的修正考量進去，我們就可以將理想氣體方程式改

12 凡得瓦 (J. D. van der Waals, 1837~1923)，荷蘭物理學家。因為對於氣體和液體性質的研究，凡得瓦在西元 1910 年得到諾貝爾物理學獎。

寫成

$$\left(P + \frac{an^2}{V^2}\right)(V - nb) = nRT \quad (5.18)$$

壓力修正項　體積修正項

要記得在方程式 (5.18) 中，P 是實驗測得的氣體壓力，而 V 是容器的體積。

這個和非理想氣體的 P、V、T 和 n 有關的方程式 (5.18) 就是**凡得瓦方程式** (van der Waals equation)。而凡得瓦常數 a 和 b 則是針對每一個特定分子所觀察到的行為根據方程式 (5.18) 而訂定出來。

表 5.4 列出許多氣體的 a 和 b 值。a 值的大小代表分子之間的吸引力有多大。我們看到氦的 a 值最小，代表氦原子之間的作用力最小。而分子的大小和 b 值有約略的關係，一般來說，分子或原子愈大，b 值愈大。但是這個關係並不是絕對的。

例題 5.18 比較用理想氣體方程式和凡得瓦方程式所算出的氣體壓力之間的差別。

表 5.4 一些常見氣體的凡得瓦常數

氣體	a $\left(\frac{\text{atm} \cdot \text{L}^2}{\text{mol}^2}\right)$	b $\left(\frac{\text{L}}{\text{mol}}\right)$
He	0.034	0.0237
Ne	0.211	0.0171
Ar	1.34	0.0322
Kr	2.32	0.0398
Xe	4.19	0.0266
H_2	0.244	0.0266
N_2	1.39	0.0391
O_2	1.36	0.0318
Cl_2	6.49	0.0562
CO_2	3.59	0.0427
CH_4	2.25	0.0428
CCl_4	20.4	0.138
NH_3	4.17	0.0371
H_2O	5.46	0.0305

例題 5.18

已知在攝氏 47 度時，3.50 莫耳 NH_3 的體積為 5.20 公升，請用 (a) 理想氣體方程式；和 (b) 凡得瓦方程式分別算出氣體的壓力 (以 atm 為單位)。

策　略

我們可以利用例題 5.3 的作法，用理想氣體方程式算出 NH_3 的壓力。而在凡得瓦方程式中，我們要對氣體的壓力和體積做什麼修正呢？

解　答

(a) 我們已知的資訊如下：

$$V = 5.20 \text{ L}$$
$$T = (47 + 273) \text{ K} = 320 \text{ K}$$
$$n = 3.50 \text{ mol}$$
$$R = 0.0821 \text{ L} \cdot \text{atm/K} \cdot \text{mol}$$

將這些數字代入理想氣體方程式可得

$$P = \frac{nRT}{V} = \frac{(3.50 \text{ mol})(0.0821 \text{ L} \cdot \text{atm/K} \cdot \text{mol})(320 \text{ K})}{5.20 \text{ L}} = 17.7 \text{ atm}$$

(b) 這部分我們需要方程式 (5.18)。將方程式 (5.18) 中的兩個修正項分開計算會比較簡單。首先，從表 5.4 中可知

$$a = 4.17\ \text{atm} \cdot \text{L}^2/\text{mol}^2$$
$$b = 0.0371\ \text{L/mol}$$

所以壓力修正項和體積修正項分別可以寫成

$$\frac{an^2}{V^2} = \frac{(4.17\ \text{atm} \cdot \text{L}^2/\text{mol}^2)(3.50\ \text{mol})^2}{(5.20\ \text{L})^2} = 1.89\ \text{atm}$$
$$nb = (3.50\ \text{mol})(0.0371\ \text{L/mol}) = 0.130\ \text{L}$$

最後，將這兩個修正項代入凡得瓦方程式可得

$$(P + 1.89\ \text{atm})(5.20\ \text{L} - 0.130\ \text{L}) = (3.50\ \text{mol})(0.0821\ \text{L} \cdot \text{atm/K} \cdot \text{mol})(320\ \text{K})$$
$$P = 16.2\ \text{atm}$$

檢 查

根據對非理想氣體行為的了解，你認為根據凡得瓦方程式算出來的氣體壓力要比根據理想氣體方程式算出來氣體壓力小嗎？為什麼？

練習題

請利用表 5.4 的資料算出在攝氏 38 度時，4.37 莫耳氯氣裝在體積為 2.45 公升的容器中的壓力是多少？請比較和用理想氣體方程式算出的壓力有何差異。

重要方程式

$P_1V_1 = P_2V_2$	(5.2)	波以耳定律。用來計算壓力或體積的變化。
$\frac{V_1}{T_1} = \frac{V_2}{T_2}$	(5.4)	查理定律。用來計算溫度或體積的變化。
$\frac{P_1}{T_1} = \frac{P_2}{T_2}$	(5.6)	查理定律。用來計算溫度或壓力的變化。
$V = k_4n$	(5.7)	亞佛加厥定律。固定 P 和 T。
$PV = nRT$	(5.8)	理想氣體方程式。
$\frac{P_1V_1}{n_1T_1} = \frac{P_2V_2}{n_2T_2}$	(5.9)	用來計算壓力、溫度、體積或氣體莫耳數的變化。
$\frac{P_1V_1}{T_1} = \frac{P_2V_2}{T_2}$	(5.10)	在莫耳數 (n) 固定時，用來計算壓力、溫度、體積的變化。

$d = \frac{P\mathcal{M}}{RT}$ (5.11) 用來計算密度或莫耳質量。

$X_i = \frac{n_i}{n_T}$ (5.13) 莫耳分率的定義。

$P_i = X_i P_T$ (5.14) 道耳吞分壓定律。用來計算氣體分壓。

$\overline{KE} = \frac{1}{2}m\overline{u^2} = CT$ (5.15) 氣體平均動能和絕對溫度之間的關係。

$u_{rms} = \sqrt{\frac{3RT}{\mathcal{M}}}$ (5.16) 用來計算氣體分子的均方根速度。

$\frac{r_1}{r_2} = \sqrt{\frac{\mathcal{M}_2}{\mathcal{M}_1}}$ (5.17) 格雷姆的擴散和瀉流定律。

$\left(P + \frac{an^2}{V^2}\right)(V - nb) = nRT$ (5.18) 凡得瓦方程式。用來計算非理想氣體的壓力。

觀念整理

1. 在攝氏 25 度、1 atm 下，有許多元素和分子化合物都是以氣體存在。離子化合物在大氣條件下是固體，而不是氣體。

2. 氣體的壓力來自於分子自由移動，並碰撞它們所接觸的表面所產生的力量。氣體壓力的單位包含毫米－水銀柱 (mmHg)、托爾 (torr)、帕斯卡 (pascal) 和大氣壓 (atm)。1 大氣壓等於 760 mmHg 或 760 torr。

3. 理想氣體壓力和體積之間的關係遵守波以耳定律：體積和壓力成反比 (固定 T 和 n 時)。

4. 理想氣體溫度和體積之間的關係遵守查理定律和給呂薩克定律：體積和溫度成正比 (固定 P 和 n 時)。

5. 絕對零度 (攝氏零下 273.15 度) 是理論上可達的最低溫度。Kelvin 溫標定 0 K 為絕對零度。在所有氣體定律的計算中用的溫度都要以絕對溫度表示。

6. 理想氣體莫耳數和體積之間的關係遵守亞佛加厥定律：相同體積氣體中有相同數量的分子 (相同 T 和 P 時)。

7. 理想氣體方程式 $PV = nRT$ 結合了波以耳、查理和亞佛加厥定律。此方程式可以用來描述所有理想氣體的行為。

8. 道耳吞分壓定律指出混合氣體中每一種氣體的分壓會和它單獨存在且體積相同時的壓力相同。

9. 動力分子理論是一種用數學的方式來表達氣體分子的行為，它提出的假設如下：氣體分子之間的距離遠大於分子本身大小。氣體分子具有質量但本身的體積可以忽略。氣體分子的運動是持續不停且沒有方向性的，它們常常彼此互相碰撞。氣體分子之間不會互相吸引或排斥。

10. 馬克士威速度分布曲線說明在特定溫度下有多少分子以不同的速度移動。溫度增加時，愈多分子以更快的速度移動。

11. 氣體擴散指的是兩種氣體會逐漸混合在一起。氣體瀉流指的是氣體分子在壓力下經由一個開孔往一個方向移動。這兩種過程都會遵守相同的數學定律，就是格雷姆擴散和瀉流定律。

12. 凡得瓦方程式是將真實氣體的非理想行為加入考慮後對理想氣體方程式做的修正。它主要修正的是真實氣體分子之間確實存在的作用力，以及氣體分子確實占有體積。每種氣體的凡得瓦常數是經由實驗結果訂出來的。

習　題

氣體的壓力

5.1 若某天在阿里山山頂的大氣壓力為 606 mmHg，則此壓力為多少 atm 和 kPa？

氣體定律

5.2 一氦氣樣本在攝氏 46 度時的壓力為 5.3 atm。在相同溫度下，若氣體的體積減少到原來的十分之一 (0.10)，則此時的壓力為何？

5.3 一空氣樣本在壓力為 1.2 atm 時體積為 3.8 公升。(a) 若壓力變為 6.6 atm 時體積為多少？(b) 若要將氣體體積壓縮到 0.075 公升需要多少壓力？(溫度不變)

5.4 在壓力固定的條件下，一個氫氣樣本一開始在攝氏 88 度時體積為 9.6 公升。若後來將其冷卻到體積剩下 3.4 公升，則最後氣體的溫度為何？

理想氣體方程式

5.5 已知一體積為 30.4 公升的容器中有 6.9 莫耳的二氧化碳氣體。當溫度為攝氏 62 度時，容器內氣體所產生的壓力為多少 atm？

5.6 已知在攝氏 25 度時，在玻璃瓶中裝入定量的氣體後瓶內壓力為 0.800 atm。如果此玻璃瓶可以承受的最大壓力為 2.00 atm，則此玻璃瓶的溫度最高可以到多少而不至於脹破？

5.7 將 2.5 公升的氣體在 STP 下加熱到攝氏 250 度，若末體積不變，請問最終氣體的壓力為多少 atm？

5.8 在一次製酒過程中，攝氏 20.1 度、1.00 atm 下，葡萄糖發酵後所產生的氣體有 0.78 公升。若將發酵的溫度調整到攝氏 36.5 度，在相同的壓力下氣體的體積會變成多少？

5.9 試計算 88.4 公克的 CO_2 在 STP 下的體積是多少公升。

5.10 乾冰是固態的二氧化碳。攝氏 30 度時，若在一 4.6 公升的真空瓶中放入 0.050 公克的乾冰，請問當乾冰都轉變成二氧化碳氣體後瓶內的壓力是多少？

5.11 若有一氣體在 741 torr 和攝氏 44 度時的體積為 5.40 公升，請問此氣體的莫耳質量為何？

5.12 假設空氣的體積百分組成為 78% 的 N_2、21% 的 O_2、1% 的 Ar，請問在 STP 下 1.0 公升的空氣中分別有多少個以上氣體的分子？

5.13 試計算溴化氫 (HBr) 氣體在 733 mmHg，攝氏 46 度時的密度。(以 g/L 為單位。)

5.14 若有一氟氣和氯氣的混合氣體在攝氏 14 度，0.893 atm 時的密度為 1.77 g/L。試計算此氣體的質量百分組成。

氣體的計量

5.15 甲烷是天然氣的主要成分，常用來加熱物品及烹飪食物。其燃燒反應方程式為

$$CH_4(g) + 2O_2(g) \longrightarrow CO_2(g) + 2H_2O(l)$$

若在攝氏 23.0 度、0.985 atm 時有 15.0 莫耳的 CH_4 完全消耗掉，請問所產生的 CO_2 體積為多少公升？

5.16 在酒精的發酵過程中，酵母可以將葡萄糖轉換成乙醇和二氧化碳：

$$C_6H_{12}O_6(s) \longrightarrow 2C_2H_5OH(l) + 2CO_2(g)$$

若在 293 K、0.984 atm 時，5.97 公克葡萄糖反應產生 1.44 公升的 CO_2，請問此反應的產率是多少？

5.17 0.225 公克的金屬 M (莫耳質量 = 27.0 g/mol) 和過量的鹽酸反應會釋放出 0.303 公升的氫氣 (在攝氏 17 度、741 mmHg 下測量得到)。請根據以上數據推導出以上反應的方程式，並寫出金屬 M 所形成氧化物和硫化物的分子式。

5.18 將 3.00 公克不純的碳酸鈣在鹽酸中溶解產生 0.656 公升的二氧化碳 (在攝氏 20.0 度、792

mmHg 下測量得到)。試計算此不純物中碳酸鈣占的百分比是多少？請寫出你的假設。

5.19 乙醇在空氣中燃燒的方程式為

$$C_2H_5OH(l) + O_2(g) \longrightarrow CO_2(g) + H_2O(l)$$

平衡以上方程式並算出在攝氏 35.0 度、790 mmHg 下需要多少空氣才能將 227 公克的乙醇燃燒。假設空氣中 O_2 的體積百分組成為 21.0%。

5.20 在攝氏 14 度、782 mmHg 下，一個含有非硫化物的不純 FeS 樣品 4.00 公克和 HCl 反應會產生 896 毫升的 H_2S。試計算此化合物純度的百分比。

道耳吞分壓定律

5.21 在攝氏 15 度時，一個 2.5 公升的燒瓶中有 N_2、He、Ne 且其分壓分別為 N_2：0.32 atm、He：0.15 atm、Ne：0.42 atm。試計算：(a) 混合氣體的總壓；(b) 當 N_2 被選擇性地移除之後，He 和 Ne 在 STP 下所占的體積為多少公升。

5.22 在攝氏 28.0 度、745 mmHg 下，我們用排水集氣法收集一個氦氣和氖氣的混合物。如果氦氣的分壓是 368 mmHg，請問氖氣的分壓是多少？(水在攝氏 28 度的蒸氣壓 = 28.3 mmHg。)

5.23 一個鋅金屬以下列方程式和過量鹽酸完全反應：

$$Zn(s) + 2HCl(aq) \longrightarrow ZnCl_2(aq) + H_2(g)$$

在攝氏 25 度時，所產生的氫氣以排水集氣法收集有 7.80 公升，壓力為 0.980 atm。試計算鋅金屬在此反應所消耗掉的公克數。(水在攝氏 25 度的蒸氣壓 = 23.8 mmHg。)

5.24 一個氨氣 (NH_3) 樣本經由鐵絲絨加熱後可完全分解成 N_2 和 H_2。若最終氣體的總壓為 866 mmHg，請問 N_2 和 H_2 的分壓分別是多少？

5.25 下圖中右邊方格體積為左邊方格體積的兩倍。這兩個方格在相同溫度下都有氦原子 (紅色) 和氫原子 (綠色)。(a) 請問哪一個格子的總壓比較大？(b) 哪一個格子氦的分壓比較小？

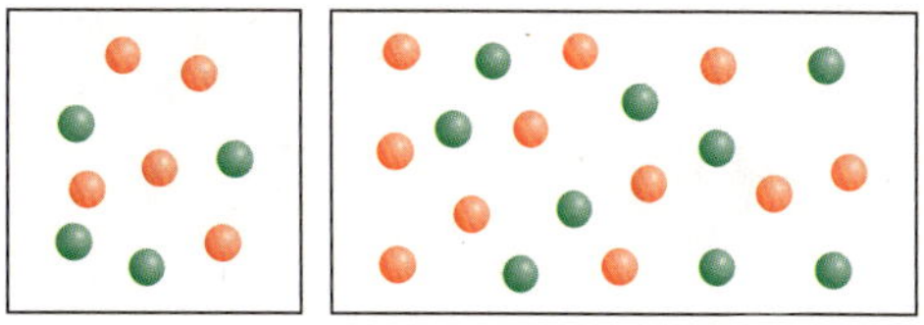

氣體的動力分子理論

5.26 平流層的溫度為攝氏零下 23 度。試計算 N_2、O_2、O_3 分子在平流層的均方根速度。

5.27 在一特定溫度下，容器中的六個氣體分子的速度分別為 2.0 m/s、2.2 m/s、2.6 m/s、2.7 m/s、3.3 m/s 和 3.5 m/s。試計算分子的均方根速度和平均速度。這兩個平均值會很接近，但是均方根速度總是會大一點。為什麼會這樣？

5.28 當與中子撞擊時，^{235}U 同位素會進行分裂。然而，它的自然含量只有 0.72%。為了要將 ^{235}U 同位素與自然含量較多的 ^{238}U 同位素分離，要先將 U 轉換成在室溫下容易揮發的 UF_6。然後將 $^{235}UF_6$ 和 $^{238}UF_6$ 的混合物進行多階段的瀉流。試計算在第一階段瀉流後，^{235}U 相對於 ^{238}U 增加了多少？

5.29 鎳可以生成一個分子式為 $Ni(CO)_x$ 的氣體化合物。若在相同溫度和壓力的條件下，甲烷 (CH_4) 瀉流的速度比此氣體化合物快 3.3 倍，請問此化合物分子式中的 x 是多少？

氣體在理想行為之外的偏差

5.30 在攝氏 27 度時，10.0 莫耳的氣體在一 1.50 公升容器中產生的壓力為 130 atm。請問此氣體是否為理想氣體？

附加問題

5.31 在相同溫度和壓力的條件下，下列哪一個氣體的行為會最接近理想氣體：Ne、N_2、

CH_4？請解釋原因。

5.32 請注意以下裝置。試計算當裝置中間的開關打開時，若溫度維持在攝氏 16 度不變，氦氣和氖氣的分壓分別是多少？

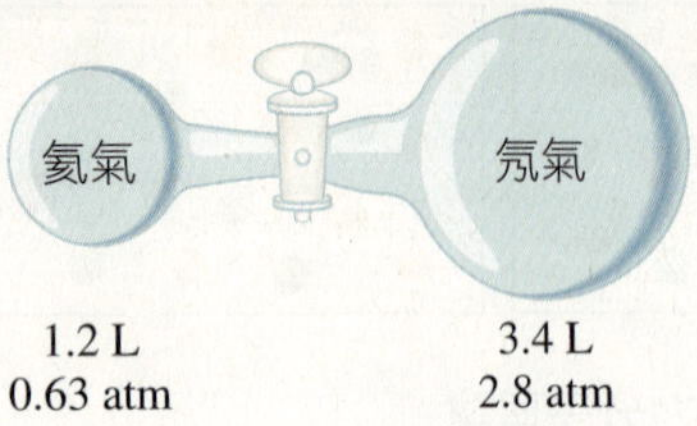

5.33 當水果成熟時會釋放出乙烯 (C_2H_4) 氣體。根據這個現象，請解釋為什麼一串香蕉放在密封紙袋中比放在碗中成熟的速度快。

5.34 有些鋼珠筆的筆心上會開一個小洞。請問開這小洞的目的是什麼？

5.35 請指出在相同溫度下，哪一個氣體的均方根速度會是碘化氫 (HI) 的 2.82 倍？

練習題答案

5.1 0.986 atm **5.2** 39.3 kPa **5.3** 9.29 公升 **5.4** 30.6 公升 **5.5** 4.46×10^3 mmHg **5.6** 0.68 atm **5.7** 2.6 atm **5.8** 13.1 g/L **5.9** 44.1 g/mol **5.10** B_2H_6 **5.11** 96.9 公升 **5.12** 4.75 公升 **5.13** 0.338 *M* **5.14** CH_4：1.29 atm；C_2H_6：0.0657 atm；C_3H_8：0.0181 atm **5.15** 0.0653 公克 **5.16** 321 m/s **5.17** 146 g/mol **5.18** 30.0 atm；用理想氣體方程式為 45.5 atm

Chapter 6
熱化學

用可見雷射來分析甲烷在火焰中燃燒所產生的粒子。

先看看本章要學什麼？

- 我們將從學習不同形式能量基本性質開始。基本上，能量是可以互換的。(6.1)
- 接下來，我們要建立學習熱化學所需要的字彙。熱化學是一門學習化學反應中熱能變化的學問。絕大多數的化學反應不是吸熱反應 (吸收熱能)，就是放熱反應 (釋放熱能)。(6.2)
- 我們將學到熱化學其實是熱力學第一定律其中一部分。熱力學第一定律主要根據能量守恆定律來描述的。內能的轉換可以用系統的熱能改變或系統所作的功來表示。(6.3)
- 接著要認識一種新的能量形式——焓。焓的改變是描述在定壓條件下發生的過程。(6.4)
- 我們將學習測量反應熱的方法，並學習比熱和熱容量這兩個在實驗中會用到的量所具有的意義。(6.5)
- 我們可以藉由反應物及產物的標準生成焓來計算化學反應的焓，並用直接 (經由元素) 或間接 (根據黑斯定律) 的方法來討論如何計算出焓的大小。(6.6)
- 最後，我們要討論當溶質溶解在溶劑中 (溶液熱)，以及當溶液被稀釋後 (稀釋熱) 所產生的熱量變化。(6.7)

每一個化學反應都遵守兩個基本定律：質量守恆定律和能量守恆定律。我們已經在第三章討論過反應物和產物在質量上的關係，這裡要討論的是化學反應所伴隨的能量改變。

綱　要

6.1 能量的本質和形式

「能量」這個詞很常見，但是它是一個相對抽象的概念。例如，當我們很累的時候會說我們沒有能量了；而近年來，我們也常聽到尋找再生能量來源的必要性。能量不像是物質一樣具有形體，反之，能量是經由它所造成的影響而得知它的存在。能量是不能被看到、摸到、聞到或是被拿去秤重的。

能量 (energy) 常被定義成作功的能力。在第五章中，我們將功定義為「作用力 × 距離」，但是我們將很快會看到其實還有其他形式的功。所有形式的能量都可以用來作功 (也就是施力一段距離)，但並不是所有形式的能量在化學上都是一樣的。例如，潮汐所造成的波浪可以用來產生有用的功，但是它跟化學之間的關係其實不大。化學家將**功** (work) 定義為一個過程中所造成的直接能量變化。像是物體移動所產生的動能就是一種化學家特別感興趣的能量形式。其他形式的能量還有輻射能、熱能、化學能和位能。

動能在第五章有介紹過。

輻射能 (radiant energy)，或稱太陽能，來自於太陽，是地球主要的能量來源。太陽能會提供大氣層及地球表面熱能，並經由光合作用的過程刺激植物生長，且影響地球的氣候。

熱能 (thermal energy) 是一種牽涉到原子或分子不規則移動的能量。一般來說，熱能可以用溫度的測量來計算。物質中原子或分子的移動愈激烈，則此物質愈熱，熱能愈大。然而，我們必須要把熱能跟溫度的概念小心區分清楚。一杯攝氏 70 度的咖啡比一個裝滿攝氏 40 度溫水的浴缸溫度還要高，但是浴缸中的水的體積和質量都比咖啡大，因此其中有較多水分子的運動，所以浴缸水中所儲藏的熱能較多。

化學能 (chemical energy) 儲藏在化學物質的結構之中，化學能的大小取決於組成原子的排列方式。當物質參與化學反應後，其中的化學能會釋出、儲存或轉移成其他形式。

位能 (potential energy) 是根據物質的所在位置產生的。舉例來說，由於所在位置高度的不同，一塊岩石在懸崖上比在一半高度時位能來得大，也因此當落在水中時可以濺起比較大的水花。化學能也可以當作是一種位能，因為它的大小跟原子在分子中的位置和排列方式有關。

水從水壩中流出的過程中，水的位能會轉換成動能。用這種能量產生的電力叫作水力發電。

所有形式的能量都可以互相轉換 (至少在原則上)。當我們站在陽光下會感覺到溫暖，是因為太陽的輻射能轉換成在我們皮膚上的熱能；當我們運動的時候，原本儲存在身體中的化學能被用來製造動能；當一顆

球從山坡上滾下來的時候，原本的位能轉換成動能。你還可以想到很多其他例子。雖然也有一些形式的能量是被認為不能轉換的，但是科學家的結論是，能量是不可以破壞也不會無故產生。當一種能量消失，另一種能量 (一樣大小) 一定會伴隨著產生，反之亦然。這個規則可以歸納成**能量守恆定律** (law of conservation of energy)，其主要敘述為：宇宙中的總能量是不會變的。

6.2 化學反應中的能量變化

化學反應中發生的能量變化跟在第三章中所討論過的反應質量變化，在描述一個化學反應上都很重要。例如，有關像是天然氣或石油等燃料的燃燒反應對於日常生活的重要性，主要來自於反應所產生的能量，而不是它所產生的產物像是水和二氧化碳。

從紅外線照片可以看出房屋中的能量 (熱) 從哪裡跑出屋外。顏色愈紅，愈多能量會從那個地方洩出。

幾乎所有的化學反應都會吸收或產生 (釋放) 能量，一般都是以熱的形式，所以如何區別熱能和熱的差異是很重要的。**熱** (heat) 所指的是在兩個不同溫度的物體之間熱能的轉移。因此，我們常把能量從熱的物體轉移到冷的物體的現象稱為「熱流」。雖然「熱」這個字本身有能量轉移的意思，但是我們在描述能量轉變的過程還是習慣稱作「吸收熱」或「釋放熱」。而本章的題目**熱化學** (thermochemistry) 就是研究化學反應中能量變化的學問。

當熱在一個過程中被吸收或是釋出時，整個系統的能量並沒有改變，而是在系統和周圍之間轉移。

為了要分析化學反應中牽涉到的能量變化，我們必須先定義什麼是**系統** (system)，也可以說是在宇宙中我們有興趣研究的特定部分。對化學家來說，系統通常包含在反應過程中會產生物理或化學變化的物質。例如，在酸鹼中和反應中，系統可以是一個燒杯中裝了 50 毫升的 HCl 溶液和 50 毫升的 NaOH 溶液。而**周圍** (surroundings) 就可以定義為在宇宙中除了系統以外的部分。

系統又可以分為三種形式。一個**開放系統** (open system) 通常可以熱的形式和周圍交換質量和能量。例如，在一個打開的容器中裝入定量的水就是一個開放系統，如圖 6.1(a) 所示。如果我們將這個容器密閉起來，如圖 6.1(b)，使得水蒸氣無法蒸發或凝結到系統中，這時的系統就成為一個**密閉系統** (closed system)，只會有能量 (熱) 的轉移，而不會有質量的轉移。若將水加入一個完全與外界隔絕的容器中就成為一個**獨立系統** (isolated system)，此時系統中的質量和能量都無法被轉移，如圖 6.1(c)。

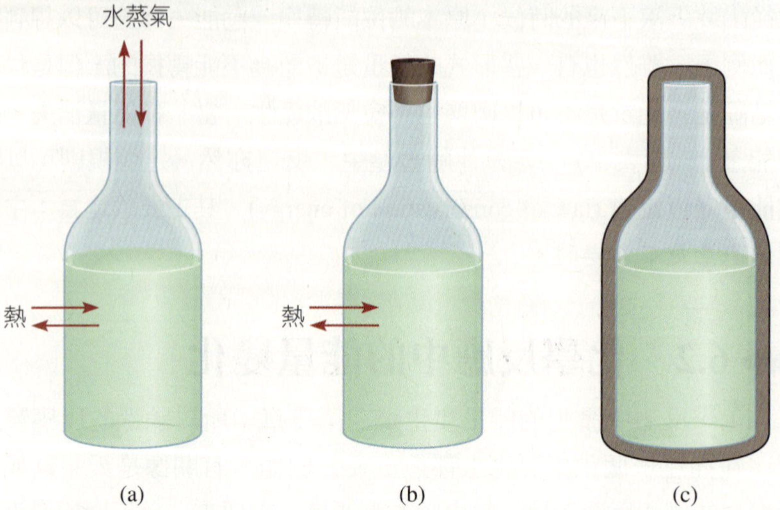

圖 6.1 用裝在容器中的水來表示三種系統。(a) 開放系統，可以和周圍交換能量與質量；(b) 密閉系統，只能和周圍交換能量，而不能交換質量；(c) 獨立系統，能量與質量都不能和周圍交換 (這裡的容器用真空封套包住)。

氫氣在氧氣中燃燒是一種會釋放出大量能量的反應 (圖 6.2)：

$$2H_2(g) + O_2(g) \longrightarrow 2H_2O(l) + \text{能量}$$

在這個例子中，我們將混合反應物 (氫氣、氧氣及水分子) 定為系統，而宇宙中的其他部分就是周圍。因為能量不可以被創造或破壞，所有系統所失去的能量一定會被周圍所吸收。因此，燃燒過程所製造出的熱會從系統轉移到周圍。這反應一個**放熱過程** (exothermic process)，指的是任何會釋放出熱的過程，也就是將熱能由系統轉移到周圍。在圖 6.3(a) 中可以看到氫氣燃燒的能量變化。

exo- 這個字首來自於希臘文，其意義為「外部的」；而 endo- 為「內部的」。

再來看另一個氧化汞 (HgO) 在高溫分解的反應：

圖 6.2 興登堡號飛船災難。興登堡號是一艘填滿氫氣的飛船，它在西元 1937 年在紐澤西州 Lakehurst 失事成為一團火球。

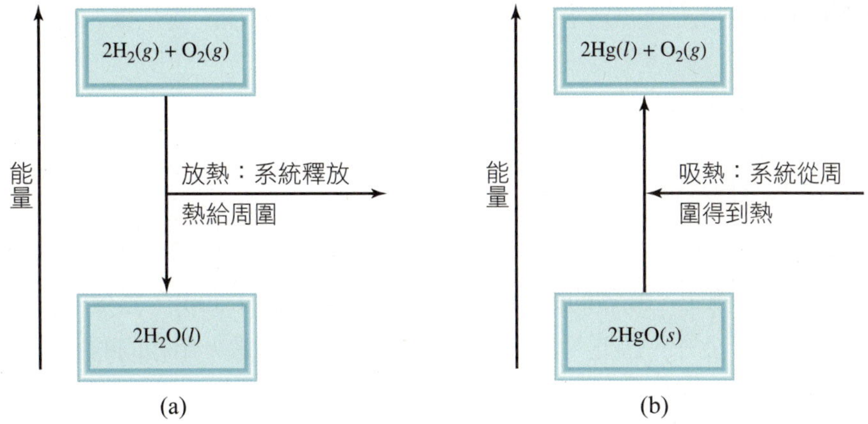

圖 6.3 (a) 放熱過程；(b) 吸熱過程。(a) 和 (b) 這兩部分並不是以相同比例繪製的。也就是說，H_2 和 O_2 反應生成 H_2O 所釋放的熱不等於 HgO 加熱分解所吸收的熱。

$$能量 + 2HgO(s) \longrightarrow 2Hg(l) + O_2(g)$$

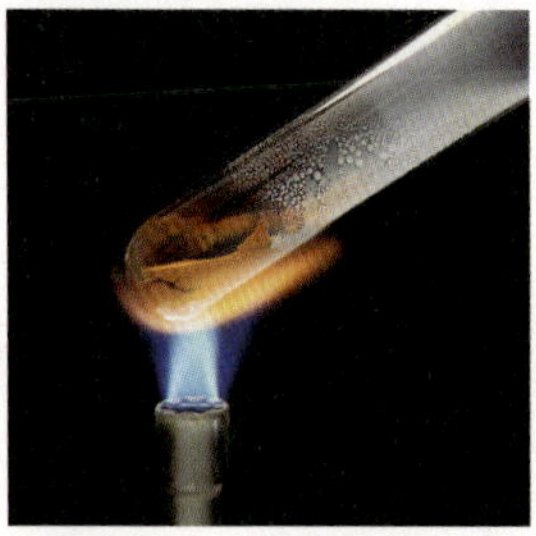

HgO 加熱分解成 Hg 和 O_2。

這反應一個**吸熱過程** (endothermic process)，其中的周圍必須提供能量給系統 (也就是給 HgO) [圖 6.3(b)]。

從圖 6.3 中，可以看出在放熱反應中產物的總能量會小於反應物的總能量，這其中的差距就是系統提供給周圍的熱。在吸熱反應中所發生的熱轉移過程則剛好相反，此時，產物總能量和反應物總能量之間的差距就是周圍提供給系統的熱。

6.3 熱化學簡介

熱化學所討論的部分是在是熱力學的範圍之內。而所謂**熱力學** (thermodynamics) 指的是研究熱和其他形式能量之間轉換的一門學問。熱力學所描述的定律讓我們可以了解反應過程的能量和方向。在這一節中，我們將把焦點放在熱力學第一定律，這部分特別和熱化學有關。我們將在第十七章繼續其他有關熱力學的討論。

在熱力學中，我們研究的是**系統狀態** (state of a system) 的改變，而這個狀態是由像是組成成分、能量、溫度、壓力和體積等巨觀性質來定義的。能量、壓力、溫度和體積是**狀態函數** (state functions)，狀態函數的性質是由系統狀態決定的，跟系統怎麼到達這個狀態無關。換句話說，當系統狀態改變的時候，狀態函數的變化量只和系統的初始狀態及最終狀態有關，跟系統如何達到這些狀態的過程無關。

狀態函數的改變和路徑無關，只和初始及最終狀態有關。

定量氣體的狀態可以用它的體積、壓力和溫度來描述。若有一個氣體在 2 atm、300 K 時體積為 1 公升 (此為初始狀態)。之後在一個過程中把壓力降低到 1 atm，根據波以耳定律，此氣體的體積必定增加到 2

希臘文字 Δ 是代表變化量的意思。在課文中我們用 Δ 來表示最終狀態減去初始狀態的變化量。

公升，所以最終狀態為 1 atm、300 K 和 2 公升。體積的變化量 (ΔV) 為

$$\begin{aligned}\Delta V &= V_f - V_i \\ &= 2\text{ L} - 1\text{ L} \\ &= 1\text{ L}\end{aligned}$$

其中的 V_i 和 V_f 分別是氣體的初始和最終體積。不管我們是怎麼達到最終狀態的 (例如，氣體的壓力可以先增加再減少到 1 atm)，體積的變化量永遠是 1 公升。因此，氣體的體積是一個狀態函數。用相同的概念可以知道壓力和溫度都是狀態函數。

能量是另一種狀態函數。以位能來說，我們可以看到無論中途經過哪裡，只要是從相同的出發點到山頂所增加的重力位能都是一樣的 (圖 6.4)。

熱力學第一定律

熱力學第一定律 (first law of thermodynamics) 主要建立在能量守恆定律之上，其主要的敘述是：*不同能量可以彼此轉換，但無法被創造或破壞。*[1]我們怎麼知道這個現象的有效性？如果我們必須先求得宇宙的總內部能量，那是不可能證明熱力學第一定律的，即便是要決定 1 公克鐵的總內部能量也是相當困難。還好我們可以只看系統在一個過程中*初始狀態和最終狀態*內部能量的*改變*就可以證明是否符合熱力學第一定律。內能的變化量 (ΔU) 可以寫成：

$$\Delta U = U_f - U_i$$

其中 U_i 和 U_f 分別是系統的初始和最終內能。

圖 6.4 一個人爬山所獲得的重力位能和他走的路徑無關。

1 見第 38 頁 (第二章) 有關在化學反應中質量和能量變化關係的討論。

一個系統的內能可以分為兩個部分：動能和位能。動能包含不同形式的分子運動，以及分子內的電子移動所產生的能量。位能則是決定於分子內與分子間電子和原子核之間的吸引力和排斥力。要正確地測量這些數值並不容易，所以我們並無法計算系統的總能。但是若只是要知道系統能量的改變，就可以利用實驗來決定。

以 1 莫耳的硫和 1 莫耳的氧氣會產生 1 莫耳的二氧化硫這個反應為例：

$$S(s) + O_2(g) \longrightarrow SO_2(g)$$

在這個例子中，系統是由反應物分子 S 和 O_2 (初始狀態)，以及產物分子 SO_2 (最終狀態) 所組成。我們不知道反應物分子和產物分子的內能，但是我們可以正確地測量內能的改變 (ΔU)，其算式為

$$\Delta U = U\,(\text{產物}) - U\,(\text{反應物})$$
$$= 1\text{ 莫耳 } SO_2(g) \text{ 的內能} - 1\text{ 莫耳 } S(s) + 1\text{ 莫耳 } O_2(g) \text{ 的內能}$$

我們發現這個反應會放熱，因此產物的能量會比反應物的能量來得少，所以 ΔU 會是負值。

這個反應的結果可以解讀成有些原本在分子內的化學能在反應後轉換成熱能，而原本在系統內的能量轉移到周圍，因此沒有改變整個宇宙的總能量。也就是說，能量的改變必須為零：

$$\Delta U_{sys} + \Delta U_{surr} = 0$$

或

$$\Delta U_{sys} = -\Delta U_{surr}$$

其中下標的 “sys” 和 “surr” 分別代表系統和周圍。因此，如果系統的能量改變為 ΔU_{sys}，則宇宙的其他部分，也就是周圍的能量改變必定與系統的能量改變大小相同，正負號相反 ($-\Delta U_{surr}$)，在一個地方失去的能量一定會被另一個地方獲得。此外，因為能量的形式可以改變，在一個系統失去的能量可以被另一個系統以不同形式獲得。例如，在發電廠燃燒石油所損失的熱能最終可以轉換成家庭中使用的電力、熱、光等等。

在化學中，我們一般有興趣的是有關系統 (可能是一個燒瓶中有反應物和產物) 的能量改變，而不是周圍的能量改變。因此，對於系統比較有用的熱力學第一定律形式為

$$\Delta U = q + w \qquad (6.1)$$

我們用小寫字母 (像是 w 和 q) 來表示不是狀態函數的熱力學量。

(為了簡化，這裡省略了下標的 “sys”。) 方程式 (6.1) 說明系統內能的改變 ΔU 等於系統和周圍所交換熱量 (q) 的大小，加上周圍對系統 (或是系統對周圍) 作的功 (w)。我們可以把熱力學第一定律想成是一張能量平衡的表格，就像是在銀行中貨幣交換所用的表格一樣。你可以用兩種不一樣的貨幣存款和提款 (就像熱量交換或作功都會造成能量改變)，然而你在銀行的帳戶總值只和交易後所剩餘錢的多少有關，跟你交易的是哪一種貨幣無關。

方程式 (6.1) 看起來或許抽象，但實際上卻相當符合邏輯。如果系統釋出熱給周圍，或是對周圍作功，我們會預期系統的內能減少，因為這是一個消耗能量的過程。因此，這個過程的 q 和 w 都是負值。相反地，如果是對系統加熱或是對系統作功，系統的內能會增加。在這個狀況下的 q 和 w 都是正值。表 6.1 整理 q 和 w 的正負號慣例。

功和熱

我們將繼續更仔細討論功和熱的本質。

功

我們已經知道功的定義為作用力 F 乘以距離 d：

$$w = F \times d \tag{6.2}$$

在熱力學中，功的廣義範圍包含機械功 (例如，用起重機吊起鋼條)、電功 (電池提供電子以點亮手電筒的燈泡)、表面功 (吹起肥皂泡泡)。這裡我們將著重於機械功的討論，電功的部分則放在第十八章討論。

我們可以利用氣體的膨脹和壓縮來表示機械功。有許多化學及生物的過程會牽涉到氣體體積的改變，像是呼吸空氣會導致肺泡膨脹和收縮。汽車引擎的內部燃燒也是一個例子，引擎中汽油和空氣混合物燃燒提供的能量使得引擎汽缸可以不斷地擴張和壓縮。圖 6.5 中，氣體在

表 6.1 功和熱的正負號慣例

過程	正負號
系統向周圍作功	−
周圍向系統作功	+
系統從周圍吸收熱 (吸熱過程)	+
周圍從系統吸收熱 (放熱過程)	−

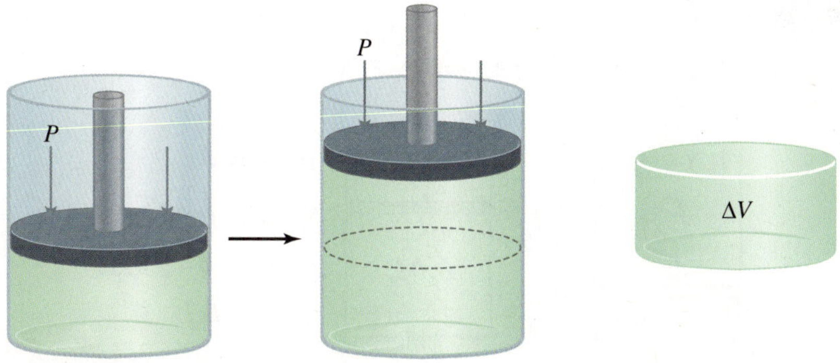

圖 6.5 氣體對一固定外界壓力 (像是大氣壓力) 的膨脹過程。氣體置於一帶有可移動且重量可忽略活塞的汽缸中。所作的功為 $-P\Delta V$，因為 $\Delta V > 0$，所作的功為負值。

固定溫度、壓力、體積的條件下被填入一個帶有活塞 (重量和摩擦力可以忽略) 的汽缸。當氣體膨脹時，氣體抵抗汽缸內部壓力 P 將活塞向上推。這時氣體對外所作的功為：

$$w = -P\Delta V \tag{6.3}$$

其中的體積變化量 ΔV 等於 $V_f - V_i$。方程式 (6.3) 中的減號呼應 w 的正負號慣例。當氣體膨脹時 (系統對周圍作功)，$\Delta V > 0$，所以 $-P\Delta V$ 是負值；當氣體壓縮時 (周圍對系統作功)，$\Delta V < 0$，所以 $-P\Delta V$ 是正值。

方程式 (6.3) 中的壓力 × 體積也可寫成 (作用力/面積) × 體積，也就是

$$P \times V = \underbrace{\frac{F}{d^2}}_{\text{壓力}} \times \underbrace{d^3}_{\text{體積}} = F \times d = w$$

其中 F 是作用力大小，d 是長度，d^2 是面積，d^3 是體積。因此，壓力和體積的乘積會等於作用力乘以距離，或是等於功。你可以看到當體積增加一定量的時候 (ΔV 為定值)，功的大小取決於對應壓力 P 的大小。如果 P 為零 (也就是氣體對真空膨脹)，所作的功必定也等於零；如果 P 是正值或其他非零的值，所作的功會等於 $-P\Delta V$。

根據方程式 (6.3)，氣體所作功或施於氣體上的功單位是 L‧atm。我們可用以下轉換因子來將功以更常見的單位焦耳 (J) 來表示：

$$1\ \text{L} \cdot \text{atm} = 101.3\ \text{J}$$

例題 6.1

若固定溫度下將一氣體對應 (a) 真空和 (b) 固定 1.2 atm 將體積由 2.0 公升擴張到 6.0 公升，試計算此氣體分別作了多少功。

策 略

用一個簡單的繪圖來幫助了解狀況：

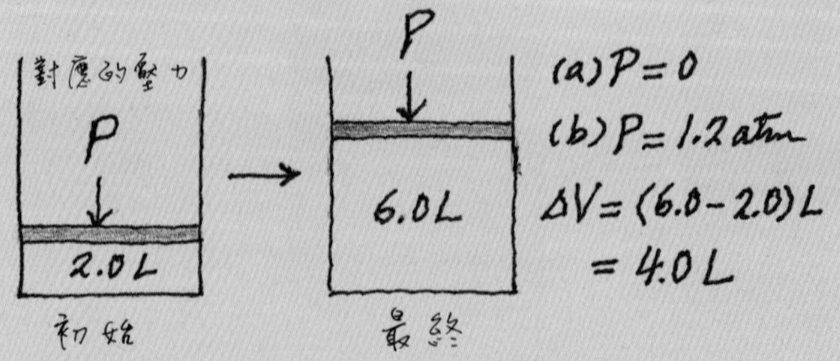

氣體所作的功會等於外部對應壓力和體積變化量的乘積。另外，要知道的是 L·atm 和 J 的轉換因子為何？

解 答

(a) 因為外部壓力等於零，氣體擴張不會作功。

$$\begin{aligned} w &= -P\Delta V \\ &= -(0)(6.0 - 2.0)\ \text{L} \\ &= 0 \end{aligned}$$

(b) 因為外部壓力是 1.2 atm，所以

$$\begin{aligned} w &= -P\Delta V \\ &= -(1.2\ \text{atm})(6.0 - 2.0)\ \text{L} \\ &= -4.8\ \text{L}\cdot\text{atm} \end{aligned}$$

接著用適合的轉換因子將答案的單位轉換成焦耳：

$$\begin{aligned} w &= -4.8\ \text{L}\cdot\text{atm} \times \frac{101.3\ \text{J}}{1\ \text{L}\cdot\text{atm}} \\ &= -4.9 \times 10^2\ \text{J} \end{aligned}$$

檢 查

因為這是氣體擴張 (系統對周圍作功)，所以所作的功為負值。

類題：6.1。

練習題

若固定溫度下將一氣體對應 (a) 真空和 (b) 固定 4.00 atm 將體積由 264 毫升擴張到 971 毫升，試計算此氣體分別作了多少功？

因為溫度是固定的，可以用波以耳定律來表示在 (a) 和 (b) 中最終的壓力是一致的。

從例題 6.1 可以看出功不是狀態函數。雖然初始狀態和最終狀態在 (a) 和 (b) 中都一樣，但因為對應的外部壓力不同，系統所作的功也有所不同。所以對於功的變化量，我們不能以 $\Delta w = w_f - w_i$ 來表示。所作

功的大小不只和初始狀態和最終狀態有關，也和這個過程如何進行有關，也就是和路徑有關。

熱

內能的另一個部分是熱 (q)。熱和功一樣不是狀態函數。舉例來說，要將 100 公克的水由攝氏 20 度加熱到攝氏 30 度需要 4184 焦耳的能量。而這裡所需的能量可由以下方式獲得：(a) 直接用本生燈加熱得到，不對水作任何功；(b) 對水作功，不添加熱能 (例如，用磁石攪拌水)；(c) 同時用 (a) 和 (b) 所敘述的方法。這個簡單的例子說明一個特定過程中所牽涉到的熱，和之前討論的功一樣是跟這個過程如何進行有關。有一點很重要的是，不管是發生哪一個步驟，系統內能的變化量 ΔU 是由 ($q + w$) 的總和而定。如果改變路徑導致 q 值增加，則 w 值會以等值減少，反之亦然，所以 ΔU 的值維持不變。

總而言之，因為熱和功不是系統的性質，所以它們不是狀態函數。它們的性質只會在變化過程中顯現出來，因此它們的值是取決於這個過程走的路徑，並且隨之改變。

例題 6.2

當一氣體在類似圖 6.5 中的汽缸內被壓縮所作的功為 462 焦耳。在這個過程中，會有 128 焦耳的能量由氣體轉移到周圍上。試計算這個過程產生的能量改變。

策　略

壓縮是對氣體作功，所以 w 的正負號應該是什麼？氣體釋放出熱給周圍，這是吸熱反應還是放熱反應？q 的正負號又應該是什麼？

解　答

我們需要用方程式 (6.1) 來計算氣體的能量改變。壓縮所作的功為正值；且因為氣體釋放熱，所以 q 是負值。因此，能量的改變為

$$\begin{aligned}\Delta U &= q + w\\ &= -128\ \text{J} + 462\ \text{J}\\ &= 334\ \text{J}\end{aligned}$$

因此，氣體的能量增加了 334 焦耳。

類題：6.2。

練習題

一個氣體擴張的過程對周圍作的 P-V 功為 279 焦耳。同時，此氣體吸收來自周圍 216 焦耳的熱。請問此系統的能量改變為何？

CHEMISTRY in Action

生活中的化學

人造雪和充氣腳踏車輪胎

許多在日常生活中每天都可以見到的現象都可以用熱力學第一定律來解釋，這裡我們要討論兩種對於熱愛戶外活動的人會很有興趣的現象。

人造雪

如果你是熱愛滑雪的人，你應該有在人造雪上滑雪的經驗。你有沒有想過造雪機是如何製造出這麼大量的雪，給滑雪者即便是在沒下雪的日子也足以使用？造雪的秘密其實在 $\Delta U = q + w$ 這個式子之中。一台造雪機中有壓力大約為 20 atm 的壓縮空氣和水蒸氣混合物。因為造雪機內外有如此大的壓力差，當造雪機將此混合物噴灑到大氣壓力下時，體積會快速的膨脹，且可以假定在系統 (空氣和水) 和周圍之間沒有熱交換，也就是 $q = 0$。(在熱力學中，這樣的過程稱為絕熱過程)。因此，可以將上述式子寫成

$$\Delta U = q + w = w$$

因為系統對周圍作功，所以 w 是負值，且系統的能量下降。

動能也是系統總能的一部分。在 5.7 節中，我們看到氣體的平均動能正比於絕對溫度[方程式 (5.15)]。因此，能量的變化量 ΔU 也可以寫成：

$$\Delta U = C\Delta T$$

其中 C 是正比常數。因為 ΔU 是負值，ΔT 也一定是負值。也就是因為這樣的冷卻效應 (或是水分子的動能降低) 造成雪的產生。雖然我們只需要水就可以造雪，但是因為空氣膨脹時也會降溫，因此空氣的存在幫助水蒸氣降溫。

充氣腳踏車輪胎

如果你曾經對腳踏車輪胎充氣，你或許有注意到氣門嘴的溫度會稍微上升。這個現象也可以用熱力學第一定律解釋。充氣的動作壓縮了幫浦和輪胎中的氣體。這個過程快到可以被認為是近似絕熱過程，所以 $q = 0$ 且 $\Delta U = w$。因為這裡是對氣體作功 (氣體被壓縮)，w 是正值，且能量增加。因此，根據以下的方程式，系統的溫度也隨之增加：

$$\Delta U = C\Delta T$$

6.4 化學反應的焓

我們的下一步是要討論熱力學第一定律如何應用在不同條件下進行的過程。比較特別的是，我們將討論兩種在實驗室最常遇到的狀況，其中之一是系統的體積固定；而另一種是施於系統的壓力固定。

請記得 $w = -P\Delta V$。

如果化學反應是在等體積下進行，$\Delta V = 0$，沒有 P-V 功會產生，所以從方程式 (6.1) 可知

$$\begin{aligned}\Delta U &= q - P\Delta V \\ &= q_v\end{aligned} \qquad (6.4)$$

加下標 “v” 的目的是要提醒我們這是定體積的過程。因為我們之前提過 q 不是狀態函數，這個等式或許一開始看起來奇怪。然而，這個過程是在體積固定的條件下進行，所以熱的改變只能有一個特定的值，這個值

也就等於 ΔU。

焓

定體積的條件常常很不方便甚至有時候根本無法達到。事實上，大多數的反應是在固定壓力的條件下進行 (通常是大氣壓力下)。如果反應後造成氣體的淨莫耳數增加，則系統對周圍作功 (擴張)。這是因為當氣體生成進入大氣時，它必須要將周圍的空氣推回去；相反地，如果反應後造成氣體消耗掉的比產生的多，則變成是周圍對系統作功 (壓縮)。最後，如果反應後反應物和產物氣體的淨莫耳數不變，則系統和周圍都沒有作功。

一般來說，對於一個定壓的過程，我們可以寫成

$$\Delta U = q + w$$
$$= q_p - P\Delta V$$

或

$$q_p = \Delta U + P\Delta V \tag{6.5}$$

其中下標 “p” 的意義為定壓條件。

我們現在要介紹一個新的對於系統的熱力學函數——**焓** (enthalpy; H)，其定義如下：

$$H = U + PV \tag{6.6}$$

其中 U 是系統的內能，P 和 V 分別是系統的壓力和體積。因為 U 和 PV 都是能量單位，所以焓也是能量單位。除此之外，U、P 和 V 都是狀態函數，也就是 $U + PV$ 的變化量只和初始狀態與最終狀態有關，因此 H 的變化量 ΔH 也只和初始狀態與最終狀態有關，所以 H 是狀態函數。

在任何過程中，焓的變化量是根據方程式 (6.6) 而定的：

$$\Delta H = \Delta U + \Delta(PV) \tag{6.7}$$

如果壓力為定值，則可以寫成

$$\Delta H = \Delta U + P\Delta V \tag{6.8}$$

比較方程式 (6.8) 和方程式 (6.5) 可以發現在定壓過程中，$q_p = \Delta H$。相同地，雖然 q 不是狀態函數，但在定壓下的熱變化量等於 ΔH (是狀態函數)，這是因為在定壓下「路徑」都相同，所以它只能是一個特定的值。

在 6.5 節中，我們將討論在定體積和定壓下測量熱量變化的方法。

我們現在有兩種量 (ΔU 和 ΔH) 都跟化學反應有關。如果反應在定體積條件下進行，則熱變化量 q_v 等於 ΔU；但如果反應在定壓條件下進行，則熱變化量 q_p 等於 ΔH。

反應焓

因為大多數的反應都是在定壓下進行，我們可以把反應的熱變化量用焓變化量來表示。對於任何下列形式的反應：

$$反應物 \longrightarrow 產物$$

我們把反應前後的焓變化量稱為此反應的**反應焓** (enthalpy of reaction; ΔH_{rxn})，也就是此反應產物的焓和反應物的焓之間的差異：

對於反應焓的變化量，我們通常省略下標的 "rxn" 只寫 ΔH。

$$\Delta H = H(產物) - H(反應物) \tag{6.9}$$

根據反應過程的不同，反應焓可以是正值也可以是負值。對於一個吸熱的過程來說 (系統吸收來自周圍的熱)，ΔH 是正值 (也就是 $\Delta H > 0$)；對於一個放熱的過程來說 (系統釋放熱給周圍)，ΔH 是負值 (也就是 $\Delta H < 0$)。

這個比喻假設你不會預支你的銀行帳戶，一個物質的焓不能為負值。

焓的改變可以比喻成你銀行帳戶餘額的改變。假設你一開始的餘額是 100 元，經過交易之後 (存款或提款)，帳戶餘額的改變 ΔX 等於：

$$\Delta X = X_{最終} - X_{初始}$$

其中 X 為帳戶餘額。如果你存了 80 元到帳戶中，ΔX = 180 元 − 100 元 = 80 元。這就像吸熱過程一樣 (餘額增加對應於反應焓增加)。另一方面，如果你從帳戶中提出 60 元，ΔX = 40 元 − 100 元 = −60 元。ΔX 為負值代表帳戶的餘額減少。相同的概念，ΔH 為負值代表反應焓減少，所以是放熱過程。用這個比喻和方程式 (6.9) 的差異是我們可以明確地知道銀行帳戶的餘額有多少，但我們卻無法知道個別反應物和產物的焓是多少。實際上，我們只能測量它們之間的差異。

現在讓我們將這個概念應用到兩個常見的過程上：第一個是物理變化；第二個是化學變化。

熱化學方程式

在攝氏 0 度、1 atm 下，冰塊會融化成水。從測量得知，在這個條件下每一莫耳的冰要轉換成水，系統 (冰) 必須吸收 6.01 千焦耳 (kJ) 的

熱能。因為過程中壓力是固定的，熱變化量會等於焓變化量 ΔH。此外，由吸收能量來融化冰塊的過程看來這是一個吸熱反應 [圖 6.6(a)]。因此，ΔH 是正值。這個物理變化的方程式可以寫成

為了簡化，對於熱化學方程式的 ΔH 我們以「每莫耳」而不是「每莫耳反應」來表示。

$$H_2O(s) \longrightarrow H_2O(l) \qquad \Delta H = 6.01 \text{ kJ/mol}$$

ΔH 單位中的「每莫耳」的意思是這是在**每莫耳反應** (**或過程**) **中**焓的變化量，也就是當 1 莫耳冰變成 1 莫耳水時焓的變化量。

我們用燃燒天然氣中的主要成分甲烷來當作另一個例子：

$$CH_4(g) + 2O_2(g) \longrightarrow CO_2(g) + 2H_2O(l) \qquad \Delta H = -890.4 \text{ kJ/mol}$$

從經驗中得知燃燒天然氣會釋放出熱給周圍，所以這是一個放熱過程。在定壓下熱變化量會等於焓變化量 ΔH，且 ΔH 必須是負值 [圖 6.6(b)]。相同地，每莫耳反應的 ΔH 指的是當 1 莫耳 CH_4 和 2 莫耳 O_2 反應產生 1 莫耳 CO_2 和 2 莫耳 H_2O 時，有 890.4 千焦耳的熱能釋放到周圍。很重要的一點是，要記得 ΔH 的值不是指特定的反應物或產物的 ΔH，而是所有參與反應的物種的 ΔH。因此，我們可寫出以下的轉換因子：

$$\frac{-890.4 \text{ kJ}}{1 \text{ mol } CH_4} \quad \frac{-890.4 \text{ kJ}}{2 \text{ mol } O_2} \quad \frac{-890.4 \text{ kJ}}{1 \text{ mol } CO_2} \quad \frac{-890.4 \text{ kJ}}{2 \text{ mol } H_2O}$$

將 ΔH 的單位寫成 kJ/mol (而不是只寫 kJ) 符合標準的慣例，它的價值當我們在第十七章繼續討論熱力學的時候會更明顯。

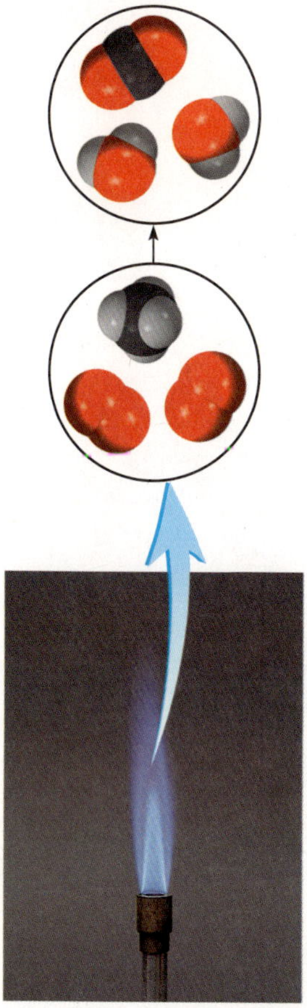

用本生燈燃燒甲烷氣體。

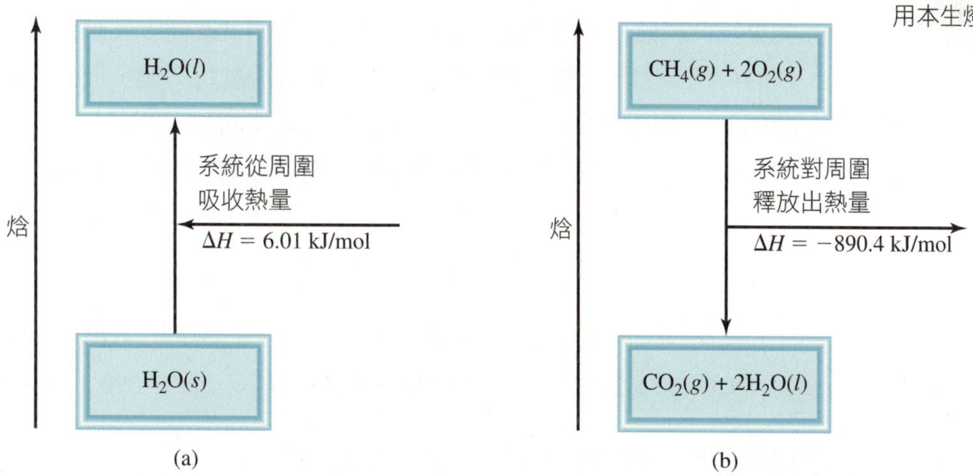

圖 6.6 在攝氏 0 度融化 1 莫耳的冰 (吸熱過程) 造成系統反應焓增加 6.01 千焦耳；(b) 在氧氣中燃燒 1 莫耳的甲烷 (放熱過程) 造成系統反應焓減少 890.4 千焦耳。這裡 (a) 和 (b) 兩部分不是以等比例繪製。

水融化和甲醇燃燒的方程式都是**熱化學方程式** (thermochemical equations) 的例子，它表達了反應中的焓變化量和質量關係。在討論反應焓變化的時候，一定要確認方程式是平衡的。以下有關熱化學方程式的原則可用來幫助我們寫出，並解釋熱化學方程式。

1. 在寫熱化學方程式時，我們必須指出所有反應物和產物的物理狀態，因為這可以幫助決定真實的焓變化量是多少。舉例來說，在甲烷燃燒的反應方程式中，如果我們在產物中寫的是氣態的水，而不是液態的水，則熱反應方程式為

$$CH_4(g) + 2O_2(g) \longrightarrow CO_2(g) + 2H_2O(g) \qquad \Delta H = -802.4 \text{ kJ/mol}$$

焓變化量是 –802.4 千焦耳，而不是 –890.4 千焦耳，這其中差別的 88.0 千焦耳要用來將 2 莫耳液態的水轉換成氣態的水，也就是

$$2H_2O(l) \longrightarrow 2H_2O(g) \qquad \Delta H = 88.0 \text{ kJ/mol}$$

2. 如果我們將熱化學方程式兩邊同乘以一個因子 n，則 ΔH 的值也要乘以 n。回頭看看冰的融化過程：

$$H_2O(s) \longrightarrow H_2O(l) \qquad \Delta H = 6.01 \text{ kJ/mol}$$

如果我們將方程式兩邊同乘以 2，也就是把 n 設定為 2，則

$$2H_2O(s) \longrightarrow 2H_2O(l) \qquad \Delta H = 2(6.01 \text{ kJ/mol}) = 12.0 \text{ kJ/mol}$$

3. 如果我們將熱化學方程式箭號兩邊對調，我們就改變了反應物和產物的角色。因此，雖然此反應的焓變化量大小維持不變，但是正負號顛倒。舉例來說，如果一個反應消耗掉周圍的熱 (也就是吸熱)，則此反應的逆反應一定會釋放熱量給周圍 (也就是放熱)，也因此焓變化量的正負號必須改變。所以，如果將冰融化和甲烷燃燒的方程式前後顛倒，則它們的熱化學方程式變成：

$$H_2O(l) \longrightarrow H_2O(s) \qquad \Delta H = -6.01 \text{ kJ/mol}$$

$$CO_2(g) + 2H_2O(l) \longrightarrow CH_4(g) + 2O_2(g) \qquad \Delta H = 890.4 \text{ kJ/mol}$$

而原來的吸熱過程變成放熱過程，反之亦然。

例題 6.3

已知以下熱化學方程式：

$$2SO_2(g) + O_2(g) \longrightarrow 2SO_3(g) \qquad \Delta H = -198.2 \text{ kJ/mol}$$

試計算當 87.9 公克的 SO_2 (莫耳質量 = 64.07 g/mol) 轉換成 SO_3 時，反應的焓變化量是多少？

策　略

從熱化學方程式可以知道每反應 2 莫耳的 SO_2 會釋放出 198.2 千焦耳的熱 (請注意負號)。因此，轉換因子為

$$\frac{-198.2 \text{ kJ}}{2 \text{ mol } SO_2}$$

87.9 公克的 SO_2 是多少莫耳？公克和莫耳之間的轉換因子是什麼？

解　答

我們需先算出 87.9 公克 SO_2 的莫耳數，然後找出此放熱反應所產生熱量的千焦耳數。所以轉換的順序為

SO_2 公克數 ⟶ SO_2 莫耳數 ⟶ 產生熱量的千焦耳數

因此，此反應焓的變化量為：

$$\Delta H = 87.9 \text{ g } SO_2 \times \frac{1 \text{ mol } SO_2}{64.07 \text{ g } SO_2} \times \frac{-198.2 \text{ kJ}}{2 \text{ mol } SO_2} = -136 \text{ kJ}$$

釋放給周圍的熱是 136 千焦耳。

要記得一個反應的 ΔH 可以為正值也可以為負值，但是在描述釋出或吸收多少熱時，其值永遠為正值。「釋出」和「吸收」這兩個詞本身就有熱量轉移方向的概念在內，不需要再用正負號表示。

檢　查

從先前的熱化學方程式可以知道 2 莫耳 SO_2 反應會釋放 198.2 千焦耳熱量。因為 87.9 公克小於 SO_2 莫耳質量的兩倍 (2 × 64.07 公克)，所以可預期釋放的熱量小於 198.2 千焦耳。

類題：6.4。

練習題

試計算當 266 公克的白磷 (P_4) 在空氣中以下列方程式燃燒時，反應的焓變化量是多少？

$$P_4(s) + 5O_2(g) \longrightarrow P_4O_{10}(s) \qquad \Delta H = -3013 \text{ kJ/mol}$$

ΔH 和 ΔU 的比較

在反應過程中，ΔH 和 ΔU 之間的關係是什麼？要找到這層關係，讓我們用金屬鈉和水之間的反應來討論：

$$2Na(s) + 2H_2O(l) \longrightarrow 2NaOH(aq) + H_2(g) \qquad \Delta H = -367.5 \text{ kJ/mol}$$

這個熱化學方程式指出，當 2 莫耳的鈉和過量的水反應會釋放出 367.5 千焦耳的熱。請注意：這裡有其中一個產物是氫氣，它會對空氣產生推力而進入大氣中。因此，有部分反應所產生的能量會消耗在將空氣 (ΔV) 對抗大氣壓力 (P) 回推所作的功上 (圖 6.7)。這是要計算內能的改變，我們可以將方程式 (6.8) 重排為

$$\Delta U = \Delta H - P\Delta V$$

要記得 1 L · atm = 101.3 J。

如果我們假設溫度為攝氏 25 度且忽略在溶液體積的小改變，我們可以將 1 莫耳 H_2 氣體在 1.0 atm，298 K 的體積視為 24.5 公升，因此 $-P\Delta V = -24.5$ L · atm 或是 -2.5 kJ。最後，內能的變化量為

$$\begin{aligned}\Delta U &= -367.5 \text{ kJ/mol} - 2.5 \text{ kJ/mol} \\ &= -370.0 \text{ kJ/mol}\end{aligned}$$

對於一個從反應到產物氣體總莫耳數不變的反應來說 [例如：$H_2(g) + F_2(g) \longrightarrow 2HF(g)$]，$\Delta U = \Delta H$。

從這個計算可以看出 ΔU 和 ΔH 幾乎是一樣的。而 ΔH 的值在大小上會比 ΔU 的值小一點的原因是，有部分釋出的內能被用來做氣體擴張的功，所以參與的熱較少。對於沒有氣體參與的反應來說，ΔV 通常非常小，所以 ΔU 和 ΔH 實際上幾乎一樣。

另一個用來計算氣體反應內能變化的方法是，把氣體設定為理想氣體且溫度固定。在這個例子中，

$$\begin{aligned}\Delta U &= \Delta H - \Delta(PV) \\ &= \Delta H - \Delta(nRT) \\ &= \Delta H - RT\Delta n \qquad (6.10)\end{aligned}$$

其中的 Δn 定義為：

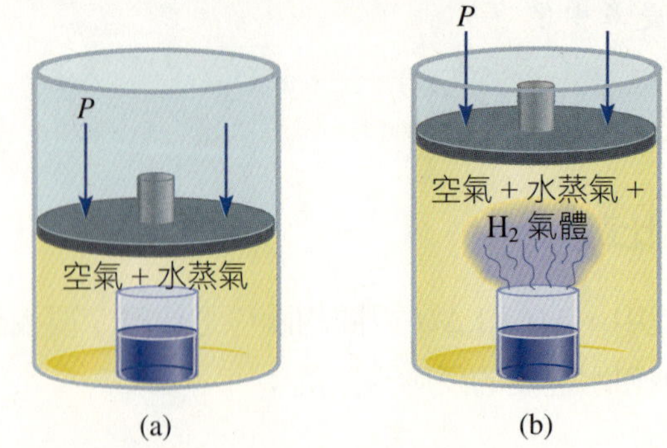

圖 6.7 (a) 在一個有可移動活塞的汽缸中放置一杯水。內壓等於大氣壓力；(b) 當鈉金屬和水反應後，所產生的氫氣會將活塞往上推 (對周圍作功)，直到內壓再度等於外壓。

Δn = 產物氣體的莫耳數 − 反應物氣體的莫耳數

一氧化碳在空氣中燃燒生成二氧化碳。

例題 6.4

試計算在 1 atm、攝氏 25 度下，當 2 莫耳的 CO 轉換成 2 莫耳的 CO_2 所產生的內能改變是多少？

$$2CO(g) + O_2(g) \longrightarrow 2CO_2(g) \qquad \Delta H = -566.0 \text{ kJ/mol}$$

策　略

我們現在知道焓變化量 ΔH，而要求的是內能變化量 ΔU。因此，我們需要用到方程式 (6.10)。要知道的是，氣體的莫耳數改變是什麼？ΔH 給的單位是千焦耳，那 R 的單位要是什麼？

解　答

從化學方程式可以看出，3 莫耳的氣體反應後變成 2 莫耳氣體，所以，

$$\begin{aligned}\Delta n &= \text{產物氣體的莫耳數} - \text{反應物氣體的莫耳數}\\ &= 2 - 3\\ &= -1\end{aligned}$$

用方程式 (6.10) 將 R 用 8.314 J/K · mol，T = 298 K 代入：

$$\begin{aligned}\Delta U &= \Delta H - RT\Delta n\\ &= -566.0 \text{ kJ/mol} - (8.314 \text{ J/K}\cdot\text{mol})\left(\frac{1 \text{ kJ}}{1000 \text{ J}}\right)(298 \text{ K})(-1)\\ &= -563.5 \text{ kJ/mol}\end{aligned}$$

檢　查

從題目得知，此氣體反應系統進行壓縮過程 (3 莫耳變 2 莫耳)，那 ΔH 的值在大小上會比 ΔU 的值大是合理的嗎？

練習題

依照下列方程式，請問在 1 atm、攝氏 25 度下生成 1 莫耳 CO 的 ΔU 是多少？

$$C(\text{石墨}) + \tfrac{1}{2}O_2(g) \longrightarrow CO(g) \qquad \Delta H = -110.5 \text{ kJ/mol}$$

6.5 熱量測定

在實驗室中，物理和化學過程中所產生的熱量變化可以用熱量計來測量，它是一個專門設計用來測量熱量變化的密閉容器。我們這裡討論

熱量計 (calorimetry) 的熱量測定需要用到對比熱和熱容量的了解，所以我們先從它們開始討論。

比熱和熱容量

物質的**比熱** (specific heat; s) 指的是使 1 公克物質溫度上升攝氏 1 度所需的熱量大小，單位是 J/g · °C。而物質的**熱容量** (heat capacity; C) 指的是使一定量物質溫度上升攝氏 1 度所需的熱量大小，單位是 J/°C。比熱是內含性質，而熱容量是外延性質。物質的熱容量和比熱之間的關係為

$$C = ms \tag{6.11}$$

其中 m 是物質以公克為單位的質量。舉例來說，水的比熱是 4.184 J/g · °C，而 60.0 公克水的熱容量是

$$(60.0\ \text{g})(4.184\ \text{J/g}\cdot{}^\circ\text{C}) = 251\ \text{J/}^\circ\text{C}$$

表 6.2 列出一些常見物質的比熱。

表 6.2 一些常見物質的比熱

物質	比熱 (J/g · °C)
Al	0.900
Au	0.129
C (石墨)	0.720
C (鑽石)	0.502
Cu	0.385
Fe	0.444
Hg	0.139
Pb	0.158
H_2O	4.184
C_2H_5OH (乙醇)	2.46

如果我們知道物質的比熱和質量，然而此物質溫度的變化 (Δt)，可以告訴我們在此過程中這個物質吸收或是釋放了多少熱量 (q)。計算熱量改變的方程式為

$$q = ms\Delta t \tag{6.12}$$

$$q = C\Delta t \tag{6.13}$$

其中 Δt 是溫度的變化量：

$$\Delta t = t_{\text{final}} - t_{\text{initial}}$$

這裡 q 的正負號意義和焓變化的意義一樣；吸熱反應 q 為正值，而放熱反應 q 為負值。

例題 6.5

試計算將 466 公克水從攝氏 8.50 度加熱到攝氏 74.60 度的過程中，水所吸收的熱量有多少 (以千焦耳為單位)？

策　略

已知水的質量和比熱，我們利用上升溫度的變化量就可以算出吸收了多少熱。

解 答

利用方程式 (6.12)，我們可以寫出：

$$q = ms\Delta t$$
$$= (466\ \text{g})(4.184\ \text{J/g}\cdot{}^\circ\text{C})(74.60^\circ\text{C} - 8.50^\circ\text{C})$$
$$= 1.29 \times 10^5\ \text{J} \times \frac{1\ \text{kJ}}{1000\ \text{J}}$$
$$= 129\ \text{kJ}$$

檢 查

g 和 °C 單位在運算後消去，剩下我們想要的單位 kJ。因為水從周圍吸收熱量，所以 q 是正值。

練習題

試計算將一質量為 869 公克的鐵條從攝氏 94 度冷卻到攝氏 5 度的過程中，鐵條所釋出的熱量有多少 (以千焦耳為單位)？

固定體積的熱量測定

燃燒熱測量的方式通常是將一已知質量的化合物放入一個稱作**炸彈熱卡計** (或炸彈熱量計) 的固定體積的不鏽鋼容器中，其中填滿壓力約 30 atm 的氧氣。再將此密閉容器放入已知體積的水中，如圖 6.8 所示。

「定體積」指的是容器的體積，它在反應過程中不會改變。請注意：在測量後容器並不會有損壞。「炸彈熱量計」這個詞意味著此反應 (小量) 在過量的氧氣存在時，本質上是有爆炸性的。

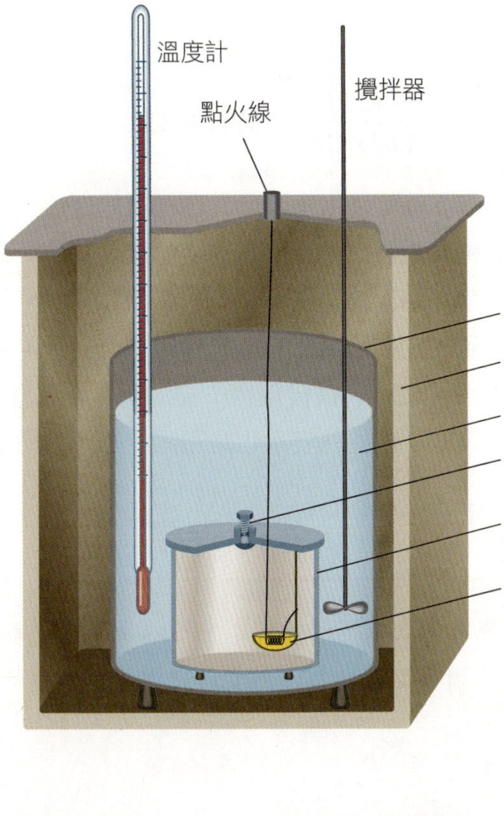

圖 6.8 固定體積的炸彈熱量計。熱量計在放入桶子前會先填滿氧氣。之後將樣本以電子方式點燃，然後正確地記錄周圍水上升的溫度，就可以計算出此反應所產生的熱量。

將容器中的樣本以電子方式點燃，然後正確地記錄水上升的溫度，就可以計算出此燃燒反應所產生的熱量。理論上，所有樣本所釋放出的熱量會被水和容器所吸收。這樣特殊熱量計的設計可以讓我們確認，當測量時沒有熱量 (或質量) 釋放到周圍而造成損失。因此，水和容器是處於一個獨立系統之中。也因為在整個過程中系統沒有熱量的進出，系統的熱量改變 (q_{system}) 必定為 0，所以我們可以寫出：

$$q_{system} = q_{cal} + q_{rxn} = 0 \quad (6.14)$$

其中 q_{cal} 和 q_{rxn} 分別是熱量計和反應的熱量改變。因此，

$$q_{rxn} = -q_{cal} \quad (6.15)$$

請注意：C_{cal} 包含了炸彈和周圍的水。

要計算 q_{cal}，我們需要知道熱量計的熱容量 (C_{cal}) 和升高了多少溫度，也就是

$$q_{cal} = C_{cal}\Delta t \quad (6.16)$$

C_{cal} 的值可以利用燃燒一個已知正確燃燒熱的物質來校正。例如，我們知道燃燒 1 公克苯甲酸 (C_6H_5COOH) 會釋放出 26.42 千焦耳的熱。如果此燃燒造成溫度上升攝氏 4.673 度，則熱量計的熱容量為

請注意：雖然燃燒反應是放熱的，但 q_{cal} 為正值，因為它代表的是熱量計所吸收的熱。

$$C_{cal} = \frac{q_{cal}}{\Delta t} = \frac{26.42\ \text{kJ}}{4.673°\text{C}} = 5.654\ \text{kJ/°C}$$

一旦知道 C_{cal} 的值，熱量計就可以用來測量其他物質的燃燒熱。

請注意：因為在炸彈熱量計中的反應是在定體積條件下，而不是定壓條件下發生，熱量改變和焓改變 ΔH 無關 (見 6.4 節)。雖然我們可以測量到的熱改變量，以致於它們跟 ΔH 有關，但是通常需要的修正量很小，所以我們不在這裡討論細節。最後值得一提的是，食物和燃料 (通常以卡為單位，1 卡 = 4.184 J) 的熱容量也是用固定體積的熱量計測量出來的。

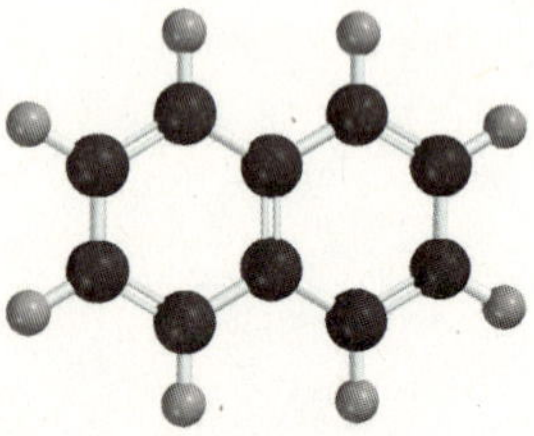

$C_{10}H_8$

例題 6.6

萘 ($C_{10}H_8$) 是一種有刺激味道的物質，它可以用來驅逐蛀蟲。若將 1.435 公克的萘放在固定體積的炸彈熱量計中燃燒後，水的溫度從

原本的攝氏 20.28 度增加到攝氏 25.95 度。如果炸彈熱量計加上水的熱容量為 10.17 kJ/°C，試計算每莫耳萘的燃燒熱，也就是萘的莫耳燃燒熱。

策　略

已知熱容量和上升的溫度，我們要如何計算熱量計所吸收的熱量？1.435 公克的萘燃燒會產生多少熱？萘公克數和莫耳數之間的轉換因子又是什麼？

解　答

炸彈熱量計和水所吸收的熱量等於熱容量和溫度改變量的乘積。假設沒有熱量損失到周圍。利用方程式 (6.16)，我們可以寫出

$$\begin{aligned} q_{\text{cal}} &= C_{\text{cal}}\Delta t \\ &= (10.17\ \text{kJ/°C})(25.95°\text{C} - 20.28°\text{C}) \\ &= 57.66\ \text{kJ} \end{aligned}$$

因為 $q_{\text{sys}} = q_{\text{cal}} + q_{\text{rxn}} = 0$，$q_{\text{cal}} = -q_{\text{rxn}}$，所以此反應的熱量改變是 –57.66 千焦耳。這也就是燃燒 1.435 公克萘所會釋放出的熱量。因此，我們可以寫出以下轉換因子：

$$\frac{-57.66\ \text{kJ}}{1.435\ \text{g C}_{10}\text{H}_8}$$

萘的莫耳質量是 128.2 公克，所以 1 莫耳萘的燃燒熱為

$$\begin{aligned} \text{莫耳燃燒熱} &= \frac{-57.66\ \text{kJ}}{1.435\ \cancel{\text{g C}_{10}\text{H}_8}} \times \frac{128.2\ \cancel{\text{g C}_{10}\text{H}_8}}{1\ \text{mol C}_{10}\text{H}_8} \\ &= -5.151 \times 10^3\ \text{kJ/mol} \end{aligned}$$

檢　查

已知燃燒反應是放熱反應，且萘的莫耳質量遠大於 1.4 公克，所以這個答案是合理的嗎？在反應條件下，熱量改變 (–57.66 千焦耳) 是否等於反應焓的改變？

練習題

若將 1.922 公克的甲醇 (CH_3OH) 放在固定體積的炸彈熱量計中燃燒後，水的溫度上升了攝氏 4.20 度。如果炸彈熱量計加上水的熱容量為 10.4 kJ/°C，試計算甲醇的莫耳燃燒熱。

固定壓力的熱量測定

固定壓力的熱量計比固定體積的熱量計設計來得簡單，它是用來測

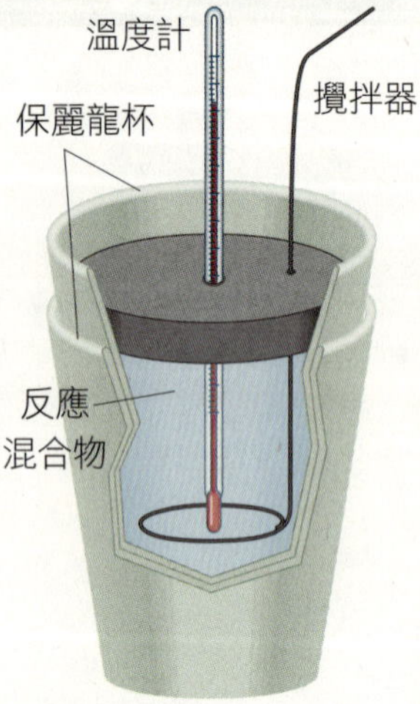

圖 6.9 用兩個泡沫聚苯乙烯製成的咖啡杯組成的定壓熱量計。外杯是用來阻隔反應混合物和周圍。兩個已知體積內含反應物的溶液在相同溫度下小心的在熱量計中混合。反應吸收或產生的熱量可以由溫度變化來計算。

定非燃燒反應的熱量變化。簡易的定壓熱量計可由兩個泡沫聚苯乙烯製成的咖啡杯組成，如圖 6.9 所示。這個裝置可以用來測量許多反應的熱量變化，像是酸鹼中和反應，以及溶液熱和稀釋熱。因為壓力是固定的，反應的熱量變化 (q_{rxn}) 等於焓變化 (ΔH)。跟在固定體積的熱量計一樣，我們把固定壓力的熱量計當作獨立系統。此外，因為咖啡杯的熱容量很小，我們在計算中會忽略這部分。表 6.3 列出一些用定壓熱量計研究過的反應。

例題 6.7

當將一個質量為 26.47 公克，溫度為攝氏 89.98 度的小鉛 (Pb) 球放入一個裝有 100.0 毫升水的定壓熱量計 (其熱容量可忽略) 中，水的溫度由攝氏 22.50 度上升到攝氏 23.17 度。請問此鉛球的比熱為何？

策　略

我們可以將初始狀態和最終狀態描繪如下：

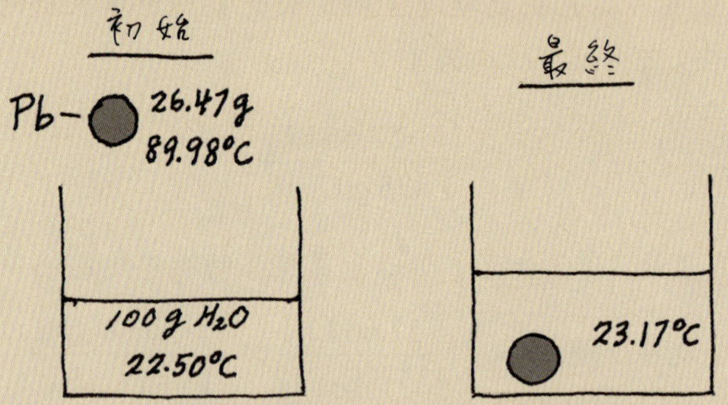

我們知道水和鉛球的質量，也知道一開始和最後的溫度。假設能量沒有損失到周圍，我們可以將鉛球損失的熱量當作是水得到的熱量。已知水的比熱，我們就可以計算鉛的比熱。

表 6.3 不同類型反應在定壓下測量出來的熱量變化

反應類型	例子	ΔH (kJ/mol)
中和熱	$HCl(aq) + NaOH(aq) \longrightarrow NaCl(aq) + H_2O(l)$	–56.2
解離熱	$H_2O(l) \longrightarrow H^+(aq) + OH^-(aq)$	56.2
溶化熱	$H_2O(s) \longrightarrow H_2O(l)$	6.01
蒸發熱	$H_2O(l) \longrightarrow H_2O(g)$	44.0*
反應熱	$MgCl_2(s) + 2Na(l) \longrightarrow 2NaCl(s) + Mg(s)$	–180.2

* 在攝氏 25 度下測量。攝氏 100 度時，其值為 40.79 千焦耳。

解　答

把熱量計當作是獨立系統 (能量沒有損失到周圍)，我們可以寫出：

$$q_{Pb} + q_{H_2O} = 0$$

或

$$q_{Pb} = -q_{H_2O}$$

水得到的熱量可用下列式子計算：

$$q_{H_2O} = ms\Delta t$$

其中 m 和 s 是質量和比熱，而 $\Delta t = t_{final} - t_{initial}$。因此，

$$\begin{aligned} q_{H_2O} &= (100.0\ g)(4.184\ J/g \cdot °C)(23.17°C - 22.50°C) \\ &= 280.3\ J \end{aligned}$$

因為鉛球損失的熱量等於水得到的熱量，$-q_{Pb} = -280.3$ J。要算 Pb 的比熱的話，我們可以寫出：

$$\begin{aligned} q_{Pb} &= ms\Delta t \\ -280.3\ J &= (26.47\ g)(s)(23.17°C - 89.98°C) \\ s &= 0.158\ J/g \cdot °C \end{aligned}$$

類題：6.25。

練習題

當將一個質量為 30.14 公克，溫度為攝氏 117.82 度的不鏽鋼球放入一個裝有 120.0 毫升水，溫度為攝氏 18.44 度的定壓熱量計 (其熱容量可忽略) 中。若此不鏽鋼球的比熱為 0.474 J/g · °C，試計算最後水的溫度是多少？

例題 6.8

將 1.00×10^2 mL 0.500 M HCl 和 1.00×10^2 mL 0.500 M NaOH 放入定壓熱量計 (其熱容量可忽略) 混合。一開始，HCl 和 NaOH 溶液的溫度都是攝氏 22.50 度，而後來混合溶液的溫度上升到攝氏 25.86 度。試計算此中和反應每莫耳的熱量改變：

$$NaOH(aq) + HCl(aq) \longrightarrow NaCl(aq) + H_2O(l)$$

假設溶液的密度和比熱都和水一樣，分別是 1.00 g/mL 和 4.184 J/g · °C。

策　略

因為混合後溫度上升，所以中和反應是放熱反應。我們要如何計算混合溶液所吸收的熱量呢？反應熱是什麼？要表示每莫耳的反應熱

所要用的轉換因子是什麼？

解　答

假設能量沒有損失到周圍，$q_{sys} = q_{soln} + q_{rxn} = 0$，所以 $q_{rxn} = -q_{soln}$，其中 q_{soln} 是混合溶液吸收的熱量。因為溶液的密度是 1.00 g/mL，所以 100 毫升的溶液質量為 100 公克。所以，

$$\begin{aligned} q_{soln} &= ms\Delta t \\ &= (1.00 \times 10^2 \text{ g} + 1.00 \times 10^2 \text{ g})(4.184 \text{ J/g} \cdot {}^\circ\text{C})(25.86^\circ\text{C} - 22.50^\circ\text{C}) \\ &= 2.81 \times 10^3 \text{ J} \\ &= 2.81 \text{ kJ} \end{aligned}$$

因為 $q_{rxn} = -q_{soln}$，$q_{rxn} = -2.81$ kJ。

從溶液的莫耳濃度可知，1.00×10^2 mL 的 HCl 和 NaOH 溶液中的莫耳數都是

$$\frac{0.500 \text{ mol}}{1 \text{ L}} \times 0.100 \text{ L} = 0.0500 \text{ mol}$$

因此，當 1.00 莫耳的 HCl 和 1.00 莫耳的 NaOH 反應的中和熱為

$$\text{中和熱} = \frac{-2.81 \text{ kJ}}{0.0500 \text{ mol}} = -56.2 \text{ kJ/mol}$$

檢　查

此中和熱的正負號是否符合放熱反應？在此反應條件下，熱量變化和焓變化是否相同？

類題：6.9。

練習題

將 4.00×10^2 mL 0.600 M HNO_3 和 4.00×10^2 mL 0.300 M $Ba(OH)_2$ 放入定壓熱量計 (其熱容量可忽略) 混合。一開始，兩個溶液的溫度都是攝氏 18.46 度，請問最後混合溶液的溫度是多少？(請用例題 6.8 的答案來計算。)

6.6 反應的標準生成焓

到目前為止，我們學到如何利用測量在定壓下反應所吸收或釋放出的熱量來算出反應的焓變化。從方程式 (6.9)，我們看到如果可以知道所有反應物和產物真實的焓，也可以算出反應的焓變化。然而，正如之前提過的，我們並無法**確實地**測量出物質的焓，而只能針對任意一個參考物質訂出**相對**的焓。這個問題就像地理學家在表達特定山峰或山谷的高度時，與其去設定一個「絕對」的高度標準 (或許可以用距離地心

的距離？)，一般對於地理上高度或深度都是用「相對」於海平面的距離來表示，此海平面可以視為高度定義為「零」公尺或英尺的任意參考值。同理，化學家也用對於焓的值訂了一個任意參考值當作零點。

對於所有焓的值來說，這個類似於「海平面」的參考點稱作**標準生成焓** (standard enthalpy of formation; ΔH_f°)。在這個定義下，物質都需要在**標準狀態** (standard state) 的 1 atm 下，[2] 所以用「標準生成焓」來表示。上標的 “°” 就是在標準狀態下的意思；而下標的 “f” 就是生成 (formation) 的意思。按照慣例，*任何元素在最穩定的形式下的標準生成焓為零*。用氧元素來當例子，在攝氏 25 度、1 atm 下氧分子 (O_2) 比它的同素異形體臭氧 (O_3) 穩定，因此我們可以寫 $\Delta H_f^\circ(O_2) = 0$，而 $\Delta H_f^\circ(O_3) = 142.2$ kJ/mol。一樣地，在攝氏 25 度、1 atm 下，碳的其中一種同素異形體石墨比另一種同素異形體鑽石穩定，因此我們可以寫 ΔH_f°(C，石墨) = 0，而 ΔH_f°(C，鑽石) = 1.90 kJ/mol。根據這個元素生成焓的參考值，我們現在可以將化合物的標準生成焓定義為*在 1 atm 下，1 莫耳化合物由它的元素狀態生成後所產生的熱量變化*。表 6.4 列出許多元素和化合物的標準生成焓。(若需要更完整的 ΔH_f° 表格請參閱附錄 1。) 請注意：雖然標準狀態沒有指明溫度，但是因為大多數熱力學的數據都是在攝氏 25 度下收集來的，所以我們都是用在攝氏 25 度下測量到的 ΔH_f° 來做討論。

石墨 (上圖) 與鑽石 (下圖)。

標準生成焓的重要性在於一但我們知道這些值之後，就可以馬上計算**標準反應焓** (standard enthalpy of reaction; ΔH_{rxn}°)，其定義為*在 1 atm 下反應進行所產生的焓變化*。例如，以下列假設的反應來說：

$$aA + bB \longrightarrow cC + dD$$

其中 a、b、c、d 是計量學上的係數。對於這個反應來說，ΔH_{rxn}° 等於：

$$\Delta H_{rxn}^\circ = [c\Delta H_f^\circ(C) + d\Delta H_f^\circ(D)] - [a\Delta H_f^\circ(A) + b\Delta H_f^\circ(B)] \quad (6.17)$$

而我們可以把方程式 (6.17) 整理成：

$$\Delta H_{rxn}^\circ = \Sigma n\Delta H_f^\circ(\text{產物}) - \Sigma m\Delta H_f^\circ(\text{反應物}) \quad (6.18)$$

其中 n 和 m 分別是反應物和產物在計量學上的係數，而 Σ (sigma) 代表的是「加總」的意思。在計算中要注意的是，計量學上的係數只有數字

2 在熱力學中，標準壓力被定義成 1 bar，而 1 bar = 10^5 Pa = 0.987 atm。因為 1 bar 和 1 atm 只差 1.3%，所以我們都用 1 atm 來表示標準壓力。請注意：物質的熔點和沸點是在 1 atm 下定義的。

表 6.4 在攝氏 25 度下，一些無機物質的標準生成焓

物質	ΔH_f° (kJ/mol)	物質	ΔH_f° (kJ/mol)
$Ag(s)$	0	$H_2O_2(l)$	−187.6
$AgCl(s)$	−127.0	$Hg(l)$	0
$Al(s)$	0	$I_2(s)$	0
$Al_2O_3(s)$	−1669.8	$HI(g)$	25.9
$Br_2(l)$	0	$Mg(s)$	0
$HBr(g)$	−36.2	$MgO(s)$	−601.8
C(石墨)	0	$MgCO_3(s)$	−1112.9
C(鑽石)	1.90	$N_2(g)$	0
$CO(g)$	−110.5	$NH_3(g)$	−46.3
$CO_2(g)$	−393.5	$NO(g)$	90.4
$Ca(s)$	0	$NO_2(g)$	33.85
$CaO(s)$	−635.6	$N_2O(g)$	81.56
$CaCO_3(s)$	−1206.9	$N_2O_4(g)$	9.66
$Cl_2(g)$	0	$O(g)$	249.4
$HCl(g)$	−92.3	$O_2(g)$	0
$Cu(s)$	0	$O_3(g)$	142.2
$CuO(s)$	−155.2	S(斜方)	0
$F_2(g)$	0	S(單斜)	0.30
$HF(g)$	−271.6	$SO_2(g)$	−296.1
$H(g)$	218.2	$SO_3(g)$	−395.2
$H_2(g)$	0	$H_2S(g)$	−20.15
$H_2O(g)$	−241.8	$Zn(s)$	0
$H_2O(l)$	−285.8	$ZnO(s)$	−348.0

沒有單位。

如果要用方程式 (6.18) 來計算 ΔH°_{rxn}，我們必須知道所有參與反應物質的 ΔH_f°，並且用直接或間接的方法來得到這些值。

直接方法

這個用來測量 ΔH_f° 的方法適用於可以直接由元素合成的化合物。假設我們想知道二氧化碳的生成焓，必須要先測量當碳 (石墨) 和氧分子在標準狀態下轉換成二氧化碳所產生的反應焓：

$$C(\text{石墨}) + O_2(g) \longrightarrow CO_2(g) \qquad \Delta H^\circ_{rxn} = -393.5 \text{ kJ/mol}$$

從經驗得知燃燒反應很容易完全進行，所以從方程式 (6.18)，我們可以寫出：

$$\begin{aligned}\Delta H^\circ_{rxn} &= \Delta H^\circ_f(CO_2, g) - [\Delta H^\circ_f(C\text{，石墨}) + \Delta H^\circ_f(O_2, g)] \\ &= -393.5 \text{ kJ/mol}\end{aligned}$$

因為石墨和 O_2 都是穩定的同素異形體，所以 ΔH°_f(C，石墨) 和 $\Delta H^\circ_f(O_2, g)$ 都為零。因此，

$$\Delta H^\circ_{rxn} = \Delta H^\circ_f(CO_2, g) = -393.5 \text{ kJ/mol}$$

或 $$\Delta H^\circ_f(CO_2, g) = -393.5 \text{ kJ/mol}$$

請注意：這裡我們將每一個元素在標準狀態下的 ΔH°_f 定為零，並不會影響計算結果。要記得在熱化學的範圍中，我們有興趣的是焓的**變化量**，而不是焓的絕對值，主要因為此變化量可由實驗測得。當我們將焓的參考值定為零的時候，計算會比較容易操作。若一樣用山峰的高度來做例子，我們知道聖母峰比丹奈利峰的高度高 8708 英尺，這個高度的差異並不會因為我們把海平面定成 0 英尺還是 100 英尺而有所不同。

其他可以用直接方法來研究的化合物還有 SF_6、P_4O_{10} 和 CS_2。代表它們合成的方程式如下：

$$\begin{aligned} S(\text{斜方硫}) + 3F_2(g) &\longrightarrow SF_6(g) \\ P_4(\text{白磷}) + 5O_2(g) &\longrightarrow P_4O_{10}(s) \\ C(\text{石墨}) + 2S(\text{斜方硫}) &\longrightarrow CS_2(l) \end{aligned}$$

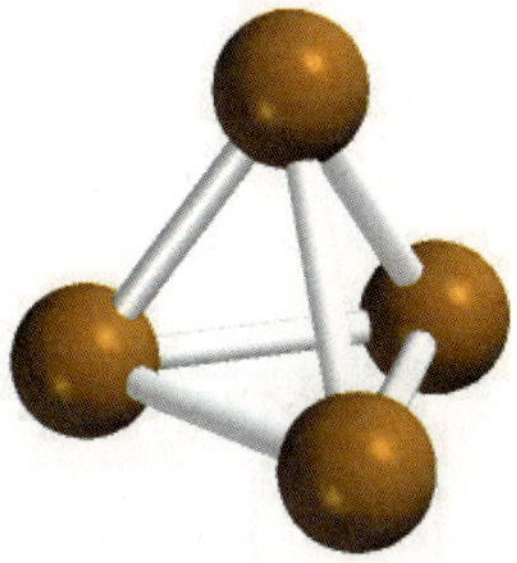
P_4

這裡的 S(斜方硫) 和 P_4(白磷) 分別是硫和磷最穩定的同素異形體，所以在 1 atm、攝氏 25 度下，它們的 ΔH°_f 都是零。

間接方法

很多化合物都不能直接由元素合成。有些狀況是反應進行得太慢，或是反應除了想要得到的產物之外還有副產物生成。在這種狀況下，ΔH°_f 要用另一種間接的方法來決定。這個方法是根據黑斯熱加成定律或簡稱**黑斯定律** (Hess's law) (瑞士化學家黑斯[3] 提出) 所建立的。黑斯定律的敘述如下：當反應物轉換成產物時，不論反應是在一個步驟發生，還

3 黑斯 (Germain Henri Hess, 1802~1850)，出生於瑞士的俄國化學家，他雖然出生於瑞士，但是一生大多數的時間都待在俄國。因為他建立了黑斯定律，所以被稱為熱化學之父。

是在一連串步驟中，所產生的焓變化都會一樣。換句話說，如果我們可以將要研究的反應拆開成一連串 ΔH°_{rxn} 可測量的反應的話，就可以計算整個反應的 ΔH°_{rxn}。黑斯定律是根據 H 是狀態函數而定的。ΔH 的值只和初始狀態與最終狀態有關 (也就是只和反應物和產物的本質有關)。不論反應是經由一步還是多步完成，焓的改變量都是一樣的。

下面這個例子類似於黑斯定律的概念。假設你要從建築物的 1 樓搭電梯到 6 樓，不論你是直接搭一次電梯就到 6 樓 (一個步驟)，還是你在每一層樓都停留，最後才到 6 樓 (多個步驟)，最後你會得到的重力位能 (相等於整個反應過程中的焓變化) 都是一樣的。

要是我們對一氧化碳 (CO) 的標準生成焓有興趣的話，可以把反應寫成以下式子：

$$\mathrm{C(石墨)} + \tfrac{1}{2}\mathrm{O_2}(g) \longrightarrow \mathrm{CO}(g)$$

然而，由於燃燒石墨也會產生一些二氧化碳 (CO_2)，所以我們無法只用上面的方程式來直接測量 CO 的焓改變量。取而代之的是，我們必須根據黑斯定律建立一個間接的反應路徑。而總反應焓可以利用下列兩個分開，但都會完全進行的反應來計算：

(a) $$\mathrm{C(石墨)} + \mathrm{O_2}(g) \longrightarrow \mathrm{CO_2}(g) \qquad \Delta H^\circ_{rxn} = -393.5\ \mathrm{kJ/mol}$$
(b) $$\mathrm{CO}(g) + \tfrac{1}{2}\mathrm{O_2}(g) \longrightarrow \mathrm{CO_2}(g) \qquad \Delta H^\circ_{rxn} = -283.0\ \mathrm{kJ/mol}$$

首先，我們將方程式 (b) 倒寫為

(c) $$\mathrm{CO_2}(g) \longrightarrow \mathrm{CO}(g) + \tfrac{1}{2}\mathrm{O_2}(g) \qquad \Delta H^\circ_{rxn} = +283.0\ \mathrm{kJ/mol}$$

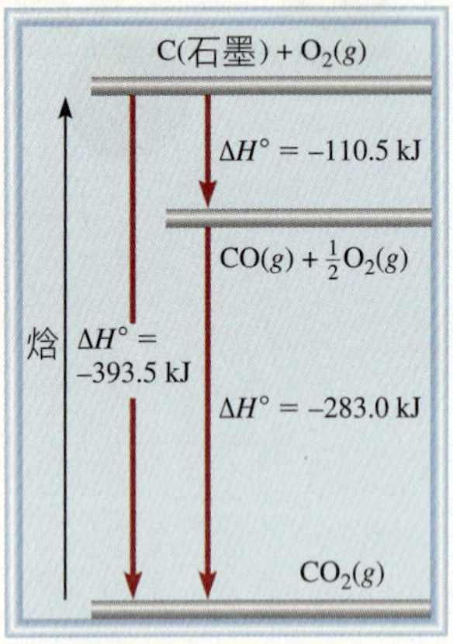

圖 6.10 經由石墨和 O_2 反應生成 1 莫耳 CO_2 的過程所產生的焓變化，可以根據黑斯定律拆開為兩個步驟來計算。

因為化學方程式可以像數學等式一樣相加減，所以我們把方程式 (a) + (c) 會得到

(a) $$\mathrm{C(石墨)} + \mathrm{O_2}(g) \longrightarrow \mathrm{CO_2}(g) \qquad \Delta H^\circ_{rxn} = -393.5\ \mathrm{kJ/mol}$$
(c) $$\mathrm{CO_2}(g) \longrightarrow \mathrm{CO}(g) + \tfrac{1}{2}\mathrm{O_2}(g) \qquad \Delta H^\circ_{rxn} = +283.0\ \mathrm{kJ/mol}$$
(d) $$\mathrm{C(石墨)} + \tfrac{1}{2}\mathrm{O_2}(g) \longrightarrow \mathrm{CO}(g) \qquad \Delta H^\circ_{rxn} = -110.5\ \mathrm{kJ/mol}$$

因此，$\Delta H^\circ_f(\mathrm{CO}) = -110.5$ kJ/mol。回頭看看生成二氧化碳的總反應 [方程式 (a)] 也可以拆開成兩個部分 [方程式 (d) 和 (b)]。圖 6.10 說明二氧化碳生成的焓變化過程。

一般使用黑斯定律的規則，是把有關於此反應的一連串化學方程式排列成相加後的總反應式中，所有參與反應的物質只有反應物和產物會

剩下，而其它物質的會在相加後消去。這意思是我們要把元素放在箭號左邊，而把有興趣的化合物放在箭號右邊。除此之外，我們也常需要將部分或所有代表個別步驟的方程式乘以適當的係數，使得加總起來得到我們要的總方程式。

例題 6.9

試計算乙炔 (C_2H_2) 由它的組成元素生成反應的標準生成焓：

$$2\text{C(石墨)} + H_2(g) \longrightarrow C_2H_2(g)$$

而其每一個步驟的方程式和對應的焓變化如下：

(a) $\text{C(石墨)} + O_2(g) \longrightarrow CO_2(g) \qquad \Delta H^\circ_{rxn} = -393.5 \text{ kJ/mol}$

(b) $H_2(g) + \frac{1}{2}O_2(g) \longrightarrow H_2O(l) \qquad \Delta H^\circ_{rxn} = -285.8 \text{ kJ/mol}$

(c) $2C_2H_2(g) + 5O_2(g) \longrightarrow 4CO_2(g) + 2H_2O(l) \qquad \Delta H^\circ_{rxn} = -2598.8 \text{ kJ/mol}$

C_2H_2

策　略

我們的目標是要算 C_2H_2 由它的組成元素 C 和 H_2 生成的焓變化。然而，這個反應並不會直接發生，所以我們要用方程式 (a)、(b)、(c) 所給的資訊，來建立一個間接的反應路徑。

解　答

主反應中合成 1 莫耳 C_2H_2 需要 2 莫耳石墨當作反應物。所以我們把方程式 (a) 乘以 2 可得

(d) $2\text{C(石墨)} + 2O_2(g) \longrightarrow 2CO_2(g) \qquad \Delta H^\circ_{rxn} = 2(-393.5 \text{ kJ/mol}) = -787.0 \text{ kJ/mol}$

接下來，我們需要 1 莫耳的 H_2 當作反應物，而這在方程式 (b) 中有寫到。最後，需要的是 1 莫耳 C_2H_2 當產物。方程式 (c) 中有 2 莫耳的 C_2H_2 當反應物，所以我們要將這個式子倒寫並除以 2：

(e) $2CO_2(g) + H_2O(l) \longrightarrow C_2H_2(g) + \frac{5}{2}O_2(g) \qquad \Delta H^\circ_{rxn} = \frac{1}{2}(2598.8 \text{ kJ/mol}) = 1299.4 \text{ kJ/mol}$

再把方程式 (d)、(b)、(e) 加起來，我們可以得到：

$$\begin{array}{lll}
2\text{C(石墨)} + 2O_2(g) \longrightarrow 2CO_2(g) & \Delta H^\circ_{rxn} = -787.0 \text{ kJ/mol} \\
H_2(g) + \frac{1}{2}O_2(g) \longrightarrow H_2O(l) & \Delta H^\circ_{rxn} = -285.8 \text{ kJ/mol} \\
2CO_2(g) + H_2O(l) \longrightarrow C_2H_2(g) + \frac{5}{2}O_2(g) & \Delta H^\circ_{rxn} = 1299.4 \text{ kJ/mol} \\
\hline
2\text{C(石墨)} + H_2(g) \longrightarrow C_2H_2(g) & \Delta H^\circ_{rxn} = 226.6 \text{ kJ/mol}
\end{array}$$

因此，$\Delta H^\circ_f = \Delta H^\circ_{rxn} = 226.6 \text{ kJ/mol}$。這個 ΔH°_f 值的意思是當用 2 莫耳 C(石墨) 和 1 莫耳 H_2 反應生成 1 莫耳 C_2H_2 時，系統從周圍吸收了 226.6 kJ 的熱量，因此這是一個吸熱反應。

類題：6.18。

練習題

已知以下步驟的焓變化，試計算二硫化碳 (CS_2) 由它的組成元素生成反應的標準生成焓：

$$C(石墨) + O_2(g) \longrightarrow CO_2(g) \qquad \Delta H^\circ_{rxn} = -393.5\ kJ/mol$$
$$S(斜方硫) + O_2(g) \longrightarrow SO_2(g) \qquad \Delta H^\circ_{rxn} = -296.4\ kJ/mol$$
$$CS_2(l) + 3O_2(g) \longrightarrow CO_2(g) + 2SO_2(g) \qquad \Delta H^\circ_{rxn} = -1073.6\ kJ/mol$$

在例題 6.10 中，我們可以看到，反應的焓變化也可以用反應物和產物的 ΔH°_f 來計算。

鋁熱劑反應所產生融溶狀的鐵放入模子中置於兩條鐵軌末端之間。冷卻後，鐵軌就被焊接在一起。

例題 6.10

鋁熱劑反應是用鋁和氧化鐵當作反應物：

$$2Al(s) + Fe_2O_3(s) \longrightarrow Al_2O_3(s) + 2Fe(l)$$

這個反應會放出大量的熱，而在高溫下液化的鐵可用來焊接金屬。試計算每公克的 Al 和 Fe_2O_3 反應會放出多少千焦耳的熱？Fe(l) 的 ΔH°_f 是 12.40 kJ/mol。

反應的焓變化是產物焓總和與反應物焓總和之間的差異。而每種反應物或產物的焓等於它的標準生成焓乘以反應方程式上的係數。

解 答

利用方程式 (6.18)，搭配上題目所給 Fe(l) 的 ΔH°_f 值，以及其他列在附錄 1 的 ΔH°_f 值，我們可以寫出

$$\begin{aligned}\Delta H^\circ_{rxn} &= [\Delta H^\circ_f(Al_2O_3) + 2\Delta H^\circ_f(Fe)] - [2\Delta H^\circ_f(Al) + \Delta H^\circ_f(Fe_2O_3)]\\ &= [(-1669.8\ kJ/mol) + 2(12.40\ kJ/mol)] - [2(0) + (-822.2\ kJ/mol)]\\ &= -822.8\ kJ/mol\end{aligned}$$

因為這是 2 莫耳 Al 反應所放出的熱，所以我們可用以下比例來轉換成每公克 Al 所放出的千焦耳數：

$$\frac{-822.8\ kJ}{2\ mol\ Al}$$

而 Al 的莫耳質量是 26.98 公克，所以，

$$每公克的\ Al\ 所放出的熱量 = \frac{-822.8\ kJ}{2\ mol\ Al} \times \frac{1\ mol\ Al}{26.98\ g\ Al} = -15.25\ kJ/g$$

檢 查

答案為負值是否符合放熱反應的特徵？用快速估算法可知當 2 莫

耳的 Al 重量約 54 公克和 Fe_2O_3 反應放出約 823 千焦耳的熱量，每公克 Al 所放出的熱量大約為 –830 kJ/54 g = –15.4 kJ/g。

類題：6.14。

練習題

苯 (C_6H_6) 在空氣中燃燒產生二氧化碳和水。試計算每公克的苯和氧氣反應會放出多少千焦耳的熱？苯的 ΔH_f° 是 49.04 kJ/mol。

6.7 溶液熱和稀釋熱

雖然到目前為止，我們看了很多化學反應所造成的熱能量效應，但是有很多物理變化，像是冰的融化和水蒸氣的凝結也都有牽涉到熱量的吸收或釋放，而當溶質溶於溶劑中或是溶液被稀釋的時候也都有焓的變化。所以這裡我們要討論的是這兩種物理變化的能量變化，分別是溶液熱和稀釋熱。

溶液熱

在大多數的狀況下，溶質溶解於溶液中會產生可以量測到的熱量變化。在定壓下，熱量的改變就等於焓的改變。而所謂的**溶液熱** (heat of solution)，或稱**溶液焓** (enthalpy of solution; ΔH_{soln}) 指的就是當定量溶質溶於定量溶液時所產生的熱量變化。ΔH_{soln} 的大小代表的是最終溶液和初始溶質與溶液在未混合前之間的焓變化量。也就是：

$$\Delta H_{soln} = H_{soln} + H_{溶質} \qquad (6.19)$$

我們無法測量 H_{soln} 和 $H_{溶質}$，但是它們之間的差 ΔH_{soln} 是可以用定壓熱量計測得的。和其他的焓變化一樣，ΔH_{soln} 為正值代表吸熱過程 (得到熱量)，而負值代表放熱過程 (釋放熱量)。

若要討論當離子化合物當作溶質，而水當作溶液的過程所產生的溶液熱。舉例來說，當 NaCl 固體溶於水中會發生什麼事？在 NaCl 為固體的時候，Na^+ 和 Cl^- 被正負電產生的靜電力緊緊抓在一起。但當 NaCl 固體溶於水中，此三維的網狀結構被破壞而變成個別的離子狀態。(圖 2.13 可以看到 NaCl 的固體結構。) 溶解後分離的 Na^+ 和 Cl^- 離子會藉由它們和溶液中水分子之間的作用力而穩定 (見圖 4.2)。這個狀況下的離子稱為是被水合。而水分子的角色在這裡像是一個好的電絕緣體，它會阻擋離子 (Na^+ 和 Cl^-) 之間彼此接近，也大大降低離子之間原本用來形成固體的靜電作用力，所以溶液熱可定義如下：

$$NaCl(s) \xrightarrow{H_2O} Na^+(aq) + Cl^-(aq) \qquad \Delta H_{soln} = ?$$

將像 NaCl 的離子化合物溶於水中牽涉到複雜溶質和溶液之間的作用力。然而，為了要分析，我們可以將溶液形成的過程想像成像圖 6.11 所示的兩個分開的步驟。首先，在固態晶體裡的 Na^+ 和 Cl^- 變成氣態彼此分離：

「晶格」這個詞描述獨立的點(被離子占據) 在空間中排列成規則的圖案。晶格能是一個正值。要注意晶格能和內能用的符號相同。

$$能量 + NaCl(s) \longrightarrow Na^+(g) + Cl^-(g)$$

完全分離 1 莫耳固體離子化合物成氣態所需的能量稱作**晶格能** (lattice energy; U)。NaCl 的晶格能為 788 kJ/mol。也就是說，需要 788 kJ 的能量才能將 1 莫耳固體 NaCl 轉變成 1 莫耳 Na^+ 離子和 1 莫耳 Cl^- 離子。

接下來，「氣態」的 Na^+ 和 Cl^- 離子進入水中被水合：

$$Na^+(g) + Cl^-(g) \xrightarrow{H_2O} Na^+(aq) + Cl^-(aq) + 能量$$

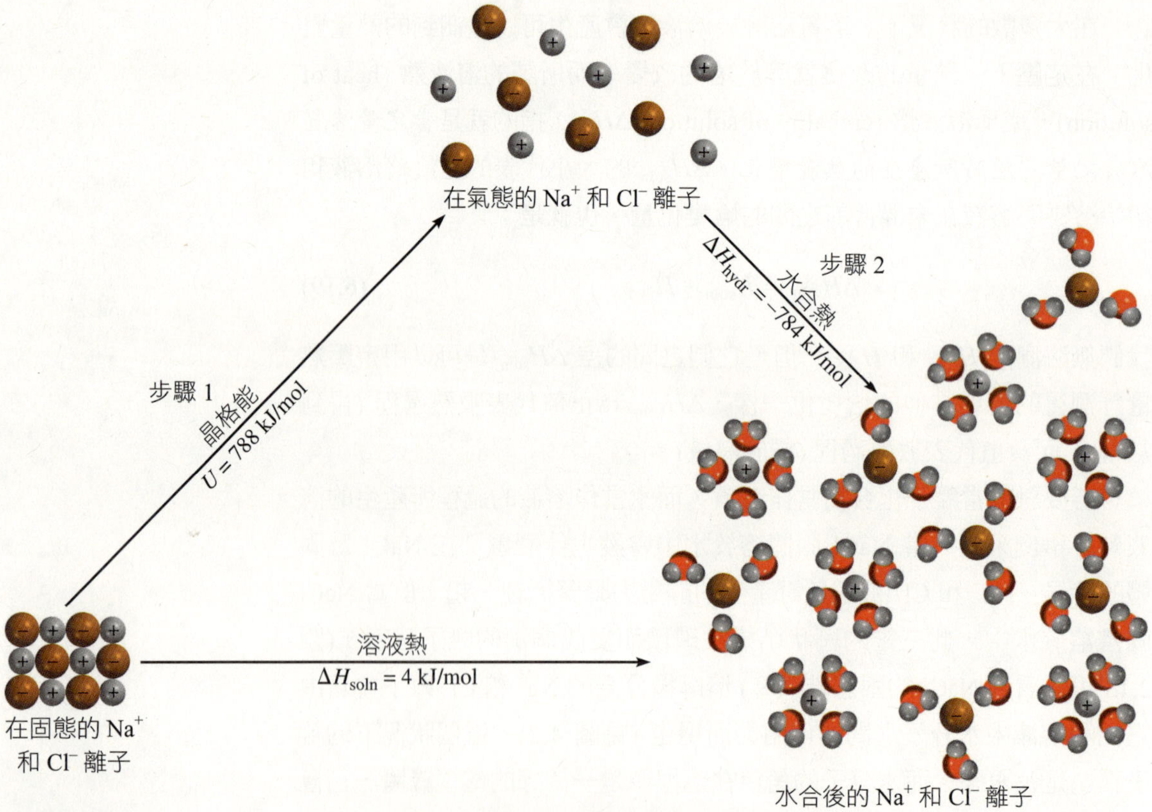

圖 6.11 固體 NaCl 形成溶液的過程。整個過程可以視為是兩個分開的步驟：(1) 將晶格態的離子分開成氣態；(2) 水合氣態離子。溶液熱會等於這兩個步驟熱量變化的總和，$\Delta H_{soln} = U + \Delta H_{hydr}$。

水合過程牽涉的的焓變化則稱為**水合熱** (heat of hydration; ΔH_{hydr}) (對於陽離子和陰離子來說，水合熱是負值)。運用黑斯定律，我們可以把 ΔH_{soln} 視為晶格能 (U) 和水合熱 (ΔH_{hydr}) 的總和，如圖 6.11 所示：

$$\Delta H_{soln} = U + \Delta H_{hydr} \tag{6.20}$$

因此，

$$\begin{array}{rcll} \mathrm{NaCl}(s) & \longrightarrow & \mathrm{Na}^+(g) + \mathrm{Cl}^-(g) & U = 788 \text{ kJ/mol} \\ \mathrm{Na}^+(g) + \mathrm{Cl}^-(g) & \xrightarrow{H_2O} & \mathrm{Na}^+(aq) + \mathrm{Cl}^-(aq) & \Delta H_{hydr} = -784 \text{ kJ/mol} \\ \hline \mathrm{NaCl}(s) & \xrightarrow{H_2O} & \mathrm{Na}^+(aq) + \mathrm{Cl}^-(aq) & \Delta H_{soln} = 4 \text{ kJ/mol} \end{array}$$

因此，當 1 莫耳 NaCl 溶解於水中時，會從周圍吸收 4 千焦耳的熱。我們可以從裝 NaCl溶液的燒杯觀察到溫度有些許降低。表 6.5 列出一些離子化合物的 ΔH_{soln}。離子化合物的 ΔH_{soln} 可以為負值 (放熱) 也可以為正值 (吸熱)，這是和所牽涉到的陽離子和陰離子本質有關。

表 6.5 一些離子化合物的溶液熱

化合物	ΔH_{soln} (kJ/mol)
LiCl	−37.1
$CaCl_2$	−82.8
NaCl	4.0
KCl	17.2
NH_4Cl	15.2
NH_4NO_3	26.6

稀釋熱

當製備好的溶液被*稀釋*的時候，也就是加入更多溶劑去降低溶質總濃度時，通常會伴隨著熱量的釋放或吸收，而所謂的**稀釋熱** (heat of dilution) 指的就是*在稀釋過程中所牽涉到的熱量改變*。如果製備溶液的過程是吸熱的，則當此溶液再被稀釋的時候，溶液會從周圍吸收*更多*的熱。相反的狀況對於放熱的溶液製備過程也是一樣——當此溶液再被稀釋的時候，溶液會從周圍釋放出更多的熱。因此，當我們在實驗室中操作稀釋的步驟一定要小心。例如，硫酸 (H_2SO_4) 就有很大的稀釋熱，所以當它需要被加水稀釋的時候就存在極高的風險。濃硫酸在質量上有 98% 的酸和 2% 的水。用水稀釋硫酸的時候會釋放出很多熱量到周圍。正因為如此，我們絕對*不可以*嘗試加水去稀釋濃硫酸，因為此過程所釋放出的熱可以把水煮沸，並導致硫酸噴灑。比較建議的作法是，將濃硫酸在持續攪拌下緩慢地加入水中。

重要方程式

$\Delta U = q + w$	(6.1)	熱力學第一定律的數學式。
$w = -P\Delta V$	(6.3)	計算氣體膨脹或壓縮所製造的功。
$H = U + PV$	(6.6)	焓的定義。
$\Delta H = \Delta U + P\Delta V$	(6.8)	計算在定壓過程中焓 (或能量) 的變化量。

$C = ms$	(6.11)	熱容量的定義。
$q = ms\Delta t$	(6.12)	用比熱來計算熱量變化。
$q = C\Delta t$	(6.13)	用熱容量來計算熱量變化。
$\Delta H^\circ_{rxn} = \Sigma n\Delta H^\circ_f(\text{產物}) - \Sigma m\Delta H^\circ_f(\text{反應物})$	(6.18)	計算反應的標準焓。
$\Delta H_{soln} = U + \Delta H_{hydr}$	(6.20)	晶格能和水合能對溶液熱的貢獻。

觀念整理

1. 能量常被定義成作功的能力。功的形式有很多種，它們彼此之間可以互相轉換。能量守恆定律的敘述為：宇宙中的總能量是不會變的。
2. 對周圍釋放熱量的過程稱為放熱過程；而對周圍吸收熱量的過程稱為吸熱過程。
3. 系統的狀態是由組成成分、體積、溫度和壓力等性質而定。這些性質稱為狀態函數。
4. 系統狀態函數的變化量只和系統的初始狀態和最終狀態有關，和系統變化所走的路徑無關。能量是狀態函數，功和熱則不是。
5. 能量可以從一種形式轉換成另一種形式，但是能量不能被創造或破壞 (熱力學第一定律)。在化學中，我們主要討論的是壓力－體積功，像是熱能、電能、機械能等。
6. 焓是狀態函數。在定壓下的焓變化量 ΔH 等於 $\Delta U + P\Delta V$。
7. 焓變化量 (ΔH，通常單位為千焦耳) 是在定壓下測量反應 (或任何其他過程) 產生的熱量變化。
8. 定體積和定壓熱量計可以用來測量物理或化學變化產生的熱量改變。
9. 黑斯定律說明一個反應的總焓變化量會等於反應個別步驟的焓變化量總和。
10. 反應的標準焓可以用反應物和產物的標準生成焓來計算。
11. 離子化合物在水中的溶液熱等於此化合物的晶格能和水合熱總和。這兩個值的大小決定製備溶液的過程是吸熱還是放熱。稀釋熱指的則是在稀釋過程中所產生或吸收的熱量。

習　題

熱力學第一定律

6.1 若固定溫度下將一氣體對抗 (a) 真空；(b) 固定壓力 1.5 atm；(c) 固定壓力 2.8 atm 將體積由 26.7 毫升擴張到 89.3 毫升，試計算此氣體分別作了多少功？(以焦耳為單位。)

6.2 若壓縮一個氣體需要作的功為 74 焦耳，而壓縮後此氣體釋放出 26 焦耳的熱給周圍。試計算在此過程中氣體熱量的改變有多少？

6.3 試計算當 1.0 莫耳水在 1.0 atm、攝氏 100 度下蒸發所作的功為多少焦耳？假設是理想氣體的行為，且在攝氏 100 度下液態水的體積相較氣態水的體積是可以忽略不計的。

化學反應中的能量變化

6.4 試計算根據下列方程式產生 1.26×10^4 公克的 NO_2 時所釋放出的熱量是多少千焦耳？

$$2NO(g) + O_2(g) \longrightarrow 2NO_2(g) \qquad \Delta H = -114.6\ \text{kJ/mol}$$

6.5 已知以下熱化學反應方程式：

$$H_2(g) + Cl_2(g) \longrightarrow 2HCl(g) \qquad \Delta H = -184.6\ \text{kJ/mol}$$

如果 3 莫耳 H_2 和 3 莫耳 Cl_2 反應生成 HCl，

試計算此反應在 1.0 atm、攝氏 25 度下會作多少焦耳的功？此反應的 ΔU 又是多少？假設此反應會完全發生。

熱量測定

6.6 一片質量為 362 公克的銀，熱容量為 85.7 J/°C。請問銀的比熱為何？

6.7 試計算當 366 公克水銀從攝氏 77.0 度冷卻到攝氏 12.0 度時會釋放出多少千焦耳的熱量？

6.8 在一個裝有水的定壓熱量計 (其熱容量可忽略) 中加入一片質量為 12.1 公克，溫度為攝氏 81.7 度的鋁片後，水的溫度由攝氏 23.4 度上升到攝氏 24.9 度。請問此熱量計中水的質量為何？(提示：見表 6.2。)

6.9 將 85.0 毫升 0.900 *M* HCl 和 85.0 毫升 0.900 *M* KOH 放入定壓熱量計 (其熱容量為 325 J/°C) 中混合。一開始 HCl 和 NaOH 溶液的溫度都是攝氏 18.24 度，請問最後混合溶液的溫度是多少？已知中和熱為 –56.2 kJ/mol。假設溶液的密度和比熱都和水一樣。

標準生成焓和反應焓

6.10 氧的兩種同素異形體 O_2 和 O_3 的 ΔH°_f 在攝氏 25 度時分別為 0 和 142.2 kJ/mol。請問在此溫度下氧的哪一個同素異形體比較穩定？

6.11 請指出在攝氏 25 度下，以下元素的 ΔH°_f 值是大於、小於，還是等於零？(a) $Br_2(g)$、$Br_2(l)$；(b) $I_2(g)$、$I_2(s)$。

6.12 請提出方法 (利用適當的方程式) 在不需要計算的前提下，由元素狀態來測量 $Ag_2O(s)$ 和 $CaCl_2(s)$ 的 ΔH°_f 值。

6.13 離子在水溶液中的標準生成焓是利用將 H^+ 離子的標準生成焓定為零計算而得，也就是 $\Delta H^\circ_f[H^+(aq)] = 0$。

(a) 請針對以下的方程式算出：

$$HCl(g) \xrightarrow{H_2O} H^+(aq) + Cl^-(aq) \qquad \Delta H^\circ = -74.9 \text{ kJ/mol}$$

Cl^- 離子的 ΔH°_f。

(b) 已知 OH^- 離子的 ΔH°_f 是 –229.6 kJ/mol，試計算在攝氏 25 度下，當 1 莫耳的單質子強酸 (例如 HCl) 被 1 莫耳的強鹼 (例如 KOH) 滴定所產生的中和焓是多少？

6.14 請利用附錄 1 所提供的資料計算出下列反應的燃燒熱：

(a) $C_2H_4(g) + 3O_2(g) \longrightarrow 2CO_2(g) + 2H_2O(l)$

(b) $2H_2S(g) + 3O_2(g) \longrightarrow 2H_2O(l) + 2SO_2(g)$

6.15 下列反應的標準焓變化為 436.4 kJ/mol：

$$H_2(g) \longrightarrow H(g) + H(g)$$

試計算氫原子的標準生成焓。

6.16 戊硼烷-9 (B_5H_9) 是一種無色且反應性高的液體，當接觸到氧氣會燃燒成火焰，其反應式為：

$$2B_5H_9(l) + 12O_2(g) \longrightarrow 5B_2O_3(s) + 9H_2O(l)$$

試計算每公克化合物和氧氣反應會釋放出多少千焦耳的熱？已知 B_5H_9 的標準生成焓是 73.2 kJ/mol。

6.17 在攝氏 850 度下，$CaCO_3$ 會大量分解成 CaO 和 CO_2。假設反應物和產物的 ΔH°_f 值在攝氏 850 度和在攝氏 25 度時一樣，試計算要在一個反應中產生 66.8 公克的 CO_2 的焓變化是多少？(以千焦耳為單位。)

6.18 已知以下熱反應方程式：

$$C(\text{石墨}) + O_2(g) \longrightarrow CO_2(g) \qquad \Delta H^\circ_{rxn} = -393.5 \text{ kJ/mol}$$

$$H_2(g) + \tfrac{1}{2}O_2(g) \longrightarrow H_2O(l) \qquad \Delta H^\circ_{rxn} = -285.8 \text{ kJ/mol}$$

$$2C_2H_6(g) + 7O_2(g) \longrightarrow 4CO_2(g) + 6H_2O(l) \qquad \Delta H^\circ_{rxn} = -3119.6 \text{ kJ/mol}$$

試計算以下反應的焓變化：

$$2C(\text{石墨}) + 3H_2(g) \longrightarrow C_2H_6(g)$$

附加問題

6.19 試計算在 1 atm 下，當 3.70 莫耳的乙醇加熱到沸點 (攝氏 78.3 度) 時轉換成蒸氣所做的膨

脹功有多少？

6.20 已知以下熱化學方程式：

$$Br_2(l) + F_2(g) \longrightarrow 2BrF(g) \quad \Delta H° = -188 \text{ kJ/mol}$$

$$Br_2(l) + 3F_2(g) \longrightarrow 2BrF_3(g) \quad \Delta H° = -768 \text{ kJ/mol}$$

試計算以下反應的 $\Delta H°_{rxn}$：

$$BrF(g) + F_2(g) \longrightarrow BrF_3(g)$$

6.21 將 3.53 公克的硝酸銨 (NH_4NO_3) 加入一個裝有 80.0 毫升水的定壓熱量計 (其熱容量可忽略) 中，水的溫度由攝氏 21.6 度上升到攝氏 18.1 度。試計算硝酸銨的溶液熱 ($\Delta H°_{soln}$) 為何？

6.22 請問在 1 atm、攝氏 25 度時，2.00 公升，密度為 1.88 g/L 的 $Cl_2(g)$ 和過量的鈉金屬反應生成氯化鈉所釋放出來的熱量有多少？

6.23 已知以下熱反應方程式：

$$H_2(g) \longrightarrow 2H(g) \quad \Delta H° = 436.4 \text{ kJ/mol}$$

$$Br_2(g) \longrightarrow 2Br(g) \quad \Delta H° = 192.5 \text{ kJ/mol}$$

$$H_2(g) + Br_2(g) \longrightarrow 2HBr(g) \quad \Delta H° = -72.4 \text{ kJ/mol}$$

試計算以下反應的焓變化：

$$H(g) + Br(g) \longrightarrow HBr(g)$$

6.24 在 1 atm、298 K 下，當 2.740 公克的 Ba 和 O_2 反應生成 BaO 會釋出 11.14 千焦耳的熱量。請問 BaO 的 $\Delta H°_f$ 是多少？

6.25 將 44.0 公克，溫度為攝氏 99.0 度的一塊未知金屬加入一個裝有 80.0 公克水的定壓熱量計後，水的溫度由原本的攝氏 24.0 度上升到攝氏 28.4 度。請問此金屬的比熱為何？(熱量計的熱容量為 12.4 J/°C。)

6.26 在攝氏 23.0 度、752 mmHg 下要燃燒多少體積的乙烷產生的熱量才可以將 855 公克的水由攝氏 25.0 度加熱到攝氏 98.0 度？

6.27 下列哪個反應的 $\Delta H°_{rxn} = \Delta H°_f$？

(a) $H_2(g) + S(\text{斜方硫}) \longrightarrow H_2S(g)$

(b) $C(\text{鑽石}) + O_2(g) \longrightarrow CO_2(g)$

(c) $H_2(g) + CuO(s) \longrightarrow H_2O(l) + Cu(s)$

(d) $O(g) + O_2(g) \longrightarrow O_3(g)$

6.28 一個直徑為 16 公尺的氣球在攝氏 18 度下充滿氦氣。(a) 假設在理想氣體行為下，試計算在氣球中氦氣的質量；(b) 如果大氣壓力是 98.7 kPa，請問在充氣過程中所做的功有多少焦耳？

6.29 試計算以下反應的 $\Delta H°$：

$$Fe^{3+}(aq) + 3OH^-(aq) \longrightarrow Fe(OH)_3(s)$$

6.30 請用乙醇 (C_2H_5OH) 的標準燃燒焓 (−1367.4 kJ/mol) 來算出乙醇的標準生成焓。

6.31 當 1.034 公克的萘 ($C_{10}H_8$) 在 298 K 放入定體積的彈卡計中燃燒會釋放出 41.56 千焦耳的熱量。請問這個反應每莫耳的 ΔU 和 ΔH 是多少？

6.32 試計算下列反應在 298 K 的 ΔU 是多少？

$$2H_2(g) + O_2(g) \longrightarrow 2H_2O(l)$$

練習題答案

6.1 (a) 0；(b) −286 J **6.2** −63 J **6.3** -6.47×10^3 kJ **6.4** −111.7 kJ/mol **6.5** −34.3 kJ **6.6** −728 kJ/mol **6.7** 21.19°C **6.8** 22.49°C **6.9** 87.3 kJ/mol **6.10** −41.83 kJ/g

爆炸的輪胎*

以下的狀況對於汽車修理廠應該是一個簡單且例行的工作：去修理 Harvey Smith 的已經消氣的車輪胎。修理廠的老闆 Tom Lee 給 Jerry 一個輪胎去處理，而他自己則是走到外面去將輪胎打氣。過了幾分鐘後，Tom 聽見一聲很大的爆炸聲。他很快地跑進去看，發現輪胎破成很多碎片，一面牆塌了，設備也都壞了，而 Jerry 則是無意識地躺在一地血泊之中。還好 Jerry 的傷並不太嚴重。當他躺在醫院恢復清醒的時候，輪胎爆炸的原因也被發現了。

輪胎是因為 Harvey 將車輪壓過一根釘子後才洩氣的。Harvey 是一個小心的駕駛，他在車上有準備一罐可以立刻拿來修補破損輪胎的工具，所以他可以重新將輪胎充氣而安全地把車子開回家。Harvey 用的那一罐修復破損輪胎的工具中，所用的材料是將乳膠 (天然橡膠) 溶解在用丙烷 (C_3H_8) 和丁烷 (C_4H_{10}) 的混合物所組成的液體推進劑中。丙烷和丁烷在大氣壓力下是氣體，但是在罐子中經過壓縮則是以液體方式存在。當擠壓罐子上端的氣閥時，氣閥會打開並釋放罐中的壓力。壓力的釋放會造成罐中的混合物沸騰而形成乳膠泡沫，這些泡沫會被氣體推進輪胎中去修補輪胎破損的地方，而這些氣體也可以重新將輪胎充氣。

破損輪胎中的氣體壓力大約是一大氣壓，或是大約每平方英寸 15 磅 (15 psi)。而用這種氣體推進的修復輪胎的方式，Harvey 將破損的輪胎重新充氣到 35 psi。這個壓力叫作錶壓力，指的是高於大氣壓力的輪胎壓力。因此，輪胎內部的實際上的總壓力應該是 15 + 35 = 50 psi。而用像是丙烷和丁烷等天然氣體當作推進劑的問題是，這些氣體都具有高度的可燃性。事實上，當這些氣體在與空氣混合的體積百分比達到 2% 至 9% 時就很容易發生爆炸反應。Jerry 了解換 Harvey 的輪胎可能的風險，所以他採取一些預防措施來避免意外。首先，他將輪胎內多餘的氣體釋放出來，接著用空氣將輪胎充氣到 35 psi，然後再重複這個步驟。很明顯地，這樣做的目的是為了慢慢稀釋丙烷和丁烷的濃度。然而，爆炸的發生表示 Jerry 並沒有將氣體充分稀釋。但是，點燃氣體的來源又是什麼？

立刻修補破損輪胎。

當 Jerry 發現輪胎上鐵釘孔的時候，在他用橡膠填料及液體封膠來補破洞之前，他用了輪胎鑽孔器 (一種金屬製像是搓刀的器具) 來清除泥土，並將輪胎破洞周圍的橡膠弄鬆。Jerry 躺在醫院前記得的最後一件事，就是他把鑽孔器從輪胎中拔出。要解決這個謎團必須利用以下線索。

化學線索

1. 寫出丙烷和丁烷燃燒的反應方程式。產物為二氧化碳和水。
2. 當 Harvey 將破輪胎充氣到 35 psi 時，丙烷和丁烷的體積百分組成為 (35 psi/50 psi) × 100% = 70%。根據這些條件來計算經過兩次的洩氣充氣過程後，丙烷和丁烷的百分組成會低於會爆炸的濃度嗎？
3. 已知 Harvey 的車子是用有鋼絲束帶的輪胎。試著解釋氣體混合物的點燃是如何發生的。(有鋼絲束帶的輪胎中用了兩條鋼絲來加強外部結構，而用另外兩條聚酯細繩來加強內部結構。)

* 節錄於 "The Exploding Tire," by Jay A. Young, CHEM MATTERS, April, 1988, p. 12. Copyright 1995 American Chemical Society. 經許可後改編。

Chapter 7

量子理論和原子的電子結構

「霓虹燈」是利用不同惰性氣體、汞、磷光物質所產生的原子放光通稱。燈管中激發態汞原子所產生的 UV 光會激發燈管內壁上所塗布的磷光物質，而放出白光或是其他顏色的光。

先看看本章要學什麼？

- 我們將從古典物理和量子理論的轉變開始討論。尤其是會學到波和電磁輻射的性質，以及普朗克量子理論的公式。(7.1)
- 愛因斯坦對於光電效應的解釋可用於建立量子理論。為了要解釋實驗所觀察到的現象，愛因斯坦提出：光的行為就類似於一束稱為光子的粒子。(7.2)
- 我們接著研究用來描述氫原子光譜的波耳理論。特別要注意的是，波耳假定原子中電子的能量是可以被量子化的，且光譜中的放光線譜是因為電子由較高能量的能階轉移到較低能量的能階而產生。(7.3)
- 德布羅意所提出：電子的行為像波。有些波耳理論不能解釋的現象可以藉由德布羅意所提出的理論來解釋。(7.4)
- 我們將看到早期量子理論的概念將物理學帶入一個新的世紀稱作量子力學。海森堡不確定原理限定量子力學系統的測量。薛丁格波動方程式描述原子和分子中電子的行為。(7.5)
- 我們會學到有四種量子數能用來表示原子中電子的性質，以及電子所存在軌域的特性。(7.6 和 7.7)
- 我們可以利用電子組態持續追蹤原子內電子的分布，並了解電子的磁性。(7.8)
- 最後，我們把寫電子組態的規則運用到整張週期表上。尤其是可以將元素依它們的價電子組態分類。(7.9)

綱　要

量子理論讓我們可以預測並了解電子在化學中所扮演的重要角色。一般來說，我們學習原子所需要回答的問題如下：

1. 特定的原子中有多少個電子？
2. 個別的電子有多少能量？
3. 電子存在於原子中的哪個位置？

這些問題的答案和物質在化學反應中的行為有直接關係，而尋找這些問題答案過程中的故事正是我們接下來討論的背景。

7.1 從古典物理到量子理論

早期在十九世紀，物理學家嘗試了解原子和分子，但是卻很少成功。若把原子的行為假設為跟會反彈的球一樣，物理學家可以預測並解釋一些巨觀現象，像是氣體產生的壓力。然而，這個模型不能解釋分子穩定度的來源，也就是說，它不能解釋在分子中把原子結合在一起的力量是什麼。我們要花一段很長的時間才能了解 (甚至要更長一段時間才能被接受) 決定原子和分子性質的物理定律和用來決定較大物體的定律是不一樣的。

物理學的新世紀是在西元 1900 年由一名叫作普朗克[1] 的德國年輕物理學家所揭開序幕的。若分析固體在不同溫度所放出輻射熱的數據時，普朗克發現原子和分子所放出的能量大小是不連續的。物理學家之前總是認為能量是連續的，因此任何大小的能量都可以經由輻射釋出。然而，普朗克的量子理論顛覆了傳統物理學的想法。而事實上，這陣在研究上所產生的旋風大大改變我們對於自然長久以來的觀念。

波的性質

圖 7.1 海水上的水波。

要了解普朗克的量子理論，我們必須先知道波的本質。**波** (wave) 可以想成是能量傳遞所造成的震動干擾。我們可以從常見的水波看出波的基本性質 (圖 7.1)。由水波規則的波峰波谷變化可以看出波的傳播現象。

波的特性是由它們的長度、高度，以及在一秒內可以通過特定一個點的波數而定 (圖 7.2)。**波長** (wavelength; λ) 指的是連續波上相同點之

1 馬克斯・普朗克 (Max Karl Ernst Ludwig Planck, 1858~1947)，德國物理學家。普朗克因為他提出的量子理論在西元 1918 年得到諾貝爾物理學獎。他在熱力學和其他物理學的領域也都有很重要的貢獻。

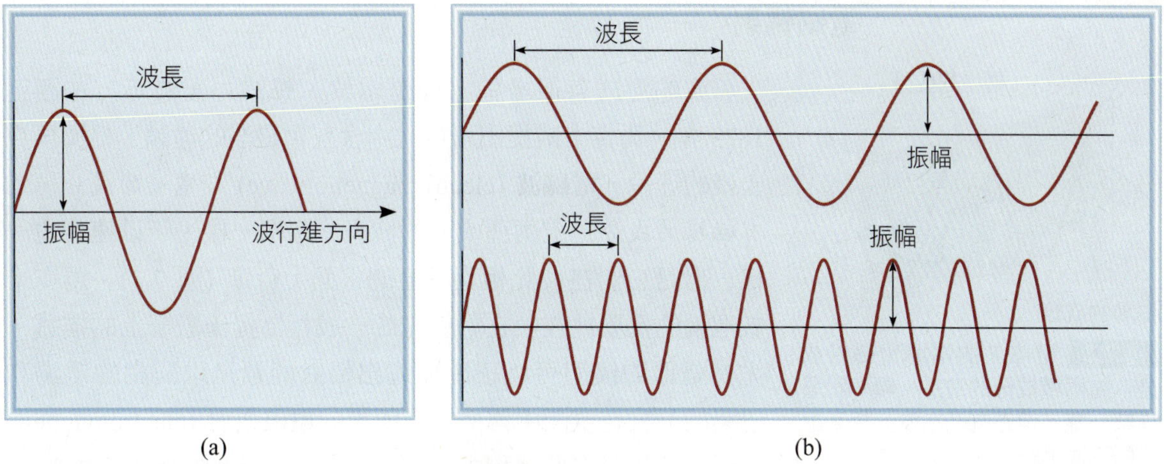

圖 7.2 (a) 波長和振幅；(b) 有不一樣波長和頻率的兩個波，上方波的波長是下方波的波長的三倍，但是頻率只有三分之一。這兩個波的速度和振幅都一樣。

間的距離。**頻率** (frequency; ν) 指的則是在一秒內通過特定點的波數。**振幅** (amplitude) 則是波的中線到波峰或波谷之間的垂直距離。

波的另一個重要的性質是速度，波的速度取決於波的種類，以及波傳遞介質的本質 (例如：空氣、水或真空)。一個波的速度 (u) 會等於波長和頻率的乘積：

$$u = \lambda\nu \tag{7.1}$$

如果我們分析有關這三個性質的物理狀況時，方程式 (7.1) 的用處會「變得很明顯」。波長 (λ) 代表的是波的長度，也可以寫成：距離 / 波。頻率 (ν) 指的是每單位時間內通過參考點的波數，也可以寫成：波 / 時間。因此，這兩個性質的乘積就是距離 / 時間，也就是速度：

$$\frac{\text{距離}}{\text{時間}} = \frac{\text{距離}}{\cancel{\text{波}}} \times \frac{\cancel{\text{波}}}{\text{時間}}$$

波長通常以公尺、公分或奈米當作單位，而頻率的單位則是赫茲 (Hz)，而

$$1\ \text{Hz} = 1\ \text{cycle/s}$$

“cycle” (週期) 這個字在表達頻率的時候可以不寫，例如：25/s 或 25 s^{-1} (讀成「每秒 25」)。

電磁輻射

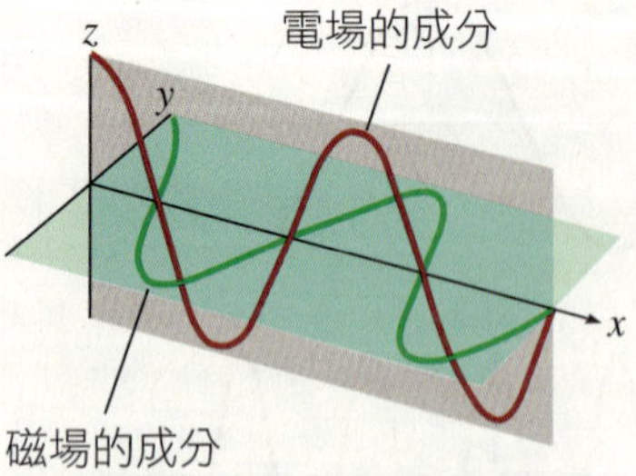

圖 7.3 電磁波的電場和磁場成分。這兩種成分的波長、頻率和振幅都一樣，但是它們在彼此相互垂直的平面上行進。

聲波和水波不是電磁波，但 X 射線和無線電波是電磁波。

更準確的光速值可在書末附表中查到。

波的形式有很多種，像是水波、聲波、光波等。在西元 1873 年，馬克士威提出可見光中含有電磁波的理論。根據馬克士威的理論，**電磁波** (electromagnetic wave) 有電場的成分，也有磁場的成分。這兩種成分的波長、頻率一樣，所以速度也一樣，但是它們在彼此相互垂直的平面上行進 (圖 7.3)。馬克士威理論的重要性在於它對於光的一般行為提出數學上的描述。尤其是他的模型可以正確描述出輻射能量是以震動的電場和磁場的方式在空間中傳播。而所謂的**電磁輻射** (electromagnetic radiation) 就是在此過程中以電磁波形式所放出且傳遞的能量。

電磁波以每秒 3.00×10^8 (四捨五入後) 公尺的速度行進，在真空中的速度則是每秒 186,000 英里。這速度會因為介質不同而改變，但不足以讓上述的值差很多。在慣例上，我們用符號 c 代表電磁輻射的速度，這個速度更常被稱為光速 (speed of light)。電磁波波長的單位通常用的是奈米 (nm)。

例題 7.1

紅綠燈的綠光波長是 522 nm，這光線的頻率為何？

策　略

已知電磁輻射的波長要算它的頻率。我們可以將方程式 (7.1) 重排，將 u 寫成 c (光速)：

$$\nu = \frac{c}{\lambda}$$

解　答

因為光速的單位是公尺每秒，我們得先將波長的單位換成公尺。而 $1\ \text{nm} = 1 \times 10^{-9}\ \text{m}$ (見表 1.3)，所以波長為

$$\lambda = 522\ \cancel{\text{nm}} \times \frac{1 \times 10^{-9}\ \text{m}}{1\ \cancel{\text{nm}}} = 522 \times 10^{-9}\ \text{m}$$
$$= 5.22 \times 10^{-7}\ \text{m}$$

而頻率等於光速除以波長：

$$\nu = \frac{3.00 \times 10^{8}\ \text{m/s}}{5.22 \times 10^{-7}\ \text{m}}$$
$$= 5.75 \times 10^{14}/\text{s}，或\ 5.75 \times 10^{14}\ \text{Hz}$$

檢　查

答案顯示每秒有 5.75×10^{14} 個波通過固定點。如此高的頻率說明光速是非常快的。

練習題

頻率為 3.64×10^{7} Hz 的電磁波波長是多少公尺？

在圖 7.4 中可以看到不同形式的電磁輻射其波長和頻率都不一樣。像是廣播電台用天線發射的無線電波波長較長，而電子在原子和分子中移動所造成的可見光波長較短。波長最短，同時也是頻率最高的波是 γ (伽瑪) 射線，它是由原子核內的變化所產生 (見第二章)。之後我們很快地會看到，頻率愈高的輻射波，其能量愈強。因此，UV 光、X 射線和 γ 射線都是高能量的輻射。

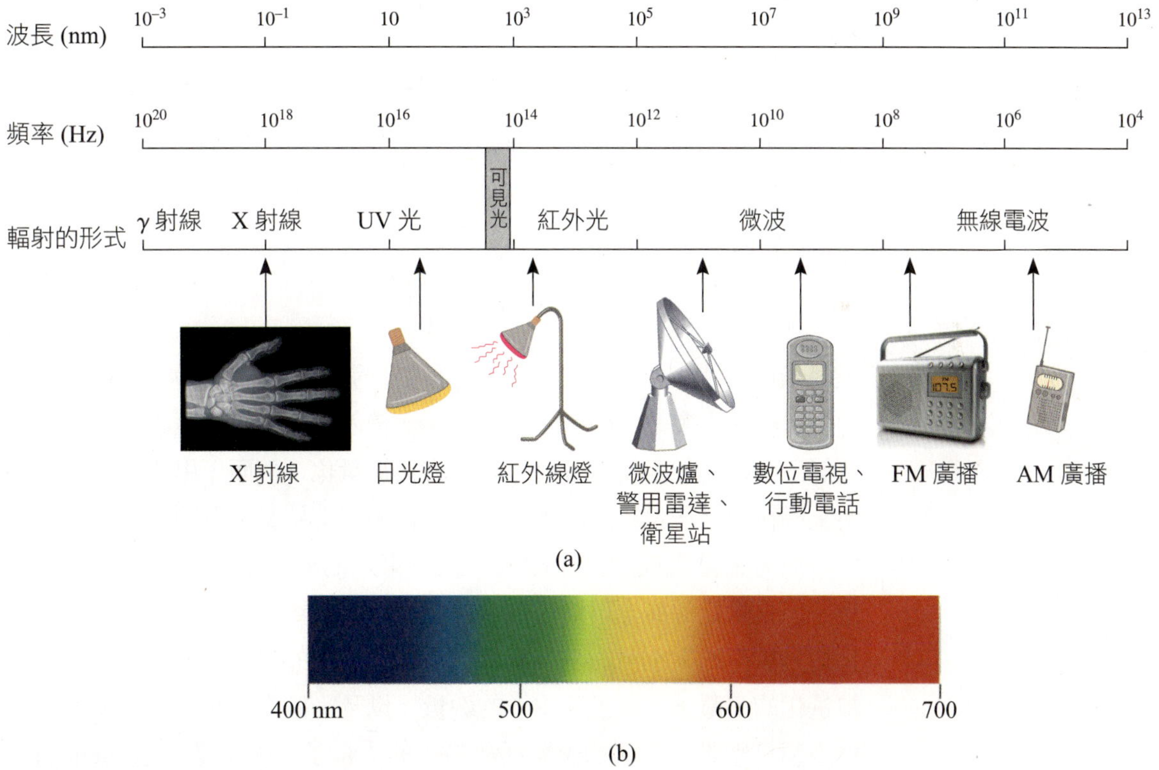

圖 7.4 (a) 電磁輻射的形式。 射線的波長最短，頻率最高；無線電波的波長最長，頻率最低。每一種形式的輻射都有特定的波長 (和頻率) 範圍；(b) 可見光的波長範圍是 400 nm (紫色) 到 700 nm (紅色)。

普朗克的量子理論

當固體被加熱時會發射出大波長範圍的電磁輻射。像是在電熱器中產生暗紅色的光，或是鎢絲燈泡中所產生的白光都是固體加熱產生輻射的例子。

在十九世紀後期做的測量顯示，物體在特定溫度發射出的能量大小是根據它的波長而定。用波的理論及熱力學定律並無法完全解釋為什麼會有這樣的關係。其中一個理論可以用來解釋短波長的部分，但長波長不行；而另一個理論只能用來解釋長波長的部分，但短波長不行。看起來古典物理的定律在這部分有些基礎並沒有描述到。

古典物理無法解釋短波長區域的現象被稱為「紫外災難」(ultraviolet catastrophe)

普朗克用一個和既有觀念有很大不同的假設解決了這個問題。古典物理假設原子和分子可以發射 (或吸收) 任意大小的輻射能，而普朗克提出原子和分子只可以一小袋或一小束的方式發射 (或吸收) 不連續大小的能量。普朗克把*這個能量可以電磁輻射發射 (或吸收) 的最小值稱*為**量子** (quantum)。而一個量子的能量 E 可以寫成

$$E = h\nu \tag{7.2}$$

其中，h *是普朗克常數*，ν 是輻射頻率。普朗克常數的大小是 6.63×10^{-34} J · s。因為 $\nu = c/\lambda$，方程式 (7.2) 也可以寫成

$$E = h\frac{c}{\lambda} \tag{7.3}$$

根據量子理論，能量都是以 $h\nu$ 的整數倍發射，例如：$h\nu$、$2\ h\nu$、$3\ h\nu$ 等；但絕對不會是 $1.67\ h\nu$ 或 $4.98\ h\nu$。普朗克提出這個理論的時候，他並無法解釋為什麼能量會以這樣的方式被量化，然而，用這個假設可以用來解釋*所有*波長範圍的固體放光，結果都支持量子理論。

把能量量化或是用「綑成一束一束」的概念來解釋或許看起來奇怪，但是量化的概念可以用來解釋很多現象。舉例來說，電荷也是被量化的，電荷的大小只能是一個電子電荷大小 e 的整數倍。物質本身也是被量化的，電子、質子、中子的數量，以及一個物質樣本中原子的數量也必須是整數。美國的貨幣系統最小的「量子」大小是一分 (penny)，甚至生物系統中的過程也有量化的現象，母雞生出來的蛋只能是整數；懷孕的貓生出小貓也只能是整數，不會生出二分之一或三分之一隻貓。

7.2 光電效應

西元 1905 年，就在普朗克發表量子理論之後 5 年，愛因斯坦[2]利用這個理論解決了另一個物理學上的謎團，就是所謂的**光電效應** (photoelectric effect)。光電效應指的是金屬在被一最小頻率 (稱為臨界頻率) 以上的光線照射後，電子會由金屬表面彈出的一種現象 (圖 7.5)。由表面彈出的電子數會正比於光線的強度 (或亮度)，但是每個彈出電子的能量則不會正比於光線的強度。而且，當光線的頻率在臨界頻率以下，不論光線強度再大都不會有電子彈出。

光電效應不能用光的波動理論來解釋。然而，愛因斯坦做了比較不同的假設。他認為光束其實是粒子束，而這些光的粒子現在被稱為**光子** (photons)。用普朗克的輻射量子理論當作出發點，愛因斯坦推導出每一個光子必須具有大小為 E 的能量，而

$$E = h\nu$$

這個方程式和方程式 (7.2) 的形式一樣，因為電磁輻射的發射和吸收都是以光子的形式。

其中，ν 是光的頻率。

例題 7.2

請算出 (a) 一個波長為 5.00×10^4 nm (紅外光) 的光子；和 (b) 一個波長為 5.00×10^{-2} nm (X 射線) 的光子能量是多少焦耳？

策　略

在 (a) 和 (b) 都已知光子的波長而要求它的能量。我們需要用方程式 (7.3) 來算光子的能量。需要的普朗克常數可以在課文中找到。

解　答

(a) 從方程式 (7.3)，

$$\begin{aligned} E &= h\frac{c}{\lambda} \\ &= \frac{(6.63 \times 10^{-34}\ \text{J}\cdot\text{s})(3.00 \times 10^{8}\ \text{m/s})}{(5.00 \times 10^{4}\ \text{nm})\dfrac{1 \times 10^{-9}\ \text{m}}{1\ \text{nm}}} \\ &= 3.98 \times 10^{-21}\ \text{J} \end{aligned}$$

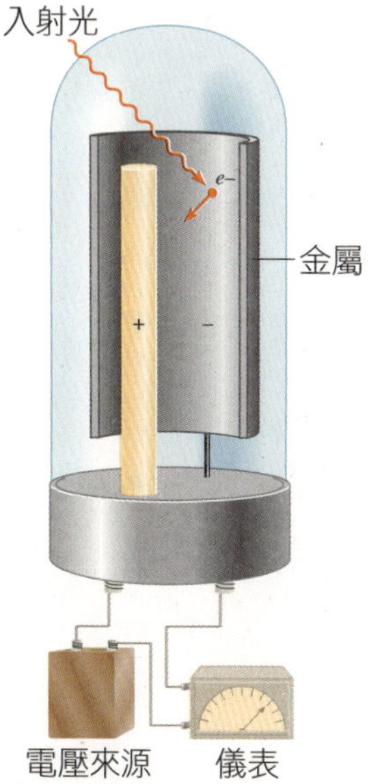

圖 7.5 研究光電效應的裝置。以特定波長的光照射乾淨的金屬表面。照射後離開表面的電子會被正極所吸引。電子的流動可以經由偵測儀得知。照相機內的測光表就是利用光電效應的原理。

2 亞伯特・愛因斯坦 (Albert Einstein, 1879~1955)，在德國出生的美國物理學家。他被認為是迄今世界上最偉大的兩個物理學家之一 (另一個是艾薩克・牛頓)。他在西元 1905 年受雇於位在伯恩的瑞士專利辦公室時所發表的三篇論文 (關於狹義相對論、布朗運動和光電效應) 深深地影響了日後物理學的發展。他因為對光電效應提出解釋，在西元 1921 年得到諾貝爾物理學獎。

這是一個波長為 5.00×10^4 nm 的光子所具有的能量。

(b) 利用和 (a) 一樣的步驟，我們可以算出一個波長為 5.00×10^{-2} nm 的光子所具有的能量為 3.98×10^{-15} J。

檢　查

因為光子的能量會隨著波長減少而增加，我們可以看出「X 射線」光子的能量比「紅外線」光子大 1×10^6 倍。

練習題

若一個光子的能量是 5.87×10^{-20} J，請問此光子的波長是多少 (以 nm 為單位)？

電子在金屬中有吸引力的束縛，因此若要將電子從金屬中移除的話，所用的光線要有夠高的頻率 (也就是夠高的能量) 才能將電子釋放。將一束光照射到金屬表面可以想像成將一束粒子 (光子) 打在金屬原子上。如果光子頻率所形成的能量 ($h\nu$) 恰好等於電子在金屬中被束縛的能量，則此光子就有足夠的能量將電子撞擊到鬆脫。而如果我們再用更高頻率的光，不僅僅電子會被撞擊到鬆脫，它們還會得到一些動能。這種狀況可以整理成以下方程式：

$$h\nu = \text{KE} + W \tag{7.4}$$

其中，KE 是電子離開表面的動能，而 W 是功函數；表示電子被束縛在金屬上的強度。將方程式 (7.4) 重排可得

$$\text{KE} = h\nu - W$$

這表示當光子的能量愈強 (也就是頻率愈高) 時，逃脫的電子得到的動能愈多。

現在來討論頻率相同 (大於臨界頻率) 但強度不同的兩個光束。光束的強度愈大代表光子的數目愈多，因此相較於強度較低的光束，強度較高的光束會從金屬表面打出較多的電子。所以，光線強度愈強，目標金屬所釋放出的電子愈多；光線頻率愈大，逃脫的電子的動能也愈大。

例題 7.3

銫金屬的功函數是 3.42×10^{-19} J。(a) 試計算可以將電子撞離金屬表面的最小光頻率是多少？(b) 如果用來照射金屬的光頻率是 1.00×10^{15} s^{-1}，請問被撞擊離開金屬表面的電子動能是多少？

策　略

(a) 元素功函數和光的頻率之間的關係可由方程式 (7.4) 得知。可以將電子撞離金屬表面的光最小的頻率，是當電子離開表面的動能為零的時候；(b) 已知功函數和光的頻率，我們可以算出離開金屬表面電子的動能。

解　答

(a) 將方程式 (7.4) 設為 KE = 0，變成

$$h\nu = W$$

因此，

$$\nu = \frac{W}{h} = \frac{3.42 \times 10^{-19}\ \text{J}}{6.63 \times 10^{-34}\ \text{J} \cdot \text{s}}$$
$$= 5.16 \times 10^{14}\ \text{s}^{-1}$$

(b) 將方程式 (7.4) 重排可得

$$\begin{aligned} \text{KE} &= h\nu - W \\ &= (6.63 \times 10^{-34}\ \text{J} \cdot \text{s})(1.00 \times 10^{15}\ \text{s}^{-1}) - 3.42 \times 10^{-19}\ \text{J} \\ &= 3.21 \times 10^{-19}\ \text{J} \end{aligned}$$

檢　查

離開金屬表面電子的動能 (3.21×10^{-19} J) 比光子的能量 (6.63×10^{-19} J) 小，所以答案是合理的。

類題：7.3。

練習題

鈦金屬的功函數是 6.93×10^{-19} J。如果用來照射金屬的光頻率是 $2.50 \times 10^{15}\ \text{s}^{-1}$，請問被撞擊離開金屬表面的電子動能是多少？

愛因斯坦所提出光的理論對於當時的科學家來說是有點困惑的。雖然它一方面充分地解釋了光電效應；但在另一方面，光的粒子理論卻和我們知道的光的波動行為不一致。唯一的解釋就是光同時有粒子和波動的性質。根據實驗結果顯示，光的行為像波也像光。這個概念稱為光的波粒二象性，它完全違背物理學家對於物質和輻射的認知，所以花了很長一段時間才被他們接受。在 7.4 節，我們將看到這種二象性 (波和粒子) 不只有光才有，其他所有物質也都有這樣的特性，包含電子。

7.3 波耳的氫原子理論

愛因斯坦的研究結果也幫助解決十九世紀另一個物理的「謎團」：原子的放射光譜。

放射光譜

在叉子之間施予高電壓時，一些在醃黃瓜之中的鈉離子會轉換成在激發態的鈉原子。當電子由激發態掉到基態的時候，這些原子放射出特徵的黃光。

所謂的放射光譜指的是物質輻射所放出的連續光譜或線光譜。自從十九世紀，當牛頓證明陽光是由不同顏色的光組成而產生的白光之後，化學家和物理學家研究許多**放射光譜** (emission spectra) 的特性，這些光譜也就是物質藉由輻射所放射出的連續光譜或線光譜。一個物質的放射光譜可以藉由對此物質施加熱能或其他方式的能量 (像是高電壓) 來觀察。例如，將一鐵條從高熱源中移出時，會看到鐵條放出特定「紅色」或「白色」的灼熱光。這個灼熱光在放射光譜中是在可見光的部分。相同的鐵條在溫度較低的時候放出的光也會在紅外光的部分。不論是太陽光光譜還是加熱物體的光譜，都有一個共同的特徵就是它們都是連續的，也就是所有可見光的波長都會被表示在光譜中 (見圖 7.4 的可見光範圍)。

另一方面，在氣態的原子光譜不會看到從紅光到紫光連續的波長分布。取而代之的是，在可見光譜中的不同位置產生明亮的線。這些**線光譜** (line spectra) 是光由特定波長所發出的。圖 7.6 中畫出用來研究放射光譜的電子射出管。

每一個元素都有各自的放射光譜。它們在原子光譜中的特徵線光譜可以在化學分析中用來鑑定未知原子，就像可以用指紋來鑑別不同的人一樣。當已知原子的線光譜和另一個未知原子的線光譜完全一致的時

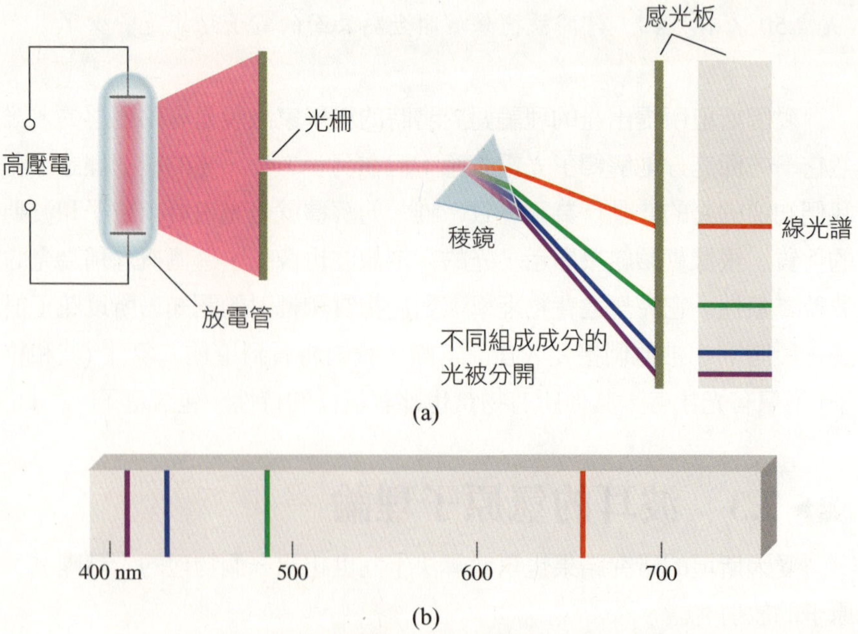

圖 7.6 (a) 用來研究原子和分子放射光譜的實驗裝置。將要研究的氣體放入附有兩個電極發射管中。當電子從負極流向正極時，電子會和氣體碰撞。這樣的碰撞會導致原子 (或分子) 的放光。放射出來的光再經由稜鏡將不同顏色的光分開。根據光的波長，不同顏色的的光經由狹縫會在感光板上的特定位置聚焦，而形成彩色的影像。這些彩色的影像就叫作線光譜；(b) 氫原子的線光譜。

候，就可以知道這兩個是一樣的原子。雖然這樣的鑑定法在之前的化學分析中就已經被知道了，但這些線光譜的來源直到二十世紀初才被發現。

氫原子放射光譜

西元 1913 年，離普朗克和愛因斯坦發現沒多久的時間，丹麥的物理學家波耳[3] 對氫原子放射光譜提出理論上的解釋。波耳的解釋非常複雜且現在不再被認為是完全正確的。因此，我們這裡只討論他的假設和可以用來解釋線光譜的重要結果。

當波耳第一次處理這個問題的時候，物理學家已經知道原子中有電子和質子存在。他們認為原子之中的電子是在繞著原子核的圓形軌道中高速運行。這是個很有說服力的模型，因為它就和行星繞著太陽運行的方式一樣。在氫原子中，我們相信帶正電質子 (類似於「太陽」) 和帶負電電子 (類似於「行星」) 之間的靜電作用力會將電子往原子中心拉，且此拉力會和電子做圓周運動的離心力平衡。

然而，根據古典物理的解釋，在氫原子軌道中運行的電子經由電磁波的方式將能量釋放後，會有一個朝向原子核的加速度存在。因此，這樣的電子應該很快地會旋入原子核中而和質子撞擊而消失。為了要解釋為什麼沒有發生這件事，波耳提出電子只能在特定能量的軌道上運行的假設；也就是說，電子的能量是被量化的。在任何存在軌道中運行的電子不會旋入原子核，所以不會有輻射能量釋出。波耳將一個帶有能量的氫原子所釋出的輻射能量歸因於電子由一個能量較高的軌道掉到能量較低的軌道，且以光的形式放射出一個能量的量子 (一個光子) (圖 7.7)。波耳提出氫原子中電子在軌道上的能量可表示為

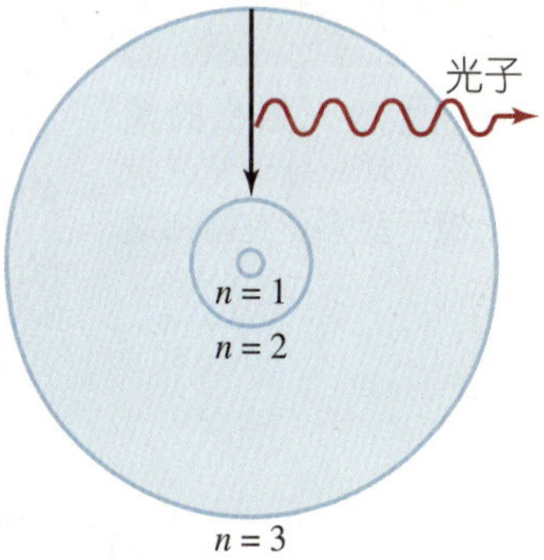

圖 7.7 根據波耳模型所描述一個激發態氫原子的放光過程。一個原本處在較高能量軌道 ($n = 3$) 的電子掉落到一個較低能量軌道 ($n = 2$)。因此，會放射出一個能量為 $h\nu$ 的光子。$h\nu$ 的值就等於在放光過程中電子所占兩個軌道的能量差。為了簡化，只畫出 3 個軌道。

$$E_n = -R_H\left(\frac{1}{n^2}\right) \qquad (7.5)$$

其中，R_H 是氫原子的里德伯[4] 常數，其值為 2.18×10^{-18} J；n 則是稱為主量子數的整數，$n = 1, 2, 3, ...$。

方程式 (7.5) 中的負號是一種慣用法，意指原子中電子的能

3 尼爾斯・漢瑞克・大衛・波耳 (Niels Henrik David Bohr, 1885~1962)，丹麥物理學家，現代物理的建立者之一。他因為提出解釋氫原子光譜的理論，而在西元 1922 年得到諾貝爾物理學獎。

4 約翰內斯・羅伯特・里德伯 (Johannes Robert Rydberg, 1854~1919)，瑞典物理學家。里德伯對於物理學的主要貢獻是他研究了許多元素的線光譜。

量比距離原子核無限遠的自由電子能量低。而自由電子的能量被指定為零。在數學上來說，自由電子的狀況是方程式 (7.5) 中的 n 為無限大，所以 $E_\infty = 0$。當電子向原子核靠近時 (n 值減少)，E_n 變大，但其值更負。當 $n = 1$ 時負值會最大，此時就是能量最穩定的狀態，我們將此狀態稱為**基態** (ground state/ground level)，指的是系統 (在這裡指的是原子) 最低的能量狀態。當 $n = 2, 3, ...$ 時電子的穩定度依序減少，每一個這樣的狀態可以稱為**激發態** (excited state/excited level)，其能量高於基態。一個氫原子中的電子若 n 大於 1，則此電子處於激發態。在波耳模型中，電子所在圓形軌道的半徑是根據 n^2 決定的。因此，當 n 從 1 增加到 2 再增加到 3 時，軌道的半徑增加得很快。電子所處的激發態能量愈高，電子離原子核的距離愈遠 (和原子核的作用力變小)。

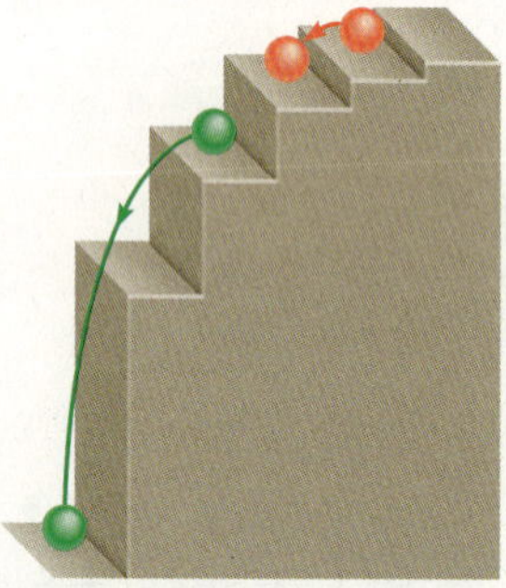

圖 7.8 放光過程的類似情況。球只能停留在階梯上但不能停留在階梯之間。

波耳的理論可以用來解釋氫原子的線光譜。原子所吸收的輻射能可使電子從較低能量的能階 (較小的 n 值) 躍遷到較高能量的能階 (較大的 n 值)；反之，輻射能 (以光子為形式) 則是在電子從較高能量能階躍遷到較低能量能階的過程中所發射出來。電子由一個能量的能階躍遷到另一個能量的能階，就像是一個網球在階梯上向上或向下移動的狀況一樣 (圖 7.8)。球可以停留在任何一個階梯上，但不能停留在階梯之間。球從較低的階梯移動到較高的階梯是一個得到能量的過程；然而，球從較高的階梯移動到較低的階梯是一個釋放能量的過程。這兩種過程所牽涉的能量大小取決於球在一開始和最後所在的階梯。一樣的概念，在波耳的原子模型中，將電子移動所需的能量大小取決於初始狀態和最終狀態之間能階的差異。

為了要將方程式 (7.5) 運用在氫原子的放光過程中，我們假設電子一開始處於主量子數為 n_i 的激發態。在放光的過程中，在激發態的電子會掉到主量子數為 n_f 的能量較低的狀態 (下標的 i 和 f 指的分別是初始狀態和最終狀態)。這個能量較低的狀態可以是能量較低的激發態，也可以是基態，而初始狀態和最終狀態之間能量的差異是

$$\Delta E = E_f - E_i$$

從方程式 (7.5) 可知，

$$E_f = -R_H\left(\frac{1}{n_f^2}\right)$$

和

$$E_i = -R_H\left(\frac{1}{n_i^2}\right)$$

因此，

$$\Delta E = \left(\frac{-R_H}{n_f^2}\right) - \left(\frac{-R_H}{n_i^2}\right)$$

$$= R_H\left(\frac{1}{n_i^2} - \frac{1}{n_f^2}\right)$$

因為這樣的電子躍遷會發射出波長為 ν，能量為 hν 的光子，所以我們可寫成

$$\Delta E = h\nu = R_H\left(\frac{1}{n_i^2} - \frac{1}{n_f^2}\right) \tag{7.6}$$

當光子被放射出來的時候，代表 $n_i > n_f$，因此括號內的值為負值，所以 ΔE 為負值 (能量釋放到周圍)，當能量被吸收的時候，$n_i < n_f$，因此括號內的值為負值，所以 ΔE 為負值。在放射光譜中的每一條光譜線都對應一個在氫原子中特定的電子躍遷。當我們一次研究一大堆氫原子的時候，就會看到所有可能的電子躍遷和對應的線光譜。線光譜的亮度則是取決於有多少相同波長的光子同時放射出來。

氫原子的放射光譜包含的波長範圍很廣，從紅外光到紫外光。表 7.1 列出一系列在氫原子光譜中的躍遷，它們是根據其發現者來命名的。Balmer 系列的線光譜因為在可見光範圍內，所以特別容易研究。

在圖 7.7 中，可以看到單一電子的躍遷，但是圖 7.9 對於電子躍遷的表達方法則可看出較多訊息。每一條水平線代表在氫原子中電子可能的能階。每個能階都有標示出其主量子數。

例題 7.4 說明如何使用方程式 (7.6)。

表 7.1 不同系列的氫原子放射光譜

系列	n_f	n_i	光譜區域
Lyman	1	2, 3, 4, ...	紫外光
Balmer	2	3, 4, 5, ...	可見光和紫外光
Paschen	3	4, 5, 6, ...	紅外光
Brackett	4	5, 6, 7, ...	紅外光

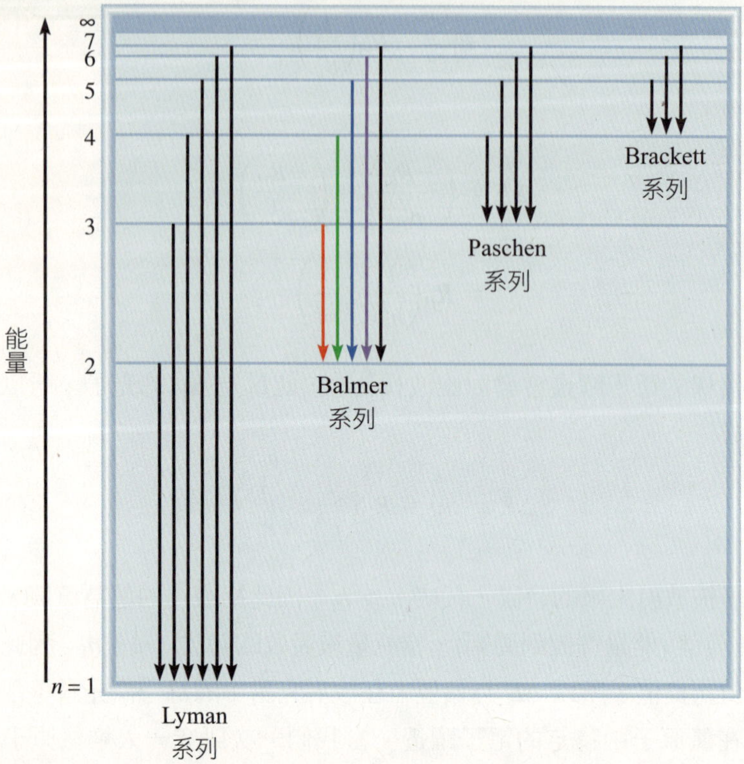

圖 7.9 氫原子中的能階和不同的放光系列。就像圖 7.7 波耳所提出的模型，每一個能階會對應一個軌道的能量態。根據表 7.1 可以標示出放光的系列名稱。

例題 7.4

在氫原子中，電子從 $n_i = 5$ 的狀態躍遷到 $n_f = 2$ 的狀態所放射出來的光子波長是多少 nm？

策 略

我們已知放光過程的初始狀態和最終狀態。可以用方程式 (7.6) 來計算放射光子的能量。再利用方程式 (7.2) 和 (7.1)，我們可以算出光子的波長。里德伯常數可以在課文中找到。

解 答

利用方程式 (7.6)，我們可以寫出：

$$\Delta E = R_H\left(\frac{1}{n_i^2} - \frac{1}{n_f^2}\right)$$
$$= 2.18 \times 10^{-18}\,\text{J}\left(\frac{1}{5^2} - \frac{1}{2^2}\right)$$
$$= -4.58 \times 10^{-19}\,\text{J}$$

算出的答案是負值代表所牽涉的能量是在放光過程中發生的。因為光子的波長都為正值，所以要計算光子的波長時我們可以省略 ΔE 的負號。又因為 $\Delta E = h\nu$ 或 $\nu = \Delta E/h$，光子的波長可以計算為

負值符合我們傳統對於能量對周圍釋出的表達方式。

$$\lambda = \frac{c}{\nu}$$
$$= \frac{ch}{\Delta E}$$
$$= \frac{(3.00 \times 10^8 \text{ m/s})(6.63 \times 10^{-34} \text{ J} \cdot \text{s})}{4.58 \times 10^{-19} \text{ J}}$$
$$= 4.34 \times 10^{-7} \text{ m}$$
$$= 4.34 \times 10^{-7} \text{ m} \times \left(\frac{1 \text{ nm}}{1 \times 10^{-9} \text{ m}}\right) = 434 \text{ nm}$$

檢　查

波長落在電磁波的可見光區 (見圖 7.4)。由圖 7.6 可知，如果 $n_f = 2$，電子躍遷會產生在 Balmer 系列的線光譜，因此這個結果是合理的。

類題：7.6。

練習題

在氫原子中，電子從 $n_i = 6$ 的狀態躍遷到 $n_f = 4$ 的狀態所放射出來的光子波長是多少 nm？

7.4　電子的雙重特性

波耳的理論混淆了物理學家但也激起他們的好奇心。他們想知道為什麼氫原子中的電子能量是可以被量化的；或是更直接地問：為什麼在波耳的原子模型中電子是被限制在距離原子核特定距離的軌道上。過了一世紀之後，即便是波耳本人都無法提出一個合理的解釋。直到西元 1924 年，德布羅意[5] 對這個問題提出解答。德布羅意認為如果光波的行為可以像是一束粒子 (光子) 一樣，則或許像是電子的粒子會有波的性質。根據德布羅意的說法，被原子核束縛的電子行為像是一個**駐波** (standing wave)。駐波可以經由撥動像是吉他弦而產生 (圖 7.10)。這樣的波被稱為駐波或靜止波是因為它們不會沿著弦行進。在這個弦上的某

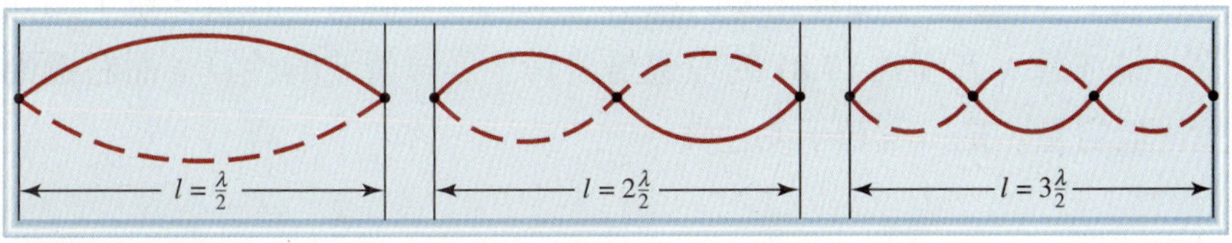

圖 7.10 撥動吉他弦所產生的駐波。每個點都代表一個節點。弦的長度 (l) 必須要等於半波長 ($\lambda/2$) 的整數倍。

5 路易・維克多・皮耶・德布羅意公爵 (Louis Victor Pierre Raymond Duc de Broglie, 1892~1977)，法國物理學家。他來自於法國一個歷史悠久且有名的家族，他是家族中的王子。在他的博士論文中，他提出物質和輻射都有波和粒子的性質。因為這個研究，德布羅意在西元 1929 年得到諾貝爾物理學獎。

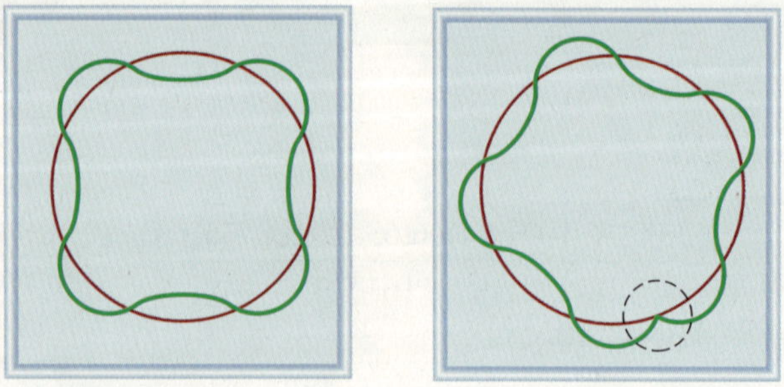
(a) (b)

圖 7.11 (a) 軌道的周長等於波長的整數倍，所以這軌道可以存在；(b) 軌道的周長不等於波長的整數倍，因此電子波本身無法圍起，這軌道不可以存在。

些點，稱為**節點** (nodes)，完全不會移動，也就是在節點上振幅為零。波的兩端各有一個節點，而波的兩端之間則也可能有節點。震動的頻率愈大，駐波的波長愈短且節點愈多。就像在圖 7.10 中可以看到的，在同一條弦上的運動只會有特定的波長產生。

德布羅意提出如果在氫原子中的電子行為和駐波一樣，則波的長度必須要完全符合軌道的波長 (圖 7.11)。不然的話，在每一個連續的軌道上波會部分自我抵銷。最終，波的振幅會減少到零，而波就不再存在。

容許的軌道周長 ($2\pi r$) 和電子波長 (λ) 之間的關係可以寫成

$$2\pi r = n\lambda \tag{7.7}$$

其中，r 是軌道半徑，λ 是電子波的波長，而 $n = 1, 2, 3, \ldots$。因為 n 是整數，也因此當 n 從 1 增加到 2 再到 3 時，r 只能是特定的值；且因為電子的能量是根據軌道的大小 (或是 r 的大小) 而定的，因此電子的能量必定是被量化的。

德布羅意所提出理由的結論是波有粒子的行為且粒子有波的性質。德布羅意推導出粒子和波的性質有以下的關係：

在使用方程式 (7.8) 時，m 的單位必須是公斤，而 u 的單位必須是 m/s。

$$\lambda = \frac{h}{mu} \tag{7.8}$$

其中的 λ、m、u 分別是移動粒子的波長、粒子的質量、粒子的速度。方程式 (7.8) 意指一個移動中的粒子可以視為一個波，且波有粒子的性質。請注意：方程式 (7.8) 的左邊是波長，是一個波的性質；而右邊則對應於質量，是一個粒子的性質。

例題 7.5

試計算下列兩個狀況下「粒子」的波長是多少：(a) 網球發球的最快球速約是每小時 150 英里，或是 68 m/s。試計算一顆重量為 6.0

$\times\ 10^{-2}$ kg 的網球以此速度飛行時的波長是多少？(b) 試計算一個電子 (9.1094×10^{-31} kg) 以 68 m/s 行進時的波長是多少？

策　略

在 (a) 和 (b) 中都已知粒子的質量和速度而要求粒子的波長，我們要用到方程式 (7.8)。要注意因為普朗克常數的單位是 J·s；而 m 和 u 的單位分別是 kg 和 m/s (1 J = 1 kg m^2/s^2)。

解　答

(a) 利用方程式 (7.8)，我們可以寫出

$$\begin{aligned}\lambda &= \frac{h}{mu}\\ &= \frac{6.63 \times 10^{-34}\ \text{J}\cdot\text{s}}{(6.0 \times 10^{-2}\ \text{kg}) \times 68\ \text{m/s}}\\ &= 1.6 \times 10^{-34}\ \text{m}\end{aligned}$$

說　明

相較於原子的大小大約在 1×10^{-10} m，網球的大小是非常非常大的。以至於它的波長相當小，小到沒有辦法用現有的儀器測量。

(b) 在這個狀況下，

$$\begin{aligned}\lambda &= \frac{h}{mu}\\ &= \frac{6.63 \times 10^{-34}\ \text{J}\cdot\text{s}}{(9.1094 \times 10^{-31}\ \text{kg}) \times 68\ \text{m/s}}\\ &= 1.1 \times 10^{-5}\ \text{m}\end{aligned}$$

說　明

這個波長 (1.1×10^{-5} m 或 1.1×10^{4} nm) 落在紅外光區。這個計算告訴我們只有電子 (或其他相似大小的粒子) 的波長是可以測量得到的。

練習題

試計算一個氫原子 (質量為 1.674×10^{-27} kg) 以 7.00×10^{2} cm/s 的速度行進時的波長是多少 (以 nm 為單位)？

例題 7.5 說明了雖然德布羅意方程式可以用在不同的系統，但是波的性質只有在非常小的物質上可以觀察得到。

在德布羅意公布他的方程式之後不久，美國的戴維森[6] 和雷斯特・

6 柯林頓・喬瑟夫・戴維森 (Clinton Joseph Davisson, 1881~1958)，美國物理學家。他因為證明電子的波動性質，和 G. P. 湯姆森共同在西元 1937 年得到諾貝爾物理學獎。

革末[7] 及英國的 G. P. 湯姆森[8] 也證實電子確實有波的性質。湯姆森將電子束打在一片很薄的金箔上讓電子束通過，他發現在金箔後的螢幕上出現一組同心圓，而用 X 射線 (一種波) 打在金箔上會也出現類似的圖案。

第 275 頁「生活中的化學」單元中介紹電子顯微鏡的原理和應用。

7.5 量子力學

事實上，波耳理論解釋了 He^+、Li^{2+} 和 H 所觀察到的放射光譜。然而，這三個系統都有一個共同的特徵——它們都只有一個電子。因此，波耳模型只可以成功解釋氫原子或是「類氫離子」的光譜。

雖然波耳理論成功地解釋氫原子的放射光譜，但之後也發現一些不能解釋的現象。像是它不能用來解釋原子中有超過一個電子的放射光譜，像是氦原子和鋰原子。它也無法解釋為什麼當外加一個磁場在氫原子光譜上時會出現其他的放射線譜。當我們知道電子有波的性質之後又引發另一個問題：要怎麼知道波的「位置」在哪裡？而因為波在空間中是一直延伸的，我們無法精確地將波定位。

為了描述在嘗試去定位有波動性質的次原子大小粒子過程中所發生的問題，海森堡[9] 提出所謂的**海森堡不確定原理** (Heisenberg uncertainty principle) (也常稱為測不準原理)：要同時知道粒子的動量 p (定義為質量乘以速度) 和位置是不可能的。用數學式可表示為

≥ 符號表示 $\Delta x\Delta p$ 的乘積可以大於或等於 $h/4\pi$，但不能小於 $h/4\pi$。和方程式 (7.9) 一樣，m 的單位為公斤，而 u 的單位為 m/s。

$$\Delta x \Delta p \geq \frac{h}{4\pi} \tag{7.9}$$

其中，Δx 和 Δp 分別是測量粒子位置和動量的不確定性。≥ 符號有以下意義：如果測量粒子位置和動量的不確定性相當大 (像是一個粗略的實驗)，它們的乘積會遠大於 $h/4\pi$，所以可以用符號 “>”；而使用方程式 (7.9) 的重要性在於，即便測量粒子位置和動量都是用最佳條件完成的，它們的乘積也不可能小於 $h/4\pi$，所以要用符號 “=”。因此，如果粒子的動量測得愈準 (也就是 Δp 愈小) 會造成位置的不確定性愈大 (也就是 Δx 愈大)。一樣地，如果粒子的位置測得愈準，動量的不確定性就愈大。

當海森堡的不確定原理運用在氫原子時，我們了解到電子並不會像

7 雷斯特・哈伯特・革末 (Lester Halbert Germer, 1896~1972)，美國物理學家。他和戴維森一起發現電子的波動性質。

8 喬治・佩吉・湯姆森 (George Paget Thomson, 1892~1975)，英國物理學家。他是 J. J. 湯姆森 的兒子。他因為證明電子的波動性質，和戴維森共同在西元 1937 年得到諾貝爾物理學獎。

9 維爾納・卡爾・海森堡 (Werner Karl Heisenberg, 1901~1976)，德國物理學家，現代量子力學的建立者之一。海森堡在西元 1932 年得到諾貝爾物理學獎。

CHEMISTRY in Action

生活中的化學

電子顯微鏡

電子顯微鏡是電子的波動性質一個很有價值的應用，因為它可以顯現出一般光學顯微鏡用肉眼無法觀察到的影像。根據光學定律，要用光學顯微鏡來觀察一個大小比用來觀察的光波長一半還小的物質是不可能的。而因為可見光的波長最小是 400 nm (或 4×10^{-5} cm) 左右，所以我們無法觀察到任何小於 2×10^{-5} cm 的物質。理論上，我們還可以用 X 射線 (波長範圍是 0.01 nm~10 nm) 來觀察原子或分子大小等級的物質。然而，因為 X 射線無法聚焦，所以不能產生很清晰的影像。另一方面，電子是帶電荷的粒子，它可以用像在電視螢幕上影像聚焦的方式，也就是利用外加電場或磁場的方式來聚焦。根據方程式 (7.8)，電子的波長和它的速度成反比。如果將電子加速到非常高的速度，我們就可以得到波長最短是 0.004 nm 的電子。

有一種不同形式的電子顯微鏡叫作**掃描式穿透顯微鏡** (scanning tunneling microscope, STM) 利用另一種電子的機械性質來製造在樣品表面原子的影像。因為電子的質量相當小，它可以經由一個能量屏障來移動或「穿透」(而不是跨越能障)。STM 用到一支尖端非常細小的鎢金屬探針來當作穿透電子的來源。在探針和樣品表面之間保持一定的電壓來使電子穿透空間到達物體表面。當探針在距離樣本表面上幾個原子半徑的距離移動時，可以測得穿透電流。此電流強度會隨著探針和樣品表面之間的距離增大而降低。利用回饋線圈可以自動調整探針尖端的垂直位置到樣品表面之間的距離固定。將這樣的高度調整記錄下來，並用三維影像來呈現代表樣品表面的高低起伏。

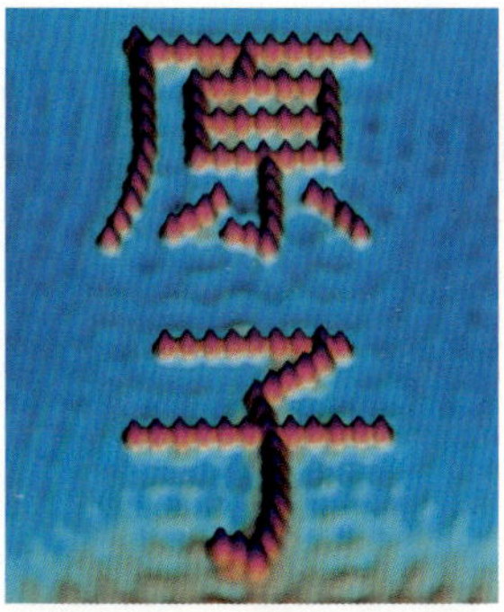

用 STM 觀察將鐵原子在銅表面上排列成中文的「原子」。

電子顯微鏡和 STM 都是目前在化學和生物研究中最有用的工具之一。

波耳想的繞著原子核在很明確一致的路徑上行進。如果是的話，我們就可以同時精確地測量電子的位置 (從它在特定軌道上的位置) 和動量 (從它的動能)，這會違背了不確定原理。

例題 7.6

(a) 有一個電子以 8.0×10^6 m/s 的速度行進。如果測量速度的不確定性是 1.0%，試計算此電子位置的不確定性。電子的質量為 9.1094×10^{-31} kg；(b) 一個質量為 0.15 公斤的棒球以 100 mph 的速度飛行時所測得的動量是 6.7 kg · m/s。如果測量此動量的不確定性是 1.0×10^{-7}，試計算此棒球位置的不確定性。

類題：7.33。

策　略

我們可以將方程式 (7.9) 的符號寫成等號來計算 (a) 和 (b) 中不確

定性的最小值。

解　答

(a) 電子速度 u 的不確定性是

$$\begin{aligned}\Delta u &= 0.010 \times 8.0 \times 10^6 \text{ m/s} \\ &= 8.0 \times 10^4 \text{ m/s}\end{aligned}$$

動量 $p = mu$，所以

$$\begin{aligned}\Delta p &= m\Delta u \\ &= 9.1094 \times 10^{-31} \text{ kg} \times 8.0 \times 10^4 \text{ m/s} \\ &= 7.3 \times 10^{-26} \text{ kg} \cdot \text{m/s}\end{aligned}$$

再用方程式 (7.9) 可以算出電子位置的不確定性為

$$\begin{aligned}\Delta x &= \frac{h}{4\pi\Delta p} \\ &= \frac{6.63 \times 10^{-34} \text{ J} \cdot \text{s}}{4\pi(7.3 \times 10^{-26} \text{ kg} \cdot \text{m/s})} \\ &= 7.2 \times 10^{-10} \text{ m}\end{aligned}$$

這個不確定性大約是 4 個原子大小。

(b) 棒球位置的不確定性為

$$\begin{aligned}\Delta x &= \frac{h}{4\pi\Delta p} \\ &= \frac{6.63 \times 10^{-34} \text{ J} \cdot \text{s}}{4\pi \times 1.0 \times 10^{-7} \times 6.7 \text{ kg} \cdot \text{m/s}} \\ &= 7.9 \times 10^{-29} \text{ m}\end{aligned}$$

這個數字很小以致於沒有真正的影響，也就是說，在巨觀世界中要計算一顆棒球的位置實際上是沒有不確定性的。

練習題

如果已知一個氧分子的位置不確定性是 ±3 nm，試計算此分子速度的不確定性。氧分子的質量是 5.31×10^{-26} kg。

不可否認地，波耳在我們對原子的了解上有很重要的貢獻；而且他提出原子中的電子能量是被量子化的概念到目前仍未受到質疑，但是他的理論並沒有對原子中電子的行為有完整的描述。西元 1926 年，澳洲物理學家薛丁格[10] 用了複雜的數學技巧提出一個方程式來描述微觀世界

10 薛丁格 (Erwin Schrödinger, 1887~1961)，澳洲物理學家。薛丁格提出波動理論，它是現代量子理論的基礎。他在西元 1933 年得到諾貝爾物理學獎。

一般粒子的行為和能量，此方程式類似於牛頓對於巨觀世界物質所提出的運動定律。*薛丁格方程式*需要用到高等微積分來運算，我們在這裡不討論。然而，很重要的是要知道這個方程式結合粒子的行為 (用質量 m 表示) 和波的行為 (用*波函數* ψ 表示)，而這些行為取決於系統中的位置 (像是在原子中的電子)。

波函數本身沒有直接的物理意義。然而，在空間中的特定區域要找到一個電子的機率會正比於波函數的平方 ψ^2。將 ψ^2 連結到機率是用另外一個相似的波理論推導出來的。根據波的理論，光的強度會正比於波振幅的平方，或是 ψ^2。最可能找到光子的地方是光線強度最大的地方，也就是 ψ^2 值最大的地方。有另一個論點也提出 ψ^2 大小跟在原子核附近區域找到電子的可能性有關。

薛丁格方程式開啟一個新的領域叫作*量子力學* (quantum mechanics) (也被稱為*波動力學*)，也因此為物理學和化學的發展開啟一個新的世紀。我們現在將從西元 1913 年 (波耳提出氫原子模型) 到西元 1926 年之間的量子理論發展稱為「古典量子理論」。

氫原子的量子力學描述

薛丁格方程式找出電子在氫原子中可能的能量狀態，且認定其對應的波函數 (ψ)。這些能量狀態和波函數可以用一組量子數來區分 (用較簡單的方式來討論)，用量子數的概念，我們可以建立一個綜合的氫原子模型。

雖然量子力學告訴我們原子中的電子不會固定在同一個位置，但它確實定義電子在特定時間可能出現的區域，而用**電子密度** (electron density) 這個概念*可以告訴我們一個電子在原子的特定區域出現的機率*。波函數的平方，ψ^2，則定義在原子核周圍三維區域電子密度的分布。電子密度較高的區域代表電子出現機率較高；相反地，電子密度較低的區域代表電子出現機率較低 (圖 7.12)。

為了要區分量子力學和波耳模型之間對於原子描述的差異，這裡我們用原子軌域這個名稱來定義電子的位置，而不用波耳模型中用的原子軌道。**原子軌域** (atomic orbital) 可以想像成*電子在原子中的波函數*。當我們說電子在一個特定軌域上的時候，意味著電子在空間中分布的機率可以用此軌域波函數的平方來描述。因此，一個原子軌域有能量的特性，也有電子密度分布的特性。

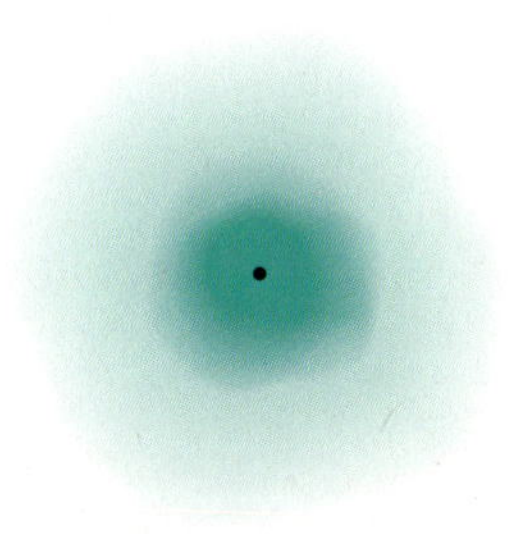

圖 7.12 在氫原子中，原子核周圍電子密度的表達方式。其中可看出愈靠近原子核，電子出現的機率愈高。

薛丁格方程式用來描述只有一個質子和一個電子的氫原子沒有問

雖然氦原子只有 2 個電子，在量子力學中還是將其視為多電子原子。

題，但後來發現對於多於一個電子的原子並不適用。還好物理和化學家已經知道面對這種問題可以用估計的方式。例如，雖然電子在**多電子原子** (many-electron atoms) (指的是有兩個電子以上的原子) 中的行為和在氫原子中是不一樣的，我們假設這樣的差異不會太大。因此，我們可以用由氫原子得到的能量和波函數來估計電子在較複雜原子中的行為。事實上，這樣的方法用來描述多電子原子的行為也頗為可靠。

7.6 量子數

在量子力學中，需要用到三個**量子數** (quantum numbers) 來描述氫原子或其他原子中電子的分布。這三個量子數是經由解氫原子的薛丁格方程式而得。它們分別是主量子數、角動量子數和磁量子數。這些量子數可以用來描述原子軌域，以及標定軌域中的電子。還有第四個量子數叫自旋量子數，用來描述特定電子的行為，並補足原子中電子的描述。

主量子數 (*n*)

方程式 (7.5) 僅適用於氫原子。

主量子數 (*n*) 可以是整數像是 1、2、3 等；它對應於方程式 (7.5) 的量子數。在氫原子中，*n* 值決定了軌域的能量。我們接下來很快會看到這對於多電子原子並不適用。主量子數也和軌域中電子與原子核的平均距離有關。*n* 愈大，代表軌域中電子與原子核的平均距離愈大，所以軌域也愈大。

角動量子數 (ℓ)

ℓ 值是依據軌域的種類而定。

角動量子數 (ℓ) 告訴我們軌域的「形狀」(見 7.7 節)。ℓ 值是根據主量子數 *n* 定的。當主量子數為 *n* 時，ℓ 值的範圍為 0 到 $(n-1)$。所以如果 $n=1$，ℓ 可能的值只有一個，就是 $\ell = n-1 = 1-1 = 0$。如果 $n=2$，ℓ 可能的值就會有兩個，分別是 0 和 1。如果 $n=3$，ℓ 可能的值有三個：0、1 和 2。ℓ 值一般都用以下的英文字母來表示：

ℓ	0	1	2	3	4	5
軌域名稱	*s*	*p*	*d*	*f*	*g*	*h*

所以，如果軌域的 $\ell = 0$，我們就稱此軌域為 *s* 軌域；如果軌域的 $\ell = 1$，我們就稱此軌域為 *p* 軌域；以此類推。

軌域的名稱沒有按照字母順序 (*s*、*p* 和 *d*) 排列是有歷史原因的。

研究原子光譜的物理學家嘗試找出所觀察到光譜線和電子躍遷能量之間的關係。他們發現有些光譜線是尖銳的 (***s**harp*)，有些則相對散開 (***d**iffuse*)，有些線的訊號則很強，所以稱為主 (***p**rincipal*) 線。因此，用來形容這些光譜線形容詞的英文第一個字母就被用來當作這些能量態的名稱。然而，字母 d 之後由 f (***f**undamental*，基礎的意思) 開始就是依照英文字母的順序來命名軌域。

一系列 n 相同的軌域通常稱為一個層或殼 (shell)。一個以上的軌域有相同的 n 和 ℓ 則稱為是一個亞層或亞殼層 (subshell)。例如，$n = 2$ 的電子層中有兩個亞層，它們的 ℓ 分別為 0 和 1 (當 $n = 2$ 時，ℓ 可能的值)。這兩個亞層分別叫作 $2s$ 和 $2p$ 亞層，其中的 2 代表主量子數 n，而 s 和 p 代表角動量子數 ℓ。

要記得 $2s$ 中，"2" 是指 n 的值，而 "s" 代表 ℓ 的值。

磁量子數 (m_ℓ)

磁量子數 (m_ℓ) 代表的是在空間中軌域的排列方向 (將在 7.7 節中討論)。在一個亞層之中，磁量子數 (m_ℓ) 的值是由角動量子數 (ℓ) 的值而定的。當角動量子數的值為 ℓ 時，磁量子數會有以下 $(2\ell + 1)$ 種可能的值：

$$-\ell, (-\ell + 1), \ldots 0, \ldots (+\ell - 1), +\ell$$

如果 $\ell = 0$，則 $m_\ell = 0$。如果 $\ell = 1$，則 m_ℓ 的值會有 $[(2 \times 1) + 1] = 3$ 種，分別是 –1、0 和 1。如果 $\ell = 2$，則 m_ℓ 的值會有 $[(2 \times 2) + 1] = 5$ 種，分別是 –2、–1、0、1 和 2。m_ℓ 值的數量代表在相同 ℓ 的亞層中軌域的數量。

對於這三個不同的量子數，總結來說，如果我們說軌域的 $n = 2$，$\ell = 1$，則代表的是這是在 $2p$ 亞層的軌域，在這個亞層中有三個 m_ℓ 不同的 $2p$ 軌域 (其 m_ℓ 分別是 –1、0 和 1)。

電子自旋量子數 (m_s)

從氫原子和鈉原子放射光譜的實驗結果得知可以藉由外加磁場的方式將光譜線分開。物理學家對於這個現象的唯一解釋為電子就像是很小很小的磁鐵，如果電子會像地球一樣繞著中心軸自轉的話，就可以解釋電子的磁性。根據電磁學的理論，旋轉的電荷會產生磁場，也就是這樣的行為使得電子的行為像是一個磁鐵。在圖 7.13 中可以看到電子中兩種可能的自旋運動——順時針旋轉和逆時針旋轉。若要將電子自旋考量

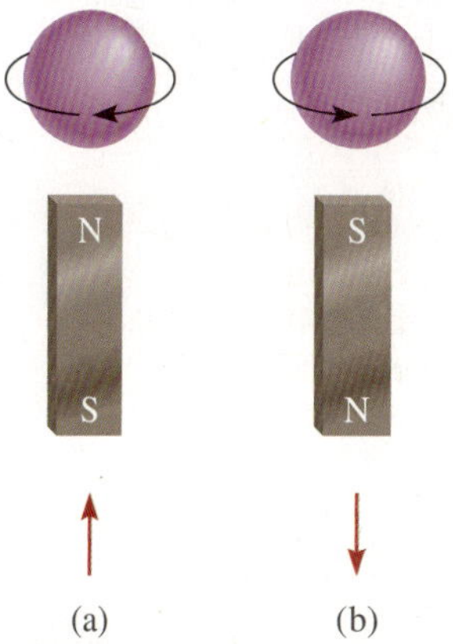

圖 7.13 電子的 (a) 順時針自旋和 (b) 逆時針自旋。這兩種自旋運動所產生的磁場就像兩個磁鐵一樣。朝上和朝下的箭號代表電子自旋的方向。

進軌域之中，就要加入第四種量子數，叫作電子自旋量子數 (m_s)，其值為 $+\frac{1}{2}$ 或 $-\frac{1}{2}$。

史特恩和格拉赫在他們的實驗中用的是只有一個未成對電子的銀原子。為了要表示這個規則，我們可以假定用的是氫原子。

電子自旋的狀態在西元 1924 年被史特恩[11] 和格拉赫[12] 證實。利用圖 7.14 的實驗裝置，將利用高溫爐產生的氣態分子束通過一個非均向的磁場。電子和磁場之間的作用力造成原子的偏折於原本的直線行進路線。因為自旋運動是完全隨機的，原子中一半的電子會朝同一個方向自旋，因此這些原子會偏折到一個方向；而另一半的電子會朝反方向自旋，因此原子就會偏折到另一個方向。所以，在檢測屏幕上就可以看到強度相同的兩個點。

7.7 原子軌域

表 7.2 說明量子數和原子軌域間的關係。例如，當 $\ell = 0$，則 $(2\ell + 1) = 1$，m_ℓ 值只會有一種，所以這是一個 s 軌域。當 $\ell = 1$，則 $(2\ell + 1)$

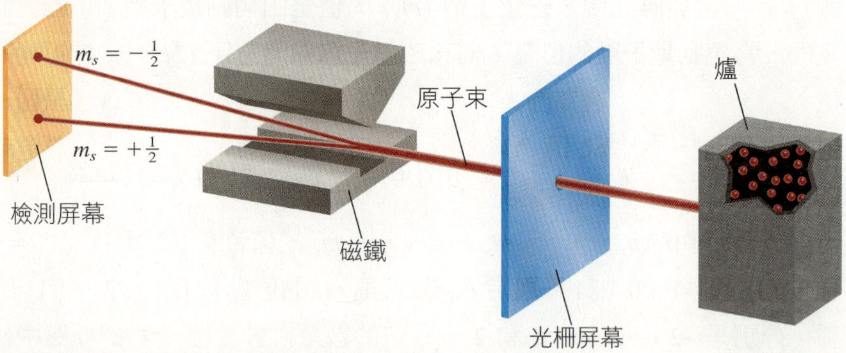

圖 7.14 展示電子自旋運動的裝置，觀察原子束通過磁場的現象。例如，當只有一個電子的氫原子通過磁場時，根據自旋方向的不同，氫原子會朝相反的兩個方向偏折。在原子束中兩種自旋態的電子數目相同，所以在檢測屏幕上就可以看到強度相同的兩個點。

一個 s 亞殼層有一個軌域，一個 p 亞殼層有三個軌域，而一個 d 亞殼層有五個軌域。

表 7.2 量子數和原子軌域之間的關係

n	ℓ	m_ℓ	軌域數量	軌域命名
1	0	0	1	$1s$
2	0	0	1	$2s$
	1	−1、0、1	3	$2p_x$、$2p_y$、$2p_z$
3	0	0	1	$3s$
	1	−1、0、1	3	$3p_x$、$3p_y$、$3p_z$
	2	−2、−1、0、1、2	5	$3d_{xy}$、$3d_{yz}$、$3d_{xz}$ $3d_{x^2-y^2}$、$3d_{z^2}$
⋮	⋮	⋮	⋮	⋮

11 奧托・史特恩 (Otto Stern, 1888~1969)，德國物理學家。他的主要貢獻在於他對原子磁性和氣體動力理論的研究。他在西元 1943 年得到諾貝爾物理學獎。

12 瓦爾特・格拉赫 (Walther Gerlach, 1889~1979)，德國物理學家。他研究的主要領域是量子理論。

$= 3$，m_ℓ 值會有三種，所以有三個 p 軌域，分別標定為 p_x、p_y 和 p_z。當 $\ell = 2$，則 $(2\ell + 1) = 5$，m_ℓ 值會有五種，而對應的五個 p 軌域要用更複雜的方法標定。在接下來的小節中，我們將分別討論 s、p 和 d 軌域。

s 軌域。當我們在學習原子軌域的性質時會提出的一個重要的問題是：軌域的形狀是什麼？嚴格來說，因為波函數描述從原子核到無限遠的地方的電子密度，因此軌域並沒有很明確的形狀。正因為如此，我們很難說軌域到底是什麼形狀。另一方面，把軌域想像成特殊形狀的確會對化學上的討論有很大幫助，特別是在討論原子間的化學鍵形成時 (我們將在第九和十章討論)。

軌域的波函數由原子核向外延伸理論上並沒有邊界的概念引發了對於子大小定義的問題。化學家同意用運算結果來定義原子大小，這概念在之後的章節也會提到。

雖然基本上電子可以在任何地方被發現，我們知道大部分的時間中電子是很靠近原子核的。在圖 7.15(a) 中，可以看到氫原子 1s 軌域的電子密度分布是由原子核向外遞減的。我們可以看到，電子密度隨著和原子核之間的距離增加而快速遞減。簡單來說，大約有 90% 的電子會集中在以原子核中心，半徑為 100 pm (1 pm $= 1 \times 10^{-12}$ m) 的球體中。因此，我們可以將 1s 軌域畫成一個如圖 7.15(b) 所示的**邊界面圖** (boundary surface diagram)，此圖的輪廓包含約 90% 軌域的電子密度。用這個方法表達出來的 1s 軌域就是一個圓球體。

在圖 7.16 中，可以看到氫原子 1s、2s 和 3s 軌域的邊界面圖。所有 s 軌域的形狀都是圓球體但大小不同，s 軌域的大小隨著主量子數增加

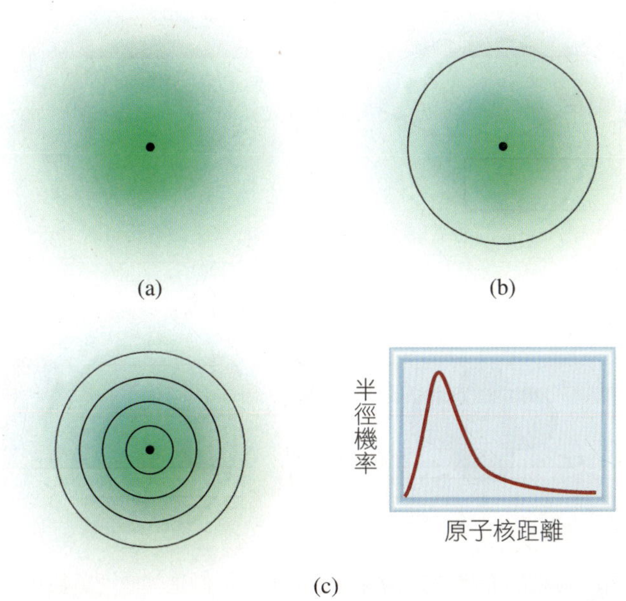

圖 7.15 (a) 氫原子 1s 軌域根據距離原子核的距離所畫出的電子密度圖。電子密度隨著和原子核之間的距離增加而快速遞減；(b) 氫原子 1s 軌域的邊界面圖；(c) 另一個更實際用來看電子密度的方法是將 1s 軌域分成一層層連續的球殼。在每一層中電子出現的機率叫作半徑機率，半徑機率的最大值出現在距離原子核 52.9 pm 的地方。有趣的是，這也剛好是波耳模型最內層軌道的半徑。

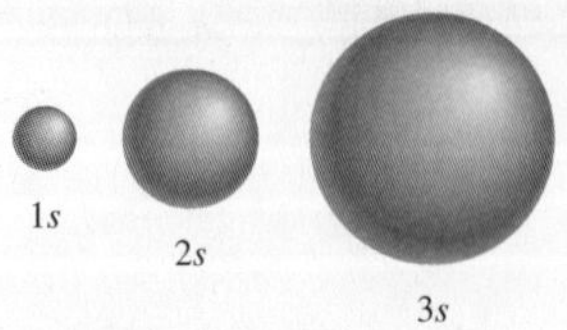

圖 7.16 氫原子 1s、2s 和 3s 軌域的邊界面圖。每個球體包含約 90% 軌域的電子密度。所有的 s 軌域都是圓球體。大致上來說，軌域的大小正比於主量子數的平方 (n^2)。

而增加。雖然這樣的邊界面圖看不出詳細電子密度的分布，但是影響不大。對我們來說，原子軌域最重要的性質是它們的形狀和相對大小，這些都可以從邊界面圖看出。

p 軌域。我們要知道 p 軌域的主量子數是從 $n = 2$ 開始。如果 $n = 1$ 的話，角動量子數 ℓ 只能是 0，所以只會有 1s 軌域。就像我們先前看到的，當 $\ell = 1$ 時，磁量子數 m_ℓ 可以是 –1、0 和 1。所以從 $n = 2$，$\ell = 1$ 開始，會有三個 2p 軌域：$2p_x$、$2p_y$ 和 $2p_z$ (圖 7.17)。下標的英文字母表示軌域的方向軸。這三個軌域的形狀、大小、能量都一樣；只有排列的方向不一樣。然而，要注意的是 m_ℓ 值和 x、y、z 的方向性沒有一定的關係。我們只要知道因為有三種可能的 m_ℓ 值，所以 p 軌域會有三個不同的方向。

從圖 7.17 中的 p 軌域邊界面圖可得知，每個 p 軌域的形狀可視為是在原子核的兩邊各有一個圓形的波瓣。就像 s 軌域一樣，p 軌域的大小從 2p 到 3p 到 4p 依序遞增。

d 軌域和其他高能量軌域。當 $\ell = 2$ 時，會有五個磁量子數 m_ℓ，所以有五個 d 軌域。d 軌域的 n 值最小是 3。因為 ℓ 不會大於 $n - 1$，當 $n = 3$，$\ell = 2$ 時，所以有五個 3d 軌域 (分別為 $3d_{xy}$、$3d_{yz}$、$3d_{xz}$、$3d_{x^2-y^2}$ 和 $3d_{z^2}$)，如圖 7.18 所示。就像 p 軌域的狀況一樣，不同 m_ℓ 值的 d 軌域在

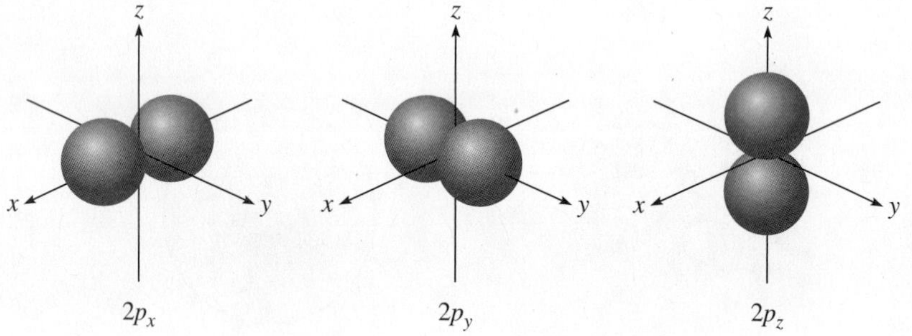

圖 7.17 三個 2p 軌域的邊界面圖。這三個軌域的形狀和能量都一樣，但是排列的方向不一樣。主量子數更大的 p 軌域也有類似的形狀。

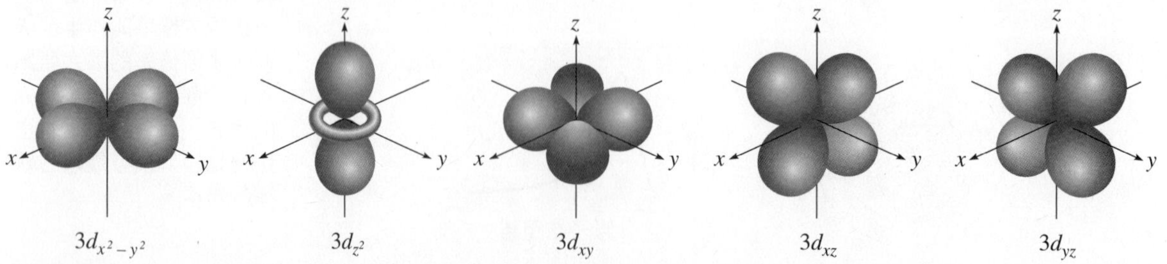

圖 7.18 五個 3d 軌域的邊界面圖。雖然 $3d_{z^2}$ 軌域的形狀和其他的看起來不同，但是其他性質都和另外四個軌域一樣。主量子數更大的 d 軌域也有類似的形狀。

空間上有不同的方向，但一樣這些方向也跟 m_ℓ 值沒有一定的關係。原子中所有的 3*d* 軌域能量都一樣。*n* 大於 3 的 *d* 軌域 (4*d*、5*d*、……) 也都有相似的形狀。

能量比 *d* 軌域還高的軌域標示為 *f*、*g*、……，以此類推。*f* 軌域在解釋原子序大於 57 的元素行為相當重要，但它的形狀很難表達。在普通化學中，我們不討論 ℓ 值大於 3 的軌域 (*g* 軌域以後的軌域)。

例題 7.7 和 7.8 如何標定軌域的量子數，以及計算一個特定的主量子數下會有多少個軌域。

例題 7.7

請列出在 4*d* 亞殼層中軌域的 *n*、ℓ 和 m_ℓ 值是多少？

策 略

n、ℓ 和 m_ℓ 之間的關係是什麼？4*d* 中的 “4” 和 “*d*” 分別代表什麼？

解 答

就像我們之前說過的，軌域名稱中的數字代表主量子數，所以這裡 $n = 4$。而英文字母代表軌域的種類，所以這是一個 *d* 軌域，$\ell = 2$。m_ℓ 值可以是 $-\ell$ 到 $+\ell$ 的整數，所以是 –2、–1、0、1 或 2。

檢 查

4*d* 軌域的 *n* 和 ℓ 值固定，但是有五個 m_ℓ 值，所以總共有五個 *d* 軌域。

練習題

請列出在 3*p* 亞殼層中軌域的量子數是多少？

例題 7.8

請問主量子數為 3 的軌域共有多少個？

策 略

要知道主量子數為 *n* 的軌域共有多少個，我們需要知道有幾個可能的 ℓ 值，然後決定跟每個 ℓ 值有關的 m_ℓ 值各有多少個。軌域的總數就等於所有 m_ℓ 值的總數。

解 答

因為 $n = 3$，可能的 ℓ 值為 0、1、2。因此，有一個 3*s* 軌域 ($n = 3$，$\ell = 0$，$m_\ell = 0$)；三個 3*p* 軌域 ($n = 3$，$\ell = 1$，$m_\ell = -1$、0、

1)；五個 3d 軌域 ($n = 3$，$\ell = 2$，$m_\ell = -2$、-1、0、1、2)。所以，軌域的總數為 $1 + 3 + 5 = 9$ 個。

檢 查

主量子數為 n 的軌域會有 n^2 個，所以 $3^2 = 9$ 個。你可以證明為什麼會是 n^2 個嗎？

類題：7.13。

練習題

請問主量子數為 4 的軌域共有多少個？

軌域的能量

現在我們了解原子軌域的形狀和大小，可以開始了解軌域的相對能量，以及能階的高低如何去影響原子中電子的排列方式。

根據方程式 (7.5)，氫原子中電子的能量只和主量子數有關。因此，氫原子軌域能量的大小順序應該是 (圖 7.19)：

$$1s < 2s = 2p < 3s = 3p = 3d < 4s = 4p = 4d = 4f < \cdots$$

雖然在 2s 和 2p 軌域中電子密度的分布不同，但氫原子中的電子不論在 2s 或 2p 軌域中能量都相同。氫原子中的 1s 軌域處於一個最穩定的狀態，在這個軌域中的電子稱為基態。在此軌域中的電子會受到原子核最大的吸引力是因為它最靠近原子核，而電子若在氫原子中較高軌域則稱為激發態。

多電子原子的能階圖比氫原子要複雜許多。多電子原子中電子的能量決定於它的角動量子數和主量子數 (圖 7.20)。對於多電子原子來說，3d 和 4s 的能階相當接近。然而，原子的總能量不僅僅取決於軌域能量

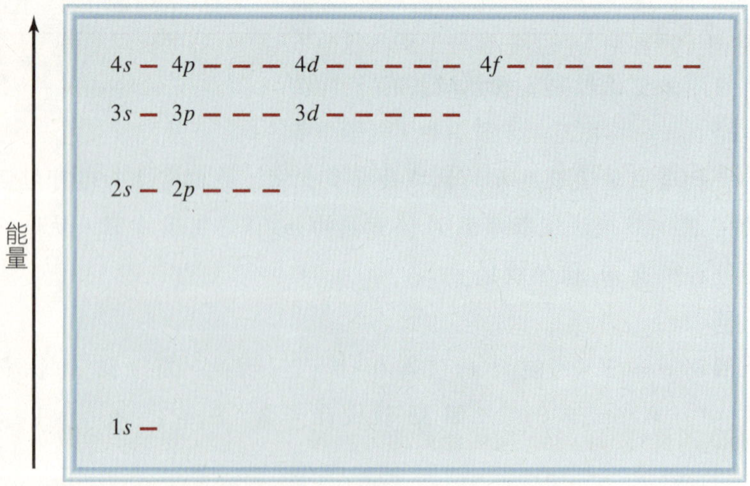

圖 7.19 氫原子的軌域能階圖。每個短的水平線代表一個能階。主量子數相同的軌域能量都相同。

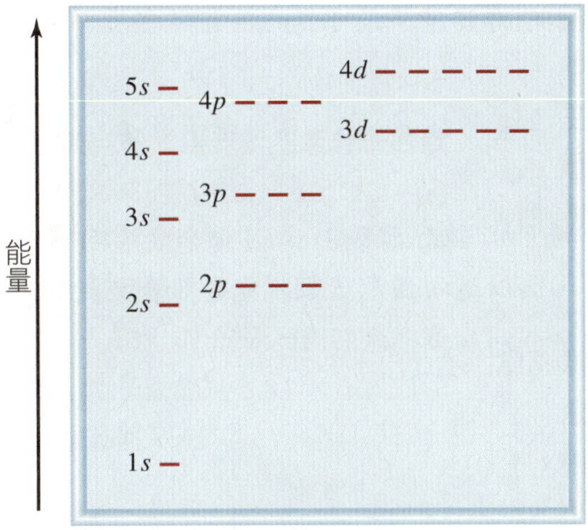

圖 7.20 多電子原子的軌域能階圖。請注意：能階高低和 n 和 ℓ 值都有關。

的總和，還要考慮到在這些軌域中電子之間的排斥力 (我們將在 7.8 節看到每個軌域可以容納兩個電子)。結果會造成若電子在填滿 3d 軌域之前先填滿 4s 軌域所得到的原子總能量較低。圖 7.21 標示出在多電子原子中電子填入原子軌域的順序。我們將在 7.8 節中再討論一些特定的例子。

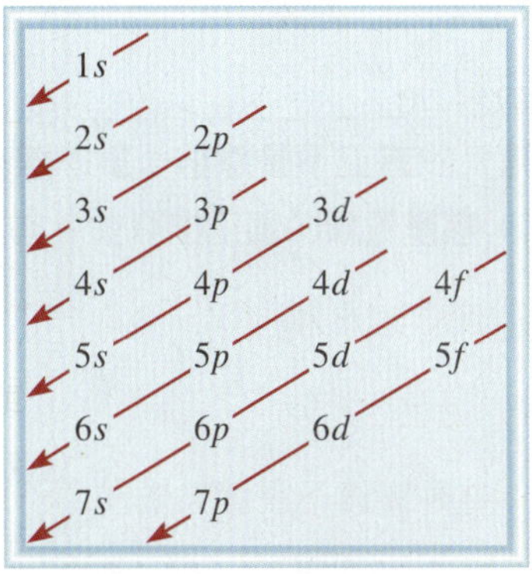

圖 7.21 多電子原子中電子填入原子軌域的順序。跟著箭頭的方向從 1s 軌域開始向下填。因此，順序為：1s < 2s < 2p < 3s < 3p < 4s < 3d <……。

7.8 電子組態

我們可以用四個量子數 n、ℓ、m_ℓ 和 m_s 來完整地標定一個電子在原子的哪一個軌域之中。在某種意義上，這四個一組的量子數就像是電子在原子中的「地址」，對比於我們可以用路名、城市、國家加上郵遞區號來表示一個人的地址一樣。舉例來說，在 2s 軌域中電子的四個量子數為 $n = 2$、$\ell = 0$、$m_\ell = 0$ 和 $m_s = +\frac{1}{2}$ 或 $-\frac{1}{2}$。要寫出電子每一個量子數不太方便，所以我們都用簡化的標記法 (n, ℓ, m_ℓ, m_s)。以前面的例子來說，量子數是 $(2, 0, 0, +\frac{1}{2})$ 或 $(2, 0, 0, -\frac{1}{2})$。m_s 的值不影響軌域的能量、大小、形狀和排列方向，但是它決定了電子在軌域中如何排列。

例題 7.9 說明要如何指定一個電子在原子中的量子數。

例題 7.9

請寫出在 3p 軌域中電子的四個量子數。

策 略

3p 軌域中的 “3” 和 “p” 分別代表什麼意義？3p 亞殼層中有幾個

軌域 (m_ℓ 值)？電子自旋量子數可能的值有哪些？

解 答

我們可以從主量子數 $n = 3$，角動量子數 $\ell = 1$ (因為是 p 軌域) 開始。

當 $\ell = 1$ 時，m_ℓ 值有三個：-1、0 和 1。因為電子自旋量子數可以是 $+\frac{1}{2}$ 或 $-\frac{1}{2}$，所以這四個量子數可能的組合總共有六種，用 (n, ℓ, m_ℓ, m_s) 的標記法分別為

$$(3, 1, -1, +\tfrac{1}{2}) \qquad (3, 1, -1, -\tfrac{1}{2})$$
$$(3, 1, 0, +\tfrac{1}{2}) \qquad (3, 1, 0, -\tfrac{1}{2})$$
$$(3, 1, 1, +\tfrac{1}{2}) \qquad (3, 1, 1, -\tfrac{1}{2})$$

檢 查

在這六種標記法中我們發現 n 和 ℓ 的值是固定的，而 m_ℓ 和 m_s 的值是可以改變的。

類題：7.11。

練習題

請寫出在 $4d$ 軌域中電子的四個量子數。

氫原子因為只有一個電子所以是一個特別簡單的系統。電子可以在 $1s$ 軌域 (基態)，也可以在一些能量較高的軌域 (激發態)。然而，對於多電子原子來說，我們必須要利用原子的**電子組態** (electron configuration) 來描述電子在不同軌域中是如何分配的，進而了解它的電子行為。我們將用原子序前十個元素 (氫到氖) 來說明如何寫出原子在基態時的電子組態。(7.9 節會敘述這些規則如何用在週期表中的其他元素。) 在討論之前，回想一下，一個原子中的電子數會等於它的原子序 Z。

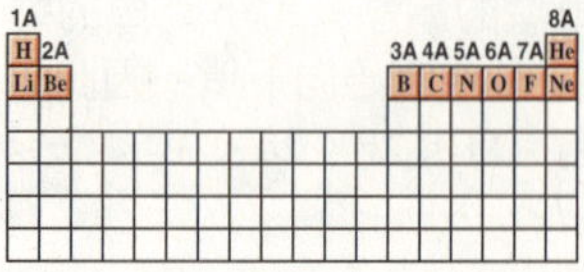

圖 7.19 指出在氫原子中的基態電子一定在 $1s$ 軌域中，所以電子組態是 $1s^1$：

$1s^1$

在這個軌域的電子數 → 上標 1

主量子數 n → 1

角動量子數 ℓ → s

電子組態也可以用可表達電子自旋的軌域圖來表示 (見圖 7.13)：

H [↑]

$1s^1$

要記得電子自旋的方向並不會影響電子的能量。

向上的箭號代表兩種可能自旋狀態的其中一種 (另外一種用向下的箭號

表示)。正方形的格子代表原子軌域。

包立不相容原理

對於多電子原子，我們用**包立**[13] **不相容原理** (Pauli exclusion principle) 來決定電子組態。這個原理的主要陳述是：*在原子中沒有兩個電子可以有完全相同的四個量子數*。如果兩個電子有相同的 n、ℓ、m_ℓ 值 (表示兩個電子在同一個原子軌域)，則它們的 m_s 值一定不一樣。也就是說，在相同的軌域中最多只能填兩個電子，且這兩個電子的自旋方向一定相反。以有兩個電子的氦原子來說，在 1s 軌域中的兩個電子有以下三種可能的排列方式：

He	↑↑	↓↓	↑↓
	$1s^2$	$1s^2$	$1s^2$
	(a)	(b)	(c)

(a) 和 (b) 的排列方式違反了包立不相容原理。以 (a) 來說，兩個電子的自旋方向都是朝上，所以會有一樣的一組量子數 $(1, 0, 0, +\frac{1}{2})$；在 (b) 中，兩個電子的自旋方向都是朝下，所以也會有一樣的一組量子數 $(1, 0, 0, -\frac{1}{2})$。只有 (c) 的排列方式在物理上是可以被接受的，因為其中一個電子的量子數為 $(1, 0, 0, +\frac{1}{2})$，而另一個電子的量子數為 $(1, 0, 0, -\frac{1}{2})$。因此，氦原子的電子組態如下：

He	↑↓
	$1s^2$

一對具有相反自旋的電子稱為成對電子。在氦中，其中一個電子的 $m_s = +\frac{1}{2}$，而另一個電子的 $m_s = -\frac{1}{2}$。

請注意：這個軌域的念法是「一 s 二」，不是「一 s 平方」。

反磁和順磁

包立不相容原理是量子力學的一個基礎理論。它可以用一些簡單的觀察來檢驗。如果在氦原子中 1s 軌域的兩個電子自旋的方向一樣，或稱為平行 (↑↑ 或 ↓↓)，它們的淨磁場會互相排斥 [圖 7.22(a)]。這樣的電子排列會造成氦氣是順磁的狀態。**順磁** (paramagnetic) 的物質*自旋方式未成對，所以會被磁鐵所吸引*。相反地，如果電子自旋的方向不一樣，或稱為逆平行 (↑↓ 或 ↑↓)，它們的淨磁場會互相抵銷 [圖 7.22(b)]。這樣

13 沃爾夫岡・包立 (Wolfgang Pauli, 1900~1958)，奧地利物理學家，建立量子力學的其中一人。他在西元 1945 年得到諾貝爾物理學獎。

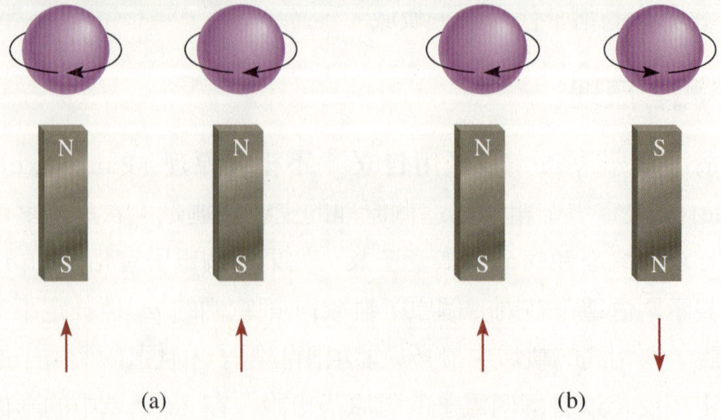

圖 7.22 自旋 (a) 平行和 (b) 逆平行的兩個電子。在 (a) 中，兩個磁場互相增強，在 (b) 中，兩個磁場互相抵銷。

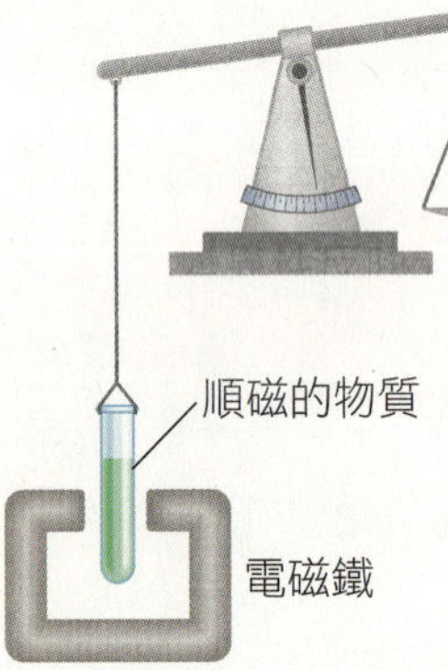

圖 7.23 一開始在沒有磁場的狀況下，將順磁的物質用天平秤重。當電磁鐵打開時，因為裝樣品的管子會被磁場吸引，所以天平會失去平衡。如果我們知道樣品的濃度，以及要再加多少質量的砝碼才能讓天平重新平衡，就可以計算出樣品中未成對電子的數量。

的電子排列會造成氦氣是反磁的狀態。**反磁** (diamagnetic) 的物質*沒有未成對的自旋電子，所以會稍微被磁鐵排斥。*

藉由磁性的測量可以提供元素中電子組態的直接證據。在過去 30 多年中儀器設計的發展，使得我們可以測得一個原子中有多少未成對的電子 (圖 7.23)。實驗的結果說明在基態的氦原子是沒有淨磁場的，所以在 1*s* 軌域中的兩個電子必須要是成對的，以符合包立不相容原理，也因此氦氣是反磁性的。常用來判斷的方法是如果原子的電子數目為奇數，因為要兩個電子才能成對，所以就會有一個或多個未成對的電子。相反地，如果原子的電子數目為偶數，則不一定會有未成對電子。我們很快就會提到這個現象的原因。

讓我們用有三的電子的鋰原子 ($Z = 3$) 來當另一個例子說明。鋰原子的第三個電子無法再填入 1*s* 軌域，因為這樣一定會造成和前兩個電子其中之一有相同的四個量子數。因此，電子要填入下一個能量較高的能階，也就是 2*s* 軌域 (見圖 7.20)。所以鋰的電子組態是 $1s^22s^1$，而它的軌域圖為

Li	↑↓	↑
	$1s^2$	$2s^1$

鋰原子有一個未成對電子，所以鋰金屬是順磁性的。

多電子原子的屏蔽效應

在實驗上，我們發現在多電子原子中的 2*s* 軌域比 2*p* 軌域能量來得低，為什麼？比較 $1s^22s^1$ 和 $1s^22p^1$ 的電子組態，我們注意到在這兩個狀況下 1*s* 軌域都填滿兩個電子。從圖 7.24 可以看出 1*s*、2*s* 和 2*p* 軌域的

電子半徑機率。因為 $2s$ 和 $2p$ 軌域比 $1s$ 軌域大，在這些軌域中電子待的時間會比在電子在 $1s$ 軌域中待的時間久。因此，我們可以說原子核對於在 $2s$ 和 $2p$ 軌域中電子的吸引力被在 $1s$ 軌域中的電子所部分「屏蔽」。此屏蔽效應降低原子核中的質子對於在 $2s$ 或 $2p$ 軌域中電子的靜電吸引力。

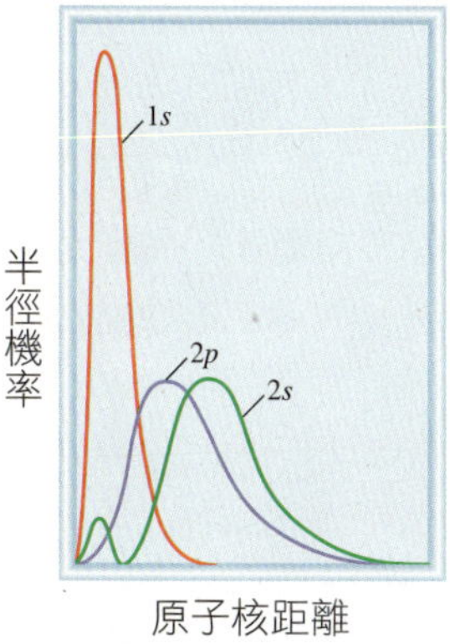

圖 7.24 $1s$、$2s$、$2p$ 軌域的半徑機率圖 (見圖 7.15)。$1s$ 電子有效地屏蔽 $2s$ 和 $2p$ 電子對原子核的效應。$2s$ 軌域的穿透能力比 $2p$ 軌域好。

由原子核向外來看，軌域電子密度改變的方式和軌域的種類有關。以平均機率來看，雖然一個在 $2s$ 軌域的電子和原子核之間的距離比一個在 $2p$ 軌域的電子稍微遠一點，但是在比較靠近原子核的區域，$2s$ 軌域的電子密度會比 $2p$ 軌域的電子密度來得大 (見圖 7.24 中 $2s$ 軌域有一個比較小的峰)。因為這樣，$2s$ 軌域的「穿透能力」被認為是比 $2p$ 軌域強。也因此，$2s$ 軌域受到 $1s$ 軌域電子的屏蔽效應比較弱，它感受到原子核的吸引力較強。事實上，對於主量子數 n 相同的軌域來說，其穿透能力隨著角動量子數 ℓ 增加而降低，也就是

$$s > p > d > f > \cdots\cdots$$

因為電子的穩定度取決於原子核對它吸引力的大小，所以一個在 $2s$ 軌域中的電子會比一個在 $2p$ 軌域中的電子能量來得低。換句話說，因為 $2p$ 軌域受到原子核的吸引力較弱，所以要從 $2p$ 軌域移除一個電子會比從 $2s$ 軌域容易。而氫原子是只有一個電子，不會有屏蔽效應。

接下來要繼續討論週期表中前十個原子的電子組態，下一個是原子序為 4 的鈹 (beryllium)。鈹在基態的電子組態為 $1s^2 2s^2$，或是

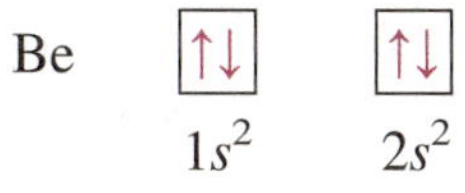

從軌域圖可以看得出來鈹是反磁性的。

接著原子序為 5 的硼 (boron) 電子組態為 $1s^2 2s^2 2p^1$，或是

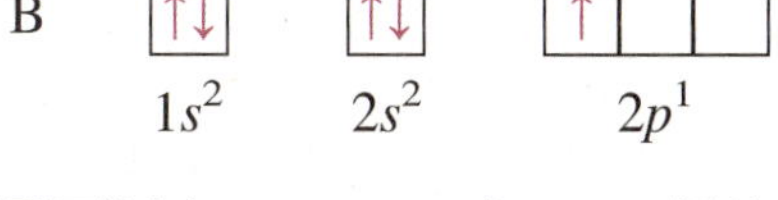

請注意：未成對電子可以在 $2p_x$、$2p_y$ 或 $2p_z$ 三個軌域其中之一。因為這三個 p 軌域能量都相同，所以電子會在哪個軌域是隨機的。從軌域圖可以看得出來硼是順磁性的。

洪特規則

碳 (carbon) 的原子序為 6，其電子組態為 $1s^22s^22p^2$。在三個 p 軌域中的兩個電子有以下三種排列方式：

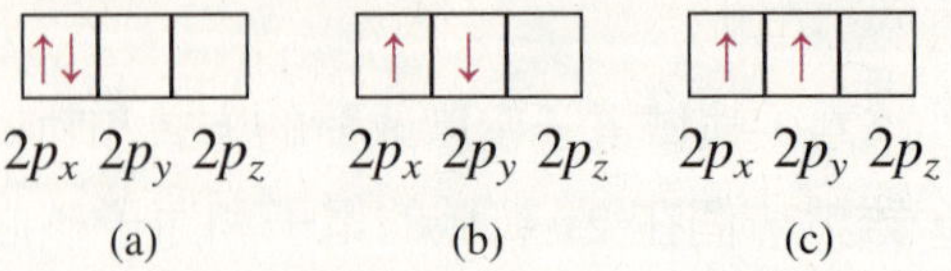

請注意：這三種電子組態不會同時存在，因為這違反包立不相容原理，因此，我們必須決定哪一個電子組態的穩定性最高。而**洪特規則** (Hund's rule) [14] 正提供這個問題的答案。洪特規則指出：電子在軌域中排列的平行自旋數目愈多，其能量愈穩定。上面三個排列中，在 (c) 中的兩個電子平行排列，符合這個規則，而在 (a) 和 (b) 中的兩個自旋都互相抵銷。因此，碳的軌域圖為

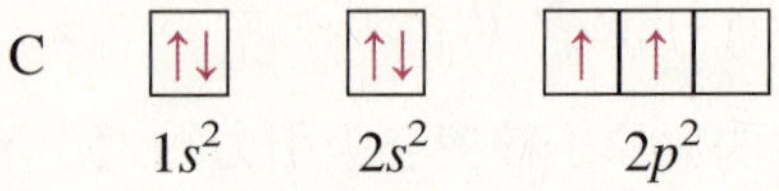

我們也可以用電子的性質來解釋為什麼 (c) 比 (a) 穩定。在 (a) 中的兩個電子在同一個 $2p_x$ 軌域中，在這個狀況下電子的相互排斥力會比在分開軌域 (如 $2p_x$ 和 $2p_y$) 的電子大。而 (c) 和 (b) 的電子排斥力差不多，但由實驗得知碳原子有兩個未成對電子，符合洪特規則。

氮 (nitrogen) 的原子序為 7，其電子組態為 $1s^22s^22p^3$：

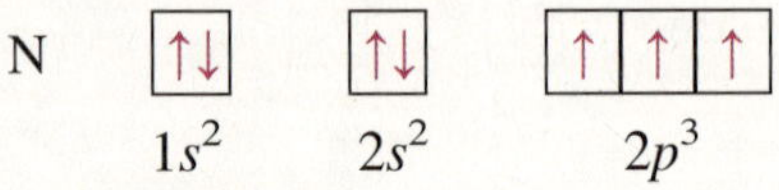

利用一樣的觀念，洪特規則規定三個 $2p$ 軌域的電子自旋必須互相平行，所以氮原子有三個未成對電子。

氮 (oxygen) 的原子序為 8，其電子組態為 $1s^22s^22p^4$。一個氧原子有兩個未成對電子：

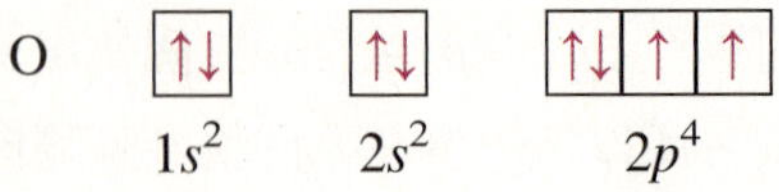

氟 (fluorine) 的原子序為 9，其電子組態為 $1s^22s^22p^5$。氟原子的九

14 弗里德里希‧洪特 (Frederick Hund, 1896~1997)，德國物理學家。洪特的研究工作主要在量子力學，他也幫助建立了化學鍵的分子軌域理論。

個電子排列方式如下：

F	↑↓	↑↓	↑↓ ↑↓ ↑
	$1s^2$	$2s^2$	$2p^5$

氟原子只有一個未成對電子。

在原子序為 10 的氖 (neon) 原子中，$2p$ 軌域被完全填滿。氖的電子組態為 $1s^22s^22p^6$，所有的電子均成對：

Ne	↑↓	↑↓	↑↓ ↑↓ ↑↓
	$1s^2$	$2s^2$	$2p^6$

根據電子組態來看，氖氣是反磁性的，而實驗的觀察也支持這個假設。

電子在原子軌域中分配的基本規則

根據先前看到的例子，我們可以建立一些基本規則來決定當主量子數為 n 時，不同亞殼層和軌域最多可以填入多少個電子：

1. 當主量子數為 n 時，有 n 個亞殼層。例如：$n = 2$ 的亞殼層有兩個 (也代表 ℓ 值有兩個)，其角動量子數分別是 0 和 1。
2. 角動量子數為 ℓ 的亞殼層有 $(2\ell + 1)$ 個軌域。例如：如果 $\ell = 1$，則有三個 p 軌域。
3. 每一個軌域最多只能填入兩個電子。因此，電子的數量最多就是軌域數量的兩倍。
4. 有一個快速的方法來計算：當量子數為 n 時，可以填入的電子數量最多就是 $2n^2$ 個。

例題 7.10 和 7.11 說明如何計算軌域中的電子數量，以及如何用四種量子數來標定這些電子。

例題 7.10

$n = 3$ 的主層中最多可以填入多少個電子？

策　略

已知主量子數 (n)，所以我們可以知道角動量子數 (ℓ) 可能的值有幾個。先前的規則告訴我們角動量子數為 ℓ 的亞殼層有 $(2\ell + 1)$ 個軌域。因此，我們可以決定鬼域的總數是多少個。一個軌域可以填

幾個電子呢？

解　答

當 $n = 3$，$\ell = 0$、1 和 2。每個 ℓ 值的軌域數量為

ℓ 值	軌域數量 $(2\ell + 1)$
0	1
1	3
2	5

共有九個軌域。因為每個軌域最多可以填入兩個電子，所以最多可以填入 $2 \times 9 = 18$ 個電子。

檢　查

如果我們用例題 7.8 的公式 (n^2)，可得軌域總數為 3^2 個；而電子總數為 $2(3^2) = 18$ 個。一般來說，當量子數為 n 時，可以填入的電子數量最多就是 $2n^2$ 個。

類題：7.14。

練習題

$n = 4$ 的主層中最多可以填入多少個電子？

例題 7.11

氧原子共有八個電子。請寫出這八個電子在基態時的四個量子數。

策　略

我們從 $n = 1$ 開始，將電子依照圖 7.21 的順序填入軌域。每個 n 值判斷出可能的 ℓ 值。針對每個 n 值再指出可能的 m_ℓ 值。最後再將電子依包立不相容原理和洪特規則填入軌域。

解　答

從 $n = 1$ 開始，所以 $\ell = 0$，對應的軌域是 1s 軌域。這個軌域最多可以填入兩個電子。接著考慮 $n = 2$ 的時候，$\ell = 0$ 或 1。$\ell = 0$ 對應的軌域是 2s 軌域，可以填入兩個電子。剩下的四個電子要填入 $\ell = 1$ 的亞殼層，其中有三個 2p 軌域。其軌域圖為

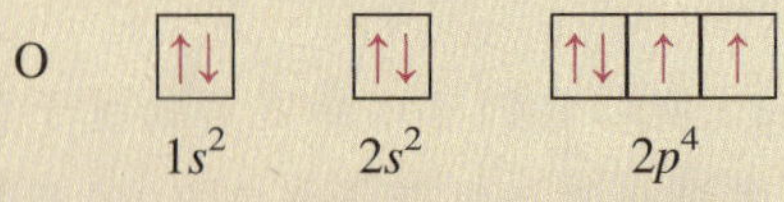

結果整理如下表：

電子	n	ℓ	m_ℓ	m_s	軌域
1	1	0	0	$+\frac{1}{2}$	1s
2	1	0	0	$-\frac{1}{2}$	
3	2	0	0	$+\frac{1}{2}$	2s
4	2	0	0	$-\frac{1}{2}$	
5	2	1	−1	$+\frac{1}{2}$	$2p_x$、$2p_y$、$2p_z$
6	2	1	0	$+\frac{1}{2}$	
7	2	1	1	$+\frac{1}{2}$	
8	2	1	1	$-\frac{1}{2}$	

我們把第八個電子填入 m_ℓ 值為 1 的軌域是完全隨機的。也可以將這個電子填入 m_ℓ 值為 0 或 −1 的軌域。

練習題

請寫出硼原子 (B) 中每個電子完整的量子數。

讓我們歸納一下到目前為止，我們看到的前十個元素的基態電子軌域和原子中的電子性質有什麼規則：

1. 在同一個原子中的兩個電子，其四個量子數不可能完全相同。這是包立不相容原理。
2. 每個軌域最多可以填入兩個電子。這兩個電子的自旋方向必須相反，也可以說是電子自旋量子數要不同。
3. 一個亞殼層中，電子最穩定的排列方式是當平行自旋的數目最多的時候，這是洪特規則。
4. 原子中有一個以上的未成對電子，此原子為順磁性。原子中所有的電子自旋都成對，此原子為反磁性。
5. 在氫原子中，電子的能量只和主量子數 n 有關。在多電子原子中，電子的能量和主量子數 n，以及角動量子數 ℓ 都有關。
6. 電子填入多電子原子的亞殼層的順序按照圖 7.21 所示。
7. 相同主量子數的電子，其穿透能力，或稱靠近原子核的程度，隨著以下順序下降：$s > p > d > f$。例如，在一個多電子原子中，要移去一個 3s 軌域中的電子比要移去一個 3p 軌域中的電子能量要來得大。

7.9 構築原理

這裡我們要將寫前十個元素的電子組態的規則延伸到其他的元素上。這過程必須依靠**構築理論** (Aufbau principle)。構築理論的內容是因

德文的 "Aufbau" 是「建立」的意思。

為在建立元素的過程中質子是一個一個地加到原子核上的，所以電子也是一個一個地加到軌域中。經由這樣的過程，我們可以得到元素在基態時電子組態的詳細資訊。我們之後將會看到，電子組態可以幫助了解並預測元素的性質；它也解釋為什麼週期表會這麼好用。

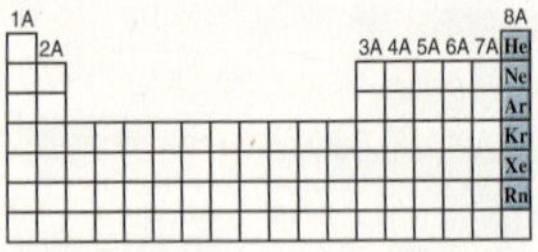

惰性氣體。

表 7.3 列出從 H (原子序 = 1) 到 Cn (原子序 = 112) 元素在基態的電子組態。除了氫和氦之外，其他所有元素的電子組態都用**惰性氣體核心** (noble gas core) 來表示。惰性氣體核心表示法是將元素之前最接近的惰性氣體元素符號寫在括號中，接著寫出最外殼層中亞殼層的電子組態。可以發現到鈉 (Na，原子序 = 11) 到氬 (Ar，原子序 = 18) 元素，它們最外殼層中亞殼層的電子組態和鋰 (Li，原子序 = 3) 到氖 (Ne，原子序 = 10) 元素的排列方式是一樣的，只是填入軌域的主量子數不同。

在 7.7 節曾提過，對於多電子原子來說，電子會先填入 4*s* 軌域，然後再填入 3*p* 軌域 (見圖 7.21)。因此，鉀 (K，原子序 = 19) 的電子組態是 $1s^22s^22p^63s^23p^64s^1$。又因為 $1s^22s^22p^63s^23p^6$ 是 Ar 的電子組態，所以我們可將 Na 的電子組態簡寫為 $[Ar]4s^1$；其中 [Ar] 代表「氬核心」。同樣地，我們可以將鈣 (Ca，原子序 = 20) 的電子組態簡寫為 $[Ar]4s^2$。而實驗證據也支持在 Na 原子的電子組態中，最外層電子填入 4*s* 軌域 (而不是 3*d* 軌域)。以下的比較也說明這樣的電子組態是對的。鉀原子的化學性質與前兩個鹼金族金屬——鋰和鈉，是非常接近的。鋰和鈉的最外層電子是填入 *s* 軌域 (這兩個原子的電子組態填法都只有一種)，因此，我們可以預期一樣是鹼金族金屬的鈉，最外層電子也是填入 4*s* 軌域，而不是 3*d* 軌域。

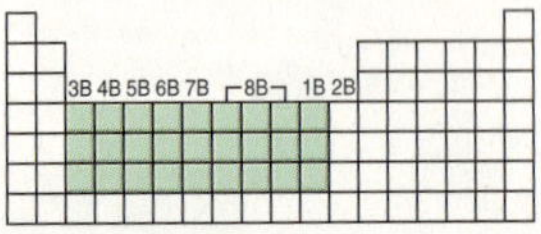

過渡金屬。

週期表中的鈧 (Sc，原子序 = 21) 到鋅 (Zn，原子序 = 29) 元素是過渡金屬。**過渡金屬** (transition metals) 不是本身有未填滿的 *d* 軌域，就是容易生成有未填滿的 *d* 軌域的陽離子。我們從第一列的過渡金屬 (鈧到銅) 來討論起。根據洪特規則，在這一系列金屬中，外層電子應填入 3*d* 軌域。然而，這裡有兩個例外。首先，鉻 (Cr，原子序 = 24) 的電子組態為 $[Ar]4s^13d^5$，而不是我們可能認為的 $[Ar]4s^23d^4$。同樣的狀況也在銅 (Cu) 上發生；它的電子組態為 $[Ar]4s^13d^{10}$，而不是我們可能認為的 $[Ar]4s^23d^9$。造成這些例外的原因是，半填滿 ($3d^5$) 或全填滿 ($3d^{10}$) 的亞殼層能量比較穩定一些。這是因為在同一個軌域中 (這裡指的是 *d* 軌域) 的電子能量相同，在空間上分布的位置不同。因此它們彼此之間的遮蔽效應相對較小，當電子的最外層組態為 $3d^5$ 時，電子被原子核吸引的力量就比較大。根據洪特規則，Cr 的軌域圖為

表 7.3 元素在基態時的電子組態*

原子序	元素符號	電子組態	原子序	元素符號	電子組態	原子序	元素符號	電子組態
1	H	$1s^1$	39	Y	[Kr]$5s^24d^1$	77	Ir	[Xe]$6s^24f^{14}5d^7$
2	He	$1s^2$	40	Zr	[Kr]$5s^24d^2$	78	Pt	[Xe]$6s^14f^{14}5d^9$
3	Li	[He]$2s^1$	41	Nb	[Kr]$5s^14d^4$	79	Au	[Xe]$6s^14f^{14}5d^{10}$
4	Be	[He]$2s^2$	42	Mo	[Kr]$5s^14d^5$	80	Hg	[Xe]$6s^24f^{14}5d^{10}$
5	B	[He]$2s^22p^1$	43	Tc	[Kr]$5s^24d^5$	81	Tl	[Xe]$6s^24f^{14}5d^{10}6p^1$
6	C	[He]$2s^22p^2$	44	Ru	[Kr]$5s^14d^7$	82	Pb	[Xe]$6s^24f^{14}5d^{10}6p^2$
7	N	[He]$2s^22p^3$	45	Rh	[Kr]$5s^14d^8$	83	Bi	[Xe]$6s^24f^{14}5d^{10}6p^3$
8	O	[He]$2s^22p^4$	46	Pd	[Kr]$4d^{10}$	84	Po	[Xe]$6s^24f^{14}5d^{10}6p^4$
9	F	[He]$2s^22p^5$	47	Ag	[Kr]$5s^14d^{10}$	85	At	[Xe]$6s^24f^{14}5d^{10}6p^5$
10	Ne	[He]$2s^22p^6$	48	Cd	[Kr]$5s^24d^{10}$	86	Rn	[Xe]$6s^24f^{14}5d^{10}6p^6$
11	Na	[Ne]$3s^1$	49	In	[Kr]$5s^24d^{10}5p^1$	87	Fr	[Rn]$7s^1$
12	Mg	[Ne]$3s^2$	50	Sn	[Kr]$5s^24d^{10}5p^2$	88	Ra	[Rn]$7s^2$
13	Al	[Ne]$3s^23p^1$	51	Sb	[Kr]$5s^24d^{10}5p^3$	89	Ac	[Rn]$7s^26d^1$
14	Si	[Ne]$3s^23p^2$	52	Te	[Kr]$5s^24d^{10}5p^4$	90	Th	[Rn]$7s^26d^2$
15	P	[Ne]$3s^23p^3$	53	I	[Kr]$5s^24d^{10}5p^5$	91	Pa	[Rn]$7s^25f^26d^1$
16	S	[Ne]$3s^23p^4$	54	Xe	[Kr]$5s^24d^{10}5p^6$	92	U	[Rn]$7s^25f^36d^1$
17	Cl	[Ne]$3s^23p^5$	55	Cs	[Xe]$6s^1$	93	Np	[Rn]$7s^25f^46d^1$
18	Ar	[Ne]$3s^23p^6$	56	Ba	[Xe]$6s^2$	94	Pu	[Rn]$7s^25f^6$
19	K	[Ar]$4s^1$	57	La	[Xe]$6s^25d^1$	95	Am	[Rn]$7s^25f^7$
20	Ca	[Ar]$4s^2$	58	Ce	[Xe]$6s^24f^15d^1$	96	Cm	[Rn]$7s^25f^76d^1$
21	Sc	[Ar]$4s^23d^1$	59	Pr	[Xe]$6s^24f^3$	97	Bk	[Rn]$7s^25f^9$
22	Ti	[Ar]$4s^23d^2$	60	Nd	[Xe]$6s^24f^4$	98	Cf	[Rn]$7s^25f^{10}$
23	V	[Ar]$4s^23d^3$	61	Pm	[Xe]$6s^24f^5$	99	Es	[Rn]$7s^25f^{11}$
24	Cr	[Ar]$4s^13d^5$	62	Sm	[Xe]$6s^24f^6$	100	Fm	[Rn]$7s^25f^{12}$
25	Mn	[Ar]$4s^23d^5$	63	Eu	[Xe]$6s^24f^7$	101	Md	[Rn]$7s^25f^{13}$
26	Fe	[Ar]$4s^23d^6$	64	Gd	[Xe]$6s^24f^75d^1$	102	No	[Rn]$7s^25f^{14}$
27	Co	[Ar]$4s^23d^7$	65	Tb	[Xe]$6s^24f^9$	103	Lr	[Rn]$7s^25f^{14}6d^1$
28	Ni	[Ar]$4s^23d^8$	66	Dy	[Xe]$6s^24f^{10}$	104	Rf	[Rn]$7s^25f^{14}6d^2$
29	Cu	[Ar]$4s^13d^{10}$	67	Ho	[Xe]$6s^24f^{11}$	105	Db	[Rn]$7s^25f^{14}6d^3$
30	Zn	[Ar]$4s^23d^{10}$	68	Er	[Xe]$6s^24f^{12}$	106	Sg	[Rn]$7s^25f^{14}6d^4$
31	Ga	[Ar]$4s^23d^{10}4p^1$	69	Tm	[Xe]$6s^24f^{13}$	107	Bh	[Rn]$7s^25f^{14}6d^5$
32	Ge	[Ar]$4s^23d^{10}4p^2$	70	Yb	[Xe]$6s^24f^{14}$	108	Hs	[Rn]$7s^25f^{14}6d^6$
33	As	[Ar]$4s^23d^{10}4p^3$	71	Lu	[Xe]$6s^24f^{14}5d^1$	109	Mt	[Rn]$7s^25f^{14}6d^7$
34	Se	[Ar]$4s^23d^{10}4p^4$	72	Hf	[Xe]$6s^24f^{14}5d^2$	110	Ds	[Rn]$7s^25f^{14}6d^8$
35	Br	[Ar]$4s^23d^{10}4p^5$	73	Ta	[Xe]$6s^24f^{14}5d^3$	111	Rg	[Rn]$7s^25f^{14}6d^9$
36	Kr	[Ar]$4s^23d^{10}4p^6$	74	W	[Xe]$6s^24f^{14}5d^4$	112	Cn	[Rn]$7s^25f^{14}6d^{10}$
37	Rb	[Kr]$5s^1$	75	Re	[Xe]$6s^24f^{14}5d^5$			
38	Sr	[Kr]$5s^2$	76	Os	[Xe]$6s^24f^{14}5d^6$			

* [He] 稱為氦核心，代表的是 $1s^2$。[Ne] 稱為氖核心，代表的是 $1s^22s^22p^6$。[Ar] 稱為氬核心，代表的是 [Ne]$3s^23p^6$。[Kr] 稱為氪核心，代表的是 [Ar]$4s^23d^{10}4p^6$。[Xe] 稱為氙核心，代表的是 [Kr]$5s^24d^{10}5p^6$。[Rn] 稱為氡核心，代表的是 [Xe]$6s^24f^{14}5d^{10}6p^6$。

Cr [Ar] | ↑ | | ↑ | ↑ | ↑ | ↑ | ↑ |

$4s^1$ $3d^5$

因此，Cr 總共有 6 個未成對電子。另外，Cu 的軌域圖為

Cu [Ar] | ↑ | | ↑↓ | ↑↓ | ↑↓ | ↑↓ | ↑↓ |

$4s^1$ $3d^{10}$

這裡一樣因為 $3d$ 軌域全填滿，所以能量較穩定。一般來說，半填滿和全填滿的軌域是比較穩定的。

接著從鋅 (Zn，原子序 = 30) 到氪 (Kr，原子序 = 36)，電子按照順序填入 $4s$ 和 $4p$ 軌域。從銣 (Rb，原子序 = 37) 開始，電子要填入 n = 5 的能階。

第二列過渡金屬 [從釔 (Y，原子序 = 39) 到銀 (Ag，原子序 = 47)] 電子組態的填法很沒有規則，在這裡我們不討論細節。

週期表的第六個週期從要從銫 (Cs，原子序 = 55) 和鋇 (Ba，原子序 = 56) 開始談起，它們的電子組態分別為 [Xe]$6s^1$ 和 [Xe]$6s^2$。接著下一個是鑭 (La，原子序 = 57)。從圖 7.21，我們或許會認為在填滿 $6s$ 軌域後接著要填的是 $4f$ 軌域。但實際上，$4f$ 和 $5d$ 軌域的能量相當接近，而 La 的 $4f$ 軌域的能量比 $5d$ 軌域的能量稍微高一些，因此 La 的電子組態為 [Xe]$6s^2 5d^1$，而不是 [Xe]$6s^2 4f^1$。

緊接著鑭之後的 14 個元素 [從鈰 (Ce，原子序 = 58) 到鎦 (Lu，原子序 = 71)] 稱為**鑭系元素** (lanthanides)，或**稀土系列** (rare earth series)。稀土金屬不是本身有未填滿的 $4f$ 軌域，就是容易生成有未填滿的 $4f$ 軌域的陽離子。在這個系列中，電子要填入 $4f$ 軌域中。$4f$ 軌域填滿後，接下來的電子填入鎦的 $5d$ 軌域。請注意：釓 (Gd，原子序 = 64) 的電子組態為 [Xe]$6s^2 4f^7 5d^1$，而不是 [Xe]$6s^2 4f^8$。和鉻一樣，釓因為有半填滿的軌域 ($4f^7$)，所以比較穩定。

第三個過渡金屬系列包含鑭和從鉿 (Hf，原子序 = 72) 到金 (Au，原子序 = 79) 之間的元素。它們共同的特徵是最外層電子填入 $5d$ 軌域。接下來的汞 (Hg，原子序 = 80)，$6s$ 和 $5d$ 軌域都被填滿。之後電子再填入 $6p$ 軌域，一直到氡 (Rn，原子序 = 86)。

最後一列的元素是**錒系元素** (actinide series)，從釷 (Th，原子序 = 90) 開始。大多數這系列的元素都不存在自然界中，但是可以經由人工合成出來。

除了一些特殊的例子之外，我們應該可以經由圖 7.21 的順序寫出任何元素的電子組態。需要特別注意的是，過渡金屬、鑭系元素和錒系元素的電子組態寫法。正如我們之前提過的，主量子數 n 愈大，從一個元素到下一個元素電子填入軌域的順序就可能顛倒。在圖 7.25 中，元素依最外層電子填入的軌域來分類。

例題 7.12

請寫出 (a) 硫 (S) 和 (b) 反磁性的鈀 (Pd) 在基態時的電子組態。

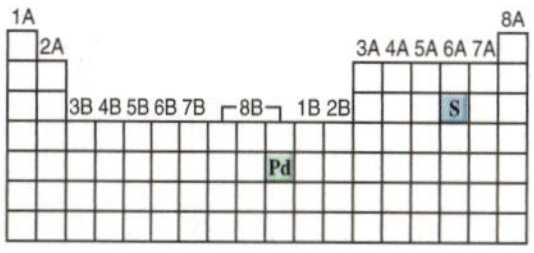

(a) 策　略

硫原子 (原子序 = 16) 中有多少個電子？我們從 $n = 1$ 開始依照圖7.21 的順序來將電子填入軌域。對於每一個 ℓ 值來說，我們知道會有多少個 m_ℓ 值。所以我們可以依照包立不相容原理和洪特規則來寫出電子組態。若將 S 原子內層電子以惰性氣體核心的方式表達會比較容易。

解　答

硫原子有 16 個電子。這個狀況下的惰性氣體核心是 [Ne]。(Ne 是在硫前一個週期的惰性氣體。) [Ne] 代表 $1s^22s^22p^6$，所以我們剩下 6 個電子要填入 $3s$ 軌域和部分的 $3p$ 軌域。因此，S 的電子組態為 $1s^22s^22p^63s^23p^4$ 或 $[Ne]3s^23p^4$。

(b) 策　略

可以用和在 (a) 一樣的方法。題目有提到 Pd 是反磁性有何意義？

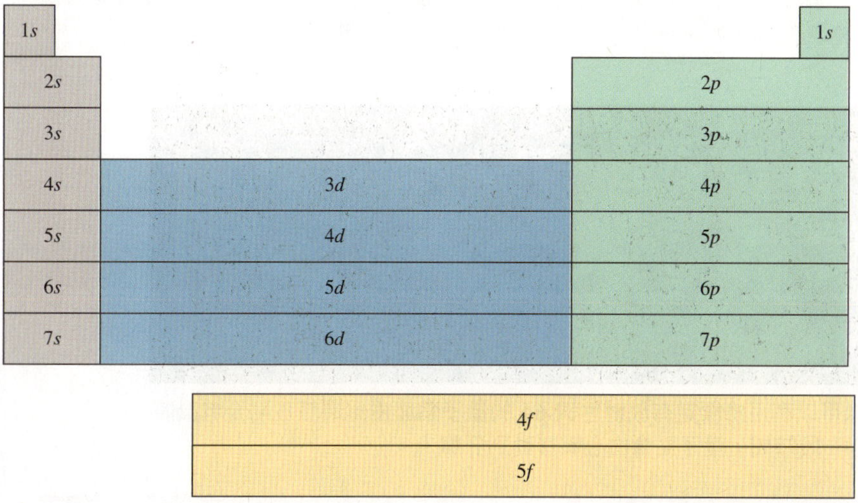

圖 7.25 將週期表的元素依最外層電子填入的軌域來分類。

量子點

一般來說，因為一個化學物質所展現的顏色和這個物質的數量無關，因此我們會將化學物質的顏色當作一個內涵性質 (第 11 頁)。然而，從我們在本章中所學到的量子力學看來，當物質的尺寸進入非常小的量子世界後，它們的行為就會變得很難用正常的方式來解釋。

所謂的量子點指的是由金屬或半導體所組成，粒徑大小在奈米等級的微小粒子。藉由將電子侷限在這麼小的體積中，這些電子的能量就會被量化。因此，如果將量子點激發到激發態，當電子由激發態回到基態時，只有特定波長的光可以發射出來，就像不同原子可以看到的放射光譜一樣。但是和原子不同的是，量子點所釋放出光的能量可以經由改變量子點的大小來做「調整」，其原因主要是改變量子點的大小也改變電子被限定範圍的體積。這個現象是因為電子有波動性質，它的道理就像是我們可以藉由按壓吉他弦上的不同位置，來改變有效波動弦的長度，進而改變吉他所發出聲音的音調一樣 (見圖 7.10)。可以調整量子點所放出光的能量是非常有用的，這使得我們可以簡單利用改變單一物質量子點在奈米範圍的粒徑大小，就能創造出完整的可見光譜。

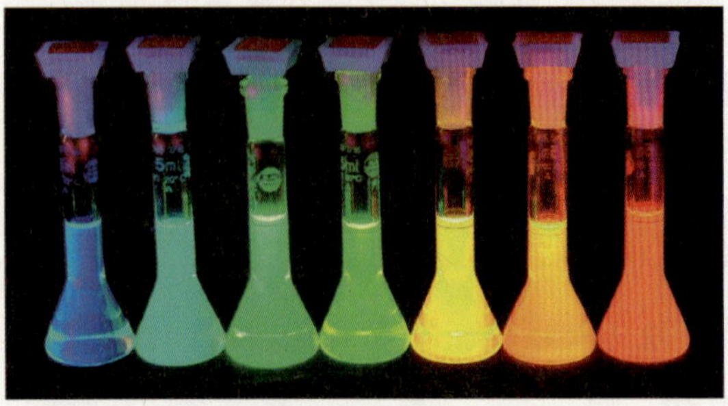

CdSe 量子點在溶液中的放射光。粒徑大小由左至右增加 (2 nm~7 nm)。

量子點除了展現出物質的量子行為，並使奈米尺寸大小的物質行為 (這和一個約在皮米尺寸的原子行為不同) 可以被研究之外，它在科技或醫藥上也可能會有重要的應用價值。就像大尺寸的材料一樣，量子點也可以用來做成發光二極體 (light emitting diodes, LEDs)。但是，和那些大尺寸材料不同的是，量子點所放出的光譜是很對稱且範圍很小。如果將三個適當顏色的量子點所放出的光結合在一起，我們可以創造出所需能量及花費都比傳統白熾燈泡和螢光燈泡都小很多的白光元件，且螢光燈泡還含有重金屬汞，會製造出額外的環境問題。量子點也可以用來標定生物組織。除了比傳統生物染料來得更穩定之外，量子點的表面還可以經由特殊的化學修飾來與特定細胞結合，像是癌症細胞。這樣做不僅使得腫瘤可以被觀察到，如果將這些量子點與滲透性好的癌症細胞結合，進而破壞癌症細胞；或是在量子點上接上已知的抗腫瘤分子，這樣的量子點在治療上就有實際價值。其他量子點的應用還有像是量子計算，以及用來製造太陽能電池。

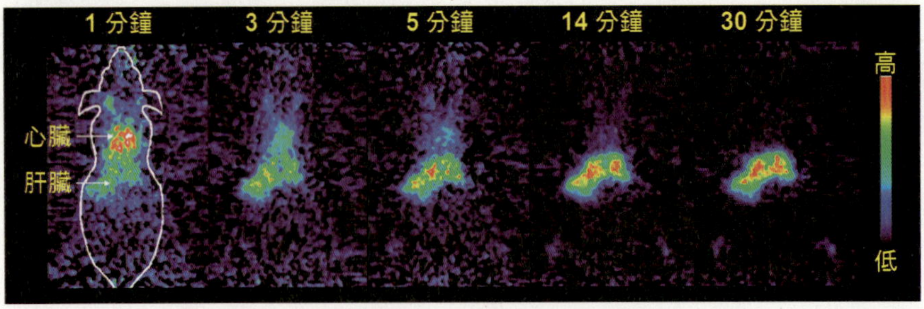

老鼠心臟的影像可以利用將標定有放射性銅-64 的量子點經由尾靜脈注射至老鼠體內來觀察。經過一段時間，量子點會由心臟移動到肝臟。

解 答

鈀原子有 46 個電子。這個狀況下的惰性氣體核心是 [Kr]。(Kr 是在硫前一個週期的惰性氣體。) [Kr] 代表

$$1s^22s^22p^63s^23p^64s^23d^{10}4p^6$$

剩下的 10 個電子要填入 4*d* 軌域和 5*s* 軌域。因此，我們有三種填入電子的方法：(1) $4d^{10}$；(2) $4d^95s^1$ ；和 (3) $4d^85s^2$。因為題目指出 Pd 是反磁性的，所有的電子必須成對，所以電子組態必定為

$$1s^22s^22p^63s^23p^64s^23d^{10}4p^64d^{10}$$

或簡寫成 $[Kr]4d^{10}$ 。另外 (2) 和 (3) 都會造成 Pd 是順磁性。

檢 查

可以將 (1)、(2) 和 (3) 的軌域圖畫出來確定答案是否正確。

類題：7.20。

練習題

請寫出磷 (P) 在基態時的電子組態。

重要方程式

$u = \lambda\nu$	(7.1)	波速和波長與頻率之間的關係。
$E = h\nu$	(7.2)	量子 (或光子) 能量和頻率之間的關係。
$E = h\dfrac{c}{\lambda}$	(7.3)	量子 (或光子) 能量和波長之間的關係。
$h\nu = \text{KE} + W$	(7.4)	光電效應。
$E_n = -R_\text{H}\left(\dfrac{1}{n^2}\right)$	(7.5)	氫原子中電子在第 *n* 層時的能量。
$\Delta E = h\nu = R_\text{H}\left(\dfrac{1}{n_\text{i}^2} - \dfrac{1}{n_\text{f}^2}\right)$	(7.6)	電子從第 n_i 層轉移到第 n_f 層所吸收或釋放的能量。
$\lambda = \dfrac{h}{mu}$	(7.8)	粒子波長和質量 *m* 與速度 *u* 之間的關係。
$\Delta x\Delta p \geq \dfrac{h}{4\pi}$	(7.9)	計算粒子在位置與動量上的不確定性。

觀念整理

1. 普朗克所提出的量子理論成功解釋加熱固體會放出的輻射光。量子理論陳述原子和分子所放出的輻射能量大小是不連續的 (被量子化的)，並非包含一個連續的範圍。這個行為可以用 $E = h\nu$ 這個關係式解釋；其中，E 是輻射能量，h 是普朗克常數，ν 是輻射頻率。能量都是以 $h\nu$ 的整數倍發射 (1 $h\nu$、2 $h\nu$、3 $h\nu$ 等)。
2. 利用量子理論，愛因斯坦解決另一個物理學上的謎團——光電效應。愛因斯坦提出光的行為就像是一束粒子 (光子)。
3. 在十九世紀另一個物理的謎團——氫原子的線光譜，也可以用量子理論來解釋。在波耳提出的氫原子模型中，單一電子能量都是被量化的，也就是它們的能量都有一個特定的值，這個值決定於主量子數。主量子數必須為一個整數。
4. 當一個電子處在能量最穩定的狀態時，此狀態稱為基態。一個電子的能量高於它最穩定的狀態時，此狀態稱為激發態。在波耳模型中，電子若從能量較高的狀態 (激發態) 掉到能量較低的狀態 (基態或是能量較低的激發態) 會釋放出光子。這些特定能量的光子可以用來解釋氫原子放射光譜中的光譜線。
5. 德布羅意將愛因斯坦對於光所提出的波粒雙重性延伸到所有的運動物質上。一個在運動中的物質，若質量為 m，速度為 u，則此物質的波長可以用德布羅意方程式 $\lambda = h/mu$ 來計算。
6. 薛丁格方程式描述亞微觀粒子的行為和能量。這個方程式開啟一個新的物理學領域叫作量子力學。
7. 薛丁格方程式告訴我們，氫原子中電子可能的能量狀態，以及電子在原子和周圍特定區域中每個位置出現的機率。這結果運用在多電子原子上也可以得到合理的準確性。
8. 原子軌域是一個波函數 (ψ)，它空間中電子密度的分布 (ψ^2)。軌域可以用電子密度圖或是邊界面圖來表示。
9. 原子中的電子可以用四個量子數來描述。這四個量子數分別為：主量子數 (n)，它決定軌域的能量；角動量子數 (ℓ)，它告訴我們軌域的形狀；磁量子數 (m_ℓ)，它代表的是在空間中軌域的排列方向；以及電子自旋量子數 (m_s)，它指出電子在軸上自旋的方向。
10. 每個能階只有一個 s 軌域，它的形狀是以原子核為中心的圓球體。當 $n = 2$ 以上時會有三個 p 軌域，每個 p 軌域有兩個圓形的波瓣，且每對波瓣彼此以直角排列。從 $n = 3$ 開始會有五個 d 軌域，d 軌域的形狀和方向更為複雜。
11. 氫原子中電子的能量只決定於它的主量子數。在多原子電子中，電子的能量則決定於它的主量子數和角動量子數。
12. 在同一個原子中，沒有兩個電子可以有完全相同的四個量子數 (包立不相容原理)。
13. 電子在軌域中排列的平行自旋數目最多時，其能量最穩定 (洪特規則)。有一個以上未成對電子自旋的原子是順磁性的；所有電子自旋都成對的原子是反磁性的。
14. 構築理論提供用電子建立元素的準則。週期表將元素以原子序分類，也因此也是用原子的電子組態分類。

習　題

量子理論和電磁輻射

7.1 (a) 一個波長為 456 nm 的光，其頻率是多少 Hz？(b) 一個頻率為 2.45×10^9 Hz 的電磁輻射，其波長是多少 nm？(此波長的電磁輻射

用於微波爐。)

光電效應

7.2 天空的藍色是來自於太陽光對空氣分子的散射。藍色光線的頻率約為 7.5×10^{14} Hz。(a) 試計算此輻射的波長是多少 nm？(b) 試計算單一此頻率的光子能量是多少焦耳？

7.3 當頻率為 2.11×10^{15} s^{-1} 的光照射在金的表面時，所反射出電子動能為 5.83×10^{-19} J。請問金的功函數為何？

波耳的氫原子理論

7.4 有一些銅化合物用火焰加熱時會放出綠色的光。要如何知道這個光是單一波長的光，還是混合兩種以上波長的光？

7.5 請解釋太空人如何用分析星球所放出的電磁輻射來分辨有哪些元素存在於遙遠的星球上。

7.6 試計算當電子在氫原子的能階中由 $n = 4$ 掉到 $n = 2$ 的能階所釋放出的光子，其頻率 (Hz) 和波長 (nm) 各是多少？

7.7 如果電子在氫原子的能階中由主量子數為 n_i 的能階掉到 $n = 2$ 的能階所釋放出的光子波長為 434 nm，請問 n_i 的值是多少？

波粒雙重性

7.8 質子的速度可以用粒子加速器加到接近光速。試計算這樣的質子以 2.90×10^8 m/s 的速度移動時，波長是多少 nm？(質子的質量 $= 1.673 \times 10^{-27}$ kg。)

7.9 一個 2.5 公克的乒乓球如果以 35 mph 行進時，其德布羅意波長是多少 nm？

原子軌域

7.10 若一個電子的主量子數 $n = 3$，請列出這個電子可能的 ℓ 和 m_ℓ 值。

7.11 請寫出電子在以下軌域中四個量子數可能的值是多少？(a) 3*s*；(b) 4*p*；(c) 3*d*。

7.12 $2p_x$ 和 $2p_y$ 軌域的差別是什麼？

7.13 請寫出當 $n = 6$ 時所有的亞殼層和軌域有哪些？

7.14 主量子數 *n* 相同的軌域最多可以填入多少個電子？

7.15 請寫出 (a) N (原子序 = 7) 的 *p* 電子數；(b) Si (原子序 = 14) 的 *s* 電子數；(c) S (原子序 = 16) 的 3*d* 電子數各是多少個？

7.16 為什麼在氫原子中的 3*s*、3*p* 和 3*d* 軌域的能量相同，但是在一個多電子原子中能量就不相同？

7.17 下列各組軌域中，哪一個在多電子原子中的能量較低？(a) 2*s* 和 2*p*；(b) 3*p* 和 3*d*；(c) 3*s* 和 4*s*；(d) 4*d* 和 5*f*。

電子組態

7.18 下列元素在基態的電子組態是不正確的。請解釋為什麼錯誤，並寫出正確的電子組態。

Al：$1s^22s^22p^43s^23p^3$

B：$1s^22s^22p^5$

F：$1s^22s^22p^6$

7.19 請寫出下列原子中的未成對電子數有多少：B、Ne、P、Sc、Mn、Se、Kr、Fe、Cd、I、Pb？

構築原理

7.20 請依照構築原理寫出鎝 (technetium) 在基態的電子組態。

7.21 請寫出以下元素在基態的電子組態：Ge、Fe、Zn、Ni、W、Tl。

7.22 下列哪一個物種的未成對電子數最多？S^+、S 或 S^-。請解釋答案。

附加問題

7.23 一雷射產生的光束波長為 532 nm，若此雷射的輸出能量為 25.0 mW，則此雷射每秒可釋放出多少個光子？(1 W = 1 J/s。)

7.24 在電子顯微鏡中用到電子的哪一個性質，使得電子顯微鏡可以用來觀察很小的物體？

7.25 統一獅棒球隊投手郭泓志的球速最快可以達

到 100 mph。(a) 若此棒球的質量為 0.141 公斤，請問在這個球速時棒球的波長是多少 nm？(b) 若是一個氫原子有一樣的速度，則此氫原子的波長是多少 nm？(1 英里 = 1609 公尺。)

7.26 一個原子在攝氏 20 度以均方根速度移動時的波長為 3.28×10^{-11} m，請問這是哪一個原子？

7.27 人類的視網膜可以偵測到輻射能量超過 4.0×10^{-17} J 的光。對於一個波長為 600 nm 的光來說，這等於多少個光子才能被偵測到？

7.28 本章所提到的電子組態都是氣態原子在基態時的電子組態。當原子吸收能量後，電子會被激發到能量較高的軌域。這個時候稱為原子處於激發態。以下是一些原子在激發態時的電子組態。請指出這是哪個原子，並寫出它們在基態時的電子組態：

(a) $1s^1 2s^1$

(b) $1s^2 2s^2 2p^2 3d^1$

(c) $1s^2 2s^2 2p^6 4s^1$

(d) $[\mathrm{Ar}]4s^1 3d^{10} 4p^4$

(e) $[\mathrm{Ne}]3s^2 3p^4 3d^1$

7.29 一個在氫原子中的電子從基態被激發到 n = 4 的狀態。請問下列敘述是否正確？

(a) n = 4 是第一個激發態。

(b) 從 n = 4 的狀態移除一個電子比從基態移除一個電子所需的能量大。

(c) 在 n = 4 狀態的電子距離原子核的距離比在基態的電子遠 (平均來說)。

(d) 當電子由 n = 4 掉到 n = 1 所放出光的波長會比由 n = 4 掉到 n = 2 所放出光的波長來得長。

(e) 電子從 n = 1 跳到 n = 4 所吸收光的波長等於電子從 n = 4 掉到 n = 1 所放出光的波長。

7.30 以下是特定元素在基態時電子組態的軌域圖。請問哪一個違反包立不相容原理？哪一個違反洪特規則？

(a) [↑][↑][↑↑]

(b) [↑][↑↓][↓]

(c) [↑][↑↓][↑]

(d) [↑↓][ ][↑][↑][↑]

(e) [↑][↑][↑][↓][↑↓]

(f) [↑↓][↑↓][↓↓][↑↓][↑↓]

7.31 有放射性的鈷-60 在核子醫學中被用來治療特定的癌症。如果所釋放出伽瑪光子的能量是 1.29×10^{11} J/mol，試計算它的波長和頻率是多少？

7.32 在氫原子放射光譜中有一個波長為 1280 nm 的放光，請問此放光電子轉移的初始狀態和最終狀態是什麼？

7.33 一個移動中的粒子在位置上的不確定性最小值會等於它的德布羅意波長。若粒子的速度為 1.2×10^5 m/s，請問此粒子在位置上的不確定性最小值是多少？

練習題答案

7.1 8.24 m **7.2** 3.39×10^3 nm **7.3** 9.65×10^{-19} J **7.4** 2.63×10^3 nm **7.5** 56.6 nm **7.6** 0.2 m/s **7.7** $n = 3$，$\ell = 1$，$m_\ell = -1$、0、1 **7.8** 16 **7.9** $(4, 2, -2, +\frac{1}{2})$、$(4, 2, -1, +\frac{1}{2})$、$(4, 2, 0, +\frac{1}{2})$、$(4, 2, 1, +\frac{1}{2})$、$(4, 2, 2, +\frac{1}{2})$，$(4, 2, -2, -\frac{1}{2})$、$(4, 2, -1, -\frac{1}{2})$、$(4, 2, 0, -\frac{1}{2})$、$(4, 2, 1, -\frac{1}{2})$、$(4, 2, 2, -\frac{1}{2})$ **7.10** 32 **7.11** $(1, 0, 0, +\frac{1}{2})$、$(1, 0, 0, -\frac{1}{2})$、$(2, 0, 0, +\frac{1}{2})$、$(2, 0, 0, -\frac{1}{2})$、$(2, 1, -1, -\frac{1}{2})$。對於在 p 軌域中的最後一個電子，另外還有五種寫法 **7.12** $[\mathrm{Ne}]3s^2 3p^3$

Chapter 8
元素的週期性

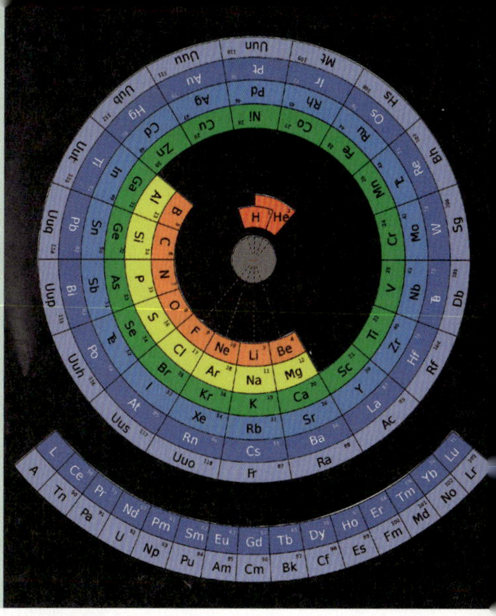

除了門得列夫建立的週期表以外，也有很多不同形式的週期表。像是這個圓形的週期表表示當原子的位置愈靠近中心，原子的大小愈小。

先看看本章要學什麼？

- 我們將從週期表的建立談起，並介紹在十九世紀對建立週期表有貢獻的科學家，特別是門得列夫。(8.1)
- 我們將看到用電子組態的排列方式來建立週期表是很有邏輯性的，它也解釋了早期一些被認為是不規則的現象。我們也將學到寫出陽離子和陰離子電子組態的規則。(8.2)
- 接著，我們將看到一些物理性質，像是已有效核電荷來表示的原子和離子大小在週期表中的趨勢。(8.3)
- 延續週期趨勢的討論，我們要看原子的化學性質像是游離能與電子親和力在週期表中的趨勢。(8.4 和 8.5)
- 我們之後將利用本章所學到的知識來系統性地研究主族元素個別的性質，並和同一週期其他元素的性質做比較。(8.6)

綱 要

很多元素的化學性質可以用它們的電子組態來解釋。因為電子填入原子軌域的方式是有規則性的，所以若兩個元素有相似的電子組態 (例如：鈉和鉀)，它們在各方面有相似的化學行為也不太令人意外。也因此，一般來說，在週期表中元素的化學性質是可以觀察出趨勢的。十九世紀的化學家早在量子理論被提出之前就發現元素的物理和化學性質是有週期趨勢的。雖然當時那些化學家還不知道電子和質子的存在，仍成功地將元素的化學性質系統化地整理。而他們整理週期表主要所依據的資料是元素的原子量和其他已知的物理和化學性質。

8.1 週期表的建立

在十九世紀當化學家對原子和分子的概念還相當模糊，且不知道電子和質子存在的時候，他們是根據原子量來建立週期表的。當時他們對元素的原子量做了精確的測量。對他們來說，元素的化學行為在某些程度上跟它們的原子量有關，所以用元素的原子量來排列週期表看起來是符合邏輯的。

西元 1864 年，英國化學家紐蘭茲[1] 發現當元素以原子量的大小來排列順序時，每隔八個元素就會發現相似的化學性質。紐蘭茲將這個奇特的關係稱作**八度律** (law of octaves)。然而，這個「定律」後來被發現在原子量大於鈣的元素就不適用，所以最終沒有被化學界採用。

西元 1869 年，俄國化學家門得列夫[2] 和德國化學家邁耶爾[3] 根據元素有規則且會週期性出現的性質，分別提出一個更詳盡的表格。門得列夫所提出的分類系統在兩方面上改進紐蘭茲所提出的系統。首先，他根據元素的性質更正確地將不同的元素分類。一樣重要的是，他的表格也可以用來預測一些還未發現的元素性質。舉例來說，門得列夫提出一個未知元素的存在且預測了一些此元素的性質。他將這個未知元素命名為 eka-aluminum。(*eka* 在梵文中是「第一」的意思，因此 eka-aluminum 是指同一族中在鋁以下第一個出現的元素)。當鎵元素 4 年後被發現時，它的性質相當符合當時所預測 eka-aluminum 的性質：

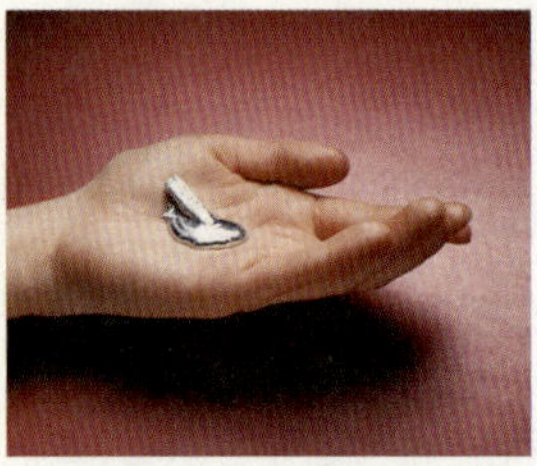

鎵在人的手掌即可熔化 (體溫約攝氏 37 度)。

	Eka-aluminum (Ea)	**Gallium (Ga)**
原子量	68 amu	69.9 amu
熔點	低	29.78°C
密度	5.9 g/cm^3	5.94 g/cm^3
氧化物分子式	Ea_2O_3	Ga_2O_3

門得列夫的週期表中包含 66 個已知元素。到了 1900 年，有另外 30 多個元素被加入這個表格中原本空下來的位置。圖 8.1 將元素被發現的年份做了整理。

1 約翰・亞歷山大・雷納・紐蘭茲 (John Alexander Reina Newlands, 1838~1898)，英國化學家。紐蘭茲對於元素的分類在方向上是對的，不幸的是，他在分類方式上的缺點招致許多批評，甚至是嘲笑。在某次會議中他被問到，是否是曾經依照元素的第一個英文字母來研究過元素！然而，在西元 1887 年，紐蘭茲還是因為他的貢獻得到倫敦皇家學會的榮譽。

2 德米特里・伊萬諾維奇・門得列夫 (Dmitri Ivanovich Mendeleev, 1836~1907)，俄國化學家。他提出對於化學元素的分類方式被許多人認為是十九世紀最重要的化學進展。

3 尤利烏斯・洛塔爾・邁耶爾 (Julius Lothar Meyer, 1830~1895)，德國化學家。除了對於週期表的貢獻之外，他也發現血紅素對於氧的化學親和力。

雖然這個週期表的建立在當時對於化學的發展來說是一件很成功的事，但是早期週期表的版本卻有一些明顯不一致的地方。例如，氬的原子量 (39.95 amu) 比鉀的原子量 (39.10 amu) 還要大。如果週期表單純只根據原子量來排列順序的話，那麼氬在週期表中的位置應該是現在所用週期表中鉀的位置 (見書末附表)，但是沒有化學家會將惰性氣體的氬和活性很大的金屬鋰和鈉歸類為同一族的元素。這個現象以及其他在週期表中的不一致現象說明除了原子量之外，必定還有其他原子基本性質造就週期表中元素的週期性。這個性質也必定和門得列夫與他同時期的人所提出原子量的概念有關。

利用 α 粒子散射實驗所得到的數據 (見 2.2 節)，拉塞福算出幾個元素中原子核的正電荷數，但這些數字的重要性被忽略了許多年。直到西元 1913 年，有一位年輕的英國物理學家莫塞萊[4] 發現了原子序和高能

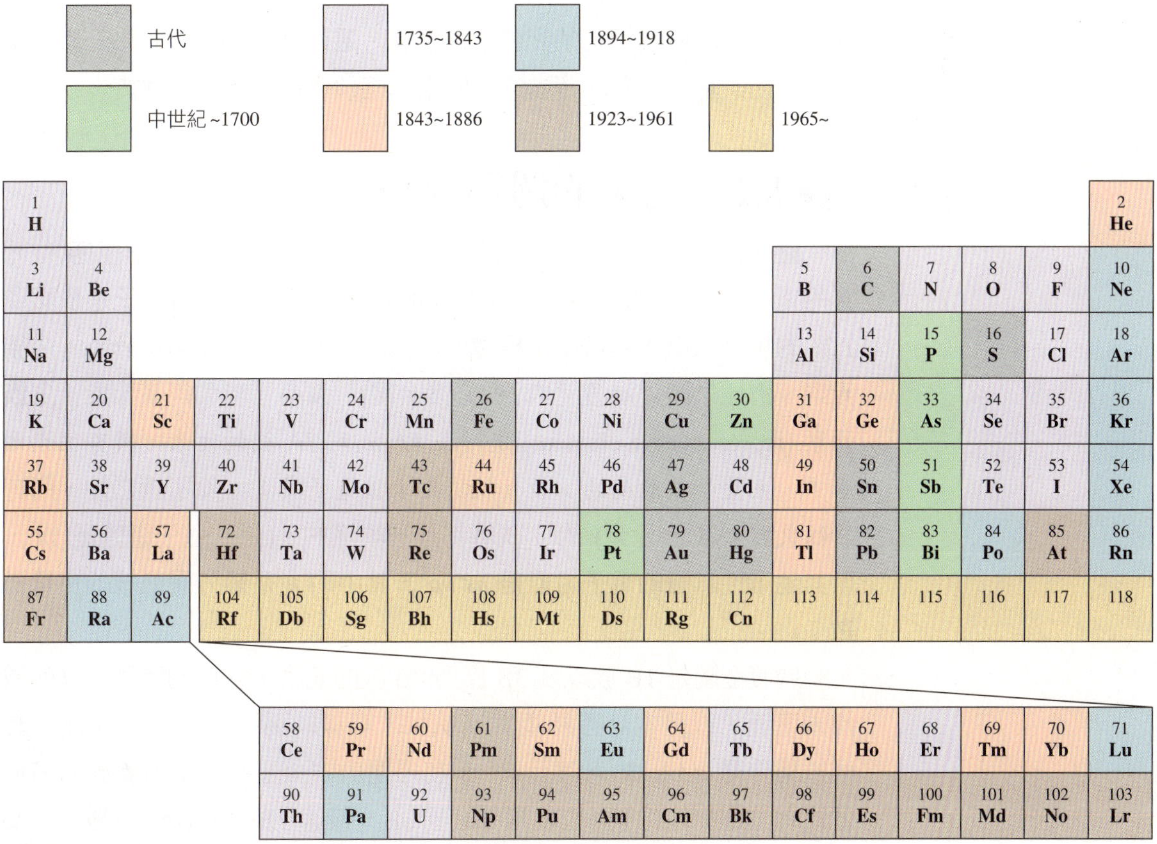

圖 8.1 元素發現的年代分布圖。到目前為止，已經有 118 個元素被確認。

4 亨利 • 莫塞萊 (Henry Gwyn-Jeffreys Moseley, 1887~1915)，英國物理學家。莫塞萊發現 X 射線光譜和原子序之間的關係。在第一次世界大戰時，他參加皇家工兵 (Royal Engineers) 擔任中尉，在土耳其加里波利之戰的一次行動中不幸陣亡，年僅 28 歲。

量電子撞擊元素所產生 X 射線頻率之間的關係。莫塞萊注意到由元素中放射出 X 射線的頻率和以下方程式有關：

$$\sqrt{\nu} = a(Z - b) \tag{8.1}$$

其中 ν 是 X 射線的頻率，而 a 和 b 是常數，所有元素都一樣。因此，利用所測量到 X 射線頻率的平方根可以算出元素的原子序。

除了少數例外，莫塞萊發現原子序和原子量以相同的大小增加。舉例來說，鈣若以原子量來排名是第 20 個原子，而它的原子序也是 20。所以，早期週期表中困擾科學家的不一致現象現在就可以解釋。氬的原子序是 18，而鉀的原子序是 19，所以週期表中鉀要排在氬的後面。

現代的週期表通常以元素的原子序和元素符號來排列。正如之前提過的，原子序指的就是元素中原子的電子數。元素的電子組態可以用來解釋物理和化學性質在週期表中的循環特性。週期表的重要性和有用的程度在於，即便我們對某元素不甚了解，還是可以根據對於每一族或每一週期元素基本性質和趨勢的了解來準確預測任何元素的性質。

8.2 元素的週期分類

圖 8.2 中可以看到週期表和元素在基態時最外層的電子組態。(元素的電子組態也列於表 7.3。) 從氫開始，我們可以看到電子是依照圖 7.21 的順序來填入軌域中。根據所填入軌域的不同，元素可分為：主族元素、惰性氣體、過渡元素 (或過渡金屬)、鑭系元素和錒系元素。**主族元素** (representative element) 是指在 1A 族到 7A 族的元素。所有主族元素中，主量子數最高的 s 和 p 軌域都未被電子填滿。除了氦之外，所有惰性氣體 (8A 族元素) 的 p 軌域都是被填滿的。(氦的電子組態是 $1s^2$，而其他惰性氣體的電子組態是 ns^2np^6，其中的 n 是最外層軌域的主量子數。)

過渡金屬是 1B 族以及 3B 族到 8B 族的元素，它們的特徵是 d 軌域均未填滿，或是本身容易產生 d 軌域未填滿的陽離子。(這些金屬有時候被稱作是 d-block 過渡元素。) 在週期表中，這些金屬所屬族的名稱並沒有按照順序編號 (也就是 3B 至 8B，接著 1B 至 2B)，這是為了要將這些元素最外層電子組態與主族元素相符合。舉例來說，鈧和鎵的最外層軌域都有三個電子，然而由於所處原子軌域的不同，它們被分類在不同族 (3B 和 3A)。金屬鐵 (Fe)、鈷 (Co)、鎳 (Ni) 不適用這樣的分類，

	1 1A	2 2A	3 3B	4 4B	5 5B	6 6B	7 7B	8 8B	9 8B	10 8B	11 1B	12 2B	13 3A	14 4A	15 5A	16 6A	17 7A	18 8A
1	1 **H** $1s^1$																	2 **He** $1s^2$
2	3 **Li** $2s^1$	4 **Be** $2s^2$											5 **B** $2s^22p^1$	6 **C** $2s^22p^2$	7 **N** $2s^22p^3$	8 **O** $2s^22p^4$	9 **F** $2s^22p^5$	10 **Ne** $2s^22p^6$
3	11 **Na** $3s^1$	12 **Mg** $3s^2$											13 **Al** $3s^23p^1$	14 **Si** $3s^23p^2$	15 **P** $3s^23p^3$	16 **S** $3s^23p^4$	17 **Cl** $3s^23p^5$	18 **Ar** $3s^23p^6$
4	19 **K** $4s^1$	20 **Ca** $4s^2$	21 **Sc** $4s^23d^1$	22 **Ti** $4s^23d^2$	23 **V** $4s^23d^3$	24 **Cr** $4s^13d^5$	25 **Mn** $4s^23d^5$	26 **Fe** $4s^23d^6$	27 **Co** $4s^23d^7$	28 **Ni** $4s^23d^8$	29 **Cu** $4s^13d^{10}$	30 **Zn** $4s^23d^{10}$	31 **Ga** $4s^24p^1$	32 **Ge** $4s^24p^2$	33 **As** $4s^24p^3$	34 **Se** $4s^24p^4$	35 **Br** $4s^24p^5$	36 **Kr** $4s^24p^6$
5	37 **Rb** $5s^1$	38 **Sr** $5s^2$	39 **Y** $5s^24d^1$	40 **Zr** $5s^24d^2$	41 **Nb** $5s^14d^4$	42 **Mo** $5s^14d^5$	43 **Tc** $5s^24d^5$	44 **Ru** $5s^14d^7$	45 **Rh** $5s^14d^8$	46 **Pd** $4d^{10}$	47 **Ag** $5s^14d^{10}$	48 **Cd** $5s^24d^{10}$	49 **In** $5s^25p^1$	50 **Sn** $5s^25p^2$	51 **Sb** $5s^25p^3$	52 **Te** $5s^25p^4$	53 **I** $5s^25p^5$	54 **Xe** $5s^25p^6$
6	55 **Cs** $6s^1$	56 **Ba** $6s^2$	57 **La** $6s^25d^1$	72 **Hf** $6s^25d^2$	73 **Ta** $6s^25d^3$	74 **W** $6s^25d^4$	75 **Re** $6s^25d^5$	76 **Os** $6s^25d^6$	77 **Ir** $6s^25d^7$	78 **Pt** $6s^15d^9$	79 **Au** $6s^15d^{10}$	80 **Hg** $6s^25d^{10}$	81 **Tl** $6s^26p^1$	82 **Pb** $6s^26p^2$	83 **Bi** $6s^26p^3$	84 **Po** $6s^26p^4$	85 **At** $6s^26p^5$	86 **Rn** $6s^26p^6$
7	87 **Fr** $7s^1$	88 **Ra** $7s^2$	89 **Ac** $7s^26d^1$	104 **Rf** $7s^26d^2$	105 **Db** $7s^26d^3$	106 **Sg** $7s^26d^4$	107 **Bh** $7s^26d^5$	108 **Hs** $7s^26d^6$	109 **Mt** $7s^26d^7$	110 **Ds** $7s^26d^8$	111 **Rg** $7s^26d^9$	112 **Cn** $7s^26d^{10}$	113 $7s^27p^1$	114 $7s^27p^2$	115 $7s^27p^3$	116 $7s^27p^4$	117 $7s^27p^5$	118 $7s^27p^6$

58 **Ce** $6s^24f^15d^1$	59 **Pr** $6s^24f^3$	60 **Nd** $6s^24f^4$	61 **Pm** $6s^24f^5$	62 **Sm** $6s^24f^6$	63 **Eu** $6s^24f^7$	64 **Gd** $6s^24f^75d^1$	65 **Tb** $6s^24f^9$	66 **Dy** $6s^24f^{10}$	67 **Ho** $6s^24f^{11}$	68 **Er** $6s^24f^{12}$	69 **Tm** $6s^24f^{13}$	70 **Yb** $6s^24f^{14}$	71 **Lu** $6s^24f^{14}5d^1$
90 **Th** $7s^26d^2$	91 **Pa** $7s^25f^26d^1$	92 **U** $7s^25f^36d^1$	93 **Np** $7s^25f^46d^1$	94 **Pu** $7s^25f^6$	95 **Am** $7s^25f^7$	96 **Cm** $7s^25f^76d^1$	97 **Bk** $7s^25f^9$	98 **Cf** $7s^25f^{10}$	99 **Es** $7s^25f^{11}$	100 **Fm** $7s^25f^{12}$	101 **Md** $7s^25f^{13}$	102 **No** $7s^25f^{14}$	103 **Lr** $7s^25f^{14}6d^1$

圖 8.2 元素在基態的電子組態。為了簡化，只有寫出最外層的電子組態。

所以都被放在 8B 族。2B 族的元素鋅 (Zn)、鎘 (Cd) 和汞 (Hg) 既不是主族元素，也不是過渡金屬。這一族的金屬沒有其他特別的名稱。要注意的是，A 族和 B 族的用法並不是全世界統一的。在歐洲的用法是將 B 族當作主族元素，而將 A 族當作過渡金屬，這種用法剛好跟美國的用法相反。而國際理論與應用化學聯合會 (International Union of Pure and Applied Chemistry, IUPAC) 建議用阿拉伯數字將各族由 1 到 18 依序編號 (見圖 8.2)。這個建議引起國際化學界很大的爭議，且它的價值和缺點還值得商議。在本書中我們將用美國的用法。

鑭系和錒系元素因為有未填滿的 *f* 軌域，有時也被稱為是 *f*-block 過渡元素。圖 8.3 區分我們在此討論的各族元素。

元素的化學反應性大多決定在它們的**價電子** (valence electrons)，也就是最外層電子。對主族元素而言，價電子指的是在最高主量子數軌域中的電子。*原子中所有不屬於價電子的*就是**核心電子** (core electrons)。回頭再看看主族元素的電子組態，你可以發現一個清楚的規則：所有同族元素的價電子數量和形式都相同。也就是因為價電子的電子組態相似，造成同族元素有相似的化學性質。因此，舉例來說，所有鹼金屬 (1A 族元素) 的價電子組態都是 ns^1 (表 8.1)，且它們都傾向丟掉一個

對於主族元素來說，價電子就是在最高主能階 *n* 中的電子。

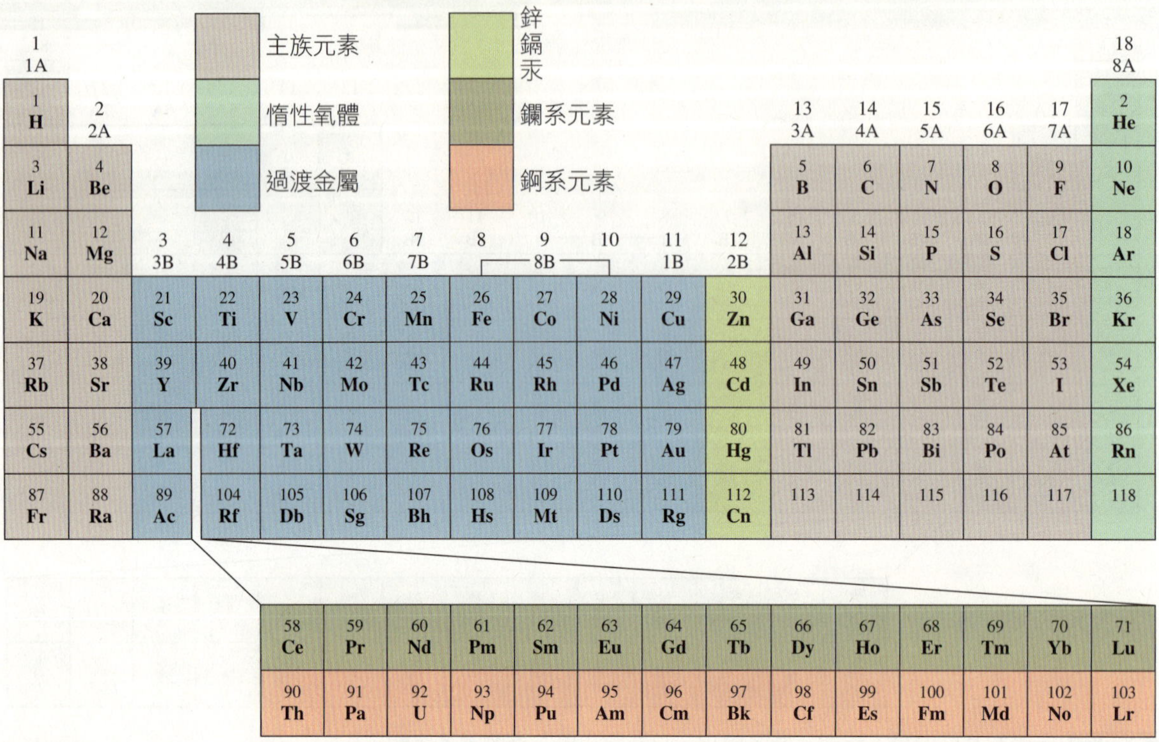

圖 8.3 元素的分類。請注意：2B 族元素，即便它們沒有過渡金屬的特性，還是常被分類為過渡金屬。

表 8.1 1A 和 2A 族的電子組態

1A 族		2A 族	
Li	[He]$2s^1$	Be	[He]$2s^2$
Na	[Ne]$3s^1$	Mg	[Ne]$3s^2$
K	[Ar]$4s^1$	Ca	[Ar]$4s^2$
Rb	[Kr]$5s^1$	Sr	[Kr]$5s^2$
Cs	[Xe]$6s^1$	Ba	[Xe]$6s^2$
Fr	[Rn]$7s^1$	Ra	[Rn]$7s^2$

電子而形成帶一個正電的陽離子。一樣地，所有鹼土金屬 (2A 族元素) 的價電子組態都是 ns^2，且它們都傾向丟掉兩個電子而形成帶兩個正電的陽離子。然而，只用「族的編號」來預測元素的性質要相當小心。例如：4A 族的價電子組態都是 ns^2np^2，但是 4A 族元素的性質卻有很明顯的不同：碳是非金屬，矽和鍺是類金屬，而錫和鉛是金屬。

惰性氣體為同一族，化學性質也極為類似。氦和氖的化學活性很小，而其他惰性氣體的可形成化合物的例子也很少。之所以惰性氣體會缺乏化學活性的原因是它們的 *ns* 和 *np* 軌域都是被填滿的，因此化學穩定性很高。雖然同族的過渡金屬價電子組態不一定一樣，且在同週期不同金屬之間電子組態的改變沒有一定的規則性，但是所有過渡金屬有許多特徵使得它們和其他元素不同。原因是這些金屬都有未填滿的 *d* 軌域。相同地，鑭系和錒系元素因為都有未填滿的 *f* 軌域，所以性質也和其他元素不同。

例題 8.1

一特定元素的原子有 15 個電子。在不參考週期表的條件下，請回答以下問題：(a) 此元素基態時的電子組態為何？(b) 這個元素應該

屬於哪一類？(c) 這個元素是順磁性還是反磁性？

策略

(a) 我們可以利用在 7.9 節討論過的構築原理，先從主量子數為 1 的電子組態開始往上寫，直到有足夠軌域讓所有電子填入；(b) 主族元素、過渡金屬和惰性氣體的電子組態和特徵是什麼？(c) 看看電子在最外層軌域成對的狀況，是什麼決定了元素是順磁性還是反磁性？

解答

(a) 我們都知道 $n = 1$ 有一個 1s 軌域 (2 個電子)；$n = 2$ 有一個 2s 軌域 (2 個電子) 和三個 2p 軌域 (6 個電子)；$n = 3$ 有一個 3s 軌域 (2 個電子)。剩下還沒填入的電子數為 15 – 12 = 3 個，而這 3 個電子要填入 3p 軌域。所以電子組態為 $1s^22s^22p^63s^23p^3$。

(b) 因為此元素的 3p 軌域並沒有完全填滿，所以它是主族元素。根據題目所給的資訊，我們並無法分辨它是金屬、非金屬還是類金屬。

(c) 根據洪特規則，在 3p 軌域中的三個電子的自旋要平行 (也就是要有三個未成對電子)。因此，此元素是順磁性的。

檢查

對於 (b) 來說，請注意：過渡金屬要有未填滿的 d 軌域，而惰性氣體的最外層軌域都要填滿。至於 (c) 的答案，請記得一個元素的電子數目是奇數，此元素就是順磁性的。

練習題

一特定元素的原子有 20 個電子。在不參考週期表的條件下，請回答以下問題：(a) 此元素基態時的電子組態為何？(b) 這個元素應該屬於哪一類？(c) 這個元素是順磁性還是反磁性？

類題：8.1。

自由元素在化學方程式中的表達方式

在我們將元素根據它們在基態的電子組態來分類之後，現在來看看化學家在化學方程式中如何以自由元素的方式來表達金屬、類金屬和非金屬。因為金屬不會以獨立分子的形式存在，在化學方程式中我們通常用它們的實驗式來表達。而它們的實驗式就等於它們的元素符號。舉例來說，鐵的實驗式是 Fe，就等於它的元素符號。

而對於非金屬元素來說就沒有一定的規則。例如：碳是以原子的三維網狀結構形式存在，所以在化學方程式中，以其實驗式 (C) 來表達碳

元素。但是，氫、氮、氧和鹵素是以雙原子分子的形式存在，所以在化學方程式中是以它們的分子式 (H_2、N_2、O_2、F_2、Cl_2、Br_2、I_2) 來表達。而磷的最穩定結構是四個原子所組成的分子，所以我們用 P_4 來表達磷元素。至於硫，化學家通常是用它的實驗式 (S) 來表達，而不是它的最穩定形式 (S_8)。所以，硫燃燒的化學方程式通常不寫成

請注意：這兩個硫燃燒的方程式在計量上是相等的。這並不意外，因為這兩個方程式描述的是同一個化學系統。這兩個例子中，一單位的硫原子都是兩倍量的氧原子反應。

$$S_8(s) + 8O_2(g) \longrightarrow 8SO_2(g)$$

而是寫成

$$S(s) + O_2(g) \longrightarrow SO_2(g)$$

所有的惰性氣體都是單元分子，所以我們用它們的元素符號：He、Ne、Ar、Kr、Xe 和 Rn 來表達。至於類金屬的部分，它們會都像金屬一樣以三維網狀錯合物形式存在，所以我們也用它們的實驗式來表示，也就是它們的元素符號：B、Si、Ge 等等。

陽離子和陰離子的電子組態

因為許多離子化合物都是由單原子的陰離子和陽離子組成，所以知道如何寫出這些離子的電子組態是很有用的。就像中性原子一樣，我們用包立不相容原則和洪特規則來寫陽離子和陰離子的基態電子組態。我們將這些離子分成兩類來討論。

由主族元素所衍生出來的離子

由主族元素原子所衍生出來離子的電子組態和惰性氣體的最外層電子組態相同，都是 ns^2np^6。當主族元素的原子形成陽離子時，會有一個以上的電子從最高填滿的軌域中被移除。以下是幾個主族元素及其陽離子的電子組態：

$$\begin{array}{llll} \text{Na:} & [\text{Ne}]3s^1 & \text{Na}^+: & [\text{Ne}] \\ \text{Ca:} & [\text{Ar}]4s^2 & \text{Ca}^{2+}: & [\text{Ar}] \\ \text{Al:} & [\text{Ne}]3s^23p^1 & \text{Al}^{3+}: & [\text{Ne}] \end{array}$$

請注意：這裡每一個離子都是惰性氣體的電子組態。

當主族元素的原子形成陰離子時，會有一個以上的電子被加到最高填滿的軌域中。看看下列幾個例子：

$$\begin{array}{llll} \text{H:} & 1s^1 & \text{H}^-: & 1s^2 \text{ 或 } [\text{He}] \\ \text{F:} & 1s^22s^22p^5 & \text{F}^-: & 1s^22s^22p^6 \text{ 或 } [\text{Ne}] \\ \text{O:} & 1s^22s^22p^4 & \text{O}^{2-}: & 1s^22s^22p^6 \text{ 或 } [\text{Ne}] \\ \text{N:} & 1s^22s^22p^3 & \text{N}^{3-}: & 1s^22s^22p^6 \text{ 或 } [\text{Ne}] \end{array}$$

這裡每一個陰離子都是惰性氣體的電子組態。請注意：F^-、Na^+ 和 Ne (和 Al^{3+}、O^{2-} 和 N^{3-}) 有相同的電子組態。因為這些離子和原子有相同數目的電子，因此它們有相同的基態電子組態，所以這些離子和原子被形容為是**等電子** (isoelectronic)。同理，H^- 和 He 也是等電子的。

由過渡金屬所衍生出來的陽離子

在 7.9 節中，我們看到在第一列的過渡金屬中 (Sc 到 Cu)，電子要先填 4*s* 軌域再填 3*d* 軌域。以電子組態為 $[Ar]4s^23d^5$ 的錳來說，當 Mn^{2+} 離子形成時，我們或許會認為要從 3*d* 軌與移除兩個電子，而電子組態變成 $[Ar]4s^23d^3$。事實上，Mn^{2+} 的電子組態卻是 $[Ar]3d^5$！其原因是在中性原子裡，電子和電子之間以及電子和原子核之間的作用力和在離子中的狀況有很大的不同。因此，雖然在錳原子中電子都要先填 4*s* 軌域再填 3*d* 軌域，然而在形成 Mn^{2+} 離子時電子要先從 4*s* 軌域中被移除，因為過渡金屬離子的 3*d* 軌域比 4*s* 軌域要來得穩定。因此，當過渡金屬形成陽離子時，電子要先從 *ns* 軌域中被移除，然後才是 $(n-1)d$ 軌域。

請記得電子對過渡金屬來說，填入的順序並不會決定移去電子的順序。對這些金屬而言，*ns* 電子會在 $(n-1)d$ 電子前被移去。

要記得過渡金屬可以形成一種以上的陽離子，且這些陽離子通常不會和前一個惰性氣體有相同的電子組態。

8.3 元素物理性質的週期差異

誠如先前所學過的，元素的電子組態隨著原子序的增加有週期性的變化。因此，元素的物理和化學性質也會有週期性的變化。在本節和接下來的兩節中，我們將討論同一族或同一週期元素的物理性質，以及一些會影響元素化學行為的附加性質。首先，讓我們來了解一下有效核電荷的概念，它和很多原子性質有直接的關聯。

有效核電荷

在第七章中，我們討論過在多電子原子中靠近原子核的電子對於外層電子有所謂的屏蔽效應。在原子中，其他電子的出現會降低特定電子和原子核中帶正電質子之間的靜電作用力。而**有效核電荷** (effective nuclear charge; Z_{eff}) 指的是當真實核電荷 (Z) 和其他電子所產生的排斥效應 (遮蔽) 都列入考量後，電子真正感受到的核電荷大小。一般來說，Z_{eff} 可寫成

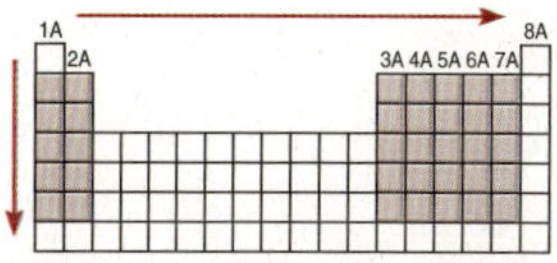

對主族元素來說，同週期元素的有效核電荷由左向右遞增，同族元素的有效核電荷則是由上向下遞增。

$$Z_{eff} = Z - \sigma \tag{8.2}$$

其中的 σ 是屏蔽常數 (也稱為遮蔽常數)。屏蔽常數大於零小於 Z。

若要表達電子在原子中如何彼此互相屏蔽的，有一種方法是考慮從氦原子移除兩個電子所需的能量有多少。實驗的結果顯示要移除第一個電子需要 3.94×10^{-18} J，而要移除第二個電子需要 8.72×10^{-18} J。在第一個電子被移除之後，屏蔽效應就消失了，所以第二個電子感受到所有來自 +2 價原子核的效應。

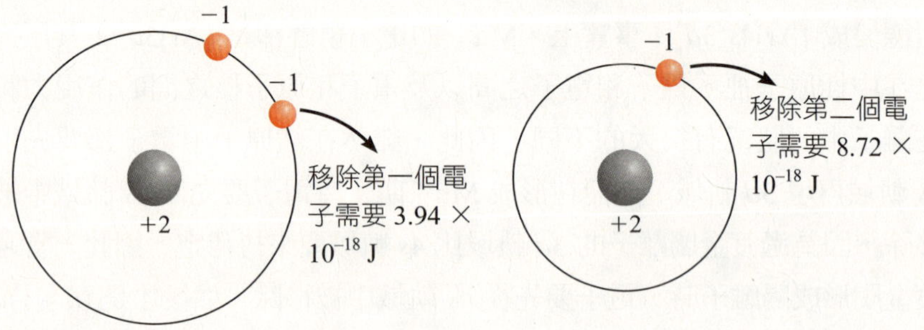

1s 和 2s 軌域的半徑機率圖見圖 7.24。

因為核心電子平均來說比價電子靠近原子核，所以核心電子對於價電子的屏蔽效應會遠比價電子彼此之間的屏蔽效應來得大。看看由 Li 到 Ne 的第二週期元素，從左到右，我們可以發現元素核心電子的數目是固定的 ($1s^2$)，而原子核的價數是逐漸增加的。然而，因為元素所增加的電子是價電子，而價電子彼此之間的屏蔽效應很小，所以從此週期的左邊到右邊元素價電子所感受到的有效核電荷也增加，如下所示：

	Li	**Be**	**B**	**C**	**N**	**O**	**F**	**Ne**
Z	3	4	5	6	7	8	9	10
Z_{eff}	1.28	1.91	2.42	3.14	3.83	4.45	5.10	5.76

原子核和特定電子之間的吸引力正比於有效核電荷；反比於分離距離的平方。

在同一族的元素中，週期表的位置愈往下有效核電荷也會增加。然而，因為現在 n 增加，價電子位在愈來愈大的軌域中，原子核和價電子之間的靜電作用力實際上是減少的。

	Li	**Na**	**K**	**Rb**	**Cs**
Z	3	11	19	37	55
Z_{eff}	1.28	2.51	3.50	4.98	6.36

原子半徑

許多物理性質，包含密度、熔點和沸點都是和原子的大小有關，但

原子的大小很不容易定義。就像我們在第七章看過的，原子的電子密度是從原子核一直向外延伸，而我們通常是將原子的大小想成是在原子核周圍 90% 的電子密度所占的體積。當必須更明確地定義原子的大小時，我們要用**原子半徑** (atomic radius) 來描述，它所指的是金屬原子或是雙原子分子中兩個相鄰原子核之間距離的一半。

對於那些會連接在一起而形成大範圍三維網狀結構的原子來說，原子半徑指的是相鄰原子中原子核之間距離的一半 [圖 8.4(a)]。若是單純以雙原子分子存在的元素，其原子半徑就是分子中的兩個原子核之間距離的一半 [圖 8.4(b)]。

圖 8.5 根據元素在週期表中的位置排列出許多元素的原子半徑；而圖 8.6 則是依照原子序的大小畫出這些元素原子半徑的趨勢。其中可以很明顯地看到週期趨勢。以第二週期的元素來說，因為有效核半徑是由

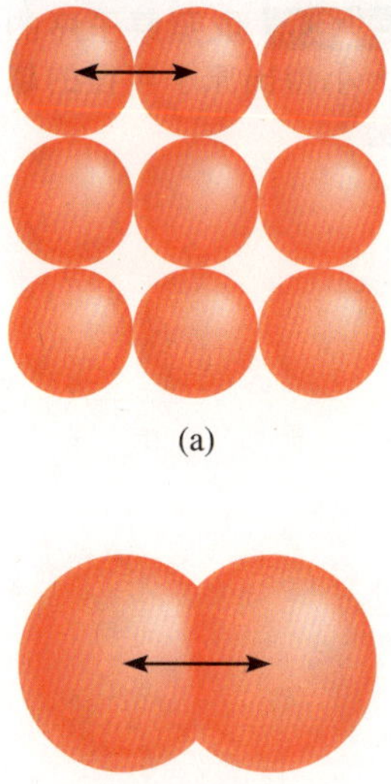

圖 8.4 (a) 對於像是鉲的金屬來說，原子半徑的定義是相鄰原子中原子核之間距離的一半；(b) 對於以雙原子分子存在的元素來說，原子半徑的定義是分子中的兩個原子核之間距離的一半。

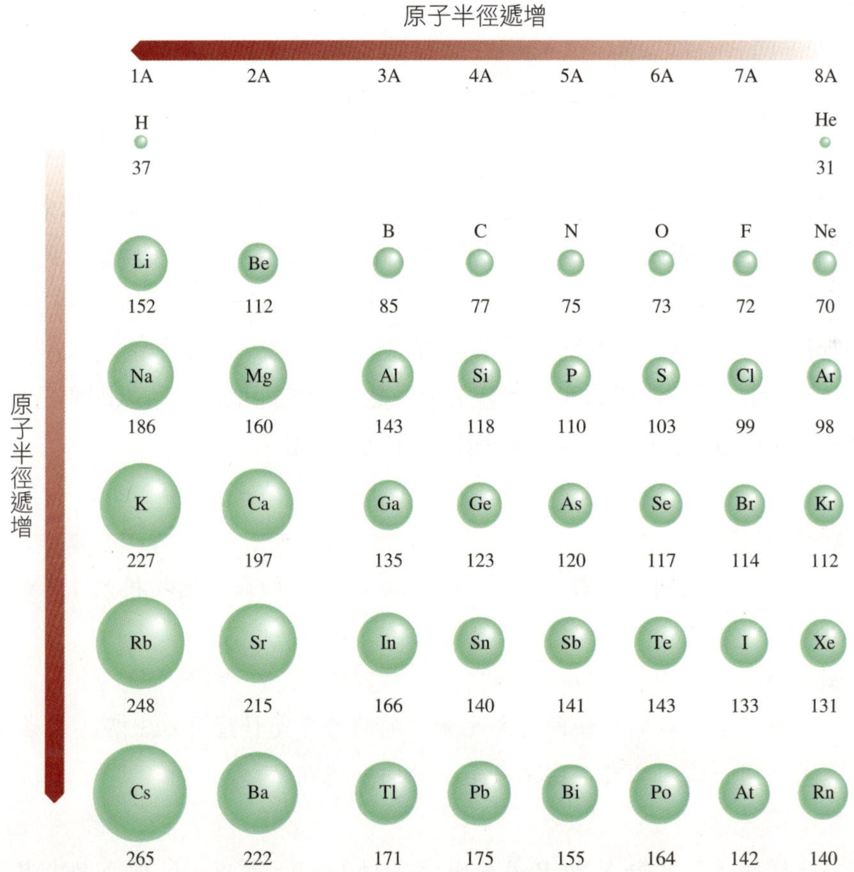

圖 8.5 根據主族元素在週期中的位置列出其原子半徑 (以皮米為單位)。請注意：這裡原子半徑大小並沒有一定的規則。我們只著重在觀察原子半徑大小的趨勢，而不是實際的值。

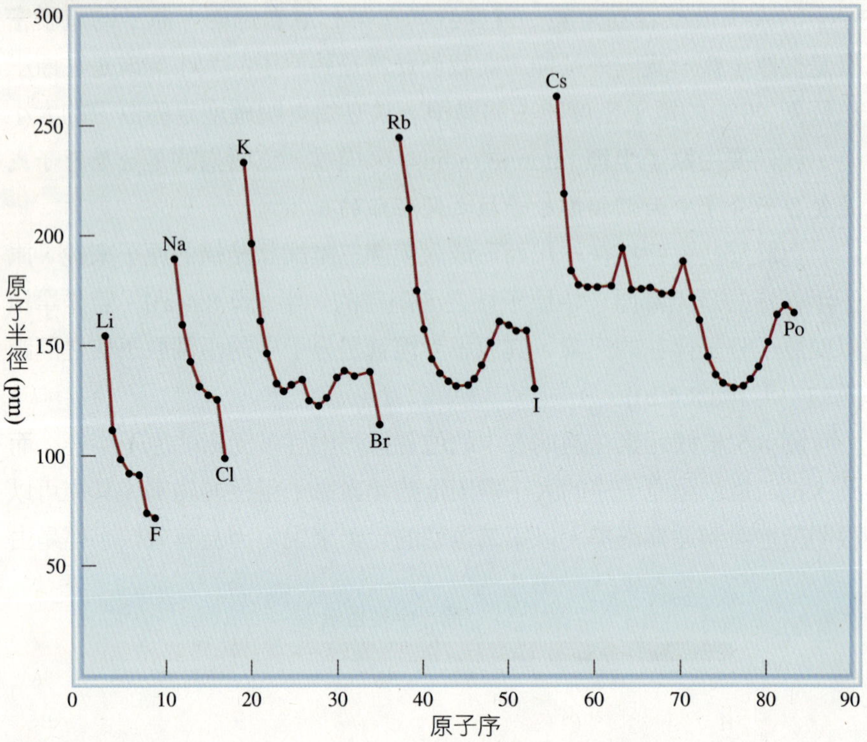

圖 8.6 依照原子序的大小畫出原子半徑的趨勢。

左向右遞增，每多增加的一個價電子相較前一個價電子來說會受到來自原子核更強的吸引力。因此，我們可以預期，而實際上也發現第二週期元素的原子半徑由 Li 到 Ne 遞減。對於同一族的元素來說，原子半徑則是隨著原子序增加而遞增。以 1A 族的鹼金族來說，價電子都是填在 *ns* 軌域。因為原子軌域的大小隨著主量子數 *n* 增加而增加，所以即便是有效核效應也增加，原子半徑還是由 Li 到 Cs 遞增。

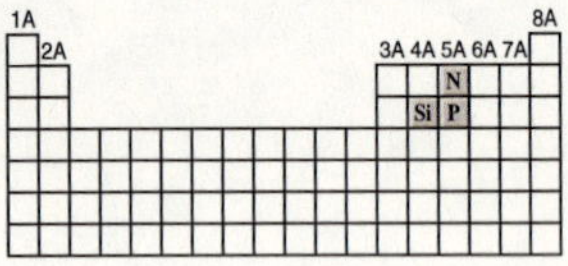

例題 8.2

請參考週期表，將以下原子依照原子半徑的大小遞增排列：P、Si、N。

策　略

原子半徑在同族和同週期元素中的趨勢各是什麼？以上哪些元素是屬於同一族，又有哪些元素是屬於同一週期？

解　答

從圖 8.1 可知 N 和 P 屬於同一族 (5A 族)。所以，N 的半徑比 P 小 (同族原子半徑向下遞增)。而 Si 和 P 都是第三週期，Si 在 P 的左邊。所以，P 的半徑比 Si 小 (同週期原子半徑從左向右遞減)。因此，

這三個原子半徑遞增的順序為：N < P < Si。

類題：8.8。

練習題

請參考週期表，將以下原子依照原子半徑的大小遞減排列：C、Li、Be。

離子半徑

離子半徑 (ionic radius) 指的是陽離子和陰離子的半徑，可經由 X 射線散射測得 (見第十一章)。離子半徑影響了離子化合物的物理和化學性質。舉例來說，離子化合物的三維結構取決於此離子化合物中陽離子和陰離子的相對大小。

當中性原子變成離子時，可以預期它的大小會改變。如果是從原子變成陰離子，其大小 (或半徑) 會增加，其原因是原子核價數沒變，但是變成陰離子所增加的電子產生的排斥力使得電子雲的範圍擴大。反之，從原子中移除一個以上的電子會降低電子之間的排斥力而本身的原子核價數沒變，所以電子雲的範圍會縮小，因此陽離子會比原來的原子小。從圖 8.7 中可以看出當鹼金屬變成陽離子，以及鹵素變成陰離子時

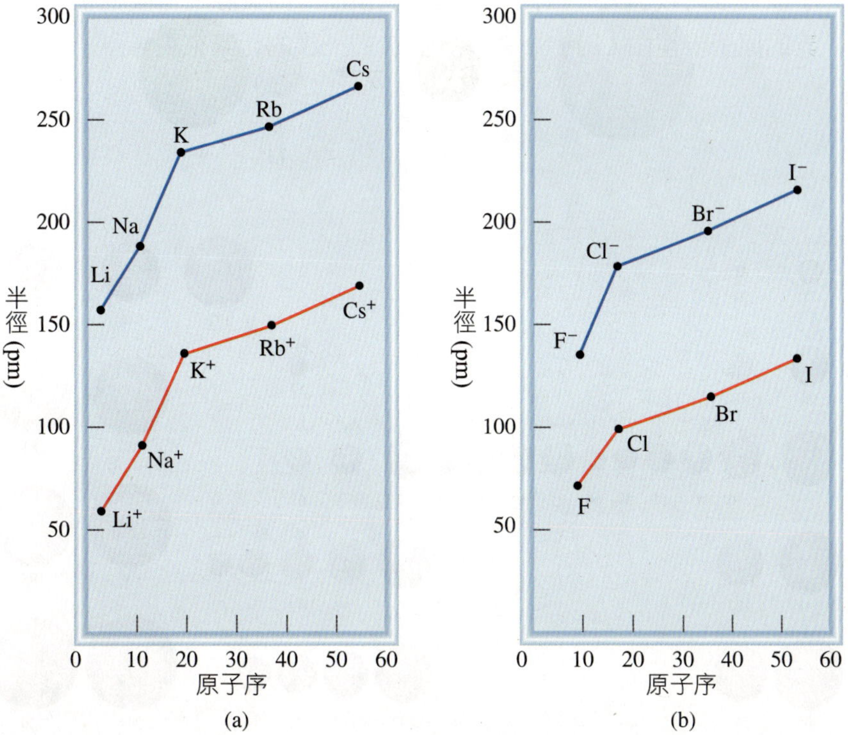

圖 8.7 原子半徑和離子半徑的比較。(a) 鹼金屬和鹼金屬陽離子；(b) 鹵素和鹵素離子。

大小的改變；而從圖 8.8 中可以看出當鋰原子和氟原子反應生成 LiF 時大小的改變。

圖 8.9 根據一些常見元素在週期表中的位置，排列出它們所衍生出來的離子半徑大小。我們可以看到原子半徑和離子半徑有一樣的趨勢。例如，同族原子半徑和離子半徑都是由上往下遞增。若是由不同族元素所衍生出來的離子，大小的比較只在這些離子是等電子時才有意義。如果我們比較的是等電子離子，會發現陽離子比陰離子小。例如：Na^+ 比 F^- 小。這兩個離子的電子數相同，但是 Na ($Z = 11$) 的質子比 F ($Z = 9$) 多。因為 Na^+ 的核電荷較大，造成它的半徑較小。

對等電子離子來說，離子的大小決定於電子雲的大小，而不是原子核中的質子數。

若把焦點集中在等電子的陽離子，我們發現帶三個正電荷的離子比帶兩個正電荷的離子小；而帶兩個正電荷的離子又比帶一個正電荷的離子小。這個趨勢在比較第三週期的三個等電子離子 (Al^{3+}、Mg^{2+} 和 Na^+) 大小時相當明顯 (見圖 8.9)。Al^{3+} 和 Mg^{2+} 有相同的電子數，但是 Al^{3+} 比 Mg^{2+} 多一個質子，因此 Al^{3+} 的電子雲會比 Mg^{2+} 更往原子核集中。Mg^{2+} 的半徑比 Na^+ 的半徑小也可以用同樣的道理解釋。若是比較等電子的陰離子，我們發現隨著離子由帶一個負電荷 (–) 變成帶兩個負電荷 (2–)，半徑會逐漸增加，以此類推。因此，氧離子會比氟離子大，這是

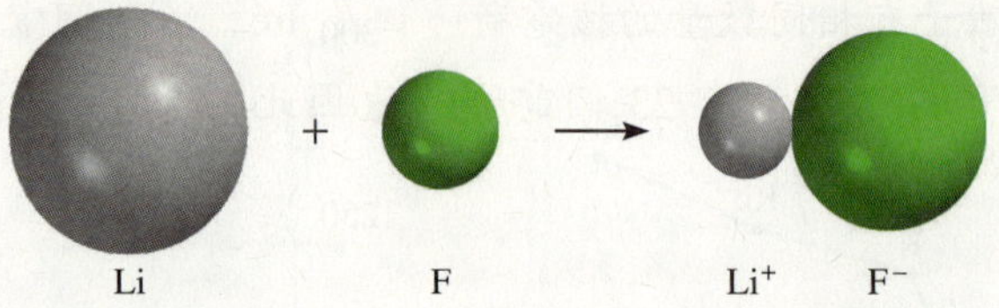

圖 8.8 當 Li 和 F 反應生成 LiF 時，原子大小的改變。

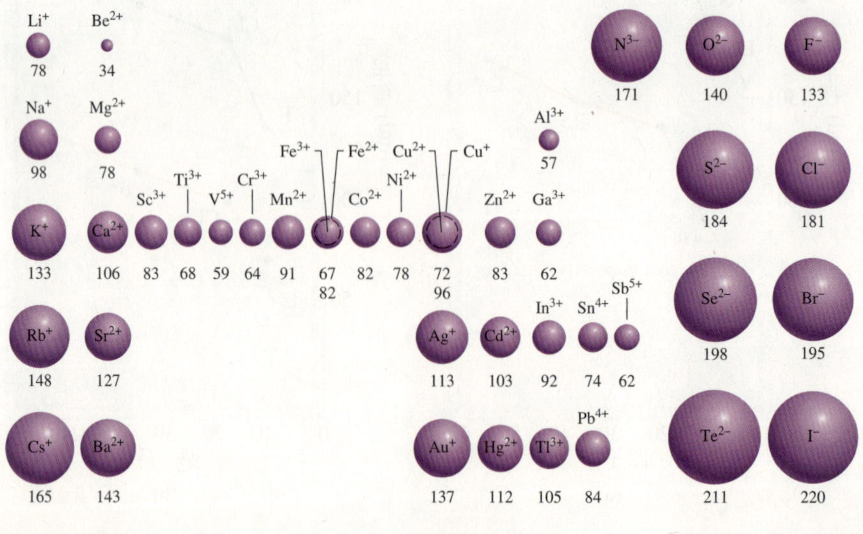

圖 8.9 根據週期表中的位置排列出相似元素的離子半徑 (以 pm 為單位)。

因為氧比氟少一個質子，在 O^{2-} 離子的電子雲密度比較向外擴散。

例題 8.3

請指出下列每對離子中哪一個半徑比較大？(a) N^{3-} 或 F^-；(b) Mg^{2+} 或 Ca^{2+}；(c) Fe^{2+} 或 Fe^{3+}。

策　略

在比較離子半徑時，可以將離子分成以下三類：(1) 等電子離子；(2) 由同一族原子產生，且有相同電荷數的離子；和 (3) 由相同原子產生，但電荷數不同的離子。在 (1) 中，負電荷愈多，離子半徑愈大；在 (2) 中，原子序愈大的原子所產生的離子半徑愈大；在 (3) 中，正電荷愈小的離子半徑愈大。

解　答

(a) N^{3-} 和 F^- 是等電子陰離子；它們都有 10 個電子。因為 N^{3-} 只有 7 個質子，而 F^- 有 9 個質子。所以 N^{3-} 對於電子的吸引力較小，所以 N^{3-} 比 F^- 大。

(b) Mg 和 Ca 都是 2A 族 (鹼土族)。因此 Ca^{2+} 比 Mg^{2+} 大，這是因為 Ca 的價電子所在的軌域 ($n = 4$) 比 Mg 的價電子所在的軌域 ($n = 3$)大。

(c) 這兩個離子有相同數量的核電荷，但是 Fe^{2+} 多一個電子 (Fe^{2+} 有 24 個電子，而 Fe^{3+} 有 23 個電子)，也因此電子間的排斥力較大，造成 Fe^{2+} 半徑較大。

練習題

請指出下列每對離子中哪一個半徑比較小？(a) K^+、Li^+；(b) Au^+、Au^{3+}；(c) P^{3-}、N^{3-}。

同週期以及同族內物理性質的變化

從週期表的左邊到右邊，元素的種類由金屬轉變成類金屬到非金屬。以第三週期的元素來說，由左到右是鈉到氬。鈉是第三週期的第一個元素，它是活性相當大的金屬；而氯是第三週期倒數第二個元素，它是活性相當大的非金屬；介於中間的元素的性質則是由金屬逐漸轉換到非金屬。鈉、鎂、鋁原子都是大範圍三維網狀結構存在，而其原子之間的吸引是靠只有在金屬的狀態下才有的作用力。矽是類金屬，它的原子也是以大範圍三維網狀結構存在，且彼此之間有很強的吸引力。從磷開

始的元素則是以較小的分子單元存在 (P_4、S_8、Cl_2 和 Ar)，它們的熔點和沸點都比較低。

同族元素物理性質的變化較容易預測，尤其是物理狀態相同的元素。例如，氬和氙的熔點分別是攝氏零下 189.2 度和攝氏零下 111.9 度。我們可以預測在同一族介於中間的氪熔點為氬和氙熔點的平均值：

$$\text{Kr 的熔點} = \frac{[(-189.2°C) + (-111.9°C)]}{2} = -150.6°C$$

這個值非常靠近氪實際的熔點攝氏零下 156.6 度。

8.4 游離能

電子組態不僅和物理性質有關，電子組態 (微觀性質) 和化學性質 (巨觀性質) 也有密切的關係。正如我們在這整本書都會看到的，任何原子的化學性質都決定在它價電子的電子組態。這些最外層電子的穩定度會直接反應在這個原子的游離能上。所謂的**游離能** (ionization energy; *IE*) 指的是要從一個在基態氣體原子移除一個電子所需的最低能量 (以 kJ/mol 為單位)。換句話說，游離能是指從 1 莫耳氣體原子移除 1 莫耳電子所需要的千焦耳數。這裡要用氣體分子來定義游離能的原因是氣相的原子實際上不會被鄰近的原子影響，所以在計算游離能的時候就不用考慮分子間的作用力。

游離能的大小可以用來說明電子被原子抓得有多「緊」。游離能愈高，代表愈難從原子移除一個電子。對於一個多電子原子來說，要從基態原子移出第一個電子所需的能量稱為*第一游離能* (first ionization energy; IE_1)，可以下列方程式表示：

$$\text{能量} + X(g) \longrightarrow X^+(g) + e^- \tag{8.3}$$

在方程式 (8.3) 中，X 代表任何元素的一個原子而 e^- 代表的是一個電子。而第二游離能 (second ionization energy; IE_2) 及第三游離能 (third ionization energy; IE_3) 可以下列方程式表示：

$$\text{能量} + X^+(g) \longrightarrow X^{2+}(g) + e^- \quad \text{第二游離能}$$
$$\text{能量} + X^{2+}(g) \longrightarrow X^{3+}(g) + e^- \quad \text{第三游離能}$$

要繼續移除更多電子也是按照以上的模式。

當一個電子從原子中被移除之後，剩下的電子彼此之間的排斥力會

減小。而因為原子和正電荷數目沒變，所以要從帶正電的離子上再移除一個電子會需要更多的能量。因此，游離能的大小會依照下列順序增加：

$$IE_1 < IE_2 < IE_3 < \cdots$$

表 8.2 列出前二十個元素的游離能。游離都是吸熱的過程。慣例上來說，在游離的過程中原子 (或離子) 所吸收的能量是正值。因此，游離能都是正值。從圖 8.10，可以看出元素的第一游離能和原子序之間的變化關係。從圖中可以很清楚地看出元素第一游離能的週期趨勢。除了少部分的例外，同週期元素的第一游離能大小會隨著原子序增加而增加。此趨勢是因為在同一週期的元素由左至右的有效核電荷增加 (就像原子半徑的變化一樣)。有效核電荷愈大，代表對價電子的吸引力也愈大，因此第一游離能就愈大。在圖 8.10 中，有個特徵就是同週期中位在最高點的元素都是惰性氣體。我們可以將此現象歸因於惰性氣體有全滿電子組態，所以元素的化學穩定性比較高。而造成此化學穩定性的其中一個原因就是因為惰性氣體的有效核電荷很大所導致的高游離能。事實

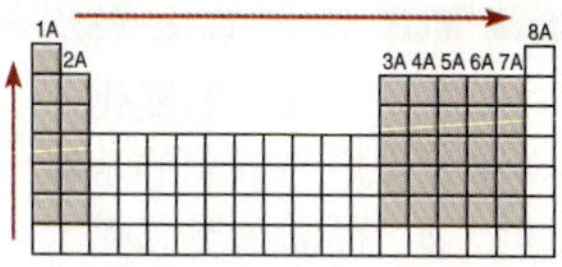

對主族元素來說，同週期元素的第一游離能是由左向右遞增；同族元素則是由下向上遞增。

表 8.2 週期表中前二十個元素的游離能 (kJ/mol)

Z	元素	第一	第二	第三	第四	第五	第六
1	H	1,312					
2	He	2,373	5,251				
3	Li	520	7,300	11,815			
4	Be	899	1,757	14,850	21,005		
5	B	801	2,430	3,660	25,000	32,820	
6	C	1,086	2,350	4,620	6,220	38,000	47,261
7	N	1,400	2,860	4,580	7,500	9,400	53,000
8	O	1,314	3,390	5,300	7,470	11,000	13,000
9	F	1,680	3,370	6,050	8,400	11,000	15,200
10	Ne	2,080	3,950	6,120	9,370	12,200	15,000
11	Na	495.9	4,560	6,900	9,540	13,400	16,600
12	Mg	738.1	1,450	7,730	10,500	13,600	18,000
13	Al	577.9	1,820	2,750	11,600	14,800	18,400
14	Si	786.3	1,580	3,230	4,360	16,000	20,000
15	P	1,012	1,904	2,910	4,960	6,240	21,000
16	S	999.5	2,250	3,360	4,660	6,990	8,500
17	Cl	1,251	2,297	3,820	5,160	6,540	9,300
18	Ar	1,521	2,666	3,900	5,770	7,240	8,800
19	K	418.7	3,052	4,410	5,900	8,000	9,600
20	Ca	589.5	1,145	4,900	6,500	8,100	11,000

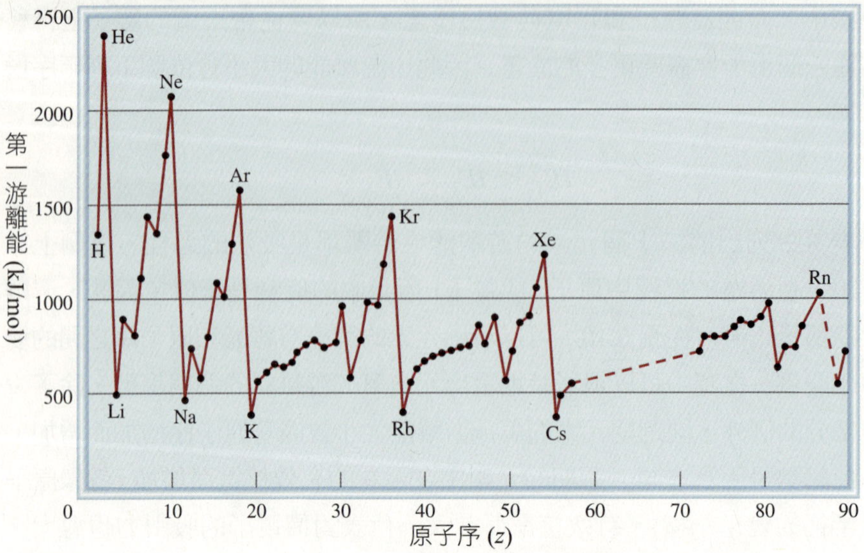

圖 8.10 第一游離能相對於原子序大小的變化。請注意：惰性氣體的游離能較高，而鹼金屬和鹼土金屬的游離能較低。

上，氦 ($1s^2$) 在所有元素中的第一游離能最大。

在圖 8.10 的下端，我們看到的都是第一游離能最小的 1A 族元素 (鹼金屬)。這些金屬都只有一個價電子 (最外層電子組態為 ns^1)，而此價電子都被全滿的內層軌域有效地屏蔽。因此在能量上要從鹼金屬原子上移除一個電子形成帶一個正電的陽離子 (Li^+、Na^+、K^+ 等) 是比較容易的。值得注意的是，這些陽離子和它們在週期表中的前一個惰性氣體是等電子的狀態。

2A 族元素 (鹼土金屬) 的第一游離能則是比鹼金屬來得高。鹼土金屬有兩個價電子 (最外層電子組態為 ns^2)。因為這兩個電子彼此互相屏蔽的效果不好，鹼土金屬的有效核電荷比前一個鹼金屬來得高。大部分的鹼土金屬化合物都是由帶兩個正電的陽離子 (Mg^{2+}、Ca^{2+}、Sr^{2+}、Ba^{2+}) 組成。Be^{2+} 和 Li^+ 與 He 都等電子；Mg^{2+} 和 Na^+ 與 Ne 都等電子；以此類推。

如圖 8.10 所示，金屬相較非金屬有較低的游離能。而類金屬的游離能則介於金屬和非金屬之間。游離能的差異也解釋為什麼離子化合物都是由金屬形成的陽離子和非金屬形成的陰離子所組成 (唯一重要的非金屬陽離子是銨根離子，NH_4^+)。在同一族中，游離能隨著原子序增加而降低 (也就是愈往下愈小)。同族元素的最外層電子組態相似，然而由於主量子數往下增加，價電子和原子核之間的平均距離也增加。當價電子和原子核之間的距離增加，彼此之間的吸引力就變弱。因此，同族元素愈往下，即便是有效核電荷增加，要移除原子上的一個電子就

愈容易。也因此，同族元素的金屬特性由上往下增加。這特性在 3A 族到 7A 族中特別明顯。例如：在 4A 族中，碳是非金屬、矽和鍺是類金屬，而錫和鉛是金屬。

雖然第一游離能在週期表中的趨勢大致上是由左向右增加，但是也有一些不規則的狀況存在。第一個例外發生在同週期的 2A 族和 3A 族的元素中間 (例如：Be 和 B 之間與 Mg 和 Al 之間)。3A 族元素的第一游離能比 2A 族元素的第一游離能低，其原因是 3A 族元素的最外層電子組態都有單獨一個電子在 p 軌域中 (ns^2np^1)，而這個在 p 軌域的電子會被內層電子和 ns^2 電子屏蔽，因此要從原子中移除這一個 p 電子所需要的能量就比移除相同主量子數的 s 電子要來得小。第二個例外則是發生在同週期的 5A 族和 6A 族的元素中間 (例如 N 和 O 之間與 P 和 S 之間)。在 5A 族的元素中 (ns^2np^3)，依照洪特規則，p 電子要分別填入三個不同的軌域當中。而對於 6A 族的元素 (ns^2np^4)，多出的一個電子則必須和這三個電子的其中一個成對。當有兩個電子填入同一個軌域時會產生較大的靜電排斥力。所以，即便 6A 族元素比 5A 族元素的核電荷多一個，要將 6A 族元素游離化還是會比較容易。因此，在同週期中 6A 族的游離能比 5A 族的游離能低。

例題 8.4 比較一些元素的游離能大小。

例題 8.4

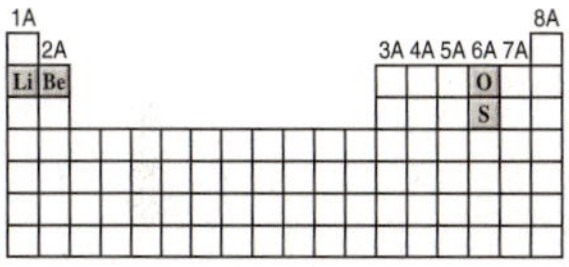

(a) 以下哪一個原子的第一游離能較小：氧或硫？(b) 以下哪一個原子的第二游離能較大：鋰或鈹？

策　略

(a) 同族原子的第一游離能愈往下愈小，因為最外層電子距離原子核較遠，感受到的吸引力較小；(b) 最外層電子若被內層電子所屏蔽，則要移除這個所需要的能量就比較小。

解　答

(a) 氧和硫都是 6A 族元素，它們有一樣的價電子組態 (ns^2np^4)。但由於硫的 $3p$ 電子距離原子核比氧的 $2p$ 電子來得遠，感受到的吸引力較弱，所以我們推測硫的第一游離能較小。

(b) 鋰和鈹的電子組態分別為 $1s^22s^1$ 和 $1s^22s^2$。第二游離能指的是要從氣態的 +1 價陽離子移除一個電子所需的最低能量。對於第二游離能的過程可以下列方程式表示：

$$\begin{array}{lll} Li^{+}(g) & \longrightarrow & Li^{2+}(g) + e^{-} \\ 1s^{2} & & 1s^{1} \\ Be^{+}(g) & \longrightarrow & Be^{2+}(g) + e^{-} \\ 1s^{2}2s^{1} & & 1s^{2} \end{array}$$

因為 1*s* 電子屏蔽 2*s* 電子的效果比它們彼此互相屏蔽來得好，我們可以預測要移除 Be^{+} 上的 2*s* 電子會比要移除 Li^{+} 上的 1*s* 電子容易。

檢　查

可以將結果與表 8.2 中的數據做比較。在 (a) 中，你預測的結果是否符合同族元素的金屬特性愈往下愈增加的特性？而在 (b) 中，你預測的結果是否可以用來解釋為何鹼金屬都會形成 +1 價離子；而鹼土金屬都會形成 +2 價離子？

練習題

(a) 以下哪一個原子的第一游離能較大：N 或 P？(b) 以下哪一個原子的第二游離能較小：Na 或 Mg？

8.5 電子親和力

另外一個大大影響原子化學行為的性質是它們接受電子的能力。這個性質稱為**電子親和力** (electron affinity; *EA*)，它指的是氣態原子接受一個電子形成陰離子而產生的負能量變化。

$$X(g) + e^{-} \longrightarrow X^{-}(g) \qquad (8.4)$$

看看氣態氟原子接受一個電子的過程：

$$F(g) + e^{-} \longrightarrow F^{-}(g) \qquad \Delta H = -328 \text{ kJ/mol}$$

放熱反應的電子親和力為正值，而吸熱反應的電子親和力為負值。這樣的用法也出現在無機化學和物理化學的課本中。

氟的電子親和力因此被定為 +328 kJ/mol。一個元素的電子親和力正值愈大，此元素的原子就有愈大的親和力來接受一個電子。另外一種討論電子親和力的方法，是將它視為從陰離子移除一個電子所需要的最低能量。對於氟來說，我們可以寫成：

$$F^{-}(g) \longrightarrow F(g) + e^{-} \qquad \Delta H = +328 \text{ kJ/mol}$$

因此，一個元素有大的電子親和力代表它的陰離子相當穩定 (也就是原子非常傾向接受一個電子)，就像是元素有大的游離能代表在這個元素

的原子上電子相當穩定。

以實驗上來說，電子親和力是經由移去陰離子上的電子而定。然而，相較於游離能來說，電子親和力很不容易測量，這是因為許多元素的陰離子都很不穩定。表 8.3 列出一些主族元素和惰性氣體的電子親和力，且在圖 8.11 中畫出前 56 個元素的電子親和力與原子序之間的關

表 8.3 一些主族元素和惰性氣體的電子親和力 (kJ/mol) *

1A	2A	3A	4A	5A	6A	7A	8A
H							He
73							< 0
Li	Be	B	C	N	O	F	Ne
60	≤ 0	27	122	0	141	328	< 0
Na	Mg	Al	Si	P	S	Cl	Ar
53	≤ 0	44	134	72	200	349	< 0
K	Ca	Ga	Ge	As	Se	Br	Kr
48	2.4	29	118	77	195	325	< 0
Rb	Sr	In	Sn	Sb	Te	I	Xe
47	4.7	29	121	101	190	295	< 0
Cs	Ba	Tl	Pb	Bi	Po	At	Rn
45	14	30	110	110	?	?	< 0

*惰性氣體、Be 和 Mg 的電子親和力並未真正由實驗得知，但是一般相信會是接近零或負值。

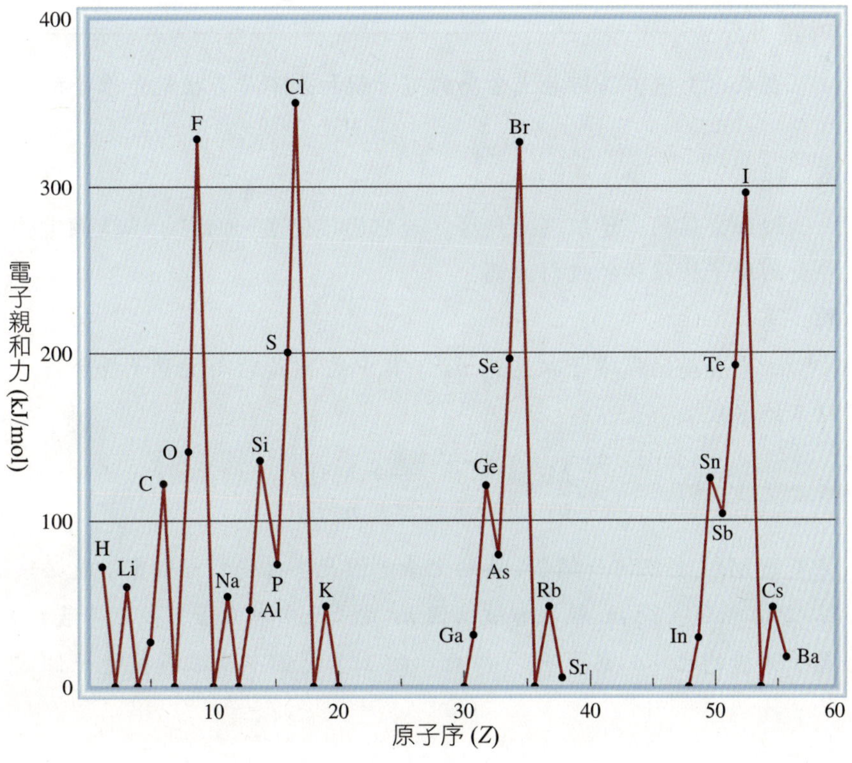

圖 8.11 從氫到鋇電子親和力與原子序之間的關係。

係。整體的趨勢是同週期元素由左向右會增加接受電子的能力 (電子親和力愈正)。金屬的電子親和力通常比非金屬來得低。同族元素的電子親和力差異不大。鹵素 (7A 族) 有最大的電子親和力。

電子親和力與有效核電荷也相關，它也是在同週期元素中由左向右增加 (見第 312 頁)。然而，就像游離能的情形一樣會有一些不規則的例子。舉例來說，2A 族的電子親和力會比對應的 1A 族元素低；5A 族元素的電子親和力也會比對應的 4A 族元素低。這些例外的原因牽涉的是元素的價電子組態。2A 族元素當接受一個電子時，電子一定要填入能量較高的 *np* 軌域。此 *np* 軌域中的電子會有效地被 ns^2 電子所屏蔽，所以比較不會感受到原子核的吸引力。因此，2A 族的電子親和力會比對應的 1A 族元素低。相似地，5A 族元素 (ns^2np^3) 要接受一個電子比 4A 族元素 (ns^2np^2) 難，因為這個電子要填入已經有填入一個電子的 *np* 軌域，所以會產生較大的靜電排斥力。最後，儘管惰性氣體有較大的有效核電荷，它們的電子親和力都很小 (零或是負值)。其原因是當惰性氣體 (ns^2np^6) 要接受一個電子時，此電子必須填入 $(n + 1)s$ 軌域。而填入此軌域的電子會被核心電子屏蔽得很好，因此只會感受到的電子核吸引力很弱。這也可以用來解釋為何價電子軌域被填滿的元素都很穩定。

同族元素的電子親和力由上往下的變化不大。

例題 8.5 說明為什麼鹼土金屬不傾向接受電子。

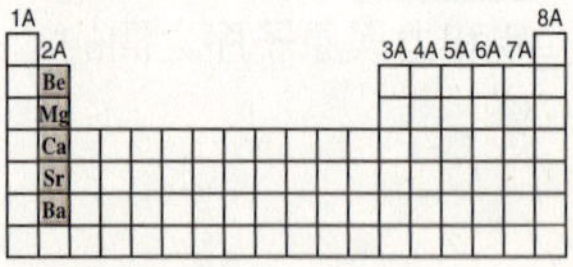

例題 8.5

在表 8.3 中，為何鹼土金屬的電子親和力不是負值就是很小的正值？

策 略

鹼土金屬的電子組態是什麼？若它們接受了一個電子，這個電子會受到原子核很強的吸引力嗎？

解 答

鹼土金屬的價電子組態是 ns^2，其中的 n 是最高主量子數。對於以下的過程：

$$\underset{ns^2}{\mathrm{M}(g)} + e^- \longrightarrow \underset{ns^2np^1}{\mathrm{M}^-(g)}$$

其中的 M 代表任何一個 2A 族的元素，因此多接受的一個電子就必須填入 *np* 軌域，此 *np* 軌域會被兩個 *ns* 電子及內層電子有效地屏蔽 (*ns* 電子穿透的比 *np* 電子多)。因此，鹼土金屬都不喜歡多接受一個電子。

練習題

Ar 會傾向生成 Ar^- 陰離子嗎？

8.6 主族元素在化學性質上的差異

游離能與電子親和力幫助化學家去了解元素會進行的化學反應種類，以及元素所形成的化合物本質。在觀念上，這兩個性質的關係其實很簡單：游離能代表的是一個原子對於它本身電子的吸引力；而電子親和力代表的是一個原子對於外來電子的吸引力。這兩個性質加起來可以讓我們深入了解一個原子對於電子一般的吸引力。用這些觀念，我們可以系統性地檢視元素的化學行為，特別要注意它們化學性質和電子組態之間的關係。

我們已經學過元素的金屬特性在同週期中由左向右遞減；而在同族中由上往下遞增。根據這些趨勢，加上我們已知金屬都有較小的游離能而非金屬都有較大的電子親和力，我們經常可以預測有關這些元素的反應結果。

化學性質的一般趨勢

在我們開始研究各族的元素之前，可以先看看整體的趨勢。我們提過同族元素的化學性質相似是因為它們有相似的價電子組態。這個敘述雖然在一般的觀念上是正確的，但還是要小心運用。化學家早就知道每個族的第一個元素 (第二週期由鋰到氟) 和同族的其他元素性質都不同。例如鋰就有很多種但不是全部的鹼金屬性質。一樣地，鈹在某些程度上也是典型的 2A 族元素。這些不同可以歸因於在同週期中的第一個元素半徑都特別小 (見圖 8.5)。

另一個主族元素在化學行為上的趨勢是所謂的對角線關係。**對角線關係** (diagonal relationships) 指的是在週期表中不同族且不同週期的兩個元素性質的相似性。更具體地來說，第二週期的前三個元素 (Li、Be、B) 的性質和它們在週期表上位於下方對角線的元素有許多相似之處 (圖 8.12)。此現象的原因是它們的陽離子電荷密度相近。(電荷密度是離子的電荷除以它的體積。) 電荷密度相近的陽離子和陰離子會進行相似的反應，所以得到的產物也類似。因此，鋰和鎂的化學在某些方面上是類似的；相同的狀況也發生在鈹和鋁、硼和矽之間。每一對這樣的元素，我們稱它們有對角線關係。之後會看到有許多這種關係的例子。

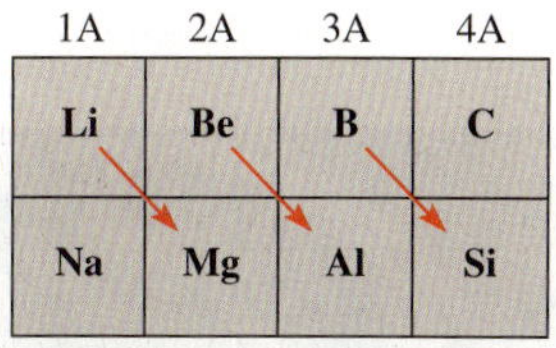

圖 8.12 週期表中的對角線關係。

請記住，當我們在討論同類元素的金屬特性時，對於同族元素性質的比較是最有效的。這個原則適用於都是金屬的 1A 族和 2A 族元素；以及都是非金屬的 7A 族和 8A 族元素。至於 3A 族到 6A 族元素，由於在同族的元素不是由非金屬轉換到金屬就是由非金屬轉換到類金屬，所以雖然同族的元素都有相似的價電子組態，但我們很自然地可以預測這些元素的性質差異會比較大。

現在讓我們更進一步討論主族元素和惰性氣體的化學性質。

氫 ($1s^1$)

氫在週期表中沒有完全適合的位置來排列。傳統上都把氫放在 1A 族，但事實上它可以自成一族。它像鹼金屬一樣只有一個 *s* 價電子；且會形成在水溶液中水合的正一價的離子 (H^+)。另一方面，氫在離子化合物像是 NaH 和 CaH_2 中也會形成氫負離子 (H^-)。在這一方面，氫就像是在離子化合物中都會形成負一價離子的鹵素一樣 (F^-、Cl^-、Br^- 和 I^-)。氫的離子化合物會和水反應生成氫氣與對應的金屬氫氧化物：

$$2NaH(s) + 2H_2O(l) \longrightarrow 2NaOH(aq) + H_2(g)$$
$$CaH_2(s) + 2H_2O(l) \longrightarrow Ca(OH)_2(s) + 2H_2(g)$$

當然，最重要的含氫化合物是水，它可經由氫氣在空氣中燃燒產生：

$$2H_2(g) + O_2(g) \longrightarrow 2H_2O(l)$$

1A 族元素 (ns^1, $n \geq 2$)

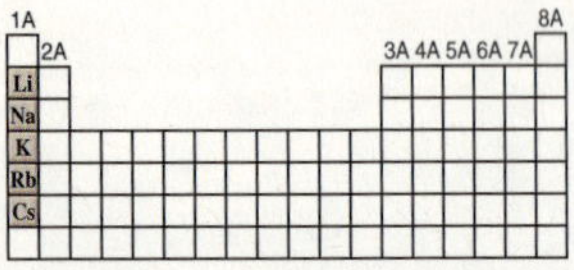

圖 8.13 中可以看到部分 1A 族元素 (鹼金屬) 的外觀。這些元素的游離能都很低，所以很容易失去一個價電子。事實上，在絕大多數它們生成的化合物中也是以正一價離子的形式存在。它們的反應性極高，以致於在自然界中無法以純的方式存在。它們會和水反應產生氫氣與對應

鋰 (Li)　　鈉 (Na)　　鉀 (K)

圖 8.13 1A 族元素：鹼金屬。鍅 (未展示於圖中) 是放射性元素。

的金屬氫氧化物：

$$2M(s) + 2H_2O(l) \longrightarrow 2MOH(aq) + H_2(g)$$

其中 M 指的是鹼金屬。當鹼金屬接觸到空氣時，它們會和氧氣反應生成氧化物而逐漸失去表面的金屬光澤。鋰會生成氧化鋰 (其中有 O^{2-} 離子)：

$$4Li(s) + O_2(g) \longrightarrow 2Li_2O(s)$$

其他的鹼金屬也都會和氧氣反應生成氧化物或**過氧化物** (peroxides)(其中有 O_2^{2-} 離子)。例如：

$$2Na(s) + O_2(g) \longrightarrow Na_2O_2(s)$$

鉀、銣和銫也會生成**超氧化物** (superoxides)(其中有 O^{2-} 離子)：

$$K(s) + O_2(g) \longrightarrow KO_2(s)$$

當鹼金屬與氧氣反應會產生不同氧化物的原因跟氧化物在固態時的穩定性有關。因為這些氧化物都是離子化合物，所以其穩定性取決於陽離子和陰離子之間的吸引力有多強。鋰主要生成氧化鋰是因為它比過氧化鋁穩定。其他鹼金屬氧化物生成的原因也可用相同的方式解釋。

2A 族元素 (ns^2, $n \geq 2$)

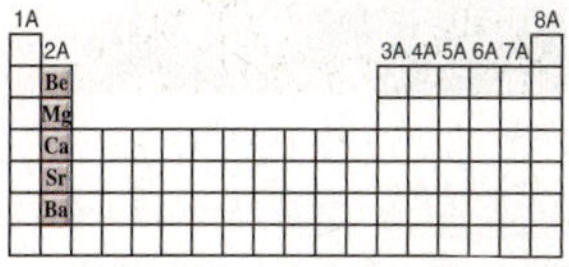

以族來說，鹼土金屬的反應性比鹼金屬的反應性要低一些。不論是第一還是第二游離能，都是由鈹到鋇遞減。因此，生成 M^{2+} 金屬離子的傾向 (其中 M 指的是鹼土金屬原子)；同時也是元素的金屬特性都是由上往下遞增。大部分的鈹化合物 (BeH_2 和鈹的鹵化物，像是 $BeCl_2$) 和少部分的鎂化合物 (例如：MgH_2) 都是分子化合物，而不是離子化合物。

不同鹼土金屬和水的反應有很大的差異。鈹不和水反應；鎂和水蒸氣會緩慢地反應；而鈣、鍶和鋇則是和冷水就會反應：

$$Ba(s) + 2H_2O(l) \longrightarrow Ba(OH)_2(aq) + H_2(g)$$

鹼土金屬和氧氣的反應性也是由 Be 往 Ba 遞增。鈹和鎂只在高溫時生成氧化物 (BeO 和 MgO)，但 CaO、SrO 和 BaO 則是在室溫下就會生成。

鎂在酸性水溶液中反應會產生氫氣：

$$Mg(s) + 2H^+(aq) \longrightarrow Mg^{2+}(aq) + H_2(g)$$

鈣、鍶和鋇一樣會在酸性水溶液中反應產生氫氣。然而，因為這些金屬也會與水分子反應，所以會有兩種反應同時發生。

鈣和鍶的化學性質在同族的相似性上是一個有趣的例子。鍶-90 是一個放射性元素，它是原子彈爆炸產生的主要產物。如果原子彈在大氣壓力下爆炸，所產生的鍶-90 最終會落在地面或水中，且經過一小段的食物鏈就會進入人體中。舉例來說，如果乳牛吃了被汙染的牧草或是喝了被汙染的水，牠們生產的牛奶中就會有鍶-90。因為鈣和鍶的化學性質相似，Sr^{2+} 離子可以取代人體骨骼中的 Ca^{2+} 離子。若人體長時間暴露在鍶-90 同位素的放射線下會導致貧血、白血病，以及其他的慢性疾病。

3A 族元素 (ns^2np^1, $n \geq 2$)

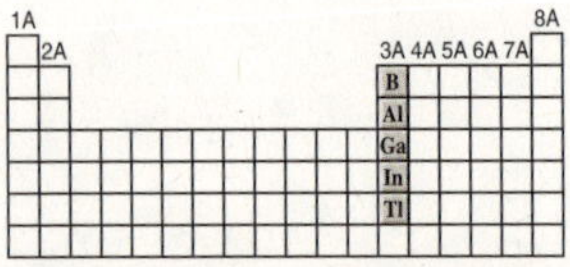

3A 族的第一個元素——硼——是一個類金屬；其他的 3A 族元素則是金屬 (圖 8.14)。硼不會生成二元離子化合物，它也不會和氧氣或水反應。同族中的下一個元素——鋁——當暴露在空氣下，則會很快生成鋁的氧化物：

鎵 (Ga)

圖 8.14 低熔點的鎵 (攝氏 29.8 度) 在手中就會熔化。

$$4Al(s) + 3O_2(g) \longrightarrow 2Al_2O_3(s)$$

表面有一層氧化鋁作為保護層的鋁元素反應性就比元素鋁反應性低。鋁只會生成正三價的陽離子，它會和鹽酸以下列方程式反應：

$$2Al(s) + 6H^+(aq) \longrightarrow 2Al^{3+}(aq) + 3H_2(g)$$

其他 3A 族金屬元素會生成正一價和正三價的陽離子。在同族中，位置愈往下的元素產生的正一價陽離子比正三價陽離子穩定。

3A 族的金屬元素也會生成許多分子化合物。例如：鋰和氫氣反應生成 AlH_3，其性質和 BeH_2 相似。(這是一個對角線關係的例子。) 因此，我們可以發現從週期表的左邊到右邊主族元素的特性是由金屬逐漸轉變成非金屬。

4A 族元素 (ns^2np^2, $n \geq 2$)

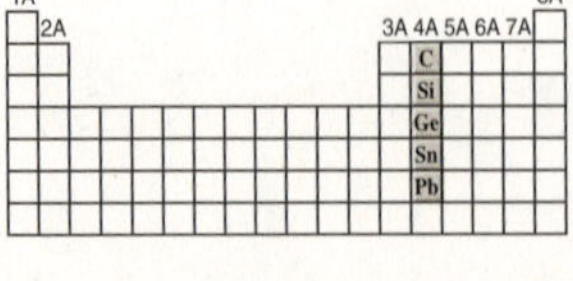

4A 族的第一個元素：碳是一個非金屬；接下來的兩個 4A 族元素：矽和鍺則是類金屬 (圖 8.15)。這族的兩個金屬元素：錫和鉛不會和水反應，但是會和酸 (例如：鹽酸) 反應生成氫氣：

碳 (石墨)　碳 (鑽石)　鍺 (Ge)　鉛 (Pb)

圖 8.15 4A 族元素 (部分)。

$$Sn(s) + 2H^+(aq) \longrightarrow Sn^{2+}(aq) + H_2(g)$$
$$Pb(s) + 2H^+(aq) \longrightarrow Pb^{2+}(aq) + H_2(g)$$

4A 族元素會以 +2 和 +4 的氧化態生成化合物。以碳和矽來說，+4 氧化態最穩定。例如：CO_2 比 CO 穩定；而 SiO_2 是穩定的化合物，但是 SiO 在正常條件下不存在。然而，當繼續往週期表下方看時，穩定性的趨勢則是會顛倒。錫以 +4 氧化態生成的化合物只比以 +2 氧化態生成的化合物穩定一些。鉛的化合物則明顯地是以 +2 氧化態生成的比較穩定。鉛的最外層電子組態是 $6s^2 6p^2$，而鉛傾向只失去 $6p$ 電子 (生成 Pb^{2+})，而不是同時失去 $6p$ 和 $6s$ 電子 (生成 Pb^{4+})。

5A 族元素 (ns^2np^3, $n \geq 2$)

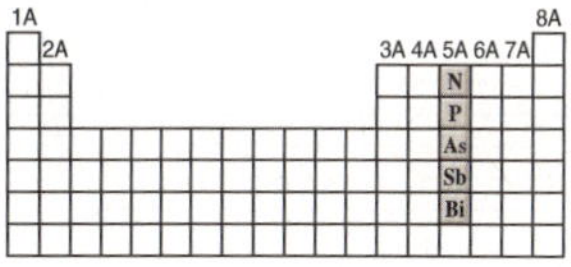

在 5A 族元素中，氮和磷是非金屬；砷和銻是類金屬；而鉍則是金屬 (圖 8.16)。因此，我們可以預期這一族元素的性質會變化較大。

氮元素是雙原子氣體 (N_2)。氮可以生成許多氧化物 (NO、N_2O、NO_2、N_2O_4 和 N_2O_5)；其中只有 N_2O_5 是固體，其他都是氣體。氮會傾向接受三個電子生成氮離子 N^{3-} (因此它的電子組態會和氖一樣是 $1s^2 2s^2 2p^6$)。大部分金屬氮化物 (例如：Li_3N 和 Mg_3N_2) 是離子化合物。磷則是以 P_4 分子存在。它可以生成分子式為 P_4O_6 和 P_4O_{10} 的兩種氧化物。5A 族元素的氧化物和水反應會生成兩個重要含氧酸 HNO_3 和 H_3PO_4：

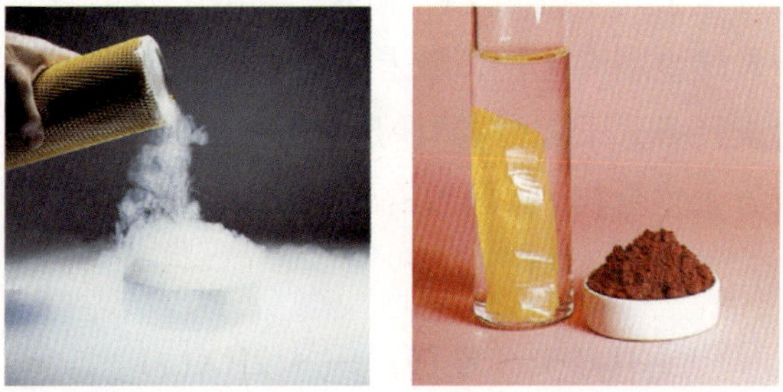

液態氮 (N_2)　白磷和紅磷 (P)

圖 8.16 5A 族元素 (部分)。氮分子是無色無味的氣體。

$$N_2O_5(s) + H_2O(l) \longrightarrow 2HNO_3(aq)$$
$$P_4O_{10}(s) + 6H_2O(l) \longrightarrow 4H_3PO_4(aq)$$

砷、銻和鉍有延伸的三維結構。鉍的反應性相較前幾族的金屬來說是小很多的。

6A 族元素 (ns^2np^4, $n \geq 2$)

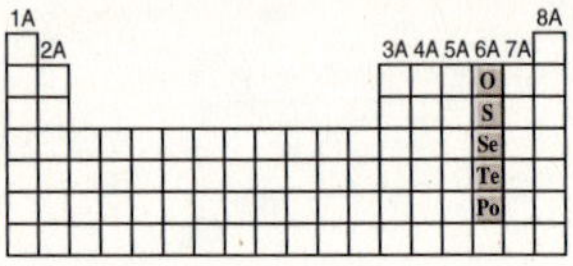

6A 族的前三個元素 (氧、硫和硒) 是非金屬；後兩個元素 (碲和釙) 則是類金屬。氧是雙原子氣體；硫元素和硒元素的分子式分別為 S_8 和 Se_8；碲和釙則有更為延伸的三維結構 (這一族的最後一個元素釙是放射性元素，因此不容易在實驗室中研究)。氧在許多離子化合物中傾向接受兩個電子生成氧離子 (O^{2-})。硫、硒和碲同樣也會生成帶負二價的陰離子 (S^{2-}、Se^{2-} 和 Te^{2-})。這一族的元素 (特別是氧) 會和非金屬生成許多分子化合物。硫的重要化合物有 SO_2、SO_3 和 H_2S。在商業上最重要的硫化合物則是硫酸，它可由三氧化硫和水反應生成：

$$SO_3(g) + H_2O(l) \longrightarrow H_2SO_4(aq)$$

7A 族元素 (ns^2np^5, $n \geq 2$)

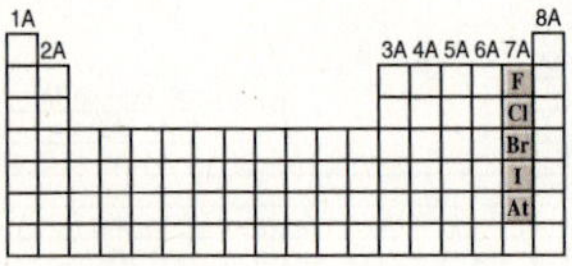

所有的鹵素都是非金屬，而其分子式為 X_2，其中 X 是代表鹵素元素。因為鹵素都有很好的反應性，所以它們在自然界中都不是以元素的方式存在。(7A 族的最後一個元素砈是放射性元素，很少有人知道它的性質。) 氟的活性極高，它可以攻擊水而產生氫氣：

$$2F_2(g) + 2H_2O(l) \longrightarrow 4HF(aq) + O_2(g)$$

事實上，氟分子和水的反應相當複雜，會生成什麼產物取決於反應的條件。以上的反應只是其中一種可能的變化。

鹵素有高的游離能及大的電子親和力。鹵素所生成的陰離子 (F^-、Cl^-、Br^- 和 I^-) 稱為**鹵離子** (halides)。它們和在週期表中位於它們右邊的惰性氣體是等電子的。例如：F^- 和 Ne 等電子、Cl^- 和 Ar 等電子，以此類推。大多數鹼金屬鹵化物和鹼土金屬鹵化物都是離子化合物。鹵素彼此也會結合成許多分子化合物 (像是 ICl 和 BrF_3)，或是跟其他族的非金屬元素生成分子化合物 (像是 NF_3、PCl_5 和 SF_6)。鹵素會和氫氣反應生成鹵化氫：

$$H_2(g) + X_2(g) \longrightarrow 2HX(g)$$

這個反應若是以氟當作反應物會有爆炸性。但反應物換成氯、溴或碘時，反應就會變得愈來愈不劇烈。鹵化氫溶於水會產生氫鹵酸。其中，氫氟酸 (HF) 是弱酸 (也就是弱電解質)；但其他的氫鹵酸 (HCl、HBr 和 HI) 則都是強酸 (強電解質)。

8A 族元素 (ns^2np^6, $n \geq 2$)

所有惰性氣體都以單原子方式存在 (圖 8.17)。它們的原子有填滿的最外層 *ns* 和 *np* 軌域 (氦是 $1s^2$)，也因此使惰性氣體的穩定性很高。8A 族元素的游離能是所有元素中最高的，且這些氣體不傾向多接受額外的電子，也難怪這些元素一直被稱為惰性氣體。在西元 1963 年之前，沒有人可以製備出含有惰性氣體的化合物。而英國化學家巴特列特[5] 改變長久以來化學家對於這些元素的看法。他將氙與一個強氧化劑六氟化鉑以下列方程式反應 (圖 8.18)：

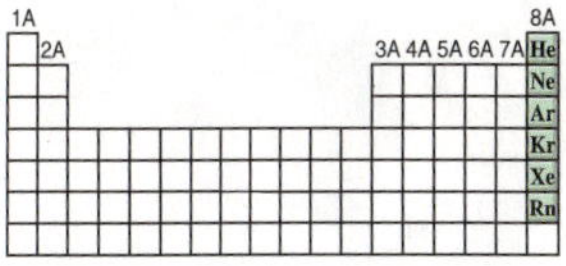

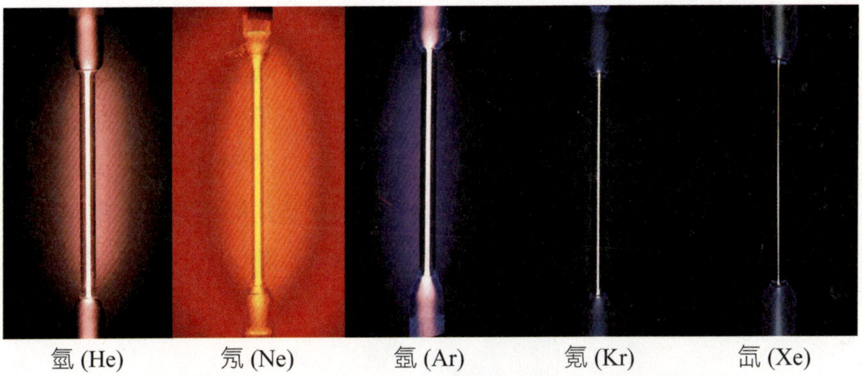

圖 8.17 所有惰性氣體都是無色無味的。圖中氣體的顏色是在放電管中才看得到。

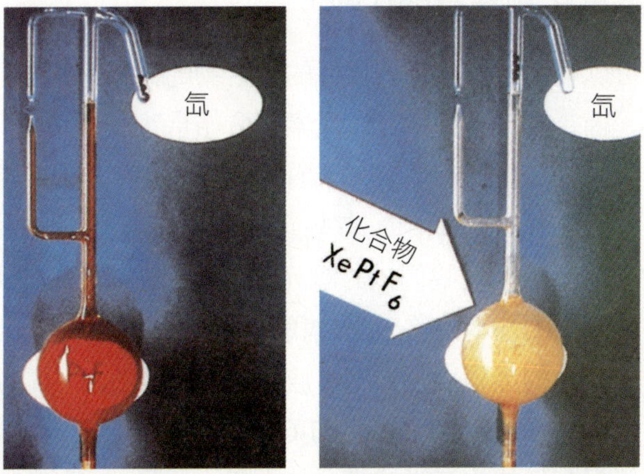

圖 8.18 (a) 氙氣 (無色) 和 PtF_6 (紅色氣體) 彼此分開；(b) 當這兩個氣體混合時，會產生一個黃橘色的固體化合物。請注意：圖中一開始給的是錯誤的分子式 $XePtF_6$。

5 尼爾 • 巴特列特 (Neil Bartlett, 1932~2008)，英國化學家。巴特列特的工作主要是製備和研究特殊氧化態的化合物及固態化學。

$$Xe(g) + 2PtF_6(g) \longrightarrow XeF^+Pt_2F_{11}^-(s)$$

西元 2000 年，化學家製備了一個含有氬化合物 (HArF)，它只在非常低溫下穩定。

此後，有許多氙的化合物 (XeF_4、XeO_3、XeO_4、$XeOF_4$) 和一些氪的化合物 (例如：KrF_2) 被製備出來 (圖 8.19)。然而，雖然惰性氣體在化學界引起許多人的興趣，但是它們的化合物都沒有任何商業上的應用，且它們不會參與自然界的生物過程。目前還沒有發現氦和氖的化合物。

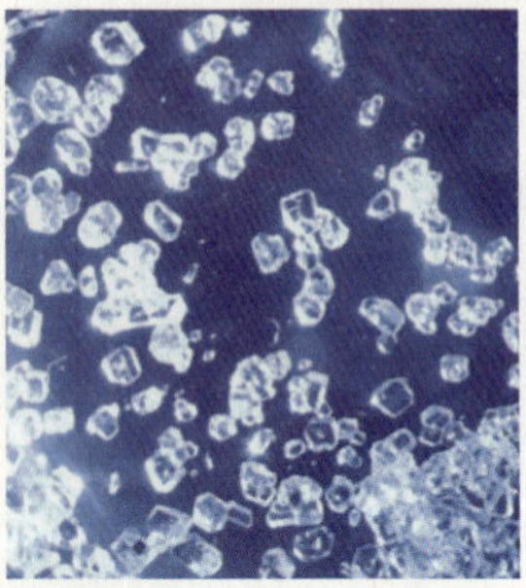

圖 8.19 四氟化氙的晶體 (XeF_4)。

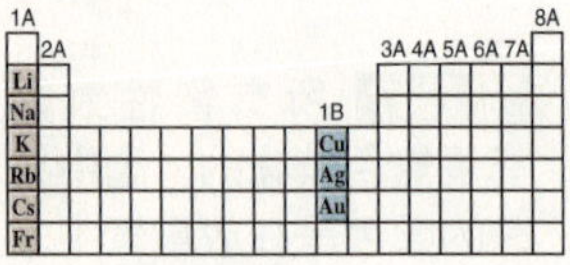

1A 族元素和 1B 族元素性質的比較

當我們把 1A 族 (鹼金族) 和 1B 族 (銅、銀、金) 元素的性質拿來做比較時，得到一個很有趣的結論。雖然這兩族金屬的最外層電子組態類似，都是以一個電子填在最外層的 *s* 軌域中，但是它們的化學性質卻有很大的不同。

銅、銀、金的第一游離能分別為 745 kJ/mol、731 kJ/mol 和 890 kJ/mol。因為這些游離能比鹼金屬的游離能大很多 (見表 8.2)，所以 1B 族元素的反應性比較低。1B 族元素游離能比較大的原因是內層的 *d* 電子對於外層電子的屏蔽效應和 1A 族全填滿的惰性氣體核心的屏蔽效應比起來比較不好。因此，最外層的 *s* 電子會受到原子核比較大的吸引力。事實上，銅、銀、金的反應性極低，以致於在自然界中都是以單原子的方式存在。也因為這樣的穩定性和稀有性，它們常被用來製造錢幣和珠寶。因為這個原因，這些金屬也被稱為「鑄幣金屬」。2A 族元素 (鹼土族) 和 2B 族元素 (鋅、鎘、汞) 之間不同的化學性質也可以用相似的方式解釋。

同週期元素氧化物性質的比較

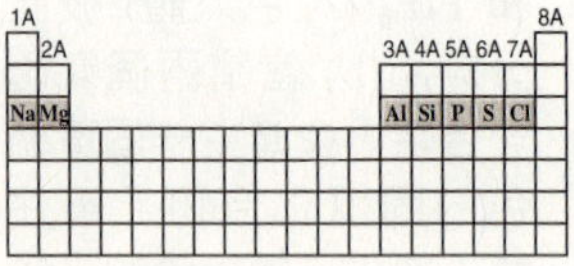

我們也可以利用比較一系列相似的化合物的性質來比較同週期主族元素的性質。因為氧幾乎和所有的元素都會結合，我們可以藉由比較第三週期元素所生成氧化物的性質，來看看金屬和類金屬及非金屬之間的性質有何不同。在第三週期中，有些元素 (磷、硫、氯) 會生成幾種不同的氧化物，但為了簡化我們只討論元素氧化數最高的氧化物。表 8.4 列出了這些氧化物的基本性質。先前我們已學到氧會傾向生成氧離子。當氧和游離能較低的金屬 (例如：1A 族、2A 族和鋁) 結合時這個傾向會更為明顯。因此，Na_2O、MgO 和 Al_2O_3 都是離子化合物；熔點和沸點都很高。它們都有延伸的三維結構，其中每一個陽離子被特定數量的陰離子包圍，反之亦然。因為同週期元素的游離能由左向右遞增，也因此

表 8.4 第三週期元素所生成氧化物的基本性質

	Na_2O	MgO	Al_2O_3	SiO_2	P_4O_{10}	SO_3	Cl_2O_7
化合物形式	← 離子化合物		→	← 分子化合物			→
結構	← 延伸的三維結構			→	← 獨立的分子單元		→
熔點 (°C)	1275	2800	2045	1610	580	16.8	–91.5
沸點 (°C)	?	3600	2980	2230	?	44.8	82
酸鹼性質	鹼性	鹼性	兩性	← 酸性			→

影響它們所生成氧化物的分子性質。矽是類金屬，因此雖然沒有離子存在，它所生成氧化物 (SiO_2) 的三維結構依然很大。相對地，磷、硫、氯所生成的氧化物則是以小的獨立單元形成的分子化合物。這些分子之間的作用力比較小，因此熔點和沸點都較低。

根據氧化物在溶於水中的性質，或是氧化物在特定過程中所扮演的角色，大多數的氧化物都可被分類為酸性氧化物或鹼性氧化物。有些氧化物則是**兩性的** (amphoteric)；意思是它們有酸的性質也有鹼的性質。第三週期的前兩個氧化物 Na_2O 和 MgO 是鹼性的氧化物。例如：Na_2O 和水反應會生成鹼性的氫氧化鈉：

$$Na_2O(s) + H_2O(l) \longrightarrow 2NaOH(aq)$$

氧化鎂的溶解度很不好，它不容易和水產生反應。然而，它會和酸以類似酸鹼反應的方式反應：

$$MgO(s) + 2HCl(aq) \longrightarrow MgCl_2(aq) + H_2O(l)$$

請注意：此反應的產物是一個鹽類 ($MgCl_2$) 和水，這通常是酸鹼中和之後的產物。

氧化鋁的溶解度比氧化鎂更不好，它一樣不會和水反應。但它和酸反應會表現出鹼的性質：

$$Al_2O_3(s) + 6HCl(aq) \longrightarrow 2AlCl_3(aq) + 3H_2O(l)$$

它和鹼反應會表現出酸的性質：

$$Al_2O_3(s) + 2NaOH(aq) + 3H_2O(l) \longrightarrow 2NaAl(OH)_4(aq)$$

請注意：這裡酸鹼中和產生鹽類而不是水。

因此，Al_2O_3 被分類為兩性氧化物是因為它同時有酸和鹼的性質。其他的兩性氧化物有 ZnO、BeO 和 Bi_2O_3。

二氧化矽不溶於水且不會和水產生反應。然而，它會和濃度非常高

CHEMISTRY in Action

生活中的化學

惰性氣體的發現

在西元 1800 年代末期，約翰・斯特拉特，第三代瑞利男爵 (John William Strutt, Third Baron Rayleigh)，在他在英國劍橋大學的 Cavendish 實驗室擔任物理教授的期間，準確地訂出許多元素的原子量，但是他對於氮元素的原子量卻一直有疑惑。他製備氮氣的其中一種方法是將氨氣加熱分解：

$$2NH_3(g) \longrightarrow N_2(g) + 3H_2(g)$$

而另外一種得到氮氣的方法是將空氣中的氧氣、二氧化碳和水蒸氣都移除，而剩下氮氣。實驗所得到的結果顯示，空氣中得到氮氣的密度總是比從氨氣得到氮氣的密度大 (約大 0.5%)。

瑞利男爵的發現引起另一位在倫敦大學學院的化學教授威廉・拉姆齊爵士 (Sir William Ramsay) 的注意。在西元 1898 年，拉姆齊利用瑞利男爵的方法從空氣中得到氮氣，並將此氮氣與加熱後的鎂反應得到氮化鎂：

$$3Mg(s) + N_2(g) \longrightarrow Mg_3N_2(s)$$

在所有的氮氣都和鎂反應完後，拉姆齊發現有一種未知氣體殘餘，而它不會和任何東西結合。

經由發明氣體放電管的威廉・克魯克斯爵士 (Sir William Crookes) 的幫助，拉姆齊和瑞利男爵發現此氣體的放射光譜和所有已知元素都不吻合。所以這是一個新的元素！他們訂出此氣體元素的原子量為 39.95 amu，且將它命名為氬氣 (argon，在希臘文中是「懶惰」的意思)。

自從氬氣被發現後，其他的惰性氣體也很快地陸續被發現。一樣在西元 1898 年，拉姆齊將氦氣從鈾礦中分離出來。從氬氣和氦氣的原子量以及他們都缺乏化學活性，再加上對於週期表規律的了解，拉姆齊相信還有其他不會有化學反應的氣體，且這些氣體在週期表中應該屬於同一族。於是他和他的學生莫里斯・崔佛 (Morris Travers) 便開始著手要找出這些未知氣體元素。他們先利用一台冷卻的機器去製造出液態空氣，再利用分餾的技術使液態空氣逐漸加熱並在不同的溫度收集成分。用這個方法，他們在短短 3 個月內就成功地分析且鑑定出三個新的元素：氖、氪和氙。要在 3 個月發現三種新元素這個紀錄也許以後都無法被打破！

惰性氣體的發現使得週期表變得完整。由它們的原子量得知它們在週期表中應該被放在鹵素的右邊。正如在課文中討論過的，氬氣在位置上的不一致之處已被莫塞萊解決。

最後一個惰性氣體氡被德國的化學家弗雷德里克・多恩 (Frederick Dorn) 在西元 1900 年發現。氡是放射性元素同時也是已知最重的氣體元素，氡的發現不但補齊了 8A 族元素，也使得我們更進一步了解元素放射性衰變與變質現象的本質。

瑞利男爵和拉姆齊因為發現氬氣一同在西元 1904 年拿到諾貝爾獎。瑞利男爵拿到的是諾貝爾物理學獎，而拉姆齊拿到的則是諾貝爾化學獎。

的鹼反應，而表現出酸的性質：

$$SiO_2(s) + 2NaOH(aq) \longrightarrow Na_2SiO_3(aq) + H_2O(l)$$

因此，高濃度的強鹼溶液，像是 NaOH(*aq*)，不應該存放在主成分為 SiO_2 的 Pyrex 玻璃容器中。

剩下的第三週期氧化物則都是酸性的。它們會和水反應生成磷酸 (H_3PO_4)、硫酸 (H_2SO_4) 和過氯酸 ($HClO_4$)：

$$P_4O_{10}(s) + 6H_2O(l) \longrightarrow 4H_3PO_4(aq)$$
$$SO_3(g) + H_2O(l) \longrightarrow H_2SO_4(aq)$$
$$Cl_2O_7(l) + H_2O(l) \longrightarrow 2HClO_4(aq)$$

有些特定的氧化物，像是 CO 和 NO 是中性的，也就是說，它們不會和水反應產生酸性或鹼性水溶液。一般來說，含有非金屬元素的氧化物都不是鹼性的。

從以上對於第三週期元素所生成氧化物性質的觀察，可以發現因為同週期元素的金屬特性是由左向右遞減的，所以它們的氧化物性質是由鹼性轉變成兩性再轉變成酸性。金屬氧化物通常是鹼性的，而大部分的非金屬化氧化物是酸性的。在同週期裡位置介於中間的元素所生成的氧化物 (兩性氧化物) 則會展現出介於酸和鹼之間的性質。同時要注意，由於主族元素中同族元素的金屬特性是由上往下遞增的，我們可以預期由原子序較大元素所生成的氧化物會比原子序較小元素所生成的氧化物的鹼性更強，而事實也是如此。

例題 8.6

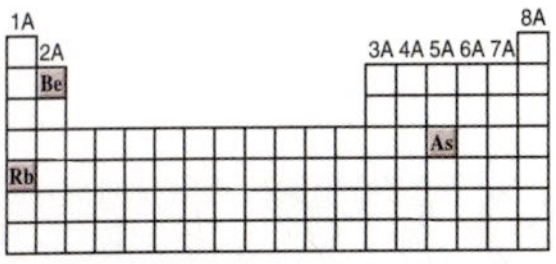

請問下列氧化物是酸性、鹼性，還是兩性？(a) Rb_2O；(b) BeO；(c) As_2O_5。

策　略

什麼樣的元素分別會生成酸性氧化物、鹼性氧化物，以及兩性氧化物？

解　答

(a) 因為銣是鹼金屬，我們可以預期 Rb_2O 是鹼性氧化物。

(b) 鈹是鹼土金屬。然而，由於它是 2A 族的第一個元素，它的性質應該跟同族的其他元素有所不同。在課文中，我們學到 Al_2O_3 是兩性氧化物，而因為鈹和鋁在週期表上有對角線關係，所以 BeO 的性質應該類似於 Al_2O_3，所以 BeO 也是兩性氧化物。

(c) 因為砷是非金屬，我們可以預期 As_2O_5 是酸性氧化物。

類題：8.21。

練習題

請問下列氧化物是酸性、鹼性，還是兩性？(a) ZnO；(b) P_4O_{10}；(c) CaO。

重要方程式

$Z_{eff} = Z - \sigma$ (8.2)　　定義有效核電荷。

觀念整理

1. 在十九世紀化學家根據原子量的遞增順序排列元素而建立了週期表。早期週期表的版本有些不符之處，後來利用元素的原子序大小來排列而解決。
2. 元素的電子組態決定元素的性質，現代的週期表將元素以原子序分類，也因此是以它們的電子組態分類。價電子的電子組態直接影響主族元素的原子性質。
3. 週期變異性反映元素因不同原子結構所產生的物理性質。同週期元素的金屬特性由金屬到類金屬再到非金屬依序遞減。同週期主族元素的金屬特性則是向下遞增。
4. 原子半徑根據元素在週期表中的排列位置有週期性變化。它由左向右遞減；由上向下遞增。
5. 游離能代表的是原子抵抗失去一個電子的能力。游離能愈大，原子核和電子之間的作用力就愈大。電子親和力代表的是原子得到一個電子的能力。電子親和力愈正，原子愈容易得到一個電子。金屬的游離能通常較低，而非金屬的電子親和力通常較大。
6. 惰性氣體都非常穩定，因為它們最外層的 *ns* 和 *np* 軌域都是被填滿的。主族元素中的金屬 (1A、2A、3A 族) 傾向失去電子直到它們的電子組態是和週期表中前一個惰性氣體的電子組態是等電子的狀態。在 5A、6A、7A 族中的非金屬則是傾向得到電子，直到它們的電子組態是和週期表中後一個惰性氣體的電子組態是等電子的狀態。

習　題

元素的週期分類

8.1 有一個元素其原子在中性的狀況下有 17 個電子。在不參考週期表的條件下，(a) 請寫出此元素在基態的電子組態；(b) 此元素屬於哪一類？(c) 此元素是順磁性還是逆磁性？

8.2 請將下列電子組態依照所代表元素的相似化學性質兩兩分類：

(a) $1s^22s^22p^5$

(b) $1s^22s^1$

(c) $1s^22s^22p^6$

(d) $1s^22s^22p^63s^23p^5$

(e) $1s^22s^22p^63s^23p^64s^1$

(f) $1s^22s^22p^63s^23p^64s^23d^{10}4p^6$

8.3 請指出下列元素會在週期表中的哪一族出現：(a) $[Ne]3s^1$；(b) $[Ne]3s^23p^3$；(c) $[Ne]3s^23p^6$；(d) $[Ar]4s^23d^8$。

8.4 有一個金屬離子帶正三價時會有五個電子在它的 3*d* 軌域。請問這是哪一個金屬？

8.5 請寫出下列在人體生物過程中扮演重要角色的離子在基態的電子組態：(a) Na^+；(b) Mg^{2+}；(c) Cl^-，(d) K^+；(e) Ca^{2+}；(f) Fe^{2+}；(g) Cu^{2+}；(h) Zn^{2+}。

8.6 請問有下列電子組態的正三價離子的命名為何？(a) $[Ar]3d^3$；(b) [Ar]；(c) $[Kr]4d^6$；(d) $[Xe]4f^{14}5d^6$。

8.7 請將下列物種依等電子的狀態分類：Be^{2+}、F^-、Fe^{2+}、N^{3-}、He、S^{2-}、Co^{3+}、Ar。

元素物理性質的週期變異

8.8 請將以下原子以其原子半徑大小遞減排列：Na、Al、P、Cl、Mg。

8.9 7A 族中最小的原子是哪一個？

8.10 請以週期表的第二週期當例子，來解釋為何原子大小為何由左向右遞減？

8.11 請將以下離子以其離子半徑大小遞減排列：N^{3-}、Na^+、F^-、Mg^{2+}、O^{2-}。

8.12 請解釋下列哪一個陰離子半徑較大，其原因為何？Se^{2-} 或 Te^{2-}。

8.13 H^- 和 He 都有兩個 1*s* 電子。這兩個物種哪一個比較大？為什麼？

游離能

8.14 請將以下原子以其第一游離能大小遞增排列：F、K、P、Ca、Ne。

8.15 一般來說，同週期元素的游離能是由左向右遞增。然而，在第三週期中鋁的游離能卻比鎂還小，請解釋原因。

8.16 有兩個原子的電子組態分別為 $1s^22s^22p^6$ 和 $1s^22s^22p^63s^1$。而其中一個原子的第一游離能為 2080 kJ/mol，而另一個為 496 kJ/mol。請問這兩個游離能分別屬於哪一個電子組態，其原因為何？

電子親和力

8.17 請指出下列哪個原子你會預期有最大的電子親和力，而哪一個會有最小的電子親和力：He、K、Co、S、Cl。

8.18 請解釋為何鹼金屬會比鹼土金屬有較大的電子親和力。

主族元素在化學性質上的差異

8.19 請根據你對鹼金屬化學性質的了解，來預測 1A 族最後一個元素鍅的化學性質為何。

8.20 請解釋為何 1B 族元素都比 1A 族元素穩定，即便這兩族元素的最外層電子組態都是 ns^1，其中 n 為最外層軌域的主量子數。

8.21 請寫出下列氧化物和水反應的平衡反應方程式：(a) Li_2O；(b) CaO；(c) SO_3。

8.22 請問下列哪一個氧化物鹼性較強？MgO 還是 BaO？為什麼？

附加問題

8.23 請參考週期表寫出以下的描述是指哪一個元素？(a) 第四週期的鹵素；(b) 和磷有相似性質的元素；(c) 第五週期中反應性最強的金屬；(d) 原子序小於 20，且性質和性質與鍶相似的元素。

8.24 請寫出所有和 Ar 等電子的主族元素和過渡金屬離子。

8.25 請指出下列哪幾對物種是等電子狀態：O^+、Ar、S^{2-}、Ne、Zn、Cs^+、N^{3-}、As^{3+}、N、Xe。

8.26 請問下列哪些性質有明顯的週期變異性？(a) 第一游離能；(b) 元素的莫耳質量；(c) 元素同位素的數量；(d) 原子半徑。

8.27 若你有四種物質，分別為：會發煙的紅色液體；深色看起來像金屬的固體；淡黃色氣體；會侵蝕玻璃的黃綠色氣體。已知這四種物質是鹵素的前四個元素，請問以上描述分別指的是哪一個元素？

8.28 請指出在週期表中除了和 He、Ne 和 Ar 不反應，而和其他元素都會在適當條件下發生反應的元素是哪一個？

8.29 請寫出第二週期元素 (Li 到 N) 所生成氧化物的分子式和名稱，並指出這些氧化物是酸性、鹼性，還是兩性。

8.30 哪些因素造成氫原子的特殊性質？

練習題答案

8.1 (a) $1s^22s^22p^63s^23p^64s^2$；(b) 它是主族元素；(c) 反磁性 **8.2** Li > Be > C **8.3** (a) Li^+；(b) Au^{3+}；(c) N^{3-} **8.4** (a) N；(b) Mg **8.5** 不會 **8.6** (a) 兩性；(b) 酸性；(c) 鹼性

Chapter 9
化學鍵 (一)：基本觀念

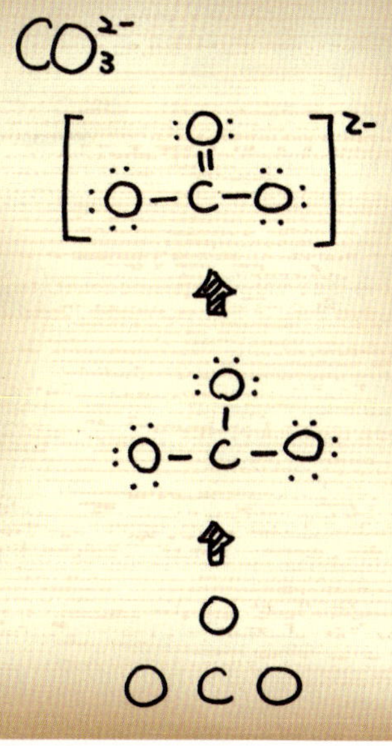

碳酸根離子的路易士結構，經由路易士結構可以了解原子的價電子在化學鍵中分布的狀態。

先看看本章要學什麼？

- 我們對於化學鍵討論將從介紹路易士點符號談起，從路易士點符號可以看出原子的價電子狀態。(9.1)
- 然後我們要研究離子鍵的形成，並學習如何決定用來表示離子化合物穩定性的晶格能。(9.2 和 9.3)
- 接著我們將注意力轉移到共價鍵的形成。這裡我們要學如何畫出路易士結構，它必須遵守八隅體規則。(9.4)
- 我們將學到電負度是用來了解分子性質的重要觀念。(9.5)
- 我們要繼續來練習如何寫出分子和離子的路易士結構，並用形式電荷來研究電子在這些物種中的分布。(9.6 和 9.7)
- 我們要更進一步學習如何畫出一個分子所有可能的路易士結構，而這些路易士結構總稱為此分子的共振式。我們會發現這些共振式有些會違反八隅體規則。(9.8 和 9.9)
- 本章的最後要探討共價鍵的強度，藉此我們可以利用鍵焓來算出反應焓。(9.10)

為什麼不同元素的原子會互相反應？在分子或離子化合物中，將原子互相拉近的力量是什麼？這些分子或離子化合物又應該是什麼形狀？這些都是我們在本章和第十章中要討論的問題。我們先來討論離子鍵和共價鍵這兩種形式的鍵結，並介紹用來穩定這兩種鍵結的力量。

綱　要

9.1 路易士點符號

週期表的建立和電子組態的概念，使得化學家對於分子和化合物的形成有了合理的解釋。這個解釋是由路易士[1] 所提出，其中的概念主要是原子之所以會結合是為了要達到更穩定的電子組態。而當原子的電子組態和惰性氣體相等時會有最大的穩定性。

當原子相互作用形成化學鍵時，每個原子只有外層的區域有彼此接觸。因此，當我們在討論化學鍵結時，主要討論的是原子的價電子。為了要持續觀察化學反應中原子的價電子狀態，以及確認反應前後總電子數沒有變化，化學家採用了路易士提出的一種系統叫作路易士點符號。**路易士點符號** (Lewis dot symbol) 是由元素符號和以點來表示的價電子所組成。在圖 9.1 中可以看到主族元素和惰性氣體的路易士點符號。請注意：除了氦之外，所有原子的價電子數都和它所在的族數一樣。舉例來說，鋰是 1A 族元素，所以畫一個點來表示有一個價電子；鈹是 2A 族元素，所以畫兩個點來表示有兩個價電子；以此類推。同族元素的最外層電子組態相似，所以有相似的路易士點符號。至於過渡金屬和鑭系、錒系元素內層軌域都未填滿電子，一般來說，我們並無法對它們寫出簡單的路易士點符號。

在本章中，我們要學習利用電子組態和週期表來預測原子之間會生

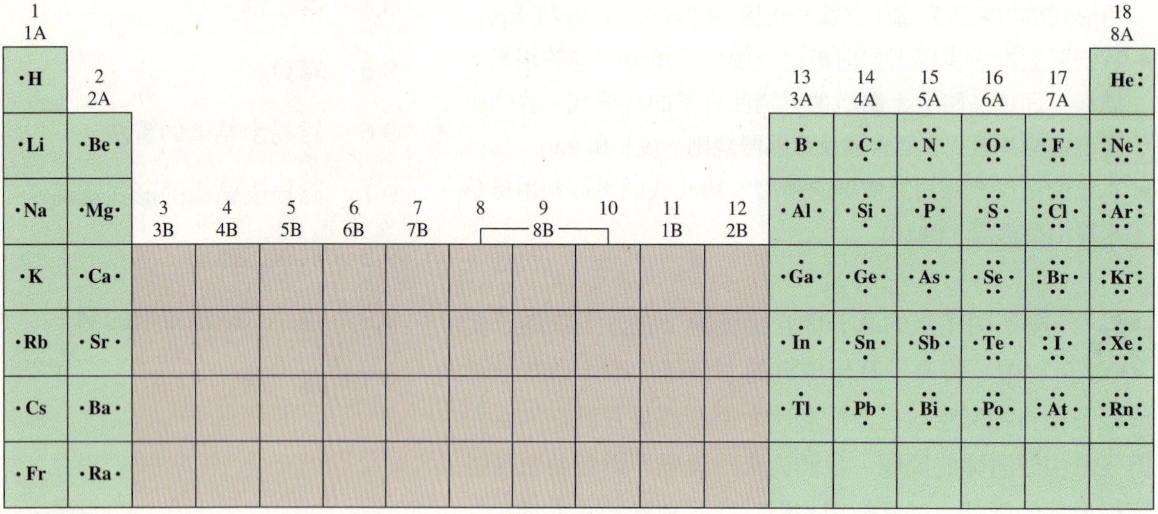

圖 9.1 主族元素和惰性氣體的路易士點符號。未成對點的數目是和每個元素的原子在分子化合物中可以生成的化學鍵數目有關。

1 吉爾伯特・牛頓・路易士 (Gilbert Newton Lewis, 1875~1946)，美國化學家。路易士在化學鍵結、熱力學、酸與鹼，以及光譜學的領域上做出許多重要的貢獻。雖然他的發現對化學發展來說是非常重要的，但他從未得過諾貝爾化學獎。

成什麼樣的化學鍵，以及了解一個特定元素的原子會生成幾個化學鍵，並判斷產物的穩定性。

9.2 離子鍵

在第八章中，我們學到游離能較小元素的原子比較傾向失去電子，形成陽離子；而電子親和力較大元素的原子比較傾向得到電子，形成陰離子。於是我們可以發現最容易在離子化合物中生成陽離子的元素是鹼金屬和鹼土金屬；而最容易在離子化合物中生成陰離子的元素是鹵素和氧。因此，有許多不同的離子化合物是由 1A 族或 2A 族金屬加上另一個鹵素或氧結合而成。而所謂的**離子鍵** (ionic bond) 指的是**在離子化合物中將離子拉近的靜電作用力**。舉例來說，由鋰和氟反應生成的氟化鋰是一種有毒的白色粉末，常用於降低焊錫的熔點和陶瓷製作。鋰的電子組態是 $1s^22s^1$，而氟的電子組態是 $1s^22s^22p^5$。當鋰和氟原子互相接近時，鋰最外層的 $2s^1$ 價電子會轉移到氟原子上。我們可以用路易士點符號將此反應表示如下：

$$\underset{1s^22s^1}{\cdot\text{Li}} + \underset{1s^22s^22p^5}{:\ddot{\underset{..}{\text{F}}}\cdot} \longrightarrow \underset{1s^2}{\text{Li}^+}\ \underset{1s^22s^22p^6}{:\ddot{\underset{..}{\text{F}}}:^-} \quad (\text{或 LiF}) \qquad (9.1)$$

氟化鋰。在工業上，LiF 和大多數其他離子化合物一樣都是經由純化含有 LiF 的礦物獲得。

為了方便了解，我們可以將此反應想像成分開的步驟——首先是鋰的解離：

$$\cdot\text{Li} \longrightarrow \text{Li}^+ + e^-$$

然後 F 接受一個電子：

$$:\ddot{\underset{..}{\text{F}}}\cdot + e^- \longrightarrow :\ddot{\underset{..}{\text{F}}}:^-$$

接著，想像這兩個分開的離子會結合生成 LiF：

$$\text{Li}^+ + :\ddot{\underset{..}{\text{F}}}:^- \longrightarrow \text{Li}^+:\ddot{\underset{..}{\text{F}}}:^-$$

請注意：這三個方程式加總起來為

$$\cdot\text{Li} + :\ddot{\underset{..}{\text{F}}}\cdot \longrightarrow \text{Li}^+:\ddot{\underset{..}{\text{F}}}:^-$$

它和方程式 (9.1) 一樣。LiF 中的離子鍵是由帶正電的鋰離子和帶負電的氟離子之間的靜電作用力所形成。此化合物本身是電中性。

寫離子化合物的實驗式時，我們通常不寫出電荷。這裡寫出 + 和 – 是為了強調電子的轉移。

有許多其他相似的反應也會生成離子鍵。例如，鈣在氧氣中燃燒會生成氧化鈣：

$$2Ca(s) + O_2(g) \longrightarrow 2CaO(s)$$

假設雙原子的氧氣分子會先分開成兩個氧原子 (我們之後會討論此步驟的能量變化)，我們可以用路易士點符號來表示這個反應：

$$\begin{array}{ccccc} \cdot Ca \cdot & + & \cdot \ddot{\underset{\cdot\cdot}{O}} \cdot & \longrightarrow & Ca^{2+} \quad :\ddot{\underset{\cdot\cdot}{O}}:^{2-} \\ [Ar]4s^2 & & 1s^22s^22p^4 & & [Ar] \quad [Ne] \end{array}$$

其中有兩個電子由鈣原子轉移到氧原子。請注意：所生成鈣離子 (Ca^{2+}) 的電子組態和氬相同；而氧離子 (O^{2-}) 的電子組態和氖相同；且此化合物 (CaO) 是電中性。

在許多化合物中陽離子和陰離子的會有不同的價數。例如，鋰在氧氣中燃燒會生成氧化鋰：

$$4Li(s) + O_2(g) \longrightarrow 2Li_2O(s)$$

我們可以用路易士點符號寫成：

$$\begin{array}{ccccc} 2 \cdot Li & + & \cdot \ddot{\underset{\cdot\cdot}{O}} \cdot & \longrightarrow & 2Li^{+} \quad :\ddot{\underset{\cdot\cdot}{O}}:^{2-} \text{ (或 } Li_2O) \\ 1s^22s^1 & & 1s^22s^22p^4 & & [He] \quad [Ne] \end{array}$$

在這個過程中，氧會接受兩個電子 (每一個鋰原子提供一個電子) 生成氧離子。Li^+ 離子和氦的電子組態相同。

當鎂在高溫下和氮氣反應會生成白色固體化合物氮化鎂 (Mg_3N_2)：

$$3Mg(s) + N_2(g) \longrightarrow Mg_3N_2(s)$$

或寫成

$$\begin{array}{ccccc} 3 \cdot Mg \cdot & + & 2 \cdot \ddot{\underset{\cdot}{N}} \cdot & \longrightarrow & 3Mg^{2+} \quad 2 :\ddot{\underset{\cdot\cdot}{N}}:^{3-} \text{ (或 } Mg_3N_2) \\ [Ne]3s^2 & & 1s^22s^22p^3 & & [Ne] \quad [Ne] \end{array}$$

這反應牽涉到六個電子 (每一個鎂原子提供兩個電子) 轉移到兩個氮原子上，而所生成鎂離子 (Mg^{2+}) 和氮離子 (N^{3-}) 的電子組態都和氖相同。因為總共有三個 +2 價離子和兩個 –3 價離子，此化合物電荷平衡，所以是電中性。

在例題 9.1 中，我們利用路易士點符號來探討離子鍵的生成。

例題 9.1

請利用路易士點符號來表示氧化鋁 (Al_2O_3) 的生成。

策 略

在寫離子化合物的分子式時要以保持電中性為原則；也就是說，所有陽離子正電荷的總和要等於所有陰離子負電荷的總和。

解 答

根據圖 9.1，Al 和 O 的路易士點符號為

$$\cdot\dot{\text{Al}}\cdot \qquad \cdot\ddot{\underset{\cdot\cdot}{\text{O}}}\cdot$$

因為在離子化合物中，鋁傾向生成陽離子 (Al^{3+})，而氧傾向生成陰離子 (O^{2-})，所以電子的轉移是由鋁到氧。每一個鋁原子上有三個價電子，而每一個氧原子需要得到兩個電子生成和氖電子組態相同的 O^{2-} 離子。因此，要達到電中性，Al^{3+} 和 O^{2-} 的最簡單比例是 2:3，其中兩個 Al^{3+} 離子的總電荷數是 +6，三個 O^{2-} 離子的總電荷數是 –6。所以，氧化鋁的實驗式為 Al_2O_3，而反應方程式為

$$2\ \cdot\dot{\text{Al}}\cdot \quad + \quad 3\ \cdot\ddot{\underset{\cdot\cdot}{\text{O}}}\cdot \longrightarrow 2\text{Al}^{3+} \quad 3\ :\ddot{\underset{\cdot\cdot}{\text{O}}}:^{2-} \quad (\text{或 } Al_2O_3)$$

$$[\text{Ne}]3s^23p^1 \qquad 1s^22s^22p^4 \qquad [\text{Ne}] \qquad [\text{Ne}]$$

檢 查

請確認方程式兩邊的價電子數是相同的 (24 個)，並檢查 Al_2O_3 中的下標數字是否為最簡單整數比。

練習題

請利用路易士點符號來表示氫化鋇的生成。

類題：9.2、9.3。

9.3 離子化合物的晶格能

根據游離能與電子親和力，我們可以預測哪個元素比較容易生成離子化合物，但是我們要如何來評估離子化合物的穩定性呢？游離能與電子親和力是定義在氣態條件下發生的過程，但是在 1 atm、攝氏 25 度下，所有的離子化合物都是固體。物質在固態和氣態的狀況十分不同，因為每一個在固態的陽離子都被特定數量的陰離子所包圍，反之亦然。因此，固態離子化合物的總穩定性決定於所有離子之間的作用力，而不是單一陽離子和單一陰離子之間的作用力。我們可以用晶格能 (lattice

晶格能決定離子的電荷及離子之間的距離。

energy) 來定量地描述離子化合物的穩定性，其定義為要將一莫耳固態離子化合物完全分離成氣態離子所需要的能量 (見 6.7 節)。

用玻恩－哈伯循環算出晶格能

晶格能無法直接被測量。然而，如果我們知道離子化合物的結構和組成成分，就可以用庫侖定律來算出離子化合物的晶格能。**庫侖[2] 定律** (Coulomb's law) 描述兩個離子之間的位能 (E) 是和這兩個離子的電荷乘積成正比，且和它們之間的距離成反比。假設一個 Li^+ 離子和一個 F^- 離子之間的距離為 r，此系統的位能可以寫成

因為能量＝力×距離，庫侖定律也可以表示為：

$$F = k\frac{Q_{Li^+}Q_{F^-}}{r^2}$$

其中 F 是離子間的作用力。

$$E \propto \frac{Q_{Li^+}Q_{F^-}}{r} = k\frac{Q_{Li^+}Q_{F^-}}{r} \quad (9.2)$$

其中 Q_{Li^+} 和 Q_{F^-} 是 Li^+ 離子和 F^- 離子的電荷數，而 k 是正比常數。因為 Q_{Li^+} 帶正電而 Q_{F^-} 帶負電，所以 E 是負值，且由 Li^+ 和 F^- 生成離子鍵是放熱過程。因此，若要將此過程逆轉，則需要提供系統能量 (也就是說，LiF 的晶格能為正值)。也因此鍵結後的 Li^+ 和 F^- 離子比分開的 Li^+ 和 F^- 離子穩定。

另一種間接得到晶格能的方式是藉由將離子化合物的生成過程假定為一連串分開的步驟。此步驟稱為**玻恩－哈伯循環** (Born-Haber cycle)，它將離子化合物的晶格能分為游離能、電子親和力及其他有關原子和分子的性質來討論。此循環是根據黑斯定律而定 (見 6.6 節)。由玻恩[3] 和哈伯[4] 所建立的玻恩－哈伯循環定義了生成離子固體所進行的各種步驟，我們將示範如何用它找出氟化鋰的晶格能。

看看鋰和氟之間的反應：

$$\text{Li}(s) + \tfrac{1}{2}\text{F}_2(g) \longrightarrow \text{LiF}(s)$$

此反應標準焓的變化量為 –594.1 kJ/mol。(因為反應物和產物都處於它們的標準狀態，也就是 1 atm，因此焓的變化量也等於 LiF 的標準生成

2 查爾斯・奧古斯丁・庫侖 (Charles Augustin de Coulomb, 1736~1806)，法國物理學家。庫侖從事電和磁的研究，並將牛頓的平方反比定律應用在電上。他也發明了扭力天平。

3 馬克斯・玻恩 (Max Born, 1882~1970)，德國物理學家。玻恩是現代物理的建立者之一。他的研究包含很多主題。他在西元 1954 年因為對粒子波函數的解釋而得到諾貝爾物理學獎。

4 弗里茨・哈伯 (Fritz Haber, 1868~1934)，德國化學家。哈伯所發明從大氣中氮氣製備氨的方法提供德國在第一次世界大戰中製造炸彈所需要的硝酸鹽。他同時也研究氣體武器。哈伯在西元 1918 年得到諾貝爾化學獎。

焓。) 要記得生成 LiF 的各個步驟焓變化量的總和會等於整個反應的焓變化量 (–594.1 kJ/mol)，如此一來，我們便可以從元素開始，經由以下五個分開的步驟來追蹤 LiF 的生成過程。或許生成的過程不一定是完全按照這些路徑進行，但是知道這些路徑使我們可以利用黑斯定律來分析離子化合物生成過程的能量變化。

1. 將鋰金屬固體轉換成鋰蒸氣 (由固體直接轉換成氣體的過程稱為昇華)：

$$\mathrm{Li}(s) \longrightarrow \mathrm{Li}(g) \qquad \Delta H_1^\circ = 155.2\ \mathrm{kJ/mol}$$

鋰金屬固體昇華所需要的能量為 155.2 kJ/mol。

2. 將 $\frac{1}{2}$ 莫耳的 F_2 氣體分開成為氣態的 F 原子：

$$\tfrac{1}{2}\mathrm{F}_2(g) \longrightarrow \mathrm{F}(g) \qquad \Delta H_2^\circ = 75.3\ \mathrm{kJ/mol}$$

打斷 1 莫耳 F_2 分子中的化學鍵需要 150.6 kJ/mol 的能量。這裡我們打斷的是 $\frac{1}{2}$ 莫耳的 F_2 分子中的化學鍵，所以需要的能量為 150.6/2 kJ，或是 75.3 kJ。

F_2 分子的 F 原子是以共價鍵結合。打斷鍵所需要的能量為鍵焓 (9.10 節)。

3. 將 1 莫耳的氣態 Li 原子游離化 (見表 8.2)：

$$\mathrm{Li}(g) \longrightarrow \mathrm{Li}^+(g) + e^- \qquad \Delta H_3^\circ = 520\ \mathrm{kJ/mol}$$

此過程牽涉的能量就是鋰的第一游離能。

4. 把 1 莫耳電子加到 1 莫耳的氣態 F 原子上。正如先前在第 322 頁討論過的，此過程的能量變化正好跟電子親和力相反 (見表 8.3)：

$$\mathrm{F}(g) + e^- \longrightarrow \mathrm{F}^-(g) \qquad \Delta H_4^\circ = -328\ \mathrm{kJ/mol}$$

5. 將 1 莫耳的氣態 Li^+ 和 1 莫耳的氣態 F^- 結合生成 1 莫耳的固態 LiF：

$$\mathrm{Li}^+(g) + \mathrm{F}^-(g) \longrightarrow \mathrm{LiF}(s) \qquad \Delta H_5^\circ = ?$$

將步驟 5 反過來可寫成

$$\text{能量} + \mathrm{LiF}(s) \longrightarrow \mathrm{Li}^+(g) + \mathrm{F}^-(g)$$

這個過程的能量可定義為 LiF 的晶格能。因此，LiF 的晶格能必須大小和 ΔH_5° 相同，但正負號相反。雖然我們無法直接算出 ΔH_5° 是多少，但可以用下列步驟算出它的值。

1. $Li(s) \longrightarrow Li(g)$		$\Delta H_1^\circ = 155.2$ kJ/mol
2. $\frac{1}{2}F_2(g) \longrightarrow F(g)$		$\Delta H_2^\circ = 75.3$ kJ/mol
3. $Li(g) \longrightarrow Li^+(g) + e^-$		$\Delta H_3^\circ = 520$ kJ/mol
4. $F(g) + e^- \longrightarrow F^-(g)$		$\Delta H_4^\circ = -328$ kJ/mol
5. $Li^+(g) + F^-(g) \longrightarrow LiF(s)$		$\Delta H_5^\circ = ?$
$Li(s) + \frac{1}{2}F_2(g) \longrightarrow LiF(s)$		$\Delta H^\circ_{\text{總和}} = -594.1$ kJ/mol

根據黑斯定律，我們可以寫成

$$\Delta H^\circ_{\text{總和}} = \Delta H_1^\circ + \Delta H_2^\circ + \Delta H_3^\circ + \Delta H_4^\circ + \Delta H_5^\circ$$

或

$$-594.1 \text{ kJ/mol} = 155.2 \text{ kJ/mol} + 75.3 \text{ kJ/mol} + 520 \text{ kJ/mol} - 328 \text{ kJ/mol} + \Delta H_5^\circ$$

因此，

$$\Delta H_5^\circ = -1017 \text{ kJ/mol}$$

且 LiF 的晶格能為 +1017 kJ/mol。

圖 9.2 整理生成 LiF 所需經歷的玻恩－哈伯循環。步驟 1、2 和 3 都需要吸收能量，而步驟 4 和 5 則須放出能量。因為 ΔH_5° 是一個很大的負值，所以 LiF 的晶格能會是一個很大的正值，這也解釋了為何固體 LiF 是很穩定的。離子化合物的晶格能愈大，其化合物愈穩定。要記得晶格能永遠為正值。這是因為根據庫侖定律，要將固體中的離子分離成在氣態中的離子都是吸熱的過程。

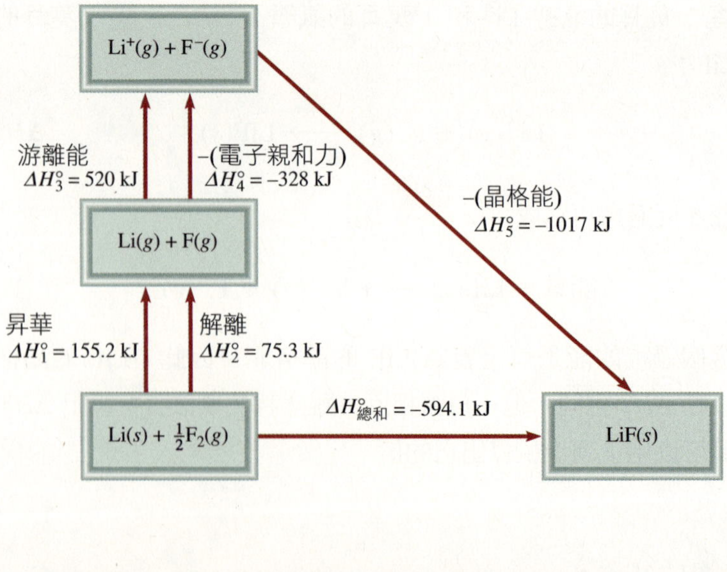

圖 9.2 生成 1 莫耳固體 LiF 所需經歷的玻恩－哈伯循環。

表 9.1 列出一些常見離子化合物的晶格能和熔點。可以看出晶格能和熔點之間有大略的關聯性。晶格能愈大代表固體愈穩定，離子在固體中彼此被抓得也更緊。因為要將這樣的固體融化需要更多能量，所以晶格能較大固體的熔點會比晶格能較小固體的熔點高。請注意：$MgCl_2$、Na_2O 和 MgO 的晶格能特別高，其中第一個化合物中有帶二價的陽離子 (Mg^{2+})，第二化合物中有帶二價的陰離子 (O^{2-})，第三個化合物中則是有兩個帶二價離子之間的作用力 (Mg^{2+} 和 O^{2-})。而兩個二價離子之間，或是一個二價離子和一個一價離子之間的庫侖吸引力會遠比兩個一價陰陽離子之間的庫侖吸引力來得大。

晶格能和離子化合物的分子式的關係

因為晶格能代表的是離子化合物的穩定性，它的大小可以讓我們用來解釋這些離子化合物的分子式。舉氯化鎂為例，我們先前曾經看過一個元素的游離能在連續從原子上移除電子時會快速的增加。例如：鎂的第一游離能是 738 kJ/mol，而第二游離能是 1450 kJ/mol；第二游離能幾乎是第一游離能的兩倍。從能量的角度來看，我們或許會問為什麼鎂在化合物中不會是帶一個正電的陽離子？為什麼氯化鎂的分子式不是 MgCl (其中是 Mg^+ 離子) 而是 $MgCl_2$ (其中是 Mg^{2+} 離子)？不可否認地，Mg^{2+} 離子因為有惰性氣體的電子組態 [Ne]，電子軌域全填滿，

表 9.1 一些鹼金屬或鹼土金屬鹵化物與氧化物的晶格能和熔點

化合物	晶格能 (kJ/mol)	熔點 (°C)
LiF	1017	845
LiCl	828	610
LiBr	787	550
LiI	732	450
NaCl	788	801
NaBr	736	750
NaI	686	662
KCl	699	772
KBr	689	735
KI	632	680
$MgCl_2$	2527	714
Na_2O	2570	昇華無熔點*
MgO	3890	2800

*Na_2O 在攝氏 1275 度時昇華。

所以穩定性比較高。但事實上，電子軌域全填滿所得到的穩定能量並沒有超過從 Mg^+ 離子再移去一個電子所需要的能量。氯化鎂的分子式是 $MgCl_2$ 的真正原因在於，形成氯化鎂固體會得到額外的穩定能量。$MgCl_2$ 的晶格能為 2527 kJ/mol，這個能量足以彌補從一個 Mg 原子移去前 2 個電子所需要的能量 (738 kJ/mol + 1450 kJ/mol = 2188 kJ/mol)。

而氯化鈉的狀況又是如何？為什麼氯化鈉的分子式是 NaCl，而不是 $NaCl_2$ (其中是 Na^{2+} 離子)？雖然 Na^{2+} 離子沒有惰性氣體的電子組態，但因為 Na^{2+} 帶有較多的電荷，可以假設 $NaCl_2$ 的晶格能會比較大，所以我們或許會認為氯化鈉的分子式應該是 $NaCl_2$。用一樣的方法，我們可以利用形成離子化合物的過程所需能量 (也就是游離能) 和所得到的穩定能量之間的平衡來分析。鈉原子前兩個游離能的總和是

$$496 \text{ kJ/mol} + 4560 \text{ kJ/mol} = 5056 \text{ kJ/mol}$$

事實上，$NaCl_2$ 這個化合物並不存在，所以我們無法知道它的晶格能是多少。但是，如果我們假設它的晶格能和 $MgCl_2$ 一樣是 2527 kJ/mol 的話，就可以知道這個能量遠比生成 Na^{2+} 離子所需要的能量小，所以無法生成 $NaCl_2$。

以上對於陽離子的討論也適用於陰離子。在 8.5 節中，我們曾看過氧的電子親和力是 141 kJ/mol，意指下列過程會釋放出能量 (也所以傾向發生)：

$$\mathrm{O}(g) + e^- \longrightarrow \mathrm{O}^-(g)$$

若 O^- 離子上在多加一個電子

$$\mathrm{O}^-(g) + e^- \longrightarrow \mathrm{O}^{2-}(g)$$

因為增加了靜電排斥力，所以我們會預期此過程不傾向發生。事實上，O^- 離子的電子親和力是負值 (–844 kJ/mol)。然而，由 O^- 離子所生成的化合物確實存在且很穩定；但 O^- 離子所生成的化合物卻不確定。一樣的道理，這是因為由 O^{2-} 離子所生成化合物像是 Na_2O 和 MgO 的晶格能遠大於生成 O^{2-} 離子所需要的能量。

9.4 共價鍵

雖然分子的概念可以追溯到十七世紀，但直到二十世紀初化學家才了解分子是如何且為什麼會生成。一開始的突破主要是由路易士提出一

CHEMISTRY in Action

生活中的化學

氯化鈉——一個常見且重要的離子化合物

我們對於氯化鈉和食鹽都很熟悉。它是個典型的固體離子化合物，易碎且熔點很高 (攝氏 801 度)，它在熔融態及溶在水溶液中時可以導電。在圖 2.13 可以看到氯化鈉固體的結構。

氯化鈉的其中一個來源是岩鹽，它通常是在地底下數百公尺厚的沉澱物中所發現。氯化鈉也可以從海水或鹵水 (濃的 NaCl 溶液) 中經由日照將水蒸發獲得。在自然界中，氯化鈉也會以礦物岩鹽的方式存在。

氯化鈉在製備無機化合物的過程中是最常用的原料。每一年全世界都要用掉約 2 億噸的氯化鈉。其主要用途是在製備其他重要的無機物像是氯氣、氫氧化鈉、金屬鈉、氫氣和碳酸鈉。它也可以用來融化在高速公路或一般道路上的結冰或積雪。然而，因為氯化鈉對於植物的生長有害，且它會加速汽車的腐蝕，所以用在此用途時必須考慮許多環境的因素。

在地底下開採岩鹽。

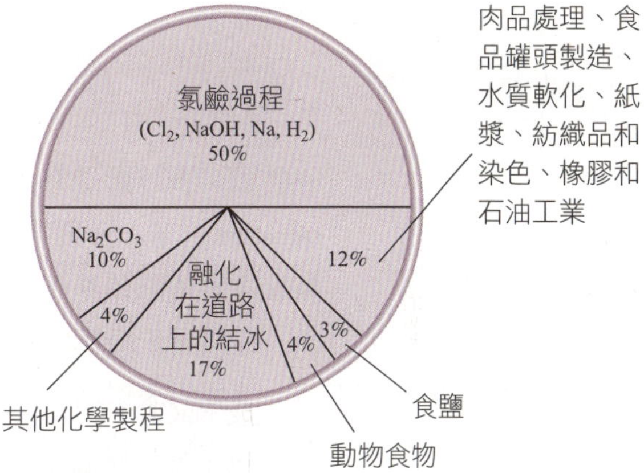

氯化鈉的使用範圍。

個概念：化學鍵的生成牽涉到原子間電子的共用。他指出 H_2 中化學鍵的生成過程如下：

$$\mathrm{H\cdot + \cdot H \longrightarrow H:H}$$

這種電子對的形式可以視為是一個**共價鍵** (covalent bond)，它指的是由兩個原子共用一對電子所生成的化學鍵。**共價化合物** (covalent compounds) 指的是只用共價鍵組成的化合物。為了簡化，共用的電子對常用一條直線來表示。因此，在氫氣分子中的共價鍵可以寫成 H—H。在一個共價鍵中，一對電子中的每一個電子都同時被兩個原子的原子核所吸引。這樣的吸引力可以把 H_2 中的兩個原子拉在一起，也可以用來解釋其他分子中共價鍵的形成。

多電子原子之間的共價鍵只和價電子有關。舉氟分子 F_2 的例子來說，F 的電子組態是 $1s^22s^22p^5$。其中的 $1s$ 電子能量低，且大多數的狀

此討論只適用於主族元素，請記得主族元素的價電子數等於族數 (1A 族至 7A 族)。

況下處在接近原子核的位置，它們不會參與化學鍵的形成。因此，每一個 F 原子有七個價電子 (2*s* 和 2*p* 電子)。根據圖 9.1，F 原子上只有一個未成對電子，所以 F_2 分子的生成可表示如下：

$$:\ddot{\underset{..}{F}}\cdot + \cdot\ddot{\underset{..}{F}}: \longrightarrow :\ddot{\underset{..}{F}}:\ddot{\underset{..}{F}}: \quad 或 \quad :\ddot{\underset{..}{F}}—\ddot{\underset{..}{F}}:$$

請注意：這裡只有兩個價電子參與 F_2 分子的生成。其他的未鍵結電子稱為**孤電子對** (lone pairs)，指的是未參與共價鍵生成的價電子對。因此，在 F_2 中的每一個 F 上有三對孤電子：

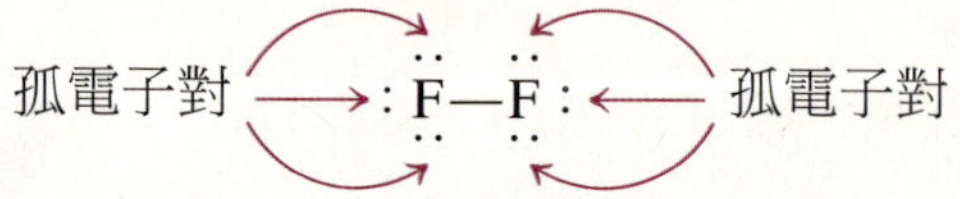

我們用來表達像是 H_2 和 F_2 等共價化合物的結構稱為**路易士結構** (Lewis structure)。在一個路易士結構中，共價鍵中的每一個共用電子對可用一條直線或是兩個點來表示，而孤電子對則是只能用原子上的兩個點來表示。在路易士結構中只有價電子被畫出。

讓我們來看看水分子的路易士結構。在圖 9.1 中，我們可以看到氧的路易士點符號有兩個未成對的點，或稱未成對電子。所以，我們可以預期氧原子會生成兩個共價鍵。因為氫原子只有一個電子，所以它只會生成一個共價鍵。因此，水分子的路易士結構為

$$H:\ddot{\underset{..}{O}}:H \quad 或 \quad H—\ddot{\underset{..}{O}}—H$$

在這個例子中，氧原子有兩對孤電子。而氫原子唯一的一個電子被用來生成共價鍵，所以氫原子沒有孤電子對。

在 F_2 和 H_2O 原子中，F 和 O 原子都藉由共用電子的方式達到惰性氣體的電子組態：

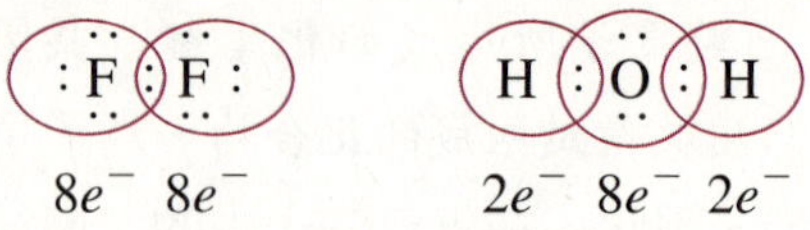

這些分子的生成說明路易士所提出的**八隅體規則** (octet rule)：除了氫原子之外，其他原子都會傾向生成化學鍵，直到它的周圍被八個價電子環繞。換句話說，當一個原子沒有足夠的電子來形成八隅體的時候，就會生成共價鍵。每一個原子可以藉由共價鍵中的共用電子來滿足八隅體規則。對於氫原子來說，則必須達到氦的電子組態，每個氫原子上要有兩

個電子。

八隅體規則主要適用於週期表中第二週期的元素。這些元素只有 2*s* 和 2*p* 軌域，總共可以填入八個電子。當這些元素其中的一個原子形成共價化合物時，它可以藉由和相同化合物中的另一個原子共用電子，而達到惰性氣體的電子組態 [Ne]。接下來，我們會討論許多違反八隅體規則的重要例子，也藉此更進一步來討論化學鍵結的本質。

原子之間可以生成不同形式的共價鍵。當兩個原子之間是藉由一個電子對將彼此拉近稱為**單鍵** (single bond)。此外，有許多化合物中的原子是藉由**多重鍵** (multiple bonds) 將彼此拉近的。這樣的化學鍵是藉由兩個原子共用兩對以上的電子所生成的化學鍵。如果兩個原子共用兩對電子，則這個共價鍵稱為**雙鍵** (double bond)。雙鍵存在於二氧化碳 (CO_2) 和乙烯 (C_2H_4) 的分子中：

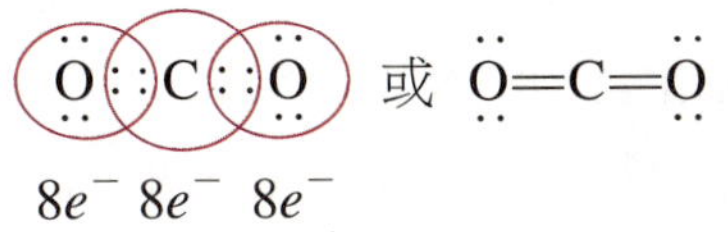

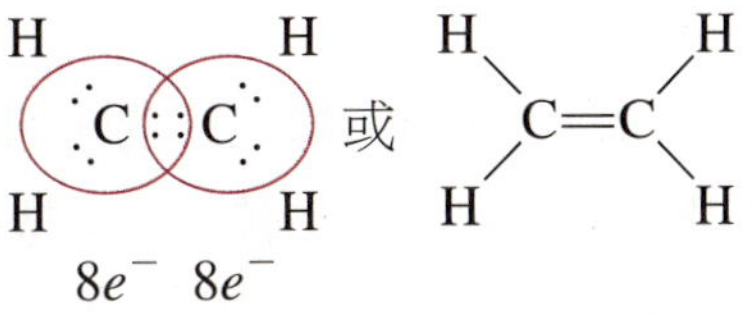

當兩個原子共用三對電子，則這個共價鍵稱為**參鍵** (triple bond)，正如存在於氮氣分子 (N_2) 之中的化學鍵：

乙炔分子中也有參鍵存在於兩個碳原子之間：

請注意：在乙烯和乙炔之中，所有的價電子都被用來生成鍵結，在碳原子上沒有孤電子對存在。事實上，除了一氧化碳之外，在所有含有碳原子的穩定分子上，碳原子上都沒有孤電子對。

多重鍵的長度比單鍵來得短。這裡長度用**鍵長** (bond length) 來表示，其定義為兩個以共價鍵結合的原子，其原子核在分子內的距離 (圖 9.3)。表 9.2 中可以看到一些經由實驗結果所訂出來的鍵長。對於特定的原子對 (像是碳和氮) 來說，參鍵比雙鍵短；而雙鍵又比單鍵短。鍵長較短的多重鍵也比單鍵來得穩定，我們之後會討論這部分。

之後很快會介紹寫路易士結構的規則。這裡我們只想對於路易士結構會用到的語言做了解。

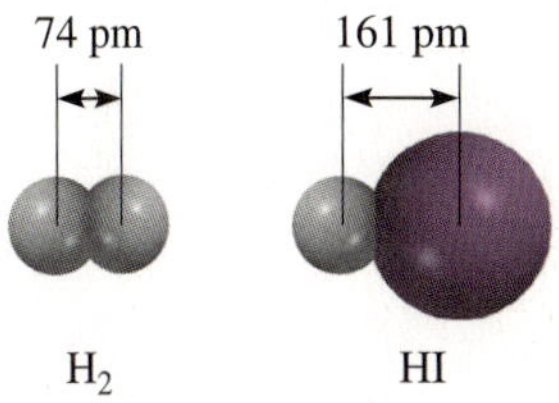

圖 9.3 H_2 和 HI 分子中的鍵長 (單位為 pm)。

表 9.2 一些常見單鍵、雙鍵和參鍵的鍵長

鍵的形式	鍵長 (pm)
C—H	107
C—O	143
C═O	121
C—C	154
C═C	133
C≡C	120
C—N	143
C═N	138
C≡N	116
N—O	136
N═O	122
O—H	96

共價化合物和離子化合物性質的比較

如果分子間作用力很弱，要將堆疊在一起的分子分開形成液體 (從固體) 和氣體 (從液體) 就相對容易。

生成共價化合物和離子化合物的化學鍵在本質上有很大的不同，所以他們在物理性質上也有很大的差異。在共價化合物中有兩種不同的吸引力。其中的第一種是在分子中將原子拉近的吸引力。對於這種吸引力所做的定量測量稱為鍵焓，這部分會在 9.10 節中討論。另一種存在於分子之間的吸引力稱為**分子間作用力**。因為分子間作用力通常比在分子中將原子拉近的作用力小上許多，所以共價化合物的分子之間並不會很緊密地結合。因此，共價化合物通常是氣體、液體或是低熔點的固體。另一方面，離子化合物中將離子結合在一起的作用力通常很大，所以離子化合物在室溫下會是固體，且都有較高的熔點。很多離子化合物會溶於水，因為它們是強電解質，所以這些水溶液都會導電。大部分共價化合物是不溶於水的，即便有些會溶於水，但因為它們不是電解質，所以其水溶液不會導電。融熔態的離子化合物中因為有可自由移動的陰陽離子，所以會導電；而液態或融熔態的共價化合物中因為沒有離子，所以不會導電。表 9.3 比較一個典型的離子化合物——氯化鈉和一個共價化合物——四氯化碳 (CCl_4) 之間一些基本性質的差異。

9.5 電負度

正如剛才提過的，共價鍵指的是兩個電子共用一對電子。在像是氫氣分子這種由兩個相同原子所組成的分子當中，我們可以預期電子是平均分布的；也就是說，電子停留在每一個原子附近的時間是一樣的。然

表 9.3 離子化合物和共價化合物一些基本性質比較

性質	NaCl	CCl_4
外觀	白色固體	無色液體
熔點 (°C)	801	–23
莫耳熔化熱* (kJ/mol)	30.2	2.5
沸點 (°C)	1413	76.5
莫耳蒸發熱* (kJ/mol)	600	30
密度 (g/cm^3)	2.17	1.59
在水中的溶解度	高	非常低
導電性		
固體	不好	不好
液體	好	不好

*莫耳熔化熱和莫耳蒸發熱分別是指熔化和蒸發 1 莫耳固體所需的熱量。

而在以共價鍵結合的 HF 分子之中，因為 H 和 F 原子並不相同，所以他們並沒有平均共用鍵結電子：

氟化氫是一種會發煙的澄清液體，沸點為攝氏 19.8 度。它常用於製作冷媒及氫氟酸。

$$\mathrm{H{-}\ddot{\underset{\cdot\cdot}{F}}\!:}$$

在 HF 分子中的化學鍵稱為**極性共價鍵** (polar covalent bond)，或簡稱極性鍵，這是因為電子停留在其中一個原子附近的時間比停留在另一個原子附近的時間長。實驗的證據指出，在 HF 分子中，電子停留在 F 原子附近的時間比較長。我們可以把這種電子不平均分配的狀況想像成從 H 原子到 F 原子部分電子的轉移，或更常用電子密度的變化來描述 (圖 9.4)。這種鍵結電子對的「不平均分配」會造成在 F 原子附近的電子密度較大，而相對地在 H 原子附近的電子密度較小。這種 HF 之間的化學鍵或是其他極性鍵可以視為是介於電子完全平均共用的非極性共價鍵，以及電子幾乎完全轉移的離子鍵之間的狀況。

圖 9.4 HF 分子的靜電位能圖。電子的分布隨著彩虹的顏色改變。電子最多的區域是紅色，而電子最少的區域是藍色。

電負度 (electronegativity) 這個性質可以幫助我們區分非極性共價鍵和極性共價鍵之間的差異。它指的是一個原子在化學鍵中將電子拉近的能力。電負度高的元素比電負度低的元素更容易吸引電子。我們可以預期電負度和游離能與電子親和力有關。因此，像是氟這種電子親和力較高 (較容易得到電子) 且游離能較高 (不容易失去電子) 的原子會有較高的電負度；反之，因為鈉的電子親和力較低且游離能較低，電負度也會較低。

電負度是相對的概念，意指一個元素的電負度是相對於其他元素的電負度測量出來的。鮑林[5] 想出了一個方法來計算所有元素的相對電負度。在圖 9.5 中可以看到這些電負度的值。若仔細觀察這個圖可以看出不同元素電負度的趨勢及相對關係。一般來說，在週期表中同週期元素的電負度是由左向右遞增，而元素的金屬特性則是遞減。在同一族中，元素的電負度則是隨著原子序增加而遞減，而金屬特性則是遞增。請注意：過渡金屬並不會跟著這些趨勢。電負度較大的元素，像是鹵素、氧、氮和硫都在週期表的右上角；而電負度較小的元素 (鹼金屬和鹼土金屬) 則聚集在週期表的左下角。將這些趨勢做成圖會很明顯，正如圖 9.6 所示。

電負度值沒有單位。

5 萊納斯・卡爾・鮑林 (Linus Carl Pauling, 1901~1994)，美國化學家。鮑林被很多人視為是二十世紀最有影響力的化學家，他做的研究包含很多領域，從化學物理到分子生物學都有。鮑林在西元 1954 年因為他在蛋白質結構上的成果得到諾貝爾化學獎，隨後又在西元 1962 年得到諾貝爾和平獎。他是唯一一個得到兩次諾貝爾獎的單獨獲獎人。

電負度遞增 →

↑ 電負度遞增

1A	2A	3B	4B	5B	6B	7B	8B			1B	2B	3A	4A	5A	6A	7A	8A
H 2.1																	
Li 1.0	Be 1.5											B 2.0	C 2.5	N 3.0	O 3.5	F 4.0	
Na 0.9	Mg 1.2											Al 1.5	Si 1.8	P 2.1	S 2.5	Cl 3.0	
K 0.8	Ca 1.0	Sc 1.3	Ti 1.5	V 1.6	Cr 1.6	Mn 1.5	Fe 1.8	Co 1.9	Ni 1.9	Cu 1.9	Zn 1.6	Ga 1.6	Ge 1.8	As 2.0	Se 2.4	Br 2.8	Kr 3.0
Rb 0.8	Sr 1.0	Y 1.2	Zr 1.4	Nb 1.6	Mo 1.8	Tc 1.9	Ru 2.2	Rh 2.2	Pd 2.2	Ag 1.9	Cd 1.7	In 1.7	Sn 1.8	Sb 1.9	Te 2.1	I 2.5	Xe 2.6
Cs 0.7	Ba 0.9	La-Lu 1.0-1.2	Hf 1.3	Ta 1.5	W 1.7	Re 1.9	Os 2.2	Ir 2.2	Pt 2.2	Au 2.4	Hg 1.9	Tl 1.8	Pb 1.9	Bi 1.9	Po 2.0	At 2.2	
Fr 0.7	Ra 0.9																

圖 9.5 常見元素的電負度。

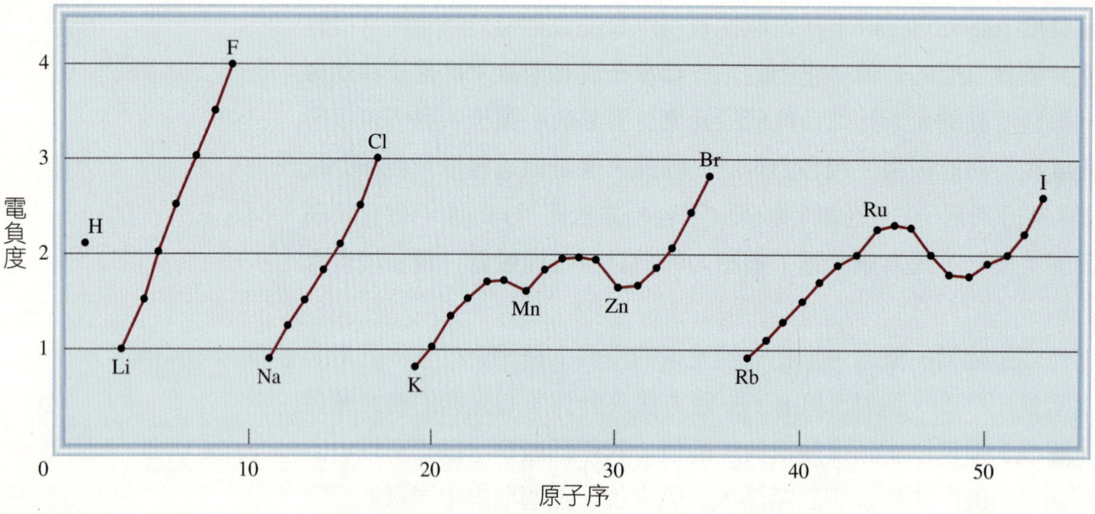

圖 9.6 電負度隨著原子序的變化狀況。鹵素的電負度最大，而鹼金屬的電負度最小。

電負度差異很大的原子彼此之間傾向生成離子鍵 (像是在 NaCl 和 CaO 化合物之中的化學鍵)。這是因為電負度較小的元素會將電子轉移給電負度較大的元素。離子鍵一般都是由一個有金屬元素的原子和另一個非金屬元素的原子所組成。電負度相差不多元素的原子之間因為電子轉移的程度較小，所以傾向形成極性共價鍵。大多數的共價鍵都是由非金屬元素所組成。只有相同元素的原子，因為其電負度都相同，才會生成純共價鍵。只要知道元素的游離能與電子親和力，這些趨勢和特徵都是我們可以預測的。

極性共價鍵和離子鍵之間並沒有很明顯的差異，但是我們可以利用下列的通則來區分它們。當兩個鍵結原子的電負度差 2.0 以上時，所生成的鍵是離子鍵。這個原則可以適用於大多數但非全部的離子化合物。有時候化學家也會用**離子特性百分率**這個數值來描述一個化學鍵的本質。一個純的離子鍵其離子特性百分率就是 100%，雖然這樣的鍵並不存在；而一個非極性或是純的共價鍵其離子特性百分率就是 0%。正如圖 9.7 所示，一個鍵的離子特性百分率是和兩個鍵結原子的電負度差異是有關係的。

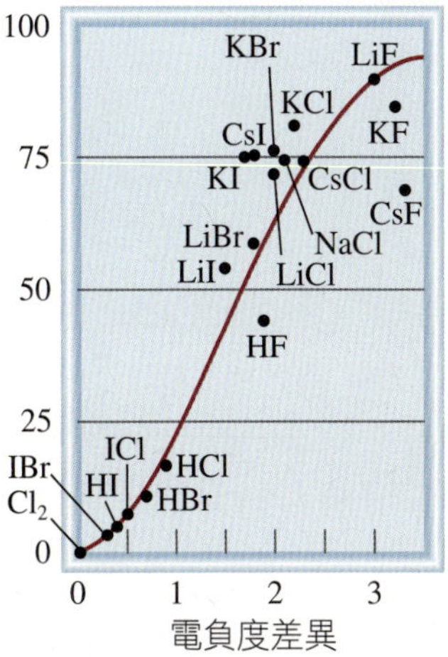

圖 9.7 離子特性百分率和電負度差異之間的關係。

電負度和電子親和力雖然有相關但其實是不同的概念。它們指的都是原子吸引電子的能力。然而，電子親和力指的是獨立原子對一個額外電子的吸引力，而電負度指的是原子在化學鍵中 (和另一個原子鍵結) 吸引共用電子的能力。此外，電子親和力的大小是可以經由實驗測量而得知，而電負度則是被估計出來的數字無法被測得。

例題 9.2 說明如何藉由電負度來決定一個化學鍵是共價鍵還是離子鍵。

例題 9.2

請將下列化學鍵分類為離子鍵、極性共價鍵或共價鍵：(a) 在 HCl 中的化學鍵；(b) 在 KF 中的化學鍵；(c) 在H_3CCH_3 中的碳碳鍵。

策 略

我們可以利用電負度差 2.0 的規則，從圖 9.5 找出電負度的值。

解 答

(a) H 和 Cl 原子電負度的差是 0.9，雖然不算小，但沒有大到足以將 HCl 定義成離子化合物 (根據 2.0 規則)，所以 H 和 Cl 之間的鍵是極性共價鍵。

(b) K 和 F 原子電負度的差是 3.2，超過了 2.0 的標準，所以 K 和 F 之間的鍵是離子鍵。

(c) 從每個方面來看這兩個 C 原子都是一樣的——它們彼此鍵結且都跟另外三個 H 原子鍵結，所以它們之間的鍵是純共價鍵。

練習題

下列化學鍵中哪一個是共價鍵，哪一個是極性共價鍵，又哪一個是離子鍵？(a) 在 CsCl 中的化學鍵；(b) 在 H_2S 中的化學鍵；和 (c) 在 H_2NNH_2 中的氮氮鍵。

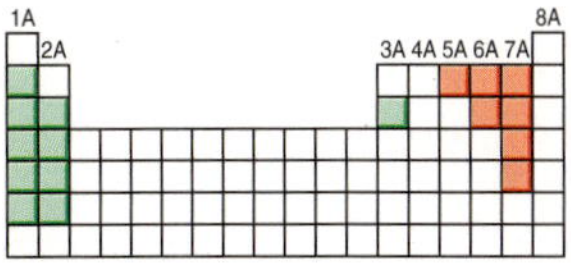

電負度最大的元素的非金屬 (5A 族至 7A 族)，而電負度最小的元素是鹼金屬、鹼土金屬 (1A 族至 2A 族)，還有鋁。2A 族的第一個元素——鈹，大多數是生成共價化合物。

類題：9.7。

電負度和氧化數的關係

在第四章中，我們介紹如何訂出在化合物中每個元素的氧化數。而這些定氧化數的原則就是由電負度的概念而來。在本質上，氧化數指的是在一個分子中當電子完全轉移電負度較大的鍵結原子上時，這個原子所擁有的價數。

讓我們來看看 NH_3 這個分子。在這個分子中，N 原子和 H 原子形成三個單鍵。因為 N 原子的電負度比 H 原子大，H 原子的電子密度會往 N 原子轉移。當電子完全轉移時，每一個 H 原子會貢獻一個電子給 N 原子，所以 N 原子會變成 –3 價，而 H 原子會變成 +1 價。因此，我們可以把 NH_3 中的 N 原子指定為 –3 價，而 H 原子指定為 +1 價。

除了在過氧化氫 (H_2O_2) 中，氧原子在化合物中的氧化數通常是 –2。過氧化氫的路易士結構為

$$\mathrm{H}-\underset{\cdot\cdot}{\ddot{\mathrm{O}}}-\underset{\cdot\cdot}{\ddot{\mathrm{O}}}-\mathrm{H}$$

這個分子中，在兩個相同原子之間的化學鍵並不會影響到原子的氧化數，這是因為在鍵上電子對是平均共用的。因為 H 原子的氧化數是 +1，所以每個 O 原子的氧化數是 –1。

現在你知道為什麼 F 原子的氧化數都是 –1 了嗎？F 是已知電負度最大的原子，加上 F 在化合物中總是形成單鍵。因此，當電子完全轉移時，F 會帶 –1 價。

9.6 路易士結構的畫法

雖然八隅體規則和路易士結構無法完全描述出共價鍵的性質，但它們確實可以用來解釋很多化合物中的鍵結結構，並用來解釋分子的性質和反應。因此，我們應該要練習如何畫出正確的路易士結構。其基本步驟如下：

1. 利用原子的化學符號將鍵結原子依序排列，以畫出化合物的骨架結構。這對於一些簡單的化合物來說是很容易的，但對於複雜的化合物來說，必須要靠一些已知的資訊或是用猜測的方式。一般而言，在路易士結構中，電負度最小的原子要放在中心的位置，而氫和氟原子通常會在結構末端的位置。
2. 算出總共有多少價電子數，若有需要可以參考圖 9.1。對於多原子

陰離子來說，總價電子數要加上陰離子的價數。(例如：CO_3^{2-} 離子因為帶 –2 價，所以總價數要加上 2 個電子，代表除了原子提供的電子之外還多了 2 個電子。) 而對於多原子陽離子來說，總價電子數要減去陽離子的價數。(因此，NH_4^+ 離子因為帶 +1 價，所以總價數要減去 1 個電子，代表除了原子提供的電子之外還少了 1 個電子。)

3. 在中心原子和它周圍的每個原子之間畫上一個單鍵。將跟中心原子鍵結的原子畫成八隅體。(請記得氫原子填滿價電子軌域只需要兩個電子。) 屬於中心或周圍原子的電子若沒有參與鍵結，則需以孤電子對表示。這裡所有用到電子數目要和在步驟 2 中算出的數目相同。
4. 在完成步驟 1 至 3 之後，如果中心原子的數目還少於八個電子，試著在中心原子和周圍原子之間畫上雙鍵或參鍵，利用周圍原子上的孤電子對來滿足中心原子的八隅體。

氫原子在畫路易士結構時，要用「偶體規則」。

例題 9.3、9.4 和 9.5 說明如何利用以上四個步驟來畫出化合物和離子的路易士結構。

例題 9.3

請畫出三氟化氮 (NF_3) 的路易士結構，此分子中的三個 F 原子都和 N 原子鍵結。

解 答

我們跟著先前介紹的步驟來畫出路易士結構。

步驟 1： N 原子的電負度比 F 原子小，所以 NF_3 的骨架結構為

F N F

F

步驟 2： N 和 F 的最外層電子組態分別為 $2s^22p^3$ 和 $2s^22p^5$，因此 NF_3 的總價電子數為 $5 + (3 \times 7) = 26$ 個。

步驟 3： 我們在 N 原子和每一個 F 原子之間畫上一個單鍵，再將 F 原子畫成八隅體。剩下的 2 個電子放在 N 原子上：

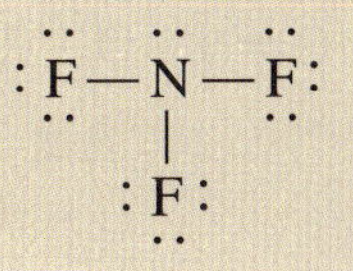

NF_3 是一種無色、無味、無反應性的氣體。

因為這個結構中的所有原子已經都滿足了八隅體，所以步驟 4 可以省略。

檢　查

算算看 NF_3 中的總價電子數 (包含鍵結電子和孤電子對)。結果得到總電子數為 26 個，這和三個 F 原子 $(3 \times 7 = 21)$ 和一個 N 原子 (5) 加起來的總價電子數一樣。

練習題

請畫出二硫化碳 (CS_2) 的路易士結構。

例題 9.4

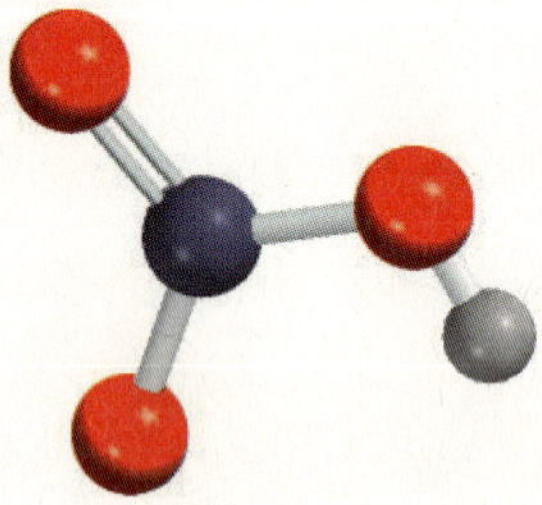

HNO_3 是強電解質。

請畫出硝酸 (HNO_3) 的路易士結構，此分子中的三個 O 原子都和 N 原子鍵結；而可解離的 H 原子和其中一個 O 原子鍵結。

解　答

我們跟著先前已經介紹過的步驟來畫出路易士結構。

步驟 1： HNO_3 的骨架結構為

O　N　O　H

　　O

步驟 2： N、O 和 H 的最外層電子組態分別為 $2s^22p^3$、$2s^22p^4$ 和 $1s^1$，因此 HNO_3 的總價電子數為 $5 + (3 \times 6) + 1 = 24$ 個。

步驟 3： 我們在 N 原子和每一個 O 原子之間，以及 O 原子和 H 原子之間畫上一個單鍵，再將電子畫在 O 原子上以滿足八隅體：

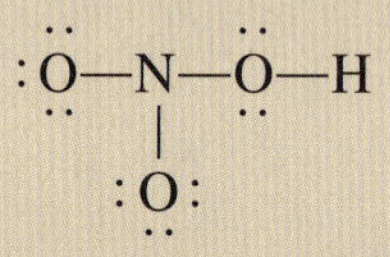

步驟 4： 到這裡我們發現這個結構中所有的 O 原子都滿足八隅體，但是 N 原子沒有。N 原子上只有六個電子。因此，我們從一個末端的 O 原子上移動一對孤電子和 N 原子再多生成一個鍵。如此一來，N 原子也滿足了八隅體規則：

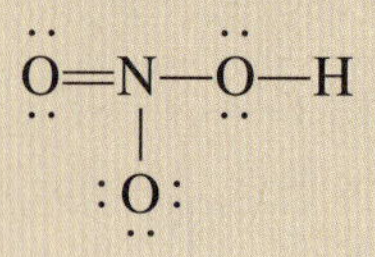

檢　查

確認除了 H 原子之外的其他原子都滿足八隅體規則。計算 HNO_3 中的總價電子數 (包含鍵結電子和孤電子對)。結果得到總電子數為 24 個，這和三個 O 原子 (3 × 6 = 18)，一個 N 原子 (5) 和一個 H 原子 (1) 加起來的總價電子數一樣。

練習題

請畫出蟻酸 (HCOOH) 的路易士結構。

例題 9.5

請畫出碳酸根離子 (CO_3^{2-}) 的路易士結構。

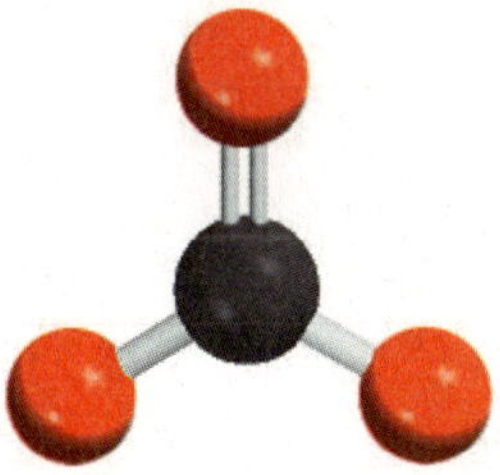

CO_3^{2-}

解　答

我們跟著先前已經介紹過的步驟來畫出路易士結構，要注意這是一個帶有兩個負電荷的陰離子。

步驟 1： 我們可以將 C 原子認定為其電負度比氧原子小來推導出碳酸根離子的骨架結構。因此，C 原子在碳酸根離子的骨架結構應為中心原子：

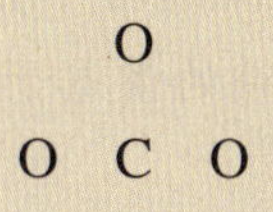

步驟 2： C 和 O 的最外層電子組態分別為 $2s^22p^2$ 和 $2s^22p^4$，而離子本身帶 2 個負電荷。因此，總價電子數為 $4 + (3 \times 6) + 2 = 24$ 個。

步驟 3： 我們在 C 原子和每一個 O 原子之間畫上一個單鍵，再將電子畫在 O 原子上以滿足八隅體：

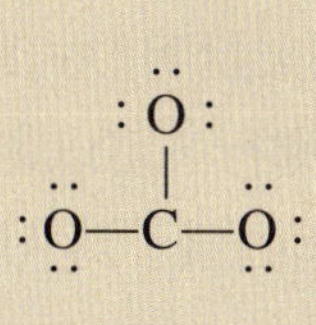

步驟 4： 雖然至此這個結構中所有的 O 原子都滿足八隅體，但是 C 原子沒有。N 原子上只有六個電子。因此，我們從其中一個 O 原子上移動一對孤電子和 C 原子再多生成一個鍵。如此一來，C 原子也滿足了八隅體規則：

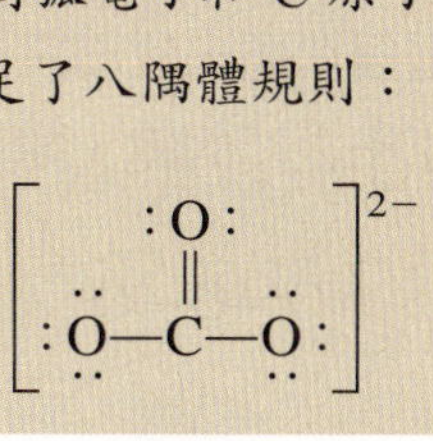

我們用括號來表示整個離子是 −2 價。

檢　查

確認所有原子都滿足了八隅體規則。計算 CO_3^{2-} 中的總價電子數(包含鍵結電子和孤電子對)。結果得到總電子數為 24 個，這和三個 O 原子 ($3 \times 6 = 18$)、一個 C 原子 (4) 和兩個負電荷 (2) 加起來的總價電子數一樣。

類題：9.8。

練習題

請畫出亞硝酸根離子 (NO_2^-) 的路易士結構。

9.7 路易士結構的形式電荷

藉由比較相同原子在獨立時和在路易士結構中的電子數，我們可以決定分子中電子的分布情形，且畫出最可能的路易士結構。標準程序如下：在一個獨立的原子上，和原子有關的電子數目就僅是它的價電子數。(像之前一樣，我們不用考慮內層電子。) 而在一個分子中，和原子有關的電子數目是非鍵結電子數，加上此原子和另一個原子之間的鍵結電子數。然而，因為電子在化學鍵中是共用的，我們必須將鍵結電子對中的電子平均分配給生成鍵結的原子。而一個原子的**形式電荷** (formal charge) 指的就是*原子在獨立時的價電子和此原子在路易士結構中被指定的電子數之間的電荷差*。

為了要指定原子在路易士結構中的電子數，我們要進行以下的步驟：

- 所有在原子上的非鍵結原子都要指定給此原子。
- 將所有此原子和其他原子之間的鍵打斷，並將一半的鍵結電子指定給此原子。

讓我們用臭氧 (O_3) 分子來說明形式電荷的概念。就像我們在例題 9.3 和 9.4 中做的，按照步驟進行，可以畫出 O_3 分子的骨架結構，然後畫上鍵和電子以滿足在末端兩個原子為八隅體：

$$:\ddot{\underset{..}{O}}-\ddot{O}-\ddot{\underset{..}{O}}:$$

你可以發現這個時候雖然已經用了所有可用的電子，但還是無法滿足中心原子為八隅體。要修正這個問題，我們將末端原子上的其中一對孤電子轉換成末端原子和中心原子之間的鍵，如下：

$$\ddot{\underset{..}{O}}=\ddot{O}-\ddot{\underset{..}{O}}:$$

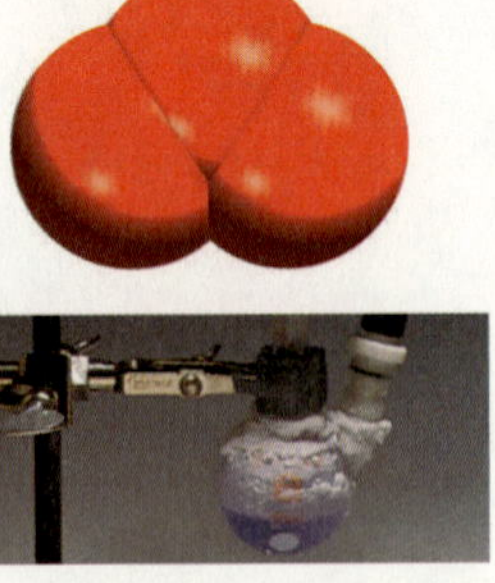

在沸點 (攝氏零下 111.3 度) 下的液態臭氧。臭氧是有毒且有刺激味的淺藍色氣體。

在 O_3 分子每一個原子的形式電荷可用下列方式算出：

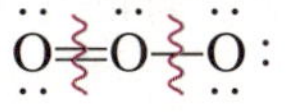

價電子數	6	6	6
指定給原子的電子數	6	5	7
電荷差 (形式電荷)	0	+1	−1

將一半的鍵結電子指定給個別原子。

其中波浪狀的紅線指的是把鍵打斷。請注意：打斷單鍵會造成各一個電子轉移到鍵結原子上，而打斷雙鍵會造成各兩個電子轉移到鍵結原子上，以此類推。因此，O_3 分子每個原子的形式電荷為

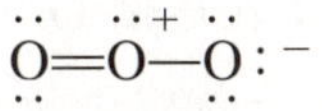

對於正一價和負一價的寫法，我們通常可以省略數字 1。

以下規則在當你要寫形式電荷時是有幫助的：

1. 對於分子來說，由於分子都是電中性的，電荷的總和必須要為 0。(例如：此規則適用於 O_3 分子。)
2. 對於陽離子來說，形式電荷的總和必須等於正電荷數；對於陰離子來說，形式電荷的總和必須等於負電荷數。

在決定形式電荷時，分子 (或離子) 中原子的電子比它的價電子多，還是比它的價電子少 (正的形式電荷)？

請注意：形式電荷可以幫助我們追蹤價電子的數目，並了解它們在分子中是如何分布的。我們不應把形式電荷解讀成真的且完整的電子轉移。例如：在 O_3 分子中，實驗的結果確實證明在中心的 O 原子上有部分正電荷，而在兩端的 O 原子上有部分負電荷，但是並沒有證據顯示電子是完全由一個原子轉移到另一個原子。

例題 9.6

請寫出碳酸根離子上的形式電荷。

策　略

我們已經在例題 9.5 中畫過碳酸根離子的路易士結構：

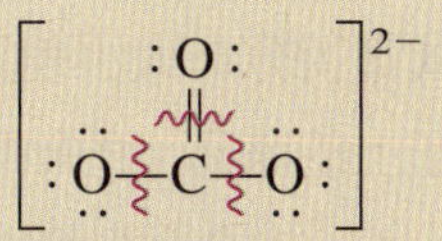

原子上的形式電荷可用上述步驟算出。

解　答

我們將每個原子的價電子數減去原子上的未鍵結電子數和一半的鍵結電子數。

C 原子：C 原子有四個價電子，且在其路易士結構上沒有未鍵結電子。打斷一個雙鍵和兩個單鍵會造成四個電子轉移到 C 原子上。因此，C 原子的形式電荷為 $4 - 4 = 0$。

在 C═O 中的 O 原子：O 原子有六個價電子且在其路易士結構上有四個未鍵結電子。打斷雙鍵會造成兩個電子轉移到 O 原子上。因此，O 原子的形式電荷為 $6 - 4 - 2 = 0$。

在 C—O 中的 O 原子：在這個 O 原子的路易士結構上有六個未鍵結電子。打斷單鍵會造成一個電子轉移到 O 原子上。因此，O 原子的形式電荷為 $6 - 6 - 1 = -1$。

因此，帶有形式電荷的碳酸根離子路易士結構為

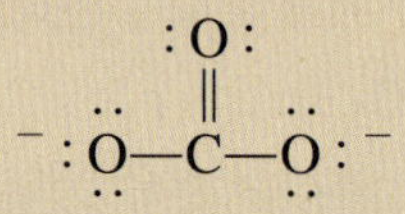

檢　查

類題：9.9。

請注意：這裡形式電荷總合為 –2，與碳酸根離子的價數一樣。

練習題

請寫出亞硝酸根離子 (NO_2^-) 上的形式電荷。

有時候一個分子或離子可以畫出一種以上可被接受的路易士結構。在這些路易士結構中，我們通常可以利用形式電荷和以下原則來選出最可能的路易士結構：

- 對於分子來說，沒有形式電荷的路易士結構比有形式電荷的路易士結構優先選擇。
- 形式電荷較大的路易士結構 (+2、+3 及 / 或 –2、–3 等等) 的可能性高於形式電荷較低的路易士結構。
- 當路易士結構上的形式電荷分布大小差異不大時，優先選擇負形式電荷在電負度較大原子上的路易士的結構。

例題 9.7 可以看出如何用形式電荷來幫助選擇正確的路易士結構。

CH_2O

例題 9.7

甲醛 (CH_2O) 是一種有難聞氣味的液體，通常用來當作保存實驗室樣本的防腐劑。請畫出甲醛最可能的路易士結構。

策 略

在一個可能的路易士結構中，除了 H 之外的所有元素都必須滿足八隅體規則，且其形式電荷 (若有的話) 的分布必須遵守電負度的規則。

解 答

甲醛分子可能的兩種骨架結構為

```
                          H
H  C  O  H                   C  O
                          H
    (a)                  (b)
```

我們先畫出這兩種可能的路易士結構：

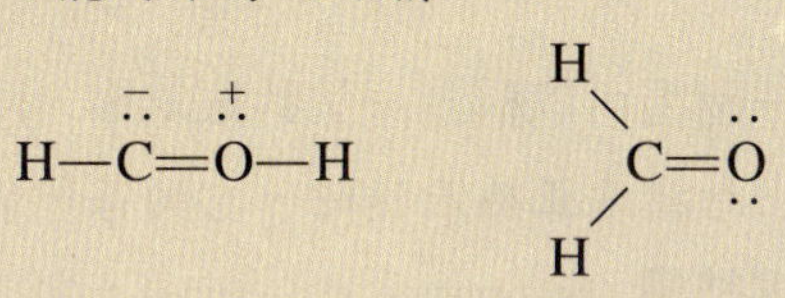

(a) (b)

接著參考例題 9.6 的方法來表示出形式電荷。在 (a) 中，C 原子總共有 5 個電子 (一對孤電子加上打斷一個雙鍵和一個單鍵得到的三個電子)。因為 C 有四個價電子，所以 C 原子的形式電荷為 $4 - 5 = -1$。O 原子總共有 5 個電子 (一對孤電子加上打斷一個雙鍵和一個單鍵得到的三個電子)。因為 O 有六個價電子，所以 O 原子的形式電荷為 $6 - 5 = +1$。在 (b) 中，C 原子總共有來自於打斷兩個單鍵和一個雙鍵得到的四個電子，所以它的形式電荷為 $4 - 4 = 0$。O 原子總共有 6 個電子 (兩對孤電子加上打斷一個雙鍵得到的兩個電子)，所以 O 原子的形式電荷為 $6 - 6 = 0$。雖然這兩個結構都滿足八隅體規則，但因為 (b) 中沒有形式電荷，所以它是比較可能的結構。

檢 查

要確定這兩個結構的總價電子數都是 12。此外，你可以說出 (a) 是較不可能路易士結構的另外兩個理由嗎？

練習題

請畫出由一個 N 原子、一個 C 原子和一個 H 原子所組成分子的最可能路易士結構。

9.8 共振的概念

O_3 的靜電位能圖。電子密度平均分配在兩個末端 O 原子之間。

對於之前我們所畫臭氧 (O_3) 分子的路易士結構來說，因為我們在中心原子和兩個末端 O 原子其中的一個之間放了一個雙鍵，所以其中心原子滿足了八隅體規則。事實上，我們把雙鍵放在中心原子和任何一個末端 O 原子之間會得到相同的兩個路易士結構如下：

然而，這兩個路易士結構所表示出的鍵長都和已知的 O_3 鍵長不一樣。

因為雙鍵鍵長被認為比單鍵鍵長短，我們或許會預期 O_3 中的 O—O 鍵會比 O═O 鍵來得長。然而，實驗結果顯示這兩種氧和氧之間的鍵長都一樣 (128 pm)。我們可以同時利用這兩個路易士結構來表示臭氧分子，以解決這個不一致之處：

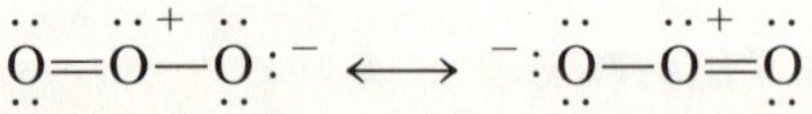

這兩個結構中的每一個都可以稱為一個共振結構。所以，當一個分子無法只用單一個路易士結構來正確表達時，它的每一個路易士結構都可稱為是一個獨立的**共振結構** (resonance structure)。而圖中的雙頭鍵號則表示這些結構是以共振結構表示。

共振 (resonance) 這個詞表示的是我們用兩個以上不同的路易士來表示一個特定的分子。就像中世紀歐洲到非洲的旅行者將犀牛描述為鷹頭獅和獨角獸這兩個相似但是虛構動物的合體，我們也將臭氧這個分子用兩個相似但並不存在的結構表示。

對於共振的概念有一個常見的錯誤概念是，像臭氧這個分子被認為是在一種共振結構和另外一種共振結構之間做快速地轉換。要記得，沒有任何一個共振結構可以用來完整地表示一個有獨立穩定結構的真實分子。「共振」是人類發明的名詞，用來說明這些簡單鍵結模型之中的限制。一樣地，為了要擴展動物的類比，犀牛應是一種與眾不同的生物，而不是由虛構的鷹頭獅和獨角獸之間快速轉換而得！

碳酸根離子是另一個共振的例子：

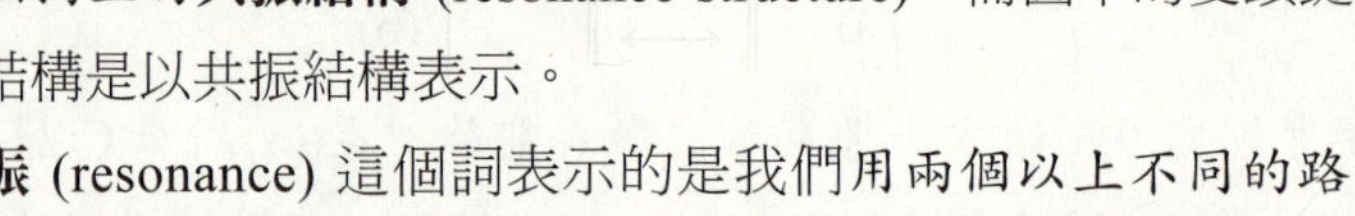

根據實驗結果顯示，在 CO_3^{2-} 中所有碳和氧之間的鍵都是一樣的。因

此，將所有共振結構都一起考慮才能最完整地解釋碳酸根離子的性質。

共振的概念在有機的系統上也一樣適用。苯 (C_6H_6) 就是個很好的例子：

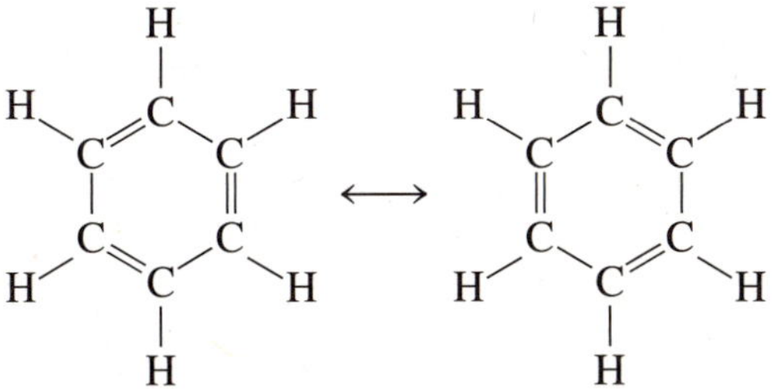

苯的正六邊形結構是由德國的化學家奧古斯特·凱庫勒 (August Kekulé, 1829~1896) 所首先提出。

如果這些共振結構其中之一相等於苯的真實結構，那在相鄰的碳原子之間就會有兩種不一樣的鍵長，一種是單鍵的鍵長，而另一種是雙鍵的鍵長。事實上，在苯分子中所有相鄰碳原子之間的距離都是 140 pm，這比 C—C 鍵 (154 pm) 短；而比 C═C 鍵 (133 pm) 長。

要畫苯分子或其他帶有「苯環」化合物的結構還有一個更簡單的方式，就是只畫出骨架而不畫出碳原子和氫原子。依照慣例這個共振結構可以表示為

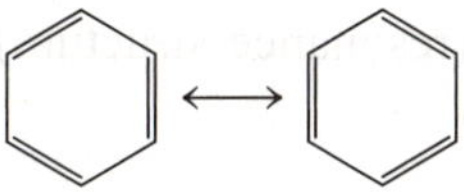

請注意：這裡將 C 原子是在正六邊形的角落位置，而至於 H 原子，雖然存在但都省略不畫。而只有 C 原子之間的鍵有畫出來。

請記得畫共振結構有一個很重要的規則：電子的位置可以在不同的共振結構中重新排列，而原子的位置不行。也就是說，在一個特定分子或離子中，同樣的原子在不同的共振結構中都必須彼此鍵結。

到目前為止，所有例子中的共振結構對於分子或離子真實結構的貢獻度都是相同的，但並非一定如此，例題 9.8 就是一個例子。

例題 9.8

請畫出一氧化二氮 (N_2O，原子排列是 NNO) 的三個共振結構。請寫出所有原子的形式電荷，並排列出這些共振結構對於分子性質的相對重要性。

策　略

N_2O 的骨架結構為

N N O

接著就按照例題 9.5 和 9.6 的方法畫出路易士結構並寫出形式電荷。

解　答

三個共振結構分別為

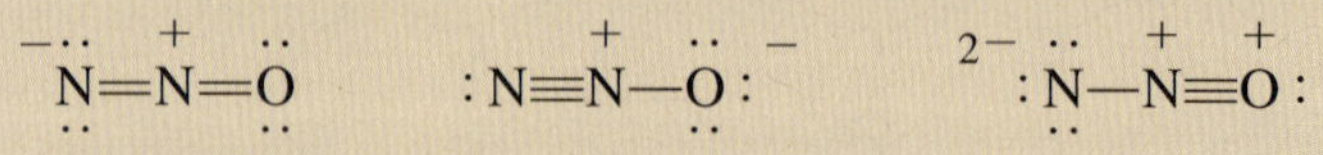

(a)　　(b)　　(c)

這三個結構上都已寫出各原子的形式電荷。其中，(b) 結構是最重要的一個，因為它的負電荷在電負度最大 O 原子上；(c) 結構是最不重要的一個，因為它的形式電荷分離程度較大。此外，此結構是正電荷在電負度最大 O 原子上。

若共振結構上的形式電荷大於 +2 或 −2，則此結構通常視為很難存在而可忽略。

檢　查

先確定這些結構中原子的位置都沒有改變。因為 N 有五個價電子，O 有六個價電子，N_2O 分子的總價電子數是 $5 \times 2 + 6 = 16$。在每個結構中，形式電荷總和皆為零。

類題：9.13。

練習題

請畫出硫氰酸根離子 (SCN^-) 的三個共振結構，並依重要度遞減排列出這些共振結構。

9.9 違反八隅體規則的例子

正如先前所提過的，八隅體規則主要適用於第二週期的元素。而違反八隅體規則的例子主要可以分為三類：不完整的八隅體、電子數為奇數，以及中心原子有超過八個價電子。

不完整的八隅體

不像其他 2A 族元素，鈹大多生成共價化合物，像是 BeH_2。

在某些穩定的分子中，中心原子周圍的電子數會少於八個。例如 2A 族 (也是第二週期) 的鈹元素來說，鈹的電子組態是 $1s^22s^2$，在 2s 軌域中有兩個價電子。在氣態時，氫化鈹 (BeH_2) 是以獨立的分子存在。BeH_2 的路易士結構為

H—Be—H

如你所見，Be 原子周圍只有四個電子，所以這個分子中的鈹原子並沒有滿足八隅體規則。

3A 族元素，特別是硼和鋁，在化合物中也傾向周圍的電子會少於八個。以硼來說，它的電子組態為 $1s^22s^22p^1$，總共有三個價電子。硼會和鹵素反應生成一系列通式為 BX_3 的化合物，其中的 X 是鹵素原子。因此，在三氟化硼中的硼原子周圍只會有六個電子：

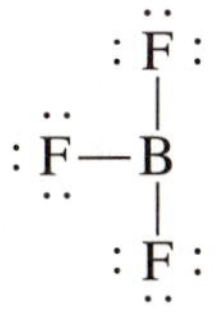

以下的共振結構中都有一個雙鍵在 B 和 F 之間，且硼原子都滿足八隅體：

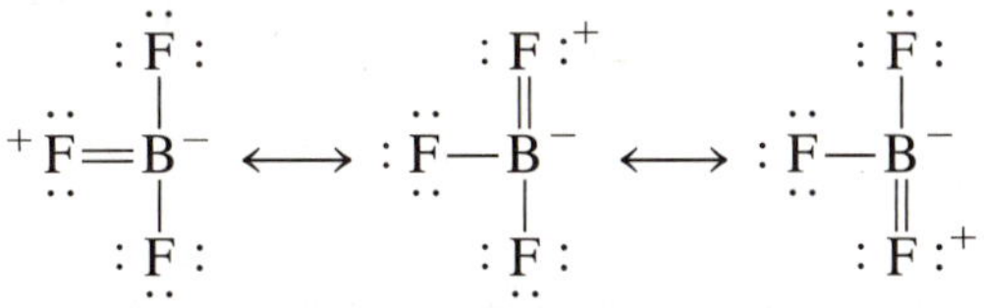

即便在每個結構中負形式電荷都在 B 原子上，而正形式電荷都在電負度較大的 F 原子上，BF_3 中 B—F 的真實鍵長 (130.9 pm) 會比共振結構中的單鍵鍵長 (137.3 pm) 還要短。

雖然三氟化硼是穩定的，它和氨還是會很快地發生反應。這個反應用硼周圍只有六個價電子的路易士結構來表示會比較好：

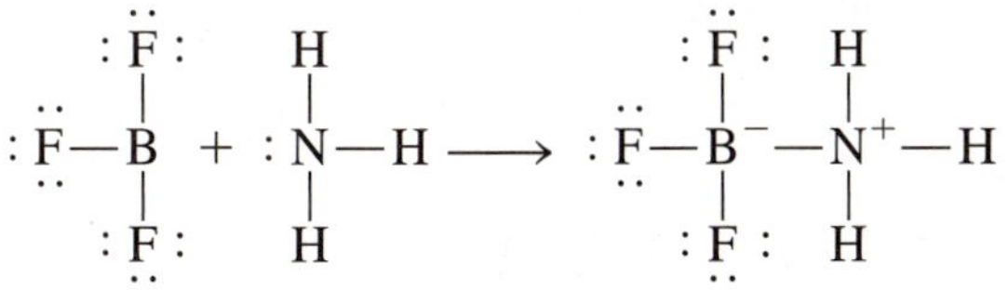

看起來 BF_3 的性質用所有的四個共振結構一起來解釋最好。

上述化合物的 B—N 鍵和目前討論過的共價鍵不同，因為這個鍵的兩個分子都是由 N 原子所貢獻。這種形式的化學鍵稱為**配位共價鍵** (coordinate covalent bond) (也稱為*配位鍵*)，其定義為*一個共價鍵中的兩個電子都是由其中原子所提供的*。雖然配位共價鍵的性質和一般共價鍵並沒有不同 (因為儘管電子來源不同，但都還是電子)，但這樣的區分對於追蹤價電子和指定形式電荷上是很有幫助的。

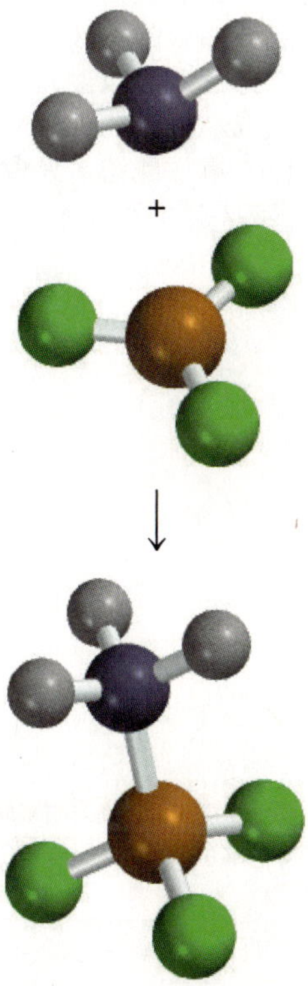

$NH_3 + BF_3 \longrightarrow H_3N—BF_3$

電子數為奇數

有些分子的電子數為*奇數*，其中像是一氧化氮 (NO) 和二氧化氮 (NO_2)：

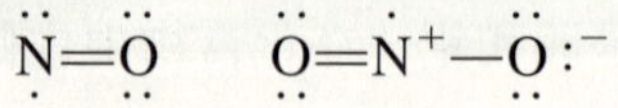

因為電子數要為偶數電子才能成對 (要有八個電子)，在這些分子中，很明顯地並非每一個原子都可以滿足八隅體規則。

奇數電子的分子有時候可稱為**自由基**。有許多自由基是反應性極高的，其原因是未成對電子會傾向與另外一個分子上的未成對電子稱生成共價鍵。例如：當有兩個二氧化氮分子碰撞時，它們會生成 N 和 O 原子都滿足八隅體規則的四氧化二氮：

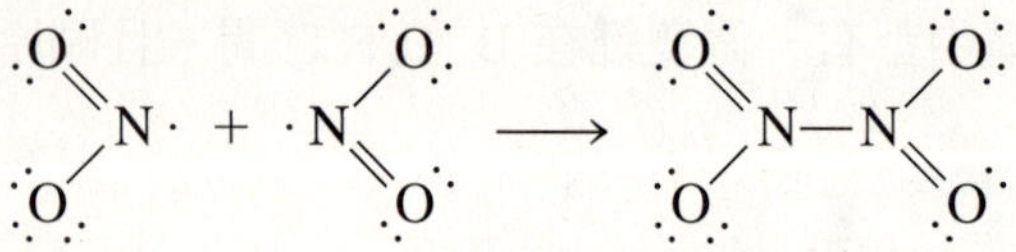

擴張的八隅體

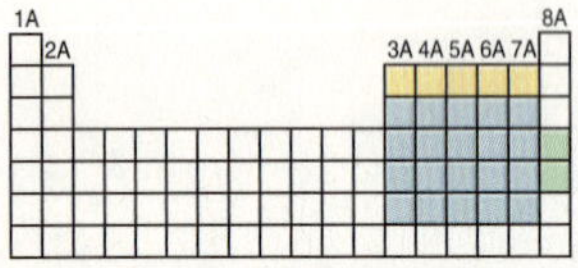

黃色：第二週期元素，不能成為擴張的八隅體；藍色：第三週期以上元素，可以成為擴張的八隅體；綠色：惰性氣體，只會以擴張的八隅體存在。

第二週期的元素在當中心原子時，周圍不能有超過八個價電子，但在週期表中第三週期及第三週期以上的元素就可以生成一些中心原子周圍有超過八個價電子的化合物。在第三週期的元素除了有 3*s* 和 3*p* 軌域之外，還有 3*d* 軌域可以用來鍵結。這些軌域使得一個原子可以形成**擴張的八隅體**。像六氟化硫是一個很穩定的化合物，其中就有一個擴張的八隅體存在。硫的電子組態為 $[Ne]3s^23p^4$。在 SF_6 中，硫六個價電子中的每一個都會和氟原子生成一個共價鍵，所以在硫中心原子周圍會有 12 個電子：

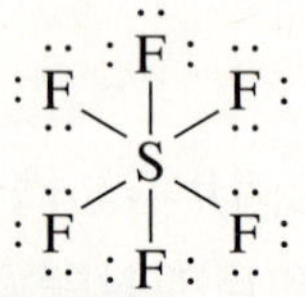

在第十章中我們會看到這 12 個電子，或稱 6 對鍵結電子，會填在由一個 3*s* 軌域、三個 3*p* 軌域和五個中的兩個 3*d* 軌域所混成的六個軌域之中。硫也會生成許多遵守八隅體規則的化合物。像是在二氯化硫中，S 中心原子的周圍就只有八個電子：

二氯化硫是一種有毒、有臭味的櫻桃紅色液體 (沸點：攝氏 59 度)。

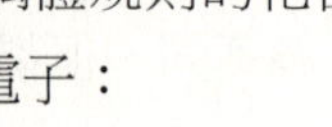

例題 9.9 至 9.11 討論的都是一些違反八隅體規則的化合物。

例題 9.9

請畫出三碘化鋁 (AlI_3) 的路易士結構。

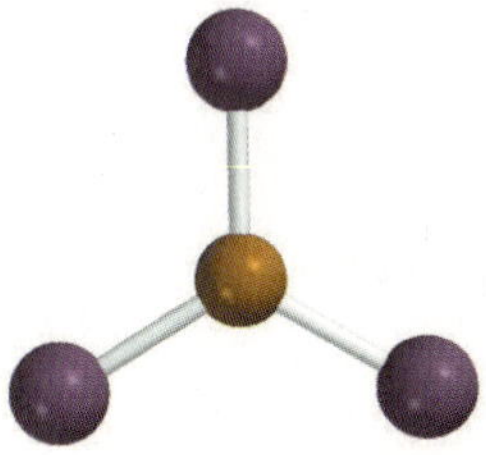

AlI_3 傾向生成二聚體或以雙單位形式 (Al_2I_6) 存在。

策　略

我們可以按照例題 9.5 和 9.6 的方法畫出路易士結構，並寫出形式電荷。

解　答

Al 和 I 的最外層電子組態分別為 $3s^23p^1$ 和 $5s^25p^5$。總價電子數為 $3 + 3 \times 7 = 24$ 個。因為 Al 的電負度比 I 小，Al 要當作中心原子且和 I 原子生成三個鍵：

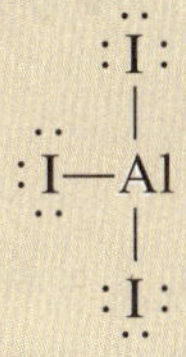

請注意：這裡的 Al 原子和 I 原子上都沒有沒有形式電荷。

檢　查

雖然 I 原子滿足了八隅體規則，但是 Al 原子周圍只有六個電子。所以，AlI_3 是一個不完整八隅體的例子。

類題：9.14。

練習題

請畫出二氟化鈹 (BeF_2) 的路易士結構。

例題 9.10

請畫出五氟化磷 (PF_5) 的路易士結構，其中的五個 F 原子都和中心的 P 原子鍵結。

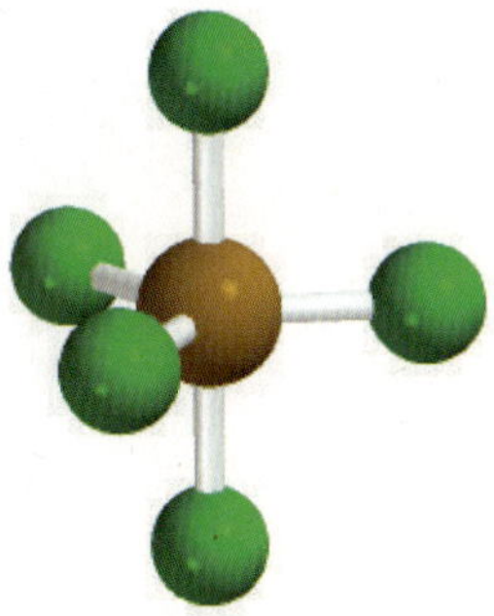

PF_5 是一個反應性高的氣體化合物。

策　略

請注意：P 是第三週期的元素，我們可以按照例題 9.5 和 9.6 的方法畫出路易士結構，並寫出形式電荷。

解　答

P 和 F 的最外層電子組態分別為 $3s^23p^3$ 和 $2s^22p^5$，所以總價電子數為 $5 + (5 \times 7) = 40$ 個。磷和硫一樣是第三週期的元素，因此它可以是擴張的八隅體。PF_5 的路易士結構為

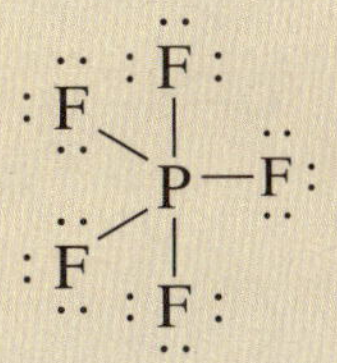

請注意：這裡的 P 原子和 F 原子上都沒有沒有形式電荷。

檢　查

雖然 F 原子滿足了八隅體規則，但是 P 原子周圍有 10 個電子。所以，PF_5 是一個擴張的八隅體。

類題：9.15。

練習題

請畫出五氟化砷 (AsF_5) 的路易士結構。

例題 9.11

SO_4^{2-}

請畫出硫酸根離子 (SO_4^{2-}) 的路易士結構，其中的四個 O 原子都和中心的 S 原子鍵結。

策　略

請注意：S 是第三週期的元素，我們可以按照例題 9.5 和 9.6 的方法畫出路易士結構，並寫出形式電荷。

解　答

S 和 O 的最外層電子組態分別為 $3s^23p^4$ 和 $2s^22p^4$。

步驟 1：SO_4^{2-} 的骨架結構為

```
   O
O  S  O
   O
```

步驟 2：O 和 S 都是 6A 族元素，所以它們各有六個價電子。若再將兩個負電荷也算在內，則 SO_4^{2-} 離子的總價電子數為 $6 + (4 \times 6) + 2 = 32$ 個。

步驟 3：先各畫一個單鍵在所有的鍵結原子之間：

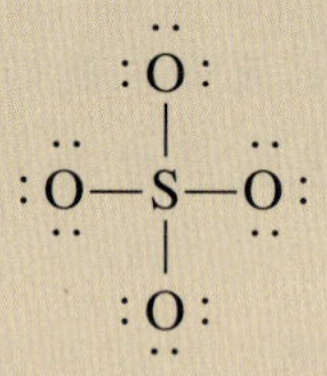

接著寫出 S 和 O 原子的形式電荷：

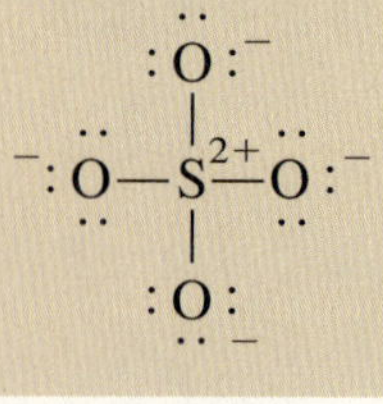

要知道我們可以藉由擴張 S 原子的八隅體來消去一些在 SO_4^{2-} 上的形式電荷：

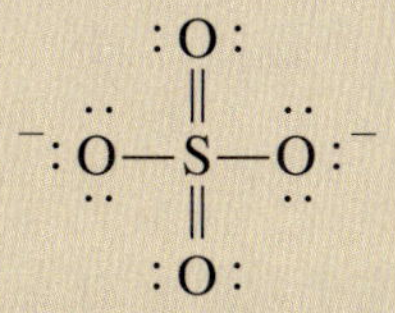

請注意：此結構只是六個相等的 SO_4^{2-} 結構之一。

而在這兩個結構中，是 S 原子符合八隅體規則，但是有較多的形式電荷的結構重要；還是 S 原子是擴張的八隅體，但是形式電荷較少的結構重要？這個問題在化學家之間引發了一些爭辯。在許多例子中，只有再利用量子力學的計算才可以有更清楚的答案。而在這個階段，你應該要知道的是，這兩個結構都是有效的路易士結構，且你要可以將兩個結構都畫出來。有個有用的原則就是試著用擴張的八隅體來將形式電荷最小化，而要加雙鍵的話只加到中心原子的形式電荷為零。所以，在下面這個結構中，S(−2) 和 O(0) 的形式電荷大小不符合這些元素的電負度，也因此不適合用來表示 SO_4^{2-} 離子。

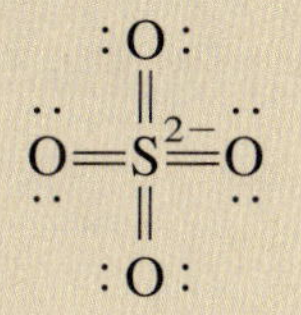

練習題

請畫出硫酸 (H_2SO_4) 合理的路易士結構。

對於擴張的八隅體最後還有一件要注意的事：在畫一個中心原子為第三週期以上元素的化合物時，有時候會發現所有原子都已滿足八隅體規則了，但還有剩下其他電子要畫。此時，多的電子則要以孤電子對的形式畫在中心原子上。在例題 9.12 中可以看到這樣的作法。

例題 9.12

請畫出惰性氣體化合物四氟化氙 (XeF_4) 的路易士結構。其中所有的 F 原子都鍵結在中心的氙原子上。

策　略

請注意：Xe 是第五週期的元素，我們可以按照例題 9.5 和 9.6 的方法畫出路易士結構，並寫出形式電荷。

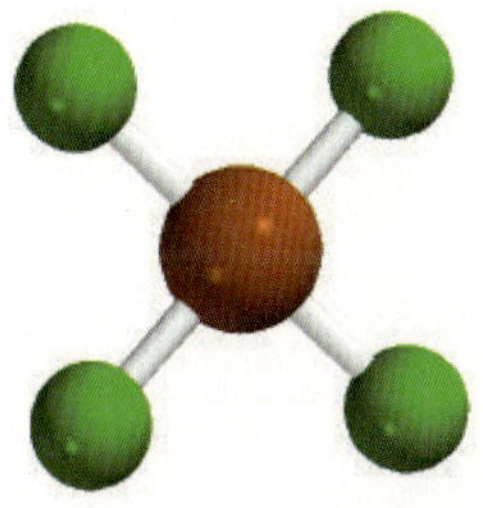

XeF_4

解 答

步驟 1：XeF_4 的骨架結構為

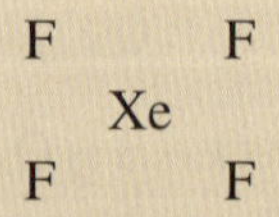

步驟 2：Xe 和 F 的最外層電子組態分別為 $5s^25p^6$ 和 $2s^22p^5$，所以總價電子數 $8 + (4 \times 7) = 36$ 個。

步驟 3：先各畫一個單鍵在所有的鍵結原子之間，此時每個 F 原子有三對孤電子，它們都滿足了八隅體規則。四個 F 原子上的孤對電子 (4×6) 加上四對鍵結電子 (4×2)，總共有 32 個電子。因此，還剩下四個電子要以兩對孤電子對的形式畫在 Xe 原子上：

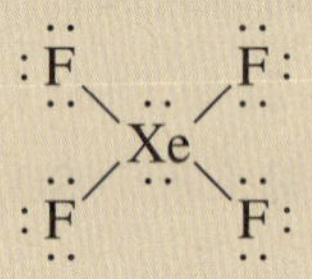

這裡的 Xe 原子是一個擴張的八隅體。Xe 和 F 原子上沒有形式電荷。

練習題

請畫出四氟化硫 (SF_4) 的路易士結構。

9.10 鍵 焓

要記得斷鍵需要能量，所以生成鍵時會有能量釋出。

一個分子的穩定度可以用它的**鍵焓** (bond enthalpy) 來表示，其定義為在 1 莫耳氣體分子中打斷一特定化學鍵所需要的焓變化量。(在固體和液體中的鍵焓會受到周圍分子的影響。) 舉例來說，由實驗結果定出的雙原子氫氣分子鍵焓為

$$H_2(g) \longrightarrow H(g) + H(g) \qquad \Delta H° = 436.4 \text{ kJ/mol}$$

這個方程式告訴我們，打斷 1 莫耳氣體 H_2 分子需要 436.4 kJ 的能量。對於較不穩定的氯分子來說，

$$Cl_2(g) \longrightarrow Cl(g) + Cl(g) \qquad \Delta H° = 242.7 \text{ kJ/mol}$$

由不同元素所組成的雙原子分子鍵焓也可以直接測得，像是 HCl，

$$HCl(g) \longrightarrow H(g) + Cl(g) \quad \Delta H^\circ = 431.9 \text{ kJ/mol}$$

和一些含有雙鍵和參鍵的分子：

$$O_2(g) \longrightarrow O(g) + O(g) \quad \Delta H^\circ = 498.7 \text{ kJ/mol}$$
$$N_2(g) \longrightarrow N(g) + N(g) \quad \Delta H^\circ = 941.4 \text{ kJ/mol}$$

O_2 的路易士結構為 Ö═Ö；N_2 的路易士結構為 :N≡N:。

要測量多原子分子中共價鍵的強度則比較複雜。例如，由測量得知打斷 H_2O 分子中第一個 O—H 鍵所需的能量和打斷 H_2O 分子中第二個 O—H 鍵所需的能量是不一樣的：

$$H_2O(g) \longrightarrow H(g) + OH(g) \quad \Delta H^\circ = 502 \text{ kJ/mol}$$
$$OH(g) \longrightarrow H(g) + O(g) \quad \Delta H^\circ = 427 \text{ kJ/mol}$$

在這兩個步驟中都各有一個 O—H 鍵被打斷，但第一個步驟比第二個步驟吸熱。這兩個不同的 ΔH° 告訴我們，因為化學的環境在斷鍵後有所改變，所以第二個 O—H 鍵本身的性質也有所改變。

現在我們可以了解為什麼一樣是 O—H 鍵，在不同分子 [例如甲醇 (CH_3OH) 和水 (H_2O)] 中的鍵焓就會不一樣：其中的原因就是它們的環境不同。因此，對於多原子分子，我們用**平均鍵焓**的概念來描述特定的鍵。例如，我們可以量出 O—H 鍵在 10 種不同多原子分子中的鍵焓來平均得到平均鍵焓。在表 9.4 中列出許多雙原子和多原子分子的平均鍵焓。正如先前提過的，參鍵比雙鍵強，雙鍵又比單鍵強。

鍵焓在熱化學中的應用

若將許多化學反應中發生的熱化學變化 (在第六章有提過) 做比較，就可以知道在不同反應中的焓是有很大不同的。例如：氫氣在氧氣中燃燒是一個相當放熱的反應：

$$H_2(g) + \tfrac{1}{2}O_2(g) \longrightarrow H_2O(l) \quad \Delta H^\circ = -285.8 \text{ kJ/mol}$$

另一方面，在光合作用中二氧化碳和水反應生成葡萄糖 ($C_6H_{12}O_6$) 的反應就是相當吸熱的反應：

$$6CO_2(g) + 6H_2O(l) \longrightarrow C_6H_{12}O_6(s) + 6O_2(g) \quad \Delta H^\circ = 2801 \text{ kJ/mol}$$

我們可以經由觀察個別反應物和產物分子的穩定性來解釋這樣的差異。畢竟，所有的化學反應都牽涉到斷鍵和生成鍵的過程。因此，知道鍵焓和分子的穩定度可以告訴我們有關分子所進行反應的熱化學本質。

表 9.4 一些雙原子分子*的鍵焓，以及在多原子分子中的平均鍵焓

鍵	鍵焓 (kJ/mol)	鍵	鍵焓 (kJ/mol)
H—H	436.4	C—I	240
H—N	393	C—P	263
H—O	460	C—S	255
H—S	368	C═S	477
H—P	326	N—N	193
H—F	568.2	N═N	418
H—Cl	431.9	N≡N	941.4
H—Br	366.1	N—O	176
H—I	298.3	N═O	607
C—H	414	O—O	142
C—C	347	O═O	498.7
C═C	620	O—P	502
C≡C	812	O═S	469
C—N	276	P—P	197
C═N	615	P═P	489
C≡N	891	S—S	268
C—O	351	S═S	352
C═O†	745	F—F	156.9
C≡O	1076.5	Cl—Cl	242.7
C—F	450	Br—Br	192.5
C—Cl	338	I—I	151.0
C—Br	276		

*雙原子分子的鍵焓 (用不同顏色標示) 比多原子分子的鍵焓取較多位數的有效數字，這是因為雙原子分子的鍵焓是直接測量值，不是平均值。

†在 CO_2 中的 C═O 鍵焓是 799 kJ/mol。

在很多時候，可以利用平均鍵焓來預測反應大約的焓變化。因為斷鍵都需要能量且生成鍵都會釋出能量，我們可以藉由計算在反應中斷鍵和生成鍵的總數，並記錄其過程的能量變化來估計出反應焓。所以，在氣態的反應焓可以寫成

$$\begin{aligned}\Delta H^\circ &= \Sigma\text{鍵焓 (反應物)} - \Sigma\text{鍵焓 (產物)} \\ &= \text{總所需能量} - \text{總釋出能量}\end{aligned} \tag{9.3}$$

其中鍵焓指的是平均鍵焓，而 Σ 是加總的符號。在方程式 (9.3) 中，其 ΔH° 的正負號是有意義的。因此，當總所需能量大於總釋出能量時，ΔH° 為正值，而反應為吸熱反應；反之，當總釋出能量大於總所需能量時，ΔH° 為負值，而反應為放熱反應 (圖 9.8)。如果反應物和產物都是雙原子分子，因為雙原子分子的鍵焓都是已知的，所以就可以利用方程式 (9.3) 算出正確的反應焓。如果部分或全部的反應物和產物都是多原

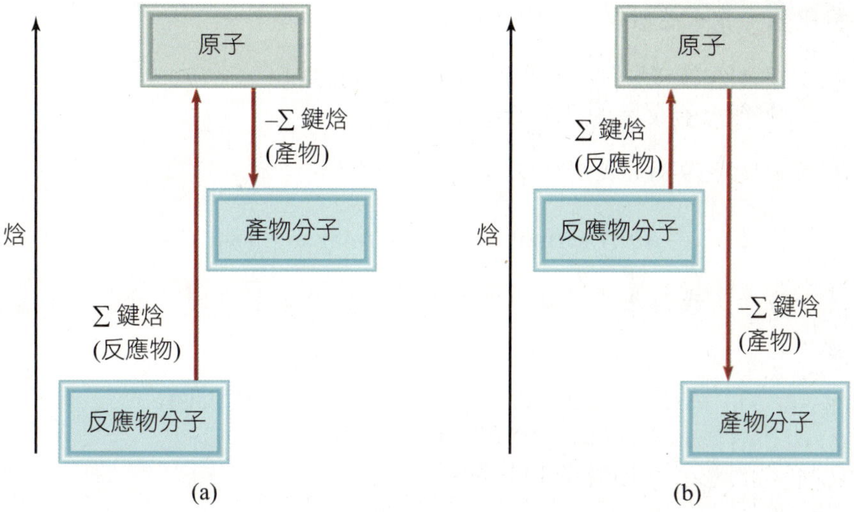

圖 9.8 在 (a) 吸熱反應和 (b) 放熱反應中的鍵焓變化。

子分子，因為已知的多原子分子鍵焓是平均值，所以用方程式 (9.3) 得到的就是大約的反應焓。

對於雙原子分子來說，方程式 (9.3) 等於方程式 (6.18)，所以用這兩個方程式得到的結果應該是一樣的，如例題 9.13 所示。

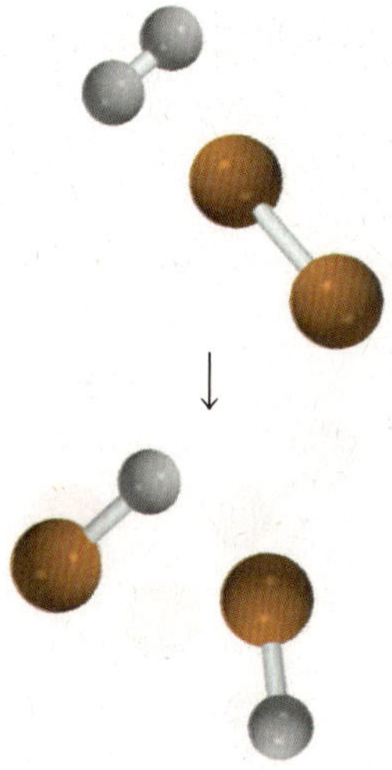

例題 9.13

請利用方程式 (9.3) 算出下列反應的反應焓：

$$H_2(g) + Cl_2(g) \longrightarrow 2HCl(g)$$

比較你的答案與用方程式 (6.18) 所得到的答案是否相同。

策　略

要記得斷鍵是需要能量 (吸熱) 的過程，而生成鍵是放出能量 (放熱) 的過程。因此，反應的總能量改變會等於這兩個過程的能量差異，就像方程式 (9.3) 寫的。

解　答

我們先算出反應中斷鍵和生成鍵的總數及相關的能量變化。最好的方法是畫一個表：

斷鍵種類	斷鍵數量	鍵焓 (kJ/mol)	能量變化 (kJ/mol)
H—H (H_2)	1	436.4	436.4
Cl—Cl (Cl_2)	1	242.7	242.7

生成鍵種類	生成鍵數量	鍵焓 (kJ/mol)	能量變化 (kJ/mol)
H—Cl (HCl)	2	431.9	863.8

這些雙原子分子的鍵焓請參考表 9.4。

接下來，算出總所需能量和總釋出能量：

$$\text{總所需能量} = 436.4\ \text{kJ/mol} + 242.7\ \text{kJ/mol} = 679.1\ \text{kJ/mol}$$
$$\text{總釋出能量} = 863.8\ \text{kJ/mol}$$

利用方程式 (9.3)，我們可以寫出：

$$\Delta H^\circ = 679.1\ \text{kJ/mol} - 863.8\ \text{kJ/mol} = -184.7\ \text{kJ/mol}$$

另一方面，我們也可以用方程式 (6.18) 和附錄 1 中的資料算出反應焓：

$$\begin{aligned}\Delta H^\circ &= 2\Delta H_f^\circ(\text{HCl}) - [\Delta H_f^\circ(\text{H}_2) + \Delta H_f^\circ(\text{Cl}_2)] \\ &= (2)(-92.3\ \text{kJ/mol}) - 0 - 0 \\ &= -184.6\ \text{kJ/mol}\end{aligned}$$

檢 查

因為反應物和產物都是雙原子分子，我們預期用方程式 (9.3) 和方程式 (6.18) 算出來的結果要一樣。這裡有一點小差異是因為約分方式不同導致。

練習題

請利用 (a) 方程式 (9.3)；(b) 方程式 (6.18) 算出下列反應的反應焓：

$$H_2(g) + F_2(g) \longrightarrow 2HF(g)$$

例題 9.14 利用方程式 (9.3) 來預估多原子分子反應的反應焓。

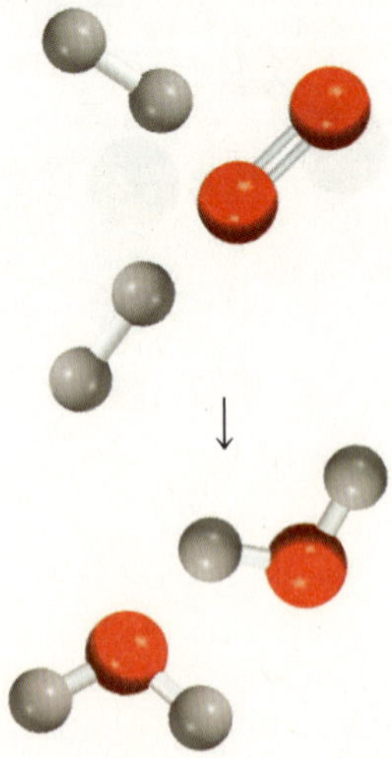

例題 9.14

請估計下列氫氣燃燒反應的焓變化：

$$2H_2(g) + O_2(g) \longrightarrow 2H_2O(g)$$

策 略

基本上，我們可以用和例題 9.13 一樣的步驟。然而，請注意：因為 H_2O 是多原子分子，所以我們必須要用 O—H 鍵的平均鍵焓。

解 答

我們先做出以下表格：

斷鍵種類	斷鍵數量	鍵焓 (kJ/mol)	能量變化 (kJ/mol)
H—H (H_2)	2	436.4	872.8
O═O (O_2)	1	498.7	498.7

斷鍵種類	斷鍵數量	鍵焓 (kJ/mol)	能量變化 (kJ/mol)
O—H (H_2O)	4	460	1840

接下來，算出總所需能量和總釋出能量：

$$\text{總所需能量} = 872.8\ \text{kJ/mol} + 498.7\ \text{kJ/mol} = 1371.5\ \text{kJ/mol}$$
$$\text{總釋出能量} = 1840\ \text{kJ/mol}$$

利用方程式 (9.3)，我們可以寫出：

$$\Delta H° = 1371.5\ \text{kJ/mol} - 1840\ \text{kJ/mol} = -469\ \text{kJ/mol}$$

因為 O—H 的鍵焓是平均值，所以這裡算出來的答案只是一個估計值。另一方面，我們也可以用方程式 (6.18) 和附錄 1 中的資料算出反應焓：

$$\begin{aligned}\Delta H° &= 2\Delta H_f°(H_2O) - [2\Delta H_f°(H_2) + \Delta H_f°(O_2)]\\ &= 2(-241.8\ \text{kJ/mol}) - 0 - 0\\ &= -483.6\ \text{kJ/mol}\end{aligned}$$

檢 查

請注意：這裡用平均鍵焓算出來的估計值和用 $\Delta H_f°$ 算出來的值相差不大。一般來說，方程式 (9.3) 用在吸熱會放熱較多的反應上較適合；也就是說，$\Delta H°_{rxn} > 100$ kJ/mol 或 $\Delta H°_{rxn} < -100$ kJ/mol 的反應較適用。

類題：9.18。

練習題

對於以下反應：

$$H_2(g) + C_2H_4(g) \longrightarrow C_2H_6(g)$$

(a) 請用表 9.4 中的鍵焓值估計反應焓。

(b) 請用標準生成焓計算反應焓。(H_2、C_2H_4 和 C_2H_6 的 $\Delta H_f°$ 分別為 0、52.3 kJ/mol 和 –84.7 kJ/mol。)

重要方程式

$\Delta H° = \Sigma$ 鍵焓 (反應物) $- \Sigma$ 鍵焓 (產物)	(9.3)	用鍵焓計算反應的焓變化。

觀念整理

1. 路易士點符號可以看出特定元素原子的價電子數。路易士點符號主要對於主族元素來說是很有用的。
2. 最容易生成離子化合物的元素有較小的游離能(像是易生成陽離子的鹼金屬和鹼土金屬)，或是較大的電子親和力 (像是易生成陰離子的鹵素和氧)。
3. 離子鍵是由正負電離子之間的靜電吸引力所構成。離子化合物是由平衡的正負電離子所構成的大型網狀結構。在離子固體化合物中，原子之間的淨吸引力是最大的。
4. 晶格能是用來描述離子化合物的穩定性。它可用根據黑斯定律訂出的玻恩－哈伯循環算出。
5. 在共價鍵中，兩個原子共用兩個 (一對) 電子。在多重共價鍵中則是由兩個原子共用兩對或三對電子。有些共價鍵結的原子上還有孤電子對，指的是沒有參與鍵結的價電子對。用路易士結構可以表示出一個分子中鍵結電子和孤電子對是如何排列的。
6. 電負度指的是一個原子在化學鍵中將電子拉近的能力。
7. 八隅體規則指出每個原子會用八個電子和周圍原子生成足夠的共價鍵。當生成共價鍵原子中的其中一個原子提供兩個電子來生成鍵時，可以用每個原子的形式電荷來追蹤共價鍵的位置。有一些違反八隅體規則的例子，尤其是含鈹的共價化合物，3A 族元素生成的化合物，價電子數為奇數的分子，和週期表中第三週期以上元素生成的化合物。
8. 對於一些分子或多原子離子來說，有可能畫出兩種以上滿足八隅體規則的路易士結構。這些不同的結構總稱為共振結構，用共振結構來表示分子或離子會比用任何單一路易士結構表示來得正確。
9. 共價鍵的強度可以用鍵焓來表示。鍵焓可以用來估計反應焓。

習　題

路易士點符號

9.1 請寫出下列原子或離子的路易士點符號：(a) I；(b) I^-；(c) S；(d) S^{2-}；(e) P；(f) P^{3-}；(g) Na；(h) Na^+；(i) Mg；(j) Mg^{2+}；(k) Al；(l) Al^{3+}；(m) Pb；(n) Pb^{2+}。

離子鍵

9.2 請寫出由下列離子對生成化合物的實驗式和名稱：(a) Na 和 F；(b) K 和 S；(c) Ba 和 O；(d) Al 和 N。

9.3 請寫出下列反應中反應物和產物的路易士點符號。(先平衡方程式。)

(a) $Sr + Se \longrightarrow SrSe$

(b) $Ca + H_2 \longrightarrow CaH_2$

(c) $Li + N_2 \longrightarrow Li_3N$

(d) $Al + S \longrightarrow Al_2S_3$

9.4 請指出下列每對元素所生成的二元化合物中是離子鍵還是共價鍵的機會較大？請寫出化合物的實驗式和名稱：(a) B 和 F；(b) K 和 Br。

離子化合物的晶格能

9.5 已知 Ca 的昇華熱為 121 kJ/mol，$\Delta H_f^\circ(CaCl_2) = -795$ kJ/mol。試計算氯化鈣的晶格能。(其他資料請參考表 8.2 和表 8.3。)

電負度和鍵的形式

9.6 請將下列化學鍵依離子特性遞增排列：C—H、F—H、Br—H、Na—Cl、K—F、Li—Cl。

9.7 請將下列化學鍵依離子鍵、極性共價鍵或共價鍵來分類，並解釋原因：(a) 在 $Cl_3SiSiCl_3$ 中的 SiSi 鍵；(b) 在 $Cl_3SiSiCl_3$ 中的 SiCl 鍵；(c) 在 CaF_2 中的 CaF 鍵；(d) 在 NH_3 中的 NH 鍵。

路易士結構和八隅體規則

9.8 請畫出下列分子或離子的路易士結構：(a) OF_2；(b) N_2F_2；(c) Si_2H_6；(d) OH^-；(e) CH_2ClCOO^-；(f) $CH_3NH_3^+$。

9.9 請畫出下列離子的路易士結構並標示每個原子的形式電荷：(a) O_2^{2-}；(b) C_2^{2-}；(c) NO^+；(d) NH_4^+。

9.10 下列醋酸分子的骨架結構正確，但有些鍵畫錯：(a) 請指出錯誤的鍵在哪裡並說明原因；(b) 畫出醋酸正確的路易士結構。

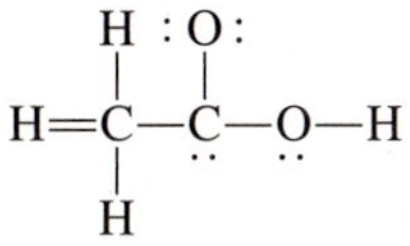

共振的概念

9.11 請畫出氯酸根離子 (ClO_3^-) 的三個共振結構，並標示出形式電荷。

9.12 請畫出重氮甲烷 (CH_2N_2) 的兩個共振結構，並標示出形式電荷。其骨架結構是

9.13 請畫出 OCN^- 的三個合理共振結構，並標示出形式電荷。

違反八隅體規則的例子

9.14 在氣態時，氯化鈹是由分開的 $BeCl_2$ 分子所組成。此化合物中的 Be 有滿足八隅體規則嗎？如果沒有，你是否可以畫出其他共振式其中的 Be 有滿足八隅體規則？這個結構是否正確？

9.15 請畫出 $SbCl_5$ 的路易士結構。此分子有滿足八隅體規則嗎？

9.16 請畫出下列反應的路易士結構：

$$AlCl_3 + Cl^- \longrightarrow AlCl_4^-$$

在產物中，Al 和 Cl 之間是哪一種鍵？

鍵　焓

9.17 對於以下反應：

$$O(g) + O_2(g) \longrightarrow O_3(g) \quad \Delta H° = -107.2\ \text{kJ/mol}$$

試計算 O_3 中的平均鍵焓。

9.18 對於以下反應：

$$2C_2H_6(g) + 7O_2(g) \longrightarrow 4CO_2(g) + 6H_2O(g)$$

(a) 請用表 9.4 中的鍵焓來預測出反應焓。

(b) 請用反應物和產物的標準生成焓 (參考附錄 1) 算出反應焓，將結果與 (a) 得到的答案做比較。

附加問題

9.19 在 RbCl、PF_5、BrF_3、KO_2 和 CI_4 中，哪些是離子化合物？哪些是共價化合物？

9.20 第三週期元素的氟化物分子式分別為 NaF、MgF_2、AlF_3、SiF_4、PF_5、SF_6 和 ClF_3。請將這些化合物依照共價化合物和離子化合物分類。

9.21 請畫出疊氮離子 (N_3^-) 三個合理的共振結構，其原子排列為 NNN。請標示出形式電荷。

9.22 在含有 Al 的分子或離子中，請各舉一個：(a) 違反八隅體規則；(b) 有擴張的八隅體；(c) 有不完整的八隅體的例子。

9.23 我們無法在大氣條件下製備以下穩定化合物：CF_2、LiO_2、$CsCl_2$、PI_5。請提出可能的原因。

9.24 下列敘述是正確還是錯誤的？(a) 形式電荷代表實際電荷的分離；(b) $\Delta H°_{rxn}$ 可用反應物和產物的鍵焓估計出來；(c) 所有第二週期元素在化合物中都遵守八隅體規則；(d) 一個分子的共振結構可以彼此分開。

9.25 請利用下列資訊以及 C—H 鍵的平均鍵焓是

414 kJ/mol 來估計甲烷 (CH_4) 的標準生成焓是多少？

$$C(s) \longrightarrow C(g) \qquad \Delta H^\circ_{rxn} = 716 \text{ kJ/mol}$$
$$2H_2(g) \longrightarrow 4H(g) \qquad \Delta H^\circ_{rxn} = 872.8 \text{ kJ/mol}$$

9.26 請問下列哪個分子中的 N—N 鍵最短？為什麼？N_2H_4、N_2O、N_2、N_2O_4。

9.27 下列哪幾個物種是等電子的？NH_4^+、C_6H_6、CO、CH_4、N_2、$B_3N_3H_6$。

9.28 原子以直線形排列的三碘陰離子 (I_3^-) 是個穩定的離子，但對應的 F_3^- 離子卻不存在。請解釋原因。

9.29 以下是 CO_2 分子的共振結構。請解釋為什麼在描述這個分子中的鍵結時，有些共振結構是比較不重要的。

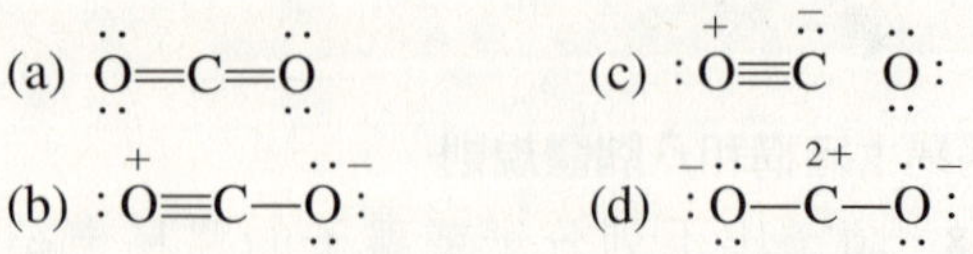

9.30 請畫出以下四種等電子物種的路易士結構，並標示出形式電荷：(a) CO；(b) NO^+；(c) CN^-；(d) N_2。

練習題答案

9.1 $Ba\cdot + 2\cdot H \longrightarrow Ba^{2+}\ 2H:^-$ (或 BaH_2)
$[Xe]6s^2 \quad 1s^1 \qquad [Xe] \quad [He]$

9.2 (a) 離子；(b) 極性共價；(c) 共價

9.3 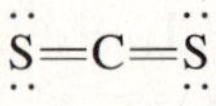 **9.4** 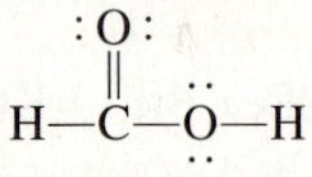

9.5 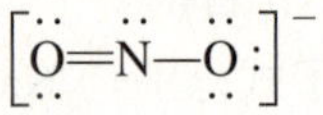 **9.6** 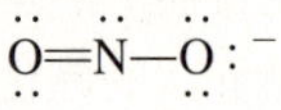

9.7 H—C≡N:

9.8 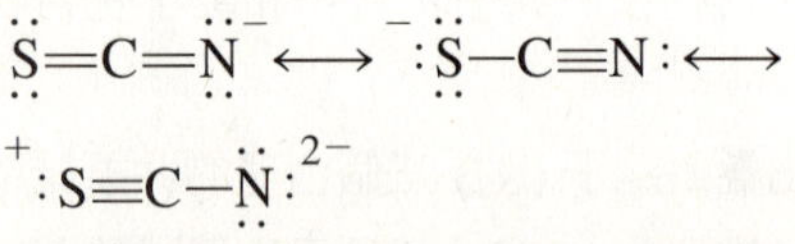

第一個結構最重要，最後一個結構最不重要

9.9 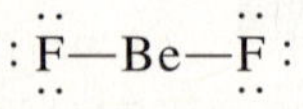 **9.10** 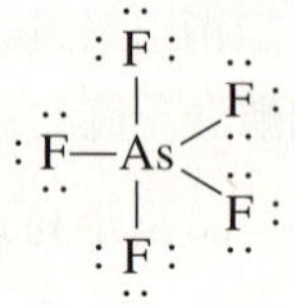

9.11 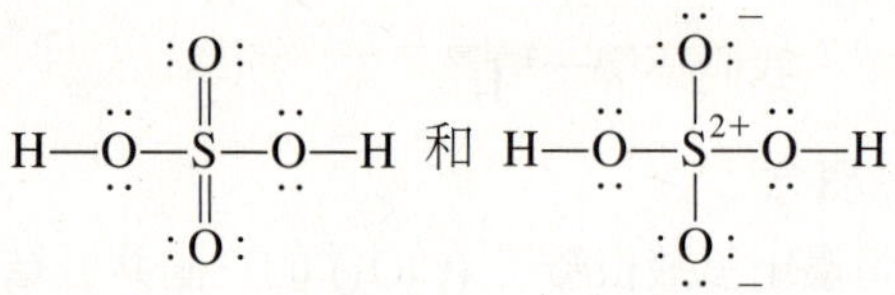

9.12 

9.13 (a) −543.1 kJ/mol；(b) −543.2 kJ/mol

9.14 (a) −119 kJ/mol；(b) −137.0 kJ/mol

Chapter 10
化學鍵 (二)：分子的立體結構和原子軌域的混成

分子的形狀在複雜的生化反應中扮演很重要的角色。

先看看本章要學什麼？

- 我們首先用一種叫作 VSEPR 模型的簡單方法來說明化學鍵和孤電子對在分子立體結構上的位置。(10.1)
- 然後我們要學習如何決定一個分子是否有偶極矩，並了解測量分子的偶極矩可以幫助我們研究分子的立體結構。(10.2)
- 接著，我們要學一種量子力學的方法叫作價鍵 (VB) 理論來研究化學鍵。VB 理論說明化學鍵是為什麼且如何以原子軌域重疊的方式形成。(10.3)
- 我們會看到 VB 理論利用原子軌域混成的概念說明化學鍵的生成，以及分子的立體結構。(10.4 和 10.5)
- 我們接著討論另外一種用來描述化學鍵的量子力學方法，叫作分子軌域 (MO) 理論。MO 理論認為分子軌域的形成是因為原子軌域混成，它也可以用來解釋氧氣分子為什麼是順磁性的。(10.6)
- 寫分子的軌域組態就像寫原子的電子組態一樣，都要遵守包立不相容原理和洪特規則。以同核雙原子分子為例，我們可以從它的分子軌域組態來判斷鍵的強度，以及分子的磁性。(10.7)
- 當分子由三個以上原子組成時，分子軌域形成的概念可以再延伸到分子軌域的去定域化。我們可以看到這些去定域化的軌域會提供分子 (像是苯分子) 額外的穩定性。(10.8)

綱 要

在第九章中，我們用路易士理論討論了化學鍵結。在本章中，我們要學的是分子的形狀和立體結構。立體結構對於分子的物理和化學性質，像是密度、熔點、沸點和反應性等都有很大的影響。我們會看到利用分子的路易士結構可以簡單且正確地預測分子的形狀。

雖然用來描述化學鍵的路易士理論很好用且簡單，但它並沒有解釋化學鍵是如何生成且為什麼要生成。利用量子力學可以對化學鍵有更多的了解。因此，在本章的第二部分我們將用量子力學來研究分子的立體結構和穩定性。

10.1 分子的立體結構

分子的立體結構指的是在分子中原子的三維排列。一個分子的立體結構影響了它的物理和化學性質，像是熔點、沸點、密度，以及它所進行的反應種類。一般來說，鍵長和鍵角必須由實驗測得。然而，如果我們知道一個分子或離子的中心原子在路易士結構中周圍有幾個電子的話，有一種簡單的方法可以正確地預測其立體結構。這種方法利用的主要概念是假設在原子價殼層中的電子對是會互相排斥的。而所謂的**價殼層** (valence shell) 是指原子最外層占有電子的軌域，而此軌域中的電子通常和鍵結有關。在一個共價鍵中，是利用一對通常稱為鍵結電子對的電子來將兩個原子拉在一起。然而，在一個多原子分子中，中心原子和周圍原子之間有兩個以上的鍵。由於在不同鍵結電子對之間電子會有排斥力，而使得這些鍵在空間上的排列要彼此愈遠愈好。分子最終的立體結構 (以所有原子的位置而定) 會是將電子之間排斥力最小化後的結果。這種用來研究分子立體結構的方法叫作**價殼層電子排斥模型** [valence-shell electron-pair repulsion (VSEPR) model]，因為它用電子之間的靜電排斥力來解釋中心原子周圍電子對的立體排列狀況。

「中心原子」這個詞是指一個在多原子分子中不是在末端的原子。

使用 VSEPR 模型必須遵守以下兩個通則：

1. 就電子對的排斥而言，雙鍵和參鍵可以視為單鍵。以定性來說，這樣的估算與實際狀況差異不大。但你應該要知道實際上多重鍵比單鍵「大」；也就是說，因為兩個原子間有兩個或三個鍵，所以其電子密度應該要占據比較大的空間。
2. 如果一個分子有兩個以上的共振結構，我們可以將 VSEPR 模型用在其中任何一個。形式電荷通常不畫。

有了這個模型，我們可以用系統性的方式來預測分子 (和離子) 的立體結構。為此，應該要把分子根據其中心原子上是否有孤電子對來分成兩類討論較為方便。

中心原子上沒有孤電子對的分子

為了方便，我們只討論由 A 和 B 兩種元素的原子所組成的分子。其中的 A 是中心原子。這些分子的通式是 AB_x，其中的 x 是整數 2, 3, ...。(如果 $x = 1$ 就是直線形雙原子分子 AB。) 在大部分的例子中，x 值會介於 2 和 6 之間。

表 10.1 中可以看到中心原子 A 周圍電子對排列的五種可能性。由於電子間相互的排斥力，電子對之間的距離愈遠愈好。請注意：表格中看到的是電子對的排列位置，而不是中心原子周圍的原子位置。若分子的中心原子上沒有孤電子對，則此分子的鍵結電子對就會是這五種排列方式之一。以表 10.1 作為參考，讓我們更進一步來討論分子式為 AB_2、AB_3、AB_4、AB_5 和 AB_6 的分子立體結構。

AB_2：氯化鈹 ($BeCl_2$)

氯化鈹在氣態的路易士結構為

:C̤̈l—Be—C̤̈l:

因為鍵結電子對彼此互相排斥，它們必須要擺在直線的兩端以讓彼此之間的距離達到最遠。因此，我們可以預測 ClBeCl 的鍵角為 180 度，而分子是直線形 (見表 10.1)。$BeCl_2$ 的「球棒」模型為

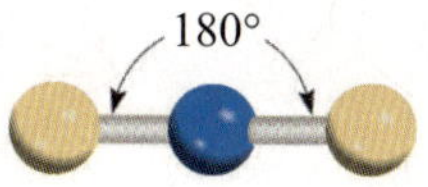

一般用圓球體來表示原子。

AB_3：三氟化硼 (BF_3)

三氟化硼有三個共價鍵，也可以說有三對鍵結電子。最穩定的排列方法是將三個 BF 鍵指向等邊三角形的三個角，而 B 放在三角形的中心：

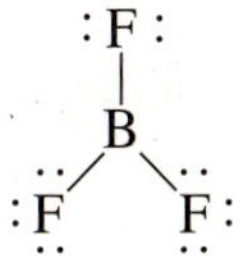

表 10.1 在分子中，中心原子 (A) 周圍電子排列方式；以及一些中心原子周圍沒有孤電子對的簡單分子和離子的立體結構

電子對數量	電子對排列方式*	分子的立體結構*	例子
2	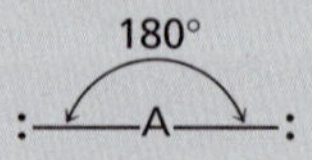 直線形	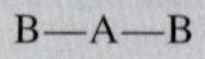 直線形	$BeCl_2$、$HgCl_2$
3	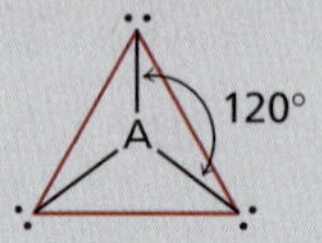 平面三角形	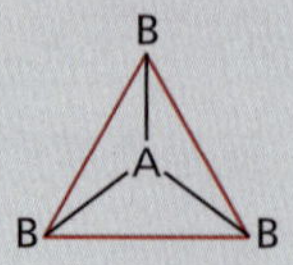 平面三角形	BF_3
4	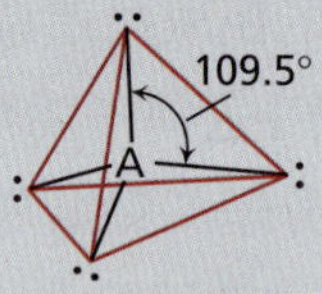 正四面體	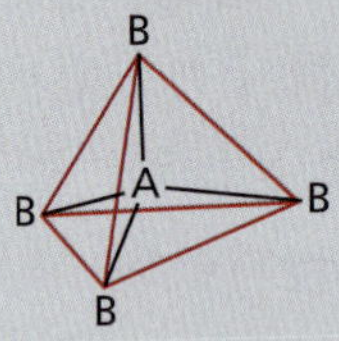 正四面體	CH_4、NH_4^+
5	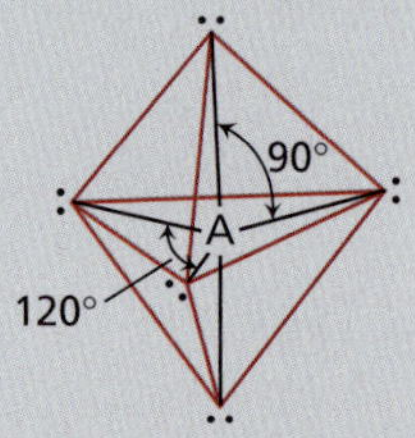 雙三角錐形	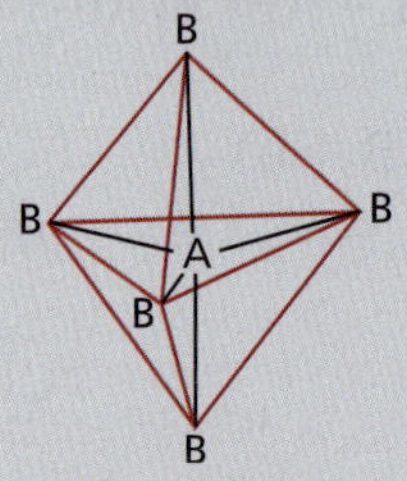 雙三角錐形	PCl_5
6	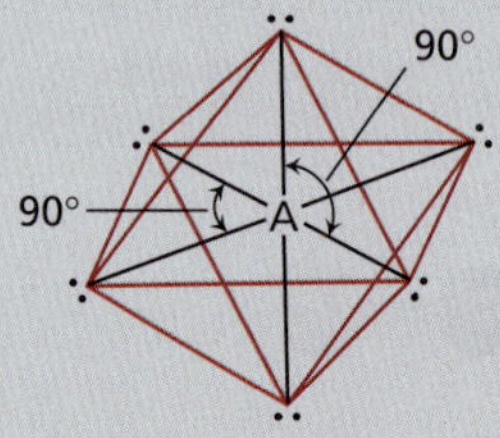 正八面體	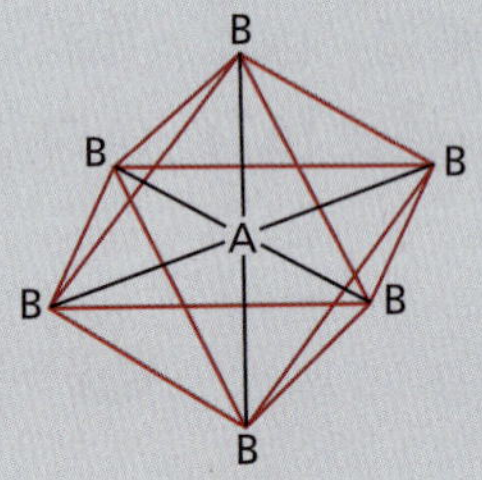 正八面體	SF_6

*有顏色的線只用來表示整體的形狀，不代表化學鍵。

根據表 10.1，BF_3 的立體結構是**平面三角形**，這是因為這三個末端的原子是在等邊三角形的三個角上，而等邊三角形是平面的：

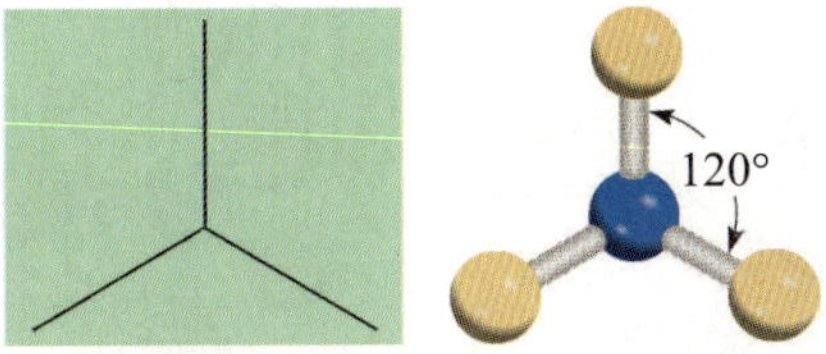

平面形

因此，這三個 FBF 角都是 120 度，且四個原子都在同一平面上。

AB_4：甲烷 (CH_4)

甲烷的路易士結構為

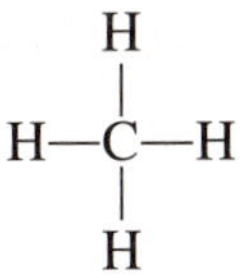

因為有四對鍵結電子，CH_4 的立體結構為正四面體 (見表 10.1)。**正四面體** (tetrahedron) 有四個面 (字首的 *tetra* 是「四」的意思)，這四個面都是等邊三角形。在一個正四面體的分子中，中心原子 (這裡是 C) 位於正四面體的中心，而其他四個原子在四面體的角上。所有的鍵角都是 109.5 度。

正四面體

AB_5：五氯化磷 (PCl_5)

五氯化磷 (在氣態時) 的路易士結構為

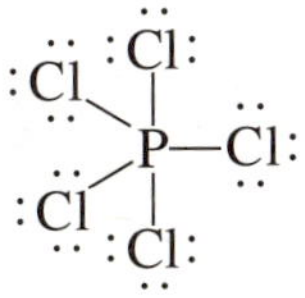

要將五對鍵結電子之間的排斥力最小化的唯一辦法是將五個 PCl 鍵排成雙三角錐形 (見表 10.1)。雙三角錐形可以視為兩個正四面體共用一面平面三角形：

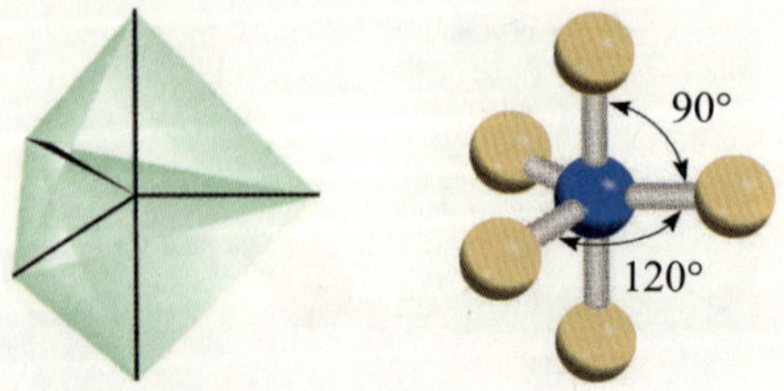

雙三角錐形

中心原子 (這裡是 P) 位於共用三角形的正中心，而周圍五個原子在雙三角錐的五個角上。在共用三角形平面之上或之下的原子稱為在**軸**的位置，而在共用三角形平面上的原子稱為在**赤道**的位置。在赤道的任何兩個鍵生成的鍵角為 120 度，而在軸上的兩個鍵生成的鍵角為 180 度。

AB_6：六氟化硫 (SF_6)

六氟化硫的路易士結構為

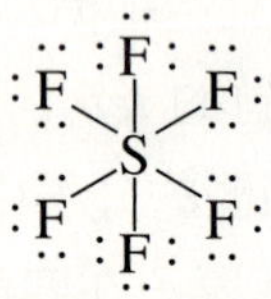

六個 SF 鍵結電子對最穩定的排列方式是排成正八面體的形狀，可以在表 10.1 中看到。正八面體 (octahedron) 有八個面 (字首的 *octa* 是「八」的意思)。它可以看作是將兩個四角錐共用底面所組成。中心原子 (這裡是 S) 位於共用四方形底面的正中心，而周圍六個原子在六個角上。除了中心原子和兩個在直線上相對位置的原子所生成的鍵角是 180 度之外，其他的鍵角都是 90 度。因為在一個正八面體的分子中的六個鍵都是相等的，我們不能像雙三角錐的分子一樣用「軸」和「赤道」來描述原子的位置。

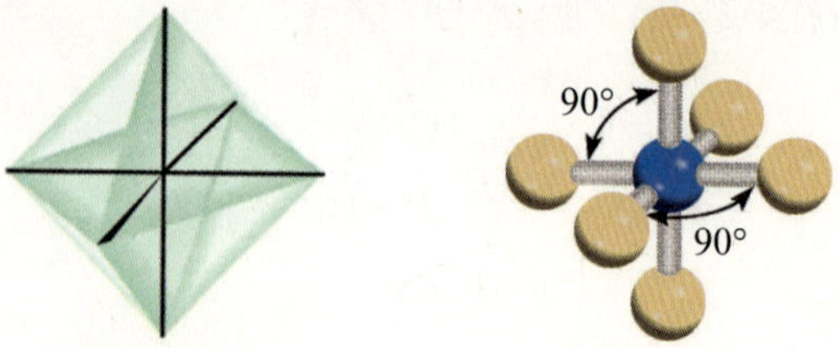

正八面體

中心原子上有一對以上孤電子的分子

如果在分子中的中心原子同時有鍵結電子對和孤電子對的話，要決定分子的立體結構就變得比較複雜。在這樣的分子中存在著三種不同的

排斥力——鍵結電子對之間的排斥力、孤電子對之間的排斥力，以及鍵結電子對和孤電子對之間的排斥力。一般來說，根據 VSEPR 模型，這三種排斥力的排斥力大小為：

孤電子對之間的排斥力 > 鍵結電子對和孤電子對之間的排斥力 > 鍵結電子對之間的排斥力

在化學鍵中的電子是藉由兩個鍵結原子核的吸引力而被穩定住。這些電子在空間中的「分布程度」比孤電子對小；也就是說，鍵結電子比只屬於特定原子的孤電子對占據較少的空間。因為在分子中的孤電子對占據較多空間，它們會感受到較大來自於鄰近孤電子對和鍵結電子對的排斥力。為了了解鍵結電子對和孤電子對的總數變化，我們把有孤電子對的分子通式寫成 AB_xE_y；其中的 A 是中心原子，B 是周圍原子，E 是在 A 上的孤電子對。x 和 y 都是整數；$x = 2, 3, ...$，而 $y = 1, 2, ...$。因此，x 和 y 的值分別是中心原子周圍的原子和孤電子對的數量。這樣的分子最簡單的組合應該是中心原子上有一對孤電子的三原子分子，其通式為 AB_2E。

$x = 1$ 時為雙原子分子。根據定義，它的立體結構為直線形。

在下列例子中將會看到，如果在中心原子上有孤電子對會使得鍵角很難正確地預測。

AB_2E：二氧化硫 (SO_2)

二氧化硫的路易士結構為

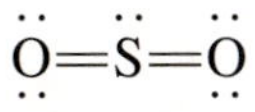

因為在 VSEPR 中將雙鍵和單鍵視為是一樣的，所以在 SO_2 分子中可以想成有三對電子在 S 中心原子上。這三對電子有兩對是鍵結電子，而另一對電子是孤電子。在表 10.1 中可知，有三對電子時要在中心原子周圍要排列成平面三角形。因為其中有一對孤電子，所以 SO_2 分子的形狀是「彎曲」形。

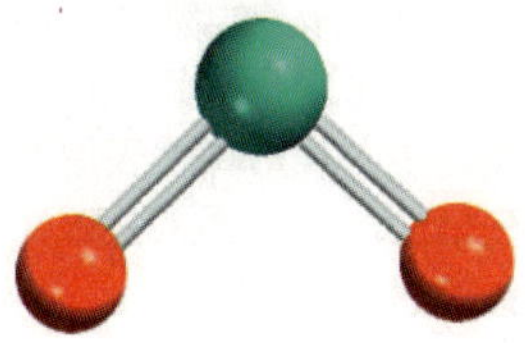

SO_2

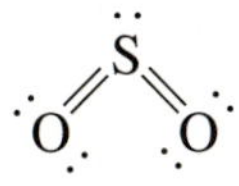

因為孤電子對和鍵結電子對之間的排斥力比鍵結電子對和鍵結電子對之間的排斥力大，所以分子中的兩個氧硫鍵有稍微被推擠而造成 OSO 鍵的角度小於 120 度。

AB_3E：氨 (NH_3)

氨分子有三對鍵結電子和一對孤電子：

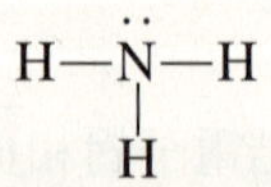

在表 10.1 中可知，有四對電子時要在中心原子周圍要排列成正四面體。但是，因為在 NH_3 中有一對電子是孤電子，所以 NH_3 分子的立體結構是三角錐形 (會這樣稱呼是因為它看起來像是角錐的形狀，N 原子在角錐的頂點)。因為孤電子對對於鍵結電子對的排斥力較強，分子中的三對 NH 鍵結電子會被推擠而比較靠近：

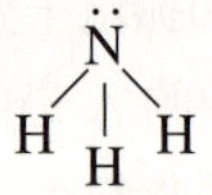

也因此，在氨中 HNH 的鍵角會比理想的正四面體鍵角 109.5 度小 (圖 10.1)。

AB_2E_2：水 (H_2O)

水分子有兩對鍵結電子和兩對孤電子：

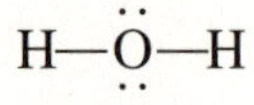

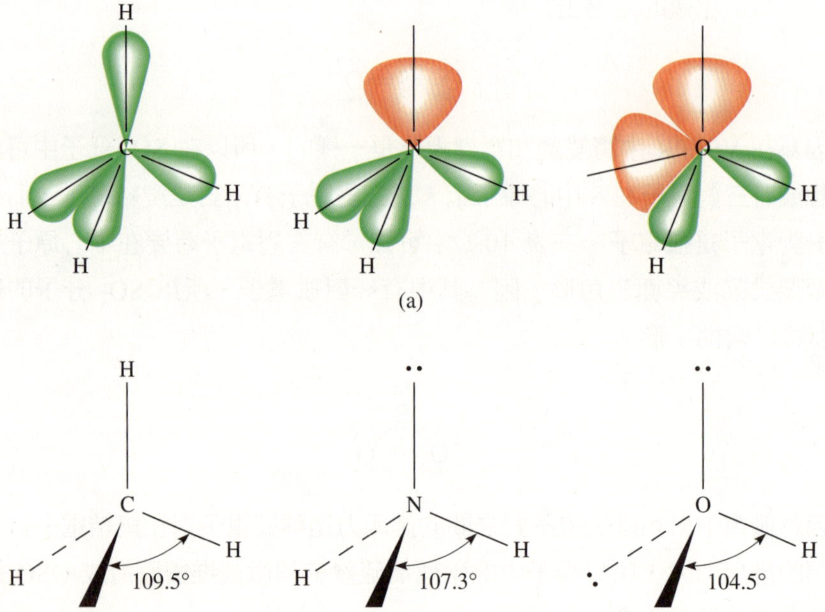

圖 10.1 (a) 在 CH_4、NH_3 和 H_2O 分子中，鍵結電子對和孤電子對的相對大小；(b) CH_4、NH_3 和 H_2O 分子的鍵角。請注意：虛線代表鍵軸在紙面之後，楔形線代表鍵軸在紙面之前，而細直線代表鍵和紙張共平面。

在水中，四對電子的排列方式應該和氨一樣是正四面體。然而，和氨不同的是，水在中心的 O 原子上有兩對孤電子。這兩對孤電子的排列要彼此愈遠愈好。因此，兩對 O—H 鍵結電子會被推擠而彼此靠近，而可以預測的是 H_2O 分子中鍵角對於正四面體的偏差會比 NH_3 分子還要大。如圖 10.1 所示，HOH 的鍵角是 104.5 度。H_2O 分子的立體結構為彎曲形：

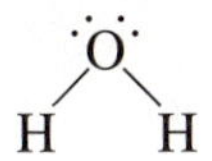

AB_4E：四氟化硫 (SF_4)

四氟化硫的路易士結構為

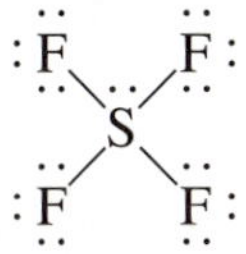

中心原子上有五對電子，根據表 10.1，它們的排列應該為雙三角錐形。然而，在 SF_4 分子中有一對電子是孤電子，所以分子的排列必須為下列兩種之一：

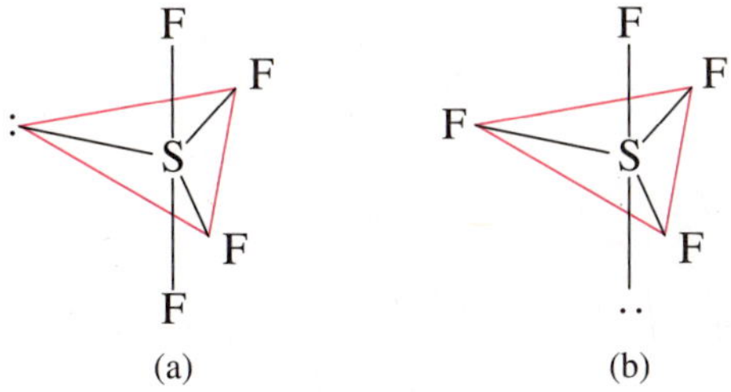

SF_4

在 (a) 中，孤電子對占據赤道的位置，而在 (b) 中，孤電子對占據軸的位置。在軸上的孤電子對會和三對鍵結電子互為 90 度，而和另一對鍵結電子互為 180 度；而當孤電子對在赤道上時，它會和鄰近的兩對鍵結電子互為 90 度，而還有另外兩對鍵結電子互為 120 度。以 (a) 方式排列的排斥力會比較小，而事實上這也是實驗觀察到的結構。這個形狀有時被稱為是扭曲的正四面體 (或稱為蹺蹺板形，如果你把結構向右轉 90 度來看)。軸上的兩個 F 原子和中心 S 原子所形成的角度是 173 度，而赤道上的兩個 F 原子和中心 S 原子所形成的角度是 102 度。

表 10.2 中列出一些中心原子上有一對以上孤電子的簡單分子立體結構，其中有一些是我們沒有討論過的。

表 10.2 中心原子上有一對以上孤電子的簡單分子立體結構

分子種類	電子對總數	鍵結電子對數	孤電子對數	電子對排列方式*	分子或原子的立體結構	例子
AB_2E	3	2	1	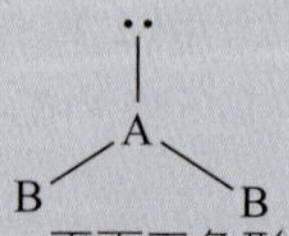 平面三角形	彎曲形	 SO_2
AB_3E	4	3	1	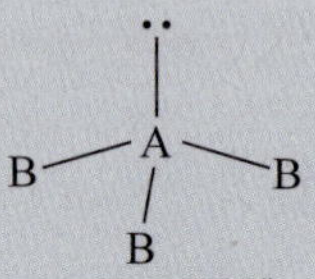 正四面體	三角錐形	 NH_3
AB_2E_2	4	2	2	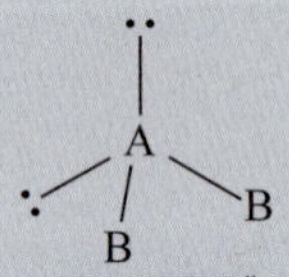 正四面體	彎曲形	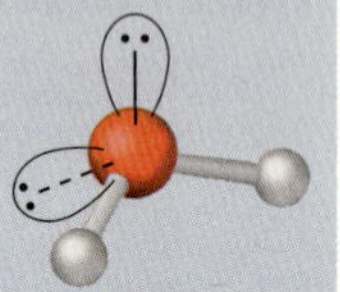 H_2O
AB_4E	5	4	1	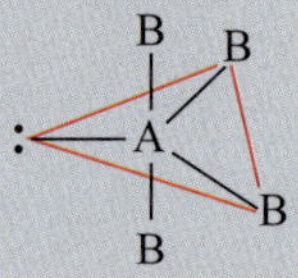 雙三角錐形	扭曲的正四面體(或蹺蹺板形)	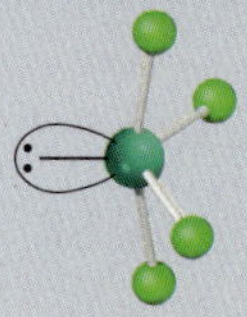 SF_4
AB_3E_2	5	3	2	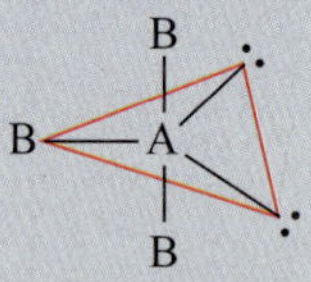 雙三角錐形	T 形	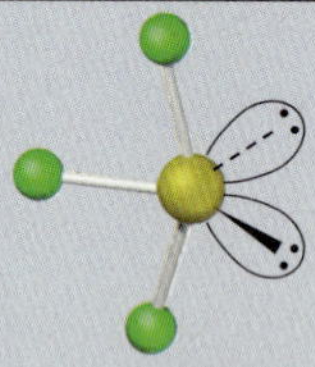 ClF_3
AB_2E_3	5	2	3	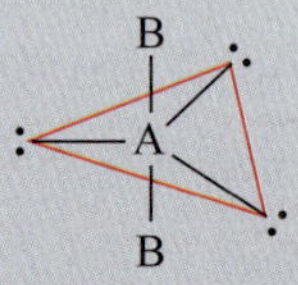 雙三角錐形	直線形	 I_3^-
AB_5E	6	5	1	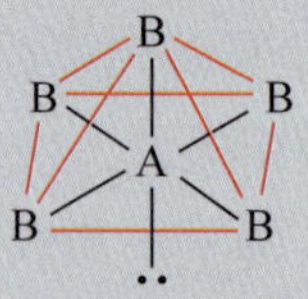 正八面體	四角錐形	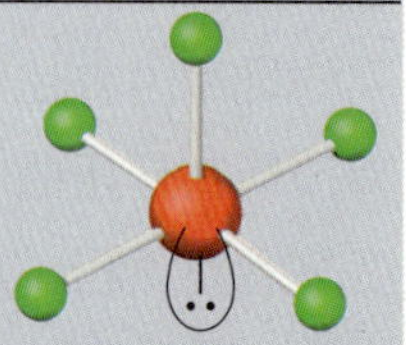 BrF_5
AB_4E_2	6	4	2	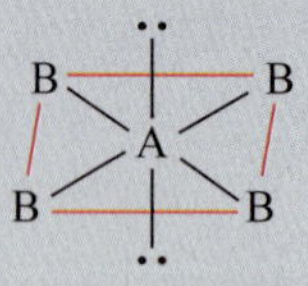 正八面體	正四方形	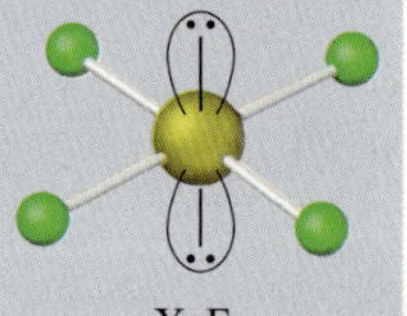 XeF_4

*有顏色的線只用來表示整體的形狀，不代表化學鍵。

有兩個以上中心原子的分子

到目前為止我們討論了只有一個中心原子的分子立體結構。而大多數有兩個以上中心原子的分子立體結構比較難決定。我們通常只能描述每一個中心原子周圍的形狀。舉甲醇 (CH_3OH) 的例子來說，它的路易士結構為

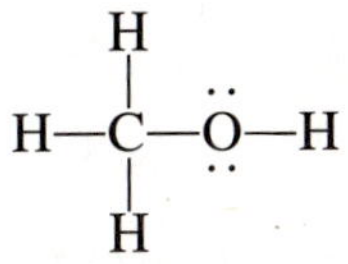

其中的兩個中心 (非末端) 原子是 C 和 O。對於 C 原子，我們可以說三對 CH 鍵結電子和一對 CO 鍵結電子是排成正四面體形。HCH 和 OCH 的鍵角大約是 109 度。這裡的 O 原子像在水分子中的 O 原子一樣有兩對孤電子和兩對鍵結電子。因此，甲醇分子中的 HOC 部分是彎曲形，且 HOC 的角度大約為 105 度 (圖 10.2)。

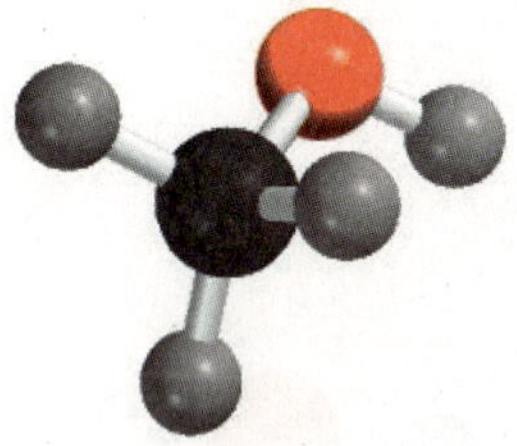

圖 10.2 CH_3OH 的立體結構。

使用 VSEPR 模型的規則

在學習了兩類分子 (中心原子有和沒有孤電子對) 的立體結構之後，讓我們來討論一些在使用 VSEPR 模型時所有類型分子都要遵守的規則：

1. 畫路易士結構時只考慮中心原子 (也就是和兩個以上其他原子鍵結的原子) 周圍的電子對。
2. 計算中心原子周圍的電子對數量 (包含鍵結電子對和孤電子對)。將雙鍵和參鍵都視為單鍵。參考表 10.1 來預測電子對的整體排列方式。
3. 利用表 10.1 和表 10.2 來預測分子的立體結構。
4. 在預測鍵角時，請注意：孤電子對對於另一孤電子對或是鍵結電子對的排斥力，會比鍵結電子對和另一鍵結電子對之間的排斥力大。要記得當中心原子上有一對以上的孤電子時，鍵角就會變得很難正確地預測。

使用 VSEPR 模型可以可靠地預測許多不同分子結構的立體排列。化學家常使用它主要是因為 VSEPR 模型很簡單。雖然對於「電子對之間的排斥力」是否真正可以決定分子的形狀有些理論上的考量，但用它所做的預測結果在學習化學上非常有用 (也大都很準確)。在學習化學的

這個階段，我們不需要再學更多其他的模型。例題 10.1 示範如何使用 VSEPR 模型。

例題 10.1

請用 VSEPR 模型預測下列分子和離子的立體結構：(a) AsH_3；(b) OF_2；(c) $AlCl_4^-$；(d) I_3^-；(e) C_2H_4。

策　略

決定分子立體結構的步驟順序如下：

畫路易士結構 → 找出電子對的排列方式 → 找出鍵結電子對的排列方式 → 根據鍵結電子對來決定立體結構

解　答

(a) AsH_3 的路易士結構為

AsH$_3$

```
   ..
H—As—H
   |
   H
```

中心原子周圍有四對電子；因此，電子對的排列方式是正四面體形 (見表 10.1)。要記得分子的立體結構只看原子的排列 (這裡只看 As 和 H 原子)。因此，不看孤電子對的話，我們只看三對鍵結電子所以立體結構是三角錐形，像是 NH_3。我們無法正確地預測 HAsH 的鍵角，但因為在 As—H 鍵中的結電子對對於 As 原子上孤電子對的排斥力大於鍵結電子對之間的排斥力，所以我們知道 HAsH 的鍵角會小於 109.5 度。

(b) OF_2 的路易士結構為

OF$_2$

```
 ..  ..  ..
:F—O—F:
 ..  ..  ..
```

中心原子周圍有四對電子，因此電子對的排列方式是正四面體形 (見表 10.1)。要記得分子的立體結構只看原子的排列 (這裡只看 O 和 F 原子)。因此，不看兩對孤電子對的話，我們只看兩對鍵結電子所以立體結構是彎曲形，像是 H_2O。我們無法正確地預測 FOF 的鍵角，但因為在 O—F 鍵中的結電子對對於 O 原子上孤電子對的排斥力大於鍵結電子對之間的排斥力，所以我們知道 FOF 的鍵角會小於 109.5 度。

(c) $AlCl_4^-$ 的路易士結構為

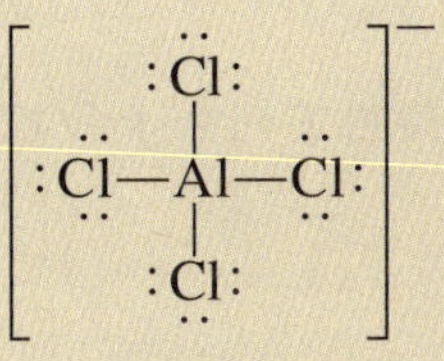

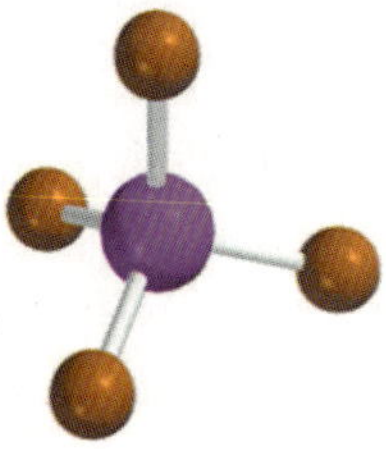

$AlCl_4^-$

中心原子周圍有四對電子；因此，電子對的排列方式是正四面體形 (見表 10.1)。因為沒有孤電子對，所以鍵結電子對的排列方式和電子對的排列方式一樣。因此，$AlCl_4^-$ 的立體結構是正四面體，而所有的 ClAlCl 鍵角都是 109.5 度。

(d) I_3^- 的路易士結構為

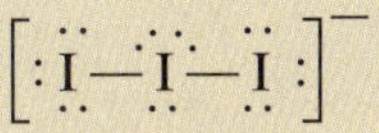

I_3^-

中心原子 I 周圍有五對電子；因此，電子對的排列方式是雙三角錐形。在五對電子中，有三對是孤電子，而另外兩對鍵結電子。要記得在雙三角錐形的排列中，孤電子對會優先占據赤道的位置 (見表 10.2)。因此，不看孤電子對的話，I_3^- 的立體結構是直線形；也就是說，所有的三個 I 原子會排成一條直線。

(e) C_2H_4 的路易士結構為

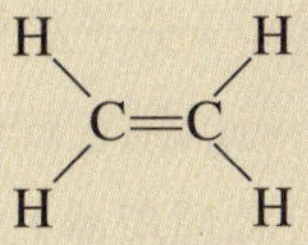

C_2H_4

在 VSEPR 模型中，C═C 要視為單鍵來處理。因為每個 C 原子周圍有三對電子，而沒有孤電子對，每個碳原子周圍的排列是平面三角形，像是之前討論過的 BF_3。因此，可預測 C_2H_4 的鍵角為 120 度。

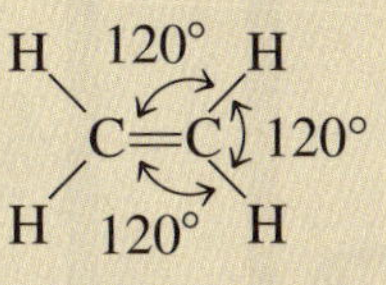

說 明

(1) I_3^- 是少數幾個雖然在中心原子上有孤電子對，但是其鍵角 (180 度) 還是可以正確預測的離子；(2) 在 C_2H_4 中，六個原子都在同一個平面上。整體的平面結構不是用 VSEPR 模型來預測的，但我們之後會知道為什麼這個分子傾向是平面的。實際上，因為並非所有的鍵都是一樣的，所以鍵角會接近但不等於 120 度。

練習題

請用 VSEPR 模型預測下列分子和離子的立體結構：(a) $SiBr_4$；(b) CS_2；(c) NO_3^-。

10.2 偶極矩

在 9.5 節中，我們學到氟化氫是有極性鍵的共價化合物。因為 F 原子的電負度遠比 H 原子大，電子密度會由 H 轉移到 F 上 (見圖 9.4)。我們可以將一個交叉箭號 (⟼) 畫在路易士結構之上來表示電子密度轉移的方向。例如：

$$\overset{\longmapsto}{\text{H—}\ddot{\underset{..}{\text{F}}}\text{:}}$$

所造成的電荷分離可以寫成

$$\overset{\delta+\quad\delta-}{\text{H—}\ddot{\underset{..}{\text{F}}}\text{:}}$$

其中的 δ 表示部分電荷。電荷的分離可以用電場來確認 (圖 10.3)。當外加電場開啟時，HF 分子中帶負電的一端會指向帶正電的電極，而帶正電的一端會指向帶負電的電極。分子的排列方向可用實驗測得。

一個化學鍵的極性大小可以用它的**偶極矩** (dipole moment; μ) 來表示，其定義為電荷 Q 和電荷之間距離 r 的乘積：

$$\mu = Q \times r \qquad (10.1)$$

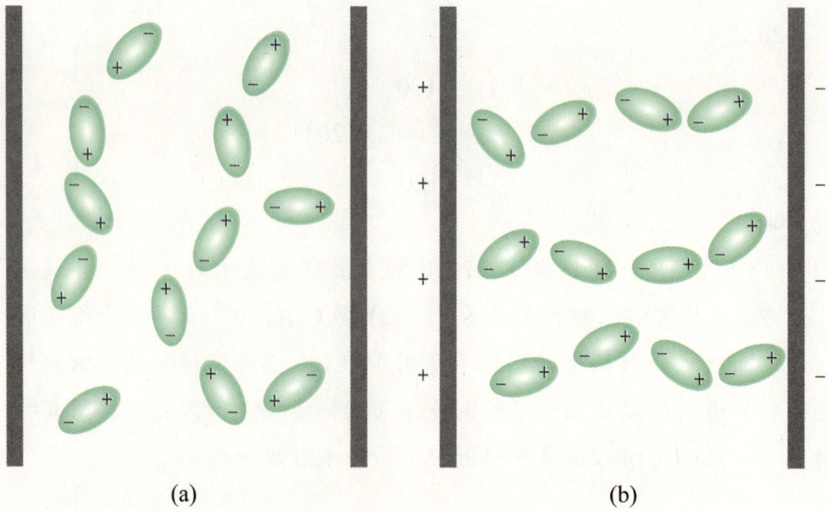

圖 10.3 在 (a) 沒有外加電場；(b) 有外加電場下極性分子的行為。非極性分子不受電場影響。

為了要維持電中性，雙原子分子兩端的電荷必須要大小一樣，正負相反。然而，在方程式 (10.1) 中，Q 只表示電荷的大小而非正負，所以 μ 永遠是正值。偶極矩通常用以彼得．德拜[1] 命名的德拜 (debye; D) 為單位，其轉換因子為

$$1\ \mathrm{D} = 3.336 \times 10^{-30}\ \mathrm{C\ m}$$

其中 C 是庫侖，m 是公尺。

對一個雙原子分子 (像是 HF) 來說，電荷 Q 等於 δ^+ 和 δ^-。

由不同元素原子組成的雙原子分子 (例如：HCl、CO 和 NO)，因為有偶極矩，所以稱為**極性分子** (polar molecules)。而由相同元素原子組成的雙原子分子 (例如：H_2、O_2 和 F_2)，因為沒有偶極矩，所以稱為**非極性分子** (nonpolar molecules)。若一個分子是由三個以上不同的原子所組成，其是否有偶極矩則是要靠鍵的極性和分子的立體結構來決定。即便分子中有極性鍵的存在，此分子也不一定是極性分子。舉例來說，二氧化碳 (CO_2) 是一個三原子分子，其立體結構不是直線形就是彎曲形：

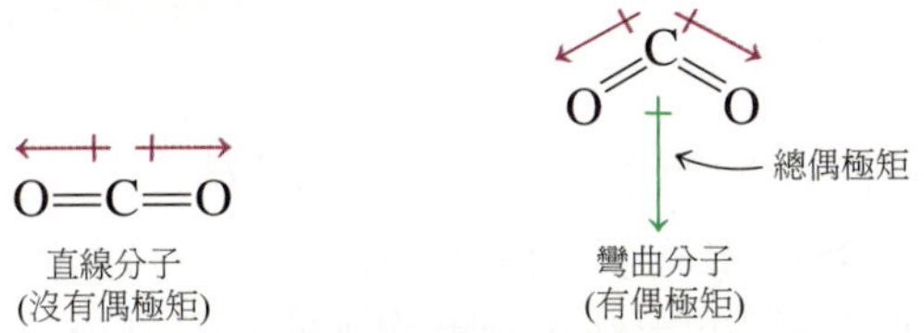

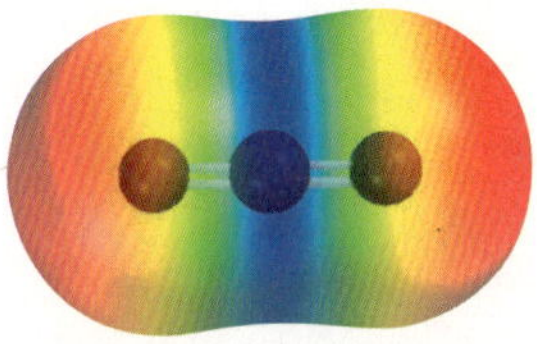

每一個碳氧鍵都是極性鍵，電子密度轉移到電負度較大的氧原子。然而，因為分子的立體結構是直線形，造成兩個鍵矩會互相抵銷。

箭號表示電子密度從電負度比較小的 C 原子上轉移到電負度比較大的 O 原子上。在這兩種立體結構中，整個分子的偶極是由兩個鍵矩組成，而這兩個鍵矩指的是每個 C═O 極性鍵中個別的偶極矩。鍵矩是一個向量值，也就是說，它有大小也有方向。而測量到的偶極矩要等於鍵矩的向量和。CO_2 中的兩個鍵矩大小是一樣的。因為在直線形的 CO_2 分子中兩個鍵矩指向相反的方向，所以總偶極矩為零。另一方面，如果 CO_2 分子是彎曲形，則兩個鍵矩會彼此部分增強，所以分子會有偶極矩。實驗的結果告訴我們 CO_2 分子是沒有偶極矩的。因此，我們可以判定二氧化碳分子是直線形。從其他實驗的結果也證明二氧化碳確實是直線形。

VSEPR 模型預測，CO_2 是直線形分子。

接著來討論圖 10.4 中的 NH_3 和 NF_3 分子。這兩個分子的中心 N 原子上都有一對孤電子，其電子密度遠離 N 原子。從圖 9.5 中，我們知道 N 的電負度比 H 大，而 F 的電負度比 N 大。因此，在 NH_3 分子中電

1 彼得．德拜 (Peter Joseph William Debye, 1884~1966)，來自德國的美國化學家和物理學家。德拜在研究分子結構、高分子化學、X 射線分析和電解質溶液上做出很大的貢獻。他在西元 1936 年得到諾貝爾獎。

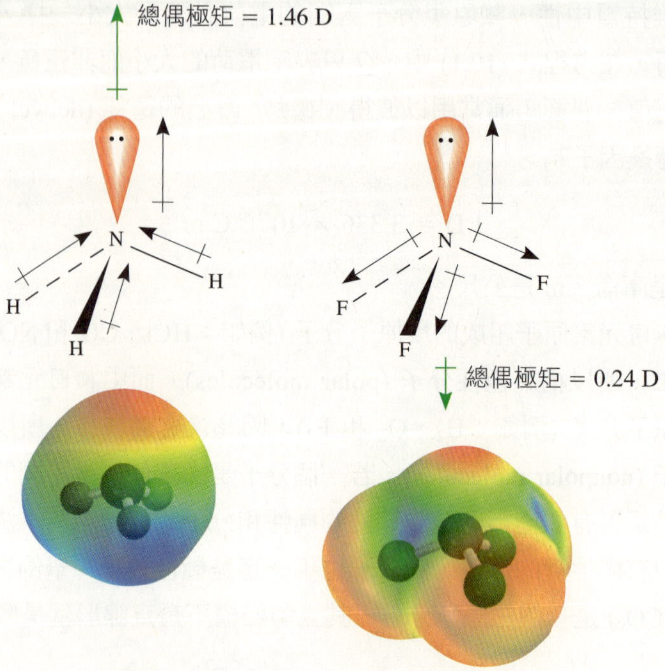

圖 10.4 NH_3 和 NF_3 分子中的鍵矩和總偶極矩。從靜電位能圖可以看到分子中電子密度的分配。

子密度的轉移是朝向 N 原子，造成較大的偶極矩。然而，在 NF_3 分子中，NF 的鍵矩是指向遠離 N 原子的方向，所以總偶極矩會被孤電子對部分抵銷。因此，NH_3 分子的總偶極矩會比 NF_3 分子大。

我們可以用偶極矩來區分分子式相同但結構不同的分子。例如，以下兩個分子都存在；分子式都是 ($C_2H_2Cl_2$)，鍵的數量也相同，但它們的分子結構不同：

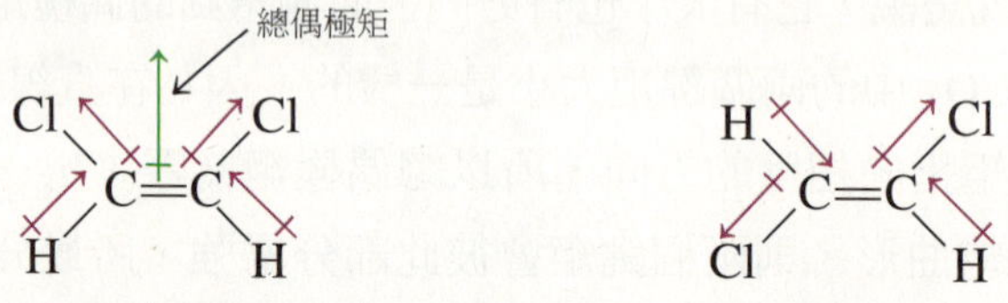

順二氯乙烯
μ = 1.89 D

反二氯乙烯
μ = 0

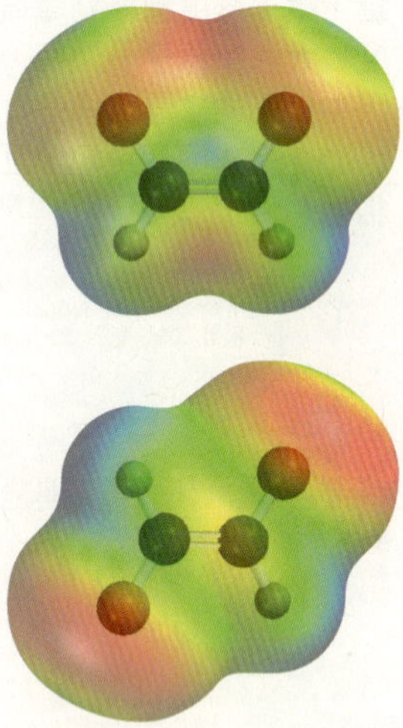

在順二氯乙烯中 (上圖)，鍵矩互相增強，所以分子是極性的；在反二氯乙烯中狀況則相反，所以分子是非極性的。

因為順二氯乙烯是極性分子，而反二氯乙烯不是極性分子，所以他們很容易藉由測量分子的偶極矩來區分。除此之外，正如我們將在第十一章提的，分子間作用力的強度也部分決定了此分子是否有偶極矩。表 10.3 列出一些極性分子的偶極矩。

例題 10.2 說明如何在知道分子立體結構的條件下來預測出此分子是否有偶極矩。

表 10.3 一些極性分子的偶極矩

分子	立體結構	偶極矩 (D)
HF	直線形	1.92
HCl	直線形	1.08
HBr	直線形	0.78
HI	直線形	0.38
H_2O	彎曲形	1.87
H_2S	彎曲形	1.10
NH_3	三角錐形	1.46
SO_2	彎曲形	1.60

例題 10.2

請預測下列分子是否有偶極矩：(a) BrCl；(b) BF_3 (平面三角形)；(c) CH_2Cl_2 (正四面體)。

策 略

要記得一個分子的偶極矩決定於組成此分子元素電負度的差異，以及分子的立體結構。當一個分子有極性鍵 (鍵結原子的電負度不同) 時，如果分子的立體結構相當對稱，則此分子不一定有偶極矩。

解 答

(a) 因為氯化溴是雙原子分子，立體結構為直線形。氯的電負度比溴大 (見圖 9.5)，所以 BrCl 是極性分子，而氯是帶負電的一端。

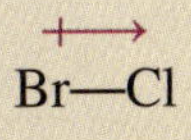

因此，此分子有偶極矩。事實上，只要是不同原子組成的雙原子分子都有偶極矩。

(b) 因為氟的電負度比硼大，在 BF_3 (氟化硼) 中的每一個 B—F 鍵都是極性鍵，且三個鍵的鍵矩也相同。然而，由於平面三角形是對稱結構，所以這三個鍵的鍵矩會剛好互相抵銷：

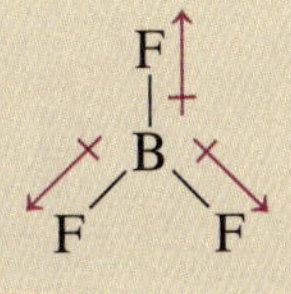

這就好像一個物體同時被從這三個鍵矩的方向拉一樣，如果這三個力是相等的，則此物體不會移動。因此，BF_3 沒有偶極矩，它是非極性分子。

(c) CH_2Cl_2 (二氯甲烷) 的路易士結構為

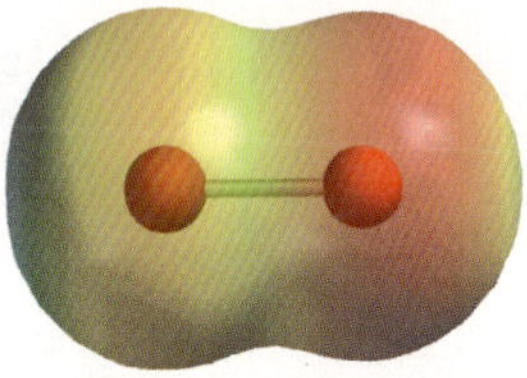

BrCl 的電子位能圖顯示電子密度轉移到 Cl 原子上。

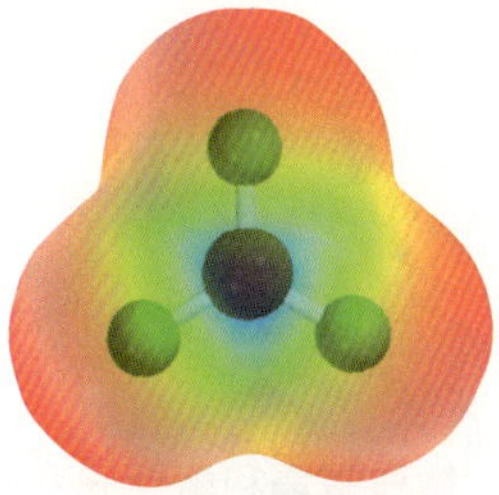

電子位能圖顯示在 BF_3 分子中電子密度是平均分配的。

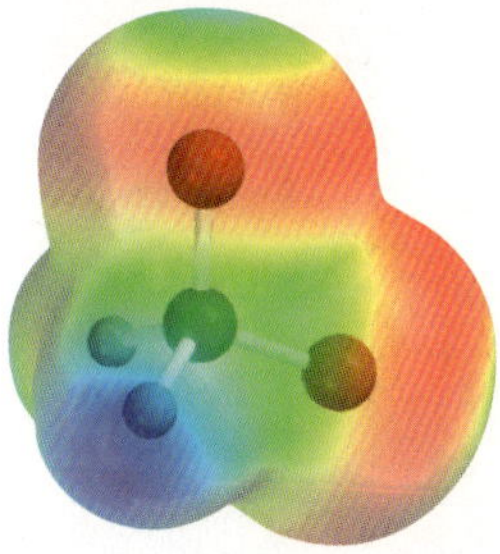

CH_2Cl_2 的電子位能圖顯示電子密度轉移到電負度較大的 Cl 原子上。

CHEMISTRY in Action

生活中的化學

微波爐——偶極矩的作用

在過去 40 年中，微波爐的應用已經相當普遍。相較於傳統的技術而言，微波的應用使我們能更快速地解凍並烹煮食物。你有沒有想過，為什麼微波可以如此快速地加熱食物呢?

在第七章中，我們學過微波是電磁輻射的一種 (見圖 7.3)。微波是用磁電管所產生的，它是在第二次世界大戰時當雷達科技建立時被發明的。磁電管是用一個空心的圓柱裝入馬蹄形磁鐵組成。在這個圓柱的中間有一個陰極桿，圓柱的管壁則是當作陽極。當加熱時，陰極會放射出電子向陽極移動。存在的磁場會是電子以圓形路徑移動。這些帶電粒子的移動會產生微波，而為了

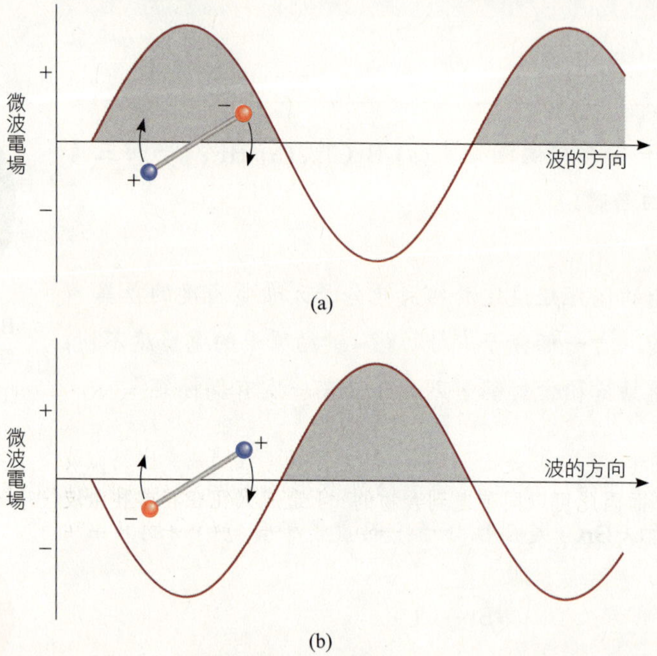

微波電場和極性分子之間的作用力。(a) 偶極的負端會隨著波的增長 (正的區域) 而以順時針方式旋轉；(b) 當分子旋轉的新的位置，而輻射也隨著移動到下一個循環，偶極的正端會移動到波的負區域，且負端被向上推。因此，分子會旋轉得更快。這樣的作用力在非極性分子中不會發生。

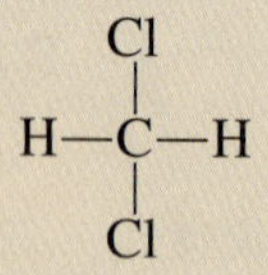

這個分子和 CH_4 一樣，立體結構為正四面體。然而，因為並非所有的鍵都一樣，所以有三種不一樣的鍵角：HCH、HCCl 和 ClCCl。這些鍵角會接近但都不等於 109.5 度。因為氯的電負度比

要烹煮食物，此微波的頻率被設定在 2.45 GHz (2.45×10^9 Hz)。利用「導波器」可將微波引導到烹煮食物的位置，再用旋轉風扇葉片將微波反射到微波爐中的各個位置。

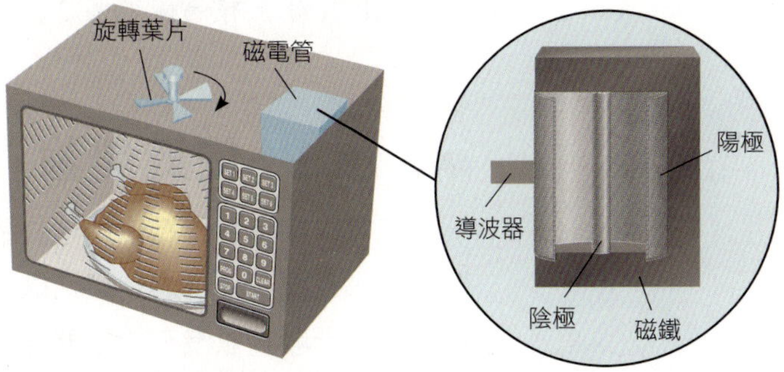

微波爐。由磁電管所產生的微波會藉由旋轉風扇葉片反射到微波爐中的各個位置。

微波爐可以加熱食物的原理是藉由輻射電場和極性分子 (在食物中通常是水) 之間的作用力。所有的分子在室溫下都會旋轉。如果輻射的頻率和分子旋轉的頻率相同，能量就可以從微波轉移到極性分子上，因此會讓分子旋轉得更快。以上是在氣體中發生的現象。在壓縮的狀態下 (例如：在食物中)，分子無法自由旋轉。然而，它仍舊受到一個力矩 (一個造成分子旋轉的力) 傾向將它的偶極矩排列成和微波振盪場相同的方向。因此，分子之間會有磨擦力而造成食物加熱的現象。

微波可以如此快速加熱食物是因為輻射不會被非極性分子吸收，而因此可以同時達到食物的不同區域。(根據水分子存在的數量，微波可以穿透食物到幾英尺深。) 若使用傳統的火爐，熱只能經由傳導的方式到達食物中心 (也就是熱經由較熱的空氣分子以一層層的方式轉移到較冷的食物分子上)，這個過程是非常慢的。

下列幾點跟微波爐的操作有關。塑膠和 Pyrex 玻璃中因為沒有極性分子，所以不會被微波爐的輻射影響。(保麗龍和一些特殊的塑膠材質因為會被食物的熱熔化，所以不可在微波爐中使用。) 然而，因為金屬會反射微波，所以會阻擋食物受熱，還有可能將過多的微波反射到發射器導致過載。因為微波在金屬中會產生電流，會造成火花在容器和微波爐底部或內壁之間跳動。還有，雖然在冰塊中的水分子在空間上位置固定因此不能旋轉，我們仍常用微波爐來解凍食物。這是因為在室溫下冷凍的食物外圍會很快形成一層很薄的液態水，而這一層液態水可以吸收輻射，而開始解凍的過程。

碳大，碳的電負度比又比氫大。此分子中的鍵矩不會互相抵銷，所以此分子有偶極矩：

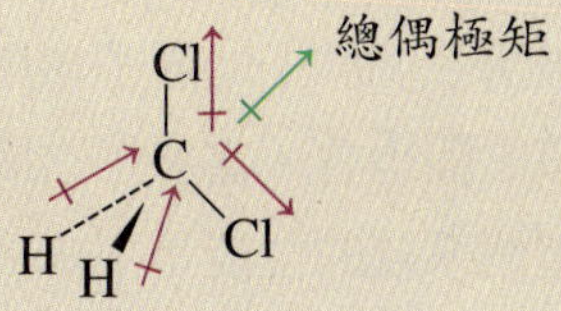

類題：10.6。

因此，CH_2Cl_2 是極性分子。

練習題

$AlCl_3$ 分子有偶極矩嗎？

10.3 價鍵理論

主要根據路易士結構所建立的 VSEPR 模型提供一個相對簡單且直接的方法來預測分子的立體結構。但是，正如我們之前提過的，化學鍵結的路易士理論並沒有清楚解釋為什麼化學鍵會存在。用電子對來描述化學鍵的生成雖然是正確的方向，但還是沒有解釋得很清楚。例如，路易士理論將 H_2 分子中 H 原子之間的鍵和 F_2 分子中 F 原子之間的鍵以相同的方式表示——都畫成一對電子。但這兩個分子的鍵焓和鍵長都相當不同 (H_2 是 436.4 kJ/mol 和 74 pm；F_2 是 150.6 kJ/mol 和 142 pm)。這個以及其他很多現象都不能用路易士理論解釋。為了要更完整地解釋化學鍵的生成，我們必須用到量子力學。事實上，量子力學對於化學鍵的探討也可以用來了解分子的立體結構。

目前有兩種量子力學的理論被用來描述共價鍵的生成和分子的電子結構。首先，**價鍵理論** [valence bond (VB) theory] 假定分子中的電子會占據個別原子的原子軌域。它使我們保留了個別原子參與化學鍵生成概念。第二個理論則是**分子軌域理論** [molecular orbital (MO) theory]，它假定分子軌域是由原子軌域所生成的。這兩個理論都無法很完美解釋所有鍵結的概念，但它們分別對於我們對所觀察到分子性質的了解有一定程度的貢獻。

讓我們用從兩個 H 原子生成 H_2 分子的過程來開始討論價鍵理論。路易士理論用在 H 原子上的一對電子來描述 H—H 鍵。根據價鍵理論的架構，共價的 H—H 鍵是由兩個 H 原子中的 1*s* 軌域**重疊**而成。重疊的概念是指兩個軌域在空間中共用一個區域。

之前提過物體的位能取決於它的位置。

而在兩個 H 原子彼此靠近且生成鍵的過程中發生了什麼事？一開始，當兩個分子距離很遠的時候，彼此之間是沒有作用力的。此時，我們稱此系統 (這裡指的是兩個 H 原子) 的位能為零。當原子開始互相接近，原子上的電子會被另一個原子的原子核所吸引，同一時間，電子之間會彼此排斥，原子核之間也會。當原子之間的距離還夠遠時，吸引力會大於排斥力，所以整個系統的位能是**下降**的 (變得比較負) (圖 10.5)。這個趨勢會延續到系統的位能達到最小值。在這個時候，系統的位能

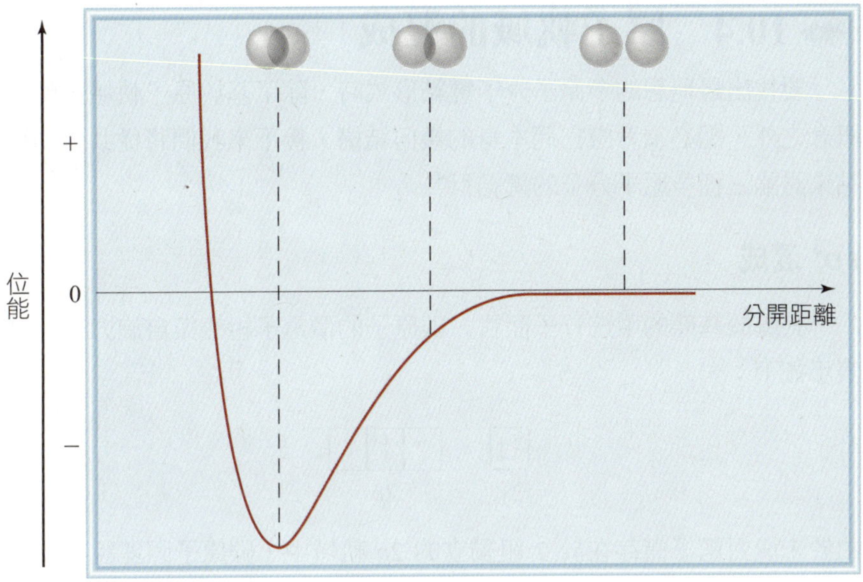

圖 10.5 兩個 H 原子之間距離不同時的位能改變。位能最小時，H_2 分子在最穩定的狀態，其鍵長是 74 pm。圖中的圓代表的是 1*s* 軌域。

最小，也就是在最穩定的狀態。這代表 1*s* 軌域有相當程度的重疊而生成穩定的 H_2 分子。如果原子核之間的距離再更靠近，由於電子之間加上原子核之間的排斥力增加，位能會急遽上升最終變成正值。根據能量守恆定律的描述，生成 H_2 分子造成位能降低的過程必須伴隨著能量的釋出。實驗結果顯示在兩個 H 原子生成一個 H_2 分子時會放熱。相反的過程也是一樣，若我們要打斷 H—H 鍵，必須要對分子施予能量。圖10.6 用另一種方式來描述 H_2 分子的生成過程。

因此，價鍵理論比路易士理論更能清楚描述化學鍵的生成。價鍵理論說明當系統的位能降到最小值時，參與反應的分子會生成一個穩定的分子；而路易士理論忽略了化學鍵生成時的能量改變。

原子軌域重疊的概念一樣可以用在除了 H_2 分子之外的雙原子分子上。因此，當兩個 F 原子中的 2*p* 軌域 (其中包含未鍵結電子) 重疊生成共價鍵時，會生成一個穩定的 F_2 分子。同樣地，HF 分子的生成也可以用 H 原子的 1*s* 軌域和 F 原子的 2*p* 軌域重疊來解釋。在每個例子中，價鍵理論解釋當反應原子之間的距離改變時系統的位能改變。因為並非在每個例子中參與的軌域都是一樣的，所以 H_2、F_2 和 HF 分子的鍵焓和鍵長或許就會不同。如之前所提到的，路易士理論的差別在於它把*所有*共價鍵都當作是一樣的，所以無法提供對於不同共價鍵的解釋。

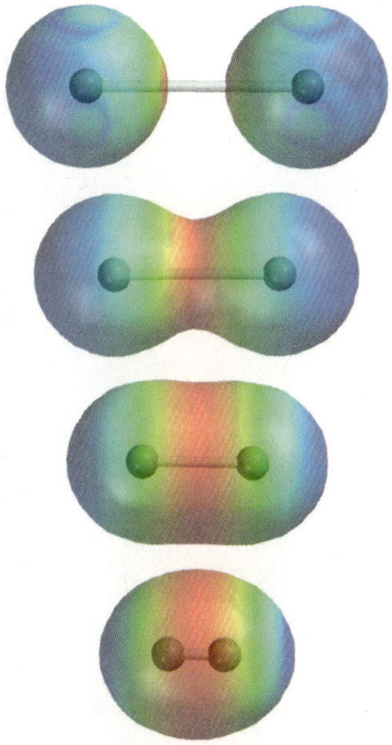

圖 10.6 從上到下：當兩個 H 原子互相靠近時，它們的 1*s* 軌域開始相互作用，且每個電子開始感受到來自另一個原子核的吸引力。逐漸地，電子密度在兩個原子核之間累積。最終會生成一穩定的 H_2 分子，其原子核之間的距離是 74 pm。

F 原子的軌域圖可參見第 291 頁。

10.4 原子軌域的混成

要找出最理想的多原子分子鍵結形式時，除了基於原子軌域重疊的概念之外，還必須考慮它們本身的幾何結構，接下來我們將從共價的觀點來討論三種多原子分子的鍵結行為。

sp^3 混成

對處於基態的甲烷分子而言，碳原子的價電子組態與自旋方式可以表示如下：

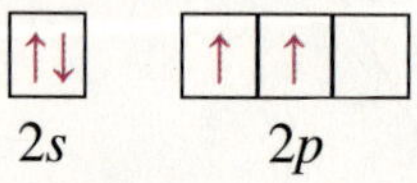

由於未成對電子僅存在於 2 組獨立的 2*p* 軌域中，碳原子照理說只能與 2 個氫原子鍵結並形成 CH_2，但 CH_2 是一種非常不穩定的物質；甲烷實際上共有 4 組碳—氫鍵，所以我們假設 2*s* 軌域中有 1 個電子會先被提升到 2*p* 軌域，這樣才有可能產生 4 個未成對電子參與鍵結：

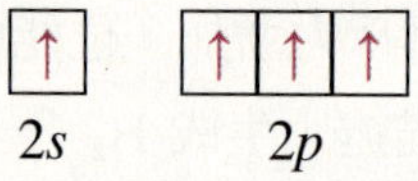

接著又有另外一個問題，還記得前面曾經提到過 3 組 2*p* 軌域間應該要互相垂直嗎？但事實上，甲烷分子中所有的氫—碳—氫夾角都是 109.5 度，而非我們認定的 90 度，對此，共價鍵理論引用了**混成軌域** (hybrid orbitals) 假說來解釋這種鍵結現象：當 1 個原子同時有 2 種以上的軌域參與共價鍵結時，會形成稱為「混成軌域」的新軌域。也就是說，當碳原子的 1 組 2*s* 軌域與 3 組 2*p* 軌域**混成** (hybridization) 後就會形成 4 組完全相同的新軌域，由於它們是由 1 組 *s* 軌域與 3 組 *p* 軌域所產生，所以就稱為 sp^3 混成軌域：

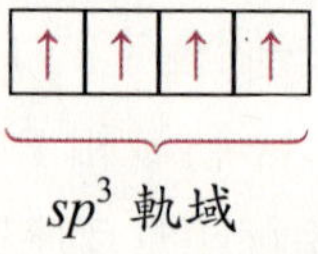

透過圖 10.7 可以讓人了解 sp^3 軌域的形狀，且知道這 4 組混成軌域會分別朝著不同方向。而圖 10.8 則是要說明甲烷分子中之碳原子是如何用 sp^3 混成軌域與氫原子的 *s* 軌域形成共價鍵結，我們綜合這兩者便能知道為什麼甲烷會具有四面體結構，而且所有的氫—碳—氫夾角皆為

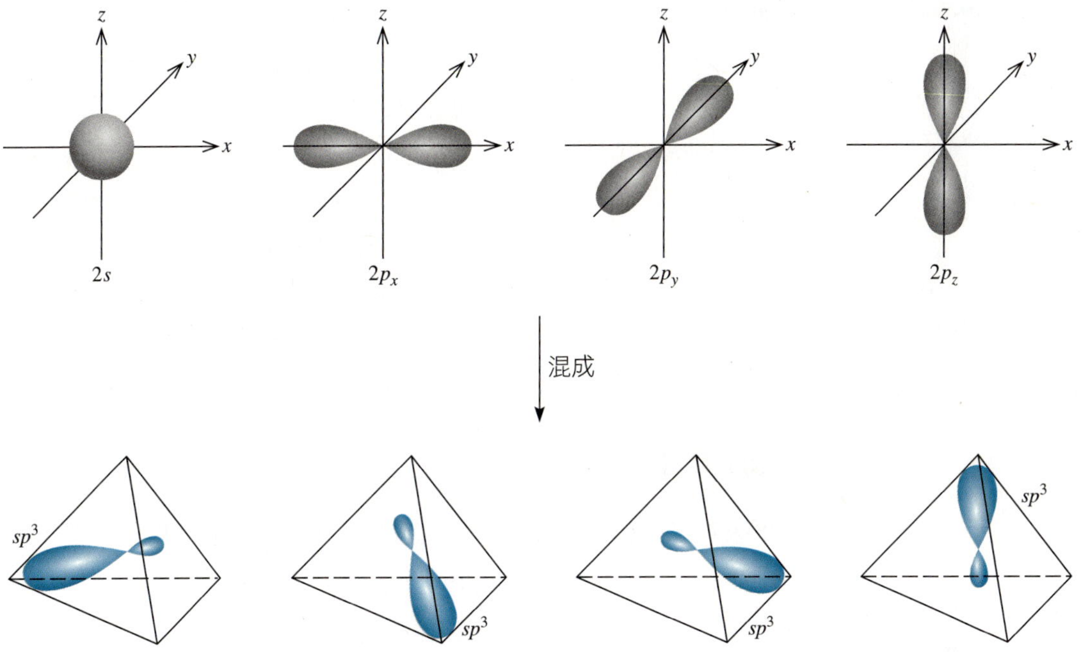

圖 10.7 由 1 組 2*s* 軌域與 3 組 2*p* 軌域所形成的 4 組 sp^3 混成軌域，分別指向四面體的 4 個頂點。

109.5 度。請注意：雖然在軌域混成的過程中必須吸收能量，但這個能量會小於 C—H 鍵生成 (放熱) 時所釋放出來的總能量。

有一種說明方式可以很清楚地解釋混成的概念：假設現在有 4 個燒杯，裡面各裝有 50 毫升的有色溶液，其顏色分別為 1 紅 3 藍，當紅色與藍色的成分倒在一起混合均勻之後，我們可以根據兩者的比例調配出 1 杯總體積為 200 毫升的紫色溶液；sp^3 軌域的混成過程就像這樣，紅色溶液代表 *s* 軌域，藍色溶液代表 *p* 軌域，而它們的體積則代表著軌域的數目，因此 sp^3 混成軌域將同時具有 *s* 軌域與 *p* 軌域的性質。

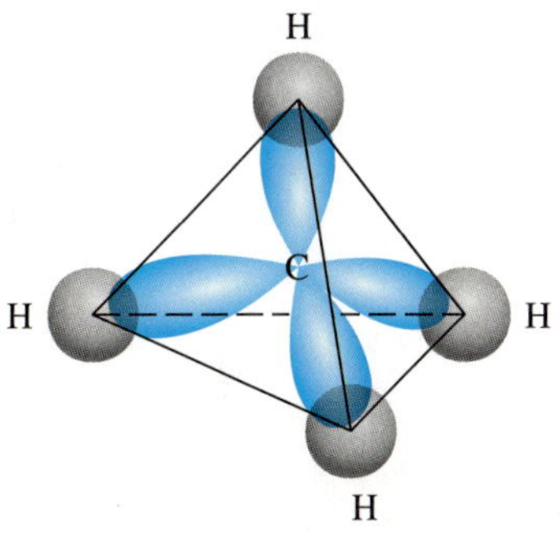

圖 10.8 甲烷分子中之碳原子用 sp^3 混成軌域與氫原子之 *s* 軌域所形成的 4 組鍵結 (未標示 sp^3 混成軌域中的節點)。

再舉另外一個 sp^3 混成的例子。根據表 10.1，我們知道當中心原子外圍具有 4 組電子對時，分子將會呈現四面體結構，由於氮的基態電子組態為 $1s^2s^22p^3$，所以氨 (NH_3) 的氮就像甲烷中的碳一樣具有 sp^3 混成軌域，它的電子組態與自旋分布如下：

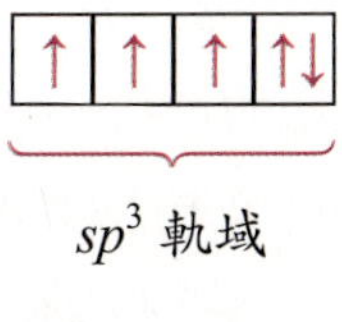

這 4 組混成軌域當中有 3 組會與氫作用形成氮—氫共價鍵，最後 1 組則

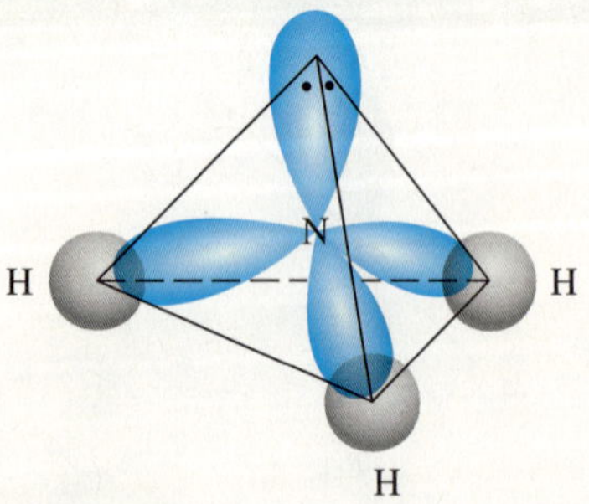

圖 10.9 氨分子中具有 sp^3 混成軌域的氮原子，有 3 組 sp^3 混成軌域與氫作用形成氮—氫鍵，另 1 組則是被氮原子的未鍵結電子對給占據。

是被氮原子的未鍵結電子對給占據 (圖 10.9)，除此之外，未鍵結電子對與其他鍵結軌域中之電子的斥力也會使得氫—氮—氫夾角從原本的 109.5 度縮小為 107.3 度。

最後要強調的一點是，混成理論與價殼層電子排斥理論模型間的關係十分緊密。混成理論只能用來解釋形狀符合價殼層電子排斥理論所預期的分子，要假設某個中心原子會用 1 組 s 軌域與 3 組 p 軌域混合形成 4 組 sp^3 混成軌域時，在它的價殼層電子排斥理論模型裡，外圍電子對必須得先呈現四面體的結構才行。

sp 混成

接下來我們將繼續討論其他的混成形式。根據 VSEPR 的預測，氯化鈹 ($BeCl_2$) 是直線形分子，鈹 (Be) 在基態時的價電子組態與電子自旋分布如下：

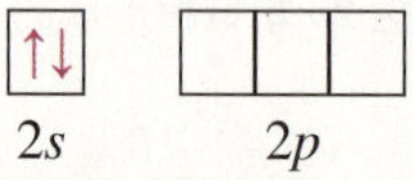

由於鈹的價電子是成對存在於 2s 軌域中，無法與氯 (Cl) 形成共價鍵結，所以我們也用混成理論來解釋鈹的鍵結行為。首先，將 2s 軌域中的 1 個電子提升到 2p 軌域形成以下結果：

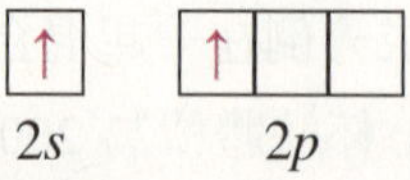

這樣一來，2s 與 2p 兩組軌域就可以分別和氯原子鍵結形成不一樣的鈹—氯鍵。然而，這樣並不符合實驗所觀察到的結果，在真實的氯化鈹分子中，2 組鈹—氯鍵是完全相等的。因此，2s 與 2p 軌域必須先混成，以形成 2 組 sp 混成軌域：

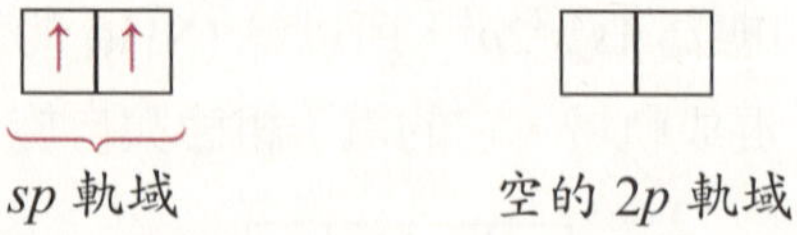

透過圖 10.10 可以說明 sp 軌域的形狀，這兩組混成軌域沿著 x 軸座落於同一個直線上，但彼此之間的夾角為 180 度，由於每個鈹—氯鍵都是由 sp 混成軌域 (鈹原子) 與 3p 軌域 (氯原子) 重疊作用所形成的鍵結，因此氯化鈹為直線形分子 (圖 10.11)。

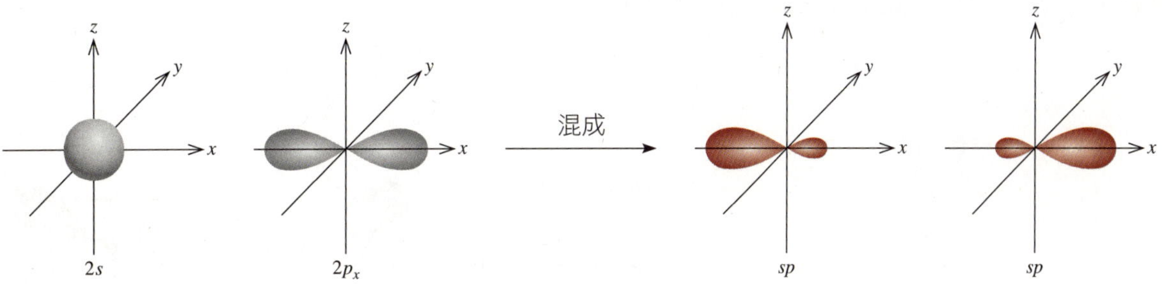

圖 10.10 *sp* 軌域的形成過程。

圖 10.11 假設鈹為 *sp* 混成的話就可以解釋為什麼氯化鈹為直線形分子，它的 2 組 *sp* 混成軌域會和不同氯原子的 3*p* 軌域重疊作用，形成 2 組共價鍵。

sp^2 混成

再來要討論的分子是大家很熟悉三氟化硼 (BF_3)，硼原子在基態時的價電子組態與電子自旋分布如下：

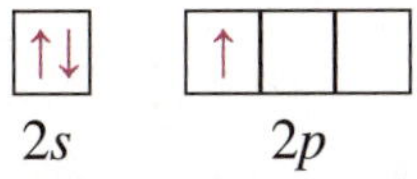

照例，我們先將 2*s* 軌域中的 1 個電子提升到 2*p* 軌域：

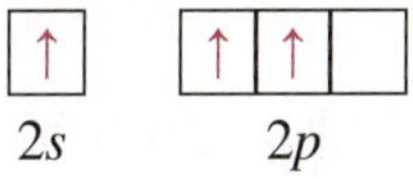

緊接著 2*s* 軌域與 2 組 2*p* 軌域混合之後就會形成 sp^2 混成軌域：

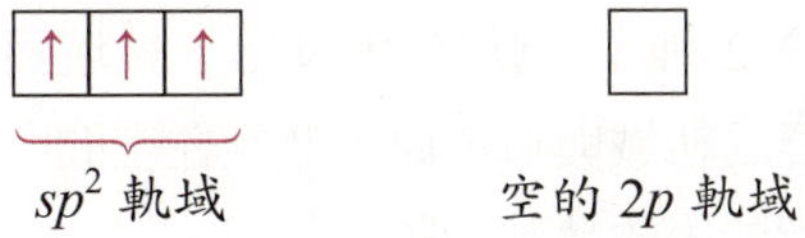

由於這 3 組混成軌域座落於同一平面上，兩兩之間的夾角皆為 120 度 (圖 10.12)。因此我們推論三氟化硼為平面形分子，所有的氟—硼—氟夾角都是 120 度，而且每個硼—氟鍵也都是由硼的 sp^2 軌域與氟的 2*p* 軌域重疊作用所形成 (圖 10.13)，和實驗所觀察到的結果與 VSEPR 模型都完全吻合。

你也許已經注意到混成這件事與八隅體規則間存在著有趣的關聯，對位於週期表中第二週期的任何元素而言，原子的價殼層最多就只能容納 8 個電子而已，這也是為什麼它們會遵循八隅體規則的原因，所以無論混成的形式為何，外圍具有 1 組 *s* 軌域與 3 組 *p* 軌域的原子總是會產生 4 組軌域以容納化合物中的 8 個電子。

不過討論到第三週期中的元素時就有些不同了，雖然我們還是可以

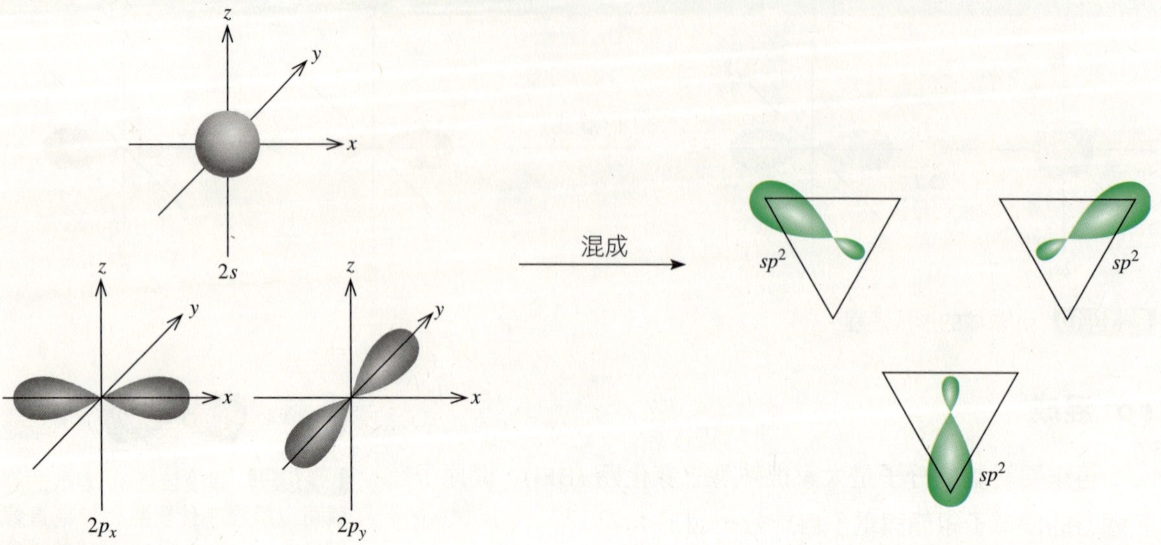

圖 10.12 sp^2 混成軌域的形成過程。

圖 10.13 硼原子的 sp^2 混成軌域與氟原子的 2p 軌域重疊作用後會形成三氟化硼 (平面形分子)，此時所有的氟—硼—氟夾角都是 120 度。

用八隅體規則來解釋單純 s 軌域與 p 軌域間的混成行為，但有些分子同時也會用到 1 組以上的 d 軌域來參與混成，使得八隅體規則不再適用，在簡單地探討一些 d 軌域參與混成的例子之前，我們得先整理一下截至目前為止所歸納出來的結果：

- 單一原子不會產生混成的現象，它是一種用來解釋共價鍵性質的理論。
- 混成指的是 2 種不同軌域 (例如：s 軌域與 p 軌域) 以上的混合，因此混成軌域與單純原子軌域在空間中的形狀完全不同。
- 在混成過程前後的軌域總數目相同。
- 混成的過程需要吸收能量，但這股能量小於共價鍵形成時系統釋放出來的總能量。
- 對多原子系統而言，分子與離子當中的共價鍵是透過軌域間 (混成軌域與混成軌域，或混成軌域與原子軌域) 的重疊作用而形成，其鍵結形式仍舊遵循共價鍵理論，電子會占據相關原子的混成軌域。

表 10.4 重點整理了一些代表性的混成現象，除了先前講過的 sp、sp^2 及 sp^3 混成之外，其餘的部分緊接著也會稍做討論。

原子軌域混成的過程

在討論 d 軌域的混成之前，我們必須有一些先備知識，才能搞懂多

表 10.4 各種代表性混成軌域在空間中的電子分布情形

中心原子軌域形式	中心原子的混成形式	混成軌域的數目	混成軌域的形狀	範例
s、*p*	*sp*	2	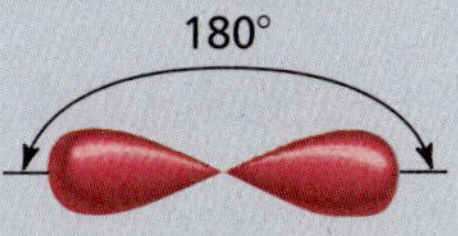 直線形	$BeCl_2$
s、*p*、*p*	sp^2	3	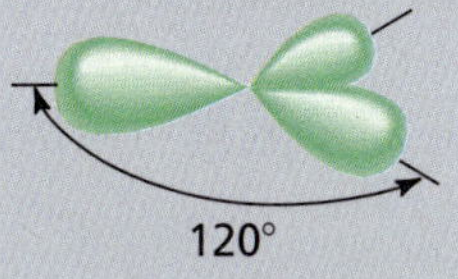 平面三角形	BF_3
s、*p*、*p*、*p*	sp^3	4	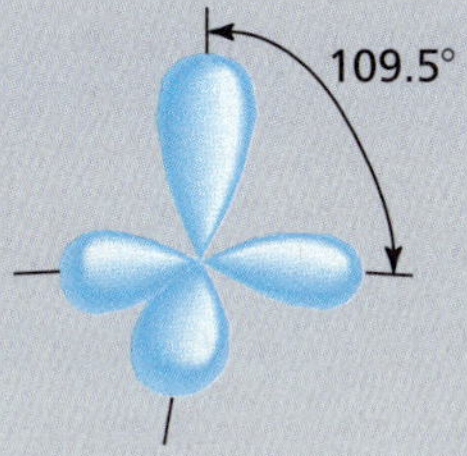 正四面體	CH_4、NH_4^+
s、*p*、*p*、*p*、*d*	sp^3d	5	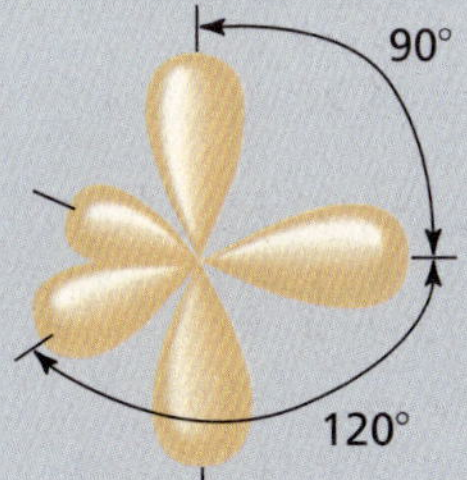 雙三角錐形	PCl_5
s、*p*、*p*、*p*、*d*、*d*	sp^3d^2	6	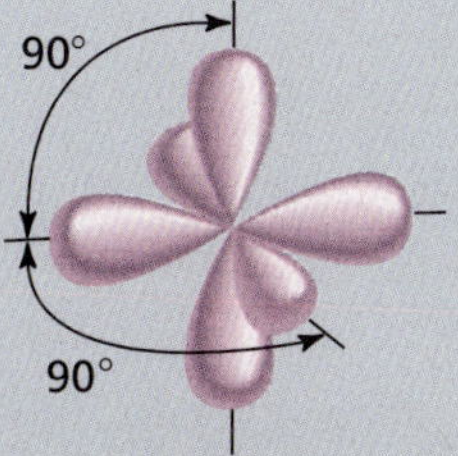 正八面體	SF_6

原子分子的鍵結行為。本質上來說，混成時必須遵守路易士電子理論與 VSEPR 模型，為了替中心原子找出最好的混成模式，我們必須依照下列順序逐步找出分子的最佳形狀：

1. 畫出分子的路易士結構。
2. 用 VSEPR 模型來預測所有電子 (包括鍵結與未鍵結電子對) 的狀態 (見表 10.1)。
3. 根據電子對與混成軌域的配置來推測中心原子的混成模式。

上述的推演過程可用例題 10.3 來說明：

例題 10.3

請分別就過程與分子形狀來加以描述下列分子的中心原子混成情形：(a) 氫化鈹；(b) 三碘化鋁；(c) 三氟化磷。

策　略

畫出分子的路易士結構 ⟶ 用 VSEPR 模型來判斷中心原子外圍之電子對的排列情形 (表10.1) ⟶ 參考表 10.4 來找出中心原子的混成軌域

解　答

(a) 鈹原子的電子組態為 $1s^2 2s^2$，具有 2 個價電子，因此氫化鈹的路易士結構如下：

$$H—Be—H$$

BeH_2

由於共有 2 對鍵結電子對環繞在鈹原子的外圍，所以氫化鈹為直線形分子。在參考表 10.4 後，我們知道它屬於 *sp* 混成 (*sp* 混成軌域為直線形結構)，其混成過程如下。首先，我們必須畫出鈹原子在基態時的組態與自旋分布：

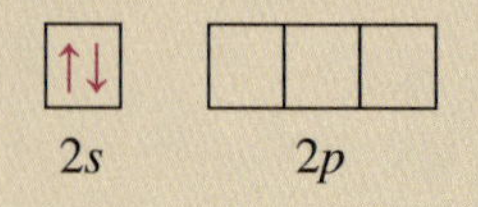

接著將 2*s* 軌域中的 1 個電子提升到 2*p* 軌域，形成以下的激發態：

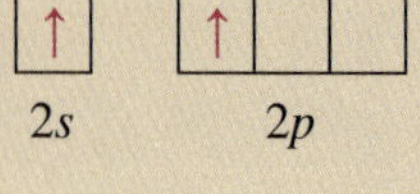

然後 2*s* 與 2*p* 軌域會混合在一起形成 2 組混成軌域：

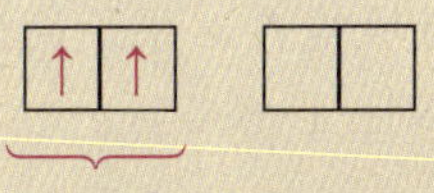

sp 軌域　空的 2*p* 軌域

當鈹原子的 *sp* 混成軌域與氫原子的 1*s* 軌域重疊作用後就形成了鈹—氫鍵。

(b) 鋁原子的基態電子組態為 [Ne]$3s^23p^1$，具有 3 個價電子。因此，氫化鈹的路易士結構如下：

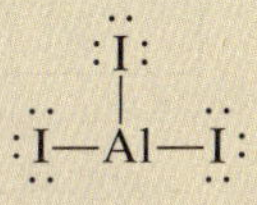

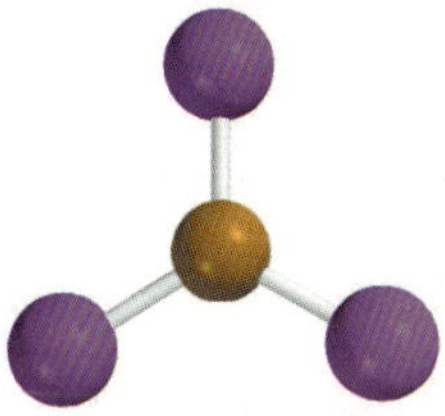

AlI_3

由於共有 3 對電子對環繞在鋁原子的外圍，所以三碘化鋁為平面三角形分子。在參考表 10.4 後，我們知道它屬於 sp^2 混成 (sp^2 混成軌域為平面三角形結構)，其混成過程如下。首先，我們必須畫出鋁原子在基態時的電子組態與自旋分布：

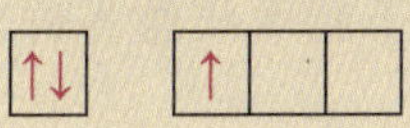

3*s*　3*p*

接著將 3*s* 軌域中的 1 個電子提升到 3*p* 軌域，形成以下的激發態：

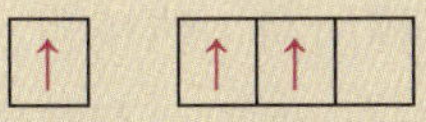

3*s*　3*p*

然後 3*s* 與 3*p* 軌域會混合在一起形成 3 組 sp^2 混成軌域：

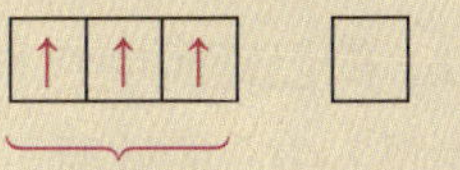

sp^2 軌域　空的 3*p* 軌域

當鋁原子的 sp^2 混成軌域與碘原子的 5*p* 軌域重疊作用後就形成了鋁—碘鍵，所有的碘—鋁—碘夾角皆為 120 度。

(c) 磷原子的基態電子組態為 [Ne]$3s^23p^3$，具有 5 個價電子。因此，三氟化磷的路易士結構如下：

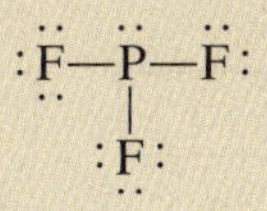

PF_3

由於共有 4 對電子對環繞在鋁原子的外圍，所以三氟化磷為四面體形分子。在參考表 10.4 後，我們知道磷原子是用 sp^3 混成軌域與氟鍵結 (sp^3 混成軌域為四面體結構)，其混成過程如下。首先，我們必須畫出鋁原子在基態時的電子組態與自旋分布：

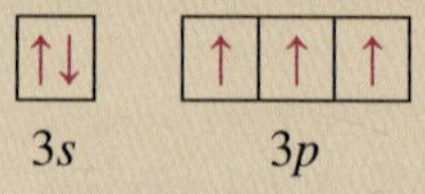

然後將 3s 與 3p 軌域混合在一起後，可以得到 3 組 sp^3 混成軌域：

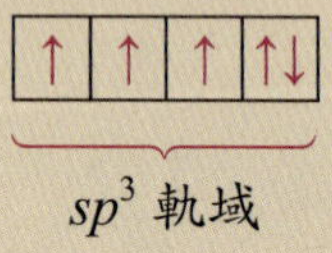

就跟氨一樣，有 1 組 sp^3 混成軌域會被磷原子的未鍵結電子對給占據，而其他 3 組 sp^3 混成軌域則是與氟原子的 2p 軌域作用形成磷—氟鍵，所有的氟—磷—氟的夾角都應該會小於 109.5 度。

練習題

下列分子的中心原子混成狀態為何？(a) 四溴化矽；(b) 三氯化硼。

s、p 及 d 軌域的混成

混成現象幾乎可以解釋所有 *s* 軌域與 *p* 軌域的鍵結行為，然而對於含有第三週期以下元素的分子而言，有時候不是單純地由 *s* 軌域與 *p* 軌域的混成就能推測出分子形狀。舉例來說，我們必須將 *d* 軌域也列入混成的考量，才能夠了解那些雙三角錐形或八面體形分子是如何形成的。

SF_6

以六氟化硫為例，10.1 節已經說明它具有八面體結構與 6 對電子對，而且表 10.4 也告訴我們，中心的硫原子為 sp^3d^2 混成；硫原子在基態時的電子組態為 [Ne]$3s^23p^4$，它的自旋分布如下：

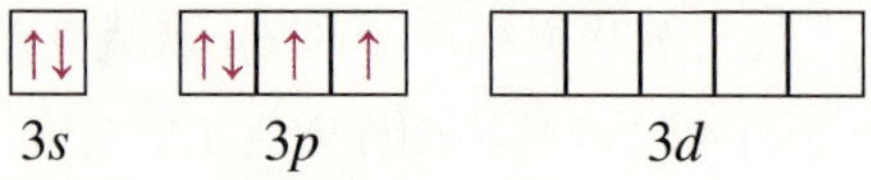

因為 3*d* 軌域跟 3*s* 與 3*p* 軌域的能階很相近，所以我們可以各將 3*s* 與 3*p* 軌域中的 1 個電子提升到兩組不同的 3*d* 軌域：

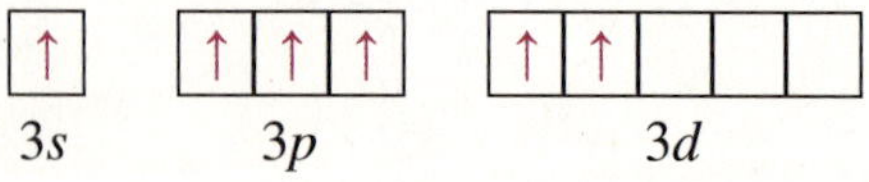

將 1 組 3*s*、3 組 3*p* 及 2 組 3*d* 軌域混合後就可以得到 sp^3d^2 混成軌域：

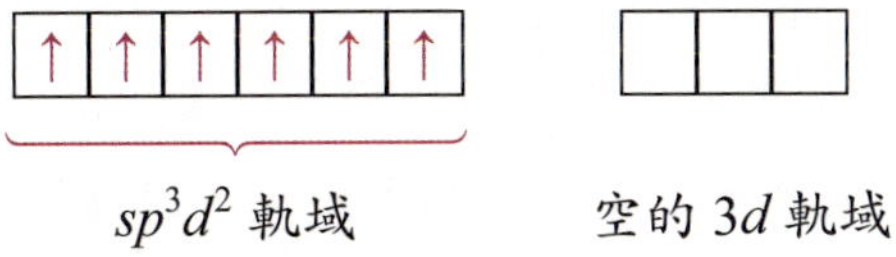

由於第二週期中的元素不具有 2*d* 軌域 (主量子數 *n* 為 2 時，角動量子數 l 只能為 0 與 1)，所以不像第三週期中的元素一樣可以延伸它們的價殼層 (在 *s* 與 *p* 軌域之外多加入 *d* 軌域)，當任何分子是以第二週期中的元素為中心原子時都不可能有超過 8 個以上的電子在四周環繞；但在六氟化硫分子中，硫的混成軌域與氟的 2*s* 軌域重疊作用後會形成 6 組硫—氟鍵，因為硫原子周圍共有 12 個電子，所以八隅體規則在此並不適用，這正是價殼層延伸的例子之一。

例題 10.4 可以解釋第三週期中的元素所具有之價殼層延伸現象。

例題 10.4

請描述五氯化磷 (PBr_5) 分子中之磷原子的混成狀態。

策 略

請參考例題 10.3。

解 答

磷是用 sp^3d 混成軌域與溴鍵結 (sp^3d 混成軌域為雙三角錐形結構)。

練習題

請描述六氟化硒 (SeF_6) 分子中之硒原子的混成狀態。

PBr_5

類題：10.10。

10.5 含雙鍵或參鍵分子的軌域混成

混成的概念也適用於具有雙鍵或參鍵的分子。以乙烯 (C_2H_4) 分子為例，用每個碳原子都是 sp^2 混成的假設可以說明為什麼例題 10.1 表示乙烯為平面結構且具有碳—碳雙鍵。而圖 10.14 說明碳原子在混成過程當中的電子組態與自旋分布變化情形。我們必須先假設只有 $2p_x$ 與 $2p_y$ 軌域會與 2*s* 軌域混合，而 $2p_z$ 軌域則原封不動地垂直於這些混成軌域所處的平面 (圖 10.15)，那麼碳原子將會如何參與鍵結呢？如圖 10.16(a) 所示，每個碳原子都會用 2 組 sp^2 混成軌域與不同氫原子的 1*s* 軌域作用，然後剩下的 2 組 sp^2 混成軌域也會互相作用，因此總共將會形成 3 組鍵結；此外，2 組未參與混成的 $2p_z$ 軌域也會在側邊重

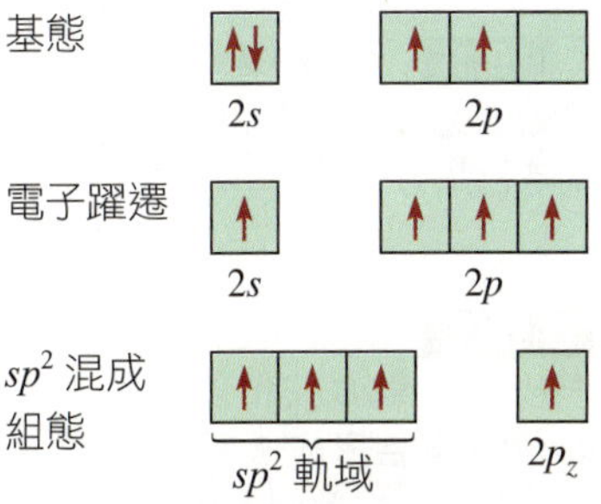

圖 10.14 碳原子的 sp^2 混成。2*s* 軌域只和 2 組 2*p* 軌域混合形成 3 組完全相同的混成軌域，有 1 個電子在整個過程裡一直留在未混成的 $2p_z$ 軌域中。

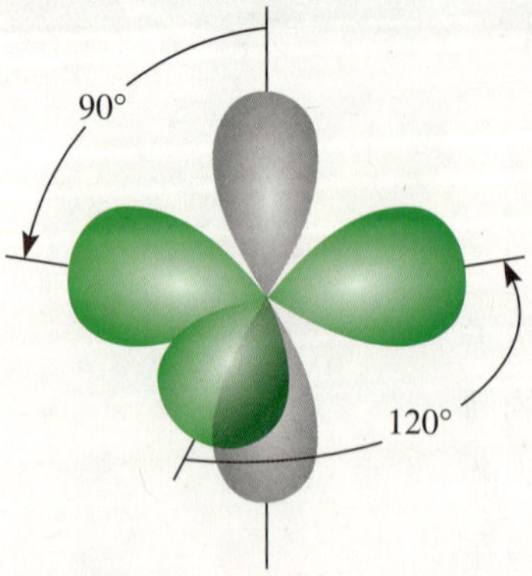

圖 10.15 乙烯分子中每個碳原子都有 3 組 sp^2 混成軌域 (綠色) 跟 1 組未混成的 $2p_z$ 軌域 (灰色)，後者垂直於混成軌域所處的平面。

疊作用後形成另 1 組鍵結 [圖 10.16(b)]。

乙烯中不同的共價鍵種類必須在此做個區別，在圖 10.16(a) 中，碳原子周圍的 3 組鍵結都稱為 **σ 鍵** (sigma bonds)，其軌域間是以尾對尾的形式重疊作用所形成，因為軌域總體積變小的關係，所以介於兩原子核間的電子密度會提高；而第二種碳—碳間的鍵結則稱為 **π 鍵** (pi bond)，它是當所有原子在共平面的條件下，軌域在平面的上、下兩側重疊作用所形成的共價鍵，一樣會因為總體積變小的關係使得電子密度提高 [圖 10.16(b)]，也是由於有此 π 鍵的形成才會使得乙烯的平面結構無法旋轉。雖然我們一般在路易士結構中都以 C═C 來表示碳—碳間具有雙鍵，但還是請記住這兩種鍵結的形式其實並不相同，一種是 σ 鍵，另一種則是 π 鍵，兩者的鍵鋯分別為 270 kJ/mol 與 350 kJ/mol。

乙炔 (C_2H_2) 則是具有碳—碳參鍵的直線形分子，我們可以用 sp 混成 ($2s$ 與 $2p_x$ 軌域的混合，圖 10.17) 來解釋它的形狀與鍵結行為，如圖 10.18 所示，分子當中的每個碳原子都有 2 組 sp 混成軌域，它們會分別

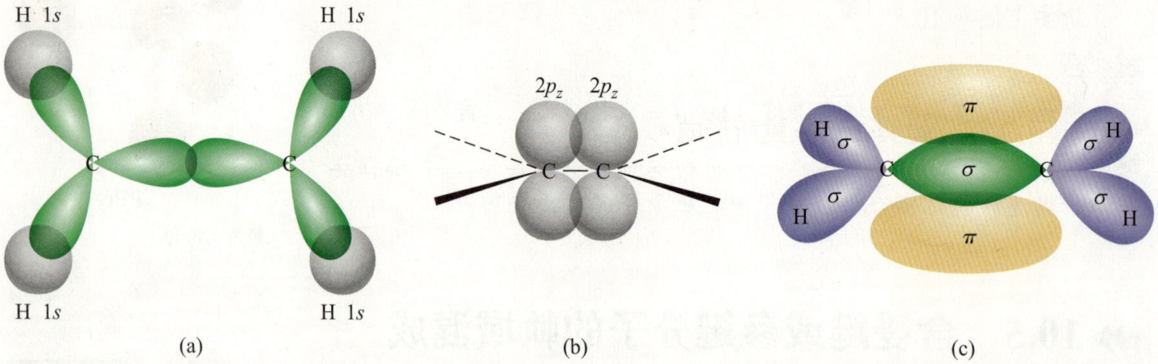

圖 10.16 乙烯的鍵結說明。(a) 碳—碳與碳—氫原子間單鍵的空照圖，所有的原子都座落於同一平面上；(b) 側觀 2 組 $2p_z$ 軌域如何以重疊作用形成雙鍵 (實線、虛線及粗線分別指著單鍵的方向)；(c) 上述軌域間的作用力構成乙烯分子內的單鍵與雙鍵。請注意：$2p_z$ 軌域會同時出現在分子平面的上、下兩側。

圖 10.17 碳原子的 sp 混成。$2s$ 軌域只和 1 組 $2p$ 軌域混合形成 2 組 sp 混成軌域，在整個過程裡未混成的 $2p$ ($2p_y$ 與 $2p_z$) 軌域中各有 1 個電子。

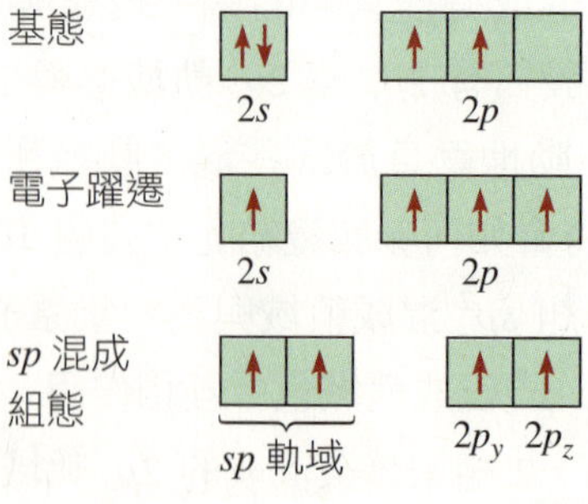

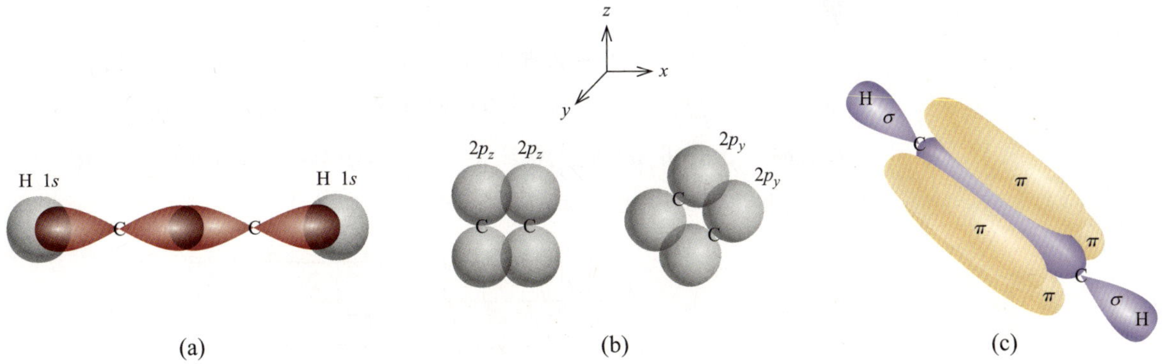

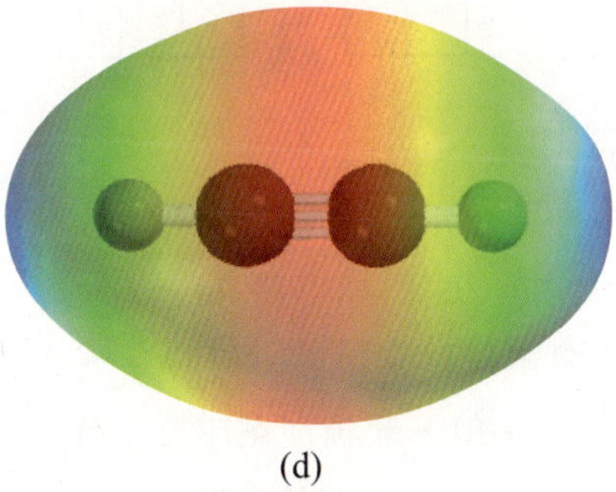

圖 10.18 乙炔的鍵結說明。(a) 碳一碳 (sp 混成軌域－sp 混成軌域) 與碳一氫 (sp 混成軌域－$1s$ 軌域) 原子間軌域重疊作用的空照圖，所有的原子都座落於同一直線上；(b) 側觀 2 組 $2p_y$ 與 $2p_z$ 軌域間如何以重疊作用形成雙鍵；(c) 上述軌域間的作用力構成乙炔分子內的單鍵與雙鍵；(d) 乙炔分子周圍的電位能分布情形。

和氫的 $1s$ 軌域及相鄰碳的 sp 混成軌域作用形成 2 組單鍵；此外，未參與混成的 $2p_y$ 與 $2p_z$ 軌域也會各自在側邊重疊作用後形成 2 組 π 鍵，因此參鍵是由 1 組 σ 鍵與 2 組 π 鍵所形成。

接下來所整理的規則將有助於我們預測分子具有 C≡C 鍵時的混成行為：中心原子如果只形成 1 組雙鍵就是 sp^2 混成，但如果形成 2 組雙鍵或 1 組參鍵時就是 sp 混成。當然，上述規則只適用於第二週期的元素，針對第三週期以下的元素而言，形成 π 鍵的過程會變得更複雜，我們暫且不做討論。

例題 10.5

甲醛的路易士結構如下，請描述它的鍵結行為。

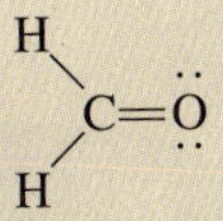

假設氧原子為 sp^2 混成。

策 略

請參考例題 10.3。

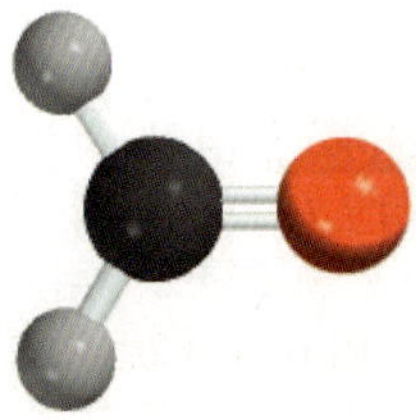

CH_2O

解 答

由於在碳原子周圍共有 3 對電子，因此電子對的分布情形應為平面三角形 (雙鍵在 VSEPR 模型中視為單鍵)。在參考表 10.4 後，我們知道碳原子是用 sp^2 混成軌域參與鍵結 (sp^2 混成軌域為平面三角形結構)，而碳原子與氧原子混成過程如下：

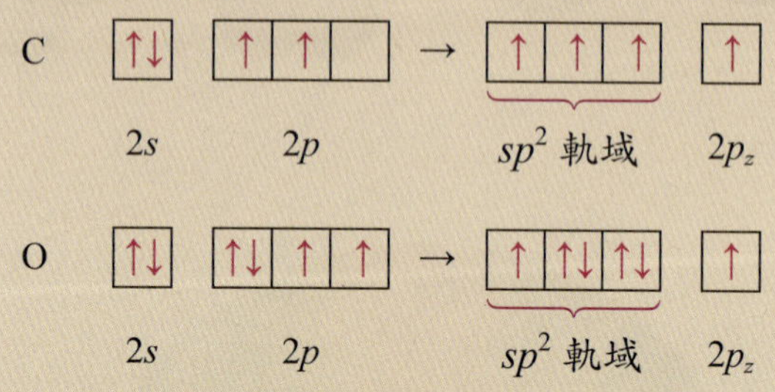

碳原子在 3 組 sp^2 軌域中各有 1 個電子和 2 個氫與 1 個氧原子形成 σ 鍵，另外還有 1 個電子在 $2p_z$ 軌域中與氧形成 π 鍵；而氧則在它的 2 組 sp^2 軌域中各有 2 對未鍵結電子對，同時在第 3 組 sp^2 軌域中還存在著 1 個電子與碳形成 σ 鍵，最後則剩下 $2p_z$ 軌域與碳的 $2p_z$ 軌域形成 π 鍵 (圖 10.19)。

練習題

假設氫化氰 (HCN) 中的氮原子為 sp 混成，請試著描述此分子的鍵結行為。

10.6 分子軌域理論

共價鍵理論可以解釋分子的鍵結行為，它從量子力學的觀點出發，以原子軌域的重疊作用來說明為什麼共價鍵可以穩定存在，另外針對 VSEPR 所預測出來的分子形狀，也能夠用混成的概念來加以解釋。然而，在真實分子中，來自於各原子的電子是否只占據著原本的原子軌域

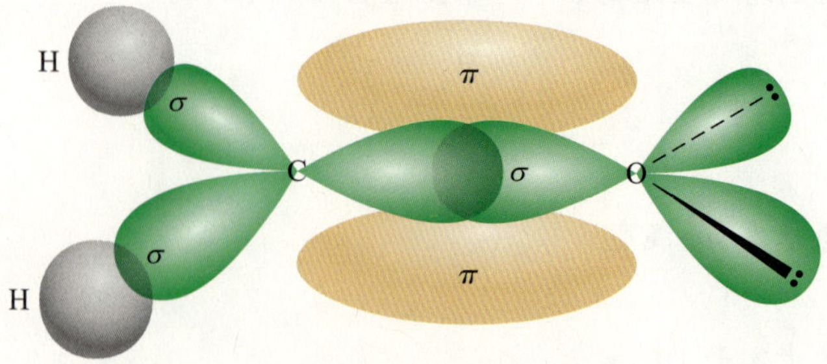

圖 10.19 甲醛的鍵結說明。碳原子與氧原子的 sp^2 軌域重疊作用後形成 1 組 σ 鍵，$2p_z$ 軌域重疊作用後也形成 1 組 π 鍵，而氧的 2 對未鍵結電子對則占據著另外 2 組 sp^2 軌域。

仍然未知。鍵結電子一般來說應該要存在於某個特定的分子軌域當中才合理。

共價鍵理論有時無法解釋我們在某些分子身上所觀察到的性質，以氧氣分子為例，它的路易士結構如下：

$$\ddot{\underset{..}{O}}=\ddot{\underset{..}{O}}$$

根據這樣的結構看來，氧分子會是反磁性，所有的電子都應該成對存在，但實驗結果卻顯示氧分子中具有 2 個未成對電子，也證明了共價鍵理論還是有所不足，無論是氧或其它分子，針對磁性或其他共價鍵理論不能完美解釋的現象。

本段直接討論有另一種新的量子力學闡述方式——分子軌域理論可以提供更好的說明。顧名思義，分子軌域理論是用**分子軌域** (molecular orbitals) 的概念來描述共價鍵，有別於原子軌域只和單一原子的本性相關，分子軌域則牽涉到整個分子，它們是由所有鍵結原子的原子軌域相互作用而成。

鍵結與反鍵結分子軌域

若根據分子軌域理論，當 2 個氫原子的 1*s* 軌域重疊作用時會產生 2 組不同的分子軌域：**鍵結 (分子) 軌域** (bonding molecular orbital) 與**反鍵結 (分子) 軌域** (antibonding molecular orbital)，與原來的原子軌域相較之下，鍵結軌域具有較佳的穩定性與較低的軌域能量，而反鍵結軌域的穩定性則較差 (軌域能量較高)；顧名思義，「鍵結」軌域中的電子對可以形成穩定的共價鍵，但「反鍵結」軌域中的電子對則反之。

除此之外，鍵結軌域中電子分布密度的最高處位於兩原子核之間。但對於反鍵結軌域而言，原子核間的電子分布是呈現梯度式遞減的情形，其中心處的密度為零，這是由於軌域中的電子具有波動性，因為不同波的振幅可以加成或相抵，所以會產生建設性或破壞性的干涉 (圖10.20)。

鍵結軌域的形成來自於前者 (電子分布密度的上升來自於波的振幅相加)，而反鍵結軌域的形成則是來自於後者 (電子分布密度的遞減來自於波的振幅相減)。在氫分子 (H_2) 中，2 個 1*s* 軌域間的作用分別可形成 1 組 σ_{1s} 鍵結軌域 (建設性干涉) 與 1 組 $\sigma^{\star}_{1s}$ 反鍵結軌域 (破壞性干涉)：

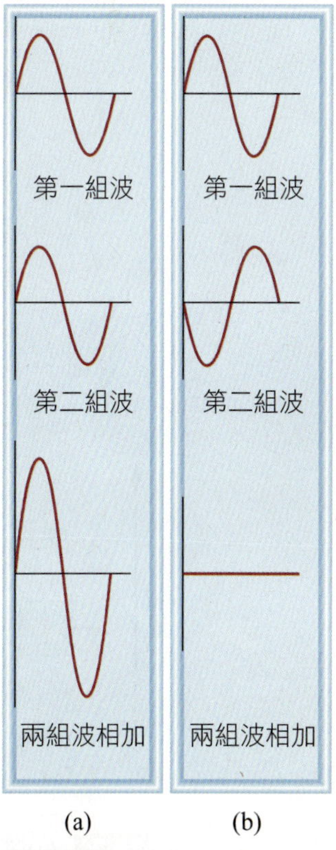

圖 10.20 發生在 2 組具有相同波長與振幅的波之間的 (a) 建設性干涉；與 (b) 破壞性干涉。

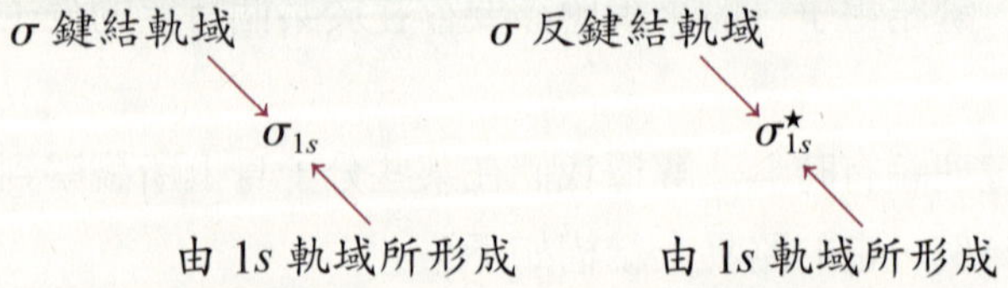

其中星號代表反鍵結分子軌域。

在 σ **分子軌域** (sigma molecular orbital) 中，電子分布密度會沿著兩原子核連線的方向對稱性地增減，單一 σ 分子軌域中的 2 個電子可形成 1 組 σ 鍵 (見 10.5 節)。請記住，所有的共價單鍵 (例如 H—H 與 F—F) 幾乎都是由 σ 鍵所形成。

包利不相容原理也適用於分子，在 σ 分子軌域中的 2 電子成對的。

圖 10.21(a) 所畫的是氫分子的軌域能階圖，代表其分子軌域能階的相對關係，2 組 1*s* 軌域間的建設性或破壞性干涉結果則如圖 10.21(b) 所示。在反鍵結分子軌域中，因為原子核本身帶正電，所以它們會互相排斥而不容易聚在一起，同時兩原子核中間存在著一道平面，此處的電子分布密度為零；在反鍵結分子軌域中的電子相較於原本處於單一原子軌域時不穩定 (具有較高能量)；反之，在鍵結分子軌域中的電子就具有較低能量且穩定性高。

氫之外的其他分子同樣也可能會有分子軌域。對於氫分子而言，我們只要考慮 1*s* 軌域間的作用即可，但當討論到更複雜的分子時，就必須一併考慮其他原子軌域所帶來的影響。所有 *s* 軌域間的鍵結模式其實都和 1*s* 軌域相同。以 2*s* 與 3*s* 軌域為例，只要參考圖 10.21 便可以清楚地知道它們的鍵結與反鍵結軌域如何形成，以及軌域能階的相對關係為

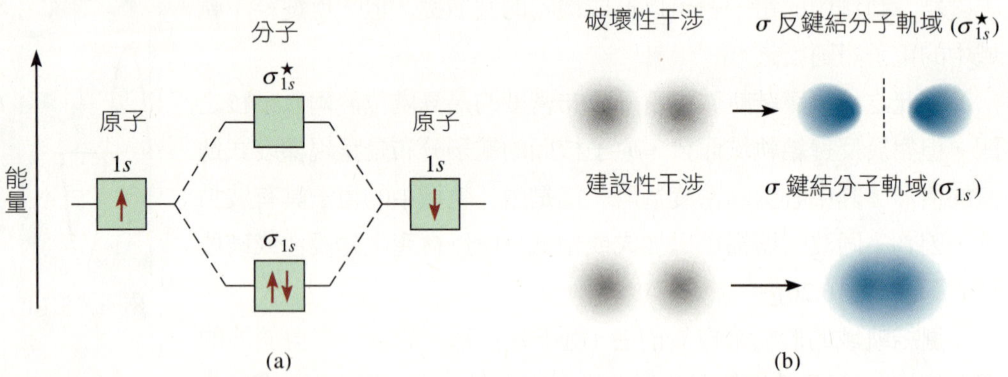

圖 10.21 (a) 氫分子中之鍵結與反鍵結分子軌域的能階 (請注意：根據包利不相容原理，σ_{1s} 軌域中的 2 個電子之自旋組態必須相反，同時也請記住，在分子軌域當中具有愈高能量的電子愈不穩定)；(b) 2 個氫原子之 1*s* 軌域間的建設性與破壞性干涉分別可形成鍵結與反鍵結分子軌域。對前者而言，兩原子核間的電子密度增加，產生負電場將帶正電的原子核吸附在一起；但在後者中，兩原子核間會有一道平面，此處的電子密度為零。

何；但 p 軌域間的鍵結模式就變得較為複雜，因為只有 2 種相位能夠產生有效的作用，我們先回顧一下在 10.5 節所提過的概念：

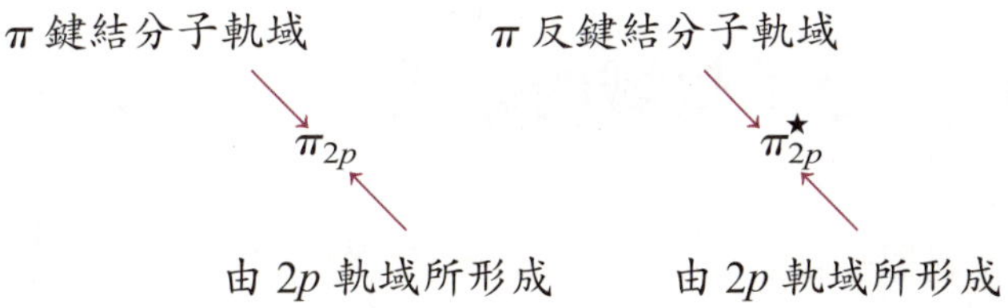

在 π **分子軌域** (pi molecular orbital) 中的 2 個電子會形成 π 鍵，而當電子對出現在 σ 分子軌域中時則會形成 σ 鍵。

如此一來，當兩組 $2p$ 軌域間以頭尾相接的方式靠近時可以產生 1 對鍵結與反鍵結的 σ 分子軌域 [圖 10.22(a)]；除此之外，僅有當這兩組

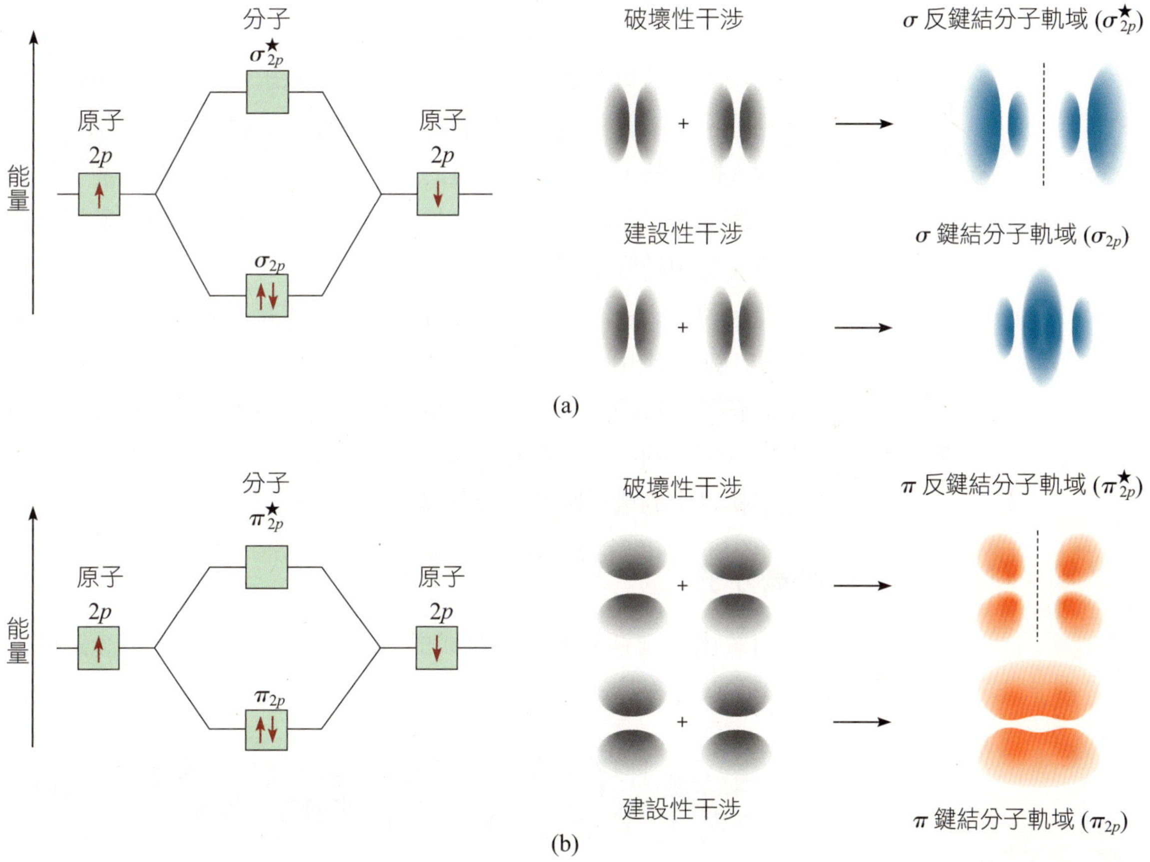

圖 10.22 在 p 軌域間可能出現的兩種作用模式及其所衍生的分子軌域。(a) 當 p 軌域間以頭尾相接的方式重疊作用時，會形成 1 對鍵結與反鍵結的 σ 分子軌域；(b) 當 p 軌域在側邊重疊作用時，則會形成另一對鍵結與反鍵結的 π 分子軌域。一般來說，σ 鍵結分子軌域會比 π 鍵結分子軌域來得穩定，因為兩組 p 軌域在側邊時的重疊作用力較其頭尾相接時小，如果我們假設兩組 $2p_x$ 軌域會形成 π 分子軌域，那麼如圖所示，兩組 $2p_y$ 與 $2p_z$ 軌域間就只能形成 π 分子軌域，虛線代表具有節點的平面，此處的電子分布密度為零。

p 軌域在側邊重疊作用時，才有機會形成另一對鍵結與反鍵結的 π 分子軌域 [圖 10.22(b)]，其電子分布密度最高處將出現原子核連線的兩側。

10.7 分子軌域的結構

為了了解分子的性質，我們必須知道電子在分子當中的分布情形，而其實無論是原子或分子，關於電子組態的判斷方法都很類似 (見 7.8 節)。

決定分子的電子組態及其穩定性之法則

在決定分子的電子組態時，我們必須先將其所有的分子軌域依能量大小進行排序，然後再根據下列方針逐一將電子填入，這些法則也能夠幫助我們了解所有分子軌域的穩定性。

1. 新生成的分子軌域數目和所有參與作用的原子軌域總數必須相等。
2. 鍵結分子軌域愈穩定時，相對應的反鍵結分子軌域就愈不穩定。
3. 在填入電子時，必須由低能量的分子軌域逐漸填至高能量者，因此對一個穩定存在的分子來說，位於鍵結分子軌域內的電子數目永遠會多於反鍵結分子軌域內的電子總數。
4. 根據包利不相容原理，每 1 個分子軌域都和原子軌域一樣可以容納 2 個自旋方向相反的電子。
5. 當具有等能量的分子軌域時，電子最穩定的填入方式是依據洪特規則，以相同的自旋方向逐一填入。
6. 分子軌域中的電子數目與所有鍵結原子的電子總數相等。

氫與氦分子

在討論由第二週期元素所組成的分子之前，我們要先定義**鍵級數** (bond order)：

$$\text{鍵級數} = \frac{1}{2}\left(\begin{matrix}\text{鍵結分子軌域}\\\text{中的電子總數}\end{matrix} - \begin{matrix}\text{反鍵結分子軌域}\\\text{中的電子總數}\end{matrix}\right) \qquad (10.2)$$

鍵焓是鍵的強度之量化結果 (見 9.10 節)。

鍵級數可以看作是 1 個鍵約略的強度。舉例來說，如果某個分子的鍵結分子軌域中有 2 個電子，但反鍵結電子軌域中沒有電子時，其鍵級數為 1，代表這是個穩定的分子，且具有 1 組共價鍵。請注意：鍵級數可以為分數，但當計算出來的數值小於或等於零時就代表鍵本身並不穩定，

也就是這個分子不存在；鍵級數在做比較時只有數值的大小具有意義，不過雖然 σ 與 π 分子軌域填滿 2 個電子時的鍵級數都是 1，但由於原子軌域重疊作用的方式不同，所以這兩個鍵的強度與鍵長也不會相同。

接著我們再來搞清楚如何用圖 10.23 的軌域能階圖來預測 H_2^+、H_2、He_2^+ 及 He_2 等簡單物質處在基態時的穩定性差異，根據包利不相容原理，每 1 個分子軌域可以容納 2 個自旋方向相反的電子，因此 σ_{1s} 與 $\sigma_{1s}^\star$ 最多能容納到 4 個電子，由於上述物質所具有的電子總數依序為 1、2、3 及 4 個，所以 H_2^+ 只在 σ_{1s} 軌域中具有 1 個電子，其鍵級數為 $\frac{1}{2}$，從另一方面來說，由於共價鍵必須由 2 個電子所組成，所以 H_2^+ 只有 $\frac{1}{2}$ 個鍵，基於此，我們預期 H_2^+ 也許還算穩定，其電子組態可寫成 $(\sigma_{1s})^1$。

$(\sigma_{1s})^1$ 代表在 σ 鍵結分子軌域當中有 1 個電子。

H_2 具有的 2 個電子全部都位在 σ_{1s} 軌域中，由於我們認為 2 個電子可以形成 1 個完整的鍵，所以其鍵級數為 1，也可以說它具有 1 個完整的共價鍵，其電子組態可寫成 $(\sigma_{1s})^2$。

至於 He_2^+，我們會先將 2 個電子填入 σ_{1s} 軌域中，再把剩下的 1 個電子填入 $\sigma_{1s}^\star$ 軌域。若從簡單的角度來看，因為反鍵結電子軌域比較不穩定，所以鍵結與反鍵結分子軌域中的電子可以視作互相抵銷，故我們預期 He_2^+ 不會比 H_2 穩定，也由於它的鍵級數為 $\frac{1}{2} \times (2-1) = \frac{1}{2}$，因此 He_2^+ 的穩定度應該會與 H_2^+ 差不多，其電子組態可寫成 $(\sigma_{1s})^2(\sigma_{1s}^\star)^1$。

總括來說，這些物質的穩定性根據預測的結果由高至低排序應為：

$$H_2 > H_2^+,He_2^+ > He_2$$

根據已知的結果，H_2 當然是穩定的物質，而氣態 He_2 也已經在 1993 年時成功地被找到，它正如預期的一樣毫無穩定性可言，僅在特別營造出來的環境中才能短暫存在一瞬間。值得注意的是，我們透過簡單的分子軌域方法預期出 H_2^+ 與 He_2^+ 的穩定性應該要差不多才對 (鍵級數皆為 $\frac{1}{2}$)，但實際的實驗結果卻顯示 H_2^+ 要比 He_2^+ 來得穩定許多，這是因為 H_2^+

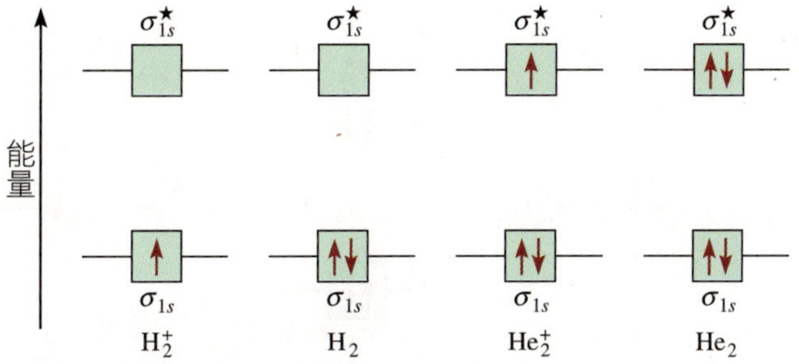

圖 10.23 H_2^+、H_2、He_2^+ 及 He_2 之鍵結與反鍵結分子軌域的能階。這四種物質的分子軌域都是由 2 個 1*s* 軌域作用而形成。

只有 1 個電子，所以不會產生電子互相排斥的現象，同時來自於原子核間的斥力也是 H_2^+ 小於 He_2^+。

第二週期中的元素所組成之同核種雙原子分子

學習至此，大家應該已經有能力來討論含第二週期元素的分子處於基態時之電子組態。首先，我們要看的是一些最簡單的例子像是**同核雙原子分子** (homonuclear diatomic molecules)。圖 10.24 所畫的是第二週期中第 1 個元素鋰 (Li_2) 的分子軌域能階圖，這些軌域是透過 1*s* 與 2*s* 軌域的重疊作用而形成，接下來我們都會以它為基礎來構築所有雙原子分子的軌域能階圖。

當 *p* 軌域也參與鍵結時，整個情況又會變得複雜許多，因為 2 組 *p* 軌域之間的鍵結有可能為 σ 鍵或 π 鍵，而且每個第二週期中的元素都有 3 組 *p* 軌域，所以應該會有 1 組 σ 分子軌域與 2 組 π 分子軌域透過建設性的作用方式形成，σ 鍵是兩組 $2p_x$ 軌域在原子與原子間的軸向 (*x* 軸) 上重疊作用而形成，而 π 鍵的形成則是來自於 $2p_y$ 與 $2p_z$ 軌域間的重疊作用，因為它們都與 $2p_x$ 軌域垂直，所以會在側邊形成 2 組 π 鍵，這些分子軌域分別叫作 σ_{2p_x}、π_{2p_y} 及 π_{2p_z} 軌域，其中下標的文字指的是

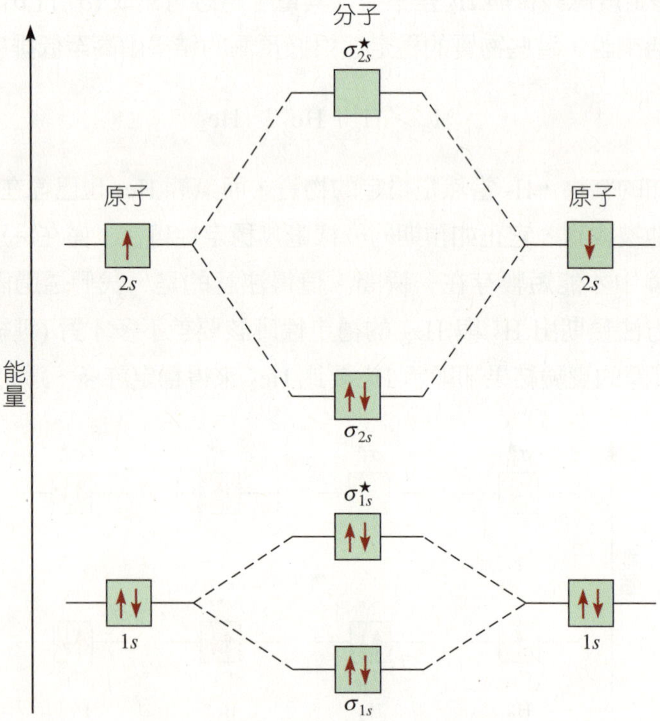

圖 10.24 Li_2 的分子軌域能階圖。因為鋰原子的電子組態為 $1s^22s^1$，所以 Li_2 共有 6 個電子，它們分別位於 σ_{1s}、$\sigma_{1s}^\star$ 及 σ_{2s} 軌域中，同時由於 σ_{1s} 與 $\sigma_{1s}^\star$ 軌域中各有 2 個電子，綜合之後不再具有任何鍵結或反鍵結效應。因此，Li_2 的共價單鍵是由其 σ_{2s} 鍵結分子軌域中的 2 個電子所構成。請注意：雖然 $\sigma_{1s}^\star$ 反鍵結軌域比 σ_{1s} 鍵結軌域具有更高的能量 (較不穩定)，但還是比不上 σ_{2s} 鍵結軌域 (能量更高、更不穩定)。

這些分子軌域是由那些原子軌域所產生，如圖 10.22 所示，在由 2 組 p 軌域所形成的各種分子軌域中，σ 分子軌域的軌域重疊性通常會比 π 分子軌域來得高，所以我們原本預期它會具有較低的能量。然而，分子軌域能量實際上的高低排序應為：

$$\sigma_{1s} < \sigma^{\star}_{1s} < \sigma_{2s} < \sigma^{\star}_{2s} < \pi_{2p_y} = \pi_{2p_z} < \sigma_{2p_x} < \pi^{\star}_{2p_y} = \pi^{\star}_{2p_z} < \sigma^{\star}_{2p_x}$$

其中 σ_{2p_x} 軌域的能量會高於 π_{2p_y} 與 π_{2p_z} 軌域，這是因為 $2p$ 與 $2s$ 軌域間還會有額外交互作用的緣故。在分子軌域理論中，我們稱為軌域的混合，要滿足 $2p$ 與 $2s$ 軌域混合之條件就是這兩者的能量必須很相近。對分子量比較小的 B_2、C_2 及 N_2 而言，σ_{2p_x} 軌域的能量會比 π_{2p_y} 與 π_{2p_z} 軌域高；反之，在 O_2 與 F_2 分子中，σ_{2p_x} 軌域的能量就比後兩者來得小。

當軌域混合之後，分子軌域能量的相對關係就如圖 10.25 所示，現在我們已經了解，所以有辦法寫出下列含第二週期元素的同核雙原子分子之電子組態，並預測它們的磁性與鍵級數。

鋰分子 (Li_2)

由於鋰原子的電子組態為 $1s^2 2s^1$，所以 Li_2 共有 6 個電子，如果再根據圖 10.24，我們知道這些電子將兩兩成對地位於 σ_{1s}、$\sigma^{\star}_{1s}$ 及 σ_{2s} 分子軌域中 (σ_{1s} 與 $\sigma^{\star}_{1s}$ 軌域中的電子對於鋰分子的鍵結沒有任何的實質貢獻)，其電子組態為 $(\sigma_{1s})^2(\sigma^{\star}_{1s})^2(\sigma_{2s})^2$，因為位於鍵結軌域中的電子比反鍵結軌域中的電子多 2 個，所以 Li_2 的鍵級數為 1 [見方程式 (10.2)]。總

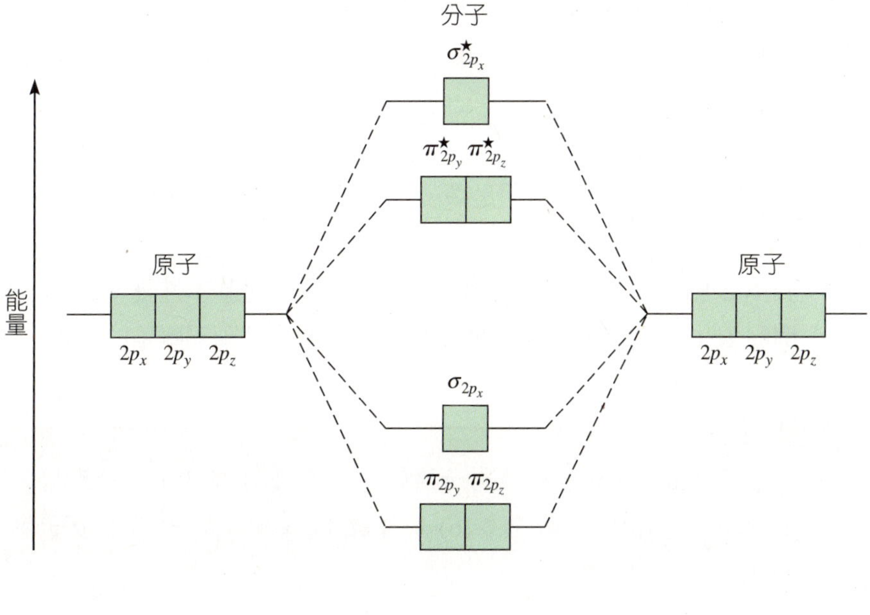

圖 10.25 含第二週期元素的同核雙原子分子 (如 Li_2、Be_2、B_2、C_2 及 N_2) 之分子軌域能階圖。為了簡化複雜度，我們忽略了 σ_{1s} 與 σ_{2s} 軌域。請注意：對這些分子來說，σ_{2p_x} 軌域的能量比 π_{2p_y} 與 π_{2p_z} 軌域高，這代表當電子處於上述三軌域中時，位於 σ_{2p_x} 軌域中的電子最不穩定，這種特例是導因於此時電子與其他兩者有著不同的作用力之緣故，如果換作是 O_2 與 F_2 分子，σ_{2p_x} 軌域的能量就會比 π_{2p_y} 與 π_{2p_z} 軌域來得低。

括來說，Li_2 應該很穩定，沒有未成對且自旋方向相同的電子 (反磁性分子)，這樣的推論與現存已知的氣態 Li_2 性質相符。

碳分子 (C_2)

由於碳原子的電子組態為 $1s^22s^22p^2$，所以 C_2 共有 12 個電子，如果根據圖 10.24 與圖 10.25，我們會將最後 4 個電子填入 π_{2p_y} 與 π_{2p_z} 分子軌域中。因此，其電子組態為：

$$(\sigma_{1s})^2(\sigma_{1s}^\star)^2(\sigma_{2s})^2(\sigma_{2s}^\star)^2(\pi_{2p_y})^2(\pi_{2p_z})^2$$

它的鍵級數為 2，而且沒有未成對電子。同樣地，與預期中同為反磁性的氣態 C_2 也已經被發現。不過，要注意的是，C_2 的雙鍵全都是由 π 鍵所組成，這是由於最後 4 個電子分別位在 2 組 π 分子軌域中的緣故，但是對於絕大多數分子而言，雙鍵都是由 1 個 σ 鍵與 1 個 π 鍵所組成的。

氧分子 (O_2)

氧原子處於基態時的電子組態為 $1s^22s^22p^4$，所以 O_2 共有 16 個電子。如果依上述分子軌域能量漸增的方式來排序的話，基態 O_2 的電子組態應為：

$$(\sigma_{1s})^2(\sigma_{1s}^\star)^2(\sigma_{2s})^2(\sigma_{2s}^\star)^2(\sigma_{2p_x})^2(\pi_{2p_y})^2(\pi_{2p_z})^2(\pi_{2p_y}^\star)^1(\pi_{2p_z}^\star)^1$$

根據洪特規則，最後兩個電子應該要用相同的自旋方向分別填入 $\pi_{2p_y}^\star$ 與 $\pi_{2p_z}^\star$ 軌域中，σ_{1s} 與 σ_{2s} 軌域則可被忽略，因為它們對鍵結所帶來的實質效應為零。根據方程式 (10.2)，我們可以算出 O_2 的鍵級數：

$$\text{鍵級數} = \frac{1}{2}(6 - 2) = 2$$

它的鍵級數為 2，而且被預期是順磁性分子，完全與實驗所觀察到的結果相符。

表 10.5 歸納出第二週期中穩定的雙原子分子之基本性質。

例題 10.6 說明了分子軌域理論將如何幫助我們預測離子的性質。

例題 10.6

N_2^+ 可以藉由快速移動的電子撞擊氮分子 (N_2) 後產生，請預測下列 N_2^+ 的性質：(a) 電子組態；(b) 鍵級數；(c) 磁性；(d) 與氮分子相

表 10.5 含第二週期元素的同核雙原子分子之性質

	Li_2	B_2	C_2	N_2	O_2	F_2	
$\sigma^{\star}_{2p_x}$	□	□	□	□	□	□	$\sigma^{\star}_{2p_x}$
$\pi^{\star}_{2p_y}$、$\pi^{\star}_{2p_z}$	□□	□□	□□	□□	↑ ↑	↑↓ ↑↓	$\pi^{\star}_{2p_y}$、$\pi^{\star}_{2p_z}$
σ_{2p_x}	□	□	□	↑↓	↑↓ ↑↓	↑↓ ↑↓	π_{2p_y}、π_{2p_z}
π_{2p_y}、π_{2p_z}	□□	↑ ↑	↑↓ ↑↓	↑↓ ↑↓	↑↓	↑↓	σ_{2p_x}
$\sigma^{\star}_{2s}$	□	↑↓	↑↓	↑↓	↑↓	↑↓	$\sigma^{\star}_{2s}$
σ_{2s}	↑↓	↑↓	↑↓	↑↓	↑↓	↑↓	σ_{2s}
鍵級數	1	1	2	3	2	1	
鍵長 (pm)	267	159	131	110	121	142	
焓 (kJ/mol)	104.6	288.7	627.6	941.4	498.7	156.9	
磁性	反磁性	順磁性	反磁性	反磁性	順磁性	反磁性	

* 為了簡化情況，σ_{1s} 與 $\sigma^{\star}_{1s}$ 軌域已省略，這兩組軌域中只有四個電子。請記得對 O_2 與 F_2 來說，σ_{2p_x} 的能量會小於 π_{2p_y} 與 π_{2p_z}。

比，N_2^+ 的鍵長較長或較短？

策　略

根據表 10.5 的資料，我們可以從相對應的同核種分子來推測出離子的特性。所以，請想想分子的穩定性和其鍵結、反鍵結分子軌域中的電子數有什麼關係？氮分子是從哪一個分子軌域中失去了 1 個電子才會形成 N_2^+ 離子？還有到底是什麼樣的特性才可以決定物質為順磁性或反磁性？

解　答

(a) 因為 N_2^+ 比氮分子少 1 個電子，所以它的電子組態為：

$$(\sigma_{1s})^2(\sigma^{\star}_{1s})^2(\sigma_{2s})^2(\sigma^{\star}_{2s})^2(\pi_{2p_y})^2(\pi_{2p_z})^2(\sigma^{\star}_{2p_x})^1$$

(b) 利用方程式 (10.2) 可以得到 N_2^+ 的鍵級數：

$$鍵級數 = \tfrac{1}{2}(9 - 4) = 2.5$$

(c) N_2^+ 有 1 個未成對電子，所以為順磁性。

(d) 因為鍵結分子軌域中的電子有助於將原子聚集在一起，所以 N_2^+ 應該會比氮分子有較弱且較長的鍵。(N_2^+ 的鍵長則為 112 pm，而氮分子的鍵長則為 110 pm。)

檢　查

因為有 1 個電子從鍵結分子軌域中離開，所以我們預期鍵級數會減少，而且 N_2^+ 離子的電子數為奇數 (13)，應該會具有順磁性。

練習題

關於 F_2 與 F_2^-，何者的鍵長較長？

10.8　分子軌域的去定域化

截至目前為止，我們都是用電子對的觀點在看待化學鍵結。然而，有時候不是單靠分子的某種鍵結形式就能百分之百地解釋它的性質，在 9.8 節討論過的臭氧 (O_3) 便是一例。那時我們用共振的概念來說明無法解釋的現象，但現在將要使用另一種方法，也就是透過分子軌域理論來處理這個問題。在討論多原子分子或離子的鍵結行為時，我們必須先確定原子的混成模式，接著再考慮最有可能形成分子軌域有哪些，這是一種很簡單的處理模式，接下來我們將用苯分子與碳酸根離子作為範例。

苯分子 (C_6H_6)

苯是平面六邊形分子，它的 6 個碳原子就是六邊形的各個頂點，因為所有碳—碳鍵的鍵強與鍵長都一樣，碳—氫鍵也完全相等，再加上無論是碳—碳—碳或氫—碳—碳的夾角都是 120 度，所以每一個碳原子都是 sp^2 混成，會同時和相鄰的 2 個碳原子與 1 個氫原子形成 3 組 σ 鍵 (圖 10.26)，這樣的鍵結方式會留下 1 組垂直於苯分子 (俗稱苯環) 且未參與混成的 $2p_z$ 軌域。到目前為止，所有關於苯分子的描述現象幾乎都跟 10.5 節討論過的乙烯相同，唯一不同之處在於未參與混成的 6 組 $2p_z$ 軌域是以環狀的形式排列。

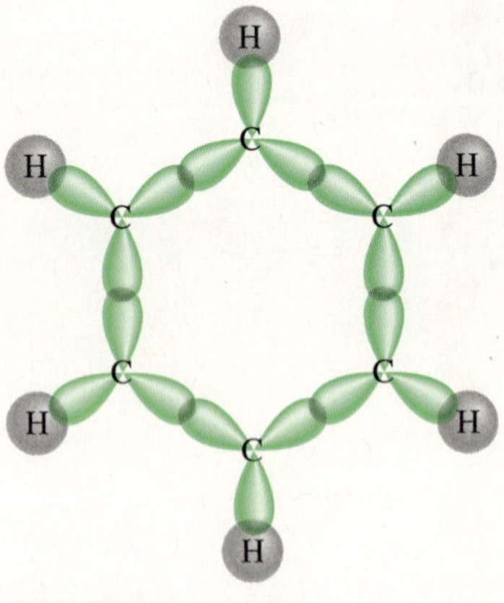

圖 10.26 苯分子中 σ 鍵的架構。每一個碳原子都是 sp^2 混成，而且會與相鄰的 2 個碳原子形成 2 組 σ 鍵，再與氫原子形成另 1 組 σ 鍵。

它們在空間中的電子分布情形十分相似，每個 $2p_z$ 軌域都會和相鄰碳上的另外 2 組重疊作用，若根據第 418 頁所列舉的規則，6 組 $2p_z$ 軌域間的相互作用會導致 6 組 π 分子軌域的形成，其中 3 組為鍵結，其餘為反鍵結。有鑑於此，處於基態的苯分子總共會有 6 個電子，它們兩兩成對，各自以相反的自旋方向存在於 3 組不同的 π 鍵結分子軌域當中。

但事實上，苯的 π 鍵結分子軌域會形成**去定域化分子軌域** (delocalized molecular orbitals)，它們並不被侷限於相鄰的 2 個原子，而是平均分布在 3 個以上的原子間，因此位於這些軌域中的

電子可以在苯環內自由移動。也是基於這個原因，所以苯的結構有時會用下列方式簡單地表示，將碳與氫原子省略：

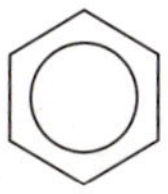

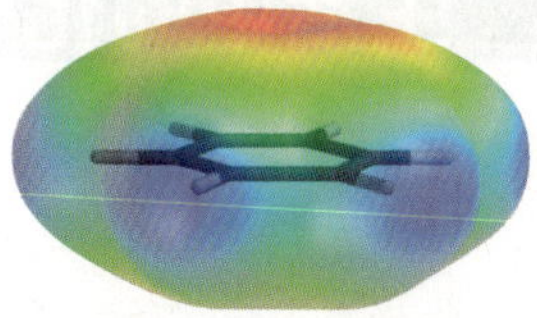

苯的電位能分布圖顯示出分子所處平面之上、下方的電子密度 (紅色範圍)。為了簡化圖形，只畫出了分子的架構。

中間的環表示 π 鍵並不被侷限於任何一對原子之間，相反地，π 電子密度反而是分布於整個苯分子中，所以在以共價鍵理論為基礎的共振概念之外，分子軌域理論也提供另外一種解釋方式 (苯的共振結構請參考第 365 頁)，我們可以說苯的每 1 組碳一碳鍵中間都含有 1 組 σ 鍵跟一部分的 π 鍵，而任意兩相鄰碳原子的鍵級數則介於 1 到 2 之間。

碳酸根離子 (CO_3^{2-})

並不是只有像苯分子這樣的環狀化合物具有去定域化分子軌域。現在讓我們來看看碳酸根離子的鍵結行為，VSEPR 預測碳酸根離子跟三氟化硼一樣為平面三角形結構。為了解釋這樣的結果，我們可以假設碳原子為 sp^2 混成，會和 3 個氧原子形成 σ 鍵，因此碳原子上未參與混成的 $2p_z$ 軌域可以和所有氧原子的 $2p_z$ 軌域重疊作用 (圖 10.27)。使得這 4 個原子之間形成去定域化分子軌域，所有碳一氧間的電子分布密度與鍵級數都完全相同，與第 365 頁所畫的共振結構相較之下，分子軌域理論提供了另一種能夠讓人接受的解釋方法來說明碳酸根離子的性質。

我們必須注意到，具有去定域化分子軌域的分子一般來說都比較穩定，舉例來說，如果拿苯分子跟只具有定域化 (分子軌域被侷限於兩原子之間) 碳一碳雙鍵的乙烯做對比，前者較不容易反應，也就是較為穩定。

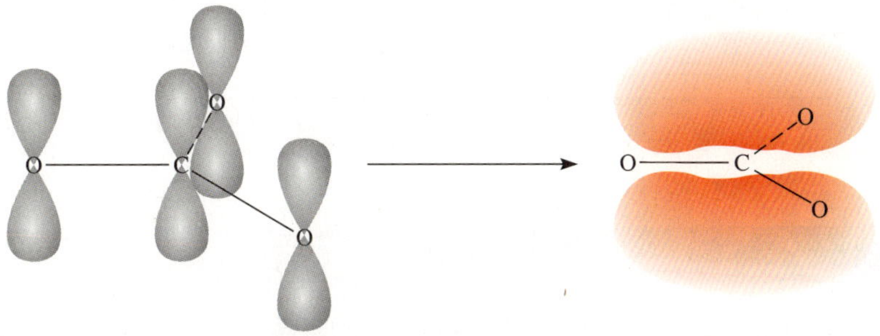

圖 10.27 碳酸根離子的鍵結行為。碳原子會分別與 3 個氧原子形成 3 組 σ 鍵結。除此之外，碳原子上的 $2p_z$ 軌域也會與氧原子重疊作用形成去定域化分子軌域，所以在碳原子和每一個氧原子之間也都會有部分的 π 鍵。

CHEMISTRY in Action

生活中的化學

巴克球知多少？

在西元 1985 年，位於德州萊斯大學的一群化學家嘗試利用高能雷射將石墨汽化，以期製造出某些據信存在於宇宙中的物質。根據質譜儀的分析結果顯示，這些不尋常分子中有某種未知物的分子式為 C_{60}。當時的研究人員基於其尺寸大小，還有百分之百由碳所組成等特點，以紙、剪刀及膠帶先拼湊出它的奇特結構。後來又有人利用光譜與 X 射線繞射分析確定了 C_{60} 的中空球形結構，以及碳原子分別存在於 60 邊形的各個頂點上這件事。從幾何學上來說，巴克球具有目前已知分子當中最高的對稱性。然而，在這些獨一無二的特徵之外，它的鍵結行為卻十分簡單，因為每個碳原子都是 sp^2 混成，同時整個結構中有著大範圍的去定域化分子軌域。

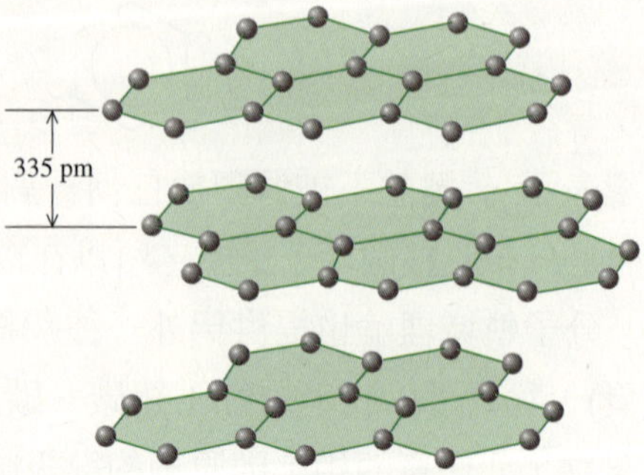

石墨是由一層又一層的六碳環所組成。

巴克球的發現在科學界引發廣泛的討論，這是一種碳的新同素異形體，有著很有趣的構型與未知的性質等著被研究。化學家從西元 1985 年到現在已經製造出一系列的富勒稀 (fullerenes)，它們從 70、76 甚至到更多個碳的都有，除此之外，在天然的煤灰之中也已經發現巴克球的存在。

富勒稀家族代表著一種全新的分子建構藝術，它蘊含著許多難以達到的目標。舉例來說，

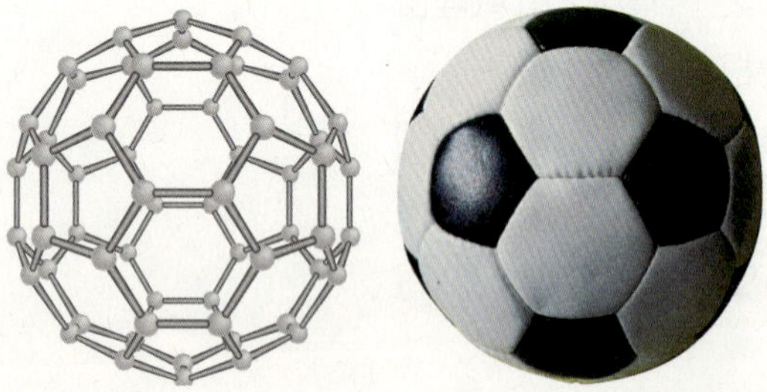
巴克球 (左) 的構型與足球 (右) 相似，科學家們先是用紙剪出一堆的五邊形跟六邊形，再用它們拼湊出交織錯綜複雜的 60 個碳原子所在位置。

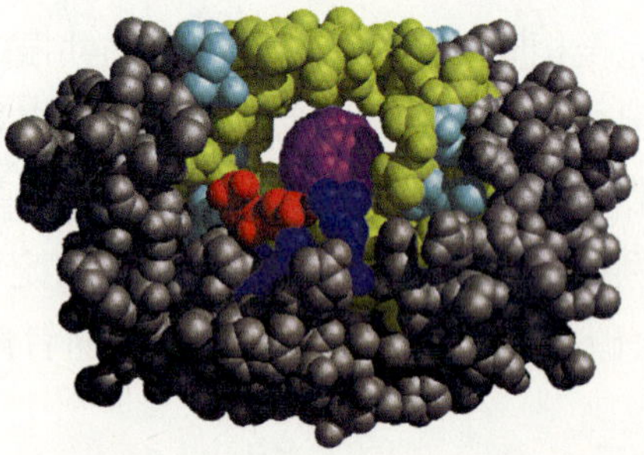
用電腦所模擬出來的巴克球衍生物與 HIV 蛋白酵素之鍵結情形，紫色的巴克球與酵素的活性中心緊密靠在一起，使它不再具有原本的功能。

重要方程式

$\mu = Q \times r$ (10.1) 表示偶極矩與電荷量 (Q) 和兩電荷間距離 (r) 的關係。

$$\text{鍵級數} = \frac{1}{2}\left(\begin{array}{c}\text{鍵結分子軌域}\\\text{中的電子總數}\end{array} - \begin{array}{c}\text{反鍵結分子軌域}\\\text{中的電子總數}\end{array}\right) \quad (10.2)$$

是其電荷分離程度的指標，它是所有鍵矩加總之後的結果，關於分子構型的相關資訊可從偶極矩的測量中獲得。

4. 關於共價鍵的生成，總共有兩種量子力學的解釋方法：共價鍵理論與分子軌域理論。針對共價鍵理論來說，原子混成軌域是由單一原子的不同軌域互相整合而成，所有混成後的軌域都具有相同的能量與電子密度，而且混成軌域的數目和參與混成的原子軌域總數相等。
5. 價殼層的擴張可以用 s、p 及 d 軌域間的混成來解釋。
6. 對同一原子來說，2 組 sp 混成軌域會落在同一直線上；3 組 sp^2 混成軌域會指向正三角形的不同頂點；4 組 sp^3 混成軌域會指向正四面體的不同頂點；5 組 sp^3d 混成軌域會指向雙三角錐的 5 個不同頂點；而 6 組 sp^3d^2 混成軌域則會指向正八面體的不同頂點。
7. 對於 sp^2 混成的原子 (例如碳) 來說，未參與混成的 p 軌域可以和另 1 組 p 軌域形成 π 鍵，因此碳－碳雙鍵是由 1 組 σ 鍵與 1 組 π 鍵所組成；但如果是 sp 混成的碳原子，未參與混成的 2 組 p 軌域可以分別和另 2 組 p 軌域形成 2 個鍵，也因此碳－碳參鍵是由 1 組 σ 鍵與 2 組 π 鍵所組成。
8. 分子軌域理論描述鍵結行為的方式：原子軌域整合後會形成與屬於整個分子的新軌域。
9. 在鍵結分子軌域中，兩原子核間的電子分布密度是增加的，其能量小於原本所有原子軌域的總能量；但在反鍵結分子軌域中，兩原子核中間有一區塊的電子分布密度為零，其能量大於原本所有原子軌域的總能量。
10. 我們用同樣的方法來寫出原子與分子軌域的電子組態，依能量由低至高的順序逐一填入電子，分子軌域的數目與混合前的原子軌域總數相等，包利不相容原理與洪特規則決定著電子填入分子軌域的法則。
11. 當某個分子位於鍵結分子軌域中的電子數目大於未鍵結分子軌域中的電子總數時，就是穩定的分子。
12. 去定域化分子軌域是由相鄰原子的 p 軌域所形成，軌域中的電子可以在整個分子或原子的特定區塊自由移動；除了共振結構之外，去定域化分子軌域也可以解釋我們所觀察到的某些分子特性。

習　題

分子的立體結構

10.1 在正四面體、雙三角錐形及正八面體分子中，分別有多少外圍原子與中心原子鍵結？

10.2 甲烷 (CH_4) 的可能構型之一為平面四方形：在中心具有 1 個碳原子，而 4 個氫原子則在外圍的不同頂點上。請畫出此結構，並比較它與正四面體形甲烷的相對穩定度。

10.3 請根據價殼層電子排斥模型來預測下列分子或離子的的構型：(a) 碘甲烷 (CH_3I)；(b) 三氟化氯 (ClF_3)；(c) 硫化氫 (H_2S)；(d) 三氧化硫 (SO_3)；(e) 硫酸根 (SO_4^{2-})。

10.4 下列何者具有平面四邊形結構？四氯化矽 ($SiCl_4$)、四氟化硒 (SeF_4)、四氟化氙 (XeF_4)、四碘化碳 (CI_4)、四氯化鎘離子 ($CdCl_4^{2-}$)。

偶極矩

10.5 氫化鈹 (BeH_2) 分子內的鍵結具有極性，但分子的偶極矩為零，請解釋原因。

10.6 請將下列分子依偶極矩由大到小排列：水 (H_2O)、四溴化碳 (CBr_4)、硫化氫 (H_2S)、氟化氫 (HF)、氨 (NH_3) 及二氧化碳 (CO_2)。

價鍵理論

10.7 什麼叫作價鍵理論？它與路易士對化學鍵結

的看法有何不同之處？

混　成

10.8 對矽甲烷 (SiH_4) 與矽乙烷而言，矽的混成狀態分別為何？

10.9 關於下列物質，氮原子所使用的混成軌域為何？(a) 氨 (NH_3)；(b) 聯胺 ($H_2N—NH_2$)；(c) 硝酸根離子 (NO_3^-)。

10.10 請描述一下五氟化磷 (PF_5) 中磷的混成狀態。

分子軌域理論

10.11 請畫出下列分子軌域的形狀，並依其能量大小排序：σ_{1s}、$\sigma_{1s}^{\star}$、π_{2p} 及 $\pi_{2p}^{\star}$。

10.12 請畫出下列物質的分子軌域能階圖，並根據鍵級數來比較它們的穩定性：He_2、HHe 及 He_2^+。

10.13 請根據分子軌域理論來說明 B_2 與 B_2^+ 的鍵長何者較長。

10.14 請根據分子軌域理論來比較 F_2 與 F_2^+ 的相對穩定性。

分子軌域的去定域化

10.15 N_2^{3-} 與 O_2^- 具有相同電子數，請用分子軌域圖形來比較兩者的性質 (鍵級數與磁性) 差異。

10.16 關於下列苯 (benzene) 分子的表示方法，為何左圖所示優於右圖？

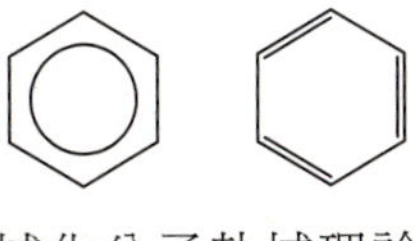

10.17 請根據去定域化分子軌域理論來描述硝酸根 (NO_3^-) 離子的鍵結行為。

附加問題

10.18 下列物質中何者不可能具有四面體結構？(a) 四溴化矽 ($SiBr_4$)；(b) 四氟化氮 (NF_4^+) 離子；(c) 四氟化硫 (SF_4)；(d) 四氯化鈹 ($BeCl_4^{2-}$) 離子；(e) 四氟化硼 (BF_4^-) 離子；(f) 四氯化鋁 ($AlCl_4^-$) 離子。

10.19 請預測二碘化硫 (CSI_2) 的構型及硫原子的混成狀態。

10.20 請預測下列分子的鍵角：(a) 氯化鈹 ($BeCl_2$)；(b) 三氯化硼 (BCl_3)；(c) 四氯化碳 (CCl_4)；(d) 氯仿 ($CHCl_3$)；(e) 二氯亞汞 (ClHgHgCl)；(f) 二氯亞錫 ($SnCl_2$)；(g) 雙氧水 (H_2O_2)；(h) 四氫化錫 (SnH_4)。

10.21 關於下列分子與離子，何者為直線形？二氯化碘 (ICl_2^-) 離子、二氟化碘 (IF_2^+) 離子、氟化氧 (OF_2)、碘化亞錫 (SnI_2) 及溴化鎘 ($CdBr_2$)。

10.22 N_2F_2 分子存在著下列兩種構型：

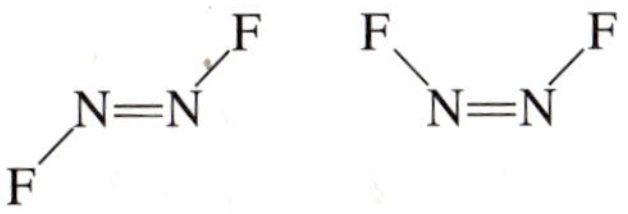

(a) 氮的混成狀態為何？

(b) 哪一種結構的偶極矩不為零？

10.23 請解釋為什麼硫原子的未鍵結電子對不會影響二氧化硫 (SO_2) 的鍵角 (趨近於 120 度)。

10.24 請寫出硼分子 (B_2) 處於基態時的電子組態，並說明它是順磁性或反磁性分子。

10.25 請根據分子軌域理論來解釋疊氮 (N_3^-) 離子的鍵結行為。

10.26 請分別解釋下列選項中何者的第一游離能較高？(a) H 或 H_2；(b) N 或 N_2；(c) O 或 O_2；(d) F 或 F_2。

10.27 假設第三週期元素中的磷 (P) 像氮 (N_2) 一樣可以形成雙原子分子，請寫出它的電子組態、鍵級數及磁性 (順磁性或是反磁性)。

10.28 請描述下列反應之反應物與產物的構型與混成狀態為何？

$$ClF_3 + AsF_5 \longrightarrow [ClF_2^+][AsF_6^-]$$

10.29 請寫出氰 (CN^-) 離子的電子組態，並舉出 1

個和它具有相同電子數目的穩定分子。

10.30 下列離子中何者的偶極矩不為零？(a) 二氟化氯 (ClF_2^+) 陽離子；(b) 二氟化氯 (ClF_2^-) 陰離子；(c) 四氟化碘 (IF_4^+) 陽離子；(d) 四氟化碘 (IF_4^-) 陰離子。

練習題答案

10.1 (a) 四面體形；(b) 直線形；(c) 平面三角形 **10.2** 否 **10.3** (a) sp^3；(b) sp^2 **10.4** sp^3d^2 **10.5** 碳原子為 *sp* 混成，它會分別和氫與氮原子形成 σ 鍵，而另外兩組未參與混成的 *p* 軌域則會和氮原子形成 π 鍵；此外，氮原子的未鍵結電子對會存在於 *sp* 軌域中 **10.6** F_2^-

Chapter 11

分子間作用力、液體及固體

在攝氏零下 51 度下灑出的沸水。

先看看本章要學什麼？

- 我們會將分子動力論應用在固體和液體上，並就它們的特質與氣體做比較。(11.1)
- 接著，我們會探討「分子與分子間」和「分子與離子間」的兩種不同作用力。我們也會學到一種叫作氫鍵的特殊分子間作用力，它發生在氫以及某些電負度高的元素之間，例如氮、氧及氟。(11.2)
- 關於液體的兩種重要特質——表面張力與黏滯性，我們可以用分子間作用力的觀點來了解。(11.3)
- 然後我們會繼續走向固體的世界，學習結晶的本質及球體堆積將如何產生不同的單位晶格。(11.4)
- 我們會發現檢測晶體立體結構的最佳方式，是利用 X 射線在晶體內部的原子與分子間散射所造成之繞射現象。(11.5)
- 最後會學到相變，或者是在固態、液態及氣態間的轉變。我們會看到液態與氣態間的動態平衡是源自於蒸氣壓的平衡。汽化所需要的能量大小取決於分子間作用力的強弱。我們也會學到每個物質都有臨界溫度，超過這個臨界溫度就無法從氣態被液化。接著會檢視固—液態與液—氣態間的轉變。(11.6)
- 不同相之間的轉換可以用相圖來進行整合，它可以幫助我們了解氣體在什麼溫度與壓力條件下是穩定的，及 / 或當溫度與壓力改變時相變是否會發生。(11.7)

綱　要

雖然我們生活在地球上，生活在大氣這個氣體混合物之中，但對於液體或固體物質的行為卻較為熟悉，這是因為它們較有機會被觀察到的緣故。因為我們每天用水和其他液體物質來飲用、沐浴、清潔與烹飪，至於手上拿的、身體坐著的及穿著的東西則是固體物質。

關於分子的運動行為，液態分子的侷限會比氣態分子來得多，而當原子和分子在固態時則會被堆積得更緊密。事實上，固態粒子都是被限制在有限的區域內活動，彼此間的相對運動程度非常低。在本章，我們會檢視液體和固體的結構，並討論物質處於這兩種狀態時所具有的一些基本特性。我們也會學到物質在氣體、液體與固體間相互轉換的原理。

11.1 液體與固體的分子動力學理論

在第五章，我們使用分子動力論，以分子持續不斷地進行隨機運動解釋了氣體的行為。和本身的半徑比起來，氣體分子間的距離非常遠，因此在常溫常壓下 (亦即攝氏 25 度、1 大氣壓)，它們幾乎沒有作用力可言。而因為在氣體之中絕大部分的空間都是空的，也就是說，這些空間並非被分子所占據，因此氣體是可以被壓縮的。分子間缺乏強作用力這件事也導致氣體可以擴張體積至填滿整個容器。這些大部分未被填滿的空間，也足以解釋為什麼氣體的密度在常溫下會這麼低。

液體和固體則完全是另外一回事。凝態 (固體和液體) 與氣態主要的差異在於分子間的距離，當處於液態時，分子間是如此地靠近，以致於沒有什麼空的空間，液體相較於氣體而言非常難以被壓縮，在一般狀態下的密度也高得多。液態分子會因為一種以上的吸引力而聚集在一起，我們將在 11.2 節討論這些吸引力。也因為無法破壞這些使它們相互吸引的作用力，而使得液體具有固定的體積，然而分子還是可以穿梭於彼此之間，因此液體可以流動，可以傾洩，也會因容器而改變整體的形狀。

固態分子則嚴謹地相互束縛且聚集，看起來一點活動能力都沒有，許多固體在結構上顯示了極高的秩序，也就是說，分子在三度空間中均以規律的形式分布，固體中的空隙甚至比液體更少，因此幾乎無法被壓縮，並被認為有固定的形狀和體積，除了極少數的例子之外 (其中以水最為重要)，一般物質在固態時的密度高於液態；但對於同一物質而言，兩相共存並非不常見。在一杯水 (液體) 上漂浮的冰塊 (固體) 是大家都很熟悉的例子；化學家以相來描述系統中處於不同狀態下的物質，

一個**相** (phase) 是指在系統中具有同質性的部分，但和另 1 個同質性的部分能夠以明顯的邊界相互區隔。所以 1 杯冰水同時包含水的固態和液態。當我們在本章中談到單一物質的狀態改變時，將會使用相這個字，譬如系統中包含物質的好幾種相。表 11.1 整理出物質三相的一些特性。

11.2 分子間作用力

分子間作用力 (intermolecular forces) 是發生在分子之間的吸引力。它的存在導致氣體在第五章所提及的非理想氣體行為。甚至在物質的凝態 (液態和固態) 時造成更大的影響，當氣體的溫度下降，分子平均動能也隨之減少，終於在溫度不夠高的情況下，不再具有足夠的能量擺脫周圍鄰近分子的吸引，在這時候分子會彼此聚集形成液滴。這種從氣相轉變為液相的過程稱為凝結 (condensation)。

與之相對的，**分子內作用力** (intramolecular forces) 則是將分子內的原子聚集起來。(在第九和十章所討論的化學鍵就包含了分子內作用力。) 分子內作用力穩定了分子個體，而分子間作用力則是主要造就物質的整體特質 (例如：熔點和沸點)。

一般來說，分子間作用力比分子內作用力弱得多，液體蒸發所需要的能量遠比破壞該液體分子內鍵結所需要的能量來得少。例如，要蒸發 1 莫耳的沸水需要約 41 千焦耳的能量；但要打斷 1 莫耳水分子中的兩個氫—氧鍵卻需要高達 930 千焦耳的能量。物質的沸點通常反映了分子間作用力的強度，當達到沸點時，還需要提供足夠的能量讓分子克服彼此之間的吸引力，才能夠使其進入氣相，如果要將 A 物質分子彼此分開所需要的能量比 B 物質高，那麼 A 物質的沸點就會比 B 物質高。相同定律也可以應用於物質的熔點上。一般來說，當分子間作用力增加的時候，物質的熔點也會跟著上升。

為了要討論凝體的性質，我們必須了解各種不同的分子間作用力。偶極—偶極、偶極—誘導偶極及分散力共同構成化學家平時所指的**凡得**

表 11.1 氣體、液體和固體的特質

物質的狀態	體積 / 形狀	密度	可壓縮性	分子運動
氣體	和容器的容積與形狀一致	低	非常好	非常自由
液體	有固定的體積，但是形狀與容器一致	高	僅有些許可壓縮性	分子間可自由交錯移動
固體	有固定的形狀和體積	高	看起來不可壓縮	在有限的範圍內往復振盪

瓦力 (van der Waals forces)，其命名取自於荷蘭物理學家凡得瓦 (見 5.8 節)，而離子和極性粒子間則是藉由稱作*離子—偶極力*的靜電力相互吸引，它並非凡得瓦力；此外，氫鍵則是一種特別強大的偶極—偶極力，由於只有少數種類的元素參與氫鍵的形成，因此它被獨立成另一個類別。我們會在後面章節看到根據物質的相不同、化學鍵本質，還有元素種類不同等因素的交互作用，共同造就了分子之間的彼此吸引。

偶極—偶極力

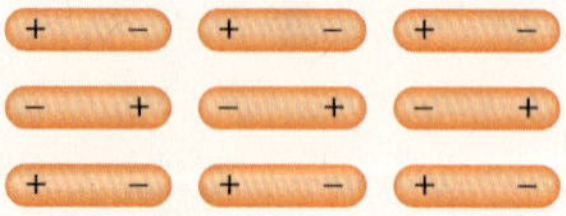

圖 11.1 有永久偶極矩的固態分子傾向以極性相反的方式規則排列，以將分子相互吸引的作用力最大化。

偶極—偶極力 (dipole-dipole forces) 是極性分子之間，也就是在具備偶極矩的分子間之吸引力 (見 10.2 節)。它們的原理為靜電吸引力，因此可以藉由庫侖定律來了解，當偶極矩愈大，力就愈大。圖 11.1 顯示固態極性分子在空間中的方向性，而液態極性分子雖不像它們處於固態時一樣排列緊實，但也傾向於規則排列，使得相互吸引的平均作用力最大化。

離子—偶極力

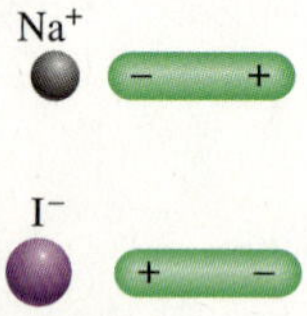

圖 11.2 兩種離子—偶極間的交互作用。

庫侖定律也解釋了將離子 (無論是陰離子或陽離子) 和極性分子吸引在一起的**離子—偶極力** (ion-dipole forces) (圖 11.2)，這種力的強度取決於電荷高低、離子的尺寸、偶極矩強弱及極性分子本身的大小等因素，陽離子的電荷密度通常比較高，那是因為它往往比陰離子小，所以若電荷強度一樣時，陽離子會和偶極分子間產生較強的作用力。

在 4.1 節討論過的水合就是一個離子—偶極交互作用的例子，水合熱 (見第 251 頁) 的產生即是離子化合物中的陰、陽離子與水產生有效作用所導致，圖 11.3 分別顯示鈉離子、鎂離子與水分子之間的離子—偶極交互作用，其中鎂離子和水產生較大的偶極矩 (1.87 D)，因為鎂離子不但具有較高的電荷，它的離子半徑 (78 pm) 也比鈉離子 (98 pm) 來得小，所以能夠和水分子產生較強的交互作用。但事實上，水中的每個離子或多或少都會被數量不等的水分子所包圍，鈉離子與鎂離子的水合熱分別為 –405 kJ/mol 與 –1926 kJ/mol。[1] 而電荷或尺寸大小不同的陰離子間也存在著類似的差異。

分散力

在非極性物質中，是什麼樣的相互作用導致分子被彼此吸引呢？想

1 個別離子的水合熱無法直接測量，只能合理地估算而已。

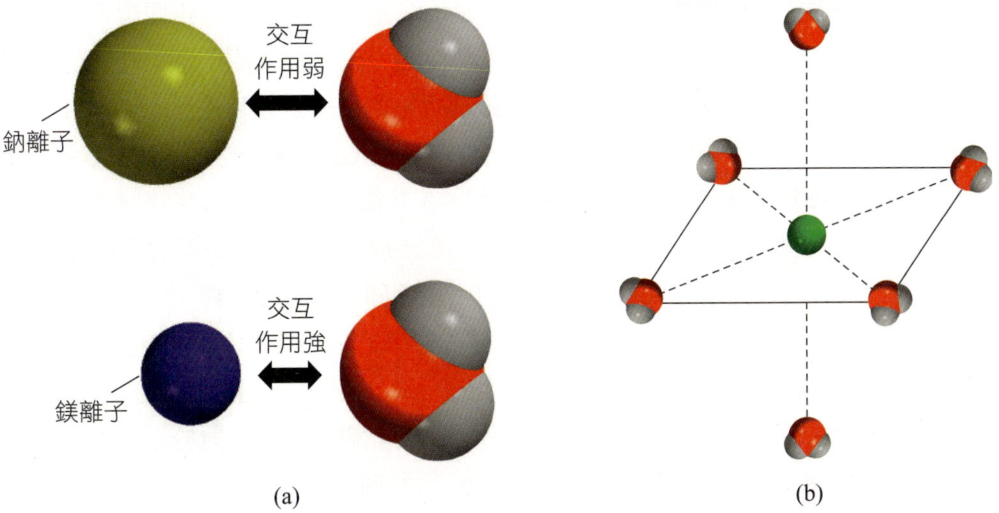

圖 11.3 (a) 水分子和鈉、鎂離子間的交互作用；(b) 在水溶液中，金屬離子通常被 6 個水分子圍繞形成八面體的排列方式。

要知道這個問題的答案，需要考慮的事情如圖 11.4 所示，如果我們將 1 個離子 (或極性分子) 放在 1 個原子 (或非極性分子) 附近，那麼該原子 (或非極性分子) 原先的電子分布情形將會因為與離子 (或極性分子) 的作用力而導致扭曲，造成一種偶極。這個在原子 (或非極性分子) 身上產生的偶極稱為**誘導偶極** (induced dipole)，因為在該原子 (或非極性分子) 上的正電端與負電端分離是源自於離子 (或極性分子) 的接近，在離子和被誘導的偶極粒子間之吸引作用稱為離子—誘導偶極交互作用，而在極性分子和被誘導的偶極粒子間之吸引作用則稱為偶極—誘導偶極交互作用。

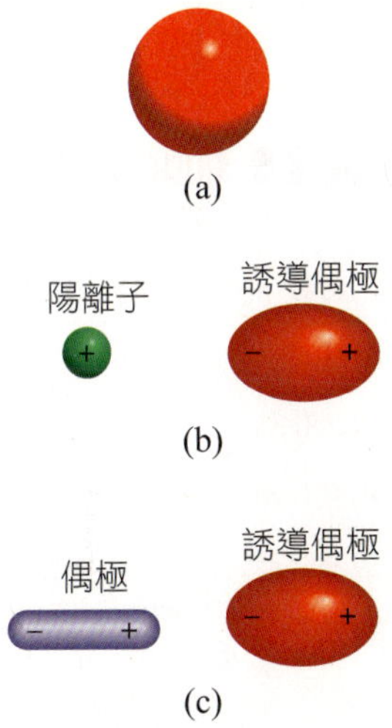

圖 11.4 (a) 氦原子的球狀電荷分布；(b) 靠近陽離子時所造成的電子雲分布扭曲；(c) 靠近偶極粒子時所造成的電子雲分布扭曲。

偶極矩被誘發的程度不僅決定於離子的電荷大小或偶極的強度，還有該原子或分子本身的可極化性——也就是在它周圍的電子分布是否容易受到扭曲。一般來說，當原子 (或分子) 本身具有愈多的電子或電子雲分布範圍愈廣時，它的可極化性就愈高。這裡的電子雲著重在分布於限定範圍之外的電子，此時它們並非緊實地被原子核所束縛。

可極化性使得只由單一原子或非極性分子所組成的氣體 (例如：氦和氮) 得以被凝聚。在氦原子內部，電子會持續地在離原子核特定的範圍內移動，因此它在任何時間點上都有可能因為電子的分布不均導致偶極矩的產生，這樣的偶極矩稱為瞬間偶極矩。瞬間偶極矩僅僅持續極短的時間，遠不足以用秒來計，但電子到了下個瞬間又會出現在另外一處，產生新的瞬間偶極矩，週而復始，若以長時間 (超過每次生成 1

個瞬間偶極矩所需的時間) 進行平均測量，所有的瞬間偶極矩會彼此抵銷，導致整個原子的淨偶極矩為零。但當有一群氦原子聚集時，任何原子的瞬間偶極矩都足以誘導出最靠近它的原子之暫時性偶極 (圖 11.5)，這種交互作用會造成**分散力** (dispersion forces) ——*一種由原子或分子身上的暫時性偶極所造成之吸引力*。在非常低的溫度下 (此時原子的運動速率也很慢)，分散力的強度足以讓氦原子聚集，於是導致氣體凝聚，而非極性分子之間的吸引作用也可以用同樣的道理解釋。

倫敦[2] 在西元 1930 年以量子力學的角度來解釋暫時性偶極的概念。他認為吸引作用的強度和原子 (或分子) 的可極化性成直接的正比關係，如同我們所預期地，分散力有可能會相當弱，對於沸點僅僅只有 4.2 K (或攝氏零下 269 度) 的氦原子而言便是如此。(請注意：氦僅僅只有兩個電子，它們緊實地被束縛在 1*s* 軌域內，所以氦原子的可極化性很低。)

分散力也被稱為所謂的倫敦力 (London forces)，它通常會隨著原子之莫耳質量的上升而變強，因為當原子的莫耳質量較大時也傾向於具有較多的電子，而分散力的強度會隨著電子數目的上升而增加，也可以說莫耳質量較大的原子通常半徑也較大，所以分布在外層軌域上的電子雲會因為來自原子核的束縛較弱，而比較容易受到干擾。表 11.2 做了一些類似物質的熔點比較，它們都是由非極性分子所組成的，一如預期地，熔點會隨著分子中電子的總數增加而跟著上升，因為它們全都是非極性分子，所以唯一的分子間吸引力即是分散力。

很多時候分散力的大小足堪與極性分子間的偶極—偶極力相比，甚至有過之而無不及，為了清楚地說明，讓我們來比較一下氟甲烷 (攝氏零下 78.4 度) 和四氯化碳 (攝氏 76.5 度) 的沸點，雖然氟甲烷的偶極矩

表 11.2 類似的非極性物質之熔點

化合物	熔點 (°C)
甲烷	–182.5
四氟化碳	–150.0
四氯化碳	–23.0
四溴化碳	90.0
四碘化碳	171.0

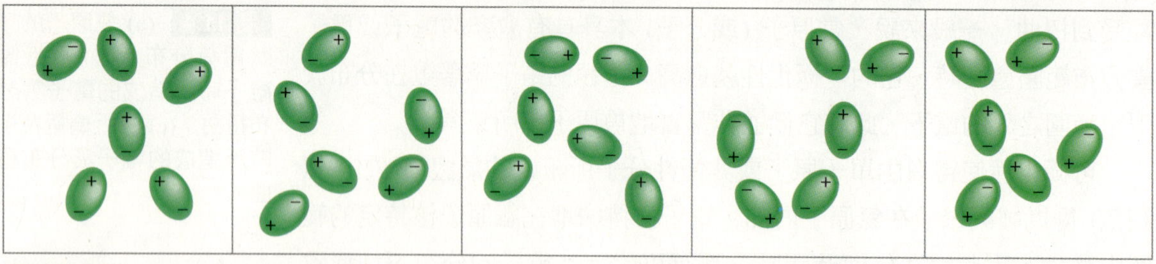

圖 11.5 誘導偶極粒子間的交互作用，這樣的特徵只在瞬間存在，在下一個瞬間新的組合又重新呈現。這種交互作用導致非極性氣體的凝聚。

2 弗里茨・倫敦 (Fritz London, 1900~1954)，德國物理學家。倫敦是個專攻液態氦超導電性的理論物理學家。

有 1.8 D，但它沸騰的溫度卻遠低於後者 (非極性物質) 的沸點，四氯化碳的沸騰溫度之所以會比較高，單純只是因為它的電子數目也比較多，因此四氯化碳分子間的分散力比氟甲烷分子間的分散力加偶極—偶極力的總和還大。(記得所有的原子或分子間都具有分散力，無關它們是電中性或是帶有電荷，也無關它們是極性或是非極性。)

例題 11.1 告訴我們如果知道物質的種類之後，就可以馬上判斷它們之間存在著哪些分子間作用力。

例題 11.1

有哪幾種分子間作用力存在於下列的成對物質之間？(a) 溴化氫 (HBr) 和硫化氫 (H_2S)；(b) 氯 (Cl_2) 和四溴化碳 (CBr_4)；(c) 碘 (I_2) 和硝酸根離子 (NO_3^-)；(d) 氨 (NH_3) 和苯 (C_6H_6)。

策 略

將這些物質分為三類：離子、極性與非極性分子，記得分散力依舊存在於**所有**物質間。

解 答

(a) 溴化氫和硫化氫都是極性分子，

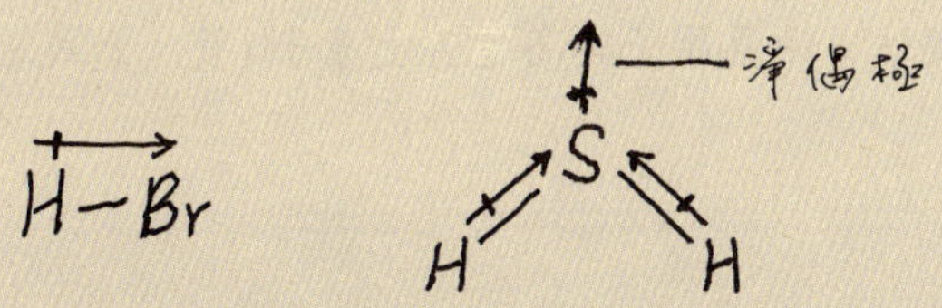

所以分子間作用力有偶極—偶極力及分散力。

(b) 氯和四溴化碳都是非極性分子，因此它們之間只有分散力存在。

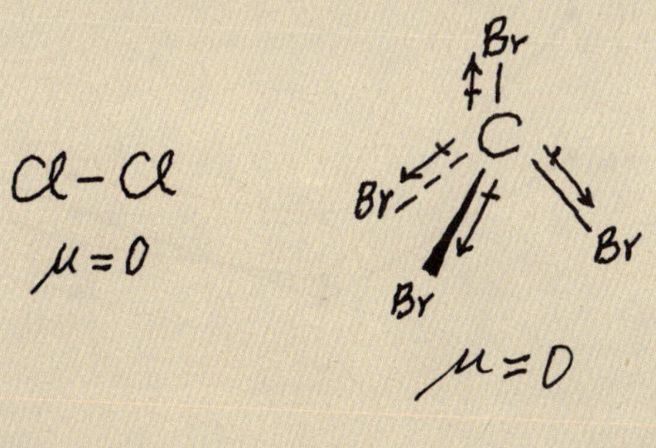

(c) 碘分子是同核雙原子分子，因此是非極性分子，和硝酸根離子之間為離子—誘導偶極力及分散力。

(d) 氨是極性分子，但苯是非極性分子，因此它們之間包含偶極—誘

導偶極力及分散力。

練習題

寫出存在於下列物質分子 (或是基本單位) 間的分子間作用力種類：(a) 氟化鋰 (LiF)；(b) 甲烷 (CH_4)；(c) 二氧化硫 (SO_2)。

氫 鍵

位於週期表中同一族的元素有機會生成一系列類似的化合物，它們的沸點會隨著分子之莫耳質量的增加而提高，此沸點升高主要是由於分子中存在著較多電子，導致了分散力的增強。如圖 11.6 所示，4A 族和氫的化合物就遵循著這樣的趨勢。在四者中最輕的化合物甲烷的沸點最低，而最重的化合物四氫化錫則有最高的沸點；然而，5A 族、6A 及 7A 族的氫化物就沒有遵循這樣的趨勢，在各個系列中，最輕的化合物 (氨、水及氟化氫) 都有最高的沸點，和我們原本以莫耳質量為原則所做的預測相違背，這樣的觀察結果必定意味著在氨、水及氟化氫分子間，具有比其他同族化合物更強的分子間吸引力。事實上，這種獨特且強大的分子間作用力被稱為**氫鍵** (hydrogen bond)，它是一種特殊的偶極—偶極交互作用，發生在像是 N—H、O—H 或 F—H 鍵等極性鍵結中的氫原子與高電負度原子 (氧、氮或氟原子) 之間，

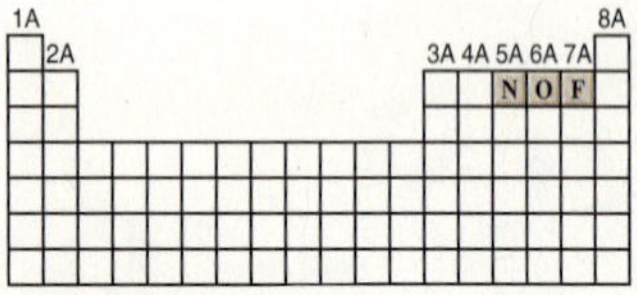

3 種電負度最高的元素可參與氫鍵的形成。

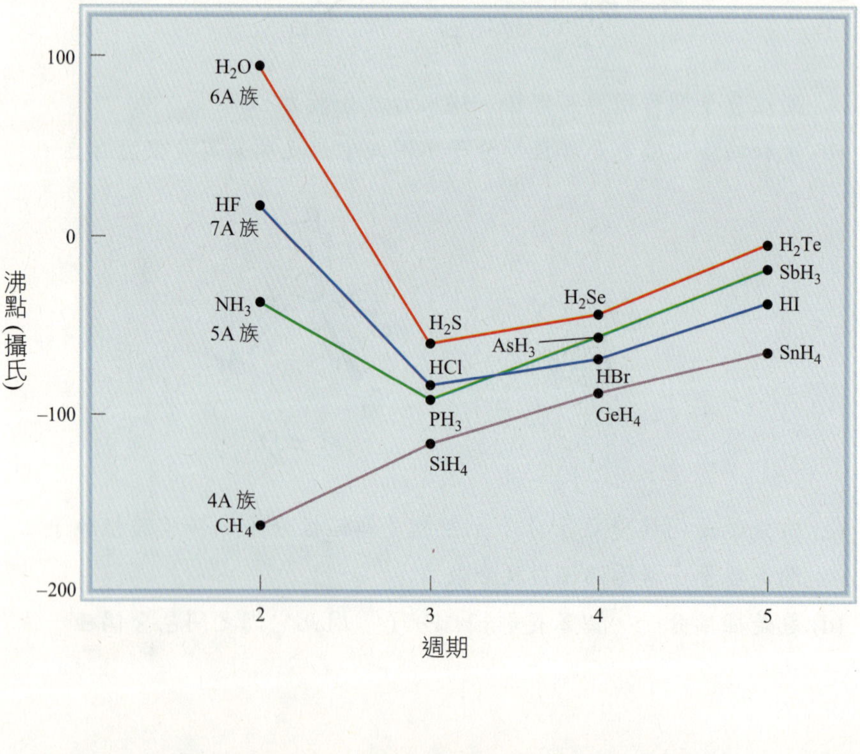

圖 11.6 4A、5A、6A 及 7A 族氫化物的沸點。雖然我們一般認為位於同族之氫化物的沸點會隨著中心原子之原子序的增加而上升，但有三種化合物 (氨、水及氟化氫) 顯然並不符合預期，這種情況可以用分子間的氫鍵來解釋。

這樣的交互作用通常如此表示：

A—H···:B　或　A—H···:A

其中 A 和 B 可以是氧、氮或氟，A—H 表示 1 個分子或是分子的一部分，B 表示另一個分子的一部分，而點虛線則代表氫鍵。這三個原子通常被寫成一直線，但事實上 AHB (或 AHA) 的夾角約為 30 度。請注意：氧、氮及氟都至少要提供一對未鍵結電子對，才能夠和氫產生氫鍵。

氫鍵的平均強度 (最高可達約 40 kJ/mol) 以偶極—偶極交互作用來說算是相當強，因此它對許多化合物的結構與特質有顯著的影響。圖 11.7 所呈現的是幾個具有氫鍵的例子。

氫鍵的強度是以高電負度元素上的未鍵結電子對與氫原子核間所產生之庫侖交互作用來進行測定。例如：氟比氧有更高的電負度，因此我們會預期存在於液態氟化氫中的氫鍵會比液態水強，液態的氟化氫分子會形成 Z 字形的鏈狀結構：

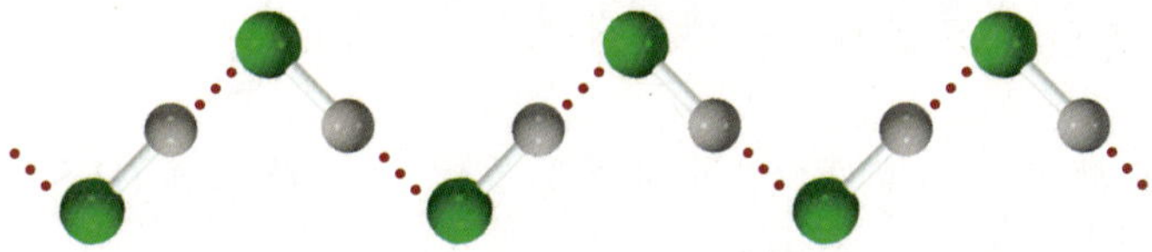

但氟化氫的沸點相較之下卻比水低，這是因為每個水分子參與了 4 個分子間氫鍵的形成，因此以總和而言，水將分子間束縛在一起的力比氟化氫來得大，我們將在 11.3 節再回過頭來討論這個對水而言非常重要的性質。例題 11.2 會先說明哪幾種物質可以和水分子形成氫鍵。

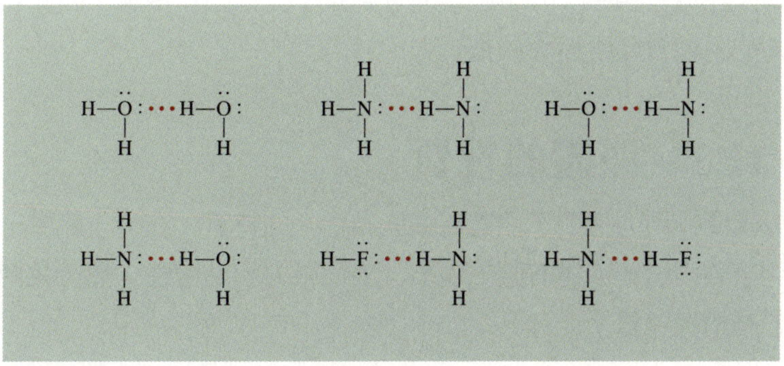

圖 11.7 在水、氨及氟化氫之間形成的氫鍵。實線表示共價鍵，點虛線則代表氫鍵。

例題 11.2

下列哪些物質可以和水產生氫鍵？乙醚 (CH_3OCH_3)、甲烷 (CH_4)、氟離子 (F^-)、甲酸 (HCOOH) 及鈉離子 (Na^+)。

策 略

若一物質含有 3 種高電負度的元素 (氧、氮或氟) 之一，那麼此物質就可以和水形成氫鍵。

解 答

在甲烷和鈉離子上並沒有任何高電負度的元素 (氧、氮或氟)，所以只有乙醚、氟離子及甲酸可以和水形成氫鍵。

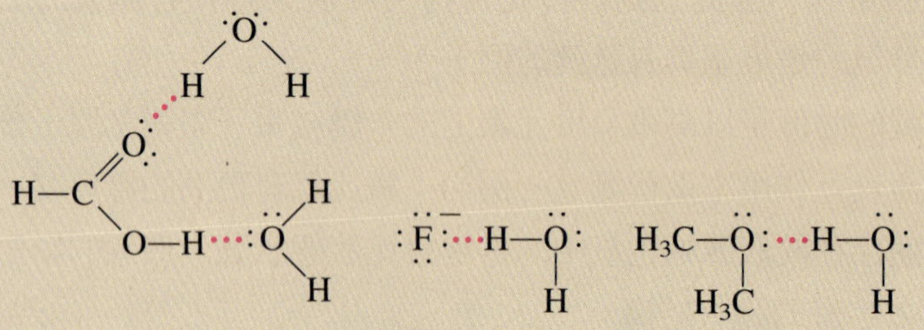

檢 查

請注意：甲酸能夠以兩種不同的方式和水形成氫鍵。

練習題

下列哪些純物質可以產生分子間氫鍵？(a) 硫化氫 (H_2S)；(b) 苯 (C_6H_6)；(c) 甲醇 (CH_3OH)。

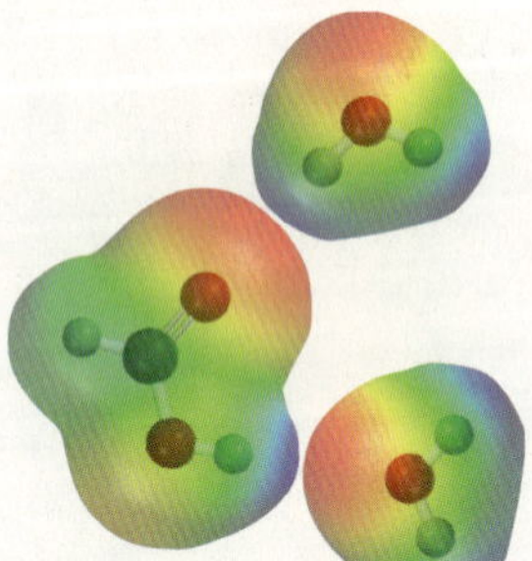

甲酸可以和水形成兩個氫鍵。

類題：11.3。

到目前為止，我們討論的分子間作用力在本質上都是吸引力。但記住，分子間也會有相互排斥的力量。因此，當兩個分子互相靠近時，就需要開始考慮電子之間的排斥力與原子核之間的排斥力。凝態物質的排斥力強度在分子互相靠近時會急劇地上升。這就是液體和固體難以壓縮的原因。在這些相中，分子已經靠近到幾乎足以相互接觸，因此它們對於額外的壓縮會產生極大的抵抗力。

11.3 液體的性質

分子間作用力造成了液體在某些結構上的特質。在這一節中，我們會看到下列兩種與液體有關的現象：表面張力和黏滯性，然後我們會討論水的結構與特質。

表面張力

液態分子會被許多分子間作用力往四面八方拉扯，對它們而言並不會有往哪個特定方向移動的趨勢。然而，對於位在表面的分子而言，它們會被其他分子往內側的方向拉扯，而非遠離表面的外側 (圖 11.8)，於是這些分子間的吸引力傾向於將分子往液體的內部拉，導致表面像有彈性的薄膜一樣被拉緊；由於具極性的水分子和非極性的汽車蠟分子間沒什麼吸引力，所以在打過蠟的車體表面，水滴會保持圓珠狀，因為對於液體而言，球狀能夠使表面積處於最小的狀態，濕蘋果的塗蠟果皮上也會有這種效果 (圖 11.9)。

液體表面的彈力大小即是表面張力。**表面張力** (surface tension) 的定義是*增加或延展每單位面積* (例如，平方公分) *的液面所需之能量大小*。有較強分子間作用力的液體也會有較高的表面張力。因此，由於氫鍵的關係，水的表面張力會明顯地比起其他大部分的液體要高。

另一個表面張力的例子是*毛細作用* (capillary action)。圖 11.10(a) 呈現了水會自發性地在毛細管中上升的現象。當一層薄薄的水攀附在玻璃管壁上時，水的表面張力會使這層水膜內縮，因此得以把水往上拉，有兩種力造就了毛細現象，其一是**凝聚力** (cohesion)，即為*相似分子間的吸引力* (在這個例子裡為水分子與水分子)，另一則是**黏著力** (adhesion)，為*不相似分子間的吸引力*，例如：水分子和玻璃管壁。如果黏著力比凝聚力還強，就會像圖 11.10(a) 一樣，管內物質會被往上拉。這個過程會持續到黏著力和管內的水之重量達到平衡為止。這個現象在液體中絕非如此普遍，如圖 11.10(b) 所示，在水銀的例子中，凝聚

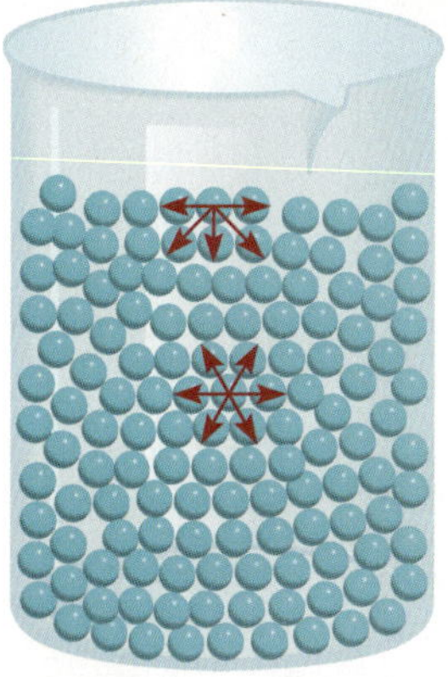

圖 11.8 作用於液體表層與內部分子的分子間作用力。

表面張力使水黽得以在水面上「行走」。

圖 11.9 在有蠟質表皮的蘋果上之水珠。

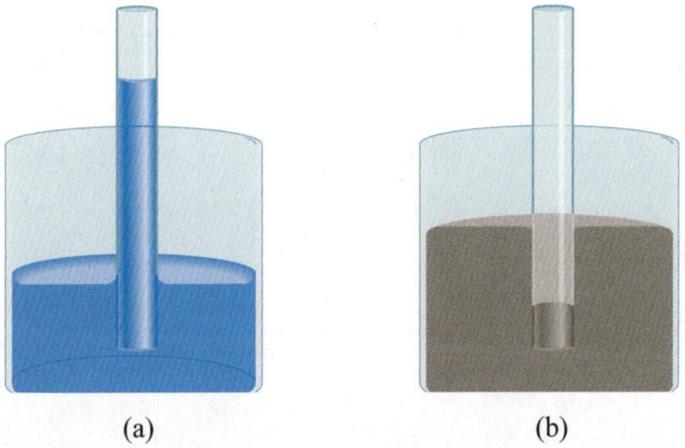

圖 11.10 (a) 當黏著力強過凝聚力時，液體 (例如：水) 會在毛細管內上升；(b) 當凝聚力強於黏著力時 (例如：水銀)，會導致毛細管內的液面下降。請注意：在管內水面是向下凹面，而管內水銀面則是向上凸面。

力比水銀和玻璃之間的黏著力還要強，因此當一支毛細管插到水銀內時會發現水銀面的沉陷或降低——也就是說，在毛細管內的水銀面高度會低於毛細管外的水銀面高度。

黏滯性

黏滯性 (viscosity) 是在衡量流體對流動的抵抗能力，黏滯性愈大的液體就會流動得愈慢。液體的黏滯性通常會隨著溫度的增加而降低；因此，熱糖漿的流動速度會比冷糖漿快得多。

比起分子間作用力較弱的液體，具有較強分子間作用力的液體黏滯性會比較高 (表 11.3)。例如：水可以形成氫鍵，因此黏滯性比起其他許多液體都來得高。有趣的是，甘油的黏滯性比起表 11.3 所列出的其他液體都還要明顯地高，甘油的結構如下：

$$\begin{array}{l} CH_2—OH \\ | \\ CH—OH \\ | \\ CH_2—OH \end{array}$$

甘油是可用來製作炸藥、墨水和潤滑劑的無色無味漿狀液體。

如果水沒有形成氫鍵的能力，那麼在室溫下它會處於氣體狀態。

它和水一樣也可以形成氫鍵，每個甘油分子各有 3 個可與其他甘油分子形成氫鍵的—OH 基團，除此之外，因為形狀的關係，這些分子極度傾向於糾結在一起，而不是像黏滯性較低的液體一樣容易滑動。

水的結構與特質

水在地球上是如此常見的物質，以致於我們常常忽視了它的獨特

表 11.3 一些常見液體在攝氏 20 度時的黏滯性大小

液體	黏滯性 ($N\ s/m^2$)*
丙酮 (C_3H_6O)	3.16×10^{-4}
苯 (C_6H_6)	6.25×10^{-4}
血	4×10^{-3}
四氯化碳 (CCl_4)	9.69×10^{-4}
二乙醚 ($C_2H_5OC_2H_5$)	2.33×10^{-4}
乙醇 (C_2H_5OH)	1.20×10^{-3}
甘油 ($C_3H_8O_3$)	1.49
汞 (Hg)	1.55×10^{-3}
水 (H_2O)	1.01×10^{-3}

*黏滯性的公制單位為 $N\ s/m^2$。

性，水參與了所有的生命歷程，對於許多離子化合物，還有其他能和水形成氫鍵的物質而言，它是極好的溶劑。

如同表 6.2 所示，水的比熱很高，其主要原因是由於如果要提高水的溫度 (也就是說，提高水分子的平均動能)，我們首先必須破壞許多的分子間氫鍵，因此水即使吸收了大量的熱，溫度也只會微幅上升，也因為這個原因，大量海洋與湖泊中的水可以在夏天吸熱、冬天放熱，有效地調節沿海地區氣候，而在這樣的過程中，水本身的溫度也只會有極為微小的改變。

水最驚人的特質是它的固態密度比液態密度還低：冰會漂浮在液態水上，但其他物質在固態時的密度幾乎都高於液態 (圖 11.11)。

要了解為什麼水會如此不同，我們須先檢視水分子的電子結構。如同在第九章所看到的，在氧原子上有兩對沒有鍵結的未鍵結電子對：

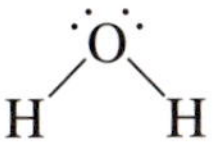

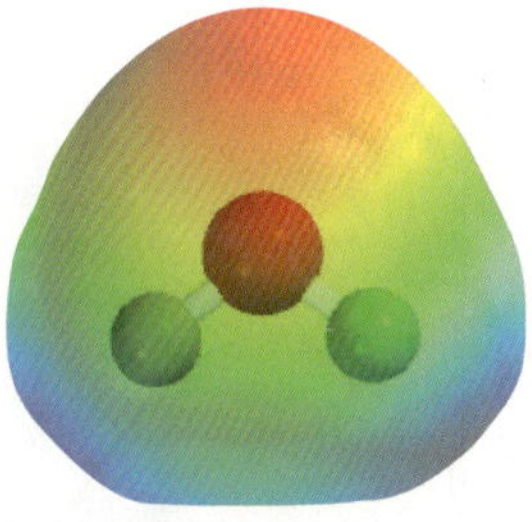

水的靜電位圖。

雖然許多化合物都可以形成分子間氫鍵，但水和其他極性分子 (像是氨和氟化氫) 不同，因為每個氧原子都可以形成 2 個氫鍵，就和氧原子上的未鍵結電子對數目相同。因此在三度空間中，每個水分子都得以用氧原子和 4 個氫原子進行四面體形的鍵結，其中共價鍵與氫鍵各有 2 個，造成堆疊並延伸形成網狀結構，這種特質是氨、氟化氫或其他能生成氫鍵之物質所沒有的，因此它們可以形成環狀或長鏈分子，但卻不會有三維結構。

冰極為有序的三維結構原本可防止分子過於靠近 (圖 11.12)，但要考慮冰塊融化時會發生的事：在熔點溫度時，有些水分子會具有足夠的動能破壞分子間氫鍵，這些分子會陷落至整個三維結構的空隙中，使

圖 11.11 左：冰塊漂浮在水面上；右：固態苯沉入液態苯中。

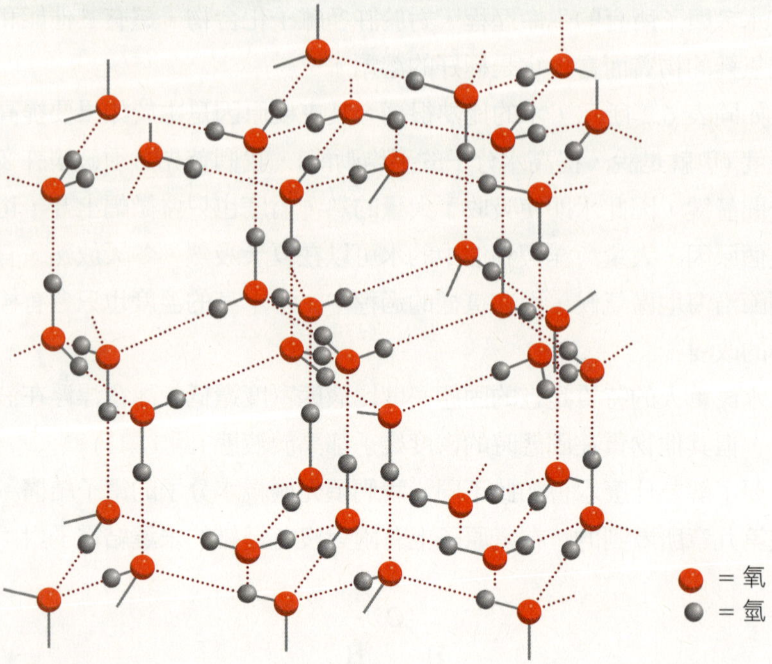

圖 11.12 水的三維結構。每個氧原子連結了四個氫原子，共價鍵以短實線表示，而較弱的氫鍵則以氫、氧之間較長的點虛線表示，結構中的空隙會使得冰具有較低密度。

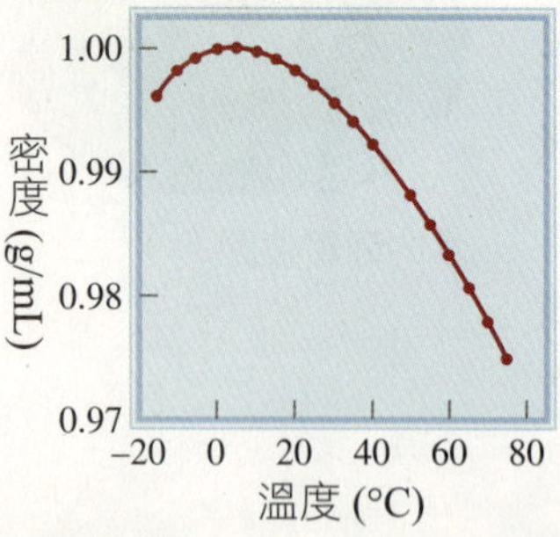

圖 11.13 液態水的溫度—密度圖。水的密度在 4°C 時達到最大值，冰在 0°C 時的密度大約是 0.92 g/cm^3。

得結構被破壞成較小的碎塊，因此相較於每單位體積內的冰，液態水會有更多的分子，又因為密度等於質量除以體積，所以水的密度就變得比冰還要大，若我們進一步加熱，會有更多水分子從分子間氫鍵的束縛中被釋放，因此在略高於熔點的溫度時，水的密度會隨著溫度的上升而增加；當然，在同一時間，水也會隨著溫度的上升而膨脹，導致密度下降，這兩種「無束縛之水分子向空隙陷落」與「熱膨脹」的過程會造成相反的影響，在攝氏 0 到 4 度之間，前者較占優勢而使水的密度上升，然而在攝氏 4 度以上時，熱膨脹將占主導地位，因此水的密度會隨著溫度的上升而下降 (圖 11.13)。

11.4 晶體結構

固體可以分為兩大類：有晶形的 (crystalline) 和非晶形的 (amorphous)。冰是一種**晶形固體** (crystalline solid)，它具有剛硬且排列非常整齊的結構，所有原子、分子或離子都處在特定的位置上，也由於它們在晶形固體中的排列方式，使得彼此間的淨分子間吸引力得以達到最大值，可以讓晶體穩定的作用力有離子吸引力、共價鍵、凡得瓦力、氫鍵或是這幾種力加成；但在*非晶形固體* (像是玻璃) 中，分子就會缺乏明確且整齊的排列方式，我們會在 11.7 節再做討論。在這裡，我們

CHEMISTRY in Action

生活中的化學

為什麼湖面會從表面開始結冰？

冰的溫度比水低這件事對生態圈有著重大意義。例如，考慮湖水在寒冷氣候下的氣溫變化。當湖面附近的水溫度下降時，密度會隨之上升，然後這些較冷的水會沉降至湖底，而較溫暖的湖水則會因為密度較低而往上流動，這樣的對流會持續至整體水溫達到攝氏 4 度為止，在這個溫度以下，水的密度會開始隨著溫度的降低而下降 (見圖 11.13)，因此就不會再往下沉，但若是再繼續冷卻下去，水就會從表面處開始結冰，因為冰的密度比液態的水低，所以這些生成的冰層不會下沉，甚至表面的冰層本身還可以作為在冰面下的水之絕熱層，要是冰比水還重，那麼冰就會沉入水底，並且自水底開始向上結冰。大部分在水中生活的有機體都無法在這種結凍的情況下生存，幸好湖水並不會自底部開始向上結冰。

在冰上釣魚。湖面上的結冰層可以隔離下方的水，並維持水中生物生存時所需的溫度。

將專注於晶形固體的結構上。

單位晶格 (unit cell) 是晶形固體最基本的重複單元。圖 11.14 畫出單位晶格及其在三度空間中的延伸情形，每個球都代表 1 個原子、離子或是分子，並且被稱為**格點**。在許多晶體中，格點所包含的並非只是 1 個完整粒子；反之，對每個格點來說，它可能代表著相同數目之原子、離子或是分子組合。然而，為了簡化問題，我們可以先假定每個格點代表 1 個原子，這種情況會與大部分的金屬相符，每個晶形固體都可以用圖 11.15 中的 7 種單位晶格之一來表示，立方單位晶格的幾何結構最為簡單，因為所有的邊和角全部相同，當任何單位晶格在三度空間中彼此

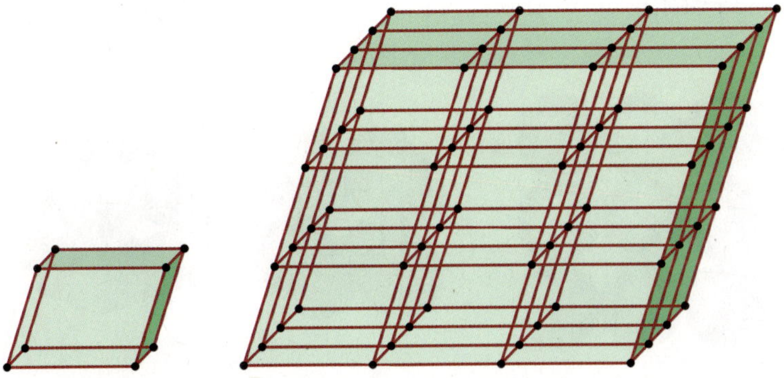

圖 11.14 (a) 單位晶格；以及 (b) 它在三度空間中的延伸結果。黑球代表原子或是分子。

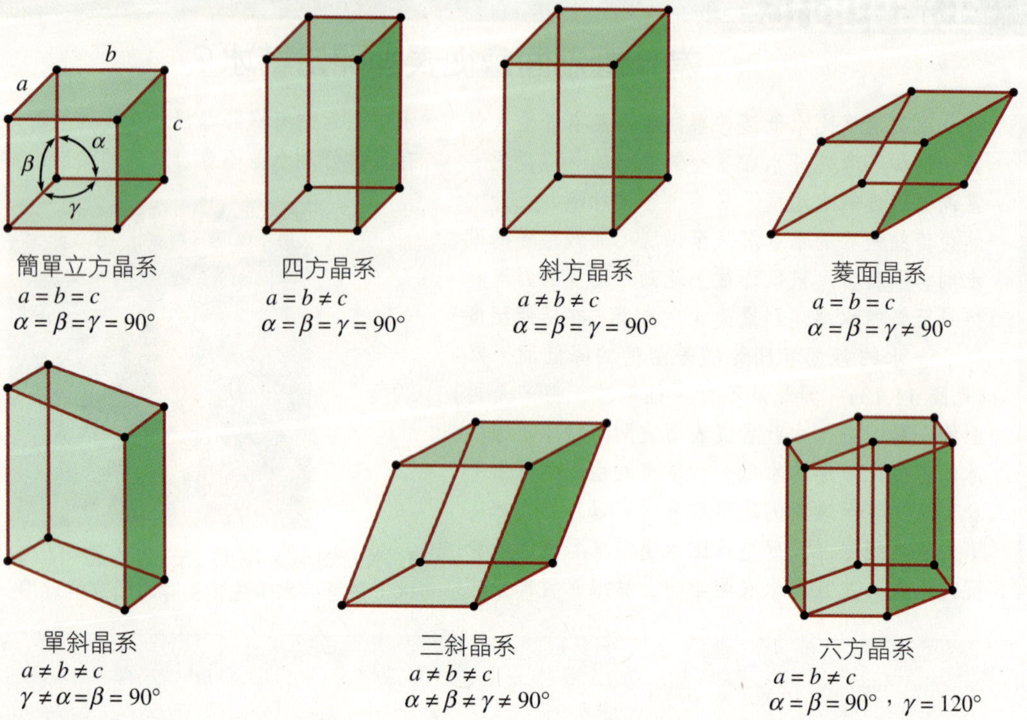

圖 11.15 7 種單位晶格的類型。角 α 為 b 邊和 c 邊上的夾角，角 β 為 a 邊和 c 邊上的夾角，角 γ 為 a 邊和 b 邊上的夾角。

重複相接時，就得以形成具有該晶格結構特徵的晶形固體。

球體堆積

關於各種晶體在三度空間中的結構，我們可以藉由辨別相同球體 (例如：乒乓球) 的堆積方式來理解，而球體在每一層中的排列方式也會決定其單位晶格的種類。

在最簡單的情況下，單層球體可以如圖 11.16(a) 所示般的排列，然後接著將完全相同的球層放置於它的上、下兩邊，形成三維結構，如此

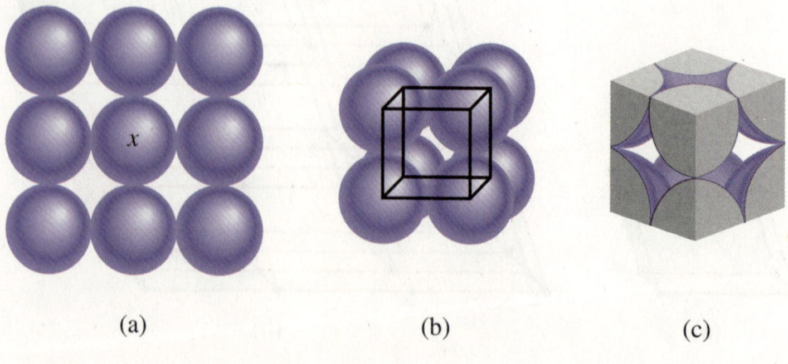

圖 11.16 由同樣球體排列成的簡單立方晶格。(a) 單層球體的俯視圖；(b) 簡單立方晶格的定義；(c) 因為每個球體都分割給 8 個晶格，而每個晶格又有 8 個角，所以每個簡單立方晶格中等同於恰好有 1 個完整的球體。

一來，每個球都會落在另一個球的正上方，這樣的步驟可以一直延伸至形成許多層，就像晶體形成的過程一樣，若我們注意那個標有“*x*”的球，會發現它在同一層和其他 4 個球體接觸，正上方和正下方則各再有 1 顆，因為每個以這種方式排列的球體有 6 個最直接的鄰居，所以它的配位數為 6，**配位數** (coordination number) 被定義為在晶格中每個原子 (或離子) 周圍所環繞的原子 (或離子) 數量。它用數字告訴了我們這些球體堆積的緊密程度為何——當配位數愈高時，代表這些球體彼此間靠得愈近，當一堆球體就這樣構成基本而重複的單位時稱為簡單立方晶格 (simple cubic cell; scc)，見圖 11.16(b)。

其他的立方晶格還包括體心立方晶格 (body-centered cubic cell; bcc) 和面心立方晶格 (face-centered cubic cell; fcc) (圖 11.17)。體心立方晶格的排列方式和簡單立方晶格之不同處在於，第二層球是放到第一層的凹槽，然後第三層再放到第二層的凹槽 (圖 11.18)，在這個結構中的每個球體之配位數為 8 (每個球體和它上層的 4 個球，以及下層的 4 個球相

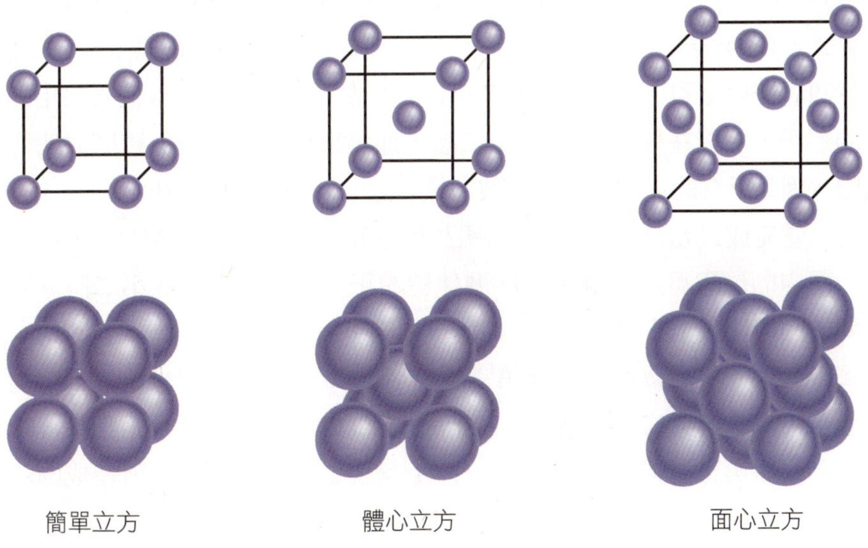

圖 11.17 3 種立方晶格。事實上，這些代表原子、分子或離子的球體在晶格中是相互鄰接的。

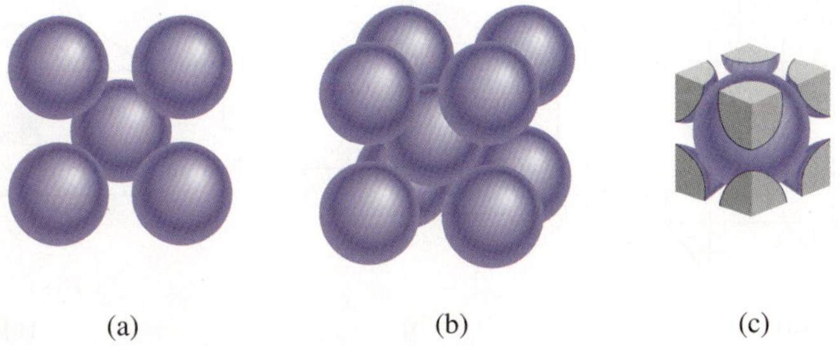

圖 11.18 相同球體於體心立方晶格中的排列。(a) 俯視；(b) 體心立方單位晶格的定義；(c) 在體心立方單位晶格中相當於包含 2 個完整的球體。

接觸)。而在面心立方晶格中，除了立方體 8 個角上的球之外，還有 6 個面的中心上也各有一個球。

因為晶形固體中的每個晶格都直接和其他晶格相接，所以大部分晶格中的原子也都同時被鄰近晶格所平分，例如：所有的立方晶系，它們每個角落上的球體就同時被 8 個晶格給平分 [圖 11.19(a)]，位於晶格邊上的原子也同時被 4 個晶格給平分 [圖 11.19(b)]，而位於晶格面中心的原子則同時被 2 個晶格平分 [圖 11.19(c)]。因為每個角落上的球體同時占據 8 個晶格的角，而一個立方體又有 8 個角。所以，在一個簡單立方晶格中相當於恰有 1 個完整的球體在晶格內部 (見圖 11.17)；體心立方晶格則相當於包含 2 個球體，其中 1 個在中心，另 1 個來自於 8 個角落的部分；面心立方晶格則包含 4 個完整球體——其中 3 個來自於 6 個面上的半球，另 1 個來自於 8 個角落的部分。

最密堆積

在簡單立方晶格和體心立方晶格中，未被占據的空間很明顯地比體心立方晶格還要高，**最密堆積** (closest packing) 是球體最有效率的堆積方式，它的堆疊方法是從如圖 11.20(a) 中標示的 A 層結構開始進行。注意四周被包圍的那個球體，我們可以看到它在同一層中有 6 個直接相鄰的鄰居，然後在稱為 B 層的第二層，球體堆積到第一層球體間的凹槽處，因此所有的球體都能處於彼此最靠近的狀態 [圖 11.20(b)]。

要完成最密堆積，在第二層上方的第三層有兩種堆積方式，在這一層中的球體可以堆疊到第一層球體的正上方，但卻是在第二層球體間的凹槽位置 [圖 11.20(c)]。如此一來因為第三層的排列方式就和第一層沒有差異，所以我們也稱第三層為 A 層；或者第三層也可以同時堆疊至第一層與第二層球體間的凹槽處 [圖 11.20(d)]，如果是這種情況，我們便將第三層稱為 C 層。圖 11.21 呈現這兩種排列方式所造成的結

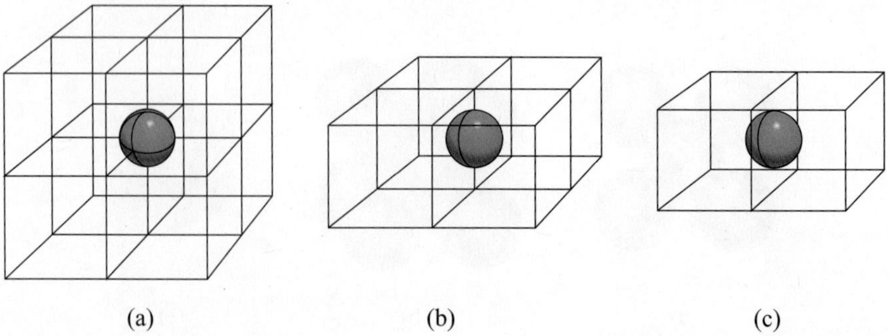

圖 11.19 (a) 在任一個晶格角落上的原子同時被 8 個晶格所平分；(b) 在任一個晶格邊線上的原子同時被 4 個晶格所平分；(c) 在任一個晶格面心上的原子同時被 2 個晶格所平分。

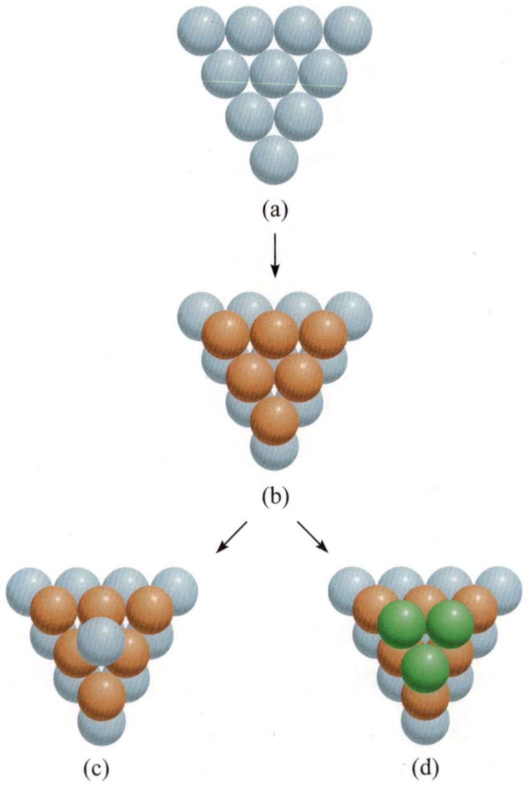

圖 11.20 (a) 在密集堆積的球層中，每個球體都和其他 6 個球體接觸；(b) 第二層的球體是堆疊在第一層的凹槽上；(c) 在六方晶系的密集堆積結構中，每個第三層中的球體均是堆疊在第一層球體的正上方；(d) 在立方密集堆積結構中，每個第三層中的球體則是同時堆疊在前兩層的凹槽上。

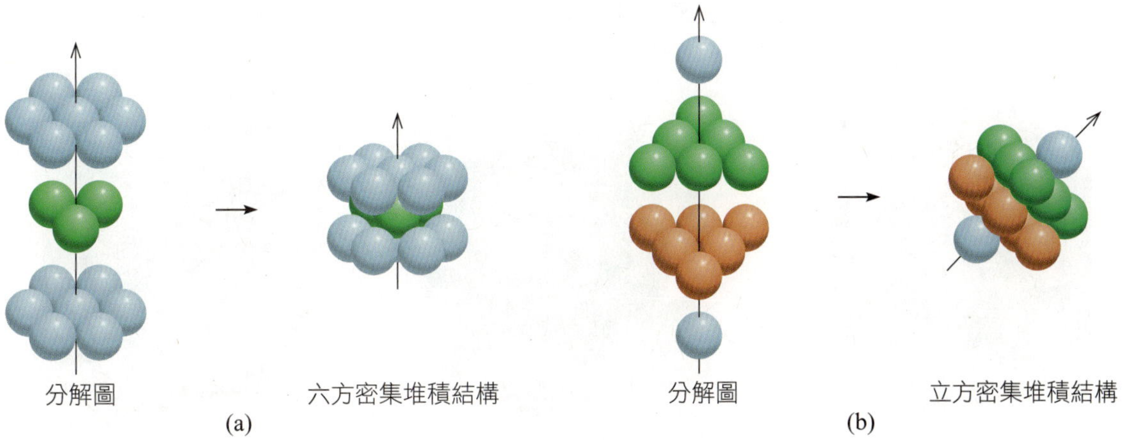

圖 11.21 (a) 六方密集堆積結構；與 (b) 立方密集堆積結構的分解圖。圖中標示的箭頭是用來使面心立方的晶格能夠更容易被看出來。請注意：這種排列方式和面心立方晶格是相同的。

構及其「分解圖」，以 ABA 方式排列的稱為**六方密集堆積 (hcp) 結構** (hexagonal close-packed structure)，而以 ABC 方式排列的則稱為**立方密集堆積 (ccp) 結構** (cubic close-packed structure)，也就是之前提過的面心

立方晶格。請注意：在六方密集堆積結構中，球體每隔一層就會在水平面上的相同位置再次堆積 (ABABAB. . .)；而在立方最密堆積結構中，球體得要在第四層才會在水平面上相同的位置再次堆積 (ABCABCA. . .)。在這兩種結構中，每個球體的配位數均為 12 (每個球體在同一層中和 6 個球體接觸，並且在其上層與下層各與 3 個球體接觸)。六方密集堆積和立方密集堆積的結構都呈現球體在單位晶格中所能進行的最有效堆疊方式，而且再也沒有其他方式可以使配位數增加到 12 以上了。

許多金屬和屬於單原子分子的惰性氣體會形成六方密集堆積和立方密集堆積之晶體，例如：鎂、鈦和鋅會進行六方密集堆積，而鋁、鎳與銀則是進行立方密集堆積後形成晶體，在所有固態的惰性氣體中，除了氦是進行六方密集堆積之外，其餘都是形成立方密集堆積的晶體，是否曾想過為什麼同一系列的過渡金屬或是惰性氣體會形成不同的晶體結構呢？會對於這種問題感到好奇是正常的，而答案就在於個別晶體結構之間的相對穩定性，這件事主要是由分子間作用力所決定，因此鎂金屬會形成立方密集堆積結構，是因為當鎂原子以這樣的方式排列時所形成之固體具有最佳穩定性。

圖 11.22 總結了原子半徑 (r) 與簡單立方晶格、體心立方晶格和面心立方晶格的邊長 (a) 間之關係。這樣的關係可以讓我們在知道晶體的密度時，用它來檢測球體的原子半徑，如例題 11.3 所示。

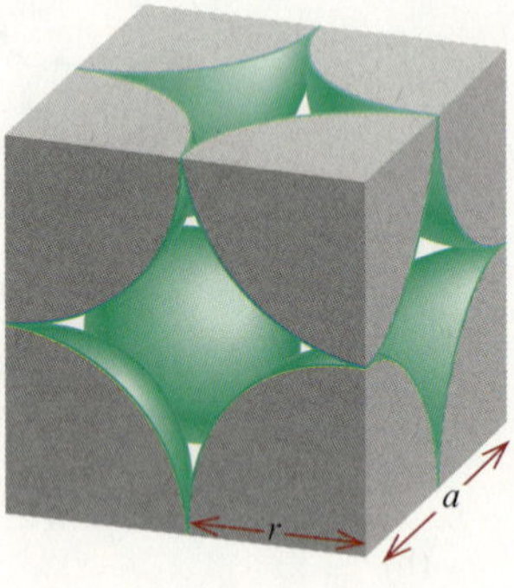

$a = 2r$

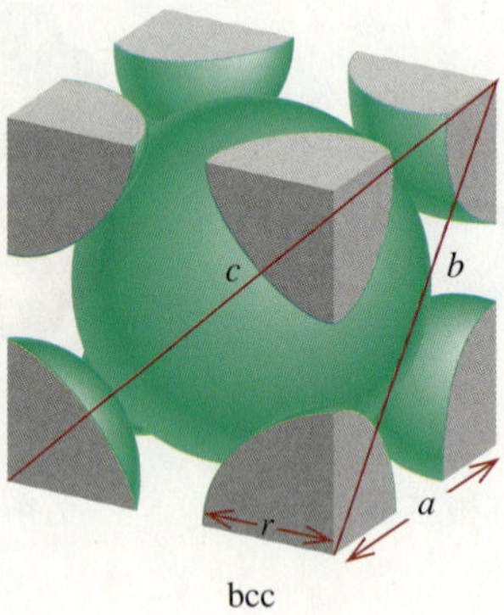

$$b^2 = a^2 + a^2$$
$$c^2 = a^2 + b^2 = 3a^2$$
$$c = \sqrt{3}a = 4r$$
$$a = \frac{4r}{\sqrt{3}}$$

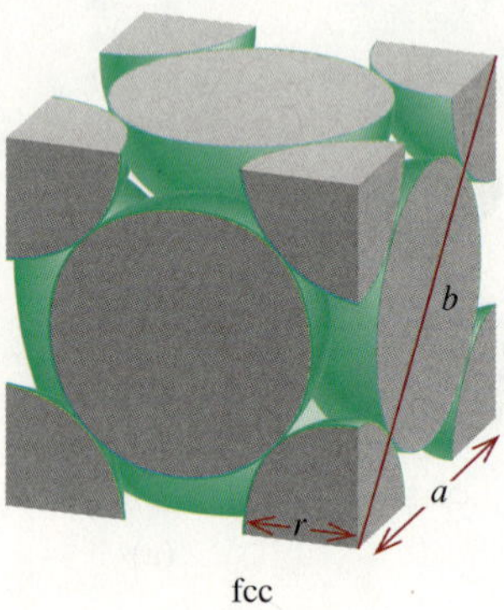

$$b = 4r$$
$$b^2 = a^2 + a^2$$
$$16r^2 = 2a^2$$
$$a = \sqrt{8}r$$

圖 11.22 原子半徑 (r) 與簡單立方晶格、體心立方晶格和面心立方晶格的邊長 (a) 間之關係。

例題 11.3

金 (Au) 會以立方最密堆積的方式 (面心立方晶格) 形成晶體，其密度為 19.3 g/cm^3，試計算金原子的球體半徑。(以 pm 為單位。)

策　略

題目中已經說明金的密度，而我們要計算的是金原子的半徑，若根據圖 11.22，面心立方單位晶格的半徑 (r) 與邊長 (a) 之關係為 $a = \sqrt{8}r$。因此，若想要知道金原子的 r 就需要先求出 a，我們知道立方體的體積 $V = a^3$ 或是 $a = \sqrt[3]{V}$，所以要是能夠知道晶格體積，我們就可以算出 a。

需要從題目找出（→ 質量）

$$密度 = \frac{質量}{體積}$$

已知（→ 密度）　題目要問的（→ 體積）

整個過程中的步驟摘要如下：

單位晶格的密度 ⟶ 單位晶格的體積 ⟶ 單位晶格的邊長 ⟶ 金原子的半徑

解　答

步驟 1： 我們知道密度，所以為了要確定體積，我們要先求得單位晶格的質量。由於每個單位晶格中有 8 個角和 6 個面，因此根據圖 11.19 所示，在這種晶格中的原子總數為

$$\left(8 \times \frac{1}{8}\right) + \left(6 \times \frac{1}{2}\right) = 4$$

因此單位晶格中質量為

$$m = \frac{4\ \cancel{原子}}{1\ 單位晶格} \times \frac{1\ \cancel{mol}}{6.022 \times 10^{23}\ \cancel{原子}} \times \frac{197.0\ g\ Au}{1\ \cancel{mol\ Au}}$$
$$= 1.31 \times 10^{-21}\ g/unit\ cell$$

根據密度的定義 (密度 = 質量 / 體積)，我們可以計算出單位晶格的體積如下：

$$V = \frac{m}{d} = \frac{1.31 \times 10^{-21}\ g}{19.3\ g/cm^3} = 6.79 \times 10^{-23}\ cm^3$$

步驟 2： 因為此晶格為邊長相同的立方體，所以我們可以把體積進行三次方根運算，以求得晶格的邊長 (a)：

要記得密度是用來描述密集程度的特質，因此對於同一物質來說，每單位晶格和每立方公分的密度是一樣的。

$$a = \sqrt[3]{V}$$
$$= \sqrt[3]{6.79 \times 10^{-23}\ \text{cm}^3}$$
$$= 4.08 \times 10^{-8}\ \text{cm}$$

步驟 3： 從圖 11.22，我們可以看到金原子的球體邊長 (r) 和晶格邊長 (a) 有如下關係：

$$a = \sqrt{8}\, r$$

所以，

$$r = \frac{a}{\sqrt{8}} = \frac{4.08 \times 10^{-8}\ \text{cm}}{\sqrt{8}}$$
$$= 1.44 \times 10^{-8}\ \text{cm}$$
$$= 1.44 \times 10^{-8}\ \text{cm} \times \frac{1 \times 10^{-2}\ \text{m}}{1\ \text{cm}} \times \frac{1\ \text{pm}}{1 \times 10^{-12}\ \text{m}}$$
$$= 144\ \text{pm}$$

練習題

當銀結晶時會形成面心立方晶格，其單位晶格的邊長為 408.7 pm，試計算銀的密度。

11.5 晶體的 X 射線繞射

幾乎所有我們知道的晶體結構知識都來自於 X 射線繞射的研究方式，**X 射線繞射** (X-ray diffraction) 指的是 X 射線被晶形固體的基本單位散射出來的過程，這個繞射 (或散射) 過程所造成的圖形特徵可以用來推導出該固體晶格中之粒子的排列方式。

在 10.6 節中，我們討論過波的干涉現象 (見圖 10.20)，因為 X 射線是一種電磁輻射，所以我們預期它們在合適的狀態下也會展現出這樣的行為。德國物理學家勞厄[3] 在 1912 年正確地提出因為 X 射線的波長相當於晶體中格點間之距離，所以晶格才能夠繞射 X 射線，而 X 射線繞射的圖形特徵也是 X 射線間彼此干涉所造成的結果。

圖 11.23 畫出典型的 X 射線繞射裝置，X 射線直直瞄準一個安置好的晶體，晶體中的原子會吸收一些射入的輻射，然後再重新散射出去，這就是所謂的 X 射線散射過程 (scattering of X rays)。

若要了解繞射圖形特徵是如何產生的，就要先考慮 X 射線在兩個

---

3 馮‧勞厄 (Max Theodor Felix von Laue, 1879~1960)，德國物理學家。勞厄在 X 射線繞射上的發現，讓他在 1914 年得到諾貝爾物理學獎。

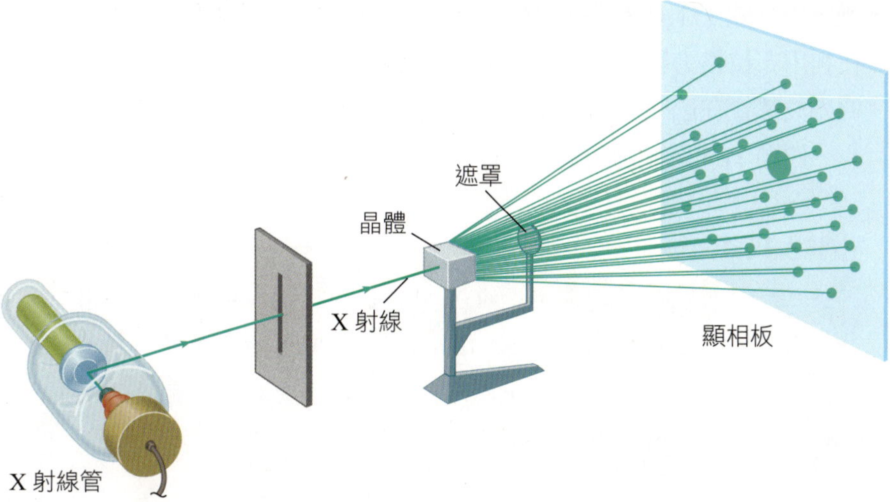

圖 11.23 用來獲得晶體 X 射線繞射圖形的裝置，遮罩在這裡面的功能是用來防止未產生繞射的 X 射線因為強度過高而導致後方感光片受到傷害。

平行面上發生的散射現象 (圖 11.24)。一開始，兩道入射光處於**同相** (它們的波峰和波谷在同個位置上)，上方的波會被第一層的原子給反射或是散射，而下方的波則會被第二層的原子所散射，若這兩個被散射出來的波要再次同相，下面的波要額外多走的距離必須恰好為 X 射線波長 (λ) 的整數倍，也就是，

$$BC + CD = 2d \sin \theta = n\lambda \qquad n = 1, 2, 3, \ldots$$

或

$$2d \sin \theta = n\lambda \tag{11.1}$$

其中 θ 為 X 射線與結晶面之間的夾角，而 d 則為相鄰結晶面間的距

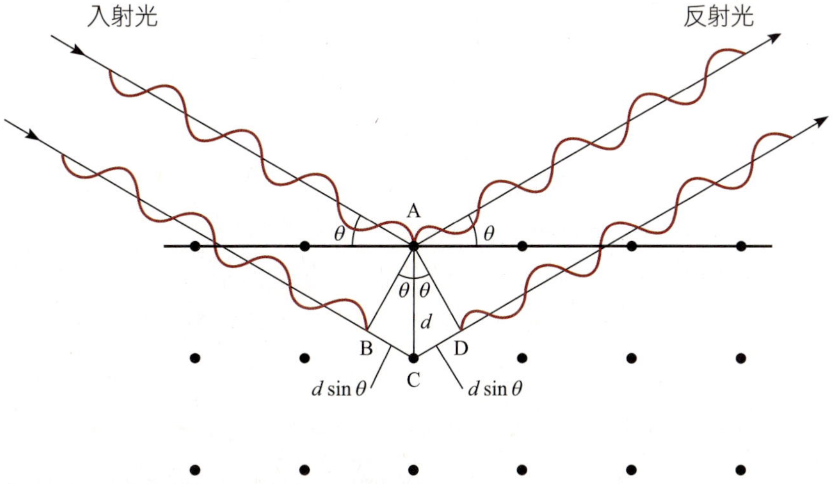

圖 11.24 從兩層由原子所構成之平面上反射出來的 X 射線，下方的光比上方多走 $2d \sin \theta$ 的距離。若兩個波在反射後仍要同相，那麼 $2d \sin \theta = n\lambda$ 必須成立，其中 λ 為 X 射線的波長，且 $n = 1, 2, 3, \ldots$，若要精準地觀察在圖 11.23 中出現的暗點，晶體必須大到能包含數百層才行。

離，方程式 (11.1) 稱為布拉格方程式，用以紀念兩位布拉格[4,5] 爵士。在利用布拉格方程式所計算出來的每個 θ 角位置上，因為散射而被增強的光波都會在感光片的對應位置形成暗點。

被增強的光是發生了建設性干涉的光 (見圖 10.20)。

例題 11.4 示範方程式 (11.1) 的用法。

例題 11.4

當 1 道波長為 0.154 nm 的 X 射線射向 1 塊鋁晶體時，此射線會以 19.3 度的夾角反射，如果假設 $n = 1$，試計算由鋁原子所構成的平面間之距離 (以 pm 為單位) 應該要多寬才會造成這種角度的反射？(單位換算：1 nm = 1000 pm。)

策　略

這是方程式 (11.1) 的應用。

解　答

把波長換算成以 pm 為單位，並利用反射角為 19.3 度，我們可以寫出

$$d = \frac{n\lambda}{2\sin\theta} = \frac{\lambda}{2\sin\theta}$$

$$= \frac{0.154\text{ nm} \times \dfrac{1000\text{ pm}}{1\text{ nm}}}{2\sin 19.3°}$$

$$= 233\text{ pm}$$

類題：11.11。

練習題

波長 0.154 nm 的 X 射線在一晶體上以 14.17 度產生繞射，如果假設 $n = 1$，試計算此晶體中的層距為何？(以 pm 為單位。)

關於固態分子鍵長和鍵角，X 射線繞射技術提供正確性最高的檢測方法，因為 X 射線會被電子散射，化學家可以利用複雜的數學運算流程來從繞射圖像特徵中建構出分子的電子密度等高線圖。基本上，電子密度等高線圖 (electron-density contour map) 說明了在一個分子的不同位置上之相對電子密度，由於電子密度在接近每個原子的中心之處會達到最大值，這樣我們就可以檢測原子核的位置，並因此量度該分子的幾何參數。

4 威廉・亨利・布拉格 (William Henry Bragg, 1862~1942)，英國物理學家。布拉格的研究主要在 X 射線結晶學，他和兒子 William Bragg 爵士在 1915 年共同得到諾貝爾物理學獎。

5 威廉・勞倫斯・布拉格 (William Lawrence Bragg, 1890~1972)，英國物理學家。布拉格將 X 射線繞射化為簡單的等式。他和父親在 1915 年共同得到諾貝爾物理學獎。

11.6 相 變

在第五章及本章的討論中概述關於物質三態的特性：氣體、液體和固體。**相變** (phase changes) 是物質從一相轉變成另一相的過程，會在有能量得失 (通常以熱能的形式) 時發生，它也是一種分子排列特徵改變的物理變化，分子在固態時的排列最有秩序，在氣態時有最高的隨機性。要記得能量改變與分子排列秩序提高或降低之關係將會幫助我們了解這些物理變化的本質。

液—氣平衡

液體中的分子並不會被固定在晶格上，雖然它們缺乏如同氣體分子般的絕對自由性，但這些分子還是不斷地在運動，因為液態分子比氣體分子密集，所以它們的碰撞頻率遠高於後者，當液體中的分子具有足夠能量脫離表面時，相變就發生了。**蒸發** (evaporation) 或**汽化** (vaporization) 就是液體轉變為氣體的過程。

蒸發會如何受溫度影響呢？圖 11.25 顯示液態分子在兩個不同溫度下的動能分布曲線，如同我們所見，溫度愈高時動能也愈高，因此就會有愈多分子離開液體。

蒸氣壓

當液體蒸發時，它的氣態分子會造成蒸氣壓，先看看圖 11.26 所畫的裝置，在蒸發的過程開始前，U 型細管中的水銀面兩端等高，但當有

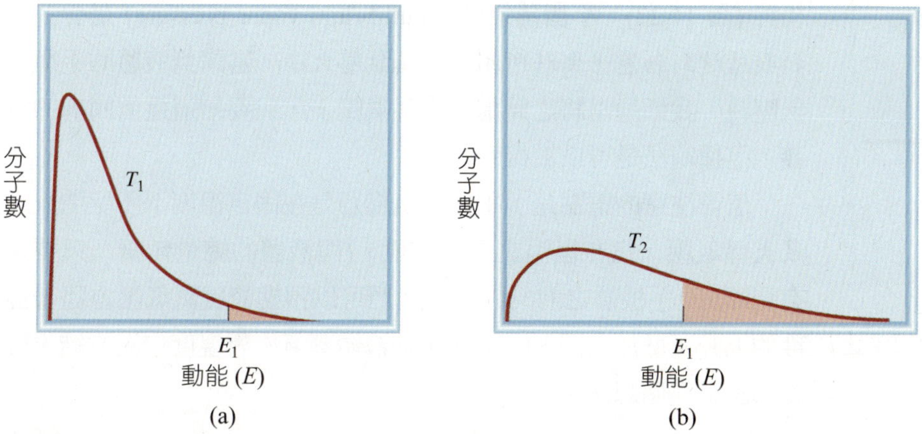

圖 11.25 液體中的分子 (a) 於溫度 T_1 下；(b) 於較高的溫度 T_2 下的動能分布區線。請注意：在較高溫度下的動能較集中於後段，陰影區域代表具有動能大於或等於特定動能 E_1 的分子數，當溫度愈高時，具有較高動能的分子數就愈多。

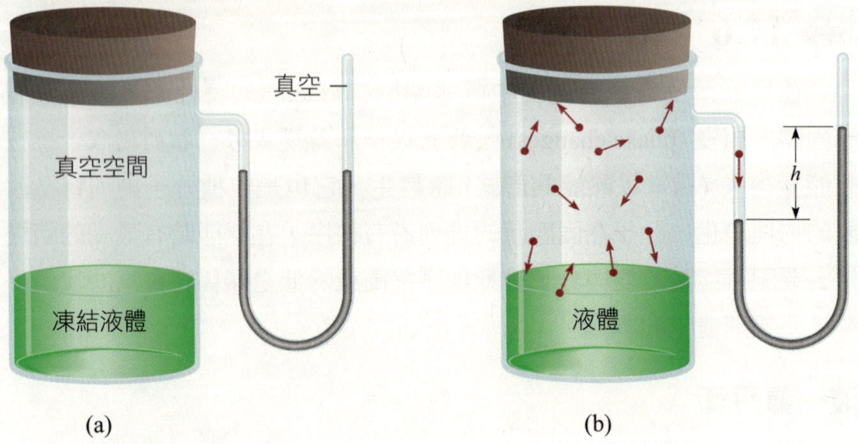

圖 11.26 測量液體蒸氣壓的裝置。(a) 最初液體為凍結狀態，所以沒有分子處於氣相；(b) 在加熱的過程中分子會逐漸變成液態並發生汽化，當達平衡時，離開液體的分子數量等同於回到液體的分子數量，水銀面的高度差 (h) 代表液體在此溫度下的平衡蒸氣壓。

一些分子離開液面時就產生了蒸氣壓，蒸氣壓只有在知道蒸氣的數量時才得以測量，然而蒸發的過程並不會無止盡地持續，事實上，當水銀面穩定後，我們就會無法觀察到任何更進一步地變化。

如果從分子的角度來看，在蒸發的過程中發生了哪些事情呢？一開始的運動是單向的：液體中的分子會跑到液面上方空間中，那裡很快地會有蒸氣壓產生，隨著蒸氣分子的濃度增加，也開始有一些分子會凝結，也就是說，發生凝結的分子會回到液態，**凝結** (condensation) 指的是從氣相轉變為液相，它發生的原因是由於分子衝擊液面後，被液體分子用分子間作用力給抓住。

蒸發速率在任何溫度下都是固定的，但凝結速率就會隨著氣相分子濃度的上升而變快，**動態平衡** (dynamic equilibrium) 指的是正反應速率和逆反應速率完全相等的平衡狀態，這時凝結速率也會和蒸發速率相等 (圖 11.27)，**平衡蒸氣壓** (equilibrium vapor pressure) 是當蒸發和凝結達到動態平衡時所測得的蒸氣壓大小。當講到液體的平衡蒸氣壓時，我們通常將之簡稱為「蒸氣壓」，只要知道這個簡稱的意義，這種叫法是可以被接受的。

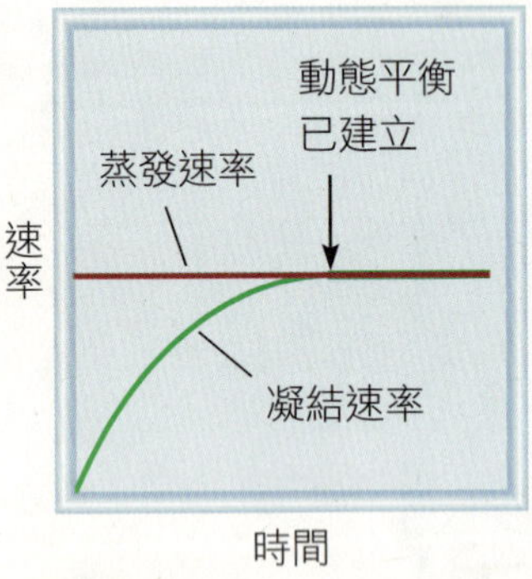

圖 11.27 蒸發速率與凝結速率在定溫時的比較。

值得注意的重點是，平衡蒸氣壓乃是在固定溫度下所能造成之最大蒸氣壓，它在恆溫之下為定值。(與液體的總量無關，只要還有剩即可。) 根據之前的討論，我們可以預期液體蒸氣壓會隨著溫度的上升而增加，圖 11.28 中 3 種液體蒸氣壓對溫度作圖的結果確實印證了這個想法。

莫耳汽化熱與沸點

莫耳汽化熱 (molar heat of vaporization; ΔH_{vap}) 是在描述液體中的分

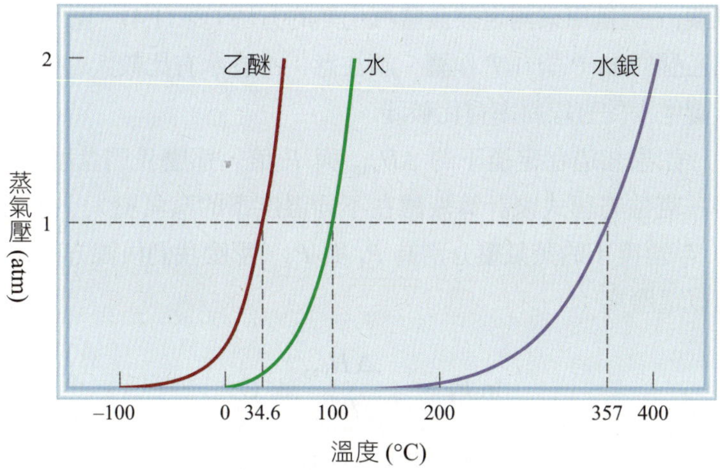

圖 11.28 隨著溫度而增加的蒸氣壓。液體在 1 大氣壓下的正常沸點標示於橫軸上，由於水銀的金屬鍵結較另外兩者的分子間作用力來得強，因此在室溫下所能產生的蒸氣壓遠不及它們。

子間作用力強度，其定義為**每一莫耳的液體汽化時所需要的能量** (通常以 kJ 為單位)，它和存在於液體中的分子間作用力強度有直接相關性，如果分子間吸引力強，那麼要將分子從液相中拉出來時就會需要許多能量，因此莫耳汽化熱會比較高，這樣的液體也會有比較低的蒸氣壓。

剛剛討論的結果認為平衡蒸氣壓 (P) 應該會隨著溫度的上升而增加 (圖 11.28)，如果根據它實際的行為進行分析，絕對溫度 (T) 與液體平衡蒸氣壓間的量化關係可以用 克勞[6] －克拉[7] 方程式表示：

$$\ln P = -\frac{\Delta H_{\text{vap}}}{RT} + C \qquad (11.2)$$

其中 ln 為自然對數，R 是氣體常數 (8.314 J/K・mol)，而 C 為定值。若將克勞－克拉方程式以 $y = mx + b$ 這種線性方程式的形式來表示：

$$\ln P = \left(-\frac{\Delta H_{\text{vap}}}{R}\right)\left(\frac{1}{T}\right) + C$$

$$\updownarrow \quad \updownarrow \quad \updownarrow \quad \updownarrow$$

$$y = \quad m \quad x \quad + b$$

藉由測量某種液體在不同溫度下的蒸氣壓 (見圖 11.28)，並為 ln P 對 1/T 作圖，我們可以知道它的斜率，也就是 $-\Delta H_{\text{vap}}/R$ (假定 ΔH_{vap} 與溫度

6 魯道夫・克勞修斯 (Rudolf Julius Emanuel Clausius, 1822~1888)，德國物理學家。克勞修斯的研究方向主要為電學、氣體動力理論及熱力學。

7 埃米爾・克拉伯隆 (Benoit Paul Emile Clapeyron, 1799~1864)，法國工程學家。克拉伯隆的主要貢獻與蒸汽引擎的熱力學有關。

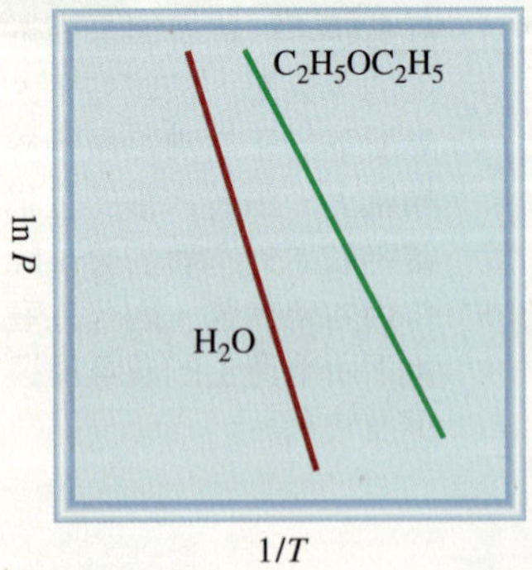

圖 11.29 水和乙醚的 ln P 對 $1/T$ 作圖，其斜率代表個別的 $-\Delta H_{vap}/R$ 數值。

無關)，這是用來測定該液體汽化熱的方法 (表 11.4)。圖 11.29 為水和乙醚的 ln P 對 $1/T$ 作圖。請注意：由於水有比較大的 ΔH_{vap}，所以圖中水的直線斜率會比較陡。

如果知道在定溫下的 ΔH_{vap} 與 P 值，那麼我們就可以利用克勞－克拉方程式來計算液體在不同溫度下的蒸氣壓大小，若在 T_1 與 T_2 溫度下的蒸氣壓分別為 P_1 與 P_2。那麼我們根據方程式 (11.2) 可以這麼寫：

$$\ln P_1 = -\frac{\Delta H_{vap}}{RT_1} + C \tag{11.3}$$

$$\ln P_2 = -\frac{\Delta H_{vap}}{RT_2} + C \tag{11.4}$$

將方程式 (11.4) 和 (11.3) 相減後，我們可以得到

$$\ln P_1 - \ln P_2 = -\frac{\Delta H_{vap}}{RT_1} - \left(-\frac{\Delta H_{vap}}{RT_2}\right) = \frac{\Delta H_{vap}}{R}\left(\frac{1}{T_2} - \frac{1}{T_1}\right)$$

於是，

$$\ln \frac{P_1}{P_2} = \frac{\Delta H_{vap}}{R}\left(\frac{1}{T_2} - \frac{1}{T_1}\right)$$

或

$$\ln \frac{P_1}{P_2} = \frac{\Delta H_{vap}}{R}\left(\frac{T_1 - T_2}{T_1T_2}\right) \tag{11.5}$$

表 11.4 各種液體的莫耳汽化熱

物質	沸點* (°C)	ΔH_{vap} (kJ/mol)
氬 (Ar)	–186	6.3
苯 (C_6H_6)	80.1	31.0
乙醚 ($C_2H_5OC_2H_5$)	34.6	26.0
乙醇 (C_2H_5OH)	78.3	39.3
汞 (Hg)	357	59.0
甲烷 (CH_4)	–164	9.2
水 (H_2O)	100	40.79

* 在 1 大氣壓下所測量到的數值。

例題 11.5 示範了方程式 (11.5) 的應用。

例題 11.5

乙醚 (diethyl ether) 是一種具揮發性且極度易燃的有機液體，主要作為溶劑使用，它在攝氏 18 度時的蒸氣壓為 401 mmHg，試計算乙醚在攝氏 32 度時的蒸氣壓。

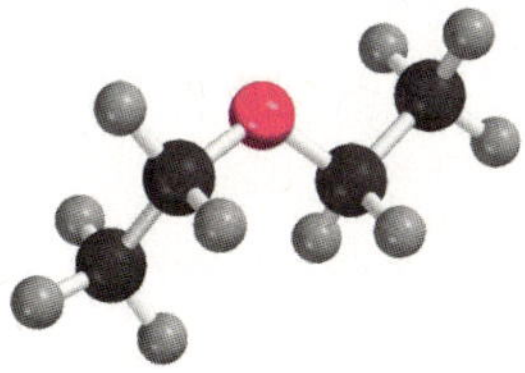

$C_2H_5OC_2H_5$

策　略

我們已知乙醚在某固定溫度時的蒸氣壓，並且被問到在它另一個溫度時的蒸氣壓，因此我們需要使用方程式 (11.5)。

解　答

表 11.4 說明乙醚的 $\Delta H_{vap} = 26.0$ kJ/mol，因此所有資訊如下：

$$P_1 = 401 \text{ mmHg} \qquad P_2 = ?$$
$$T_1 = 18°C = 291 \text{ K} \qquad T_2 = 32°C = 305 \text{ K}$$

我們根據方程式 (11.5) 可以知道：

$$\ln \frac{401}{P_2} = \frac{26{,}000 \text{ J/mol}}{8.314 \text{ J/K} \cdot \text{mol}} \left[\frac{291 \text{ K} - 305 \text{ K}}{(291 \text{ K})(305 \text{ K})} \right]$$
$$= -0.493$$

將雙方進行反對數運算，其結果為：

$$\frac{401}{P_2} = e^{-0.493} = 0.611$$

於是

$$P_2 = 656 \text{ mmHg}$$

檢　查

我們預期蒸氣壓在高溫時應該會比較大，所以答案在這方面是合理的。

類題：11.17。

練習題

乙醇在攝氏 34.9 度時的蒸氣壓為 100 mmHg，那麼它在攝氏 63.5 度時的蒸氣壓應該是多少 mmHg？(乙醇的 $\Delta H_{vap} = 39.3$ kJ/mol。)

有一個辦法可以體認到什麼是汽化熱，那就是在你的手中抹上酒精，例如：乙醇 (C_2H_5OH) 或異丙醇 (C_3H_8OH)。這些醇類的莫耳汽化熱比水低，因此你手上的熱便足以讓它們的動能增加到開始蒸發，也因

為失去了這些熱，所以你的手會覺得涼涼的，這樣的過程類似於排汗。排汗是人類身體保持溫度恆定的方式之一，因為水裡面存在著強大的分子間氫鍵，所以在表皮排汗的過程中就需要大量的熱能來汽化這些水分子，而這些熱能則是由各種新陳代謝所產生的熱來供應。

液體蒸氣壓會因為溫度的上升而增加；除此之外，每一種液體也都會在特定的溫度開始沸騰，液體的**沸點** (boiling point) 即是*該液體的蒸氣壓與外界壓力相同時的溫度*，而一般沸點則是當外界壓力為 1 大氣壓時液體開始沸騰的溫度。

液體的內部在沸點時會形成氣泡，當氣泡形成以後，原本占據其空間的液體會被推往旁邊，而且容器中液面高度也會被抬升，施加在氣泡上的壓力絕大部分都是大氣壓力，然後加上一些液體的*靜水液壓* (也就是純粹因為液體本身所造成的壓力)；而氣泡*內部*的壓力則完全來自於液體的蒸氣壓。當蒸氣壓與外界壓力相同時，氣泡就會浮至液面並且破掉；反之，如果氣泡內的蒸氣壓低於外界壓力，那麼在它足以上浮前就會被壓扁崩塌。因此，我們可以做出結論——液體的沸點與外界壓力有關。(我們通常會忽略靜水液壓所造成的微小影響。) 例如：水在 1 大氣壓下的沸點為攝氏 100 度，但若壓力減小至 0.5 大氣壓時，它在攝氏 82 度就會沸騰了。

因為沸點是以液體的蒸氣壓來定義，所以我們會預期沸點與莫耳汽化熱有關：ΔH_{vap} 愈高，沸點就會愈高。表 11.4 中的資料即可讓我們大致上確認這樣的假設。最後，我們知道其實沸點和 ΔH_{vap} 都是由分子間作用力的強度來決定，例如：只有弱分散力存在的氬 (Ar) 和甲烷 (CH_4) 沸點就很低、莫耳汽化熱也小；乙醚 ($C_2H_5OC_2H_5$) 則是由於有偶極矩，所以偶極—偶極力造就了它相對較高的沸點和 ΔH_{vap}，然後又因為乙醇 (C_2H_5OH) 和水 (H_2O) 有強大的氫鍵，因此導致它們的沸點更高、ΔH_{vap} 值更大，至於強大的金屬鍵則會使液態金屬具有最高的沸點與最大的 ΔH_{vap} 值。有趣的是，分子結構上屬於非極性的苯卻有著和乙醇相當的沸點，這是因為其去定域化 π 分子軌域中的電子使得分子本身可極化性很高，所以苯分子間的分散力強度可以超越偶極—偶極力或氫鍵。

臨界溫度與壓力

蒸發的相反是凝結。原則上，氣體可以用兩種方式進行液化，我們藉由冷卻氣體樣品降低了分子的動能，於是分子聚集形成小水珠；或是我們可以對氣體加壓，因為壓縮會減小分子間的平均距離，導致它們互

相吸引而聚在一起，工業上的液化流程就是結合了這兩種方法。

每個物質都有其**臨界溫度** (critical temperature; T_c)，無論外界施加的壓力有多大，於此溫度以上時，它的氣相就無法再被液化。這也是物質能夠以液態存在的最高溫度。換句話說，氣體和液體在臨界溫度以上就沒有明顯的分界線而成為流體；**臨界壓力** (critical pressure; P_c) 則是在臨界溫度時，要造成液化所需施加的最小壓力。臨界溫度的存在可由下所述性質來解釋，分子間吸引力的大小對於一物質而言是個定值，它與溫度無關，當溫度在 T_c 以下時，這個力強到足以將分子抓取在一起 (在適當壓力下)；但到了 T_c 以上後，分子運動變得非常活躍，以致於它們可以掙脫這樣的吸引，圖 11.30 呈現六氟化硫被加熱至超過其臨界溫度 (攝氏 45.5 度) 後再降溫到攝氏 45.5 度時會發生的事。

分子間作用力與溫度無關；分子的動能會隨溫度的上升而增加。

表 11.5 列出一些常見物質的臨界溫度與臨界壓力。一物質的臨界溫度反映了分子間作用力的強度，苯、乙醇、汞與水都有很強的分子間作用力，相較於表中所列出的其他物質而言，它們也有很高的臨界溫度。

固—液平衡

由液體轉變成固體的過程稱為凝固 (freezing)，反之則叫作熔化 (melting) 或是熔融 (fusion)，固體的**熔點** (melting point) 或液體的**凝固點** (freezing point) 是物質之固相與液相以平衡方式共存的溫度。此外，物質的一般熔點 (或一般凝固點) 是指它在 1 大氣壓下發生凝固 (或熔化) 的溫度，我們通常會省略「一般」這個詞。

「熔融」是指熔化的過程，因此當高電流產生的熱導致金屬「保險絲」熔融的話，電路就會斷路。

最廣為人知的固—液平衡為冰與水，在攝氏 0 度、1 大氣壓下，這

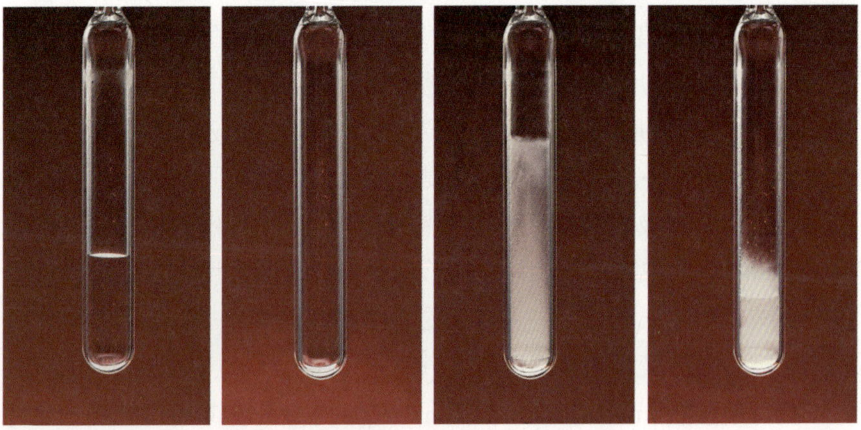

(a) (b) (c) (d)

圖 11.30 六氟化硫的臨界現象。(a) 在臨界溫度以下可看到清澈的液相；(b) 液相在臨界溫度之上消失了；(c) 將此物質冷卻到恰好低於其臨界溫度時，煙霧狀顯示了蒸氣的凝結；(d) 最後，液相又會重新出現。

表 11.5 一些物質的臨界溫度與壓力

物質	臨界溫度 (°C)	臨界壓力 (atm)
氨 (NH_3)	132.4	111.5
氬 (Ar)	–186	6.3
苯 (C_6H_6)	288.9	47.9
二氧化碳 (CO_2)	31.0	73.0
乙醚 ($C_2H_5OC_2H_5$)	192.6	35.6
乙醇 (C_2H_5OH)	243	63.0
汞 (Hg)	1462	1036
甲烷 (CH_4)	–83.0	45.6
氫 (H_2)	–239.9	12.8
氮 (N_2)	–147.1	33.5
氧 (O_2)	–118.8	49.7
六氟化硫 (SF_6)	45.5	37.6
水 (H_2O)	374.4	219.5

種動態平衡可表示為

$$冰 \rightleftharpoons 水$$

一杯冰水是解釋這種動態平衡的最好例子，當冰塊熔化生成水時，有些在冰塊之間的水也可能凝固，接著將這些冰塊黏在一起，然而這並不是真正的動態平衡，因為這杯冰水的溫度並非保持在攝氏 0 度，這些冰塊最後都終將熔化成水。

圖 11.31 顯示出物質從外界吸收熱量的過程中，它的溫度會如何改變。我們看到當固體被加熱時，它的溫度將一路上升到達熔點，分子的平均動能在此溫度下會變得很大，足以克服它們在固態時用來抓住彼此的分子間作用力；當吸收的熱接著被用於將固體中的分子一個個拉開時，固相到液相的轉變便開始了。要注意的重點是，分子平均動能在這樣的過程 (A $\longrightarrow$ B) 中並沒有改變，因此溫度保持固定，一旦此物質完全熔化後，再吸收的熱又會增加其溫度直至到達沸點 (B $\longrightarrow$ C)；這時候當吸收的熱再度被用於克服液體中的分子間作用力並保持物質恆溫時，液相變成氣相 (C $\longrightarrow$ D) 的轉換就會發生，一旦這樣的轉變完成，之後的加熱又會讓氣體溫度上升。

莫耳熔融熱 (molar heat of fusion; ΔH_{fus}) 是每一莫耳的固體要熔化時所需要的能量 (通常以 kJ 表示)。表 11.6 列出在表 11.4 中所提及之物質

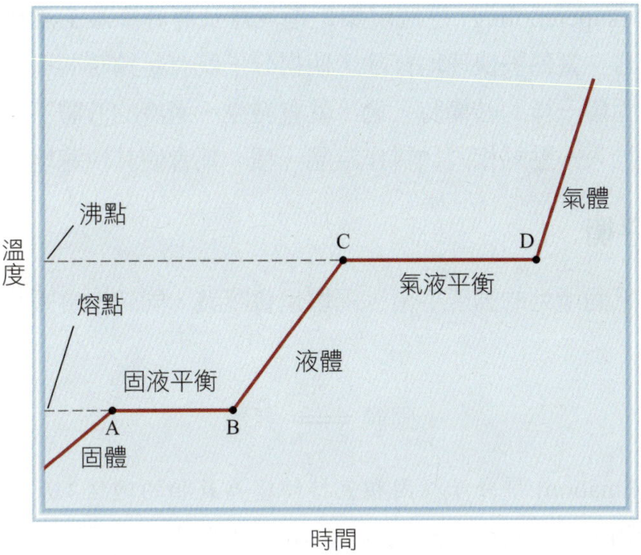

圖 11.31 一個典型的加熱曲線，從物質的固相開始、經過液相，最後再到氣相。因為 ΔH_{fus} 比 ΔH_{vap} 來得小，因此物質要熔化所需的時間比汽化來得短，這也解釋了為什麼 AB 的長度會比 CD 來得短。加熱曲線中固體、液體與氣體部分的陡峭程度是由各狀態的比熱所決定。

的莫耳熔融熱，透過比較這兩個表中的資料可發現物質的 ΔH_{fus} 均小於 ΔH_{vap}，事實上這是因為分子在液態時還是靠得頗近，在固體變成液體的重組過程中只會需要一些能量；另一方面，當液體蒸發時，分子卻是完全彼此分離，所以會需要更多能量來克服這樣的吸引力。

如同我們預期地，冷卻一物質和加熱它會造成相反的效果。如果我們用穩定的速率將氣體的熱給移除，它的溫度就會下降，當液體形成時，由於它的潛能下降了，所以熱會從系統中被釋放出來，也因為這個原因，系統溫度在凝結的階段 (D ⟶ C) 才會保持恆定，液體的溫度在所有氣體都凝結後又會持續下降，此時若不斷地將之冷卻，它們最後就會開始凝固 (B ⟶ A)。

表 11.6 一些物質的莫耳熔融熱

物質	熔點* (°C)	莫耳熔融熱 (kJ/mol)
氬 (Ar)	−190	1.3
苯 (C_6H_6)	5.5	10.9
乙醚 ($C_2H_5OC_2H_5$)	−116.2	6.90
乙醇 (C_2H_5OH)	−117.3	7.61
汞 (Hg)	−39	23.4
甲烷 (CH_4)	−183	0.84
水 (H_2O)	0	6.01

* 在 1 大氣壓下所測量到的數值。

過冷 (supercooling) 這個現象是指液體被暫時降溫至溫度低於其凝固點的狀態。當熱被快速地移除，使得分子沒有足夠時間可以按照秩序排列成像固體一樣的結構時，過冷就會發生。過冷的液體不穩定，稍微攪動或是加入一點點相同物質作為晶「種」都會使其快速地固化。

固—氣平衡

根據下面所列的動態平衡，固體也會蒸發，同時也會因此造成蒸氣壓：

$$\text{固體} \rightleftharpoons \text{氣體}$$

碘固體及其蒸氣的動態平衡。

昇華 (sublimation) 是分子從固相直接轉變為氣相的過程；反之則稱為**凝華** (deposition)，也就是分子直接從氣相變成固相。萘是用來製作樟腦丸的物質，以固體而言，它具有相當高的 (平衡) 蒸氣壓 (在攝氏 53 度時為 1 mmHg)；因此，其刺鼻的蒸氣會快速地滲透，並充斥整個密閉空間；碘也會昇華，在高於室溫時，密閉容器中的紫色碘蒸氣可以很容易地被觀察到。

因為固體中的分子緊緊地聚在一起，所以相較於液體，它的蒸氣壓要低得多，一物質的**莫耳昇華熱** (molar heat of sublimation; ΔH_{sub}) 是指每莫耳的固體進行昇華時所需要的能量 (通常以 kJ 為單位)，也等於該物質的莫耳熔融熱與莫耳汽化熱之總和：

$$\Delta H_{sub} = \Delta H_{fus} + \Delta H_{vap} \qquad (11.6)$$

方程式 (11.6) 可以用黑斯定律 (見 6.6 節) 來作說明：對於整個過程來說，無論是直接從固體變成氣體，或從固體先變成液體再變成氣體，焓或是熱的改變量都是一樣的，請注意：方程式 (11.6) 只在所有相變均於相同溫度下發生時才成立，否則這個方程式只能作為初估的工具。

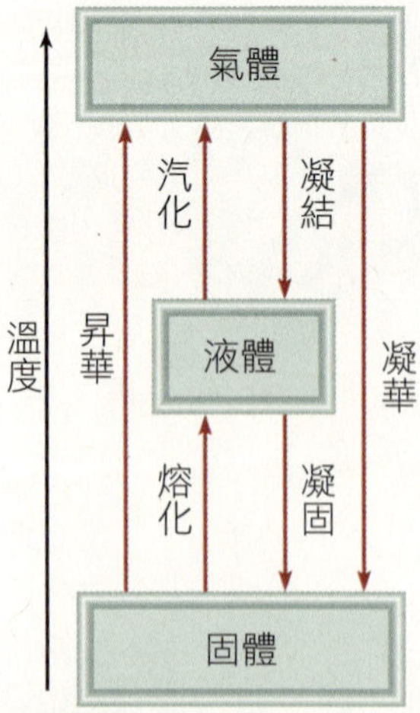

圖 11.32 物質所能進行的各種不同相變。

圖 11.32 總結在這一節中所討論的相變種類。

當一物質被加熱時，其溫度會上升，然後最終將發生相的轉換，若要計算能量在這個過程中的總改變量，我們必須考慮所有過程，就如同例題 11.6 所示範的一樣。

例題 11.6

試計算若要將 346 公克的液態水從攝氏 0 度加熱到 182 度時所需要的能量 (以 kJ 為單位)。假設液態水的整體比熱為 4.184 J/g · °C，

且水蒸氣的比熱為 1.99 J/g · °C。

策略

熱改變量 (q) 在各個階段均符合 $q = ms\Delta t$ (見第 236 頁)，其中 m 是質量、s 為比熱，而 Δt 則為溫度改變量。若有相變發生時 (例如：汽化)，q 即為 $n\Delta H_{vap}$，其中 n 為水的莫耳數。

解答

計算過程可以拆成 3 個步驟。

步驟 1：將水從攝氏 0 度加熱到 100 度

我們可以使用方程式 (6.12) 將之寫成：

$$\begin{aligned} q_1 &= ms\Delta t \\ &= (346\text{ g})(4.184\text{ J/g}\cdot{}^\circ\text{C})(100^\circ\text{C} - 0^\circ\text{C}) \\ &= 1.45 \times 10^5\text{ J} \\ &= 145\text{ kJ} \end{aligned}$$

步驟 2：在攝氏 100 度時，346 公克的水蒸發 (相變)

我們可以從表 11.4 中查到水的 $\Delta H_{vap} = 40.79$ kJ/mol，因此

$$\begin{aligned} q_2 &= 346\text{ g H}_2\text{O} \times \frac{1\text{ mol H}_2\text{O}}{18.02\text{ g H}_2\text{O}} \times \frac{40.79\text{ kJ}}{1\text{ mol H}_2\text{O}} \\ &= 783\text{ kJ} \end{aligned}$$

步驟 3：將蒸氣從攝氏 100 度加熱到 182 度

$$\begin{aligned} q_3 &= ms\Delta t \\ &= (346\text{ g})(1.99\text{ J/g}\cdot{}^\circ\text{C})(182^\circ\text{C} - 100^\circ\text{C}) \\ &= 5.65 \times 10^4\text{ J} \\ &= 56.5\text{ kJ} \end{aligned}$$

因此可得到整體所需要的能量為：

$$\begin{aligned} q_{overall} &= q_1 + q_2 + q_3 \\ &= 145\text{ kJ} + 783\text{ kJ} + 56.5\text{ kJ} \\ &= 985\text{ kJ} \end{aligned}$$

檢查

所有的 q 都是正值，這與從攝氏 0 度升溫到 182 度的過程均為吸熱相符，而且在相改變過程中所需要吸收的熱和我們預期的一樣多。

練習題

試計算若將 68.0 公克，攝氏 124 度的水蒸氣轉變成攝氏 45 度的水時，將會放出的熱量。

CHEMISTRY in Action

生活中的化學

壓力與沸點的關係

相平衡會受到外界壓力的影響，誠如我們接下來會看到的，隨著大氣狀態的不同，熔點和沸點也會相對應地偏離攝氏 0 度和 100 度。

山頂上的蛋熟不熟

假設你剛登上玉山主峰，為了替回程做準備，現在正在煮蛋來吃以恢復體力，會令你感到驚訝的應該是水竟然比平常更快沸騰，但就算已經滾了 10 分鐘之久，蛋卻還是沒熟。這時一些關於相平衡的小知識可以讓你在敲開那顆沒熟的蛋時不至於太過失望 (尤其它是你僅有的蛋)，玉山主峰有 3952 公尺高，大氣壓力在這樣的高度上約只有平常的 60%，我們根據圖 11.33(b) 可以看到水的沸點會隨著壓力的下降而降低，因此它在這樣的低壓下大約只要攝氏 86 度就會沸騰，然而這種沸騰溫度並無法提供足夠的熱來煮熟你手上的蛋，因為水所能夠提供的熱和溫度是成正比關係，所以，想要把這顆蛋煮熟會需要更長的時間，搞不好要 30 分鐘。

壓力鍋

壓力對沸點的影響也可以解釋為什麼廚房內的壓力鍋能夠節省主婦的時間。壓力鍋是個密封容器，只有在鍋內壓力超過一定程度時才會允許蒸氣排出，而在鍋內水面上的壓力大小則是大氣壓力及所有水蒸氣壓的總和，因此，壓力鍋內的水會在超過攝氏 100 度時才沸騰，此時食物會更熱且更快熟。

11.7 相圖

如果能把物質固相、液相與氣相間的關係用一張圖來表示是再好不過的，這張圖被稱為**相圖** (phase diagram)，它總結了物質分別在何種狀態下會以固體、液體或氣體的形式存在，我們在這一節中將簡短地討論水和二氧化碳的相圖。

水

圖 11.33(a) 為水的相圖，此圖被分為 3 個區域，每一區域僅代表著 1 個相，任兩區域間的分隔線代表著這兩相在何種狀態下可以平衡共存。例如：介於液相與氣相間的線呈現蒸氣壓在不同溫度下的變化。(請參考圖 11.28 的曲線。) 至於另兩條曲線也同樣指出冰—液態水以及冰—水蒸氣間能達到平衡狀態的條件。(請注意：固—液間的邊界線斜率為負值。) 3 條曲線的交會點稱為**三相點** (triple point)，三相於此狀態下得以同時彼此共存，對水而言，此點為攝氏 0.01 度及 0.006 大氣壓。

固－液共存線的斜率為負值，這是由於每莫耳冰的體積比液態水大，密度也較高，因此壓力上升有利於液態的存在。

相圖讓我們得以預測物質的熔點或沸點在外界壓力轉換時會如何隨之改變，也能夠判斷當溫度與壓力不同時所造成的相變方向，水在 1 大

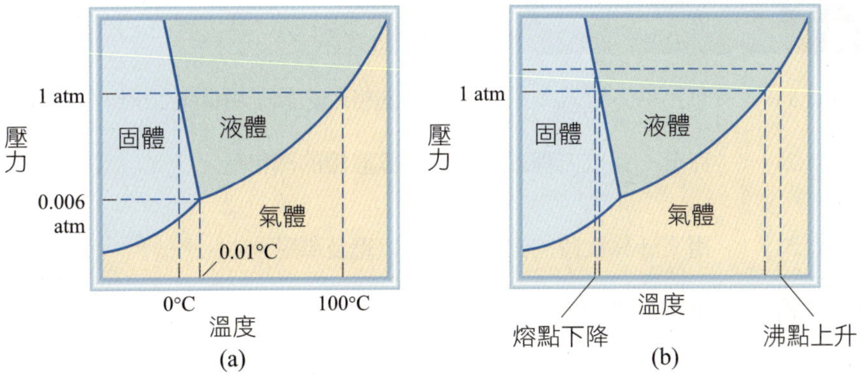

圖 11.33 (a) 水的相圖，每條介於兩相之間的實線都代表著特定的溫度與壓力，兩相於此溫壓下得以平衡共存，而三相得以平衡共存的點 (攝氏 0.01 度、0.006 大氣壓) 稱為三相點；(b) 此相圖說明，當施於冰上的壓力增加時會導致其熔點下降，而液態水面上的壓力，當增加時則會導致其沸點上升。

氣壓下的一般熔點和沸點分別是攝氏 0 度和 100 度，那如果熔化和沸騰是在有一些額外壓力的環境下進行，會發生什麼事呢？圖 11.33(b) 呈現當壓力上升到超過 1 大氣壓時會導致沸點的上升與熔點的下降；反之，壓力下降則會導致沸點的下降與熔點的上升。

二氧化碳

二氧化碳和水的相圖 (圖 11.34) 大致上滿像的，除了一個重要的例外——介於固相和液相間的曲線斜率為正值。事實上，對大部分的物質來說都是如此。水會如此不同是因為冰的密度比液態水還小的關係，二氧化碳的三相點為 5.2 大氣壓與攝氏零下 57 度。

在圖 11.34 中可以觀察到一個有趣的點，如你所見，整個液相都落在 1 大氣壓之上，因此固態二氧化碳在 1 大氣壓時並不會熔化，取而代之的是，當它在 1 大氣壓下被加熱至攝氏零下 78 度時會開始昇華。事實上，固態二氧化碳之所以被稱為乾冰，就是因為它看起來像冰，但是卻不會熔化 (見圖 11.35)，因為這個特質，乾冰很適合作為冷凍劑。

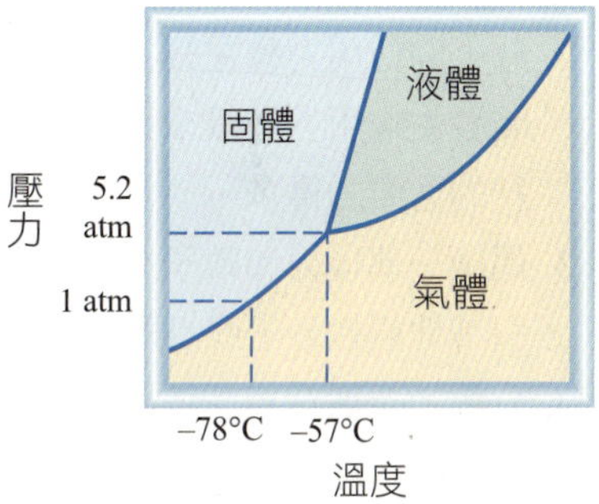

圖 11.34 二氧化碳的相圖，請注意：固—液間的邊界線斜率為正值；液相在 5.2 大氣壓以下不穩定，因此在大氣壓力下只有固相與液相能夠存在。

圖 11.35 固態二氧化碳在大氣壓力下不會熔化，只會昇華，周圍低溫的氣態二氧化碳會使附近水氣凝結成霧狀。

重要方程式

$$2d \sin \theta = n\lambda \quad (11.1)$$

布拉格方程式，用以計算在晶格中之原子層間的距離。

$$\ln P = -\frac{\Delta H_{vap}}{RT} + C \quad (11.2)$$

克勞－克拉方程式，用以計算液體的汽化熱。

$$\ln \frac{P_1}{P_2} = \frac{\Delta H_{vap}}{R}\left(\frac{T_1 - T_2}{T_1 T_2}\right) \quad (11.5)$$

用來計算液體的汽化熱、蒸氣壓及沸點。

$$\Delta H_{sub} = \Delta H_{fus} + \Delta H_{vap} \quad (11.6)$$

黑斯定律的應用。

觀念整理

1. 所有物質都會以三態之一存在：氣態、液態或固態，凝態和氣態間的主要差異在於分子間分散的距離。
2. 分子間作用力會在分子與分子，或離子與分子間發生作用。一般來說，這些吸引力比產生鍵結的力要弱得多。
3. 偶極—偶極力和離子—偶極力是以偶極矩來吸引其他極性分子或是離子。
4. 分散力是偶極矩誘導原本非極性的分子所造成之暫時性結果，1 個分子能被誘導而產生的偶極程度稱為可極化性。「凡得瓦力」乃泛指偶極—偶極力、偶極—誘導偶極力，以及分散力。
5. 氫鍵是一種較強的偶極—偶極作用力，作用在氫原子與高電負度原子：氧、氮或氟之間，水分子間的氫鍵尤其強大。
6. 液體的成形會趨向於使其表面積達到最小的方式，表面張力是要擴張液體表面積時所需要的能量，愈強的分子間作用力會造成愈大的表面張力。
7. 黏滯力是液體對抗流動的能力，會隨著溫度的上升而下降。
8. 處於固態的水分子會形成三度空間的網狀結構，其中每個氧原子會分別和 2 個氫原子形成共價鍵、2 個氫原子形成氫鍵，這種獨特的結構造成冰的密度比液態水還低，此特質也使得生物能夠在寒冷氣候中的湖泊或池塘冰層下生存。
9. 因為水具有高比熱、氫鍵強等特質，所以在環境上扮演十足的保護角色，地球的氣候之所以能夠受到調節，是由於有極大量的水在吸、放熱所致，但實際上只有少數的水會產生相變。
10. 所有的固體都可以被分類為晶形固體 (分子、離子與原子具規律結構) 或非晶形固體 (不具規律結構)，玻璃即是非晶形固體的例子之一。
11. 在晶形固體中，其結構的基本單位為單位晶格，它會不斷地重複以形成三度空間的晶格體，X 射線繞射技術提供我們許多關於晶體結構的知識。
12. 關於 4 種不同的晶體，還有在晶體中將粒子湊在一起的作用力分別如下：離子晶體與離子鍵、共價晶體與共價鍵、分子晶體與凡得瓦力，以及金屬晶體與金屬鍵。
13. 密閉容器中的液體會造成蒸發與凝結間的動態平衡，在這個狀態下，液面上的平衡蒸氣壓即是我們一般簡稱的「蒸氣壓」。
14. 在沸點時，液體的蒸氣壓等於外界壓力。液體的莫耳汽化熱為將 1 莫耳該液體汽化時所需要的能量，我們可以藉由測量液體的蒸氣壓，再透過它與溫度間的關係，以克勞－克拉方程式進行換算 [方程式 (11.2)]；而莫耳熔融熱為將

1 莫耳的固體熔化時所需要的能量。

15. 每種物質都有所謂的臨界溫度，該物質在這個溫度之上就無法從氣態被液化。

16. 關於純物質之不同相間的關係可以用相圖來表示，其中每個區域都代表著一個單純的相，區域與區域間的邊界則是表示兩相在哪些溫度與壓力條件下可以達到平衡；而在三相點時，全部的相都達到平衡狀態。

習 題

分子間作用力

11.1 請解釋暫時性偶極與永久性偶極間的不同。

11.2 溴 (Br_2) 與氯化碘 (ICl) 具有相同的電子總數，但是它們的沸點卻分別為攝氏零下 7.2 度與 27.2 度，請解釋原因。

11.3 關於下列選項中的物質，哪些可能會具有分子間氫鍵？(a) 乙烷 (C_2H_6)；(b) 碘化氫 (HI)；(c) 氟化鉀 (KF)；(d) 氫化鈹 (BeH_2)；(e) 醋酸 (CH_3COOH)。

11.4 關於下列各選項中的物質，何者具有較高的沸點？(a) 氧分子與氯分子；(b) 二氧化硫與二氧化碳；(c) 氟化氫與碘化氫。

11.5 請根據分子間作用力的大小來分別解釋為什麼 (a) 氨的沸點比甲烷 (CH_4) 高；(b) 氯化鉀的熔點比碘分子高？

液體的性質

11.6 請解釋為什麼液體的體積不像氣體一樣可以壓縮？

11.7 什麼是黏滯性？它和分子間作用力有什麼關係？

晶體結構

11.8 請定義下列專有名詞：晶形固體、晶格點、單位晶格、配位數及最密堆積。

11.9 請問在 (a) 簡單立方晶格；(b) 體心立方晶格；(c) 面心立方晶格中，每個球體的配位數分別是多少？

11.10 某種固體的面心立方晶格中有 8 個 X 原子在頂點與 6 個 Y 原子在平面，請問它的實驗式 (簡式) 為何？

晶體的 X 射線繞射

11.11 已知在氯化鈉晶體中的層與層間距離為 282 pm，而且它們繞射出來的 X 射線夾角為 23.0 度，如果假設 $n = 1$，請問 X 射線的波長是多少？(以 nm 為單位。)

相 變

11.12 請用任何一種相變來解釋何謂動態平衡。

11.13 為什麼固態二氧化碳又叫作乾冰？

11.14 下列哪一種相變的過程中會失去比較多的熱？(a) 1 莫耳的水蒸氣在攝氏 100 度時變成 1 莫耳的液態水；(b) 1 莫耳的液態水在攝氏 0 度時變成 1 莫耳的冰。

11.15 試計算需要多少的熱量才能將 74.6 公克的水在攝氏 100 度時完全轉變成水蒸氣。(以 kJ 為單位。)

11.16 液體的蒸發熱會如何受到 (a) 溫度；(b) 液體暴露在空氣中的表面積；(c) 分子間作用力的影響？

11.17 已知苯 (C_6H_6) 在攝氏 7.6 度時的蒸氣壓為 40.1 mmHg，請問它在攝氏 60.6 度時的蒸氣壓是多少？(苯的汽化熱為 31.0 kJ/mol)

11.18 請解釋為什麼將少量的液態氮 (沸點為 77 K) 倒在攤開的手上時不會比將沸水往身上潑還要危險。

相 圖

11.19 什麼是相圖？我們可以從相圖中得到哪些資訊？

11.20 二氧化硫在 1 大氣壓下的熔點與沸點分別為攝氏零下 72.7 度與零下 10 度。此外，它的三相點與臨界點則分別為攝氏零下 75.5 度及 1.65×10^{-3} atm、攝氏 157 度及 78 atm，請根據這些資料畫出二氧化硫的相圖。

附加問題

11.21 下列哪種性質代表著液體有非常強的分子間作用力？(a) 非常低的表面張力；(b) 非常低的臨界溫度；(c) 非常低的沸點；(d) 非常低的蒸氣壓。

11.22 汞在一般沸點 (攝氏 357 度) 時的蒸氣壓大小為何？

11.23 關於甲烷 (CH_4) 與二氧化硫 (SO_2)，何者在相同的溫度與密度條件下較不具備理想氣體的性質？請解釋原因。

11.24 當攝氏 20 度、50.0 公克的水被施加了 150.0 kJ 的熱時，它最後的溫度與狀態會是什麼？(水蒸氣的比熱為 1.99 J/g・C。)

11.25 碳與矽都是週期表中的 4A 族元素，它們具有相同的價電子組態 (ns^2np^2)，請問為什麼二氧化矽 (SiO_2) 的熔點比二氧化碳 (CO_2) 高？

11.26 氬在 40 K 時會以面心立方堆積的方式形成晶體，已知氬原子的半徑為 191 pm，試計算固態氬的密度。

11.27 二氟二氯甲烷 (CCl_2F_2) 的一般沸點為攝氏零下 30 度、臨界溫度為攝氏 112 度 (臨界壓力為 40 atm)，請用圖示說明當它處在攝氏 20 度、18 atm 時會凝固嗎？

11.28 鐵會以體心立方堆積的方式形成晶體，藉由 X 射線繞射分析的結果顯示其單位晶格的長度為 286.7 pm，若已知鐵的密度為 7.874 g/cm^3，試計算亞佛加厥常數。

11.29 鈣與鍶都是以面心立方堆積的方式形成晶體，請問何者的密度較高？

練習題答案

11.1 (a) 離子與分散力；(b) 分散力；(c) 偶極－偶極與分散力 **11.2** 只有 (c) **11.3** 10.50 g/cm^3 **11.4** 315 pm **11.5** 369 mmHg **11.6** 173 kJ

Chapter 12
溶液的物理性質

溶液的性質與單純溶劑非常不同，圖中為正在被水溶解的奶粉。

先看看本章要學什麼？

- 我們要開始檢視各種由固態、液態及氣態物質所組成的溶液，也會根據溶質的數量來決定它們所處的狀態是未飽和、飽和或過飽和。(12.1)
- 接著，我們會從分子的層級來了解溶液如何形成，以及分子間作用力在整個過程中對能量變化與溶解度之影響。(12.2)
- 我們會學到四種主要的濃度單位及其彼此間的轉換：重量百分濃度、莫耳分率、體積莫耳濃度及重量莫耳濃度。(12.3)
- 一般來說，溫度對氣體、液體及固體的溶解度影響甚鉅。(12.4)
- 我們發現壓力對固體與液體的溶解度沒有什麼影響，但對氣體的溶解度影響就很大，亨利定律可以告訴我們壓力與氣體溶解度間的相對關係。(12.5)
- 溶液的物理性質 (例如：蒸氣壓、溶點、沸點及滲透壓等) 只和它的濃度有關，與溶質的種類並不相干，我們在此會先學習如何將依數性質應用於非電解質溶液。(12.6)
- 接下來會繼續探討電解質溶液的依數性質，還有離子對的形成會對這些性質造成什麼影響。(12.7)
- 在本章的最後會簡單地討論膠體，其體積大於個別分散的分子。(12.8)

綱　要

純固體、液體或氣體間幾乎不會發生化學反應，而是溶解於水或其他溶劑中的離子與分子才會，我們已經在第五與十一章中學過氣體、液體及固體的性質，接下來在本章中所要探討的是溶液，整個重點會聚焦在分子間作用力對溶液的溶解度與其他物理性質所造成之影響。

12.1 溶液的種類

我們在 4.1 節中說過，「溶液」是指由兩種以上的物質所組成之勻相混合物，因為在定義中並沒有對物質的自然形態加以設限，所以我們可以根據其組成成分的原始狀態 (固體、液體及氣體) 來將它們分成六大類，表 12.1 列舉出一些例子來加以說明。

在本章中，我們會把重點放在組成成分中至少有一種為液態的溶液，也就是氣－液、液－液及固－液態溶液；然後毫無意外地，我們也會對大多數溶液所使用的溶劑——水進行探討。

化學家也會依據各種溶液所含溶質的多寡來描述它們，在特定的溫度下，**飽和溶液** (saturated solution) 中含有最多溶質，當溶質少於這個數字時則被稱作**未飽和溶液** (unsaturated solution)；除此之外，還有第三種是所謂的**過飽和溶液** (supersaturated solution)，裡面含有超過理論極限的溶質，它不是非常穩定，在一段時間之後，有一部分的溶質會從溶液中以晶體的形式跑出來，這種過程叫作**結晶** (crystallization) (圖 12.1)。請注意：析出與結晶都是在描述過量的物質如何從過飽和溶液中跑出來，但透過這兩種過程所得到的固體有很明顯的不同，一般而言，我們認為析出的固體是很小的粒子，而晶體則比較大且具有良好的排列形式。

表 12.1 溶液的種類

組成成分 1	組成成分 2	溶液形成後的狀態	範例
氣體	氣體	氣體	空氣
氣體	液體	液體	汽水 (二氧化碳溶於水)
氣體	固體	固體	鈀金屬中的氫氣 (氫化反應)
液體	液體	液體	乙醇溶於水
固體	液體	液體	氯化鈉溶於水
固體	固體	固體	鋅銅合金、焊錫

圖 12.1 醋酸鈉的過飽和溶液 (左圖)。當一小顆晶種加進去之後，會迅速地形成醋酸鈉晶體。

12.2 微觀溶解的過程

我們在 6.6 節是用巨觀的角度來討論溶解的過程。

分子間作用力可以讓液體與固體分子聚在一起，對於溶液的形成而言，它扮演很重要的角色，當某種物質 (溶質) 溶解於另一種物質 (溶劑) 當中時，溶質粒子會分散在整個溶劑中，它們會占據原本屬於其他溶劑分子的空間，溶質粒子取代溶劑分子的難易程度取決於下列三種作用力的相對強度：

- 溶劑與溶劑間的作用力
- 溶質與溶質間的作用力
- 溶質與溶劑間的作用力

簡單來說，我們可以將溶解的過程分為三個獨立步驟 (圖 12.2)，步驟 1 與步驟 2 分別是溶劑－溶劑與溶質－溶質分子間彼此分離，這兩步驟需要吸收能量去破壞分子間的吸引力，因此在整個過程中會吸熱。接下來，溶劑與溶質分子會在步驟 3 中混合，這個過程可能會吸熱，也可能會放熱，溶解熱可以用下列方程式來表示：

$$\Delta H_{soln} = \Delta H_1 + \Delta H_2 + \Delta H_3$$

此方程式是黑斯定律的應用。

如果溶質－溶劑間的作用力比其餘兩者強，那溶解現象就會發生，也可以說這是一個放熱過程 ($\Delta H_{soln} < 0$)；反之，當溶質－溶劑間的作用力比其餘兩者弱時，溶解的過程就會吸熱 ($\Delta H_{soln} > 0$)。

既然如此，你可能會想知道為什麼當溶質－溶質與溶劑－溶劑分子間的作用力強過溶質－溶劑間吸引力時，溶解現象還是會發生嗎？這是因為它就跟所有的物理、化學現象一樣會受兩種因素影響：一種是決定溶解過程為吸熱或放熱的能量問題；第二種則是所有自然現象都會朝著

失去秩序的方向發展——當溶質與溶劑分子混合形成溶液之後，就像是新開封的撲克牌在洗牌一段時間之後會變得沒有順序一樣，會變得隨機分布且雜亂無章。在單純的狀態下，原子、分子或離子在三度空間中或多或少都會呈現規則的排列，此時溶劑與溶質仍會具有一定程度的規則性，由於這些規則性大部分會在溶質溶於溶劑時被摧毀 (見圖 12.2)，因此失序的程度會伴隨著溶解的過程上升，無論它是否吸熱，這種現象會使得所有物質的溶解度都提高。

CH_3OH

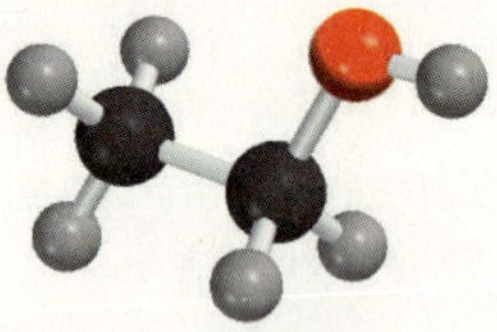
C_2H_5OH

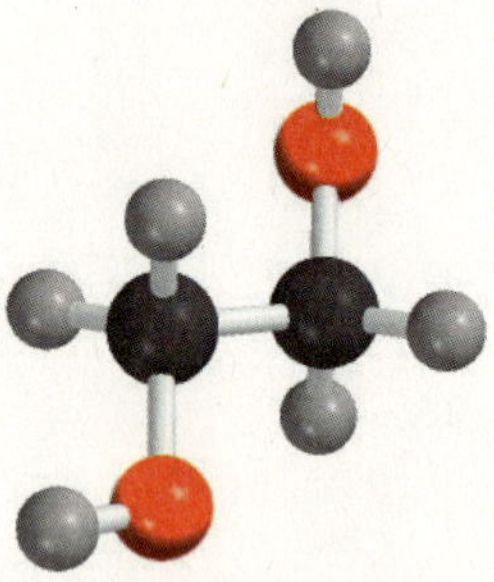
$CH_2(OH)CH_2(OH)$

溶解度是用來測量在特定溫度時有多少溶質可以溶解在溶劑中，「同質互溶」的概念可以用來預測物質是否能夠溶於特定溶劑，這句話代表當兩種物質具有類似的分子間作用力，包括力的形態與大小時，它們就比較容易互溶。舉例來說，苯 (C_6H_6) 跟四氯化碳 (CCl_4) 都是非極性的液體，它們唯一具有的分子間作用力是分散力 (見 11.2 節)，因為苯跟四氯化碳的吸引力和它們個別分子間的作用力大小相當，所以當這兩種液體混合在一起時會迅速地互溶。我們用**容易混合** (miscible) 來形容兩種能夠完全互溶的液體，像是甲醇、乙醇及乙二醇等醇類都會和水形成氫鍵，所以它們很容易混合：

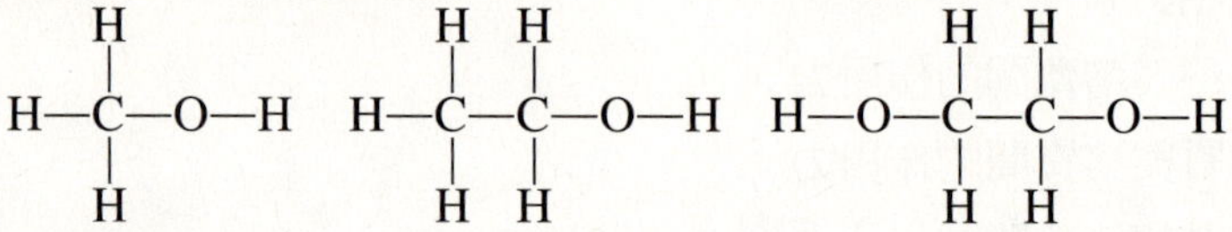
甲醇　　乙醇　　乙二醇

水合作用可以穩定氯化鈉溶於水以後所產生的離子，它會產生一種離子－偶極作用力，一般而言，我們預期離子化合物在極性溶劑

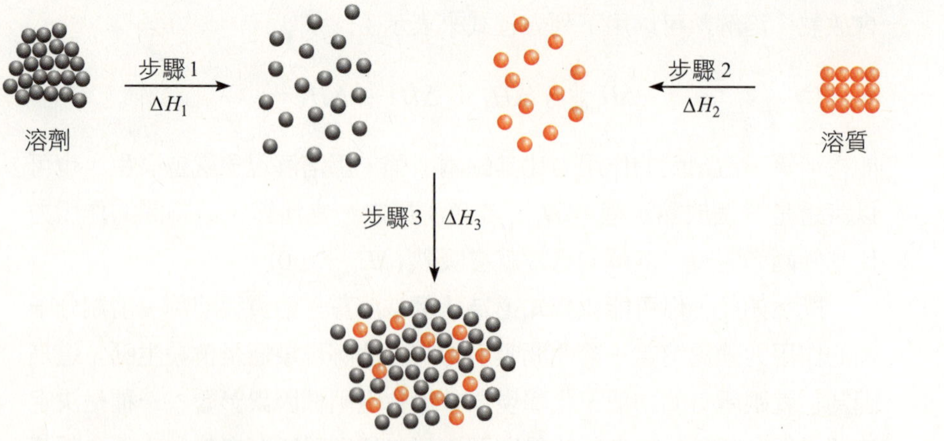

圖 12.2 從分子的觀點來描述溶解過程，總共可分成三個步驟：首先是溶劑－溶劑與溶質－溶質分子間的分離 (步驟 1、2)，然後是溶劑與溶質分子的互溶 (步驟 3)。

中 (例如：水、液態氨、液態氟化氫) 的溶解度應該要比較高，因為非極性溶液 (例如：四氯化碳、苯) 不具有偶極矩，所以沒辦法有效**溶合** (solvation) (即離子或分子被溶劑分子以特定方式圍繞的過程) 鈉離子與氯離子，離子與非極性化合物間的主要分子間作用力為離子－誘導偶極力，它的力量遠小於離子－偶極作用力，因此總結來說，離子化合物在非極性溶劑中的溶解度通常都非常差。

例題 12.1 說明如何根據分子間作用力的知識來預測溶質與溶劑的溶解度。

例題 12.1

請預測下列的相對溶解度關係：(a) 溴在苯 (偶極矩 $\mu = 0$ D) 與水 ($\mu = 1.87$ D) 中；(b) 氯化鉀在四氯化碳 ($\mu = 0$ D) 與液態氨 ($\mu = 1.46$ D) 中；(c) 甲醛 (formaldehyde) 在二硫化碳 (CS_2，$\mu = 0$ D) 與水中。

策　略

在預測溶解度時要記得「同質互溶」這句話，非極性的溶質會溶在非極性溶劑當中；離子化合物則會溶於極性溶劑，這是因為會產生離子－偶極力的緣故；可以和溶劑形成氫鍵的溶質在此溶劑中會有很高的溶解度。

解　答

(a) 溴是非極性分子，因此，相較於水而言，它應該會更容易溶在非極性的苯當中，溴與苯之間唯一的作用力是分散力。

(b) 氯化鉀是離子化合物，為了將之溶解，必須要有離子－偶極力來穩定個別的鉀離子與氯離子，由於四氯化碳沒有偶極矩，所以氯化鉀在具有高偶極矩的極性分子——液態氨中應該會更穩定。

(c) 因為甲醛是極性分子，但二硫化碳卻不具有極性 (直線形分子)，因此甲醛－甲醛與二硫化碳－二硫化碳分子間的作用力分別為偶極－誘導偶極力與分散力；換句話說，甲醛可以和水形成氫鍵，溶解度應該會比較大。

練習題

請問碘對水及二硫化碳的溶解度何者較佳？

CH_2O

12.3 與濃度有關的單位

溶液的定量建立在濃度之上，意指在已知量的溶液中含有多少量的溶質。化學家常用幾種不同的濃度單位來表示，而每一種表示法皆有其條件上的限制。接下來，會解釋常用的四種濃度單位：質量百分濃度、莫耳分率、體積莫耳濃度，以及重量莫耳濃度。

濃度單位的種類

質量百分濃度

質量百分濃度 (percent by mass) [也稱作重量百分濃度 (percent by weight) 或重量百分比 (weight percent)] 是指以百分比方式表示溶質質量與溶劑質量間的比值，即

$$質量百分濃度=\frac{溶質質量}{溶質質量+溶劑質量}\times 100\%$$

$$質量百分濃度=\frac{溶質質量}{溶液質量}\times 100\% \qquad (12.1)$$

重量百分比是兩個接近數值間的比值，因此沒有單位。

例題 12.2

若將含有 0.892 公克氯化鉀 (KCl) 的樣品溶於 54.6 公克的水中，請問此時溶液中氯化鉀的質量百分濃度是多少？

策　略

題目已經告訴我們溶解在固定溶劑中的溶質質量有多少，因此可以根據方程式 (12.1) 來計算出氯化鉀的質量百分濃度。

解　答

$$\begin{aligned} \text{KCl 的質量百分濃度} &= \frac{溶質質量}{溶劑質量}\times 100\% \\ &= \frac{0.892\ \text{g}}{0.892\ \text{g} + 54.6\ \text{g}}\times 100\% \\ &= 1.61\% \end{aligned}$$

練習題

若將含有 6.44 公克萘 (Naphthalene，$C_{10}H_8$) 的樣品溶於 80.1 公克的苯中，試計算此時溶液中萘的質量百分濃度。

莫耳分率 (X)

莫耳分率的定義在 5.6 節已介紹過，若以 X_A 來表示溶液中之組成成分 A 的莫耳分率，則其定義為：

$$組成成分\ A\ 的莫耳分率 = X_A = \frac{A\ 的莫耳數}{各種成分的莫耳數總和}$$

莫耳分率也是兩個數值間的比值，因此沒有單位。

體積莫耳濃度 (M)

在 4.5 節中已定義過，體積莫耳濃度為 1 公升的溶液中含有多少莫耳之溶質，即

$$體積莫耳濃度 = \frac{溶質莫耳數}{溶液公升數}$$

其單位為莫耳 / 公升 (mol/L 或 M)。

關於體積莫耳濃度的計算請參考第 146 到 148 頁的例題 4.7 與 4.8。

重量莫耳濃度 (m)

重量莫耳濃度 (molality) 為 1 公斤 (1000 公克) 的溶劑中含有多少莫耳之溶質，即

$$重量莫耳濃度 = \frac{溶質莫耳數}{溶劑質量\ (公斤)} \quad (12.2)$$

例如，配置 1 m 的硫酸鈉水溶液時，是將 1 莫耳 (1 莫耳的硫酸鈉為 142.0 公克) 的物質溶解在 1 公斤的水中，根據溶質－溶劑間作用力的本質不同，所形成的最終溶液體積會大於或小於 1000 毫升，鮮少有機會恰好等於這個數字。

例題 12.3 可以告訴我們如何計算溶液的重量莫耳濃度。

例題 12.3

若將 24.4 公克的硫酸溶解於 198 公克的水中，試計算此溶液的重量莫耳濃度。(每莫耳硫酸的質量為 98.09 公克。)

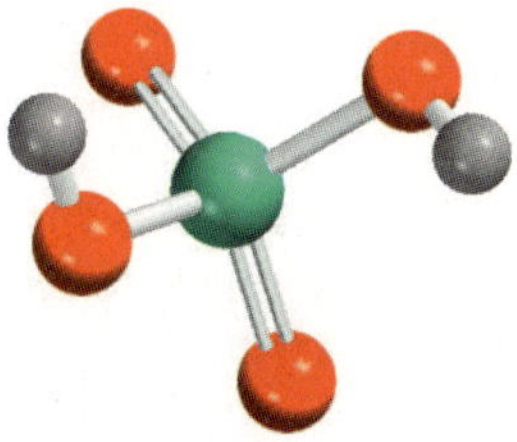

H_2SO_4

策　略

在計算溶液的重量莫耳濃度 (m) 時，我們需要知道溶質的莫耳數與溶劑的質量 (以公斤為單位)。

解　答

重量莫耳濃度的定義為

$$m = \frac{溶質莫耳數}{溶劑質量\ (公斤)}$$

首先，我們要算出 24.4 公克的硫酸到底是幾莫耳：

$$H_2SO_4 \text{ 的莫耳數} = 24.4\ \text{g}\ \cancel{H_2SO_4} \times \frac{1\ \text{mol}\ H_2SO_4}{98.09\ \text{g}\ \cancel{H_2SO_4}}$$
$$= 0.249\ \text{mol}\ H_2SO_4$$

因為水的質量為 198 公克＝0.198 公斤，因此，

$$m = \frac{0.249\ \text{mol}\ H_2SO_4}{0.198\ \text{kg}\ H_2O}$$
$$= 1.26\ m$$

練習題

若有 7.78 公克的尿素 $[(NH_2)_2CO]$ 溶於 203 公克的水中，請問它的重量莫耳濃度是多少？

濃度單位間的比較

濃度單位的選擇必須基於實驗目的。例如：莫耳分率就不適合用在滴定實驗與重量分析，但可以用來計算氣體的分壓 (見 5.6 節)，或是我們即將要談到的溶液蒸氣壓。

如同在 4.5 節中所說的，使用體積莫耳濃度的優勢在於溶液的體積比溶劑的重量要容易測量，只要利用定量瓶即可得知，因此體積莫耳濃度比重量莫耳濃度更常被使用。但從另一方面來說，重量莫耳濃度只跟溶質和溶劑的重量相關，不會受到溫度的影響，而溶液的體積則通常會因為溫度的上升而變大，所以在攝氏 25 度時為 1.0 *M* 的溶液到了攝氏 45 度時就會變成 0.97 *M*，這種濃度與溫度的相關性會嚴重影響實驗的正確性，因此有時候選用重量莫耳濃度更為恰當。

質量百分濃度跟重量莫耳濃度一樣不受溫度所影響，由於它是溶質質量和溶劑質量間的比值，所以我們在計算時不需要知道每莫耳溶質的質量。

有時候溶液的濃度單位可以彼此轉換。例如：同一種溶液在進行不同實驗時會需要不一樣的濃度單位，假設有一葡萄糖溶液的濃度為 0.396 *m*，即表示有 0.396 莫耳的葡萄糖 ($C_6H_{12}O_6$) 溶在 1000 公克的溶劑中，當我們需要得知溶液的體積以計算其體積莫耳濃度時，首先得從葡萄糖的莫耳質量來計算出溶液的重量：

$$\left(0.396\ \text{mol}\ \cancel{C_6H_{12}O_6} \times \frac{180.2\ \text{g}}{1\ \text{mol}\ \cancel{C_6H_{12}O_6}}\right) + 1000\ \text{g}\ H_2O = 1071\ \text{g}$$

第二步則是透過實驗來確定溶液的密度是多少，假設得到的數值為 1.16 g/mL，就可以更進一步地算出溶液的體積如下：

$$\text{體積} = \frac{\text{質量}}{\text{密度}}$$
$$= \frac{1071\ \text{g}}{1.16\ \text{g/mL}} \times \frac{1\ \text{L}}{1000\ \text{mL}}$$
$$= 0.923\ \text{L}$$

最後，將其代入並算出溶液的體積莫耳濃度：

$$\text{體積莫耳濃度} = \frac{\text{溶質莫耳數}}{\text{溶液公升數}}$$
$$= \frac{0.396\ \text{mol}}{0.923\ \text{L}}$$
$$= 0.429\ \text{mol/L} = 0.429\ M$$

由此可知，得知溶液的密度是進行體積莫耳濃度與重量莫耳濃度間轉換的重要條件。

例題 12.4 與 12.5 可以告訴我們如何進行濃度單位的換算。

例題 12.4

2.45 *M* 甲醇 (CH_3OH) 水溶液的密度為 0.976 g/mL，請問此溶液的重量莫耳濃度是多少？(每莫耳甲醇的質量為 32.04 公克。)

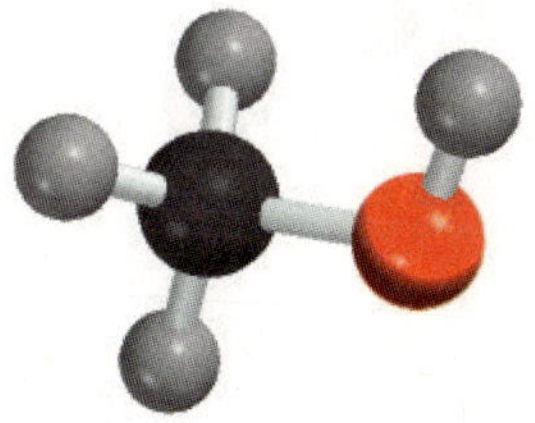

CH_3OH

策　略

在計算重量莫耳濃度時，我們需要知道甲醇的莫耳數與溶劑的質量 (以公斤為單位)，如果假設溶劑有 1 公升，甲醇就會有 2.45 莫耳。

$$m = \frac{\text{溶質莫耳數}}{\text{溶劑質量 (公斤)}}$$

（m：想知道的濃度；溶質莫耳數：已知；溶劑質量 (公斤)：需要計算）

解　答

首先，我們要利用密度作為轉換條件來算出溶液中含有多少的水，1 公升 2.45 *M* 的甲醇水溶液之總質量為

$$1\ \text{L soln} \times \frac{1000\ \text{mL soln}}{1\ \text{L soln}} \times \frac{0.976\ \text{g}}{1\ \text{mL soln}} = 976\ \text{g}$$

因為此溶液中含有 2.45 莫耳的甲醇，所以溶劑 (即水) 的質量經過計算如下：

$$\begin{aligned} H_2O\ 質量 &= 溶液質量 - 溶質質量 \\ &= 976\ g - \left(2.45\ mol\ \cancel{CH_3OH} \times \frac{32.04\ g\ CH_3OH}{1\ mol\ \cancel{CH_3OH}}\right) \\ &= 898\ g \end{aligned}$$

將 898 公克轉換成 0.898 公斤後可以得到溶液的重量莫耳濃度為：

$$\begin{aligned} 重量莫耳濃度 &= \frac{2.45\ mol\ CH_3OH}{0.898\ kg\ H_2O} \\ &= 2.73\ m \end{aligned}$$

類題：12.3(a)。

練習題

試計算 5.86 M 的乙醇溶液 (密度為 0.927 g/mL) 之重量莫耳濃度。

例題 12.5

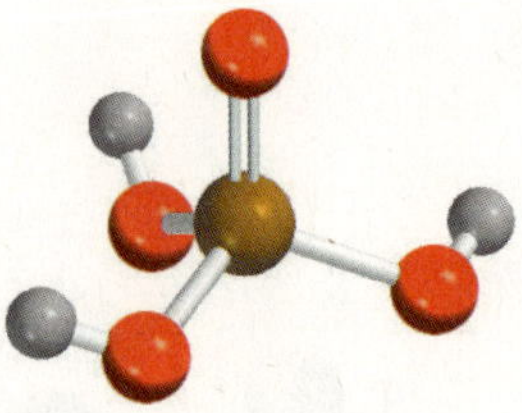

H_3PO_4

試計算 35.4% 的磷酸 (H_3PO_4) 水溶液之重量莫耳濃度。(每莫耳磷酸的質量為 97.99 公克。)

策　略

若先將溶液的重量假設成 100.0 公克，這種問題變得比較容易作答，因為 35.4% (或 35.4 公克) 的磷酸也就同時意味著溶液中含有 100.0% – 35.4% = 64.6% (或 64.6 公克) 的水。

解　答

根據已知每莫耳磷酸的質量，我們可以分兩步驟來算出重量莫耳濃度，和例題 12.3 一樣，首先要算出上述 35.4 公克的酸中含有多少莫耳的磷酸：

$$\begin{aligned} H_3PO_4\ 莫耳數 &= 35.4\ g\ \cancel{H_3PO_4} \times \frac{1\ mol\ H_3PO_4}{97.99\ g\ \cancel{H_3PO_4}} \\ &= 0.361\ mol\ H_3PO_4 \end{aligned}$$

水的質量為 64.6 公克＝0.0646 公斤，因此其重量莫耳濃度為

$$\begin{aligned} 重量莫耳濃度 &= \frac{0.361\ mol\ H_3PO_4}{0.0646\ kg\ H_2O} \\ &= 5.59\ m \end{aligned}$$

類題：12.3(b)。

練習題

試計算 44.6% 的氯化鈉水溶液之重量莫耳濃度。

12.4 溫度與溶解度的關係

回憶一下溶解度的定義：**在特定溫度**時有多少溶質可以溶解在一定劑量的溶劑當中。溫度會影響大部分物質的溶解度，在這一節中我們要思考的是溫度效應對固體與氣體溶解度的影響。

固體的溶解度與溫度之關係

圖 12.3 說明一些離子化合物在水中之溶解度與溫度間的關係，對於大多數的固態物質來說，溶解度會隨著溫度的上升而增加，然而溶解熱 (ΔH_{soln}) 之性質與溶解度隨溫度之變化卻沒有絕對的關聯性。例如：氯化鈣在溶解的過程中會吸熱、硝酸銨則會放熱，但兩者的溶解度都會隨著溫度的上升而增加。一般而言，溫度對溶解度的影響最好還是根據實驗結果來判斷。

結晶分離

如圖 12.3 所示，不同固體之溶解度跟溫度間的關係變化很大，舉例來說，硝酸鈉的溶解度會隨著溫度的增加而驟增，但氯化鈉的變化就非常小，因此我們可以用這種差異來獲得混合物中的某種純物質，所謂的**結晶分離** (fractional crystallization) 就是利用溶解度的差異來將混合物分離成各種單純的成分。

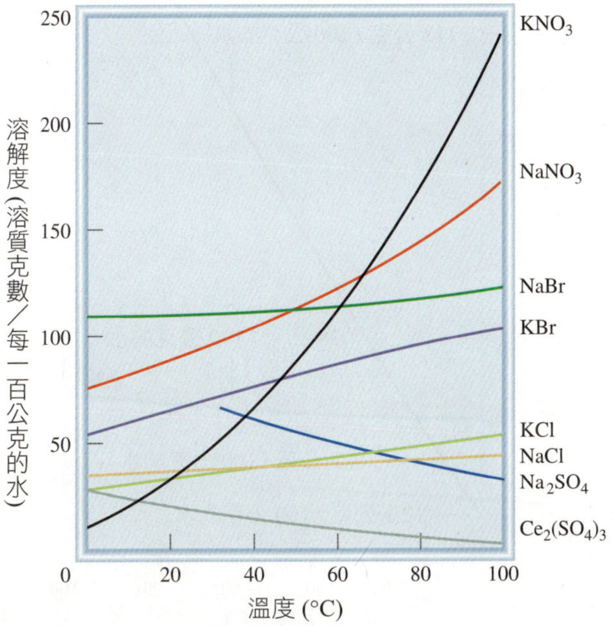

圖 12.3 一些離子化合物在水中的溶解度與溫度之關係。

假設我們要從含有 90 公克硝酸鉀跟 10 公克氯化鈉的樣品中將硝酸鉀純化出來，可以先將這個混合物溶解在攝氏 60 度、100 毫升的水中，接著再逐漸把它降溫至攝氏 0 度，由於每 100 公克的水在這個溫度時分別可以溶解 12.1 公克與 34.2 公克的硝酸與氯化鈉，因此大約會有 78 公克 (90 公克 – 12 公克) 的硝酸鉀會從溶液中結晶出來，但所有的氯化鈉卻仍然維持在被溶解的狀態 (圖 12.4)，然後我們就可以用過濾的方法自溶液中分離出大約 90% 的純硝酸鉀晶體。

很多在實驗室中所使用的有機或無機固體化合物都是用結晶分離的方法純化的，一般而言，當化合物的溶解度曲線很陡峭，也就是它在高溫時的溶解度比在低溫時高很多的話，這種純化的方法就很好用，否則即便溶液被冷卻之後還是會有很多東西溶在裡面；當然，結晶分離的方法也適用於溶液中的不純物相對較少時。

氣體的溶解度與溫度之關係

氣體在水中的溶解度通常會隨著溫度的上升而降低 (圖 12.5)。當加熱燒杯中的水時，早在水「沸騰」之前，你就會看到有氣泡開始從玻璃壁上冒出來。

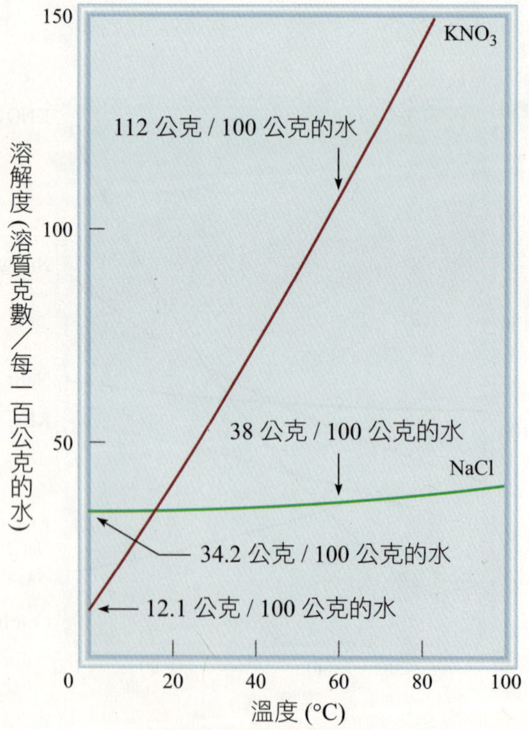

圖 12.4 硝酸鉀與氯化鈉在攝氏 0 度與 60 度時的溶解度。由於溫度與溶解度的線性關係不同，我們可以利用結晶分離的方法將某一化合物從混合溶液中分離出來。

熱汙染 (thermal pollution 意指環境溫度的升高會危害到棲息者，通常是以水作為熱傳導的媒介) 與氧分子在熱水中的溶解度會下降有直接的關聯性。根據估計，美國工業界目前每年約使用 100 兆加侖的水來進行冷卻工作，它們大部分都被用來中和產生電力與核能時所散發的熱量，這些來自於湖泊或河川中的水在被加熱之後會回到原處。生態學家已經愈來愈擔心這種熱汙染效應對水生動植物所造成的影響，因為冷血動物 (包括魚) 和人類不同，牠們難以適應環境溫度的快速改變。一般而言，水溫每升高攝氏 10 度就會造成其新陳代謝速率的倍增，當魚的新陳代謝速率加快時會需要更多的氧氣，但氧氣在熱水中的溶解度卻反而變得比較差，因此大家目前正在思考如何在兼顧發電之餘，盡量減少對生物系統造成危害。

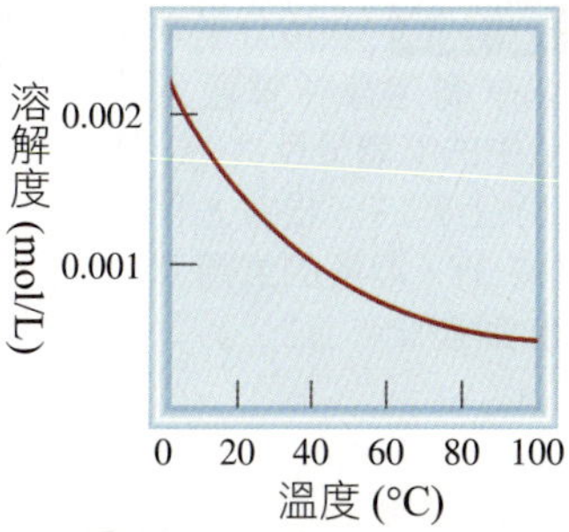

圖 12.5 當 1 atm 的氧氣通入水中時，其溶解度與溫度的關係。請注意：溶解度會隨著溫度的上升時而降低。

12.5 壓力對氣體溶解度的影響

實際的結果顯示外界壓力不會改變液體與固體的溶解度，但卻影響氣體的溶解度甚鉅，氣體溶解度與壓力間的關係會遵循**亨利**[1] **定律** (Henry's law)——*液體中的氣體溶解度會和通入溶液中的氣體壓力成正比。*

$$c \propto P$$

$$c = kP \tag{12.3}$$

其中 c 代表溶解氣體的莫耳濃度 (mol/L)，P 代表通入氣體在平衡時的壓力 (atm)，如果同時有兩種以上的氣體時，P 則代表各氣體的分壓，而 k 是只和溫度有關的氣體常數，它的單位為 mol/L‧atm；因此，當通入的氣體壓力為 1 大氣壓時，c 的值就會等於 k。

每種氣體在特定溫度時的 k 值都不相同。

分子動力學理論可以用來解釋亨利定律，氣體在溶劑中的溶解度會受到兩種因素影響：它的被捕獲率還有跟液體表面的碰撞頻率，如圖 12.6(a) 所示，當氣體與溶液處於動力學平衡的狀態時，氣體分子在每一瞬間溶入與溶出此溶液的數目都是相等的；如果氣體的分壓增加 [圖 12.6(b)]，會有更多的分子接觸到液面，因此溶解進液體的分子數目也會跟著變多，這樣的過程會持續地進行，直到在某個新的濃度下，溶入

1 威廉‧亨利 (William Henry, 1775~1836)，美國化學家。亨利最主要的科學貢獻來自於現今以他為名的亨利定律，它描述了氣體溶解度與壓力間的關係。

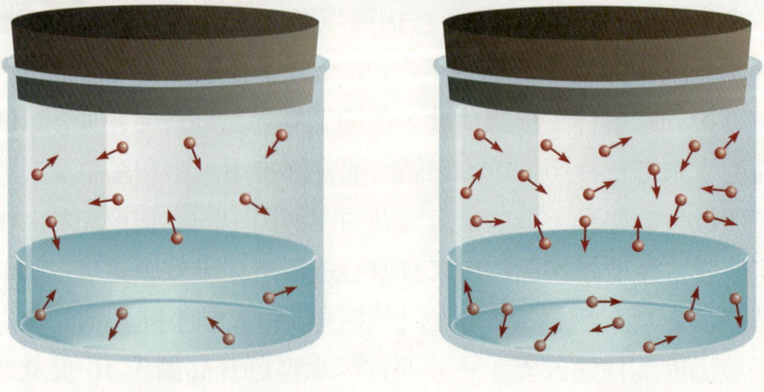

圖 12.6 利用分子來闡述亨利定律。當通入溶液中的氣體分壓由 (a) 至 (b) 上升時，根據方程式 (12.3)，溶解的氣體濃度也會增加。

軟性飲料的起泡。瓶子在打開前已經先搖晃過，使得二氧化碳能夠更順利地掙脫。

與溶出此溶液的分子數目再次達到平衡，這時分子無論是在液相或氣相中的濃度都會比原來還要高。

亨利定律最常見的實際應用案例就是罐裝氣泡飲料。在蓋子被打開以前，罐子裡充滿著由空氣、二氧化碳及水所組成的飽和高壓混合氣體，因為二氧化碳的分壓占了其中大多數，所以可溶解於飲料中的二氧化碳數量會比在常壓下還要多，但壓力在蓋子打開以後就會被釋放，接著罐子裡會逐漸回到常壓狀態，此時二氧化碳在空氣中的分壓 (0.0003 atm) 會決定它有多少仍留在飲料中，多餘部分則會跑出來造成冒泡的現象。

例題 12.6 是將亨利定律應用於氮氣的溶解。

例題 12.6

氮氣在 1 atm、攝氏 25 度時的溶解度為 6.8×10^{-4} mol/L，請問此時溶解於水中之氮氣的體積莫耳濃度為何？(氮氣在空氣中的分壓為 0.78 atm。)

策　略

根據已知的溶解度可以計算出亨利定律常數 (k)，然後再用它來決定溶液的濃度。

解　答

第一步要先根據方程式 (12.3) 來算出 k 值：

$$c = kP$$
$$6.8 \times 10^{-4}\ \text{mol/L} = k\ (1\ \text{atm})$$
$$k = 6.8 \times 10^{-4}\ \text{mol/L} \cdot \text{atm}$$

故氮氣在水中的溶解度為

$$c = (6.8 \times 10^{-4}\ \text{mol/L} \cdot \text{atm})(0.78\ \text{atm})$$
$$= 5.3 \times 10^{-4}\ \text{mol/L}$$
$$= 5.3 \times 10^{-4}\ M$$

溶解度的減少是因為壓力從 1 atm 下降成 0.78 atm 的緣故。

檢　查

前後的濃度比 [($5.3 \times 10^{-4}\ M/6.8 \times 10^{-4}\ M$) = 0.78] 應該要跟壓力比 (0.78 atm/1.0 atm = 0.78) 相等才對。

類題：12.8。

練習題

試計算在攝氏 25 度、分壓為 0.22 atm 時，氧氣在水中的溶解度。(氧的亨利定律常數為 1.3×10^{-3} mol/L · atm。)

大部分的氣體都會遵守亨利定律，但還是會有一些例外。舉例來說，如果被溶解的氣體可以跟水反應時溶解度會更好，像氨的溶解度就比預期還要來得高：

$$NH_3 + H_2O \rightleftharpoons NH_4^+ + OH^-$$

二氧化碳也可以和水反應如下：

$$CO_2 + H_2O \rightleftharpoons H_2CO_3$$

另一個有趣的例子就是血中的溶氧分子。氧氣通常只會微溶於水中 (見例題 12.6 中的練習題)，然而由於血紅素 (homoglobin; Hb) 的關係，它在血液中的溶解度明顯地高出許多，每一個血紅素分子可以和 4 個氧分子結合，然後漸漸地將它們傳送到組織中，以供新陳代謝進行時使用：

$$Hb + 4O_2 \rightleftharpoons Hb(O_2)_4$$

這樣的過程導致氧分子在血液中會有較高的溶解度。

12.6 非電解質溶液的依數性質

溶液的某些特性與溶質粒子的本質無關，只會受到其數目所影響，我們稱之為溶液的**依數性質** (colligative properties) (包含蒸氣壓下降、沸點上升、凝固點下降及滲透壓)，一言以蔽之，無論溶質粒子本身是原子、離子或分子，只有粒子的數目才會對這些特性造成影響，當我們在討論非電解質溶液的依數性質時，必須牢記一個重要的前提，就是我們

都在討論很稀薄的溶液，它們的濃度必須在 0.2 *M* 以下。

蒸氣壓下降

關於純液體的平衡蒸氣壓問題請見 11.6 節。

當溶液裡面具有**非揮發性** (nonvolatile) (也就是量不到蒸氣壓) 溶質時，它的蒸氣壓會比單純溶劑的本身來得小，這兩者間的相對關係跟溶液中的溶質濃度有關，**拉午耳**[2] **定律** (Raoult's law) 就是在描述這種關係，即溶液中的溶劑蒸氣壓 (P_1) 等於單純溶劑的蒸氣壓 (P_1°) 乘上其莫耳分率 (X_1)：

$$P_1 = X_1 P_1^\circ \tag{12.4}$$

如果溶液中只有一種溶質，則 $X_1 = 1 - X_2$，其中 X_2 是溶質的莫耳分率。因此方程式 (12.4) 也可以改寫成

$$P_1 = (1 - X_2)P_1^\circ$$

或

$$P_1 = P_1^\circ - X_2 P_1^\circ$$

所以

$$P_1^\circ - P_1 = \Delta P = X_2 P_1^\circ \tag{12.5}$$

我們可以從中發現到蒸氣壓的下降量 (ΔP) 會和溶質的濃度 (以莫耳分率來表示) 直接成正比。

例題 12.7 就是在說明如何應用拉午耳定律 [方程式 (12.5)]。

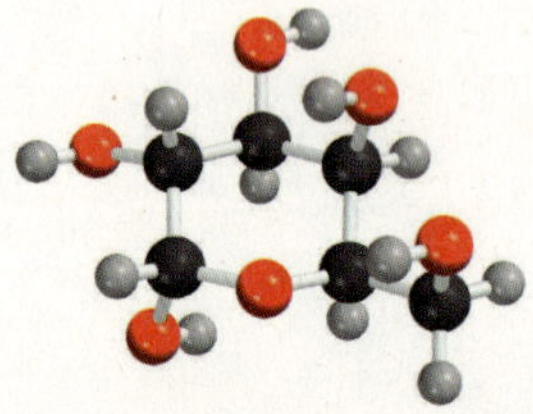

$C_6H_{12}O_6$

例題 12.7

在攝氏 30 度時，有 218 公克的葡萄糖 (glucose) 被溶於 460 毫升的水中，若假設此溶液的密度為 1.00 g/mL，請問它的蒸氣壓為何？此時蒸氣壓下降多少？(純水在攝氏 30 度時的蒸氣壓列於表 5.3 中。)

策　略

葡萄糖是非揮發性電解質，我們需要利用拉午耳定律 [方程式 (12.4)] 來計算出溶液的蒸氣壓。

解　答

溶液蒸氣壓 (P_1) 的計算公式如下：

需要計算

$$P_1 = X_1 P_1^\circ$$

想要知道　　　　已知

2 法蘭索瓦・拉午耳 (François Marie Raoult, 1830~1901)，法國化學家。拉午耳的主要研究工作為溶液之性質與電化學。

首先，我們要知道溶液中葡萄糖與水的莫耳數：

$$n_1\,(\text{水}) = 460\ \text{mL} \times \frac{1.00\ \text{g}}{1\ \text{mL}} \times \frac{1\ \text{mol}}{18.02\ \text{g}} = 25.5\ \text{mol}$$

$$n_2\,(\text{葡萄糖}) = 218\ \text{g} \times \frac{1\ \text{mol}}{180.2\ \text{g}} = 1.21\ \text{mol}$$

然後再用下列方法求出水的莫耳分率 (X_1)：

$$X_1 = \frac{n_1}{n_1 + n_2}$$

$$= \frac{25.5\ \text{mol}}{25.5\ \text{mol} + 1.21\ \text{mol}} = 0.955$$

根據表 5.3，純水在攝氏 30 度時的蒸氣壓為 31.82 mmHg，因此葡萄糖溶液的蒸氣壓為

$$P_1 = 0.955 \times 31.82\ \text{mmHg}$$

$$= 30.4\ \text{mmHg}$$

最後，還有蒸氣壓的下降量 $\Delta P = 31.82 - 30.4 = 1.4\ \text{mmHg}$。

檢　查

我們也可以利用方程式 (12.5) 來計算蒸氣壓的下降量，因為葡萄糖的莫耳分率為 0.045 = 1 – 0.955，所以蒸氣壓為 1.4 mmHg = 0.045 × 31.82 mmHg。

類題：12.9。

練習題

在攝氏 35 度時，有 82.4 公克的尿素 (每莫耳的尿素為 60.06 公克) 被溶於 212 毫升的水中，請問此溶液的蒸氣壓為何？此時蒸氣壓下降多少？

為什麼溶液的蒸氣壓會小於單純溶劑的蒸氣壓呢？在 12.2 節中強調過物理及化學現象都會朝著失去秩序的方向發展，當它們失序的程度愈嚴重時，變化情形就愈明顯，因為分子處於氣態時的排列沒有它在液態時規則，所以汽化會導致失序的情況發生；又因為溶液的成分比單純的溶劑複雜，我們也可以將它視為較混亂的系統，所以溶液中的分子在汽化時失序的程度會比較輕微，也就是說，溶液中的溶劑分子比較不容易汽化，它的蒸氣壓也會比單純溶劑分子的蒸氣壓小。

如果溶液中的兩種成分都具有**揮發性** (volatile) (也就是量得到蒸氣壓) 時，它的蒸氣壓值將會是其個別分壓的總和，此時各分壓的大小仍舊遵守拉午耳定律：

$$P_A = X_A P_A^\circ$$
$$P_B = X_B P_B^\circ$$

P_A° 與 P_B° 分別代表溶液中成分 A 與 B 的純物質蒸氣壓，而 P_A 與 P_B 則是它們的分壓，X_A 與 X_B 是它們的莫耳分率，總壓可以根據 5.6 節所提到的道耳吞分壓定律來計算：

$$P_T = P_A + P_B$$

或

$$P_T = X_A P_A^\circ + X_B P_B^\circ$$

舉例來說，具揮發性的苯與甲苯有著相似的結構與分子間作用力：

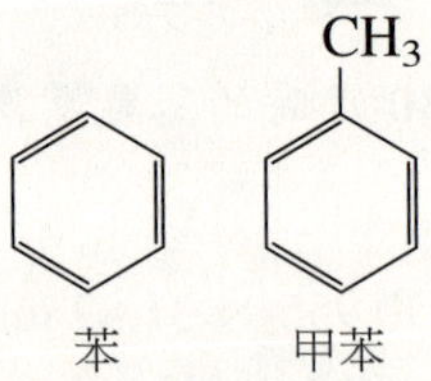

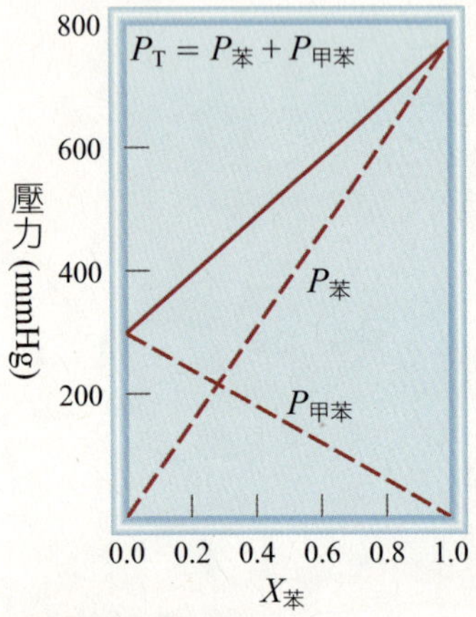

圖 12.7 在攝氏 80 度的苯—甲苯溶液中，苯與甲苯之莫耳分率 ($X_{甲苯} = 1 - X_苯$) 及其分壓間的關係，因為蒸氣壓遵守拉午耳定律的關係，此溶液被稱為理想溶液。

當它們混合在一起以後，苯與甲苯的蒸氣壓都會遵守拉午耳定律，圖 12.7 顯示此混合溶液的總壓 (P_T) 與其混合比例間的關聯性。請注意：我們只需要知道溶液中任何一種成分的莫耳分率即可，當 $X_苯$ 已知時，$X_{甲苯}$ 即為 $(1 - X_苯)$，苯—甲苯溶液是少數的**理想溶液** (ideal solution)，理想溶液會遵守拉午耳定律，它所具有的特性之一就是溶解熱 (ΔH_{soln}) 為零。

但是，大部分溶液的性質都沒有這麼理想，假設現在有兩種揮發性物質 A 與 B，讓我們來看看下列兩種情形：

案例一：與理想溶液相較之下，如果 A—B 分子間的作用力小於 A—A 與 B—B 分子間的作用力，當它們混合以後分子會比較難停留在溶液裡面，因此溶液在同濃度下的真實蒸氣壓必然會大於根據拉午耳定律所預測出來的結果，這樣的行為會產生正偏差 [圖 12.8(a)]，此時的溶解熱為正值 (混合的過程為吸熱)。

案例二：如果 A—B 分子間的作用力大於 A—A 與 B—B 分子間的作用力時，則溶液的真實蒸氣壓會小於根據拉午耳定律所預測出來的結果，這樣的行為會產生負偏差 [圖 12.8(b)]，此時的溶解熱為負值 (混合的過程為放熱)。

分　餾

分餾 (fractional distillation) 是一種分離的方法，它跟溶液的蒸氣壓有直接關係，分餾有點像結晶分離，但利用的是溶液中個別液體成分的

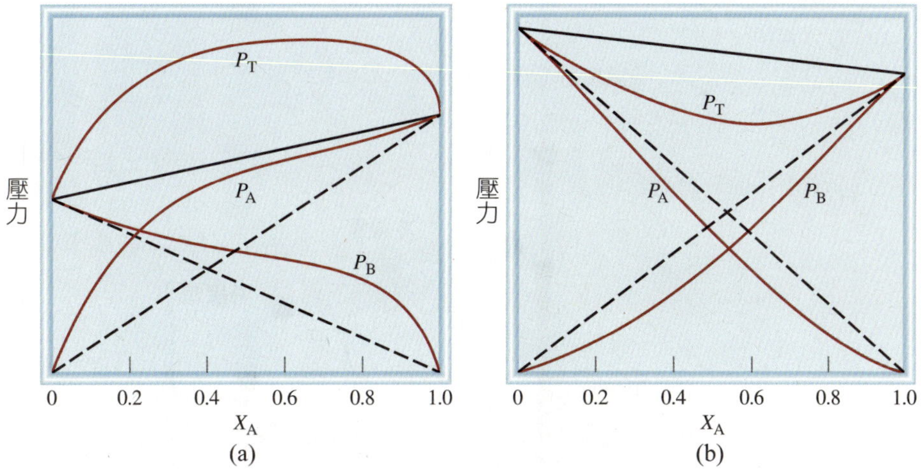

圖 12.8 非理想溶液。(a) 當 P_T 大於根據拉午耳定律所預測出來的結果 (黑色實線) 時就會出現正偏差；(b) 當 P_T 小於根據拉午耳定律所預測出來的結果 (黑色實線) 時就會出現負偏差。

沸點不同。以苯與甲苯來說，雖然它們都具有揮發性，但其沸點的差異頗大 (分別為攝氏 80.1 度與 110.6 度)，當我們煮沸含有這兩種物質的溶液時，揮發性高的苯會產生較多的蒸氣，這些蒸氣可以被冷凝到另外一個瓶子裡；若收集到的液體被再次煮沸，則會產生更高濃度的苯蒸氣，重複這個過程數次之後，就可以百分之百地將苯跟甲苯進行分離。

實際上，化學家可以用圖 12.9 所示之工具來分離不同的揮發性液體——先將內含苯一甲苯溶液的圓底瓶裝上一段長直管柱 (內置小玻璃珠)，當溶液沸騰的時候，蒸氣會先冷凝在管柱下層的玻璃珠上，然後再流回圓底瓶中，隨著時間的過去，玻璃珠會慢慢地被加熱，也使得蒸氣得以一點一滴地往上移動，苯與甲苯之混合物會在這些層層堆疊的物質中不斷地重複汽化一冷凝，因此管柱中的蒸氣組成成分會逐漸改變，到最後其上層的蒸氣會完全由揮發性最高 (溶點最低) 的單一物質 (在這個例子裡是苯) 所組成，再被冷凝收集至另外一個瓶子中。

分餾對於工業界與實驗室來說都很重要，石化工業會利用分餾來分離大量的原油。

沸點上升

溶液的沸點是它的蒸氣壓大小等於外界壓力時的溫度 (見 11.8 節)，因為非揮發性溶質的存在會降低溶液之蒸氣壓，所以其沸點也會跟著被影響，圖 12.10 要告訴我們純水與水溶液三相圖的差別，如果從圖形來加以分析，你會發現溶液的蒸氣壓曲線 (虛線) 出現在下方，那

圖 12.9 小量分餾工具。分離用管柱中裝著小玻璃珠，當管柱愈長，愈能完整地將各種揮發性液體加以分離。

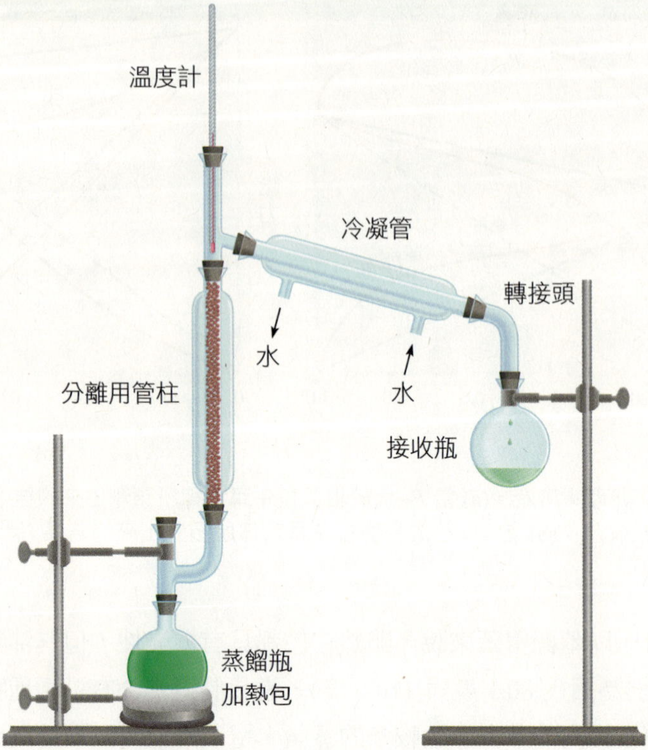

圖 12.10 三相圖可以解釋水溶液的沸點上升與凝固點下降。虛線代表水溶液，而實線則代表純溶劑，如你所見，水溶液的沸點會比水高，而凝固點則比水低。

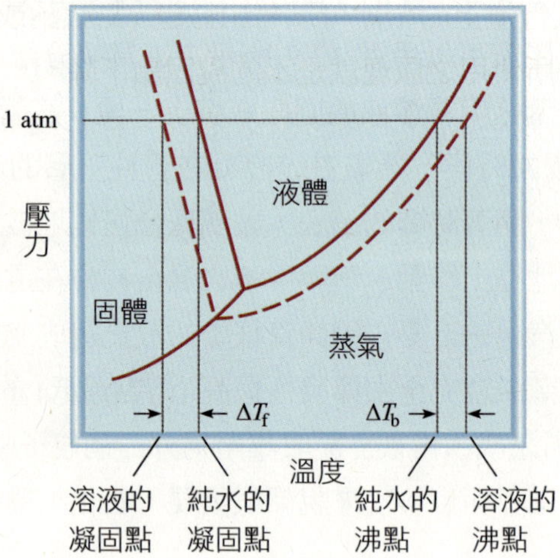

是由於無論在任何溫度下，溶液的蒸氣壓都會小於單純溶劑的蒸氣壓；也因此若聚焦在貫穿 $P = 1$ atm 的那條水平線時，它跟虛線的交點會出現在比較高的溫度 (相對於代表著純溶劑正常沸點的溫度)，也就是說，水溶液的沸點會比純水高，我們將*溶液的沸點* (T_b) *減去單純溶劑之沸點* (T_b°) *的差值定義為***沸點上升** (boiling-point elevation; ΔT_b)：

$$\Delta T_b = T_b - T_b^\circ$$

因為 $T_b > T_b^\circ$，所以 ΔT_b 是正值。

將正常的沸點加上沸點上升度數可以算出新的沸點。

ΔT_b 跟蒸氣壓下降的數值成正比，也跟溶液的 (重量莫耳) 濃度成正比。也就是說，

$$\Delta T_b \propto m$$

$$\Delta T_b = K_b m \tag{12.6}$$

其中 m 為溶液的重量莫耳濃度，K_b 為其**沸點上升常數**，單位為 °C/m，單位的選擇在這裡很重要，因為整個 (溶液) 系統的溫度並不固定，所以不能用體積莫耳濃度來表達此公式，否則濃度會隨著溫度而改變。

表 12.2 列出了數種常見溶劑的 K_b 值。透過水的沸點上升常數與方程式 (12.6)，你會看到當某水溶液的重量莫耳濃度為 1.00 m 時，其沸點是攝氏 100.52 度。

凝固點下降

普通人可能永遠不會察覺到沸點上升的現象，但只要是身處於寒冷天候中的人，稍微仔細一點就會對凝固點下降的情況感到熟悉。在寒冷地區，路面及人行道上的結冰可以藉由撒鹽 (氯化鈉或氯化鈣) 來使之溶解，這種方法所使用之原理就是水的凝固點下降。

替飛機除霜用的就是凝固點下降的原理。

圖 12.10 顯示溶液的蒸氣壓下降會讓固一液共存線朝左方移動，也因此和水的凝固點相較之下，這條線與貫穿 1 atm 的水平線之交點溫度會比較低，**凝固點下降** (freezing-point depression; ΔT_f) 指的是溶液的凝固點 (T_f) 與單純溶劑之凝固點 (T_f°) 間的差異：

$$\Delta T_f = T_f^\circ - T_f$$

表 12.2 一些常見液體的沸點上升與凝固點下降常數

溶劑	正常凝固點 (°C)	K_f (°C/m)	正常沸點 (°C)*	K_b (°C/m)
水	0	1.86	100	0.52
苯	5.5	5.12	80.1	2.53
乙醇	–117.3	1.99	78.4	1.22
醋酸	16.6	3.90	117.9	2.93
環己烷	6.6	20.0	80.7	2.79

*於 1 atm 下測量所得之結果。

將正常凝固點加上凝固點下降度數可以算出新的凝固點。

因為 $T_f^\circ > T_f$，所以 ΔT_f 為正值，而且 ΔT_f 也和溶液的濃度有關：

$$\Delta T_f \propto m$$

$$\Delta T_f = K_f m \tag{12.7}$$

其中 m 指的是溶質的濃度 (以重量莫耳濃度當單位)，K_f 是凝固點下降常數 (見表 12.2)，就像 K_b 一樣，K_f 的單位是 °C/m。

關於凝固點下降現象的確切解釋如下：凝固是一種物質的秩序從較不規則變為規則的過渡期，當它發生的時候整個系統會失去能量，因為溶液比溶劑更沒有秩序性，所以前者在轉變過程前後所失去的能量會高於後者，也因此溶液的凝固點會比單純溶劑本身要來得低。請注意：當溶液凝固時所分離出來的固體會是由純溶劑所組成。

為了讓沸點上升的現象發生，溶質必須具有揮發性，但要讓凝固點下降就沒有這項限制。舉例來說：甲醇是一種揮發性液體，其沸點為攝氏 65 度，但它有時候可以當作汽車散熱所使用裝置的抗凍劑。

例題 12.8 可以告訴我們如何應用凝固點下降的原理。

在氣候寒冷的地方，汽車的散熱裝置裡面必須使用抗凍劑。

例題 12.8

乙二醇 (ethylene glycol; EG) 是一種常見的車用抗凍劑，它可溶於水且不具有揮發性 (沸點為攝氏 197 度)，試計算當 651 公克的乙二醇溶於 2505 公克的水中時，此溶液的凝固點為何？你在夏天的時候仍然會考慮將此物質留在你車子的散熱裝置裡面嗎？(每莫耳乙二醇的重量為 62.01 公克。)

策 略

本題要問的是溶液之凝固點下降度數。

$$\Delta T_f = K_f m$$

（ΔT_f：想要知道；K_f：常數；m：需要計算）

根據題目所給的資訊，我們可以求得溶液的重量莫耳濃度，並從表 12.2 中查到乙二醇的 K_f。

解 答

為了計算出溶液的重量莫耳濃度，我們需要先知道乙二醇的莫耳數及溶劑的重量 (以公斤為單位)，由於每莫耳乙二醇的重量已知且溶劑的重量為 2.505 公斤，所以重量莫耳濃度的計算結果如下：

$$651\ \text{g EG} \times \frac{1\ \text{mol EG}}{62.07\ \text{g EG}} = 10.5\ \text{mol EG}$$

$$m = \frac{\text{溶質莫耳數}}{\text{溶劑質量 (公斤)}}$$
$$= \frac{10.5\ \text{mol EG}}{2.505\ \text{kg}\ H_2O} = 4.19\ \text{mol EG/kg}\ H_2O$$
$$= 4.19\ m$$

從方程式 (12.7) 與表 12.2 可得：

$$\Delta T_f = K_f m$$
$$= (1.86°\text{C}/m)(4.19\ m)$$
$$= 7.79°\text{C}$$

因為純水的凝固點為攝氏 0 度，所以溶液會在攝氏 0 – 7.79 = –7.79 度時凝固；同樣地，我們也可以用相同的方法得知其沸點上升度數：

$$\Delta T_b = K_b m$$
$$= (0.52°\text{C}/m)(4.19\ m)$$
$$= 2.2°\text{C}$$

因為此溶液會在攝氏 100 + 2.2 = 102.2 度時沸騰，所以在夏天時，最好將它從你的汽車散熱裝置中移除，以避免沸騰。

練習題

試計算當 478 公克的乙二醇溶於 3202 公克的水中時，此溶液的沸點與凝固點。

滲透壓

許多化學與生物現象都是以**滲透** (osmosis) 的方式在進行，即溶劑分子經由多孔膜進行選擇性穿透，從稀薄溶液這一端移動到濃度較高的另一端。圖 12.11 可以解釋該現象，裝置左、右兩邊分別裝有溶液與純溶劑，兩區塊間由**半透膜** (semipermeable membrane) 分隔，該膜允許溶劑分子通過，但溶質分子則會被擋住而無法穿透。一開始裝置左、右兩管中的水位等高 [圖 12.11(a)]，但經過一段時間之後，右邊管柱水位開始持續上升，直到平衡，即無法再用肉眼觀察到其變化。**滲透壓** (osmotic pressure; π) 為溶液阻止滲透所需的壓力，圖 12.11(b) 顯示滲透壓可由最終兩管的液體高度差來測量。

到底水分子是如何自發性地從裝置的左邊移到右邊呢？圖 12.12 可

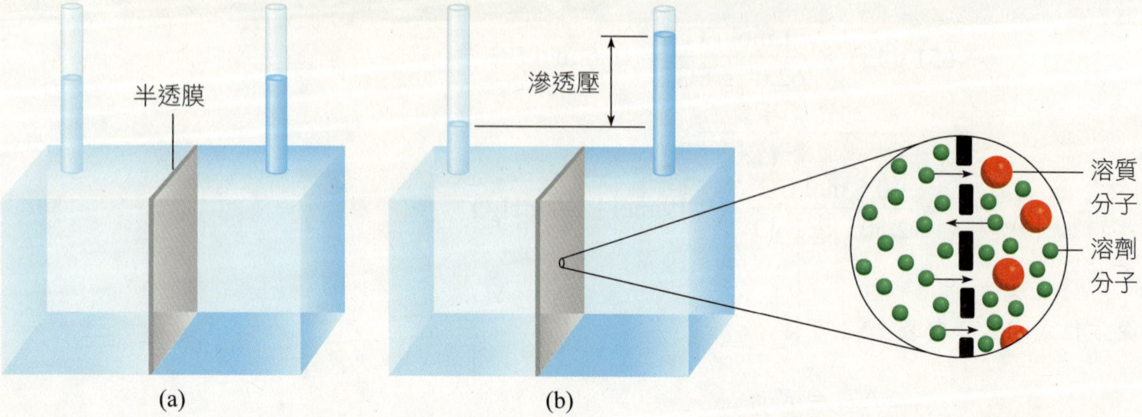

圖 12.11 滲透壓。(a) 純物質 (左) 與溶液 (右) 的液面等高；(b) 溶液方的液面在滲透的過程中上升，造成溶劑從左邊流向右邊；滲透壓會與位於右方管柱中的流體所造成之壓力相等，基本上，如果將左方的純物質換成濃度較稀的溶液時也會出現相同情況。

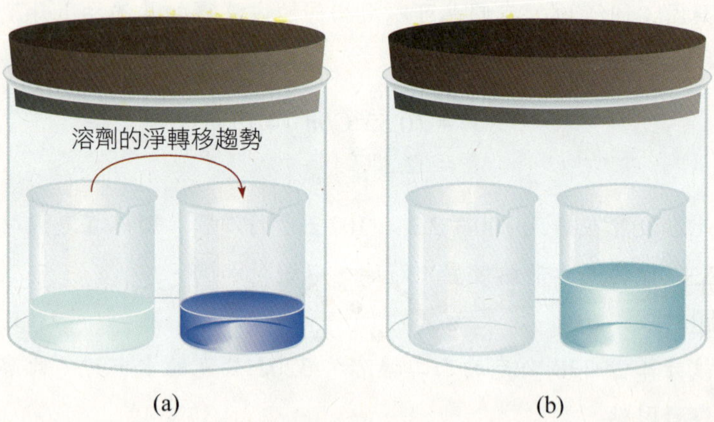

圖 12.12 (a) 容器中的蒸氣壓不相等，會導致水分子產生從左邊燒杯 (純水) 移往右邊 (溶液) 的趨勢；(b) 到達平衡之後，所有原本位於左邊燒杯中的水都跑到右邊。這種驅使溶劑轉移的力量與圖 12.11 所描述的滲透現象相似。

幫助我們了解滲透現象怎麼發生的。因為純水的蒸氣壓比溶液大，水分子的移動趨勢是從左邊燒杯朝向右邊，所以若是時間充足，它們會持續地跑到左杯，直至沒水為止——就是發生了與這種情況類似的現象，才會使得水分子從純溶劑這一邊逐漸滲透至溶液端。

溶液的滲透壓表示法如下：

$$\pi = MRT \tag{12.8}$$

其中 M 為溶液的體積莫耳濃度，R 為理想氣體常數 (0.082 L · atm/K · mol)，而 T 為絕對溫度，滲透壓 (π) 的單位是以大氣壓力 (atm) 來表示。因為滲透壓必須在定溫下進行測量，所以用體積莫耳濃度當單位會比使用重量莫耳濃度方便。

就像沸點的上升與凝固點的下降一樣，滲透壓與溶液的濃度有相關

性。這就是我們接著要加以解釋的，所有的依數性質都只決定於溶液中的溶質粒子數目。等濃度的溶液會具有相同滲透壓 [也稱為**等張溶液** (isotonic)]；但若兩溶液的滲透壓不同時，濃度高的溶液就稱為**高張溶液** (hypertonic)，濃度低的溶液則稱為**低張溶液** (hypotonic) (圖 12.13)。

雖然滲透是一種常見且廣為人知的現象，但大家卻不甚了解半透膜如何同時阻擋特定分子，並允許其他分子通過，這在某些情況下跟物質的大小有關，也許半透膜的孔洞非常小，只有溶劑分子得以通過，但有時則是關係到半透膜的選擇性，例如溶劑在膜中的「溶解度」較好。

滲透壓現象有很多有趣的應用，生物化學家會用紅血球溶解 (hemolysis) 的技巧在來研究具有半透膜保護的紅血球細胞。當紅血球被置於低張溶液時，因為溶液的濃度比較低，所以水分子會往紅血球的內部移動，使得它開始膨脹，甚至破裂，釋放出血紅素及其他分子 [圖 12.13(d)]。

另一個實例是利用滲透壓來保存自製的果醬。因為糖有助於殺死能導致肉毒桿菌中毒 (botulism) 的細菌，所以大量的糖具有保存食物之功用，如圖 12.13(c) 所示，當細菌處於糖水的高張溶液中時，其細胞中的

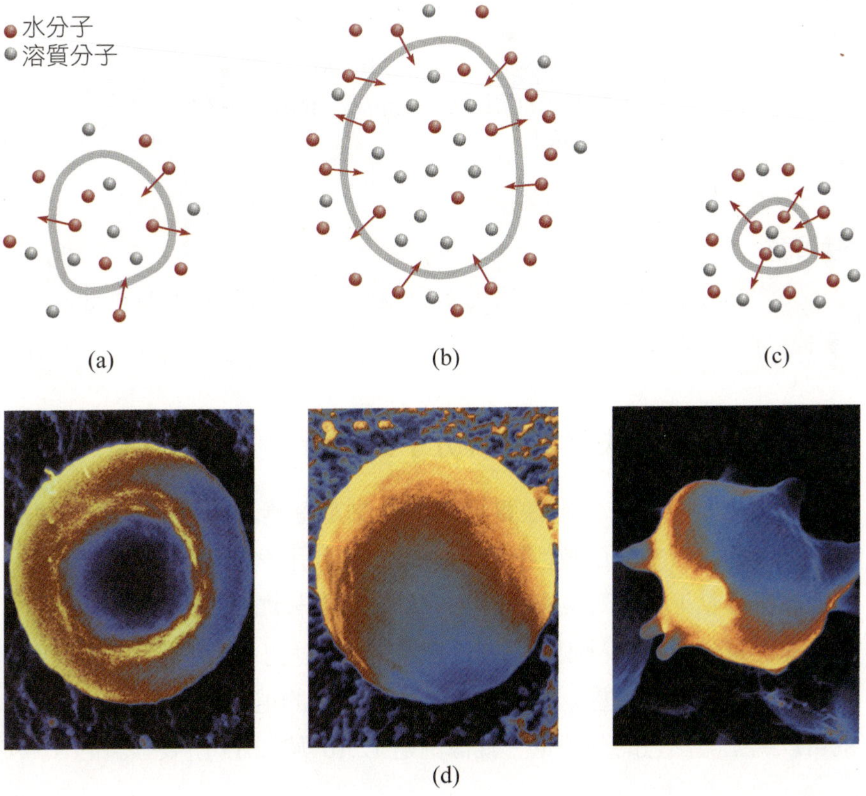

圖 12.13 在 (a) 等張溶液；(b) 低張溶液；(c) 高張溶液中的細胞，它們在等張溶液中不會有所改變，但在低張溶液中會脹破，在高張溶液中則會萎縮；(d) 在等張、低張及高張溶液中的紅血球細胞圖 (由左至右)。

加州紅杉。

水會滲透至濃度較高之溶液當中，令它呈現鋸齒狀，逐漸地萎縮並失去功能性。水果本身的酸性也可以抑制細菌的生長。

植物體內的水分運輸主要也是利用滲透壓來完成，因為水分會不斷地透過樹葉逸散至空氣中 (即揮發現象)，所以樹葉汁液裡的溶質濃度會上升，導致水分子由於滲透壓的不同，而從樹幹與樹枝中被抽進來。

例題 12.9 說明如何利用滲透壓來測量溶液的濃度。

例題 12.9

利用圖 12.11 之設備可以測量出海水在攝氏 25 度時的平均滲透壓為 30.0 atm，假設有一蔗糖 ($C_{12}H_{22}O_{11}$) 水溶液恰與其為等張溶液，請問此溶液的體積莫耳濃度是多少？

策　略

當我們說蔗糖水溶液與海水為等張溶液時，它們的滲透壓關係為何？

解　答

與海水互為等張溶液的蔗糖水溶液具有相同的滲透壓 30.0 atm，因此藉由方程式 (12.8) 可知：

$$\pi = MRT$$

$$M = \frac{\pi}{RT} = \frac{30.0 \text{ atm}}{(0.0821 \text{ L}\cdot\text{atm/K}\cdot\text{mol})(298 \text{ K})}$$

$$= 1.23 \text{ mol/L}$$

$$= 1.23\ M$$

練習題

0.884 *M* 之尿素溶液在攝氏 16 度時的滲透壓是多少？(以 atm 為單位。)

利用依數性質來決定每莫耳分子的質量

非電解質溶液的依數性質可以用來決定每莫耳溶質的質量，理論上，上述的任何一種依數性質都可以拿來做此用途。然而，實際上能用的只有凝固點下降及蒸氣壓，因為它們具有比較顯著的變化，其流程如下：先從實驗中得知凝固點下降度數或蒸氣壓大小，然後就可以算出溶液的體積莫耳濃度或重量莫耳濃度，如果溶質的重量也是已知的，我們就可以馬上算出它的分子量，就像例題 12.10 與 12.11 所要強調的。

例題 12.10

有一 7.85 公克的樣品內含簡式為 C_5H_4 的化合物，當它溶於 301 公克的苯以後，溶液的凝固點會比純苯低攝氏 1.05 度，請問此化合物的分子量與分子式為何？

策 略

這道題目需要透過三個步驟來解析。首先，我們必須從凝固點的下降來算出溶液之重量莫耳濃度；接著，再靠它來算出 7.85 公克的化合物究竟是多少莫耳及其分子量又是多少？最後，將實驗所得之分子量與分子簡式的分子量相比，就可以知道此化合物的分子式。

解 答

計算化合物分子量的過程如下：

凝固點下降度數 ⟶ 重量莫耳濃度 ⟶ 莫耳數 ⟶ 分子量

我們的第一步是要算出溶液的重量莫耳濃度，從方程式 (12.7) 與表 12.2 可得

$$\text{重量莫耳濃度} = \frac{\Delta T_f}{K_f} = \frac{1.05°\text{C}}{5.12°\text{C}/m} = 0.205\ m$$

因為 1 公斤的溶劑中含有 0.205 莫耳的溶質，所以在 301 公克＝0.301 公斤的溶劑中含有之溶質莫耳數為

$$0.301\ \text{kg} \times \frac{0.205\ \text{mol}}{1\ \text{kg}} = 0.0617\ \text{mol}$$

也因此，溶質的分子量為

$$\text{分子量} = \frac{\text{化合物克數}}{\text{化合物莫耳數}}$$

$$= \frac{7.85\ \text{g}}{0.0617\ \text{mol}} = 127\ \text{g/mol}$$

現在我們可以求得兩分子量間的比值：

$$\frac{\text{分子量}}{\text{實際分子量}} = \frac{127\ \text{g/mol}}{64\ \text{g/mol}} \approx 2$$

因此，分子式為 $(C_5H_4)_2$ 或 $C_{10}H_8$，即為萘。

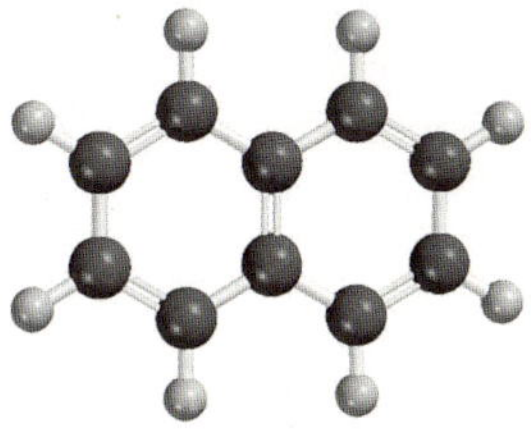

$C_{10}H_8$

練習題

有一 100 公克的苯溶液中含有 0.85 公克的某有機化合物，它的凝固點為攝氏 5.16 度，請問此溶液的體積莫耳濃度與溶質的分子量為何？

例題 12.11

將 35.0 公克之血紅素溶於足量的水中配製成 1 公升的溶液，如果此溶液在攝氏 25 度時的滲透壓 (π) 為 10.0 mmHg，試計算每莫耳血紅素的重量。

策　略

我們被要求算出每莫耳血紅素的重量，解析此題所需的步驟跟例題 12.10 類似。從滲透壓的大小，我們可以算出溶液之體積莫耳濃度，然後再從體積莫耳濃度來算出 35.0 公克血紅素的莫耳數及其分子量。關於 π 與溫度，我們應該使用何種單位呢？

解　答

轉換的過程如下：

滲透壓大小 ⟶ 體積莫耳濃度 ⟶ 莫耳數 ⟶ 分子量

我們第一步要根據方程式 (12.8) 來算出溶液的體積莫耳濃度：

$$\pi = MRT$$

$$M = \frac{\pi}{RT}$$

$$= \frac{10.0\ \text{mmHg} \times \dfrac{1\ \text{atm}}{760\ \text{mmHg}}}{(0.0821\ \text{L}\cdot\text{atm/K}\cdot\text{mol})(298\ \text{K})}$$

$$= 5.38 \times 10^{-4}\ M$$

因為溶液的體積為 1 公升，所以它含有 5.38×10^{4} 莫耳的血紅素，我們用它來計算每莫耳分子的重量：

$$\text{血紅素莫耳數} = \frac{\text{血紅素質量}}{\text{血紅素分子量}}$$

$$\text{血紅素分子量} = \frac{\text{血紅素質量}}{\text{血紅素莫耳數}}$$

$$= \frac{35.0\ \text{g}}{5.38 \times 10^{-4}\ \text{mol}}$$

$$= 6.51 \times 10^{4}\ \text{g/mol}$$

類題：12.13。

練習題

有一 202 毫升的苯溶液中含有 2.47 公克的有機高分子，它在攝氏 21 度時的滲透壓為 8.63 mmHg，試計算此高分子的分子量。

誠如例題 12.11，10.0 mmHg 的壓力可以被輕易且正確地測量出來，基於這個原因，蒸氣壓的測量對於決定大分子 (如蛋白質) 的分子量來說非常有用，為了了解蒸氣壓比凝固點下降更具實用性的原因，就讓我們來估計相同的血紅素溶液會造成何種程度的凝固點下降。如果是某種非常稀薄的水溶液，我們可以假設它的體積莫耳濃度與重量莫耳濃度大概會相等 (當水溶液的密度為 1 g/mL 時，它的體積莫耳濃度會等於重量莫耳濃度)，因此根據方程式 (12.7) 寫成以下公式：

汞的密度為 13.6 g/mL，因此，10 mmHg 所造成的壓力相當於 13.6 公分高的水柱。

$$\begin{aligned}\Delta T_f &= (1.86°\text{C}/m)(5.38 \times 10^{-4}\ m) \\ &= 1.00 \times 10^{-3}°\text{C}\end{aligned}$$

對凝固點下降來說，千分之一度的溫度改變實在太小，而無法被正確地測量出來。基於此，利用凝固點下降來決定分子量的方式比較適合用於較小 (小於 500 g/mol) 且溶解度較佳的分子，因為這些溶液的凝固點下降比較明顯。

12.7 電解質溶液的依數性質

要了解電解質溶液的依數性質時，需要用到一些有別於前面在講非電解質溶液時的概念，這是因為電解質在溶液中會解離成離子，所以當每單位的電解質化合物溶解時會分解成兩種以上的粒子 (請記得，是溶質的總粒子數在決定溶液的依數性質)。舉例來說：每單位的氯化鈉會解離成兩種離子——Na^+ 與 Cl^-，因此，0.1 *m* 氯化鈉溶液的依數性質會是同濃度非電解質 (如蔗糖) 溶液的 2 倍；同樣地，我們可以預期 0.1 *m* 氯化鈣溶液的依數性質會是同濃度蔗糖溶液的 3 倍，因為氯化鈣會分成三種離子，為了計算這種效應，我們定義一種叫作**凡特何夫**[3] **因子** (van't Hoff factor) 的參數：

$$i = \frac{\text{在解離後溶液中真正具有的粒子數}}{\text{溶液中之電解質的單位數}} \tag{12.9}$$

3 凡特何夫 (Jacobus Hendricus van't Hoff, 1852~1911)，荷蘭化學家，也是當代最著名的化學家之一。凡特何夫在熱力學、分子結構、光學活性與溶液化學等領域的貢獻卓越，於西元 1901 年時得到第一屆的諾貝爾化學獎。

每單位的氯化鈉或硝酸鉀解離後會產生 2 個離子；每單位的硫酸鈉或氯化鎂解離後會產生 3 個離子。

因此，對任何非電解質來說，i 都是 1；對氯化鈉與硝酸鉀這些強電解質來說，i 會是 2；而對硫酸鈉與氯化鈣這些強電解質而言，i 應該要是 3，也就是說，關於依數性質的公式必須改寫成

$$\Delta T_b = iK_b m \tag{12.10}$$

$$\Delta T_f = iK_f m \tag{12.11}$$

$$\pi = iMRT \tag{12.12}$$

但電解質溶液實際的依數性質通常會比預期來得小，因為在高濃度時，靜電作用力會導致離子對的形成。**離子對** (ion pair) 是由靜電作用力將各一個以上的陰、陽離子聚集而成。當它存在時，會造成溶液中的粒子數目下降，也降低了溶液的依數性質 (圖 12.14)，與僅含有單價離子的電解質 (如氯化鈉與硝酸鉀) 相較之下，當電解質中含有高價數離子如鎂離子 (Mg^{2+})、鋁離子 (Al^{3+})、硫酸根離子 (SO_4^{2-}) 及磷酸根離子 (PO_4^{3-}) 時更容易形成離子對。

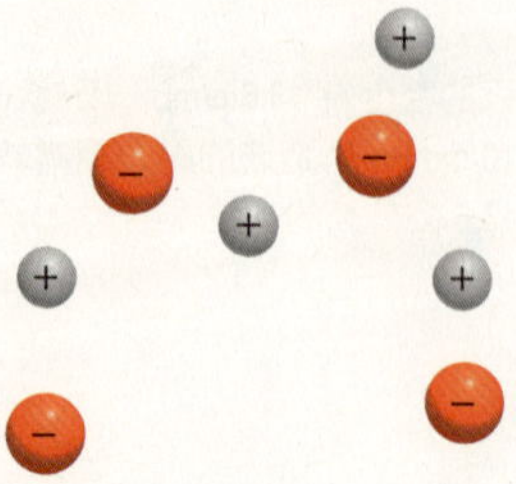

(a)

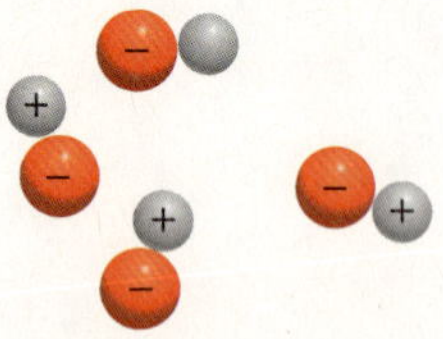

(b)

圖 12.14 溶液中的 (a) 自由離子與 (b) 離子對。離子對的靜電荷為 0，因此在溶液中無法導電。

表 12.3 整理出藉由實驗結果所得與計算百分之百解離時之 i 值，如你所見，它們非常相近但卻不完全相等，顯示出這些溶液在適當濃度時會形成一部分的離子對。

例題 12.12

0.010 M 碘化鉀溶液 (KI) 在攝氏 25 度時的滲透壓為 0.465 atm，試計算碘化鉀在此濃度時的凡特何夫因子。

策 略

要先注意碘化鉀是強電解質，所以我們預期它在溶液中會完全解

表 12.3 0.0500 M 的電解質溶液在攝氏 25 度時之凡特何夫因子

電解質	i (實驗結果)	i (計算結果)
蔗糖*	1.0	1.0
鹽酸	1.9	2.0
氯化鈉	1.9	2.0
硫酸鎂	1.3	2.0
氯化鎂	2.7	3.0
氯化鐵	3.4	4.0

* 蔗糖為非電解質，在這裡將它列出來以供參考。

離，因此滲透壓應為

$$2(0.010\ M)(0.0821\ \text{L}\cdot\text{atm/K}\cdot\text{mol})(298\ \text{K}) = 0.489\ \text{atm}$$

然而，真正測量到的滲透壓卻只有 0.465 atm，會比預期的滲透壓小是由於有離子對生成，減少溶液中的溶質粒子數。

解　答

我們從方程式 (12.12) 可以得知

$$\begin{aligned} i &= \frac{\pi}{MRT} \\ &= \frac{0.465\ \text{atm}}{(0.010\ M)(0.0821\ \text{L}\cdot\text{atm/K}\cdot\text{mol})(298\ \text{K})} \\ &= 1.90 \end{aligned}$$

練習題

0.100 m 硫酸鎂 ($MgSO_4$) 的凝固點下降度數為攝氏 0.225 度，試計算硫酸鎂在此濃度時的凡特何夫因子。

下一頁「生活中的化學」單元中會說明什麼叫作洗腎，這是一種用來清除人體血液中毒素的醫療方式。

12.8　膠體溶液

我們目前所討論到的溶液都是勻相混合物。現在想想看，如果把特定鹽類 (難溶於水) 倒進裝水的燒杯中並充分攪拌會發生什麼事情？鹽粒一開始會懸浮於溶液中，然後再漸漸地沉澱在杯底，這就是一種非勻相混合物，在這兩種極端的例子中間有一種狀態叫作膠體懸浮液，或簡稱膠體，**膠體** (colloid) 指的是某種物質 (分散相) 的顆粒均勻分散於由另一種物質所組成的媒介中。膠體粒子比一般溶質分子來得大，大約是 1×10^3 pm 到 1×10^6 pm，還有膠體懸浮液缺少原始溶液所具有的同質性，這些分散相及其媒介可以是氣體、液體、固體或是由各種狀態的物質混合而成，如表 12.4 所示。

有些對我們來說耳熟能詳的東西就是膠體溶液，譬如煙霧就是液滴或固體粒子分散在氣體當中而形成的氣溶膠；美乃滋則是一種把油打散後攪拌進水中的醬料，是由液滴分散在另一種液體當中的乳膠；還有胃乳也是一種由固體懸浮於液體當中所形成的凝膠。

CHEMISTRY in Action

生活中的化學

洗　腎

腎臟的功能為過濾人體在新陳代謝後所產生的廢物，例如：尿素、毒素、過量的礦物質及血液中多餘的水分等，這也是一種滲透壓的應用，雖然兩個腎臟加起來的平均重量僅約 350 公克左右，但每分鐘卻會有將近 1 公升的血液流過，每個腎臟裡都含有數百萬個負責過濾的腎元，它們會把血液從腎動脈帶到具有網狀毛細管結構的腎小球當中，血液中多餘的水分與廢物可以在此穿越毛細管中的微小孔洞，一點一滴集合起來形成尿液，但體積較大的蛋白質與紅血球細胞就沒辦法了。過濾後的血液裡將含有部分未能排掉的礦物質、糖分、胺基酸及水，前三類物質大部分都會被血液以主動運輸 (物質由低濃度往高濃度的方向移動) 的方式再次吸收，水分大多也會藉由滲透而回到血液當中。因此腎臟是非常重要的臟器，當它們失去功能，就必須利用透析 (即俗稱的洗腎) 的方式來清除血液中的廢物。

洗腎主要可分為兩種方式：腹膜透析 (hemodialysis) 是在病患的腹腔造口，利用自體的腹膜進行過濾，這種作法的好處是方便、安全，患者在家自行操作即可，但造口處清潔不當容易導致腹膜炎的發生，透析的效率也較差；若是改在病患的四肢建置瘻管，並以洗腎機來進行透析可以有效地改善效率，但這種專業的侵入性醫療行為必須有專人在旁照料，病人得定時前往醫院，造成生活上的許多不便。雖然台灣的醫療發達，洗腎病人存活率高，但它終究是一項痛苦的救命方式，非不得已而為之，台灣的洗腎人口密度高居全球之冠，這與國人的飲食習慣息息相關，不可不慎！

圖 12.15　當三道白光穿過含有硫粒子的膠體溶液時分別變成橘色、粒子愈小時顏色愈藍 (波長愈短)。

圖 12.16　太陽光被空氣中的塵埃所散射。

表 12.4　膠體的種類

分散媒介	分散相	名稱	範例
氣體	液體	氣溶膠	霧氣、薄霧
氣體	固體	氣溶膠	煙霧
液體	氣體	泡沫	奶油泡
液體	液體	乳膠	美乃滋
液體	固體	凝膠	鎂乳 (瀉藥)
固體	氣體	泡沫	泡沫塑料
固體	液體	膠體	果醬、奶油
固體	固體	固凝膠	某些合金 (如不鏽鋼)、蛋白石

廷得耳[4] 效應 (Tyndall effect) 可以用來分辨某種溶液是否為膠體溶液。當光束穿過膠體時會被分散於其中的物質所散射 (圖 12.15)，但這種散射現象不會出現在普通溶液中，因為它們的溶質分子太小，無法與可見光產生作用，如圖 12.16 所示，太陽光會被空氣中的塵埃或煙霧所

4　廷得耳 (John Tyndall, 1820~1893)，愛爾蘭物理學家。廷得耳對磁學做出重要的貢獻，也解釋冰河的運動行為。

散射，就是一種明顯的廷得耳效應。

親水性與疏水性膠體溶液

最具代表性的膠體溶液幾乎都是用水來當作分散的媒介，它們可以被分類成**親水性** (hydrophilic) 與**疏水性** (hydrophobic) 兩種。親水性膠體通常是含有巨大分子 (如蛋白質) 的溶液，在水溶液當中，像是血紅素之類的蛋白質會將分子中親水性片段暴露在分子表面，因此可以和水分子產生離子—偶極作用力或形成氫鍵 (圖 12.17)。

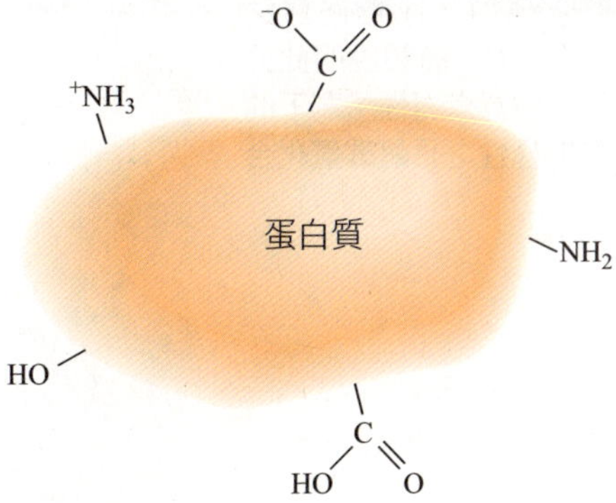

圖 12.17 像蛋白質這種大分子表面的親水性片段可以令其穩定存在於水中。請注意：這些片段全部都可以和水形成氫鍵。

一般來說，疏水性膠體溶液在水中並不穩定，粒子會一團團地湊在一起，就像是水中的油滴會聚集在表面形成油膜一樣，然而透過表面離子吸附的方法還是可以將之穩定下來 (圖 12.18)。(吸附跟吸收並不同，前者意指黏在表面上，但後者卻是進入介質內部。) 這些被吸附在表面的離子會與水作用，而使得膠體得以穩定存在。除此之外，離子間的靜電排斥力也可以避免它們湊在一起。河川中的泥沙與蒸氣就是透過這樣的方式才能穩定存在，當河水剛流入海洋時，粒子的電荷會被介質中的大量鹽類所中和，接著聚在一起形成淤泥，也就是在出海口會看見的東西。

另一種穩定疏水性膠體溶液的方法是，在其表面放上其他的疏水性片段。如圖 12.19 所示，脂肪酸鈉是一端具有極性，但剩下的部分卻是非極性之長鏈碳氫化合物，這種皂化分子的清潔能力來自於它同時具有親水與疏水性之兩種片段，長鏈碳氫化合物可以迅速地溶解於同為非極性的油脂性物質中；在此同時，離子性的 —COO^- 官能基還是存在於其表面，當足夠的皂化分子包覆住油滴之後 (圖 12.20)，這些東西就會變得具有很強的親水性，因此可以溶解於水中，這就是油脂可以被肥皂洗掉的原因。

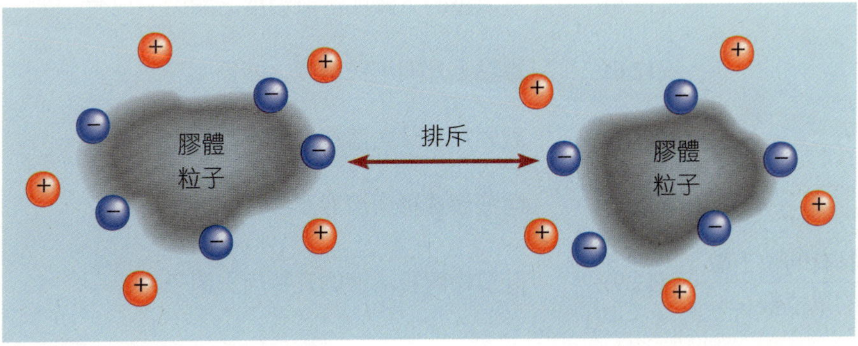

圖 12.18 如何穩定疏水性膠體溶液的圖示說明。負離子會吸附在膠體的表面，而且同性離子間的排斥力可以避免粒子的聚集。

圖 12.19 (a) 脂肪酸鈉分子；(b) 簡圖說明此分子一端具有極性，剩下的是非極性之長鏈碳氫化合物。

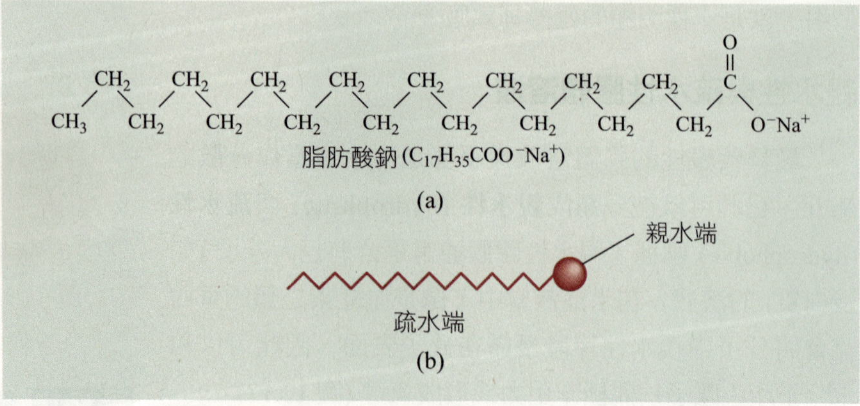

圖 12.20 肥皂的清潔過程。(a) 油脂不溶於水；(b) 當水中加入肥皂時，非極性的長鏈碳氫化合物可以溶解油脂；(c) 油脂最後會變成凝膠，然後再被洗掉。請注意：此時每一滴油滴的外圍都會變得具有親水性。

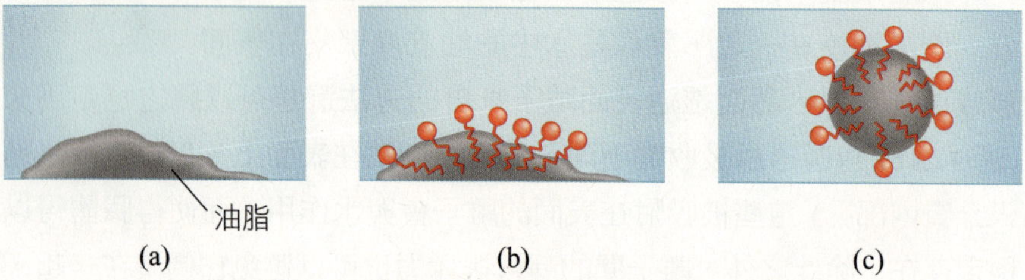

重要方程式

$$\text{質量百分濃度} = \frac{\text{溶質質量}}{\text{溶液質量}} \times 100\% \quad (12.1)$$

計算溶液中各物質的比率，以莫耳數當單位。

$$\text{重量莫耳濃度}\ (m) = \frac{\text{溶質莫耳數}}{\text{溶劑質量 (公斤)}} \quad (12.2)$$

計算溶液的重量莫耳濃度。

$$c = kP \quad (12.3)$$

亨利定律是用來計算氣體的溶解度。

$$P_1 = X_1 P_1^\circ \quad (12.4)$$

拉午耳定律闡述液體的蒸氣壓及其溶液蒸氣壓之關係。

$$\Delta P = X_2 P_1^\circ \quad (12.5)$$

蒸氣壓的下降與溶液濃度之關係。

$$\Delta T_b = K_b m \quad (12.6)$$

沸點上升與溶液濃度之關係。

$$\Delta T_f = K_f m \quad (12.7)$$

凝固點下降與溶液濃度之關係。

$$\pi = MRT \quad (12.8)$$

溶液滲透壓與溶液濃度之關係。

$$i = \frac{\text{在解離後溶液中真正具有的粒子數}}{\text{溶液中之電解質的單位數}} \quad (12.9)$$

計算電解質溶液的凡特何夫因子。

觀念整理

1. 所謂溶液是指由兩種以上的物質 (固體、液體及氣體) 所組成之勻相混合物。
2. 溶質在溶液中的溶解程度取決於分子間的作用力，溶質與溶劑分子混合形成溶液時的系統總能量變化與失序程度和溶解過程有關。
3. 溶液的濃度可以用質量百分濃度、莫耳分率、體積莫耳濃度及重量莫耳濃度來表示，選擇的依據需視情況而定。
4. 通常溫度升高時會增加固體與液體在水中的溶解度，但會降低氣體在水中的溶解度。
5. 根據亨利定律，氣體在液體中的溶解度與其溶液的分壓大小有關。
6. 拉午耳定律指出，在溶液中的分壓等於其莫耳分率 (X_A) 乘上純物質 A 的蒸氣壓 (P_A°)。理想溶液無論在任何濃度時都會遵循拉午耳定律，但事實上僅有非常少數的溶液符合此條件。
7. 溶液的蒸氣壓下降、沸點上升、凝固點下降及滲透壓具有依數性質，它們只和溶質的粒子數有關，與其本性無關。
8. 在電解質溶液當中，離子間作用力會導致離子對的生成，而凡特何夫因子可以用來測量電解質的解離程度。

習 題

微觀溶解的過程

12.1 為什麼乙醇 (C_2H_5OH) 無法溶於環己烷 (C_6H_{12}) 當中？

與濃度有關的單位

12.2 請問要加多少水才能將 5.00 公克的尿素 [$(NH_2)_2CO$] 溶解並配製成 16.2% 的水溶液？

12.3 試計算下列水溶液的重量莫耳濃度：(a) 2.50 M 的氯化鈉溶液 (溶液密度為 1.08 g/mL)；(b) 48.2% 的溴化鉀溶液。

12.4 「當某種水溶液的濃度稀薄到密度與純水相近時，它的體積莫耳濃度就會與重量莫耳濃度差不多。」請用 0.010 M 的尿素 [$(NH_2)_2CO$] 水溶液來證明這段話。

12.5 10.0% 乙醇 (C_2H_5OH) 水溶液的密度為 0.984 g/mL，試計算它的 (a) 重量莫耳濃度與 (b) 體積莫耳濃度，並求出多少體積的溶液中才會含有 0.125 莫耳的乙醇。

溫度與溶解度的關係

12.6 在攝氏 75 度與 25 度時，每 100 公克的水分別可以溶解 155 公克與 38 公克的硝酸鉀，請問在攝氏 75 度時所配製的 100 公克飽和硝酸鉀水溶液回溫到攝氏 25 度後會有多少晶體析出？

氣體溶解度

12.7 請問會影響氣體在液體中之溶解度的因素有哪些？

12.8 已知二氧化碳在水中的溶解度為 0.034 mol/L (1 atm、攝氏 25 度)，請問它在大氣中的溶解度是多少？(假設二氧化碳遵守亨利定律，且空氣中的二氧化碳分壓為 0.0003 atm。)

非電解質溶液的依數性質

12.9 若在攝氏 30 度時將 396 公克的蔗糖 ($C_{12}H_{22}O_{11}$) 溶於 624 公克水中，請問此時溶液的蒸氣壓是多少？(水在攝氏 30 度時的蒸氣壓為 31.8 mmHg。)

12.10 苯在攝氏 26.1 度時的蒸氣壓為 100.0 mmHg，試計算將 24.6 公克的樟腦 ($C_{10}H_{16}O$) 溶於 98.5 公克的苯時之蒸氣壓。(樟腦為低揮發性固體。)

12.11 如果要配製蒸氣壓比純水低 2.50 mmHg 的尿素 [$(NH_2)_2CO$] 水溶液，請問要在 450 公克的水中加入多少尿素？(水在攝氏 30 度時的蒸氣壓為 31.8 mmHg。)

12.12 某氣體在攝氏 27 度、748 mmHg 時的體積

為 4.00 公升，若將它溶於 58.0 公克的苯中，請問此時溶液的凝固點是多少？

12.13 某溶液在攝氏 25 度時的滲透壓為 5.20 mmHg，如果它是由 0.8330 公克的未知物溶於 170.0 毫升有機溶液中所形成，試計算此未知物的分子量。

電解質溶液的依數性質

12.14 當兩蔗糖與硝酸水溶液的凝固點都是攝氏零下 1.5 度時，請問它們還會有什麼共同的特性？

12.15 下列溶液在正常情況下的凝固點與沸點分別是多少？(a) 21.2 公克的氯化鈉溶於 135 毫升的水中；(b) 15.4 公克的尿素 $[(NH_2)_2CO]$ 溶於 66.7 毫升的水中。

12.16 純水與海水在攝氏 25 度時的蒸氣壓分別為 23.76 mmHg 與 22.98 mmHg，假設海水中所含的物質只有氯化鈉，請問它的體積莫耳濃度是多少？

12.17 試算 0.0500 *M* 的硫酸鎂溶液在攝氏 25 度時的滲透壓。(提示：見表 12.3。)

膠體溶液

12.18 溶液 A 與 B 在某特定溫度下的滲透壓分別為 2.4 atm 與 4.6 atm，若在此時將等量的 A 與 B 混合均勻，請問溶液的滲透壓將會是多少？

12.19 請問要將多少的萘 $(C_{10}H_8)$ 溶於 250 公克的苯 (C_6H_6) 中才能使其凝固點下降攝氏 2 度？

12.20 當 1.00 公克的無水氯化鋁 $(AlCl_3)$ 溶於 50.0 公克水中時，溶液的凝固點為攝氏零下 1.11 度，請問根據此結果所計算出來的氯化鋁分子量與實際結果是否吻合？

12.21 在室溫下將分別裝有 1.0 *M* 與 2.0 *M* 葡萄糖水溶液各 50 毫升的兩燒杯放入密閉容器中，請問當燒杯中的溶液體積到達平衡後各是多少？

12.22 市售濃鹽酸的濃度為 37.7% (密度為 1.19 g/mL)，請問它的體積莫耳濃度是多少？

12.23 市售濃硫酸的濃度為 98.0% 或 18 *M*，試計算它的密度與重量莫耳濃度是多少。

12.24 氨氣 (NH_3) 在水中的溶解度極高，但氯化氮 (NCl_3) 則否，為什麼？

12.25 若 2.6 公升的某樣品中含有 192 μg 的鉛，請問此時的濃度超過飲用水中的含鉛許可量 0.050 ppm 了嗎？(提示：1 ppm = 1.0×10^{-6} mg/L。)

12.26 純水與尿素 $[(NH_2)_2CO]$ 水溶液在攝氏 27 度時的蒸氣壓分別為 23.76 mmHg 與 22.98 mmHg，試計算後者的重量莫耳濃度。

12.27 在 298 K 時將分別裝有 0.10 *M* 與 0.20 *M* 尿素 $[(NH_2)_2CO]$ 水溶液各 50 毫升的兩燒杯放入密閉容器中 (見圖 12.12)，請問尿素在到達平衡後的莫耳分率是多少？(假設尿素水溶液為理想溶液。)

12.28 在攝氏 84 度時，由 1.2 莫耳 A 與 2.3 莫耳 B 所形成之溶液的總壓為 331 mmHg，如果這時再加入一定數量的 B，溶液的蒸氣壓會上升至 347 mmHg。(假設 A 與 B 混合後所形成的溶液皆為理想溶液。)

12.29 某葡萄糖水溶液在 298 K 時的滲透壓為 10.50 atm，如果它的密度是 1.16 g/mL，試計算此溶液的凝固點。

12.30 氧氣在攝氏 25 度時溶於水的亨利定律常數為 1.3×10^{-3} mol/L · atm，試計算水中氧氣在 1 atm 下的體積莫耳濃度是多少？

練習題答案

12.1 二硫化碳 **12.2** 7.44% **12.3** 0.638 *m* **12.4** 8.92 *m* **12.5** 13.8 *m* **12.6** 2.9×10^{-4} *M* **12.7** 37.8 mmHg；4.4 mmHg **12.8** T_b：攝氏 101.3 度；T_f：攝氏零下 4.48 度 **12.9** 21.0 atm **12.10** 0.066 *m* 與 13×10^2 g/mol **12.11** 2.60×10^4 g **12.12** 1.21

Chapter 13
化學動力學

反應速率快慢差異極大。地殼內的石墨要經過數百萬年才能轉變成鑽石。但另一方面，TNT 或其他炸藥的爆炸卻只需要不到 1 秒就可完成。

網　要

先看看本章要學什麼？

- 一開始，我們從反應物和產物濃度的角度來學習反應速率，並了解反應速率和化學計量學的關聯性。(13.1)
- 接著會看到如何以反應常數與反應級數來定義反應速率定律式。(13.2)
- 再來，我們會檢視反應物濃度與時間在下列三類反應中的關係：零級、一級與二級反應。半生期是反應物的濃度降低至原本一半時所需要的時間，對於分辨不同級數的反應相當有用。(13.3)
- 我們會看到反應速率通常會隨著溫度的增加而上升。活化能是啟動化學反應時所需要的最小能量，它也會影響反應速率。(13.4)
- 我們要從元素的角度去檢視反應機構，並發現可以用速率決定步驟或是最慢的步驟來檢測反應速率。我們會學到化學家如何利用實驗來確認反應機構。(13.5)
- 最後，我們要了解催化劑對反應速率所造成的影響。學到有關於勻相催化、異相催化及酶催化的特質。(13.6)

我們在前面章節中檢視氣體、液體、固體及溶液的性質，並學到它們在化學上的基本定義。也已經討論分子的性質，並略知幾種類型的化學反應。在本章及接下來的章節裡，我們會更深入地探討決定化學反應速率的因素及其彼此之間的相關性。

　　我們如何預測一個反應究竟會不會發生？一旦開始，

會進行得多快？在反應停止前，反應會進行到什麼程度？熱力學 (將在第十七章討論) 可以幫助我們回答第一個問題。而本章的主題——化學動力學，則能夠回答有關反應速率的問題。剩下最後一個問題會在眾多有關於化學平衡的章節中得到解答，我們會在第十四、十五與十六章探討它。

13.1 反應速率

化學動力學 (chemical kinetics) 是當化學反應發生時，討論其速率或速度的學問。「動力」這個字眼是在描述運動或者是改變；我們在第五章曾定義動能為物質因運動所具有的能量。這邊的動力是指反應的速率，或稱**反應速率** (reaction rate)，說的是反應物或產物隨著時間在濃度上的改變 (M/s)。

需要學習反應速率的原因有許多。首先，人們總是會好奇何以反應速率可以差異如此巨大。有些反應，例如：視覺形成的初始化、光合作用及原子核的連鎖反應等，它們所需的時間很短，是 10^{-12} 秒至 10^{-6} 秒的等級。其他像是水泥凝固或是石墨到鑽石的轉變過程，所需的時間則從數年到數百萬年不等。在實用性上，有關於反應速率的知識在藥物設計、汙染防治及食品製程上極為有用。工業化學家通常強調的是如何加速一個反應，而非提高產率。

我們知道一般任何反應都可以被寫成如下等式：

$$\text{反應物} \longrightarrow \text{產物}$$

這個等式告訴我們在反應的過程中，反應物在產物形成的同時也被消耗著。所以，我們可以藉由觀測反應物濃度的下降量或是產物濃度的增加量而來得知反應的進度。

圖 13.1 顯示出一個由 A 分子轉變成 B 分子的簡單反應過程：

$$\text{A} \longrightarrow \text{B}$$

A 分子的減少量和 B 分子的增加量隨著時間的改變如圖 13.2 所示。一般來說，把反應速率用濃度隨著時間所造成的改變量來表示更為方便。因此，對反應 A $\longrightarrow$ B 而言，我們可以這樣表達速率：

$$\text{速率} = -\frac{\Delta[\text{A}]}{\Delta t} \qquad \text{或} \qquad \text{速率} = \frac{\Delta[\text{B}]}{\Delta t}$$

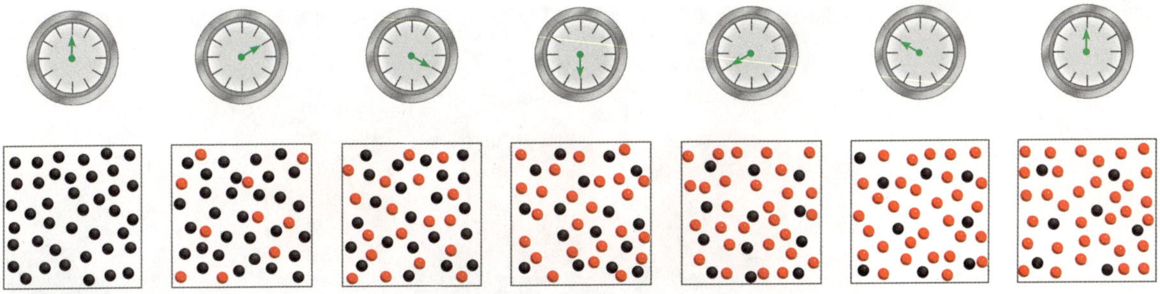

圖 13.1 反應 A ⟶ B 在 60 秒內以每 10 秒為間隔所繪的進程。一開始只有 A 分子 (灰球) 存在，但 B 分子 (紅球) 隨著時間過去逐漸變多。

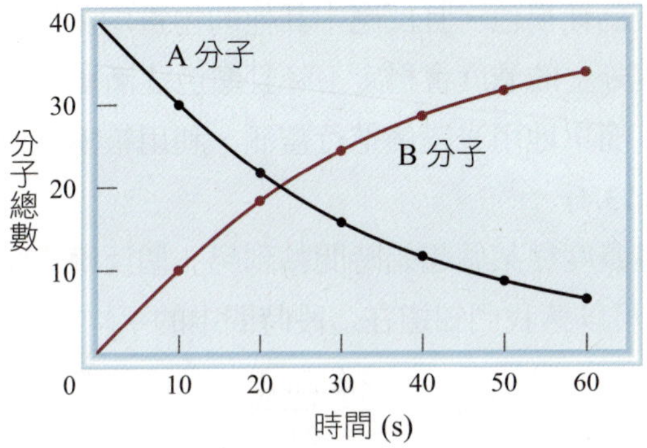

圖 13.2 A ⟶ B 的反應速率，A 與 B 分子分別會隨著時間減少與增加。

其中 Δ[A] 和 Δ[B] 為濃度 (莫耳濃度) 改變量，而 Δ*t* 則代表經過的時間。因為 A 的濃度在這段時間中是減少的，所以 Δ[A] 為負值，但由於反應速率是正值，因此在速率表達式中需要加一個負號使它變成正值；另一方面，Δ[B] 不需要加負號，因為產物的生成本身就是個正值 (B 的濃度會隨著時間而**增加**)，因為這些速率都是在單位時間 Δ*t* 裡面求得的平均值，所以是**平均速率**。

Δ 代表起始狀態與最終狀態間的差異。

我們再來要知道如何藉由實驗來求得反應速率。根據前述定義，反應速率可以從反應物 (或產物) 濃度隨著時間的變化中得知，對於在溶液中發生的反應而言，物質的濃度通常可以用光學儀器來測量；若反應過程中有離子的參與，那麼濃度改變量也可以藉由導電性的測量來得知。而要測量有氣體參與的反應則最方便，只要偵測壓力即可。我們接著會用兩個特殊的反應來介紹不同的反應速率測量方式。

溴分子與甲酸的反應

在水溶液中，溴分子和甲酸 (HCOOH) 的反應如下：

$$Br_2(aq) + HCOOH(aq) \longrightarrow 2Br^-(aq) + 2H^+(aq) + CO_2(g)$$

圖 13.3 隨著時間過去，顏色的消逝 (由左到右) 顯示溴濃度的下降。

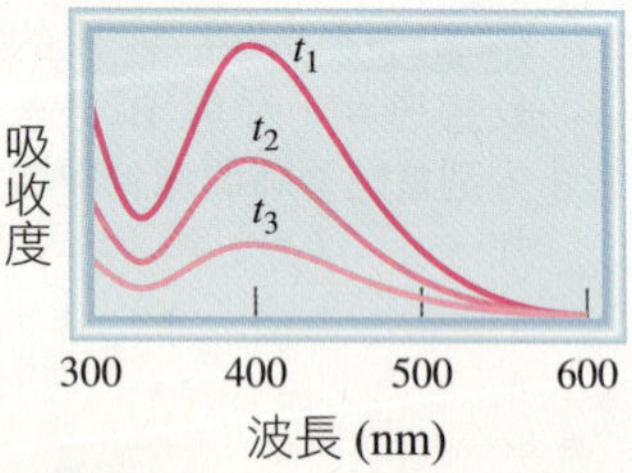

圖 13.4 溴的吸收度對波長作圖。溴在 393 nm 有最大吸收度，當反應進行時 (從 t_1 到 t_3)，和 $[Br_2]$ 成正比的吸收度會下降。

因為溴分子為紅褐色，且反應中其他的物質均為無色，所以當反應進行時，溴分子的濃度會穩定下降且顏色逐漸變淡 (圖 13.3)，使它的濃度得以簡單地用光譜儀進行監測，利用被溴吸收的可見光通量來定量 (圖 13.4)。

測量溴濃度從某個起始時間點到另一個反應末時間點間的改變量(下降)，可以讓我們知道在這段時間中的平均反應速率：

$$\text{平均速率} = -\frac{\Delta[Br_2]}{\Delta t}$$

$$= -\frac{[Br_2]_{末} - [Br_2]_{初}}{t_{末} - t_{初}}$$

利用表 13.1 所提供的資料，我們可以計算出前 50 秒內的平均反應速率如下：

$$\text{平均速率} = -\frac{(0.0101 - 0.0120)\ M}{50.0\ \text{s}} = 3.80 \times 10^{-5}\ M/\text{s}$$

表 13.1 在攝氏 25 度時，溴與甲酸反應的速率

時間 (s)	$[Br_2]$ (M)	速率 (M/s)	$k = \frac{\text{速率}}{[Br_2]}$ (s^{-1})
0.0	0.0120	4.20×10^{-5}	3.50×10^{-3}
50.0	0.0101	3.52×10^{-5}	3.49×10^{-3}
100.0	0.00846	2.96×10^{-5}	3.50×10^{-3}
150.0	0.00710	2.49×10^{-5}	3.51×10^{-3}
200.0	0.00596	2.09×10^{-5}	3.51×10^{-3}
250.0	0.00500	1.75×10^{-5}	3.50×10^{-3}
300.0	0.00420	1.48×10^{-5}	3.52×10^{-3}
350.0	0.00353	1.23×10^{-5}	3.48×10^{-3}
400.0	0.00296	1.04×10^{-5}	3.51×10^{-3}

若我們選擇前 100 秒作為時距，那麼平均速率就會像這樣：

$$平均速率 = -\frac{(0.00846 - 0.0120)\ M}{100.0\ \text{s}} = 3.54 \times 10^{-5}\ M/\text{s}$$

這些計算說明平均反應速率和我們所選擇的單位時間長度有關。

隨著計算平均反應速率的單位時間愈縮愈短，我們可以得到在某個當下的瞬間速率，也就是在那個時間點的**瞬時反應速率**，除非另有說明，不然我們所謂的「速率」就是在指某個特定時間點的瞬時速率，圖 13.5 呈現以表 13.1 為資料所作的 $[Br_2]$ 對時間之關係圖。根據圖形，在反應開始後第 100 秒的瞬時速率可從曲線在該點之切線斜率得知，在其他時間點的瞬時速率也可以用類似方式求得。請注意：只要是定溫、$[Br_2]$ 的值相同，所求得的瞬時速率都會一樣，不需要關心取的是哪一段時距。

下面關於旅行的比喻能夠幫助我們分辨瞬時速率與平均速率。從台北到高雄的距離，走某條路徑會是 351 公里。若某人在旅途中花了 4.1 小時，那麼平均速率就是 351 公里 / 4.1 小時或是 85.6 km/hr，但若一輛汽車在出發後 3 小時 26 分鐘時的速率是 80.2 km/h，那麼它當時的瞬時速率就是 80.2 km/h；換句話說，瞬時速率是你會在汽車儀表板上面所讀到的數值。請注意：儘管在這個例子中，汽車的速率在旅途中可能會上升或下降，但反應的瞬時速率則是不斷地隨著時間過去而下降的。

溴－甲酸反應的速率雖然也會隨著甲酸的濃度而改變，然而只要反應混合物裡加入大量的甲酸，即可確保其濃度在反應過程中保持不變，

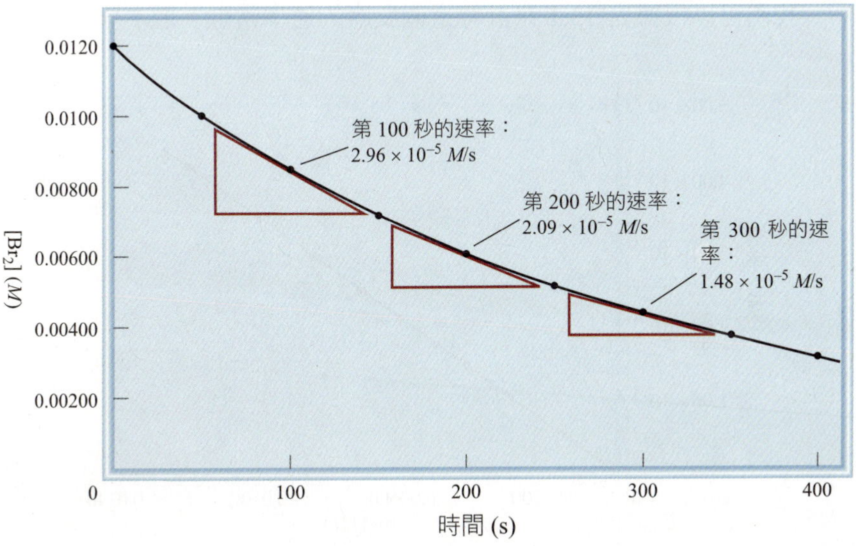

圖 13.5 溴分子和甲酸的反應在 $t = 100$ 秒、200 秒及 300 秒的瞬時反應速率可由圖形中相對應時間點上的切線斜率得知。

在這樣的情況下，甲酸在水溶液中的消耗量便不足以影響我們所測量到的反應速率。

讓我們考慮溴的濃度對反應速率所造成之影響。根據表 13.1 中的資料，比較溴在 $t = 50$ 秒和 $t = 250$ 秒時的濃度與反應速率。在 $t = 50$ 秒時，溴的濃度是 0.0101 M、反應速率是 3.52×10^{-5} M/s；而在 $t = 250$ 秒時，溴的濃度是 0.00500 M、反應速率是 1.75×10^{-5} M/s。溴的濃度在 $t = 50$ 秒時是 $t = 250$ 秒時的 2 倍 (0.0101 M 與 0.00500 M)，反應速率也是 2 倍 (3.52×10^{-5} M/s 與 1.75×10^{-5} M/s)。我們看到當溴的濃度加倍時，反應速率也會加倍，因此速率直接和溴的濃度成正比，也就是

$$
\begin{aligned}
\text{速率} &\propto [Br_2] \\
&= k[Br_2]
\end{aligned}
$$

其中 k 為所謂的**速率常數** (rate constant)，指的是反應速率與反應物濃度間的比例常數，依照數據所作出的圖也跟它相符。

圖 13.6 為速率對 $[Br_2]$ 的作圖，圖形為一條直線顯示反應速率和濃度直接成正比，濃度愈高、速率愈快，若重新調整前一公式會得到

我們接著會發現，無論是什麼反應，k 值都只會被溫度所影響。

$$k = \frac{\text{速率}}{[Br_2]}$$

因為反應速率的單位是 M/s，而 $[Br_2]$ 的單位為 M，因此 k 的單位就必須為 s^{-1} 或者是 1/s，因此 k 值不受溴的濃度影響，這是非常重要的一件事，反應速率在 Br_2 的濃度較高時會較快，反之則較慢，但只要環境溫度不變，速率/$[Br_2]$ 的比例就是定值。

我們可以根據表 13.1 來計算這個反應的速率常數。取 $t = 50$ 秒時

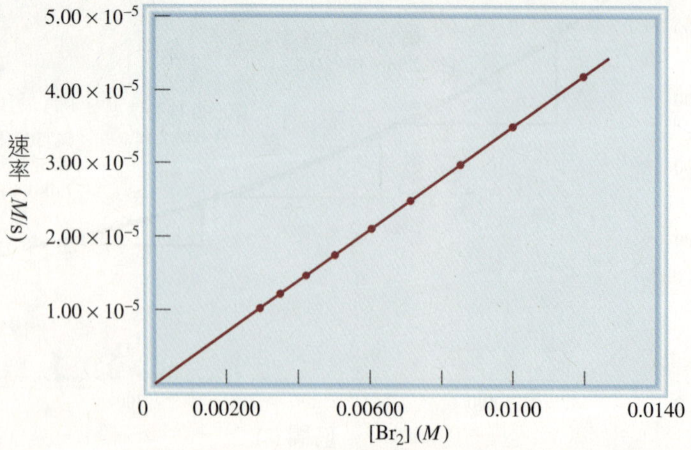

圖 13.6 關於溴分子與甲酸的反應，以反應速率對 $[Br_2]$ 進行作圖。直線關係顯示反應速率和溴分子的濃度直接成正比。

的資料，我們可以寫下：

$$k = \frac{\text{速率}}{[Br_2]}$$
$$= \frac{3.52 \times 10^{-5}\ M/s}{0.0101\ M} = 3.49 \times 10^{-3}\ s^{-1}$$

我們可以利用任何時間 t 的資料來計算 k 值，在表 13.1 中所列出的 k 值會有些微的變異，是由於測量反應速率時的實驗誤差所造成。

過氧化氫的分解

若反應物或產物之一為氣體時，我們可以用氣壓計來求得反應速率。過氧化氫在攝氏 20 度時的分解反應如下：

$$2H_2O_2(aq) \longrightarrow 2H_2O(l) + O_2(g)$$

在這個例子中，過氧化氫 (雙氧水) 的分解速率就可以利用氣壓計來檢測氧的生成速率而推得 (圖 13.7)，我們可以很快地利用理想氣體方程式來將氧的分壓換算成濃度：

$$PV = nRT$$

或

$$P = \frac{n}{V}RT = [O_2]RT$$

其中 n/V 為氧氣的體積莫耳濃度，重新整理此方程式後，我們可以得到

$$[O_2] = \frac{1}{RT}P$$

因此現在可以用氧的生成速率來表示反應速率如下：

$$\text{速率} = \frac{\Delta[O_2]}{\Delta t} = \frac{1}{RT}\frac{\Delta P}{\Delta t}$$

圖 13.8 表示氧的分壓會隨著時間過去而增加，還有在第 400 分鐘時的瞬時速率，若要和之前方程式一樣以正常的單位 M/s 表示反應速率，我們要將 mmHg/min 換算成 atm/s，然後再將切線斜率 ($\Delta P/\Delta t$) 乘上 $1/RT$。

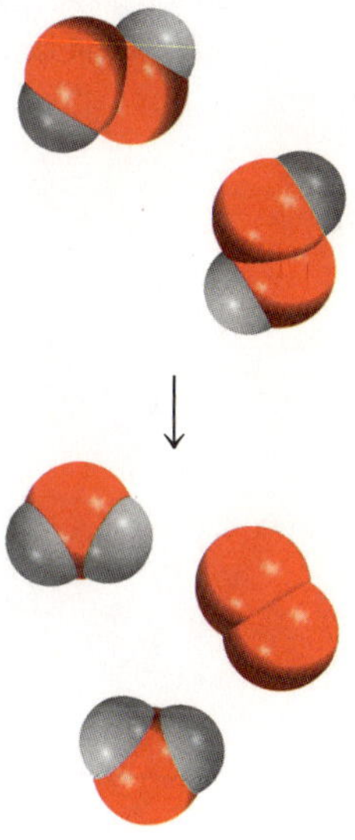

$2H_2O_2 \longrightarrow 2H_2O + O_2$

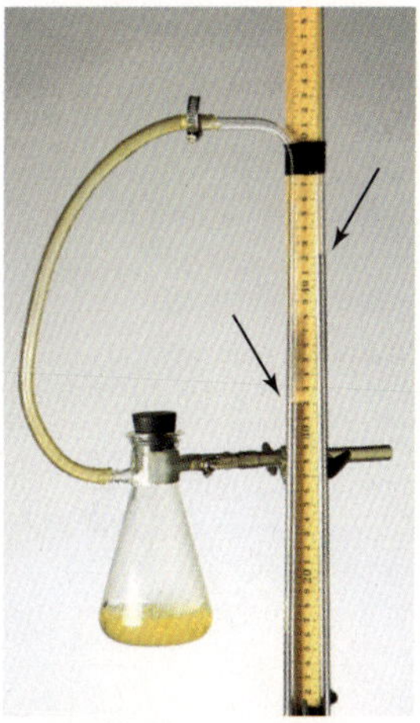

圖 13.7 過氧化氫的分解速率可以用氣壓計來測量，它會顯示出氧的分壓隨著時間過去而增加。圖中箭頭所指之處為 U 型管中的水銀面。

轉換過後的速率為 1.1×10^{-7} M/s。

反應速率與化學計量學

像這種簡單的 A ⟶ B 之反應速率，我們已經明白它在化學計量

圖 13.8 過氧化氫在第 400 分鐘時的瞬時分解速率為切線斜率乘以 1/*RT*。

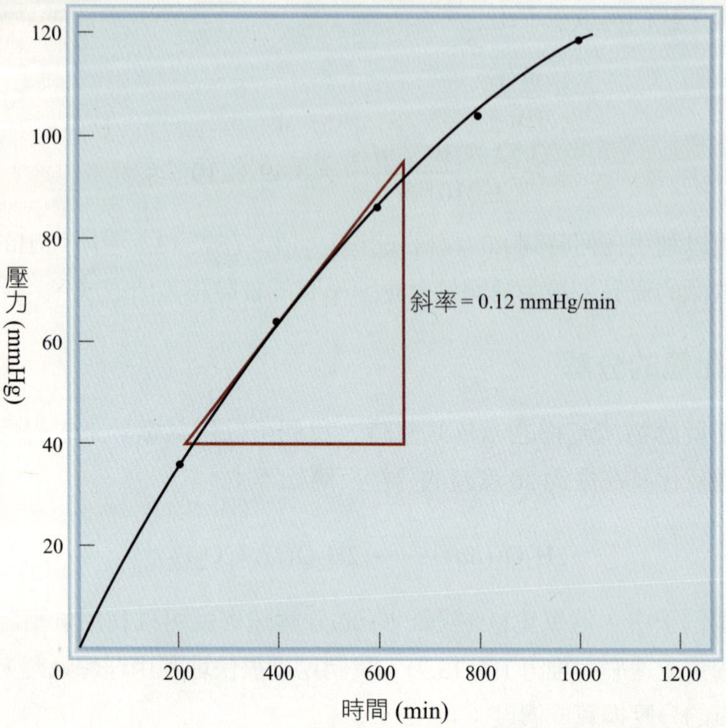

學上可以用反應物濃度隨著時間過去而減少 (如 $-\Delta[A]/\Delta t$)，或是生成物的濃度隨著時間過去而增加 (如 $\Delta[B]/\Delta t$) 來表達，但對於較複雜的反應，我們在寫反應速率的表達式時就必須小心謹慎。例如以下反應：

$$2A \longrightarrow B$$

每莫耳 B 的生成，就伴隨著 2 莫耳 A 的消失；也就是說，B 的生成量是 A 消耗量的二分之一，所以反應速率可以表示成：

$$\text{速率} = -\frac{1}{2}\frac{\Delta[A]}{\Delta t} \quad \text{或} \quad \text{速率} = \frac{\Delta[B]}{\Delta t}$$

一般來說，對於下列反應：

$$aA + bB \longrightarrow cC + dD$$

其反應速率可以表示成：

$$\text{速率} = -\frac{1}{a}\frac{\Delta[A]}{\Delta t} = -\frac{1}{b}\frac{\Delta[B]}{\Delta t} = \frac{1}{c}\frac{\Delta[C]}{\Delta t} = \frac{1}{d}\frac{\Delta[D]}{\Delta t}$$

例題 13.1 和 13.2 說明如何寫出速率表達式，還有計算反應物的消失速率與產物的生成速率。

例題 13.1

以反應物的消失與產物的生成來表達下列反應之速率表達式：

(a) $I^-(aq) + OCl^-(aq) \longrightarrow Cl^-(aq) + OI^-(aq)$

(b) $4NH_3(g) + 5O_2(g) \longrightarrow 4NO(g) + 6H_2O(g)$

策 略

要用反應物或產物隨著時間過去的濃度改變量來表示反應速率，我們需要使用適當的符號(正或負)與方程式係數的倒數。

解 答

(a) 因為每個計量係數都是 1，所以

$$\text{速率} = -\frac{\Delta[I^-]}{\Delta t} = -\frac{\Delta[OCl^-]}{\Delta t} = \frac{\Delta[Cl^-]}{\Delta t} = \frac{\Delta[OI^-]}{\Delta t}$$

(b) 這裡的係數分別是 4、5、4 與 6，因此

$$\text{速率} = -\frac{1}{4}\frac{\Delta[NH_3]}{\Delta t} = -\frac{1}{5}\frac{\Delta[O_2]}{\Delta t} = \frac{1}{4}\frac{\Delta[NO]}{\Delta t} = \frac{1}{6}\frac{\Delta[H_2O]}{\Delta t}$$

練習題

寫出下列反應的速率表達式：

$$CH_4(g) + 2O_2(g) \longrightarrow CO_2(g) + 2H_2O(g)$$

例題 13.2

針對下列反應：

$$4NO_2(g) + O_2(g) \longrightarrow 2N_2O_5(g)$$

假設在反應過程中的某個瞬間，氧分子的消耗速率為 0.024 M/s，請問：(a) N_2O_5 的生成速率為何？(b) NO_2 的消耗速率為多少？

策 略

要計算 N_2O_5 的生成速率和 NO_2 的消失速率，我們需要如同例題 13.1 中一樣以計量係數來表示反應速率：

$$\text{速率} = -\frac{1}{4}\frac{\Delta[NO_2]}{\Delta t} = -\frac{\Delta[O_2]}{\Delta t} = \frac{1}{2}\frac{\Delta[N_2O_5]}{\Delta t}$$

答　案

(a) 0.048 *M*/s

(b) –0.096 *M*/s

練習題

針對下列反應：

$$4PH_3(g) \longrightarrow P_4(g) + 6H_2(g)$$

假設在反應過程中的某個瞬間，氫分子的生成速率為 0.078 *M*/s，請問：(a) P_4 的生成速率為何？(b) PH_3 的消耗速率是多少？

13.2 反應速率定律

目前為止，我們已經學到反應速率會和反應物濃度與速率常數 k 成正比。**速率定律式** (rate law) 則更能表達反應速率和速率常數與反應物濃度之間的關係。對於一般的反應方程式：

$$aA + bB \longrightarrow cC + dD$$

速率定律式的格式為

$$速率 = k[A]^x[B]^y \quad (13.1)$$

其中 x 和 y 的數值必須要透過實驗才能測得。請注意：x 和 y 一般來說並不等於反應的計量係數 a 和 b。當我們知道 x、y 及 k 的值時，就可以利用方程式 (13.1) 與已知的 A、B 濃度來計算反應速率。

指數 x 和 y 決定反應物 A 與 B 的濃度和反應速率間之關係。相加起來，我們即得到整體的**反應級數** (reaction order)，其定義為所有反應物濃度對反應速率影響的次方數總和。對於方程式 (13.1) 而言，反應級數總和為 $x + y$；或者我們也可以說：此反應對 A 來說是 x 級，對 B 來說是 y 級，但對整體而言是 $x + y$ 級。

$F_2 + 2ClO_2 \longrightarrow 2FClO_2$

要知道反應的速率定律式如何測知，可以看看下面這個氟和二氧化氯之間的反應：

$$F_2(g) + 2ClO_2(g) \longrightarrow 2FClO_2(g)$$

若要了解反應物濃度對反應速率所造成的影響，測量初始速率和反應物的初始濃度成何種關係是一個方法。我們會比較偏好以初始速率為基準，因為當反應進行時，反應物的濃度會不斷下降，要正確量測其改變

量會比較難，此外也可能會有逆反應發生：

$$產物 \longrightarrow 反應物$$

這會導致速率測量值出現誤差，但上述兩種複雜的情況在反應初期是幾乎不存在的。

表 13.2 列出 3 次 $FClO_2$ 的生成速率測量結果。我們在第 1 次和第 3 次實驗可以看到當固定 $[ClO_2]$ 且加倍 $[F_2]$ 時，反應速率也會跟著加倍，因此反應速率和 $[F_2]$ 成直接正比；同樣地，根據第 1 次和第 2 次實驗的資料顯示，當我們將 $[ClO_2]$ 增為 4 倍並且固定 $[F_2]$ 時，速率也跟著變成原來的 4 倍，因此速率也和 $[ClO_2]$ 成直接正比。總結觀察到的結果，我們便可以將速率定律式寫為

$$速率 = k[F_2][ClO_2]$$

因為 $[F_2]$ 和 $[ClO_2]$ 的次方數都是 1，所以這個反應對 F_2 為一級，對 ClO_2 為一級，而總和則為二級反應。請注意：雖然 $[ClO_2]$ 的次方數是 1，但是在總反應方程式中，ClO_2 的係數為 2；而對於 F_2 來說，反應級數和反應係數恰巧都是 1。

我們也可以從反應物濃度及初始速率來計算速率常數，使用表 13.2 中第 1 次實驗的數據：

$$\begin{aligned} k &= \frac{速率}{[F_2][ClO_2]} \\ &= \frac{1.2 \times 10^{-3}\ M/s}{(0.10\ M)(0.010\ M)} \\ &= 1.2/M \cdot s \end{aligned}$$

反應級數可以讓我們了解反應如何受反應物濃度所影響。例如：假設反應 $aA + bB \longrightarrow cC + dD$ 的 $x = 1$、$y = 2$，那麼這個反應的速率定律式為 [見方程式 (13.1)]：

$$速率 = k[A][B]^2$$

表 13.2 F_2 和 ClO_2 之間反應的速率資料

實驗編號	$[F_2](M)$	$[ClO_2](M)$	初始速率 (M/s)
1	0.10	0.010	1.2×10^{-3}
2	0.10	0.040	4.8×10^{-3}
3	0.20	0.010	2.4×10^{-3}

此反應對 A 來說是一級，對 B 來說是二級，且總級數為三級 (1 + 2 = 3)。讓我們先假定一開始 [A] = 1.0 *M* 且 [B] = 1.0 *M*。速率定律式說明：若是將 A 的濃度從 1.0 *M* 加倍至 2.0 *M*，並且不改變 [B]，我們也會讓反應速率加倍：

對於 [A] = 1.0 *M*　　速率$_1 = k\,(1.0\,M)(1.0\,M)^2 = k\,(1.0\,M^3)$
對於 [A] = 2.0 *M*　　速率$_2 = k\,(2.0\,M)(1.0\,M)^2 = k\,(2.0\,M^3)$

因此，　　速率$_2 = 2r_1$

另一方面，若是我們將 B 的濃度從 1.0 *M* 加倍至 2.0 *M*，並且保持 [A] 的濃度為 1.0 *M*，那麼反應速率就會增為原來的 4 倍，因為它的次方數為 2。

對於 [B] = 1.0 *M*　　速率$_1 = k\,(1.0\,M)(1.0\,M)^2 = k\,(1.0\,M^3)$
對於 [B] = 2.0 *M*　　速率$_2 = k\,(1.0\,M)(2.0\,M)^2 = k\,(4.0\,M^3)$

因此，　　速率$_2 = 4r_1$

如果某個反應的 $x = 0$ 且 $y = 1$，那麼速率定律式即為

$$\text{速率} = k[\text{A}]^0[\text{B}] = k[\text{B}]$$

零級不代表速率為零，只是和 [A] 沒有關係而已。

此反應對 A 來說是零級反應，對 B 來說是一級反應，而總反應總級數則為一級。指數為零告訴我們這個反應的速率與 A 濃度無關。請注意：反應級數也有可能是分數，關於速率定律式的重點摘要如下：

1. 速率定律式需要用實驗來測定。我們可以從反應物的濃度與初始反應速率來檢測反應級數與此反應的速率常數。
2. 反應級數是根據反應物濃度來進行定義，而非產物濃度。
3. 反應物的級數和化學方程式中的反應係數無關。

例題 13.3 說明檢測反應速率定律式的流程。

$2NO + 2H_2 \longrightarrow N_2 + 2H_2O$

例題 13.3

一氧化氮與氫在攝氏 1280 度時的反應如下所示：

$$2NO(g) + 2H_2(g) \longrightarrow N_2(g) + 2H_2O(g)$$

於此溫度下所收集到的資料如下所示，試求：(a) 速率定律式；(b) 速

率常數；以及 (c) 當 [NO] = 12.0×10^{-3} M 且 [H_2] = 6.0×10^{-3} M 時的反應速率。

實驗編號	[NO] (M)	[H_2] (M)	初始速率 (M/s)
1	5.0×10^{-3}	2.0×10^{-3}	1.3×10^{-5}
2	10.0×10^{-3}	2.0×10^{-3}	5.0×10^{-5}
3	10.0×10^{-3}	4.0×10^{-3}	10.0×10^{-5}

策　略

我們已知一組濃度與反應速率的資料，並且被要求算出速率定律式與速率常數。可以假定速率定律式的格式為：

$$\text{速率} = k[\text{NO}]^x[\text{H}_2]^y$$

我們要如何利用資料來求出 x 和 y 呢？只要反應物的級數知道了，就可以從任何一筆的速率與濃度資料來算出速率常數 k。接著，速率定律式就能夠讓我們算出在任何 NO 與 H_2 濃度下的反應速率。

解　答

(a) 實驗 1 和 2 顯示當我們在 H_2 濃度固定的情況下，將 NO 的濃度加倍時，反應速率會變成原來的 4 倍。將這兩個實驗的反應速率相除：

$$\frac{\text{速率}_2}{\text{速率}_1} = \frac{5.0 \times 10^{-5}\ M/\text{s}}{1.3 \times 10^{-5}\ M/\text{s}} \approx 4 = \frac{k(10.0 \times 10^{-3}\ M)^x(2.0 \times 10^{-3}\ M)^y}{k(5.0 \times 10^{-3}M)^x(2.0 \times 10^{-3}M)^y}$$

因此，

$$\frac{(10.0 \times 10^{-3}M)^x}{(5.0 \times 10^{-3}M)^x} = 2^x = 4$$

可得 $x = 2$；也就是說，此反應對於 NO 的級數為二級。實驗 2 和 3 指出，在固定 [NO] 下加倍 [H_2] 會使反應速率加倍，我們可以將比例寫成

$$\frac{\text{速率}_3}{\text{速率}_2} = \frac{10.0 \times 10^{-5}M/\text{s}}{5.0 \times 10^{-5}M/\text{s}} = 2 = \frac{k(10.0 \times 10^{-3}\ M)^x(4.0 \times 10^{-3}M)^y}{k(10.0 \times 10^{-3}M)^x(2.0 \times 10^{-3}\ M)^y}$$

因此，

$$\frac{(4.0 \times 10^{-3}M)^y}{(2.0 \times 10^{-3}M)^y} = 2^y = 2$$

可得 $y = 1$；也就是說，此反應對於 H_2 而言是一級。如此一來，速率定律式即為：

$$速率 = k[NO]^2[H_2]$$

對於總反應而言為 $(2+1)=3$ 級反應。

(b) 速率常數 k 可以藉由任何一次的實驗資料算出，我們可以重整速率定律式得到

$$k = \frac{速率}{[NO]^2[H_2]}$$

從實驗 2 的資料可得到

$$k = \frac{5.0 \times 10^{-5}\ M/s}{(10.0 \times 10^{-3}\ M)^2(2.0 \times 10^{-3}\ M)}$$
$$= 2.5 \times 10^2/M^2 \cdot s$$

(c) 利用已知的速率常數和 NO、H_2 的濃度，我們可以得到：

$$速率 = (2.5 \times 10^2/M^2 \cdot s)(12.0 \times 10^{-3}\ M)^2(6.0 \times 10^{-3}\ M)$$
$$= 2.2 \times 10^{-4}\ M/s$$

說　明

請注意：此反應對 H_2 而言是一級反應，但在反應平衡方程式中，H_2 的係數為 2，反應物的級數和反應物在方程式中的計量係數並無關聯。

練習題

下列為過硫酸根離子 ($S_2O_8^{2-}$) 和碘離子 (I^-) 的反應：

$$S_2O_8^{2-}(aq) + 3I^-(aq) \longrightarrow 2SO_4^{2-}(aq) + I_3^-(aq)$$

於某溫度時所測得的資料如下，試著寫出速率定律式及速率常數。

實驗編號	$[S_2O_8^{2-}]$ (M)	$[I^-]$ (M)	初始速率 (M/s)
1	0.080	0.034	2.2×10^{-4}
2	0.080	0.017	1.1×10^{-4}
3	0.16	0.017	2.2×10^{-4}

13.3 反應物濃度與時間的關係

速率定律式除了讓我們可以藉由速率常數和反應物濃度來計算反應速率之外，其實也可以用來計算在反應過程中之任一時間點時的反應物濃度，我們接下來會先用兩個最常見的速率定律式來舉例說明——一級反應與二級反應。

一級反應

一級反應 (first-order reaction) 為反應速率和反應物濃度一次方成正比的反應。對於典型的一級反應：

$$\text{A} \longrightarrow \text{產物}$$

反應速率為

$$\text{速率} = -\frac{\Delta[\text{A}]}{\Delta t}$$

從速率定律式，我們也知道

$$\text{速率} = k[\text{A}]$$

要得到此速率定律式中 k 的單位，我們可以寫下：

$$k = \frac{\text{速率}}{[\text{A}]} = \frac{M/\text{s}}{M} = 1/\text{s} \text{ 或 } \text{s}^{-1}$$

合併前兩個和速率有關的方程式，我們得到

$$-\frac{\Delta[\text{A}]}{\Delta t} = k[\text{A}] \tag{13.2}$$

我們可以利用積分將方程式 (13.2) 變成

$$\ln\frac{[\text{A}]_t}{[\text{A}]_0} = -kt \tag{13.3}$$

其中 ln 為自然對數，且 $[\text{A}]_0$ 和 $[\text{A}]_t$ 分別表示 A 於 $t = 0$ 與 $t = t$ 時的濃度，要注意的是，時間 $t = 0$ 並不一定代表實驗起始時間點，它可以是任何一個我們開始偵測 A 濃度改變量的時間點。

若將方程式 (13.2) 寫成微分方程式

$$-\frac{d[\text{A}]}{dt} = k[\text{A}]$$

移項重組之後可得

$$-\frac{d[\text{A}]}{[\text{A}]} = -kdt$$

在 $t = 0$ 到 t 的時間內進行積分，結果如下：

$$\int_{[\text{A}]_0}^{[\text{A}]_t}\frac{d[\text{A}]}{[\text{A}]} = -k\int_0^t dt$$

$$\ln[\text{A}]_t - \ln[\text{A}]_0 = -kt$$

或 $$\ln\frac{[\text{A}]_t}{[\text{A}]_0} = -kt$$

方程式 (13.3) 可以被重整如下：

$$\ln[\text{A}]_t = -kt + \ln[\text{A}]_0 \tag{13.4}$$

方程式 (13.4) 具有如同線性方程式 $y = mx + b$ 的格式，其中 m 為此方程式作圖後的斜率：

$$\begin{array}{ccccccc} \ln[\text{A}]_t & = & (-k) & (t) & + & \ln[\text{A}]_0 \\ \updownarrow & & \updownarrow & \updownarrow & & \updownarrow \\ y & = & m & x & + & b \end{array}$$

見圖 13.9，反應物 A 的濃度在整個反應過程中會如我們所預期地隨著時間減少 [圖 13.9(A)]。以一級反應而言，若我們以 $\ln[\text{A}]_t$ 對時間作

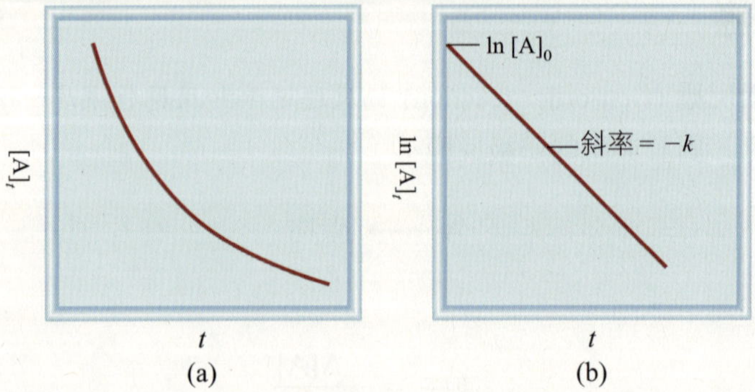

圖 13.9 一級反應的特徵如下：(a) 反應物濃度隨時間成指數下降；(b) 以 ln $[A]_t$ 對 t 作圖，此直線的斜率等於 $-k$。

圖 (y 對 x)，會得到一條斜率為 $-k$、在 y 軸上截距為 ln $[A]_0$ 的直線 [圖 13.9(b)]。因此，我們可以從這個圖的斜率算出速率常數。

一級反應有很多，包括乙烷 (C_2H_6) 分解為高活性之甲基自由基 (CH_3) 的反應：

$$C_2H_6 \longrightarrow 2CH_3$$

N_2O_5 的分解反應也是一級反應：

$$2N_2O_5(g) \longrightarrow 4NO_2(g) + O_2(g)$$

在例題 13.4 中，我們將方程式 (13.3) 應用在某個有機反應上。

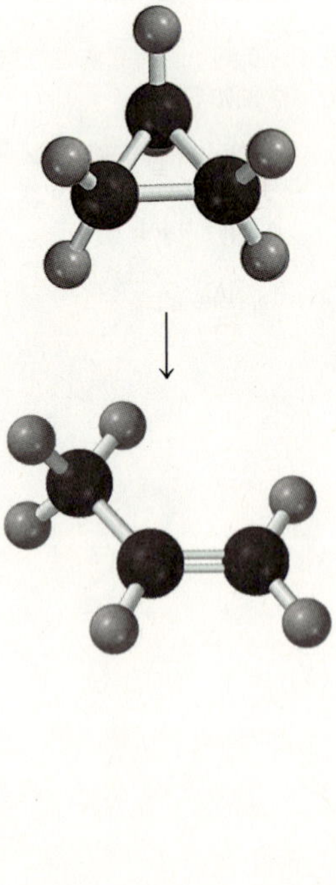

例題 13.4

環丙烷在氣態時轉換成丙烯是一級反應，其速率常數於攝氏 500 度時為 $6.7 \times 10^{-4}\ s^{-1}$。

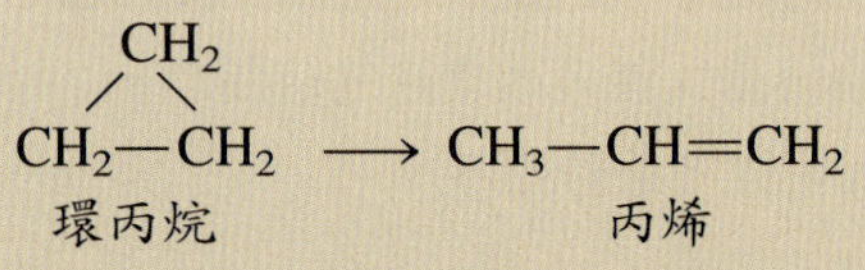

(a) 若環丙烷的初始濃度是 0.25 M，則濃度在經過了 8.8 分鐘後會變為多少？(b) 反應需要經過多少分鐘，環丙烷的濃度才會從 0.25 M 降至 0.15 M？(c) 要經過多少分鐘，初始物質才會有 74% 的轉換率？

策　略

在一級反應中，反應物於不同時間點上的濃度關係如方程式 (13.3) 或方程式 (13.4) 所示。於 (a) 中，我們知道 $[A]_0 = 0.25\ M$，並且要計算 8.8 分鐘之後的 $[A]_t$；在 (b) 中，我們要計算環丙烷濃度從 0.25 M 減至 0.15 M 所需要的時間；在 (c) 中，並沒有特定的已知濃度

值，然而，如果所有的化合物一開始是 100%，那麼當 74% 反應了以後，剩下的部分就會是 100% − 74% = 26%，所以實際濃度的比例就如同百分比的比例，亦即 $[A]_t/[A]_0$ = 26%/100%，或是 0.26/1.00。

解 答

(a) 在使用方程式 (13.4) 時可以注意到，因為 k 的單位為 s^{-1}，所以我們必須先將 8.8 分鐘轉換成秒：

$$8.8\ \text{min} \times \frac{60\ \text{s}}{1\ \text{min}} = 528\ \text{s}$$

接著可以得到

$$\begin{aligned}\ln [A]_t &= -kt + \ln [A]_0 \\ &= -(6.7 \times 10^{-4}\ \text{s}^{-1})(528\ \text{s}) + \ln (0.25) \\ &= -1.74\end{aligned}$$

因此，

$$[A]_t = e^{-1.74} = 0.18\ M$$

請注意：因為我們不能將單位化為對數，所以在 $\ln [A]_0$ 中，$[A]_0$ 是沒有維度的量值 (0.25)。

(b) 利用方程式 (13.3)：

$$\ln \frac{0.15\ M}{0.25\ M} = -(6.7 \times 10^{-4}\ \text{s}^{-1})t$$

$$t = 7.6 \times 10^2\ \text{s} \times \frac{1\ \text{min}}{60\ \text{s}}$$

$$= 13\ \text{min}$$

(c) 利用方程式 (13.3)：

$$\ln \frac{0.26}{1.00} = -(6.7 \times 10^{-4}\ \text{s}^{-1})t$$

$$t = 2.0 \times 10^3\ \text{s} \times \frac{1\ \text{min}}{60\ \text{s}} = 33\ \text{min}$$

練習題

反應 $2A \longrightarrow B$ 對 A 來說是一級反應，並且在攝氏 80 度時的速率常數為 $2.8 \times 10^{-2}\ \text{s}^{-1}$，則 A 的濃度需要多少秒才會從 0.88 M 減至 0.14 M？

現在讓我們用圖來說明五氧化二氮於攝氏 45 度時，以四氯化碳作

為溶劑的分解反應，以及其反應級數及速率常數：

$$2N_2O_5(CCl_4) \longrightarrow 4NO_2(g) + O_2(g)$$

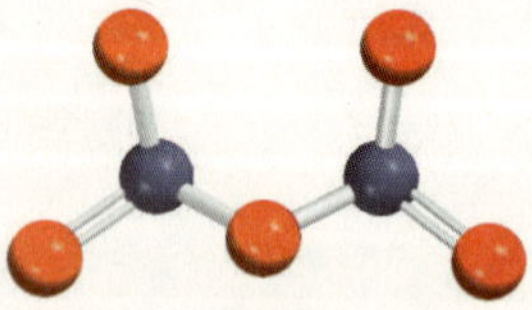

N_2O_5

N_2O_5 分解時會產生NO_2(褐色)。

下表顯示 N_2O_5 之濃度隨時間的變化，以及相對應的 $\ln [N_2O_5]$ 之數值。

時間 (s)	$[N_2O_5]$ (M)	$\ln [N_2O_5]$
0	0.91	−0.094
300	0.75	−0.29
600	0.64	−0.45
1200	0.44	−0.82
3000	0.16	−1.83

如圖 13.10 所示，我們利用方程式 (13.4) 畫出 $\ln [N_2O_5]$ 對時間的圖，接著再由斜率知道速率常數。直線上的點顯示此反應的速率定律式為一級反應，選擇直線上兩個遠離的點，將其 x 和 y 座標值分別相減，如下所示：

$$\begin{aligned}\text{斜率 } (m) &= \frac{\Delta y}{\Delta x}\\ &= \frac{-1.50-(-0.34)}{(2430-400)\text{ s}}\\ &= -5.7\times10^{-4}\text{ s}^{-1}\end{aligned}$$

因為 $m = -k$，我們得到 $k = 5.7\times10^{-4}\text{ s}^{-1}$。

對於氣態反應而言，我們可以將方程式 (13.3) 中的濃度換成氣體反應物的壓力，針對下列一級反應：

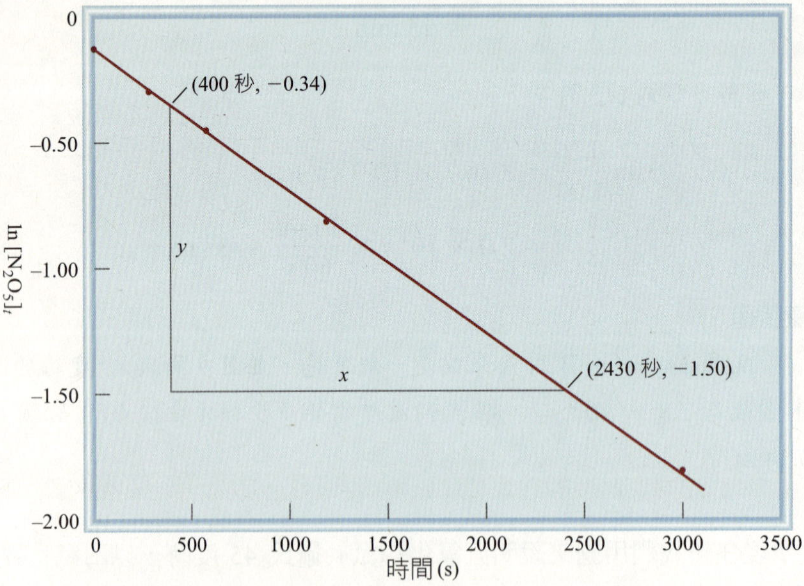

圖 13.10 $\ln [N_2O_5]_t$ 對時間作圖。速率常數可以利用直線斜率來求得。

$$A(g) \longrightarrow \text{產物}$$

我們根據理想氣體方程式可以知道：

$$PV = n_A RT$$

或

$$\frac{n_A}{V} = [A] = \frac{P}{RT}$$

因此以 $[A] = P/RT$ 在方程式 (13.3) 中進行代換可以得到

$$\ln\frac{[A]_t}{[A]_0} = \ln\frac{P_t/RT}{P_0/RT} = \ln\frac{P_t}{P_0} = -kt$$

於是對應到方程式 (13.4) 就變為

$$\ln P_t = -kt + \ln P_0 \tag{13.5}$$

例題 13.5 呈現如何以壓力來討論一級反應的動力學特質。

例題 13.5

偶氮甲烷 ($C_2H_6N_2$) 的分解反應速率可以藉由觀測反應物分壓隨著時間的改變而得知：

$$CH_3{-}N{=}N{-}CH_3(g) \longrightarrow N_2(g) + C_2H_6(g)$$

在攝氏 300 度時得到的資料如下表所示：

時間 (s)	偶氮甲烷的分壓 (mmHg)
0	284
100	220
150	193
200	170
250	150
300	132

這些值符合一級反應的動力學特質嗎？如果是，求出其速率常數。

$C_2H_6N_2 \longrightarrow N_2 + C_2H_6$

策 略

要測試一級反應的動力學特質，我們要知道它的速率定律式在積分過後會呈線性，如方程式 (13.4) 所示：

$$\ln [A]_t = -kt + \ln [A]_0$$

若此反應為一級，那麼將 ln $[A]_t$ 與時間作圖 (y 對 x) 應該會產生一條斜率等於 $-k$ 的直線；請注意：偶氮甲烷在任何時刻下的分壓都跟它的濃度 (於每公升中的莫耳數) 直接成正比 [方程式 (13.5)]：

$$\ln P_t = -kt + \ln P_0$$

其中 P_0 和 P_t 分別為偶氮甲烷在時間 $t = 0$ 及 $t = t$ 時的分壓。

解　答

首先我們建立一個 t 對 $\ln P_t$ 的表格如下：

時間 (s)	$\ln P_t$
0	5.649
100	5.394
150	5.263
200	5.136
250	5.011
300	4.883

圖 13.11 中的直線是以 $\ln P_t$ 對時間作圖，是根據此表格中的資料所畫，因此這個反應的確是一級反應，而圖中直線的斜率為

$$斜率 = \frac{5.05 - 5.56}{(233 - 33)\ \text{s}} = -2.55 \times 10^{-3}\ \text{s}^{-1}$$

根據方程式 (13.4) 得知斜率等於 $-k$，因此 $k = 2.55 \times 10^{-3}\ \text{s}^{-1}$。

練習題

氣態碘乙烷 (C_2H_5I) 在某個溫度時會進行下列分解反應：

$$C_2H_5I(g) \longrightarrow C_2H_4(g) + HI(g)$$

藉由下表中的資料求出其反應級數及速率常數。

時間 (min)	$[C_2H_5I]$ (M)
0	0.36
15	0.30
30	0.25
48	0.19
75	0.13

反應的半生期

反應物的濃度在反應進行時會降低，因此濃度和時間之關係 [稱為**半生期** (half-life; $t_{\frac{1}{2}}$)] 是另一個測量反應速率的方式，其定義為反應物

濃度降低至初始濃度之一半時所需要的時間。我們可以用接下來的方法得到一級反應的 $t_{\frac{1}{2}}$，首先方程式 (13.3) 可以重新整理為

$$t = \frac{1}{k} \ln \frac{[A]_0}{[A]_t}$$

藉由半生期的定義，當 $t = t_{\frac{1}{2}}$，$[A]_t = [A]_0/2$，所以

$$t_{\frac{1}{2}} = \frac{1}{k} \ln \frac{[A]_0}{[A]_0/2}$$

或

$$t_{\frac{1}{2}} = \frac{1}{k} \ln 2 = \frac{0.693}{k} \quad (13.6)$$

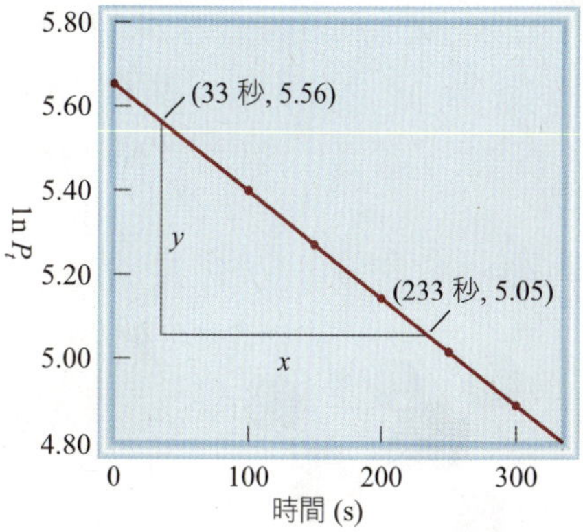

圖 13.11 針對偶氮甲烷的分解反應，其 ln P_t 對時間的作圖。

方程式 (13.6) 告訴我們一級反應的半生期與反應物的初始濃度無關，所以反應物濃度要從 1.0 *M* 降至 0.50 *M* 所需要的時間，和從 0.10 *M* 降至 0.050 *M* 所需要的時間相同 (圖 13.12)，測量半生期是另一種得到一級反應速率常數的方法。

半生期給了我們一種測量反應速率常數大小的方式——半生期愈短，*k* 值愈大。例如兩種可用於核子醫學上的放射性同位素：^{24}Na ($t_{\frac{1}{2}}$ =

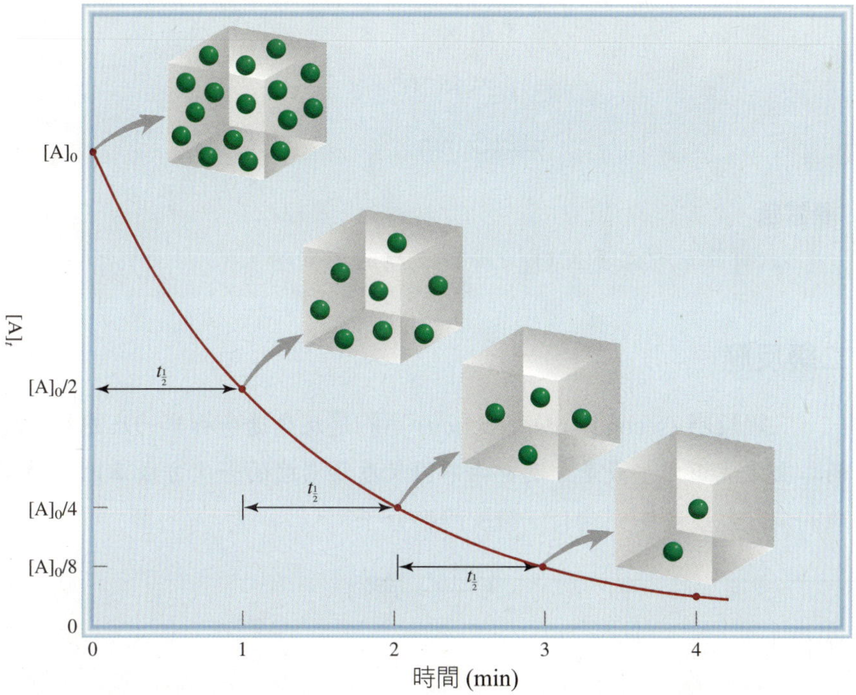

圖 13.12 對一級反應 (A ⟶ 產物) 所作的 $[A]_t$ 對時間圖。此反應的半生期為 1 分鐘，每當一個半生期過去，A 的濃度就會減半。

14.7 h) 和 ^{60}Co ($t_{\frac{1}{2}}$ = 5.3 yr)，因為 ^{24}Na 的半生期較短，所以很明顯地衰變得比較快，如果我們同樣取這兩種同位素各 1 莫耳開始反應，一週後 ^{24}Na 會幾乎用完，而 ^{60}Co 則幾乎未見減損。

我們會在例題 13.6 中計算一級反應的半生期。

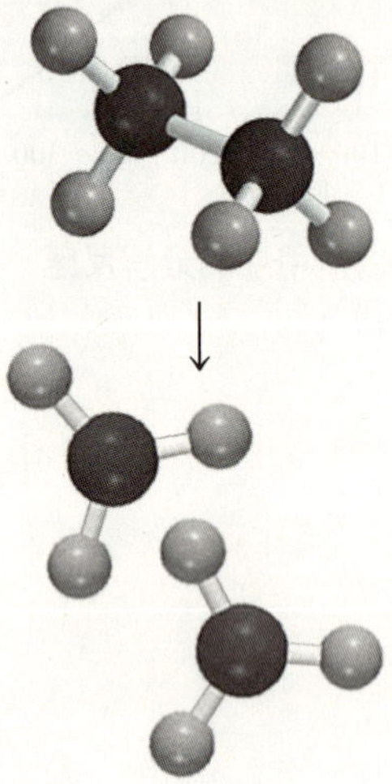

$C_2H_6 \longrightarrow 2CH_3\cdot$

例題 13.6

在攝氏 700 度時，乙烷分解成甲基自由基的反應速率常數為 $5.36 \times 10^{-4}\ s^{-1}$：

$$C_2H_6(g) \longrightarrow 2CH_3(g)\cdot$$

試計算此反應的半生期為多少分鐘？

策　略

我們在計算一級反應的半生期時要使用方程式 (13.6)，半生期在此需先轉換成以分鐘為單位。

解　答

對於一級反應而言，我們只需要速率常數就可以計算反應的半生期。藉由方程式 (13.6)：

$$\begin{aligned} t_{\frac{1}{2}} &= \frac{0.693}{k} \\ &= \frac{0.693}{5.36 \times 10^{-4}\ s^{-1}} \\ &= 1.29 \times 10^{3}\ s \times \frac{1\ min}{60\ s} \\ &= 21.5\ min \end{aligned}$$

練習題

試計算第 524 頁 N_2O_5 之分解反應的半生期。

二級反應

二級反應 (second-order reaction) 指的是反應速率和單一反應物濃度的二次方成正比，或是分別與兩不同反應物濃度的一次方成正比。最簡單的情況是反應中只含有一種反應物分子：

$$A \longrightarrow 產物$$

其中

$$速率 = -\frac{\Delta[A]}{\Delta t}$$

從速率定律式可知：

$$速率 = k[A]^2$$

和先前一樣，我們可以藉此求出 k 的單位：

$$k = \frac{速率}{[A]^2} = \frac{M/s}{M^2} = 1/M \cdot s$$

另一種二級反應為

$$A + B \longrightarrow 產物$$

其速率定律式為

$$速率 = k[A][B]$$

此反應對 A 與 B 來說均為一級反應，因此總反應的級數為 2。

我們可以利用積分得到此二級反應「A ⟶ 產物」的關係式：

$$\frac{1}{[A]_t} = kt + \frac{1}{[A]_0} \tag{13.7}$$

方程式 (13.7) 來自於

$$\int_{[A]_0}^{[A]_t} \frac{d[A]}{[A]^2} = -k\int_0^t dt$$

方程式 (13.7) 具有方程式的線性關係，如圖 13.13 所示，以 $1/[A]_t$ 對時間作圖可以得到一條斜率為 k 的直線，且在 y 軸上的截距為 $1/[A]_0$。

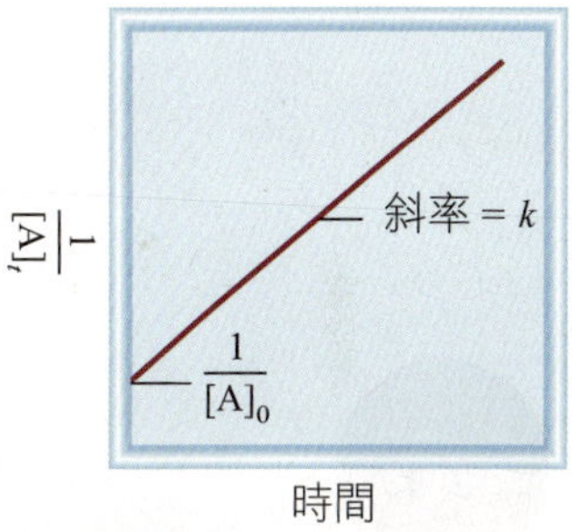

圖 13.13 以 $1/[A]_t$ 對時間作圖的二級反應 (A ⟶ 產物)，直線的斜率為 k。

偽一級反應

相較於速率定律式為 $k[A]^2$ 的二級反應 (A ⟶ 產物) 來說，另一種二級反應 (A + B ⟶ 產物) 其實更為常見，但後者很難用簡單的數學公式來看待它，這時我們會假設它是在*偽一級反應*的狀態下進行，也就是當反應物 B 的濃度遠大於反應物 A 時，[B] 在反應過程中幾乎不會受到影響，那麼

$$速率 = k[A][B] = k_{obs}[A]$$

請注意：這個速率定律式看起來像是一級反應，因此速率常數 k_{obs} 即所謂的偽一級反應速率常數，由 $k_{obs} = k[B]$ 而來，其中下標的 “obs” 為英文單字 “observed” 的縮寫、而 k 為該二級反應的速率常數。若我們以不同初始濃度的 B 來測量它們相對應的 k_{obs}，那麼以 k_{obs} 對 [B] 作圖可得到一條斜率為 k 的直線。

我們之前探討過溴和甲酸間的反應，它在甲酸過量的情況下被視為一級反應，另一個大家熟知的例子為乙酸乙酯水解 (與水反應的意思) 後產生乙醇和乙酸的反應：

$$CH_3COOC_2H_5 + H_2O \longrightarrow CH_3COOH + C_2H_5OH$$

由於溶劑水的濃度 (55.5 M)[1] 遠大於乙酸乙酯 (1 M 以下)，所以 $[H_2O]$ 可以被視為常數，因此反應速率定律式為

$$速率 = k[CH_3COOC_2H_5][H_2O] = k_{obs}[CH_3COOC_2H_5]$$

其中 $k_{obs} = k[H_2O]$。

反應半生期

我們可以將 $[A]_t = [A]_0/2$ 代入方程式 (13.7) 來獲得 (A $\longrightarrow$ 產物) 之二級反應的半生期表達式：

$$\frac{1}{[A]_0/2} = kt_{\frac{1}{2}} + \frac{1}{[A]_0}$$

然後解出 $t_{\frac{1}{2}}$ 為

$$t_{\frac{1}{2}} = \frac{1}{k[A]_0} \tag{13.8}$$

請注意：二級反應的半生期和反應物的初始濃度成反比。此結果相當合理，因為在反應初期會有較多的反應物分子相互碰撞，所以半生期理應較短，在不同初始濃度下量測半生期是區分該反應為一級反應或二級反應的方法之一。

例題 13.7 是針對二級反應所作的動力學分析。

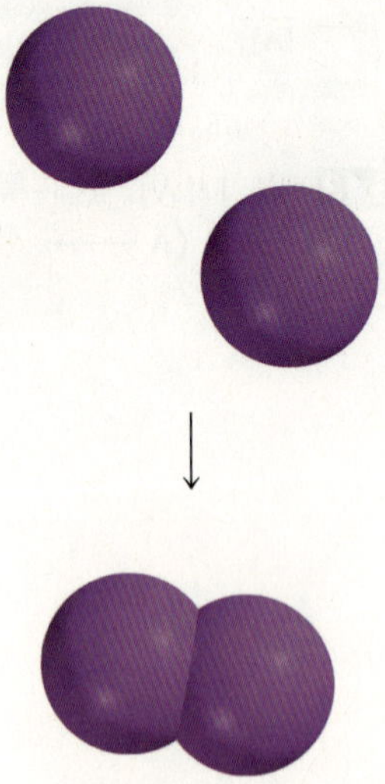

$I + I \longrightarrow I_2$

例題 13.7

氣態碘原子會結合成碘分子：

$$I(g) + I(g) \longrightarrow I_2(g)$$

此反應會遵循二級反應的動力學特質，並且在攝氏 23 度時有著極高的速率常數 $7.0 \times 10^9/M \cdot s$。(a) 若 I 的初始濃度為 0.086 M，試計算

1 水在 1 公升之稀薄溶液中的質量約為 1000 公克，相當於 1000 公克/(18.02 g/mol) 或 55.5 莫耳的水。因此，水的濃度為 55.5 M。

2.0 分鐘後的濃度；(b) 試分別計算初始濃度為 0.60 M 與 0.42 M 時的半生期。

策　略

(a) 反應物在不同時間的濃度關係可以從積分後的速率定律式中得到。由於此例為二級反應，所以我們必須使用方程式 (13.7)；(b) 題目要求計算半生期，而二級反應的半生期可由方程式 (13.8) 來求得。

解　答

(a) 要計算物質在二級反應開始後某個時間點的濃度，我們需要知道它的初始濃度及速率常數，代入方程式 (13.7)：

$$\frac{1}{[A]_t} = kt + \frac{1}{[A]_0}$$

$$\frac{1}{[A]_t} = (7.0 \times 10^9/M \cdot s)\left(2.0\ \text{min} \times \frac{60\ s}{1\ \text{min}}\right) + \frac{1}{0.086\ M}$$

其中 $[A]_t$ 為時間 $t = 2.0$ 分鐘時的濃度，我們解此等式可以得到

$$[A]_t = 1.2 \times 10^{-12}\ M$$

這麼低的濃度幾乎無法測量，而反應速率常數極大則意味著碘原子只要 2.0 分鐘的反應時間就幾乎都會兩兩結合在一起。

(b) 我們在這個部分需要使用方程式 (13.8)。

當 $[I]_0 = 0.60\ M$ 時，

$$t_{\frac{1}{2}} = \frac{1}{k[A]_0}$$

$$= \frac{1}{(7.0 \times 10^9/M \cdot s)(0.60\ M)}$$

$$= 2.4 \times 10^{-10}\ s$$

當 $[I]_0 = 0.42\ M$ 時，

$$t_{\frac{1}{2}} = \frac{1}{(7.0 \times 10^9/M \cdot s)(0.42\ M)}$$

$$= 3.4 \times 10^{-10}\ s$$

練習題

反應 $2A \longrightarrow B$ 為二級反應，在攝氏 24 度時的速率常數為 51/$M \cdot$ min。(a) 若反應從 $[A]_0 = 0.0092\ M$ 開始，那麼到 $[A]_t = 3.7 \times 10^{-3}\ M$ 要花多久時間？(b) 試計算此反應的半生期。

零級反應

一級反應和二級反應是最常見的反應類型。反應級數為 0 則非常少見。對零級反應而言，(A ⟶ 產物) 的速率定律式為

$$\text{速率} = k[A]^0 = k$$

所以零級反應的速率為**常數**，與反應物的濃度無關。我們可以利用積分將其表示如下：

方程式 (13.9) 來自於下列積分結果：

$$\int_{[A]_0}^{[A]_t} d[A] = -k\int_0^t dt$$

$$[A]_t = -kt + [A]_0 \quad (13.9)$$

方程式 (13.9) 具有線性方程式的形式，如圖 13.14 所示，將 $[A]_t$ 對時間作圖會得到一條斜率為 $-k$，且對 y 軸截距為 $[A]_0$ 的直線，若要計算零級反應的半生期，我們只要將 $[A]_t = [A]_0/2$ 代入方程式 (13.9) 中便會得到

$$t_{\frac{1}{2}} = \frac{[A]_0}{2k} \quad (13.10)$$

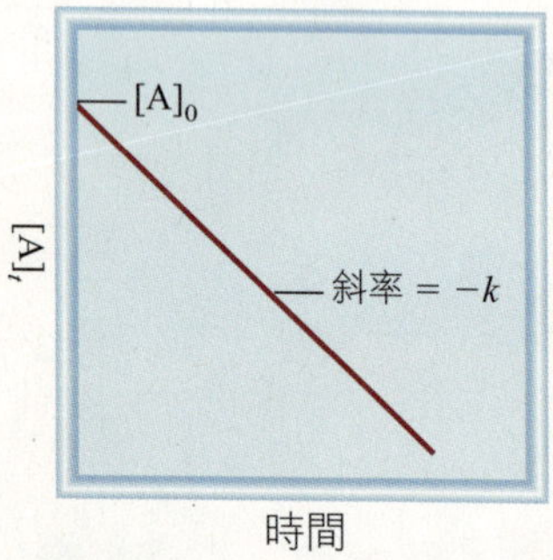

圖 13.14 將零級反應的 $[A]_t$ 對時間作圖，會得到一條斜率為 $-k$ 的直線。

許多已知的零級反應都發生在金屬表面上。其中一個例子為一氧化二氮 (N_2O) 在鉑 (Pt) 表面分解成氮與氧的反應：

$$2N_2O(g) \longrightarrow 2N_2(g) + O_2(g)$$

當所有鉑金屬的接點都被占據時，無論還有多少氣態一氧化二氮存在，其反應速率均為常數；我們接著也會在 13.6 節中看到另一個耳熟能詳的零級反應——酶催化。

請記得，方程式 (13.9) 中的 $[A]_0$ 與 $[A]_t$ 代表著氣態 N_2O 的濃度。

表 13.3 整理出當反應 (A ⟶ 產物) 分別為零級、一級及二級時的動力學特質。

表 13.3 一級反應、二級反應與三級反應的動力學特質整理

級數	速率定律式	反應物濃度與反應時間的關係	半生期
0	速率 = k	$[A]_t = -kt + [A]_0$	$\frac{[A]_0}{2k}$
1	速率 = $k[A]$	$\ln\frac{[A]_t}{[A]_0} = -kt$	$\frac{0.693}{k}$
2[†]	速率 = $k[A]^2$	$\frac{1}{[A]_t} = kt + \frac{1}{[A]_0}$	$\frac{1}{k[A]_0}$

[†] A ⟶ 產物。

13.4 活化能與溫度和反應速率常數間的關係

除了極少數的特例之外，反應速率都會隨著溫度的上升而增加，就像是煮蛋所需的時間一樣，這個「反應」在攝氏 100 度時大概只要花 10 分鐘就可以完成，但在攝氏 80 度時就得要耗費約 30 分鐘；相反地，想要有效保存食物的方法就是將它們儲存在零度以下，這樣一來，就可以降低腐敗的速率。圖 13.15 呈現一個反應的速率常數與溫度間之關係，為了解釋這種行為，我們首先必須探討反應是怎麼發生的。

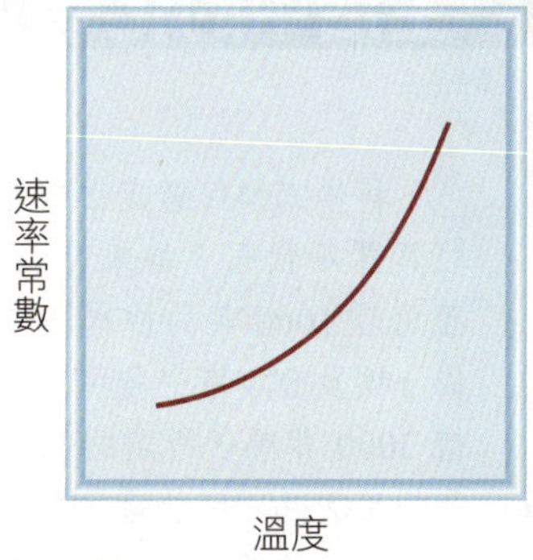

圖 13.15 速率常數受溫度所影響，大部分的速率常數都會隨著溫度的上升而增加。

化學動力學的碰撞學說

氣體分子動力學說假定氣體分子間會有頻繁地碰撞。因此，根據邏輯來說 (事實上也真的是如此)，化學反應的發生是由於分子間碰撞的結果，以化學動力學**碰撞學說** (collision theory of chemical kinetics) 的詞彙來說，就是我們期待反應速率會和每秒內的分子間碰撞次數 (或者是和分子碰撞的頻率) 直接成正比：

$$反應速率 \propto \frac{碰撞次數}{秒}$$

這個簡單的關係可以解釋反應速率為何和濃度有關。

若 A 分子和 B 分子反應會生成某產物，且每個生成的產物分子都是來自於 A 分子和 B 分子的直接結合，那麼當我們將 A 的濃度加倍後，由於在同樣的空間中有 2 倍量的 A 分子能夠和 B 分子進行碰撞，所以 A 與 B 之間的碰撞次數也會跟著加倍 (圖 13.16)，反應速率就會以 2 倍的倍率增加；同樣地，如果我們將 B 分子的濃度加倍，也會讓反應速率增倍，所以我們可以將速率定律式表達為

$$速率 = k[A][B]$$

此反應對於 A 與 B 而言均為一級反應，並且具備二級反應的動力學特質。

碰撞學說在直覺上非常吸引人，但反應速率和碰撞理論間的關係可能比你想像得還複雜，碰撞學說指出反應總是發生在 A 分子和 B 分子碰撞的時候，然而並非所有的碰撞都會導致反應發

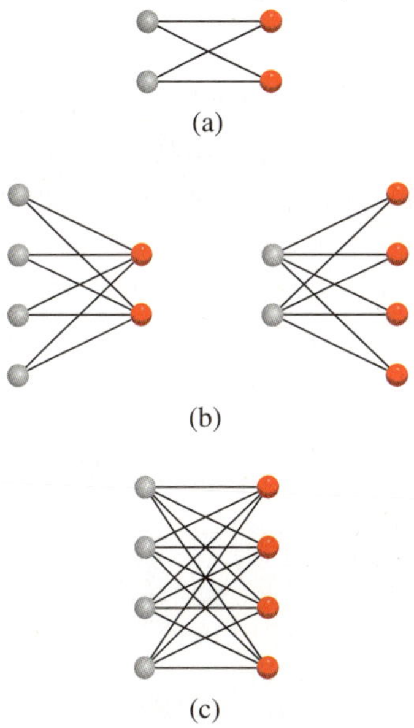

圖 13.16 碰撞的次數會受到濃度影響 (我們在此只考慮 A、B 分子間能反應生成產物的碰撞)，無論發生了幾次，每個紅球和灰球間的碰撞都只能算 1 種。(a) 2 個 A 分子和 2 個 B 分子間可能會發生的碰撞情形共有 4 種；(b) 將其中任一種分子的數目加倍 (不是全部加倍) 會使可能發生的碰撞情形變成 8 種；(c) 將 A 分子和 B 分子的數量均加倍則會使可能發生的碰撞情形變成 16 種。

CHEMISTRY *in Action*

生活中的化學

放射性碳-14 定年法

科學家如何鑑定由考古所發掘出之人工物品的真實年代呢？如果有人試著要賣一卷號稱是西元前 1000 年的抄本給你，你要如何確認其真偽？埃及金字塔中發現的木乃伊真的存活在西元前 3000 年嗎？所謂的都靈裹屍布真的是耶穌基督的殮衣嗎？關於這些類似的問題，通常可以藉由化學動力學與**放射性碳定年技術** (radiocarbon dating technique) 來解答。

地球的大氣層正持續地被具有超強穿透力的宇宙射線給衝擊著，這些從外太空產生的射線包含電子、中子及原子核。它們和大氣層會產生重要的反應，其一為大氣中的氮-14 同位素捕捉到中子產生具有放射性的碳-14 同位素與氫，這些不穩定的碳原子通常會接著生成$^{14}CO_2$，並與空氣中的普通二氧化碳 ($^{12}CO_2$) 混在一起，當碳-14 同位素發生衰變時會放出 β 粒子 (電子)，其衰變的半生期為 5.73×10^3 年，且衰變速率 (以每秒放出的電子數進行測量) 遵循著一級反應的動力學特質，在學放射性衰變時，我們習慣把速率定律式寫為

$$速率 = kN$$

其中 k 為一級反應的速率常數，而 N 為氮-14 同位素的原子核數量，因此我們可以根據方程式 (13.6) 得到：

$$k = \frac{0.693}{5.73 \times 10^3 \text{ 年}} = 1.21 \times 10^{-4} \text{ 年}^{-1}$$

植物在進行光合作用時會吸收二氧化碳，碳-14 同位素就是在此時進入生態圈並參與碳的循環，雖然放射性衰變會持續使得碳-14 同位素消失，但失去的碳-14 同位素又會不斷地從大氣層中補回來，因此在這個衰變—補充的循環中，生物體內的碳-14 和碳-12 會維持著固定比例的動態平衡。不過，一旦個體植物或動物死亡後，碳-14 同位素就無法再進行補充，此時平衡就會開始發生變化，同樣的情況也發生在深埋地底的煤、石油、木材或埃及木乃伊當中，和活人比起來，存在於木乃伊中的碳-14 原子核就會比較少。

利比* 在西元 1955 年提出建議，他認為

* 利比 (Willard Frank Libby, 1908~1980)，美國化學家。由於他在放射性碳-14 定年法上所做出的貢獻，在西元 1960 年得到諾貝爾化學獎。

生，根據分子動力學說的計算顯示，在一般的壓力 (1 atm) 與溫度 (298 K) 條件下，每 1 毫升的氣態分子會在 1 秒鐘之內發生約 1×10^{27} 次的對撞 (發生在兩個分子間的撞擊)，如果是液態分子的話碰撞次數還會更多，因此若每次對撞都能夠導致反應發生的話，那麼大部分的反應都將在瞬間完成，但實際上，反應速率的差異極大，這也意味著在許多情況下，單單只有碰撞並無法保證反應的發生。

任何運動中的分子都具有動能，運動得愈快，動能就愈高。但是一個高速移動的分子本身並不會碎裂開來，若要發生反應，它必須和另一個分子相撞。當分子相撞時，其中一部分動能被轉換成振動的能量，如果初始動能高，那麼發生碰撞的分子就會劇烈振動，以致能夠破壞部分的化學鍵——這樣的化學鍵斷裂是朝向產物生成的第一步；若初始動能

碳-14 原子核的比率可以用來估計一個標本已經存在的時間，我們重新整理方程式 (13.3) 後可以得到：

$$\ln \frac{N_0}{N_t} = kt$$

其中 N_0 和 N_t 分別為在時間 $t = 0$ 及 $t = t$ 時的碳-14 原子核數量，因為衰變的速率直接和碳-14 的存量成正比，故前面的方程式可以改寫成

$$\begin{aligned} t &= \frac{1}{k}\ln \frac{N_0}{N_t} \\ &= \frac{1}{1.21 \times 10^{-4}\ \text{yr}^{-1}} \ln \frac{\text{在時間 } t = 0 \text{ 時的衰變速率}}{\text{在時間 } t = t \text{ 時的衰變速率}} \\ &= \frac{1}{1.21 \times 10^{-4}\ \text{yr}^{-1}} \ln \frac{\text{活體樣本的衰變速率}}{\text{陳年樣本的衰變速率}} \end{aligned}$$

若知道活體樣本和陳年樣本的 k 值與衰變速率，我們就可以計算時間是多少，亦即該陳年樣本的年紀，這種巧妙的技術就是建立在如此簡單的概念之上，它的成功取決於我們如何正確地偵測衰變速率，在活體樣本中，碳-14/碳-12 的比例約為 $1/10^{12}$，因此用來偵測此放射性衰變的儀器必須非常靈敏；而對於陳年樣本來說，要測得精確更加困難，因為它們含有的碳-14 原子核更少，儘管如此，對於人工物品、圖畫及其他年代可追朔至 1000~50,000 年前的考古物品來說，放射性碳-14 定年法已經變成估計其生存年代時極有價值的工具。

關於放射性碳-14 定年法的應用，最廣為宣傳的就是都靈裹屍布的定年。西元 1988 年時有三個分處於歐洲和美國的實驗室都在研究一份少於 50 mg 的都靈裹屍布樣品，根據放射性碳-14 定年法的結果顯示其年代大約是落在西元 1260~1390 年之間，這個發現意味著都靈裹屍布可能並非耶穌基督的殮衣。然而，近代也有研究提出新的證據來駁斥上述說法，因為這種定年分析法會有誤差，它會受到裹屍布近年來的保存情況所影響；由於對裹屍布的後續研究已獲得授權，因此這些爭論似乎還會持續一段時間。

小的話，分子只會保持完整地彈開，因此就能量上來說，會有某個低於它就無法反應的最小碰撞能量，如果能量比它還低時，分子即使產生了碰撞依然會保持原狀。

我們假定為了要能夠發生反應，碰撞分子所具有的動能均需大於或等於**活化能** (activation energy; E_a)——要啟動一個化學反應所需的最小能量，當分子碰撞時會形成**活化錯合物** (activated complex)，也稱為**過渡態** (transition state)，它是反應物分子間從碰撞後到產物生成前所形成的暫時性物質。

針對下列反應，圖 13.17 顯示出兩種具有不同位能的反應示意圖：

$$A + B \longrightarrow AB^{\ddagger} \longrightarrow C + D$$

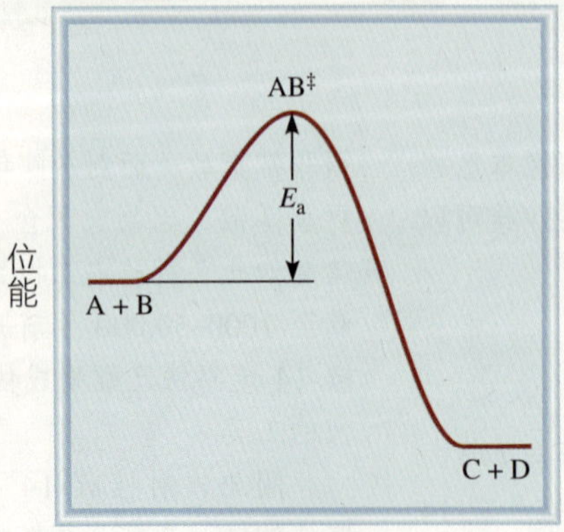

(a)

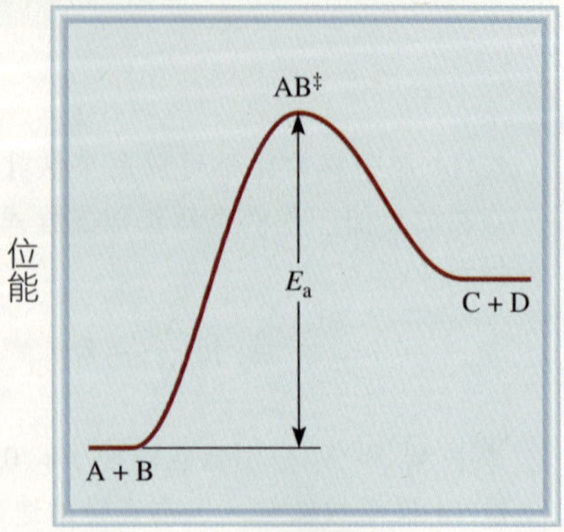

(b)

圖 13.17 (a) 放熱反應與 (b) 吸熱反應的位能示意圖。這些圖呈現當反應物 A 與 B 轉變成產物 C 與 D 時所造成的位能改變，活化錯合物 ($AB^{\ddagger}$) 為具高潛能且高度不穩定的物質，(a) 與 (b) 中所標示的均為正反應活化能，請注意：產物 C 與 D 於 (a) 中要比產物 A 與 B 來得穩定，但在 (b) 中則反之。

其中 $AB^{\ddagger}$ 代表 A 與 B 間碰撞所生成的活化錯合物，若產物比反應物要來得穩定，那麼反應就會伴隨著熱的釋放，也就是說，它是放熱反應 [圖 13.17(a)]；另一方面，若產物沒有反應物穩定，那麼反應系統會從環境吸收熱，我們就會看到吸熱反應 [圖 13.17(b)] 的發生。我們針對這兩種情況各畫了一張反應的位能與反應過程之關係圖，這兩張圖呈現當反應物轉變成產物時所造成的位能改變。

我們可以把活化能想成是一個防止低能量分子發生反應的障壁。針對一般的反應來說，反應物分子的數量通常極為巨大，運動速率也是，因此分子的動能也有著極大差異，在產生碰撞的分子中只有一小部分 (跑得最快的那些) 擁有高於活化能的能量，並且能夠發生反應，因此現在可以這樣來解釋為什麼反應速率 (或是速率常數) 會隨著溫度的升高而增加：分子的運動速度會遵循如圖 5.17 所示的馬克士威分布曲線，如果比較在兩種不同溫度下的速率分布曲線，可以發現在較高溫度下有較多的高能量分子出現，生成產物的速率也因而比較快。

阿瑞尼士方程式

反應速率常數與溫度之間的關係可以用下列**阿瑞尼士方程式** (Arrhenius equation) 表示：

$$k = Ae^{-E_a/RT} \tag{13.11}$$

其中 E_a 為反應的活化能 (單位為 kJ/mol)、R 為理想氣體常數 (8.314 J/K・mol)、T 為絕對溫度，而 e 為自然對數的底數。A 值與碰撞的頻率有關，因此被稱為頻率因數，對同一個反應來說，無關溫度條件為何，

A 都可以被視為定值。方程式 (13.11) 表示速率常數直接正比於 A，因此也直接正比於碰撞頻率；除此之外，由於負號附在指數的係數 E_a/RT 上，所以速率常數會隨著活化能的增加而下降，並且會隨著溫度的提高而上升，此方程式也可以用另一種更方便的形式表示，就是在等號的兩側同時取自然對數：

$$\ln k = \ln Ae^{-E_a/RT}$$

或

$$\ln k = \ln A - \frac{E_a}{RT} \quad (13.12)$$

如此一來，方程式 (13.12) 就可以被重新整理為一個線性方程式：

$$\ln k = \left(-\frac{E_a}{R}\right)\left(\frac{1}{T}\right) + \ln A \quad (13.13)$$

$$\updownarrow \quad \updownarrow \quad \updownarrow \quad \updownarrow$$

$$y = m \quad x + b$$

所以，我們以 $\ln k$ 對 $1/T$ 作圖就會得到一條斜率為 $-E_a/R$ 且在 y 軸上截距 (b) 為 $\ln A$ 的直線。

例題 13.8 示範如何用圖示法來測量反應的活化能。

例題 13.8

對於甲醛的分解反應：

$$CH_3CHO(g) \longrightarrow CH_4(g) + CO(g)$$

在五種不同溫度時，測量其速率常數所得的資料如下表所示，試將 $\ln k$ 對 $1/T$ 作圖並求其反應活化能 (以 kJ/mol 為單位)。請注意：對於 CH_3CHO 而言，此反應的級數為"$\frac{3}{2}$"，因此 k 的單位為 $1/M^{\frac{1}{2}} \cdot s$。

$k\ (1/M^{\frac{1}{2}} \cdot s)$	T (K)
0.011	700
0.035	730
0.105	760
0.343	790
0.789	810

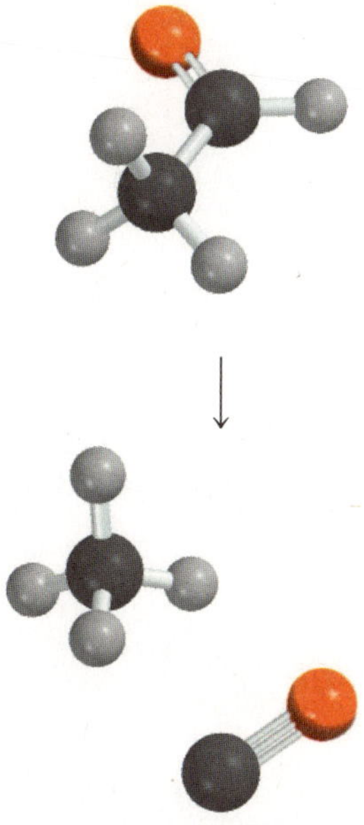

$CH_3CHO \longrightarrow CH_4 + CO$

策　略

以線性方程式的格式來表示阿瑞尼士方程式：

$$\ln k = \left(-\frac{E_a}{R}\right)\left(\frac{1}{T}\right) + \ln A$$

以 $\ln k$ 對 $1/T$ (y 對 x) 作圖會產生一條斜率等於 $-E_a/R$ 的直線，活化能就可以從這條直線的斜率來求得。

解 答

首先，我們得將資料轉換成下表：

$\ln k$	$1/T(K^{-1})$
−4.51	1.43×10^{-3}
−3.35	1.37×10^{-3}
−2.254	1.32×10^{-3}
−1.070	1.27×10^{-3}
−0.237	1.23×10^{-3}

以這些資料作圖會畫出如圖 13.18 的結果，這條線的斜率可以由任兩組座標點算出：

$$\text{斜率} = \frac{-4.00 - (-0.45)}{(1.41 - 1.24) \times 10^{-3}\ \text{K}^{-1}} = -2.09 \times 10^4\ \text{K}$$

從方程式 (13.13) 的線性格式中可得到：

$$\text{斜率} = -\frac{E_a}{R} = -2.09 \times 10^4\ \text{K}$$

$$\begin{aligned} E_a &= (8.314\ \text{J/K}\cdot\text{mol})(2.09 \times 10^4\ \text{K}) \\ &= 1.74 \times 10^5\ \text{J/mol} \\ &= 1.74 \times 10^2\ \text{kJ/mol} \end{aligned}$$

檢 查

請注意：雖然速率常數本身的單位為 $1/M^{\frac{1}{2}}\cdot s$，但 $\ln k$ 的值並沒有單位，這件事情十分重要，因為我們不能對單位取對數。

練習題

一氧化二氮 (N_2O) 分解成氮分子和氧原子為二級反應，在不同溫度時可測得其速率常數如下表：

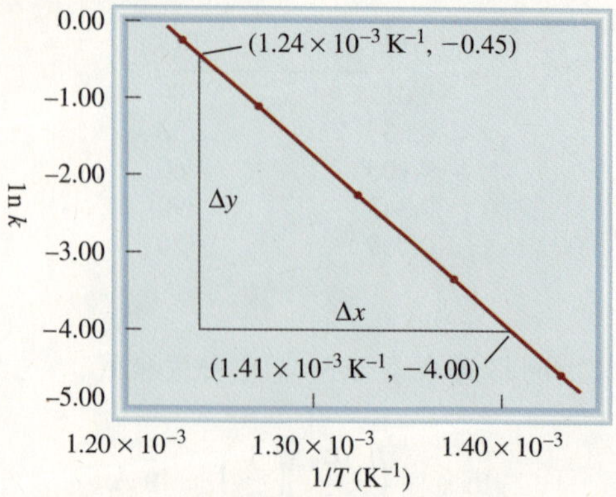

圖 13.18 以 $\ln k$ 對 $1/T$ 作圖。直線的斜率等於 $-E_a/R$。

$k\ (1/M\cdot s)$	$t\ (°C)$
1.87×10^{-3}	600
0.0113	650
0.0569	700
0.244	750

試以圖示法求出此反應的活化能。

如果有一個方程式可以描述在不同溫度 T_1、T_2 時之速率常數 k_1、k_2 間的關係，那麼我們就可以用它來計算出反應的活化能，或是在已知活化能的情況下求出處於另一個溫度時的速率常數，要導出這樣的式子，我們需要從方程式 (13.12) 著手：

$$\ln k_1 = \ln A - \frac{E_a}{RT_1}$$

$$\ln k_2 = \ln A - \frac{E_a}{RT_2}$$

將 $\ln k_1$ 減去 $\ln k_2$ 會得到

$$\ln k_1 - \ln k_2 = \frac{E_a}{R}\left(\frac{1}{T_2} - \frac{1}{T_1}\right)$$

$$\ln \frac{k_1}{k_2} = \frac{E_a}{R}\left(\frac{1}{T_2} - \frac{1}{T_1}\right)$$

$$\ln \frac{k_1}{k_2} = \frac{E_a}{R}\left(\frac{T_1 - T_2}{T_1 T_2}\right) \qquad (13.14)$$

例題 13.9 示範如何使用我們剛才導出的方程式。

例題 13.9

在 298 K 時，有某個一級反應的速率常數為 $3.46 \times 10^{-2}\ s^{-1}$，若此反應的活化能為 50.2 kJ/mol，請問它在 350 K 時的速率常數為何？

策　略

改寫過後的阿瑞尼士方程式得以連結兩個不同溫度下的速率常數 [見方程式 (13.14)]，要確認 R 與 E_a 的單位是一致的。

解　答

我們已知的資料有：

$$k_1 = 3.46 \times 10^{-2}\ s^{-1} \qquad k_2 = ?$$

$$T_1 = 298\ K \qquad T_2 = 350\ K$$

將它們代入方程式 (13.14)，

$$\ln\frac{3.46\times10^{-2}\ \mathrm{s}^{-1}}{k_2}=\frac{50.2\times10^{3}\ \mathrm{J/mol}}{8.314\ \mathrm{J/K\cdot mol}}\left[\frac{298\ \mathrm{K}-350\ \mathrm{K}}{(298\ \mathrm{K})(350\ \mathrm{K})}\right]$$

將 E_a 的單位轉換成和 R 相符的 J/mol，於是解方程式後可以得到：

$$\ln\frac{3.46\times10^{-2}\ \mathrm{s}^{-1}}{k_2}=-3.01$$

$$\frac{3.46\times10^{-2}\ \mathrm{s}^{-1}}{k_2}=e^{-3.01}=0.0493$$

$$k_2=0.702\ \mathrm{s}^{-1}$$

檢　查

速率常數和預期中一樣在溫度高時比較大，所以答案是合理的。

練習題

氯甲烷 (CH_3Cl) 會與水反應生成甲醇 (CH_3OH) 和氯化氫 (HCl)，此一級反應在攝氏 25 度時的速率常數為 $3.32\times10^{-10}\ \mathrm{s}^{-1}$，若此反應的活化能為 116 kJ/mol，試計算它在攝氏 40 度時的速率常數。

對於簡單的反應 (例如原子間的反應) 而言，我們可以將阿瑞尼士方程式的頻率因數和反應物之間的碰撞頻率畫上等號，但如果是較複雜的反應，我們也得考慮「空間因子」，也就是反應的分子相對於其他分子之方向為何，一氧化碳 (CO) 與二氧化氮 (NO_2) 反應生成二氧化碳 (CO_2) 與一氧化氮 (NO) 的反應正好足以說明這個情況：

$$\mathrm{CO}(g)+\mathrm{NO_2}(g)\longrightarrow \mathrm{CO_2}(g)+\mathrm{NO}(g)$$

當反應分子以圖 13.19(a) 的方式相互接近時最容易發生反應，但如果是像圖 13.19(b) 的情況就不太能生成產物，將空間因子在方程式 (13.11) 中量化後可以表示如下：

$$k=pAe^{-E_a/RT}\tag{13.15}$$

其中 p 為空間因子，它是沒有單位的純數值，對於元素—元素間 (例如 $\mathrm{I}+\mathrm{I}\longrightarrow \mathrm{I_2}$) 到分子—分子間的反應而言，其相對應的數值範圍為 1 到 10^{-6} 以下。

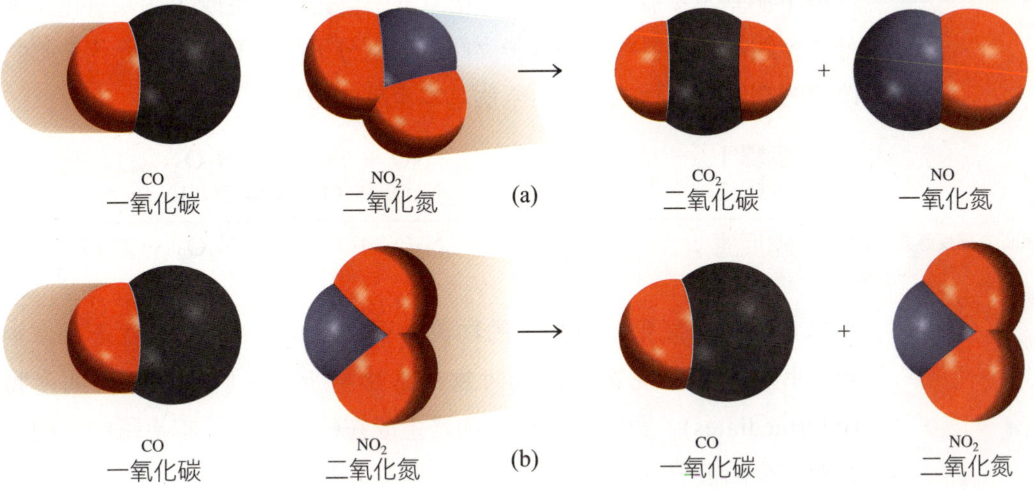

圖 13.19 圖 (a) 中的空間因子有效且非常可能生成產物。圖 (b) 中的空間因子無效且沒有產物生成。

13.5 反應機構

如同之前所言，一個已經平衡過的化學總反應式並不能充分告訴我們反應是如何發生的。它在許多情況下只是呈現數個**基本步驟** (elementary steps) 或基本反應相加之後的結果。這些基本步驟可以從分子的層級上單純地呈現總反應的系列流程，而從一連串的基本步驟導致產物生成的過程則稱為**反應機構** (reaction mechanism)，反應機構可以比喻為旅行所行經的路線，總反應則是單指旅行的起點和終點。

若要舉反應機構的例子，我們可以看看一氧化氮和氧之間的反應：

$$2NO(g) + O_2(g) \longrightarrow 2NO_2(g)$$

因為在整個反應的過程中有二氧化二氮 (N_2O_2) 分子被偵測到，所以我們知道產物不是由 2 個一氧化氮分子與 1 個氧氣分子直接對撞而產生，讓我們假設反應的發生事實上經過了兩個基本步驟：

$$2NO(g) \longrightarrow N_2O_2(g)$$

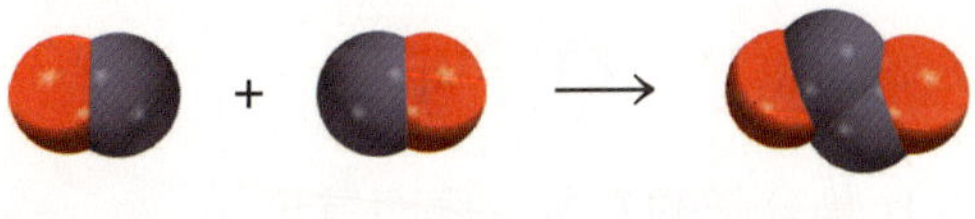

$$N_2O_2(g) + O_2(g) \longrightarrow 2NO_2(g)$$

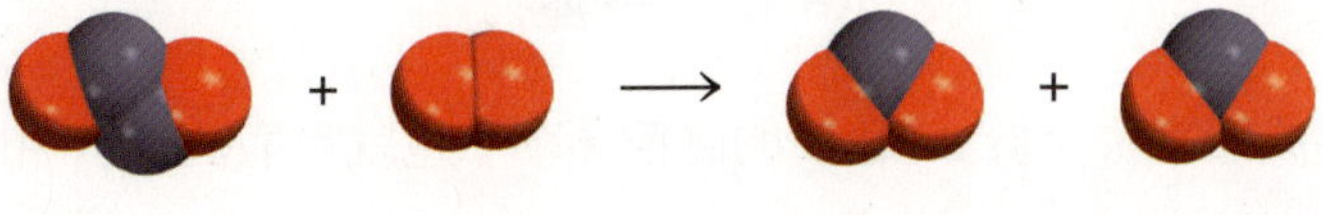

在第 1 個基本步驟中，2 個一氧化氮分子會先對撞生成 1 個二氧化二氮分子，然後它會再和氧氣分子反應生成兩分子的二氧化氮，而代表整體改變的總反應方程式則為這兩個基本步驟的總和：

基本步驟的總和即為總反應方程式。

步驟 1：　$NO + NO \longrightarrow N_2O_2$

步驟 2：　$N_2O_2 + O_2 \longrightarrow 2NO_2$

總反應：　$2NO + \cancel{N_2O_2} + O_2 \longrightarrow \cancel{N_2O_2} + 2NO_2$

因為角色與二氧化二氮相同的物質只出現在反應機構 (也就是基本步驟) 中，沒有出現在平衡後的總反應裡，所以它們被稱為**中間產物** (intermediates)。記得中間產物總是生成在較前段的基本步驟中，隨後又會在後面被消耗掉。

反應的分子數 (molecularity of a reaction) 為單一基本步驟中發生反應之分子的數量。這些分子的種類是否相同都無妨，前面講過的每個基本步驟都是所謂的**雙分子反應** (bimolecular reaction) 是一種包含兩個分子的基本步驟；至於只有一個分子參與反應的基本步驟則稱為**單分子反應** (unimolecular reaction)，像是例題 13.4 中所討論的環丙烷轉變成丙烯之反應就是一個例子；而包含 3 個分子同時參與反應的基本步驟叫作**三分子反應** (termolecular reaction)，這種反應十分稀少，因為比起 2 個分子來說，3 個分子要同時相遇碰撞的機率極低。

速率定律式與基本步驟

知道反應的基本步驟可以讓我們推導出速率定律式，假設有一個已知的基本反應如下：

$$A \longrightarrow \text{產物}$$

因為只有 1 種分子出現，所以此反應為單分子反應，A 分子若是愈多，產物生成的速率就愈快，單分子反應的速率和 A 的濃度直接成正比；換句話說，它對 A 而言是一級反應：

$$\text{速率} = k[A]$$

對於一個包含 A、B 雙分子的基本反應而言，

$$A + B \longrightarrow \text{產物}$$

產物的生成速率決定於 A 與 B 的碰撞頻率，也就是取決於 A 和 B 的濃

度。因此，我們可以將速率定律式表示如下：

$$速率 = k[A][B]$$

類似的概念也可以用於下列雙分子反應的表示法：

$$A + A \longrightarrow 產物$$

或

$$2A \longrightarrow 產物$$

那麼速率定律式就會是

$$速率 = k[A]^2$$

這些例子顯示在基本反應中，每個反應物的反應級數等於它在平衡方程式中的係數。一般來說，我們無法單就平衡後的總反應式來判斷它是直接反應，還是歷經了一系列的步驟，這種判斷必須在實驗室中進行。

對一個多步驟的反應而言，最後的速率定律式取決於**速率決定步驟** (rate-determining step)，亦即*在產物生成的一系列流程中速率最慢的那個步驟*。這種概念就像是假設路上的車子都不能超車，那麼所有車子的車速都會受制於開最慢的那輛一樣。

研究反應機構的實驗必須從收集資料開始 (速率的測量)，接著分析資料來決定速率常數及其反應級數，然後再寫出速率定律式。最後，我們會提出一個暫時性、以基本步驟為組成的反應機構 (圖 13.20)。所謂的基本步驟必須滿足下列兩項需求：

- 所有基本步驟相加之後必須能夠構成總反應的平衡方程式。
- 速率決定步驟與實驗結果應該要預測出相同的速率定律式。

我們在推論某個反應的整體流程時，要能夠偵測到每一個基本步驟中所產生的中間產物才行。

過氧化氫的分解還有氫氣與碘蒸氣生成碘化氫的反應都是藉由實驗結果來說明反應機構的案例。

過氧化氫的分解反應

過氧化氫的分解反應會因為有碘離子的存在而更容易發生 (圖

圖 13.20 一步步了解反應機構的流程。

圖 13.21 過氧化氫的分解會被碘離子催化。加幾滴肥皂液進去是為了要讓氧氣的生成更為明顯。(有些碘離子會被氧化成碘分子，碘分子又會繼續和碘離子反應生成褐色的三碘離子 I_3^-。)

13.21)。其總反應方程式為

$$2H_2O_2(aq) \longrightarrow 2H_2O(l) + O_2(g)$$

我們藉由實驗結果發現其速率定律式為

$$速率 = k[H_2O_2][I^-]$$

因此，這個反應對過氧化氫與碘離子而言皆為一級反應。

由於速率定律式與平衡後的總反應方程式並不相符，因此過氧化氫的分解並非一步就可以完成，如果是的話，這個反應對過氧化氫而言應該為二級反應 (兩個過氧化氫分子相互碰撞) 才對，更甚者，出現在速率定律式中的碘離子根本沒有出現於總反應方程式中。我們應該如何解釋呢？首先，我們可以假設觀察到的速率定律式來自於兩個分開的基本步驟，而且它們都是雙分子反應：

$$步驟 1： \quad H_2O_2 + I^- \xrightarrow{k_1} H_2O + IO^-$$
$$步驟 2： \quad H_2O_2 + IO^- \xrightarrow{k_2} H_2O + O_2 + I^-$$

若我們更進一步地假設步驟 1 為速率決定步驟，那麼速率定律式就可以單獨用它來表達：

$$速率 = k_1[H_2O_2][I^-]$$

其中 $k_1 = k$，由於 IO^- 離子並未出現在平衡後的總反應方程式中，所以它是中間產物；雖然碘離子也沒有出現在平衡後的總反應方程式中，但碘離子和 IO^- 不一樣的地方是它出現在反應初和反應末，碘離子的功能為加速整個反應；也就是說，它是**催化劑** (catalyst)，我們將在 13.6 節中討論催化劑的部分。圖 13.22 呈現類似過氧化氫的分解反應之位能示意圖。和步驟 2 相比，我們可以看到步驟 1 (也是速率決定步驟) 有著較大的活化能，而中間產物雖然穩定得足以被觀察到，但還是會很快地繼續反應生成產物。

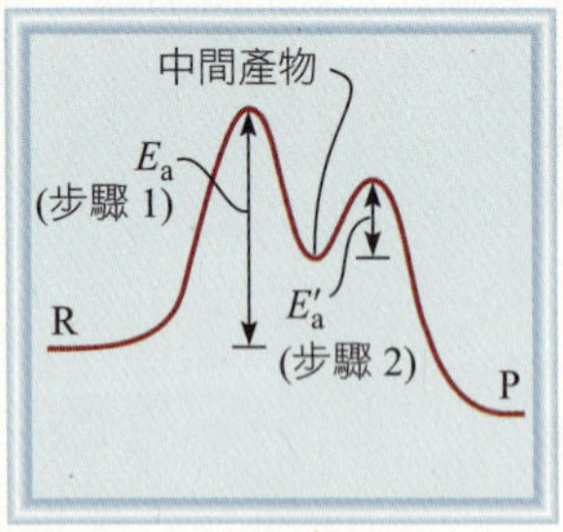

圖 13.22 2 步驟反應的位能示意圖，其中第 1 個步驟為速率決定步驟，R 和 P 分別代表反應物與產物。

碘化氫的反應

對於包含兩個基本步驟以上的反應來說，無論是正反應或是逆反應，很常見到第 1 個步驟比第 2 個步驟來得快的情況，氫氣與碘蒸氣生成碘化氫的反應即為其中的一個例子：

$$H_2(g) + I_2(g) \longrightarrow 2HI(g)$$

從實驗中所測得的速率定律式為

$$速率 = k[H_2][I_2]$$

如第 544 頁所示，這個反應在過去多年來一直被當作是發生在 1 個氫分子和 1 個碘分子間的雙分子反應。然而，到了西元 1960 年代，化學家發現它實際上的反應機構更為複雜，因而提出一個兩步驟的反應機構：

$$步驟 1： \quad I_2 \underset{k_{-1}}{\overset{k_1}{\rightleftharpoons}} 2I$$

$$步驟 2： \quad H_2 + 2I \xrightarrow{k_2} 2HI$$

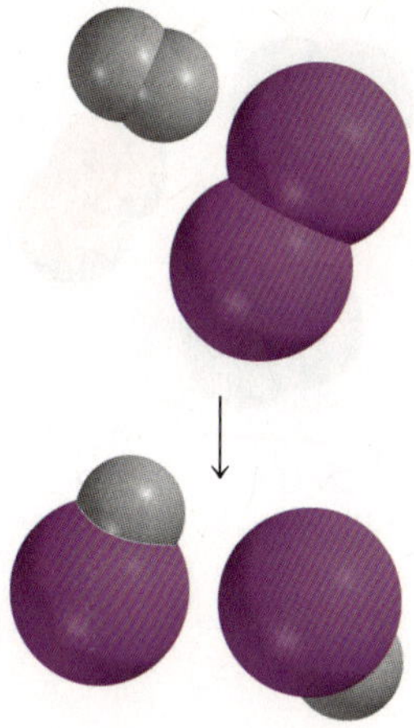

$H_2 + I_2 \longrightarrow 2HI$

化學平衡的問題會在第十四章中討論。

其中 k_1、k_{-1} 及 k_2 為反應的速率常數，碘原子為此反應的中間產物。

當反應剛開始時，只有很少量的碘原子存在，但它的濃度會在碘分子分解後開始增加，因此步驟 1 中的正反應速率會下降，而逆反應速率會上升。很快地，當這兩種反應速率相等後就產生化學平衡，又因為步驟 1 的基本反應速率比起步驟 2 快得多，所以平衡會在碘離子與氫氣反應之前就形成，使得整個反應得以持續地維持在平衡狀態。

在步驟 1 的平衡狀態中，正反應速率等於逆反應速率，也就是說，

$$k_1[I_2] = k_{-1}[I]^2$$

或

$$[I]^2 = \frac{k_1}{k_{-1}}[I_2]$$

而反應速率要看速度較慢的速率決定步驟，也就是步驟 2：

$$速率 = k_2[H_2][I]^2$$

我們將 $[I]^2$ 代入該速率定律式後可以得到：

$$速率 = \frac{k_1k_2}{k_{-1}}[H_2][I_2] = k[H_2][I_2]$$

其中 $k = k_1k_2/k_{-1}$，如你所見，這個兩步驟的反應機構同樣可以導出正確的反應速率定律式，但由於我們觀察到中間產物碘原子的存在，因而提供了強而有力的證據來證明它才是對的。

最後，我們也要知道並非所有反應都只有一個速率決定步驟而已，一個反應中也可能會有兩個 (或者更多) 相對來說比較慢的步驟，在探討它們的反應機構時，通常也要考慮到動力學分析的結果。

例題 13.10 探討的是一個相對簡單的反應機構。

$2N_2O \longrightarrow 2N_2 + O_2$

例題 13.10

大家認為氣態一氧化二氮的分解是一個兩步驟反應：

步驟 1： $N_2O \xrightarrow{k_1} N_2 + O$

步驟 2： $N_2O + O \xrightarrow{k_2} N_2 + O_2$

若根據實驗發現其速率定律式為 (速率 $= k[N_2O]$)，(a) 請寫出它的總反應方程式；(b) 指出中間產物為何？(c) 步驟 1 與 2 的反應速率何者較快？

策 略

(a) 因為總反應方程式可以拆解成不同的基本步驟，因此知道基本步驟就可以讓我們寫出總反應方程式；(b) 中間產物的特色為何？它們會出現在總反應式中嗎？(c) 速率決定步驟的定義為何？

解 答

(a) 將步驟 1 和 2 相加後可以得到總反應方程式：

$$2N_2O \longrightarrow 2N_2 + O_2$$

(b) 因為氧原子是在第 1 個基礎步驟中生成，而且並沒有出現在平衡後的總反應方程式中，因此它是中間產物。

(c) 若我們假設第 1 個步驟為速率決定步驟，那麼總反應的速率定律式將會是

$$速率 = k_1[N_2O]$$

這時 $k = k_1$。

練習題

大家認為二氧化氮和一氧化碳反應生成一氧化氮和二氧化碳的反應是經由兩個步驟而發生：

步驟 1： $NO_2 + NO_2 \longrightarrow NO + NO_3$

步驟 2： $NO_3 + CO \longrightarrow NO_2 + CO_2$

根據實驗所得到的速率定律式為速率 $= k[NO_2]^2$，(a) 請寫出總反應方程式；(b) 指出中間產物為何？(c) 步驟 1 與 2 的反應速率何者較快？

關於反應機構的實驗佐證

我們如何才能知道針對某個反應所推論出來的反應機構是否正確

呢？在過氧化氫分解的例子中，我們可以藉由分光法試著偵測 IO^- 的出現，這些物質的存在成為支持該反應機構的證據；同樣地，對於碘化氫的反應來說，因為 I_2 被可見光照射後會分解成原子，所以偵測到碘離子的存在也同樣能證明其反應機構為兩步驟反應，同時我們也可以預期這個反應會因為光照強度的增強而加速，因為碘原子的濃度會因此增加，完全與觀察到的結果相符。

為了要更加了解反應機構，化學家想要在另一個例子中知道乙酸甲酯和水反應時究竟是哪個 C—O 鍵遭到破壞：

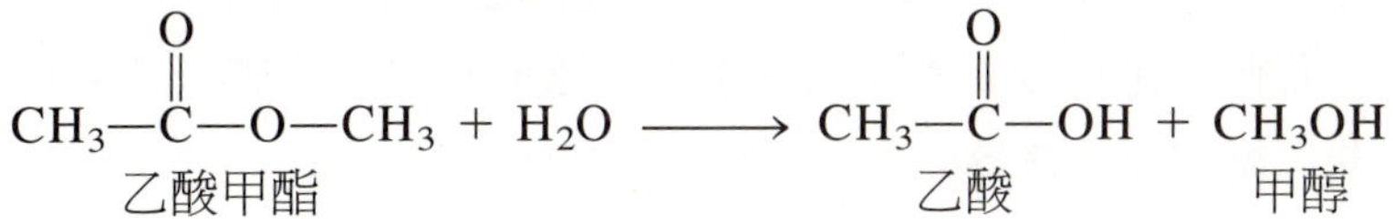

其中有兩種可能性：

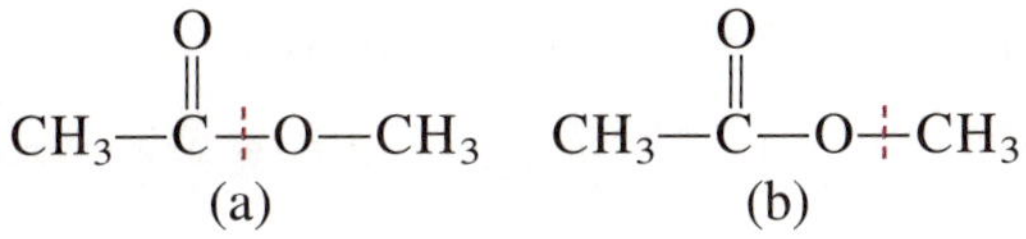

為了要分辨究竟是路徑 (a) 或 (b)，化學家使用含有氧-18 同位素的水來取代普通含有氧-16 同位素的水。當使用含有氧-18 同位素的水時，只有含氧-18 的乙酸生成：

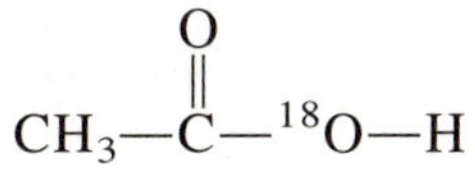

因為經由路徑 (b) 所生成的產物應該會保有它原本的 2 個氧原子，所以此反應必定是經由路徑 (a) 來發生斷鍵。

另一個例子為光合作用，綠色植物會藉由此過程將二氧化碳和水轉換成葡萄糖：

$$6CO_2 + 6H_2O \longrightarrow C_6H_{12}O_6 + 6O_2$$

在早期，光合作用的研究曾經出現一個問題：就是氧分子究竟是來自於水，還是來自於二氧化碳，抑或兩者皆有？答案在使用含有氧-18 同位素的水之後隨即浮現——氧是來自於水而非二氧化碳，因為所有的氧分子都只含有氧-18 同位素，此結果支持水分子是被光所「拆解」的反應機構：

$$2H_2O + h\nu \longrightarrow O_2 + 4H^+ + 4e^-$$

其中 $h\nu$ 表示光子的能量，而質子和電子則是用來驅動那些植物生長與活動所必須，但難以發生的高能反應。

這些例子能幫助我們了解為什麼化學先驅們必須研究反應機構，然而，對於更複雜的反應而言，要證明它們的反應機構顯然是不可能的。

13.6 催化劑

加熱同樣可以加快反應速率；然而，產物在高溫之下有可能會進行其他反應，因而降低產率。

對於過氧化氫的分解反應而言，即使碘離子並未出現在總反應方程式中，我們還是可以看到反應速率與其濃度有關。我們注意到碘離子是以催化劑的角色在參與這個反應，**催化劑** (catalyst) 是**能以降低反應活化能的方式來增加反應速率的物質**，它提供另一條反應路徑來完成反應，催化劑可以先和反應物反應生成中間產物，接著在隨後的步驟中又重新出現，因此在整個反應中並沒有被消耗掉。

如圖 4.13(b) 所示，在實驗室會透過加熱氯酸鉀樣品來製備氧，其反應為

$$2KClO_3(s) \longrightarrow 2KCl(s) + 3O_2(g)$$

此熱分解過程在沒有催化劑的情況下會非常緩慢，但加入一點點黑色的二氧化錳 (MnO_2) 粉末作為催化劑卻可以大幅增加分解速率，且所有的二氧化錳都可以在反應結束時回收，就如同碘離子在過氧化氫分解完畢後還保持原狀一樣。

催化劑提供一組比原有機構更容易進行的基本步驟來加速反應，我們從方程式 (13.11) 中知道反應速率常數 k 和頻率因數 A 與活化能 E_a 有關，當 A 愈大或是 E_a 愈小時反應速率就愈快，在許多情況下，催化劑是藉由降低反應活化能來提高反應速率。

讓我們假設下列反應具有某速率常數 k 和活化能 E_a。

$$A + B \xrightarrow{k} C + D$$

然而，在催化劑存在時，速率常數為 k_c [於此稱作**催化速率常數** (catalytic rate constant)]：

$$A + B \xrightarrow{k_c} C + D$$

根據催化劑的定義：

$$速率_{催化} > 速率_{未催化}$$

圖 13.23 顯示出這兩個反應的位能示意圖。請注意：反應物 (A 和 B) 和產物 (C 和 D) 的總能量不受到催化劑所影響，兩者唯一的差異在於活化能從 E_a 降低到 E'_a，因為逆反應的活化能也降低了，所以催化劑會同時加速正反應與逆反應的反應速率。

催化劑可以同時降低正、逆反應的活化能。

由於能增加反應速率之物質在本質上略有不同，因此催化反應一般來說可分成三種：異相催化、勻相催化及酶催化。

異相催化

異相催化 (heterogeneous catalysis) 指的是反應物與產物處於不同狀態，通常催化劑會是固體，而反應物則是液體或氣體。異相催化是目前工業界最常用的催化方式，特別是用在合成許多重要的化學藥品。我們接下來會列舉三個異相催化的例子。

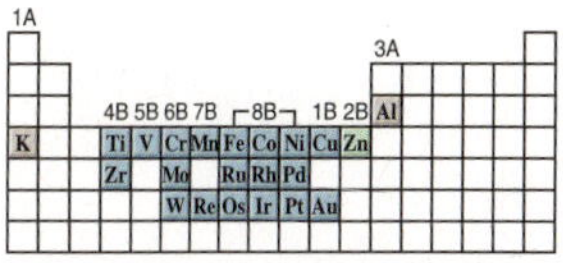

異相催化反應常使用的金屬及其化合物。

哈柏法製氨

氨是一種極具價值的無機物，它可以應用在很多地方，包括肥料工業與製造炸藥等。在二十世紀早期，有許多化學家致力於利用氫氣和氮氣來合成氨，因為大氣中很顯然地有取之不盡、用之不竭的氮氣，而氫氣也可以藉由將水蒸氣通過灼熱的碳來生成：

$$H_2O(g) + C(s) \longrightarrow CO(g) + H_2(g)$$

同時氫氣也是石油精煉時的副產品之一。

氫氣和氮氣反應生成氨為放熱反應：

$$N_2(g) + 3H_2(g) \longrightarrow 2NH_3(g) \qquad \Delta H° = -92.6 \text{ kJ/mol}$$

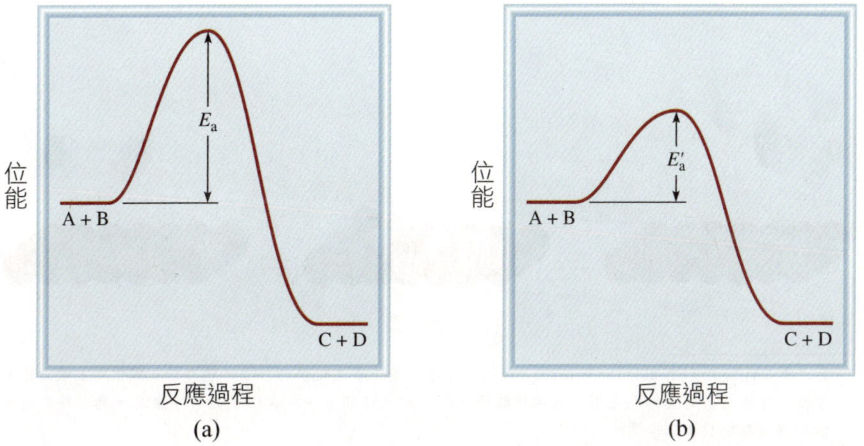

圖 13.23 反應在 (a) 未催化；與 (b) 經由催化時的活化能比較圖。催化劑可以使能障降低，但不影響反應物及產物的實際能量，雖然在兩種個情況中的反應物與產物均相同，但反應機構和速率定律式卻不一樣。

但它在室溫下的反應速率極慢，若要大量製備，它必須有足夠的速率與夠高的產率才行，增加溫度的確可以加速這個反應，但同時也會促使氨分解成氫與氮，導致產率下降。

在測試過數百種化合物以及不同的溫度與壓力後，哈柏 (Fritz Haber) 於西元 1905 年發現摻了一點氧化鉀和氧化鋁的鐵粉可以在攝氏 500 度時催化氫氣與氮氣生成氨的反應。這個過程就是廣為人知的**哈柏法** (Haber process)。

在異相催化反應中，固體催化劑的表面通常即為反應處。在哈柏法中，反應初期涉及氮氣和氫氣在金屬表面發生的分解 (圖 13.24)。雖然這些物質在分解後還是鍵結在金屬表面，並非真正的自由原子，但它們依然具有極高的活性。這兩種反應物分子在催化劑表面的行為表現得非常不同，研究顯示氫分子在攝氏零下 196 度的低溫時 (液態氮的沸點) 會分解成氫原子；另一方面，氮分子卻要在約攝氏 500 度時才能夠分解。而具高度活性的氮原子與氫原子在高溫下就會結合產生我們想要的氨：

$$N + 3H \longrightarrow NH_3$$

硝酸的製備

硝酸是最重要的無機化合物之一，可以用於生產肥料、染料、藥物及炸藥。在工業界主要是使用**奧士華**[2] **法** (Ostwald process) 來製造硝酸 (如圖 13.25 所示)，將起始材料氨和氧氣在鉑—銠催化劑的存在下加熱到約攝氏 800 度：

$$4NH_3(g) + 5O_2(g) \longrightarrow 4NO(g) + 6H_2O(g)$$

一氧化氮很容易會接著氧化成二氧化氮 (不需要催化劑)：

圖 13.24 在合成氨時發生的催化過程。首先，氫分子與氮分子會分別和催化劑的表面相連接，這個交互作用弱化了分子內的共價鍵並導致分子分解，之後高活性的氫、氮原子會相遇結合形成氨，並離開催化劑表面。

2 奧士華 (Wilhelm Ostwald, 1853~1932)，德國化學家。奧士華在化學動力學、熱力學及電化學上做出重大貢獻，他發展出工業界現在用來製備硝酸的方法，因此這個方法現在以他的名字命名，奧士華在西元 1909 年得到諾貝爾化學獎。

圖 13.25 用於奧士華法的鉑—銠催化劑。

$$2NO(g) + O_2(g) \longrightarrow 2NO_2(g)$$

二氧化氮溶在水中後會生成硝酸和亞硝酸：

$$2NO_2(g) + H_2O(l) \longrightarrow HNO_2(aq) + HNO_3(aq)$$

亞硝酸加熱後會轉變成硝酸：

$$3HNO_2(aq) \longrightarrow HNO_3(aq) + H_2O(l) + 2NO(g)$$

生成的一氧化氮能夠回收並在第 2 個步驟繼續產生二氧化氮。

觸媒轉化器

氮氣與氧氣在行駛中的高溫汽車引擎內會反應形成一氧化氮：

$$N_2(g) + O_2(g) \longrightarrow 2NO(g)$$

當一氧化氮排放到大氣中時會迅速與氧結合變成二氧化氮，二氧化氮和其他由汽、機車所排放出來的氣體 (例如：一氧化碳和各種未燃燒完全的碳氫化合物) 會使車輛成為空氣汙染的主要來源。

大多數的新車都配備了觸媒轉化器 (圖 13.26)，有效的觸媒轉化器

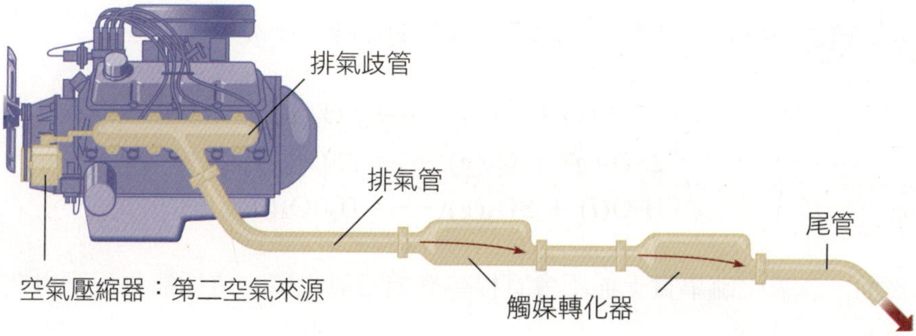

圖 13.26 汽、機車的雙階段觸媒轉化器。

可以提供兩種用途：它將一氧化碳和未燃燒完全的碳氫化合物氧化成二氧化碳與水，並且將一氧化氮與二氧化氮轉變成氮氣與氧氣，要排放至空氣中的高溫氣體首先會通過第一轉化室，加速碳氫化合物的燃燒使之更為完全，以減少一氧化碳的排放，然而也因為高溫而增加一氧化氮的生成，這時第二轉化室內含有另外一種催化劑 [過渡金屬及其氧化物，例如：氧化銅或氧化鉻 (Cr_2O_3)]，它需要在較低溫的環境下運作，使廢氣在排出管體前能夠將一氧化氮分解成為氮氣和氧氣。

勻相催化

在勻相催化 (homogeneous catalysis) 反應中，反應物和催化劑散布於同一相 (通常來說是液體)。酸和鹼催化是液態溶液中最重要的勻相催化反應，例如：乙酸乙酯和水生成乙酸和乙醇的反應通常會慢到無法測量：

$$\underset{\text{乙酸乙酯}}{CH_3-\overset{\overset{\displaystyle O}{\|}}{C}-O-C_2H_5} + H_2O \longrightarrow \underset{\text{乙酸}}{CH_3-\overset{\overset{\displaystyle O}{\|}}{C}-OH} + \underset{\text{乙醇}}{C_2H_5OH}$$

在沒有催化劑的情況下，其速率定律式為

$$\text{速率} = k[CH_3COOC_2H_5]$$

然而，它可以被酸催化，在有鹽酸存在時的反應速率較快，其速率定律式如下：

$$\text{速率} = k_c[CH_3COOC_2H_5][H^+]$$

請注意：因為 $k_c > k$，所以速率完全決定於有被成功催化的部分反應物。

勻相催化反應也可以發生在氣態之中，最廣為人知例子就是氣態催化的鉛室法，它是過往許多年間用來製造硫酸的主要方法。我們預期，若以硫為起始物，硫酸可以經由下列數個步驟來生成：

$$S(s) + O_2(g) \longrightarrow SO_2(g)$$
$$2SO_2(g) + O_2(g) \longrightarrow 2SO_3(g)$$
$$H_2O(l) + SO_3(g) \longrightarrow H_2SO_4(aq)$$

然而，二氧化硫事實上並不會直接轉變成三氧化硫，這種氧化反應得在

有二氧化氮作為催化劑的情況下才會比較容易發生：

$$\begin{array}{rl} & 2SO_2(g) + 2NO_2(g) \longrightarrow 2SO_3(g) + 2NO(g) \\ & 2NO(g) + O_2(g) \longrightarrow 2NO_2(g) \\ \hline \text{總反應：} & 2SO_2(g) + O_2(g) \longrightarrow 2SO_3(g) \end{array}$$

請注意：在總反應方程式中並沒有二氧化氮的出現，因此它符合我們對於催化劑所設定的條件。

近年來，化學家致力於發展一系列的過渡金屬化合物來作為勻相催化劑，這些化合物可溶於許多有機溶劑中，所以當反應物也溶解在同一個系統時，就可以催化該反應的發生，例如：有一種紫紅色的銠化合物 $[(C_6H_5)_3P]_3RhCl$ 就可以催化下列將碳—碳雙鍵轉變為成碳—碳單鍵的反應：

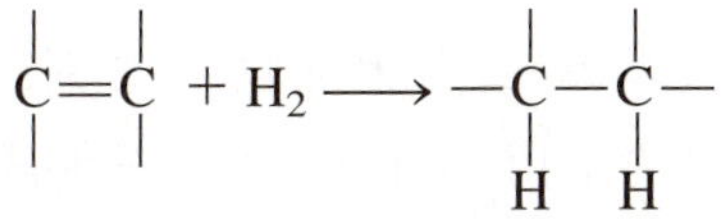

這個反應對食品工業很重要，它可以將「不飽合脂肪」(含許多碳—碳雙鍵) 轉變為「飽和脂肪」(僅含少數或不含碳—碳雙鍵)。

與異相催化反應比起來，勻相催化反應具有一些好處，一方面它通常可以在常溫、常壓下進行，因此得以降低生產成本且使產物盡可能地不在高溫下分解；除此之外，我們可以針對特定的反應類型來設計具有功能選擇性的勻相催化劑，而且勻相催化劑的價格通常也比用於異相催化反應中的稀有金屬 (例如：鉑和金) 要來得低。

酶催化

生物體中所牽涉到的運作過程錯綜複雜，但沒有什麼比酶催化反應還要重要且引人注目的。**酶** (enzymes) 是*生物體中的催化劑*。關於酶，最驚人的事實不僅僅是它可以加速生化反應的速率至 10^6 到 10^{18} 倍之多，而且還具有高度的專一性，一種酶只能和一些稱之為*受質* (也就是反應物) 的特定分子反應，而不影響到系統的其他部分。根據估計，1 個*活體細胞*中平均可含有 3000 種不同的酶，每一種酶都能催化特定的反應，將受質轉變成最適當的產物，因為酶和受質通常存在於水溶液中，所以酶催化通常是勻相催化反應。

酶通常是巨大的蛋白質分子，包含 1 個以上的活化部位，使得它和受質得以在此進行交互作用，這些部位和特定的受質分子具有相契合的結構，就如同一把鑰匙只能開某個特定的鎖一樣。事實上，德國化學家

費雪[3] 在西元 1894 年所發展出的鎖鑰理論就是早期酶催化的基礎，他主張酶的活化部位具有固定結構，因此只會和形狀恰好相合的分子連結 (圖 13.27)。費雪的假說的確可解釋酶的專一性，但它也和某些研究證據矛盾，像是單一的酶也可以和形狀、大小不同的受質相連結，化學家現在知道酶分子 (至少是它的活化部位) 有一定程度的結構可塑性，並且可以調整它的形狀來遷就一種以上的受質。圖 13.28 顯示出作用中的酶之分子模型。

即使知道整個反應所牽涉的基本步驟有哪些，我們還是很難以簡單的數學式來表現酶的動力學行為，只能用下面這個基本步驟來簡化流程：

$$\mathrm{E} + \mathrm{S} \underset{k_{-1}}{\overset{k_1}{\rightleftharpoons}} \mathrm{ES}$$

$$\mathrm{ES} \xrightarrow{k_2} \mathrm{E} + \mathrm{P}$$

其中 E、S 和 P 分別代表酶、受質和產物，ES 則是酶—受質中間產物，我們通常會假設酶—受質的生成和酶—受質分解成酶和受質的過程都發

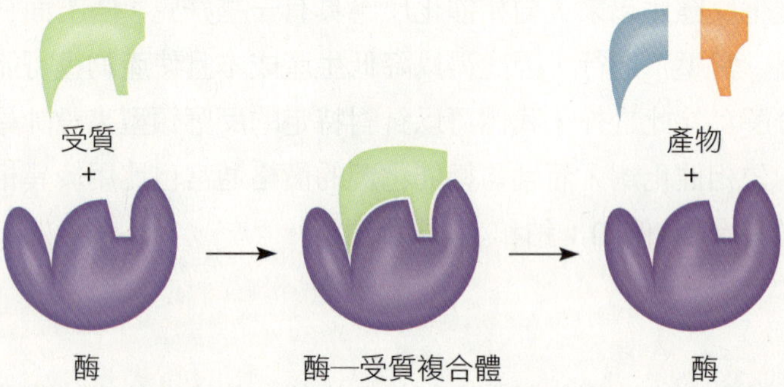

圖 13.27 酶對受質分子呈現專一性的鎖鑰模型。

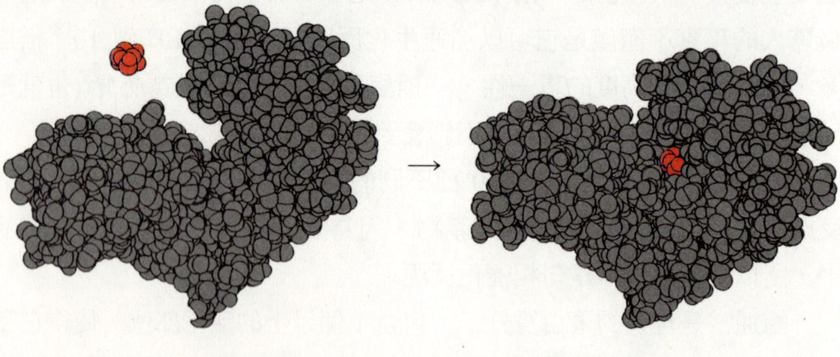

圖 13.28 由左到右：葡萄糖分子 (紅) 與六碳醣酶 (在新陳代謝過程中所使用的酶) 的結合。請注意：葡萄糖附近的活化部位在結合後如何閉合，受質和活化部位的接觸面會改變立體結構以適應彼此。

3 費雪 (Emil Fischer, 1852~1919)，德國化學家。和十九世紀那些最偉大的無機化學家不同，費雪在醣類與其他重要分子的合成上有許多顯著的貢獻。他在西元 1902 年得到諾貝爾化學獎。

生得非常快，因此速率決定步驟為產物生成的步驟 (就像是在第 545 頁討論過的碘化氫生成反應一樣)。

一般來說，這種反應的速率通常可以表示成

$$速率 = \frac{\Delta[P]}{\Delta t} = k_2[ES]$$

酶—受質中間產物的濃度和受質的量成正比，一般來說，速率對受質濃度作圖所畫出的曲線如圖 13.29，一開始當受質濃度增加時，反應速率會急遽上升，然而到達某個濃度之後，由於所有的活化部位都已經被占據，於是反應對受質來說反而變成零級；換句話說，這時即使受質濃度增加也不會改變反應的速率，從此以後產物生成的速率只和酶—受質中間產物轉變的速度有關，和受質分子的數量無關。

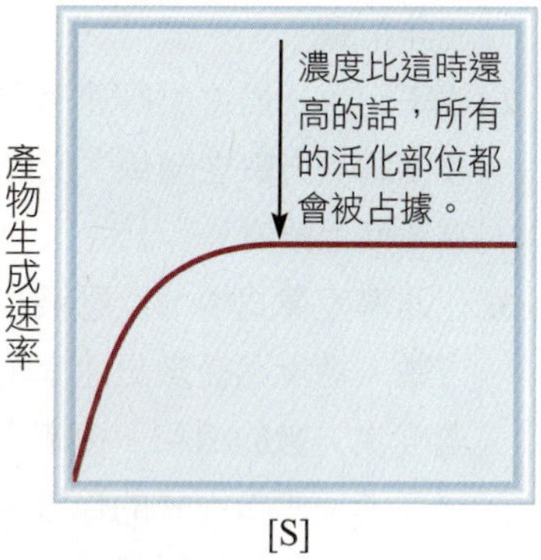

圖 13.29 在酶催化反應中，以產物生成速率對受質濃度所作的圖。

重要方程式

速率 $= k[A]^x[B]^y$	(13.1)	速率定律式。$(x+y)$ 的和為反應總級數。
$\ln \frac{[A]_t}{[A]_0} = -kt$	(13.3)	一級反應中濃度與時間的關係。
$\ln [A]_t = -kt + \ln [A]_0$	(13.4)	一級反應中以圖形來測量速率常速的方程式。
$t_{\frac{1}{2}} = \frac{0.693}{k}$	(13.6)	一級反應的半生期。
$\frac{1}{[A]_t} = kt + \frac{1}{[A]_0}$	(13.7)	二級反應中濃度與時間的關係。
$k = Ae^{-E_a/RT}$	(13.11)	阿瑞尼士方程式描述速率常數和活化能與溫度間的關係。
$\ln k = \left(-\frac{E_a}{R}\right)\left(\frac{1}{T}\right) + \ln A$	(13.13)	以圖形來測量活化能的方程式。
$\ln \frac{k_1}{k_2} = \frac{E_a}{R}\left(\frac{T_1 - T_2}{T_1 T_2}\right)$	(13.14)	在不同溫度下之速率常數間的關係。

觀念整理

1. 化學反應速率為反應物或產物濃度隨著時間所產生的變化幅度，它會不斷地隨著濃度改變，並非常數。
2. 速率定律式描述反應速率和速率常數與反應物濃度的次方數之關係，反應速率常數 k 只會因為溫度而改變。
3. 在速率定律式中，反應級數為反應物濃度的次方數。總反應級數是速率定律式中所有反應物濃度次方數的總和。速率定律式和反應級數無法從總反應方程式的係數得來，它們必須用實驗來測得；對於零級反應而言，反應速率等於其速率常數。
4. 反應的半生期 (反應物濃度下降到初始濃度的一半時所需要的時間) 可以用來測定一級反應的速率常數。
5. 從碰撞理論的角度來看，反應會在具有足夠能量 (也就是所謂的活化能) 的分子碰撞時，以破壞鍵結的方式啟動。
6. 反應的平衡方程式可能是一系列簡單反應 (或稱基本步驟) 的總和。一連串完整的反應基本步驟稱為反應機構。
7. 如果在反應機構中有某個步驟比其他的都慢很多，那麼它就是速率決定步驟。
8. 催化劑通常藉由降低活化能來加速反應，它在反應結束後會回到原本的狀態。
9. 異相催化反應對於工業界來說極為重要，其催化劑為固體，而反應物則為液體或氣體；在勻相催化反應中，催化劑和反應物同處一相；酶為生物體內的催化劑。

習　題

反應速率定律

13.1 針對下列反應：

$$NH_4^+(aq) + NO_2^-(aq) \longrightarrow N_2(g) + 2H_2O(l)$$

其速率定律式為 $r = k[NH_4^+][NO_2^-]$，且在攝氏 25 度時的速率常數為 $3.0 \times 10^{-4}/M \cdot s$。若 $[NH_4^+]$ 與 $[NO_2^-]$ 在同樣的溫度條件時分別為 0.26 M 與 0.080 M，試計算此時的反應速率。

13.2 請問下列速率定律式的總反應級數分別是多少？(a) 速率 $= k[NO_2]^2$；(b) 速率 $= k$；(c) 速率 $= k[H_2][Br_2]^{1/2}$；(d) 速率 $= k[NO]^2[O_2]$。

反應物濃度與時間的關係

13.3 若有一反應對於反應物 A 而言為一級反應，請寫出它在 $t = 0$ 至 $t = t$ 時間內的速率定律式 (含單位)；若它是二級反應時，反應的速率定律式又是什麼？

13.4 二級反應的半生期與速率常數關係式為何？它和一級反應的關係式有何不同？

13.5 如果某個化合物在 60 分鐘內會有 75% 完全分解，請問此化合物的半生期是多長？

活化能

13.6 活化能是什麼？它在化學動力學當中扮演什麼樣的角色？

13.7 畫出下列反應隨著時間的位能曲線圖：(a) $S(s) + O_2(g) \longrightarrow SO_2(g)$ $\Delta H° = -296$ kJ/mol；(b) $Cl_2(g) \longrightarrow Cl(g) + Cl(g)$ $\Delta H° = 243$ kJ/mol。

13.8 有某個反應的速率常數會隨著溫度每上升 10 度而倍增，請問此反應在 295 K 與 305 K 時的相對活化能關係為何？

13.9 針對下列二級反應：

$$NO(g) + Cl_2(g) \longrightarrow NOCl(g) + Cl(g)$$

其頻率因數與活化能分別為 $4.0 \times 10^{-9}/M \cdot s$ 與 85 kJ/mol。試計算此反應在攝氏 500 度時的速率常數。

反應機構

13.10 寫出下列基本步驟的速率定律式：

(a) $X \longrightarrow$ 產物

(b) $X + Y \longrightarrow$ 產物

(c) $X + Y + Z \longrightarrow$ 產物

(d) $X + X \longrightarrow$ 產物

(e) $X + 2Y \longrightarrow$ 產物

13.11 如何判斷反應的速率決定步驟是哪一步？

催化劑

13.12 為什麼催化劑可以加速反應的速率？

13.13 勻相催化反應與異相催化反應有什麼不同？請列舉三個工業界實際在使用的異相催化案例。

附加問題

13.14 針對下列反應：

$$CH_3COOC_2H_5(aq) + H_2O(l) \longrightarrow CH_3COOH(aq) + C_2H_5OH(aq)$$

它對 $CH_3COOC_2H_5$ 與 H_2O 而言皆為一級反應 (總反應級數為二級)，但其速率定律式卻具有一級反應的特質 (速率 $= k[CH_3COOC_2H_5]$)，請解釋原因。

13.15 下列方程式中何者最符合圖形所要表達的結果：(a) $A \longrightarrow B$；(b) $A \longrightarrow 3B$；(c) $3A \longrightarrow B$？

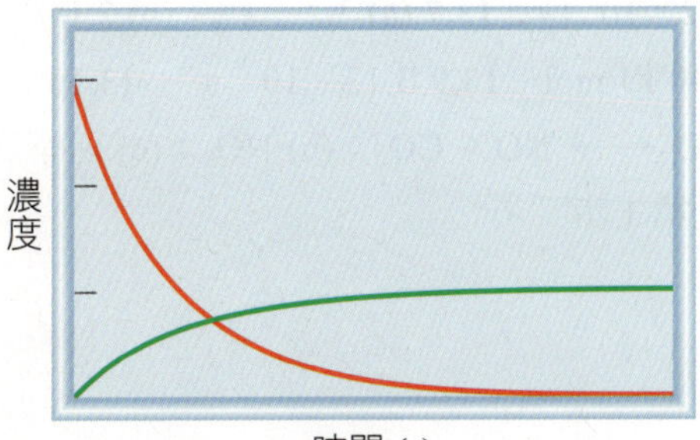

13.16 $2A + 3B \longrightarrow C$ 對 A 與 B 而言皆為一級反應，且 [A] 與 [B] 分別為 $1.6 \times 10^{-2}\ M$ 與 $2.4 \times 10^{-3}\ M$ 時的速率定律式為 $4.1 \times 10^{-4}\ M/s$，試計算此反應的速率常數。

13.17 三級反應之速率定律式的單位為何？

13.18 若 $G_2 + E_2 \longrightarrow 2EG$ 為放熱反應、$G_2 + X_2 \longrightarrow 2XG$ 為吸熱反應，且前者的活化能較大，請簡單畫出它們的位能曲線圖。

13.19 請簡述催化劑會對下列物理現象造成什麼樣的影響：(a) 活化能；(b) 反應機構；(c) 反應熱；(d) 正反應速率；(e) 逆反應速率。

13.20 在某固定溫度時，五氧化二氮於四氯化碳溶液中的濃度與分解速率關係如下表所示：

$$2N_2O_5 \longrightarrow 4NO_2 + O_2$$

$[N_2O_5]$	初始速率 (M/s)
0.92	0.95×10^{-5}
1.23	1.20×10^{-5}
1.79	1.93×10^{-5}
2.00	2.10×10^{-5}
2.21	2.26×10^{-5}

請作圖並求出反應的速率定律式與速率常數。

13.21 五氧化二氮的熱分解為一級反應，在攝氏 45 度時，$\ln [N_2O_5]$ 對時間 t 作圖的斜率為 $-6.18 \times 10^{-4}\ min^{-1}$，請問此反應的半生期是多長？

13.22 針對下列基本步驟：

$$X + 2Y \longrightarrow XY_2$$

(a) 請寫出其速率定律式；(b) 如果 X、Y 的初始濃度及 XY_2 生成的初始速率分別為 0.26 M、0.88 M 及 $3.8 \times 10^{-3}\ M/s$，請問此反應的速率常數為何？

13.23 氧化氯 (ClO) 在室溫時的分解速度很快，其反應方程式如下：

$$2ClO(g) \longrightarrow Cl_2(g) + O_2(g)$$

請根據下表來求出此反應的反應級數與速率常數。

時間 (s)	[ClO] (M)
0.12×10^{-3}	8.49×10^{-6}
0.96×10^{-3}	7.10×10^{-6}
2.24×10^{-3}	5.79×10^{-6}
3.20×10^{-3}	5.20×10^{-6}
4.00×10^{-3}	4.77×10^{-6}

13.24 二甲醚的分解為一級反應：

$$(CH_3)_2O(g) \longrightarrow CH_4(g) + H_2(g) + CO(g)$$

在攝氏 450 度時，其反應速率常數為 $3.2 \times 10^{-4}\ s^{-1}$，如果反應是在體積固定的容器中進行，且二甲醚的初始壓力為 0.350 atm，請問 8.0 分鐘後系統的總壓力是多少？(假設所有的反應物與產物皆為理想氣體。)

13.25 下列為過氧化氫的分解反應：

$$2H_2O_2(aq) \longrightarrow 2H_2O_2(l) + O_2(g)$$

其原始的活化能為 42 kJ/mol，但在有酶作為催化劑的條件下將降至 7.0 kJ/mol。若後者在攝氏 20 度時的反應速率為 r，請問如果催化劑用完了，反應要加熱到幾度才能維持一樣的反應速率？(假設兩者的頻率因子相同。)

13.26 下列方程式顯示出反應的半生期 ($t_{\frac{1}{2}}$) 與反應物初始濃度 $[A]_0$ 間的關聯性：

$$t_{\frac{1}{2}} \propto \frac{1}{[A]_0^{n-1}}$$

其中 n 代表反應級數。請問零級、一級及二級反應的半生期與反應物濃度間之關聯性分別是什麼？

13.27 針對下列氣態反應：

$$H_2(g) + I_2(g) \longrightarrow 2HI(g)$$

在攝氏 400 度時，它的反應速率常數為 $2.42 \times 10^{-2}/M \cdot s$。如果我們將等當量的氫氣與碘蒸氣放進反應瓶中並加熱至攝氏 400 度，此時可測得總壓為 1658 mmHg，請問：(a) 碘化氫生成的初始速率為多少 M/分鐘？(b) 過了 10.0 分鐘之後，碘化氫的生成速率與體積莫耳濃度又是多少？

13.28 對於反應 A $\longrightarrow$ B 來說，若 A 的濃度從 1.20 M 降至 0.60 M 時，半生期會從 4.0 分鐘增加至 2.0 分鐘 (溫度固定為攝氏 25 度)，試計算此反應的反應級數與速率常數。(提示：使用習題 13.26 的算式。)

13.29 針對下列反應：

$$2N_2O(g) \longrightarrow 2N_2(g) + O_2(g) \quad \Delta H° = -164 \text{ kJ/mol}$$

若其活化能為 240 kJ/mol，請問逆反應的活化能是多少？

13.30 請問活化能 (E_a) 的大小是否會影響反應速率常數 (k) 與溫度間的關聯性？

練習題答案

13.1 $r = -\frac{\Delta[CH_4]}{\Delta t} = -\frac{1}{2}\frac{\Delta[O_2]}{\Delta t} = \frac{\Delta[CO_2]}{\Delta t} = \frac{1}{2}\frac{\Delta[H_2O]}{\Delta t}$ **13.2** (a) 0.013 M/s；(b) –0.052 M/s **13.3** 速率 = $k[S_2O_8^{2-}][I^-]$；$k = 8.1 \times 10^{-2}/M \cdot s$ **13.4** 66 秒 **13.5** 一級；$1.4\times10^{-2}\ min^{-1}$ **13.6** 1.2×10^3 秒 **13.7** (a) 3.2 分鐘；(b) 2.1 分鐘 **13.8** 240 kJ/mol **13.9** $3.13\times10^{-9}\ s^{-1}$ **13.10** (a) NO_2 + CO $\longrightarrow$ NO + CO_2；(b) NO_3；(c) 速率決定步驟為第 1 步

Chapter 14 化學平衡

化學平衡就是一種動態平衡的例子，就像圖中表演者正試著將拋球達到一個平衡的行為。

先看看本章要學什麼？

- 一開始討論自然發生的平衡反應，以及闡述化學與物理平衡之間的不同處。另外，我們也會從質量反應定律去定義化學平衡常數。(14.1)
- 接著，我們會學習如何撰寫同相與異相平衡反應的平衡方程式，以及如何表示複合反應的反應常數。(14.2)
- 接下來，我們探討反應之速率常數與反應常數間的關係，進而了解為何反應常數為定值及其隨著溫度所產生的變化。(14.3)
- 對於平衡常數的了解能讓我們預測反應中趨近平衡的方向，以如何計算平衡濃度。(14.4)
- 本章總結四種可能影響平衡的因子：濃度、體積或壓力、溫度，以及催化劑。我們接著學習如何運用勒沙特列原理來預測在平衡中所產生的變化。(14.5)

綱　要

平衡為一種不隨著時間產生顯著變化的狀態。當一個化學反應達成平衡時，其反應物與生成物的濃度將維持恆定，整個系統並不會有明顯的變化。然而，其實有許多分子層級的活動正在發生，例如反應物隨著反應形成產物，而產物同時也在隨著逆反應產生反應物。這樣的動態平衡為本章的主題，我們即將討論不同的平衡反應、平衡常數的意義、平衡常數與速率之間的關係，以及影響平衡的因素。

14.1 平衡概念與平衡常數

大部分的化學反應都是可逆反應，只有少數為單向反應。可逆反應一開始皆趨向於產物的生成 (正反應)，一旦產物生成後，逆反應便會發生，產物於是隨著逆反應開始生成反應物。當正反應速率和逆反應速率相等，且反應物與產物濃度維持恆定時，此系統便達成**化學平衡** (chemical equilibrium)。

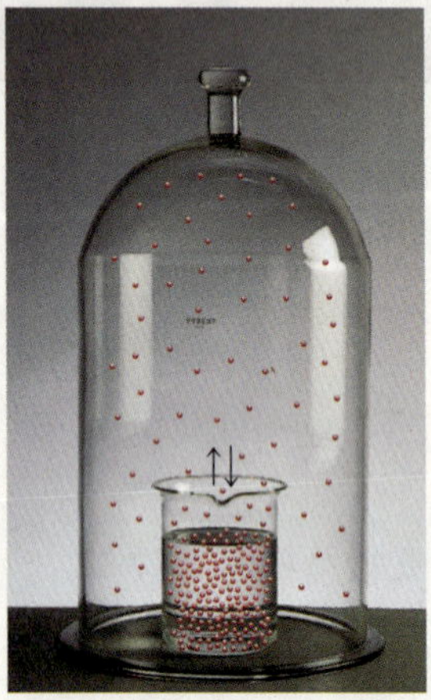

密閉系統中的液態水在室溫時與水蒸氣達成平衡。

化學平衡為一種動態的反應，就像坐貓空纜車往山上移動的人與下山的人一樣多，雖然人來人往，但山上與山下的總人數並沒有改變。

化學平衡中的反應物與產物常是不同物質，若是同種物質但不同相的平衡稱為**物理平衡** (physical equilibrium)，不同相間的變化為物理反應。水在密閉容器中的蒸發與凝結為一物理平衡，其中水分子的蒸發與凝結數量相等：

$$H_2O(l) \rightleftharpoons H_2O(g)$$

(回憶第四章，雙箭頭代表此反應為可逆反應。)

物理平衡的探討可以得到許多有用的資訊，例如平衡蒸氣壓的意義 (見 11.6 節)。而化學家對於化學平衡較有興趣，例如二氧化氮 (NO_2) 與四氧化二氮 (N_2O_4) 之間的可逆反應 (圖 14.1)，因為顏色上的不同 (四氧化二氮為無色，二氧化氮為深褐色)，使得反應的變化更容易觀察：

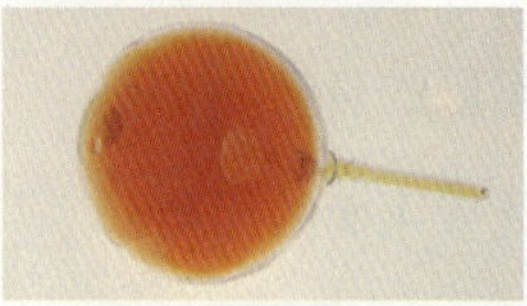

處於平衡狀態下的二氧化氮與四氧化二氮氣體。

$$N_2O_4(g) \rightleftharpoons 2NO_2(g)$$

若將四氧化二氮注入空瓶中，會立刻發現深褐色的二氧化氮產生，四氧化二氮的分解使得深褐色愈來愈深，直到達成平衡，若是顏色不再有明顯的變化，就代表瓶子中的四氧化二氮與二氧化氮濃度維持恆定。我們也可以將純的二氧化氮進行化學平衡測試，若顏色漸淡就表示二氧化氮反應成四氧化二氮。另一種方法是拿四氧化二氮與二氧化氮的混合物來做測試，直到瓶子內的顏色不再有任何變化，此時便達成了化學平衡，這些測試都可以證明此反應為可逆反應。更重要的是在平衡反應中，不

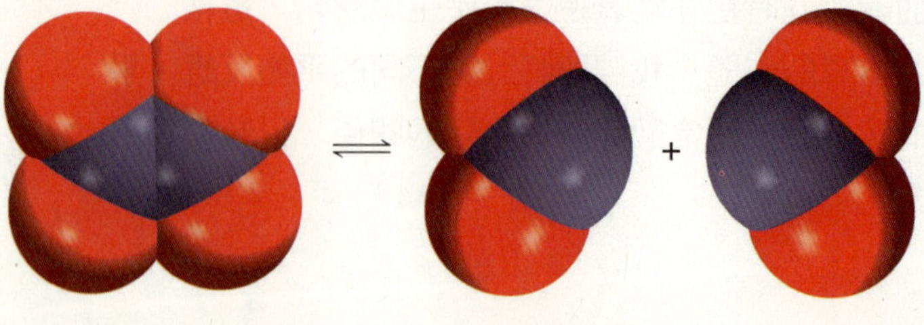

圖 14.1 四氧化二氮與二氧化氮的可逆反應。

論是四氧化二氮分解成二氧化氮，或是二氧化氮反應成四氧化二氮都仍舊在進行中，我們看不見顏色的變化是因為這兩種反應的速率相等。圖 14.2 概述四氧化二氮與二氧化氮反應的三種情況。

平衡常數

表 14.1 列出一些四氧化二氮與二氧化氮之可逆反應的實驗數據 (攝氏 25 度)。氣體的單位為莫耳濃度，是以氣體的莫耳數除以瓶子的體積來計算。值得注意的是，從表中可以發現四氧化二氮跟二氧化氮的平衡濃度會隨著起始濃度不同而有所變化。再者，我們可從平衡濃度的比例來尋找出二氧化氮與四氧化二氮之間的關係，若將二氧化氮的濃度除以四氧化二氮的濃度，得到的會是一堆散亂的數值；但若是把二氧化氮的

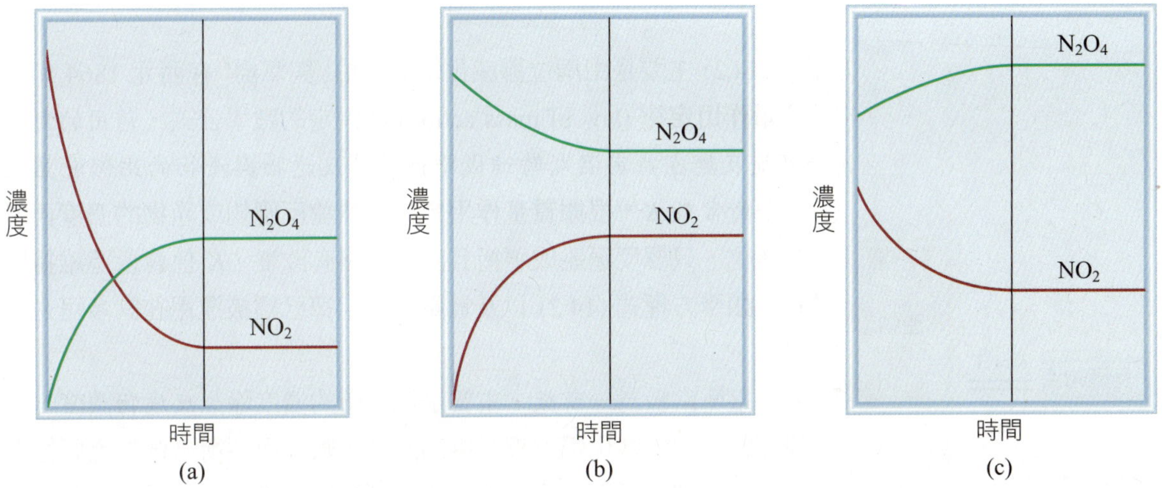

圖 14.2 四氧化二氮與二氧化氮之濃度於三種不同情況下隨著時間的變化：(a) 一開始只有二氧化氮存在；(b) 一開始只有四氧化二氮存在；(c) 一開始四氧化二氮與二氧化氮皆存在。圖中的垂直線為反應達到平衡。

表 14.1 二氧化氮與四氧化二氮反應系統 (攝氏 25 度)

起始濃度 (*M*)		平衡濃度 (*M*)		平衡濃度比例	
$[NO_2]$	$[N_2O_4]$	$[NO_2]$	$[N_2O_4]$	$\frac{[NO_2]}{[N_2O_4]}$	$\frac{[NO_2]^2}{[N_2O_4]}$
0.000	0.670	0.0547	0.643	0.0851	4.65×10^{-3}
0.0500	0.446	0.0457	0.448	0.102	4.66×10^{-3}
0.0300	0.500	0.0475	0.491	0.0967	4.60×10^{-3}
0.0400	0.600	0.0523	0.594	0.0880	4.60×10^{-3}
0.200	0.000	0.0204	0.0898	0.227	4.63×10^{-3}

濃度平方之後再除以四氧化二氮的濃度，則能夠發現不論起始濃度為多少，求出來都是一個趨近恆定的數值 4.63×10^{-3}：

$$K = \frac{[NO_2]^2}{[N_2O_4]} = 4.63 \times 10^{-3} \qquad (14.1)$$

其中 K 為**平衡常數** (equilibrium constant)。在這裡值得注意的是，$[NO_2]$ 的指數 2 相等於化學可逆反應中 NO_2 的計量係數。

我們於下列平衡反應中可歸納出其平衡方程式的的寫法：

$$aA + bB \rightleftharpoons cC + dD$$

a、b、c、d 分別為反應物種 A、B、C、D 的計量係數，K 為定值。

此方程式必須用到平衡時濃度。

$$K = \frac{[C]^c[D]^d}{[A]^a[B]^b} \qquad (14.2)$$

方程式 (14.2) 主要是由兩位挪威化學家古柏[1] 與韋爵[2] 在西元 1864 年時根據**質量作用定律** (law of mass action) 所制定的數學公式，適用的對象為一可逆反應在特定溫度時達成平衡時其反應物與產物的比例會呈現一平衡常數 K。根據質量作用定律，無論反應物或產物的濃度再怎麼變化，只要反應達成平衡且其溫度沒有改變，K 值會永遠維持固定。如今方程式 (14.2) 以及質量作用定律已經被運用在許多可逆反應中。

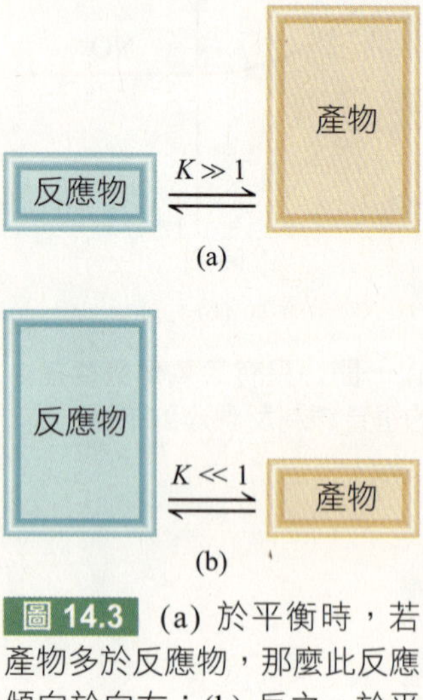

圖 14.3 (a) 於平衡時，若產物多於反應物，那麼此反應傾向於向右；(b) 反之，於平衡時，若反應物多於產物，那麼此反應傾向於向左。

平衡常數為一商數，主要是以產物的濃度除以反應物濃度，其濃度的指數為其化學方程式中的計量係數，而平衡常數的重要性在於告訴我們，平衡反應的方向將會傾向於產物或是反應物。若是平衡常數 K 遠大於 1 (亦即 $K \gg 1$)，就表示此反應右邊形成產物；反之，若是平衡常數 K 遠小於 1 (亦即 $K \ll 1$)，則表示此反應傾向於左邊形成反應物 (圖 14.3)。一般而言，任何數值若是大於 10，便可定義為遠大於 1；若是小於 0.1，便可定義為遠小於 1。

而在反應方程式中位於箭頭左邊者定義為「反應物」，位於右邊的則為「產物」。

1 馬克西米利・古柏 (Cato Maximilian Guldberg, 1836~1902)，挪威化學家與數學家。古柏的研究主要著重於熱力學。

2 彼得・韋爵 (Peter Waage, 1833~1900)，挪威化學家。韋爵和他的夥伴古柏一樣致力於熱力學。

14.2 撰寫平衡常數方程式

平衡常數的概念在化學領域中是非常重要的，它時常被用來解決許多產量的問題。例如：工業界為了提高硫酸的產量，必須先清楚了解每一個過程，包括硫的氧化反應以及最終產物的形成反應；醫師必須清楚知道弱酸與弱鹼的平衡常數，以便釐清酸鹼失調的原因；而氣相反應的平衡常數則使得大氣學家更容易了解臭氧層破損的原因。

根據質量作用定律，我們可以利用反應物與產物的濃度來表達平衡常數 [方程式 (14.2)]，然而在同一反應中，並不是所有的反應物種皆為同相，造成反應物與產物的濃度單位可能會有所不同，因此我們一開始先從同相反應討論起。

同相平衡

同相平衡 (homogeneous equilibrium) 的定義為反應中*所有的反應物種皆為同相*。四氧化二氮的分解反應為同相平衡的例子，其平衡常數如方程式 (14.1) 所表示：

$$K_c = \frac{[NO_2]^2}{[N_2O_4]}$$

這裡需要注意的是，K_c 中下標的 “c” 代表反應物與產物的濃度單位為莫耳/升，而在氣相反應中，反應物與產物的濃度單位也可以為其分壓。在方程式 (5.8) 中，我們可以知道於固定溫度時，氣體的壓力 P 與氣體之濃度 (莫耳/升) 有直接的關係，也就是 $P = (n/V)RT$ 。因此，於二氧化氮與四氧化二氮的平衡反應中，

$$N_2O_4(g) \rightleftharpoons 2NO_2(g)$$

我們可以將平衡方程式寫成

$$K_P = \frac{P_{NO_2}^2}{P_{N_2O_4}} \tag{14.3}$$

其中 P_{NO_2} 與 $P_{N_2O_4}$ 分別為平衡時之二氧化氮與四氧化二氮的分壓 (以 atm 為單位)，而 K_P 中下標的 “p” 則顯示平衡方程式是以分壓來詮釋。

一般而言，反應物與產物的分壓並不等於它們的莫耳濃度，因此 K_c 並不等於 K_P。我們可以用下列的氣相平衡方程式來求出 K_c 與 K_P 之間的關係：

$$aA(g) \rightleftharpoons bB(g)$$

其中 a 跟 b 為計量係數，平衡常數 K_c 可以用下列方程式表示：

$$K_c = \frac{[B]^b}{[A]^a}$$

而 K_P 的表達方式為

$$K_P = \frac{P_B^b}{P_A^a}$$

其中 P_A 跟 P_B 分別為 A 與 B 的分壓。假設此系統符合理想氣體狀態，

$$P_AV = n_ART$$
$$P_A = \frac{n_ART}{V}$$

其中 V 為容器中的體積 (單位：公升)，

$$P_BV = n_BRT$$
$$P_B = \frac{n_BRT}{V}$$

我們將 P_A 跟 P_B 代入 K_P 的式子中，便可得到下列方程式：

$$K_P = \frac{\left(\frac{n_BRT}{V}\right)^b}{\left(\frac{n_ART}{V}\right)^a} = \frac{\left(\frac{n_B}{V}\right)^b}{\left(\frac{n_A}{V}\right)^a}(RT)^{b-a}$$

此時 n_A/V 與 n_B/V 的單位都是 mol/L，因此可以用 [A] 與 [B] 來取代，則

$$K_P = \frac{[B]^b}{[A]^a}(RT)^{\Delta n}$$
$$= K_c(RT)^{\Delta n} \qquad (14.4)$$

其中

$$\Delta n = b - a$$
$$= \text{氣體產物的莫耳數} - \text{氣體反應物的莫耳數}$$

由於此壓力的單位為 atm，而氣體常數 R 為 0.0821 L · atm/K · mol，因此 K_P 與 K_c 的關係可如下列方程式所示：

使用此方程式時，計算 K_P 值的壓力單位必須為 atm。

$$K_P = K_c(0.0821T)^{\Delta n} \qquad (14.5)$$

一般來說，$K_P \neq K_c$，除非遇到平衡時之反應物與產物間的莫耳數相差為零 ($\Delta n = 0$)，例如氫氣與溴產生氫化溴的反應：

$$H_2(g) + Br_2(g) \rightleftharpoons 2HBr(g)$$

在這個例子中，方程式 (14.5) 可被寫成

$$K_P = K_c(0.0821T)^0 = K_c$$

對於另一個同相平衡的例子——醋酸在水中的解離反應，可以用下列式子來表示：

$$CH_3COOH(aq) + H_2O(l) \rightleftharpoons CH_3COO^-(aq) + H_3O^+(aq)$$

平衡常數為

$$K'_c = \frac{[CH_3COO^-][H_3O^+]}{[CH_3COOH][H_2O]}$$

(在這裡我們用 K'_c 來與最後平衡的常數 K_c 做區分)。1 公升水的莫耳「濃度」相當於 55.5 *M*，相較於其他的反應物與產物來說，55.5 *M* 是一個極大的數值 (其他物種的濃度大約在 1 *M* 以下)。我們可以假設水不會影響到整個反應的過程，因此將 $[H_2O]$ 設定為常數，而平衡常數的方程式就可以表達為

$$K_c = \frac{[CH_3COO^-][H_3O^+]}{[CH_3COOH]}$$

其中

$$K_c = K'_c[H_2O]$$

平衡常數與單位

一般來說，平衡常數是沒有單位的，從動力學的觀點來看，平衡常數所定義的是分子之間的*活動*。在理想系統中，物質的活動力等於其濃度或壓力與一個標準數值 (1 *M* 或 1 atm) 的比例，這樣的步驟消除了所有單位，但濃度或壓力的數值並不會受到影響，因此平衡常數是沒有單位的，我們將會延續這個觀念到第十五章的酸鹼平衡反應與第十六章的溶解度平衡反應中。

對非理想系統來說，物質的活動力並不完全等於其濃度，有某些例子的差異會很明顯。接下來除非有特別強調，否則我們會把所有系統都看作理想系統。

例題 14.1 到 14.3 將說明如何撰寫平衡常數的表達式，以及如何計算平衡常數與平衡濃度。

例題 14.1

請寫出下列可逆反應的平衡常數 K_c (或 K_P) 表達式：

(a) $HF(aq) + H_2O(l) \rightleftharpoons H_3O^+(aq) + F^-(aq)$

(b) $2NO(g) + O_2(g) \rightleftharpoons 2NO_2(g)$

(c) $CH_3COOH(aq) + C_2H_5OH(aq) \rightleftharpoons CH_3COOC_2H_5(aq) + H_2O(l)$

策　略

請將以下幾項記在腦海中：(1) K_P 只能應用在氣體反應；(2) 溶劑 (通常是水) 的濃度不會列入平衡常數的表達式中。

解　答

(a) 因為沒有氣體的存在，K_P 並不用考慮在內，因此我們只求 K_c。

$$K'_c = \frac{[H_3O^+][F^-]}{[HF][H_2O]}$$

HF 為弱酸，而在酸的解離反應中，參與反應的水量和溶劑中的水比起來是小到可以忽略，因此我們可以將平衡常數重寫如下：

$$K_c = \frac{[H_3O^+][F^-]}{[HF]}$$

(b)

$$K_c = \frac{[NO_2]^2}{[NO]^2[O_2]} \qquad K_P = \frac{P_{NO_2}^2}{P_{NO}^2 P_{O_2}}$$

(c) 平衡常數 K'_c 如下：

$$K'_c = \frac{[CH_3COOC_2H_5][H_2O]}{[CH_3COOH][C_2H_5OH]}$$

因為反應中生成的水量與溶劑中的水比起來是小到可以忽略，因此我們可以將平衡常數重寫如下：

$$K_c = \frac{[CH_3COOC_2H_5]}{[CH_3COOH][C_2H_5OH]}$$

練習題

請寫出五氧化二氮分解之方程式的 K_c 與 K_P：

$$2N_2O_5(g) \rightleftharpoons 4NO_2(g) + O_2(g)$$

例題 14.2

在攝氏 230 度時有某平衡反應如下：

$$2NO(g) + O_2(g) \rightleftharpoons 2NO_2(g)$$

試計算下列可逆反應的平衡常數 (K_c)，各物種在達成平衡時的濃度為 $[NO] = 0.0542\ M$、$[O_2] = 0.127\ M$ 及 $[NO_2] = 15.5\ M$。

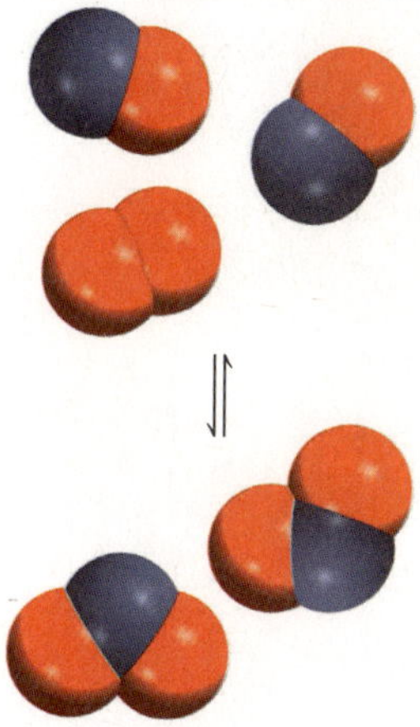

$2NO + O_2 \rightleftharpoons 2NO_2$

策　略

我們可依照方程式 (14.2) 質量作用定律，以及所提供的平衡濃度 (以 mol/L 為單位) 來求出平衡常數 K_c。

解　答

平衡常數可以下列式子表示：

$$K_c = \frac{[NO_2]^2}{[NO]^2[O_2]}$$

將各平衡濃度代入後便可求出平衡常數 K_c：

$$K_c = \frac{(15.5)^2}{(0.0542)^2(0.127)} = 6.44 \times 10^5$$

檢　查

在這裡需要注意的是，平衡常數 K_c 沒有單位，若是產物 (NO_2) 或反應物 (NO 和 O_2) 的濃度改變，平衡常數 K_c 仍然維持定值。

類題：14.4。

練習題

試計算一氧化碳與氯氣之可逆反應 (攝氏 74 度) 的平衡常數 (K_c)，各物種在達成平衡時的濃度為 $[CO] = 1.2\times10^{-2}\ M$、$[Cl_2] = 0.054\ M$ 及 $[COCl_2] = 0.14\ M$。

$$CO(g) + Cl_2(g) \rightleftharpoons COCl_2(g)$$

例題 14.3

五氯化磷 (PCl_5) 分解成三氯化磷 (PCl_3) 與氯氣 (Cl_2) 為可逆反應，其平衡常數 K_P 在攝氏 250 度時為 1.05；若此時五氯化磷與三氯化磷的分壓分別為 0.875 atm 與 0.463 atm，請求出氯氣在平衡時的分壓。

$$PCl_5(g) \rightleftharpoons PCl_3(g) + Cl_2(g)$$

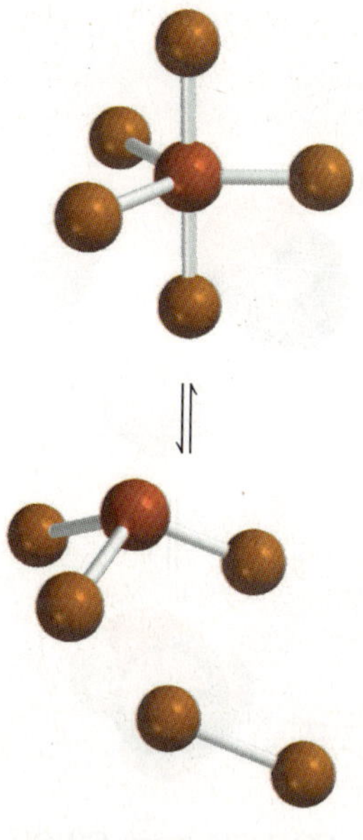

$PCl_5 \rightleftharpoons PCl_3 + Cl_2$

策　略

反應氣體的單位為 atm，因此我們可以使用氣態平衡常數 K_P，由已知的 K_P 與五氯化磷、三氯化磷的濃度便可解出氯氣在平衡時的分壓。

解　答

首先，我們可將 K_P 用下列式子表示：

$$K_P = \frac{P_{PCl_3}P_{Cl_2}}{P_{PCl_5}}$$

由已知的分壓與平衡常數，我們可將式子寫成

$$1.05 = \frac{(0.463)(P_{Cl_2})}{(0.875)}$$

或

$$P_{Cl_2} = \frac{(1.05)(0.875)}{(0.463)} = 1.98\ \text{atm}$$

檢　查

在這裡需要注意的是求出 P_{Cl_2} 之分壓單位為 atm。

練習題

下列可逆反應的平衡常數 K_P 為 158 (1000 K)，若二氧化氮與一氧化氮在平衡時的分壓分別為 0.400 atm 及 0.270 atm，請求出氧氣在平衡時的分壓。

$$2NO_2(g) \rightleftharpoons 2NO(g) + O_2(g)$$

例題 14.4

$CO + 2H_2 \rightleftharpoons CH_3OH$

於甲醇的生成反應中

$$CO(g) + 2H_2(g) \rightleftharpoons CH_3OH(g)$$

若平衡常數 K_c 的數值為 10.5 (攝氏 220 度)，請求出平衡常數 K_P 的數值。

策　略

如方程式 (14.5) 所示，K_P 與 K_c 之間的關係為 $K_P = K_c(0.0821T)^{\Delta n}$，其中

$$\Delta n = \text{氣體產物的莫耳數} - \text{氣體反應物的莫耳數}$$

我們應該使用何種溫度單位？

解　答

K_P 與 K_c 之間的關係為

$$K_P = K_c(0.0821T)^{\Delta n}$$

而在此溫度的單位為絕對溫度，因此 $T = 273 + 220 = 493$ K，$\Delta n = 1 - 3 = -2$，因此我們可以求出

$$K_P = (10.5)(0.0821 \times 493)^{-2}$$
$$= 6.41 \times 10^{-3}$$

檢　查

在這裡需要注意的是，我們可以依照給予反應物與產物的濃度單位來求出平衡常數，若給予的是 mol/L，便是求 K_c；若給予的是 atm，便是求 K_P。

練習題

若下列可逆反應的平衡常數 K_P 為 4.3×10^{-4} (攝氏 375 度)：

$$N_2(g) + 3H_2(g) \rightleftharpoons 2NH_3(g)$$

試計算平衡常數 K_c 的數值。

異相平衡

顧名思義，**異相平衡** (heterogeneous equilibrium) 指的是可逆反應之反應物與產物為不同相，例如：將固態碳酸鈣於密閉容器中加熱可以生成固相的氧化鈣與氣相的二氧化碳，我們可將平衡反應用下列方程式表示：

$$CaCO_3(s) \rightleftharpoons CaO(s) + CO_2(g)$$

$$K'_c = \frac{[CaO][CO_2]}{[CaCO_3]} \quad (14.6)$$

(我們在這裡用 K'_c 來與最後的平衡常數 K_c 做區分。) 然而，固態物質的「濃度」並不因為其量的多寡而有所變化，以金屬銅 (密度：8.96 g/cm^3) 來說，不論是 1 公克或 1 公噸，其莫耳濃度在相同溫度下都相等：

$$[Cu] = \frac{8.96\ g}{1\ cm^3} \times \frac{1\ mol}{63.55\ g} = 0.141\ mol/cm^3 = 141\ mol/L$$

圖 14.4 在相同溫度時，不論 (a) 跟 (b) 中之碳酸鈣與氧化鈣的多寡，二氧化碳的平衡壓力皆相同。

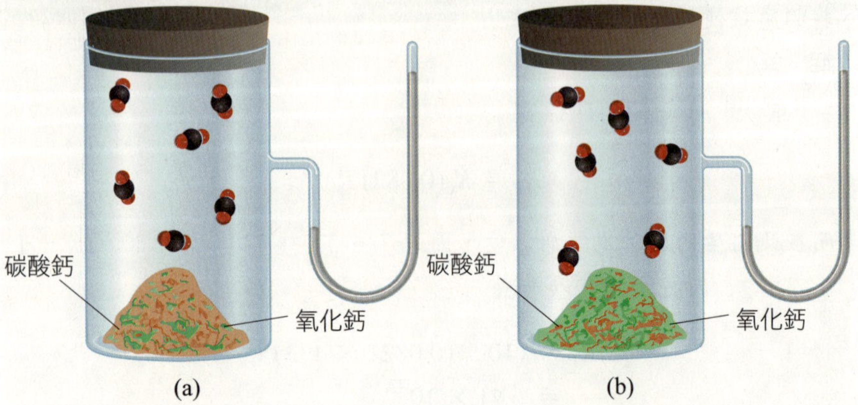

回歸到上述的可逆反應，固相碳酸鈣與氧化鈣的莫耳濃度為定值，因此我們可將平衡常數方程式 (14.6) 簡化為

$$\frac{[CaCO_3]}{[CaO]}K_c' = K_c = [CO_2] \tag{14.7}$$

最後的平衡常數 K_c 就等於二氧化碳之濃度。請注意：K_c 的數值並不會因為碳酸鈣或氧化鈣的數量而有所變化 (圖 14.4)。

如果我們以分子動力學的角度來看整個系統，固體分子的活動力為 1，因此我們可以將平衡常數寫成 $K_c = [CO_2]$；同樣地，液體分子的活動力也為 1，因此若反應物或產物為液體分子，我們也可將其忽略於平衡常數方程式中。

另外，我們也可將平衡常數以下列式子表示：

$$K_P = P_{CO_2} \tag{14.8}$$

平衡常數也可以用二氧化碳的壓力來表示。

例題 14.5

請寫出下列異相可逆反應之平衡常數 K_c (或 K_P) 的表達式：

(a) $(NH_4)_2Se(s) \rightleftharpoons 2NH_3(g) + H_2Se(g)$

(b) $AgCl(s) \rightleftharpoons Ag^+(aq) + Cl^-(aq)$

(c) $P_4(s) + 6Cl_2(g) \rightleftharpoons 4PCl_3(l)$

策　略

若反應物或產物為固態或液態物質，我們可將其忽略於平衡方程式中。

解 答

(a) 因為 $(NH_4)_2Se$ 為固態物質，因此我們將其忽略，而平衡常數 (K_c) 可寫成

$$K_c = [NH_3]^2[H_2Se]$$

另外，也可將 K_P 寫成

$$K_P = P_{NH_3}^2 P_{H_2Se}$$

(b) 因為 AgCl 為固態物質，因此我們將其忽略，而平衡常數 (K_c) 可寫成

$$K_c = [Ag^+][Cl^-]$$

且由於此反應沒有氣體產生，因此沒有 K_P 存在。

(c) 我們可以注意到 P_4 為固態物質，而 PCl_3 為液態物質，因此我們將其忽略，而平衡常數 (K_c) 可寫成

$$K_c = \frac{1}{[Cl_2]^6}$$

另外，也可將 K_P 寫成

$$K_P = \frac{1}{P_{Cl_2}^6}$$

練習題

請寫出下列異相反應的 K_c 與 K_P：

$$Ni(s) + 4CO(g) \rightleftharpoons Ni(CO)_4(g)$$

例題 14.6

在下列異相可逆反應中，二氧化碳 (CO_2) 的壓力為 0.236 atm (攝氏 800 度)，請求出平衡常數 (a) K_P 與 (b) K_c 的數值：

$$CaCO_3(s) \rightleftharpoons CaO(s) + CO_2(g)$$

策 略

記住碳酸鈣 ($CaCO_3$) 與氧化鈣 (CaO) 皆為固態物質，因此我們將其忽略於平衡方程式中，K_P 與 K_c 之間的關係如方程式 (14.5) 所示。

解 答

(a) 根據方程式 (14.8)，我們可將 K_P 寫成

$$K_P = P_{CO_2}$$
$$= 0.236$$

(b) 另外，我們根據方程式 (14.5) 知道

$$K_P = K_c(0.0821\,T)^{\Delta n}$$

而溫度的單位為絕對溫度，因此 $T = 800 + 273 = 1073$ K，$\Delta n = 1$，於是我們可以求出

$$0.236 = K_c(0.0821 \times 1073)$$
$$K_c = 2.68 \times 10^{-3}$$

練習題

在下列平衡反應中，每個氣體的分壓皆為 0.265 atm，請求出平衡常數 K_P 與 K_c 的數值：

$$NH_4HS(s) \rightleftharpoons NH_3(g) + H_2S(g)$$

複合式平衡

到目前為止，我們所遇到的可逆反應都是較為簡單的平衡，有一種比較複雜的情形是第一個反應的產物參與到第二個反應變成其反應物：

$$A + B \rightleftharpoons C + D$$
$$C + D \rightleftharpoons E + F$$

於平衡時，我們可將平衡常數方程式寫成如下：

$$K'_c = \frac{[C][D]}{[A][B]}$$

和

$$K''_c = \frac{[E][F]}{[C][D]}$$

而總反應可為兩個反應的總和：

$$\begin{array}{lll} & A + B \rightleftharpoons C + D & K'_c \\ & C + D \rightleftharpoons E + F & K''_c \\ \hline \text{總反應：} & A + B \rightleftharpoons E + F & K_c \end{array}$$

其平衡常數 K_c 為

$$K_c = \frac{[E][F]}{[A][B]}$$

我們可以找出 K_c 與 K'_c、K''_c 之間的關聯為

$$K'_cK''_c = \frac{[C][D]}{[A][B]} \times \frac{[E][F]}{[C][D]} = \frac{[E][F]}{[A][B]}$$

因此，

$$K_c = K'_cK''_c \qquad (14.9)$$

我們可以下一個結論為：**如果某反應是由兩個以上的反應所組成，那麼其平衡常數為各反應平衡常數的乘積。**

二質子酸的解離為很好的複合式平衡之例子，例如：碳酸 (H_2CO_3) 於攝氏 25 度時的解離反應：

$$H_2CO_3(aq) \rightleftharpoons H^+(aq) + HCO_3^-(aq) \quad K'_c = \frac{[H^+][HCO_3^-]}{[H_2CO_3]} = 4.2 \times 10^{-7}$$

$$HCO_3^-(aq) \rightleftharpoons H^+(aq) + CO_3^{2-}(aq) \quad K''_c = \frac{[H^+][CO_3^{2-}]}{[HCO_3^-]} = 4.8 \times 10^{-11}$$

總反應為以上兩個反應的總和：

$$H_2CO_3(aq) \rightleftharpoons 2H^+(aq) + CO_3^{2-}(aq)$$

而其平衡常數為

$$K_c = \frac{[H^+]^2[CO_3^{2-}]}{[H_2CO_3]}$$

利用方程式 (14.9)，我們可以得到

$$\begin{aligned} K_c &= K'_cK''_c \\ &= (4.2 \times 10^{-7})(4.8 \times 10^{-11}) \\ &= 2.0 \times 10^{-17} \end{aligned}$$

K 的形式與平衡方程式

關於平衡常數，除了上述的內容之外，還有兩件事值得注意：

1. 於可逆反應中，逆反應的平衡常數為正反應之平衡常數的倒數，例如：二氧化氮與四氧化二氮系統中，平衡常數 K_c 的撰寫方式如下：

$$N_2O_4(g) \rightleftharpoons 2NO_2(g)$$

在攝氏 25 度時，

$$K_c = \frac{[NO_2]^2}{[N_2O_4]} = 4.63 \times 10^{-3}$$

然而，若是反應方向為逆反應，我們可將其平衡常數寫成

$$2NO_2(g) \rightleftharpoons N_2O_4(g)$$

$$K'_c = \frac{[N_2O_4]}{[NO_2]^2} = \frac{1}{K_c} = \frac{1}{4.63 \times 10^{-3}} = 216$$

我們可以看到 $K_c = 1/K'_c$ 或 $K_cK'_c = 1$。

2. K 值會隨著平衡係數的不同而有所變化，於下列兩種可逆反應中：

$$\tfrac{1}{2}N_2O_4(g) \rightleftharpoons NO_2(g) \qquad K'_c = \frac{[NO_2]}{[N_2O_4]^{\frac{1}{2}}}$$

$$N_2O_4(g) \rightleftharpoons 2NO_2(g) \qquad K_c = \frac{[NO_2]^2}{[N_2O_4]}$$

我們可以看出 $K'_c = \sqrt{K_c}$。在表 14.1 中，$K_c = 4.63 \times 10^{-3}$，因此 $K'_c = 0.0680$。

根據質量作用定律，物質濃度會隨著平衡方程式中的計量係數而變化，若將整個反應的平衡係數乘以 2，那麼平衡常數的數值就會是原本的平方倍；若將整個反應的平衡係數乘以 3，那麼平衡常數的數值就會是原本的三次方倍。

例題 14.7 將會討論平衡常數的數值與平衡係數間之關係。

例題 14.7

氨水的生成反應有下列數種表示法：

(a) $N_2(g) + 3H_2(g) \rightleftharpoons 2NH_3(g)$

(b) $\frac{1}{2}N_2(g) + \frac{3}{2}H_2(g) \rightleftharpoons NH_3(g)$

(c) $\frac{1}{3}N_2(g) + H_2(g) \rightleftharpoons \frac{2}{3}NH_3(g)$

請寫出它們的平衡常數表達式。(反應物質的濃度以 mol/L 為單位。)

(d) 這些平衡常數間的關係為何？

策　略

已知同樣的反應有三種不同表達方式；請記得平衡常數 K 的數

值會隨著計量係數之不同而有所變化。

解 答

(a) $$K_a = \frac{[NH_3]^2}{[N_2][H_2]^3}$$

(b) $$K_b = \frac{[NH_3]}{[N_2]^{\frac{1}{2}}[H_2]^{\frac{3}{2}}}$$

(c) $$K_c = \frac{[NH_3]^{\frac{2}{3}}}{[N_2]^{\frac{1}{3}}[H_2]}$$

(d) $$K_a = K_b^2$$
$$K_a = K_c^3$$
$$K_b^2 = K_c^3 \quad 或 \quad K_b = K_c^{\frac{3}{2}}$$

練習題

寫出下列可逆反應的平衡常數 (K_c) 並求出其關聯性：(a) $3O_2(g) \rightleftharpoons 2O_3(g)$；(b) $O_2(g) \rightleftharpoons \frac{2}{3}O_3(g)$。

平衡反應方程式的重點回顧

1. 大部分反應物質的濃度單位為 mol/L，若是遇到氣相物質，濃度單位可為 mol/L 或 atm，而 K_c 與 K_P 之間的關係如方程式 (14.5) 所示。
2. 異相平衡中的純固態物質與純液態物質，還有同相平衡中的溶劑物質都可於平衡常數中被忽略。
3. K_c 或 K_P 在溫度固定時皆不受任何因素影響，為一常數。
4. 在預估平衡常數的數值時，必須考量到溫度與平衡方程式本身。
5. 於複合式平衡中，平衡常數為個別反應之平衡常數的乘積。

14.3 化學動力學與化學平衡之間的關係

方程式 (14.2) 定義在特定溫度時，不論反應物質濃度變動如何，平衡常數為定值 (見 14.1)。我們也可以從化學動力學的觀點來看平衡反應。

我們假設下列可逆反應為單一**基本步驟** (正反應與逆反應皆為單一基本步驟)：

要回顧反應機構，見 13.5 節。

$$A + 2B \underset{k_r}{\overset{k_f}{\rightleftharpoons}} AB_2$$

正反應速率為

$$速率_f = k_f[A][B]^2$$

而逆反應速率為

$$速率_r = k_r[AB_2]$$

其中 k_f 與 k_r 各為正反應與逆反應的速率常數。當反應達成平衡時：

$$速率_f = 速率_r$$

或

$$k_f[A][B]^2 = k_r[AB_2]$$

$$\frac{k_f}{k_r} = \frac{[AB_2]}{[A][B]^2}$$

因為 k_f 與 k_r 在特定溫度時為定值，所以兩者間的比例也為常數，即平衡常數 K_c。

$$\frac{k_f}{k_r} = K_c = \frac{[AB_2]}{[A][B]^2}$$

又因為 k_f 與 k_r 的數值會隨著溫度而變化 [見方程式 (13.11)]，因此平衡常數 K_c 也會因為溫度的不同而改變。

我們可以在此代入複合式平衡反應的概念 (14.2 節)，假設下列反應為兩段式反應：

步驟 1： $2B \underset{k'_r}{\overset{k'_f}{\rightleftharpoons}} B_2$

步驟 2： $A + B_2 \underset{k''_r}{\overset{k''_f}{\rightleftharpoons}} AB_2$

總反應： $A + 2B \rightleftharpoons AB_2$

各平衡常數可寫成：

$$K' = \frac{k'_f}{k'_r} = \frac{[B_2]}{[B]^2} \tag{14.10}$$

$$K'' = \frac{k''_f}{k''_r} = \frac{[AB_2]}{[A][B_2]} \tag{14.11}$$

將方程式 (14.10) 與方程式 (14.11) 合併在一起，可以得到

$$K'K'' = \frac{[B_2][AB_2]}{[B]^2[A][B_2]} = \frac{[AB_2]}{[A][B]^2}$$

因此，總反應的平衡常數可以寫成

$$K_c = \frac{[AB_2]}{[A][B]^2} = K'K''$$

因為 K' 與 K'' 皆為常數，所以 K_c 也是定值，從這個結果可以得出一個結論：

$$aA + bB \rightleftharpoons cC + dD$$

針對下列方程式，不論其為單一步驟或是複合式反應，我們都可依照質量作用定律 [方程式 (14.2)] 來表達其平衡常數：

$$K = \frac{[C]^c[D]^d}{[A]^a[B]^b}$$

總結來說，若從化學動力學的觀點切入，平衡常數為正反應速率與逆反應速率的比例，這樣的分析結果可以解釋為何平衡常數為定值，且只會因溫度不同而有所變化。

14.4 平衡常數的意義

我們由前述內容知道可以從平衡時的物質濃度來計算出平衡常數，相同地，一旦我們知道平衡常數的數值就可以利用方程式 (14.2) 來算出未知物質的平衡濃度。一般而言，平衡常數可以幫助我們預估平衡反應的趨勢，以及計算反應物與產物的平衡濃度。

預測反應達成平衡的走向

氫氣與碘蒸氣形成氫化碘之反應的平衡常數 K_c 為 54.3 (攝氏 430 度)，假設於某次實驗中，我們在 1.00 公升的容器中放入 0.243 莫耳的氫氣、0.146 莫耳的碘蒸氣，以及 1.98 莫耳的氫化碘，試問反應會傾向於生成氫化碘，還是更多的氫氣與碘蒸氣？我們可以將所有的初濃度代入平衡常數中：

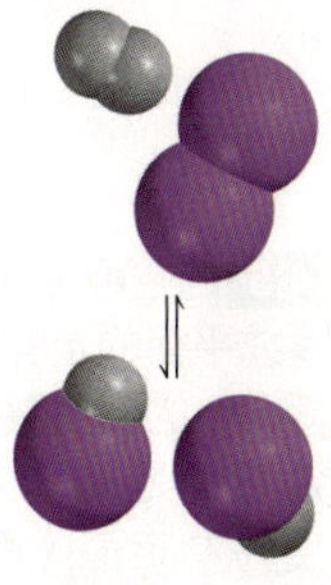

$H_2 + I_2 \rightleftharpoons 2HI$

$$H_2(g) + I_2(g) \rightleftharpoons 2HI(g)$$

$$\frac{[HI]_0^2}{[H_2]_0[I_2]_0} = \frac{(1.98)^2}{(0.243)(0.146)} = 111$$

下標的 0 代表初濃度。因為求出來的數值為 111，略大於平衡常數 54.3，因此代表反應還未達到平衡。

請記住，除了使用的是非平衡時之濃度之外，Q 值與 K 值的計算方式完全相同。

上面這種還未達成平衡的反應，我們可將初濃度代入平衡常數中得到稱為**反應商數** (reaction quotient; Q_c) 的數值，而從反應商數 Q_c 與平衡常數 K_c 的比較可以預估反應要達成平衡時的走向，結果大致上可分為以下三種情況：

- $Q_c < K_c$　代表產物的起始濃度比反應物的初濃度小，因此若要達成平衡，反應會朝著生成產物的方向進行，反應向右。
- $Q_c = K_c$　代表產物與反應物的初濃度為平衡濃度，此時反應達成平衡。
- $Q_c > K_c$　代表產物的起始濃度比反應物的初濃度大，因此若要達成平衡，反應會朝著生成反應物的方向進行，反應向左。

圖 14.5 為 Q_c 與 K_c 的比較圖。

例題 14.8 將會解釋為何 Q_c 的數值可以決定反應達成平衡的走向。

例題 14.8

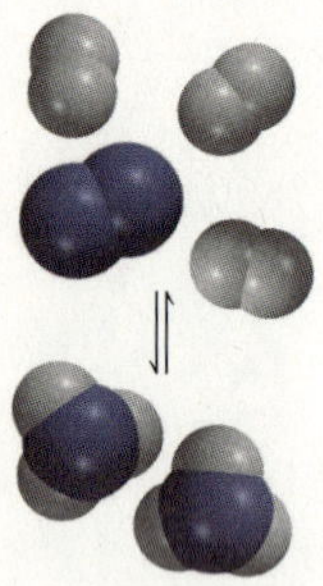

$N_2 + 3H_2 \rightleftharpoons 2NH_3$

若一開始在 3.50 公升的容器中有 0.249 莫耳的氮氣、3.21×10^{-2} 莫耳的氫氣，以及 6.42×10^{-4} 莫耳的氨 (攝氏 375 度)，且在此溫度時的反應平衡常數 K_c 為 1.2，請問此系統是否已經達成平衡反應？若沒有，請問反應傾向於往哪個方向移動？

$$N_2(g) + 3H_2(g) \rightleftharpoons 2NH_3(g)$$

策　略

題目已經告知反應物與產物的初濃度，因此我們可以將之直接代入平衡常數中計算出 Q_c，再將 Q_c 的數值與 K_c 比較，便可預測反應達成平衡的走向為何？

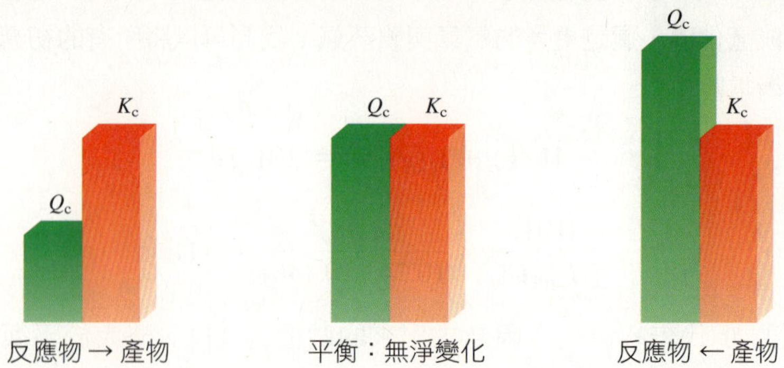

圖 14.5 在可逆反應中，達成平衡的走向取決於 Q_c 與 K_c 的相對數值。值得注意的是，K_c 在特定溫度時為定值，而 Q_c 則會隨著反應物及產物的初濃度變化而改變。

解 答

首先，我們必須先算出每個物質的莫耳濃度，算式如下：

$$[N_2]_0 = \frac{0.249\ \text{mol}}{3.50\ \text{L}} = 0.0711\ M$$

$$[H_2]_0 = \frac{3.21 \times 10^{-2}\ \text{mol}}{3.50\ \text{L}} = 9.17 \times 10^{-3}\ M$$

$$[NH_3]_0 = \frac{6.42 \times 10^{-4}\ \text{mol}}{3.50\ \text{L}} = 1.83 \times 10^{-4}\ M$$

得到每個物質的濃度後，便可求出 Q_c 的數值：

$$Q_c = \frac{[NH_3]_0^2}{[N_2]_0[H_2]_0^3} = \frac{(1.83 \times 10^{-4})^2}{(0.0711)(9.17 \times 10^{-3})^3} = 0.611$$

因為 Q_c 小於 K_c (1.2)，因此我們可以判定此反應未達成平衡，若要達成平衡，反應會趨向於向右，此時氨的濃度會增加，而氫氣與氮氣的濃度則會下降。

類題：14.11。

練習題

下列反應的平衡常數 (K_c) 為 6.5×10^4 (攝氏 35 度)，若在 2.0 公升的容器中有 2.0×10^{-2} 莫耳的一氧化氮、8.3×10^{-3} 莫耳的氯氣，及 6.8 莫耳的 NOCl，請問此系統的平衡傾向往哪個方向移動？

$$2NO(g) + Cl_2(g) \rightleftharpoons 2NOCl(g)$$

計算平衡濃度

一旦知道反應的平衡常數與反應物質的初濃度，我們便可求出各物質在到達平衡時的濃度，例如：下列兩種有機物 (順—二苯乙烯與反—二苯乙烯) 在非極性的溶劑系統中的平衡 (圖 14.6)，其平衡常數 (K_c) 為 24.0 (攝氏 200 度)：

$$\text{順—二苯乙烯} \rightleftharpoons \text{反—二苯乙烯}$$

假設順—二苯乙烯的初濃度為 0.850 mol/L，那麼我們要如何算出它們在平衡時的濃度呢？根據計量係數可以知道 1 莫耳的順—二苯乙烯會轉換成 1 莫耳的反—二苯乙烯。因此，先假設平衡時有 x mol/L 的反—二苯乙烯產生，那麼順—二苯乙烯就等於 $(0.850 - x)$ mol/L，計算如下式：

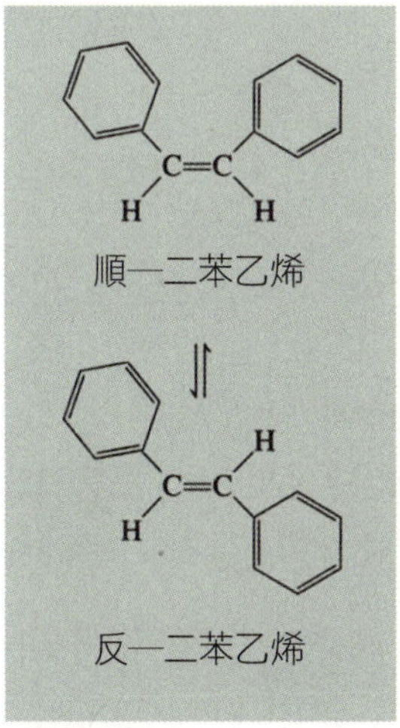

圖 14.6 順—二苯乙烯與反—二苯乙烯的平衡系統：順—苯乙烯與反—二苯乙烯擁有同樣的分子式及化學鍵。然而，兩者之間不同的是順—二苯乙烯的苯環在 C=C 的同一邊，而反—二苯乙烯的苯環則位於 C=C 的不同側，它們的熔點與偶極矩也因為構造不同而有所差異。

	順—二苯乙烯 $\rightleftharpoons$	反—二苯乙烯
初濃度 (M)：	0.850	0
改變量 (M)：	$-x$	$+x$
平衡後 (M)：	$(0.850 - x)$	x

加號 (+) 代表的是到達平衡時濃度增加；反之，減號 (−) 代表的則是減少，我們將 K_c 代入平衡常數中便可求出 x：

$$K_c = \frac{[\text{反—二苯乙烯}]}{[\text{順—二苯乙烯}]}$$

$$24.0 = \frac{x}{0.850 - x}$$

$$x = 0.816\ M$$

最後，可以計算出順—二苯乙烯與反—二苯乙烯的平衡濃度為：

$$[\text{順—二苯乙烯}] = (0.850 - 0.816)\ M = 0.034\ M$$
$$[\text{反—二苯乙烯}] = 0.816\ M$$

以下幾個重點概述如何計算到達平衡時的濃度：

1. 首先將平衡時所產生的濃度變化設為一未知數 x，並寫出反應物及產物可能增加或減少 x 的表示式。
2. 接著將表示式代入平衡常數中便可求出 x 的數值。
3. 再來算出每個物質於平衡時的濃度。

例題 14.9 與 14.10 會說明如何來利用上述三步驟。

例題 14.9

若於 1.00 公升的容器中有 0.500 莫耳的氫氣、0.500 莫耳的碘蒸氣，且在攝氏 430 度時的平衡常數 K_c 為 54.3，請算出到達平衡時之氫氣、碘蒸氣與碘化氫的濃度？

策 略

題目已經告知反應物與產物的初濃度，因為一開始容器中並沒有氫化碘的存在，所以反應未達平衡，此時某些氫氣會跟相同數量的碘蒸氣反應生成碘化氫 (為什麼？)。

解 答

我們可以依照下列的步驟來算出各物質在到達平衡時的濃度：

步驟 1：根據計量係數可知 1 莫耳的氫氣會與 1 莫耳的碘蒸氣生成

2 莫耳的碘化氫，因此我們先假設平衡時有 x 的氫氣與碘蒸氣會裂解，那麼平衡時就會有 $2x$ 的碘化氫產生，計算如下式：

	H_2	+	I_2	$\rightleftharpoons$	2HI
初濃度 (M)：	0.500		0.500		0.000
改變量 (M)：	$-x$		$-x$		$+2x$
平衡後 (M)：	$(0.500 - x)$		$(0.500 - x)$		$2x$

步驟 2：將其代入平衡常數：

$$K_c = \frac{[HI]^2}{[H_2][I_2]}$$

兩者皆開根號便可求出 x：

$$54.3 = \frac{(2x)^2}{(0.500 - x)(0.500 - x)}$$

$$7.37 = \frac{2x}{0.500 - x}$$

$$x = 0.393\ M$$

步驟 3：到達平衡時的濃度為：

$$[H_2] = (0.500 - 0.393)\ M = 0.107\ M$$

$$[I_2] = (0.500 - 0.393)\ M = 0.107\ M$$

$$[HI] = 2 \times 0.393\ M = 0.786\ M$$

檢 查

你可以將算出的平衡濃度再代回，看計算出來的數值是否等於平衡常數 K_c。

練習題

在例題 14.9 的反應系統中，若碘化氫的初濃度為 0.040 M，試計算出氫氣、碘蒸氣與碘化氫到達平衡時的濃度。

例題 14.10

在例題 14.9 的反應系統中，假設氫氣、碘蒸氣與碘化氫於相同溫度時的濃度分別為 0.00623 M、0.00414 M 及 0.0224 M，試計算出各物質到達平衡時的濃度。

策 略

題目已經告知反應物與產物的初濃度，因此我們可以計算出

Q_c，判定反應是否達到平衡，再將 Q_c 的數值與 K_c 比較，便可預測反應是傾向於氫氣與碘蒸氣的裂解，還是碘化氫的裂解。

解 答

一開始，我們可以先計算出 Q_c：

$$Q_c = \frac{[HI]_0^2}{[H_2]_0[I_2]_0} = \frac{(0.0224)^2}{(0.00623)(0.00414)} = 19.5$$

因為 Q_c (19.5) 的數值比平衡常數 K_c (54.3) 來得小，所以我們可以判定反應將會傾向於氫氣與碘蒸氣的裂解並生成碘化氫之方向 (見圖 14.4)；我們可以依照下列步驟來算出各物質的平衡濃度：

步驟 1：根據計量係數，我們知道 1 莫耳的氫氣會與 1 莫耳的碘蒸氣形成 2 莫耳的碘化氫，因此先假設到達平衡時會有 x 的氫氣與碘蒸氣裂解，還有 $2x$ 的碘化氫會產生，計算如下式：

	H_2	+	I_2	$\rightleftharpoons$	2HI
初濃度 (M)：	0.00623		0.00414		0.0224
改變量 (M)：	$-x$		$-x$		$+2x$
平衡後 (M)：	$(0.00623 - x)$		$(0.00414 - x)$		$(0.0224 + 2x)$

步驟 2：將其代入平衡常數：

$$K_c = \frac{[HI]^2}{[H_2][I_2]}$$

$$54.3 = \frac{(0.0224 + 2x)^2}{(0.00623 - x)(0.00414 - x)}$$

因為 $[H_2]$ 與 $[I_2]$ 並不相等，所以在此無法進行開根號的動作，需要較繁瑣的數學演算式來完成計算：

$$54.3(2.58 \times 10^{-5} - 0.0104x + x^2) = 5.02 \times 10^{-4} + 0.0896x + 4x^2$$

整理後得：

$$50.3x^2 - 0.654x + 8.98 \times 10^{-4} = 0$$

對方程式 $ax^2 + bx + c = 0$ 而言

$$x = \frac{-b \pm \sqrt{b^2 - 4ac}}{2a}$$

故代入 $a = 50.3$、$b = -0.654$ 及 $c = 8.98 \times 10^{-4}$ 後，

$$x = \frac{0.654 \pm \sqrt{(-0.654)^2 - 4(50.3)(8.98 \times 10^{-4})}}{2 \times 50.3}$$

$$x = 0.0114\,M \quad \text{或} \quad x = 0.00156\,M$$

求出的 x 為 0.0114 M 或 0.00156 M，將這兩個數值與初濃度比較便可知道 0.0114 M 大於氫氣與碘蒸氣的初濃度，因此正確解答應該是 0.00156 M。

步驟 3：到達平衡時的濃度為：

$$[H_2] = (0.00623 - 0.00156)\,M = 0.00467\,M$$
$$[I_2] = (0.00414 - 0.00156)\,M = 0.00258\,M$$
$$[HI] = (0.0224 + 2 \times 0.00156)\,M = 0.0255\,M$$

檢　查

你可以將算出的平衡濃度再代回，看是否計算出來的數值等於平衡常數 K_c。

類題：14.22。

練習題

下列可逆反應的平衡常數 (K_c) 為 1.1×10^{-3} (攝氏 1280 度)

$$Br_2(g) \rightleftharpoons 2Br(g)$$

若初濃度 $[Br_2] = 6.3 \times 10^{-2}\,M$，$[Br] = 1.2 \times 10^{-2}\,M$，試計算各物質的平衡濃度。

例題 14.9 與 14.10 說明了我們可依照已知的平衡常數與初濃度來計算出平衡濃度，這樣的訊息讓我們能夠估計反應的產率。例如：若例題 14.9 按照完全反應 (百分之百反應) 來計算，碘化氫的生成量為 2×0.500 莫耳 = 1 莫耳，但實際上生成的碘化氫卻只有 2×0.393 莫耳 = 0.786 莫耳，因此產率為 78.6%。

14.5 影響化學平衡的因素

化學平衡代表的是正反應與逆反應到達平衡。這樣的平衡在許多例子中很容易受到破壞，一些實驗條件的改變可能會破壞掉平衡，以致於改變反應方向而導致更多 (或更少) 的產物生成，而在實驗中可以控制的變因有濃度、壓力、體積及溫度，以下的內容將會敘述這些變因如何影響平衡。

勒沙特列原理

勒沙特列[3] **原理** (Le Châtelier's principle) 是一種通則，可用來預測當平衡中濃度、壓力、體積及溫度等變因改變時，反應的趨向是什麼，其概念為當外在因子加諸於平衡系統中，系統為了削弱此因子而有所調整，以達成另一個新的平衡。在這裡的因子所指的就是濃度、壓力、體積及溫度的變化。

濃度所造成的變化

當 [$Fe(SCN)_3$] 溶於水中，因為 $FeSCN^{2+}$ 離子的存在而使水溶液變為紅色，其反應方程式如下：

$$\underset{\text{紅色}}{FeSCN^{2+}(aq)} \rightleftharpoons \underset{\text{淺黃色}}{Fe^{3+}(aq)} + \underset{\text{無色}}{SCN^-(aq)}$$

假設我們在溶液中加入一些 NaSCN，對整個平衡系統會產生什麼樣的影響？在這個例子中，因為加入的 NaSCN 在水溶液中會解離成 SCN^-，所以對整個系統加諸的因子為 SCN^- 之濃度增加，為了削弱這樣的因子，一些 Fe^{3+} 離子便會與新增的 SCN^- 離子反應生成更多 $FeSCN^{2+}$，整個反應會向左達成新的平衡：

$$FeSCN^{2+}(aq) \longleftarrow Fe^{3+}(aq) + SCN^-(aq)$$

Na^+ 與 NO_3^- 皆為不參與作用的無色離子。

此時溶液的顏色也因為有更多的 ($FeSCN^{2+}$) 產生而使得紅色加深 (圖 14.7)。相同地，如果我們在溶液中加入一些 [$Fe(NO_3)_3$]，新增的 Fe^{3+} 離子會使得反應向左形成更多 $FeSCN^{2+}$，溶液的紅色也會加深。

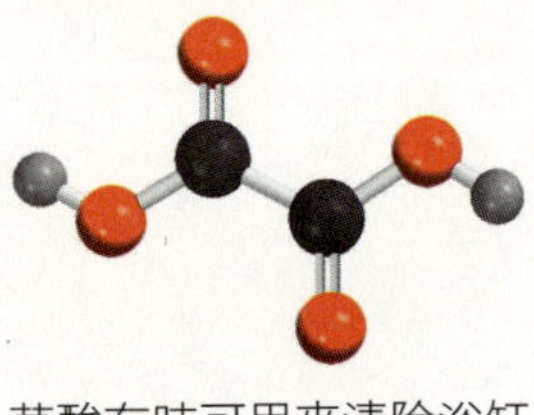

草酸有時可用來清除浴缸周圍的灰塵或氧化鐵。

假設我們在溶液中加入一些草酸 ($H_2C_2O_4$)，草酸於水溶液中會解離產生 $C_2O_4^{2-}$，而 $C_2O_4^{2-}$ 會與 Fe^{3+} 離子反應形成 $Fe(C_2O_4)_3^{3-}$，因此會有 Fe^{3+} 離子被消耗掉，而使得反應向右造成 $FeSCN^{2+}$ 的解離，水溶液的紅色會變淡，並被 $Fe(C_2O_4)_3^{3-}$ 離子的黃色所取代：

$$FeSCN^{2+}(aq) \longrightarrow Fe^{3+}(aq) + SCN^-(aq)$$

這個實驗告訴我們，若是產物 (Fe^{3+} 或 SCN^-) 的濃度增加，反應便會向左；反之，當產物 (Fe^{3+}) 的濃度減少，反應便會向右，跟勒沙特列原理所預測的一樣。

---

3 勒沙特列 (Henri Louis Le Châtelier, 1850~1936)，法國化學家。勒沙特列研究的東西包括：冶金、水泥、玻璃、燃料及爆裂物，他管理企業的技巧也很高竿。

圖 14.7 濃度變化對於平衡所產生的影響。(a) $Fe(SCN)_3$ 水溶液，其溶液之顏色來自於紅色的 $FeSCN^{2+}$ 與黃色的 Fe^{3+}；(b) 於 (a) 溶液中加入 NaSCN 後，平衡向左所產生之溶液的顏色；(c) 於 (a) 溶液中加入 $Fe(NO_3)_3$ 後平衡向左所產生之溶液的顏色；(d) 於 (a) 溶液中加入 $H_2C_2O_4$ 後平衡向右所產生之溶液的顏色，其中黃色來自於 $Fe(C_2O_4)_3^{3-}$ 離子。

濃度改變對平衡狀態所造成的影響見例題 14.11。

例題 14.11

下列可逆反應的平衡常數 K_c 為 2.37×10^{-3} (攝氏 720 度)。某次實驗中，各物質的平衡濃度為 $[N_2] = 0.683\ M$、$[H_2] = 8.80\ M$ 及 $[NH_3] = 1.05\ M$，若在平衡系統中加入些許 NH_3，使其濃度增加到 3.65 M。(a) 請利用勒沙特列原理來預測反應的趨向；(b) 試計算反應商數 Q_c 與平衡常數 K_c 來驗證你的預測。

$$N_2(g) + 3H_2(g) \rightleftharpoons 2NH_3(g)$$

策　略

(a) 首先，先判定什麼是外加因子，以及系統要如何來削弱此因子？(b) 當系統中加入一些氨後是否還保持平衡？我們要如何計算出反應商數 Q_c？以及如何從反應商數 Q_c 與平衡常數 K_c 的數值來判斷反應的趨向？

解　答

(a) 加入些許的氨為系統的外加因子，為了削弱這樣的因子，會有氨生成氫氣與氮氣，直到達成新的平衡為止，因此反應向左；也就是

$$N_2(g) + 3H_2(g) \longleftarrow 2NH_3(g)$$

(b) 系統一旦加入氨便不再保持平衡，反應商數 Q_c 的計算如下：

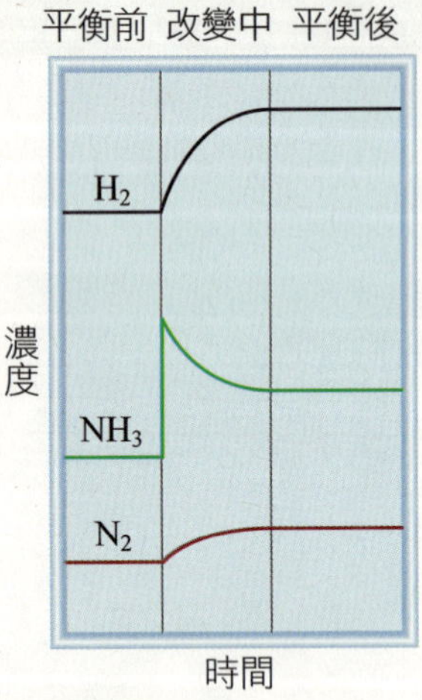

圖 14.8 氮氣、氫氣及氨三種反應物質隨著氨的加入而產生的濃度變化，當新的平衡達成時，所有濃度都有所變化，只有平衡常數 K_c 會在固定溫度時保持一定。

$$Q_c = \frac{[NH_3]_0^2}{[N_2]_0[H_2]_0^3} = \frac{(3.65)^2}{(0.683)(8.80)^3} = 2.86 \times 10^{-2}$$

因為 Q_c 的數值為 2.86×10^{-2}，大於平衡常數 K_c (2.37×10^{-3})，因此反應向左。

上述反應的濃度變化如圖 14.8 所示。

練習題

下列可逆反應的平衡常數 K_P 為 1.5×10^5 (攝氏 430 度)，若在某次實驗中，各物質的初壓力為 NO = 2.1×10^{-3} atm、O_2 = 1.1×10^{-2} atm 及 NO_2 = 0.14 atm。試計算反應商數 Q_P 與預測反應的趨向。

$$2NO(g) + O_2(g) \rightleftharpoons 2NO_2(g)$$

體積與壓力所造成的變化

壓力變化並不會對液態或固態反應物的濃度造成影響，但氣體分子的濃度會隨著壓力變化而有巨大的改變，讓我們回憶一下方程式 (5.8)：

$$PV = nRT$$
$$P = \left(\frac{n}{V}\right)RT$$

從方程式中可以看出，壓力 P 與體積 V 是息息相關的，愈小的體積就會有愈大的壓力，反之亦然；而氣體濃度的單位為 n/V (mol/L)，因此它會隨著壓力而變化。

假設將以下的平衡反應裝入一圓桶中：

$$N_2O_4(g) \rightleftharpoons 2NO_2(g)$$

若上面有可活動的活塞，那麼當我們將活塞往下壓而造成其壓力增加時，會對平衡造成何種影響呢？因為體積的減少，所以二氧化氮與四氧化二氮的濃度皆增加 (n/V)，而在平衡常數中二氧化氮的濃度為平方倍，這代表雖然二氧化氮與四氧化二氮的濃度皆增加，但其分子還是大於分母。

$$Q_c = \frac{[NO_2]_0^2}{[N_2O_4]_0}$$

因此，反應商數 Q_c 會大於平衡常數 K_c，反應向左 (圖 14.9)；反之，若是壓力減少 (代表體積增加)，那麼 Q_c 會小於 K_c，反應會向右。(根據勒沙特列原理來預測。)

一般來說，壓力增加 (代表體積減少) 會使得反應傾向於降低氣體分子的總莫耳數 (在上述例子中趨向於逆反應)；反之，若是壓力減少 (代表體積增加) 則會使得反應傾向於增加氣體分子的總莫耳數 (在上述例子中趨向於正反應)。若是氣體分子莫耳數不變的反應，壓力或體積的變化並不會對其平衡產生影響。

我們也可在不改變體積的狀況下增加系統的壓力，例如：將二氧化氮與四氧化二氮裝入不鏽鋼的容器中，在體積不改變的情況下，我們加入外來的氣體 (例如氦氣)，此一舉動增加容器內總氣體的壓力，並造成二氧化氮與四氧二化氮的莫耳分率減少，但是二氧化氮與四氧二化氮的分壓並不會受到改變，因此平衡不受影響。

例題 14.12 說明了壓力改變對平衡狀態所造成之影響。

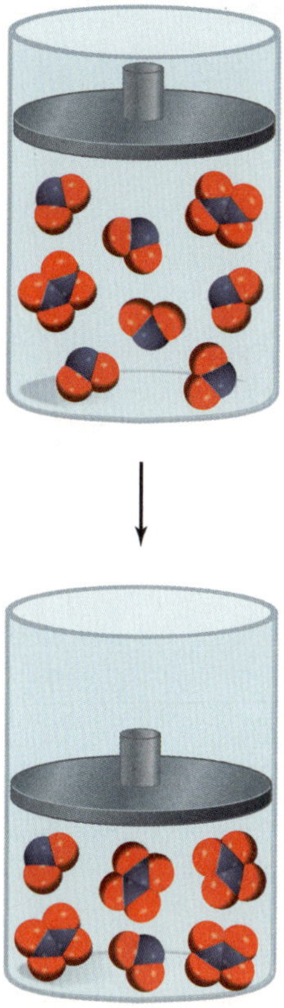

圖 14.9 增加二氧化氮與四氧化二氮系統 $N_2O_4(g) \rightleftharpoons 2NO_2(g)$ 中的壓力對平衡所造成之影響。

例題 14.12

以下三個可逆反應系統中，若將其壓力增加 (代表體積減少)，請預測在固定溫度時，反應達成新平衡的走向。

(a) $2PbS(s) + 3O_2(g) \rightleftharpoons 2PbO(s) + 2SO_2(g)$

(b) $PCl_5(g) \rightleftharpoons PCl_3(g) + Cl_2(g)$

(c) $H_2(g) + CO_2(g) \rightleftharpoons H_2O(g) + CO(g)$

策　略

壓力的改變只會影響到氣體的體積，並不會影響固體或液體。外來壓力使氣壓上升，根據勒沙特列原理，系統傾向於將氣壓減弱，因此反應會朝向減少氣體分子之莫耳數的方向進行。請記得壓力和氣體分子的莫耳數直接成正比。

解　答

(a) 只需要考慮氣體分子，在反應式中有 3 當量的氣體反應物與 2 當量的氣體產物，因此反應會朝向右邊氣體分子莫耳數較少的方向進行。

(b) 在反應式中有 1 當量的氣體反應物與 2 當量的氣體產物，因此反

應會朝向左邊進行。

(c) 在反應式中，氣體反應物與氣體產物的當量數相等，因此氣壓改變並不會影響平衡。

檢　查

類題：14.15。

每個例子都要根據勒沙特列原理來判斷。

練習題

關於下列平衡反應，若將其壓力減少 (代表體積增加)，請預測在固定溫度時，反應達成新平衡的趨向。

$$2NOCl(g) \rightleftharpoons 2NO(g) + Cl_2(g)$$

溫度所造成的變化

平衡系統中的濃度、壓力或體積變化可能會影響反應進行的方向，也會影響反應物與產物的數量，但並不影響到平衡常數的大小。因為平衡常數只會受到溫度的改變所干擾。我們可以用下列平衡反應當作例子來探討：

$$N_2O_4(g) \rightleftharpoons 2NO_2(g)$$

其正反應為吸熱反應 ($\Delta H° > 0$)：

$$\text{熱} + N_2O_4(g) \longrightarrow 2NO_2(g) \qquad \Delta H° = 58.0 \text{ kJ/mol}$$

而逆反應為放熱反應 ($\Delta H° < 0$)：

$$2NO_2(g) \longrightarrow N_2O_4(g) + \text{熱} \qquad \Delta H° = -58.0 \text{ kJ/mol}$$

當系統在固定溫度時到達平衡，由於正逆反應速率相等的關係，所以熱效應為零。若我們將熱看成一化學物質，溫度上升便是於系統中「增加」熱，而溫度下降便是於系統中「減少」熱。和之前討論其他因子 (濃度、壓力或體積) 的變化時一樣，系統會傾向於削弱外加因子所造成的變化。因此，溫度上升會傾向於吸熱反應，反應向右，使得四氧化二氮濃度減少、二氧化氮濃度增加；反之，若溫度下降則會傾向於放熱反應，反應向左，使得四氧化二氮濃度增加與二氧化氮濃度減少。

$$K_c = \frac{[NO_2]^2}{[N_2O_4]}$$

因此在二氧化氮與四氧化二氮的系統中，平衡常數 K_c 會隨著系統溫度

的上升而增加，隨著溫度的下降而減少 (圖 14.10)。

還有另一個例子：

$$\underset{\text{藍色}}{CoCl_4^{2-}} + 6H_2O \rightleftharpoons \underset{\text{粉紅色}}{Co(H_2O)_6^{2+}} + 4Cl^-$$

$CoCl_4^{2-}$ 的生成為吸熱反應，若是溫度上升時會讓反應向左，因此溶液的顏色會變藍色；而溫度下降則有利於放熱反應 [$Co(H_2O)_6^{2+}$ 的生成]，溶液的顏色會變粉紅色 (圖 14.11)。

總結來說，升溫有利於吸熱反應，而降溫則有利於放熱反應。

催化劑所造成的變化

我們從 13.6 節中知道催化劑可以降低反應所需的活化能，使得反應速率加快，然而，如圖 13.23 所示，催化劑會同時降低正、逆反應所需的活化能，因此我們可以總結：催化劑並不會影響反應平衡，於尚未平衡的反應中加入催化劑只會加快其達成平衡的速率，相同反應在沒有催化劑的狀況下還是可以達成平衡，但等待的時間相對來說會較長。

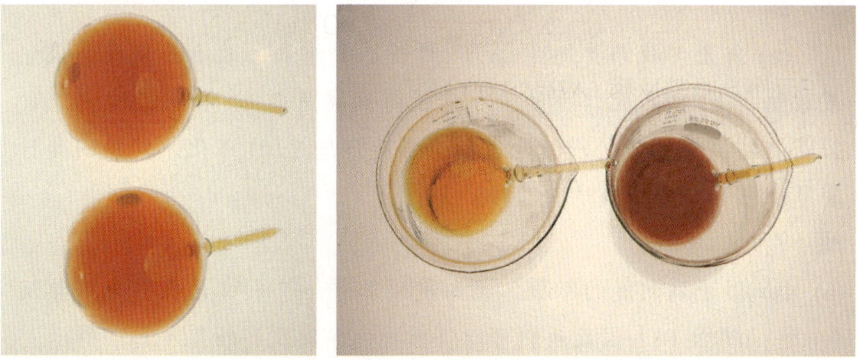

(a) (b)

圖 14.10 (a) 兩個玻璃球中各裝入達成平衡的二氧化氮與四氧化二氮氣體；(b) 左圖為將一玻璃球浸泡於冷水中，可看出顏色變淡，表示反應向左，形成無色的四氧化二氮；右圖為將一玻璃球浸泡於熱水中，可看出顏色變深，表示反應向左，形成褐色的二氧化氮。

圖 14.11 左圖為加熱，有利於藍色 $CoCl_4^{2-}$ 離子的生成；右圖為降溫，有利於粉紅色 $Co(H_2O)_6^{2+}$ 離子的生成。

影響反應平衡因素的概述

我們在上述內容中列舉四項會影響反應平衡的因子，其中只有溫度變化會影響平衡常數 K_c 的數值，濃度、壓力或體積的改變只會影響反應進行的方向，但並不會對平衡常數產生影響。而催化劑只會加快反應速率，並不影響平衡常數或是平衡時的濃度。在第 591 頁「生活中的化學」單元中，會有故事說明條件改變將對平衡過程造成什麼影響。

在平衡系統中改變溫度、濃度、壓力，或加入不會參與反應的氣體所帶來的影響亦可由例題 14.13 來說明。

$N_2F_4 \rightleftharpoons 2NF_2$

例題 14.13

關於四氟化二氮 (N_2F_4) 與二氟化氮 (NF_2) 可逆反應：

$$N_2F_4(g) \rightleftharpoons 2NF_2(g) \qquad \Delta H^\circ = 38.5 \text{ kJ/mol}$$

請預測下列變化對平衡所造成的影響：(a) 於固定體積下加熱；(b) 於固定溫度與體積下減少四氟化二氮；(c) 於固定溫度下降低總壓；(d) 加入催化劑。

策 略

(a) 首先，我們要知道 ΔH° 所代表的意義，表示正反應為吸熱或放熱？(b) 四氟化二氮的減少會使得反應商數 Q_c 增加或減少？(c) 若是總壓減少，對於體積造成的影響是什麼？(d) 催化劑的功用是什麼？會影響到平衡嗎？

解 答

(a) 外加因子為熱能的增加，而四氟化二氮 $\longrightarrow$ 二氟化氮為吸熱反應 ($\Delta H^\circ > 0$)，因此我們可以將熱視為參與反應物質，如下所示：

$$熱 + N_2F_4(g) \rightleftharpoons 2NF_2(g)$$

溫度上升會使得反應向右，因此二氟化氮的濃度增加，四氟化二氮的濃度減少。請注意：平衡常數會隨著溫度的變化而改變：

$$K_c = \frac{[NF_2]^2}{[N_2F_4]}$$

(b) 外加因子為四氟化二氮的減少，系統為了要削弱此改變，反應會向左，使得一些二氟化氮形成四氟化二氮。

CHEMISTRY in Action
生活中的化學

高山症

人體中有無數的化學平衡反應以維持生理系統的穩定，一旦外在環境有所變化，身體便會有所調整，以維持每個器官的運作。海拔高度的瞬間變化可能會使身體出現不一樣的改變。例如：從海平面城市舊金山飛往墨西哥城，期間有著海拔高度 2.3 公里的變化；或是於 2 天內攻頂 3 公里高的山，海拔高度的瞬間變化可能會導致頭痛、噁心、極度疲勞及其他不舒服的症狀，這都是組織缺氧的徵兆，也就是氧氣無法供給到體內各個組織。在一些較嚴重的例子中，如果不快速處理，受難者可能會不知不覺地陷入昏迷甚至死亡。而對於那些在高海拔地區住了幾個禮拜或幾個月的人來說，他們的身體已經對於大氣中稀薄的氧氣做出調節，因此體內器官組織仍可正常運作。

血紅素 (Hb) 為身體內攜帶氧氣的重要分子，血紅素與氧氣的結合是一個複雜的反應，但我們在此先簡單地以下列反應式表示：

$$\text{Hb}(aq) + \text{O}_2(aq) \rightleftharpoons \text{HbO}_2(aq)$$

HbO_2 為含氧血紅素，此複合物可攜帶氧氣到每個身體組織，其平衡常數方程式為

$$K_c = \frac{[\text{HbO}_2]}{[\text{Hb}][\text{O}_2]}$$

在海拔 3 公里的高山上，氧氣的分壓只有 0.14 atm，而在海平面上氧氣的分壓則為 0.2 atm。根據勒沙特列原理，氧氣濃度的減少會使得反應向左，這樣的改變會使含氧血紅素裂解而造成組織缺氧。對於長期住在高山上的人來說，身體可以製造多一點血紅素來改善這個問題，一旦血紅素增加，平衡便會向右，又回到含氧血紅素的生成。生成提供身體基本需求的血紅素需要 2 到 3 個禮拜的時間，若要達到很充足的血紅素可能甚至需要幾年。因此，有研究指出，長期居住於山上的人，其體內的血紅素會較多，有時候可能還會多於平地居民 50% 以上的量！

說　明

由於溫定保持固定，所以此例題中的平衡常數不會改變。系統為了要削弱外加因子，會令部分的二氧化氮形成四氧化二氮，當一段時間過去之後，產生新的平衡時，由於兩者的總數目都會減少，故 K_c 仍然不變。

(c) 外加因子為總壓的降低 (代表體積增加)，系統為了要削弱此改變會傾向使總壓上升，而壓力和莫耳數又成正比。因此，在平衡方程式中，當四氧化二氮形成二氧化氮的過程會使總莫耳數增加，故反應會向右生成二氧化氮。

(d) 催化劑並不會影響反應平衡，於尚未平衡的反應中加入催化劑只會加快其達成平衡的速率。若系統已達平衡，催化劑不會影響反應物或產物的濃度，也不影響平衡常數的數值。

類題：14.16。

練習題

關於下列氧氣與臭氧的可逆反應，請預測下列變化對平衡所造成的影響。

$$3O_2(g) \rightleftharpoons 2O_3(g) \qquad \Delta H° = 284 \text{ kJ/mol}$$

(a) 總壓的增加 (代表體積減少)；(b) 於固定體積下加入氧氣；(c) 溫度下降；(d) 加入催化劑。

重要方程式

$K = \dfrac{[C]^c[D]^d}{[A]^a[B]^b}$	(14.2)	質量作用定律，平衡常數方程式。
$K_P = K_c(0.0821T)^{\Delta n}$	(14.5)	K_P 與 K_c 之間的關係。
$K_c = K'_c K''_c$	(14.9)	總反應的平衡常數為各反應平衡常數的乘積。

觀念整理

1. 同種物質於不同相間的平衡稱為物理平衡，大部分的化學反應都是可逆反應，當正反應速率和逆反應速率相等，且反應物與產物濃度維持恆定時，此系統便達成化學平衡。
2. 於下列可逆反應中：

$$aA + bB \rightleftharpoons cC + dD$$

根據質量作用定律，可以用反應物與產物的濃度 (mol/L) 來表達平衡常數 [方程式 (14.2)]。

3. 氣體的平衡常數 K_P 為反應物與產物分壓間的比例。
4. 若反應中所有反應物種皆為同相，稱為同相平衡；若反應中的反應物種具有不同相，稱為異相平衡；而純固體、純液體與溶劑的濃度皆為定值，並不列入平衡常數中。
5. 如果一個反應是由兩個以上的反應所組成，那麼其平衡常數為各反應平衡常數的乘積。
6. K 值會隨著計量係數的不同而有所變化；於可逆反應中，逆反應平衡常數的撰寫為正反應平衡常數的倒數。
7. 平衡常數為正反應速率與逆反應速率的比例。
8. 反應商數 Q_c 與平衡常數 K_c 的算式相同，若 $Q_c > K_c$，反應趨於向左；若 $Q_c < K_c$，則反應趨於向右。
9. 勒沙特列原理：當外加因子加諸於平衡系統中，系統會為了削弱此因子而有所調整，以達成另一個新的平衡。
10. 只有溫度的變化會影響平衡常數 K_c 的數值，濃度、壓力或體積的改變只會影響反應進行的方向，但並不會對平衡常數造成影響。而催化劑只會加快反應速率，並不影響平衡常數或是平衡時的濃度。

習 題

撰寫平衡常數方程式

14.1 寫出下列方程式的平衡常數 K_c 與 K_P：

(a) $2NO_2(g) + 7H_2(g) \rightleftharpoons 2NH_3(g) + 4H_2O(l)$

(b) $2ZnS(s) + 3O_2(g) \rightleftharpoons 2ZnO(s) + 2SO_2(g)$

(c) $C(s) + CO_2(g) \rightleftharpoons 2CO(g)$

(d) $C_6H_5COOH(aq) \rightleftharpoons C_6H_5COO^-(aq) + H^+(aq)$

14.2 請用一個方程式來描述 K_c 與 K_P 間的關聯性，並定義其中所有參數。

14.3 下列反應在攝氏 25 度時的平衡常數 K_c 為 4.17×10^{-34}：

$$2HCl(g) \rightleftharpoons H_2(g) + Cl_2(g)$$

請問 $H_2(g) + Cl_2(g) \rightleftharpoons 2HCl(g)$ 在相同溫度時的平衡常數是多少？

14.4 關於下列平衡方程式：

$$2H_2(g) + S_2(g) \rightleftharpoons 2H_2S(g)$$

已知在攝氏 700 度時，於 12.0 公升的反應瓶中含有 2.50 莫耳的 H_2、1.35×10^{-5} 莫耳的 S_2 及 8.70 莫耳的 H_2S，試計算此反應的平衡常數 K_c。

14.5 氨基甲酸銨酯 ($NH_4CO_2NH_2$) 在攝氏 40 度時的解離反應如下：

$$NH_4CO_2NH_2(s) \rightleftharpoons 2NH_3(g) + CO_2(g)$$

若反應一開始只有固體存在，但到達平衡後的氣體總壓 (氨氣與二氧化碳) 為 0.363 atm，試計算其平衡常數 K_P。

14.6 關於下列平衡方程式：

$$2NOBr(g) \rightleftharpoons 2NO(g) + Br_2(g)$$

若 NOBr 在攝氏 25 度時的解離率為 34%，且總壓為 0.25 atm，試計算此解離反應在相同溫度時的 K_P 與 K_c。

14.7 草酸 ($H_2C_2O_4$) 在攝氏 25 度時的解離常數如下：

$$H_2C_2O_4(aq) \rightleftharpoons H^+(aq) + HC_2O_4^-(aq) \qquad K_c' = 6.5 \times 10^{-2}$$

$$HC_2O_4^-(aq) \rightleftharpoons H^+(aq) + C_2O_4^{2-}(aq) \qquad K_c'' = 6.1 \times 10^{-5}$$

試計算下列反應在相同溫度時的平衡常數：

$$H_2C_2O_4(aq) \rightleftharpoons 2H^+(aq) + C_2O_4^{2-}(aq)$$

14.8 下列反應在某特定溫度時的平衡常數為

$$S(s) + O_2(g) \rightleftharpoons SO_2(g) \qquad K_c' = 4.2 \times 10^{52}$$

$$2S(s) + 3O_2(g) \rightleftharpoons 2SO_3(g) \qquad K_c'' = 9.8 \times 10^{128}$$

試計算下列反應在相同溫度時的平衡常數 K_c：

$$2SO_2(g) + O_2(g) \rightleftharpoons 2SO_3(g)$$

化學動力學與化學平衡之間的關係

14.9 請根據速率常數的定義來解釋為什麼平衡常數會隨著溫度而變化。

14.10 關於下列基本反應步驟：

$$2A + B \underset{k_{-1}}{\overset{k_1}{\rightleftharpoons}} A_2B$$

若在某特定溫度時的平衡常數 K_c 為 12.6，且 $k_r = 5.1 \times 10^{-2}\ s^{-1}$，試計算 k_f 的值。

平衡常數的意義

14.11 在攝氏 375 度時，氨的合成反應之平衡常數 K_c 為 1.2：

$$N_2(g) + 3H_2(g) \rightleftharpoons 2NH_3(g)$$

若 $[H_2]_0$、$[N_2]_0$ 及 $[NH_3]_0$ 分別為 0.76 M、0.60 M 及 0.48 M，則當反應到達平衡之後，各物質之濃度的消長情況為何？

14.12 純二氧化氮在 1000 K 時的解離反應如下：

$$2NO_2(g) \rightleftharpoons 2NO(g) + O_2(g)$$

若反應的平衡常數 K_P 為 158，且到達平衡

時的氧氣分壓為 0.25 atm，試計算此時二氧化氮與一氧化氮的分壓。

14.13 光氣 ($COCl_2$) 在攝氏 527 度時的解離常數 K_c 為 4.63×10^{-3}：

$$COCl_2(g) \rightleftharpoons CO(g) + Cl_2(g)$$

若其初始壓力為 0.760 atm，試計算其餘各物質在到達平衡狀態時的分壓。

影響化學平衡的因素

14.14 什麼是勒沙特列原理？我們如何利用它來盡可能地提升反應的產率？

14.15 下列反應都是在定壓、定容的狀態下進行，請問使系統總壓上升的條件分別是什麼？

(a) $A(s) \rightleftharpoons 2B(s)$

(b) $2A(l) \rightleftharpoons B(l)$

(c) $A(s) \rightleftharpoons B(g)$

(d) $A(g) \rightleftharpoons B(g)$

(e) $A(g) \rightleftharpoons 2B(g)$

14.16 對於 $2I(g) \rightleftharpoons I_2(g)$ 的平衡反應來說，請問下列選項中的條件會使得平衡產生什麼樣的變化？(a) 壓縮體積以增加系統的總壓；(b) 在系統中加入碘蒸氣；(c) 在定容下降低反應溫度。

14.17 關於下列反應：

$$2SO_2(g) + O_2(g) \rightleftharpoons 2SO_3(g) \qquad \Delta H° = -198.2 \text{ kJ/mol}$$

請問下列選項中的條件會讓平衡狀態下的 SO_2、O_2 及 SO_3 產生什麼樣之變化？(a) 提高反應溫度；(b) 增加系統的總壓力；(c) 加入更多的二氧化硫；(d) 加入催化劑；(e) 在定容下加入氦氣。

附加問題

14.18 小蘇打 ($NaHCO_3$) 的熱分解反應如下：

$$2NaHCO_3(s) \rightleftharpoons Na_2CO_3(s) + CO_2(g) + H_2O(g)$$

若反應分別是在 (a) 密閉系統與 (b) 開放系統中進行，請問加入更多的小蘇打是否有助於提高二氧化碳與水的產量？

14.19 關於下列反應：

$$2A(g) \rightleftharpoons B(g)$$

若系統的總壓在某特定溫度時為 1.2 atm，且 P_A 與 P_B 皆為 0.60 atm。(a) 請問反應在此溫度時的 K_P 是多少？(b) 在相同溫度時，若系統的總壓提高為 1.5 atm，則 A 與 B 在到達新平衡後的分壓是多少？

14.20 關於下列反應：

$$2NO(g) + O_2(g) \rightleftharpoons 2NO_2(g)$$

在攝氏 430 度時，平衡系統中含有 0.020 莫耳的氧氣、0.040 莫耳的一氧化氮及 0.96 莫耳的二氧化氮，若此時的總壓為 0.20 atm，試計算反應的 K_P。

14.21 關於下列反應：

$$SO_2Cl_2(g) \rightleftharpoons SO_2(g) + Cl_2(g)$$

若在 648 K 時將 6.75 公克的 SO_2Cl_2 放入 2.00 公升的容器中，當反應到達平衡之後，會有 0.0345 莫耳的 SO_2 產生，試計算此反應的 K_c。

14.22 反應 $H_2(g) + I_2(g) \rightleftharpoons 2HI(g)$ 在攝氏 430 度時的平衡常數 K_c 為 54.3，若一開始在 2.40 公升的容器當中灌入 0.714 莫耳的氫氣、0.984 莫耳的碘蒸氣及 0.886 莫耳的碘化氫，試計算各氣體在反應到達平衡時的濃度。

14.23 下列反應在攝氏 375 度時的平衡常數 K_c 為 1.2：

$$N_2(g) + 3H_2(g) \rightleftharpoons 2NH_3(g)$$

(a) 此反應的 K_P 是多少？

(b) 反應 $2NH_3(g) \rightleftharpoons N_2(g) + 3H_2(g)$ 的平衡常數 K_c 是多少？

(c) 反應 $\frac{1}{2}N_2(g) + \frac{3}{2}H_2(g) \rightleftharpoons NH_3(g)$ 的

平衡常數 K_c 又是多少？

(d) 在 (b) 與 (c) 選項中的反應之 K_P 是多少？

14.24 水在攝氏 20 度時的蒸氣壓為 0.0231 atm，試計算下列反應的 K_P 與 K_c。

$$H_2O(l) \rightleftharpoons H_2O(g)$$

14.25 氯化銨在某特定溫度時的分解反應如下：

$$NH_4Cl(s) \rightleftharpoons NH_3(g) + HCl(g)$$

若系統在此溫度時的總壓為 2.2 atm，請問反應的平衡常數 K_P 是多少？

14.26 某學生將冰塊放進裝了水的玻璃杯中，他在不久之後發現所有的冰塊都黏在一起，請解釋為什麼會有這種現象？

14.27 反應 $2NH_3(g) \rightleftharpoons N_2(g) + 3H_2(g)$ 在攝氏 375 度時的平衡常數 K_c 為 0.83，若將 14.6 公克的氨放入 4.00 公升的容器當中，並加熱至攝氏 375 度，試計算各氣體在反應到達平衡時的濃度。

14.28 下列反應在攝氏 727 度時的平衡常數 K_P 為 1.9：

$$C(s) + CO_2(g) \rightleftharpoons 2CO(g)$$

請問系統一開始的總壓必須是多少，才能使反應到達平衡後產生 0.012 莫耳的二氧化碳與 0.025 莫耳的一氧化碳？

14.29 下列反應在攝氏 648 K 時的平衡常數 K_P 為 2.05：

$$SO_2Cl_2(g) \rightleftharpoons SO_2(g) + Cl_2(g)$$

當某容器中放入 SO_2Cl_2 並加熱至 648 K，此時可測得系統的總壓固定為 9.00 atm，試算各氣體在到達平衡狀態時的分壓。

14.30 下列反應在 872 K 與 1173 K 時的平衡常數 K_P 分別為 1.8×10^{-4} 與 0.048：

$$I_2(g) \longrightarrow 2I(g)$$

請根據這些資訊來計算 I_2 的鍵焓。(提示：見凡特何夫方程式。)

練習題答案

14.1 $K_c = \dfrac{[NO_2]^4[O_2]}{[N_2O_5]^2}$；$K_P = \dfrac{P_{NO_2}^4 P_{O_2}}{P_{N_2O_5}^2}$
14.2 2.2×10^2 **14.3** 347 atm **14.4** 1.2
14.5 $K_c = \dfrac{[Ni(CO)_4]}{[CO]^4}$；$K_P = \dfrac{P_{Ni(CO)_4}}{P_{CO}^4}$ **14.6** $K_P = 0.0702$；$K_c = 6.68 \times 10^{-5}$ **14.7** (a) $K_a = \dfrac{[O_3]^2}{[O_2]^3}$；(b) $K_b = \dfrac{[O_3]^{\frac{2}{3}}}{[O_2]}$；$K_a = K_b^3$ **14.8** 由右至左 **14.9** [HI] $= 0.031\ M$，$[H_2] = 4.3 \times 10^{-3}\ M$，$[I_2] = 4.3 \times 10^{-3}\ M$ **14.10** $[Br_2] = 0.065\ M$，$[Br] = 8.4 \times 10^{-3}\ M$
14.11 淨反應的方向為從右至左 **14.12** 由左至右
14.13 平衡會 (a) 由左至右；(b) 由左至右；(c) 由右至左；(d) 催化劑不影響化學平衡

Chapter 15

酸與鹼

蔬菜中蘊藏著許多的有機酸。萊姆、柳橙和番茄含有抗壞血酸、維他命 C ($C_6H_8O_6$) 及檸檬酸 ($C_6H_8O_7$)，而大黃和菠菜則含有草酸 ($H_2C_2O_4$)。

先看看本章要學什麼？

- 首先，我們從共軛酸鹼對的角度來會回顧布忍斯特一開始對於酸與鹼的定義 (第四章)，並將其延伸。(15.1)
- 接著，我們會檢視水的酸鹼性，還有它自發性地分解生成氫離子和氫氧根離子時的解離常數。(15.2)
- 我們定義 pH 值作為酸性強度的測量方式，同樣也有 pOH 值。我們會看到水溶液的酸性強度會隨著氫離子和氫氧根離子的相對濃度而改變。(15.3)
- 酸和鹼可以按照強弱來分類，視其在溶液中的解離程度而定。(15.4)
- 我們會學到如何利用弱酸性溶液的濃度來計算 pH 值和解離常數，並且用弱鹼來進行類似的計算。(15.5 和 15.6)
- 關於共軛酸鹼對中的酸和鹼，我們要推導出其解離常數間的重要關係。(15.7)
- 然後我們會學到雙質子酸和多質子酸。(15.8)
- 我們會接續探尋分子結構與酸性強度間的關係。(15.9)
- 要探討某鹽類和水的反應時，可以從其陰、陽離子來著手，檢視相對應之鹼與酸的解離。(15.10)
- 氧化物和氫氧化物可分為酸性、鹼性及兩性。(15.11)
- 本章會以路易士酸和路易士鹼的討論作為總結。路易士酸為電子的受體，而路易士鹼為電子的施體。(15.12)

綱　要

對於某些發生於生物或化學系統內的重要反應而言，整個過程的本質就是水溶液中的酸—鹼反應，接下來的兩章，我們會陸續介紹酸與鹼的各類性質。首先，要學習關於酸和鹼的定義、pH 值、弱酸與弱鹼的解離，還有酸性強度及其分子結構之間的關係；除此之外，我們也會看到氧化物同樣能當作酸或鹼來使用。

15.1 布忍斯特酸與鹼

我們在第四章定義了布忍斯特酸為能夠釋出質子的物質，而布忍斯特鹼則可以接受質子。一般來說，這些定義相當合適用來討論酸、鹼反應的特質。

將布忍斯特對於酸、鹼的定義延伸之後就形成所謂**共軛酸鹼對** (conjugate acid-base pair) 的概念，其定義可以是**酸與其共軛鹼或鹼與其共軛酸**，即某種布忍斯特酸的共軛鹼為該物質移除一個質子後所剩下的部分；相反地，共軛酸為某特定布忍斯特鹼增加一個質子後所形成的物質。

在水溶液中，質子總是和水分子附著在一起。H_3O^+ 為水合氫離子的最簡單化學式。

每個布忍斯特酸都有其共軛鹼，每個布忍斯特鹼也有其共軛酸。例如：氯離子 (Cl^-) 為氫氯酸 (HCl) 所生成的共軛鹼，而 H_3O^+ (水合氫離子) 則為鹼 [在此為水 (H_2O)] 的共軛酸。

$$HCl + H_2O \longrightarrow H_3O^+ + Cl^-$$

醋酸的解離也可以用類似方式表示：

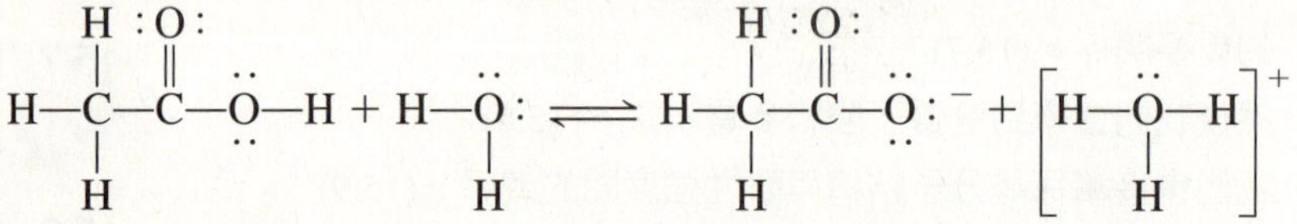

$$\underset{酸_1}{CH_3COOH(aq)} + \underset{鹼_2}{H_2O(l)} \rightleftharpoons \underset{鹼_1}{CH_3COO^-(aq)} + \underset{酸_2}{H_3O^+(aq)}$$

下標的 1 和 2 註明了兩對共軛酸鹼對，所以醋酸根離子 (CH_3COO^-) 為醋酸 (CH_3COOH) 的共軛鹼。

根據布忍斯特的酸鹼定義，我們也可以根據氨能在水中接受質子而將其分類為鹼：

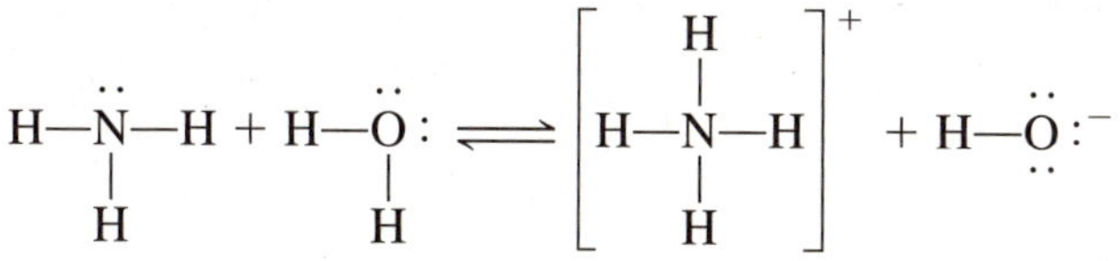

$$\underset{鹼_1}{NH_3(aq)} + \underset{酸_2}{H_2O(l)} \rightleftharpoons \underset{酸_1}{NH_4^+(aq)} + \underset{鹼_2}{OH^-(aq)}$$

於此情況下，銨根離子 (NH_4^+) 就是鹼 [在此為氨 (NH_3)] 的共軛酸，而氫氧根離子 (OH^-) 則為酸 [在此為水 (H_2O)] 的共軛鹼。請注意：對於布忍斯特鹼來說，要接受質子的原子中必須有孤電子對才行。

我們會在例題 15.1 中學會如何辨別酸—鹼反應裡的共軛酸鹼對。

例題 15.1

請在氨與氟化氫水溶液的反應中辨別何者互為共軛酸鹼對。

$$NH_3(aq) + HF(aq) \rightleftharpoons NH_4^+(aq) + F^-(aq)$$

策　略

請記得，共軛鹼總是比其相對應的酸還要少一個氫、多一個負電荷 (也有可能是少一個正電荷)。

解　答

氨 (NH_3) 比銨根離子 (NH_4^+) 要少一個氫原子及一個正電荷，氟離子 (F^-) 比氟化氫 (HF) 要少一個氫原子及多一個負電荷，所以共軛酸鹼對為：(1) 氨 (NH_3) 與銨根離子 (NH_4^+)；以及 (2) 氟離子 (F^-) 與氟化氫 (HF)。

類題：15.1。

練習題

請問下列化學式中的共軛酸鹼對為何？

$$CN^- + H_2O \rightleftharpoons HCN + OH^-$$

15.2 水的酸鹼性

水之所以為獨特的溶劑，其一是由於它既可以當酸又可以當鹼的能力，水若是和氫氯酸或醋酸等酸反應時就會被當作鹼來使用；反之，若它和鹼 (例如：氨) 反應時就是酸；由於水的靜電荷非常弱，所以導電性極差，但它會進行少量的解離反應：

由於自來水和地下水中含有離子，所以能夠導電。

$$H_2O(l) \rightleftharpoons H^+(aq) + OH^-(aq)$$

此反應有時候也稱為水的自身解離 (autoionization)，若要用布忍斯特的概念來描述水之酸鹼性，可以將其自身解離反應用下列形式表達 (圖 15.1)：

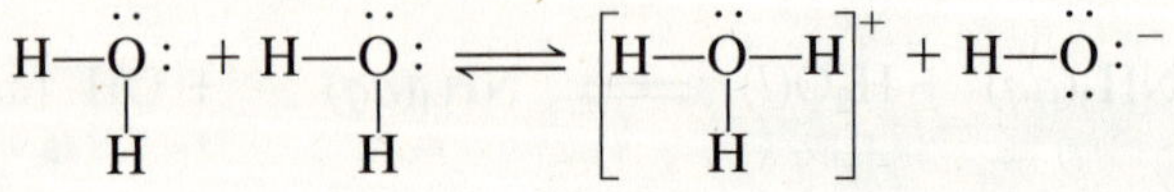

或

$$\underset{\text{酸}_1}{H_2O} + \underset{\text{鹼}_2}{H_2O} \rightleftharpoons \underset{\text{酸}_2}{H_3O^+} + \underset{\text{鹼}_1}{OH^-} \tag{15.1}$$

其中共軛酸鹼對為：(1) H_2O (酸) 與 OH^-(鹼)；和 (2) H_3O^+(酸) 與 H_2O (鹼)。

水的離子積

想一想，純水的濃度為 55.5 *M* (見第 530 頁)。

在學習酸鹼反應時，了解氫離子的濃度是關鍵；其值代表水溶液的酸鹼性，因為只有極小部分的水分子會處於解離狀態，所以水的濃度 $[H_2O]$ 幾乎保持不變，根據方程式 (15.1)。水的自身解離平衡常數為

$$K_c = [H_3O^+][OH^-]$$

因為 $[H^+]$ 和 $[H_3O^+]$ 在表示水合氫離子時可以互相取代，所以平衡常數也可以表示如下：

$$K_c = [H^+][OH^-]$$

在討論水的自身解離平衡常數時，我們會用 K_w 來取代 K_c：

$$K_w = [H_3O^+][OH^-] = [H^+][OH^-] \tag{15.2}$$

其中 K_w 是氫離子和氫氧根離子在特定溫度時的莫耳濃度乘積值，稱為**離子積常數** (ion-product constant)。

如果你有辦法在每秒內從 1 公升的水中將 10 顆桃子 (水分子、氫離子或氫氧根離子) 拿走，那你大概需要不停地努力兩年，才能夠抓到一顆氫離子。

在攝氏 25 度時，純水中的 $[H^+] = [OH^-] = 1.0 \times 10^{-7}\ M$，將之代入方程式 (15.2) 後：

$$K_w = (1.0 \times 10^{-7})(1.0 \times 10^{-7}) = 1.0 \times 10^{-14}$$

對純水或溶有其他物質的水溶液來說，下列關係式都會成立：

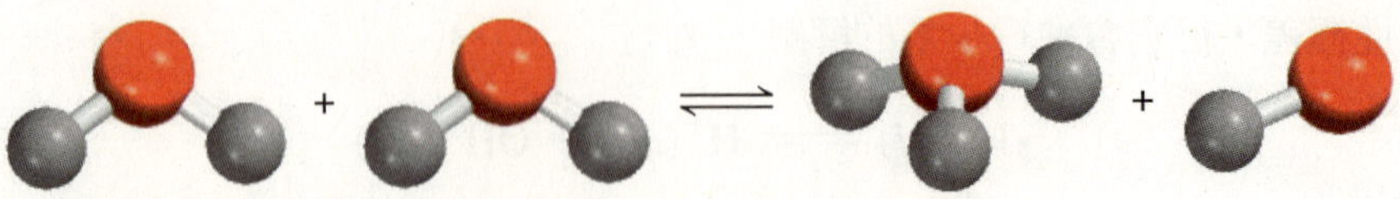

圖 15.1 2 個水分子反應生成水合氫離子和氫氧根離子。

$$K_w = [H^+][OH^-] = 1.0 \times 10^{-14} \quad (15.3)$$

當水溶液中的 $[H^+] = [OH^-]$ 時，我們稱之為中性；酸性水溶液中的氫離子會比較多 ($[H^+] > [OH^-]$)；反之，鹼性水溶液就是氫氧根離子比較多 ($[H^+] < [OH^-]$)。實際上，我們可以任意改變水溶液中的氫離子或氫氧根離子濃度，但它們是連動的，無法只改變其中某一項，若我們調整水溶液使其 $[H^+] = 1.0 \times 10^{-6}\ M$ 時，$[OH^-]$ 就必定會變成

$$[OH^-] = \frac{K_w}{[H^+]} = \frac{1.0 \times 10^{-14}}{1.0 \times 10^{-6}} = 1.0 \times 10^{-8}\ M$$

方程式 (15.3) 的實際應用如例題 15.2 所示。

例題 15.2

家用氨水清潔劑的氫氧根離子濃度為 0.0025 M，試計算其氫離子的濃度。

策 略

我們已經知道 $[OH^-]$ 並被要求算出 $[H^+]$。在水或水溶液中，$[H^+]$ 和 $[OH^-]$ 的乘積為水的離子積常數 K_w [方程式 (15.3)]。

解 答

我們重新整理方程式 (15.3) 後可以寫出

$$[H^+] = \frac{K_w}{[OH^-]} = \frac{1.0 \times 10^{-14}}{0.0025} = 4.0 \times 10^{-12}\ M$$

檢 查

因為 $[H^+] < [OH^-]$，所以水溶液為鹼性，和我們早先討論氨與水的反應時所得到之預期相同。

類題：15.3。

練習題

若鹽酸水溶液中的氫離子濃度為 1.3 M，試計算其氫氧根離子的濃度。

15.3 pH 值——酸性的測量

由於水溶液中的氫離子與氫氧根離子濃度常常小到難以測量，因此索倫森[1] 在西元 1909 年提出了一個更實用的定義，稱之為 pH 值。溶液

1 索倫森 (Soren Peer Lauritz Sorensen, 1868~1939)，丹麥生物化學家。原本 pH 的 p 意思是「氫離子指數」(*Wasserstoffionexponent*)，為 *Potenz* (德文)、*puissance* (法文) 和 *power* (英文) 的字首。我們現在習慣上都將其符號寫作 pH。

的 **pH 值** (pH) 代表氫離子濃度 (單位為 mol/L) 的負對數值：

$$pH = -\log [H_3O^+] \quad 或 \quad pH = -\log [H^+] \qquad (15.4)$$

記得方程式 (15.4) 只是為了讓我們便於處理數據而下此定義，在定義中，取負的對數能讓我們得到正的 pH 值，不然會因為 $[H^+]$ 很小而導致其值為負數。再者，由於我們不能將單位取對數值，因此 pH 值就如同平衡常數一樣只是個不具維度的數值，方程式 (15.4) 中所寫的 $[H^+]$ 只代表了氫離子濃度的*數值部分*。

高濃度之酸性溶液的 pH 值可以為負值，舉例來說：2.0 *M* 鹽酸水溶液的 pH 值為 –0.30。

因為 pH 值是個表達氫離子濃度的方式，所以我們可以藉由它來分辨哪些溶液在攝氏 25 度時是酸性？哪些是鹼性？其範圍如下：

酸性溶液：　$[H^+] > 1.0 \times 10^{-7}\ M$, pH < 7.00

鹼性溶液：　$[H^+] < 1.0 \times 10^{-7}\ M$, pH > 7.00

中性溶液：　$[H^+] = 1.0 \times 10^{-7}\ M$, pH $= 7.00$

請注意：當 $[H^+]$ 減少時，pH 值也會隨之增加。

有時候我們也可以從某水溶液的 pH 值來計算其所含的氫離子濃度。如此一來，我們便需要將方程式 (15.4) 取反對數值：

$$[H_3O^+] = 10^{-pH} \quad 或 \quad [H^+] = 10^{-pH} \qquad (15.5)$$

在此要先強調一點，就是 pH 值的實際大小可能會因為我們都將溶液視為理想溶液而產生誤差，因為離子對的形成和其他形式的分子間交互作用都可能會影響溶液中各種物質的真正濃度，這種誤差就和我們在第五章中所討論的「理想氣體與真實氣體間的行為差異」類似，必須視溫度、體積、數量及氣體的種類而定。氣體所測量出來的壓力可能會和理想氣體方程式所計算出來的結果不同。同樣地，即使我們原本就知道究竟有多少物質溶在水溶液中，但真實的或「有效的」溶質濃度還是可能會和我們想得不一樣，我們當然可以針對非理想溶液的行為進行公式上的微調，就如同以凡得瓦方程式或其他方程式來表達理想氣體和真實氣體間的差異一樣。

其中，將濃度改為用*活度* (activity) 來替換就是一種方法，活度的定義為有效濃度。嚴格來說，水溶液的 pH 值應該要被定義為：

$$pH = -\log a_{H^+} \qquad (15.6)$$

其中 a_{H^+} 為氫離子的活度大小。在第十四章中曾經提過理想溶液的活度大小會和它的濃度相等，但真實溶液的活度大小則通常不會，有時候甚至差異十分明顯，若是知道某溶質的濃度時，我們可以用熱力學為基礎來估算它的活度大小，但其細節超出本文的範圍，因此只要記得，除了稀薄溶液之外，測量到的 pH 值通常都不會和計算出來的結果 [根據方程式 (15.4)] 相同，因為氫離子的體積莫耳濃度與其活度大小並不同，雖然我們在之後的討論中會繼續使用濃度，但重要的是要了解，其實這種作法只能夠讓我們得到估計值而已。

在實驗室中，水溶液的 pH 值會以 pH 計來進行測量 (圖 15.2)，表 15.1 列出一些常見液體的 pH 值，如你所見，體液之 pH 值的變動範圍極大，需視部位與功能而定。胃液的低 pH 值 (強酸性) 使消化得以進行，而血液的高 pH 值則對於運送氧而言是必要的，這些與 pH 值息息相關的行為會於本章的「生活中的化學」單元與第十六章中再做更詳細地解釋。

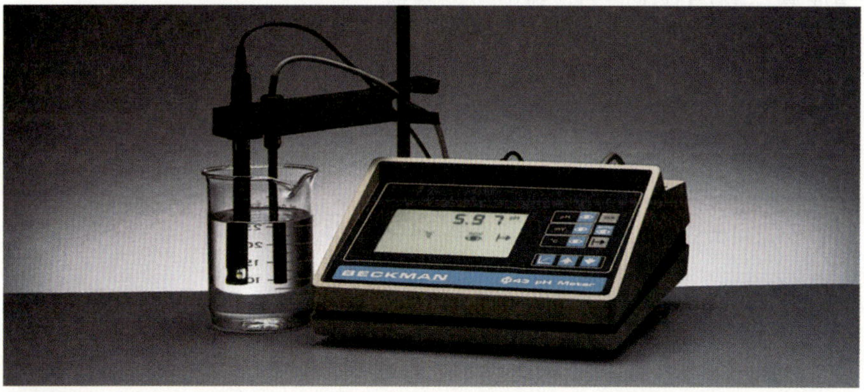

圖 15.2 在實驗室中，pH 計被廣泛地用於測定溶液的 pH 值，雖然許多 pH 計的刻度標示為 1 到 14，但事實上，pH 值可以低於 1，也可以高於 14。

表 15.1 一些常見液體的 pH 值

樣品	pH 值	樣品	pH 值
胃液	1.0~2.0	唾液	6.4~6.9
萊姆汁	2.4	牛奶	6.5
醋	3.0	純水	7.0
葡萄汁	3.2	血液	7.35~7.45
柳橙汁	3.5	眼淚	7.4
尿	4.8~7.5	鎂乳	10.6
空氣中的水*	5.5	家用氨水	11.5

*暴露在空氣中很長一段時間的水會吸收大氣中的二氧化碳並生成碳酸 (H_2CO_3)。

如同 pH 值一樣，pOH 值可以透過將水溶液中的氫氧離子濃度取負對數值而得到，因此我們如此定義 pOH 值：

$$\text{pOH} = -\log [\text{OH}^-] \tag{15.7}$$

若已知某溶液的 pOH 值，並被要求算出相對應的氫氧根離子濃度，我們可以將方程式 (15.7) 取反對數值如下：

$$[\text{OH}^-] = 10^{-\text{pOH}} \tag{15.8}$$

現在再考慮一次水在攝氏 25 度時的離子積常數：

$$[\text{H}^+][\text{OH}^-] = K_w = 1.0 \times 10^{-14}$$

我們將兩方同時取負的對數值後會得到

$$-(\log [\text{H}^+] + \log [\text{OH}^-]) = -\log (1.0 \times 10^{-14})$$
$$-\log [\text{H}^+] - \log [\text{OH}^-] = 14.00$$

又從 pH 值和 pOH 值的定義中可以得到

$$\text{pH} + \text{pOH} = 14.00 \tag{15.9}$$

方程式 (15.9) 提供我們另一個表示氫離子與氫氧根離子濃度間關係的方法。

例題 15.3、15.4 和 15.5 示範如何計算 pH 值。

例題 15.3

有一瓶酒在軟木塞剛移除時的氫離子濃度為 $3.2 \times 10^{-4}\ M$，若酒被喝了一半，然後剩下的那一半則被置放在空氣中 1 個月後再測量，發現其氫離子濃度為 $1.0 \times 10^{-3}\ M$，試計算此瓶酒在上述兩種狀況下的 pH 值。

策　略

我們已知氫離子的濃度，並被要求計算出溶液的 pH 值，那麼 pH 的定義是什麼呢？

解　答

根據方程式 (15.4)，$\text{pH} = -\log [\text{H}^+]$，當瓶子剛被打開時的 $[\text{H}^+]$ 為 $3.2 \times 10^{-4}\ M$，我們將之代入方程式 (15.4)：

$$\begin{aligned}\text{pH} &= -\log[\text{H}^+] \\ &= -\log(3.2 \times 10^{-4}) = 3.49\end{aligned}$$

在第二種狀況中，$[H^+] = 1.0 \times 10^{-3}\ M$，因此

$$\text{pH} = -\log(1.0 \times 10^{-3}) = 3.00$$

說　明

氫離子濃度的增加 (或是 pH 值的下降) 主要導因於有一些酒精 (乙醇) 轉變成乙酸的緣故，這樣的反應會在有氧分子存在的情況下發生。

練習題

硝酸 (HNO_3) 可以用來製作肥料、染料、藥物及炸藥。試計算氫離子濃度為 0.76 M 的硝酸水溶液之 pH 值。

類題：15.4、15.5。

例題 15.4

某天在澄清湖所收集到的雨水之 pH 值為 4.82。試計算此雨水的 $[H^+]$。

策　略

我們已知溶液的 pH 值，並被要求計算 $[H^+]$，因為 pH 值的定義為 $\text{pH} = -\log[H^+]$，所以可以藉由取 pH 的反對數值來求出 $[H^+]$，也就是 $[H^+] = 10^{-\text{pH}}$，如方程式 (15.5) 所示：

解　答

根據方程式 (15.4) 可知：

$$\text{pH} = -\log[\text{H}^+] = 4.82$$

所以，

$$\log[\text{H}^+] = -4.82$$

要計算 $[H^+]$，我們需要代入 −4.82 的反對數值：

$$[\text{H}^+] = 10^{-4.82} = 1.5 \times 10^{-5}\ M$$

檢　查

因為 pH 值介於 4 至 5 之間，所以我們預期 $[H^+]$ 會落在 $1 \times 10^{-4}\ M$ 和 $1 \times 10^{-5}\ M$ 之間，故答案是合理的。

練習題

某杯柳橙汁的 pH 值為 3.33，試計算其氫離子濃度。

例題 15.5

一杯氫氧化鈉溶液的 $[OH^-]$ 為 $2.9 \times 10^{-4}\ M$，試計算此溶液的 pH 值。

策　略

這個問題需分成兩個部分來解決：首先，我們需要使用方程式 (15.7) 來計算 pOH 值；接著，我們要使用方程式 (15.9) 來計算此溶液的 pH 值。

解　答

利用方程式 (15.7)：

$$\begin{aligned} pOH &= -\log [OH^-] \\ &= -\log (2.9 \times 10^{-4}) \\ &= 3.54 \end{aligned}$$

然後我們使用方程式 (15.9)：

$$\begin{aligned} pH + pOH &= 14.00 \\ pH &= 14.00 - pOH \\ &= 14.00 - 3.54 = 10.46 \end{aligned}$$

或者我們也可以利用水的離子積常數 ($K_w = [H^+][OH^-]$) 來計算 $[H^+]$，然後就可以利用 $[H^+]$ 來計算 pH 值，試試看吧！

檢　查

答案顯示溶液為鹼性 ($pH > 7$)，和氫氧化鈉溶液相符。

類題：15.5。

練習題

某個血液樣品的氫氧根離子濃度為 $2.5 \times 10^{-7}\ M$，請問此血液的 pH 值是多少？

15.4 酸與鹼的強度

事實上，沒有任何的酸在水中能夠完全解離。

強酸 (strong acid) 的定義為在水中被視作完全解離的強電解質 (圖 15.3)，大部分的強酸為無機酸，如氫氯酸 (HCl)、硝酸 (HNO_3)、過氯酸 ($HClO_4$)，以及硫酸 (H_2SO_4) 等：

$$\begin{aligned} HCl(aq) + H_2O(l) &\longrightarrow H_3O^+(aq) + Cl^-(aq) \\ HNO_3(aq) + H_2O(l) &\longrightarrow H_3O^+(aq) + NO_3^-(aq) \\ HClO_4(aq) + H_2O(l) &\longrightarrow H_3O^+(aq) + ClO_4^-(aq) \\ H_2SO_4(aq) + H_2O(l) &\longrightarrow H_3O^+(aq) + HSO_4^-(aq) \end{aligned}$$

請注意：硫酸其實是雙質子酸，我們在這裡只呈現它第一階段的解離而

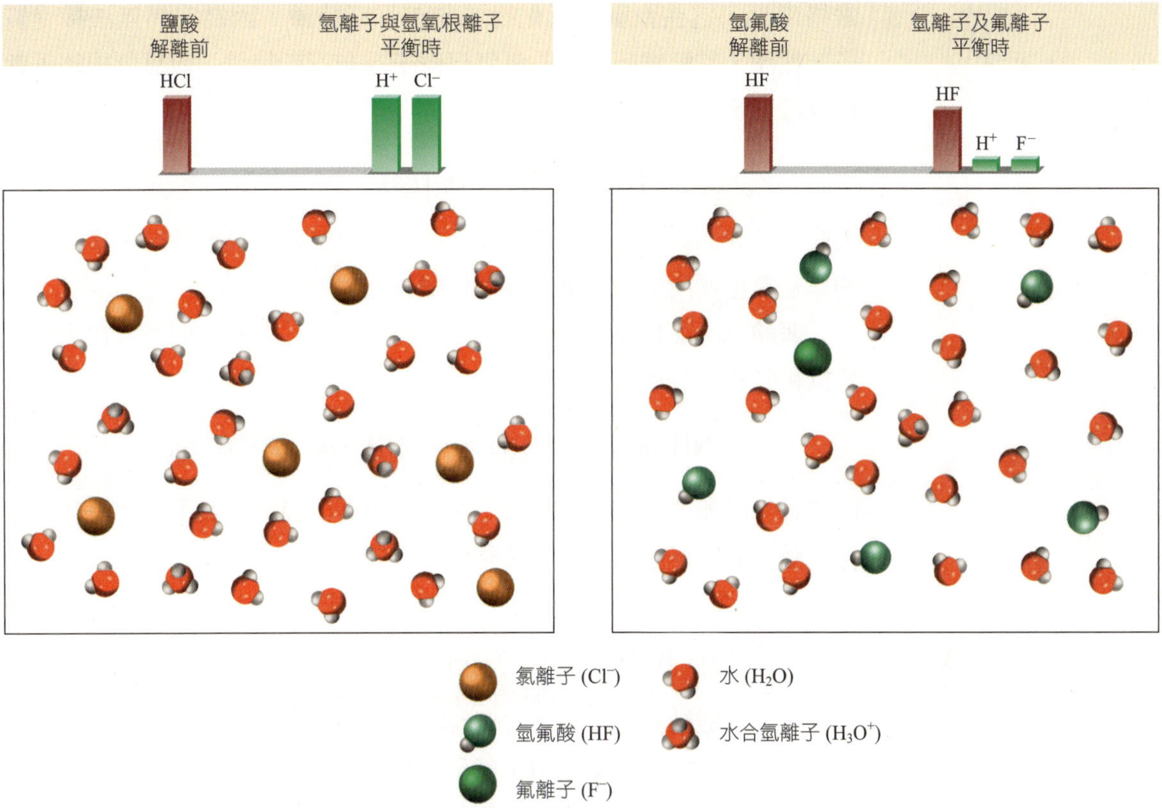

圖 15.3 氫氯酸 (強酸) (左) 及氫氟酸 (弱酸) (右) 的離子化程度。一開始各有 6 個氫氯酸分子和氫氟酸分子存在，強酸被視為在溶液中能完全解離，而質子在水中則以水合氫離子 (H_3O^+) 的形式存在。

已，當到達平衡時，強酸水溶液中不會有任何未解離的分子。

大部分的酸皆為**弱酸** (weak acid)，它們在水中只會有限度的解離，當到達平衡時，弱酸水溶液中混合未解離的酸分子、水合氫離子及其共軛鹼。弱酸的例子有氫氟酸 (HF)、醋酸 (CH_3COOH) 和銨根離子 (NH_4^+)，弱酸的解離程度與其離子化的平衡常數有關，我們會在下一節中討論這個現象。

如同強酸一樣，**強鹼** (strong base) 的定義也是在水中被視作完全解離的強電解質，鹼金屬氫氧化物和部分鹼土金屬氫氧化物為強鹼。[所有的鹼金屬氫氧化物均可溶於水，但在鹼土金屬氫氧化物中，氫氧化鈹和氫氧化鎂不溶、氫氧化鈣和氫氧化鍶微溶，而氫氧化鋇則可溶。] 下列為一些強鹼的例子：

$$NaOH(s) \xrightarrow{H_2O} Na^+(aq) + OH^-(aq)$$
$$KOH(s) \xrightarrow{H_2O} K^+(aq) + OH^-(aq)$$
$$Ba(OH)_2(s) \xrightarrow{H_2O} Ba^{2+}(aq) + 2OH^-(aq)$$

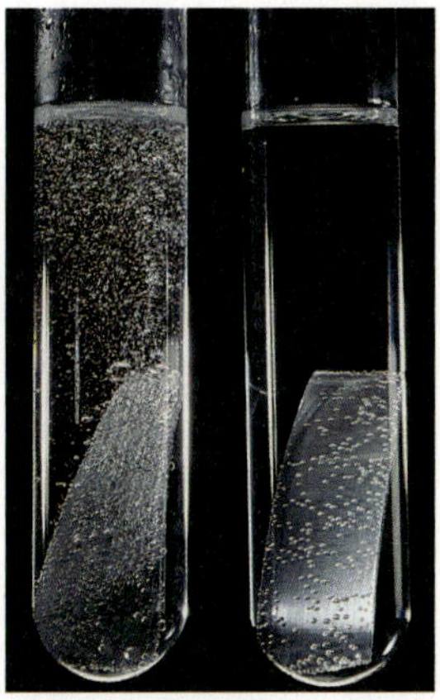

比起醋酸 (弱酸) (右) 來說，同濃度的鋅和強酸 [例如：氫氯酸 (左)] 會反應得更為劇烈，因為在強酸溶液中有較多的氫離子存在。

嚴格來說，這些金屬氫氧化物並非布忍斯特鹼，因為它們無法接受質子，然而，其解離所生成的氫氧根離子為布忍斯特鹼，而氫氧根離子就可以接受質子：

$$H_3O^+(aq) + OH^-(aq) \longrightarrow 2H_2O(l)$$

因此，當我們說氫氧化鈉或其他任何金屬氫氧化物為鹼性時，事實上指的是氫氧化物所解離出來的氫氧根離子為鹼性。

弱鹼 (weak bases) 和弱酸一樣為弱電解質。氨為一弱鹼。在水中僅能以相當有限的程度進行解離：

$$NH_3(aq) + H_2O(l) \rightleftharpoons NH_4^+(aq) + OH^-(aq)$$

請注意：氨和酸不一樣的地方是它並不會釋出自己的質子，而是像鹼一樣接受水的質子生成銨根和氫氧根。

表 15.2 列出一些重要的共軛酸鹼對 (依照其相對強度排列)，共軛酸鹼對所具有的特質如下：

1. 若有一酸為強酸，則其共軛鹼的鹼性強度將弱得無法測量，因此氫氯酸 (強酸) 之共軛鹼 (Cl^-離子) 為極弱的鹼。
2. 水合氫離子 (H_3O^+) 為水溶液中最強的酸，比它更強的酸會和水反

表 15.2 共軛酸鹼對的相對強度

	酸	共軛鹼
強酸 (酸性強度增加 ↑)	$HClO_4$ (過氯酸)	ClO_4^- (過氯酸根離子)
強酸	HI (氫碘酸)	I^- (碘離子)
強酸	HBr (氫溴酸)	Br^- (溴離子)
強酸	HCl (氫氯酸)	Cl^- (氯離子)
強酸	H_2SO_4 (硫酸)	HSO_4^- (硫酸氫根離子)
強酸	HNO_3 (硝酸)	NO_3^- (硝酸根離子)
	H_3O^+ (水合氫離子)	H_2O (水)
弱酸	HSO_4^- (硫酸氫根離子)	SO_4^{2-} (硫酸根離子)
弱酸	HF (氫氟酸)	F^- (氟離子)
弱酸	HNO_2 (亞硝酸)	NO_2^- (亞硝酸根離子)
弱酸	HCOOH (甲酸)	$HCOO^-$ (甲酸根離子)
弱酸	CH_3COOH (乙酸)	CH_3COO^- (乙酸根離子)
弱酸	NH_4^+ (銨根離子)	NH_3 (氨)
弱酸	HCN (氫氰酸)	CN^- (氫氰酸根離子)
弱酸	H_2O (水)	OH^- (氫氧根離子)
弱酸	NH_3 (氨)	NH_2^- (氨基鹼根) (鹼性強度增加 ↓)

應生成 H_3O^+ 及其共軛鹼，因此，比 H_3O^+ 更強的氫氯酸就會和水完全反應生成 H_3O^+ 與氯離子：

$$HCl(aq) + H_2O(l) \longrightarrow H_3O^+(aq) + Cl^-(aq)$$

比 H_3O^+ 弱的酸就比較難和水反應生成 H_3O^+ 及其共軛鹼。例如：下面的平衡就主要會偏向左側：

$$HF(aq) + H_2O(l) \rightleftharpoons H_3O^+(aq) + F^-(aq)$$

3. 氫氧根為水溶液中最強的鹼，比它更強的鹼會和水反應生成氫氧根離子及其共軛酸。例如：氧離子 (O^{2-}) 為比氫氧根更強的鹼，因此會和水完全反應如下：

$$O^{2-}(aq) + H_2O(l) \longrightarrow 2OH^-(aq)$$

所以氧離子無法存在於水溶液中。

例題 15.6 呈現含有強酸與強鹼之水溶液的 pH 值計算方式。

例題 15.6

試計算下列水溶液的 pH 值：(a) 1.0×10^{-3} *M* 的氫氯酸和 (b) 0.020 *M* 的氫氧化鋇。

策　略

請記得氫氯酸與氫氧化鋇分別為強酸與強鹼，這些物質在水溶液中會完全解離且不復存在。

解　答

(a) 氫氯酸的解離為

$$HCl(aq) \longrightarrow H^+(aq) + Cl^-(aq)$$

請記得 $H^+(aq)$ 就是 $H_3O^+(aq)$。

各種物質 (氫氯酸、氫離子及氯離子) 的濃度在解離前、後可以表示如下：

	$HCl(aq)$	$\longrightarrow$	$H^+(aq)$	+	$Cl^-(aq)$
初濃度 (*M*)：	1.0×10^{-3}		0.0		0.0
改變量 (*M*)：	-1.0×10^{-3}		$+1.0 \times 10^{-3}$		$+1.0 \times 10^{-3}$
平衡後 (*M*)：	0.0		1.0×10^{-3}		1.0×10^{-3}

正 (+) 的改變量代表濃度增加，而負 (–) 的改變量代表濃度減少，因此，

$$[H^+] = 1.0 \times 10^{-3}\,M$$
$$pH = -\log(1.0 \times 10^{-3}) = 3.00$$

(b) 氫氧化鋇為強鹼，每單位的氫氧化鋇都會產生 2 個氫氧根離子：

$$Ba(OH)_2(aq) \rightleftharpoons Ba^{2+}(aq) + 2OH^-(aq)$$

各種物質的濃度改變量可以表示如下：

	$Ba(OH)_2(aq)$	$\longrightarrow$	$Ba^{2+}(aq)$	+	$2OH^-(aq)$
初濃度 (M)：	0.020		0.00		0.00
改變量 (M)：	−0.020		+0.020		+2(0.020)
平衡後 (M)：	0.00		0.020		0.040

因此，

$$[OH^-] = 0.040\,M$$
$$pOH = -\log 0.040 = 1.40$$

所以，從方程式 (15.8) 可得

$$pH = 14.00 - pOH = 14.00 - 1.40 = 12.60$$

檢　查

請注意：我們在 (a) 和 (b) 中都忽略水本身的解離對 $[H^+]$ 和 $[OH^-]$ 所造成的影響，因為 $1.0 \times 10^{-7}\,M$ 比 $1.0 \times 10^{-3}\,M$ 與 $0.040\,M$ 都要來得小很多。

類題：15.5。

練習題

試計算濃度為 $1.8 \times 10^{-2}\,M$ 的氫氧化鋇水溶液之 pH 值。

15.5 弱酸與酸的解離常數

如同我們所見，強酸相對來說並不常見，大部分的酸主要都是弱酸，單質子弱酸 HA 在水中的解離反應如下：

$$HA(aq) + H_2O(l) \rightleftharpoons H_3O^+(aq) + A^-(aq)$$

或者簡單地表示為

$$HA(aq) \rightleftharpoons H^+(aq) + A^-(aq)$$

而此解離反應的平衡情形則可以寫成

$$K_a = \frac{[H_3O^+][A^-]}{[HA]} \quad 或 \quad K_a = \frac{[H^+][A^-]}{[HA]} \qquad (15.10)$$

此方程式中所有的濃度都是指平衡濃度。

其中**酸的解離常數** (acid ionization constant) K_a 為酸之解離反應的平衡常數。HA 在已知溫度時的酸性強度和 K_a 值的大小有關係，K_a 愈大代表酸性愈強；也就是說，此酸解離後所產生的氫離子之平衡濃度愈高；請記得，只有弱酸的 K_a 值具有此關聯性。

表 15.3 依照酸性的高低列出一些弱酸在攝氏 25 度時的 K_a 值，雖然所列出的酸均為弱酸，但它們的酸性強弱其實差異甚大。例如：氫氟酸的 K_a 值 (7.1×10^{-4}) 大約是氫氰酸的 (4.9×10^{-10}) 的 150 萬倍。

表 15.3 一些常見的弱酸與其共軛鹼在攝氏 25 度時之解離常數

酸的名稱	化學式	結構	K_a	共軛鹼	K_b†
氫氟酸	HF	H—F	7.1×10^{-4}	F^-	1.4×10^{-11}
亞硝酸	HNO_2	O═N—O—H	4.5×10^{-4}	NO_2^-	2.2×10^{-11}
乙醯水楊酸 (阿斯匹靈)	$C_9H_8O_4$	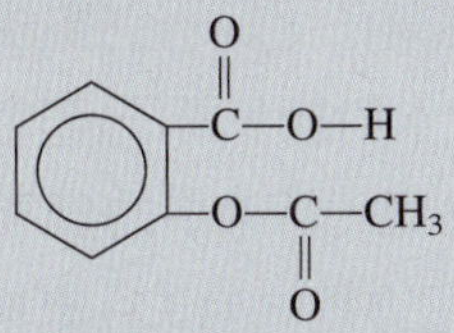	3.0×10^{-4}	$C_9H_7O_4^-$	3.3×10^{-11}
甲酸	$HCOOH$	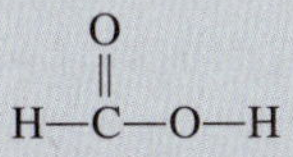	1.7×10^{-4}	$HCOO^-$	5.9×10^{-11}
抗壞血酸*	$C_6H_8O_6$	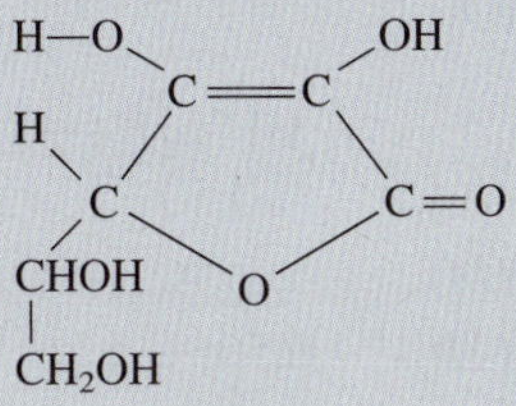	8.0×10^{-5}	$C_6H_7O_6^-$	1.3×10^{-10}
苯甲酸	C_6H_5COOH	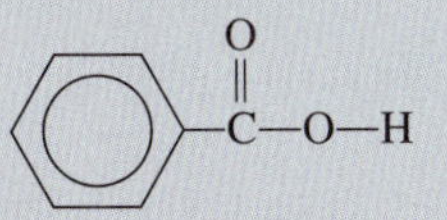	6.5×10^{-5}	$C_6H_5COO^-$	1.5×10^{-10}
乙酸	CH_3COOH	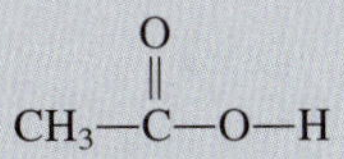	1.8×10^{-5}	CH_3COO^-	5.6×10^{-10}
氫氰酸	HCN	H—C≡N	4.9×10^{-10}	CN^-	2.0×10^{-5}
酚	C_6H_5OH	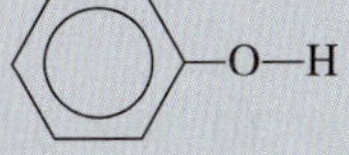	1.3×10^{-10}	$C_6H_5O^-$	7.7×10^{-5}

*對抗壞血酸而言，解離常數是在描述位於分子左上角之氫氧基的解離。

†我們會在 15.6 節討論鹼的解離常數 K_b。

一般而言，我們可以藉由已知酸的初濃度與其 K_a 值來算出該溶液在到達平衡時的氫離子濃度或是 pH 值；或者由弱酸溶液的 pH 值與其初濃度來得到 K_a 值，要處理這些平衡濃度的問題時，基本方式會和我們在第十四章中所描述的一樣。然而，因為酸的解離屬於水溶液中主要的化學平衡反應之一，所以我們會建立一個系統化的流程來解決這種問題，如此一來，也有助於了解其中所牽涉的化學概念。

假設我們要計算 0.50 *M* 氫氟酸水溶液在攝氏 25 度時的 pH 值，要先知道它的解離反應如下：

$$HF(aq) \rightleftharpoons H^+(aq) + F^-(aq)$$

我們從表 15.3 中知道

$$K_a = \frac{[H^+][F^-]}{[HF]} = 7.1 \times 10^{-4}$$

接著確認水溶液中所有可能會影響 pH 值的物質，由於弱酸在水中只有一小部分會解離，因此在平衡時的主要成分為未解離的氫氟酸以及一點點的氫離子與氟離子，另一主要成分則為 H_2O，但其 K_w 值極小 (1.0×10^{-14})，意味著水對於氫離子濃度而言無法造成顯著的貢獻。請注意：我們並不需要在意水溶液中的氫氧根濃度是多少，因為我們可以在知道 $[H^+]$ 之後再利用方程式 (15.3) 來換算它。

我們可以根據於第 580 頁中所描述的步驟來統整氫氟酸、氫離子與氟離子的濃度改變量如下：

	$HF(aq)$	$\rightleftharpoons$ $H^+(aq)$	+ $F^-(aq)$
初濃度 (*M*)：	0.50	0.00	0.00
改變量 (*M*)：	$-x$	$+x$	$+x$
平衡後 (*M*)：	$0.50 - x$	x	x

在上述平衡濃度的計算中，將所出現之未知數 x 代入解離常數後可得到

$$K_a = \frac{(x)(x)}{0.50 - x} = 7.1 \times 10^{-4}$$

重新整理此公式為

$$x^2 + 7.1 \times 10^{-4}x - 3.6 \times 10^{-4} = 0$$

這是可以利用公式求解的二次方程式，但我們也可以走點捷徑來解出 x

的數值。由於氫氟酸為弱酸，而弱酸的解離程度又不高，所以我們可以推論 x 應該會比 0.50 小很多，故可以進行下列估算：

$$0.50 - x \approx 0.50$$

如此一來，解離常數就變成

$$\frac{x^2}{0.50 - x} \approx \frac{x^2}{0.50} = 7.1 \times 10^{-4}$$

我們重新整理以後可得到

$$x^2 = (0.50)(7.1 \times 10^{-4}) = 3.55 \times 10^{-4}$$
$$x = \sqrt{3.55 \times 10^{-4}} = 0.019\ M$$

因此，我們不必經由二次方程式就可以解出 x 的數值，知道下列物質在平衡時的濃度分別為

$$[HF] = (0.50 - 0.019)\ M = 0.48\ M$$
$$[H^+] = 0.019\ M$$
$$[F^-] = 0.019\ M$$

且溶液的 pH 值為

$$pH = -\log(0.019) = 1.72$$

這種估計方法能用嗎？因為弱酸的解離一般來說大約會在 ±5% 以內，因此解離後的 x 需要小於 0.50 的 5%，其估計結果才屬合理。換句話說，下列計算結果必須小於或等於 5%：

$$\frac{0.019\ M}{0.50\ M} \times 100\% = 3.8\%$$

所以，我們這種估計方法是可以接受的。

現在我們考慮另外一種情況，若是氫氟酸的初濃度為 0.050 M，且我們仍使用上述方法來解 x，會得到其值為 $6.0 \times 10^{-3}\ M$，然而，經過驗證之後顯示這個答案並非合理的估計，因為它高於 0.050 M 的 5%：

$$\frac{6.0 \times 10^{-3}\ M}{0.050\ M} \times 100\% = 12\%$$

這時我們就得用二次方程式來解出正確的 x 值。

二次方程式

我們先從重新整理含有未知數 x 的解離常數開始：

$$\frac{x^2}{0.050 - x} = 7.1 \times 10^{-4}$$
$$x^2 + 7.1 \times 10^{-4}x - 3.6 \times 10^{-5} = 0$$

此等式與二次方程式 $ax^2 + bx + c = 0$ 的格式相符，因此我們代入公式解後可以得到：

$$\begin{aligned} x &= \frac{-b \pm \sqrt{b^2 - 4ac}}{2a} \\ &= \frac{-7.1 \times 10^{-4} \pm \sqrt{(7.1 \times 10^{-4})^2 - 4(1)(-3.6 \times 10^{-5})}}{2(1)} \\ &= \frac{-7.1 \times 10^{-4} \pm 0.012}{2} \\ &= 5.6 \times 10^{-3}\,M \quad \text{或} \quad -6.4 \times 10^{-3}\,M \end{aligned}$$

第二個解 ($x = -6.4 \times 10^{-3}\ M$) 在物理上是不存在的，因為解離後所生成的離子濃度不可能為負值，在選擇 $x = 5.6 \times 10^{-3}\ M$ 之後，我們可以解出 [HF]、[H^+] 和 [F^-] 如下：

$$[HF] = (0.050 - 5.6 \times 10^{-3})\,M = 0.044\,M$$
$$[H^+] = 5.6 \times 10^{-3}\,M$$
$$[F^-] = 5.6 \times 10^{-3}\,M$$

而溶液的 pH 值則為

$$pH = -\log(5.6 \times 10^{-3}) = 2.25$$

總結來說，關於弱酸解離問題的主要解題步驟為：

1. 確認溶液中可能會影響 pH 值的主要物質。在大部分的情況中，我們可以忽略水本身的解離；也可省略氫氧根離子，因為其濃度可以透過氫離子的濃度來換算得知。
2. 將這些物質的平衡濃度以酸的初濃度和一個未知數 x 來表達，x 為濃度的改變量。
3. 寫出此弱酸的解離方程式，並將解離常數 K_a 以氫離子、未解離之弱酸及其共軛鹼的平衡濃度來表示，首先用估算法解出 x 值，若估算法不適當則用二次方程式來解 x。

4. 解出 x 值後，算出所有物質的平衡濃度以及溶液的 pH 值。

例題 15.7 為此流程提供另一種示範。

例題 15.7

HNO_2

試計算濃度為 0.036 M 的亞硝酸 (HNO_2) 溶液之 pH 值：

$$HNO_2(aq) \rightleftharpoons H^+(aq) + NO_2^-(aq)$$

策 略

請記得，弱酸在水中僅有部分會解離。題目已經提供此弱酸的初濃度，並要求我們計算溶液在平衡狀態下的 pH 值，此時我們畫個簡圖將有助於了解整個情況。

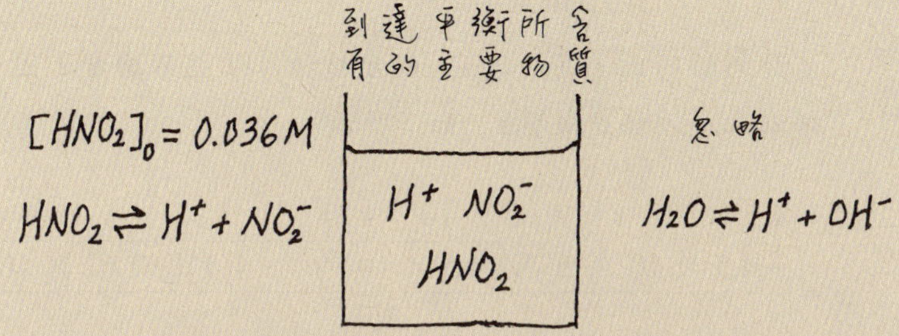

因為氫離子的主要來源為酸的解離，所以我們可以跟回答例題 15.6 時一樣忽略水的解離。既然此溶液為酸性，那麼氫氧根離子可以被視為溶液中的次要物質，可以預期它的濃度會非常低。

解 答

我們遵循之前規劃的流程來回答問題。

步驟 1：會影響溶液 pH 值的物質為亞硝酸、氫離子與其共軛鹼 (亞硝酸根離子)，我們可以忽略水對 $[H^+]$ 的貢獻。

步驟 2：令 x 為氫離子與亞硝酸根離子平衡時的體積莫耳濃度，我們可總結出：

	$HNO_2(aq)$	$\rightleftharpoons$	$H^+(aq)$	+	$NO_2^-(aq)$
初濃度 (M)：	0.036		0.00		0.00
改變量 (M)：	$-x$		$+x$		$+x$
平衡後 (M)：	$0.036 - x$		x		x

步驟 3：我們可以根據表 15.3 得到

$$K_a = \frac{[H^+][NO_2^-]}{[HNO_2]}$$

$$4.5 \times 10^{-4} = \frac{x^2}{0.036 - x}$$

假設 $0.036 - x \approx 0.036$，我們得到

$$4.5 \times 10^{-4} = \frac{x^2}{0.036 - x} \approx \frac{x^2}{0.036}$$

$$x^2 = 1.62 \times 10^{-5}$$

$$x = 4.0 \times 10^{-3}\,M$$

驗證上述結果，

$$\frac{4.0 \times 10^{-3}\,M}{0.036\,M} \times 100\% = 11\%$$

由於解離的比率高於 5%，顯示這種算法並不適當，因而必須以二次方程式來解 x，如下所示：

$$x^2 + 4.5 \times 10^{-4}x - 1.62 \times 10^{-5} = 0$$

$$x = \frac{-4.5 \times 10^{-4} \pm \sqrt{(4.5 \times 10^{-4})^2 - 4(1)(-1.62 \times 10^{-5})}}{2(1)}$$

$$= 3.8 \times 10^{-3}\,M \quad \text{或} \quad -4.3 \times 10^{-3}\,M$$

因為解離所生成的離子濃度不可能為負值，所以第二個解在物理上是不存在的，正確解為二次函數公式解所得的正根，即 $x = 3.8 \times 10^{-3}\,M$。

步驟 4：平衡時：

$$[H^+] = 3.8 \times 10^{-3}\,M$$

$$pH = -\log(3.8 \times 10^{-3})$$

$$= 2.42$$

檢 查

請注意：根據計算所得的 pH 指出，此溶液為酸性，這也是我們對於弱酸水溶液應有的預期，若將它和 0.036 M 之強酸溶液 (如氫氯酸) 的 pH 值相比，可以發現強酸和弱酸之間的差異。

類題：15.10。

練習題

某單質子弱酸的 K_a 值為 5.7×10^{-4}，則當其濃度為 0.122 M 時，溶液的 pH 值為何？

在計算某酸性溶液 (濃度已知) 的 K_a 值時，其方法之一為測量它在平衡狀態下的 pH 值，例題 15.8 可以告訴我們如何使用這種方法。

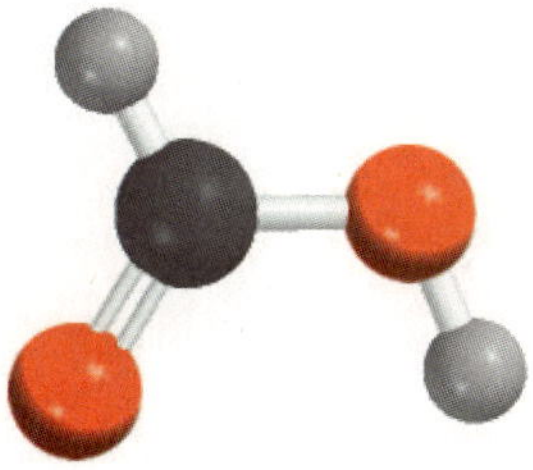

HCOOH

例題 15.8

有濃度為 0.10 *M* 之甲酸 (HCOOH) 溶液，其 pH 值經測定為 2.39，請問此酸的 K_a 值為多少？

策 略

甲酸為弱酸，它在水中僅有部分會解離，甲酸濃度指的是解離開始前的初濃度，而溶液的 pH 值指的則是它處於平衡狀態下的數值。我們要計算 K_a 時，需要先知道下列三種物質處於平衡狀態下的濃度：$[H^+]$、$[HCOO^-]$ 和 [HCOOH]，我們也可以循往例忽略水本身的解離，一如下方簡圖對所有情況所做的總結。

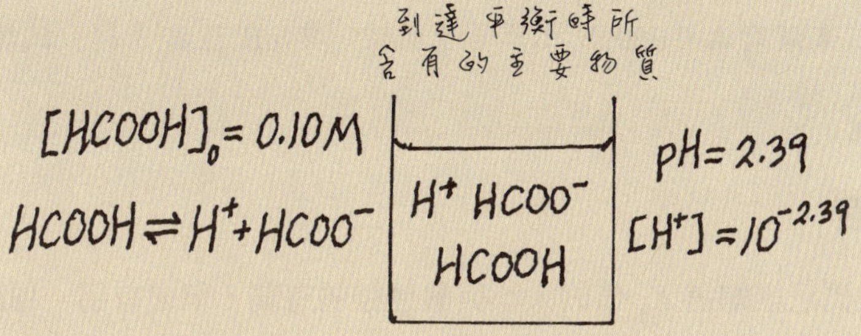

解 答

我們遵循下列步驟來解答：

步驟 1：溶液中的主要物質為氫離子、醋酸及其共軛鹼 (醋酸根離子)。

步驟 2：我們首先需要從 pH 值來計算水溶液中的氫離子濃度：

$$\text{pH} = -\log [H^+]$$
$$2.39 = -\log [H^+]$$

我們將等號左右兩邊各取反對數值後可以得到

$$[H^+] = 10^{-2.39} = 4.1 \times 10^{-3}\ M$$

接著我們將所有濃度發生改變的部分加以整合：

	$HCOOH(aq)$ $\rightleftharpoons$	$H^+(aq)$	+ $HCOO^-(aq)$
初濃度 (*M*)：	0.10	0.00	0.00
改變量 (*M*)：	-4.1×10^{-3}	$+4.1 \times 10^{-3}$	$+4.1 \times 10^{-3}$
平衡後 (*M*)：	$(0.10 - 4.1 \times 10^{-3})$	4.1×10^{-3}	4.1×10^{-3}

請注意：我們可以由 pH 值知道氫離子的濃度，隨後也可以知道醋酸與醋酸根離子處於平衡狀態下的濃度。

步驟 3：由此可得甲酸的解離常數：

$$K_a = \frac{[H^+][HCOO^-]}{[HCOOH]}$$
$$= \frac{(4.1 \times 10^{-3})(4.1 \times 10^{-3})}{(0.10 - 4.1 \times 10^{-3})}$$
$$= 1.8 \times 10^{-4}$$

檢　查

K_a 值和表 15.3 所列出的值略有差異，主要是因為我們在計算過程中進行一些四捨五入的緣故。

練習題

有某濃度為 0.060 M 之單質子弱酸，其 pH 值為 3.44，試計算此酸的 K_a 值。

解離度

我們已經知道 K_a 值的大小與酸性強弱有關，但還有另一種衡量酸性大小的方式是**解離度** (percent ionization)，其定義為

當各種酸的濃度皆相同時，我們可以用其解離百分率來排序酸性的強度。

$$\text{解離度} = \frac{\text{已解離的酸在到達平衡時之濃度}}{\text{酸之初濃度}} \times 100\% \qquad (15.11)$$

酸性愈強，解離度就愈高，對任何單質子酸 HA 而言，當解離反應到達平衡，已解離的氫離子濃度會等於 $[H^+]$ 或 $[A^-]$。因此，我們可以將解離度寫為

$$\text{解離度} = \frac{[H^+]}{[HA]_0} \times 100\%$$

其中 $[H^+]$ 為平衡時的氫離子濃度，而 $[HA]_0$ 為酸的初濃度。

回顧例題 15.7，我們可以看到 0.036 M 的亞硝酸溶液之解離度為

$$\text{解離度} = \frac{3.8 \times 10^{-3}\ M}{0.036\ M} \times 100\% = 11\%$$

所以大約每 9 個亞硝酸分子中只有 1 個會解離，這也符合它是弱酸的事實。

單一弱酸的解離程度也需視它的初濃度而定，愈稀薄時解離度會愈高 (圖 15.4)。這是因為溶液中「粒子」的濃度在被稀釋後會下降，根據勒沙特列原理 (見 14.5 節)，當粒子濃度 (或壓力) 降低時，反應會朝向粒子數較多的一側偏移，以抵銷部分的改變；也就是說，平衡會從箭號的左側 (含未解離的 HA 分子) 朝向包含氫離子與共軛鹼 (含 2 個粒子) 的右側偏移：$HA \rightleftharpoons H^+ + A^-$，導致溶液中所有「粒子」的總濃度比偏移前更高。

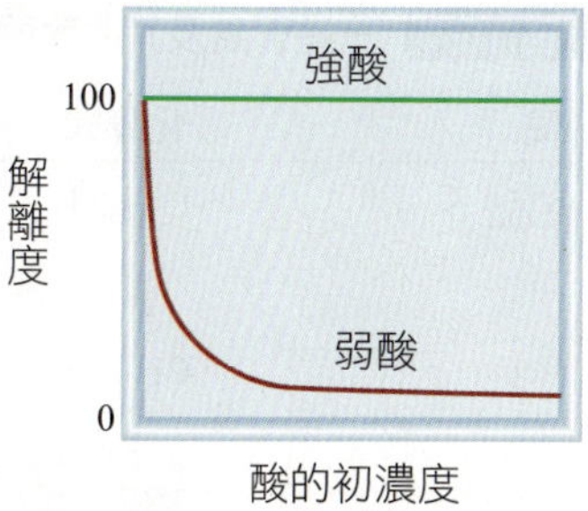

圖 15.4 酸的解離度與初濃度間之關係。請注意：在濃度極低時，所有的酸 (含強酸和弱酸) 都會近乎完全解離。

解離度與初濃度間的關係可以用第 612 頁所講到的氫氟酸來解釋：

0.50 M HF

$$\text{解離度} = \frac{0.019\ M}{0.50\ M} \times 100\% = 3.8\%$$

0.50 M HF

$$\text{解離度} = \frac{5.6 \times 10^{-3}\ M}{0.050\ M} \times 100\% = 11\%$$

一如預期地，在較稀薄的氫氟酸溶液中，分子解離的比例也比較高。

15.6 弱鹼與鹼的解離常數

弱鹼的解離方式和弱酸相同，當氨在水中解離時會進行以下反應：

$$NH_3(aq) + H_2O(l) \rightleftharpoons NH_4^+(aq) + OH^-(aq)$$

可以得平衡常數為：

$$K = \frac{[NH_4^+][OH^-]}{[NH_3][H_2O]}$$

氮原子上的孤電子對 (紅色處) 可使得氨分子具有鹼性。

和水的總量相比，此反應中只有極微量的水分子會被消耗掉，因此可以視 $[H_2O]$ 為常數。我們把此鹼的解離反應之平衡常數，也就是**鹼的解離常數** (base ionization constant; K_b) 寫成

$$K_b = K[H_2O] = \frac{[NH_4^+][OH^-]}{[NH_3]}$$
$$= 1.8 \times 10^{-5}$$

表 15.4 列出一些常見的弱鹼及其解離常數，這些化合物的鹼性均源自於氮原子上的孤對電子，它們對氫離子的接收能力使其成為布忍斯特鹼。

表 15.4 一些弱鹼及其共軛酸在攝氏 25 度時的解離常數

鹼	化學式	結構式	K_b*	共軛酸	K_a
乙胺	$C_2H_5NH_2$	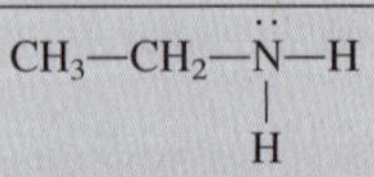	5.6×10^{-4}	$C_2H_5\overset{+}{N}H_3$	1.8×10^{-11}
甲胺	CH_3NH_2	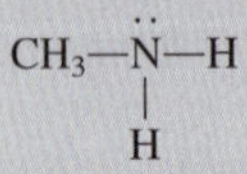	4.4×10^{-4}	$CH_3\overset{+}{N}H_3$	2.3×10^{-11}
氨	NH_3	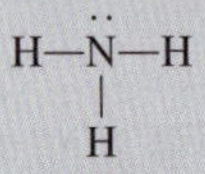	1.8×10^{-5}	NH_4^+	5.6×10^{-10}
吡啶	C_5H_5N	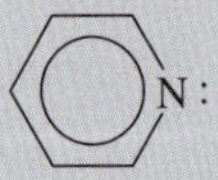	1.7×10^{-9}	$C_5H_5\overset{+}{N}H$	5.9×10^{-6}
苯胺	$C_6H_5NH_2$	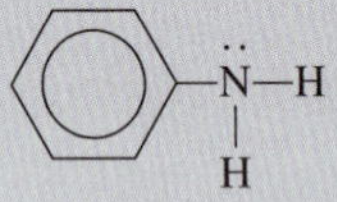	3.8×10^{-10}	$C_6H_5\overset{+}{N}H_3$	2.6×10^{-5}
咖啡因	$C_8H_{10}N_4O_2$	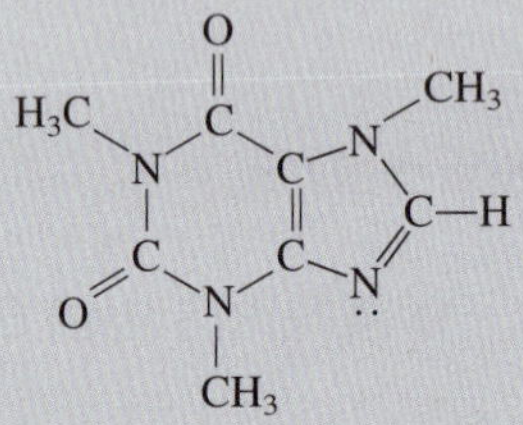	5.3×10^{-14}	$C_8H_{11}\overset{+}{N}_4O_2$	0.19
尿素	$(NH_2)_2CO$	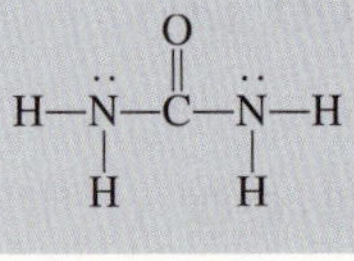	1.5×10^{-14}	$H_2NCO\overset{+}{N}H_3$	0.67

*這些具有孤電子對的氮原子造就各種化合物的鹼性特質，以尿素為例，K_b 與兩頭的氮原子都有關係。

我們依循先前程序來解答和弱鹼有關的問題時，主要的兩個不同之處在於我們是先計算 $[OH^-]$，而非 $[H^+]$，例題 15.9 便是一例。

例題 15.9

濃度為 0.40 *M* 之氨溶液的 pH 值為多少？

策　略

這裡要使用的方法與處理弱酸的問題時類似 (見例題 15.7)，先畫出下列簡圖來考量整個情況：

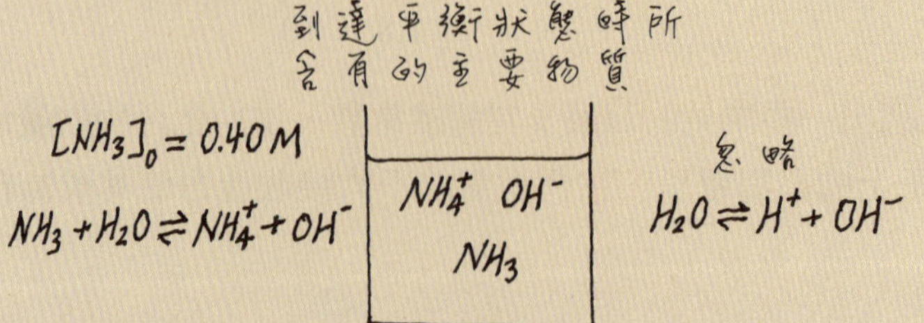

解　答

在平衡狀態下的 $[OH^-] = 2.7 \times 10^{-3}\ M$。所以，

$$\begin{aligned} pOH &= -\log(2.7 \times 10^{-3}) \\ &= 2.57 \\ pH &= 14.00 - 2.57 \\ &= 11.43 \end{aligned}$$

檢　查

請注意：這裡算出來的 pH 值為鹼性，與我們對弱鹼溶液的預期一樣。若和 0.40 *M* 之強鹼 (例如：KOH) 的 pH 值做比較，就可以讓你了解強鹼和弱鹼之間的差異。

練習題

試計算 0.26 *M* 之甲胺 (CH_3NH_2) 溶液的 pH 值 (見表 15.4)。

15.7　酸的解離常數與其共軛鹼間的關係

以乙酸為例，酸的解離常數如下所示：

$$CH_3COOH(aq) \rightleftharpoons H^+(aq) + CH_3COO^-(aq)$$
$$K_a = \frac{[H^+][CH_3COO^-]}{[CH_3COOH]}$$

其中作為共軛鹼的醋酸根來自於醋酸鈉 (CH_3COONa) 溶液，它可以和水依下列方程式進行反應：

$$CH_3COO^-(aq) + H_2O(l) \rightleftharpoons CH_3COOH(aq) + OH^-(aq)$$

我們可以將此鹼的解離常數寫為

$$K_b = \frac{[CH_3COOH][OH^-]}{[CH_3COO^-]}$$

這兩個解離常數的乘積如下：

$$\begin{aligned} K_aK_b &= \frac{[H^+]\cancel{[CH_3COO^-]}}{\cancel{[CH_3COOH]}} \times \frac{\cancel{[CH_3COOH]}[OH^-]}{\cancel{[CH_3COO^-]}} \\ &= [H^+][OH^-] \\ &= K_w \end{aligned}$$

或許此結果乍看之下很奇怪，但如果我們將上述兩式相加之後，就會發現它不過是水的解離式罷了。

$$\begin{array}{llll}
(1) & CH_3COOH(aq) \rightleftharpoons H^+(aq) + CH_3COO^-(aq) & K_a \\
(2) & CH_3COO^-(aq) + H_2O(l) \rightleftharpoons CH_3COOH(aq) + OH^-(aq) & K_b \\
\hline
(3) & H_2O(l) \rightleftharpoons H^+(aq) + OH^-(aq) & K_w
\end{array}$$

這個例子說明化學平衡的規則之一：當兩個反應式加總成為第三個反應式時，第三個反應式的平衡常數為這兩個反應式之平衡常數的乘積 (見 14.2 節)。所以，對於任何的共軛酸鹼對來說，下列式子永遠都會成立：

$$K_aK_b = K_w \tag{15.12}$$

將方程式 (15.12) 寫成以下形式：

$$K_a = \frac{K_w}{K_b} \qquad K_b = \frac{K_w}{K_a}$$

我們獲得一個重要的結論：愈強的酸 (K_a 愈大)，其共軛鹼就愈弱 (K_b 愈小)，反之亦然 (如表 15.3 和表 15.4 所示)。

我們可以利用方程式 (15.12) 來計算醋酸之共軛鹼 (醋酸根) 的 K_b 值。在表 15.3 中找到醋酸的 K_a 值後，寫成以下式子：

$$\begin{aligned}
K_b &= \frac{K_w}{K_a} \\
&= \frac{1.0 \times 10^{-14}}{1.8 \times 10^{-5}} \\
&= 5.6 \times 10^{-10}
\end{aligned}$$

由上至下：碳酸 (H_2CO_3)、碳酸氫根 (HCO_3^-) 及碳酸根 (CO_3^{2-})。

15.8 雙質子酸與多質子酸

關於雙質子酸與多質子酸，由於每分子會產生 1 個以上的氫離子，所以問題比單質子酸來得更為複雜。這些酸是逐步地解離；也就是說，它們每次只失去 1 個質子，所以在每個階段都會有 1 個解離常數；同樣地，在計算酸性溶液中各物質的濃度時，就必須使用到 2 個以上的平衡常數。舉碳酸的例子來說，我們會寫成

$$H_2CO_3(aq) \rightleftharpoons H^+(aq) + HCO_3^-(aq) \qquad K_{a_1} = \frac{[H^+][HCO_3^-]}{[H_2CO_3]}$$

$$HCO_3^-(aq) \rightleftharpoons H^+(aq) + CO_3^{2-}(aq) \qquad K_{a_2} = \frac{[H^+][CO_3^{2-}]}{[HCO_3^-]}$$

表 15.5 一些雙質子酸與多質子酸及其共軛鹼在攝氏 25 度時的解離常數

酸	化學式	結構式	K_a	共軛鹼	K_b
硫酸	H_2SO_4	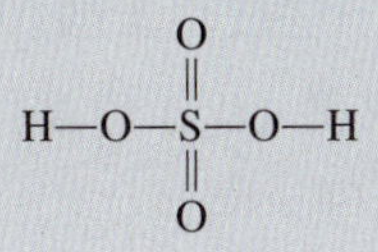	非常大	HSO_4^-	非常小
硫酸氫根離子	HSO_4^-	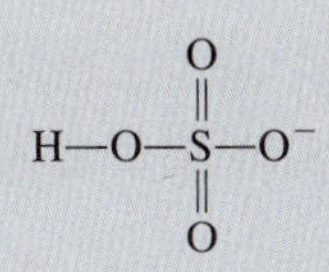	1.3×10^{-2}	SO_4^{2-}	7.7×10^{-13}
草酸	$H_2C_2O_4$	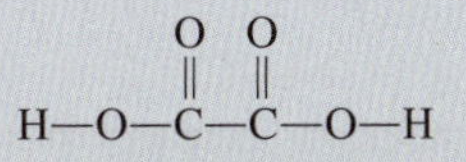	6.5×10^{-2}	$HC_2O_4^-$	1.5×10^{-13}
草酸氫根離子	$HC_2O_4^-$	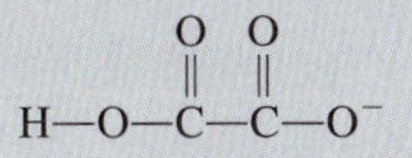	6.1×10^{-5}	$C_2O_4^{2-}$	1.6×10^{-10}
亞硫酸*	H_2SO_3	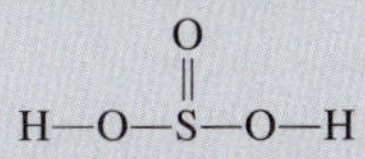	1.3×10^{-2}	HSO_3^-	7.7×10^{-13}
亞硫酸氫根離子	HSO_3^-	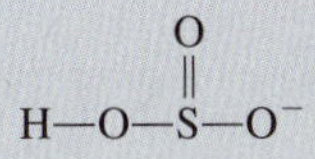	6.3×10^{-8}	SO_3^{2-}	1.6×10^{-7}
碳酸	H_2CO_3	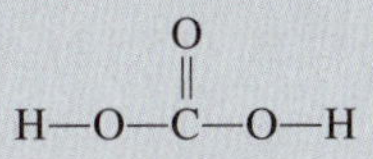	4.2×10^{-7}	HCO_3^-	2.4×10^{-8}
碳酸氫根離子	HCO_3^-	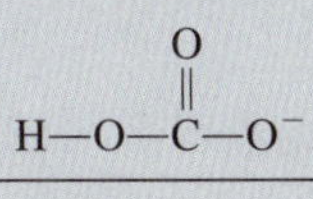	4.8×10^{-11}	CO_3^{2-}	2.1×10^{-4}
氫硫酸	H_2S	H—S—H	9.5×10^{-8}	HS^-	1.1×10^{-7}
氫硫酸氫根離子†	HS^-	$H—S^-$	1×10^{-19}	S^{2-}	1×10^{5}
磷酸	H_3PO_4	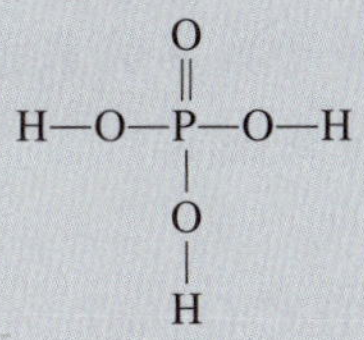	7.5×10^{-3}	$H_2PO_4^-$	1.3×10^{-12}
磷酸二氫根離子	$H_2PO_4^-$	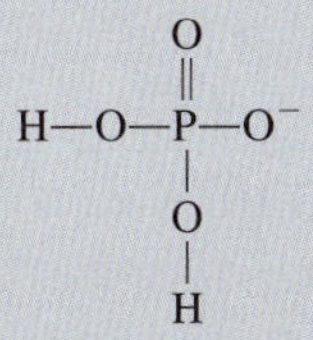	6.2×10^{-8}	HPO_4^{2-}	1.6×10^{-7}
磷酸氫根離子	HPO_4^{2-}	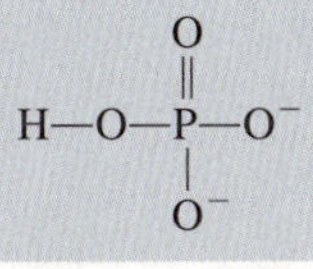	4.8×10^{-13}	PO_4^{3-}	2.1×10^{-2}

*亞硫酸在二氧化硫水溶液中幾乎不曾單獨存在。事實上，此處的 K_a 值是指反應 $SO_2(g) + H_2O(l) \rightleftharpoons H^+(aq) + HSO_3^-(aq)$。

† HS^- 的解離常數 K_a 小到難以測量，在這裡列出的只是估計值。

請注意：在第一階段解離出來的共軛鹼後來會變成第二階段中產生解離的酸。

表 15.5 中呈現一些雙質子酸和多質子酸的解離常數。對於同一種酸而言，第一解離常數 (K_{a_1}) 會遠大於第二解離常數 (K_{a_2})，並以此類推，這樣的趨勢很合理，因為比起從帶有 1 個負電荷的陰離子上移除氫離子來說，要從電中性的分子上移除氫離子比較簡單。

我們會藉由例題 15.10 來學習如何計算多質子酸水溶液中所有物質的平衡濃度。

$H_2C_2O_4$

例題 15.10

草酸 ($H_2C_2O_4$) 為一種主要用於漂白劑和清潔劑中的有毒物質 (例如：用於清除浴缸的排水口)。試計算 0.10 *M* 草酸溶液中所有物質在平衡狀態下的濃度。

策　略

與單質子酸相較之下，雙質子酸水溶液中各種物質的平衡問題會複雜許多，如例題 15.7 所示，我們將一步步地遵循先前流程。請注意：在第一階段解離的共軛鹼後來會變成第二階段中的酸。

解　答

我們依照下列步驟來回答問題。

步驟 1：在此階段，水溶液中的主要物質為未解離的酸、氫離子及其共軛鹼——草酸氫根離子 ($HC_2O_4^-$)。

步驟 2：令 x 為氫離子與草酸氫根離子的平衡濃度 (以 mol/L 為單位)，可以總結如下：

	$H_2C_2O_4(aq)$ $\rightleftharpoons$	$H^+(aq)$ +	$HC_2O_4^-(aq)$
初濃度 (*M*)：	0.10	0.00	0.00
改變量 (*M*)：	$-x$	$+x$	$+x$
平衡後 (*M*)：	$0.10 - x$	x	x

步驟 3：由表 15.5 可得

$$K_a = \frac{[H^+][HC_2O_4^-]}{[H_2C_2O_4]}$$

$$6.5 \times 10^{-2} = \frac{x^2}{0.10 - x}$$

令 $0.10 - x \approx 0.10$，我們會得到

$$6.5 \times 10^{-2} = \frac{x^2}{0.10 - x} \approx \frac{x^2}{0.10}$$

$$x^2 = 6.5 \times 10^{-3}$$

$$x = 8.1 \times 10^{-2}\,M$$

用下列方式來驗證其假設是否合理：

$$\frac{8.1 \times 10^{-2}\,M}{0.10\,M} \times 100\% = 81\%$$

這很明顯地並不合理，因此我們必須利用二次方程式：

$$x^2 + 6.5 \times 10^{-2}x - 6.5 \times 10^{-3} = 0$$

結果可得 $x = 0.054\,M$。

步驟 4：當第一階段的解離到達平衡後，各物質的濃度為

$$[H^+] = 0.054\,M$$

$$[HC_2O_4^-] = 0.054\,M$$

$$[H_2C_2O_4] = (0.10 - 0.054)\,M = 0.046\,M$$

接著我們再考慮第二階段的解離。

步驟 1：在此階段，水溶液中的主要物質為草酸氫根離子 (扮演酸之角色)、氫離子，以及其共軛鹼草酸根離子 ($C_2O_4^{2-}$)。

步驟 2：令 y 為氫離子以及草酸根離子的平衡濃度 (以 mol/L 為單位)，可以總結如下：

	$HC_2O_4^-(aq)$	$\rightleftharpoons$	$H^+(aq)$	+	$C_2O_4^{2-}(aq)$
初濃度 (M)：	0.054		0.054		0.00
改變量 (M)：	$-y$		$+y$		$+y$
平衡後 (M)：	$0.054 - y$		$0.054 + y$		y

步驟 3：由表 15.5 可得

$$K_a = \frac{[H^+][C_2O_4^{2-}]}{[HC_2O_4^-]}$$

$$6.1 \times 10^{-5} = \frac{(0.054 + y)(y)}{(0.054 - y)}$$

假設 $0.054 + y \approx 0.054$，且 $0.054 - y \approx 0.054$，我們會得到

$$\frac{(0.054)(y)}{(0.054)} = y = 6.1 \times 10^{-5}\,M$$

用下列方式來驗證是否合理：

$$\frac{6.1\times10^{-5}\,M}{0.054\,M}\times100\%=0.11\%$$

所以這種算法合理。

步驟 4：各物質在平衡狀態下的濃度為

$$[H_2C_2O_4]=0.046\,M$$
$$[HC_2O_4^-]=(0.054-6.1\times10^{-5})\,M=0.054\,M$$
$$[H^+]=(0.054+6.1\times10^{-5})\,M=0.054\,M$$
$$[C_2O_4^{2-}]=6.1\times10^{-5}\,M$$
$$[OH^-]=1.0\times10^{-14}/0.054=1.9\times10^{-13}\,M$$

練習題

試計算 0.20 M 草酸水溶液中之草酸、草酸氫根離子、草酸根離子，以及氫離子的濃度。

例題 15.10 顯示，對於雙質子酸而言，若 $K_{a_1}\gg K_{a_2}$，我們就可以假定絕大多數的氫離子都是在第一階段中解離所生成的產物；除此之外，對於在第二階段所生成的共軛鹼來說，其濃度剛好就等於 K_{a_2}。

磷酸 (H_3PO_4) 為有 3 個氫原子可解離的多質子酸：

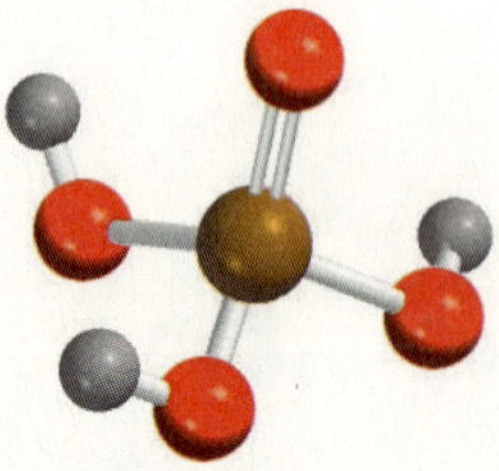
H_3PO_4

$$H_3PO_4(aq)\rightleftharpoons H^+(aq)+H_2PO_4^-(aq)\qquad K_{a_1}=\frac{[H^+][H_2PO_4^-]}{[H_3PO_4]}=7.5\times10^{-3}$$
$$H_2PO_4^-(aq)\rightleftharpoons H^+(aq)+HPO_4^{2-}(aq)\qquad K_{a_2}=\frac{[H^+][HPO_4^{2-}]}{[H_2PO_4^-]}=6.2\times10^{-8}$$
$$HPO_4^{2-}(aq)\rightleftharpoons H^+(aq)+PO_4^{3-}(aq)\qquad K_{a_3}=\frac{[H^+][PO_4^{3-}]}{[HPO_4^{2-}]}=4.8\times10^{-13}$$

我們知道磷酸是弱酸，且其解離常數在第二階段和第三階段中明顯地下降。所以，對磷酸水溶液而言，未解離的磷酸是所有物質中濃度最高者，此外，其餘濃度較高的物質為氫離子和磷酸二氫根 ($H_2PO_4^-$) 離子。

15.9 酸性大小與分子結構

酸性大小會受到一些因素影響，例如：溶劑的種類、溫度，以及酸的分子結構。當我們比較兩種酸的強度時，如果將前面幾種變數所造成的影響消去之後，就可以聚焦於酸的結構上。

以某酸 HX 為例，可以測量其解離的趨勢來判斷酸性大小：

$$HX \longrightarrow H^+ + X^-$$

有兩個因素影響著此酸的解離程度：其中一個是 H—X 間的鍵結強度，鍵結愈強就愈難破壞 HX 分子的鍵結，所以酸性就愈弱；另一因素為 H—X 鍵的極性，兩原子間的電負度差異會與其共價鍵的極性大小有關，如：

$$\overset{\delta+}{H}—\overset{\delta-}{X}$$

若鍵結高度極化，也就是當大量的正電荷和負電荷分別累積在 H 和 X 原子兩端時，H—X 鍵會傾向於斷掉生成 H^+ 和 X^- 離子，所以高極性會使得酸性更強。我們接下來會提到幾個例子，它們的鍵強 (或是極性) 在決定酸性大小上扮演不可或缺的角色。

氫鹵酸

鹵素可以形成一系列通稱為氫鹵酸的雙原子酸 (氫氟酸、氫氯酸、氫溴酸，以及氫碘酸)，但它們的酸性大小主要是決定於何種因素 (鍵強或鍵極性) 呢？我們有兩個相衝突的因素需要考慮。首先，可以從 H—X 鍵的強度來想，表 15.6 顯示這四種氫鹵酸的鍵焓以氫氟酸最高、氫碘酸最低，打斷 H—F 鍵所需的能量為 568.2 kJ/mol，而打斷 H—I 鍵則只需 298.3 kJ/mol，因為要打斷鍵結生成 H^+ 離子和 I^- 離子最為容易，所以氫碘酸是最強的酸；但如果考慮的是 H—X 鍵的極性時，由於氟在鹵素中具有最高的電負度 (見圖 9.5)，因此 H—F 鍵的極性最大，高極性會使得大量正、負電荷分別累積在氫與氟原子兩端，反而導致氫氟酸的酸性最強。事實上，氫碘酸才是最強的酸，而氫氟酸是最弱的酸，這說明了鍵焓是決定這些雙原子酸之酸性大小的主要因素，鍵結愈弱酸性就愈強，因此酸性大小的排序如下：

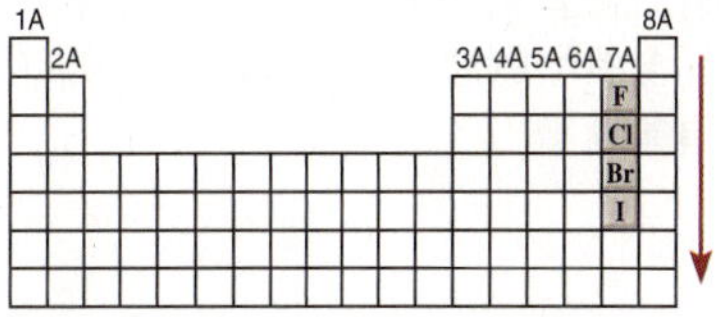

氫鹵酸的酸性大小由氫氟酸向氫碘酸遞增。

$$HF \ll HCl < HBr < HI$$

表 15.6 鹵化氫的鍵焓與其氫鹵酸強度

鍵結	鍵焓 (kJ/mol)	酸性大小
H—F	568.2	弱
H—Cl	431.9	強
H—Br	366.1	強
H—I	298.3	強

含氧酸

我們現在來看含氧酸。含氧酸包含氫、氧和另一種位於中心的其他元素 Z (請見第二章的內容)。圖 15.5 顯示一些常見含氧酸的路易士結構。如你所見，這些酸的共同特徵為：具有 1 個以上的 O—H 鍵結，且可能有其他官能基接在中心原子 Z 的上面：

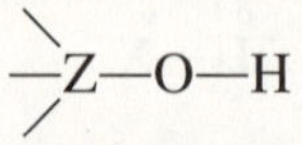

當原子的氧化數增加時，它在化學鍵中將電子往自己這邊拉的能力也會變強。

若 Z 為一個電負度高的元素，或者是處於較高的氧化態時，就會吸引電子讓 Z—O 鍵的共價性與極性更強，於是氫離子被釋放出來的趨勢就會增加：

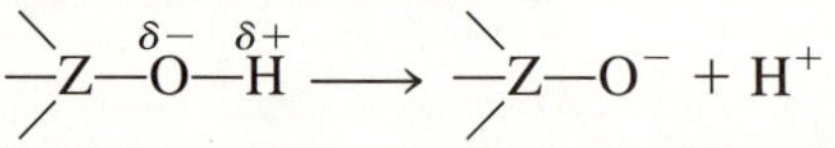

將含氧酸分為兩大類可以更方便地比較它們的強度。

1. **中心原子在週期表上屬於同一族、氧化數相同的含氧酸**。在同一族內，酸性大小會隨著中心元素的電負度增加而上升，如氯酸 ($HClO_3$) 與溴酸 ($HBrO_3$)：

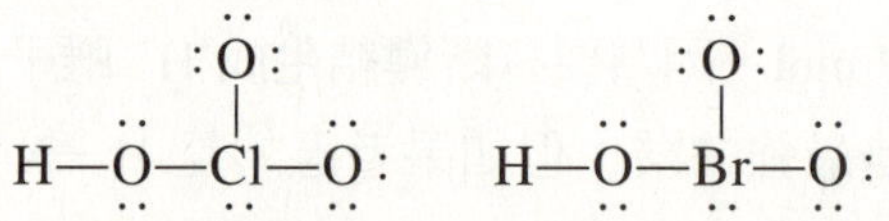

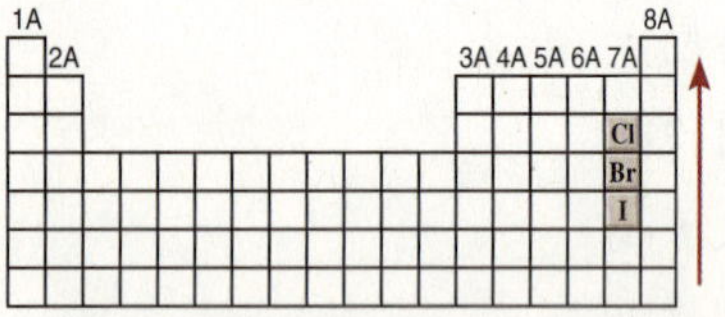

關於帶有相同氧原子數目的鹵素，其含氧酸的酸性由週期表的底部往頂端漸增。

氯和溴有著相同的氧化數 (+5)，然而，因為氯的電負度較大，在 Cl—O—H 基團中比溴更容易吸引與氧共用的電子對，因此氯酸之 O—H 鍵的極性較強且更容易解離，它們的相對酸性大小為

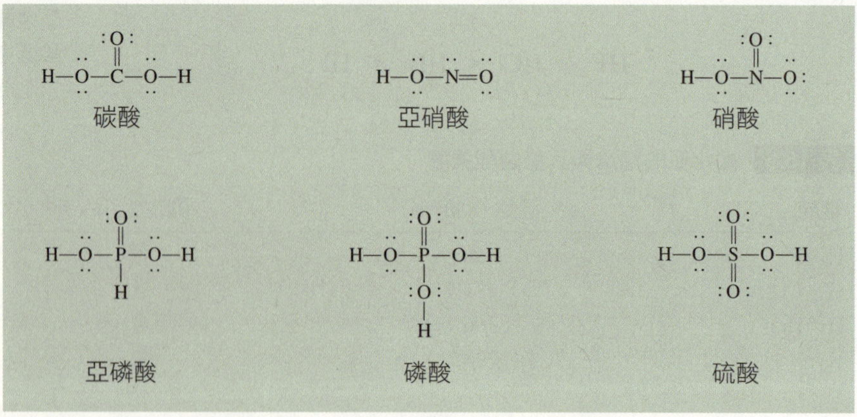

圖 15.5 一些常見含氧酸的路易士結構。(為求簡化，於此將形式電荷加以省略。)

$$HClO_3 > HBrO_3$$

2. 中心元素相同、鍵結基團的數量不同之含氧酸。酸性大小會隨著中心原子的氧化數上升而增強，以圖 15.6 所示之氯的含氧酸為例，氯對 OH 基團的吸引電子能力會隨著高電負度氧原子的鍵結數量增加而增強 (導致 O—H 鍵極性變強的緣故)。因此，過氯酸 ($HClO_4$) 為最強的酸，它在氯原子上接有最多的氧原子，氯的含氧酸之相對酸性大小如下：

$$HClO_4 > HClO_3 > HClO_2 > HClO$$

例題 15.11 進行以分子結構為主因的酸性大小比較。

例題 15.11

預測下列各組含氧酸的相對強度大小：(a) 次氯酸 (HClO)、次溴酸 (HBrO)，以及次碘酸 (HIO)；(b) 硝酸 (HNO_3) 和亞硝酸 (HNO_2)。

策　略

檢視其分子結構。於 (a) 中，各酸的差異僅在於中心原子不同 (氯、溴和碘)，哪一個中心原子的電負度最高？於 (b) 中，各酸具有相同的中心原子 (氮)，但氧的數量不一，請問氮的氧化數各是多少？

解　答

(a) 這些酸的結構均相同，且所有的鹵素原子都有相同的氧化數 (+1)，由於電負度從氯向碘遞減，因此氯原子最能吸引與氧原子共享的電子對。故次氯酸中的 O—H 鍵極性最強、次碘酸中的 O—H 鍵極性最弱，因此，酸性大小依照下列順序遞減：

$$HClO > HBrO > HIO$$

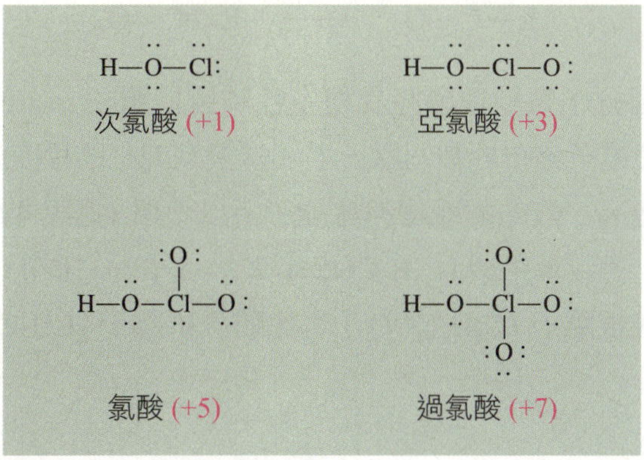

圖 15.6 氯的各種含氧酸之路易士結構。氯原子的氧化數標示於括號中，為求簡化，我們將形式電荷加以省略；請注意：雖然我們將次氯酸寫成 HClO，但氫原子事實上是鍵結於氧原子上。

(b) 硝酸和亞硝酸的結構如圖 15.5 所示。以氧化數來說，硝酸中的氮為 +5，而亞硝酸中的氮為 +3，所以硝酸的酸性大於亞硝酸。

練習題

下列何者酸性較弱：亞氯酸還是氯酸？

碳氧酸 (羧酸)

我們到目前為止都著眼於無機酸的討論，但有一種有機酸——羧酸也值得注意，其路易士結構可以表示為

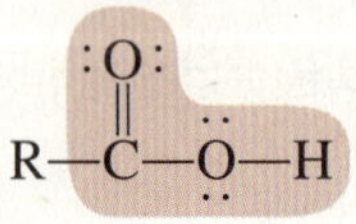

其中 R 為分子的一部分，而陰影部分則代表羧基 (—COOH)。羧酸的酸性大小需視 R 的性質而定，例如：乙酸與氯乙酸：

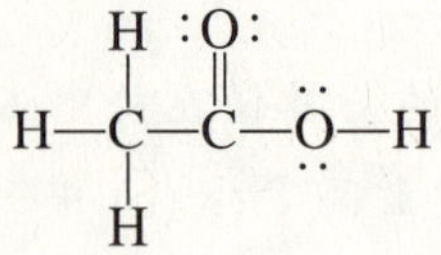

乙酸 ($K_a = 1.8 \times 10^{-5}$)

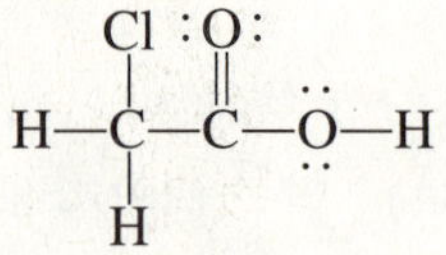

氯乙酸 ($K_a = 1.4 \times 10^{-3}$)

由於氯乙酸中具有高電負度的氯原子存在，使得其電子雲密度的分布偏向 R 基團，增強了 O—H 鍵的極性，因此解離趨勢更強：

$$CH_2ClCOOH(aq) \rightleftharpoons CH_2ClCOO^-(aq) + H^+(aq)$$

羧酸的共軛鹼即所謂的羧酸根離子 ($RCOO^-$)，它具有共振結構：

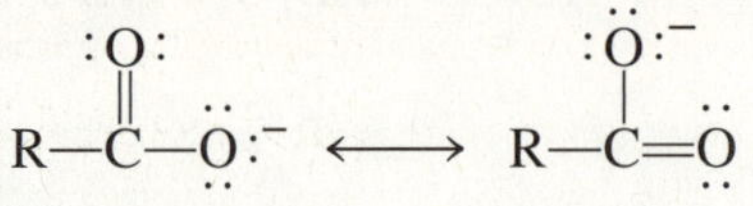

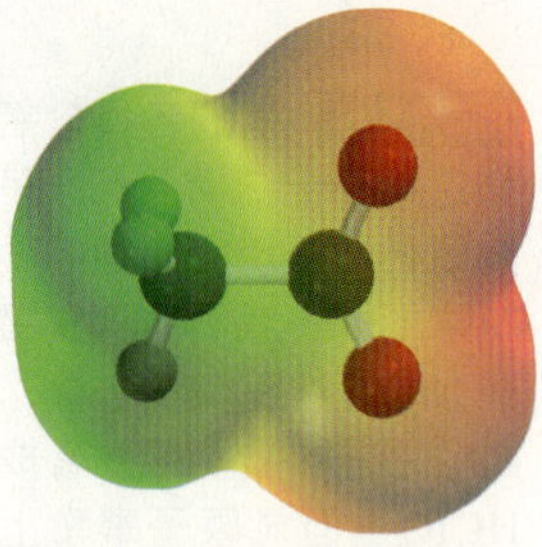

醋酸的電子分布潛勢圖。(兩個氧原子上的電子密度分布均勻。)

我們可以根據分子軌域理論將其穩定性歸因於電子分布的去定域化，此離子能夠使電子分布於數個原子上，當去定域化的程度愈高，離子的穩定性也就愈高，酸的解離趨勢愈強，所以苯環 (見第 424 頁) 可使電子去定域化，導致苯甲酸 (C_6H_5COOH, $K_a = 6.5 \times 10^{-5}$) 的酸性比醋酸高，而苯甲酸根離子 ($C_6H_5COO^-$) 也比醋酸根離子 (CH_3COO^-) 更為穩定。

15.10 鹽類的酸鹼性

如同 4.3 節的定義，鹽類是一種由酸與鹼反應所生成的離子化合物，是在水中會完全解離的強電解質。**鹽類的水解** (salt hydrolysis) 是描述鹽類中的陽離子或陰離子與水之間的反應，它通常會影響溶液的 pH 值。

溶液呈中性的鹽類

一般來說，由鹼金族或鹼土族離子 (扣除鈹離子) 與強酸的共軛鹼 (例如：氯離子、溴離子或硝酸根離子) 所生成之鹽類在水中並沒有明顯的水解趨勢，所以其水溶液被視為中性。例如：由氫氧化鈉和硝酸反應所生成的硝酸鈉溶於水時會完全解離如下：

$$NaNO_3(s) \xrightarrow{H_2O} Na^+(aq) + NO_3^-(aq)$$

水合的鈉離子既不會提供也不會接受氫離子，且硝酸的共軛鹼 (硝酸根離子) 對氫離子也沒有吸引力，因此含有鈉離子和硝酸根離子的水溶液為中性，其 pH 值約為 7。

溶液呈鹼性的鹽類

強鹼與弱酸所生成的鹽類在水溶液中呈鹼性。例如：醋酸鈉 (CH_3COONa) 在水中的解離：

事實上，所有的陽離子溶於水都會呈酸性。

$$CH_3COONa(s) \xrightarrow{H_2O} Na^+(aq) + CH_3COO^-(aq)$$

水合的鈉離子並不會呈現明顯的酸性或鹼性，然而，醋酸 (弱酸) 的共軛鹼 (醋酸根離子) 對氫離子具有吸引力，其水解反應如下：

金屬離子形成酸性溶液的機制會在第 634 頁中討論。

$$CH_3COO^-(aq) + H_2O(l) \rightleftharpoons CH_3COOH(aq) + OH^-(aq)$$

由於此反應會生成氫氧根離子，所以醋酸鈉水溶液為鹼性，此水解反應的平衡常數和醋酸根離子的鹼解離常數 (K_b) 相同，我們可以將其寫為

$$K_b = \frac{[CH_3COOH][OH^-]}{[CH_3COO^-]} = 5.6 \times 10^{-10}$$

由於每個水解的醋酸根離子都會生成一個氫氧根離子，因此氫氧根在平衡時的濃度就和發生水解的醋酸根離子濃度相同，我們可以定義其**水解百分率**為

$$水解百分率 = \frac{[CH_3COO^-]_{已水解}}{[CH_3COO^-]_{初濃度}} \times 100\%$$

$$= \frac{[OH^-]_{達平衡時}}{[CH_3COO^-]_{初濃度}} \times 100\%$$

例題 15.12 示範以醋酸鈉之水解反應所進行的計算，在解決鹽類水解的問題時，我們可以遵循之前用於弱酸和弱鹼的流程來進行。

例題 15.12

試計算 0.15 M 之醋酸鈉 (CH_3COONa) 溶液的 pH 值。又其水解百分率是多少？

策略

何謂鹽類？醋酸鈉在水溶液中會完全解離為鈉離子和醋酸根離子，如同我們之前所見，鈉離子並不會和水反應，因此對溶液的 pH 值不造成影響；而醋酸根離子則是醋酸 (弱酸) 的共軛鹼，所以，我們可以預期它會和水會進行某種程度的反應，進而產生醋酸和氫氧根離子，導致溶液呈鹼性。

解答

步驟 1：因為醋酸鈉溶液一開始就有 0.15 M，因此解離後的離子濃度亦為 0.15 M：

	$CH_3COONa(aq) \longrightarrow$	$Na^+(aq)$ +	$CH_3COO^-(aq)$
初濃度 (M)：	0.15	0	0
改變量 (M)：	−0.15	+0.15	+0.15
平衡後 (M)：	0	0.15	0.15

對這些離子而言，只有醋酸離子會和水進行反應：

$$CH_3COO^-(aq) + H_2O(l) \rightleftharpoons CH_3COOH(aq) + OH^-(aq)$$

當到達平衡時，溶液中的主要物質為醋酸、醋酸根離子，以及氫氧根離子，在鹼性溶液中，我們可以預期氫離子的濃度會非常低，因此可將其視為次要物質，同時在此忽略水的解離。

步驟 2：令 x 為醋酸與氫氧根離子在平衡狀態下的濃度 (mol/L)，可以整理如下：

	$CH_3COO^-(aq) + H_2O(l) \rightleftharpoons$	$CH_3COOH(aq)$	$+\ OH^-(aq)$
初濃度 (M)：	0.15	0.00	0.00
改變量 (M)：	$-x$	$+x$	$+x$
平衡後 (M)：	$0.15 - x$	x	x

步驟 3：根據先前的討論與表 15.3，我們可以知道水解的平衡常數 (或是鹼的解離常數) 如下

$$K_b = \frac{[CH_3COOH][OH^-]}{[CH_3COO^-]}$$
$$5.6 \times 10^{-10} = \frac{x^2}{0.15 - x}$$

故 K_b 值極小且鹼的初濃度相當高，因此我們可以假設 $0.15 - x \approx 0.15$：

$$5.6 \times 10^{-10} = \frac{x^2}{0.15 - x} \approx \frac{x^2}{0.15}$$
$$x = 9.2 \times 10^{-6}\ M$$

步驟 4：當到達平衡時：

$$[OH^-] = 9.2 \times 10^{-6}\ M$$
$$pOH = -\log(9.2 \times 10^{-6})$$
$$= 5.04$$
$$pH = 14.00 - 5.04$$
$$= 8.96$$

故水溶液如我們先前所預期的一樣為鹼性，而水解百分率為

$$\text{水解百分率} = \frac{9.2 \times 10^{-6}\ M}{0.15\ M} \times 100\%$$
$$= 0.0061\%$$

檢　查

結果顯示只有極小部分的陰離子會進行水解反應。請注意：水解百分率的計算也需要對誤差值進行驗證，在本例題中所得到的結論是合理。

類題：15.18。

練習題

試計算 0.24 M 之甲酸鈉 (HCOONa) 水溶液的 pH 值。

溶液呈酸性的鹽類

由強酸 (像是鹽酸) 和弱鹼 (如 NH_3) 反應所生成的鹽類溶於水時會

呈酸性。例如以下反應：

$$NH_4Cl(s) \xrightarrow{H_2O} NH_4^+(aq) + Cl^-(aq)$$

氯離子身為強酸之共軛鹼，它對氫離子沒有吸引力，因此不會進行水解；銨根離子為氨 (弱鹼) 的共軛酸，其解離情形如下：

$$NH_4^+(aq) + H_2O(l) \rightleftharpoons NH_3(aq) + H_3O^+(aq)$$

或簡化為

$$NH_4^+(aq) \rightleftharpoons NH_3(aq) + H^+(aq)$$

請注意：此反應同樣代表銨根離子的水解。由於氫離子生成的緣故，水溶液的 pH 值也隨之下降，整個過程的平衡常數 (或解離常數) 可表示為：

銨根離子的 K_a 值與醋酸根離子的 K_b 值碰巧相同。

$$K_a = \frac{[NH_3][H^+]}{[NH_4^+]} = \frac{K_w}{K_b} = \frac{1.0 \times 10^{-14}}{1.8 \times 10^{-5}} = 5.6 \times 10^{-10}$$

於是我們可以像例題 15.12 那樣用同樣的流程來計算氯化銨水溶液之 pH 值。

原則上，**所有的**金屬離子都會和水反應，並使得溶液呈酸性。然而，只有那些體積小且帶電量較高的金屬陽離子會有較高的水解程度 (例如：三價鋁離子、三價鉻離子、三價鐵離子、三價鉍離子和二架鈹離子)，因此我們可忽略鹼金族離子和大部分鹼土族離子與水的反應，當氯化鋁在水中解離時，鋁離子會水合成 $Al(H_2O)_6^{3+}$ (圖 15.7)，來看看 $Al(H_2O)_6^{3+}$ 中任何一個水分子之氧原子與金屬離子間的鍵結：

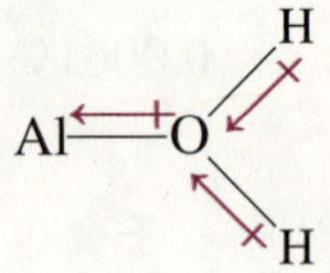

帶正電的鋁離子會將電子密度往它自己這邊拉，增加 O—H 鍵的極性，因此，其氫原子會比未水合的水分子更容易解離，此結果可以表示為

水合 Al^{3+} 離子在此反應中可作為布忍斯特酸提供質子。

$$Al(H_2O)_6^{3+}(aq) + H_2O(l) \rightleftharpoons Al(OH)(H_2O)_5^{2+}(aq) + H_3O^+(aq)$$

或是簡化為

$$Al(H_2O)_6^{3+}(aq) \rightleftharpoons Al(OH)(H_2O)_5^{2+}(aq) + H^+(aq)$$

此金屬陽離子水解的平衡常數為

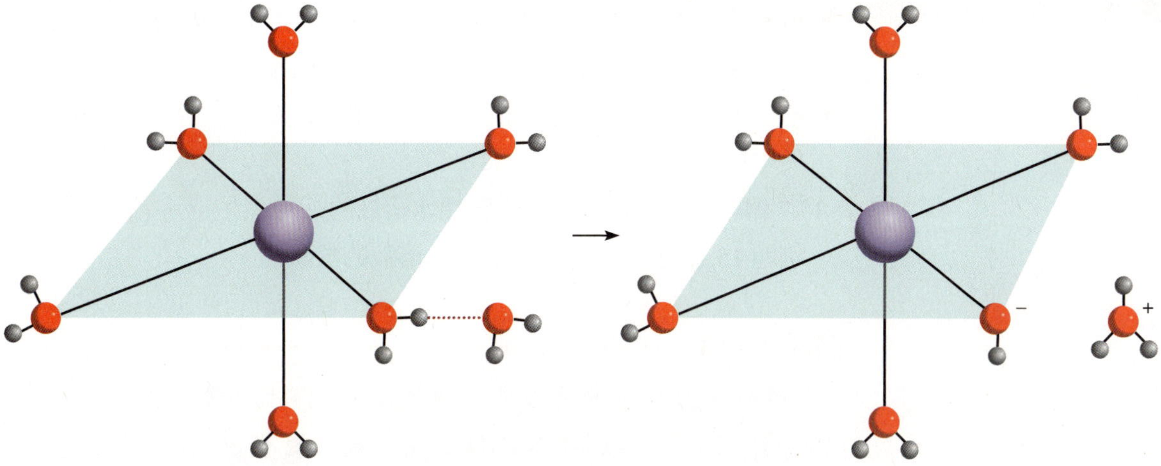

圖 15.7 鋁離子周圍的 6 個水分子以正八面體的形式環繞，小小的鋁離子對氧原子上之孤電子對的吸引力極大，導致周圍水分子的 O—H 鍵結變弱，如此一來可能會使氫離子移至其他相鄰的水分子身上，這種金屬陽離子的水解反應會導致水溶液呈酸性。

$$K_a = \frac{[Al(OH)(H_2O)_5^{2+}][H^+]}{[Al(H_2O)_6^{3+}]} = 1.3 \times 10^{-5}$$

$Al(OH)_6^{3+}$ 的酸性強度大概跟醋酸差不多。

請注意：$Al(OH)(H_2O)_5^{2+}$ 可以更進一步地解離：

$$Al(OH)(H_2O)_5^{2+}(aq) \rightleftharpoons Al(OH)_2(H_2O)_4^{+}(aq) + H^+(aq)$$

以此類推。不過，通常我們只要考慮第一階段的水解反應就足夠了。

帶電荷量愈高、體積愈小的離子就愈有可能進行水解，因為電荷「密度」高的離子能夠有效地極化水分子上的 O—H 鍵，使之更容易解離，這也是為什麼像鈉離子和鉀離子這些體積較大且帶電量較低的離子並不會產生明顯水解的原因。

陰離子、陽離子都會水解的鹽類

到目前為止，我們所看到的鹽類都只有其中的一種離子會進行水解，對於那些由弱酸和弱鹼所生成的鹽類而言，其陰離子、陽離子都會產生水解，因此水溶液會是酸性、中性或是鹼性須取決於弱鹼和弱酸的相對強度而定，我們以下列結果作為基準來預期它們的性質：

- $K_b > K_a$。若陰離子的 K_b 值大於陽離子的 K_a 值，溶液必定會呈鹼性。因為陰離子的水解程度比陽離子高，當到達平衡時，氫氧根離子的量會大於氫離子的量。

- **$K_b < K_a$**。相反地，若陰離子的 K_b 值小於陽離子的 K_a 值，溶液必定會呈酸性。因為陽離子的水解程度比陰離子高。
- **$K_b \approx K_a$**。若陰離子的 K_a 值約等於陽離子的 K_b 值，水溶液將會近似於中性。

表 15.7 總結在本章中所討論之鹽類水溶液的行為。

例題 15.13 示範如何預測鹽類水溶液的酸鹼性。

例題 15.13

預測下列溶液會是酸性、鹼性或是近似於中性：(a) 碘化銨 (NH_4I)；(b) 亞硝酸鈉 ($NaNO_2$)；(c) 氯化鐵 ($FeCl_3$)；(d) 氟化銨 (NH_4F)。

策略

在決定鹽類是否會進行水解反應時，需要問自己下列幾個問題：陽離子是否為帶電量高的金屬離子或銨離子？陰離子是否為弱酸的共軛鹼？若這些問題的答案中有任何一個為「是」，那麼水解就會發生。若是陰離子和陽離子都會和水反應，那麼水溶液的 pH 值就會視陽離子之 K_a 值和陰離子之 K_b 值的相對強度而定 (見表 15.7)。

解答

我們首先須將鹽類拆解為陽離子和陰離子兩部分，並且檢視各離子可能和水進行的反應。

(a) 陽離子是會和水反應生成氨和氫離子的銨根離子，而碘離子為氫碘酸 (強酸) 的共軛鹼，因此碘離子不會水解，且水溶液呈酸性。

(b) 鈉離子不會水解，而亞硝酸根離子為亞硝酸 (弱酸) 的共軛鹼，它會水解為亞硝酸和氫氧根離子，故水溶液呈鹼性。

(c) 鐵離子為具有高帶電量的小型金屬離子，且會和水反應生成氫離

表 15.7 鹽類的酸鹼性

鹽的種類	範例	進行水解的離子	溶液的 pH 值
陽離子來自強鹼；陰離子來自強酸	$NaCl$、KI、KNO_3、$RbBr$、$BaCl_2$	無	≈ 7
陽離子來自強鹼；陰離子來自弱酸	CH_3COONa、KNO_2	陰離子	> 7
陽離子來自弱鹼；陰離子來自強酸	NH_4Cl、NH_4NO_3	陽離子	< 7
陽離子來自弱鹼；陰離子來自弱酸	NH_4NO_2、CH_3COONH_4、NH_4CN	陰離子和陽離子	< 7 若 $K_b < K_a$ ≈ 7 若 $K_b \approx K_a$ > 7 若 $K_b > K_a$
體積小且帶電量高的陽離子；陰離子來自強酸	$AlCl_3$、$Fe(NO_3)_3$	水合的陽離子	< 7

子，而氯離子則不會水解，因此溶液呈酸性。

(d) 銨根離子和氰離子都會水解，我們可以從表 15.3 和表 15.4 中發現銨根離子的 K_a (5.6×10^{-10}) 大於氰離子的 K_b (1.4×10^{-11})，因此水溶液會呈酸性。

類題：15.17。

練習題

預測下列溶液為酸性，鹼性或是近似於中性：(a) 過氯酸鋰 ($LiClO_4$)；(b) 磷酸鈉 (Na_3PO_4)；(c) 硝酸鉍 [$Bi(NO_3)_3$]；(d) 氰酸銨 (NH_4CN)。

最後，我們注意到有些陰離子既可以像酸，也可以像鹼一樣地反應，例如：碳酸氫根離子 (HCO_3^-) 可以解離，也可以進行水解反應如下 (見表 15.5)：

$$HCO_3^-(aq) + H_2O(l) \rightleftharpoons H_3O^+(aq) + CO_3^{2-}(aq) \qquad K_a = 4.8 \times 10^{-11}$$
$$HCO_3^-(aq) + H_2O(l) \rightleftharpoons H_2CO_3(aq) + OH^-(aq) \qquad K_b = 2.4 \times 10^{-8}$$

因為 $K_b > K_a$，我們得以預期水解的效果會勝過解離，故碳酸氫鈉水溶液會呈鹼性。

15.11 氧化物與氫氧化物的酸鹼性

第八章曾經提到氧化物可分為酸性、鹼性或是兩性。圖 15.8 標示出一些主族元素之氧化物 (最高氧化態) 的化學式。請注意：除了氧化

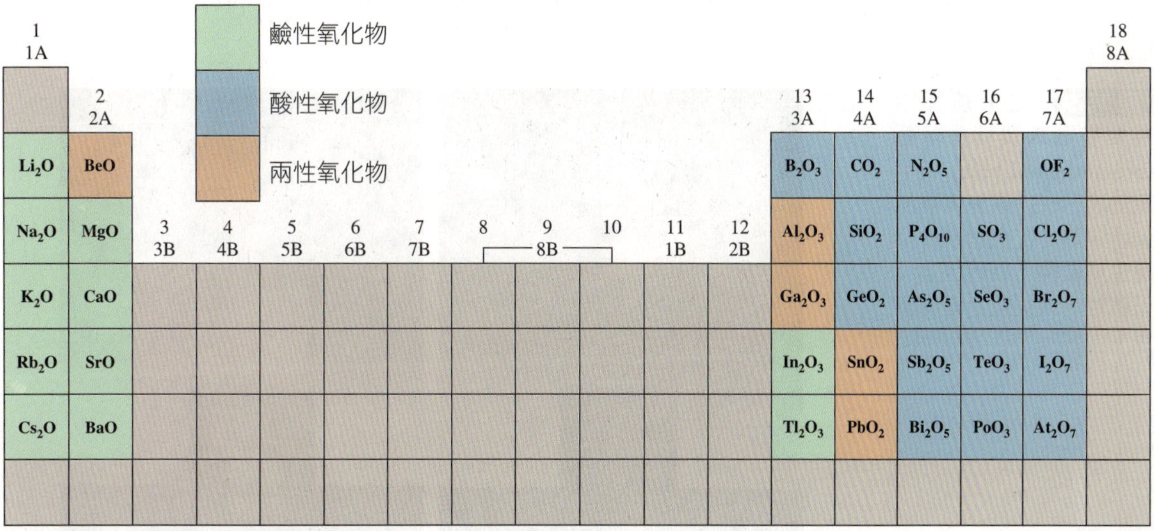

圖 15.8 處於最高氧化態之主族元素的氧化物。

鈹之外，所有的鹼金屬氧化物與鹼土金屬氧化物都是鹼性，而氧化鈹本身則和某些 3A 族與 4A 族的金屬氧化物同為兩性。另一方面，對非金屬元素來說，處於高氧化態的氧化物為酸性 (例如：五氧化二氮、三氧化硫，以及七氧化二氯)；處於低氧化態的氧化物 (例如：一氧化碳和一氧化氮) 則無明顯的酸性，但目前沒有已知的非金屬氧化物具有鹼性。

鹼性的金屬氧化物和水反應會產生金屬氫氧化物：

$$Na_2O(s) \xrightarrow{H_2O} 2NaOH(aq)$$
$$BaO(s) \xrightarrow{H_2O} Ba(OH)_2(aq)$$

而酸性的氧化物則會和水反應如下：

$$CO_2(g) + H_2O(l) \rightleftharpoons H_2CO_3(aq)$$
$$SO_3(g) + H_2O(l) \rightleftharpoons H_2SO_4(aq)$$
$$N_2O_5(g) + H_2O(l) \rightleftharpoons 2HNO_3(aq)$$
$$P_4O_{10}(s) + 6H_2O(l) \rightleftharpoons 4H_3PO_4(aq)$$
$$Cl_2O_7(l) + H_2O(l) \rightleftharpoons 2HClO_4(aq)$$

二氧化碳和水之間的反應可以解釋為什麼當純水暴露在空氣 (含有二氧化碳) 中時，pH 值會逐漸達到 5.5 (圖 15.9)。

酸性氧化物和鹼之間的反應一如鹼性氧化物與酸之間的反應，是一種普通的酸鹼中和反應，其產物為鹽類和水：

$$\underset{\text{酸性氧化物}}{CO_2(g)} + \underset{\text{鹼}}{2NaOH(aq)} \longrightarrow \underset{\text{鹽類}}{Na_2CO_3(aq)} + \underset{\text{水}}{H_2O(l)}$$

$$\underset{\text{鹼性氧化物}}{BaO(s)} + \underset{\text{酸}}{2HNO_3(aq)} \longrightarrow \underset{\text{鹽類}}{Ba(NO_3)_2(aq)} + \underset{\text{水}}{H_2O(l)}$$

圖 15.9 (左) 燒杯中為加有數滴溴瑞香草藍 (bromothymol blue) 指示劑的水；(右) 當乾冰被加到水中時，二氧化碳會反應生成碳酸，使得水溶液呈酸性，並從藍色變成黃色。

如圖 15.8 所示，氧化鋁 (Al_2O_3) 為兩性氧化物，它可以像酸性氧化物一樣反應，也可以像鹼性氧化物一樣反應，需視反應環境而定。舉例來說，氧化鋁可以像鹼一樣和氫氯酸反應生成鹽類 (氯化鋁) 和水：

$$Al_2O_3(s) + 6HCl(aq) \longrightarrow 2AlCl_3(aq) + 3H_2O(l)$$

也可以像酸一樣和氫氧化鈉反應：

$$Al_2O_3(s) + 2NaOH(aq) \longrightarrow 2NaAlO_2(aq) + H_2O(l)$$

有些處於高氧化態的過渡金屬氧化物會和酸性氧化物進行一樣的反應，七價氧化錳 (Mn_2O_7) 和六價氧化鉻 (CrO_3) 是常見的兩個例子，兩者在水中都會與水反應生成酸：

金屬的氧化數愈高，化合物的共價性就愈強；反之，則是離子性愈強。

$$Mn_2O_7(l) + H_2O(l) \longrightarrow \underset{\text{過錳酸}}{2HMnO_4(aq)}$$

$$CrO_3(s) + H_2O(l) \longrightarrow \underset{\text{鉻酸}}{H_2CrO_4(aq)}$$

鹼性與兩性氫氧化物

我們已經知道鹼金屬和鹼土金屬的氫氧化物 (除了氫氧化鈹之外) 具有鹼性，而下列氫氧化物則為兩性物質：氫氧化鈹、氫氧化鋁、氫氧化錫、氫氧化鉛、氫氧化鉻、氫氧化銅、氫氧化鋅，以及氫氧化鎘。所謂的兩性是指它們和酸與鹼均會反應，例如氫氧化鋁：

$$Al(OH)_3(s) + 3H^+(aq) \longrightarrow Al^{3+}(aq) + 3H_2O(l)$$
$$Al(OH)_3(s) + OH^-(aq) \rightleftharpoons Al(OH)_4^-(aq)$$

所有的兩性氫氧化物都難溶於水。

有趣的是，氫氧化鈹也和氫氧化鋁一樣具有兩性特質：

$$Be(OH)_2(s) + 2H^+(aq) \longrightarrow Be^{2+}(aq) + 2H_2O(l)$$
$$Be(OH)_2(s) + 2OH^-(aq) \rightleftharpoons Be(OH)_4^{2-}(aq)$$

這也是另一個鈹和鋁具有對角線關係的證明 (見第 325 頁)。

15.12 路易士酸與鹼

到目前為止，我們都是根據布忍斯特的理論在探討酸與鹼之特質，例如：布忍斯特酸為能夠接收質子的物質，而根據此定義，氫氧根離子

和氨則為鹼：

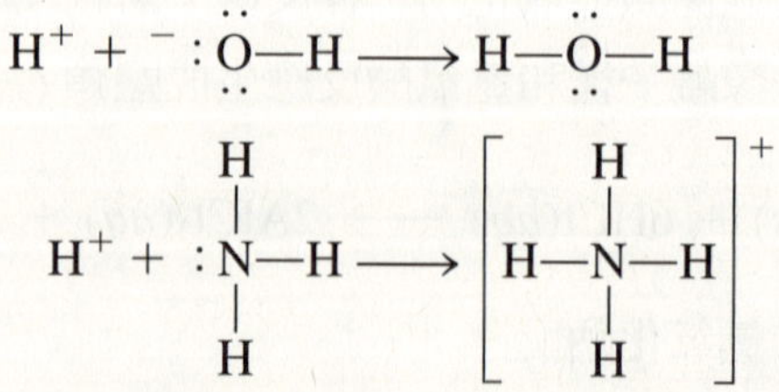

但能接收質子的原子其實都具有一對以上的孤電子對，這種由氫氧根離子、氨及其他布忍斯特鹼所具有的共同特質為酸、鹼下了更廣泛的定義。

缺乏電子或中心原子具有空軌域者為路易士酸。

在西元 1932 年，美國化學家路易士歸納出了下列定義。他定義我們現在所謂的**路易士鹼** (Lewis base) 為能夠提供電子對的物質，而**路易士酸** (Lewis acid) 則為能夠接受電子對的物質。例如：氨在接收質子時就是當作路易士鹼，因為它提供電子對給質子；而接受電子對的質子則為路易士酸，所以單一的路易士酸鹼反應牽涉到電子對在兩物質間轉移的過程，這種反應不會生成鹽類和水。

圖 15.10 三氟化硼和氨所產生的路易士酸鹼反應。

路易士所提出的概念很明顯地要比其他定義更為廣泛，路易士酸鹼反應囊括許多具有非布忍斯特酸在內的反應，例如：三氟化硼和氨之間的加成反應與其所生成的產物 (圖 15.10)：

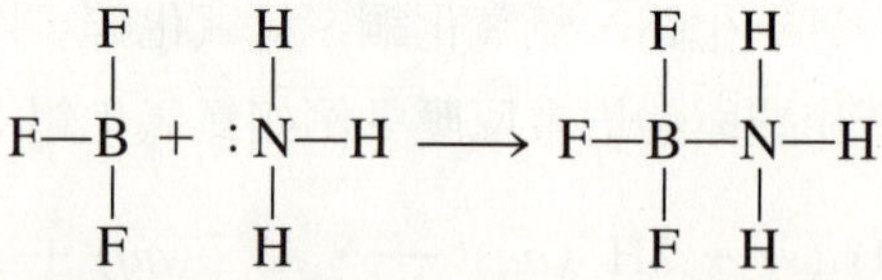

酸　鹼

我們在 10.4 節看到三氟化硼中的硼原子為 sp^2 混成，而未參與混成的 $2p_z$ 空軌域則接受來自氨的電子對。因此，即使三氟化硼並不具有可解離的質子，但在路易士的定義之下依然為酸。請注意：一如所有的路易士酸鹼反應一樣，硼和氮原子間會有配位共價鍵的形成。

配位共價鍵只會在路易士酸反應中形成。

另一種含硼的路易士酸為硼酸 (用於洗眼器中的一種弱酸)，它是具有下列結構的含氧酸：

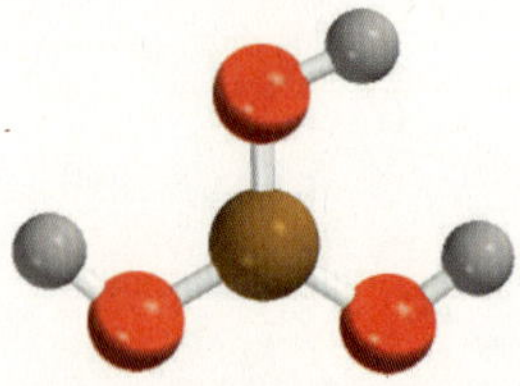

H_3BO_3

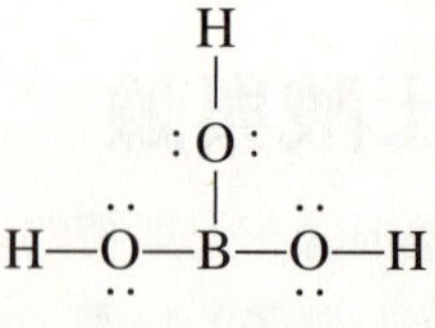

硼酸在水中並不會解離產生氫離子，它和水之間的反應為

$$B(OH)_3(aq) + H_2O(l) \rightleftharpoons B(OH)_4^-(aq) + H^+(aq)$$

在這個路易士酸鹼反應中，硼酸接受從水分子解離出來之氫氧根離子上的電子對。

我們也可以從路易士的角度來思考二氧化碳水合生成碳酸的反應：

$$CO_2(g) + H_2O(l) \rightleftharpoons H_2CO_3(aq)$$

第一個步驟包含水的氧原子將電子對提供給二氧化碳的碳原子，藉由移去碳一氧 π 鍵中的一對電子對，某個碳原子軌域會被清空，因此得以容納新進的電子對，這些電子的轉移以曲線箭頭來表示如下：

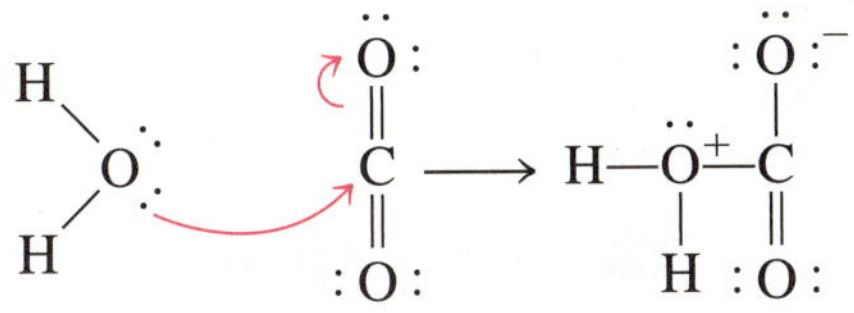

因此，水為路易士鹼、二氧化碳為路易士酸。接著是 1 個質子被轉移至帶負電荷的氧原子上形成碳酸。

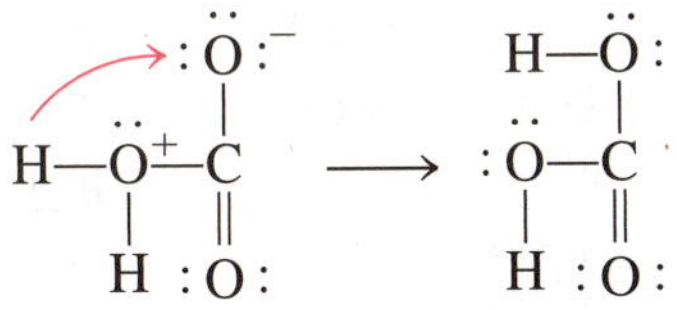

其他路易士酸鹼反應的例子有

$$\underset{\text{酸}}{Ag^+(aq)} + \underset{\text{鹼}}{2NH_3(aq)} \rightleftharpoons Ag(NH_3)_2^+(aq)$$

$$\underset{\text{酸}}{Cd^{2+}(aq)} + \underset{\text{鹼}}{4I^-(aq)} \rightleftharpoons CdI_4^{2-}(aq)$$

$$\underset{\text{酸}}{Ni(s)} + \underset{\text{鹼}}{4CO(g)} \rightleftharpoons Ni(CO)_4(g)$$

值得注意的是，金屬離子在水溶液中的水合也是路易士酸鹼反應 (見圖 15.7)。因此，當二價硫酸銅 ($CuSO_4$) 溶解在水中時，每個銅離子都會和 6 個水分子連結形成 $Cu(H_2O)_6^{2+}$，如此一來，銅離子的反應性就像酸一樣，而水分子則是鹼。

儘管路易士對於酸、鹼的定義較為廣泛且具有意義，但我們一般還

CHEMISTRY in Action

生活中的化學

制酸劑與你胃中的 pH 值平衡

一般成人每天會產生 2 至 3 公升的胃液，這是一種由胃黏膜內的腺體所分泌之稀薄酸性消化液。胃液含有鹽酸及其他物質，pH 值大約是 1.5，相當於濃度為 0.03 *M* 的鹽酸溶液——這種濃度已經高到足以將鋅金屬溶化！究竟為何體內會有酸性這麼強的物質呢？這些氫離子從何而來？如果胃裡面的氫離子過多時又會發生什麼事？

胃的構造如示意圖所繪，其內襯是由無數的胃壁細胞緊密連結在一起所形成，這些細胞的細胞膜可以環繞胃的內部保護它，也能夠讓水跟中性分子進出，卻阻擋氫、鈉、鉀及氯等離子的移動，這裡面的氫離子來自於碳酸 (H_2CO_3)，是由水與二氧化碳在新陳代謝的尾聲時水合所生成的產物：

$$CO_2(g) + H_2O(l) \rightleftharpoons H_2CO_3(aq)$$
$$H_2CO_2(aq) \rightleftharpoons H^+(aq) + HCO_3^-(aq)$$

上述反應發生於存在著黏膜細胞的血漿中，氫離子會藉由**主動傳輸**的方式穿過細胞膜至胃的內側。(主動傳輸有受到酶的輔助。) 而為了維持電荷平衡，等量的氯離子也會從血漿中移動至胃裡，這些離子大部分都會被細胞膜阻擋，無法再擴散回去。

胃裡面的這些強酸可以消化食物以及活化特定的消化酶，由於進食會促進氫離子的分泌，因此，這些離子中有一小部分會再次被黏膜吸收，導致輕微出血。每分鐘大約會有 50 萬個細胞從內壁上脫落，所以一個健康的胃大約每三天就會完全更替一次內壁。然而，若是酸性成分的濃度太高時，持續經由細胞膜湧入血漿的氫離子會導致肌肉收縮、疼痛、腫脹、發炎及出血。

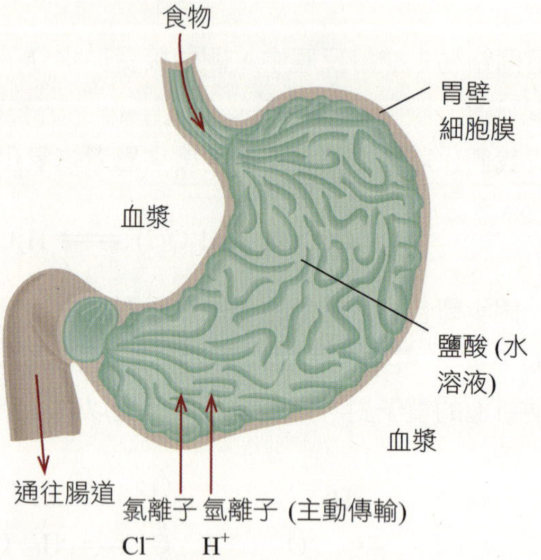

人類的胃 (簡化示意圖)。

暫時降低胃中氫離子濃度的方法之一是服用制酸劑。制酸劑的主要功能為中和胃液裡過多的氫氯酸，第 643 頁的表格列出了一些常見制酸劑裡的有效成分，它們可用來中和胃酸，其反應如下所示：

$$NaHCO_3(aq) + HCl(aq) \longrightarrow NaCl(aq) + H_2O(l) + CO_2(g)$$

$$CaCO_3(s) + 2HCl(aq) \longrightarrow CaCl_2(aq) + H_2O(l) + CO_2(g)$$

$$MgCO_3(s) + 2HCl(aq) \longrightarrow MgCl_2(aq) + H_2O(l) + CO_2(g)$$

是會根據布忍斯特的定義來稱呼「酸」和「鹼」。「路易士酸」這個名詞用於能夠接收電子對的物質，而非含有可解離出氫原子的物質。

例題 15.14 將路易士酸和路易士鹼進行分類。

當一片我可舒適藥錠在水中溶解時，裡面的碳酸氫根離子和藥錠內的酸會反應生成二氧化碳氣體。

常見的市售制酸劑

商品名稱	有效成分
我可-2	碳酸鈣
我可舒適	阿斯匹靈、碳酸氫鈉、檸檬酸
百服寧	阿斯匹靈、碳酸鎂、甘胺酸鋁
阿斯匹靈緩釋片	阿斯匹靈、碳酸鎂、甘胺酸氫氧鋁
鎂奶	氫氧化鎂
羅雷茲	碳酸二氫氧鈉鋁
Tums	碳酸鈣

$$Mg(OH)_2(s) + 2HCl(aq) \longrightarrow MgCl_2(aq) + 2H_2O(l)$$

$$Al(OH)_2NaCO_3(s) + 4HCl(aq) \longrightarrow AlCl_3(aq) + NaCl(aq) + 3H_2O(l) + CO_2(g)$$

這些反應所釋放出來的二氧化碳會使胃內的壓力上升並導致服用者打嗝，我可舒適藥錠溶於水發出的嘶嘶聲來自於二氧化碳，是由檸檬酸和碳酸氫鈉反應所得：

$$\underset{\text{檸檬酸}}{C_4H_7O_5(COOH)(aq)} + NaHCO_3(aq) \longrightarrow$$

$$\underset{\text{碳酸氫鈉}}{C_4H_7O_5COONa(aq)} + H_2O(l) + CO_2(g)$$

此過程有助於將有效成分平均分散，甚至可以讓溶液的味道更佳。

胃壁也會因為阿斯匹靈的反應而受到傷害，它的學名叫作乙醯水楊酸，為中度的弱酸：

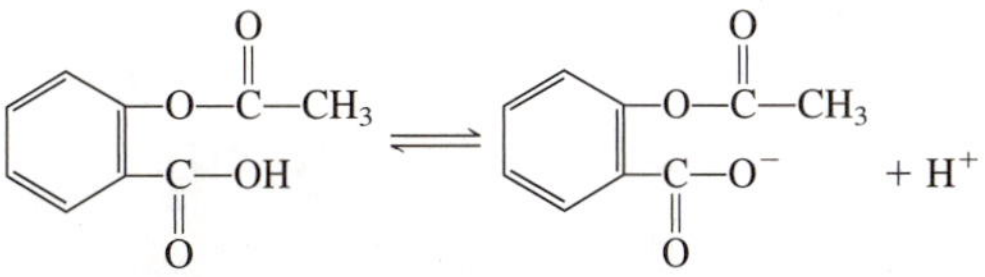

乙醯水楊酸　　乙醯水楊酸根離子

在胃中所具有的高濃度氫離子環境之下，這種酸大部分會維持在未解離的狀態。乙醯水楊酸分子結構的極性相對來說較低，使得它具有能力破壞由非極性分子所形成的障壁 (也就是細胞膜)，然而在黏膜層內有著許多小水袋，當乙醯水楊酸分子進入這些水袋中時，就會解離成為氫離子和乙醯水楊酸根離子，這些離子物質會陷落累積於黏膜的內層區域，接著弱化胃黏膜層的結構並導致出血，平均每服用一片阿斯匹靈藥錠就會失去約 2 毫升的血液，一般來說，這並不會造成傷害，但阿斯匹靈卻會在某些人身上造成嚴重的失血，而酒精的存在也會使乙醯水楊酸更容易在膜上溶解，使伴隨而來的出血情況更加嚴重。

例題 15.14

分別判定下列方程式中的路易士酸和路易士鹼：

(a) $C_2H_5OC_2H_5 + AlCl_3 \rightleftharpoons (C_2H_5)_2OAlCl_3$

(b) $Hg^{2+}(aq) + 4CN^-(aq) \rightleftharpoons Hg(CN)_4^{2-}(aq)$

策 略

在路易士酸鹼反應中，酸通常是陽離子或是缺乏電子的分子，而鹼則是陰離子或是某原子中含有孤電子對的分子。(a) 畫出二乙醚的分子結構，再想想氯化鋁中的鋁，它的軌域混成狀態為何？(b) 哪個離子比較可能是電子受體？哪個離子比較可能是電子施體？

解 答

(a) 由於氯化鋁中的鋁是以空的 $2p_z$ 軌域進行 sp^2 混成，只共享 6 個電子並處於缺電子的狀態，所以鋁原子具有得到 2 個電子以滿足八隅體的趨勢。這種性質使得氯化鋁為路易斯酸；另一方面，二乙醚中的氧原子具有孤電子對，因此為路易士鹼：

產物中的鋁與氧之形式電荷為何？

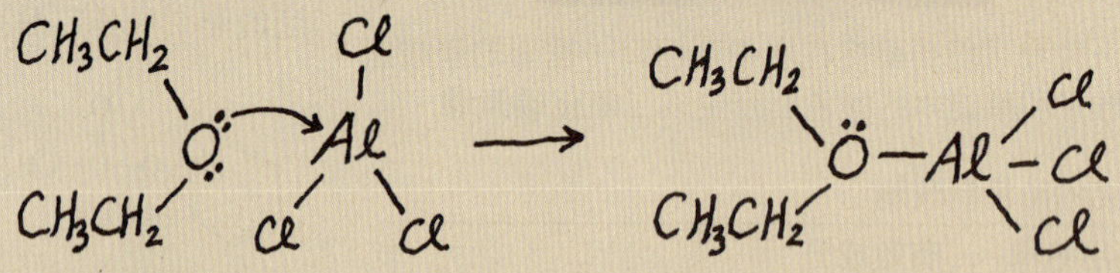

(b) 此處的汞離子接受 4 對來自 CN^- 的電子，故汞離子為路易士酸，而 CN^- 為路易士鹼。

練習題

判定下列反應中何者為路易士酸？何者為路易士鹼？

$$Co^{3+}(aq) + 6NH_3(aq) \rightleftharpoons Co(NH_3)_6^{3+}(aq)$$

重要方程式

$K_w = [H^+][OH^-]$	(15.3)	水的離子積常數。
$pH = -\log [H^+]$	(15.4)	定義水溶液的 pH 值。
$[H^+] = 10^{-pH}$	(15.5)	從 pH 值計算氫離子的濃度。
$pOH = -\log [OH^-]$	(15.7)	定義水溶液的 pOH 值。
$[OH^-] = 10^{-pOH}$	(15.8)	從 pOH 值計算氫氧根離子的濃度。
$pH + pOH = 14.00$	(15.9)	方程式 (15.3) 的另一種形式。
$\text{解離度} = \dfrac{\text{已解離的酸在到達平衡時之濃度}}{\text{酸之初濃度}} \times 100\%$	(15.11)	
$K_aK_b = K_w$	(15.12)	共軛酸鹼對中酸、鹼解離常數間的關係。

觀念整理

1. 布忍斯特酸貢獻質子，而布忍斯特鹼則接收質子。這是我們平常用來描述「酸」與「鹼」的定義。
2. 水溶液的酸性以其 pH 值來表示，其定義為氫離子濃度 (以 mol/L 為單位) 的負對數值。
3. 在攝氏 25 度時，酸性溶液的 pH 值 < 7；鹼性溶液的 pH 值 > 7；而中性溶液的 pH 值 = 7。
4. 下列物質於水溶液中被分類為強酸：過氯酸、氫碘酸、氫溴酸、氫氯酸、硫酸 (第一階段的解離)，以及硝酸。水溶液呈強鹼的物質包含鹼金屬和鹼土金屬的氫氧化物 (鈹除外)。
5. 酸的解離常數 K_a 會隨著酸性的增強而變大；K_b 同樣也代表鹼的強度。
6. 解離度是另一種酸性大小的衡量方式。當弱酸溶液愈稀薄時，其解離度就愈高。
7. 酸與其共軛鹼的解離常數之乘積等於水的離子積常數。
8. 酸的分子結構可以解釋其相對酸性大小。
9. 大部分鹽類是幾乎可以完全在水溶液中解離的強電解質，這些離子和水之間的反應稱為鹽類的水解。在鹽類的水解中，弱酸的共軛鹼會造成溶液呈鹼性，而弱鹼的共軛酸則會使溶液呈酸性。
10. 像鋁離子和鐵離子這一類體積小、帶電量高的金屬離子會水解，並使溶液呈酸性。
11. 大部分的氧化物可以區分為酸性、鹼性或是兩性；而金屬的氫氧化物不是鹼性就是兩性。
12. 路易士酸會接受電子對，而路易士鹼則會貢獻出電子對。「路易士酸」這個詞一般來說指的是可接受電子對的物質，而非可解離出氫原子的物質。

習 題

布忍斯特酸與鹼

15.1 說明下列反應中何者互為共軛酸鹼對：

(a) $CH_3COO^- + HCN \rightleftharpoons CH_3COOH + CN^-$

(b) $HCO_3^- + HCO_3^- \rightleftharpoons H_2CO_3 + CO_3^{2-}$

(c) $H_2PO_4^- + NH_3 \rightleftharpoons HPO_4^{2-} + NH_4^+$

(d) $HClO + CH_3NH_2 \rightleftharpoons CH_3NH_3^+ + ClO^-$

(e) $CO_3^{2-} + H_2O \rightleftharpoons HCO_3^- + OH^-$

15.2 關於下列數種鹼，請寫出其共軛酸的化學式：(a) HS^-；(b) HCO_3^-；(c) CO_3^{2-}；(d) $H_2PO_4^-$；(e) HPO_4^{2-}；(f) PO_4^{3-}；(g) HSO_4^-；(h) SO_4^{2-}；(i) SO_3^{2-}。

pH 值——酸性的測量

15.3 試計算 1.4×10^{-3} M 鹽酸水溶液中的氫氧根離子濃度。

15.4 試計算下列水溶液的 pH 值：(a) 0.0010 M 的鹽酸；(b) 0.76 M 的氫氧化鉀。

15.5 試計算下列水溶液的 pH 值：(a) 2.8×10^{-4} M 的氫氧化鋇；(b) 5.2×10^{-4} M 的硝酸。

15.6 當水溶液的 (a) pOH > 7 時為____性；(b) pOH = 7 時為____性；(c) pOH < 7 時則為____性。

15.7 請問 0.360 M 氫氧化鉀水溶液 (5.50 毫升) 中有多少莫耳的氫氧化鉀？其 pOH 值又是多少？

酸與鹼的強度

15.8 酸性大小的定義是什麼？

15.9 關於 1.0 M 的強酸水溶液 HA，下列敘述何者為真？(a) $[A^-] > [H^+]$；(b) pH 值為 0.00；(c) $[H^+] = 1.0$ M；(d) $[HA] = 1.0$ M。

弱酸與酸的解離常數

15.10 苯甲酸的 K_a 值為 6.5×10^{-5}，試計算 0.10 M 苯甲酸溶液的 pH 值。

15.11 若某甲酸溶液在解離至平衡狀態下的 pH 值為 3.26，請問其初濃度是多少？

15.12 某濃度為 0.040 M 的單質子酸在溶液中會有 14% 解離，試計算其解離常數。

弱鹼與鹼的解離常數

15.13 請用氨為例來解釋如何定義鹼性的大小。

15.14 若 0.30 M 弱酸溶液的 pH 值為 10.66，請問其 K_b 值為多少？

雙質子酸與多質子酸

15.15 請問在 0.20 M 的硫酸氫鉀 ($KHSO_4$) 溶液中，硫酸氫根、硫酸根及氫離子的濃度分別是多少？

酸性大小與分子結構

15.16 氯醋酸 ($CH_2ClCOOH$) 與二氯醋酸 ($CHCl_2COOH$) 何者酸性較強？請解釋原因。

鹽類的酸鹼性

15.17 預測下列鹽類溶於水後為酸性、鹼性或中性：(a) 溴化鉀；(b) 硝酸鋁；(c) 氯化鋇；(d) 硝酸鉍。

15.18 試計算 0.36 M 的醋酸鈉溶液之 pH 值。

15.19 試計算 0.42 M 的氯化銨溶液之 pH 值。

路易士酸與鹼

15.20 路易士對酸與鹼的定義為何？它與布忍斯特對酸與鹼的定義何者適用範圍較廣？

15.21 下列選項中何者為較強的路易士酸：(a) BF_3 與 BCl_3；(b) Fe^{2+} 與 Fe^{3+}？請解釋原因。

附加問題

15.22 試計算 pH 值為 5.64 的氯化銨溶液之濃度。

15.23 某溶液中含有各 0.1 M 的單質子弱酸 HA 及其鈉鹽 NaA，請證明其 $[OH^-] = K_w/K_a$。

15.24 試計算濃度為 0.20 M 的醋酸銨溶液之 pH 值。

15.25 某 250.0 毫升的水溶液中含有 0.616 公克的強酸 CF_3SO_3H，請問其 pH 值是多少？

15.26 試計算濃度為 2.00 M 的氰化銨 (NH_4CN) 溶液之 pH 值。

15.27 某甲酸溶液 (100.0 毫升) 的 pH 值為 2.53，請問此溶液中有多少公克的甲酸？

15.28 某 1 公升的溶液中含有 0.150 莫耳的醋酸與 0.100 莫耳的鹽酸，試計算其 pH 值。

15.29 試計算 0.80 M 亞硝酸水溶液的 pH 值與解離度。

15.30 試計算 1.00 M 的氫氰酸與氫氟酸之 pH 值，並比較這兩種溶液中的 $[CN^-]$ 差多少。

練習題答案

15.1 (1) H_2O (酸) 與 OH^- (鹼)；(2) HCN (酸) 與 CH^- (鹼) **15.2** 7.7×10^{-15} M **15.3** 0.12 **15.4** 4.7×10^{-4} M **15.5** 7.40 **15.6** 12.56 **15.7** 2.09 **15.8** 2.2×10^{-6} **15.9** 12.03 **15.10** $[H_2C_2O_4] = 0.11$ M，$[HC_2O_4^-] = 0.086$ M，$[C_2O_4^{2-}] = 6.1 \times 10^{-5}$ M，$[H^+] = 0.086$ M **15.11** $HClO_2$ **15.12** 8.58 **15.13** (a) pH ≈ 7；(b) pH > 7；(c) pH < 7；(d) pH > 7 **15.14** 路易士酸：Co^{3+}；路易士鹼：NH_3

Chapter 16
酸鹼與溶解度的平衡

朝下生長的冰柱狀鐘乳石和往上生長的柱狀石筍。這些物質主要是由碳酸鈣所組成，其形成的時間可能要花上數千年之久。

先看看本章要學什麼？

- 我們會延續自第十五章以來對酸鹼反應及其特質的研究，討論共同離子效應對酸的解離程度與其水溶液之 pH 值所造成的影響。(16.2)
- 然後，我們會進一步討論到緩衝溶液，其 pH 值在加入少量的酸或鹼後，大致上得以保持不變。(16.3)
- 我們會以對酸鹼滴定做更詳細地介紹來總結對酸鹼化學的研究。學著如何計算在各種酸鹼滴定中，每一個階段的 pH 值。除此之外，我們會看到酸鹼指示劑如何被用來測定滴定終點。(16.4 和 16.5)
- 接下來，我們要看到一種非勻相的平衡，它與難溶性鹽類的溶解度有關。我們會學到以溶解度積常數來表達這些物質的溶解度，還會看到可以利用不同金屬離子的溶解度積不同而將它們有效地分離。(16.6 和 16.7)
- 我們接著會看到勒沙特列原理如何幫我們解釋共同離子效應與 pH 值對溶解度的影響。(16.8 和 16.9)
- 我們學到錯離子如何形成，以及如何藉此增強難溶性鹽類的溶解度，事實上，它是一種路易士酸鹼反應。(16.10)
- 最後，我們會將溶解度積的原理應用在測定溶液中所含有離子種類的定性分析上。(16.11)

在本章中，我們會延續有關酸鹼反應的議題，進一步討論酸鹼滴定與其緩衝作用。我們也會看到在水溶液中的另一種平衡——發生於微溶性鹽類與其組成離子之間。

綱　要

16.1 勻相與非勻相溶液的平衡

在第十五章中，我們看到弱酸和弱鹼並不會在水中完全解離。因此當弱酸溶液到達平衡狀態時，溶液中同時包含未解離的酸、氫離子與其共軛鹼。既然這些物質均可完全溶解於水中，所以此系統為勻相平衡的例子之一 (見第十四章)。

我們將於本章後半部分討論到另一種平衡類型，它牽涉到微溶性物質的解離與沉澱反應。這些過程則是非勻相平衡的例子；也就是說，這些物質在進行反應時，是分別處於兩種以上的相之中。

16.2 共同離子效應

在第十五章中，我們對酸鹼解離與鹽類水解的討論僅限於包含單一溶質的溶液。於本節中，我們將考慮同時含有兩種陽離子或陰離子之溶質所形成的溶液，也就是所謂的*共同離子* (common ion)，看看它們所具有的酸鹼特質。

共同離子效應只是勒沙特列原理的一種應用。

共同離子的存在壓抑了弱酸或弱鹼的解離。例如：若是醋酸鈉和醋酸溶於同一杯溶液中，兩者都將溶解並解離出醋酸根離子：

$$CH_3COONa(s) \xrightarrow{H_2O} CH_3COO^-(aq) + Na^+(aq)$$
$$CH_3COOH(aq) \rightleftharpoons CH_3COO^-(aq) + H^+(aq)$$

醋酸鈉為強電解質，因此在溶液中會完全解離，但醋酸 (弱酸) 則僅能微量解離。根據勒沙特列原理，醋酸溶液中來自醋酸鈉的醋酸根離子增量會導致醋酸的解離受到壓抑 (也就是平衡會從右向左)，連帶降低氫離子的濃度。因此，同時包含醋酸和醋酸鈉的溶液會比僅含同濃度之醋酸的溶液還要來得酸。此醋酸解離的平衡移動是來自屬於鹽類的醋酸根離子所造成的。由於醋酸根離子同時由醋酸和醋酸鈉所提供，故其離子為共同離子。

共同離子效應 (common ion effect) *是因為加入含有溶液中已溶解離子之化合物所造成的平衡移動*。共同離子效應在檢測溶液的 pH 值和微溶性鹽類的溶解度上 (在本章後半段會加以討論) 扮演重要的角色。於此，我們將學到共同離子效應與溶液 pH 值之間的關聯。請記得儘管它的名字聽起來很炫，但共同離子效應其實只是勒沙特列原理的一種應用而已。

讓我們考慮含有弱酸 HA 與可溶性鹽類 NaA 之溶液，關於它的 pH

值。我們可以先這麼寫

$$HA(aq) + H_2O(l) \rightleftharpoons H_3O^+(aq) + A^-(aq)$$

或簡化為

$$HA(aq) \rightleftharpoons H^+(aq) + A^-(aq)$$

就可以得到解離常數 K_a：

$$K_a = \frac{[H^+][A^-]}{[HA]} \tag{16.1}$$

將方程式 (16.1) 重新整理：

$$[H^+] = \frac{K_a[HA]}{[A^-]}$$

兩邊同時取負的 log 值，我們可以得到

$$-\log [H^+] = -\log K_a - \log \frac{[HA]}{[A^-]}$$

或

$$-\log [H^+] = -\log K_a + \log \frac{[A^-]}{[HA]}$$

因此

$$pH = pK_a + \log \frac{[A^-]}{[HA]} \tag{16.2}$$

其中

$$pK_a = -\log K_a \tag{16.3}$$

pK_a 和 K_a 間的關係就如同 pH 和 $[H^+]$ 一樣。請記得愈強的酸 (也就是 K_a 愈大)，其 pK_a 就愈小。

方程式 (16.2) 被稱為**韓德森—哈塞爾巴爾赫** (Henderson-Hasselbalch) 方程式。它可以更廣泛地表示為

$$pH = pK_a + \log \frac{[\text{共軛鹼}]}{[\text{酸}]} \tag{16.4}$$

請記得 pK_a 為常數，但在方程式 (16.4) 中，兩物質濃度間的比值與溶液的種類有關。

在我們所舉的例子中，HA 為酸，而 A^- 為共軛鹼。因此，若我們知道 K_a、酸與其鹽類的濃度，就可以計算出溶液的 pH 值。

請記得一個重點，韓德森—哈塞爾巴爾赫方程式是從平衡常數推導而來，所以無論共軛鹼的來源為何都有效 (也就是說，不管它單單來自

於酸本身或是同時來自於酸與其鹽類)。

在涉及共同離子效應的問題中，我們通常已知弱酸 HA 與其鹽類，例如：NaA 的初濃度。只要這些物質的濃度不小於 0.1 *M*，就可以忽略酸的解離及鹽類的水解。由於 HA 是弱酸，且 A^- 的水解程度一般來說非常小，因此這是個合理的估計。而且不但 A^- 的存在 (來自於 NaA) 進一步壓抑了 HA 的解離，HA 的存在也進一步壓抑了 A^-的水解。所以，在方程式 (16.1) 與方程式 (16.4) 中，我們可以使用初濃度當作平衡濃度使用。

在例題 16.1 中，我們會計算含有共同離子之溶液的 pH 值。

例題 16.1

(a) 試計算 0.20 *M* 醋酸溶液的 pH 值；(b) 含有 0.20 *M* 醋酸與 0.30 *M* 醋酸鈉的溶液 pH 值為何？(醋酸的 K_a 值為 1.8×10^{-5}。)

策　略

(a) 我們可以算出 $[H^+]$，並且遵循例題 15.7 的流程得到溶液的 pH 值；(b) 醋酸為弱酸 ($CH_3COOH \rightleftharpoons CH_3COO^- + H^+$)，且醋酸鈉是在溶液中會完全解離的可溶性鹽類 ($CH_3COONa \longrightarrow Na^+ + CH_3COO^-$)。此處的共同離子為醋酸根離子。當到達平衡時，溶液中的主要物質為醋酸、醋酸根離子、鈉離子、氫離子和水。鈉離子不具有酸性或鹼性特質，我們也因其水解的程度過低而將之忽略。由於 K_a 是平衡常數，無論溶液中只有酸，或是酸與其鹽類的混合物，其值都一樣。所以，若是我們知道平衡時的 $[CH_3COOH]$ 和 $[CH_3COO^-]$，就可以計算當下的 $[H^+]$ 以及 pH 值。

解　答

(a) 於此例中，改變量為

	$CH_3COOH(aq)$	$\rightleftharpoons$	$H^+(aq)$	+	$CH_3COO^-(aq)$
初濃度 (*M*)：	0.20		0		0
改變量 (*M*)：	$-x$		$+x$		$+x$
平衡後 (*M*)：	$0.20 - x$		x		x

$$K_a = \frac{[H^+][CH_3COO^-]}{[CH_3COOH]}$$

$$1.8 \times 10^{-5} = \frac{x^2}{0.20 - x}$$

假設 $0.20 - x \approx 0.20$，我們可得

$$1.8 \times 10^{-5} = \frac{x^2}{0.20 - x} \approx \frac{x^2}{0.20}$$

或 $$x = [H^+] = 1.9 \times 10^{-3}\ M$$

因此， $$pH = -\log(1.9 \times 10^{-3}) = 2.72$$

(b) 醋酸鈉為強電解質，因此在溶液中會完全解離：

$$\underset{}{CH_3COONa(aq)} \longrightarrow \underset{0.30\ M}{Na^+(aq)} + \underset{0.30\ M}{CH_3COO^-(aq)}$$

平衡式中各物質的初始濃度、改變量及平衡時之濃度分別為

	$CH_3COOH(aq)$ ⇌	$H^+(aq)$ +	$CH_3COO^-(aq)$
初濃度 (*M*)：	0.20	0	0.30
改變量 (*M*)：	$-x$	$+x$	$+x$
平衡時 (*M*)：	$0.20 - x$	x	$0.30 + x$

由方程式 (16.1)，

$$K_a = \frac{[H^+][CH_3COO^-]}{[CH_3COOH]}$$

$$1.8 \times 10^{-5} = \frac{(x)(0.30 + x)}{0.20 - x}$$

假設 $0.30 + x \approx 0.30$ 且 $0.20 - x \approx 0.20$，我們可以得到

$$1.8 \times 10^{-5} = \frac{(x)(0.30 + x)}{0.20 - x} \approx \frac{(x)(0.30)}{0.20}$$

或 $$x = [H^+] = 1.2 \times 10^{-5}\ M$$

因此， $$pH = -\log[H^+] = -\log(1.2 \times 10^{-5}) = 4.92$$

檢 查

比較 (a) 和 (b) 的結果，我們可以發現當共同離子 (醋酸根離子) 存在時，平衡會根據勒沙特列原理從右向左。此作用降低弱酸的解離程度。所以在 (b) 中解離出的氫離子就更少了，而任何溶液的 pH 值也比 (a) 中的溶液更高。一如往常，你應該要檢查假設的合理性。

練習題

同時含有 0.30 *M* 甲酸和 0.52 *M* 甲酸鉀的溶液之 pH 值為何？將你的結果與 0.30 *M* 甲酸溶液的 pH 值進行比較。

共同離子效應也發生在含有弱鹼與其鹽類的溶液中，例如：氨和氯化銨。於平衡時，

$$NH_4^+(aq) \rightleftharpoons NH_3(aq) + H^+(aq)$$

$$K_a = \frac{[NH_3][H^+]}{[NH_4^+]}$$

我們可以推導此系統的韓德森—哈塞爾巴爾赫方程式如下。將上面的等式重新整理，我們可以得到

$$[H^+] = \frac{K_a[NH_4^+]}{[NH_3]}$$

於兩側同時取負的 log 值成為

$$-\log [H^+] = -\log K_a - \log \frac{[NH_4^+]}{[NH_3]}$$

$$-\log [H^+] = -\log K_a + \log \frac{[NH_3]}{[NH_4^+]}$$

或

$$pH = pK_a + \log \frac{[NH_3]}{[NH_4^+]}$$

對於同時包含氨與其鹽類氯化銨的溶液來說，其鹼性會比濃度相同的氨溶液還弱。因為此溶液中的共同離子 (銨根離子) 壓抑了氨的解離。

16.3 緩衝溶液

緩衝溶液 (buffer solution) 是 (1) 弱酸或弱鹼與 (2) 其鹽類所組成的溶液；二成分缺一不可。在少量酸或鹼加入時，此溶液具備抵抗 pH 受到改變的能力。緩衝溶液對於化學和生物系統而言非常重要。人體內各種體液的 pH 值差異極大；例如，血液的 pH 值約為 7.4，而胃裡面的消化液則有著約 1.5 的 pH 值。在大多數情況下，它們受到緩衝作用而維持著穩定的 pH 值，這件事對於某些酶的功能性及滲透壓的平衡而言相當重要。

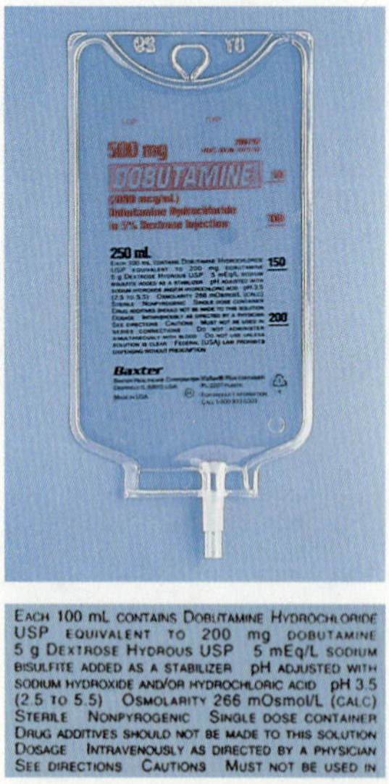

靜脈注射液必須為能夠維持血液適當 pH 值的緩衝系統。

緩衝溶液必定包含某濃度相對較高的酸，故得以和任何外來的少量氫氧根離子反應，也必定包含濃度近似的鹼和外來的氫離子反應；此外，緩衝溶液中的酸鹼成分不能因為進行中和反應而彼此消耗——上述需求得以藉由一對共軛酸鹼對來滿足，例如：弱酸與其共軛鹼 (由鹽類提供) 或是弱鹼與其共軛酸 (由鹽類提供)。

我們可以藉由在水中加入等莫耳的醋酸及其鹽類 (醋酸鈉) 來製備一組簡單的緩衝溶液。酸與其共軛鹼 (來自於醋酸鈉) 的平衡濃度可被視作與其初濃度相同 (見第 649 頁)，故包含此兩種物質的溶液就具備能將外來酸或外來鹼中和的能力。醋酸鈉 (強電解質) 在水中會完全解離：

$$CH_3COONa(s) \xrightarrow{H_2O} CH_3COO^-(aq) + Na^+(aq)$$

當有酸加入時，根據反應式，氫離子會在緩衝溶液中被此共軛鹼醋酸根離子消耗掉，

$$CH_3COO^-(aq) + H^+(aq) \longrightarrow CH_3COOH(aq)$$

若是有鹼加入此緩衝系統，那麼氫氧根離子就會被緩衝溶液中的酸給中和：

$$CH_3COOH(aq) + OH^-(aq) \longrightarrow CH_3COO^-(aq) + H_2O(l)$$

如你所見，這兩個緩衝系統中的招牌反應式和我們在討論共同離子效應時的反應式 (例題 16.1) 一樣。**緩衝能力** (buffering capacity) 就是緩衝溶液的效力，它取決於製備緩衝溶液時所加入的酸，還有其共軛鹼的量。數量愈大，緩衝能力就愈強。

通常一個緩衝系統可以被表示為鹽類/酸或是共軛鹼/酸。因此，之前討論的醋酸鈉—醋酸緩衝系統可以被寫為醋酸鈉/醋酸或是簡記為醋酸根離子/醋酸。圖 16.1 具體顯示這個緩衝系統的運作。

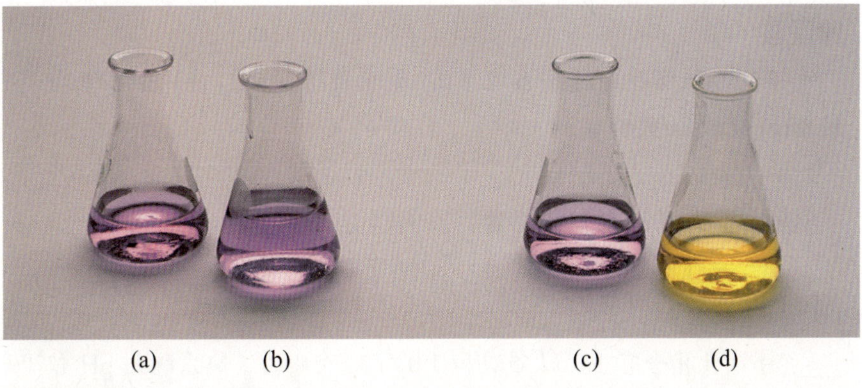

圖 16.1 酸鹼指示劑溴酚藍 (已添加至所有圖內的溶液中) 可用來呈現緩衝的過程。指示劑在 pH 值 4.6 以上的顏色為藍紫色，而在 pH 值 3.0 以下則為黃色。(a) 由 0.1 *M* 的醋酸 (50 毫升) 和 0.1 *M* 的醋酸鈉 (50 毫升) 所組成的緩衝溶液。此溶液的 pH 值為 4.7，因此使指示劑呈現藍紫色；(b) 在加入 0.1 *M* 的鹽酸 (40 毫升) 溶液至 (a) 的溶液後，顏色仍保持藍紫色不變；(c) 一杯 pH 值為 4.7 的醋酸溶液 (100 毫升)；(d) 在加了 6 滴 (約 0.3 毫升) 的 0.1 *M* 鹽酸溶液後，顏色即變為黃色。表示在沒有緩衝作用下，該溶液因為加入 0.1 *M* 的 HCl，而導致 pH 值急遽下降到低於 3.0。

而例題 16.2 則區別了緩衝系統與同為酸—鹽類之組合，但卻不具緩衝功能的系統。

例題 16.2

下列溶液中何者可以被判定為緩衝系統？(a) 磷酸二氫鉀/磷酸；(b) 過氯酸鈉/過氯酸；(c) C_5H_5N/C_5H_5NHCl (C_5H_5N 為吡啶；其 K_b 值列於表 15.4 中)，並對你的答案進行解釋。

策　略

是什麼造就了一個緩衝系統？前述溶液中何者包含弱酸與其鹽類 (含有其共軛鹼)？又或前述溶液中何者包含弱鹼與其鹽類 (含有其共軛酸)？為何強酸的共軛鹼無法中和外來的酸？

解　答

緩衝系統的標準為：必須具備弱酸與其鹽類 (包含其共軛鹼)，或是弱鹼與其鹽類 (包含其共軛酸)。

(a) 磷酸為弱酸，且其共軛鹼磷酸二氫根離子為弱鹼 (見表 15.5)。因此這是個緩衝系統。

(b) 由於過氯酸為強酸，故其共軛鹼過氯酸根為一極弱的鹼。這表示過氯酸根離子並不會和溶液中的氫離子結合產生過氯酸。因此，這個系統並不會如緩衝系統一般地運作。

(c) 如表 15.4 所示，C_5H_5N 為弱鹼，而其共軛酸 $C_5H_5\overset{+}{N}H$ (鹽 C_5H_5NHCl 的陽離子) 為弱酸。因此，這是個緩衝系統。

類題：16.3。

練習題

下列各組哪些為緩衝系統？(a) 氟化鉀/氫氟酸；(b) 溴化鉀/氫溴酸；(c) 碳酸鈉/碳酸氫鈉。

緩衝溶液對於 pH 值的影響將於例題 16.3 中呈現。

例題 16.3

(a) 試計算含有 1.0 *M* 醋酸和 1.0 *M* 醋酸鈉的緩衝系統之 pH 值；(b) 將 0.10 莫耳的氯化氫氣體加入至 1.0 公升的該緩衝系統後，溶液的 pH 值為何？假設在添加氯化氫後的溶液體積不變。

策　略

(a) 因為這和共同離子的問題類似，所以緩衝系統在添加氯化氫前的 pH 值可以透過例題 16.1 中所述的流程來計算，醋酸的 K_a 值為

1.8×10^{-5} (見表 15.3)；(b) 畫個草圖有助於表達本例題中所發生的改變。

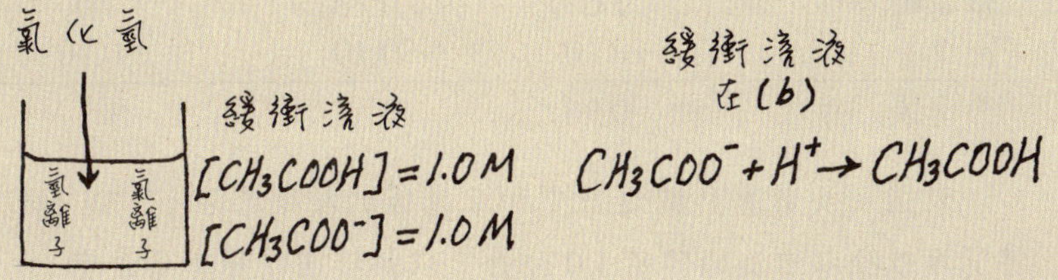

解答

(a) 我們可以整理各物質的平衡濃度如下：

	$CH_3COOH(aq)$	$\rightleftharpoons$ $H^+(aq)$	+ $CH_3COO^-(aq)$
初濃度 (M)：	1.0	0	1.0
改變量 (M)：	$-x$	$+x$	$+x$
平衡時 (M)：	$1.0 - x$	x	$1.0 + x$

$$K_a = \frac{[H^+][CH_3COO^-]}{[CH_3COOH]}$$

$$1.8 \times 10^{-5} = \frac{(x)(1.0 + x)}{(1.0 - x)}$$

假設 $1.0 + x \approx 1.0$ 且 $1.0 - x \approx 1.0$，我們可以得到

$$1.8 \times 10^{-5} = \frac{(x)(1.0 + x)}{(1.0 - x)} \approx \frac{x(1.0)}{1.0}$$

或 $\quad x = [H^+] = 1.8 \times 10^{-5}\ M$

因此， $\quad pH = -\log(1.8 \times 10^{-5}) = 4.74$

當酸的濃度與其共軛鹼相同時，此緩衝溶液的 pH 值會等於該酸的 pK_a 值。

(b) 當氯化氫被加至溶液中，一開始發生的改變為

	$HCl(aq)$	$\longrightarrow$ $H^+(aq)$	+ $Cl^-(aq)$
初濃度 (M)：	0.10	0	0
改變量 (M)：	-0.10	$+0.10$	$+0.10$
平衡後 (M)：	0	0.10	0.10

因為氯離子的共軛鹼為強酸，故它在溶液中不作用。

由鹽酸 (強酸) 所提供的氫離子則會完全和緩衝溶液中的共軛鹼醋酸根離子反應。此處以莫耳數進行討論會比使用以體積莫耳濃度來得方便。原因是在部分情況下，溶液的體積可能會因為添加物質而改變。體積的改變會造成濃度的改變，但莫耳數則否。

此處的中和反應整理後如下：

	$CH_3COO^-(aq)$ +	$H^+(aq)$ ⟶	$CH_3COOH(aq)$
初濃度 (*M*)：	1.0	0.10	1.0
改變量 (*M*)：	−0.10	−0.10	+0.10
平衡後 (*M*)：	0.90	0	1.1

最後，要計算和酸進行中和反應後的緩衝溶液 pH 值，我們將莫耳數除以溶液的體積 1.0 公升，以轉換回體積莫耳濃度。

	$CH_3COOH(aq)$ ⇌	$H^+(aq)$ +	$CH_3COO^-(aq)$
初濃度 (*M*)：	1.1	0	0.90
改變量 (*M*)：	$-x$	$+x$	$+x$
平衡時 (*M*)：	$1.1 - x$	x	$0.90 + x$

$$K_a = \frac{[H^+][CH_3COO^-]}{[CH_3COOH]}$$

$$1.8 \times 10^{-5} = \frac{(x)(0.90 + x)}{1.1 - x}$$

假設 $0.90 + x \approx 0.90$ 且 $1.1 - x \approx 1.1$，我們可以得到

$$1.8 \times 10^{-5} = \frac{(x)(0.90 + x)}{1.1 - x} \approx \frac{x(0.90)}{1.1}$$

或 $$x = [H^+] = 2.2 \times 10^{-5}\ M$$

因此， $$pH = -\log(2.2 \times 10^{-5}) = 4.66$$

檢　查

在氯化氫加入溶液後，pH 值僅小幅降低。這和緩衝溶液的作用一致。

練習題

計算氨 (0.30 *M*)/氯化銨 (0.36 *M*) 緩衝系統的 pH 值。若於 80.0 毫升的此緩衝溶液中加入 0.050 *M* 的 NaOH 溶液 (20.0 毫升)，則 pH 值會是多少？

在例題 16.3 所檢視的緩衝溶液中，氯化氫的加入導致 pH 值下降(溶液變得更酸了)。我們也可以比較氫離子濃度的改變量如下：

氯化氫加入前：$[H^+] = 1.8 \times 10^{-5}\ M$

氯化氫加入後：$[H^+] = 2.2 \times 10^{-5}\ M$

所以，氫離子濃度增加的程度為

$$\frac{2.2 \times 10^{-5}\ M}{1.8 \times 10^{-5}\ M} = 1.2$$

想要見識醋酸鈉/醋酸緩衝溶液之效力的話，讓我們看看若同為 0.10 莫耳的氯化氫加到 1 公升的水中會發生什麼事，然後再比較氫離子濃度的上升量。

$$氯化氫加入前：[H^+] = 1.0 \times 10^{-7}\ M$$
$$氯化氫加入後：[H^+] = 0.10\ M$$

加入氯化氫所導致的氫離子濃度增加程度為

$$\frac{0.10\ M}{1.0 \times 10^{-7}\ M} = 1.0 \times 10^{6}$$

百萬等級的增幅！這樣一比，顯示選擇適當緩衝溶液可以使氫離子濃度 (或是 pH 值) 得以相當穩定地維持 (圖 16.2)。

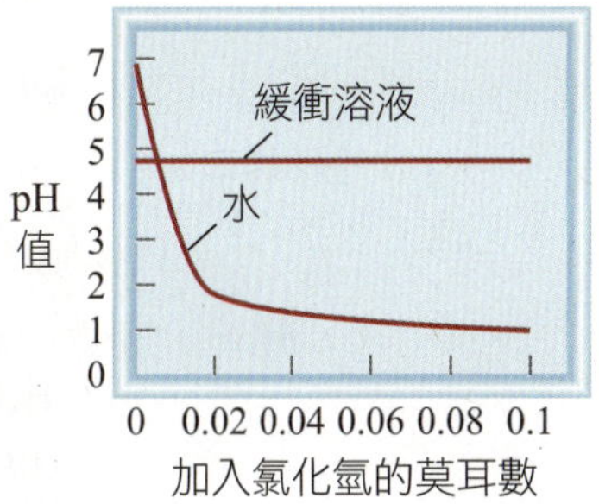

圖 16.2 當 0.10 莫耳的氯化氫分別加到純水與醋酸緩衝溶液中，其 pH 改變量比較。(如同例題 16.3 中所述。)

製備特定 pH 值的緩衝溶液

現在要是我們想製備特定 pH 值的緩衝溶液該怎麼辦？方程式 (16.4) 指出，若是酸的莫耳濃度與其共軛鹼大致相同時 (也就是 [酸] ≈ [共軛鹼])，那麼

$$\log \frac{[共軛鹼]}{[酸]} \approx 0$$

或

$$pH \approx pK_a$$

所以我們該逆向操作來製備緩衝溶液。首先，我們選擇 pK_a 值接近欲配製之 pH 值的弱酸。再來，我們將 pH 和 pK_a 值代入方程式 (16.4) 中以得到 [共軛鹼]/[酸] 所需的比值。它隨後可以轉換為在製備緩衝溶液時所需的莫耳數。例題 16.4 示範了此方法。

例題 16.4

試描述你該如何製備 pH 值約為 7.40 的磷酸緩衝溶液。

策 略

對於要有效運作的緩衝溶液而言，酸的濃度必須約等於其共軛鹼

的濃度。根據方程式 (16.4)，當欲配製的 pH 值接近該酸的 pK_a 值 (也就是 pH ≈ p*K*a)時：

$$\log \frac{[\text{共軛鹼}]}{[\text{酸}]} \approx 0$$

或

$$\frac{[\text{共軛鹼}]}{[\text{酸}]} \approx 1$$

解　答

因為磷酸為三質子酸，我們將三階段的解離列出如下。K_a 值可以從表 15.5 中查得，而 pK_a 值則可以將其代入方程式 (16.3) 求得。

$$H_3PO_4(aq) \rightleftharpoons H^+(aq) + H_2PO_4^-(aq) \quad K_{a_1} = 7.5 \times 10^{-3}；pK_{a_1} = 2.12$$
$$H_2PO_4^-(aq) \rightleftharpoons H^+(aq) + HPO_4^{2-}(aq) \quad K_{a_2} = 6.2 \times 10^{-8}；pK_{a_2} = 7.21$$
$$HPO_4^{2-}(aq) \rightleftharpoons H^+(aq) + PO_4^{3-}(aq) \quad K_{a_3} = 4.8 \times 10^{-13}；pK_{a_3} = 12.32$$

這三個緩衝系統中最適合者為磷酸氫根離子/磷酸二氫根離子，因為酸磷酸二氫根離子 (酸) 的 pK_a 值最接近我們想要的 pH 值。從韓德森—哈塞爾巴爾赫方程式，我們可列出

$$\text{pH} = pK_a + \log \frac{[\text{共軛鹼}]}{[\text{酸}]}$$
$$7.40 = 7.21 + \log \frac{[HPO_4^{2-}]}{[H_2PO_4^-]}$$
$$\log \frac{[HPO_4^{2-}]}{[H_2PO_4^-]} = 0.19$$

兩邊同時取反對數值，我們得到

$$\frac{[HPO_4^{2-}]}{[H_2PO_4^-]} = 10^{0.19} = 1.5$$

所以，要製備 pH 值為 7.40 的磷酸緩衝溶液，其方式之一是將磷酸氫二鈉 (Na_2HPO_4) 和磷酸二氫鈉 (NaH_2PO_4) 以莫耳數比 1.5:1.0 的比例溶於水中。例如：我們可以將 1.5 莫耳磷酸氫二鈉和 1.0 莫耳的磷酸二氫鈉溶於足夠的水中，配製為 1 公升的溶液。

類題：16.6。

練習題

要如何配製體積為 1 公升，pH 值為 10.10 的「碳酸緩衝溶液」？你可以使用的有碳酸、碳酸氫鈉及碳酸鈉。表 15.5 可以查詢它們的 K_a 值。

第 662 到 663 頁「生活中的化學」單元說明了緩衝系統在人體中的重要性。

16.4 酸鹼滴定

在討論過緩衝溶液後，我們現在可以對酸鹼滴定 (見 4.6 節) 的定量看得更為仔細。我們會考慮三種反應：(1) 強酸—強鹼的滴定；(2) 弱酸—強鹼的滴定；與 (3) 強酸—弱鹼的滴定。弱酸和弱鹼的滴定會因為陰、陽離子雙方所形成鹽類發生水解而變得十分複雜。要測定其當量點很難，因此不在此處討論。圖 16.3 顯示整個滴定過程中對 pH 值的偵測紀錄。

強酸－強鹼滴定

強酸 (如鹽酸) 和強鹼 (如氫氧化鈉) 之間的反應可以表示為

$$NaOH(aq) + HCl(aq) \longrightarrow NaCl(aq) + H_2O(l)$$

或是用離子方程式表達

$$H^+(aq) + OH^-(aq) \longrightarrow H_2O(l)$$

今考慮在裝有 0.100 *M* 鹽酸 (25.0 毫升) 的錐形瓶中以滴定管加入 0.100 *M* 的 NaOH。為了方便起見，我們就只用三個清楚的圖來分別表示體積與濃度和 pH 值間之關係。圖 16.4 的紀錄點描繪滴定的 pH 值 (也就是所謂的滴定曲線)。在加入氫氧化鈉前，此酸的 pH 值已知為 –log (0.100)，或 1.00。當氫氧化鈉加入後，溶液的 pH 值起只有緩慢地增加。但在接近當量點的時候，pH 值會開始急遽上升，一旦到達了當量點 (也就是有等莫耳數的酸與鹼進行反應的那一點)，曲線則幾乎是垂直地上升。在強酸—強鹼滴定的當量點時，氫離子和氫氧根離子的濃度均

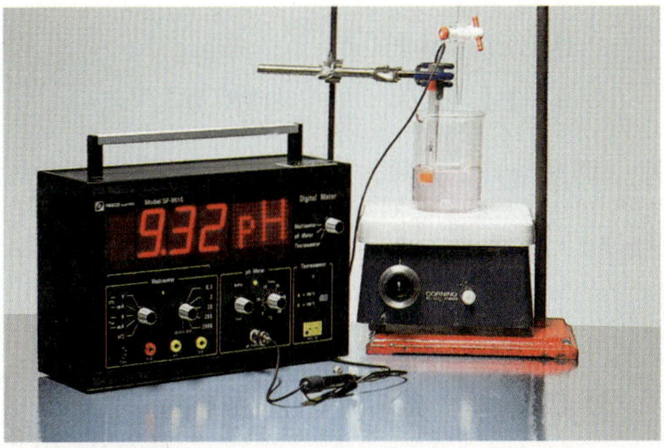

圖 16.3 用於監測酸鹼滴定的 pH 計。

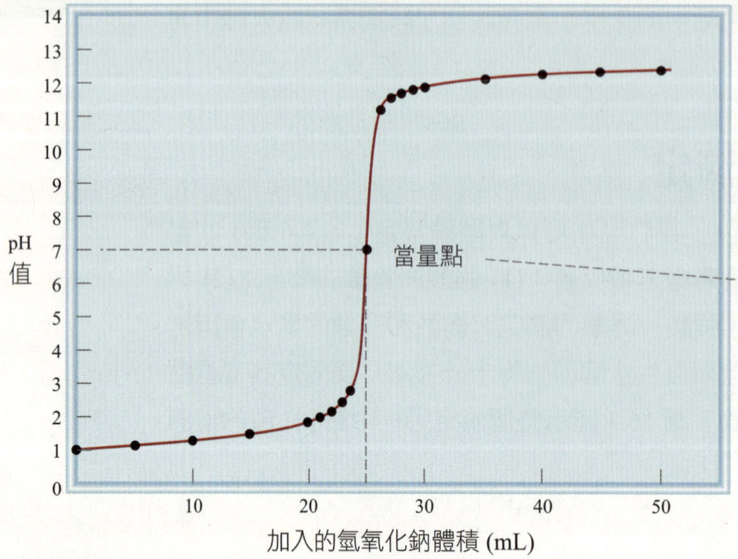

加入的氫氧化鈉體積 (mL)	pH
0.0	1.00
5.0	1.18
10.0	1.37
15.0	1.60
20.0	1.95
22.0	2.20
24.0	2.69
25.0	7.00
26.0	11.29
28.0	11.75
30.0	11.96
35.0	12.22
40.0	12.36
45.0	12.46
50.0	12.52

圖 16.4 強酸—強鹼滴定的 pH 值紀錄分布圖。從滴定管中將 0.100 *M* 的氫氧化鈉溶液加到裝有 0.100 *M* 鹽酸水溶液 (25.0 毫升) 的錐形瓶中 (見圖 4.20)。此曲線有時也被稱為滴定曲線。

非常小 (約為 1×10^{-7} *M*)；因此，每一滴加入的鹼都會導致溶液中的 $[OH^-]$ 與 pH 值大幅增加。最後，若在當量點後加入氫氧化鈉，pH 值又逐漸地變回緩慢增加。

要計算每個滴定階段之溶液 pH 值是可行的。這裡是三個計算的例子。

1. 在加入 0.100 *M* 的氫氧化鈉 (10.0 毫升) 到 0.100 *M* 的鹽酸 (25.0 毫升) 後。溶液的總體積為 35.0 毫升，而 10.0 毫升中之氫氧化鈉的莫耳數為

在計算氫氧化鈉的莫耳數時，有個更快的方法是 $10.0\text{ mL} \times \frac{0.100\text{ mol}}{1000\text{ mL}} = 1.0 \times 10^{-3}\text{ mol}$

$$10.0\text{ mL} \times \frac{0.100\text{ mol NaOH}}{1\text{ L NaOH}} \times \frac{1\text{ L}}{1000\text{ mL}} = 1.00 \times 10^{-3}\text{ mol}$$

而 25.0 毫升之溶液中原有的鹽酸莫耳數為

$$25.0\text{ mL} \times \frac{0.100\text{ mol HCl}}{1\text{ L HCl}} \times \frac{1\text{ L}}{1000\text{ mL}} = 2.50 \times 10^{-3}\text{ mol}$$

記得，1 mol 的氫氧化鈉等於 1 mol 的鹽酸。

因此，在部分鹽酸被中和後，其剩餘的量為 $(2.50 \times 10^{-3}) - (1.00 \times 10^{-3})$ 莫耳。接著，在 35.0 毫升中氫離子的濃度為：

$$\frac{1.50 \times 10^{-3}\text{ mol HCl}}{35.0\text{ mL}} \times \frac{1000\text{ mL}}{1\text{ L}} = 0.0429\text{ mol HCl/L}$$
$$= 0.0429\ M\text{ HCl}$$

所以，$[H^+] = 0.0429\ M$，且溶液的 pH 值為

$$pH = -\log 0.0429 = 1.37$$

2. 在加入 0.100 *M* 的氫氧化鈉 (25.0 毫升) 到 0.100 *M* 的鹽酸 (25.0 毫升) 後。此計算十分容易，因為這是個完全中和的反應，加上其鹽類 (氯化鈉) 並不會進行水解。所以在當量點時，$[H^+] = [OH^-] = 1.00 \times 10^{-7}\ M$，且溶液的 pH 值為 7.00。

鈉離子和氯離子都不會進行水解。

3. 在加入 0.100 *M* 的氫氧化鈉 (35.0 毫升) 到 0.100 *M* 的鹽酸 (25.0 毫升) 後。溶液總體積成為 60.0 毫升。加入的氫氧化鈉莫耳數為

$$35.0\ \text{mL} \times \frac{0.100\ \text{mol NaOH}}{1\ \text{L NaOH}} \times \frac{1\ \text{L}}{1000\ \text{mL}} = 3.50 \times 10^{-3}\ \text{mol}$$

在 25.0 毫升溶液中之鹽酸的莫耳數為 2.50×10^{-3} 莫耳。當鹽酸完全中和後，剩餘的氫氧化鈉莫耳數為 $(3.50 \times 10^{-3}) - (2.50 \times 10^{-3}) = 1.00 \times 10^{-3}$ 莫耳。在 60.0 毫升的溶液中，氫氧化鈉的濃度為

$$\frac{1.00 \times 10^{-3}\ \text{mol NaOH}}{60.0\ \text{mL}} \times \frac{1000\ \text{mL}}{1\ \text{L}} = 0.0167\ \text{mol NaOH/L}$$
$$= 0.0167\ M\ \text{NaOH}$$

所以，$[OH^-] = 0.0167\ M$ 且 $pOH = -\log 0.0167 = 1.78$。因此，溶液的 pH 值即為

$$\begin{aligned} pH &= 14.00 - pOH \\ &= 14.00 - 1.78 \\ &= 12.22 \end{aligned}$$

弱酸－強鹼滴定

考慮醋酸 (弱酸) 和氫氧化鈉 (強鹼) 之間進行的中和反應：

$$CH_3COOH(aq) + NaOH(aq) \longrightarrow CH_3COONa(aq) + H_2O(l)$$

此反應可以被簡化為

$$CH_3COOH(aq) + OH^-(aq) \longrightarrow CH_3COO^-(aq) + H_2O(l)$$

而醋酸根離子所進行的水解反應如下所示：

$$CH_3COO^-(aq) + H_2O(l) \rightleftharpoons CH_3COOH(aq) + OH^-(aq)$$

所以，在當量點時只有醋酸鈉存在，其 pH 值會因為生成過量 (圖

血液中的 pH 值

所有高等動物為了維持他們的生命運作及移除廢棄物，都需要一個循環系統來輸送養分和氧。在人體中，這種重要的交換過程發生於一種多才多藝的體液中，即我們所知的血液 (一個成人平均擁有約 5 公升的血液)。血液的循環會深入各組織中，進行氧和養分的輸送以維持細胞的生命，並且移除二氧化碳及其他廢棄物。藉由一些緩衝系統，生物發展出了一種極為有效的方式來傳輸氧及移除二氧化碳。

血液是極為複雜的系統，但我們於此僅著重於其兩種重要的成分：血漿與紅血球 (erythrocytes)。血漿中含有許多化合物，包括蛋白質、金屬離子及無機磷酸鹽類。紅血球則含有血紅蛋白分子，還有催化碳酸的生成與分解反應之碳酸酐酶 (carbonic anhydrase)：

$$CO_2(aq) + H_2O(l) \rightleftharpoons H_2CO_3(aq)$$

紅血球內部的物質受到細胞膜的保護以隔絕外細胞液 (血漿)，僅讓特定分子得以擴散通過。

藉由一些緩衝系統的幫助，血漿的 pH 值得以維持在約 7.40 左右，其中最重要的是碳酸氫根/碳酸系統。在 pH 值約為 7.25 的紅血球中，主要的緩衝系統為碳酸氫根/碳酸系統和血紅蛋白。血紅蛋白分子是個可解離出若干質子的複雜蛋白質分子 (每莫耳的質量約為 65,000 公克)。我們可以將其視為一種單質子酸，並將其表示為 HHb：

$$HHb(aq) \rightleftharpoons H^+(aq) + Hb^-(aq)$$

其中 HHb 表示血紅蛋白分子，而 Hb^- 則為其共軛鹼。血紅蛋白和氧結合所形成的氧合血紅蛋白 ($HHbO_2$) 是一種比血紅蛋白更強的酸：

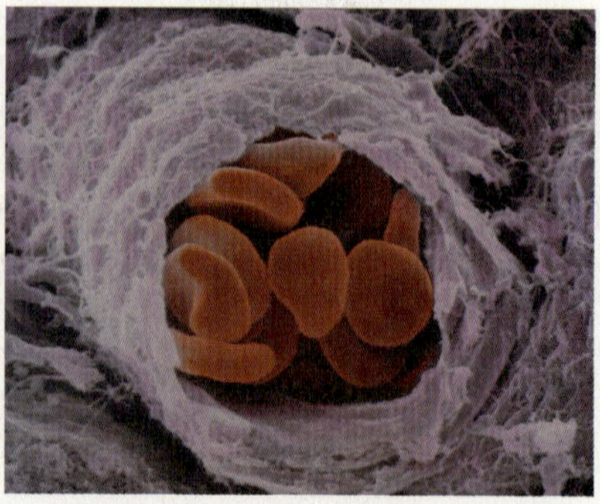

動脈分支中的紅血球細胞在電子顯微鏡下的影像。

$$HHbO_2(aq) \rightleftharpoons H^+(aq) + HbO_2^-(aq)$$

如第 663 頁的圖所示，新陳代謝過程中所產生的二氧化碳會經由擴散進入紅血球，然後就快速地被碳酸酐酶轉化成碳酸：

$$CO_2(aq) + H_2O(l) \rightleftharpoons H_2CO_3(aq)$$

碳酸的解離有兩個重要的意義：

$$H_2CO_3(aq) \rightleftharpoons H^+(aq) + HCO_3^-(aq)$$

首先，碳酸氫根離子可以擴散出紅血球，並且被血漿運送至肺。這是移除二氧化碳的主要機制。再者，氫離子會使平衡偏向未解離氧合血紅蛋白分子的方向移動

$$H^+(aq) + HbO_2^-(aq) \rightleftharpoons HHbO_2(aq)$$

因為比起其共軛鹼來說，氧合血紅蛋白更容易釋放出氧，所以此酸的形成可促進以下反應向右進行：

$$HHbO_2(aq) \rightleftharpoons HHb(aq) + O_2(aq)$$

氧氣分子隨後會擴散出紅血球，並且被其他細胞

16.5) 的氫氧根離子而大於 7。請注意：這個狀態其實就和醋酸鈉 (CH_3COONa) 的水解 (見第 630 頁) 類似。

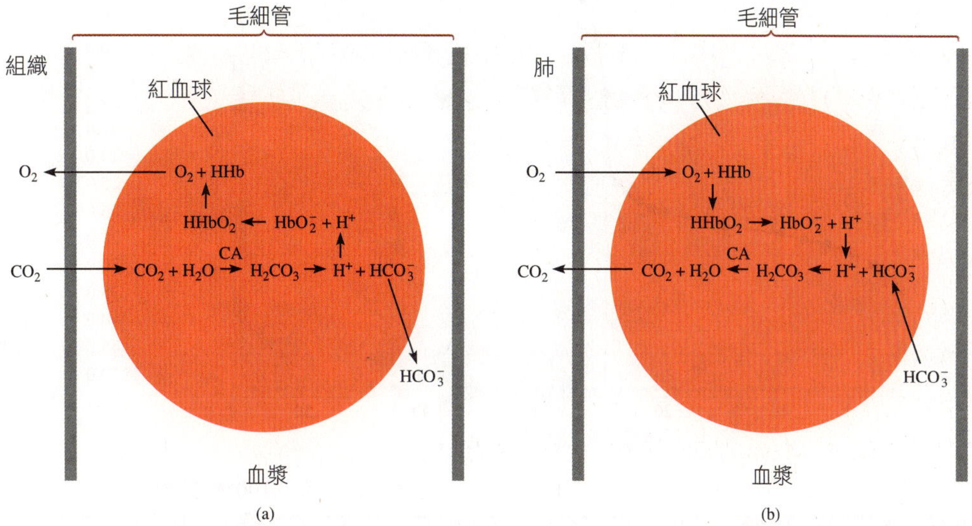

氧及二氧化碳在血液中的運送與釋出過程。(a) 在新陳代謝組織中，二氧化碳的分壓比在血漿中高。因此，二氧化碳會先擴散進入毛細管，再接著進入紅血球。然後在該處被碳酸酐酶 (CA) 轉化成碳酸。碳酸所提供的質子接著又會和 HbO_2^- 結合生成氧合血紅蛋白，最後再分解成血紅蛋白和氧氣。比起在組織中，氧氣在紅血球中的分壓更高，故得以從紅血球擴散至組織中。碳酸氫根離子也能擴散出紅血球，並且被血漿攜至肺部；(b) 在肺中，整個流程是完全相反的。有較高分壓的氧分子會從肺部擴散至紅血球中。並在此和血紅蛋白結合生成氧合血紅蛋白。氧合血紅蛋白所提供的質子則會和擴散進入血漿內之紅血球中的碳酸氫根離子結合產生碳酸。在碳酸酐酶的存在下，碳酸得以被轉化生成水和氧氣。氧氣隨著擴散出紅血球進入肺部，然後再被吐出。

吸收以繼續進行新陳代謝反應。

當靜脈中的血液回到肺部時，上述的流程便反向進行。此時碳酸氫根離子會擴散進入紅血球，並於此處與血紅蛋白反應生成碳酸：

$$HHb(aq) + HCO_3^-(aq) \rightleftharpoons Hb^-(aq) + H_2CO_3(aq)$$

大部分的酸接著會被碳酸酐酶轉化成二氧化碳：

$$H_2CO_3(aq) \rightleftharpoons H_2O(l) + CO_2(aq)$$

二氧化碳最後則擴散進入了肺部，接著被吐出。由於對氧而言，Hb^- 比血紅蛋白更具親和力，因此 Hb^- (來自於左欄所示之血紅蛋白與碳酸氫根離子間的反應) 的生成也促進了肺中的氧氣吸收：

$$Hb^-(aq) + O_2(aq) \rightleftharpoons HbO_2^-(aq)$$

當動脈血液流回身體組織時，整個循環又會重複進行。

例題 16.5 示範強鹼對弱酸的滴定。

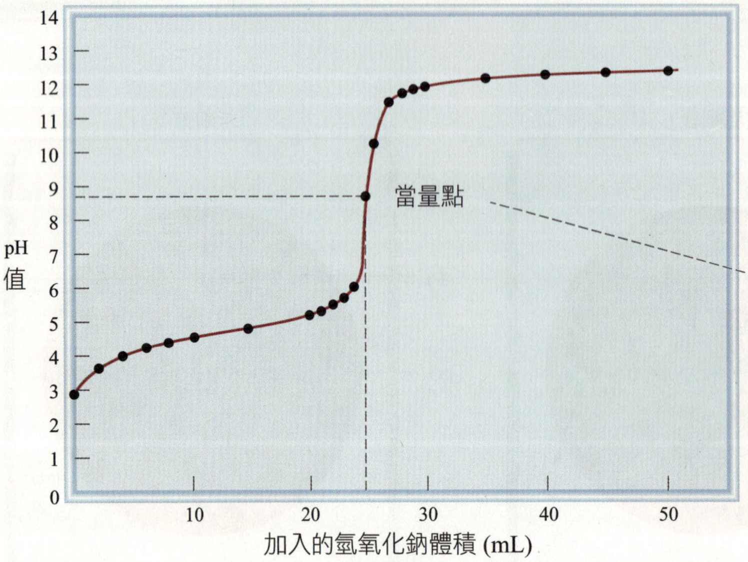

加入的氫氧化鈉體積 (mL)	pH
0.0	2.87
5.0	4.14
10.0	4.57
15.0	4.92
20.0	5.35
22.0	5.61
24.0	6.12
25.0	8.72
26.0	10.29
28.0	11.75
30.0	11.96
35.0	12.22
40.0	12.36
45.0	12.46
50.0	12.52

圖 16.5 弱酸—強鹼滴定的 pH 值紀錄分布圖。從滴定管中將 0.100 *M* 的氫氧化鈉溶液加到裝有 0.100 *M* 醋酸溶液 (25.0 毫升) 的錐形瓶中。由於所生成的鹽類會水解，所以溶液在當量點時的 pH 值大於 7。

例題 16.5

試計算以下列氫氧化鈉水溶液對 0.100 *M* 的醋酸水溶液 (25.0 毫升) 進行滴定後，溶液的 pH 值：(a) 0.100 *M* 的氫氧化鈉 (10.0 毫升)；(b) 0.100 *M* 的氫氧化鈉 (25.0 毫升)；(c) 0.100 *M* 的氫氧化鈉 (35.0 毫升)。

策 略

醋酸鈉和氫氧化鈉之間的反應為

$$CH_3COOH(aq) + NaOH(aq) \longrightarrow CH_3COONa(aq) + H_2O(l)$$

我們可以看到 1 莫耳的醋酸等量於 1 莫耳的氫氧化鈉。所以，在每個滴定階段，我們都可以算出和酸反應的鹼有多少莫耳，溶液的 pH 值也可以藉由過量的酸或是剩餘的鹼來得知。然而，在當量點時，完全的中和反應發生，使得溶液的 pH 值須視所生成鹽類 (也就是醋酸鈉) 的水解程度而決定。

解 答

(a) 在 10.0 毫升溶液中的氫氧化鈉莫耳數為

$$10.0\ \text{mL} \times \frac{0.100\ \text{mol NaOH}}{1\ \text{L NaOH 溶液}} \times \frac{1\ \text{L}}{1000\ \text{mL}} = 1.00 \times 10^{-3}\ \text{mol}$$

而在 25.0 毫升的溶液中，原有的醋酸莫耳數為

$$25.0\ \text{mL} \times \frac{0.100\ \text{mol CH}_3\text{COOH}}{1\ \text{L CH}_3\text{COOH 溶液}} \times \frac{1\ \text{L}}{1000\ \text{mL}} = 2.50 \times 10^{-3}\ \text{mol}$$

由於溶液的總體積在兩溶液混合時會增加，所以我們以莫耳數進行計算。當溶液體積增加時，體積莫耳濃度會改變，但莫耳數維持不變。莫耳數的改變量整理如下：

$$CH_3COOH(aq) + NaOH(aq) \longrightarrow CH_3COONa(aq) + H_2O(l)$$

	$CH_3COOH(aq)$	$NaOH(aq)$	$CH_3COONa(aq)$
初濃度 (M)：	2.50×10^{-3}	1.00×10^{-3}	0
改變量 (M)：	-1.00×10^{-3}	-1.00×10^{-3}	$+1.00 \times 10^{-3}$
平衡後 (M)：	1.50×10^{-3}	0	1.00×10^{-3}

於此階段，我們擁有由醋酸和醋酸根離子 (來自醋酸鈉) 所組成的緩衝系統。要計算此時溶液的 pH 值，我們可以列式：

$$K_a = \frac{[H^+][CH_3COO^-]}{[CH_3COOH]}$$

$$[H^+] = \frac{[CH_3COOH]K_a}{[CH_3COO^-]}$$

$$= \frac{(1.50 \times 10^{-3})(1.8 \times 10^{-5})}{1.00 \times 10^{-3}} = 2.7 \times 10^{-5}\,M$$

由於醋酸和醋酸根離子的溶液體積相同 (35 毫升)，因此莫耳數的比例等同於莫耳濃度的比例。

因此， $pH = -\log(2.7 \times 10^{-5}) = 4.57$

(b) 0.100 M 的氫氧化鈉 (25.0 毫升) 和 0.100 M 的醋酸 (25.0 毫升) 對應到當量點。在 25.0 毫升的溶液中，氫氧化鈉的莫耳數為

$$25.0\ \text{mL} \times \frac{0.100\ \text{mol NaOH}}{1\ \text{L NaOH 溶液}} \times \frac{1\ \text{L}}{1000\ \text{mL}} = 2.50 \times 10^{-3}\ \text{mol}$$

莫耳數的改變量整理如下：

$$CH_3COOH(aq) + NaOH(aq) \longrightarrow CH_3COONa(aq) + H_2O(l)$$

	$CH_3COOH(aq)$	$NaOH(aq)$	$CH_3COONa(aq)$
初濃度 (M)：	2.50×10^{-3}	2.50×10^{-3}	0
改變量 (M)：	-2.50×10^{-3}	-2.50×10^{-3}	$+2.50 \times 10^{-3}$
平衡後 (M)：	0	0	2.50×10^{-3}

於當量點時，酸和鹼雙方的濃度均為零。總體積為 (25.0 + 25.0) 毫升或 50.0 毫升，因此鹽類的濃度為

$$[CH_3COONa] = \frac{2.50 \times 10^{-3}\ \text{mol}}{50.0\ \text{mL}} \times \frac{1000\ \text{mL}}{1\ \text{L}}$$
$$= 0.0500\ \text{mol/L} = 0.0500\ M$$

下一個步驟為計算溶液因醋酸根離子的水解所造成之 pH 值變化。延續在例題 15.13 所提及的流程，並在表 15.3 中查詢醋酸根離子的鹼解離常數 (K_b)，我們就可以列式：

$$K_b = 5.6 \times 10^{-10} = \frac{[CH_3COOH][OH^-]}{[CH_3COO^-]} = \frac{x^2}{0.0500 - x}$$
$$x = [OH^-] = 5.3 \times 10^{-6} M,\ \text{pH} = 8.72$$

(c) 在加入 35.0 毫升的氫氧化鈉後，溶液已過了當量點。原有氫氧化鈉的莫耳數為

$$35.0\ \text{mL} \times \frac{0.100\ \text{mol NaOH}}{1\ \text{L NaOH 溶液}} \times \frac{1\ \text{L}}{1000\ \text{mL}} = 3.50 \times 10^{-3}\ \text{mol}$$

莫耳數的改變量整理如下：

	$CH_3COOH(aq)$ +	$NaOH(aq) \longrightarrow$	$CH_3COONa(aq) + H_2O(l)$
初濃度 (M)：	2.50×10^{-3}	3.50×10^{-3}	0
改變量 (M)：	-2.50×10^{-3}	-2.50×10^{-3}	$+2.50 \times 10^{-3}$
平衡後 (M)：	0	1.00×10^{-3}	2.50×10^{-3}

於此階段，溶液中含有兩種會使溶液呈鹼性的物質：氫氧根離子和醋酸根離子 (來自於醋酸鈉)。然而，因為氫氧根離子是個比醋酸根離子強很多的鹼，所以我們大可以忽略後者的水解，只以前者的濃度來計算溶液之 pH 值。溶液合併後的總體積為 (25.0 + 35.0) 毫升或 60 毫升，因此我們可計算氫氧根離子的濃度如下：

$$[OH^-] = \frac{1.00 \times 10^{-3}\ \text{mol}}{60.0\ \text{mL}} \times \frac{1000\ \text{mL}}{1\ \text{L}}$$
$$= 0.0167\ \text{mol/L} = 0.0167\ M$$
$$\text{pOH} = -\log [OH^-] = -\log 0.0167 = 1.78$$
$$\text{pH} = 14.00 - 1.78 = 12.22$$

練習題

將恰好 100 毫升的 0.10 M 亞硝酸溶液，以 0.10 M 的氫氧化鈉溶液進行滴定，計算溶液在下列階段時的 pH 值：(a) 初始溶液；(b) 加入 80 毫升的鹼後；(c) 當量點；(d) 加入 105 毫升的鹼後。

強酸－弱鹼滴定

考慮鹽酸 (強酸) 對氨 (弱鹼) NH_3 的滴定：

$$HCl(aq) + NH_3(aq) \longrightarrow NH_4Cl(aq)$$

或簡化為

$$H^+(aq) + NH_3(aq) \longrightarrow NH_4^+(aq)$$

由於銨根離子的水解，所以在當量點時的 pH 值小於 7：

$$NH_4^+(aq) + H_2O(l) \rightleftharpoons NH_3(aq) + H_3O^+(aq)$$

或簡化為

$$NH_4^+(aq) \rightleftharpoons NH_3(aq) + H^+(aq)$$

因為氨水溶液具揮發性，所以將鹽酸從滴定管加到氨水溶液中會方便得多。圖 16.6 顯示此實驗的滴定曲線。

例題 16.6

若利用 0.100 *M* 的鹽酸水溶液來滴定 0.100 *M* 的氨水溶液 (25.0 毫升)，試計算溶液在當量點時的 pH 值。

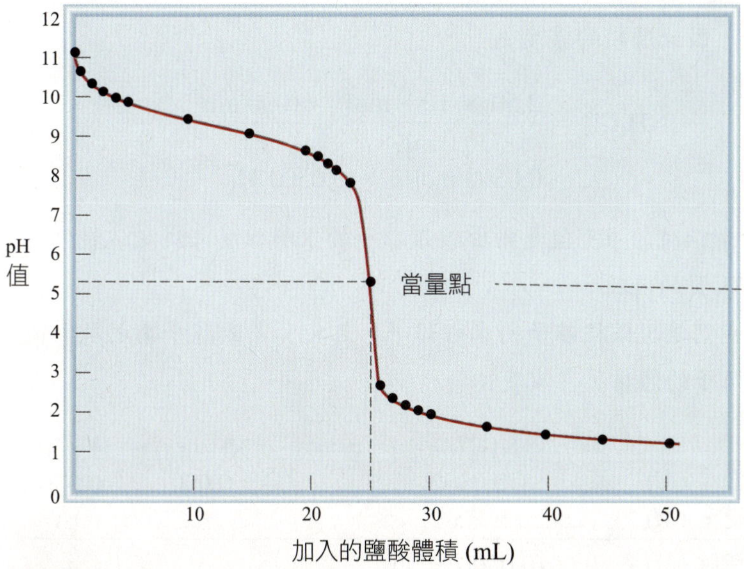

加入的鹽酸體積 (mL)	pH
0.0	11.13
5.0	9.86
10.0	9.44
15.0	9.08
20.0	8.66
22.0	8.39
24.0	7.88
25.0	5.28
26.0	2.70
28.0	2.22
30.0	2.00
35.0	1.70
40.0	1.52
45.0	1.40
50.0	1.30

圖 16.6 強酸—弱鹼滴定的 pH 值紀錄分布圖。從滴定管中將 0.100 *M* 的鹽酸溶液加到裝有 0.100 *M* 氨水溶液 (25.0 毫升) 的錐形瓶中。由於所生成的鹽類水解，所以溶液於當量點時的 pH 值小於 7。

策　略

NH_3 和 HCl 間的反應為

$$NH_3(aq) + HCl(aq) \longrightarrow NH_4Cl(aq)$$

1 莫耳的氨等量於 1 莫耳的鹽酸。在當量點時，溶液中的主要物質為氯化銨 (可以解離生成銨根離子和氯離子) 及水。首先，我們要測定生成之氯化銨的濃度。再來就可以計算因銨根離子水解所造成的 pH 值改變。至於氯離子則為鹽酸 (強酸) 的共軛鹼，因此並不會和水反應。我們也和平常一樣忽略水本身的解離。

解　答

在 0.100 *M* 的溶液 (25.0 毫升) 中，氨的莫耳數為

$$25.0\ \text{mL} \times \frac{0.100\ \text{mol NH}_3}{1\ \text{L NH}_3} \times \frac{1\ \text{L}}{1000\ \text{mL}} = 2.50 \times 10^{-3}\ \text{mol}$$

達當量點時，加入之鹽酸的莫耳數和氨的莫耳數相等。莫耳數的改變量整理如下：

	$NH_3(aq)$	+	$HCl(aq)$	$\longrightarrow$	$NH_4Cl(aq)$
初濃度 (*M*)：	2.50×10^{-3}		2.50×10^{-3}		0
改變量 (*M*)：	-2.50×10^{-3}		-2.50×10^{-3}		$+2.50 \times 10^{-3}$
平衡後 (*M*)：	0		0		2.50×10^{-3}

於當量點時，酸和鹼的濃度均為零。總體積為 (25.0 + 25.0) 毫升，或 50.0 毫升，因此鹽類的濃度為

$$[NH_4Cl] = \frac{2.50 \times 10^{-3}\ \text{mol}}{50.0\ \text{mL}} \times \frac{1000\ \text{mL}}{1\ \text{L}}$$
$$= 0.0500\ \text{mol/L} = 0.0500\ M$$

溶液於當量點時的 pH 值是藉由銨根離子的水解程度來決定。我們遵循在第 631 頁的流程。

步驟 1：我們呈現銨根離子的水解如下，且設 x 為到達平衡之氨和氫離子的體積莫耳濃度：

	$NH_4^+(aq)$	$\rightleftharpoons$	$NH_3(aq)$	+	$H^+(aq)$
初濃度 (*M*)：	0.0500		0.000		0.000
改變量 (*M*)：	$-x$		$+x$		$+x$
平衡時 (*M*)：	$(0.0500 - x)$		x		x

步驟 2：從表 15.4，我們得知銨根離子的 K_a 值：

$$K_a = \frac{[NH_3][H^+]}{[NH_4^+]}$$
$$5.6 \times 10^{-10} = \frac{x^2}{0.0500 - x}$$

假設 $0.0500 - x \approx 0.0500$，我們得到

$$5.6 \times 10^{-10} = \frac{x^2}{0.0500 - x} \approx \frac{x^2}{0.0500}$$
$$x = 5.3 \times 10^{-6}\ M$$

所以，可以求得 pH 值為

$$\text{pH} = -\log(5.3 \times 10^{-6})$$
$$= 5.28$$

檢 查

請注意：此溶液的 pH 值是酸性。這也是我們對銨根離子之水解所做的預期。

要隨時檢查假設的合理性。

練習題

試計算若以 0.20 M 的鹽酸溶液對 0.10 M 的甲胺 (見表 15.4) 溶液 (50.0 毫升) 進行滴定，在到達當量點時的 pH 值。

16.5 酸鹼指示劑

如同我們之前所見，當量點為溶液中加入之氫氧根離子莫耳數恰等於原有氫離子莫耳數的點。然而，要檢測某滴定反應的當量點為何，我們必須確切知道究竟需要從滴定管中滴入多少量的鹼才能中和錐形瓶的酸性溶液。有個方法是在滴定開始時，於酸性溶液中加入幾滴酸鹼指示劑。記得在第四章中曾提及，指示劑通常是一種在其解離狀態和非解離狀態時有著截然不同顏色的有機弱酸或有機弱鹼。這兩種狀態則和指示劑所處的溶液 pH 值有關。**滴定終點** (end point) 發生在指示劑變色之時。然而，並非所有的指示劑都會在相同的 pH 值變色，因此對於不同的滴定反應來說，指示劑的選擇取決於所使用的酸和鹼之本質 (也就是強或弱)。藉由選擇了適當的指示劑，我們就可以利用滴定終點來檢測當量點，如以下所示。

滴定終點是指示劑變色的點。而當量點則是中和反應恰好完畢的點。在實驗中，我們使用滴定終點來估計當量點的所在。

讓我們來看一種被稱呼為 HIn 的單質子弱酸。身為一種有效的指示劑，HIn 與其共價鹼 (In^-) 必須具有完全不同的顏色。此酸於溶液中會進行少量的解離：

$$HIn(aq) \rightleftharpoons H^+(aq) + In^-(aq)$$

典型指示劑的一般變色範圍為 pH = pK_a ± 1，其中 K_a 為指示劑的酸解離常數。

若是指示劑處於夠酸的溶液中，平衡時就會根據勒沙特列原理向左移動，此時主要的呈色來源會是未解離的指示劑 (HIn)。另一方面，平衡在鹼性溶液中會往右移，且溶液的顏色主要來自於其共軛鹼 (In^-)。大致上，我們可以利用下面的濃度比例來預測指示劑所呈現的顏色：

$$\frac{[HIn]}{[In^-]} \geq 10 \quad 主要呈現酸 (HIn) 的顏色$$

$$\frac{[HIn]}{[In^-]} \leq 0.1 \quad 主要呈現共軛鹼 (In^-) 的顏色$$

若 [HIn] ≈ [In^-]，指示劑就會呈現 HIn 和 In^- 的混合色。

指示劑所指示的滴定終點並非只發生於特定的 pH 值；相反地，它涵蓋了一定 pH 值的範圍。我們會選擇滴定終點落於滴定曲線陡峭部分的指示劑。因為當量點也位於此處，這選擇可以確保當量點之 pH 值也落在指示劑的變色範圍內。在 4.6 節中曾提到，對於氫氧化鈉和鹽酸之間的滴定而言，酚酞是個適合的指示劑。酚酞在酸性和中性溶液中呈現無色，但在鹼性溶液中則為粉紅色。根據實測，指示劑在 pH 值 < 8.3 時為無色，一旦 pH 值超過 8.3 則會逐漸變為粉紅色。如圖 16.4 所示，只要在 pH 值曲線中接近當量點的陡峭處加一點點氫氧化鈉 (如 0.05 毫升，大概是從滴定管中滴下一滴的體積)，就會造成溶液的 pH 值大幅度的上升。重點是酚酞從無色到粉紅色的變色範圍涵蓋了這部分。一旦能夠對應到，指示劑就可以指出當量點的所在之處 (圖 16.7)。

許多酸鹼指示劑為植物色素。例如：在水中烹煮紫色高麗菜切片，就可以萃取出在不同 pH 值中呈現反種顏色的色素 (圖 16.8)。表 16.1 列出一些常用於酸鹼滴定的指示劑。特定指示劑的選擇須取決於欲滴定之酸鹼的強度。例題 16.7 就點出這件事。

例題 16.7

在表 16.1 所列的指示劑中，哪些可使用在 (a) 圖 16.4；(b) 圖 16.5；和 (c) 圖 16.6 所示的酸鹼滴定中？

策　略

特定指示劑的選擇須建立在其 pH 值的變色範圍，應與滴定曲線的陡峭部分重疊；否則就無法利用其顏色的變化來指出當量點。

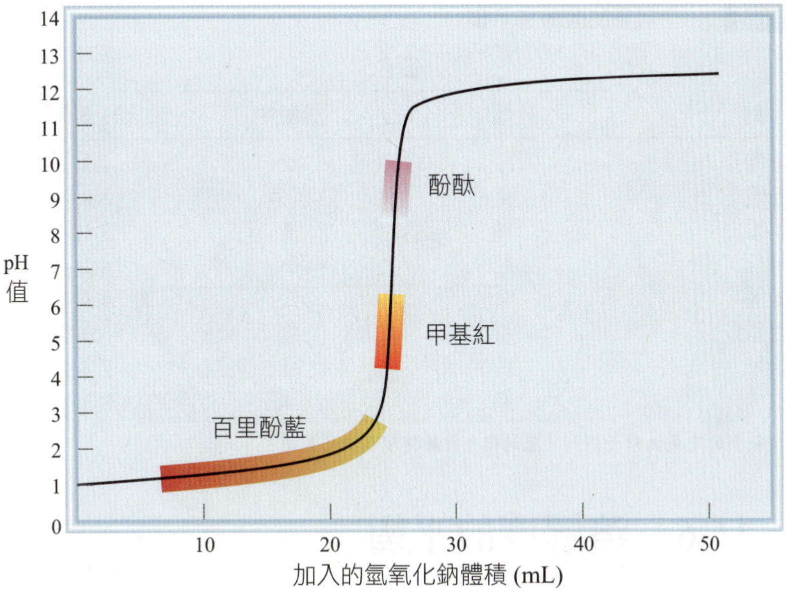

圖 16.7 強酸—強鹼的滴定曲線。由於甲基紅和酚酞指示劑的變色範圍都位於曲線的陡峭區域內，因此可以用於測知此滴定的當量點。至於百里酚藍則無此用途，因為其變色範圍並沒有對應到滴定曲線的陡峭部分 (見表 16.1)。

圖 16.8 在加入酸或是鹼後，含有紫色高麗菜萃取物的溶液產生不同的顏色。溶液的 pH 值由左到右依序漸增。

解　答

(a) 在當量點附近時，溶液的 pH 值會突然從 4 變到 10，因此除了百里酚藍、溴酚藍和甲基橙之外，其他指示劑都適用於此滴定反應。

(b) 圖中陡峭部分涵蓋的範圍從 pH 值 7 到 10，所以甲酚紅和酚酞均為適合的指示劑。

(c) 圖中陡峭部分涵蓋的範圍從 pH 值 3 到 7，因此適合的指示劑包括溴酚藍、甲基橙、甲基紅和氯酚藍。

練習題

利用表 16.1，判斷哪些指示劑適用於下列滴定反應：(a) 氫溴酸對甲胺；(b) 硝酸對氫氧化鈉；(c) 亞硝酸對氫氧化鉀。

表 16.1 一些常見的酸鹼指示劑

	顏色		
指示劑	於酸中	於鹼中	pH 值範圍*
百里酚藍	紅	黃	1.2~2.8
溴酚藍	黃	藍紫	3.0~4.6
甲基橙	橘	黃	3.1~4.4
甲基紅	紅	黃	4.2~6.3
氯酚藍	黃	紅	4.8~6.4
溴百里酚藍	黃	藍	6.0~7.6
甲酚紅	黃	紅	7.2~8.8
酚酞	無	粉紅	8.3~10.0

*pH 值範圍的定義為指示劑所呈現的顏色從酸轉變成鹼的範圍。

16.6 溶解度的平衡

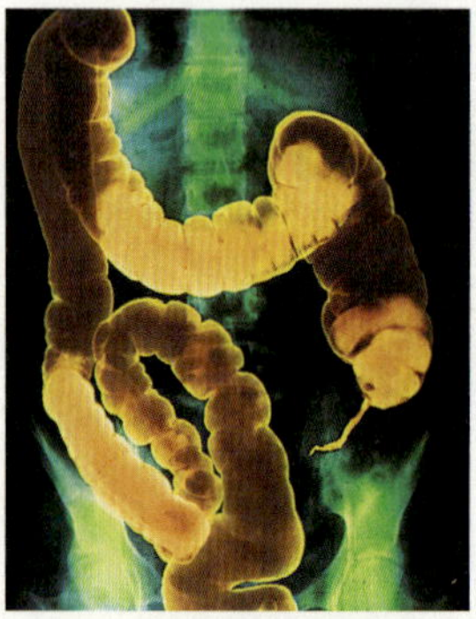
人類大腸的硫酸鋇造影。

沉澱反應在工業界、製藥以及日常生活中都很重要。例如：許多重要工業化學物質的製備 (像是碳酸鈉) 就是以沉澱反應為基礎。主要由氫氧磷灰石 [$Ca_5(PO_4)_3OH$] 所組成的牙齒琺瑯質會在酸性環境中溶解，導致牙齒的酸蝕。對 X 光來說，不透明的難溶性鹽類硫酸鋇，則可用來診斷消化道的病灶所在。由碳酸鈣所組成的鐘乳石和石筍也是由沉澱反應而生。同樣地，許多食物也是如此，例如：軟糖。

4.2 節中就已經介紹過預測無機化合物在水中溶解度的一般原則。儘管有用，但這些規則卻無法讓我們預測已知離子化合物在水中的溶解度有多少。如果要發展出一種定量的方法，就得從我們對化學平衡的知識出發。除非另有強調，否則接下來所討論的溶劑都是水，且溫度為攝度 25 度。

溶解度積

考慮杯內尚有氯化銀固體存在的飽和氯化銀溶液。溶解度平衡可以被表示為

$$AgCl(s) \rightleftharpoons Ag^+(aq) + Cl^-(aq)$$

回想固體的活動力為 1 (第 570 頁)。

氯化銀為一種難溶性鹽類 (見表 4.2)，假定溶於水中的少量氯化銀固體可完全解離成銀離子和氯離子。我們從第十四章知道，固體的濃度對於非勻相反應而言為常數。因此，我們可以將氯化銀 (見例題 14.5) 的溶解平衡常數寫為

$$K_{sp} = [Ag^+][Cl^-]$$

其中 K_{sp} 被稱為溶解度積常數或是簡稱溶解度積。一般來說，化合物的**溶解度積** (solubility product) 為其組成離子的莫耳濃度乘積，其次方數等於平衡方程式中的各項係數。

由於每單位的氯化銀僅含有一個銀離子和一個氯離子，故其溶解度積的表達式寫起來格外容易。下面的幾個例子就比較複雜：

- 氟化鎂

$$MgF_2(s) \rightleftharpoons Mg^{2+}(aq) + 2F^-(aq) \qquad K_{sp} = [Mg^{2+}][F^-]^2$$

- 碳酸銀

$$Ag_2CO_3(s) \rightleftharpoons 2Ag^+(aq) + CO_3^{2-}(aq) \qquad K_{sp} = [Ag^+]^2[CO_3^{2-}]$$

- 磷酸鈣

$$Ca_3(PO_4)_2(s) \rightleftharpoons 3Ca^{2+}(aq) + 2PO_4^{3-}(aq) \qquad K_{sp} = [Ca^{2+}]^3[PO_4^{3-}]^2$$

表 16.2 列出一些微溶性鹽類的溶解度積。像是氯化鈉和硝酸鉀等可溶鹽類的 K_{sp} 非常大，在表 16.2 中就沒有列出來，一如我們在表 15.3 中並沒有把強酸的 K_a 值列入一樣。K_{sp} 的值代表著一無機化合物的溶解度——其值愈小，該化合物在水中就溶得愈少。然而，在以 K_{sp} 值比較溶解度時，你需要選擇平衡方程式類似的化合物，例如：氯化銀和硫化鋅，或是氟化鈣和氫氧化鐵。

得強調一下：在第十五章 (第 602 頁) 時，我們為了計算溶液中所含物質的濃度，先假定它們都展現理想的行為，但這種假設並不真切。例如，溴化鋇的溶液中不僅有自由的鋇離子和氟離子，也可以同時含有電中性與帶電荷的離子對，如二氟化鋇與 BaF^+。更甚者，許多列於表 16.2 中之無機化合物所含的陰離子為弱酸的共軛鹼。像是硫化銅。S^{2-} 離子就可以進行水解如下：

$$S^{2-}(aq) + H_2O(l) \rightleftharpoons HS^-(aq) + OH^-(aq)$$
$$HS^-(aq) + H_2O(l) \rightleftharpoons H_2S(aq) + OH^-(aq)$$

而如同在 15.10 節所討論過的，像是鋁離子和鉍離子這些帶有高電荷的小型金屬離子也會進行水解。離子對的生成和鹽類的水解都會降低水溶液中於 K_{sp} 中所出現的離子濃度，但我們尚不需要去考量這些與理想行為之間的差異。

對於離子固體在水溶液中的溶解而言，可能為下列所述的任一狀態：(1) 溶液未飽和；(2) 溶液已飽和；或是 (3) 溶液為過飽和。對於

表 16.2 一些微溶性無機化合物在攝氏 25 度時的溶解度積

化合物	K_{sp}	化合物	K_{sp}
氫氧化鋁	1.8×10^{-33}	鉻酸鉛	2.0×10^{-14}
碳酸鋇	8.1×10^{-9}	氟化鉛	4.1×10^{-8}
氟化鋇	1.7×10^{-6}	碘化鉛	1.4×10^{-8}
硫酸鋇	1.1×10^{-10}	硫化鉛	3.4×10^{-28}
硫化鉍	1.6×10^{-72}	碳酸鎂	4.0×10^{-5}
硫化鎘	8.0×10^{-28}	氫氧化鎂	1.2×10^{-11}
碳酸鈣	8.7×10^{-9}	硫化鎂	3.0×10^{-14}
氟化鈣	4.0×10^{-11}	氯化亞汞	3.5×10^{-18}
氫氧化鈣	8.0×10^{-6}	硫化汞	4.0×10^{-54}
磷酸鈣	1.2×10^{-26}	硫化鎳	1.4×10^{-24}
氫氧化鉻	3.0×10^{-29}	溴化銀	7.7×10^{-13}
硫化鈷	4.0×10^{-21}	碳酸銀	8.1×10^{-12}
溴化亞銅	4.2×10^{-8}	氯化銀	1.6×10^{-10}
碘化亞銅	5.1×10^{-12}	碘化銀	8.3×10^{-17}
氫氧化銅	2.2×10^{-20}	硫酸銀	1.4×10^{-5}
硫化銅	6.0×10^{-37}	硫化銀	6.0×10^{-51}
氫氧化亞鐵	1.6×10^{-14}	碳酸鍶	1.6×10^{-9}
氫氧化鐵	1.1×10^{-36}	硫酸鍶	3.8×10^{-7}
硫化鐵	6.0×10^{-19}	硫化鍶	1.0×10^{-26}
碳酸鉛	3.3×10^{-14}	氫氧化鋅	1.8×10^{-14}
氯化鉛	2.4×10^{-4}	硫化鋅	3.0×10^{-23}

濃度未處於平衡狀態的離子，我們使用稱為**離子積** (Q) 的反應商數 (見 14.4 節) 來預測是否會有沉澱生成。請注意：Q 和 K_{sp} 有著相同的格式，只不過離子的濃度並非平衡濃度。例如：如果我們將含有銀離子的溶液與含有氯離子的溶液混合，那麼離子積就會是

$$Q = [Ag^+]_0[Cl^-]_0$$

下標的 0 提醒我們這些是初濃度，不一定就會是其平衡濃度。Q 和 K_{sp} 之間可能的關係包括：

根據溶液的製備方式，$[Ag^+]$ 有可能等於或不等於 $[Cl^-]$。

$$Q < K_{sp}$$
$$[Ag^+]_0[Cl^-]_0 < 1.6 \times 10^{-10}$$
未飽和溶液 (沒有沉澱)

$$Q = K_{sp}$$
$$[Ag^+][Cl^-] = 1.6 \times 10^{-10}$$
飽和溶液 (沒有沉澱)

$$Q > K_{sp}$$
$$[Ag^+]_0[Cl^-]_0 > 1.6 \times 10^{-10}$$
過飽和溶液；會生成 AgCl 沉澱，直到離子濃度積等於 1.6×10^{-10} 為止

莫耳溶解度與溶解度

在表示物質的溶解度時另有兩個方式：每 1 公升的飽和溶液所含之溶質莫耳數 (mol/L) 的**莫耳溶解度** (molar solubility)，以及每 1 公升的飽和溶液所含之溶質克數 (g/L) 的**溶解度** (solubility)。請注意：這兩個表示式所指的都是在某特定溫度時的飽和溶液濃度 (通常是攝氏 25 度)。

莫耳溶解度和溶解度在實驗室中都相當好用。我們可以藉由圖 16.9(a) 所規劃的步驟來測定 K_{sp} 值。例題 16.8 示範了此流程。

例題 16.8

已知硫酸鈣的溶解度為 0.67 g/L。試計算硫酸鈣的 K_{sp} 值。

策　略

我們已得知硫酸鈣的溶解度，而被要求計算其 K_{sp} 值。根據圖 16.9(a)，換算的流程步驟為

硫酸鈣的溶解度 ⟶ 硫酸鈣的莫耳溶解度 ⟶ $[Ca^{2+}]$ 與 $[SO_4^{2-}]$ ⟶ 硫酸鈣的 K_{sp} 值

解　答

考慮到硫酸鈣在水中的解離。令 s 為硫酸鈣的莫耳溶解度 (mol/L)。

	$CaSO_4(s) \rightleftharpoons$	$Ca^{2+}(aq)$	$+\ SO_4^{2-}(aq)$
初濃度 (M)：		0	0
改變量 (M)：	$-s$	$+s$	$+s$
平衡時 (M)：		s	s

則硫酸鈣的溶解度積為

硫酸鈣為乾燥劑，也常用於顏料、陶瓷及紙張的製作過程。硫酸鈣的水合型態被稱作巴黎石膏，可用來固定骨折部位。

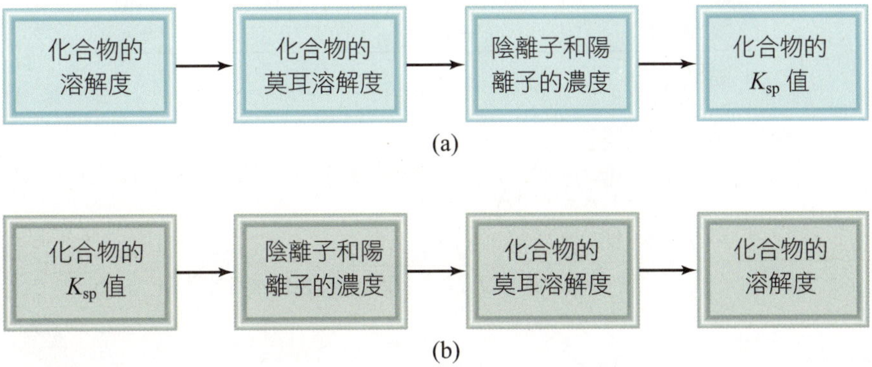

圖 16.9 (a) 由溶解度計算 K_{sp} 值；和 (b) 由 K_{sp} 值計算溶解度的分解流程步驟。

$$K_{sp} = [Ca^{2+}][SO_4^{2-}] = s^2$$

首先，我們要計算在 1 公升的溶液中所溶解的硫酸鈣莫耳數：

$$\frac{0.67\ \text{g}\ \cancel{CaSO_4}}{1\ \text{L 溶液}} \times \frac{1\ \text{mol}\ CaSO_4}{136.2\ \text{g}\ \cancel{CaSO_4}} = 4.9 \times 10^{-3}\ \text{mol/L} = s$$

根據平衡時的溶解度，我們可以看到每一莫耳的硫酸鈣溶解就會有 1 莫耳的鈣離子和 1 莫耳的硫酸根離子生成。因此，達平衡時，

$$[Ca^{2+}] = 4.9 \times 10^{-3}\ M \quad \text{和} \quad [SO_4^{2-}] = 4.9 \times 10^{-3}\ M$$

這樣我們就可以計算 K_{sp} 值：

$$\begin{aligned} K_{sp} &= [Ca^{2+}][SO_4^{2-}] \\ &= (4.9 \times 10^{-3})(4.9 \times 10^{-3}) \\ &= 2.4 \times 10^{-5} \end{aligned}$$

類題：16.13。

練習題

鉻酸鉛的溶解度為 4.5×10^{-5} g/L。試計算此化合物的溶解度積。

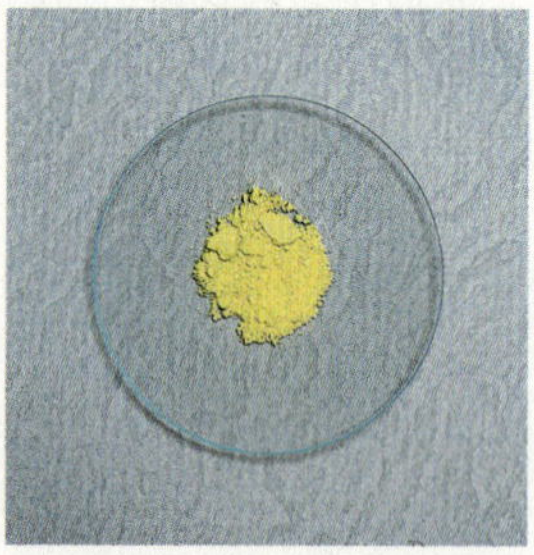

溴化銀被用於攝影用的膠捲上。

我們有時候也會在知道一化合物 K_{sp} 值的情況下計算其莫耳溶解度。例如，溴化銀的 K_{sp} 值為 7.7×10^{-13}，我們可以藉由像計算酸解離常數一樣的流程來計算其莫耳溶解度。首先，我們要知道在平衡時有哪些物質存在，這裡會有的是銀離子和溴離子。令 s 為溴化銀的莫耳溶解度 (mol/L)。因為每單位的溴化銀會產生各一單位的銀離子和溴離子，所以達平衡時，$[Ag^+]$ 和 $[Br^-]$ 均為 s。我們可以整理濃度的改變量如下：

	$AgBr(s) \rightleftharpoons$	$Ag^+(aq)$ +	$Br^-(aq)$
初濃度 (M)：		0.00	0.00
改變量 (M)：	$-s$	$+s$	$+s$
平衡時 (M)：		s	s

從表 16.2 可以得到

$$\begin{aligned} K_{sp} &= [Ag^+][Br^-] \\ 7.7 \times 10^{-13} &= (s)(s) \\ s &= \sqrt{7.7 \times 10^{-13}} = 8.8 \times 10^{-7}\ M \end{aligned}$$

因此平衡時，

$$[Ag^+] = 8.8 \times 10^{-7}\,M$$
$$[Br^-] = 8.8 \times 10^{-7}\,M$$

故溴化銀的莫耳溶解度亦為 $8.8 \times 10^{-7}\ M$。

例題 16.9 中就採用這個方法。

例題 16.9

利用表 16.2 中的資料，試計算氫氧化銅的溶解度 (g/L)。

策 略

我們現已知氫氧化銅的 K_{sp} 值，並且要求其溶解度 (g/L)。根據圖 16.9(b)，換算的流程步驟為

氫氧化銅的 K_{sp} 值 ⟶ $[Cu^{2+}]$ 和 $[OH^-]$ ⟶ 氫氧化銅的莫耳溶解度 ⟶ 氫氧化銅的溶解度

解 答

考慮氫氧化銅在水中的溶解：

	$Cu(OH)_2(s)$ ⇌	$Cu^{2+}(aq)$ +	$2OH^-(aq)$
初濃度 (*M*)：		0	0
改變量 (*M*)：	$-s$	$+s$	$+2s$
平衡時 (*M*)：		s	$2s$

請注意：到氫氧根離子的莫耳濃度是銅離子 (Cu^{2+}) 的兩倍，因此氫氧化銅的溶解度積為

$$K_{sp} = [Cu^{2+}][OH^-]^2$$
$$= (s)(2s)^2 = 4s^3$$

再從表 16.2 得知 K_{sp} 值，我們就可以求出氫氧化銅的莫耳溶解度：

$$2.2 \times 10^{-20} = 4s^3$$
$$s^3 = \frac{2.2 \times 10^{-20}}{4} = 5.5 \times 10^{-21}$$

因此，$s = 1.8 \times 10^{-7}\ M$

最後，從氫氧化銅的莫耳質量與莫耳溶解度就可以算出它的溶解度 (g/L)：

$$\text{氫氧化銅的溶解度} = \frac{1.8 \times 10^{-7}\ \text{mol Cu(OH)}_2}{1\ \text{L 溶液}} \times \frac{97.57\ \text{g Cu(OH)}_2}{1\ \text{mol Cu(OH)}_2}$$
$$= 1.8 \times 10^{-5}\ \text{g/L}$$

氫氧化銅被用在農藥及處理種子。

練習題

試計算氯化銀的溶解度 (g/L)。

如例題 16.8 和 16.9 所示，溶解度和溶解度積息息相關。若我們知道其中之一，就可以計算得出另一者，但兩者的值提供我們不同訊息。表 16.3 則顯示一些離子化合物的莫耳溶解度與溶解度積間之關係。

在進行溶解度和溶解度積的計算時，要記得下列重點：

1. 溶解度是一種描述有多少物質溶解在水中，造成溶液飽和的量值。關於到達平衡時的溶解度，它通常被表示成每公升溶液中所含的溶質克數。莫耳溶解度則是每公升溶液中所含的溶質莫耳數。
2. 溶解度積是一種平衡常數。
3. 莫耳溶解度、溶解度與溶解度積都是在描述飽和溶液。

沉澱反應的預測

根據對溶解度規則 (見 4.2 節) 的了解，以及表 16.2 所列的溶解度積常數，我們就可以預測混合兩種溶液，或是在某溶液中加入可溶解之化合物時會生成何種沉澱物。此能力通常具有實用價值。在工業界或化學實驗室的製程中，我們可以調整離子的濃度使離子積超過 K_{sp} 值來得到特定化合物 (以沉澱物的形式)。預測反應沉澱物的能力在製藥時也十分實用。例如：會令人痛苦萬分的腎結石幾乎全是由草酸鈣 (K_{sp} = 2.3×10^{-9}) 所組成。血漿中鈣離子的正常生理濃度約為 5 mM (1 mM = 1×10^{-3} M)。草酸根離子 ($C_2O_4^{2-}$)，則是從大黃瓜或菠菜等蔬菜吸收而

腎結石。

表 16.3 莫耳溶解度 (s) 與 K_{sp} 之間的關係

化合物	表示式	陽離子	陰離子	K_{sp} 與 s 之間的關係
AgCl	$[Ag^+][Cl^-]$	s	s	$K_{sp} = s^2$；$s = (K_{sp})^{\frac{1}{2}}$
$BaSO_4$	$[Ba^{2+}][SO_4^{2-}]$	s	s	$K_{sp} = s^2$；$s = (K_{sp})^{\frac{1}{2}}$
Ag_2CO_3	$[Ag^+]^2[CO_3^{2-}]$	$2s$	s	$K_{sp} = 4s^3$；$s = \left(\frac{K_{sp}}{4}\right)^{\frac{1}{3}}$
PbF_2	$[Pb^{2+}][F^-]^2$	s	$2s$	$K_{sp} = 4s^3$；$s = \left(\frac{K_{sp}}{4}\right)^{\frac{1}{3}}$
$Al(OH)_3$	$[Al^{3+}][OH^-]^3$	s	$3s$	$K_{sp} = 27s^4$；$s = \left(\frac{K_{sp}}{27}\right)^{\frac{1}{4}}$
$Ca_3(PO_4)_2$	$[Ca^{2+}]^3[PO_4^{3-}]^2$	$3s$	$2s$	$K_{sp} = 108s$；$s = \left(\frac{K_{sp}}{108}\right)^{\frac{1}{5}}$

來。草酸根和鈣離子反應會生成難溶的草酸鈣，再慢慢地就會累積而成腎結石。適當調整病人的飲食有助於減少此沉澱的發生。例題 16.10 就示範有關於預測沉澱物生成的步驟。

例題 16.10

將 0.0040 *M* 的氯化鋇 (200 毫升) 與 0.0080 *M* 的硫酸鉀 (600 毫升) 混合，會生成何種沉澱物？

策 略

離子化合物在何種情況下會從溶液中沉澱出來呢？溶液中現有的離子為鋇離子、氯離子、鉀離子，以及硫酸根離子。根據表 4.2 所列出的沉澱規則，可能生成的沉澱物僅有硫酸鋇。因為我們知道這些溶液中原有離子的莫耳數，以及混合後的溶液體積，所以從已知的資訊可以算出後來的 $[Ba^{2+}]$ 與 $[SO_4^{2-}]$。接著，我們計算離子積 Q ($Q = [Ba^{2+}]_0[SO_4^{2-}]_0$)，並且將 Q 的值與硫酸鋇的 K_{sp} 值做比較，來看沉澱是否會生成，也就是說，看看溶液是否會過飽和。畫個草圖會有助於釐清整個情況。

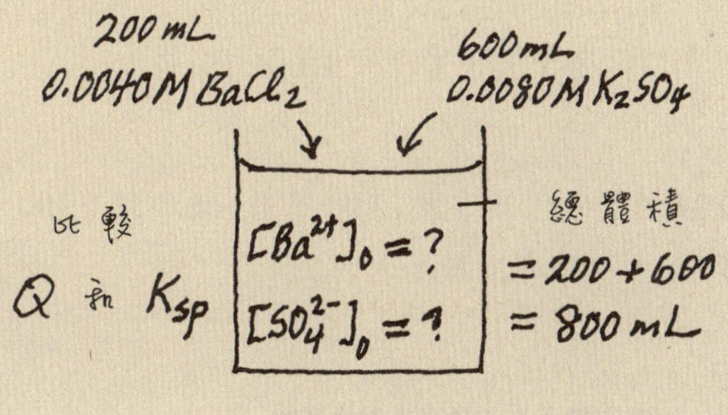

解 答

在 200 毫升的原有溶液中所含之鋇離子莫耳數為

$$200\text{ mL} \times \frac{0.0040\text{ mol Ba}^{2+}}{1\text{ L 溶液}} \times \frac{1\text{ L}}{1000\text{ mL}} = 8.0 \times 10^{-4}\text{ mol Ba}^{2+}$$

兩溶液混合後的總體積為 800 毫升。在 800 毫升的體積中，鋇離子的濃度為

我們假設體積具加成性。

$$[Ba^{2+}] = \frac{8.0 \times 10^{-4}\text{ mol}}{800\text{ mL}} \times \frac{1000\text{ mL}}{1\text{ L 溶液}} = 1.0 \times 10^{-3}\,M$$

在 600 毫升的原有溶液中所含之硫酸根離子莫耳數為

$$600 \text{ mL} \times \frac{0.0080 \text{ mol } SO_4^{2-}}{1 \text{ L溶液}} \times \frac{1 \text{ L}}{1000 \text{ mL}} = 4.8 \times 10^{-3} \text{ mol } SO_4^{2-}$$

在 800 毫升的合併溶液中，硫酸根離子的濃度為

$$[SO_4^{2-}] = \frac{4.8 \times 10^{-3} \text{ mol}}{800 \text{ mL}} \times \frac{1000 \text{ mL}}{1 \text{ L 溶液}}$$
$$= 6.0 \times 10^{-3}\ M$$

現在我們得比較 Q 和 K_{sp} 值。從表 16.2，

$$BaSO_4(s) \rightleftharpoons Ba^{2+}(aq) + SO_4^{2-}(aq) \qquad K_{sp} = 1.1 \times 10^{-10}$$

至於 Q，

$$Q = [Ba^{2+}]_0[SO_4^{2-}]_0 = (1.0 \times 10^{-3})(6.0 \times 10^{-3})$$
$$= 6.0 \times 10^{-6}$$

所以，

$$Q > K_{sp}$$

Q 的值指出離子濃度過高，因此，此溶液為過飽和，部分硫酸鋇會從溶液中沉澱出來，直到

$$[Ba^{2+}][SO_4^{2-}] = 1.1 \times 10^{-10}$$

類題：16.14。

練習題

若 0.200 M 的氫氧化鈉溶液 (2.00 毫升) 被加到 0.100 M 的氯化鈣溶液 (1.00 公升) 中，會有沉澱產生嗎？

16.7 選擇性離子沉澱

在化學分析上，利用沉澱來使其他離子留在溶液中，有時候是相當理想的移除離子方式。例如，在含有鋇離子和鉀離子的溶液中加入硫酸根離子會導致硫酸鋇沉澱出來，這麼一來，就可以移除溶液中大部分的鋇離子。而因為其他「產物」(硫酸鉀) 可溶，所以會繼續留在溶液中。沉澱物硫酸鋇可以藉由過濾的方式從溶液中分離出來。

化合物	K_{sp}
氯化銀	1.6×10^{-10}
溴化銀	7.7×10^{-13}
碘化銀	8.3×10^{-17}

即使兩產物均為難溶，我們還是可以選擇正確的試劑來造成沉澱，以達到一定程度的分離。若某溶液中已含有氯離子、溴離子和碘離子。將它們分離的方法之一是將其轉變成難溶的鹵化銀。一如在邊欄所列出的 K_{sp} 值，當像硝酸銀這種可溶性化合物慢慢加入溶液中時，碘化銀會首先發生沉澱，接著是溴化銀，然後才是氯化銀。

雖然例題 16.11 描述的是僅僅兩種離子間的分離 (氯離子和溴離子)，但要是可能生成溶解度不同之沉澱物的話，相同流程還是可以應用在含有兩種以上之不同離子的溶液。

例題 16.11

有一含有 0.020 M 氯離子和 0.020 M 溴離子的溶液。為了要分離這兩種離子，在不改變溶液體積的前提下，慢慢地在溶液中加入硝酸銀固體。則溶液中的銀離子濃度 (mol/L) 需為多少，才能在沒有氯化銀沉澱生成的情況下盡可能地使溴化銀沉澱出來？

策　略

在溶液中，硝酸銀會解離成銀離子和硝酸銀離子。接著，銀離子就會和氯離子與溴離子結合生成氯化銀和溴化銀沉澱。由於溴化銀的溶解度較低 (其 K_{sp} 值比氯化銀還低)，所以會優先沉澱，這是個選擇性沉澱的問題。在知道氯離子和溴離子的濃度以後，我們就可以從 K_{sp} 值計算 $[Ag^+]$。請記得 K_{sp} 值指的是飽和溶液。因此要使沉澱開始，$[Ag^+]$ 就必須超過到達飽和溶液時所需的濃度。

解　答

溴化銀到達平衡時的溶解度為

$$AgBr(s) \rightleftharpoons Ag^+(aq) + Br^-(aq) \qquad K_{sp} = [Ag^+][Br^-]$$

由於 $[Br^-] = 0.020\ M$，因此要使溴化銀開始沉澱，銀離子的濃度必須超過

$$[Ag^+] = \frac{K_{sp}}{[Br^-]} = \frac{7.7 \times 10^{-13}}{0.020} = 3.9 \times 10^{-11}\ M$$

而氯化銀到達平衡時的溶解度為

$$AgCl(s) \rightleftharpoons Ag^+(aq) + Cl^-(aq) \qquad K_{sp} = [Ag^+][Cl^-]$$

以致於

$$[Ag^+] = \frac{K_{sp}}{[Cl^-]} = \frac{1.6 \times 10^{-10}}{0.020} = 8.0 \times 10^{-9}\ M$$

所以，要使氯化銀開始沉澱，需要 $[Ag^+] > 8.0 \times 10^{-9}\ M$。

總結來說，要盡可能地讓溴離子以溴化銀的形式沉澱出來，而不

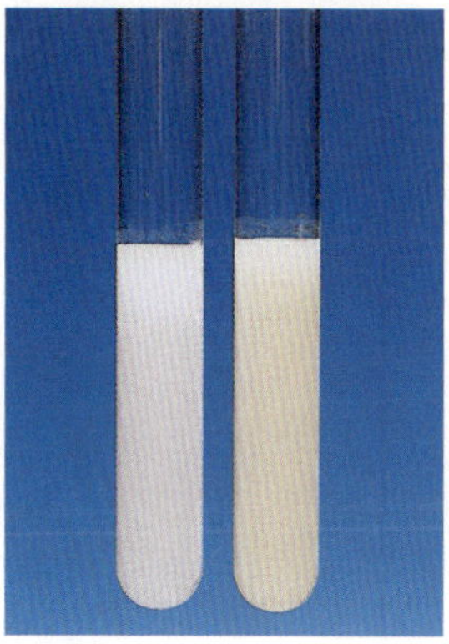

氯化銀的沉澱 (左) 與溴化銀的沉澱 (右) 懸浮液。

要因氯化銀的生成而沉澱出氯離子，$[Ag^+]$ 就必須大於 3.9×10^{-11} *M* 且小於 8.0×10^{-9} *M*。

練習題

氯化銀和磷酸銀的溶解度積分別為 1.6×10^{-10} 與 1.8×10^{-18}。若將銀離子加到 (不改變體積) 含有 0.10 莫耳氯離子與 0.10 莫耳磷酸根離子的溶液中 (1 公升)，試計算若要使以下沉澱產生時所需的銀離子濃度 (mol/L)：(a) AgCl；(b) 磷酸銀。

例題 16.11 引導出一個問題：當氯化銀正要開始沉澱時，到底有多高濃度的溴離子還存留於溶液中？要回答這個問題，我們令 $[Ag^+] = 8.0 \times 10^{-9}\ M$。那麼

$$[Br^-] = \frac{K_{sp}}{[Ag^+]} = \frac{7.7 \times 10^{-13}}{8.0 \times 10^{-9}} = 9.6 \times 10^{-5}\ M$$

於銀離子的臨界濃度之下，仍留在溶液中之溴離子 (未沉澱的溴離子) 的百分比即為

$$\%\ Br^- = \frac{[Br^-]_{未沉澱}}{[Br^-]_{初濃度}} \times 100\% = \frac{9.6 \times 10^{-5}\ M}{0.020\ M} \times 100\% = 0.48\%\ 未沉澱$$

因此，(100 – 0.48) %，也就是 99.52 % 的溴離子就會在氯化銀的沉澱發生之前就以溴化銀的形式沉澱出來。藉由此一流程，可以將絕大部分的溴離子從氯離子中分離出來。

16.8 共同離子效應與溶解度

在 16.2 節中，我們討論到共同離子對酸和鹼之解離造成的影響。這裡我們將檢視共同離子效應與溶解度之間的關係。

如同我們之前注意到的，溶解度積為一平衡常數；當溶液中的離子積超過一離子化合物的 K_{sp} 值時該物質就會發生沉澱。例如，在氯化銀的飽和溶液中，其離子積 $[Ag^+][Cl^-]$ 理所當然的就等於 K_{sp} 值。此外，

簡單的化學計量還告訴我們 $[Ag^+] = [Cl^-]$。只是這樣的等量關係並非在所有情況下都會成立。

假設我們現正探討的是含有兩種溶質的溶液且它們有相同的離子，就拿氯化銀和硝酸銀來說好了。除了氯化銀溶於其中之外，下列反應也會對溶液中的銀離子總濃度有所貢獻：

$$AgNO_3(s) \xrightarrow{H_2O} Ag^+(aq) + NO_3^-(aq)$$

氯化銀在到達平衡時的溶解度為

$$AgCl(s) \rightleftharpoons Ag^+(aq) + Cl^-(aq)$$

若硝酸銀是被加到飽和的氯化銀溶液中，那麼 $[Ag^+]$ 的上升將會造成離子積大於溶解度積：

$$Q = [Ag^+]_0[Cl^-]_0 > K_{sp}$$

若要重建平衡，根據勒沙特列原理，部分的氯化銀會自溶液中沉澱出來，直到離子積重新等於 K_{sp} 值為止。加入共同離子所造成的影響為降低鹽類 (氯化銀) 在水溶液中的溶解度。請注意：這麼一來到達平衡時的 $[Ag^+]$ 與 $[Cl^-]$ 就不再相等了；取而代之的是 $[Ag^+] > [Cl^-]$。

在定溫時，共同離子效應僅只影響 (降低) 化合物的溶解度。既然溶解度積為一平衡常數，則無論是否有其他物質存在於溶液中，溶解度積都會維持不變。

例題 16.12 呈現在溶解度上發生的共同離子效應。

例題 16.12

試計算氯化銀在 6.5×10^{-3} *M* 的硝酸銀溶液中之溶解度 (g/L)。

策　略

這是個共同離子的問題。此處的共同離子為銀離子 (同時來自於氯化銀和硝酸銀)。請記得因為 K_{sp} 值為一平衡常數，因此共同離子的存在只會影響氯化銀的溶解度 (g/L)，而非其 K_{sp} 值。

解　答

步驟 1：與此題相關的物質為銀離子 (同時來自於氯化銀和硝酸銀) 和氯離子。硝酸根離子只是在旁邊看戲。

步驟 2：因為硝酸銀是一種會完全解離的可溶性強電解質：

$$\begin{array}{lccc} AgNO_3(s) \xrightarrow{H_2O} & Ag^+(aq) & + & NO_3^-(aq) \\ & 6.5 \times 10^{-3}\ M & & 6.5 \times 10^{-3}\ M \end{array}$$

令 *s* 為氯化銀在硝酸銀溶液中的莫耳溶解度。我們就可以將濃度的改變量整理如下：

	$AgCl(s)$	$\rightleftharpoons$	$Ag^+(aq)$	+	$Cl^-(aq)$
初濃度 (M)：			6.5×10^{-3}		0.00
改變量 (M)：	$-s$		$+s$		$+s$
平衡時 (M)：			$(6.5 \times 10^{-3} + s)$		s

步驟 3：

$$K_{sp} = [Ag^+][Cl^-]$$
$$1.6 \times 10^{-10} = (6.5 \times 10^{-3} + s)(s)$$

因為氯化銀的溶解度本來就相當低，而且來自於硝酸銀的銀離子更進一步地降低氯化銀的溶解度，因此 s 和 6.5×10^{-3} 比起來肯定非常小。假設 $6.5 \times 10^{-3} + s \approx 6.5 \times 10^{-3}$，我們就會得到

$$1.6 \times 10^{-10} = (6.5 \times 10^{-3})s$$
$$s = 2.5 \times 10^{-8}\,M$$

步驟 4：到達平衡時

$$[Ag^+] = (6.5 \times 10^{-3} + 2.5 \times 10^{-8})\,M \approx 6.5 \times 10^{-3}\,M$$
$$[Cl^-] = 2.5 \times 10^{-8}\,M$$

且我們在步驟 3 的假設也因此得以驗證。因為所有的氯離子必定來自於氯化銀，所以溶於硝酸銀溶液的氯化銀也會等於 2.5×10^{-8} M。於是，我們已知氯化銀的莫耳質量 (143.4 公克)，就可以算出氯化銀的溶解度：

$$\text{在硝酸銀溶液中的溶解度氯化銀} = \frac{2.5 \times 10^{-8}\text{ mol AgCl}}{1\text{ L 溶液}} \times \frac{143.4\text{ g AgCl}}{1\text{ mol AgCl}}$$
$$= 3.6 \times 10^{-6}\text{ g/L}$$

檢 查

氯化銀在純水中的溶解度為 1.9×10^{-3} M (見例題 16.9 中的練習題)。因此，這裡算出它在硝酸銀溶液中所呈現的溶解度較低 (3.6×10^{-6} g/L) 是合理的。你應該也能夠利用勒沙特列原理來預測此時溶解度會較低。加入銀離子會讓平衡向左移，這麼一來，就降低了氯化銀的溶解度。

練習題

試計算溴化銀在下列物質中的溶解度 (g/L)：(a) 純水；(b) 0.0010 M 的溴化鈉溶液。

16.9 pH 值與溶解度

許多物質的溶解度也須視溶液的 pH 值而定。考慮氫氧化鎂的溶解度：

$$Mg(OH)_2(s) \rightleftharpoons Mg^{2+}(aq) + 2OH^-(aq)$$

加入氫氧根離子 (增加 pH 值) 會使平衡從右向左，因此降低氫氧化鎂的溶解度。(這是共同離子效應的另一個例子。) 而另一方面，加入氫離子 (降低 pH 值) 會使平衡從左向右，並且增加氫氧化鎂的溶解度。因此，難溶性的鹼傾向溶於酸性溶液中；同樣地，難溶的酸也傾向溶於鹼性溶液中。

要探討 pH 值氫氧化鎂的溶解度所造成之影響，讓我們先來計算飽和氫氧化鎂溶液的 pH 值。我們可以寫成

$$K_{sp} = [Mg^{2+}][OH^-]^2 = 1.2 \times 10^{-11}$$

令 s 為氫氧化鎂的莫耳溶解度。一如例題 16.9 中所進行的計算，

$$\begin{aligned} K_{sp} &= (s)(2s)^2 = 4s^3 \\ 4s^3 &= 1.2 \times 10^{-11} \\ s^3 &= 3.0 \times 10^{-12} \\ s &= 1.4 \times 10^{-4}\,M \end{aligned}$$

因此，在到達平衡時

$$\begin{aligned} [OH^-] &= 2 \times 1.4 \times 10^{-4}\,M = 2.8 \times 10^{-4}\,M \\ pOH &= -\log(2.8 \times 10^{-4}) = 3.55 \\ pH &= 14.00 - 3.55 = 10.45 \end{aligned}$$

在 pH 值小於 10.45 的環境中，氫氧化鎂的溶解度將會上升。這也跟我們會從 $K_w = [H^+][OH^-]$ 中所預期到的一樣——較低的 pH 值代表著 $[H^+]$ 較高且 $[OH^-]$ 較低。所以 $[Mg^{2+}]$ 會升高以維持平衡狀態，也代表著更多的氫氧化鎂得以溶解。整個溶解過程與額外的氫離子所造成之影響可以整理如下：

$$\begin{aligned} Mg(OH)_2(s) &\rightleftharpoons Mg^{2+}(aq) + 2OH^-(aq) \\ 2H^+(aq) + 2OH^-(aq) &\rightleftharpoons 2H_2O(l) \\ \hline \text{總反應：}\ Mg(OH)_2(s) + 2H^+(aq) &\rightleftharpoons Mg^{2+}(aq) + 2H_2O(l) \end{aligned}$$

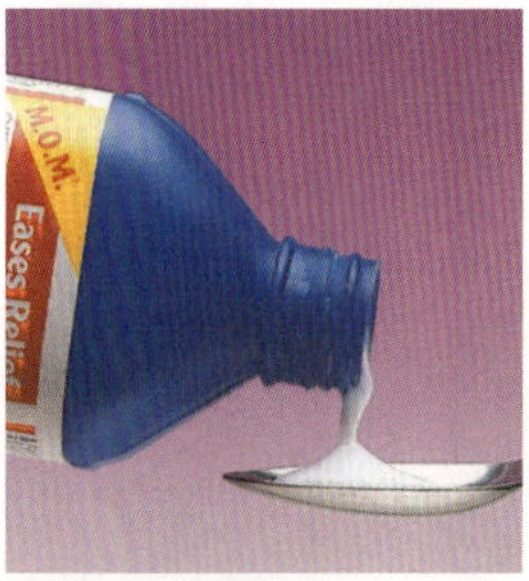

鎂乳含有氫氧化鎂，它是拿來對付消化道中酸液的處方。

若環境的 pH 值大於 10.45，則代表 $[OH^-]$ 較高，此時氫氧化鎂的溶解

度將會因為共同離子 (氫氧根離子) 效應而下降。

pH 值也會影響含有鹼性陰離子之鹽類的溶解度。例如：氟化鋇的溶解度為

$$BaF_2(s) \rightleftharpoons Ba^{2+}(aq) + 2F^-(aq)$$

且 $$K_{sp} = [Ba^{2+}][F^-]^2$$

在酸性環境中，較高的 $[H^+]$ 會使下列平衡從左向右：

由於氫氟酸為弱酸，因此其共軛鹼氟離子會對氫離子具有吸引力。

$$H^+(aq) + F^-(aq) \rightleftharpoons HF(aq)$$

當 $[F^-]$ 降低，必定會導致 $[Ba^{2+}]$ 上升以維持平衡狀態。因此就會有更多的氟化鋇解離。整個溶解過程與 pH 值對氟化鋇溶解度的影響可以整理如下：

$$BaF_2(s) \rightleftharpoons Ba^{2+}(aq) + 2F^-(aq)$$
$$2H^+(aq) + 2F^-(aq) \rightleftharpoons 2HF(aq)$$

總反應： $$BaF_2(s) + 2H^+(aq) \rightleftharpoons Ba^{2+}(aq) + 2HF(aq)$$

對於含有不會水解之陰離子 (例如：氯離子、溴離子及碘離子) 鹽類而言，其溶解度則不會受到 pH 值影響。

例題 16.13 和 16.14 說明的就是 pH 值對溶解度所造成的影響。

例題 16.13

關於下列化合物，何者在酸性溶液中的溶解度比在純水中更高：(a) 硫化銅；(b) 氯化銀；(c) 硫酸鉛？

策　略

將各選項中之鹽類解離生成陽離子和陰離子的反應寫出。由於陽離子同樣帶有正電荷，故不會和氫離子反應。而只有身為弱酸之共軛鹼的陰離子才能作為質子的受體。那麼移除陰離子對於該鹽類的溶解度會有何影響呢？

解　答

(a) 硫化銅在到達平衡時的溶解度為

$$CuS(s) \rightleftharpoons Cu^{2+}(aq) + S^{2-}(aq)$$

硫離子為硫氫根離子 (弱酸) 的共軛鹼。所以會和氫離子進行反應如下：

$$S^{2-}(aq) + H^+(aq) \longrightarrow HS^-(aq)$$

此反應從溶液中移除了硫離子。根據勒沙特列原理，平衡將會向右移，以彌補部分被反應掉的硫離子，使得硫化銅的溶解度提高。

(b) 溶解度平衡為

$$AgCl(s) \rightleftharpoons Ag^+(aq) + Cl^-(aq)$$

因為氯離子為鹽酸 (強酸) 的共軛鹼，故氯化銀的溶解度不會因酸性的溶液而受影響。

(c) 硫酸鉛在到達平衡時的溶解度為

$$PbSO_4(s) \rightleftharpoons Pb^{2+}(aq) + SO_4^{2-}(aq)$$

因為硫酸根離子是硫氫根離子 (弱酸) 的共軛鹼，所以為弱鹼。因此，會和氫離子反應如下：

$$SO_4^{2-}(aq) + H^+(aq) \longrightarrow HSO_4^-(aq)$$

此反應會自溶液中移除硫酸根離子。根據勒沙特列原理，平衡會向右移，以彌補部分被反應掉的硫酸根離子，使得硫酸鉛的溶解度提高。

練習題

下列化合物的溶解度會因為處於酸性溶液中而增加嗎？(a) 氫氧化鈣；(b) 磷酸鎂；(c) 溴化鉛。

例題 16.14

試計算能讓氫氧化亞鐵 [$Fe(OH)_2$] 自 0.0030 *M* 的氯化亞鐵 ($FeCl_2$) 溶液中沉澱出來之氨水濃度。

策 略

要讓氫氧化亞鐵自溶液中沉澱出來，$[Fe^{2+}][OH^-]^2$ 的積必須大於其 K_{sp} 值。首先，我們從已知的 $[Fe^{2+}]$ 與表 16.2 中所列之 K_{sp} 值算出 $[OH^-]$。此為氫氧根離子於飽和氫氧化亞鐵溶液中的濃度。接著，我們要算出能夠提供此濃度之氫氧根離子的氨水濃度。最後，一旦氨的濃度高於計算結果，溶液就會成為過飽和，進而使氫氧化亞鐵開始沉澱。

解 答

氨會和水反應生成氫氧根離子，它接著會和亞鐵離子反應生成氫氧化亞鐵。我們所關注的平衡為

$$NH_3(aq) + H_2O(l) \rightleftharpoons NH_4^+(aq) + OH^-(aq)$$
$$Fe^{2+}(aq) + 2OH^-(aq) \rightleftharpoons Fe(OH)_2(s)$$

首先，我們得求出上述氫氧化亞鐵開始沉澱時的氫氧根離子濃度。我們列出

$$K_{sp} = [Fe^{2+}][OH^-]^2 = 1.6 \times 10^{-14}$$

因為氯化亞鐵為強電解質，所以 $[Fe^{2+}] = 0.0030\ M$ 且

$$[OH^-]^2 = \frac{1.6 \times 10^{-14}}{0.0030} = 5.3 \times 10^{-12}$$
$$[OH^-] = 2.3 \times 10^{-6}\ M$$

接著，我們計算足以提供 $2.3 \times 10^{-6}\ M$ 氫氧根離子的氨之濃度。令 x 為氨的初濃度 (mol/L)。我們可以將氨解離所造成的濃度改變量整理如下：

	$NH_3(aq)$ + $H_2O(l)$ $\rightleftharpoons$	$NH_4^+(aq)$ +	$OH^-(aq)$
初濃度 (M)：	x	0.00	0.00
改變量 (M)：	-2.3×10^{-6}	$+2.3 \times 10^{-6}$	$+2.3 \times 10^{-6}$
平衡時 (M)：	$(x - 2.3 \times 10^{-6})$	2.3×10^{-6}	2.3×10^{-6}

將平衡濃度代入解離常數表示式 (見表 15.4)，

$$K_b = \frac{[NH_4^+][OH^-]}{[NH_3]}$$
$$1.8 \times 10^{-5} = \frac{(2.3 \times 10^{-6})(2.3 \times 10^{-6})}{(x - 2.3 \times 10^{-6})}$$

解 x 可得

$$x = 2.6 \times 10^{-6}\ M$$

因此，氨的濃度必須略高於 $2.6 \times 10^{-6}\ M$ 以使氫氧化亞鐵開始沉澱。

類題：16.18。

練習題

試計算並判斷若將 0.60 M 的氨水溶液 (2.0 毫升) 加至 1.0×10^{-3} M 的硫酸鋅溶液 (1.0 公升) 中，是否會有沉澱發生。

16.10 錯離子平衡與溶解度

由金屬陽離子和路易士鹼進行結合的路易士酸—鹼反應會造成錯離子的生成。所以，我們可以將**錯離子** (complex ion) 定義為金屬陽離子中心鍵結了一個以上的分子 (或離子) 之離子化合物。錯離子對許多化學或生物系統的運作相當關鍵。我們在這裡將考量錯離子的生成對溶解度所造成之影響。

路易士酸鹼曾在 15.12 節討論過。

因為過渡金屬具有未完全填滿的 *d* 軌域，所以在形成錯離子上獨具優勢。當它們和許多作為電子予體 (路易士鹼) 的分子或離子反應時，此特質能夠使其有效地扮演路易士酸的角色。例如，氯化鈷溶液會因為 $Co(H_2O)_6^{2+}$ 離子的存在而呈現粉紅色 (圖 16.10)。當加入鹽酸時，溶液會因為 $CoCl_4^{2-}$ 錯離子的生成而轉變成藍色：

根據我們的定義，$Co(H_2O)_6^{2+}$ 本身為一種錯離子。當我們在寫 $Co(H_2O)_6^{2+}$ 時，意思是指水合的 Co^{2+} 離子。

$$Co^{2+}(aq) + 4Cl^-(aq) \rightleftharpoons CoCl_4^{2-}(aq)$$

硫酸銅溶解在水中會形成藍色溶液。因為許多的硫酸鹽 (例如：硫酸鈉) 均為無色，所以其顏色是來自於水合銅離子；加入少數幾滴濃氨水到硫酸銅溶液中會導致淺藍色的氫氧化銅沉澱生成：

$$Cu^{2+}(aq) + 2OH^-(aq) \longrightarrow Cu(OH)_2(s)$$

其中，氫氧根離子是由氨水溶液所提供。如果加入更多的氨，淺藍色沉澱物會再次溶解，且溶液會成為漂亮的深藍色，這次則是因為 $Cu(NH_3)_4^{2+}$ 錯離子 (圖 16.11) 的生成：

$$Cu(OH)_2(s) + 4NH_3(aq) \rightleftharpoons Cu(NH_3)_4^{2+}(aq) + 2OH^-(aq)$$

因此，$Cu(NH_3)_4^{2+}$ 錯離子的生成可以增加氫氧化銅的溶解度。

測定某金屬離子形成特定錯離子的趨勢時，其量化後的數值稱為**形**

圖 16.10 (左) 氯化鈷水溶液。粉紅色是由於 $Co(H_2O)_6^{2+}$ 的存在所導致；(右) 在加入鹽酸溶液後，溶液會因為 $CoCl_4^{2-}$ 錯離子的生成而轉變成藍色。

圖 16.11 左：硫酸銅水溶液；中：在加入少數幾滴濃氨水後，生成淺藍色的沉澱物氫氧化銅；右：當加入更多的濃氨水後，沉澱物會溶解並生成深藍色的 $Cu(NH_3)_4^{2+}$ 錯離子。

成常數 (formation constant; K_f) (也叫作穩定常數)，即為錯離子生成反應的平衡常數。K_f 值愈大，該錯離子就愈穩定。表 16.4 列出一些錯離子的形成常數。

$Cu(NH_3)_4^{2+}$ 離子的生成反應可以被表示為

$$Cu^{2+}(aq) + 4NH_3(aq) \rightleftharpoons Cu(NH_3)_4^{2+}(aq)$$

其形成常數為

$$K_f = \frac{[Cu(NH_3)_4^{2+}]}{[Cu^{2+}][NH_3]^4} = 5.0 \times 10^{13}$$

此案例的 K_f 值極大，表示該錯離子在水溶液中相當穩定，並導致到達平衡時的銅離子濃度非常低。

表 16.4 一些錯離子在攝氏 25 度時的形成常數

錯離子	平衡方程式	形成常數 (K_f)
$Ag(NH_3)_2^+$	$Ag^+ + 2NH_3 \rightleftharpoons Ag(NH_3)_2^+$	1.5×10^7
$Ag(CN)_2^-$	$Ag^+ + 2CN^- \rightleftharpoons Ag(CN)_2^-$	1.0×10^{21}
$Cu(CN)_4^{2-}$	$Cu^{2+} + 4CN^- \rightleftharpoons Cu(CN)_4^{2-}$	1.0×10^{25}
$Cu(NH_3)_4^{2+}$	$Cu^{2+} + 4NH_3 \rightleftharpoons Cu(NH_3)_4^{2+}$	5.0×10^{13}
$Cd(CN)_4^{2-}$	$Cd^{2+} + 4CN^- \rightleftharpoons Cd(CN)_4^{2-}$	7.1×10^{16}
CdI_4^{2-}	$Cd^{2+} + 4I^- \rightleftharpoons CdI_4^{2-}$	2.0×10^6
$HgCl_4^{2-}$	$Hg^{2+} + 4Cl^- \rightleftharpoons HgCl_4^{2-}$	1.7×10^{16}
HgI_4^{2-}	$Hg^{2+} + 4I^- \rightleftharpoons HgI_4^{2-}$	2.0×10^{30}
$Hg(CN)_4^{2-}$	$Hg^{2+} + 4CN^- \rightleftharpoons Hg(CN)_4^{2-}$	2.5×10^{41}
$Co(NH_3)_6^{3+}$	$Co^{3+} + 6NH_3 \rightleftharpoons Co(NH_3)_6^{3+}$	5.0×10^{31}
$Zn(NH_3)_4^{2+}$	$Zn^{2+} + 4NH_3 \rightleftharpoons Zn(NH_3)_4^{2+}$	2.9×10^9

例題 16.15

將 0.20 莫耳的硫酸銅加到 1.20 *M* 的氨水溶液 (1 公升) 中，當到達平衡時，銅離子的濃度為多少？

策 略

將硫酸銅加到氨水溶液中會造成錯離子的生成：

$$Cu^{2+}(aq) + 4NH_3(aq) \rightleftharpoons Cu(NH_3)_4^{2+}(aq)$$

我們從表 16.4 中，知道此反應的形成常數 (K_f) 非常大；因此，反應會極度地偏向右側，在到達平衡時，銅離子的濃度會非常小。若要估計的好，我們可以假設所有解離出來的銅離子都會形成 $Cu(NH_3)_4^{2+}$ 離子；而有多少莫耳的氨會和這 0.20 莫耳的銅離子反應呢？又有多少莫耳的 $Cu(NH_3)_4^{2+}$ 會因此生成呢？既然到達平衡時只會有極為少量的銅離子存在，那麼利用前述反應的 K_f 值應可求出 $[Cu^{2+}]$。

解 答

要生成錯離子氨的消耗量為 4 × 0.20 莫耳，也就是 0.80 莫耳。[請注意：0.20 莫耳的銅離子是溶液中原有的，而每和一個銅離子形成 $Cu(NH_3)_4^{2+}$ 錯離子會需要四個氨分子。] 因此到達平衡時，氨的濃度即為 (1.20 – 0.80) mol/L，也就是 0.40 *M*，而 $Cu(NH3)_4^{2+}$ 的濃度則為 0.20 mol/L，也就是 0.20 *M*，就和銅離子的初濃度一樣。[銅離子和 $Cu(NH_3)_4^{2+}$ 間的莫耳數比為 1:1。] 又因為 $Cu(NH_3)_4^{2+}$ 會微微解離，因此我們可以設到達平衡時的銅離子濃度為 *x*，並寫為

$$K_f = \frac{[Cu(NH_3)_4^{2+}]}{[Cu^{2+}][NH_3]^4}$$

$$5.0 \times 10^{13} = \frac{0.20}{x(0.40)^4}$$

求解 *x*，加上溶液的體積為 1 公升，所以我們就會得到

$$x = [Cu^{2+}] = 1.6 \times 10^{-13}\ M$$

檢 查

到達平衡時，$[Cu^{2+}]$ 比 0.20 *M* 小非常多，驗證了我們的假設正確。

類題：16.19。

練習題

若將 2.50 公克的硫酸銅溶於 0.30 *M* 的氨水溶液 (9.0×10^2 毫升) 中，則到達平衡時銅離子、$Cu(NH_3)_4^{2+}$ 及氨的濃度為何？

一般來說，形成錯離子所造成的影響為增加物質的溶解度，如同例題 16.16 所示。

例題 16.16

試計算氯化銀在 1.0 M 氨水溶液中的莫耳溶解度。

策 略

氯化銀在水中只會微量溶解，

$$AgCl(s) \rightleftharpoons Ag^+(aq) + Cl^-(aq)$$

銀離子則會和氨分子形成錯離子 (見表 16.4)，

$$Ag^+(aq) + 2NH_3(aq) \rightleftharpoons Ag(NH_3)_2^+$$

結合此兩平衡方程式，就可以得到整個過程的總反應方程式。

解 答

步驟 1：一開始，水溶液中的物質為銀離子、氯離子和氨分子。銀離子和氨之間的反應會生成 $Ag(NH_3)_2^+$ 錯離子。

步驟 2：平衡反應為

$$AgCl(s) \rightleftharpoons Ag^+(aq) + Cl^-(aq)$$
$$K_{sp} = [Ag^+][Cl^-] = 1.6 \times 10^{-10}$$
$$Ag^+(aq) + 2NH_3(aq) \rightleftharpoons Ag(NH_3)_2^+(aq)$$
$$K_f = \frac{[Ag(NH_3)_2^+]}{[Ag^+][NH_3]^2} = 1.5 \times 10^7$$

總反應： $AgCl(s) + 2NH_3(aq) \rightleftharpoons Ag(NH_3)_2^+(aq) + Cl^-(aq)$

總反應的平衡常數 K 為個別反應之平衡常數的乘積 (見 14.2 節)：

$$K = K_{sp}K_f = \frac{[Ag(NH_3)_2^+][Cl^-]}{[NH_3]^2}$$
$$= (1.6 \times 10^{-10})(1.5 \times 10^7)$$
$$= 2.4 \times 10^{-3}$$

令 s 為氯化銀的莫耳溶解度 (mol/L)。我們整理因為生成錯離子而造成的濃度改變量如下：

	$AgCl(s)$	+ $2NH_3(aq)$	$\rightleftharpoons$ $Ag(NH_3)_2^+(aq)$	+ $Cl^-(aq)$
初濃度 (M)：		1.0	0.0	0.0
改變量 (M)：	$-s$	$-2s$	$+s$	$+s$
平衡時 (M)：		$(1.0 - 2s)$	s	s

$Ag(NH_3)_2^+$ 的形成常數相當大，因此，絕大部分的銀離子會以錯合物的形式存在。雖然在沒有氨存在的平衡條件下，$[Ag^+] = [Cl^-]$。然而，錯離子的生成會造成 $[Ag(NH_3)_2^+] = [Cl^-]$。

步驟 3：

$$K = \frac{(s)(s)}{(1.0 - 2s)^2}$$

$$2.4 \times 10^{-3} = \frac{s^2}{(1.0 - 2s)^2}$$

取兩側的平方根，我們可以得到

$$0.049 = \frac{s}{1.0 - 2s}$$

$$s = 0.045\ M$$

步驟 4：可知到達平衡時，會有 0.045 莫耳的氯化銀溶於 1.0 M 的氨水溶液 (1 公升) 中。

檢　查

氯化銀的純水中的莫耳溶解度為 $1.3 \times 10^{-5}\ M$。因此，$Ag(NH_3)_2^+$ 錯離子的生成的確增強了氯化銀的溶解度 (圖 16.12)。

類題：16.20。

練習題

試計算溴化銀於 1.0 M 的氨水溶液中之莫耳溶解度。

最後，我們得注意到有一些和酸與鹼均可反應的氫氧化物，也就是所謂的**兩性氫氧化物**。這樣的例子有氫氧化鋁、氫氧化鉛、氫氧化鉻、氫氧化鋅，以及氫氧化鎘。氫氧化鋁會和酸與鹼進行反應如下：

所有的兩性氫氧化物均為難溶性化合物。

$$Al(OH)_3(s) + 3H^+(aq) \longrightarrow Al^{3+}(aq) + 3H_2O(l)$$
$$Al(OH)_3(s) + OH^-(aq) \rightleftharpoons Al(OH)_4^-(aq)$$

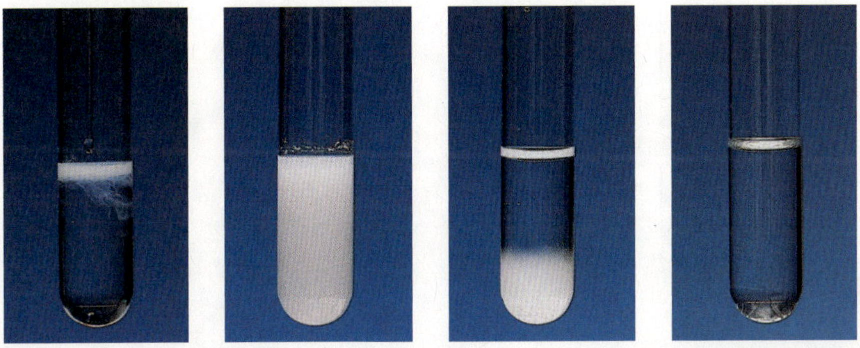

圖 16.12 從左到右：將硝酸銀溶液加至氯化鈉溶液中，氯化銀會生成沉澱。在加入氨水溶液後，氯化銀沉澱會再變成可溶的 $Ag(NH_3)_2^+$。

在鹼性環境中，氫氧化鋁的溶解度增加是由於 $Al(OH)_4^-$ 錯離子生成的緣故，其中氫氧化鋁扮演路易士酸，而氫氧根離子則扮演路易士鹼。其他的兩性氫氧化物也有類似的行為。

16.11 溶解度定律在定性分析上的應用

在 4.6 節中，我們討論到質量分析法定律，我們得以藉由此法測量某未知樣品中的特定離子含量。我們於此將簡短地討論**定性分析** (qualitative analysis)，亦即對於溶液中所含離子之種類的檢定。我們將聚焦在陽離子上。

有 20 幾種常見的陽離子能夠很容易地在水溶液中分析出來。根據其難溶性鹽類的溶解度積，可以將它們區分成五群 (表 16.5)。由於一杯未知溶液中可能會含有 1 到 20 種不等的離子，所以任何分析都必須系統性地從第 1 到 5 群來進行。讓我們看看如何藉由加入沉澱試劑到未知溶液中來將這 20 種離子逐步分離。

別把表 16.5 中這些根據溶解度積進行分類的群和週期表裡面的各族搞混了，後者是以元素的電子組態進行分類的。

表 16.5 根據和不同試劑所進行的沉澱反應，可以將陽離子分類到不同的族群中

群	陽離子	沉澱試劑	難溶性鹽類	K_{sp}
1	Ag^+	HCl	$AgCl$	1.6×10^{-10}
	Hg_2^{2+}	↓	Hg_2Cl_2	3.5×10^{-18}
	Pb^{2+}		$PbCl_2$	2.4×10^{-4}
2	Bi^{3+}	酸性溶液中的硫化氫	Bi_2S_3	1.6×10^{-72}
	Cd^{2+}		CdS	8.0×10^{-28}
	Cu^{2+}		CuS	6.0×10^{-37}
	Hg^{2+}	↓	HgS	4.0×10^{-54}
	Sn^{2+}		SnS	1.0×10^{-26}
3	Al^{3+}	鹼性溶液中的硫化氫	$Al(OH)_3$	1.8×10^{-33}
	Co^{2+}		CoS	4.0×10^{-21}
	Cr^{3+}		$Cr(OH)_3$	3.0×10^{-29}
	Fe^{2+}	↓	FeS	6.0×10^{-19}
	Mn^{2+}		MnS	3.0×10^{-14}
	Ni^{2+}		NiS	1.4×10^{-24}
	Zn^{2+}		ZnS	3.0×10^{-23}
4	Ba^{2+}	碳酸鈉	$BaCO_3$	8.1×10^{-9}
	Ca^{2+}	↓	$CaCO_3$	8.7×10^{-9}
	Sr^{2+}		$SrCO_3$	1.6×10^{-9}
5	K^+	沒有沉澱試劑	無	
	Na^+		無	
	NH_4^+		無	

CHEMISTRY in Action

生活中的化學

蛋殼哪裡來

雞蛋殼的形成是一種迷人的天然沉澱過程。

一個雞蛋殼平均重約 5 公克，並且有 40% 是鈣。蛋殼中絕大部分的鈣都是在形成前的 16 小時內才釋出。這表示鈣要以每小時 125 mg 的速率被提取出來。沒有哪隻雞能夠這麼快地將鈣消化以因應此等需求，雞是累積了大量的鈣於其骨骼中，為因應蛋殼的形成所需，用其特定的骨質量來提供。[組成骨頭的無機鈣為磷酸鈣 ($Ca_3(PO_4)_2$)，它是一種難溶鹽類。] 若雞吃的是減重低鈣餐，那麼牠生的蛋就會愈來愈薄；因為牠可得動員全身骨頭中 10% 的鈣才能產下一顆蛋！因此，當餵食的含鈣量持續低迷時，甚至會導致下不了蛋。

蛋殼主要是由方解石組成，它是碳酸鈣的結晶方式之一。通常其原料 (鈣離子和碳酸根離子) 是被血液帶至殼腺處。而方解石化的過程就是一個沉澱反應：

$$Ca^{2+}(aq) + CO_3^{2-}(aq) \rightleftharpoons CaCO_3(s)$$

在血液中，自由的鈣離子和與蛋白質鍵結的鈣離子之間可達成平衡。當自由離子被殼腺汲取後，與蛋白質鍵結的鈣就可以解離出來提供更多的鈣離子。

蛋殼生成所需的碳酸根離子為新陳代謝的副產物。在新陳代謝過程中所產生的二氧化碳會被碳酸酐酶 (CA) 轉換成碳酸：

$$CO_2(g) + H_2O(l) \overset{CA}{\rightleftharpoons} H_2CO_3(aq)$$

而碳酸會一步步地解離就產生碳酸根離子：

$$H_2CO_3(aq) \rightleftharpoons H^+(aq) + HCO_3^-(aq)$$
$$HCO_3^-(aq) \rightleftharpoons H^+(aq) + CO_3^{2-}(aq)$$

雞不會流汗，因此必須要喘氣來讓自己涼快點。比起正常的呼吸，喘氣可讓雞從體內排出更多的二氧化碳。根據勒沙特列原理，喘氣會讓二氧化碳—碳酸的平衡向左移，連帶降低溶液中的碳酸根離子濃度，造成蛋殼變薄。此問題有個解決方法，就是在天氣熱的時候給雞喝蘇打水。溶在水裡面的二氧化碳可以補充其體液中的二氧化碳，並且使二氧化碳—碳酸的平衡向右移。

雞蛋。

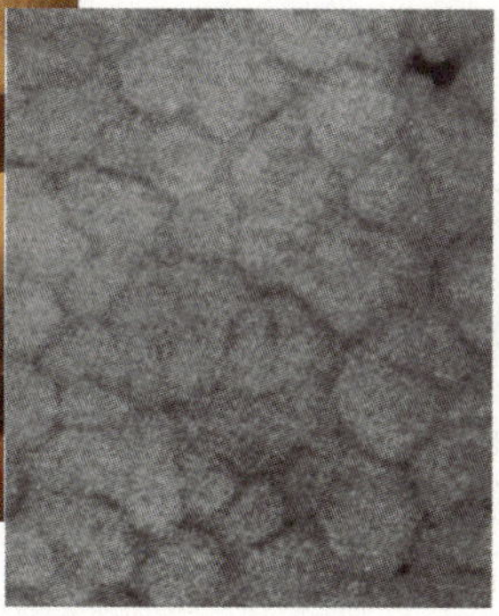

蛋殼的 X 光顯微圖，呈現方解石的柱狀結構。

- **第 1 群陽離子**。當稀鹽酸加到未知溶液中，只有銀離子、亞汞離子和鉛離子會生成難溶性的氯化鹽沉澱。由其他離子所形成的氯化鹽可溶，因此保留在溶液中。
- **第 2 群陽離子**。在氯化鹽類沉澱物被過濾移除後，再讓硫化氫和此酸性的未知溶液反應。由於在這個情況下，溶液中的硫離子濃度是可以忽略的。因此最好的金屬硫化物沉澱表示法為

$$M^{2+}(aq) + H_2S(aq) \rightleftharpoons MS(s) + 2H^+(aq)$$

加入酸會使得溶液的平衡向左，以致於溶解度最差的，也就是 K_{sp} 值最小的金屬硫化物會自溶液中沉澱出來。它們是硫化鉍、硫化鎘、硫化銅、硫化汞，以及硫化錫 (見表 16.5)。

- **第 3 群陽離子**。於此階段，氫氧化鈉會被加到溶液中使其成為鹼性。在鹼性溶液中，上述的平衡會向右。因此，溶解度較高的硫化物 (硫化鈷、硫化鐵、硫化錳、硫化鎳，以及硫化鋅) 現在也可以從溶液中沉澱出來。請注意：因為鋁離子與鉻離子之氫氧化物的溶解度較低，所以事實上它們是以氫氧化鋁和氫氧化鉻的形式 (而非硫化物) 沉澱出來。接著就可以過濾溶液來移除難溶的硫化物和氫氧化物。
- **第 4 群陽離子**。在第 1、2、3 群中所有的陽離子全被從溶液中移除後，再加入碳酸鈉到此鹼性溶液中，生成碳酸鋇、碳酸鈣和碳酸鍶來沉澱出鋇離子、鈣離子，以及鍶離子。這些沉澱物同樣也可藉由過濾而自溶液中移除。
- **第 5 群陽離子**。到這個階段，溶液中可能剩餘的陽離子為鈉離子、鉀離子，以及銨根離子。銨根離子的存在可以藉由加入氫氧化鈉來檢測：

$$NaOH(aq) + NH_4^+(aq) \longrightarrow Na^+(aq) + H_2O(l) + NH_3(g)$$

氨氣可以藉由其獨特的氣味，或者是以一張放在溶液上方 (不與溶液接觸) 的潮濕紅色石蕊試紙來偵測 (變藍)。若要確認鈉離子和鉀離子的存在，我們通常會使用如下所述的焰色試驗：拿著一小段沾有溶液的鉑線 (因為鉑不具反應性)，將之並放置於本生燈的火焰上。每一種金屬離子以此法受熱時會放出各自的特殊焰色。例如：鈉離子放出的焰色為黃色，鉀離子所放出的為紫色，而銅離子所放出的則為綠色 (圖 16.13)。

由於在第 3 群時加入氫氧化鈉，且在第 4 群時加入碳酸鈉，因此針對鈉離子的焰色試驗就得使用原溶液來進行。

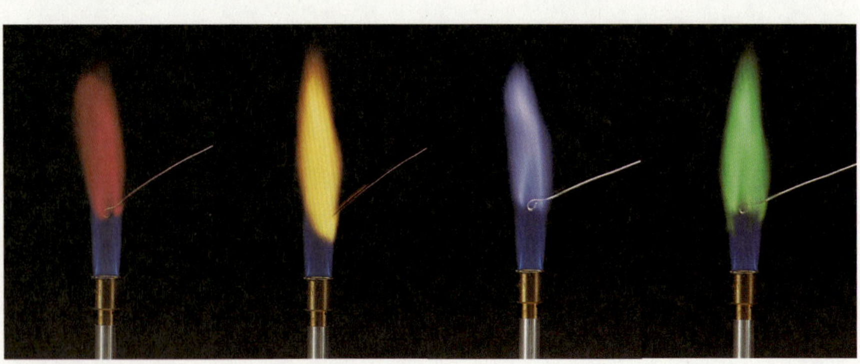

圖 16.13 從左到右：鋰、鈉、鉀和銅的焰色。

分離金屬離子的流程圖如圖 16.14 所整理。

關於定性分析，有兩個重點必須被提及。第一，將陽離子區分成群已經盡可能地具有選擇性了；也就是說，必須確保被當作試劑加到溶液中的陰離子會和愈少種陽離子生成沉澱愈好。例如：第 1 群的陽離子也會生成難溶的硫化鹽類。因此，若一開始就用硫化氫和溶液進行反應，會有七種不同的硫化鹽類自溶液中沉澱出來 (第 1 群和第 2 群的硫化物)，這是我們所不樂見的結果。第二，在各步驟中，陽離子的移除必須盡可能地徹底執行。例如：若我們並沒有加入足夠的鹽酸到未知溶液中以移除全部的第 1 群陽離子，那麼它們就會和第 2 群的陽離子一起，以難溶性硫化物的形式自溶液中沉澱出來，不僅干擾後續的化學分析，也將導致錯誤的結論。

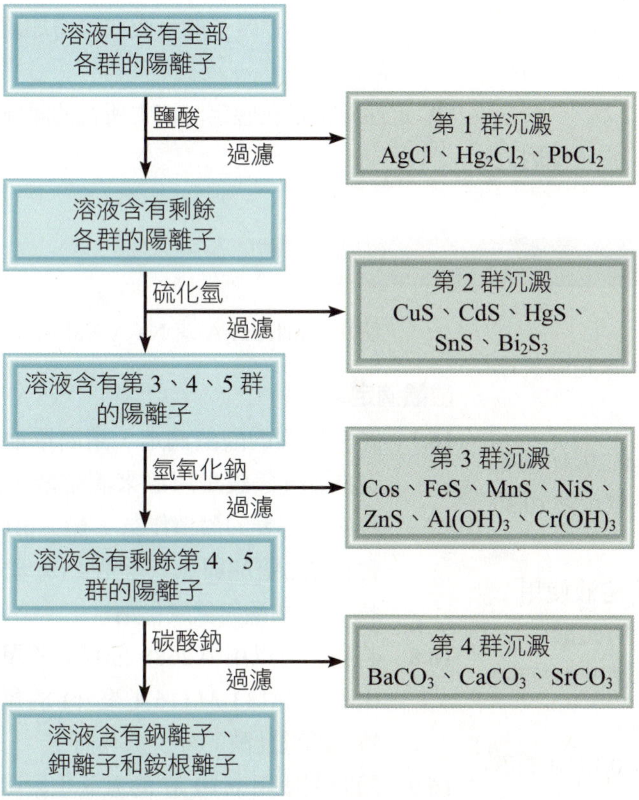

圖 16.14 於定性分析時，將陽離子分離的流程圖。

重要方程式

$pK_a = -\log K_a$ (16.3) pK_a 的定義。

$\mathrm{pH} = pK_a + \log \frac{[共軛鹼]}{[酸]}$ (16.4) 韓德森—哈塞爾巴爾赫方程式。

觀念整理

1. 共同離子效應傾向於壓抑弱酸或弱鹼的解離。此行為可以用勒沙特列原理來解釋。
2. 緩衝溶液為弱酸與其弱共軛鹼 (由鹽所提供) 或是弱鹼與其弱共軛酸 (由鹽所提供) 所組成；此溶液會和少量的外加酸或外加鹼反應，這麼一來，溶液的 pH 值就會保持近乎常數。緩衝系統在維持體液的 pH 值穩定上扮演重要的角色。
3. 酸鹼滴定於當量點時的 pH 值，視其於中和反應所生成的鹽發生的水解而定。對於強酸強鹼滴定而言，當量點時的 pH 值為 7；對於弱酸強鹼滴定而言，當量點時的 pH 值大於 7；而對於強酸弱鹼滴定而言，當量點時的 pH 值小於 7。
4. 酸鹼指示劑為會在酸鹼中和反應的當量點附近變色的有機弱酸或弱鹼。
5. 溶解度積 K_{sp} 表示溶液中一固體與其離子之間形成的平衡。溶解度可以從 K_{sp} 值求得，反之亦然。
6. 共同離子的存在降低微溶鹽類的溶解度。
7. 含有鹼性陰離子微溶鹽類的溶解度會因為溶液中氫離子濃度的上升而增加。具有來自於強酸的陰離子所形成的鹽，其溶解度不受 pH 值所影響。
8. 錯離子是藉由溶液中的金屬陽離子與路易士鹼結合而成，而形成常數 K_f 則量化形成該錯離子的趨勢。錯離子的生成亦可增加難溶物質的溶解度。
9. 定性分析是在鑒定溶液中所含的陽離子與陰離子。

習　題

共同離子效應

16.1 請用勒沙特列原理來解釋為什麼共同離子效應會影響溶液的 pH 值。

16.2 試計算下列溶液的 pH 值：(a) 0.20 M 的氨水溶液；(b) 含有氨 (0.20 M) 與氯化銨 (0.30 M) 的水溶液。

16.3 下列各溶液中何者可作為緩衝溶液使用？(a) 氯化鉀/鹽酸；(b) 硫酸氫鉀/硫酸；(c) 磷酸氫鈉/磷酸二氫鈉；(d) 亞硝酸鉀/亞硝酸。

16.4 試計算下列緩衝溶液的 pH 值：0.15 M 的氨與 0.35 M 的氯化銨。

16.5 下列緩衝溶液的 pH 值是多少？0.10 M 的磷酸氫鈉與 0.15 M 的磷酸二氫鉀。

16.6 某雙質子酸 H_2A 的解離常數 K_{a_1} 與 K_{a_2} 分別為 1.1×10^{-3} 與 2.5×10^{-6}，如果要用它們來配製 pH 值為 5.80 的緩衝溶液時，應該使用 $NaHA/H_2A$ 或 $Na_2A/NaHA$ 呢？

酸鹼滴定

16.7 關於下列的酸鹼滴定，請簡單地畫出其滴定曲線 (假設是用鹼來滴定酸，所以作圖時必須用鹼的體積作為 x 軸、pH 值作為 y 軸)：(a) 鹽酸與氫氧化鈉；(b) 鹽酸與甲基胺；(c) 醋酸與氫氧化鈉

16.8 若我們可以用 0.2688 公克的某單質子酸來中和 0.08133 M (16.4 毫升) 的氫氧化鉀溶液，請問此酸的分子量為何？

16.9 請問在使用 0.10 M 的氫氧化鈉溶液來滴定 0.10 M 甲酸的過程中，處於當量點時之 pH 值是多少？

16.10 請問在使用氫氧化鈉溶液來滴定 0.054 M 亞硝酸溶液的過程中，處於半當量點時之 pH 值是多少？

酸鹼指示劑

16.11 酸鹼指示劑在滴定反應中扮演的角色是什麼？我們要怎麼針對不同的滴定反應來選擇適當的指示劑？

溶解度的平衡

16.12 試計算下列飽和溶液中各離子的濃度：(a) 當碘化銀溶液中的銀離子濃度為 9.1×10^{-9} M 時，$[I^-]$ 是多少？(b) 當氫氧化鋁溶液中的氫氧根離子濃度為 2.9×10^{-9} M 時，$[Al^{3+}]$ 是多少？

16.13 某離子化合物 MX (分子量為 346 g/mol) 的溶解度為 4.63×10^{-3} g/L，請問它的 K_{sp} 是多少？

16.14 請問將 0.10 M 的硝酸鋇溶液 (20.0 毫升) 加至 0.10 M 的碳酸鈉溶液 (50.0 毫升) 時，會有碳酸鋇沉澱析出嗎？

共同離子效應與溶解度

16.15 0.050 M 的硝酸鈣溶液 (3.0×10^{-2} 毫升) 可以溶解多少公克的碳酸鈣？

16.16 氯化銀在某氯化鈣水溶液 (10.0 公克溶於 1.00 公升) 中的溶解度是多少？

pH 值與溶解度

16.17 請比較氫氧化鎂在水中與在 pH 值為 9.0 的緩衝溶液中之溶解度差異。

16.18 請問將 0.60 M 的氨水 (2.00 毫升) 加至 1.0 公升的硫酸鐵溶液 (1.0×10^{-3} M) 時，會不會有沉澱析出？

錯離子平衡與溶解度

16.19 當 2.50 公克的硫酸銅溶於 0.30 M 的氨水 (9.0×10^2 毫升) 時，溶液中的銅離子、$Cu(NH_3)_4^{2+}$ 及氨之濃度在平衡狀態下分別是多少？

16.20 試計算碘化銀在 1.0 M 的氨水溶液中之溶解度。

定性分析

16.21 請列舉任何一種本章中所提過的方法來分辨硝酸銀與硝酸銅固體。

附加問題

16.22 已知丁酸 (HBut) 的 pK_a 為 4.7，試計算丁酸鹽離子 (But^-) 的 K_b 值。

16.23 試計算碳酸銀的溶解度 (以 g/L 為單位)。

16.24 $Pb(IO_3)_2$ 在 0.10 M 的 $NaIO_3$ 溶液中之溶解度為 2.4×10^{-11} mol/L，請問 $Pb(IO_3)_2$ 的 K_{sp} 是多少？

16.25 請問哪些試劑最適合用來分離下列溶液中的離子對：(a) 鈉離子與鋇離子；(b) 鉀離子與鉛離子；(c) 鋅離子與汞離子。

16.26 硫酸鈣的 K_{sp} ($= 2.4 \times 10^{-5}$) 比硫酸銀 ($= 1.4 \times 10^{-5}$) 高，這跟硫酸鈣的溶解度比較高有沒有關係？

16.27 如果要配製 pH 值為 7.50 的緩衝溶液，請問要將多少毫升的氫氧化鈉溶液 (1.0 M) 加入 200 毫升的磷酸二氫鈉溶液 (0.10 M) 中？

16.28 下列溶液中何者具有最高的 $[H^+]$？(a) 0.10 M 的氫氟酸；(b) 0.10 M 的氫氟酸溶於 0.10 M 的氟化鈉溶液中；(c) 0.10 M 的氫氟酸溶於 0.10 M 的氟化銻 (SbF_5) 溶液中。(提示：氟化銻會和氟離子反應生成 SbF_6^- 錯離子。)

16.29 若將 0.100 M 的硫酸銅溶液 (100 毫升) 與 0.100 M 的氫氧化鋇溶液 (100 毫升) 充分混合，請問新溶液中各離子的濃度分別是多少？

16.30 阿斯匹靈為弱酸 (pK_a = 3.5)，請問它在下列體液當中的解離率是多少？(a) 唾液；(b) 胃液；(c) 血液。

練習題答案

16.1 4.01；2.15 **16.2** (a) 和 (c) **16.3** 9.17；9.20 **16.4** 以莫耳數比 0.6:1 的比例取碳酸鈉與碳酸氫鈉，將它們溶於足量的水中配製成 1 公升的溶液 **16.5** (a) 2.19；(b) 3.95；(c) 8.02；(d) 11.39 **16.6** 5.92 **16.7** (a) 溴酚藍、甲基橙、甲基紅及氯酚藍；(b) 除百里酚藍、溴酚藍及甲基橙之外全部；(c) 甲酚紅與酚酞 **16.8** 2.0×10^{-14} **16.9** 1.9×10^{-3} g/L **16.10** 不會 **16.11** (a) $> 1.6 \times 10^{-9}\ M$；(b) $> 2.6 \times 10^{-6}\ M$ **16.12** (a) 1.7×10^{-4} g/L；(b) 1.4×10^{-7} g/L **16.13** (a) 在酸性溶液中溶解度較高；(b) 在酸性溶液中溶解度較高；(c) 大約相等 **16.14** 會生成氫氧化鋅析出 **16.15** $[Cu^{2+}] = 1.2 \times 10^{-13}\ M$；$[Cu(CH_3)_4^{2+}] = 0.017\ M$；$[NH_3] = 0.23\ M$ **16.16** 3.5×10^{-3} mol/L

Chapter 17
熱力學

汽車引擎的內燃機可以將熱轉換為功，而熱力學定律則為「究竟有多少熱可以被轉換為功」設立了上限。

綱　要

先看看本章要學什麼？

- 本章從討論熱力學的三大定律，以及自發性過程的本質開始。(17.1 和 17.2)
- 接著，我們會看到熵為熱力學上用來預測反應自發性的方程式。在分子的層級，原則上系統的熵可以藉由一些與系統有關的微觀態計算而得，但實際上，熵是用測量熱的方式來測定，而且許多物質的標準熵值都是已知的。(17.3)
- 熱力學第二定律聲明宇宙中的熵會自發性地不斷增加，並且在達到平衡時維持穩定不變。我們會學到數種計算系統與環境中之熵變化量的方法，它們合併起來造就整體的熵改變量。我們也會討論熱力學第三定律，它讓我們能夠測定一物質的絕對熵值。(17.4)
- 當我們聚焦於系統時，會需要使用一種新的熱力學函數——吉布斯自由能。吉布斯自由能的改變可以拿來預測自發性和平衡，對於在標準狀態下的任何改變來說，吉布斯自由能的改變量都和反應的平衡常數息息相關。(17.5 和 17.6)
- 本章以熱力學如何在生物體內運行作為總結。我們會看到偶合反應在許多生物機制上扮演極為關鍵的角色。(17.7)

熱力學是談論到熱和其他種能量之間的轉換，廣泛性且影響深遠的科學定律，它讓我們能夠將實驗所得的單一系統資訊套用於其他層面，不用再進行更多實驗就可以得到結論。例如：在第六章中，我們看到可以藉由反應物與產物的標準生成熱來計算反應熱。本章介紹熱力學

第二定律與吉布斯自由能方程式。也討論有關於吉布斯自由能與化學平衡之間的關係。

17.1 熱力學三大定律

在第六章中，我們學到了熱力學三大定律之首，即能量可以於不同形式之間進行轉換，但不能被創造或是消滅。測量系統在定壓過程中所吸收或是放出的熱量是這些轉換量化的方式之一，化學家將其稱為焓的改變量 (ΔH)。

熱力學第二定律解釋化學反應過程總是會傾向於往特定方向進行的原因。而第三定律則為第二定律的延伸，我們會在 17.4 節進行簡單的驗證。

17.2 自發過程

熱力學的學習重點之一和化學家所關心的一樣，就是要能夠預測是否於特定環境下 (例如：特定溫度、壓力及濃度)，只要將反應物聚集在一起就會發生反應。一個人無論是在實驗室中合成化合物，或是製造工業級的化學物質，抑或是試著了解細胞中錯綜複雜的生物運作過程，這些知識對他都非常重要。在一給定狀態下會自行發生的反應稱為**自發反應** (spontaneous reaction)。若一反應在某特定狀態下不會發生，則被稱為非自發反應。我們每天都在看著自發性物理和化學反應的發生，包括下列許多例子：

自發性反應不全然意味著它是瞬時即刻發生的反應。

- 水自發性地向下流，而不會向上。
- 一杯咖啡中的方糖會自發性地溶解，但溶解的糖卻不會自發性地以它原來的樣子重新出現。
- 水在攝氏 0 度以下會自發性地凝固，而冰會自發性地在攝氏 0 度以上熔化 (在 1 atm 時)。
- 熱會從溫度較高者流向溫度較低者，但反向過程則不會自動發生。
- 氣體擴散至真空容器中為一自發性過程 [圖 17.1(a)]。而逆反應，就是將所有氣體分子聚集至其中一端的容器裡，則非自發反應 [圖 17.1(b)]。
- 金屬鈉會和水劇烈反應並生成氫氧化鈉與氫氣。然而，氫氣並不會和氫氧化鈉反應生成水和鈉。
- 暴露在水和空氣中的鐵會生鏽，但鐵鏽並不會自發性地變回鐵。

自發與非自發的過程。©Harry Bliss. 原發布於《紐約客雜誌》(*New Yorker Magazine*)。

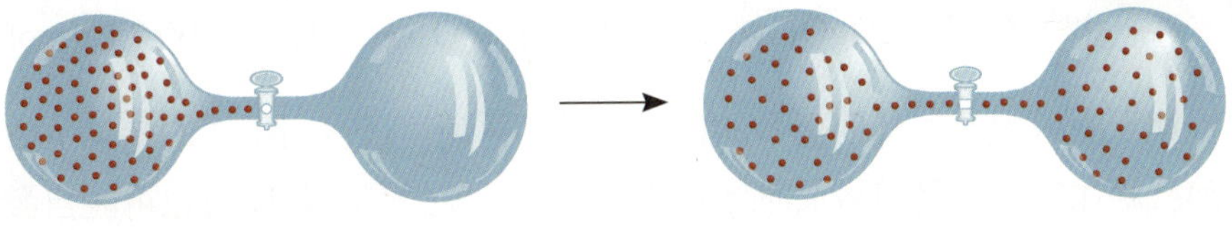

(a)

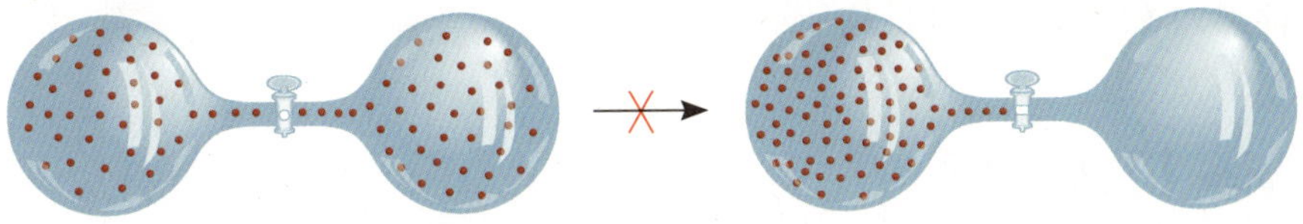

(b)

圖 17.1 (a) 自發反應。當閥門打開後，分子最後均勻地分散於兩容器中；(b) 非自發反應。當閥門打開後，分子最後偏向聚集於容器的其中一端。

這些例子顯示出自發過程的單向性，在同樣的狀態下，逆反應為非自發過程。

若我們假定自發反應的發生會導致系統能量下降，就可以解釋為什麼一顆球會從山坡上往下滾動，且時鐘裡面的彈簧會彈性疲乏。同樣地，許多放熱反應為自發反應。例如甲烷的燃燒反應：

由於具有活化能障壁，所以要使得此反應以觀察得到的速率進行，需要先輸入能量。

$$CH_4(g) + 2O_2(g) \longrightarrow CO_2(g) + 2H_2O(l) \qquad \Delta H° = -890.4 \text{ kJ/mol}$$

另一個例子為酸鹼中和反應：

$$H^+(aq) + OH^-(aq) \longrightarrow H_2O(l) \qquad \Delta H° = -56.2 \text{ kJ/mol}$$

但若考慮固體到液體的相變化，如：

$$H_2O(s) \longrightarrow H_2O(l) \qquad \Delta H° = 6.01 \text{ kJ/mol}$$

這樣一來，自發反應總是會降低系統能量的假定就不成立了。即使這樣的過程是吸熱反應，但經驗告訴我們，冰在攝氏 0 度以上還是會自發性地熔化。另一個反駁我們假定的例子為硝酸銨在水中的溶解：

$$NH_4NO_3(s) \xrightarrow{H_2O} NH_4^+(aq) + NO_3^-(aq) \qquad \Delta H° = 25 \text{ kJ/mol}$$

這個過程是自發性的，而且也是個吸熱反應。氧化汞的分解在室溫下為非自發性的吸熱反應，但是當溫度升高時卻會變為自發反應：

加熱的時候，氧化汞會分解生成汞和氧氣。

$$2HgO(s) \longrightarrow 2Hg(l) + O_2(g) \quad \Delta H° = 90.7 \text{ kJ/mol}$$

根據上面曾提及和其他更多的例子，我們逐漸可以得到這樣的結論：放熱反應比較可能是自發反應，但並非必然。就像是吸熱反應也可能自發一樣，放熱反應亦有可能為非自發。換句話說，我們不能只根據系統的能量變化來判斷一化學反應是否自發。如果要進行預測，我們需要另一種熱力學量值，也就是熵。

17.3 熵

為了預測某反應的自發性，我們需要介紹一種稱作熵的新熱力學量值。**熵** (entropy; *S*) 通常被描述為**將儲存於系統內的總能量以各種可能的形式分散，並將散布的程度量化之後的結果**。分散得愈嚴重，熵值愈大。大部分的反應過程都伴隨著熵的變化。一杯熱水會因為能量分散於各種水分子的能量狀態上 (能量狀態與水分子的移動、轉動和振動有關)，而具有一定量的熵。若把水擱在桌上，那麼熱就會散失至溫度較低的環境中。因為能量被分散至氣體分子的許多能量狀態上，導致整體的熵也隨之增加。

至於另一個例子則需考慮於圖 17.1 中所描述的情境。在閥門開啟後，氣體分子得以分布於兩端的球狀空間中。較大的活動範圍造成分子移動動能的能階之間差異較小。由於能階彼此較接近，導致能量更能分散於各能階上，故系統的熵會上升。

量子力學機構分析結果顯示，各移動動能的能階差和容器的體積以及分子質量成反比。

微觀態和熵

在我們介紹將熵的變化 (增加) 與自發性過程做連結的熱力學第二定律之前，需要先對熵提出適當的定義。為此，讓我們考慮一個由四顆分子分布於兩相同空間中的簡單系統，如圖 17.2。只有一種方式可以將所有分子配置於左側空間中，但有四種方式可以讓三個分子位於左側空間中、一個分子位於右側空間中，以及六種方式讓左右兩側空間中各有兩個分子。這十一個可能的分子分布方式稱為微觀狀態或是微觀態，而每一組類似的微觀態為一種分布。[1] 如你所見，因為分布 III 共有六個微觀態 (或是有六種方式可達成)，所以可能性最高；而分布 I 則是可

1 事實上，四顆分子要分布於容器兩端還有其他許多可能的方式。我們也可以讓四顆分子通通都在容器的右端 (一種)；和讓三個分子在右側、一個分子在左側 (四種)。然而，在圖 17.2 中所呈現的分布就足以讓我們進行討論了。

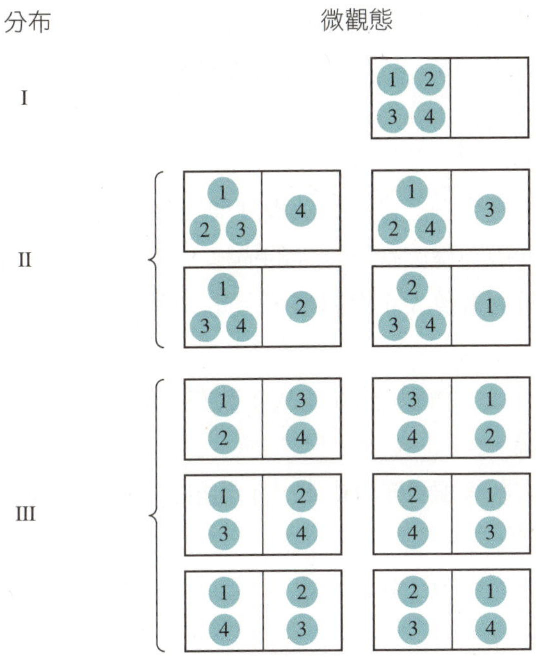

圖 17.2 一些四個分子於相同的兩個空間中可能的能量分布方式。分布 I 只可能以一種方式達成 (所有四個分子都在左半部)，因此只有一個微觀態；分布 II 可以用四種方式達成，因此有四種微觀態；分布 III 可以用六種方式達成，因此有六種微觀態。

能性最低的，因為只有一個微觀態 (或是僅有一種方式能達成這樣的分布)。基於這樣的分析法，我們可以總結：特定分布 (微觀態) 發生的可能性取決於該種分布達成的方式有多少種。當分子數量達到巨觀的程度時，不難發現它們幾乎會在容器兩端均勻分布，因為這種微觀態的分布方式比起其他分布方式要多太多了。

波茲曼在西元 1868 年提出系統的熵和微觀態數量 (W) 的自然對數有關：

$$S = k \ln W \tag{17.1}$$

其中 k 稱為波茲曼常數 (1.38×10^{-23} J/K)。因此，W 愈大，系統的熵也愈大。熵跟焓一樣也是狀態函數 (見 6.3 節)。以單一系統內的某個特定反應過程而言，熵隨著反應進行的改變量 (ΔS) 為

$$\Delta S = S_f - S_i \tag{17.2}$$

其中 S_i 和 S_f 分別為系統於初始狀態和最終狀態時的熵。根據方程式 (17.1)，我們可以將之改寫為

$$\begin{aligned} \Delta S &= k \ln W_f - k \ln W_i \\ &= k \ln \frac{W_f}{W_i} \end{aligned} \tag{17.3}$$

刻在位於維也納之波茲曼墓碑上的是他的著名公式。“log” 在這邊代表的是 “$\log_e$”，也就是自然對數或 ln。

其中 W_i 和 W_f 分別為初始狀態和最終狀態時所對應的微觀態數量，因此若 $W_f > W_i$，則 $\Delta S > 0$，系統的熵增加。

熵的變化

我們早先提到過能量的分散程度增加會導致系統的熵上升，所以它可以對能量的散布程度進行定性的描述，又根據方程式 (17.1) 可以發現微觀態的數量對熵值大小有影響，因此這兩者之間是有所關聯的。我們可以總結如下：

- 系統中有較少微觀態 (W 較小) 散布其能量者 (分散程度較小)，有較低的熵。
- 系統中有較多微觀態 (W 較大) 散布其能量者 (分散程度較高)，有較高的熵。

接下來的反應過程中，我們將會看到當系統的微觀態數量產生改變時，熵也會隨之變化。

考慮圖 17.3 所示的情況，固態原子或分子是被侷限在固定的位置

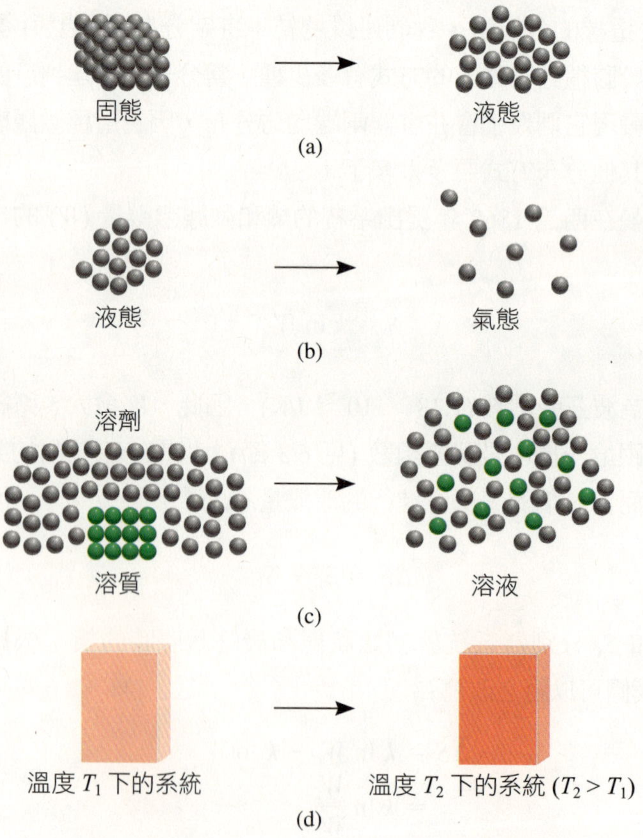

圖 17.3 導致系統熵上升的過程：(a) 熔化：$S_{液態} > S_{固態}$；(b) 汽化：$S_{氣態} > S_{液態}$；(c) 溶解：$S_{固態} > S_{溶質} + S_{溶液}$；(d) 加熱：$S_{T_2} > S_{T_1}$。

上，因此微觀態的數量較少；一旦熔化之後，它們就可以離開晶格點，進而占據更多的位置；由於這些粒子的排列方式因而增加了許多，所以微觀態的數量也會隨之增加——我們認為這種「有秩序 ⟶ 失序」的相變將導致系統的熵增加；同樣地，汽化的過程也會導致系統的熵增加，由於氣態分子會占據更多的空間，導致其微觀態的數量會遠多於液態，因此，可以想像其熵增加的程度會比熔化時還要大得多；此外，熔解的過程也通常會導致熵的增加。當糖晶在水中溶解時，原本其極為秩序的固體結構及水的部分秩序就被破壞了，因此，溶液具有的微觀態比純溶質和純溶劑加起來更多。像氯化鈉這種離子固體在水中溶解時，有兩種現象會導致熵的增加：溶解過程 (溶質和溶劑的混合) 與化合物本身的解離：

$$\mathrm{NaCl}(s) \xrightarrow{\mathrm{H_2O}} \mathrm{Na^+}(aq) + \mathrm{Cl^-}(aq)$$

粒子數增加會造成微觀態的數量上升。然而，我們也必須考慮到水合，它造成離子周圍的水分子排列更為有序。因為這樣的過程減少溶劑分子的微觀態數量，所以也降低熵。對於體積小、高電荷的離子如鋁離子和鐵離子而言，由水合所造成的熵之下降量可能大於混合與溶解時的熵之上升量，因此熵的整體改變量其實可能為負值；加熱也會增加系統的熵。除了移動之外，分子也可以進行轉動和振動 (圖 17.4)，隨著溫度的上升，和各種分子運動有關的能量也跟著增加，這樣的能量增加會分布於許多量子化的能階上，因此，在較高溫度下就有更多的微觀態，故系統的熵總是會隨著溫度的上升而增加。

標準熵

方程式 (17.1) 提供一種從分子的觀點來表達熵的方式，但由於要在一個有著極多分子的巨觀系統中測量其微觀態數量會極為困難，所以，一般來說並不會依此方法來計算系統所含的熵。取而代之的是，藉由熱

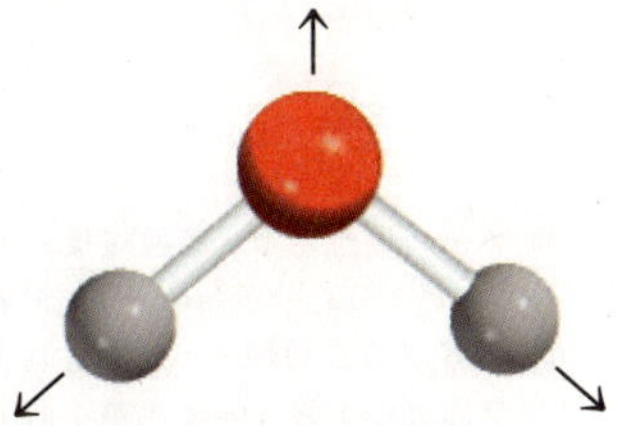
(a)

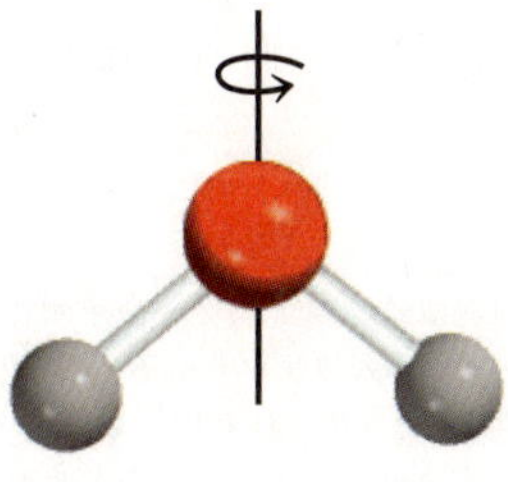
(b)

圖 17.4 (a) 水分子的振動。各原子如圖中箭頭所指的方向進行位移，然後再反向移動而完成一次振動；(b) 水分子以氧原子為對稱軸進行轉動。分子也可以用不同方式進行振動或轉動。

表 17.1 一些物質在攝氏 25 度時的標準熵 ($S°$)

物質	$S°$ (J/K · mol)
$H_2O(l)$	69.9
$H_2O(g)$	188.7
$Br_2(l)$	152.3
$Br_2(g)$	245.3
$I_2(s)$	116.7
$I_2(g)$	260.6
C (鑽石)	2.4
C (石墨)	5.69
CH_4 (甲烷)	186.2
C_2H_6 (乙烷)	229.5
He(g)	126.1
Ne(g)	146.2

原子的自旋並不被視為一種運動，因為其原子核沒有產生位移。

測量法來得到熵值。事實上，如同我們即將看到的，測量一物質之熵的絕對值 (稱為絕對熵) 並非不可能，但這對能量與焓而言是辦不到的。標準熵為一物質在 1 atm、攝氏 25 度時所測量到的絕對熵值。(請記得標準狀態只專指 1 atm，選擇攝氏 25 度的原因為許多反應通常是在室溫下進行。) 表 17.1 列出一些元素和化合物的標準熵，附錄 1 則提供更多的細節。[2] 熵的單位為 J/K，或是代表每莫耳物質的 J/K · mol，因為熵值通常相當小，所以我們會使用焦耳為單位，而非千焦，元素和化合物的熵均為正值 (也就是說，$S° > 0$)，相對地，元素的標準生成熱 (ΔH_f°) 則被強制定義為零，而化合物的焓值卻可能為正也可能為負。

說到表 17.1，我們會看到水汽的標準熵大於液態水。類似的情況還有溴蒸氣的熵值高於液態溴，與碘蒸氣熵值大於碘固體。對於處在同相的不同物質而言，分子的複雜程度也決定何者有較高的熵值。鑽石和石墨都是固體，但鑽石有較規則的結構，以致於其微觀態數量較少。因此，鑽石的熵值比石墨來得低。若考慮天然氣中所含的甲烷和乙烷。由於乙烷的結構較複雜，因此具有較多的分子運動方式，進而增加其微觀態的數量，故乙烷的標準熵值比甲烷來得高。氦和氖都是不會轉動和振動的單原子分子，但因為氖的原子量比氦高，所以其標準熵值也比較高；此外，原子較重時能階也靠得比較近，導致氖原子所具有的能量分布在這些能階上的分散程度比氦原子更高，因此，重原子的微觀態數量會比輕原子來得多。

溴在室溫時為揮發性液體。

例題 17.1

試預測下列反應過程的熵變化是大於零或是小於零：(a) 乙醇凝固；(b) 一杯溴水在室溫下汽化；(c) 葡萄糖在水中溶解；(d) 將氮氣從攝氏 80 度冷卻到攝氏 20 度。

策略

要得知熵在各個情況時的改變，我們得先檢視系統的微觀態數量是增加或減少。若微觀態的數量增加，那麼 ΔS 即為正值；若微觀態的數量減少，則 ΔS 為負值。

2 由於個別離子的熵無法於實驗中測得，化學家武斷地令溶液中氫離子的熵值為零。根據這樣的度量基礎，就可以得知溶液中氯離子 (從測量 HCl 計算得來) 的熵值，接著我們又可以知道鈉離子 (從測量NaCl 計算得來) 的熵值，以此類推。從附錄 1 中我們可以注意到，有些離子具有正的熵值，而有些為負值。其符號是藉由和氫離子的水合程度相比而得。若一離子的水合程度比氫離子強，那麼此離子的熵值為負，反之則為正。

解 答

(a) 凝固時，乙醇分子被限制於固定的位置上。這種相變減少系統的微觀態，因此熵值下降；也就是說，$\Delta S < 0$。

(b) 溴的汽化使其溴分子得以占據許許多多不同的位置，因此增加微觀態的數量。所以，$\Delta S > 0$。

(c) 葡萄糖為非電解質。溶於水中的散布過程使溶劑分子和溶質分子相互混合，因此我們預期 $\Delta S > 0$。

(d) 冷卻的過程減弱分子的各種運動，導致微觀態數量的降低，也因此 $\Delta S < 0$。

類題：17.1。

練習題

下列過程的系統熵值變化如何？(a) 水蒸汽凝結；(b) 自過飽和溶液中形成蔗糖結晶；(c) 將氫氣從攝氏 60 度加熱至攝氏 80 度；(d) 乾冰的昇華。

17.4 熱力學第二定律

熱力學第二定律 (second law of thermodynamics) 表達熵和反應自發性之間的關聯：宇宙中的熵會於自發性反應中增加，並且於平衡狀態中維持不變。如果宇宙可區分為由系統和環境所組成，那麼宇宙中任何反應的熵改變量 ($\Delta S_{宇宙}$) 就等於該反應於系統中的熵改變量 ($\Delta S_{系統}$) 與環境的熵改變量 ($\Delta S_{環境}$) 相加。我們可以用數學方式表達熱力學第二定律如下：

不過是在說宇宙中的熵值不斷增加罷了。

對於一個自發性反應而言：$$\Delta S_{宇宙} = \Delta S_{系統} + \Delta S_{環境} > 0 \quad (17.4)$$

對於一個平衡反應而言：$$\Delta S_{宇宙} = \Delta S_{系統} + \Delta S_{環境} = 0 \quad (17.5)$$

對於一個自發性反應而言，第二定律表示 $\Delta S_{宇宙}$ 必定大於零，但並沒有對 $\Delta S_{系統}$ 或 $\Delta S_{環境}$ 加以限制，所以只要兩者的總和大於零，其一為負值是有可能的；而對於一個平衡反應來說，$\Delta S_{系統}$ 和 $\Delta S_{環境}$ 的值相等，但正負號相反。假設有些反應使得 $\Delta S_{宇宙}$ 小於零的話會怎麼樣呢？這意味著它們都將自發性地朝反向進行。

系統的熵變化

要計算 $\Delta S_{宇宙}$，我們需要知道 $\Delta S_{系統}$ 和 $\Delta S_{環境}$。假設此系統可以用

下列反應式表達：

$$aA + bB \longrightarrow cC + dD$$

就如同反應熱的例子一樣 [見方程式 (6.18)]，**標準反應熵** (standard entropy of reaction; ΔS°_{rxn}) 為產物與反應物之間的標準熵值差：

$$\Delta S^\circ_{反應} = [cS^\circ(C) + dS^\circ(D)] - [aS^\circ(A) + bS^\circ(B)] \quad (17.6)$$

或一般來說，我們會用 Σ 來表示總和，而用 m 和 n 來表示反應的各個計量係數：

$$\Delta S^\circ_{反應} = \Sigma nS^\circ(產物) - \Sigma mS^\circ(反應物) \quad (17.7)$$

各種化合物的標準熵值是以 J/K · mol 為單位。如果要知道 $\Delta S^\circ_{反應}$ (也就是 $\Delta S_{系統}$)，我們可以於附錄 1 查詢並計算，如同例題 17.2 所示。

例題 17.2

從附錄 1 所列的標準熵值，試計算下列反應在攝氏 25 度時的標準熵改變量。

(a) $CaCO_3(s) \longrightarrow CaO(s) + CO_2(g)$

(b) $N_2(g) + 3H_2(g) \longrightarrow 2NH_3(g)$

(c) $H_2(g) + Cl_2(g) \longrightarrow 2HCl(g)$

策　略

要計算標準反應熵，我們要先於附錄 1 中查詢反應物與產物的熵值，再代入方程式 (17.7)。如同我們在計算反應熱一樣 [見方程式 (6.18)]，計量係數沒有單位，因此 $\Delta S^\circ_{反應}$ 的單位即為 J/K · mol。

解　答

(a)
$$\begin{aligned}\Delta S^\circ_{反應} &= [S^\circ(CaO) + S^\circ(CO_2)] - [S^\circ(CaCO_3)]\\ &= [(39.8\ J/K\cdot mol) + (213.6\ J/K\cdot mol)] - (92.9\ J/K\cdot mol)\\ &= 160.5\ J/K\cdot mol\end{aligned}$$

所以，當 1 莫耳的碳酸鈣分解生成 1 莫耳的氧化鈣及 1 莫耳的氣態二氧化碳時，熵值有所增加，其值為 160.5 J/K · mol。

(b)
$$\begin{aligned}\Delta S^\circ_{反應} &= [2S^\circ(NH_3)] - [S^\circ(N_2) + 3S^\circ(H_2)]\\ &= (2)(193\ J/K\cdot mol) - [(192\ J/K\cdot mol) + (3)(131\ J/K\cdot mol)]\\ &= -199\ J/K\cdot mol\end{aligned}$$

此結果顯示，當 1 莫耳的氮氣和 3 莫耳的氫氣反應生成 2 莫耳的

氯氣時，熵值有所減少，其下降量為 199 J/K · mol。

(c) $\Delta S^\circ_{反應} = [2S^\circ(HCl)] - [S^\circ(H_2) + S^\circ(Cl_2)]$
$= (2)(187\ J/K \cdot mol) - [(131\ J/K \cdot mol) + (223\ J/K \cdot mol)]$
$= 20\ J/K \cdot mol$

因此，當 2 莫耳的氯化氫氣體因 1 莫耳的氫氣與 1 莫耳的氯氣態反應而生成時，造成熵的小幅度上升，其值為 20 J/K · mol。

說 明

$\Delta S^\circ_{反應}$ 的值完全由系統決定。

練習題

試計算下列反應在攝氏 25 度時的標準熵改變量：

(a) $2CO(g) + O_2(g) \longrightarrow 2CO_2(g)$

(b) $3O_2(g) \longrightarrow 2O_3(g)$

(c) $2NaHCO_3(s) \longrightarrow Na_2CO_3(s) + H_2O(l) + CO_2(g)$

例題 17.2 的結果與我們從許多反應所觀察到的現象一致。總的來說，普遍遵守下列規則：

- 若一反應產生的氣態分子多於它所消耗的 [例題 17.2(a)]，ΔS° 為正值。
- 若氣體分子的總量減少 [例題 17.2(b)]，ΔS° 為負值。
- 若氣體分子的總量沒有淨變化 [例題 17.2(c)]，ΔS° 可能為正，也可能為負，但相較之下其值會小很多。

為求簡化，我們於此省略下標的反應。

既然氣體的熵總是比固體或液體來得大，那麼這些結論相當合理。對於那些只牽涉到固體和液體的反應而言，要預測 ΔS° 的正負關係就難上許多，但在許多例子中，當離子和/或分子的總數增加時，反應就會伴隨著熵的增加。

例題 17.3 顯示，當了解反應物和產物的本質之後，能夠讓「預測熵的改變量」這件事變得可行。

例題 17.3

預測下列各反應的系統熵值改變量是正值或負值：

(a) $2H_2(g) + O_2(g) \longrightarrow 2H_2O(l)$

(b) $NH_4Cl(s) \longrightarrow NH_3(g) + HCl(g)$

(c) $H_2(g) + Br_2(g) \longrightarrow 2HBr(g)$

策略

我們被要求要預測反應熵的正負號，而非計算其值。會使得熵上升的因素有：(1) 從凝結狀態轉變成氣態；與 (2) 在同相反應中，產物的氣體莫耳數大於反應物的氣體莫耳數。比較反應物與產物之間的相對複雜度也相當重要。一般來說，分子結構愈複雜，該化合物的熵值就愈大。

解答

(a) 兩反應物分子結合成為一個產物分子。即使水分子的結構比氫氣或氧氣來得複雜，但事實上，分子數少了一，而且從氣態轉換成了液態，使得微觀態的數量下降。因此，$\Delta S°$ 為負。

(b) 固體被轉換成兩種氣態產物。因此，$\Delta S°$ 為正。

(c) 反應中有相同數量的反應物分子和產物分子。而且所有的分子都是雙原子分子，因此複雜度相近。所以，我們無法預測 $\Delta S°$ 的正負號，但我們知道這樣的改變數值上必定相當小。

類題：17.2。

練習題

試就下列各反應討論熵改變量的正負號：

(a) $I_2(s) \longrightarrow 2I(g)$

(b) $2Zn(s) + O_2(g) \longrightarrow 2ZnO(s)$

(c) $N_2(g) + O_2(g) \longrightarrow 2NO(g)$

環境的熵變化量

接著我們會看到如何計算出 $\Delta S_{環境}$。當系統發生放熱反應時，被傳送到環境中的熱會使得處於環境中之分子的運動加速，因此導致環境中微觀態的數量會上升，而使熵值增加。相反地，系統發生的吸熱反應會自環境中吸收熱，導致分子的運動減慢 (圖 17.5)，因而使環境的熵值下

圖 17.5 (a) 一放熱過程會將熱從系統內傳遞至環境中，並且造成環境中的熵值上升；(b) 一吸熱過程會從環境中將熱吸收至系統內，並且造成環境中的熵值下降。

降。若整個過程是在定壓的情況下發生，則系統反應熱的值 ($\Delta H_{系統}$) 就等於反應熵值。所以環境的熵值改變量 $\Delta S_{環境}$，就會和 $\Delta H_{系統}$ 成比例：

$$\Delta S_{環境} \propto -\Delta H_{系統}$$

此處使用負號的原因為：若是反應為放熱，$\Delta H_{系統}$ 為負且 $\Delta S_{環境}$ 為正，表示熵值的增加；另一方面，對於吸熱反應而言，$\Delta H_{系統}$ 為正，負號則表示環境熵值的降低。

系統吸收熱量所造成的熵改變量也會因溫度改變而有所不同。若環境的溫度高，則身處其中的分子具有較多能量，所以當環境因系統放熱而吸收能量時，對分子運動所造成的影響較小，環境的熵值上升量也會相對較少。然而，若是環境的溫度低，那麼等量的熱會導致分子運動有相對較大的改變，因此熵值的上升量較多，舉例來說，如果有人在人滿為患的餐廳裡咳嗽，其實並不會打擾到太高比例的人，但若他是在圖書館裡面咳嗽的話就肯定會了。$\Delta S_{環境}$ 和溫度 T (凱氏溫標) 呈反比關係，也就是說，溫度愈高，$\Delta S_{環境}$ 就愈小，反之亦然，我們可以把上面的關係式改寫為

$$\Delta S_{環境} = \frac{-\Delta H_{系統}}{T} \tag{17.8}$$

這個從熱力學定律推導得來的方程式假設環境和系統的溫度均為 T。

現在讓我們將計算 $\Delta S_{環境}$ 和 $\Delta S_{系統}$ 的程序應用在氨的合成，並且探討此反應是否在攝氏 25 度時為自發：

$$N_2(g) + 3H_2(g) \longrightarrow 2NH_3(g) \qquad \Delta H^\circ_{反應} = -92.6\ \text{kJ/mol}$$

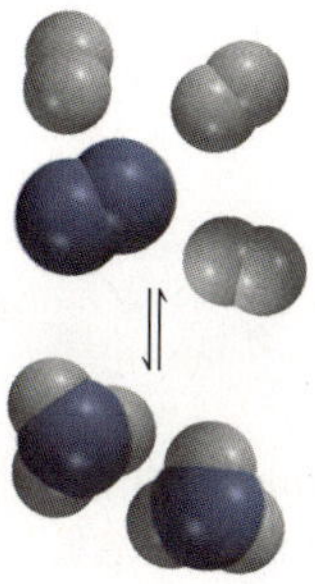

用氮氣和氫氣合成氨氣。

從例題 17.2(b) 中，我們已知 $\Delta S_{系統} = -199$ J/K · mol，並且將 $\Delta H_{系統}$ (−92.6 kJ/mol) 代入方程式 (17.8) 中得到

$$\Delta S_{環境} = \frac{-(-92.6 \times 1000)\ \text{J/mol}}{298\ \text{K}} = 311\ \text{J/K} \cdot \text{mol}$$

宇宙的熵改變量即為

$$\begin{aligned}\Delta S_{宇宙} &= \Delta S_{系統} + \Delta S_{環境}\\ &= -199\ \text{J/K}\cdot\text{mol} + 311\ \text{J/K}\cdot\text{mol}\\ &= 112\ \text{J/K}\cdot\text{mol}\end{aligned}$$

由於 $\Delta S_{宇宙}$ 為正值，因此我們預測此反應在攝氏 25 度時為自發反應。要記得的重點是，儘管一反應有自發性，卻不代表它的速率夠快。事實上，氨的合成在室溫下就非常非常慢。熱力學可以讓我們知道一個反應

是否能在特定狀態下自動發生，但卻無法說明它會進行得有多快。反應速率是與化學動力學有關的討論主題 (見第十三章)。

熱力學第三定律與絕對熵值

最後，是時候來看和測定熵值有關的*熱力學第三定律*了。到目前為止，我們都將熵值和微觀態連結在一起——微觀態的數量愈多，系統的熵值就愈大，現在讓我們來考慮一個處在絕對零度 (0 K) 下的完美晶體。此時分子的運動會被維持在最低程度，且微觀態僅僅為 1 (只有一種方式來排列這些原子或分子以形成完美晶體)。我們從方程式 (17.1) 得知

$$\begin{aligned} S &= k \ln W \\ &= k \ln 1 = 0 \end{aligned}$$

根據**熱力學第三定律** (third law of thermodynamics)，*完美晶體物質在絕對零度時的熵值為零*。隨著溫度增加，運動的自由程度及微觀態的數量也會隨之增加，所以任何物質在高於 0 K 時，其熵值都大於零。請注意：當晶體有缺陷或摻有雜質時，即使是絕對零度，熵值也會大於零，因為這樣一來就不是完美的秩序排列，導致微觀態的數量會大於 1。

熱力學第三定律的重點在於，它讓我們能夠測定物質的*絕對*熵值。既然我們已經知道完美晶體在絕對零度時的熵值為零，就可以測量當此物質被加熱時的熵值增加量 (例如從 0 K 到 298 K)。因為 S_i 為 0，所以我們可得到熵值的改變量 (ΔS) 為

$$\begin{aligned} \Delta S &= S_f - S_i \\ &= S_f \end{aligned}$$

熵值的增加量可以藉由溫度的改變、物質的熱容量，再加上相變而計算出來。

在 298 K 時，物質的熵值被稱作絕對熵值 (表示符號為 ΔS 或 S_f)，因為它是*真正*的值，而非像是反應熱一樣只是與標準值之間的差值。我們到目前為止所用到的熵值，以及被列在附錄 1 裡的熵值均為絕對熵值。因為它們都是在 1 atm 下進行測量的，因此我們通常會稱這些絕對熵值為標準熵值；相反地，由於我們沒有對於熱與能量下足夠的定義，故無法測得物質的絕對熱值與絕對能量大小。圖 17.6 顯示完美晶體物質之熵值隨著溫度變化的改變量 (增加)，它在絕對零度時的熵值為零，當受熱後，熵值會因為運動逐漸增強而緩緩地上升，到達熔點時，固態轉變成液態，導致熵值也有明顯增加，之後的加熱則因為增強分子的運動，所以熵值也再度持續增加，一直到了沸點，由於液態轉變成氣態，導致

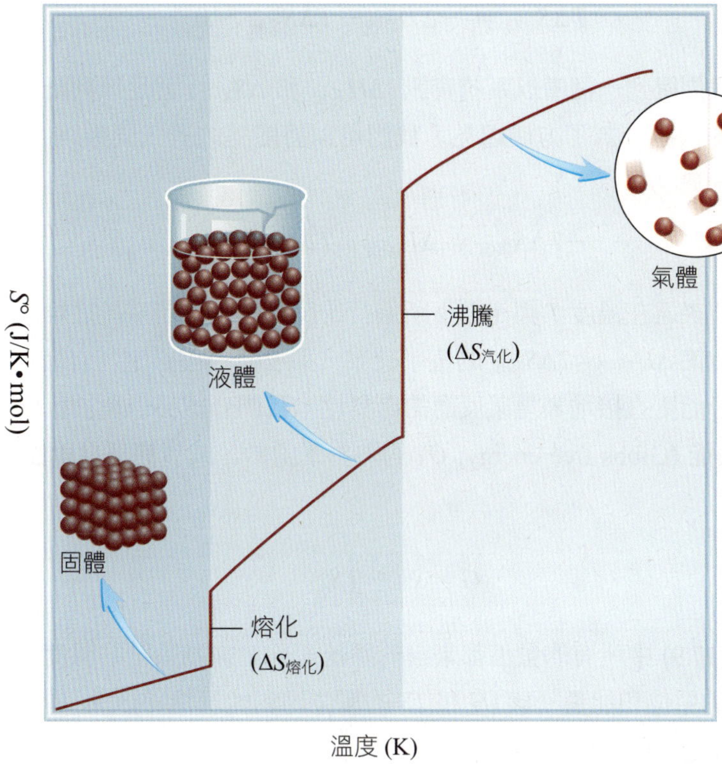

圖 17.6 當溫度從絕對零度開始上升後，物質的熵值也隨之增加。

熵值出現大幅增加。在這溫度之上，熵值就會隨著增加的溫度而持續上升。

17.5 吉布斯自由能

熱力學第二定律說明了自發性反應會使宇宙的熵值增加；也就是說，$\Delta S_{宇宙} > 0$。然而，為了測定反應之 $\Delta S_{宇宙}$ 的正負號，我們需要計算 $\Delta S_{環境}$ 與 $\Delta S_{系統}$。一般來說，我們通常只關心在單一系統中發生了什麼事，因此需要另一個熱力學函數來幫助我們判斷，在只考慮系統本身的情況下，預測一反應是否會自發。

根據方程式 (17.4)，我們知道對於一個自發反應而言，已知

$$\Delta S_{宇宙} = \Delta S_{系統} + \Delta S_{環境} > 0$$

將 $-\Delta H_{系統}/T$ 代 入$\Delta S_{環境}$，可改寫為

$$\Delta S_{宇宙} = \Delta S_{系統} - \frac{\Delta H_{系統}}{T} > 0$$

將兩側同乘以 T，可以得到

$$T\Delta S_{宇宙} = -\Delta H_{系統} + T\Delta S_{系統} > 0$$

現在，我們得到一個僅以系統資訊 ($\Delta H_{系統}$ 和 $\Delta S_{系統}$) 就足以判斷反應能否自發的依據。為了方便起見，我們可以將前述的等式同乘以 –1，使符號從 > 變為 < ：

當我們將全式同乘以 –1 時，不等號會隨之改變就如同 1 > 0，但 –1 < 0 一樣。

$$-T\Delta S_{宇宙} = \Delta H_{系統} - T\Delta S_{系統} < 0$$

這個等式表達在溫度 T 與定壓下所進行的反應過程，若系統之焓與熵的改變量能使 $\Delta H_{系統} - T\Delta S_{系統}$ 的值小於零，那麼此過程必定為自發。

為了能更直接地表達某反應的自發性，我們介紹另一種被稱作**吉布斯**[3] **自由能** (Gibbs free energy; G) 的熱力學函數，或者簡稱**自由能** (free energy)：

$$G = H - TS \qquad (17.9)$$

方程式 (17.9) 中所有的量值都來自於系統，且 T 亦為系統的溫度。你會發現 G 的單位和能量一樣 (H 和 TS 的單位均和能量相同)。和 H 與 S 一樣，G 也是一個狀態函數。

在定溫時，反應系統中自由能的改變量 (ΔG) 即為

$$\Delta G = \Delta H - T\Delta S \qquad (17.10)$$

根據整個來龍去脈，我們可以說自由能即為能夠作功的能量。因此，若有某個反應會伴隨著可作用能量的釋放 (也就是 ΔG 為負值)，那麼它就無庸置疑地會是個自發性反應，而且完全不需要去擔心宇宙中其他地方會發生什麼事。

請注意：我們在此僅重新整理宇宙熵值改變量的表達式，並且將系統自由能的改變量 (ΔG) 與 $-T\Delta S_{宇宙}$ 畫上等號，因此可以只將注意力放在系統上。現在，我們可以總結自由能的改變量與反應之平衡，還有自發性間的關聯性 (在定溫定壓下) 為：

$\Delta G < 0$　此反應為自發性反應。

$\Delta G > 0$　此反應為非自發性反應，但對其逆反應而言則為自發性反應。

3 吉布斯 (Josiah Willard Gibbs, 1839~1903)，美國物理學家。熱力學的創建人之一，吉布斯是一個謙虛且低調的人，他幾乎整個職業生涯都是在耶魯大學度過。由於他的研究大多發表在沒沒無聞的期刊上，因此吉布斯從來沒有像與他同期的馬克士威 (James Maxwell) 一樣出名。直至今日，除了物理與化學界的人之外，聽過吉布斯的人還是少得可憐。

$\Delta G = 0$　系統處於平衡狀態，沒有淨改變發生。

標準自由能改變量

標準反應自由能 (standard free-energy of reaction; $\Delta G^\circ_{反應}$) 為一反應在標準狀態下進行時，其自由能變化量，此時反應物會於其標準狀態下轉換成標準狀態下的產物。表 17.2 統整化學家對於定義純物質與溶液標準狀態的共識。要計算 $\Delta G^\circ_{反應}$ 的話我們要先從這個方程式開始：

表 17.2　對標準狀態的共識

物質的狀態	標準狀態
氣體	1 atm
液體	純液體
固體	純固體
元素*	$\Delta G^\circ_f = 0$
溶液	濃度為 1.0 M

*在攝氏 25 度、1 atm 下最穩定的同素異形體。

$$aA + bB \longrightarrow cC + dD$$

此反應的標準自由能改變量為

$$\Delta G^\circ_{rxn} = [c\Delta G^\circ_f(C) + d\Delta G^\circ_f(D)] - [a\Delta G^\circ_f(A) + b\Delta G^\circ_f(B)] \quad (17.11)$$

或者，更廣泛地說，

$$\Delta G^\circ_{反應} = \Sigma n\Delta G^\circ_f(產物) - \Sigma m\Delta G^\circ_f(反應物) \quad (17.12)$$

其中 m 和 n 為反應的計量係數。ΔG°_f 則為一化合物的**標準生成自由能** (standard free-energy of formation)，也就是每 1 莫耳的該化合物由其組成元素於標準狀態下反應生成時，標準自由能的改變量。以石墨的燃燒來說：

$$C(石墨) + O_2(g) \longrightarrow CO_2(g)$$

標準自由能改變量 [從方程式 (17.12)] 即為

$$\Delta G^\circ_{反應} = \Delta G^\circ_f(CO_2) - [\Delta G^\circ_f(C，石墨) + \Delta G^\circ_f(O_2)]$$

如同標準生成焓的例子一樣 (第 242 頁)，我們定義任何具有最穩定的同素異形體結構之元素，在 1 atm 與攝氏 25 度時的標準生成自由能為零。因此，

$$\Delta G^\circ_f(C，石墨) \quad 與 \quad \Delta G^\circ_f(O_2) = 0$$

所以，標準反應自由能就會等於二氧化碳的標準生成自由能：

$$\Delta G^\circ_{反應} = \Delta G^\circ_f(CO_2)$$

附錄 1 列出一些物質的 ΔG°_f 值。

例題 17.4 呈現有關於標準自由能改變量的計算。

例題 17.4

試計算下列反應在攝氏 25 度時的標準自由能改變量。

(a) $CH_4(g) + 2O_2(g) \longrightarrow CO_2(g) + 2H_2O(l)$

(b) $2MgO(s) \longrightarrow 2Mg(s) + O_2(g)$

策　略

要計算一反應的標準自由能改變量，我們要在附錄 1 中查詢反應物與產物的標準生成自由能，並將之應用於方程式 (17.12) 中。請注意：所有的計量係數都沒有單位，因此 $\Delta G^\circ_{反應}$ 的單位為 kJ/mol，又因為 O_2 為氧於 1 atm、攝氏 25 度時最穩定的同素異形體，所以其 ΔG°_f 為零。

解　答

(a) 根據方程式 (17.12)，我們可知

$$\Delta G^\circ_{反應} = [\Delta G^\circ_f(CO_2) + 2\Delta G^\circ_f(H_2O)] - [\Delta G^\circ_f(CH_4) + 2\Delta G^\circ_f(O_2)]$$

我們再將從附錄 1 中找到的值代入：

$$\begin{aligned}\Delta G^\circ_{反應} &= [(-394.4\text{ kJ/mol}) + (2)(-237.2\text{ kJ/mol})] - \\ &\qquad [(-50.8\text{ kJ/mol}) + (2)(0\text{ kJ/mol})] \\ &= -818.0\text{ kJ/mol}\end{aligned}$$

(b) 關係式為

$$\Delta G^\circ_{反應} = [2\Delta G^\circ_f(Mg) + \Delta G^\circ_f(O_2)] - [2\Delta G^\circ_f(MgO)]$$

根據附錄 1 中的資料，我們可以得到

$$\begin{aligned}\Delta G^\circ_{反應} &= [(2)(0\text{ kJ/mol}) + (0\text{ kJ/mol})] - [(2)(-569.6\text{ kJ/mol})] \\ &= 1139\text{ kJ/mol}\end{aligned}$$

練習題

試計算下列反應於攝氏 25 度時的標準自由能改變量：

(a) $H_2(g) + Br_2(l) \longrightarrow 2HBr(g)$

(b) $2C_2H_6(g) + 7O_2(g) \longrightarrow 4CO_2(g) + 6H_2O(l)$

方程式 (17.10) 的應用

根據方程式 (17.10)，為了預測 ΔG 的正負號，我們需要同時知道 ΔH 和ΔS。負的 ΔH (放熱反應) 和正的 ΔS (會造成系統微觀態數量增加的反應) 傾向於使 ΔG 成為負值，而溫度則可能會影響自發性反應的方

向。其相對關係造成的四種可能性為：

- 若 ΔH 和 ΔS 均為正，則 ΔG 只有在 $T\Delta S$ 的值大於 ΔH 時為負值。當 T 的值為大時會造成這種情況。
- 若 ΔH 為正，而 ΔS 為負，則 ΔG 不論溫度高低恆為正值。
- 若 ΔH 為負，而 ΔS 為正，則 ΔG 不論溫度高低恆為負值。
- 若 ΔH 和 ΔS 均為負，則 ΔG 只有在 $T\Delta S$ 的值小於 ΔH 時為負值。當 T 的值為小時會造成這種情況。

第一種和第四種情況會使 ΔG 成為負值，而所需的溫度則視系統之 ΔH 與 ΔS 的實際值而定。表 17.3 整理出剛提到的幾種可能性所造成之影響。

在我們將自由能的改變量應用在預測反應的自發性之前，需要先區分ΔG 與 $\Delta G°$。假設我們讓一個水溶液中的反應在進行時，所有反應物均處於其標準狀態下 (濃度為 1 M)。一旦反應開始，由於濃度將不再是 1 M，所以反應物與產物的標準狀態亦將不復存在。在非標準狀態下，我們必須要改用 ΔG 而非 $\Delta G°$ 來預測反應進行的方向。另一方面，$\Delta G°$ 的正負號也告訴我們，當反應到達平衡時，系統會比較傾向於反應物或是產物。所以，$\Delta G°$ 的負值代表反應傾向於產物的生成，而 $\Delta G°$ 的正值代表反應在到達平衡時，反應物會仍多於產物。

我們在 17.6 節中將看到有關 $\Delta G°$ 和平衡常數 K 之間的關係式。

我們現在要考慮方程式 (17.10) 的兩種應用。

溫度與化學反應

氧化鈣又稱作生石灰，是一種在煉鋼、鈣金屬的製備、造紙、水處理及汙染防治上非常有價值的無機物質。它是由石灰石 (碳酸鈣) 在高溫的迴轉爐中分解而成：

$$CaCO_3(s) \rightleftharpoons CaO(s) + CO_2(g)$$

此為可逆反應，而且氧化鈣其實也易於和二氧化碳結合生成碳酸鈣。與碳酸鈣和氧化鈣達成平衡的二氧化碳分壓會隨著溫度上升而提高。在生

迴轉爐中的石灰石 (碳酸鈣) 可分解成生石灰 (氧化鈣)。

表 17.3 在關係式 $\Delta G = \Delta H - T\Delta S$ 中，影響 ΔG 正負號的因素

ΔH	ΔS	ΔG	實例
+	+	反應會在高溫時進行。逆反應在低溫時為自發。	$2HgO(s) \longrightarrow 2Hg(l) + O_2(g)$
+	–	ΔG 恆為正。逆反應在所有溫度時均為自發。	$3O_2(g) \longrightarrow 2O_3(g)$
–	+	ΔG 恆為負。反應在所有溫度時均為自發。	$2H_2O_2(aq) \longrightarrow 2H_2O(l) + O_2(g)$
–	–	反應會在低溫時進行。逆反應在高溫時為自發。	$NH_3(g) + HCl(g) \longrightarrow NH_4Cl(s)$

石灰的製備工業中，系統從未到達平衡狀態；而是不斷地將生成的二氧化碳自爐內移除，以讓平衡由左向右持續反應，以促進氧化鈣的生成。

實驗化學家關注的重點為是否可測得碳酸鈣開始分解的溫度 (也就是反應開始傾向於生成產物的溫度)，我們可以針對溫度進行一次可靠的估計如下：首先，我們利用附錄 1 中的資料來計算反應在攝氏 25 度時的 ΔH° 和 ΔS°。我們可以使用方程式 (6.18) 來得到 ΔH°：

$$\begin{aligned}\Delta H^\circ &= [\Delta H_f^\circ(\text{CaO}) + \Delta H_f^\circ(\text{CO}_2)] - [\Delta H_f^\circ(\text{CaCO}_3)] \\ &= [(-635.6 \text{ kJ/mol}) + (-393.5 \text{ kJ/mol})] - (-1206.9 \text{ kJ/mol}) \\ &= 177.8 \text{ kJ/mol}\end{aligned}$$

接著，我們利用方程式 (17.6) 來求得 ΔS°：

$$\begin{aligned}\Delta S^\circ &= [S^\circ(\text{CaO}) + S^\circ(\text{CO}_2)] - S^\circ(\text{CaCO}_3) \\ &= [(39.8 \text{ J/K}\cdot\text{mol}) + (213.6 \text{ J/K}\cdot\text{mol})] - (92.9 \text{ J/K}\cdot\text{mol}) \\ &= 160.5 \text{ J/K}\cdot\text{mol}\end{aligned}$$

由方程式 (17.10)：

$$\Delta G^\circ = \Delta H^\circ - T\Delta S^\circ$$

我們得到

$$\begin{aligned}\Delta G^\circ &= 177.8 \text{ kJ/mol} - (298 \text{ K})(160.5 \text{ J/K}\cdot\text{mol})\left(\frac{1 \text{ kJ}}{1000 \text{ J}}\right) \\ &= 130.0 \text{ kJ/mol}\end{aligned}$$

由於 ΔG° 為正值且數字相當大，所以我們可以總結說此反應在攝氏 25 度 (或 298 K) 時並不傾向於生成產物。為了要讓 ΔG° 為負值，首先要找出使 ΔG° 值為零的溫度；也就是，

$$0 = \Delta H^\circ - T\Delta S^\circ$$

或

$$\begin{aligned}T &= \frac{\Delta H^\circ}{\Delta S^\circ} \\ &= \frac{(177.8 \text{ kJ/mol})(1000 \text{ J/1 kJ})}{160.5 \text{ J/K}\cdot\text{mol}} \\ &= 1108 \text{ K 或 } 835^\circ\text{C}\end{aligned}$$

ΔG° 在高於攝氏 835 度時才會為負值，此時反應就會傾向於氧化鈣和二氧化碳的生成。例如，在攝氏 840 度或 1113 K 時，

$$\Delta G^\circ = \Delta H^\circ - T\Delta S^\circ$$
$$= 177.8 \text{ kJ/mol} - (1113 \text{ K})(160.5 \text{ J/K}\cdot\text{mol})\left(\frac{1 \text{ kJ}}{1000 \text{ J}}\right)$$
$$= -0.8 \text{ kJ/mol}$$

在這樣的計算中，有兩個重點值得注意。首先，我們使用攝氏 25 度時的 ΔH° 和 ΔS° 值來計算在溫度較高時所發生的變化。由於 ΔH° 和 ΔS° 會隨著溫度而改變，因此這種方法並不能說明正確的 ΔG° 值，不過已經很貼近了；再者，我們不該被誤導成碳酸鈣在攝氏 835 度以下完全不反應，但到了攝氏 835 度以上就會瞬間分解，事實上完全不同，ΔG° 在低於攝氏 835 度時為正值，但並不代表沒有任何二氧化碳生成，而是在此溫度時，生成的二氧化碳壓力會小於 1 atm (它的標準狀態；見表 17.2)。如圖 17.7 所示，二氧化碳的壓力一開始只會隨著溫度緩慢地上升，要到攝氏 700 度以上才會變得容易測量，接著在攝氏 835 度時，二氧化碳的平衡壓力會到達 1 atm，並在高於此溫度後超過 1 atm。

此反應的平衡常數即為 $K_p = P_{CO_2}$。

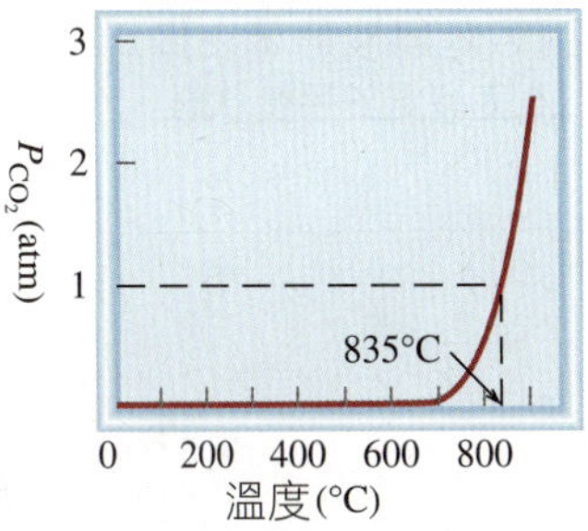

圖 17.7 在平衡狀態下，由碳酸鈣分解所產生之二氧化碳的壓力對溫度作圖。此曲線是建立在 ΔH° 和 ΔS° 不會隨溫度改變的假設之上，透過計算所得的結果。

相 變

系統在發生相變的溫度 (也就是熔點或沸點) 時會處於平衡狀態 ($\Delta G = 0$)，因此方程式 (17.10) 會變成

$$\Delta G = \Delta H - T\Delta S$$
$$0 = \Delta H - T\Delta S$$

或
$$\Delta S = \frac{\Delta H}{T}$$

讓我們先來看看冰—水的平衡。對於冰→水的轉變而言，若 ΔH 為莫耳熔化熱 (見表 11.8)，T 為熔點，則熵的改變量為

$$\Delta S_{冰\to水} = \frac{6010 \text{ J/mol}}{273 \text{ K}}$$
$$= 22.0 \text{ J/K}\cdot\text{mol}$$

冰的熔化為吸熱反應 (ΔH 為正值)，而水的凝固則為放熱反應 (ΔH 為負值)。

因此，當 1 莫耳的冰在攝氏 0 度時熔化，會增加 22.0 J/K · mol 的熵值。此增加量和由固體轉變為液體所造成的微觀態數量增加一致。相反地，對於水→冰的轉變，可知熵值的下降量為

$$\Delta S_{水\to冰} = \frac{-6010 \text{ J/mol}}{273 \text{ K}}$$
$$= -22.0 \text{ J/K}\cdot\text{mol}$$

我們通常在實驗室中是進行單向的改變，也就是從冰到水或是從水到冰的轉變。只要是溫度在攝氏 0 度，我們就可以利用式 $\Delta S = \Delta H/T$ 來計算兩者之熵的改變。同樣的流程也可以應用在水→水蒸汽的轉變，此時 ΔH 為莫耳汽化熱，而 T 為水的沸點。例題 17.5 中即檢視苯的相變。

固態苯與液態苯在攝氏 5.5 度時處於平衡狀態。

例題 17.5

苯的莫耳熔化熱與莫耳汽化熱分別為 10.9 kJ/mol 與 31.0 kJ/mol。試計算苯於固→液與→氣之轉變時，其熵的變化量是多少？苯會在攝氏 5.5 度時熔化，且在攝氏 80.1 度時沸騰。

策　略

在熔點時，液體苯和固體苯處於平衡狀態，因此 $\Delta G = 0$。我們由方程式 (17.10) 知道 $\Delta G = 0 = \Delta H - T\Delta S$ (或 $\Delta S = \Delta H/T$)。要計算由固態苯→液態苯所造成之熵的變化，必須將此式寫為 $\Delta S_{熔化} = \Delta H_{熔化}/T_f$。因為是吸熱過程，所以 $\Delta H_{熔化}$ 為正值，故 $\Delta S_{熔化}$ 亦為正值，一如我們對固態轉變為液態時所做的預期。同樣的流程也可以應用到液態苯→氣態苯的轉變，而溫度應該要使用何種單位呢？

解　答

每 1 莫耳的苯於攝氏 5.5 度時熔化所造成的熵改變量為

$$\Delta S_{熔化} = \frac{\Delta H_{熔化}}{T_f}$$

$$= \frac{(10.9 \text{ kJ/mol})(1000 \text{ J/1 kJ})}{(5.5 + 273) \text{ K}}$$

$$= 39.1 \text{ J/K} \cdot \text{mol}$$

同樣地，每 1 莫耳的苯於攝氏 80.1 度時汽化所造成的熵改變量為

$$\Delta S_{汽化} = \frac{\Delta H_{汽化}}{T_b}$$

$$= \frac{(31.0 \text{ kJ/mol})(1000 \text{ J/1 kJ})}{(80.1 + 273) \text{ K}}$$

$$= 87.8 \text{ J/K} \cdot \text{mol}$$

檢　查

由於在汽化的過程中會比熔化的過程中生成更多微觀態，所以 $\Delta S_{汽化} > \Delta S_{熔化}$。

練習題

氬的熔化熱與汽化熱分別為 1.3 kJ/mol 與 6.3 kJ/mol，且其熔點

和沸點分別為攝氏零下 190 度與攝氏零下 186 度。試計算氬在熔化與汽化的過程中的熵改變量。

17.6 自由能與化學平衡

之前曾經提到，並非所有反應物和產物在化學反應的過程中均處於其標準狀態。在非標準狀態下，ΔG 與 $\Delta G°$ 之間的關係可以藉由熱力學推導而得，為

$$\Delta G = \Delta G° + RT \ln Q \tag{17.13}$$

請注意：因為單位中的 mol^{-1} 和 R 可互相抵銷之緣故，所以此處之 ΔG 與 $\Delta G°$ 的單位為 kJ/mol。

其中 R 為氣體常數 (8.314 J/K · mol)，T 為反應的絕對溫度，而 Q 則為反應商數 (見第 578 頁)。我們發現 ΔG 會隨著兩種量值而改變：$\Delta G°$ 和 $RT \ln Q$。對於某已知反應而言 (溫度為 T)，$\Delta G°$ 會是定值，但 $RT \ln Q$ 則否，主要是因為 Q 會根據反應系統內之混合物的組成不同而改變。讓我們來看兩個特別的例子：

例 1：$\Delta G°$ 的巨大負值會傾向於讓 ΔG 也是負值，因此淨反應會由左向右進行，直到生成大量產物為止。此時，$RT \ln Q$ 為正值，且在數字上足以和 $\Delta G°$ 的負值相抗衡。

例 2：$\Delta G°$ 的巨大正值會傾向於讓 ΔG 也是正值，因此淨反應會由右向左進行，直到生成大量反應物為止。此時 $RT \ln Q$ 為負值，且在數字上足以和 $\Delta G°$ 的正值相抗衡。

根據定義，在到達平衡時 $\Delta G = 0$ 且 $Q = K$，此處的 K 為平衡常數。因此，

一個可逆反應達到平衡只是遲早的事。

$$0 = \Delta G° + RT \ln K$$

或

$$\Delta G° = -RT \ln K \tag{17.14}$$

於此方程式中，K_p 用於氣體，而 K_c 則用於溶液。請注意：K 值若是愈大，那麼 $\Delta G°$ 的負值就會愈高。對於化學家而言，方程式 (17.14) 為最重要的熱力學方程式之一，有了它，我們只要知道標準自由能的改變量，就能夠求得一個反應的平衡常數，反之亦然。

很明顯地，方程式 (17.14) 是將反應的平衡常數和標準自由能改變量 $\Delta G°$ 做連結，而非**真實的**自由能改變量。系統的真實自由能改變量

會隨著反應的過程改變，並且在平衡的時候達到零；另一方面，某些特定反應在已知溫度時的 $\Delta G°$ 為定值。圖 17.8 為反應系統的自由能對於兩類反應的組成成分作圖。如同你所見，若 $\Delta G° < 0$，當到達平衡時偏向於產物的生成；相反地，若 $\Delta G° > 0$，當到達平衡時則偏向於反應物的生成。表 17.4 整理 $\Delta G°$ 和 K 之間由方程式 (17.14) 所預測的三種可能關係，請記得決定反應自發性方向的是 ΔG 的正負號，而非 $\Delta G°$ 的正負號，$\Delta G°$ 的正負號只告訴我們當平衡達成時，反應物與產物的相對數目，而非淨反應的方向。

一般來說，對於平衡常數極大或極小的反應而言，要以觀察所有產物與反應物之濃度的方式來測得其 K 值幾乎是不可能的。例如：氮分子和氧分子生成一氧化氮的反應：

$$N_2(g) + O_2(g) \rightleftharpoons 2NO(g)$$

在攝氏 25 度時，平衡常數 K_P 為

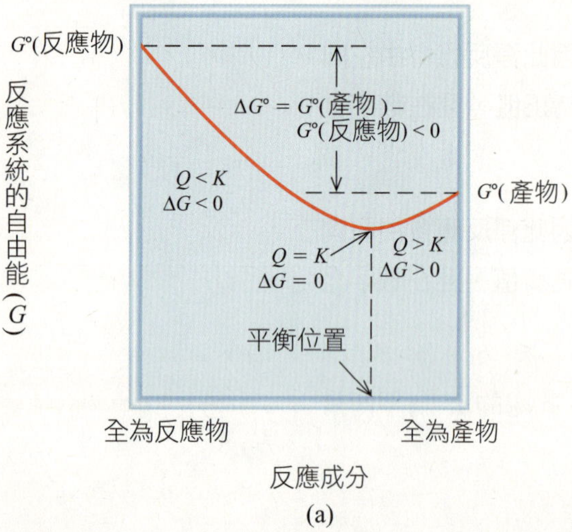

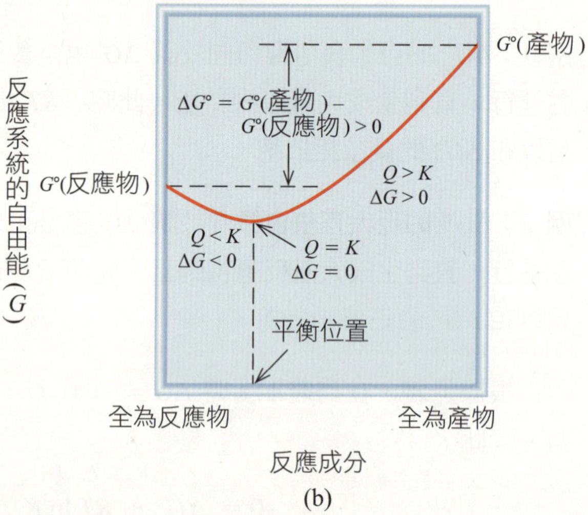

圖 17.8 (a) $\Delta G° < 0$。當到達平衡時，反應物明顯地轉變成產物；(b) $\Delta G° > 0$。當到達平衡時，反應較偏向反應物的一方。在這兩個例子中，若是 $Q < K$，則趨向平衡的淨反應方向為由左到右 (反應物到產物)；若是 $Q > K$，則為由右到左 (產物到反應物)；當到達平衡時，$Q = K$。

表 17.4 以式 $\Delta G° = -RT \ln K$ 來預測的 $\Delta G°$ 和 K 之間的關係

K	$\ln K$	$\Delta G°$	說明
>1	正	負	在到達平衡時比較偏向產物的一方。
=1	0	0	在到達平衡時並不特別偏向任何一方。
<1	負	正	在到達平衡時比較偏向反應物的一方。

$$K_P = \frac{P_{NO}^2}{P_{N_2}P_{O_2}} = 4.0 \times 10^{-31}$$

K_P 值如此小代表到達平衡時，一氧化氮的濃度會非常低。在這樣的例子中，從 $\Delta G°$ 求平衡常數會方便得多；(如同我們之前所見，$\Delta G°$ 可由 $\Delta H°$ 與 $\Delta S°$ 求得。) 另一方面，對於氫分子和碘分子生成碘化氫的反應來說，其室溫時的平衡常數並不極端：

$$H_2(g) + I_2(g) \rightleftharpoons 2HI(g)$$

對此反應而言，先測量 K_P 值再利用方程式 (17.14) 來計算 $\Delta G°$，就會比先測量 $\Delta H°$ 和 $\Delta S°$，然後再使用方程式 (17.10) 來得簡單。

例題 17.6 至 17.8 示範方程式 (17.13) 和方程式 (17.14) 的使用。

例題 17.6

使用附錄 1 的資料，試計算下列反應在攝氏 25 度時的平衡常數 (K_P)：

$$2H_2O(l) \rightleftharpoons 2H_2(g) + O_2(g)$$

策略

根據方程式 (17.14)，反應的平衡常數和標準自由能的改變量有關，也就是說，$\Delta G° = -RT \ln K$。所以，我們首先需要藉由在例題 17.4 所進行的程序來計算 $\Delta G°$。這樣一來，我們就可以計算 K_P。應該要用哪一種溫度的單位呢？

解答

根據方程式 (17.12)，

$$\begin{aligned}\Delta G°_{反應} &= [2\Delta G_f°(H_2) + \Delta G_f°(O_2)] - [2\Delta G_f°(H_2O)]\\ &= [(2)(0\ kJ/mol) + (0\ kJ/mol)] - [(2)(-237.2\ kJ/mol)]\\ &= 474.4\ kJ/mol\end{aligned}$$

使用方程式 (17.14)，

$$\begin{aligned}\Delta G°_{反應} &= -RT \ln K_P\\ 474.4\ kJ/mol \times \frac{1000\ J}{1\ kJ} &= -(8.314\ J/K \cdot mol)(298\ K) \ln K_P\\ \ln K_P &= -191.5\\ K_P &= e^{-191.5} = 7 \times 10^{-84}\end{aligned}$$

說 明

這個平衡常數極小，與水在攝氏 25 度時不會自發分解為氫氣和氧氣的事實一致。因此，$\Delta G°$ 為正值，且數字極大將導致反應到達平衡時偏向反應物方。

類題：17.4。

練習題

計算在攝氏 25 度時，下列反應的平衡常數 (K_P)：

$$2O_3(g) \longrightarrow 3O_2(g)$$

例題 17.7

於第十六章中，我們討論過微溶物質的溶解度積常數。試利用氯化銀在攝氏 25 度時的溶解度積常數 (1.6×10^{-10}) 來計算以下反應的 $\Delta G°$：

$$AgCl(s) \rightleftharpoons Ag^+(aq) + Cl^-(aq)$$

策 略

根據方程式 (17.14)，反應的平衡常數和標準自由能的改變量有關，也就是說，$\Delta G° = -RT \ln K$。由於這是一個非勻相反應，溶度積常數 (K_{sp}) 即為平衡常數，因此我們將從 AgCl 的 K_{sp} 值來計算標準自由能的改變量。而溫度的單位應該要用哪一種呢？

解 答

氯化銀的溶解度在到達平衡時為

$$AgCl(s) \rightleftharpoons Ag^+(aq) + Cl^-(aq)$$
$$K_{sp} = [Ag^+][Cl^-] = 1.6 \times 10^{-10}$$

我們利用方程式 (17.14) 得到

$$\begin{aligned}\Delta G° &= -(8.314\ \text{J/K} \cdot \text{mol})(298\ \text{K}) \ln (1.6 \times 10^{-10}) \\ &= 5.6 \times 10^4\ \text{J/mol} \\ &= 56\ \text{kJ/mol}\end{aligned}$$

檢 查

$\Delta G°$ 為正值，且數字很大，表示氯化銀只會微量的溶於水中，且當反應到達平衡會極度偏向左方。

練習題

計算下列反應在攝氏 25 度時的 $\Delta G°$ 值：

$$BaF_2(s) \rightleftharpoons Ba^{2+}(aq) + 2F^-(aq)$$

氟化鋇的 K_{sp} 為 1.7×10^{-6}。

例題 17.8

關於下列反應：

$$N_2O_4(g) \rightleftharpoons 2NO_2(g)$$

在 298 K 時，其平衡常數 (K_P) 為 0.113，且對應到的標準自由能改變量為 5.40 kJ/mol。於某次實驗中，各物質之初始壓力分別為：$P_{NO_2} = 0.122$ atm 且 $P_{N_2O_4} = 0.453$ atm。計算反應的 ΔG，並且預測趨向平衡的淨反應方向為何。

策 略

從已知資訊中，我們看到反應物與產物都不在其標準狀態下，所以，若要檢測淨反應的方向，我們需要用方程式 (17.13) 與已知的 $\Delta G°$ 值來計算自由能在非標準狀態下的改變量 (ΔG)。請注意：在以分壓表示反應商數 Q_P 時，因為已經個別除過標準狀態 (1 atm)，只剩下純量的部分 (見第 563 頁與表 17.2)。

解 答

從方程式 (17.13)，可以得到

$$\begin{aligned}\Delta G &= \Delta G° + RT \ln Q_P \\ &= \Delta G° + RT \ln \frac{P^2_{NO_2}}{P_{N_2O_4}} \\ &= 5.40 \times 10^3 \text{ J/mol} + (8.314 \text{ J/K} \cdot \text{mol})(298 \text{ K}) \times \ln \frac{(0.122)^2}{0.453} \\ &= 5.40 \times 10^3 \text{ J/mol} - 8.46 \times 10^3 \text{ J/mol} \\ &= -3.06 \times 10^3 \text{ J/mol} = -3.06 \text{ kJ/mol}\end{aligned}$$

由於 $\Delta G < 0$，淨反應將從左向右進行以達平衡。

檢 查

請注意：雖然 $\Delta G° > 0$，但反應可以藉由讓產物的初濃度 (壓力) 比反應物的初濃度 (壓力) 小得多，而使反應朝向生成產物的一方進行。我們從 $Q_P < K_P$ 也得以確認此一預測。

類題：17.5。

練習題

反應 $N_2(g) + 3H_2(g) \rightleftharpoons 2NH_3(g)$ 在攝氏 375 度時為 $4.3 \times$

CHEMISTRY in Action

生活中的化學

橡皮筋的熱力學

我們都知道橡皮筋是個實用的玩意，但並非每個人都能察覺它的結構有種有趣的熱力學特質。

你可以很容易地用一條至少 0.5 公分寬的橡皮筋來進行這個實驗，快速地拉開橡皮筋，然後將它貼壓在你的嘴唇上，你會感覺到微微的暖意。接著，逆向操作，先拉開橡皮筋並且保持這樣幾秒，然後再突然解除張力，並且把橡皮筋貼壓在你的嘴唇上。這次你反而會感受到些許涼意。用熱力學來分析這兩個實驗可以告訴我們一些關於橡皮筋結構的大小事。

將方程式 (17.10) ($\Delta G = \Delta H - T\Delta S$) 重組得

$$T\Delta S = \Delta H - \Delta G$$

拉開橡皮筋所造成的暖意 (一個放熱過程) 表示 $\Delta H < 0$，既然拉扯是非自發性反應 (也就是 $\Delta G > 0$ 及 $-\Delta G < 0$)，那麼 $T\Delta S$ 必為負值。因為絕對溫度 T 總是為正值，所以我們可以下結論說：由於拉扯所造成的 ΔS 必定為負值。因此橡皮筋在它的原始狀態下應該會比較糾結 (有較多的微觀態)。

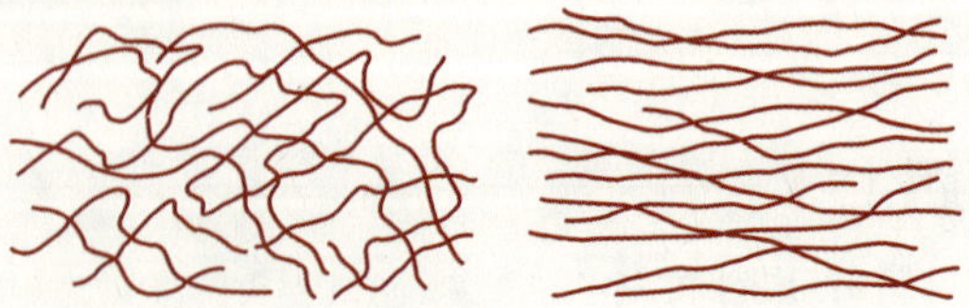

(a) (b)

(a) 在原始狀態下的橡膠分子。請注意：其高度糾結的結構 (有為數眾多的微觀態與高熵值)；(b) 在張力拉扯下，分子的排列與結構變得更為有序 (微觀態數量較少且熵值較低)。

當張力被移除時，拉開狀態的橡皮筋會自發性地回復成原本的形狀；也就是說，ΔG 為負值 ($-\Delta G$ 為正值)，又加上冷卻的效應顯示其為吸熱過程 ($\Delta H > 0$)，因此 $T\Delta S$ 為正值，當橡皮筋從拉開狀態回到原始狀態的過程中，熵值會增加。

10^{-4}。在某次實驗中，各物質分壓為：$P_{H_2} = 0.40$ atm、$P_{N_2} = 0.86$ atm，且 $P_{NH_3} = 4.4 \times 10^{-3}$ atm。試計算此反應的 ΔG，並且預測淨反應的方向。

17.7 生物體內的熱力學

雖然許多生化反應的 $\Delta G°$ 為正值，但它們對生命的維持卻是不可或缺的。在生物系統中，這些反應會和其他能量取向正確 ($\Delta G°$ 值為負) 的過程偶合，**偶合反應**的原則建立在一個簡單的概念上：用一個具熱力學優勢的反應來驅動另外一個具劣勢的反應。來看看一個應用於工業界的流程：假設我們希望從閃鋅礦 (硫化鋅) 中萃取出鋅來，下列反應會因為 $\Delta G°$ 是一個相當大的正值而無法進行：

$$ZnS(s) \longrightarrow Zn(s) + S(s) \qquad \Delta G° = 198.3 \text{ kJ/mol}$$

另一方面，硫燃燒生成二氧化硫的反應剛好相反，因為其 $\Delta G°$ 是一個相當大的負值：

$$S(s) + O_2(g) \longrightarrow SO_2(g) \quad \Delta G° = -300.1 \text{ kJ/mol}$$

但只要將這兩個反應結合在一起，我們就可以使鋅從硫化鋅中分離出來。實際上，這表示在空氣中加熱硫化鋅就可以讓硫更傾向於生成二氧化硫，進而促進了硫化鋅的分解：

$$\begin{array}{rll} ZnS(s) \longrightarrow Zn(s) + S(s) & \Delta G° = 198.3 \text{ kJ/mol} \\ S(s) + O_2(g) \longrightarrow SO_2(g) & \Delta G° = -300.1 \text{ kJ/mol} \\ \hline ZnS(s) + O_2(g) \longrightarrow Zn(s) + SO_2(g) & \Delta G° = -101.8 \text{ kJ/mol} \end{array}$$

偶合反應在我們的生存上扮演關鍵性的角色。在生化系統中，酶讓為數眾多的非自發性反應得以更順利地進行。例如：在人體中，食物分子所具有的葡萄糖 ($C_6H_{12}O_6$) 會在新陳代謝的過程中釋放大量的自由能，而本身則被轉換成二氧化碳和水：

$$C_6H_{12}O_6(s) + 6O_2(g) \longrightarrow 6CO_2(g) + 6H_2O(l) \quad \Delta G° = -2880 \text{ kJ/mol}$$

但在活體細胞中，此反應並不會以單步驟的形式發生 (如同需要在火焰中才能燃燒葡萄糖一樣)；在酶的協助下，葡萄糖分子會被一系列的步驟給分解，而在此過程中所釋放出來的自由能則大多會被用於使二磷酸腺苷 (ADP) 與磷酸反應生成三磷酸腺苷 (ATP) (圖 17.9)：

$$ADP + H_3PO_4 \longrightarrow ATP + H_2O \quad \Delta G° = +31 \text{ kJ/mol}$$

ATP 的功能為儲存自由能，直到有細胞需要它為止，在適當的環境下，ATP 會水解生成 ADP 和磷酸，並因此釋放出 31 kJ/mol 的自由能，再將它用來驅動非自發性反應，如蛋白質的合成。

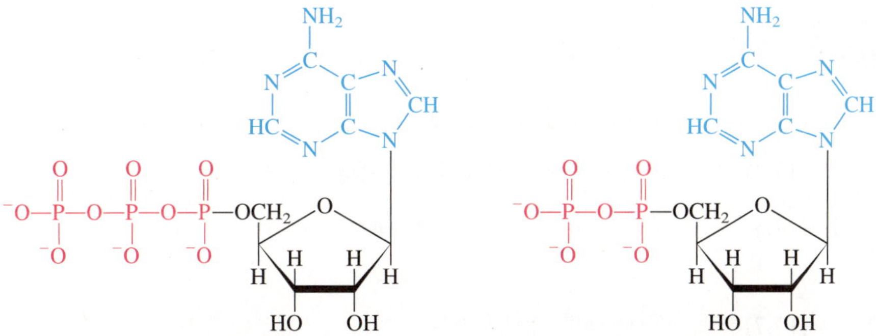

三磷酸腺苷 (ATP)　　二磷酸腺苷 (ADP)

圖 17.9 在游離狀態的 ATP 與 ADP 結構。腺嘌呤的部分以藍色標示，核醣的部分以黑色標示，而磷酸的部分則為紅色。請注意：ADP 比 ATP 少了一個磷酸基。

蛋白質是由胺基酸所組成的聚合物，合成蛋白質的步驟包含個別胺基酸之間的接合，例如：丙胺酸與甘胺酸生成丙胺醯甘胺酸這個二胜肽 (一種雙胺基酸的單位) 分子的反應。此反應代表合成蛋白質分子的第一個步驟：

$$\text{丙胺酸} + \text{甘胺酸} \longrightarrow \text{丙胺醯甘胺酸} \quad \Delta G° = +29 \text{ kJ/mol}$$

如你所見，此反應並不偏向產物的生成，因此在到達平衡時只會有一點點的二胜肽生成。然而，在酶的幫助之下，此反應會與 ATP 的水解反應偶合如下：

$$\text{ATP} + H_2O + \text{丙胺酸} + \text{甘胺酸} \longrightarrow \text{ADP} + H_3PO_4 + \text{丙胺醯甘胺酸}$$

我們可以得到總自由能的改變量為 $\Delta G° = -31$ kJ/mol + 29 kJ/mol = −2 kJ/mol，代表這一組偶合後的反應如今傾向於產物的生成，在此狀態下，有可觀的丙胺醯甘胺酸會因此生成。圖 17.10 顯示 ATP-ADP 之間的轉換，就是藉由能量的儲存 (來自於新陳代謝) 與自由能的釋出 (來自於 ATP 的水解) 來驅動相關的重要反應。

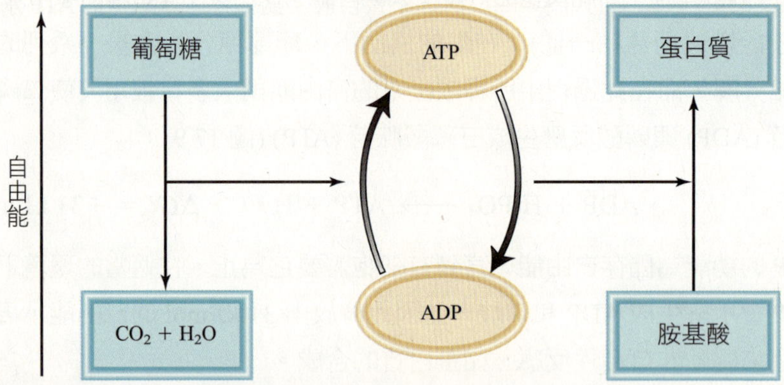

圖 17.10 合成 ATP 的流程圖與生物系統中的偶合反應。葡萄糖在新陳代謝過程中會轉變成二氧化碳和水，並釋放出自由能。這些被釋放出來的自由能會用來將 ADP 轉變成 ATP。然後 ATP 分子又會被當作驅動非自發性反應的能量來源，如由胺基酸合成蛋白質的反應。

重要方程式

$S = k \ln W$	(17.1)	連結熵和微觀態數量。
$\Delta S_{宇宙} = \Delta S_{系統} + \Delta S_{環境} > 0$	(17.4)	熱力學第二定律 (自發性反應)。
$\Delta S_{宇宙} = \Delta S_{系統} + \Delta S_{環境} = 0$	(17.5)	熱力學第二定律 (反應平衡)。
$\Delta S°_{反應} = \Sigma nS°(\text{產物}) - \Sigma mS°(\text{反應物})$	(17.7)	反應標準熵的改變量。
$G = H - TS$	(17.9)	吉布斯自由能的定義。

$\Delta G = \Delta H - T\Delta S$	(17.10)	自由能在定溫時的改變量。
$\Delta G^\circ_{反應} = \Sigma n\Delta G^\circ_f(產物) - \Sigma m\Delta G^\circ_f(反應物)$	(17.12)	反應的標準自由能改變量。
$\Delta G = \Delta G^\circ + RT\ln Q$	(17.13)	自由能改變量，標準自由能改變量與反應熵之間的關聯。
$\Delta G^\circ = -RT\ln K$	(17.14)	標準自由能改變量與平衡常數之間的關聯。

觀念整理

1. 熵被描述為量化系統以各種不同方式來分散其能量之後的結果。任何自發性過程都會導致宇宙中的淨熵值增加 (熱力學第二定律)。
2. 化學反應的標準熵值可以藉由反應物與產物的絕對熵值計算得來。
3. 熱力學第三定律表明完美晶形物質在 0 K 時的熵值為零。此定律讓我們能夠測量物質的絕對熵值。
4. 在定溫定壓下，自由能改變量 (ΔG) 小於零的反應會自發，而大於零的反應則不會自發；對於已到達平衡的過程而言，$\Delta G = 0$。
5. 對於一個在定溫定壓下的物理或化學變化而言，$\Delta G = \Delta H - T\Delta S$。此方程式可以用來預測反應的自發性為何。
6. 標準自由能變化量 (ΔG°) 可以由反應物與產物的標準自由能計算得來。
7. 反應的平衡常數與其標準自由能變化量可以用方程式 $\Delta G^\circ = -RT\ln K$ 做連結。
8. 許多生物反應為非自發性反應。它們會被 ΔG° 為負值的 ATP 水解反應所驅動。

習　題

自發過程與熵

17.1 在下列過程中，系統的焓產生什麼樣的變化？(a) 固體溶解；(b) 液體凝固；(c) 液體沸騰；(d) 蒸氣轉變為固體；(e) 蒸氣冷凝為液體；(f) 固體昇華；(g) 尿素溶於水。

熱力學第二定律

17.2 請預測焓在下列過程中的變化為正值或負值，並提出適當的解釋。

(a) $PCl_3(l) + Cl_2(g) \longrightarrow PCl_5(s)$

(b) $2HgO(s) \longrightarrow 2Hg(l) + O_2(g)$

(c) $H_2(g) \longrightarrow 2H(g)$

(d) $U(s) + 3F_2(g) \longrightarrow UF_6(s)$

吉布斯自由能

17.3 請求出反應在下列情況下會自動發生的溫度：(a) $\Delta H = -126$ kJ/mol、$\Delta S = 84$ J/K · mol；(b) $\Delta H = -11.7$ kJ/mol、$\Delta S = -105$ J/K · mol。

自由能與化學平衡

17.4 試計算下列反應在攝氏 25 度時的 K_P：

$$H_2(g) + I_2(g) \rightleftharpoons 2HI(g) \qquad \Delta G^\circ = 2.60 \text{ kJ/mol}$$

17.5 (a) 試計算反應

$$PCl_5(g) \rightleftharpoons PCl_3(g) + Cl_2(g)$$

在攝氏 25 度時的 ΔG° 與 K_p。[已知氯氣 (g)、三氯化磷 (g) 及五氯化磷 (g) 的 ΔG°_f 分別為 0、–286 及 –325 kJ/mol。]

(b) 若各物質的初始分壓 P_{PCl_5}、P_{PCl_3} 及 P_{Cl_2} 分別為 0.0029 atm、0.27 atm 及 0.40 atm，試計算此反應的 ΔG。

17.6 下列反應在攝氏 25 度時的平衡常數 K_P 為 5.62×10^{35}：

$$CO(g) + Cl_2(g) \rightleftharpoons COCl_2(g)$$

試計算 $COCl_2$ 在攝氏 25 度時的 ΔG_f°。

生物體內的熱力學

17.7 ATP 在生化反應中所扮演的角色是什麼？

附加問題

17.8 試計算下列反應在不同條件下的 ΔG (溫度皆為攝氏 25 度)：

$$H_2O(l) \rightleftharpoons H^+(aq) + OH^-(aq)$$

(a) $[H^+] = 1.0 \times 10^{-7}\ M$、$[OH^-] = 1.0 \times 10^{-7}\ M$；

(b) $[H^+] = 1.0 \times 10^{-3}\ M$、$[OH^-] = 1.0 \times 10^{-4}\ M$；

(c) $[H^+] = 1.0 \times 10^{-12}\ M$、$[OH^-] = 2.0 \times 10^{-8}\ M$；

(d) $[H^+] = 3.5\ M$、$[OH^-] = 4.8 \times 10^{-4}\ M$。

17.9 下列過程皆在 1 atm 下發生，請預測其 ΔH、ΔS 及 ΔG 的變化為正值或負值：(a) 氨在攝氏零下 60 度時溶解；(b) 氨在攝氏零下 77.7 度時溶解；(c) 氨在攝氏零下 100 度時溶解。(氨在正常情況下的熔點為攝氏零下 77.7 度。)

17.10 碳酸鋇在攝氏 25 度時會解離產生二氧化碳，試計算當它到達平衡狀態後的壓力。

17.11 反應 $A \longrightarrow B + C$ 在 298 K 時的正、逆反應速率 k_f 與 k_r 分別為 $0.46\ s^{-1}$ 與 $1.5 \times 10^{-2}\ /M \cdot s$，試計算此反應的 ΔG°。

17.12 若某特定反應在攝氏 72 度時為自發性反應，其焓的變化量為 19 kJ/mol，請問它的 ΔS 最少應該要是多少才合理？

17.13 已知某特定反應的 ΔG° 為 –122 kJ/mol，請問它在一般情況下是自發性反應嗎？

17.14 試計算下列反應在攝氏 25 度時的 ΔG° 與 K_P：

(a) $H_2(g) + Br_2(l) \rightleftharpoons 2HBr(g)$

(b) $\frac{1}{2}H_2(g) + \frac{1}{2}Br_2(l) \rightleftharpoons HBr(g)$

並比較 (a) 與 (b) 選項中 ΔG° 及 K_P 的差值有何不同。

17.15 下列基本反應步驟在攝氏 25 度時的速率常數為 $7.1 \times 10^9/M^2 \cdot s$，請問逆反應在相同溫度時的速率常數是多少？

$$2NO(g) + O_2(g) \longrightarrow 2NO_2(g)$$

17.16 請列舉兩種測量反應之 ΔG° 的方法。

17.17 二氧化碳在攝氏零下 78 度時的昇華反應如下：

$$CO_2(s) \longrightarrow CO_2(g) \qquad \Delta H_{sub} = 62.4\ kJ/mol$$

試計算 84.8 公克的二氧化碳在此溫度時昇華之 ΔS_{sub}。

17.18 試計算下列反應在 298 K 時的 $\Delta S_{系統}$、$\Delta S_{環境}$ 及 $\Delta S_{宇宙}$：

$$2H_2(g) + O_2(g) \longrightarrow 2H_2O(l)$$
$$\Delta H^\circ = -571.6\ kJ/mol$$

17.19 下列何者非狀態函數？S、H、q、w 及 T。

17.20 下列反應在攝氏 720 度時的 K_P 為 2.4×10^{-3}：

$$N_2 + 3H_2 \rightleftharpoons 2NH_3$$

若氫氣與氨的分壓分別為 1.52 與 2.1×10^{-2} atm，請問氮氣的分壓至少需要為多少 atm，才能使正反應成為自發性反應？

練習題答案

17.1 (a) 熵值減少；(b) 熵值減少；(c) 熵值增加；(d) 熵值增加 **17.2** (a) –173.6 J/K · mol；(b) –139.8 J/K · mol；(c) 215.3 J/k · mol **17.3** (a) $\Delta S > 0$；(b) $\Delta S < 0$；(c) $\Delta S \approx 0$ **17.4** (a) –106.4 kJ/mol；(b) –2935.0 kJ/mol **17.5** $\Delta S_{熔化}$ = 16 J/K · mol；$\Delta S_{汽化}$ = 72 J/K · mol **17.6** 2×10^{57} **17.7** 33 kJ/mol **17.8** ΔG = –1.0 kJ/mol；方向是從左到右

Chapter 18
電化學

法拉第在他的實驗室中工作。法拉第被視為十九世紀最偉大的實驗科學家。

先看看本章要學什麼？

- 我們會先回顧氧化還原反應，並學會平衡相關的反應式。(18.1)
- 接著，我們會檢視直流電池組成。(18.2)
- 我們會學到以標準氫電極作為參考電極來測量標準還原電位，並藉此計算電池的電動勢與反應自發性。電池電動勢、標準吉布斯自由能的改變量，還有電池反應的平衡常數三者之間有所關聯。(18.3 和 18.4)
- 在非標準狀態下的電池電動勢可以藉由能斯特方程式計算而得。(18.5)
- 我們會在這裡檢視幾種常見的電池類型，以及燃料電池的運作方式。(18.6)
- 然後，我們會學到一種自發性的電化學過程——腐蝕，並且知道哪些方法可以防止它發生。(18.7)
- 最後，我們會探討一種非自發性的電化學過程——電解，並且從中學習如何定量。(18.8)

綱　要

電能是非常實用的一種能源，身在現代社會的我們恐怕難以想像一天沒電可用會是什麼情形，不管它是來自於電力公司還是電池。處理電能與其他種能量間轉換的化學領域稱為電化學。

電化學過程可分為藉由自發性反應來釋放電能的氧化還原反應，或是用電能來驅動非自發性的氧化還原反應，後者又稱為電解。

本章會解釋直流電池的基本原理及其應用、電化學反應的熱力學概念，以及造成腐蝕的電化學原理及如何預防等主題，也會討論到一些簡單的電解過程，以及如何定量。

18.1 氧化還原反應

電化學 (electrochemistry) 在化學上為處理電能與化學能間轉換的次領域。其過程可分為藉由自發性反應釋放出電能的氧化還原反應，或是用電能來驅動非自發性的氧化還原反應發生。雖然氧化還原反應在第四章已經討論過了，但將基本概念再稍做回顧的話，對於接下來的學習會有所幫助。

在氧化還原反應中，電子會從某種物質上被傳遞至另一種物質。鎂金屬與氫氯酸之間的反應即為氧化還原反應的案例之一：

氧化數的分配規則已於 4.4 節列出。

$$\overset{0}{\text{Mg}}(s) + 2\overset{+1}{\text{H}}\text{Cl}(aq) \longrightarrow \overset{+2}{\text{Mg}}\text{Cl}_2(aq) + \overset{0}{\text{H}}_2(g)$$

要記得元素上的那些數字為該元素的氧化數。我們會將元素於氧化過程中失去電子用氧化數上升來進行標記；而還原得到電子時，則以氧化數下降來標記之。在上述的反應中，鎂金屬被氧化，氫離子被還原，而氯離子則袖手旁觀。

平衡氧化還原方程式

上述這種氧化還原方程式相對來說比較容易平衡。但我們在實驗室中常遇到的卻是含氧酸的酸根離子，像是鉻酸根 (CrO_4^{2-})、二鉻酸根 ($Cr_2O_7^{2-}$)、過錳酸根 (MnO_4^-)、硝酸根 (NO_3^-) 與硫酸根 (SO_4^{2-}) 等，它們的氧化還原反應就複雜得多。原則上，我們可以利用在 3.7 節所介紹的方式來平衡任何的氧化還原方程式，但在處理氧化還原反應的平衡時有一些特別的技巧，這些技巧也讓我們得以一窺電子傳遞的過程。我們這裡要討論的方式就是所謂的離子—電子平衡法。於此方法中，總反應方程式會先被拆解成兩個半反應：一個氧化半反應、一個還原半反應。分別平衡兩個半反應之後，再把它們加總起來就可以得到平衡的總反應方程式。

假設亞鐵離子會被二鉻酸根離子在酸性條件下氧化成鐵離子，並導致二鉻酸根離子被還原成三價鉻離子，則下列步驟可以幫助我們平衡此反應方程式。

步驟 1：先以離子形式寫下未平衡的反應方程式。

$$Fe^{2+} + Cr_2O_7^{2-} \longrightarrow Fe^{3+} + Cr^{3+}$$

步驟 2：將反應方程式分成兩個半反應。

$$\text{氧化：}\quad \overset{+2}{Fe^{2+}} \longrightarrow \overset{+3}{Fe^{3+}}$$

$$\text{還原：}\quad \overset{+6}{Cr_2}O_7^{2-} \longrightarrow \overset{+3}{Cr^{3+}}$$

步驟 3：分別以原子的種類與電荷的數量來平衡兩個半反應方程式。在酸性條件下的反應可用水來平衡氧原子，而氫原子則是用氫離子來平衡。

氧化半反應：原子已獲得平衡。若要平衡電荷時，我們要在箭頭的右邊增加一個電子：

在氧化半反應中是把電子當作產物來表示；而在還原半反應中則是把它當作反應物來表示。

$$Fe^{2+} \longrightarrow Fe^{3+} + e^-$$

還原半反應：由於反應是在酸性條件下進行，所以我們在箭頭的右邊加入七個水分子來平衡氧原子：

$$Cr_2O_7^{2-} \longrightarrow 2Cr^{3+} + 7H_2O$$

若要平衡氫原子時，我們要在左邊加入 14 個氫離子：

$$14H^+ + Cr_2O_7^{2-} \longrightarrow 2Cr^{3+} + 7H_2O$$

現在在左邊有 12 個正電荷，但在右邊卻只有六個正電荷，因此，我們必須在左側加入六個電子

$$14H^+ + Cr_2O_7^{2-} + 6e^- \longrightarrow 2Cr^{3+} + 7H_2O$$

步驟 4：將兩半反應方程式相加，並且檢查最後的反應方程式是否已達平衡。兩側的電子必須消去，若氧化與還原半反應方程式中的電子數量不同，我們需要將其中一個或是兩個半反應方程式乘上倍數，以使雙方的電子數量相等。

此處的氧化半反應中只有一個電子，而還原半反應中有六個，所以我們需要將氧化半反應乘以 6 得到

$$\begin{array}{r} 6(Fe^{2+} \longrightarrow Fe^{3+} + e^-) \\ 14H^+ + Cr_2O_7^{2-} + 6e^- \longrightarrow 2Cr^{3+} + 7H_2O \\ \hline 6Fe^{2+} + 14H^+ + Cr_2O_7^{2-} + \cancel{6e^-} \longrightarrow 6Fe^{3+} + 2Cr^{3+} + 7H_2O + \cancel{6e^-} \end{array}$$

將兩側的電子消去以後，我們就得到平衡的淨離子反應方程式：

$$6Fe^{2+} + 14H^+ + Cr_2O_7^{2-} \longrightarrow 6Fe^{3+} + 2Cr^{3+} + 7H_2O$$

步驟 5：確認反應方程式中包含相同種類與數量的原子，且兩側的總電荷量相同。

最後檢查的結果顯示反應式在「原子上」與「電荷上」均已達平衡。

對於在鹼性條件下的反應，我們就進行跟在酸性條件下一樣的流程，一直到步驟 4 為止。之後，我們會在反應方程式的兩邊加入等同於氫離子數量的氫氧根離子。當氫離子和氫氧根離子出現在反應方程式的同側時，就可以將這些離子合併成水。例題 18.1 演示此流程。

例題 18.1

寫出平衡的離子反應方程式來表示碘離子在鹼性溶液中被過錳酸根離子氧化，接著生成碘分子及二氧化錳。

策　略

我們遵循下列流程來平衡氧化還原反應方程式。請注意：此反應是在鹼性條件下發生。

解　答

步驟 1：未平衡的反應方程式為

$$MnO_4^- + I^- \longrightarrow MnO_2 + I_2$$

步驟 2：兩半反應方程式為

$$\text{氧化：}\quad \overset{-1}{I^-} \longrightarrow \overset{0}{I_2}$$

$$\text{還原：}\quad \overset{+7}{MnO_4^-} \longrightarrow \overset{+4}{MnO_2}$$

步驟 3：我們分別針對原子的種類與電荷的數量來平衡兩半反應方程式。

氧化半反應：我們首先平衡碘原子：

$$2I^- \longrightarrow I_2$$

若要平衡電荷時，我們要在反應式的右邊加入兩個電子：

$$2I^- \longrightarrow I_2 + 2e^-$$

還原半反應：若要平衡氧原子時，我們要在右側加入兩個水

分子：

$$MnO_4^- \longrightarrow MnO_2 + 2H_2O$$

若要平衡氫原子時，我們要在左側加入四個 H^+ 離子：

$$MnO_4^- + 4H^+ \longrightarrow MnO_2 + 2H_2O$$

此時左側的淨電荷為 +3，因此我們需要在同側加入三個電子以平衡電荷：

$$MnO_4^- + 4H^+ + 3e^- \longrightarrow MnO_2 + 2H_2O$$

步驟 4：我們現在要將氧化半反應與還原半反應相加以得到總反應方程式。為了使電子數量均等，我們需要將氧化半反應乘以 3 且將還原半反應乘以 2，如下所示：

$$3(2I^- \longrightarrow I_2 + 2e^-)$$
$$2(MnO_4^- + 4H^+ + 3e^- \longrightarrow MnO_2 + 2H_2O)$$
$$\overline{6I^- + 2MnO_4^- + 8H^+ + 6e^- \longrightarrow 3I_2 + 2MnO_2 + 4H_2O + 6e^-}$$

兩側的電子消去後，我們就得到平衡的淨離子反應方程式：

$$6I^- + 2MnO_4^- + 8H^+ \longrightarrow 3I_2 + 2MnO_2 + 4H_2O$$

這是在酸性條件下的平衡反應式。然而，由於反應是在鹼性條件下進行，所以我們都要在反應方程式的兩側加入等同於氫離子數量的氫氧根離子：

$$6I^- + 2MnO_4^- + 8H^+ + 8OH^- \longrightarrow 3I_2 + 2MnO_2 + 4H_2O + 8OH^-$$

最後，將氫離子和氫氧根離子合併成水後可得到

$$6I^- + 2MnO_4^- + 4H_2O \longrightarrow 3I_2 + 2MnO_2 + 8OH^-$$

步驟 5：最後檢查的結果顯示反應方程式的原子和電荷均獲得平衡。

類題：18.1。

練習題

以電子—離子平衡法來平衡下列在酸性溶液中進行的反應方程式：

$$Fe^{2+} + MnO_4^- \longrightarrow Fe^{3+} + Mn^{2+}$$

18.2 直流電池

我們在 4.4 節看到當一片鋅金屬置於硫酸銅溶液中時，除了銅離子會被還原成金屬銅之外，鋅也會被氧化成鋅離子 (見圖 4.10)：

$$Zn(s) + Cu^{2+}(aq) \longrightarrow Zn^{2+}(aq) + Cu(s)$$

此時還原劑 (鋅) 會將電子直接傳遞給水溶液中的氧化劑 (銅離子)。如果我們是用物理方法將氧化劑與還原劑分開，則電子的傳遞將會經由外部導體 (金屬電線) 發生。隨著反應的進行，它會產生穩定的電子流而製造電力 (也就是說，它可以提供驅動電動摩托車時所需的電功)。

利用自發性反應產生電力的實驗裝置稱為**直流電池** (galvanic cell) 或是伏打電池 (voltaic cell)，以紀念早期建立此裝置的義大利科學家伽法尼 (Luigi Galvani) 與伏打 (Alessandro Volta)。圖 18.1 呈現直流電池的重要組成成分：有一根鋅棒浸於硫酸鋅溶液中，另一根銅棒則浸於硫酸銅溶液中，它是根據將銅氧化成銅離子，將鋅離子還原成鋅的原理在運作，並被製成在分開的狀態下進行這兩種自發性反應，再藉由外電路來傳遞電子。鋅棒和銅棒被稱作電極。特定電極 (鋅與銅) 與其對應溶液 (硫酸鋅與硫酸銅) 的組合稱為丹尼爾電池 (Daniell cell)。根據定義，此直流電池的**陽極** (anode) 為氧化反應發生的電極端，而**陰極** (cathode) 則為還原反應發生的電極端。

對於丹尼爾電池而言，**半電池反應** (half-cell reactions) 為在電極端所發生的氧化反應或還原反應，即為

半電池反應和之前討論過的半反應相似。

鋅電極 (陽極)：$Zn(s) \longrightarrow Zn^{2+}(aq) + 2e^-$

銅電極 (陰極)：$Cu^{2+}(aq) + 2e^- \longrightarrow Cu(s)$

請注意：這兩種溶液必須分開，否則銅離子會直接和鋅片反應：

$$Cu^{2+}(aq) + Zn(s) \longrightarrow Cu(s) + Zn^{2+}(aq)$$

這麼一來，就無法得到可用的電功。

要完成整個迴路，溶液間必須藉由可以遊走電極兩端的陰、陽離子作為導電媒介。這樣的需求可以用鹽橋來滿足，最簡單的鹽橋為一倒 U 型管，裡面裝有不參與反應的電解質水溶液，例如：氯化鉀或硝酸銨，它們就不會和溶液中的其他離子或電極反應 (見圖 18.1)。在整個氧化還原反應的過程中，電子會自外部從陽極 (負極) (鋅電極) 經由電線流到

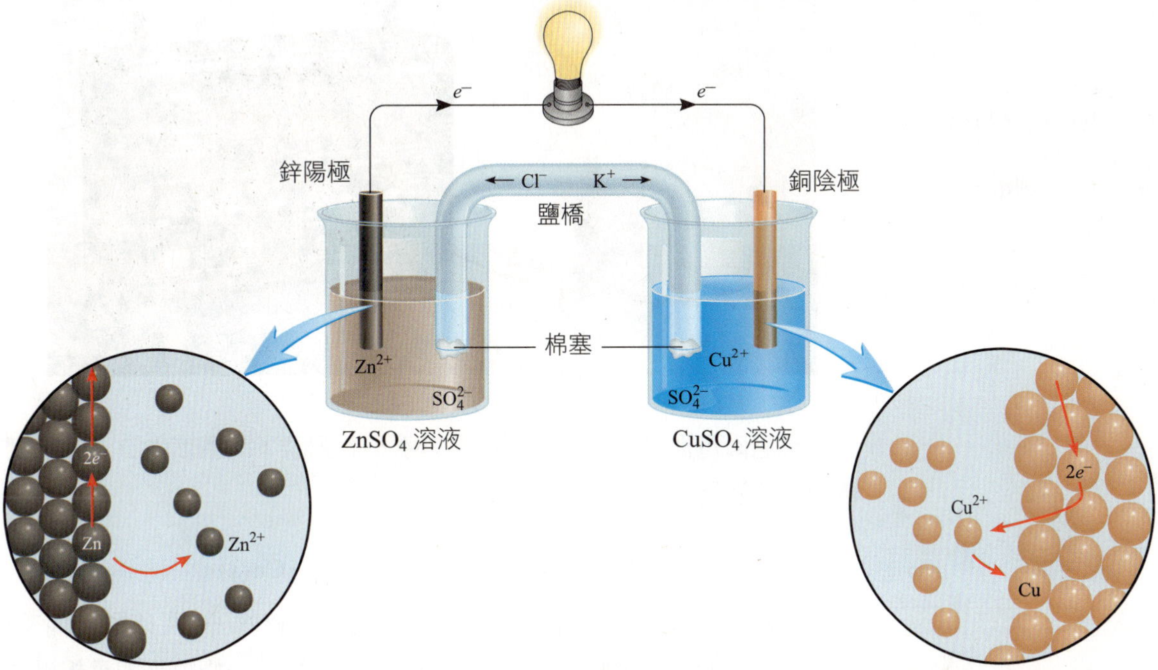

鋅在陽極被氧化成鋅離子。

$Zn(s) \longrightarrow Zn^{2+}(aq) + 2e^-$

淨反應

$Zn(s) + Cu^{2+}(aq) \longrightarrow Zn^{2+}(aq) + Cu(s)$

銅離子於陰極被還原成銅。

$2e^- + Cu^{2+}(aq) \longrightarrow Cu(s)$

圖 18.1 直流電池。含有氯化鉀溶液的鹽橋提供可遊走兩溶液間導電的媒介。倒 U 型管的開口處輕塞棉球以防氯化鉀溶液在陰、陽離子流通時落入燒杯中。燈泡會在電子透過外部自鋅極 (陽極) 流通至銅極 (陰極) 時發光。

陰極 (正極) (銅電極)。在溶液中，陰離子 (鋅離子、銅離子和鉀離子) 會流向陰極，而陽離子 (硫酸根離子和氯離子) 則流向陽極。若是沒有鹽橋來連接兩溶液的話，陽極累積的正電荷 (源自於鋅離子的生成) 和陰極累積的負電荷 (伴隨著銅離子被還原成銅而生成) 就會很快地阻止電池的運作。

兩極之間的電位能差會導致電子流自陽極流向陰極，這種電的流動可以比擬成瀑布水的重力位能差導致流動發生，或者是氣體從高壓區域流向低壓區域。實驗中之陽極和陰極間的電位差可以用伏特計來測量 (圖 18.2)，直流電池兩極間的伏特數稱為**電池的電壓** (cell voltage)，或是電位能，另外還有一個常用詞彙為**電動勢** (electromotive force)，簡稱為 emf (E)，電池的電壓不只牽涉到其電極與離子之本質，也和離子濃度與電池運作當下的溫度有關。

通常用來描述直流電池的書寫方式為電池表示法。對於圖 18.1 所

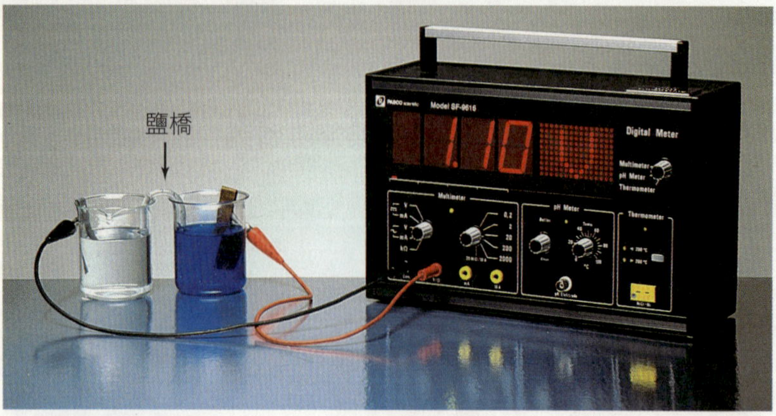

圖 18.2 圖 18.1 中所描述的直流電池之實際裝置圖。請注意：倒 U 型管 (鹽橋) 連接了兩個燒杯。若硫酸鋅和硫酸銅 (在攝氏 25 度時) 的濃度均為 1 *M*，則電池電壓為 1.10 V。而量測電壓時並沒有電流在兩電極間流動。

示的丹尼爾電池來說，若我們假定鋅離子和銅離子的濃度均為 1 *M*，則電池表示法為

$$Zn(s)|Zn^{2+}(1\ M)\|Cu^{2+}(1\ M)|Cu(s)$$

其單直線表示相界。例如：鋅電極是固體，而鋅離子 (從硫酸鋅而來) 則存在於溶液中。因此，我們在鋅和鋅離子之間畫一條線來表示相界；除此之外，雙直線代表的是鹽橋。在慣例上會先在雙直線的左側寫陽極，然後再依照從陽極到陰極的連接順序寫出其他部件。

測量電極之位能時所參考的標準可以類比為選擇海平面作為海拔高度的基準，將其定為零公尺高，然後再用數字來指出待測高度相較於海平面高多少或是低多少。

18.3 標準還原電位

當銅離子和鋅離子的濃度為 1 *M* 時，我們會發現丹尼爾電池在攝氏 25 度時的電壓或電動勢為 1.10 V (見圖 18.2)。此電壓必定和其氧化還原反應有關，但如何有關？就如同電池的總反應可視為兩電池之半反應的總和一樣，電池電動勢的測量也可視為鋅電極端反應與銅電極端反應的電位之和。知道其中一端的電極電位後，我們就可以藉由減法 (以 1.10 V) 得知另一端的電位。想測量單一電極的電位是不可能的，但若是我們直接令某特定電極的電位值為零，就可以利用它來測量其他電極的相對電位。基於此目的，氫電極就被視為度量的基準，一如圖 18.3 所示。氫氣會在攝氏 25 度時被灌入鹽酸溶液中。而鉑電極於此有兩個功能。首先，它的表面可以提供給氫分子進行分解：

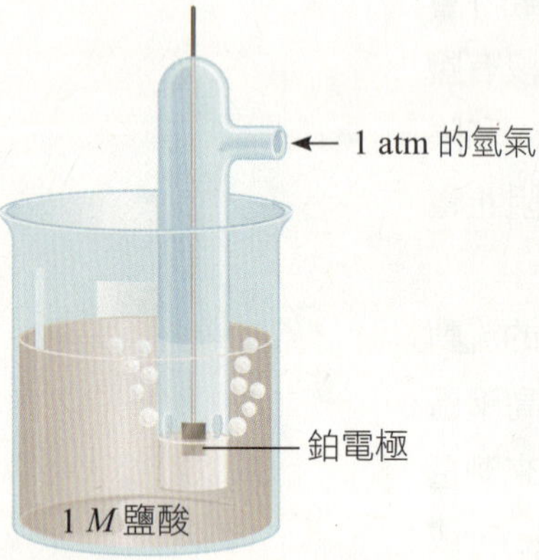

圖 18.3 氫電極在標準狀態下的運作。1 atm 的氫氣以氣泡方式通過 1 *M* 的鹽酸溶液。鉑電極為氫電極的一部分。

$$H_2 \longrightarrow 2H^+ + 2e^-$$

再者，它也同時身為外部迴路的導電體。

於標準狀態下 (氫氣的壓力為 1 atm，且鹽酸溶液的濃度為 1 *M*；見表 17.2)，我們視氫離子在攝氏 25 度時被還原的電位值為零：

$$2H^+(1\,M) + 2e^- \longrightarrow H_2(1\text{ atm}) \qquad E^\circ = 0\text{ V}$$

上標的 "°" 表示標準狀態，因此 E° 為**標準還原電位** (standard reduction potential)，或*在所有溶質濃度均為 1 M，且所有氣體壓力均為 1 atm 時，在電極上發生的還原反應之電位*。因為氫的標準還原電位被定義為零，所以氫電極也被稱為*標準氫電極* (SHE)。

我們可以利用標準氫電極來測量其他種電極的電位。例如，像圖 18.4(a) 所示的直流電池包含鋅電極和標準氫電極。於此例中，鋅電極為陽極，而標準氫電極為陰極，我們可以由鋅電極之質量隨著電池的運作而減少來得知此事實，而這也呼應了氧化反應的發生導致鋅流失至溶液中：

$$Zn(s) \longrightarrow Zn^{2+}(aq) + 2e^-$$

電池表示式即為

$$Zn(s)\,|\,Zn^{2+}(1\,M)\,\|\,H^+(1\,M)\,|\,H_2(1\text{ atm})\,|\,Pt(s)$$

如同先前所述，鉑電極的表面為還原反應發生之處。當所有反應物皆處於其標準狀態下 (也就是當 H_2 為 1 atm，$[H^+]$ 和 $[Zn^{2+}]$ 離子為 1 *M* 時)，此電池在攝氏 25 度時的電動勢為 0.76 V。我們可以將半電池反應表示如下：

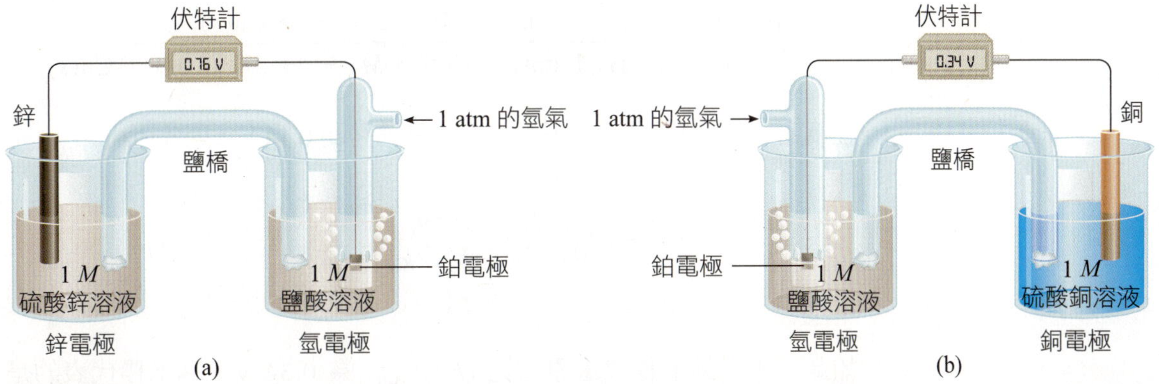

圖 18.4 (a) 包含鋅電極和氫電極的電池；(b) 包含銅電極和氫電極的電池。兩電池均在標準狀態下運作。請注意：標準氫電極在 (a) 中為陰極，而在 (b) 中則為陽極。又如同在圖 18.2 中所述，測量電壓時並沒有電流在兩電極間流動。

$$\begin{array}{lr} \text{陽極 (氧化)：} & Zn(s) \longrightarrow Zn^{2+}(1\,M) + 2e^- \\ \text{陰極 (還原)：} & 2H^+(1\,M) + 2e^- \longrightarrow H_2(1\text{ atm}) \\ \hline \text{總反應：} & Zn(s) + 2H^+(1\,M) \longrightarrow Zn^{2+}(1\,M) + H_2(1\text{ atm}) \end{array}$$

習慣上，由陽極與陰極共同貢獻所組成的電池標準電動勢，$E^\circ_{\text{電池}}$，為

$$E^\circ_{\text{電池}} = E^\circ_{\text{陰極}} - E^\circ_{\text{陽極}} \tag{18.1}$$

其中 $E^\circ_{\text{陰極}}$ 和 $E^\circ_{\text{陽極}}$ 均為該電極的標準還原電位，對於鋅—標準氫電極電池來說，可以寫為

$$\begin{aligned} E^\circ_{\text{電池}} &= E^\circ_{H^+/H_2} - E^\circ_{Zn^{2+}/Zn} \\ 0.76\text{ V} &= 0 - E^\circ_{Zn^{2+}/Zn} \end{aligned}$$

其中下標的 H^+/H_2 表示 $2H^+ + 2e^- \longrightarrow H_2$，而下標的 Zn^{2+}/Zn 則表示 $Zn^{2+} + 2e^- \longrightarrow Zn$，因此鋅的標準還原電位 $E^\circ_{Zn^{2+}/Zn}$ 為 -0.76 V。

用類似的方式，我們可以藉由有著銅電極與標準氫電極的電池 [圖 18.4(b)]，來得到銅的標準電位。於此例中，銅電極為陰極，因為其質量隨著電池的運作而上升，而這也呼應還原反應的發生：

$$Cu^{2+}(aq) + 2e^- \longrightarrow Cu(s)$$

電池表示式為

$$Pt(s)|H_2(1\text{ atm})|H^+(1\,M)\|Cu^{2+}(1\,M)|Cu(s)$$

半電池反應式為

$$\begin{array}{lr} \text{陽極 (氧化)：} & H_2(1\text{ atm}) \longrightarrow 2H^+(1\,M) + 2e^- \\ \text{陰極 (還原)：} & Cu^{2+}(1\,M) + 2e^- \longrightarrow Cu(s) \\ \hline \text{總反應：} & H_2(1\text{ atm}) + Cu^{2+}(1\,M) \longrightarrow 2H^+(1\,M) + Cu(s) \end{array}$$

在攝氏 25 度與標準狀態下，電池的電動勢為 0.34 V，因此可得

$$\begin{aligned} E^\circ_{\text{電池}} &= E^\circ_{\text{陰極}} - E^\circ_{\text{陽極}} \\ 0.34\text{ V} &= E^\circ_{Cu^{2+}/Cu} - E^\circ_{H^+/H_2} \\ &= E^\circ_{Cu^{2+}/Cu} - 0 \end{aligned}$$

如此一來，銅的標準還原電位 ($E^\circ_{Cu^{2+}/Cu}$) 為 0.34 V，其下標代表的是 $Cu^{2+} + 2e^- \longrightarrow Cu$。

對於圖 18.1 中的丹尼爾電池而言，我們現在可以寫

$$\begin{array}{rl} \text{陽極 (氧化)：} & Zn(s) \longrightarrow Zn^{2+}(1\,M) + 2e^- \\ \text{陰極 (還原)：} & Cu^{2+}(1\,M) + 2e^- \longrightarrow Cu(s) \\ \hline \text{總反應：} & Zn(s) + Cu^{2+}(1\,M) \longrightarrow Zn^{2+}(1\,M) + Cu(s) \end{array}$$

電池的電動勢即為

$$\begin{aligned} E^\circ_{\text{電池}} &= E^\circ_{\text{陰極}} - E^\circ_{\text{陽極}} \\ &= E^\circ_{Cu^{2+}/Cu} - E^\circ_{Zn^{2+}/Zn} \\ &= 0.34\ V - (-0.76\ V) \\ &= 1.10\ V \end{aligned}$$

E° 和 ΔG° (第 719 頁) 一樣，我們可以用它的正負號來預測一氧化還原反應的進行程度。正的 E° 表示氧化還原反應在平衡時趨向產物的生成。相反地，負的 E° 則表示在到達平衡時，反應物生成較多。我們將在本章的後半段檢驗 $E^\circ_{\text{電池}}$、ΔG° 和 K 之間的關係。

表 18.1 列出一系列半電池反應的標準還原電位。根據定義，標準氫電極的 E° 為 0.00 V，在標準氫電極之下的標準還原電位，其負值漸強，而在標準氫電極之上的標準還原電位，其正值亦然。在計算時能夠知道下列幾個關鍵是很重要的：

圖 4.16 所示的活性序列事實上是以表 18.1 的資料為基礎所得。

1. 對應到半電池反應的 E° 值代表的是正反應 (由左到右)。
2. E° 的正值愈大，該物質被還原的趨勢就愈強。例如，下列半電池反應式：

$$F_2(1\ atm) + 2e^- \longrightarrow 2F^-(1\,M) \qquad E^\circ = 2.87\ V$$

在所有半電池反應中都有著最大的正 E° 值，因此，由於氟氣有著**最強**的被還原趨勢，故為最強的氧化劑。另一個極端例子則為此反應：

$$Li^+(1\,M) + e^- \longrightarrow Li(s) \qquad E^\circ = -3.05\ V$$

它有著最大的負 E° 值。因此，由於鋰離子為最難被還原的物質，故為**最弱**的氧化劑；相反地，我們也會說氟離子為最弱的還原劑，且鋰金屬為最強的還原劑。在標準狀態下，氧化劑 (在表 18.1 所列半反應之左邊的物質) 的強度由下往上遞增，而還原劑 (半反應之右邊的物質) 的強度則由上到下漸增。

3. 半電池反應為可逆反應。電極無論在任何情況下都可以當作陽極或陰極。若早先我們看到的標準氫電極是和鋅配對時就為陰極 (氫離

表 18.1 在攝氏 25 度時的標準還原電位*

半反應	$E°$ (V)
$F_2(g) + 2e^- \longrightarrow 2F^-(aq)$	+2.87
$O_3(g) + 2H^+(aq) + 2e^- \longrightarrow O_2(g) + H_2O$	+2.07
$Co^{3+}(aq) + e^- \longrightarrow Co^{2+}(aq)$	+1.82
$H_2O_2(aq) + 2H^+(aq) + 2e^- \longrightarrow 2H_2O$	+1.77
$PbO_2(s) + 4H^+(aq) + SO_4^{2-}(aq) + 2e^- \longrightarrow PbSO_4(s) + 2H_2O$	+1.70
$Ce^{4+}(aq) + e^- \longrightarrow Ce^{3+}(aq)$	+1.61
$MnO_4^-(aq) + 8H^+(aq) + 5e^- \longrightarrow Mn^{2+}(aq) + 4H_2O$	+1.51
$Au^{3+}(aq) + 3e^- \longrightarrow Au(s)$	+1.50
$Cl_2(g) + 2e^- \longrightarrow 2Cl^-(aq)$	+1.36
$Cr_2O_7^{2-}(aq) + 14H^+(aq) + 6e^- \longrightarrow 2Cr^{3+}(aq) + 7H_2O$	+1.33
$MnO_2(s) + 4H^+(aq) + 2e^- \longrightarrow Mn^{2+}(aq) + 2H_2O$	+1.23
$O_2(g) + 4H^+(aq) + 4e^- \longrightarrow 2H_2O$	+1.23
$Br_2(l) + 2e^- \longrightarrow 2Br^-(aq)$	+1.07
$NO_3^-(aq) + 4H^+(aq) + 3e^- \longrightarrow NO(g) + 2H_2O$	+0.96
$2Hg^{2+}(aq) + 2e^- \longrightarrow Hg_2^{2+}(aq)$	+0.92
$Hg_2^{2+}(aq) + 2e^- \longrightarrow 2Hg(l)$	+0.85
$Ag^+(aq) + e^- \longrightarrow Ag(s)$	+0.80
$Fe^{3+}(aq) + e^- \longrightarrow Fe^{2+}(aq)$	+0.77
$O_2(g) + 2H^+(aq) + 2e^- \longrightarrow H_2O_2(aq)$	+0.68
$MnO_4^-(aq) + 2H_2O + 3e^- \longrightarrow MnO_2(s) + 4OH^-(aq)$	+0.59
$I_2(s) + 2e^- \longrightarrow 2I^-(aq)$	+0.53
$O_2(g) + 2H_2O + 4e^- \longrightarrow 4OH^-(aq)$	+0.40
$Cu^{2+}(aq) + 2e^- \longrightarrow Cu(s)$	+0.34
$AgCl(s) + e^- \longrightarrow Ag(s) + Cl^-(aq)$	+0.22
$SO_4^{2-}(aq) + 4H^+(aq) + 2e^- \longrightarrow SO_2(g) + 2H_2O$	+0.20
$Cu^{2+}(aq) + e^- \longrightarrow Cu^+(aq)$	+0.15
$Sn^{4+}(aq) + 2e^- \longrightarrow Sn^{2+}(aq)$	+0.13
$2H^+(aq) + 2e^- \longrightarrow H_2(g)$	0.00
$Pb^{2+}(aq) + 2e^- \longrightarrow Pb(s)$	−0.13
$Sn^{2+}(aq) + 2e^- \longrightarrow Sn(s)$	−0.14
$Ni^{2+}(aq) + 2e^- \longrightarrow Ni(s)$	−0.25
$Co^{2+}(aq) + 2e^- \longrightarrow Co(s)$	−0.28
$PbSO_4(s) + 2e^- \longrightarrow Pb(s) + SO_4^{2-}(aq)$	−0.31
$Cd^{2+}(aq) + 2e^- \longrightarrow Cd(s)$	−0.40
$Fe^{2+}(aq) + 2e^- \longrightarrow Fe(s)$	−0.44
$Cr^{3+}(aq) + 3e^- \longrightarrow Cr(s)$	−0.74
$Zn^{2+}(aq) + 2e^- \longrightarrow Zn(s)$	−0.76
$2H_2O + 2e^- \longrightarrow H_2(g) + 2OH^-(aq)$	−0.83
$Mn^{2+}(aq) + 2e^- \longrightarrow Mn(s)$	−1.18
$Al^{3+}(aq) + 3e^- \longrightarrow Al(s)$	−1.66
$Be^{2+}(aq) + 2e^- \longrightarrow Be(s)$	−1.85
$Mg^{2+}(aq) + 2e^- \longrightarrow Mg(s)$	−2.37
$Na^+(aq) + e^- \longrightarrow Na(s)$	−2.71
$Ca^{2+}(aq) + 2e^- \longrightarrow Ca(s)$	−2.87
$Sr^{2+}(aq) + 2e^- \longrightarrow Sr(s)$	−2.89
$Ba^{2+}(aq) + 2e^- \longrightarrow Ba(s)$	−2.90
$K^+(aq) + e^- \longrightarrow K(s)$	−2.93
$Li^+(aq) + e^- \longrightarrow Li(s)$	−3.05

氧化劑強度漸增

還原劑強度漸增

*對於所有的半反應而言，溶液的濃度均為 1 M，且氣體的壓力均為 1 atm。表中所列者均為處於標準狀態下的值。

子被還原成氫氣)，但當它是和銅配對時就成為陽極 (氫氣被氧化成氫離子)。

4. 對於表 18.1 所列的半電池反應而言，在標準狀態下，左邊的物質都可以和位於其下方之半電池反應中右邊的物質產生自發性反應，此定則有時也被稱為對角規則，如下例：

$$Cu^{2+}(1\,M) + 2e^- \longrightarrow Cu(s) \qquad E° = 0.34\text{ V}$$

$$Zn^{2+}(1\,M) + 2e^- \longrightarrow Zn(s) \qquad E° = -0.76\text{ V}$$

紅色對角線顯示銅離子為氧化劑，而鋅為還原劑。

我們可以看到第一個半電池反應方程式左邊的物質為銅離子，而第二個半電池反應方程式右邊的物質為鋅。所以，一如我們之前所見，鋅會自發性地消耗銅離子，並生成鋅離子與銅。

5. 改變半電池反應的計量係數並不會影響 $E°$ 值，因為電位是一種強度，故 $E°$ 值與電極的大小或溶液的總量無關。例如：

$$I_2(s) + 2e^- \longrightarrow 2I^-(1\,M) \qquad E° = 0.53\text{ V}$$

$E°$ 也不會因為我們把半反應乘以 2 而改變：

$$2I_2(s) + 4e^- \longrightarrow 4I^-(1\,M) \qquad E° = 0.53\text{ V}$$

6. 一如 ΔH、ΔG 和 ΔS，當我們將方程式逆寫時，$E°$ 的正負值會隨之改變，但大小不變。

如例題 18.2 和 18.3 所示，無論氧化劑和還原劑是像在丹尼爾電池中一樣處於分開的狀態，或是所有反應物質全部混在同一個燒杯中，表 18.1 都讓我們得以預測這些氧化還原反應在標準狀態下進行之後的結果。

例題 18.2

假設所有物質均處於其標準狀態下。試預測在攝氏 25 度時，溴分子被加到含有氯化鈉和碘化鈉溶液中會發生什麼事。

策　略

要預測氧化還原反應是否會發生，我們需要利用對角規則，並比較氯分子、溴分子和碘分子的標準還原電位。

解　答

由表 18.1，我們可以寫出下列標準還原電位為

$$Cl_2(1\ atm) + 2e^- \longrightarrow 2Cl^-(1\ M) \qquad E^\circ = 1.36\ V$$
$$Br_2(l) + 2e^- \longrightarrow 2Br^-(1\ M) \qquad E^\circ = 1.07\ V$$
$$I_2(s) + 2e^- \longrightarrow 2I^-(1\ M) \qquad E^\circ = 0.53\ V$$

根據對角規則，我們可看到溴分子會將碘離子氧化，但無法氧化氯離子。所以，在標準狀態下唯一會發生的化學反應為

$$\text{氧化：} \quad 2I^-(1\ M) \longrightarrow I_2(s) + 2e^-$$
$$\text{還原：} \quad Br_2(l) + 2e^- \longrightarrow 2Br^-(1\ M)$$
$$\text{總反應：} \quad 2I^-(1\ M) + Br_2(l) \longrightarrow I_2(s) + 2Br^-(1\ M)$$

檢 查

可以藉由計算 $E^\circ_{\text{電池}}$ 來確認我們的結論，試試看。請注意：因為鈉離子不具反應性，所以不會參與此氧化還原反應。

類題：18.5。

練習題

錫可以在標準狀態下還原水溶液中的鋅離子嗎？

例題 18.3

某直流電池由具有鎂電極的 1.0 *M* 硝酸鎂溶液與具有銀電極的 1.0 *M* 硝酸銀溶液所組成。試計算此電池在攝氏 25 度時的標準電動勢。

策 略

一開始要識別直流電池中的電極可能不是很容易。從表 18.1 我們可以寫出銀和鎂的標準還原電位，並且利用對角規則來檢測到底誰是陽極、誰是陰極。

解 答

標準還原反應分別為

$$Ag^+(1.0\ M) + e^- \longrightarrow Ag(s) \qquad E^\circ = 0.80\ V$$
$$Mg^{2+}(1.0\ M) + 2e^- \longrightarrow Mg(s) \qquad E^\circ = -2.37\ V$$

利用對角規則，我們可以知道銀離子會氧化鎂：

$$\text{陽極 (氧化)：} \quad Mg(s) \longrightarrow Mg^{2+}(1.0\ M) + 2e^-$$
$$\text{陰極 (還原)：} \quad 2Ag^+(1.0\ M) + 2e^- \longrightarrow 2Ag(s)$$
$$\text{總反應：} \quad Mg(s) + 2Ag^+(1.0\ M) \longrightarrow Mg^{2+}(1.0\ M) + 2Ag(s)$$

請注意：為了平衡總反應方程式，我們會需要將銀離子的還原反應乘

以 2。可以這麼做是因為 $E°$ 是一種強度，其值並不會受到此過程的影響，因此我們就能夠使用方程式 (18.1) 和表 18.1 得到此電池的電動勢：

$$\begin{aligned} E°_{電池} &= E°_{陰極} - E°_{陽極} \\ &= E°_{Ag^+/Ag} - E°_{Mg^{2+}/Mg} \\ &= 0.80\ V - (-2.37\ V) \\ &= 3.17\ V \end{aligned}$$

檢 查

$E°$ 的正值顯示此反應趨向於正反應的進行。

練習題

在攝氏 25 度時，某直流電池是由具鎘電極的 1.0 M 硝酸鎘溶液與具鉻電極的 1.0 M 硝酸鉻溶液所組成，請問其標準電動勢為多少？

18.4 氧化還原反應的熱力學

我們的下一步是要看為何 $E°_{電池}$ 會跟 $\Delta G°$ 及 K 這一類的熱力學量值有關。於一直流電池中，當化學能被轉換成電能時就得以作電功 (如驅動電動馬達)。這樣一來，釋放的電能就是電池電動勢與通過電池之總電荷 (以庫侖為單位) 的乘積：

$$電能 = 庫侖數 \times 伏特數 = 焦耳\ (J)$$

此式意味著

$$1\ J = 1\ C \times 1\ V$$

總電荷決定於通過電池的電子總數，因此我們可以表示如下：

$$總電荷 = e^- 的數量 \times 一個\ e^- 的電荷量$$

一般來說，把總電荷量表示成莫耳等級較為方便。一莫耳電子的電荷量被稱為**法拉第常數** (Faraday constant; F)，以英國化學與物理學家法拉第[1] 為名，

$$\begin{aligned} 1\ F &= 6.022 \times 10^{23}\ e^-/\text{mol}\ e^- \times 1.602 \times 10^{-19}\ C/e^- \\ &= 9.647 \times 10^4\ C/\text{mol}\ e^- \end{aligned}$$

在大部分的計算中，我們取法拉第常數的約略值為 96,500 C/mol e^-。

1 法拉第 (Michael Faraday, 1791~1867)，英國化學家和物理學家。法拉第被視為十九世紀最偉大的實驗科學家。他 13 歲時開始當裝訂書的學徒，但在讀了一本有關化學的書之後便開始對科學產生興趣。法拉第投身於電動引擎中，並是第一個導出發電機運作定律的人。除了在電學和磁學上的顯著貢獻之外，法拉第也發現了苯並將之命名，且對其光學活性有所研究。

所以，總電荷量現在可以被表示為 nF，其中 n 為在氧化還原反應的電化學過程中，在氧化劑與還原劑之間進行交換之電子的莫耳數。

我們所測量到的電動勢 ($E^\circ_{電池}$) 為電池所能到達的最大伏特數，因此電功 (w_{ele}) [也就是該電池所能造成的最大功 (w_{max})] 即為該電池的電動勢與總電荷量之乘積：

$$w_{max} = w_{ele} = -nFE_{電池}$$

電功的正負號含義和 P-V 功相同，如同在 6.3 節所討論的一樣。

其中負號表示電功是系統 (直流電池) 對環境作功。在第十七章中，我們定義自由能為可以被用於作功的能量。至於自由能的改變量 (ΔG) 則代表從一個反應中獲得之可用功的最大值：

$$\Delta G = w_{max} = w_{ele}$$

因此，我們可以得到

$$\Delta G = -nFE_{電池} \quad (18.2)$$

對於一個自發性反應而言，因為 ΔG 為負值，且 n 和 F 均為正值，所以 $E^\circ_{電池}$ 必定為正值。對於那些反應物和產物均處於其標準狀態 (1 M 或 1 atm) 下的反應來說，方程式 (18.2) 會變成

$$\Delta G^\circ = -nFE^\circ_{電池} \quad (18.3)$$

現在我們可以將氧化還原反應的 $E^\circ_{電池}$ 和平衡常數 (K) 相連結。在 17.5 節中，我們看到反應的標準自由能改變量 ΔG° 和其平衡常數有關如下 [見方程式 (17.14)]：

$$\Delta G^\circ = -RT \ln K$$

若我們合併方程式 (17.14) 和方程式 (18.3) 可以得到

$$-nFE^\circ_{電池} = -RT \ln K$$

可解出 $E^\circ_{電池}$ 得

$$E^\circ_{電池} = \frac{RT}{nF} \ln K \quad (18.4)$$

當 $T = 298$ K 時，可以將 R 和 F 代入方程式 (18.4) 以簡化：

在進行有關 F 的計算時，我們有時候會省略 e^- 符號。

$$E^\circ_{電池} = \frac{(8.314 \text{ J/K}\cdot\text{mol})(298 \text{ K})}{n(96{,}500 \text{ J/V}\cdot\text{mol})} \ln K$$

或

$$E^{\circ}_{電池} = \frac{0.0257\ \text{V}}{n} \ln K \qquad (18.5)$$

又或者，方程式 (18.5) 中的 K 值也可用以 10 為底的 log 值來表示：

$$E^{\circ}_{電池} = \frac{0.0592\ \text{V}}{n} \log K \qquad (18.6)$$

因此，若 ΔG°、K 或 $E^{\circ}_{電池}$ 三者中已任知其一，則另外兩者就可以用方程式 (17.14)、方程式 (18.3) 或方程式 (18.4) 來計算得出 (圖 18.5)。現在我們已經總結 $E^{\circ}_{電池}$、K 或 ΔG° 間的關係，並且歸納出自發性反應的特性於表 18.2。為了簡化，我們有時候會省略 E° 和 E 中下標的「電池」。

例題 18.4 和 18.5 顯示方程式 (18.3) 和方程式 (18.5) 的應用。

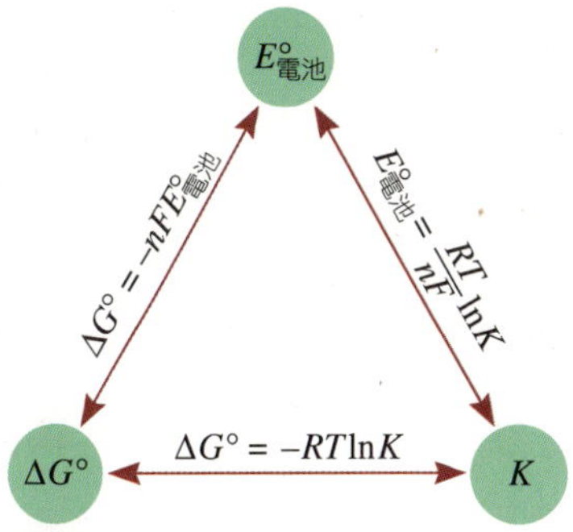

圖 18.5 $E^{\circ}_{電池}$、K 和 ΔG° 間的關係。

例題 18.4

試計算下列反應在攝氏 25 度時的平衡常數：

$$Sn(s) + 2Cu^{2+}(aq) \rightleftharpoons Sn^{2+}(aq) + 2Cu^{+}(aq)$$

策略

平衡常數 K 與標準電動勢之間的關係可由方程式 (18.5) 得知：$E^{\circ}_{電池} = (0.0257\ \text{V}/n)\ln K$。因此，若能夠測得標準電動勢，就可以計算平衡常數。理論上，我們可以利用表 18.1 中的標準還原電位來計算一個由兩組電極 (Sn^{2+}/Sn 和 Cu^{2+}/Cu^{+}) 所組成的直流電池之電動勢。

解答

半電池反應為

陽極 (氧化)：$Sn(s) \longrightarrow Sn^{2+}(aq) + 2e^{-}$

陰極 (還原)：$2Cu^{2+}(aq) + 2e^{-} \longrightarrow 2Cu^{+}(aq)$

表 18.2 $E^{\circ}_{電池}$、K 和 ΔG° 間的關係

ΔG°	K	$E^{\circ}_{電池}$	在標準狀態下的反應
負	>1	正	趨向於產物的生成。
0	=1	0	反應物與產物到達平衡。
正	<1	負	趨向於反應物的生成。

$$
\begin{aligned}
E^\circ_{電池} &= E^\circ_{陰極} - E^\circ_{陽極} \\
&= E^\circ_{Cu^{2+}/Cu^+} - E^\circ_{Sn^{2+}/Sn} \\
&= 0.15\ V - (-0.14\ V) \\
&= 0.29\ V
\end{aligned}
$$

方程式 (18.5) 可以被寫成

$$\ln K = \frac{nE^\circ}{0.0257\ V}$$

我們可以從總反應方程式中得到 $n = 2$。所以，

$$\ln K = \frac{(2)(0.29\ V)}{0.0257\ V} = 22.6$$

$$K = e^{22.6} = 7 \times 10^9$$

類題：18.6。

練習題

試計算下列反應在攝氏 25 度時的平衡常數：

$$Fe^{2+}(aq) + 2Ag(s) \rightleftharpoons Fe(s) + 2Ag^+(aq)$$

例題 18.5

試計算下列反應在攝氏 25 度時的標準自由能改變量：

$$2Au(s) + 3Ca^{2+}(1.0\ M) \longrightarrow 2Au^{3+}(1.0\ M) + 3Ca(s)$$

策　略

標準自由能改變量與標準電動勢之間的關係可由方程式 (18.3) 得知：$\Delta G^\circ = -nFE^\circ_{電池}$。所以，若能夠測到 $E^\circ_{電池}$，就可以透過計算來得知 ΔG°。理論上，我們可以利用表 18.1 中的標準還原電位來計算一個由兩組電極 (Au^{3+}/Au 和 Ca^{2+}/Ca) 所組成的直流電池之電動勢。

解　答

半電池反應為

陽極 (氧化)：　$2Au(s) \longrightarrow 2Au^{3+}(1.0\ M) + 6e^-$

陰極 (還原)：　$3Ca^{2+}(1.0\ M) + 6e^- \longrightarrow 3Ca(s)$

$$
\begin{aligned}
E^\circ_{電池} &= E^\circ_{陰極} - E^\circ_{陽極} \\
&= E^\circ_{Ca^{2+}/Ca} - E^\circ_{Au^{3+}/Au} \\
&= -2.87\ V - 1.50\ V \\
&= -4.37\ V
\end{aligned}
$$

現在我們就可以使用方程式 (18.3)：

$$\Delta G^\circ = -nFE^\circ$$

從總反應中可看出 $n = 6$，因此

$$\begin{aligned}\Delta G^\circ &= -(6)(96{,}500\ \text{J/V}\cdot\text{mol})(-4.37\ \text{V})\\ &= 2.53 \times 10^6\ \text{J/mol}\\ &= 2.53 \times 10^3\ \text{kJ/mol}\end{aligned}$$

檢　查

此 ΔG° 的正值極大說明了反應到達平衡時將趨向反應物的生成。此結果呼應此直流電池的 E° 為負值之事實。

練習題

試計算下列反應在攝氏 25 度時的 ΔG°：

$$2Al^{3+}(aq) + 3Mg(s) \rightleftharpoons 2Al(s) + 3Mg^{2+}(aq)$$

18.5 電池電動勢的濃度效應

到目前為止，我們都聚焦在反應物與產物分別處於其標準狀態下所進行的氧化還原反應，但標準狀態通常難以維持，有時候甚至根本無法達成。幸好在直流電池的電動勢與氧化還原反應 (非標準狀態下) 中之反應物和產物濃度間具有數學上的關係。我們接著會推導此式。

能斯特方程式

來看看下列的氧化還原反應：

$$aA + bB \longrightarrow cC + dD$$

根據方程式 (17.13)，

$$\Delta G = \Delta G^\circ + RT\ln Q$$

因為 $\Delta G = -nFE$ 且 $\Delta G^\circ = -nFE^\circ$，故此方程式可以被表示為

$$-nFE = -nFE^\circ + RT\ln Q$$

我們將兩側同時除以 $-nF$，會得到

$$E = E^\circ - \frac{RT}{nF}\ln Q \qquad (18.7)$$

請注意：能斯特方程式是用來計算處於平衡狀態下之電池電壓。

其中 Q 為反應商數 (見 14.4 節)。方程式 (18.7) 就是所謂的**能斯特**[2] **方程式** (Nernst equation)，它在 298 K 時可以被改寫為

$$E = E^\circ - \frac{0.0257\ \text{V}}{n} \ln Q \tag{18.8}$$

或者是以 10 為底來表示方程式 (18.8) 中的 Q 之對數值：

$$E = E^\circ - \frac{0.0592\ \text{V}}{n} \log Q \tag{18.9}$$

在一個直流電池的運作過程中，電子會從陽極流到陰極，造成產物的生成及反應物濃度的下降。所以，Q 的增加也就代表 E 的降低，當反應到達平衡時，電子不會再有淨轉移，因此 $E = 0$ 且 $Q = K$，其中 K 為平衡常數。

能斯特方程式讓我們得以將氧化還原反應中的反應物與產物濃度函數化並藉此來計算 E。例如：對於圖 18.1 中的丹尼爾電池來說，

$$\text{Zn}(s) + \text{Cu}^{2+}(aq) \longrightarrow \text{Zn}^{2+}(aq) + \text{Cu}(s)$$

若在攝氏 25 度時以能斯特方程式來表達此一電池，可以寫成

請記得純固體與純液體的濃度不會出現在反應商數之中。

$$E = 1.10\ \text{V} - \frac{0.0257\ \text{V}}{2} \ln \frac{[\text{Zn}^{2+}]}{[\text{Cu}^{2+}]}$$

如果 $[\text{Zn}^{2+}]/[\text{Cu}^{2+}]$ 的比值小於 1，$\ln([\text{Zn}^{2+}]/[\text{Cu}^{2+}])$ 就會是負值，那麼上式中右邊的第二項就會是正值，如此一來，E 就會比標準電動勢 E° 還大；如果該比值大於 1，E 就會比 E° 來得小。

例題 18.6 示範了能斯特方程式的使用。

例題 18.6

預測下列所述的反應在 298 K 時是否會自動發生：

$$\text{Co}(s) + \text{Fe}^{2+}(aq) \longrightarrow \text{Co}^{2+}(aq) + \text{Fe}(s)$$

已知 $[\text{Co}^{2+}] = 0.15\ M$，且 $[\text{Fe}^{2+}] = 0.68\ M$。

---

2 能斯特 (Walther Hermann Nernst, 1864~1941)，德國化學與物理學家。能斯特的主要研究在於電解質溶液及熱力學，此外也發明了電子琴。由於他在熱力學上的貢獻，所以在西元 1920 年得到了諾貝爾化學獎。

策　略

因為反應並非在標準狀態下進行 (濃度並非 1 *M*)，所以我們需要能斯特方程式 [方程式 (18.8)] 來計算此電池理論上的電動勢 (*E*) 及反應的自發性，標準電動勢 ($E°$) 可以從表 18.1 中的標準還原電位計算得知。請記得固體物質並不會出現在能斯特方程式中的反應商數 (*Q*) 裡面，另外，每莫耳的反應會有 2 莫耳的電子進行轉移，也就是 $n = 2$。

解　答

半電池反應為

$$\text{陽極 (氧化)：}\quad Co(s) \longrightarrow Co^{2+}(aq) + 2e^-$$
$$\text{陰極 (還原)：}\quad Fe^{2+}(aq) + 2e^- \longrightarrow Fe(s)$$

$$\begin{aligned} E°_{\text{電池}} &= E°_{\text{陰極}} - E°_{\text{陽極}} \\ &= E°_{Fe^{2+}/Fe} - E°_{Co^{2+}/Co} \\ &= -0.44\text{ V} - (-0.28\text{ V}) \\ &= -0.16\text{ V} \end{aligned}$$

我們從方程式 (18.8) 可知：

$$\begin{aligned} E &= E° - \frac{0.0257\text{ V}}{n}\ln Q \\ &= E° - \frac{0.0257\text{ V}}{n}\ln\frac{[Co^{2+}]}{[Fe^{2+}]} \\ &= -0.16\text{ V} - \frac{0.0257\text{ V}}{2}\ln\frac{0.15}{0.68} \\ &= -0.16\text{ V} + 0.019\text{ V} \\ &= -0.14\text{ V} \end{aligned}$$

因為 *E* 為負值，所以此方向的反應為非自發性。

練習題

預測下列所述的反應在 298 K 時是否會自動發生？已知 $[Fe^{2+}] = 0.60\ M$，且 $[Cd^{2+}] = 0.010\ M$。

$$Cd(s) + Fe^{2+}(aq) \longrightarrow Cd^{2+}(aq) + Fe(s)$$

假設現在要測定 $[Cd^{2+}]$ 和 $[Fe^{2+}]$ 之間的比例，才知道在例題 18.6 裡的反應是否會自動發生。我們可以利用下列方程式 (18.8)：

$$E = E° - \frac{0.0257\text{ V}}{n}\ln Q$$

當 $E = 0$ 時，$Q = K$。

我們首先定 E 等於零，代表著反應處於平衡狀態。

$$0 = -0.16\text{ V} - \frac{0.0257\text{ V}}{2}\ln\frac{[Co^{2+}]}{[Fe^{2+}]}$$

$$\ln\frac{[Co^{2+}]}{[Fe^{2+}]} = -12.5$$

$$\frac{[Co^{2+}]}{[Fe^{2+}]} = e^{-12.5} = K$$

或 $$K = 4 \times 10^{-6}$$

所以，要使此反應自發，$[Co^{2+}]/[Fe^{2+}]$ 的比值必須小於 4×10^{-6} 才足以使 E 變為正值。

如例題 18.7 所示，若是有氣體涉及在電池反應中，其濃度應以大氣壓來表示。

例題 18.7

考慮在圖 18.4(a) 中所示的直流電池。在某次實驗中，該電池在攝氏 25 度時的電動勢 (E) 為 0.54 V。假設 $[Zn^{2+}] = 1.0\ M$，且 $P_{H_2} = 1.0$ atm。試計算氫離子的莫耳濃度。

策 略

將非標準電動勢和標準電動勢相連結的等式為能斯特方程式。電池的總反應為

$$Zn(s) + 2H^+(?\ M) \longrightarrow Zn^{2+}(1.0\ M) + H_2(1.0\text{ atm})$$

既然電池的電動勢 (E) 已知，我們就可以利用能斯特方程式求得 $[H^+]$。請注意：在每莫耳的反應中會有 2 莫耳的電子發生轉移；也就是 $n = 2$。

解 答

如同我們先前所見 (第 741 頁)，此電池的標準電動勢 ($E°$) 為 0.76 V。我們可以從方程式 (18.8) 得出

Q 中的濃度已除以其標準狀態值 1 M；而壓力則除以 1 atm。

$$E = E° - \frac{0.0257\text{ V}}{n}\ln Q$$

$$= E° - \frac{0.0257\text{ V}}{n}\ln\frac{[Zn^{2+}]P_{H_2}}{[H^+]^2}$$

$$0.54\text{ V} = 0.76\text{ V} - \frac{0.0257\text{ V}}{2}\ln\frac{(1.0)(1.0)}{[H^+]^2}$$

$$-0.22\text{ V} = -\frac{0.0257\text{ V}}{2}\ln\frac{1}{[\text{H}^+]^2}$$

$$17.1 = \ln\frac{1}{[\text{H}^+]^2}$$

$$e^{17.1} = \frac{1}{[\text{H}^+]^2}$$

$$[\text{H}^+] = \sqrt{\frac{1}{3\times10^7}} = 2\times10^{-4}\ M$$

檢　查

題目中所給的電動勢 (E) 不是處於標準狀態下的數值，代表並非所有的反應物都處於其標準濃度下。因此，既然鋅離子和氫氣是處於其標準狀態下，就表示氫離子濃度並非 1 M。

練習題

有一直流電池是由 Cd^{2+}/Cd 半電池與 Pt/H^+/H_2 半電池所組成。若 $[Cd^{2+}] = 0.20\ M$、$[H^+] = 0.16\ M$，且 $P_{H_2} = 0.80$ atm，則該電池的電動勢為何？

例題 18.7 顯示可以用含有氫離子的直流電池來測量 $[H^+]$ 或 pH 值，在 15.3 節所提及的 pH 計即是依此原理設計。然而，因為氫電極 (見圖 18.3) 使用不便，所以一般來說很少在實驗室中使用。取而代之的是如圖 18.6 所示的*玻璃電極*，此電極有一層非常薄的玻璃膜讓氫離子得以通過，而鍍有氯化銀的銀線則浸泡在稀薄的鹽酸溶液中，當電極被放入 pH 值與內裝溶液不同的待測溶液中時，膜兩側之間所具有的電位差大小就可以利用參考電極測得。而由玻璃電極和參考電極所共同構成的電池電動勢也能用 pH 值的形式來表示裝置測量到的伏特數。

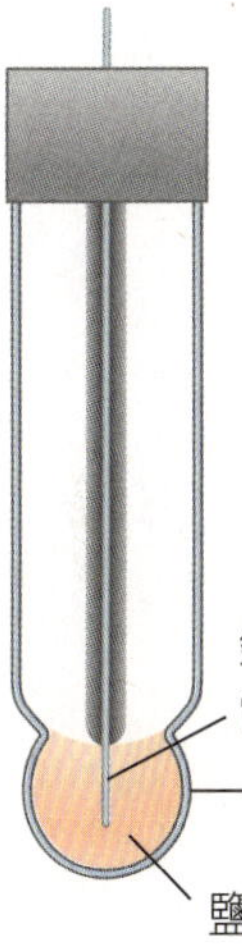

圖 18.6 用於 pH 計中的參考電極為玻璃電極。

濃差電池

由於電極的電位會隨著離子的濃度而改變，因此可以用同一種材料的濃度差來建構兩個半電池，並將它們組合成直流電池，這樣的電池被稱為*濃差電池* (concentration cell)。

來看看一種情況：將鋅電極放到兩杯硫酸鋅水溶液中，其濃度分別為 0.10 M 和 1.0 M，這兩杯溶液以鹽橋連接，並且用一條電線連接兩電極，如圖 18.1 所示，根據勒沙特列原理，其還原的趨勢

$$Zn^{2+}(aq) + 2e^- \longrightarrow Zn(s)$$

會因為鋅離子濃度的上升而增強，因此，還原反應會發生在濃度較高之處，而氧化反應則會發生在較稀薄的那一邊，此電池的表示式為

$$\mathrm{Zn}(s)\,|\,\mathrm{Zn}^{2+}(0.10\,M)\,\|\,\mathrm{Zn}^{2+}(1.0\,M)\,|\,\mathrm{Zn}(s)$$

而半反應為

$$\begin{array}{lrcl} \text{氧化：} & \mathrm{Zn}(s) & \longrightarrow & \mathrm{Zn}^{2+}(0.10\,M) + 2e^- \\ \text{還原：} & \mathrm{Zn}^{2+}(1.0\,M) + 2e^- & \longrightarrow & \mathrm{Zn}(s) \\ \hline \text{總反應：} & \mathrm{Zn}^{2+}(1.0\,M) & \longrightarrow & \mathrm{Zn}^{2+}(0.10\,M) \end{array}$$

故電池電動勢如下：

$$E = E^\circ - \frac{0.0257\ \mathrm{V}}{2}\ln\frac{[\mathrm{Zn}^{2+}]_{\text{稀}}}{[\mathrm{Zn}^{2+}]_{\text{濃}}}$$

其中下標的「稀」和「濃」分別指的是 0.10 M 和 1.0 M 的濃度。因為此電池的 E° 為零 (同種類的電極和同樣的離子參與其中)，故

$$\begin{aligned} E &= 0 - \frac{0.0257\ \mathrm{V}}{2}\ln\frac{0.10}{1.0} \\ &= 0.0296\ \mathrm{V} \end{aligned}$$

濃差電池的電動勢通常很小，又因為電池的運作會導致兩端濃度漸趨一致，所以會持續地下降，當兩端的離子濃度相同時，E 會變成 0，不再有變化產生。

1 mM = 1 × 10^{-3} M。

在計算生物細胞的膜電位時，也可以將之看成濃差電池。膜電位為一種存在於多種細胞膜內外間的電位差，包括：肌肉細胞、神經細胞等。神經衝動與心跳即源於此。只要有任何離子在細胞膜內外的濃度不同時就會產生膜電位，例如：鉀離子在神經細胞內外的濃度分別為 400 mM 和 15 mM。若將此例視為僅有一種離子的濃差電池，那麼，將其代入能斯特方程式就可以得到

$$\begin{aligned} E &= E^\circ - \frac{0.0257\ \mathrm{V}}{1}\ln\frac{[\mathrm{K}^+]_{\text{外側}}}{[\mathrm{K}^+]_{\text{內側}}} \\ &= -(0.0257\ \mathrm{V})\ln\frac{15}{400} \\ &= 0.084\ \mathrm{V}\ \text{或}\ 84\ \mathrm{mV} \end{aligned}$$

請注意：因為此處僅含有一種離子，所以我們定 $E^\circ = 0$。而由於細胞膜內外之鉀離子的濃度不相等，導致 84 mV 電位差的存在。

18.6 電池簡介

電池 (battery) 為一種直流電池，或者是說一些直流電池的組合，可以當作提供穩定電壓的直流電源。雖然電池的運作原理和我們在 18.2 節所提及的那些直流電池相類似，但它卻有個好處就是就是完全一體成形，沒有那些像是鹽橋之類的附件。我們在這裡將探討一些目前已被廣為使用的電池。

乾電池

最常見的乾電池是沒有液態成分，用於閃光燈與電晶體收音機中的勒克朗社電池 (Leclanché cell)。其電池的陽極是由裝有二氧化錳與電極的鋅罐所組成；而電解液極則包含氯化銨和氯化鋅溶液，添加於其中的澱粉能夠使得溶液較為濃稠，才不容易漏出 (圖 18.7)；至於碳棒則被用作陰極，浸在電池中心的電解質溶液內。整個電池的反應為

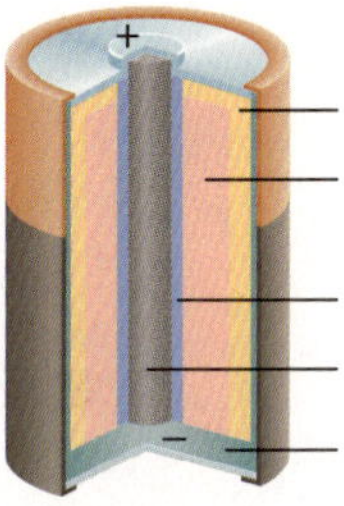

圖 18.7 閃光燈和電晶體收音機所使用的乾電池便具有這種截面。事實上，此電池並非完全是乾的，而是含有潮濕的電解質糊狀物。

陽極：$Zn(s) \longrightarrow Zn^{2+}(aq) + 2e^-$

陰極：$2NH_4^+(aq) + 2MnO_2(s) + 2e^- \longrightarrow Mn_2O_3(s) + 2NH_3(aq) + H_2O(l)$

總反應：$Zn(s) + 2NH_4^+(aq) + 2MnO_2(s) \longrightarrow Zn^{2+}(aq) + 2NH_3(aq) + H_2O(l) + Mn_2O_3(s)$

事實上，此方程式為將複雜過程簡化之後的結果。一個乾電池所產生的伏特數約為 1.5 V。

水銀電池

水銀電池廣泛地應用於醫藥與電子工業，它比一般的乾電池要貴得多。水銀電池是裝在不鏽鋼圓盤中，由鋅製的陽極 (與汞合併) 與含有氧化鋅和氧化汞的強鹼金屬電解質 (陰極) 連接所組成 (圖 18.8)。此電池的反應為

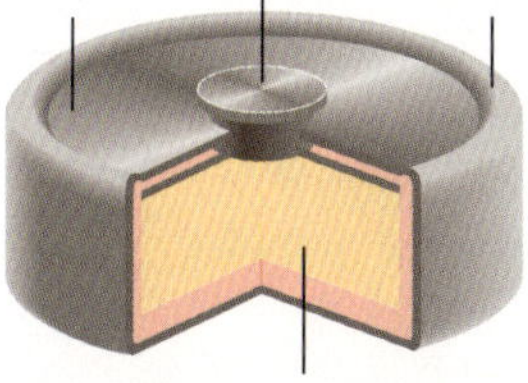

圖 18.8 水銀電池的截面圖。

陽極：$Zn(Hg) + 2OH^-(aq) \longrightarrow ZnO(s) + H_2O(l) + 2e^-$

陰極：$HgO(s) + H_2O(l) + 2e^- \longrightarrow Hg(l) + 2OH^-(aq)$

總反應：$Zn(Hg) + HgO(s) \longrightarrow ZnO(s) + Hg(l)$

由於在反應的過程中並沒有造成電解質成分的改變——也就是電池的總反應只牽涉到固態物質，所以水銀電池能夠提供比勒克朗社電池更穩定

的電壓 (1.35 V)，它也具有極長的使用壽命——這些特質讓水銀電池得以理想地使用於節拍器、助聽器、電子錶與光度計。

鉛蓄電池

一般用於汽機車的鉛蓄電池是由六個相同的電池依序連接而成。每個電池內有鉛製的陽極和二氧化鉛製的陰極接於金屬板上 (圖 18.9)。陰極和陽極均浸於作為電解質的硫酸水溶液中。其反應為

$$\begin{array}{ll}\text{陽極：} & Pb(s) + SO_4^{2-}(aq) \longrightarrow PbSO_4(s) + 2e^- \\ \text{陰極：} & PbO_2(s) + 4H^+(aq) + SO_4^{2-}(aq) + 2e^- \longrightarrow PbSO_4(s) + 2H_2O(l) \\ \hline \text{總反應：} & Pb(s) + PbO_2(s) + 4H^+(aq) + 2SO_4^{2-}(aq) \longrightarrow 2PbSO_4(s) + 2H_2O(l)\end{array}$$

在一般的操作環境下，每個電池可提供的電壓約為 2 V；六個電池共有 12 V 可被用於發動汽機車以及供應其他電力系統的能量來源。鉛蓄電池可以在短時間內提供大量的電流，這樣一來，才能快速發動引擎。

和勒克朗社電池或是水銀電池不一樣的地方是鉛蓄電池可以充電，幫電池充電意味著施加電壓於陰、陽極，使原本的電化學反應逆向進行。(這類過程被稱為*電解*，見第 765 頁。) 這種能夠重新補充原有反應物的反應方程式為

$$\begin{array}{ll} & PbSO_4(s) + 2e^- \longrightarrow Pb(s) + SO_4^{2-}(aq) \\ & PbSO_4(s) + 2H_2O(l) \longrightarrow PbO_2(s) + 4H^+(aq) + SO_4^{2-}(aq) + 2e^- \\ \hline \text{總反應：} & 2PbSO_4(s) + 2H_2O(l) \longrightarrow Pb(s) + PbO_2(s) + 4H^+(aq) + 2SO_4^{2-}(aq)\end{array}$$

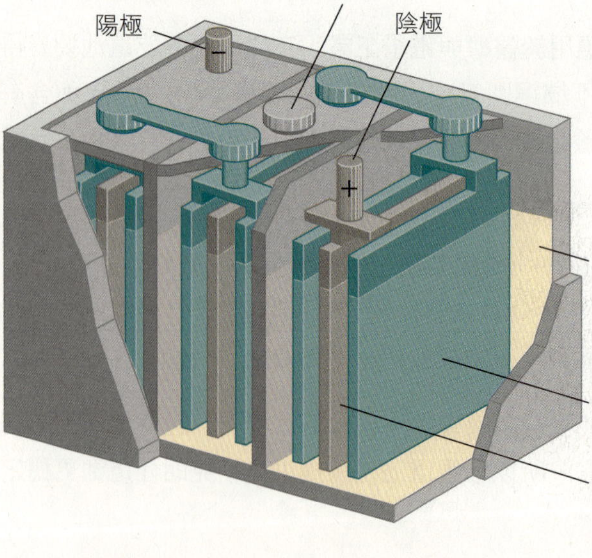

圖 18.9 鉛蓄電池的內部構造。在正常的操作情形之下，硫酸溶液的質量百分率濃度大約是 38%。

其總反應就是電池原本反應的逆反應。

在鉛蓄電池的運作上，有兩個概念值得注意。首先，由於此電化學反應會消耗硫酸，因此通常只要以比重計來測量電解質溶液的密度，就可以知道這個電池放電的程度。密度反映電池的「健康」程度，在電力全滿的電池中，其密度應該會大於或等於 1.2 g/mL；再者，生活於寒冷氣候中的人們有時候在發動車子時，會因為電池「掛點」而遭遇困難，儘管根據動力學的計算顯示，許多直流電池之電動勢會因為溫度的下降而減低，然而對於鉛蓄電池而言，其溫度係數約為 1.5×10^{-4} V/°C；也就是說，溫度每下降一度，電壓就會下降 1.5×10^{-4} V。因此，就算是攝氏 40 度的溫度改變，也只不過會造成 6×10^{-3} V 的電壓下降而已，大約占運作過程中之電壓的

$$\frac{6 \times 10^{-3}\ \text{V}}{12\ \text{V}} \times 100\% = 0.05\%$$

這顯然並非是個明顯的改變。真正造成電池掛點的原因是當溫度下降時所造成的電解質溶液黏滯性上升，要使電池能夠正常地運作，電解質必須能夠徹底導電。然而，離子之移動速率在黏滯的媒介中要慢得多，使得液體的電阻因而上升，電池的電力輸出能力下降。若掛點的電池被加熱到接近室溫時，就可以回復正常產生電力的能力。

鋰離子電池

圖 18.10 為一個鋰離子電池的示意圖，陽極由具導電性的碳材質所製，通常是結構間有細小縫隙得以包含鋰原子和鋰離子的石墨，陰極則

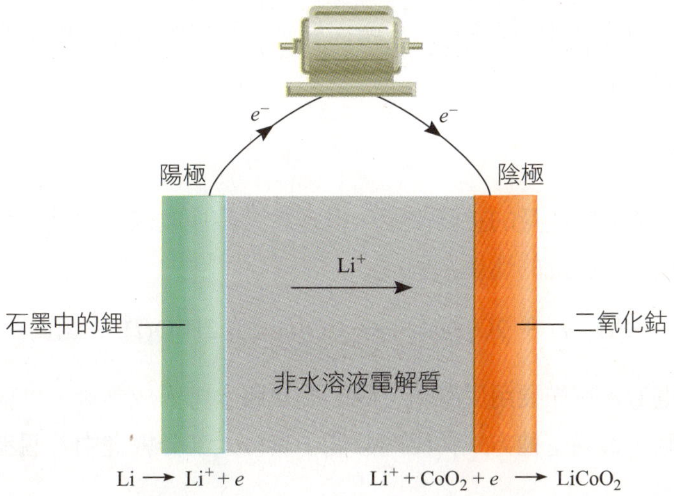

圖 18.10 一個鋰離子電池。鋰原子被包覆在石墨中作為陽極，而二氧化鈷則為陰極。在運作的過程中，當電子經由外部從陽極流向陰極時，在非水溶液電解質中的鋰離子也會從陽極遷移至陰極來完成整個迴路。

由像是二氧化鈷這些也可以包覆鋰離子於其中的過渡金屬氧化物所製。由於這些金屬的高反應性，所以必須使用非水溶液的電解質 (有機溶劑加上溶解於其中的鹽類)，在電池放電的過程中，半電池的反應為

$$\begin{array}{ll} \text{陽極 (氧化)：} & Li(s) \longrightarrow Li^+ + e^- \\ \text{陰極 (還原)：} & Li^+ + CoO_2 + e^- \longrightarrow LiCoO_2(s) \\ \hline \text{總反應：} & Li(s) + CoO_2 \longrightarrow LiCoO_2(s) \quad E_{\text{電池}} = 3.4\text{ V} \end{array}$$

近年來，由於生產油電混合車的技術有所進展，以及對這些交通工具的需求漸增，連帶增強對鋰離子電池的需求。用於大部分高速油電混合車及一些發電工具中的電池為磷酸鋰鐵類電池 (LFP)。除了陰極是 $FePO_4$，在放電時會於該處生成 $LiFePO_4$ 之外，LFP 電池在功能上之設計和圖 18.10 所示的電池都一樣。這些電池和其他鋰電池都有著相同的優點 (輕量，且在陽極的金屬都有強烈的氧化趨勢)，但它們額外的優點是有極高的化學穩定性與熱穩定性。因此，LFP 電池可以重複充電非常多次，在高溫環境下亦不見明顯的分解現象，它們也可以避免早期使用一般鋰離子電池的電器因串聯而導致起火的問題。其他 LFP 電池的優點還有：對環境的影響較低，以及跟其他電池比起來更容易維持充電狀態。雖然 LFP 的能量密度和傳統鋰離子電池比起來稍微低了點，但好處就是它們能夠在一些特別需要耐用電池時派上用場。早期的 LFP 電池受限於其差勁的導電能力，現在這樣的問題已經藉由注入一些化合物以提高導電性所解決了。

因為電池市場的快速成長，導致對鋰需求的逐漸增加，也因此衍生了一些如何提供此重要鹼金屬的相關問題，根據預期，再不用幾年，鋰的需求量就會快速地超越其主要供應國智利、阿根廷和中國所能提供的量，但在西元 2010 年於阿富汗所探勘到的巨大鋰礦藏可以幫助舒緩此成長中的需求。

燃料電池

石化燃料為能量的主要來源，但是將其轉換成電能卻是一個效率極低的過程。以甲烷的燃燒為例：

$$CH_4(g) + 2O_2(g) \longrightarrow CO_2(g) + 2H_2O(l) + \text{能量}$$

要產生電力，首先要用反應所生成的熱來將水轉變成蒸氣，以驅動發電機的渦輪。透過這種方式釋出的熱能中有一大部分會經由各個步驟逸散

至環境中；就算是效率最高的發電廠也只能將原本化學能的大約 40% 轉變成電能而已。因為燃燒反應為氧化還原反應，所以若能夠讓它直接以電化學的方式進行將會十分誘人，這樣一來，就可以大幅提高發電效率。這個點子可以藉由我們所知的**燃料電池** (fuel cell) 來完成，它是一種需要持續提供反應物以維持功效的直流電池。

由通用汽車 (General Motors) 製造，以氫燃料電池作為動力來源的汽車。

其最簡單的形式為：一個由電解質溶液 (如氫氧化鉀水溶液) 以及兩個惰性電極所組成的氫氧燃料電池。氫氣和氧氣會分別由陽極和陰極兩端導入 (圖 18.11)，然後分別於該處進行下列反應：

$$\begin{aligned} &\text{陽極：} & 2H_2(g) + 4OH^-(aq) &\longrightarrow 4H_2O(l) + 4e^- \\ &\text{陰極：} & O_2(g) + 2H_2O(l) + 4e^- &\longrightarrow 4OH^-(aq) \\ \hline &\text{總反應：} & 2H_2(g) + O_2(g) &\longrightarrow 2H_2O(l) \end{aligned}$$

根據表 18.1 中的資料可算出此電池的電動勢如下：

$$\begin{aligned} E^\circ_{\text{電池}} &= E^\circ_{\text{陰極}} - E^\circ_{\text{陽極}} \\ &= 0.40\text{ V} - (-0.83\text{ V}) \\ &= 1.23\text{ V} \end{aligned}$$

因此，電池在標準狀態下的反應為自發性反應。請注意：此反應和氫的燃燒反應是一樣的，但氧化和還原的過程會在陽極和陰極分開進行。就像是標準氫電極中所使用的鉑一樣，這裡的電極也具有兩種功能：它們

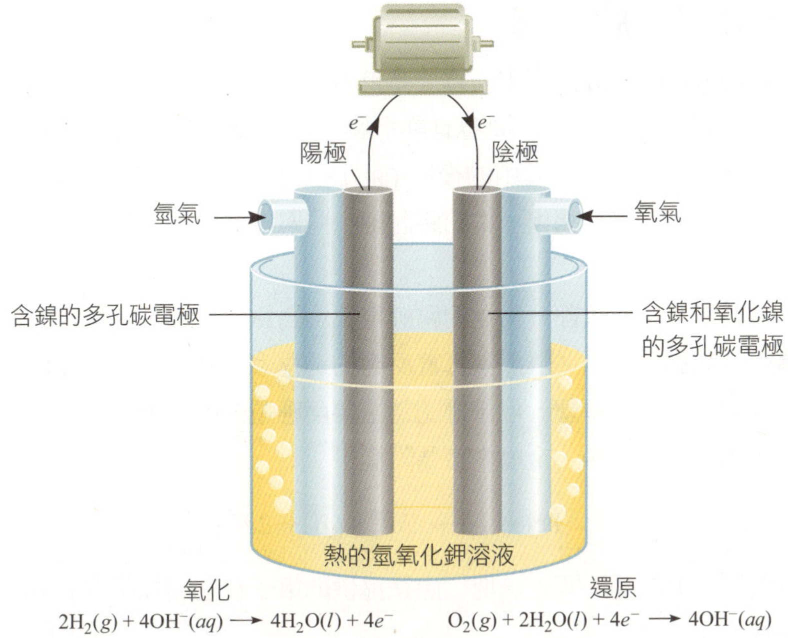

圖 18.11 氫氧燃料電池。鎳和氧化鎳被包覆在多孔碳材質中作為電極。

除了作為電的導體之外，當分子分解成原子物質的反應在進行時，也提供其所需的反應平台，這就是所謂的**電催化劑** (electrocatalysts)。像是鉑、鎳和銠等金屬就是好的電催化劑。

除了氫氣—氧氣的系統之外，也已經發展出來另外一些其他的燃料電池。其中，丙烷—氧燃料電池半電池反應為

$$\begin{array}{ll} \text{陽極：} & C_3H_8(g) + 6H_2O(l) \longrightarrow 3CO_2(g) + 20H^+(aq) + 20e^- \\ \text{陰極：} & 5O_2(g) + 20H^+(aq) + 20e^- \longrightarrow 10H_2O(l) \\ \hline \text{總反應：} & C_3H_8(g) + 5O_2(g) \longrightarrow 3CO_2(g) + 4H_2O(l) \end{array}$$

其總反應也和丙烷與氧的燃燒反應一致。

燃料電池與其他電池不同，它們並不儲存化學能，因此必須持續地提供反應物，還有移除電池內的產物。基於這樣的概念，其實燃料電池的組成更像個引擎。然而，它們並不同於其他以熱運作的引擎，因此並沒有熱力學上所謂的能量轉換效率限制之問題。

設計得當之燃料電池可以到達約 70% 的效率，大約是內燃機效率的 2 倍。此外，燃料電池沒有噪音、震動、導熱、熱汙染或是其他平時會和發電機扯上的問題。然而，它們目前未能被廣泛地應用，其主要的原因之一為缺乏便宜、有效率，又能夠長時間使用而不會造成汙染的電催化劑。目前燃料電池最成功的應用案例是在太空艙內 (圖 18.12)。

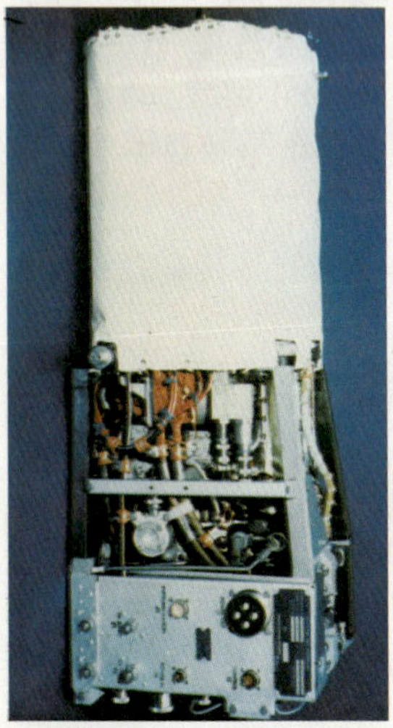

圖 18.12 一個在太空計畫中所使用的氫氧燃料電池。電池反應所產生的純水可供太空人使用。

18.7 腐 蝕

腐蝕 (corrosion) 是用來描述金屬因為電化學過程發生之後而變質的名詞，我們可以看到生活周遭有許多腐蝕的現象，鐵的生鏽、銀的鏽汙，以及黃銅的銅鏽是其中的幾項 (圖 18.13)，腐蝕會對建築物、橋、船及車輛造成極大的損傷，本節將討論一些腐蝕的原因，以及用來防止金屬腐蝕的方法。

圖 18.13 腐蝕的例子：一個鏽掉一半的銀盤。

到目前為止，大部分常見的腐蝕現象均為鐵的生鏽，氧氣和水是造成鐵生鏽的必要物質。雖然其真實反應的過程牽涉到一些相當複雜、大家尚未完全了解的步驟，但普遍認為主要反應還是如下所示。在金屬表面發生氧化的區塊中，金屬本身為陽極：

$$Fe(s) \longrightarrow Fe^{2+}(aq) + 2e^-$$

而在相同表面的另一鄰近區塊，由鐵提供的電子會在陰極將空氣中的氧還原成水：

$$O_2(g) + 4H^+(aq) + 4e^- \longrightarrow 2H_2O(l)$$

故氧化還原總反應為

$$2Fe(s) + O_2(g) + 4H^+(aq) \longrightarrow 2Fe^{2+}(aq) + 2H_2O(l)$$

由表 18.1 中的資料，我們可以找到這個過程的標準電動勢為

$$\begin{aligned} E^\circ_{電池} &= E^\circ_{陰極} - E^\circ_{陽極} \\ &= 1.23\text{ V} - (-0.44\text{ V}) \\ &= 1.67\text{ V} \end{aligned}$$

標準電動勢為正值意味著此反應會趨向生鏽反應的發生。

請注意：此反應發生在酸性媒介中；其中部分的氫離子是由空氣中的二氧化碳溶於水生成的碳酸所提供。

陽極生成的亞鐵離子會更進一步地被氧氣給氧化：

$$4Fe^{2+}(aq) + O_2(g) + (4 + 2x)H_2O(l) \longrightarrow 2Fe_2O_3 \cdot xH_2O(s) + 8H^+(aq)$$

此水合形式的氧化鐵 (III) 就是我們所知的鐵鏽。和氧化鐵接合的水分子量並不固定，因此我們將其分子式表示為 $Fe_2O_3 \cdot xH_2O$。

圖 18.14 說明生鏽的機制，其中電的迴路是藉由電子和離子的遷移來完成，這也就是為什麼生鏽在鹽水中會發生得非常迅速。在寒冷地區，為了融雪而灑在路面上的鹽 (氯化鈉或氯化鈣) 是造成車輛生鏽的主要原因。

金屬的變質不只會發生在鐵身上。想想看鋁，它是一種被用於許多實用物品 (包含飛機和飲料罐等) 的金屬，鋁比鐵更容易氧化，我們在表 18.1 中可以看到鋁的標準還原電位比鐵低。光是這個原因，我們就可以預期飛機應該會在暴風雨中逐漸鏽蝕，而且汽水罐也會變成一坨鏽

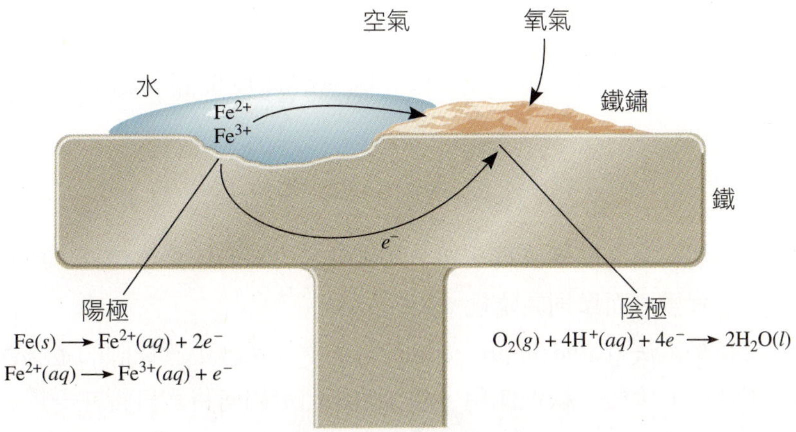

圖 18.14 鐵生鏽所牽涉到的電化學過程。氫離子是由二氧化碳溶於水生成的碳酸所提供。

蝕的鋁。但事實上這些過程並未發生，因為當鋁金屬暴露於空氣時，表面會生成一層難溶的氧化鋁 (Al_2O_3)，它可以保護內層的鋁而不讓鏽蝕繼續惡化。但是當同樣的鏽蝕發生在鐵身上時，卻會因為其多孔結構而無法保護該層之下的金屬。

像銅或是銀這些造幣用的金屬也會鏽蝕，只不過慢得多就是了。

$$Cu(s) \longrightarrow Cu^{2+}(aq) + 2e^-$$
$$Ag(s) \longrightarrow Ag^{+}(aq) + e^-$$

銅在正常氣壓下會生成一層碳酸銅，這是一種又稱為銅綠的綠色物質，它也可以保護該層內的金屬，以避免鏽蝕進一步惡化；同樣地，銀器也會因為盛裝食物而導致硫化銀層的產生。

現在已經有研究出一些方法來保護金屬，使其不致遭鏽蝕。這些方法中大部分都是著力於防止鏽的生成，最常見的手段為用油漆塗布於金屬表面。然而，若是塗了油漆的表面有缺口或是凹陷扭曲，導致有金屬表面裸露在外，儘管裸露的面積再小，都還是會讓漆面下的金屬生鏽；鐵器表面可以用一種叫作**鈍化**的處理程序來降低其活性。當金屬以濃硝酸之類的強氧化劑處理時，表面會生成一層薄薄的氧化層。

當鐵與其他金屬形成合金時，其氧化趨勢則會大大地降低，例如：以鐵與鉻所製的不鏽鋼合金，其表面會生成一層氧化鉻防止鐵的生鏽。

也可以在鐵製的容器外塗布一層像是錫或鋅的金屬，「錫」罐是由一層錫覆蓋在鐵罐上所製成，因此，只要錫層保持完整就有防鏽的功能。然而，只要表面有所損傷，生鏽很快就會發生，若根據對角線規則查閱標準還原電位，我們會發現鐵在鏽蝕的過程中是扮演陽極的角色，而錫則扮演陰極的角色：

$$Sn^{2+}(aq) + 2e^- \longrightarrow Sn(s) \qquad E^\circ = -0.14\ V$$
$$Fe^{2+}(aq) + 2e^- \longrightarrow Fe(s) \qquad E^\circ = -0.44\ V$$

但**鍍鋅鐵**的保護過程則不太一樣，因為鋅比鐵更容易被氧化 (見表 18.1)：

$$Zn^{2+}(aq) + 2e^- \longrightarrow Zn(s) \qquad E^\circ = -0.76\ V$$

因此，即使有刮痕使鐵暴露在外，受到鏽蝕攻擊的依舊會是鋅，於此例中，鋅是陽極，而鐵則為陰極。

陰極保護法 (cathodic protection) 是把欲受保護免於鏽蝕的金屬當作直流電池中的陰極一樣地使用，圖 18.15 顯示如何將鐵釘接在一片鋅片

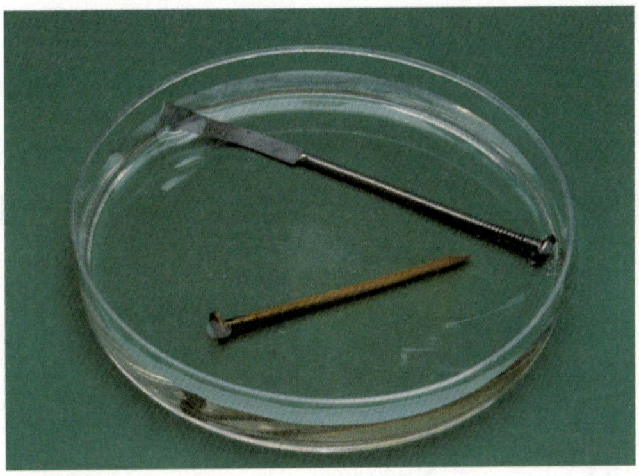

圖 18.15 一根以鋅片作為陰極保護的鐵釘在水中未見生鏽，但沒有受到這種保護的鐵釘則生鏽得很明顯。

上以避免其生鏽。若沒有這樣的保護，鐵釘在水中很快就會生鏽。鐵製地下水管和儲水槽就可以藉由與鋅或鎂這一類的易氧化金屬相連來大大地防止生鏽發生 (圖 18.16)。

第 768 頁「生活中的化學」單元中所討論之議題顯示：補牙填充物所帶來的不適源自於一些電化學現象。

18.8 電 解

相對於將化學能轉換為電能的自發性氧化還原反應，**電解** (electrolysis) 是一種將電能用來使非自發性化學反應發生的過程，而**電解槽** (electrolytic cell) 就是進行電解的裝置。電解的原理和過程其實和直流電池相同。我們在這邊會先根據這些原理來討論三個電解的例子，然後再針對定量的概念來討論電解這一回事。

電解熔融的氯化鈉

氯化鈉 (離子化合物) 在其熔融態時可以被電解生成鈉金屬與氯

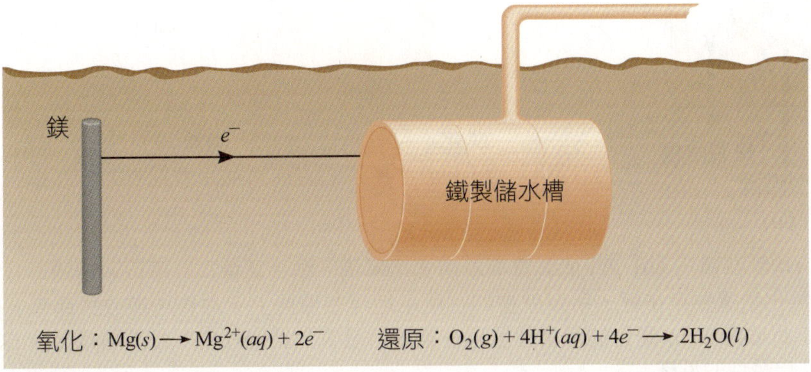

圖 18.16 鐵製水槽 (陰極) 以還原性高的鎂 (陽極) 進行陰極保護。因為於此電化學過程中只有鎂被消耗掉，所以它有時也稱作被犧牲的陽極。

氯，圖 18.17(a) 為唐式電解槽 (Downs cell) 的示意圖，它是在進行大量氯化鈉的電解時使用，在熔融的氯化鈉中，陽離子和陰離子分別為鈉離子和氯離子。圖 18.17(b) 則是一簡化過的示意圖，用來呈現在電極上發生的反應。電解槽包含一對連接至電池的電極。它在這裡扮演著「電幫浦」的角色，驅使電子從應該發生還原的陰極流向應該發生氧化的陽極。電極上的反應為

$$\text{陽極 (氧化)：} \quad 2Cl^-(l) \longrightarrow Cl_2(g) + 2e^-$$
$$\text{陰極 (還原)：} \quad 2Na^+(l) + 2e^- \longrightarrow 2Na(l)$$
$$\text{總反應：} \quad 2Na^+(l) + 2Cl^-(l) \longrightarrow 2Na(l) + Cl_2(g)$$

此反應為純鈉金屬和氯氣的主要來源。

理論的估計顯示總反應之 $E°$ 值約為 –4 V，這代表此為一非自發性反應，所以至少必須施加 4 V 的電壓才能驅使反應發生——但由於電解過程的效率及過電壓等問題，事實上所需要的電壓會更高，這部分我們稍後會再討論。

水的電解

在 1 atm 下 (攝氏 25 度)，燒杯中的水並不會自發性地分解成氫氣和氧氣，因為此反應的標準自由能改變量是一個極大的正值：

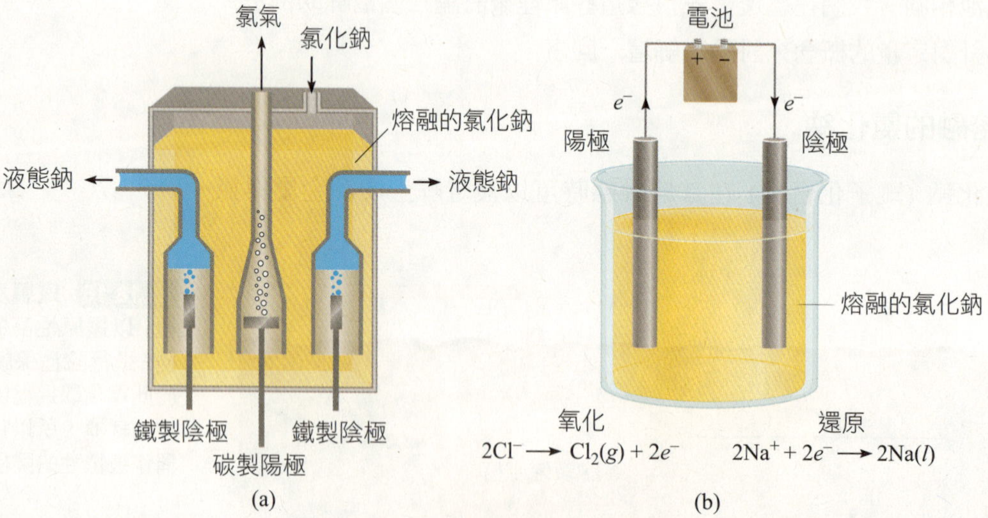

圖 18.17 (a) 電解熔融氯化鈉 (熔點為攝氏 801 度) 的裝置稱為唐式電解槽。鈉金屬會在陰極以液態的形式生成，因為液態鈉金屬比熔融的氯化鈉還要來得輕，所以就會如圖所示地浮在液面上，然後再被收集起來，而在陽極生成的氯氣則是從頂端進行收集；(b) 簡化的示意圖呈現在電解熔融氯化鈉過程中，位於兩電極端的反應，此裝置需要裝電池以驅動非自發性的反應。

$$2H_2O(l) \longrightarrow 2H_2(g) + O_2(g) \qquad \Delta G° = 474.4 \text{ kJ/mol}$$

然而，此反應可以在如圖 18.18 所示的反應槽中被誘發，此電解槽是由一對不參與反應的金屬 (例如：鉑) 浸於水中作為電極所組成，因為純水中的離子不足以讓電流流通 (記得在攝氏 25 度時，純水中只有各 1 $\times 10^{-7}$ M 的氫離子和氫氧根離子)，所以當電極連到電池時並不會發生反應，但若將水改為 0.1 M 的硫酸溶液時，由於溶液裡面具有足夠的離子以供導電，所以反應會穩定地進行，氣泡就會很快地在兩端電極上冒出來。

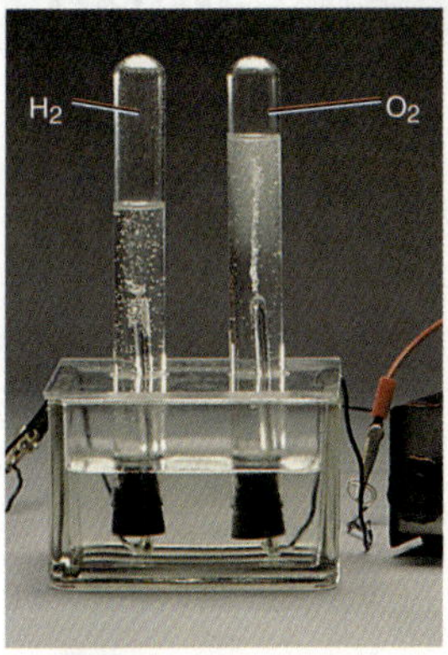

圖 18.18 小規模電解水的裝置。在陰極所產生之氫氣的體積是在陽極所產生之氧氣的 2 倍。

圖 18.19 顯示了電極的反應，其陽極端的反應為

$$2H_2O(l) \longrightarrow O_2(g) + 4H^+(aq) + 4e^-$$

而我們在陰極會得到

$$2H^+(aq) + 2e^- \longrightarrow H_2(g)$$

總反應為

$$\begin{array}{lr} \text{陽極 (氧化)：} & 2H_2O(l) \longrightarrow O_2(g) + 4H^+(aq) + 4e^- \\ \text{陰極 (還原)：} & 2[2H^+(aq) + 2e^- \longrightarrow H_2(g)] \\ \hline \text{總反應：} & 2H_2O(l) \longrightarrow 2H_2(g) + O_2(g) \end{array}$$

請注意：此處的硫酸並沒有淨損耗。

電解氯化鈉水溶液

這在我們所舉的三個電解例子中是最複雜的一個，因為氯化鈉水溶液中含有好幾種可能氧化或還原的物質。在陽極可能發生的氧化反應有：

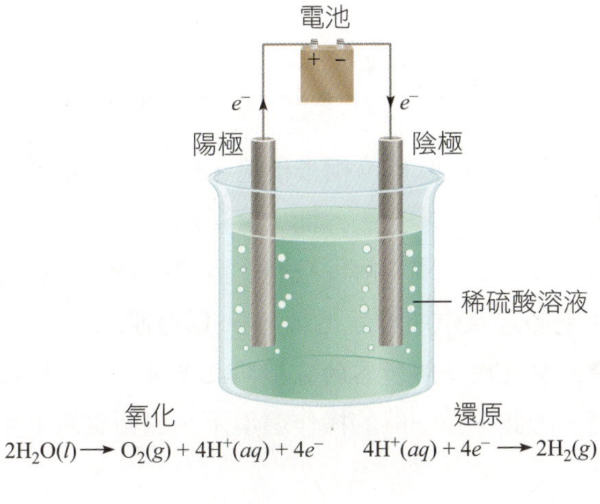

圖 18.19 電解水時，兩電極端所進行之反應的示意圖。請注意：電極的正負號和直流電池相反。在直流電池中，陽極為負極，因為此處提供電子至外電路；而陰極則為正極，因為電池於此接收電子。

CHEMISTRY *in Action*

生活中的化學

補牙填充物帶來的不適

在現代牙醫業中最常被用來填補牙齒的材料為牙用汞齊 (dental amalgam) (汞齊是一種將汞與其他金屬合併所形成的物質)，事實上，牙用汞齊中含有三種固態物質，且其對應的比例係數約為 Ag_2Hg_3、Ag_3Sn 和 Sn_8Hg，這些固態物質的標準還原電位分別為：Hg_2^{2+}/Ag_2Hg_3：0.85 V；Sn^{2+}/Ag_3Sn：–0.05 V；且 Sn^{2+}/Sn_8Hg：–0.13 V。

任何一個用補牙填充物咬到鋁箔紙 (用來包糖果的那種) 的人都有機會體驗到令人印象深刻的痛楚，事實上這種現象是因為口中存在著一個電化電池的緣故：鋁為陽極 ($E° = –1.66$ V)、填充物則為陰極，而唾液則為電解液。鋁箔紙和填充物間的接觸會使得此電池發生短路，導致電極間產生微弱的電流，然後刺激到牙齒內的敏感神經才造成不適感。

另一種不舒服的感覺來自於當低活性的金屬觸碰到牙齒填充物時所造成，例如：如果填充物碰到牙齒附近的金牙就會很容易發生鏽蝕，因為此時牙齒填充物就是陽極，而金牙為陰極。我們從這三種固體各自的 $E°$ 可以看出 Sn_8Hg 是最容易發生鏽蝕的。當此事發生時，嘴中所釋出的亞錫離子就會造成令人不快的金屬口感，鏽蝕久了以後甚至會需要再看一次牙醫來更換填充物。

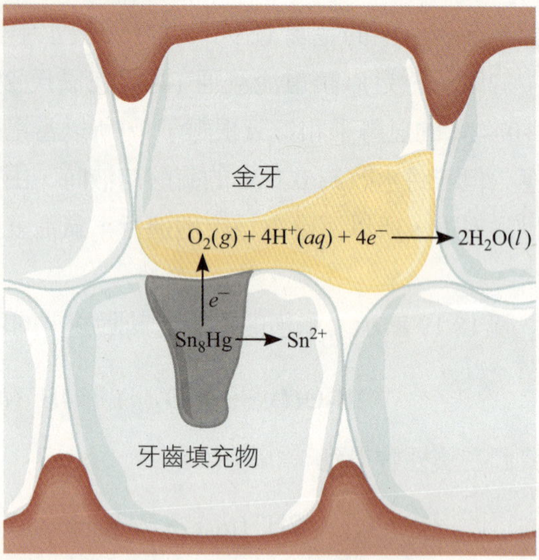

和金牙之間的接觸導致牙齒填充物的鏽蝕。

$$(1)\quad 2Cl^-(aq) \longrightarrow Cl_2(g) + 2e^-$$
$$(2)\quad 2H_2O(l) \longrightarrow O_2(g) + 4H^+(aq) + 4e^-$$

我們根據表 18.1 可知

$$Cl_2(g) + 2e^- \longrightarrow 2Cl^-(aq) \qquad E° = 1.36 \text{ V}$$
$$O_2(g) + 4H^+(aq) + 4e^- \longrightarrow 2H_2O(l) \qquad E° = 1.23 \text{ V}$$

因為氯氣比氧氣更容易被還原，導致要在陽極氧化氯離子會比氧化水來得難。

儘管 (1) 和 (2) 的標準還原電位相去不遠，但其值明確地告訴我們：在陽極進行氧化的應該是水才對。然而，實驗時卻會發現在陽極生成的氣體是氯氣，而非氧氣！在學電解反應時，我們有時候會發現反應所需的電壓明顯高於電極之電位所標示的值—— **過電壓** (overvoltage) 為電極的電位與實際上要造成電解所需的電壓間之差值。要生成氧氣時所需的過電壓相當高，因此，在一般的操作環境下，陽極實際上生成的會是氯

氯，而非氧氣。

在陰極可能發生的還原反應有

$$(3)\quad 2H^+(aq) + 2e^- \longrightarrow H_2(g) \qquad E^\circ = 0.00\ V$$
$$(4)\quad 2H_2O(l) + 2e^- \longrightarrow H_2(g) + 2OH^-(aq) \qquad E^\circ = -0.83\ V$$
$$(5)\quad Na^+(aq) + e^- \longrightarrow Na(s) \qquad E^\circ = -2.71\ V$$

因為 (5) 的標準還原電位過低，所以可以先將之排除在外；除此之外，在標準狀態下，(3) 應該要比 (4) 更有可能發生，然而這兩者在 pH = 7 時 (此杯氯化鈉溶液的 pH 值) 並無差異，一般來說，由於氫離子的濃度實在是太低了 (約 $1 \times 10^{-7}\ M$)，導致 (3) 並非合理的選擇，因此我們會以 (4) 來描述陰極所發生的反應。

故電解氯化鈉水溶液的半反應為

$$\text{陽極 (氧化)：} \quad 2Cl^-(aq) \longrightarrow Cl_2(g) + 2e^-$$
$$\text{陰極 (還原)：} \quad 2H_2O(l) + 2e^- \longrightarrow H_2(g) + 2OH^-(aq)$$
$$\text{總反應：} \quad 2H_2O(l) + 2Cl^-(aq) \longrightarrow H_2(g) + Cl_2(g) + 2OH^-(aq)$$

如同總反應所示，氯離子的濃度會隨著電解反應的進行而下降，且氫氧根離子的濃度會上升。因此，除了氫氣和氯氣之外，我們也可以在電解結束後將水蒸發得到氫氧化鈉這個有用的副產物。

要記得我們分析電解所得的結果如下：陽離子可能會在陰極被還原，陰離子可能會在陽極被氧化，而水溶液中的水本身也可能會被氧化或還原——反應結果會隨著物質的本性而定。

例題 18.8 就是在處理硫酸鈉水溶液的電解問題。

例題 18.8

電解硫酸鈉水溶液時所使用的裝置如圖 18.18 所示。如果在陽極和陰極所生成的產物分別為氧氣和氫氣，試以電極端所發生的反應來描述電解的情形。

策　略

在看電極端的反應前，我們應該先考慮以下事實：(1) 因為硫酸鈉並不會水解，所以溶液的 pH 值會接近 7；(2) 鈉離子並不會在陰極被還原，而硫酸根離子也不會在陽極被氧化。上述結論是從先前關於電解硫酸水溶液和氯化鈉水溶液的討論中所得，因此，這裡的氧化和還原反應只牽涉到水分子而已。

硫酸根離子為硫酸氫根離子 (弱酸) 的共軛鹼 ($K_a = 1.3 \times 10^{-2}$)。然而，硫酸根離子的水解程度相當地弱，而且它在陽極也不會進行氧化。

解 答

電極端的反應為

$$\text{陽極：}\quad 2H_2O(l) \longrightarrow O_2(g) + 4H^+(aq) + 4e^-$$
$$\text{陰極：}\quad 2H_2O(l) + 2e^- \longrightarrow H_2(g) + 2OH^-(aq)$$

將陰極反應的係數乘以 2 倍後再和陽極反應相加，可得到總反應為

$$6H_2O(l) \longrightarrow 2H_2(g) + O_2(g) + 4H^+(aq) + 4OH^-(aq)$$

若氫離子和氫氧根離子混合，則

$$4H^+(aq) + 4OH^-(aq) \longrightarrow 4H_2O(l)$$

總反應就會變成

$$2H_2O(l) \longrightarrow 2H_2(g) + O_2(g)$$

練習題

有一杯硝酸鎂水溶液被電解。在陽極和陰極生成的氣體產物分別為何？

電解的定量

將電解進行定量之概念主要是由法拉第所發展出來的，他觀察到在電極上生成之產物 (或是消耗之反應物) 的質量會同時和電極間傳遞的電量，還有待測物質的莫耳質量成正比。例如：在電解熔融的氯化鈉時，陰極的反應告訴我們，當一個鈉離子從電極處獲得一個電子時，就會有一個鈉原子生成。因此，若要還原 1 莫耳的鈉離子，我們必須要提供一亞佛加厥 (6.02×10^{23}) 的電子到陰極處。另一方面，陽極反應的係數顯示兩個氯離子氧化後會生成一個氯分子，所以每生成 1 莫耳的氯分子就會導致 2 莫耳的電子自氯離子流至陰極。同樣地，要還原 1 莫耳的鎂離子時需要 2 莫耳的電子，而還原 1 莫耳的鋁離子時則需要 3 莫耳的電子：

$$Mg^{2+} + 2e^- \longrightarrow Mg$$
$$Al^{3+} + 3e^- \longrightarrow Al$$

一般來說，我們在電解實驗中會測量特定時間之內通過電解槽的電流大小 (以安培為單位，A)。電量 (以庫侖為單位，C) 與電流之間的關係為

$$1\ \text{C} = 1\ \text{A} \times 1\ \text{s}$$

也就是說，1 庫侖的電量為對電路中任意一點通以 1 安培的電流之後，每秒鐘所通過的電荷總量。

圖 18.20 顯示如何逐步地計算在電解的過程中，發生氧化或還原之物質的數量，讓我們藉由在電解槽中電解熔融的氯化鈣來示範這個方法——假設通過電解槽的電流為 0.452 A，並持續 1.50 小時，會有多少產物於陰極和陽極處生成呢？要解決這一類的電解問題，首要步驟為找出究竟是何種物質在陰極處被還原，以及是何種物質在陽極處被氧化。在本例中，選擇是很直覺式的，因為在熔融的氯化鈣裡面只有鈣離子和氯離子存在。因此，我們可以將總反應方程式和半反應方程式寫為

$$\begin{aligned}
&\text{陽極 (氧化)：} && 2\text{Cl}^-(l) \longrightarrow \text{Cl}_2(g) + 2e^- \\
&\text{陰極 (還原)：} && \text{Ca}^{2+}(l) + 2e^- \longrightarrow \text{Ca}(l) \\
&\text{總反應：} && \text{Ca}^{2+}(l) + 2\text{Cl}^-(l) \longrightarrow \text{Ca}(l) + \text{Cl}_2(g)
\end{aligned}$$

鈣金屬和氯氣的生成量會隨著通過電解槽的電子量而改變，也就是和電流乘以時間的電量有關：

$$?\ \text{C} = 0.452\ \cancel{\text{A}} \times 1.50\ \cancel{\text{h}} \times \frac{3600\ \cancel{\text{s}}}{1\ \cancel{\text{h}}} \times \frac{1\ \text{C}}{1\ \cancel{\text{A}} \cdot \cancel{\text{s}}} = 2.44 \times 10^3\ \text{C}$$

由於 1 莫耳電子的帶電量為 96,500 C，且 2 莫耳的電子才能還原 1 莫耳的鈣離子，因此在陰極所生成的鈣金屬質量可以計算如下：

$$\begin{aligned}
?\ \text{g Ca} &= 2.44 \times 10^3\ \cancel{\text{C}} \times \frac{1\ \cancel{\text{mol}\ e^-}}{96{,}500\ \cancel{\text{C}}} \times \frac{1\ \cancel{\text{mol Ca}}}{2\ \cancel{\text{mol}\ e^-}} \times \frac{40.08\ \text{g Ca}}{1\ \cancel{\text{mol Ca}}} \\
&= 0.507\ \text{g Ca}
\end{aligned}$$

陽極的反應則指出，每消耗 2 莫耳的電子才能產生 1 莫耳的氯氣，因此氯氣生成的質量為

$$\begin{aligned}
?\ \text{g Cl}_2 &= 2.44 \times 10^3\ \cancel{\text{C}} \times \frac{1\ \cancel{\text{mol}\ e^-}}{96{,}500\ \cancel{\text{C}}} \times \frac{1\ \cancel{\text{mol Cl}_2}}{2\ \cancel{\text{mol}\ e^-}} \times \frac{70.90\ \text{g Cl}_2}{1\ \cancel{\text{mol Cl}_2}} \\
&= 0.896\ \text{g Cl}_2
\end{aligned}$$

例題 18.9 就在電解水溶液中應用了此方法。

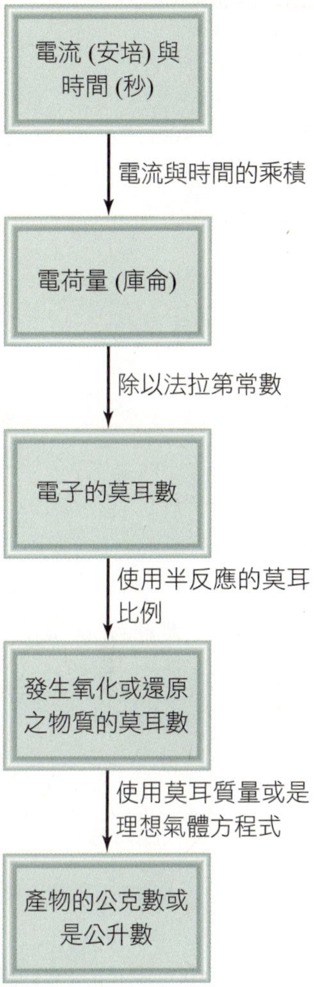

圖 18.20 逐步地計算在電解的過程中，被氧化或還原之物質的數量。

例題 18.9

若將 1.26 A 的電流通過裝有稀硫酸溶液的電解槽共 7.44 小時。試寫出半反應方程式，並計算在 STP 下所生成的氣體體積。

策 略

之前我們看到過此過程的半反應為

$$\begin{array}{ll} \text{陽極 (氧化)：} & 2H_2O(l) \longrightarrow O_2(g) + 4H^+(aq) + 4e^- \\ \text{陰極 (還原)：} & 2[2H^+(aq) + 2e^- \longrightarrow H_2(g)] \\ \hline \text{總反應：} & 2H_2O(l) \longrightarrow 2H_2(g) + O_2(g) \end{array}$$

根據圖 18.20，我們可透過以下的換算步驟來計算氧氣的莫耳數：

電流 × 時間 ⟶ 庫侖數 ⟶ 電子的莫耳數 ⟶ 氧氣的莫耳數

然後再利用理想氣體方程式計算氧氣在 STP 下的體積 (公升)。類似的流程也可以用於氫氣。

解 答

我們首先計算通過電解槽的電量庫侖數：

$$? \text{ C} = 1.26 \text{ A} \times 7.44 \text{ h} \times \frac{3600 \text{ s}}{1 \text{ h}} \times \frac{1 \text{ C}}{1 \text{ A} \cdot \text{s}} = 3.37 \times 10^4 \text{ C}$$

接著，我們可以將庫侖數換算成電子的莫耳數：

$$3.37 \times 10^4 \text{ C} \times \frac{1 \text{ mol } e^-}{96{,}500 \text{ C}} = 0.349 \text{ mol } e^-$$

從氧化半反應可以看到 1 莫耳的氧氣正比於 4 莫耳的電子，因此生成的氧氣莫耳數為

$$0.349 \text{ mol } e^- \times \frac{1 \text{ mol } O_2}{4 \text{ mol } e^-} = 0.0873 \text{ mol } O_2$$

在 STP 下，0.0873 莫耳的氧氣所占之體積為

$$V = \frac{nRT}{P}$$

$$= \frac{(0.0873 \text{ mol})(0.0821 \text{ L} \cdot \text{atm/K} \cdot \text{mol})(273 \text{ K})}{1 \text{ atm}} = 1.96 \text{ L}$$

處理氫氣的流程也類似，為了簡化，我們將前兩步合併來計算生成之氫氣的莫耳數：

$$3.37 \times 10^4\ \cancel{C} \times \frac{1\ \cancel{mol\ e^-}}{96{,}500\ \cancel{C}} \times \frac{1\ mol\ H_2}{2\ \cancel{mol\ e^-}} = 0.175\ mol\ H_2$$

在 STP 下，0.175 莫耳的氫氣所占之體積即為

$$\begin{aligned} V &= \frac{nRT}{P} \\ &= \frac{(0.175\ mol)(0.0821\ L \cdot atm/K \cdot mol)(273\ K)}{1\ atm} \\ &= 3.92\ L \end{aligned}$$

檢 查

請注意：氫氣的體積為氧氣的 2 倍 (見圖 18.18)，這也是我們根據亞佛加厥定律而預期會觀察到的現象 (在同溫同壓下，氣體的體積會和其莫耳數呈線性的正比關係)。

類題：18.11。

練習題

若將某固定電流通過一個裝有熔融狀氯化鎂的電解槽達 18 小時後，若 4.8×10^5 公克的氯氣產生，則此未知電流為多少安培？

重要方程式

$E^\circ_{電池} = E^\circ_{陰極} - E^\circ_{陽極}$	(18.1)	計算一直流電池的標準電動勢。
$\Delta G = -nFE_{電池}$	(18.2)	電池自由能改變量與電動勢之間的關係。
$\Delta G^\circ = -nFE^\circ_{電池}$	(18.3)	電池標準自由能改變量與標準電動勢之間的關係。
$E^\circ_{電池} = \frac{0.0257\ V}{n} \ln K$	(18.5)	電池的標準電動勢與平衡常數之間的關係。
$E^\circ_{電池} = \frac{0.0592\ V}{n} \log K$	(18.6)	電池的標準電動勢與平衡常數之間的關係。
$E = E^\circ - \frac{0.0257\ V}{n} \ln Q$	(18.8)	電池的電動勢與非標準狀態下的濃度間之關係。
$E = E^\circ - \frac{0.0592\ V}{n} \log Q$	(18.9)	電池的電動勢與非標準狀態下的濃度間之關係。

觀念整理

1. 氧化還原反應包含電子的轉移，反應方程式顯示氧化還原反應可以藉由離子─電子法來平衡。

2. 所有的電化學反應都牽涉到電子的轉移，因此

均為氧化還原反應。

3. 在直流電池中，電子來自於自發性的化學反應。氧化和還原會各自在陽極和陰極進行，而電子則是在外電路流通。

4. 直流電池的兩部分各為一個半電池，且在電極上進行的反應為半電池反應，鹽橋讓離子得以於半電池之間流通。

5. 電池的電動勢 (emf) 為兩電極間的伏特數差，在外電路中，電子會從電池的陽極流向陰極；而在溶液中，陽離子會往陰極流動，陰離子則往陽極流動。

6. 每 1 莫耳的電子所承載之電量等於 96,500 C。

7. 標準還原電位可以告訴我們不同半電池之還原反應發生的相對可能性，並且可以用來預測不同物質之氧化還原反應的產物、方向，以及自發性。

8. 一自發性氧化還原反應的系統自由能下降量等於它對環境所作的電功，或 $\Delta G = -nFE$。

9. 氧化還原反應的平衡常數可以由電池的標準電動勢來求得。

10. 能斯特方程式可說明電池的電動勢與處於非標準狀態下之反應物或產物的濃度有關。

11. 乾電池是被廣為使用的自存性電力來源，每種乾電池裡面都含有一組以上的直流電池，常見的有勒克朗社電池、水銀電池，以及用於交通工具的鉛蓄電池；燃料電池則是以持續提供反應物的方式來穩定地提供電能。

12. 金屬的腐蝕 (如鐵的生鏽) 為一種電化學現象。

13. 源自於外的電流可用來驅動電解槽中的非自發性化學反應。產物的生成量或反應物的消耗量會隨著在電極間轉移的電量而改變。

習　題

平衡氧化還原反應

18.1 根據離子—電子法來平衡下列氧化還原方程式：

(a) $H_2O_2 + Fe^{2+} \longrightarrow Fe^{3+} + H_2O$ (在酸性條件下)

(b) $Cu + HNO_3 \longrightarrow Cu^{2+} + NO + H_2O$ (在酸性條件下)

(c) $CN^- + MnO_4^- \longrightarrow CNO^- + MnO_2$ (在鹼性條件下)

(d) $Br_2 \longrightarrow BrO_3^- + Br^-$ (在鹼性條件下)

(e) $S_2O_3^{2-} + I_2 \longrightarrow I^- + S_4O_6^{2-}$ (在酸性條件下)

直流電池與標準電動勢

18.2 解釋下列名詞：陽極、陰極、電壓、電動勢及標準還原電位。

18.3 鹽橋的功用為何？我們應該使用何種電解質來製作鹽橋？

18.4 你認為在標準狀態下的鐵離子有辦法將碘離子氧化成碘分子嗎？

18.5 關於下列選項中的物質，何者在標準狀態下是較佳的還原劑？(a) 溴分子或金離子；(b) 氫氣或銀離子；(c) 二價鎘離子或三價鉻離子；(d) 處在不同條件下的氧氣 (酸性或鹼性)。

氧化還原反應的自發性

18.6 下列反應在攝氏 25 度時的平衡常數為 2.69×10^{12}：

$$Sr(s) + Mg^{2+}(aq) \rightleftharpoons Sr^{2+}(aq) + Mg(s)$$

試計算由鍶/鍶離子與鎂/鎂離子半電池所組成之電池的 $E°$。

18.7 若還原反應 $Cu^+(aq) + e^- \rightarrow Cu(s)$ 的 $E° = 0.52$ V，請問下列反應在攝氏 25 度時的 $E°$、$\Delta G°$ 及 K 值分別是多少？

$$2Cu^+(aq) \longrightarrow Cu^{2+}(aq) + Cu(s)$$

18.8 請寫出下列反應在某特定溫度 T 時的能斯特方程式：

(a) $Mg(s) + Sn^{2+}(aq) \longrightarrow Mg^{2+}(aq) + Sn(s)$

(b) $2Cr(s) + 3Pb^{2+}(aq) \longrightarrow 2Cr^{3+}(aq) + 3Pb(s)$

18.9 試計算下列濃差電池的電動勢：

$$Mg(s)\,|\,Mg^{2+}(0.24\ M)\,\|\,Mg^{2+}(0.53\ M)\,|\,Mg(s)$$

電　解

18.10 鎂電極上的半反應如下：

$$Mg^{2+}\text{(熔融)} + 2e^- \longrightarrow Mg(s)$$

試計算當 1.00 F 的電流通過此電極時，會有多少克的鎂產生。

18.11 電解水時所產生的半反應之一如下：

$$2H_2O\,(l) \longrightarrow O_2(g) + 4H^+(aq) + 4e^-$$

請問需要將多少莫耳的電子通入此溶液當中，才能收集到 0.076 公升的氧氣？(在攝氏 25 度、755 mmHg 時。)

18.12 「在硫酸銅水溶液中持續通入 0.750 A 的電流 25.0 分鐘後可生成 0.369 公克的銅。」請根據這項描述來計算銅的分子量。

18.13 電解水時所產生的半反應之一如下：

$$2H^+(aq) + 2e^- \longrightarrow H_2(g)$$

請問需要將多少莫耳的電子通入此溶液當中，才能收集到 0.845 公升的氫氣？(在攝氏 25 度、782 mmHg 時。)

附加問題

18.14 關於下列氧化還原反應，請寫出：(i) 所有的半反應；(ii) 總反應的平衡方程式；(iii) 在標準狀態下的自發性反應 (正反應或逆反應)：

(a) $H_2(g) + Ni^{2+}(aq) \longrightarrow H^+(aq) + Ni(s)$

(b) $MnO_4^-(aq) + Cl^-(aq) \longrightarrow Mn^{2+}(aq) + Cl_2(g)$ (在酸性條件下)

(c) $Cr(s) + Zn^{2+}(aq) \longrightarrow Cr^{3+}(aq) + Zn(s)$

18.15 空氣中的二氧化硫是造成酸雨的主要原因，其濃度可用過錳酸根的標準溶液來滴定而得知：

$$5SO_2 + 2MnO_4^- + 2H_2O \longrightarrow 5SO_4^{2-} + 2Mn^{2+} + 4H^+$$

若某空氣樣品需要用到 7.37 毫升的過錳酸根溶液 (0.00800 M) 來進行滴定，請問此樣品中含有多少公克的二氧化硫？

18.16 草酸 ($H_2C_2O_4$) 常見於各種植物與蔬菜中。

(a) 試平衡下列方程式 (在酸性條件下)：

$$MnO_4^- + C_2O_4^{2-} \longrightarrow Mn^{2+} + CO_2$$

(b) 若某 1.00 公克的草酸樣品需要與 24.0 毫升的過錳酸鉀溶液 (0.0100 M) 反應才能到達當量點，請問此樣品中草酸所占有的質量百分率濃度是多少？

18.17 試根據下列資訊來計算溴化銀的溶解度：

$$Ag^+(aq) + e^- \longrightarrow Ag(s) \qquad E^\circ = 0.80\ \text{V}$$

$$AgBr(s) + e^- \longrightarrow Ag(s) + Br^-(aq) \qquad E^\circ = 0.07\ \text{V}$$

18.18 某直流電池的兩極分別是由銀與 0.100 M 的硝酸銀溶液 (346 毫升)，以及鎂與 0.100 M 的硝酸鎂溶液 (288 毫升) 所組成。(a) 試計算此電池在攝氏 25 度時的電壓值；(b) 當 1.20 公克的銀沉積在銀電極表面時會造成短路的現象，試計算此時電池的操作電壓。

18.19 當我們在攝氏 25 度時將一片重量為 1.56 公克的鎂金屬放入 0.100 M 的硝酸銀溶液 (100.0 毫升) 中，若體積保持不變，請問此時溶液中的鎂離子濃度與銀離子濃度在達到平衡狀態後分別是多少？還會剩下多少

公克的鎂？

18.20 某電解實驗必須使用到鋁離子，且當通入的電流為 0.352 A 時可收集到 60.2 公克的鋁，請問這個實驗全程總共經過了多久？

18.21 已知下列方程式：

$$2Hg^{2+}(aq) + 2e^- \longrightarrow Hg_2^{2+}(aq) \qquad E° = 0.92\ V$$

$$Hg_2^{2+}(aq) + 2e^- \longrightarrow 2Hg(l) \qquad E° = 0.85\ V$$

試計算反應 $Hg_2^{2+}(aq) \longrightarrow Hg^{2+}(aq) + Hg(l)$ 在攝氏 25 度時的 $\Delta G°$ 與 K 值。(此為自身氧化還原反應的案例之一。)

18.22 若將 300 毫升的氯化鈉溶液持續電解 6.00 分鐘後，其 pH 值升高至 12.24，請問此過程中所使用的平均電流大小是多少？

18.23 若在 STP 狀態下持續將 6.00 A 的電流通入含有稀硫酸的電解電池，則 3.40 小時後可於陰極收集到 4.26 公升的氫氣，請根據此結果來求出電子的帶電量 (以庫侖為單位)。

18.24 有一濃差電池是以鉑當作內電極，並且由下列兩種成分所組成：(i) 氯氣 (0.20 atm) 與氯離子溶液 (1.0 *M*)；(ii) 氯氣 (2.0 atm) 與氯離子溶液 (1.0 *M*)，請畫出此電池的簡圖，並求出它在攝氏 25 度時的電動勢大小。

18.25 鋅是兩性金屬元素，也就是它和酸與鹼都可以反應，已知下列反應的標準還原電位為 –1.36 V：

$$Zn(OH)_4^{2-}(aq) + 2e^- \longrightarrow Zn(s) + 4OH^-(aq)$$

請問：反應 $Zn^{2+}(aq) + 4OH^-(aq) \rightleftharpoons Zn(OH)_4^{2-}(aq)$ 的正反應平衡常數是多少？

18.26 請問增加氟分子溶液中的氫離子濃度是否會使其氧化力增強？

18.27 若某緩衝溶液在攝氏 25 度時的 pH 值固定為 1.60，且其中的 $[Pb^{2+}] = 0.035\ M$，試計算要維持下列平衡需要提供多少的氫氣 (以 atm 為單位)：

$$Pb(s) + 2H^+(aq) \rightleftharpoons Pb^{2+}(aq) + H_2(g)$$

18.28 試根據下列標準還原電位來計算水在攝氏 25 度時的解離常數：

$$2H^+(aq) + 2e^- \longrightarrow H_2(g) \qquad E° = 0.00\ V$$

$$2H_2O(l) + 2e^- \longrightarrow H_2(g) + 2OH^-(aq) \qquad E° = -0.83\ V$$

18.29 試計算下列反應在 298 K 時的平衡常數：

$$Zn(s) + Cu^{2+}(aq) \longrightarrow Zn^{2+}(aq) + Cu(s)$$

18.30 若要用 2 A 的固定電流將浸於硝酸銀溶液中的湯匙鍍上一層銀，試計算共需要多久的時間。

練習題答案

18.1 $5Fe^{2+} + MnO_4^- + 8H^+ \rightarrow 5Fe^{3+} + Mn^{2+} + 4H_2O$ **18.2** 不是 **18.3** 0.34 V **18.4** 1×10^{-42} **18.5** $\Delta G° = -4.1 \times 10^2$ kJ/mol **18.6** 是的，$E = +0.01$ V **18.7** 0.38 V **18.8** 陽極，O_2；陰極，H_2 **18.9** 2.0×10^4 A

Chapter 19 有機化學與高分子聚合物

醫藥與高分子工業的基礎建立在許多有機小分子化合物 (例如：醋酸、苯、乙烯、甲醛及甲醇等) 上。圖為一座化學工廠。

先看看本章要學什麼？

- 我們一開始要定義有機化學之本質及其涵蓋的範圍。(19.1)
- 接著要來看看脂肪烴。首先，要知道烷類的命名方式及一些簡單的相關反應有哪些？再來探討含取代基之烷類的光學異構化與環烷類的性質；除此之外，也要知道什麼是不飽和碳氫化合物——即具有碳—碳雙鍵或參鍵的分子，我們會聚焦於它們的命名方式、性質，以及各種立體異構物。(19.2)
- 所有芳香烴都至少具有 1 個苯環。一般來說，它們比脂肪烴化合物還要來得穩定。(19.3)
- 有機化合物的反應性會根據其官能基的不同而有極大差異，我們會以各種含有氧或氮的官能基，來將醇類、醚類、苳與酮、羧酸、酯類及胺類加以分類。(19.4)
- 還要探討有機高分子聚合物的性質。(19.5)
- 最後，我們要學著如何利用加成反應或縮合反應來合成有機高分子聚合物，這裡會提到天然纖維、人造纖維及其他人造有機高分子聚合物。(19.6)

綱 要

學有機化學就是在了解碳的化合物，「有機」一詞最早是十八世紀的化學家拿來描述由生命體 (動、植物) 中所擷取出來之物質時使用的，他們相信自然界中存在著些許神奇力量，因此，只有生命體能夠製造有機化合物，這種浪漫的想法在西元 1828 年被德國的化學家尤拉 (Friedrich Wohler) 戳破了，他將氰酸鉛 (無機化合物) 與氨

水溶液反應之後產生一種有機化合物——尿素 (urea)：

$$Pb(OCN)_2 + 2NH_3 + 2H_2O \longrightarrow \underset{\text{尿素}}{2(NH_2)_2CO} + Pb(OH)_2$$

現今有超過兩千萬種的天然或人造有機化合物存在，這個數目遠大於已知的無機化合物 (約十萬種左右)。

19.1 有機化合物的分類

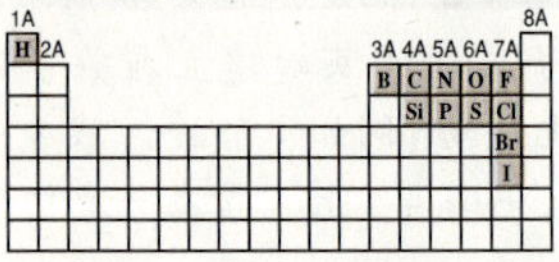

有機化合物中常見的元素。

與其他元素相較之下，碳具有較多的化合物，因為碳原子間不但可以形成碳—碳單鍵、雙鍵及參鍵，還能夠彼此連結形成鏈狀或環狀結構。與碳之化合物有關的化學就叫作**有機化學** (organic chemistry)。

有機化合物可以依其所含官能基的不同來加以分類，**官能基** (functional group) 是指一群排列組合方式固定的原子，它會使分子具有某種特殊的化學性質，只要具有相同的官能基，即使是不同的分子也會進行類似的反應，因此我們可以藉由少數官能基的特性來了解許多有機化合物的性質。在本章的第二部分會探討到一些官能基，像是醇、醚、荃與酮、羧酸及胺等。

請注意：所有碳氫化合物的結構都符合八隅體規則。

大多數的有機物源自於**碳氫化合物** (hydrocarbons)，其命名乃是因為它們僅僅只由氫與碳所組成。碳氫化合物可以根據其結構的不同而分為兩大類——脂肪族與芳香族，其中**脂肪烴** (aliphatic hydrocarbons) 不含苯 (也稱為苯環)，但**芳香烴** (aromatic hydrocarbons) 則至少含有 1 個苯環。

19.2 脂肪烴

脂肪烴又可細分為接下來要討論的烷類、烯類及炔類 (圖 19.1)。

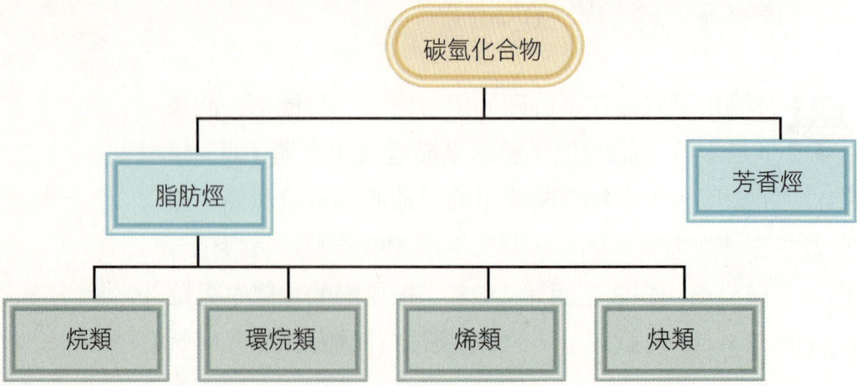

圖 19.1 碳氫化合物的分類。

烷 類

烷類 (alkanes) 的通式為 C_nH_{2n+2} (n = 1, 2, ...)，這一類碳氫化合物的主要特徵是分子內的鍵結形式只有共價單鍵而已，且因為鍵結在碳原子上的氫原子數目已達飽和之緣故，所以它們也被稱作**飽和碳氫化合物** (saturated hydrocarbons)。

分子量最小的烷類 (n = 1) 叫作甲烷，這是一種由厭氧菌將蔬菜在水中分解後所形成的天然物質，由於它最早是在沼澤中被發現的，所以也叫「沼氣」。此外，自然界中還有另一種製造甲烷的方式——就是利用白蟻，當這種昆蟲蛀蝕木頭時，活在其消化系統中的微生物會將纖維素 (木頭的主要成分) 分解為甲烷、二氧化碳及其他化合物，經過初步估計，每年大約有一億七千萬噸的甲烷是由白蟻所生產出來的！雖然這聽起來很不合理，但卻已經得到證實；當然，在處理穢物的過程中也會製造出甲烷，而市售的甲烷則是從天然氣當中所提煉出來的。

白蟻為甲烷的天然來源之一。

圖 19.2 顯示出分子量最小的 4 種烷類 (n = 1 至 n = 4) 與其結構，所謂的天然氣就是由其中的甲烷、乙烷及少量丙烷混合而成。事實上，所有烷類中的碳原子都是 sp^3 混成，其鍵結性質如同我們在第十章所討論過的甲烷一樣；而乙烷與丙烷的結構很簡單，對它們來說，碳原子間的排列方式只有一種。不過，丁烷就不同了，由於它有兩種排列形式，所以能夠形成**結構異構物** (structural isomers) (也就是具有相同分子式，但結構不同的分子)——正丁烷與異丁烷，我們可以將烷類的結構異構物依照其結構之不同來加以分類。以丁烷為例，因為正丁烷中的碳原子會一個接一個的形成長鏈，所以是直鏈烷類；但像異丁烷這樣的分

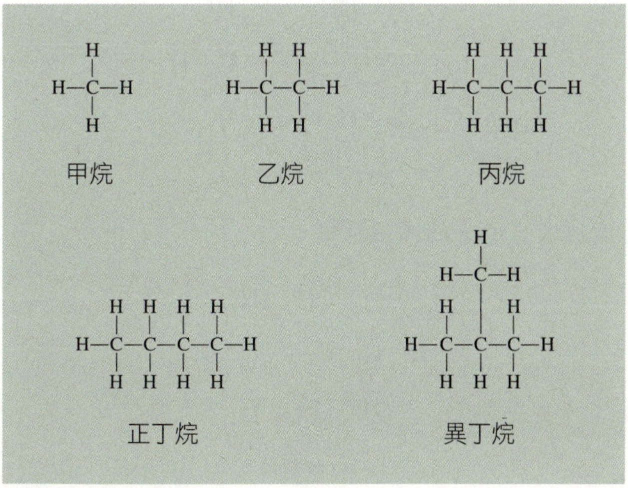

圖 19.2 分子量最小的 4 種烷類 (n = 1 至 n = 4) 與其結構，其中丁烷具有兩種不同的結構異構物。

子，由於有碳原子同時與其他 3 個以上的碳原子鍵結，所以稱為支鏈烷類。

當烷類分子中的碳原子數目增加時，其異構物數目也會急速地上升。舉例來說，丁烷 (C_4H_{10}) 只有 2 種異構物、癸烷 ($C_{10}H_{22}$) 有 75 種異構物，但三十烷 ($C_{30}H_{62}$) 卻可能會有超過 4 億種 (4×10^8) 的異構物！當然，它們大多數並不存在於自然界中，也從未被合成出來過，但這個數字卻有助於解釋為什麼碳比其他元素更常出現在化合物當中。

例題 19.1 可以幫助我們學習如何計算烷類之結構異構物的數目有多少。

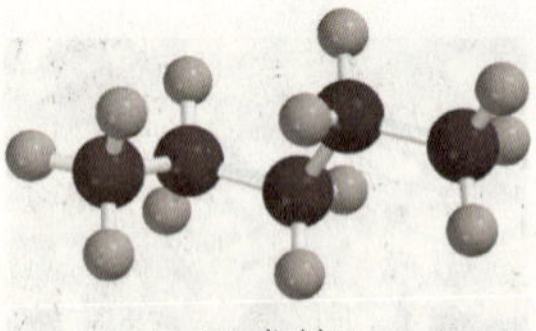

正戊烷

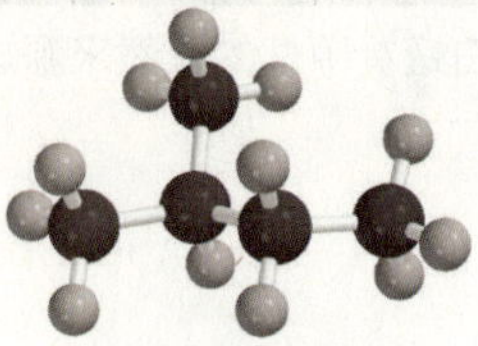

2-甲基丁烷

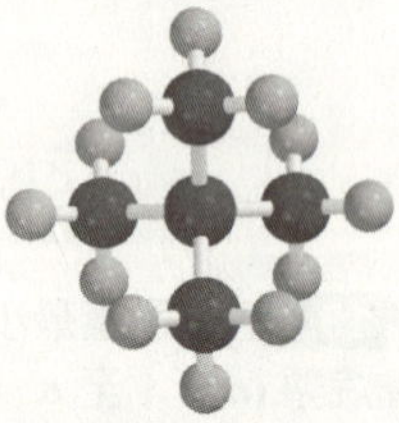

2,2-二甲基丙烷

例題 19.1

戊烷 (C_5H_{12}) 的結構異構物有幾種？

策　略

對於小分子碳氫化合物 (碳原子在 8 個以下) 而言，要找出所有的結構異構物比較簡單，只要一個一個畫出來即可。

解　答

首先，要畫出其直鏈結構：

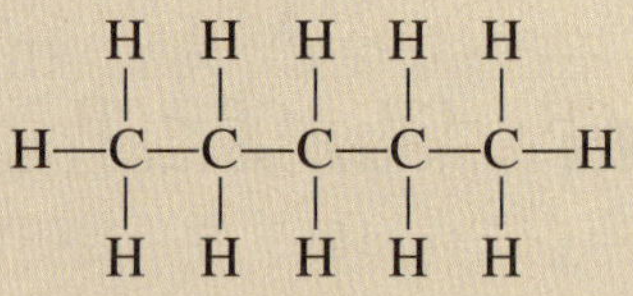

正戊烷
(沸點：攝氏 36.1 度)

接著是支鏈結構：

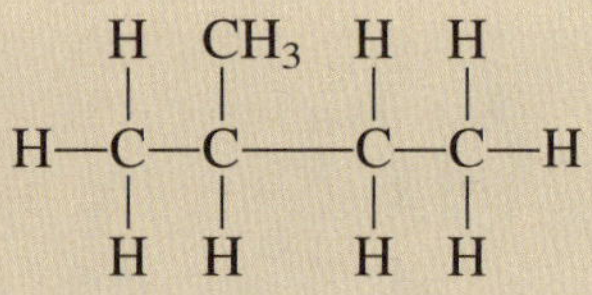

2-甲基丁烷
(沸點：攝氏 27.9 度)

然後盡可能地畫出所有的支鏈結構：

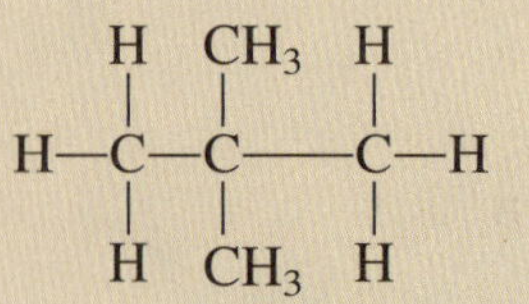

2, 2-二甲基丙烷
(沸點：攝氏 9.5 度)

針對分子式為 C_5H_{12} 的烷類，我們已經沒有辦法再畫出其他結構了，因此戊烷有 3 種異構物，雖然它們的結構不相同，但碳原子與氫原子的數目並沒有差異。

練習題

己烷 (C_6H_{14}) 的結構異構物有幾種？

表 19.1 列出分子量最小的 10 種直鏈烷類之熔點與沸點，由於分散力變強的緣故 (見 11.2 節)，沸點會隨著分子體積的變大而上升，因此前 4 種在室溫時為氣體，其餘則為液體。

烷類的命名

烷類及其他有機化合物的英文命名都是根據國際理論與應用化學聯合會 (IUPAC) 的建議來進行，但中文的部分則略有不同，以分子量最小的 10 種烷類為例，乃是以天干的順序來將其命名。IUPAC 的命名規則如下：

1. 碳氫化合物的主要名稱取決於分子中最長之碳鏈的碳原子個數，因此下列化合物中，最長的碳鏈裡有 7 個碳原子，故名為庚烷：

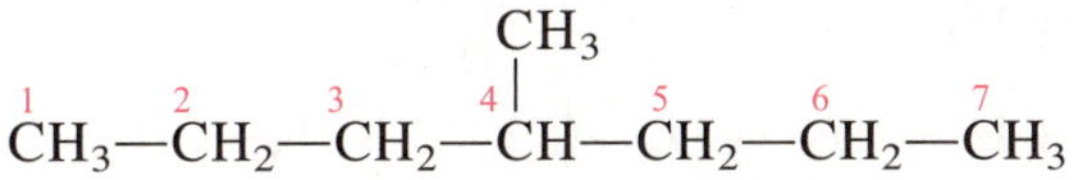

2. 將烷類移去 1 個氫原子後即形成烷基，舉例來說，當移去甲烷的 1 個氫原子後便形成—CH_3 的片段，我們稱為甲基；同樣地，將乙烷分子移去 1 個氫原子後即形成乙基 (—C_2H_5)。表 19.2 列出數種常

表 19.1 分子量最小的 10 種直鏈烷類

碳氫化合物的名稱	分子式	碳原子數目	熔點 (°C)	沸點 (°C)
甲烷	CH_4	1	−182.5	−161.6
乙烷	$CH_3—CH_3$	2	−183.3	−88.6
丙烷	$CH_3—CH_2—CH_3$	3	−189.7	−42.1
丁烷	$CH_3—(CH_2)_2—CH_3$	4	−138.3	−0.5
戊烷	$CH_3—(CH_2)_3—CH_3$	5	−129.8	36.1
己烷	$CH_3—(CH_2)_4—CH_3$	6	−95.3	68.7
庚烷	$CH_3—(CH_2)_5—CH_3$	7	−90.6	98.4
辛烷	$CH_3—(CH_2)_6—CH_3$	8	−56.8	125.7
壬烷	$CH_3—(CH_2)_7—CH_3$	9	−53.5	150.8
癸烷	$CH_3—(CH_2)_8—CH_3$	10	−29.7	174.0

表 19.2 常見的烷基

名稱	結構式
甲基	$-CH_3$
乙基	$-CH_2-CH_3$
正丙基	$-CH_2-CH_2-CH_3$
正丁烷	$-CH_2-CH_2-CH_2-CH_3$
異丙基	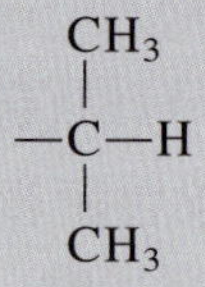
新丁基	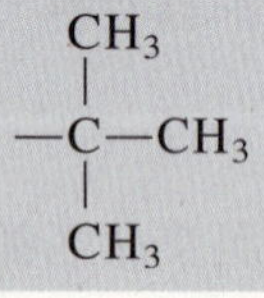

見烷基的名稱，最長之碳鏈外的側鏈便是以此方式命名。

3. 當有 2 個以上的氫原子被其他官能基給取代時，在化合物的命名裡，必須指出所有被取代之碳原子的位置，以數字小的為優先，以下列同一化合物的兩種命名方式為例：

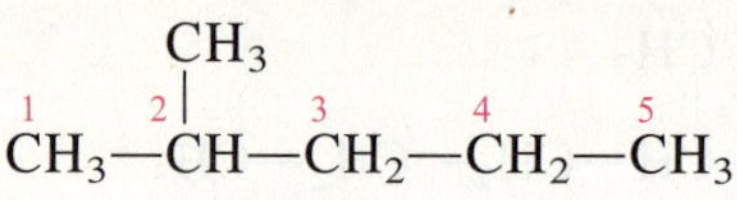

2-甲基戊烷

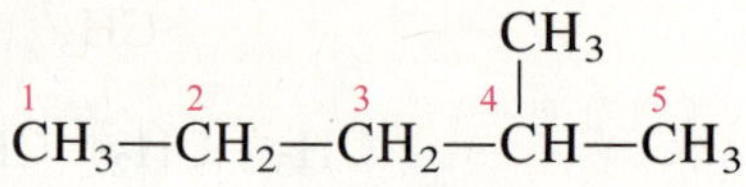

4-甲基戊烷

此化合物的正確名稱為 2-甲基戊烷，而非 4-甲基戊烷，因為甲基是在戊烷鏈的 2 號位置，所以左邊的化合物命名方式才正確，在右邊，甲基是出現在戊烷鏈的 4 號位置。

4. 當相同的烷基重複出現在側鏈時，我們要將它們的數目標示出來，如下列範例：

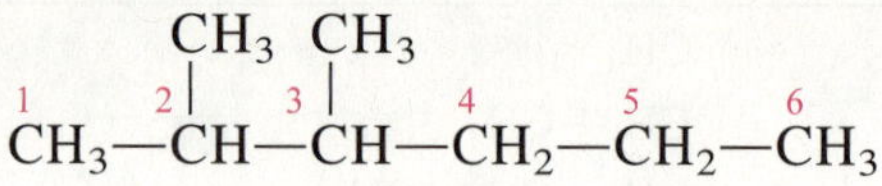

2,3-二甲基己烷

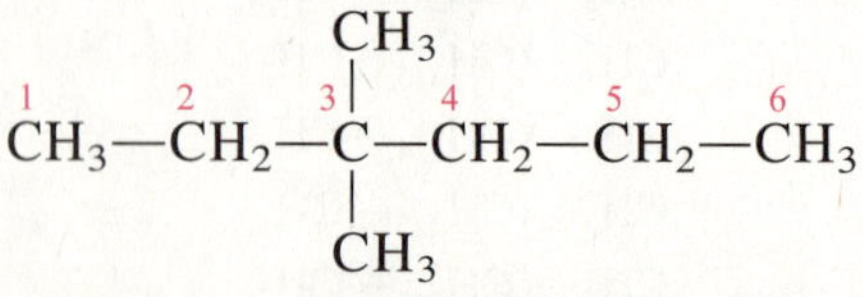

3,3-二甲基己烷

當出現兩組以上的烷基時，以其英文名稱的頭一個字母來依序命

名，例如：

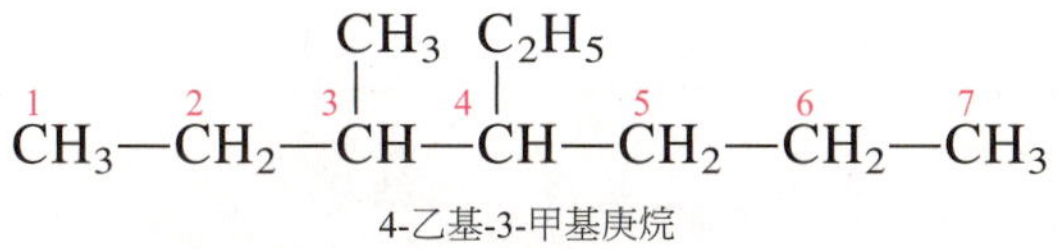

4-乙基-3-甲基庚烷

5. 當然，烷類也可以同時有數種不同的取代基。表 19.3 列出包括硝基與溴在內的一些取代基名稱，下列化合物

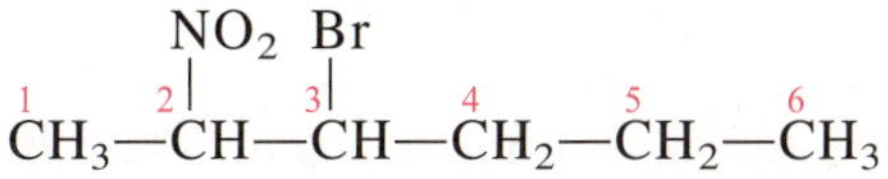

為 3-硝基-2-溴己烷，其命名方式乃是依照取代基英文名稱的頭一個字母來排序，並根據其所在的位置，以碳的數字小者為優先。

表 19.3 常見的取代基名稱

官能基	名稱
$—NH_2$	胺基
—F	氟
—Cl	氯
—Br	溴
—I	碘
$—NO_2$	硝基
$—CH{=}CH_2$	乙烯基

例題 19.2

請寫出下列化合物的 IUPAC 命名：

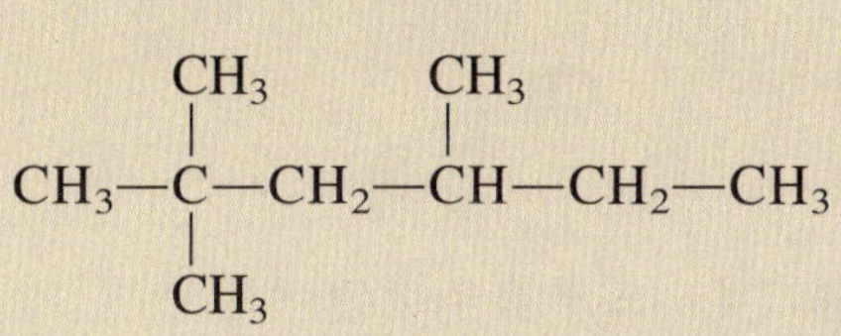

策 略

我們根據 IUPAC 的規則與表 19.2 中的資訊來命名此化合物，在最長的碳鏈中有幾個碳原子呢？

解 答

因為在最長的碳鏈中有 6 個碳原子，所以此化合物的主要名稱為己烷。請注意：在 2 號碳上有 2 個甲基，4 號碳上有 1 個甲基：

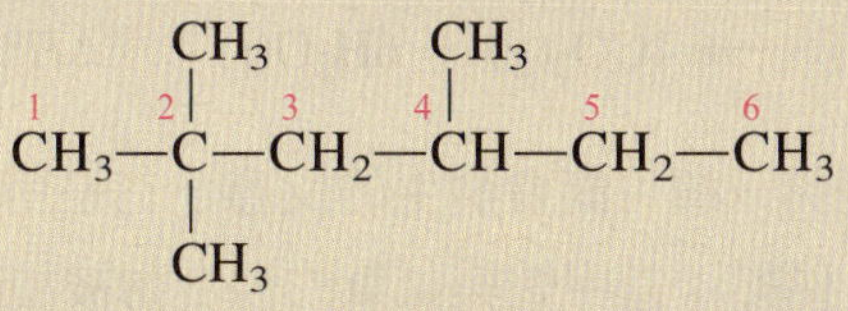

因此，我們將之命名為 2,2,4-三甲基己烷。

類題：19.6。

練習題

請寫出下列化合物的 IUPAC 命名：

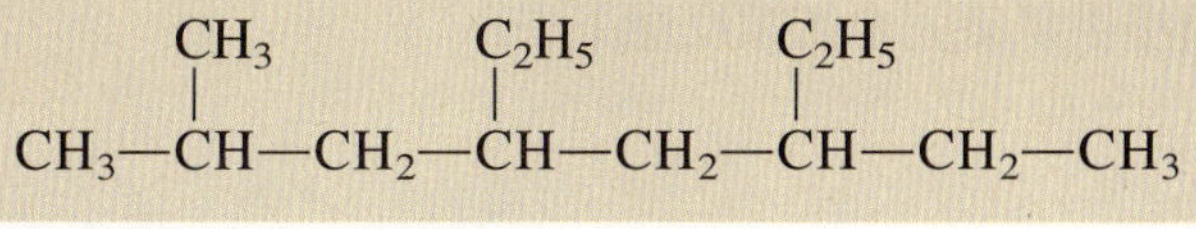

例題 19.3 可以說明為什麼取代基的數目會影響命名結果。

例題 19.3

請畫出 2,2-二甲基-3-乙基戊烷的結構。

策　略

我們根據前述步驟與表 19.2 中的資訊來畫出此化合物的結構，在最長的碳鏈中有幾個碳原子呢？

解　答

二甲基的英文名稱為 dimethyl，其英文字母的頭一個字為 d，順序在乙基 (ethyl) 之前；由於此化合物在最長的碳鏈中有 5 個碳原子，另外還有兩個甲基在 2 號碳上，1 個甲基在 3 號碳上，所以其結構為

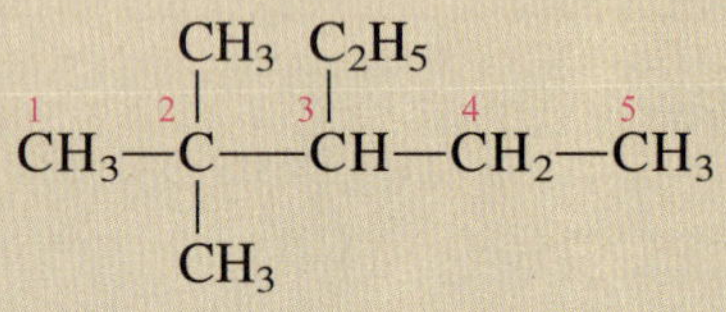

練習題

請畫出 5-乙基-2,4,6-三甲基辛烷的結構。

烷類的反應

一般而言，烷類的反應活性都不太好，必須要在適當條件下才會發生。烷類的燃燒反應早已被應用於工業製程與日常生活中，例如：天然氣、石油及燃油都是烷類，它們在燃燒後會放出大量的熱：

$$CH_4(g) + 2O_2(g) \longrightarrow CO_2(g) + 2H_2O(l) \qquad \Delta H^\circ = -890.4 \text{ kJ/mol}$$
$$2C_2H_6(g) + 7O_2(g) \longrightarrow 4CO_2(g) + 6H_2O(l) \qquad \Delta H^\circ = -3119 \text{ kJ/mol}$$

烷類的**鹵化**是另一種可能會發生的反應，它是用鹵素原子來取代 1 個以上的氫原子，例如：當甲烷與氯氣的混合物被加熱至攝氏 100 度以上 (或接受特定波長的光照) 時就會產生甲基氯 (methyl chloride)：

甲基氯、亞甲基氯及氯仿的系統性命名方式依序為：氯甲烷、二氯甲烷及三氯甲烷。

$$CH_4(g) + Cl_2(g) \longrightarrow \underset{\text{甲基氯}}{CH_3Cl(g)} + HCl(g)$$

這時若持續提供氯氣就會繼續反應下去：

$$CH_3Cl(g) + Cl_2(g) \longrightarrow \underset{\text{亞甲基氯}}{CH_2Cl_2(l)} + HCl(g)$$
$$CH_2Cl_2(l) + Cl_2(g) \longrightarrow \underset{\text{氯仿}}{CHCl_3(l)} + HCl(g)$$
$$CHCl_3(l) + Cl_2(g) \longrightarrow \underset{\text{四氯化碳}}{CCl_4(l)} + HCl(g)$$

有大量實驗證據顯示氯化反應剛開始時的初始步驟如下：

$$Cl_2 + \text{能量} \longrightarrow Cl\cdot + Cl\cdot$$

因此，我們知道氯分子的鍵焓為 242.7 kJ/mol，而打斷甲烷中的碳—氫鍵則需要 414 kJ/mol，因此當加熱此混合物或照光時，氯分子中的共價鍵會優先斷裂並產生兩個氯原子。

氯原子是**自由基**，也就是含有未成對電子 (以 · 表示)，因此它的反應活性很強，會以下列方式與甲烷分子反應：

$$CH_4 + Cl\cdot \longrightarrow \cdot CH_3 + HCl$$

此反應會產生氯化氫與甲基自由基 ($\cdot CH_3$)，由於後者的反應活性也很大，所以會繼續和氯分子反應產生甲基氯與另一個氯原子：

$$\cdot CH_3 + Cl_2 \longrightarrow CH_3Cl + Cl\cdot$$

我們也可以用同樣的方式來說明為什麼甲基氯會反應產生亞甲基氯與其他物質。當然，真實的反應機構會比上述情況來得更複雜，因為會有一些生成其他產物的「副反應」發生，例如：

$$Cl\cdot + Cl\cdot \longrightarrow Cl_2$$
$$\cdot CH_3 + \cdot CH_3 \longrightarrow C_2H_6$$

有氫原子被鹵素原子取代的烷類叫作**鹵烷**，在許多的鹵烷當中，氯仿 ($CHCl_3$)、四氯化碳 (CCl_4)、二氯甲烷 (CH_2Cl_2) 及氟氯碳化物是最為人所熟知的。

氯仿是一種具揮發性、微甜的液體，過去常被拿來當作麻醉劑使用。然而，由於它的毒性很強 (會造成肝、腎及心臟的嚴重損害)，所以現在已經被其他化合物取代了；四氯化碳也是有毒物質，我們可以拿它當作清潔劑來去除衣服上的油脂；而二氯甲烷則是萃取出咖啡中的咖啡因並作為擦拭油漆時的溶劑。

含取代基之烷類的光學異構化

光學異構物指的是彼此不可能完全重疊 (nonsuperimposable) 的化合物，圖 19.3 分別顯示兩種含取代基的甲烷——CH_2ClBr 與 CHFClBr 及其鏡像之透視圖。CH_2ClBr 的兩鏡像分子可完全重疊在一起，但對 CHFClBr 來說，無論我們怎麼轉動分子都做不到這一點，因此 CHFClBr 為掌性 (chiral) 分子。簡單的鏡像分子大多至少具有 1 個不對稱的碳原子——也就是和 4 個 (群) 不同原子鍵結的碳原子。

例題 19.4

下列分子具有掌性嗎？

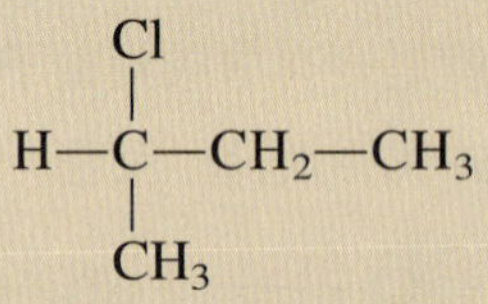

策　略

想想掌性定義，再來看中心的碳原子對不對稱？有沒有 4 個 (群) 不同的原子跟它鍵結呢？

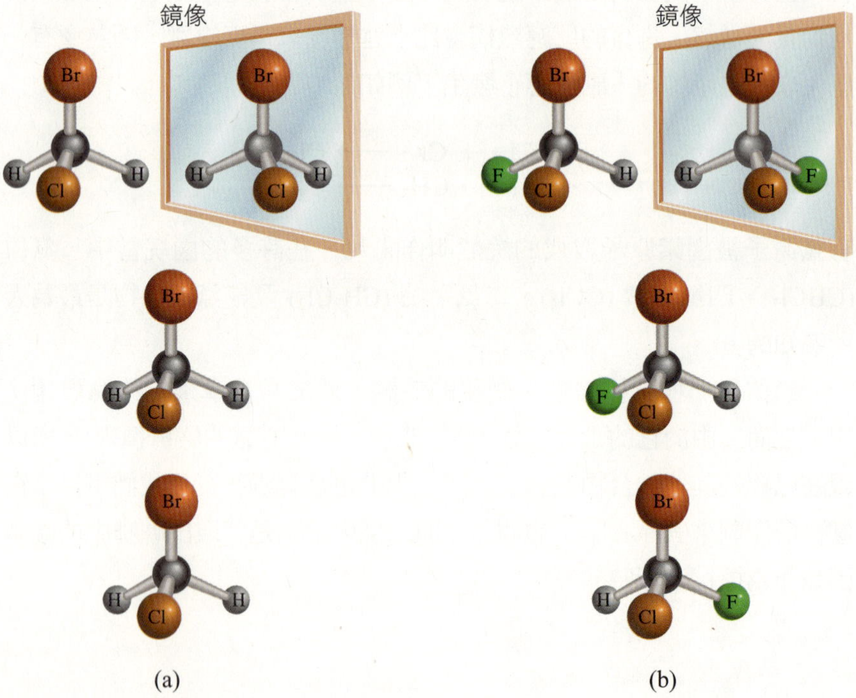

圖 19.3 (a) CH_2ClBr 分子及其鏡像，因為它們可以完全重疊在一起，所以此分子不具有掌性；(b) CHFClBr 分子及其鏡像，因為無論我們怎麼轉動分子也無法使它們完全重疊在一起，所以此分子具有掌性。

解　答

我們發現中心的碳原子分別與氫原子、氯原子、甲基 (—CH_3) 與乙基 (—CH_2—CH_3) 鍵結，所以它並不對稱，此分子具有掌性。

練習題

下列分子具有掌性嗎？

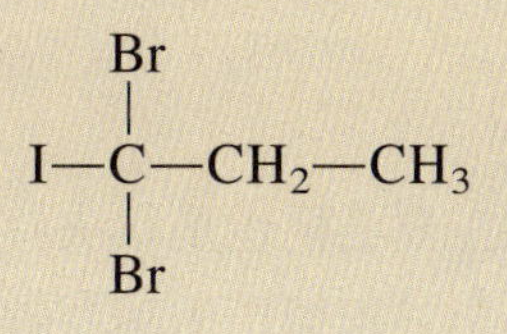

環烷類

碳原子相連成環狀的烷類叫作**環烷** (cycloalkanes)，它們的通式為 C_nH_{2n} (n = 3, 4, ...)，分子量最小的環烷為環丙烷 (C_3H_6) (圖 19.4)。生物體中許多的物質都是環狀系統，像是膽固醇 (cholesterol)、睪酮素 (testosterone) 及黃體素 (progesterone) 等；根據理論分析的結果顯示，環己烷有兩種張力相對較小的構形 (圖 19.5)，其中最穩定者為椅型 (chair form)。此處的「張力」(strain) 是指當分子悖離 sp^3 混成軌域該有的形狀時，碳—碳鍵被壓縮、拉伸或扭曲的程度。

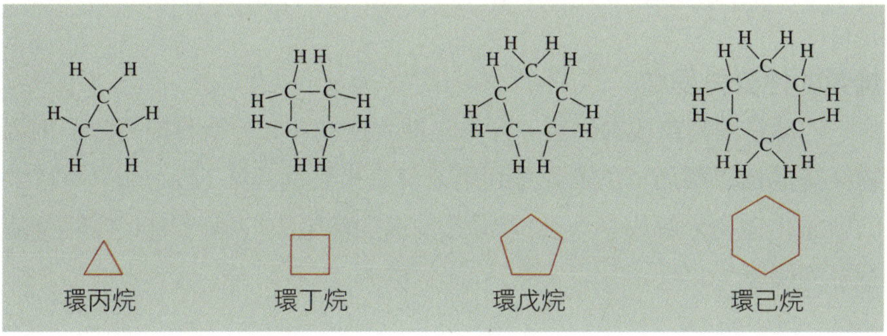

圖 19.4 分子量最小的四種環烷類結構及其簡單表示法。

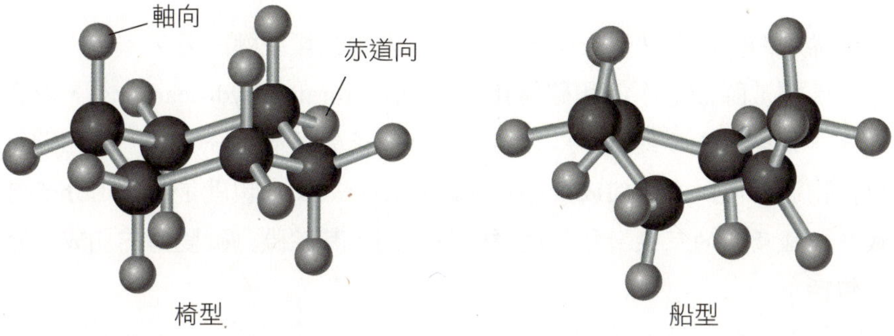

圖 19.5 環己烷分子有很多種構形，其中最穩定的兩種為椅型與船型。此外，氫原子也有兩種座向，分別為軸向 (axial) 與赤道向 (equatorial)。

烯　類

烯類 (alkenes；也稱作烯烴) 含有至少 1 組以上的碳—碳雙鍵，它們的通式為 C_nH_{2n} (n = 2, 3, ...)，分子量最小的烯類為乙烯 (C_2H_4)，它的兩個碳原子都是 sp^2 混成，而雙鍵則是由 1 個 π 鍵與 1 個 σ 鍵所組成 (參考 10.5 節)。

烯類的命名

和烷類一樣，烯類的主要名稱也是取決於分子中最長之碳鏈裡的碳原子個數 (見表 19.1)，但另外還要指出碳—碳雙鍵所在的位置，仍然以數字小的優先，如下所示：

$$CH_2{=}CH{-}CH_2{-}CH_3 \qquad H_3C{-}CH{=}CH{-}CH_3$$

1-丁烯　　2-丁烯

當某烯類具有幾何異構物時，就得要在命名裡指出它是「順式」或「反式」：

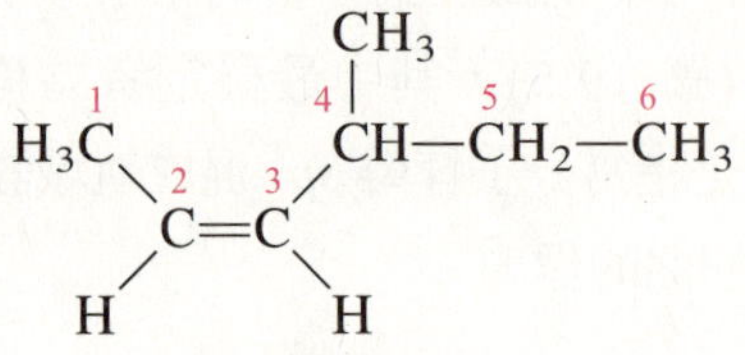

4-甲基-順-2-己烯

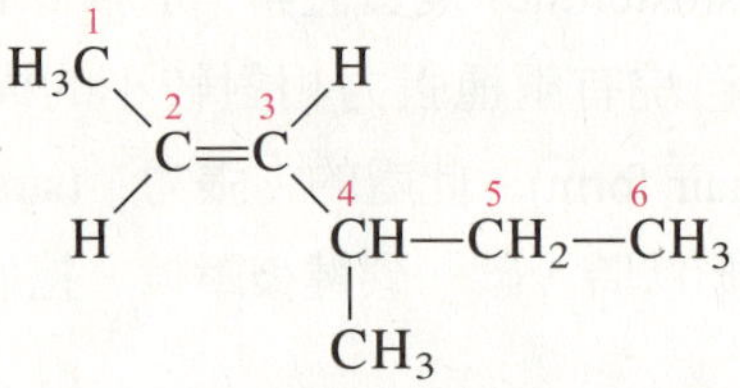

4-甲基-反-2-己烯

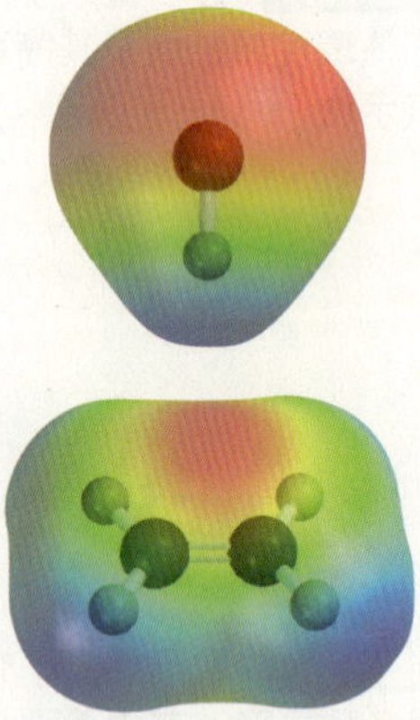

氯化氫與乙烯的加成反應。在氯化氫分子中，較為帶正電的一端 (藍色) 會優先與乙烯分子內電子密度較高的區域 [碳—碳雙鍵中 π 電子所在的位置 (紅色)] 產生作用。

烯類的性質與反應

乙烯是非常重要的物質，因為它被大量地拿來製造有機高分子化合物與其他化學藥品，工業界是利用裂解法來製備乙烯 (透過加熱將較大的碳氫化合物分解成小分子)，當乙烷被加熱至大約攝氏 800 度時會進行下列反應：

$$C_2H_6(g) \xrightarrow{\text{Pt 催化劑}} CH_2{=}CH_2(g) + H_2(g)$$

其他烯類的製備方法也一樣，只要將更大的烷類裂解即可。

烯類被歸類為**不飽和碳氫化合物** (unsaturated hydrocarbons)，即具有碳—碳雙鍵或參鍵、可以再與其他氫原子鍵結的化合物。不飽和碳氫化合物通常可以進行**加成反應** (addition reactions)，也就是結合兩分子變成另一種產物的反應。氫化反應即為一例，其餘碳—碳雙鍵的加成反應還包括：

$$C_2H_4(g) + HX(g) \longrightarrow CH_3{-}CH_2X(g)$$
$$C_2H_4(g) + X_2(g) \longrightarrow CH_2X{-}CH_2X(g)$$

其中 X 為鹵素 (氯、溴或碘)。

照理說，將鹵化氫加成到具不對稱結構的烯類 (如丙烯) 時會得到兩種產物：

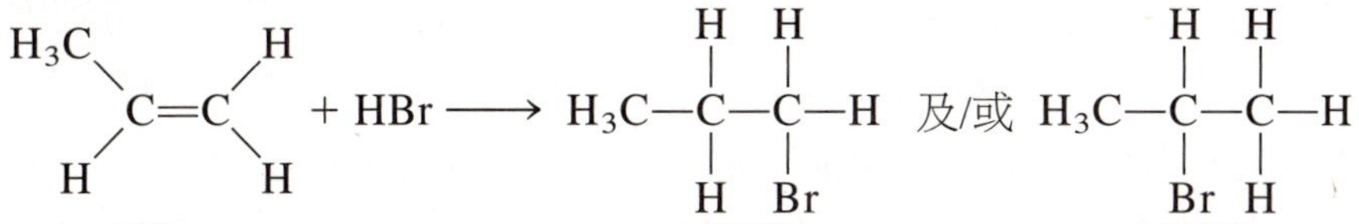

丙烯　　1-溴丙烷　　2-溴丙烷

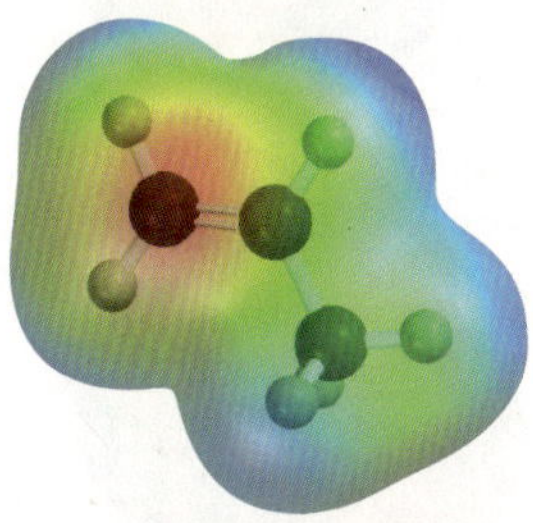

在丙烯中，亞甲基 ($—CH_2^-$) 上的碳電子密度較高。

然而，實際的產物卻只有 2-溴丙烷而已。當反應中具有結構不對稱的烯類或是其他試劑時，都會看到相同現象。在西元 1871 年，馬可尼可夫[1] 提出一種普遍性假設來幫助我們預期加成反應的產物為何，此通則就是現在大家所知的**馬可尼可夫法則**，將具不對稱結構 (或高極性) 的試劑加成至烯類時，試劑中較為帶正電的片段 (通常為氫) 會加成至鍵結較多氫原子的碳原子上。

烯類幾何異構物

對於乙烷 (C_2H_6) 來說，碳—碳單鍵 (σ 鍵) 兩側的甲基可以非常自由地旋轉，不過像乙烯 (C_2H_4) 這種具有碳—碳雙鍵的分子就不同了，因為在兩碳原子間除了 σ 鍵之外還有 1 個 π 鍵，如果它們硬要旋轉的話，σ 鍵當然不會受到影響，但兩組 $2p_z$ 軌域的重疊就會受到干擾，導致部分 (甚至全部) π 鍵受到破壞 (見圖 10.16)；由於必須吸收 270 kJ/mol 的能量才能達到此目的，所以，雖然碳—碳雙鍵的旋轉並非不可能發生，但是一定會受到相當程度的限制——結論就是，含有碳—碳雙鍵的分子 (例如烯類) 可能會有幾何異構物，在不破壞化學鍵的情況下，它們彼此無法互相轉換。

氯乙烯 (ClHC═CHCl) 分子有兩種幾何異構物——順-二氯乙烯與反-二氯乙烯：

1 馬可尼可夫 (Vladimir W. Markovnikov, 1838~1904)，俄國化學家。馬可尼可夫直到死前一年才發表他對烯類的加成反應之發現。

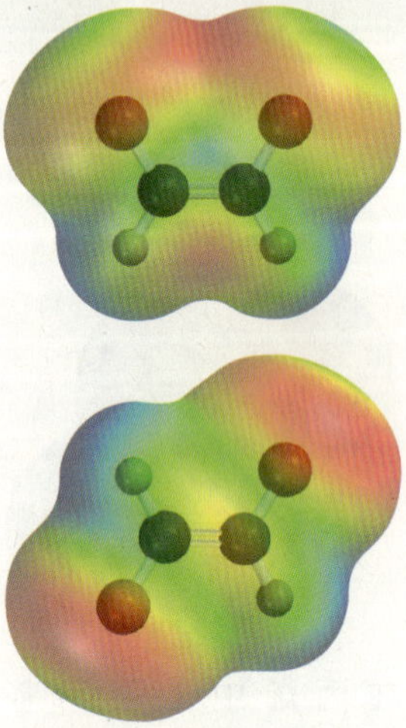

對於順-二氯乙烯 (上) 來說，由於鍵矩無法彼此抵銷，故分子具有極性；另一張圖對應的是非極性的反-二氯乙烯分子 (下)。

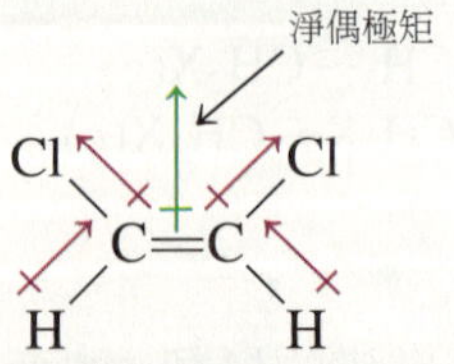

順-二氯乙烯
$\mu = 1.89$ D
沸點：攝氏 60.3 度

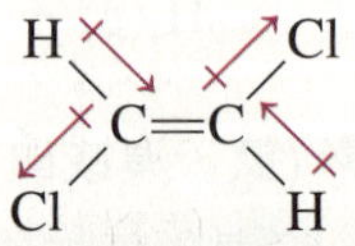

反-二氯乙烯
$\mu = 0$
沸點：攝氏 47.5 度

其中順代表兩個 (群) 特定的原子位於同一側，而反則代表它們分別處在相對位置上。一般來說，順、反異構物會具有明顯不同的物理與化學性質，我們常透過加熱或照光的方式來轉換幾何異構物的構形，此過程稱為**順-反異構化**或**幾何異構化**。如圖中數據所示，所謂的偶極矩 (μ) 可以用來分辨不同的幾何異構物，通常順式異構物會有偶極矩，但反式則否。

視覺成像過程中的順—反異構化。視網膜色素 (rhodopsin) 是視網膜 (retina) 中負責反應入射光線的分子 (如圖 19.6 所示)，其組成含可分為兩大部分：具光敏感性的 11-順-視黃醛 (retinal) 與視蛋白 (opsin) 分子。它們是以共價的方式鍵結在一起，當接收具有可見光能量的光子之後，前者的碳—碳 π 鍵會被打斷而進行異構化，若再搭配其他碳—碳 σ 鍵的自由旋轉，就會形成具全反式結構的視黃醛，這時伴隨而生的一組電子脈衝會被傳遞至大腦並形成視覺影像；另一方面，全反式視黃醛的形狀與視蛋白結合區 (binding site) 並不吻合，因此這種反式異構物會逐漸地與蛋白質分離，並在一段時間之後又被某種酶轉變回它的順式異構物——11-順-視黃醛 (於光線不存在的情況下)，然後再與視蛋白鍵結，並產生視網膜色素，以應付下一次的視覺成像。

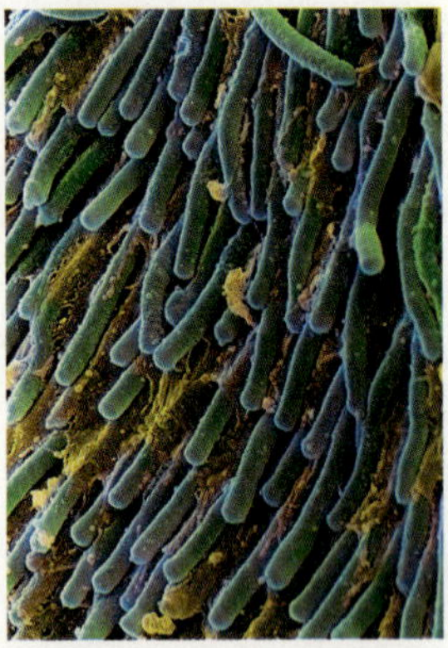

電子顯微鏡下的視網膜柱狀細胞 (內含視網膜色素)。

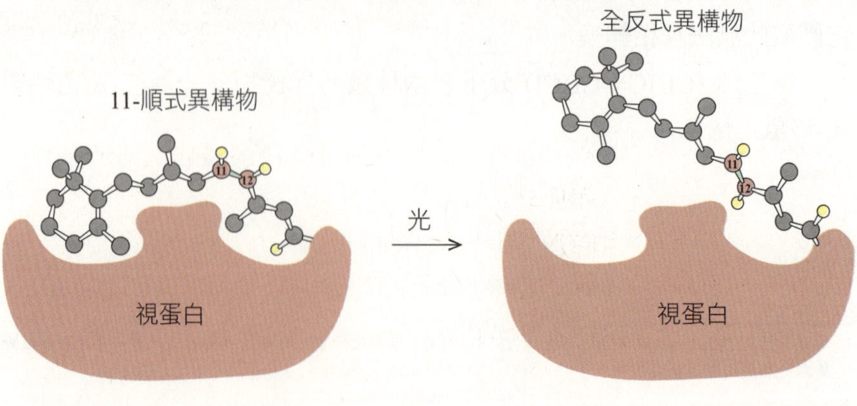

圖 19.6 形成視覺的主要過程——將視網膜色素中的 11-順-視黃醛轉換為它的全反式異構物。異構化發生在 11 與 12 號碳中的雙鍵 (為了簡化圖形，所有的氫原子都加以省略)，在沒有光線存在時，這種轉換每 1000 年只會發生 1 次！

炔 類

炔類 (alkynes) 含有至少 1 組以上的碳—碳參鍵。它們的通式為 C_nH_{2n-2} (n = 2, 3, ...)。

炔類的命名

還是一樣，炔類的主要名稱也是取決於分子中最長之碳鏈裡的碳原子個數 (見表 19.1 中關於烷類的命名)，然後也要指出碳—碳參鍵所在的位置，以數字小的優先，舉例來說：

$$\underset{\text{1-丁炔}}{HC{\equiv}C{-}CH_2{-}CH_3} \qquad \underset{\text{2-丁炔}}{H_3C{-}C{\equiv}C{-}CH_3}$$

炔類的性質與反應

分子量最小的炔類為乙炔 (C_2H_2)，它的結構與鍵結行為已經在 10.5 節討論過，乙炔是無色氣體 (沸點為攝氏零下 84 度)，可以從碳化鈣 (CaC_2) 與水的反應來製備：

$$CaC_2(s) + 2H_2O(l) \longrightarrow C_2H_2(g) + Ca(OH)_2(aq)$$

因為乙炔有很高的燃燒熱，所以在工業界的用途很廣泛：

$$2C_2H_2(g) + 5O_2(g) \longrightarrow 4CO_2(g) + 2H_2O(l) \quad \Delta H° = -2599.2 \text{ kJ/mol}$$

「乙炔焰」(oxyacetylene torch) 是一種非常高溫的火焰 (約攝氏 3000 度)，因此可以用來熔化金屬。

乙炔和烷類的不同之處在於其標準生成自由能為正值 (ΔG°_f = 209.2 kJ/mol)，因此它與碳、氫等元素相較之下並不穩定，有分解的傾向：

$$C_2H_2(g) \longrightarrow 2C(s) + H_2(g)$$

當有催化劑存在或處於高壓狀態下，上述反應會發生得很劇烈，且液態乙烯只要輕輕搖晃兩下就會爆炸，因此，基於安全考量，它在運送的過程中必須溶於丙酮之類的溶劑裡，並避免存放於高壓環境當中。

乙炔為不飽和碳氫化合物，將它氫化之後可以得到乙烯：

$$C_2H_2(g) + H_2(g) \longrightarrow C_2H_4(g)$$

它也可以和鹵化氫或鹵素進行下列反應：

$$C_2H_2(g) + HX(g) \longrightarrow CH_2{=}CHX(g)$$
$$C_2H_2(g) + X_2(g) \longrightarrow CHX{=}CHX(g)$$
$$C_2H_2(g) + 2X_2(g) \longrightarrow CHX_2{-}CHX_2(g)$$

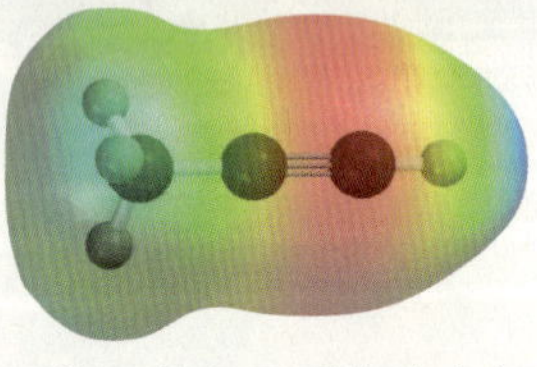

丙炔。此分子反應時會如何遵循馬可尼可夫法則呢？

分子量第二小的炔類為丙炔 ($CH_3—C≡C—H$)，它的反應形式跟乙炔類似。丙炔的加成反應會遵循馬可尼可夫法則：

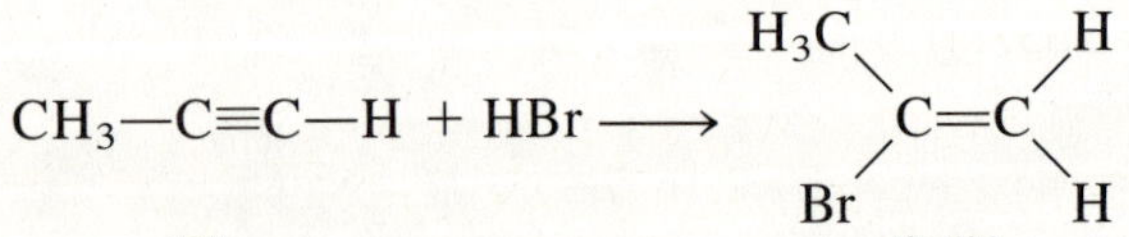

丙炔　　2-溴丙烯

19.3 芳香烴

這一類有機物質的主要成分為苯，它最早是由法拉第在西元 1826 年時所發現，不過化學家在接下來的 40 年裡卻一直弄不懂它的結構，此分子中只有少數原子，因此要滿足所有碳原子皆為四價的構形並不多，但當時所有想得到的結構都無法完美地解釋苯的性質。到了西元 1865 年時，才終於有凱庫勒[2] 提出苯分子具有環狀結構——由 6 個碳原子連接成環：

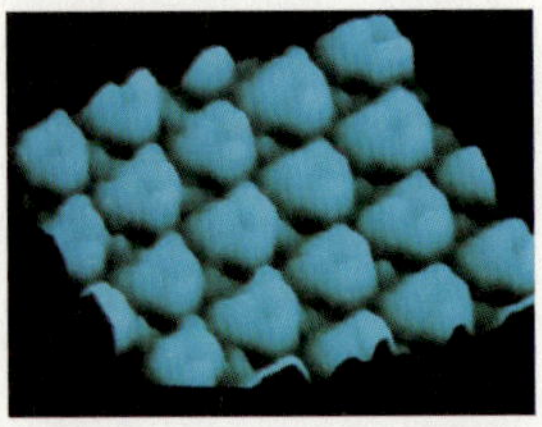

苯分子的電子顯微鏡影像清楚地呈現出環狀結構。

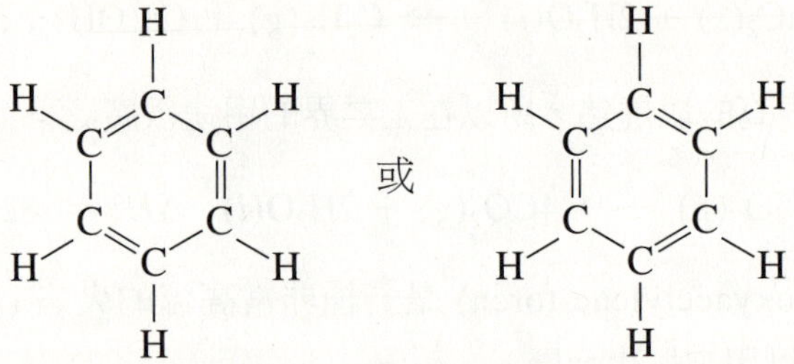

如同在 9.8 節中所說，苯的性質可以用上述兩種共振結構 [或分子軌域去定域化的觀念 (見第 424 頁)] 來完美地解釋：

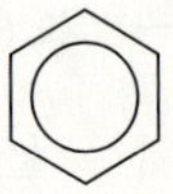

芳香族化合物的命名

當苯的 1 個氫被 1 個 (群) 原子給取代時，其命名方式如下：

2 凱庫勒 (August Kekulé, 1829~1896)，德國化學家。凱庫勒在迷上化學之前是建築系學生，有天他夢到一條蛇在追著自己的尾巴跳舞，因而解出苯的結構之謎。凱庫勒的貢獻是成功地建構出十九世紀的理論：有機化學。

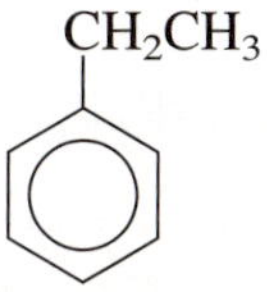
乙基苯

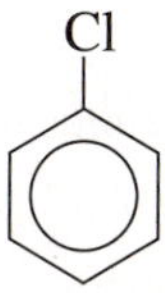
氯苯

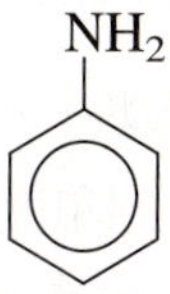
胺苯 (苯胺)

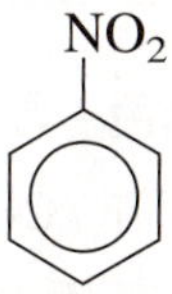
硝基苯

如果取代基的數目大於 1 時，我們必須指出第 2 組取代基所處的位置，碳的號碼可依照下列方式來加以標示：

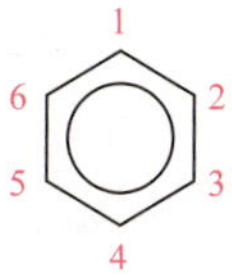

二溴苯有 3 種可能的結構：

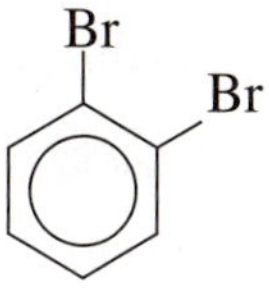
1,2-二溴苯
(鄰-二溴苯)

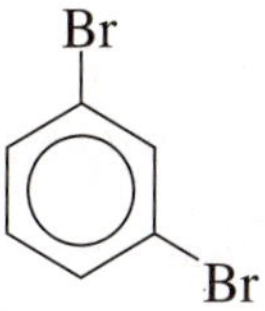
1,3-二溴苯
(間-二溴苯)

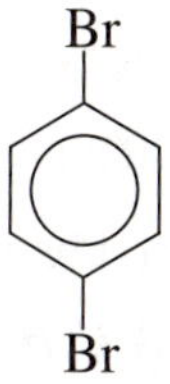
1,4-二溴苯
(對-二溴苯)

鄰 (ortho-)、間 (meta-) 及對 (para-) 可用來標註兩取代基間的相對位置 (如圖所示)，就算取代基不相同時，命名方式也沒有改變，因此下圖中的分子叫作 3-溴-硝基苯或間-溴-硝基苯：

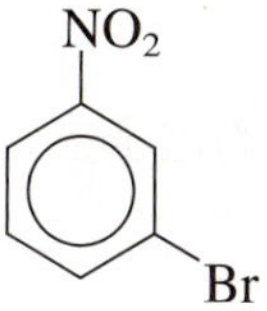

將苯移去 1 個氫後所形成的基團 ($—C_6H_5$) 為苯基，下列的分子叫作 2-苯基丙烷：

此化合物又叫作異丙基苯。

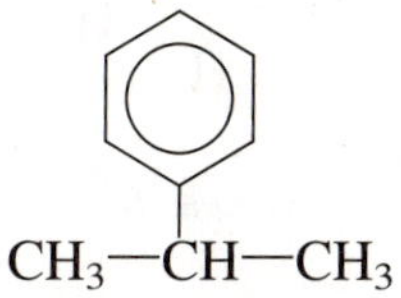

芳香族化合物的性質與反應

苯是無色、易燃的氣體，可以從石油醚或柏油中提煉得到，它與乙炔的簡式相同 (CH)、不飽和度也一樣，不過反應活性比乙烯與乙炔都要來得低；苯最重要的化學性質就是穩定，這是由於其電子完全去定域化的緣故。事實上，雖然它可以被氫化，但難度非常非常高，與烯類相較之下，下列反應必須要在很高的溫度與壓力下才會發生：

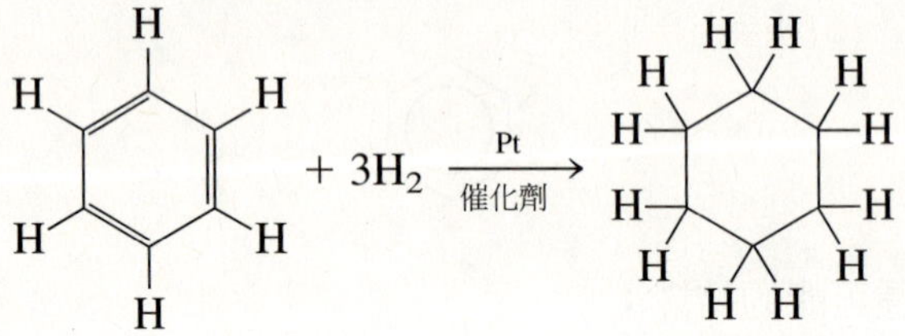

環己胺

我們之前有學過：烯類可以迅速地跟鹵素進行加成反應得到產物 (碳—碳雙鍵中的 π 鍵可以被輕易地破壞)，但鹵素與苯最常發生的反應卻是**取代反應** (substitution reaction) ——一種有 1 個 (群) 原子被另 1 個 (群) 原子置換掉的反應，舉例來說：

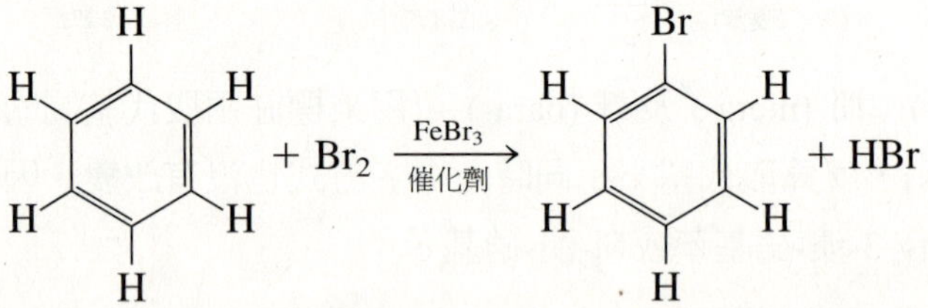

溴苯

請注意：加成反應會破壞產物的電子去定域化，使得此分子不再具有芳香烴的特徵——化學反應活性差：

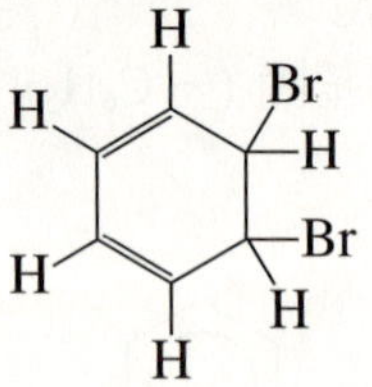

如果要把烷基接到環上，可以讓苯與鹵烷在氯化鋁的催化之下進行反應：

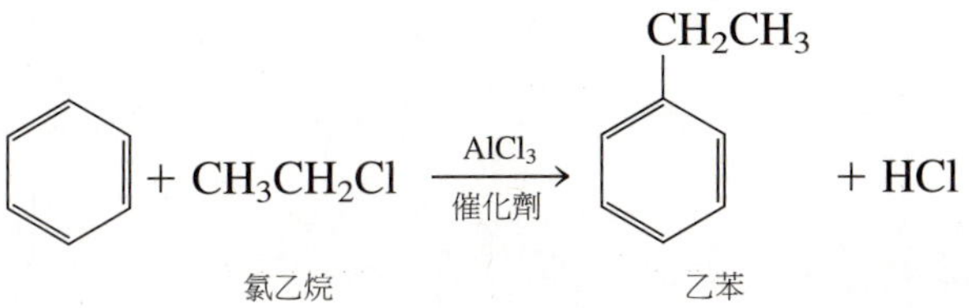

從結構上來看，如果將數個苯環熔接在一起可以形成很多種化合物，它們很多都存在於柏油之中，有一些多環化合物具有高致癌性，會使人類與動物得到癌症。圖 19.7 畫出一些多環芳香烴，這些化合物裡最有名的就是可以拿來製作樟腦丸的萘。

19.4 官能基的化學

我們現在要更進一步地探討官能基 (尤其是含氧、氮者)，因為化合物的反應活性絕大多數與其相關。

醇 類

醇類 (alcohols) 的共通官能基為羥基 (—OH)。圖 19.8 列出一些常見的醇類，包括目前大家熟知的乙醇 (或稱為乙基醇)。在無氧的條件下，細菌或酵母菌會藉由生物分解的方式將糖類或澱粉轉換成乙醇：

C_2H_5OH

$$C_6H_{12}O_6(aq) \xrightarrow{\text{酶}} \underset{\text{乙醇}}{2CH_3CH_2OH(aq)} + 2CO_2(g)$$

在此過程中所產生的能量可以供應微生物的成長及其他用途所需。

市售乙醇是在 300 atm、攝氏 280 度時將乙烯與水進行加成反應後所得：

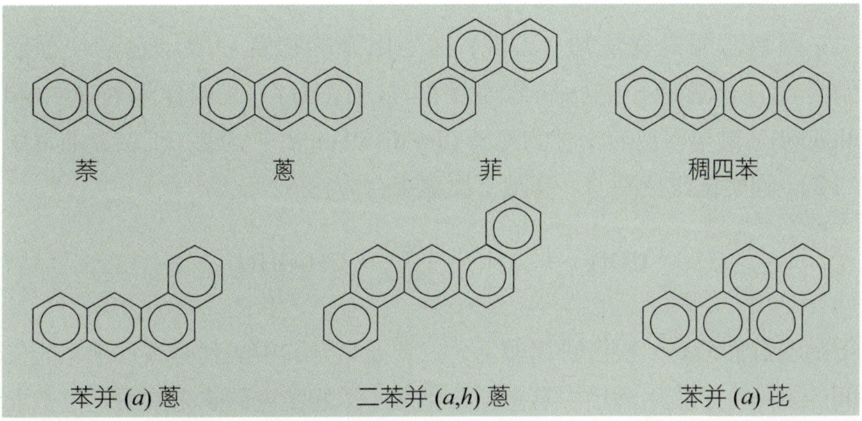

圖 19.7 多環芳香烴。標示*號的化合物具有高致癌性，自然界裡有很多這樣的化合物存在。

圖 19.8 常見的醇類。所有化合物都含有羥基，但苯酚 (phenol) 的性質與其他脂肪醇截然不同

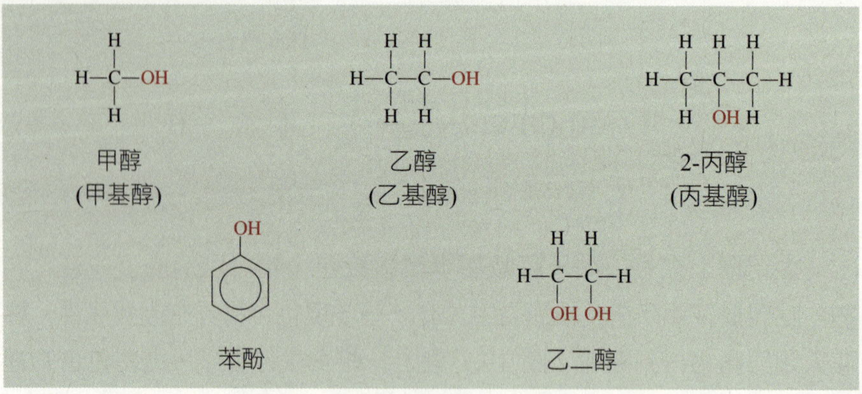

$$CH_2{=}CH_2(g) + H_2O(g) \xrightarrow{H_2SO_4} CH_3CH_2OH(g)$$

乙醇有著數不清的用途，包括：當作有機化學藥品的溶劑、製造染料的起始物，還有合成藥品、化妝品及爆裂物等。它也是酒精性飲品的關鍵成分，乙醇還是唯一不具有毒性 (應該說毒性很低) 的直鏈醇類；人體會製造一種叫作**酒精脫氫酶** (alcohol dehydrogenase) 的酵素 (enzyme)，它可以幫助我們在新陳代謝的過程中將乙醇氧化成乙醛：

$$CH_3CH_2OH \xrightarrow{\text{酒精脫氫酶}} \underset{\text{乙醛}}{CH_3CHO} + H_2$$

此方程式只是一種概念，真實情形當然比較複雜，其中的氫原子會被另外一個分子給取代，並不會產生氫氣。

見第 144 頁「生活中的化學」單元。

無機氧化劑 [例如：處於酸性條件下的重鉻酸根 ($Cr_2O_7^{2-}$)] 也可以將乙醇氧化成乙醛與醋酸：

$$CH_3CH_2OH \xrightarrow[H^+]{Cr_2O_7^{2-}} CH_3CHO \xrightarrow[H^+]{Cr_2O_7^{2-}} CH_3COOH$$

因為乙醇是從烷類 (乙烷) 衍生出來的物質，所以它是一種脂肪醇；分子量最小的脂肪醇是甲醇 (CH_3OH)，又叫作**木精** (wood alcohol)，最早得自於木材的乾餾 (dry distillation)，但現在工業界則是用二氧化碳與氫氣在高溫、高壓下反應來合成它：

$$CO(g) + 2H_2(g) \xrightarrow[\text{催化劑}]{Fe_2O_3} \underset{\text{甲醇}}{CH_3OH(l)}$$

甲醇的毒性很高。根據研究顯示，只要幾毫升的甲醇就有導致噁心與失明的風險，工業用酒精中常會加入甲醇，以避免人們拿來飲用，這些含

有甲醇或其他有毒物質的乙醇稱為**變性酒精** (denatured alcohol)。

醇類的酸性很弱，不會和強鹼 (如氫氧化鈉) 反應，但與鹼金屬反應後會產生氫氣：

比起水來，醇類與鈉的反應速率慢得多。

$$2CH_3OH + 2Na \longrightarrow \underset{\text{甲氧基鈉}}{2CH_3ONa} + H_2$$

但是它沒有鈉與水的反應那麼劇烈：

$$2H_2O + 2Na \longrightarrow 2NaOH + H_2$$

另外兩種常見的脂肪醇為 2-丙醇 (即藥用酒精) 與乙二醇，後者為抗凍劑，它的分子內有 2 個羥基，所以跟水分子形成氫鍵的效率比起只有 1 個羥基的分子要好 (見圖 19.8) ——其實大多數醇類都高度易燃——尤其是分子量小的醇類。

醚 類

醚類 (ethers) 的共通結構為 R—O—R′，其中 R 與 R′ 代表的是脂肪族或芳香族碳氫化合物。這一類物質可由含 RO^- 離子的醇鹽與鹵烷反應而成：

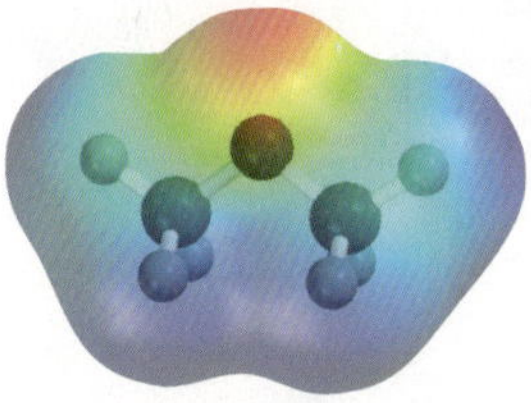

CH_3OCH_3

$$\underset{\text{甲氧基鈉}}{NaOCH_3} + \underset{\text{甲基溴}}{CH_3Br} \longrightarrow \underset{\text{二甲醚}}{CH_3OCH_3} + NaBr$$

工業界在大量製備二乙醚時所用的方法是將乙醇與硫酸共同加熱至攝氏 140 度：

$$C_2H_5OH + C_2H_5OH \longrightarrow C_2H_5OC_2H_5 + H_2O$$

這是一種**縮合反應** (condensation reaction)，可以將兩分子接在一起，並造成某小分子 (通常是水) 的離去。二乙醚簡稱「乙醚」，它可以讓中樞神經系統失去功能，造成意識的喪失，因此過去長期都被拿來當作麻醉劑使用。二乙醚最大的問題在於它會對呼吸系統造成刺激與產生噁心嘔吐的現象，現在最常用的麻醉劑為甲基丙基醚 ($CH_3OCH_2CH_2CH_3$)，這種東西造成的副作用比較少。

醚類和醇類一樣易燃，將它們暴露於空氣中可能會逐漸變成具爆炸性的過氧化物 (peroxide)，其結構為 —O—O—，分子量最小的過氧化物為過氧化氫 (H_2O_2)：

$$C_2H_5OC_2H_5 + O_2 \longrightarrow C_2H_5O\text{—}\overset{\displaystyle CH_3}{\underset{\displaystyle H}{C}}\text{—}O\text{—}O\text{—}H$$

二乙醚　　　　　　1-乙氧基乙基過氧化氫

醛與酮

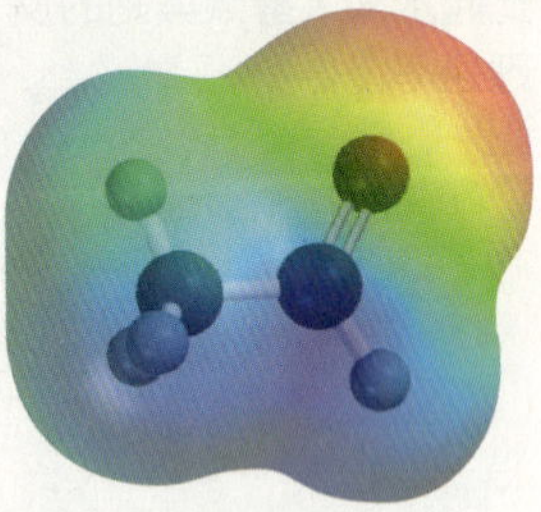

CH_3CHO

醇類在溫和的氧化條件下有可能會轉變成醛與酮：

$$CH_3OH + \tfrac{1}{2}O_2 \longrightarrow H_2C{=}O + H_2O$$

甲醛

$$C_2H_5OH + \tfrac{1}{2}O_2 \longrightarrow (H_3C)(H)C{=}O + H_2O$$

乙醛

$$CH_3\text{—}\overset{\displaystyle H}{\underset{\displaystyle OH}{C}}\text{—}CH_3 + \tfrac{1}{2}O_2 \longrightarrow (H_3C)(H_3C)C{=}O + H_2O$$

丙酮

這些化合物具有羰基 ($>C{=}O$)，對**醛類** (aldehyde) 來說，羰基的兩側至少還接了 1 個氫原子，而**酮類** (ketone) 則是與兩組碳氫化合物相連。

分子量最小的醛類為甲醛 ($H_2C{=}O$)，因為它很容易聚合 (將個別分子結合在一起形成分子量較大的化合物)，且在過程中會放出大量的熱，也具有爆炸性，所以在製備時必須以水當作溶劑，更需要用水來進行稀釋以利儲存；這種難聞的液體是高分子工業所使用的起始物之一，在實驗室裡也可以拿來當作保存動物樣本的防腐劑，有趣之處在於醛類的味道會隨著分子量的變大而變香，像肉桂醛 (cinnamic aldehyde) 就被人拿來製造香水：

肉桂醛是肉桂的特殊香味來源。

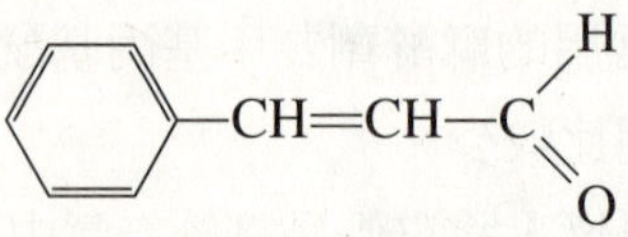

通常酮類的反應活性比醛類差，分子量最小的酮類為丙酮，它是一種聞起來很舒服的液體，主要拿來當作有機溶劑與去光水使用。

羧　酸

醇與醛都會在適當條件下被氧化成**羧酸** (carboxylic acids)，也就是含有羰基的酸，—COOH：

$$CH_3CH_2OH + O_2 \longrightarrow CH_3COOH + H_2O$$
$$CH_3CHO + \tfrac{1}{2}O_2 \longrightarrow CH_3COOH$$

這些反應的速度都很快，所以在保存開瓶過的酒時，要避免它接觸到空氣中的氧氣，不然很快就會酸掉變成醋酸。圖 19.9 畫出一些常見羧酸的結構。

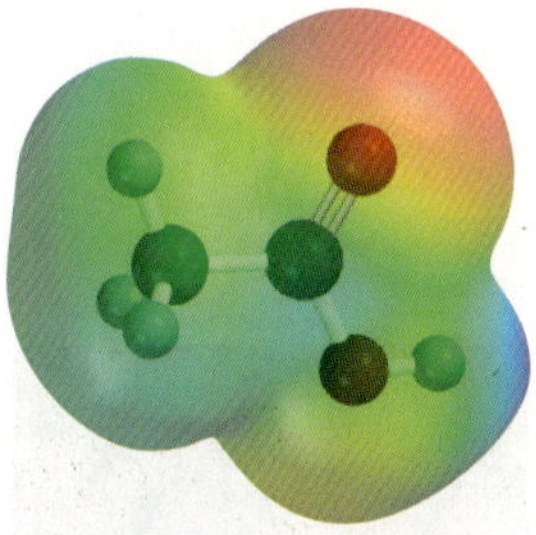

CH_3COOH

酒裡面的乙醇是受到酶之催化才會迅速地氧化成酸。

羧酸廣泛地存在於自然界的動、植物體內，因為所有蛋白質分子都是由胺基酸 [一種含有胺基 (—NH_2) 與羧基 (—COOH) 的特殊羧酸] 所構成。

但它們的酸性通常都很弱，和鹽酸、硝酸及硫酸這些無機酸並不相同。羧酸可以和醇類反應生成具有香味的酯類：

$$\underset{\text{醋酸}}{CH_3COOH} + \underset{\text{乙醇}}{HOCH_2CH_3} \longrightarrow \underset{\text{乙酸乙酯}}{CH_3-\overset{\overset{\displaystyle O}{\|}}{C}-O-CH_2CH_3} + H_2O$$

這是縮合反應。

其他羧酸常見的反應還有中和反應與醯鹵化反應：

$$CH_3COOH + NaOH \longrightarrow CH_3COONa + H_2O$$

$$CH_3COOH + PCl_5 \longrightarrow \underset{\text{乙醯氯}}{CH_3COCl} + HCl + \underset{\text{三氯氧磷}}{POCl_3}$$

醯鹵的反應性很好，是合成很多有機化合物時會用到的中間體，它們和許多非金屬鹵化物 [如四氯化矽 ($SiCl_4$)] 一樣會水解：

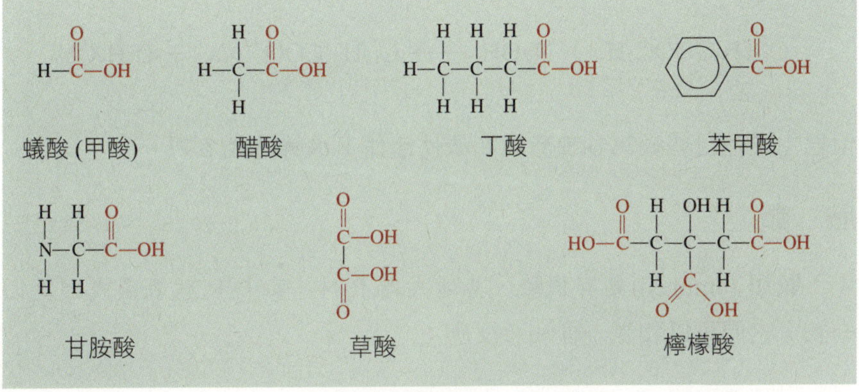

圖 19.9 常見的羧酸。請注意：這些化合物都含有 COOH 官能基。[甘胺酸 (glycine) 是從蛋白質中發現的胺基酸之一。]

$$CH_3COCl(l) + H_2O(l) \longrightarrow CH_3COOH(aq) + HCl(g)$$
$$SiCl_4(l) + 3H_2O(l) \longrightarrow \underset{\text{矽酸}}{H_2SiO_3(s)} + 4HCl(g)$$

酯　類

水果的味道主要是來自於它們本身所含有的酯類化合物。

酯類 (esters) 的通式為 R′COOR，其中 R′ 可以代表氫或碳氫化合物，但 R 只能是碳氫化合物，它們可以被用來製造香水，也是糕點、糖果及非酒精性飲料中的香料來源，許多水果本身都含有少量的酯類，使得它們具有特殊香氣。舉例來說，香蕉含有 3-甲基丁基乙酯 [$CH_3COOCH_2CH_2CH(CH_3)_2$]、橘子含有辛基乙酯 ($CH_3COOCHCH_3C_6H_{13}$)，以及蘋果含有甲基丁酯 ($CH_3CH_2CH_2COOCH_3$)。

酯類的官能基為—COOR，它們在酸性催化劑 (如氯化氫) 存在的條件下會進行水解產生羧酸與醇類，例如：乙酸乙酯在酸性溶液中會水解如下：

$$\underset{\text{乙酸乙酯}}{CH_3COOC_2H_5} + H_2O \rightleftharpoons \underset{\text{醋酸}}{CH_3COOH} + \underset{\text{乙醇}}{C_2H_5OH}$$

這是平衡反應，所以酯類、羧酸及醇類會同時存在；不過，醋酸鈉就不會和氫氧化鈉溶液反應生成乙醇，所以下列反應中的起始物會被完全消耗掉：

$$\underset{\text{乙酸乙酯}}{CH_3COOC_2H_5} + NaOH \longrightarrow \underset{\text{醋酸鈉}}{CH_3COO^- Na^+} + \underset{\text{乙醇}}{C_2H_5OH}$$

在第 503 頁中已經討論過肥皂的功用。

基於上述理由，酯類的水解通常是在鹼性溶液中進行，所謂的**皂化** (saponification)，原先是用來描述脂肪酸酯在鹼性條件下水解並產生肥皂分子 (硬酯酸鈉) 的過程，不過要注意的是，氫氧化鈉並不是催化劑，它會在反應當中被用掉：

$$\underset{\text{硬酯酸乙脂}}{C_{17}H_{35}COOC_2H_5} + NaOH \longrightarrow \underset{\text{硬酯酸鈉}}{C_{17}H_{35}COO^- Na^+} + C_2H_5OH$$

但皂化現在已經成為各種酯類在鹼性條件下水解的代名詞。

胺　類

CH_3NH_2

胺類 (amines) 是有機鹼，其通式為 R_3N，其中 R 代表氫或碳氫化合物，它們可以和氨一樣和水反應：

$$RNH_2 + H_2O \longrightarrow RNH_3^+ + OH^-$$

這裡的 R 是指一組碳氫化合物。此外，胺類也跟其他鹼一樣會跟酸反應形成鹽類：

$$\underset{\text{乙基胺}}{CH_3CH_2NH_2} + HCl \longrightarrow \underset{\text{氯化乙基銨}}{CH_3CH_2NH_3^+Cl^-}$$

這些鹽類通常為無色無味的固體。

芳香胺的主要功用是拿來製造染料，分子量最小的芳香胺叫作苯胺，它是一種有毒物質；事實上，很多芳香胺都是致癌物質，例如 2-萘胺與對二氨基聯苯 (benzidine)。

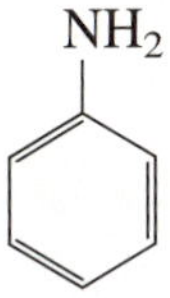
苯胺

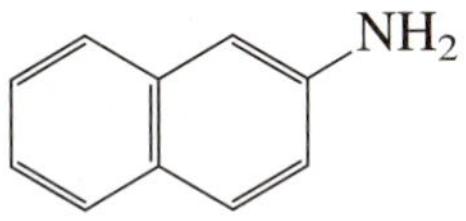
萘胺

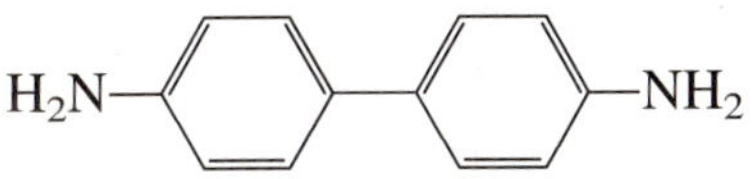
二氨聯苯

官能基摘要

表 19.4 將常見官能基 (包含碳—碳雙鍵與參鍵) 的性質做了重點整理。其實有機化合物都至少含有 1 種以上的官能基。一般而言，反應活性會和其所含官能基之種類與數目有關。

例題 19.5 說明如何利用官能基來預測反應結果。

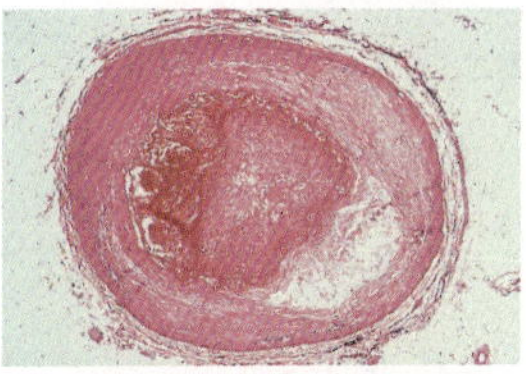
被膽固醇堵塞的動脈。

例題 19.5

膽固醇的結構如下圖所示，它是形成膽結石的主要成分之一，也會導致某些心臟方面的疾病。請問當膽固醇與下列物質反應時會有什麼結果？(a) 溴水；(b) 氫氣 (以鉑作為催化劑)；(c) 醋酸。

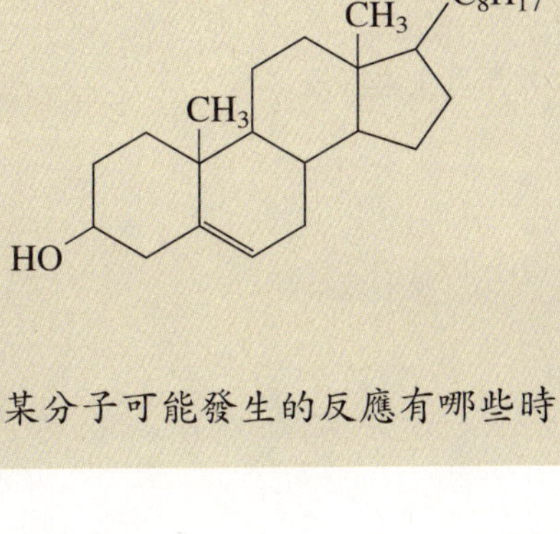

策　略

當我們想預測某分子可能發生的反應有哪些時，要先找出它所具

有的官能基 (見表 19.4)。

解　答

膽固醇具有兩種官能基：羥基與碳—碳雙鍵。圖 19.10 有畫出上述反應之產物的結構。

(a) 與溴水反應時會將溴加成至含有雙鍵的碳上，使其成為單鍵。

(b) 這是氫化反應，碳—碳雙鍵也會轉變為碳—碳單鍵。

(c) 酸會與羥基反應形成酯類與水。

類題：19.10。

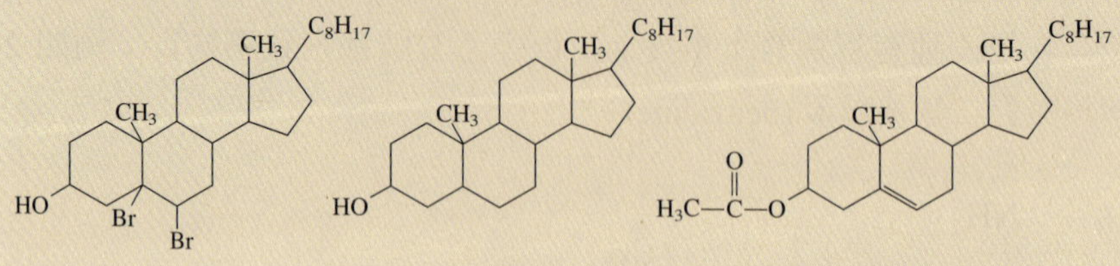

(a)　(b)　(c)

圖 19.10 膽固醇與 (a) 溴水；(b) 氫氣；(c) 醋酸反應之後所形成的產物。

表 19.4 重要的官能基及其相關反應

官能基	名稱	代表性反應
$\gt C=C\lt$	碳—碳雙鍵	鹵素、鹵化氫及水的加成反應；氫化產生烷類
$—C\equiv C—$	碳—碳參鍵	鹵素與鹵化氫的加成反應；氫化產生烯類與烷類
$—\ddot{X}:$ (X = 氟、氯、溴、碘)	鹵素	置換反應：$CH_3CH_2Br + KI \longrightarrow CH_3CH_2I + KBr$
$—\ddot{O}—H$	羥基	與羧酸進行酯化反應 (形成酯類)；氧化成醛、酮及羧酸
$\gt C=\ddot{O}$	羰基	還原成醇類；醛類可氧化成羧酸
$—C(=O)—\ddot{O}—H$	羧基	與醇類進行酯化反應；與五氯化磷反應產生醯氯
$—C(=O)—\ddot{O}—R$ (R = 碳氫化合物)	酯基	水解產生酸與醇
$—\ddot{N}(R)R$ (R = 氫或碳氫化合物)	胺基	與酸反應形成銨鹽

練習題

請預測下列反應的產物為何？

$$CH_3OH + CH_3CH_2COOH \longrightarrow ?$$

19.5 高分子聚合物的性質

高分子聚合物 (polymer) 是含有數以百計，甚至數以千計原子的大分子 (macromolecule)，它是由一種以上的重複單元所構成，分子量從小至幾千，大到幾百萬都有。人類從史前時代就已經在使用高分子聚合物，但化學家則是到了近幾世紀才開始合成這一類的物質，人造高分子聚合物是工業社會賴以維生的材料，它們大多是有機化合物，就像各位一定都聽過的尼龍 66 (nylon 6,6)，即聚己二醯己二胺 [poly (hexamethylene adipamide)] 和達克龍 (Dacron)，即聚對苯二甲酸乙二酯 [poly (ethylene terephthalate)]，由於大分子的物理性質與製造方式和小分子截然不同，所以我們需要將之獨立出來探討。

高分子化學的發展萌芽於西元 1920 年代對於樹木、明膠 (gelatin)、棉花及橡膠等物質的研究。舉例來說，當橡膠 (簡式為 C_5H_8) 溶於有機溶劑中時，此溶液會具有一些特殊性質，包括：高黏滯性、低滲透壓，還有難以察覺的凝固點下降等。這些現象都已經顯示出溶質的分子量非常大，但當時的化學家還未能接受有巨大分子存在的事實，他們反而認為這一類材料 (包括橡膠) 會透過分子間的作用力來聚集小分子單體 (C_5H_8 或 $C_{10}H_{16}$)，所以情況才變成如此；這種錯誤的想法持續了好多年，一直到施陶丁格[3] 明白地告訴大家：這些東西其實是非常大的分子，每一個都是由好幾千個原子以共價鍵鍵結而成。

一旦弄清楚結構之後，就知道如何製造這些大分子了。高分子聚合物早已充斥於我們的日常生活之中，而且現在大約有 90% 的化學家與生物化學家都在研究高分子聚合物。

19.6 人造有機高分子聚合物

我們原本預期這些含有數千個碳、氫原子的分子會有非常多種結構異構物與幾何異構物 (若分子中含有雙鍵)。然而，因為它們是由**單體**

3 施陶丁格 (Hermann Staudinger, 1881~1963)，德國化學家，高分子化學的先鋒之一。施陶丁格在西元 1953 年得到諾貝爾化學獎。

(monomers)，即簡單的重複單元所構成，所以異構物的總數會受到限制；若將單體透過加成反應或縮合反應結合在一起，就可以創造出人造有機高分子聚合物。

加成反應

加成反應已經在第 788 頁中描述過了。

加成反應會發生在含有雙鍵或參鍵 (尤其是碳—碳雙鍵與碳—碳參鍵) 的不飽合化合物身上，烯類與炔類的氫化，以及它們跟鹵烷或鹵素的反應都是例子。

聚乙烯 (polyethylene) 是非常穩定、可以用來包裹東西的高分子聚合物，它是由乙烯單體透過加成反應所形成，首先要加熱引發劑 (initiator) 分子 (R_2)，使其產生兩自由基：

$$R_2 \longrightarrow 2R\cdot$$

接著，這些自由基會去碰撞乙烯分子，並產生新的自由基：

$$R\cdot + CH_2{=}CH_2 \longrightarrow R{-}CH_2{-}CH_2\cdot$$

然後再重複與其他的乙烯分子反應：

$$R{-}CH_2{-}CH_2\cdot + CH_2{=}CH_2 \longrightarrow R{-}CH_2{-}CH_2{-}CH_2{-}CH_2\cdot$$

亞甲基長鏈會很快地形成，但任意的兩股長鏈自由基終究會互相結合並終結此過程，這時就會生成名為聚乙烯的高分子聚合物：

$$R\left(CH_2{-}CH_2\right)_nCH_2CH_2\cdot + R\left(CH_2{-}CH_2\right)_nCH_2CH_2\cdot \longrightarrow R\left(CH_2{-}CH_2\right)_nCH_2CH_2{-}CH_2CH_2\left(CH_2{-}CH_2\right)_nR$$

其中 $\left(CH_2{-}CH_2\right)_n$ 為高分子之重複單元的簡略畫法，而且已知 n 值很大，至少是好幾百。

個別的聚乙烯鏈會自行條列式地排列整齊，使分子具有結晶性 (圖 19.11)，因此聚乙烯可用於成膜、保存冰箱中的食物及包裹其他東西；此外，還有一種特殊處理過的聚乙烯叫 Tyvek，它可以拿來當作居家修繕時的絕熱防水材料使用。

聚乙烯是一種**同聚物** (homopolymer)，也就是僅由一種單體所形成

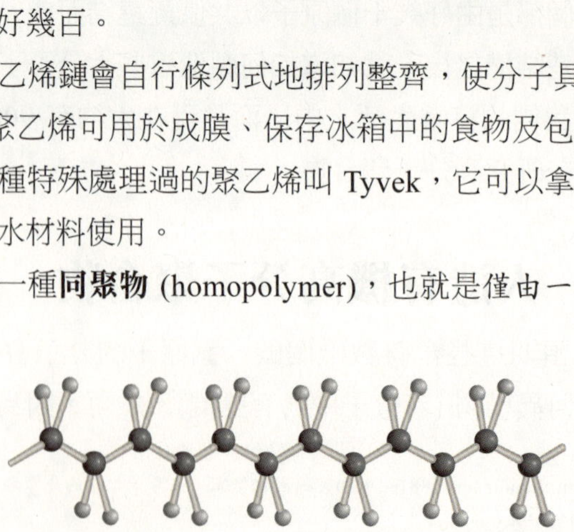

圖 19.11 聚乙烯的結構，每個碳原子都是 sp^3 混成。

的高分子聚合物，其他透過自由基反應所合成出來的同聚物還包括：鐵氟龍 (telfon)、聚四氟乙烯 [poly(tetrafluoroethylene)] (圖 19.12)，以及聚氯乙烯 [poly vinyl chloride, PVC)]

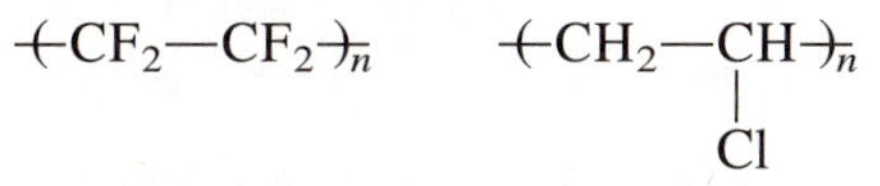

鐵氟龍　　聚氯乙烯

圖 19.12 炒菜用不沾鍋的表面塗有聚四氟乙烯。

當高分子化合物的重複單元具不對稱結構時，其立體化學就會變得更加複雜：

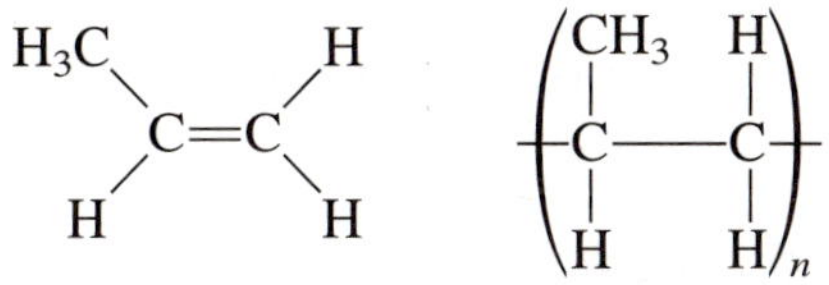

丙烯　　聚丙烯

當丙烯進行加成反應時會形成好幾種幾何異構物 (圖 19.13)。隨機進行的加成反應會得到**亂排性** (atactic) 聚丙烯，這種異構物無法自行排列得很整齊，因此它為非晶相 (amorphous)、具有彈性，而且相對來說比較脆弱；還有兩種可能的結構則分別為甲基位於碳鏈同一側的**同排性** (isotactic) 結構與兩側交錯對接的**對排性** (syndiotactic) 結構。當然，同排性異構物理應具有最高的熔點與最好的結晶性，因而會有最佳的機械性質。

剛開始，高分子工業面臨到的主要問題是如何選擇性地合成出同排性或對排性高分子聚合物，同時不會受到其他產物所汙染，後來納塔[4]

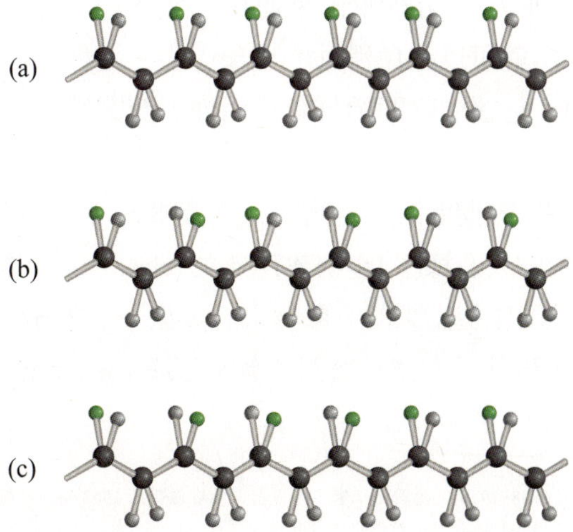

圖 19.13 高分子聚合物的立體異構物。以聚丙烯而言，甲基 (綠色球體) (a) 位於碳鏈之同一側者為同排性結構；(b) 在碳鏈兩側交錯對接者為對排性結構，而隨機分布者則為亂排性結構。

4 納塔 (Giulio Natta, 1903~1979)，義大利化學家。由於納塔發現具立體選擇性之高分子聚合物合成用催化劑，所以在西元 1963 年得到諾貝爾化學獎。

與齊格勒[5] 提出了解決之道，他們發現某些催化劑 (包括三乙基鋁與三氯化鈦) 可以控制到僅讓某種特定異構物生成，在使用納塔—齊格勒催化劑之後，化學家就可以針對特殊目的來合成所需的高分子了。

橡膠大概是各位最熟悉的有機高分子聚合物，也是自然界中唯一被發現過的純碳氫高分子聚合物，它是由異戊二烯單體透過自由基加成反應所形成。事實上，根據反應條件的不同，聚合之後有可能會產生**順-聚異戊二烯**、**反-聚異戊二烯**或兩者的混合物：

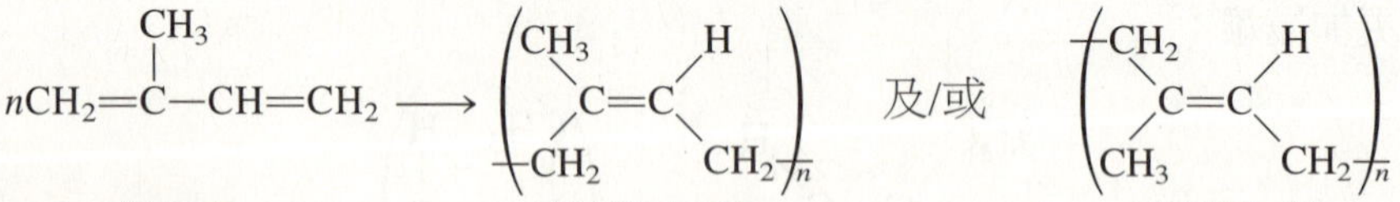

異戊二烯　　順-聚異戊二烯　　反-聚異戊二烯

圖 19.14 從橡樹中收集到的乳膠 (橡膠粒子的水性懸浮液)。

請注意：在順、反式異構物中，兩個亞甲基 (CH_2) 會分別位於碳—碳雙鍵的同側與反側，天然橡膠是由**橡膠樹**中萃取出來的，其結構為**順-聚異戊二烯** (圖 19.14)。

橡膠的彈性既特殊又有用，它可以被拉伸至 10 倍長，然後在外力消失之後又回復到原本的長度，相形之下，銅片的彈性就顯得非常差；此外，未拉伸前的橡膠為非晶相，無法產生規則的 X 射線繞射圖形，但拉伸過的橡膠則有一定程度的結晶性與排列規則。

橡膠為長鏈狀分子，它的彈性與其本身之撓曲性 (flexibility) 有關，當施加強大的外力於一團橡膠時，這些糾結的鏈狀高分子可以任意滑動，使得它們無法被拉伸，因此沒有失去彈性，不過固特異[6]在西元 1839 年時發現可以用硫來連接天然橡膠 (以氧化鋅作為催化劑)，如此一來，就可以避免滑動的現象產生，這種方法稱為**硫化交連** (vulcanization)，它讓橡膠開始具有實用性與商業價值，像是製造輪胎跟假牙等。

由於美國在二戰期間缺乏足夠的天然橡膠，因此極度迫切地需要人造橡膠。大多數的人造橡膠 [也稱作**彈性體** (elastomer)] 是用乙烯、丙烯及丁稀等石化原料製造出來的。舉例來說，氯丁二烯分子很容易會聚合成聚氯丁二烯，也就是大家常聽到的**新平橡膠** (neoprene)，它的優點並不亞於天然橡膠：

---

5 齊格勒 (Karl Ziegler, 1898~1976)，德國化學家。齊格勒與納塔在西元 1963 年共同得到諾貝爾化學獎，得獎原因為他在高分子聚合物之合成上所做出的貢獻。

6 固特異 (Charles Goodyear, 1800~1860)，美國化學家。固特異是第一個意識到天然橡膠具有潛力的人，他提出的硫化交連法使橡膠產生數不清的用途，也開啟自動化工業的發展。

$H_2C{=}CCl{-}CH{=}CH_2$

氯丁二烯

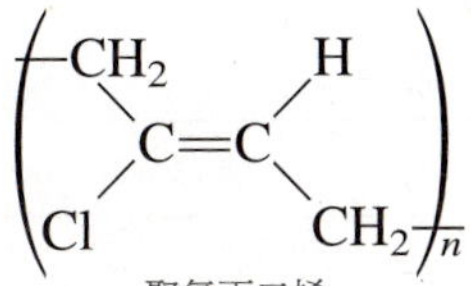

聚氯丁二烯

丁苯橡膠 (styrene-butadiene rubber, SBR) 是另一種重要的人造橡膠，它是丁二烯與苯乙烯以 3:1 的比例加成之後所得的產物，因為丁二烯與苯乙烯並不相同，所以丁苯橡膠是**由兩種以上之不同單體所形成的共聚物** (copolymer)。表 19.5 列出一些普通常見的同聚物與 1 種透過加成反應所產生的共聚物。

縮合反應

如圖 19.16 所示，已二酸與已二胺的縮合反應是大家最熟悉的高分子反應之一，因為已二酸與已二胺各有 6 個碳原子，所以此反應的最終產物稱為尼龍 66 (nylon 6,6)，它最早是在西元 1931 年時由杜邦的卡羅瑟斯[7] 所製造，由於用途極廣，目前每年各種尼龍及其周邊產物的產量高達數百萬公噸。圖 19.17 顯示的是在實驗室裡製備尼龍 66 的方法。

縮合反應的定義請見第 797 頁。

縮合反應也可以用來製造聚酯，例如達克龍：

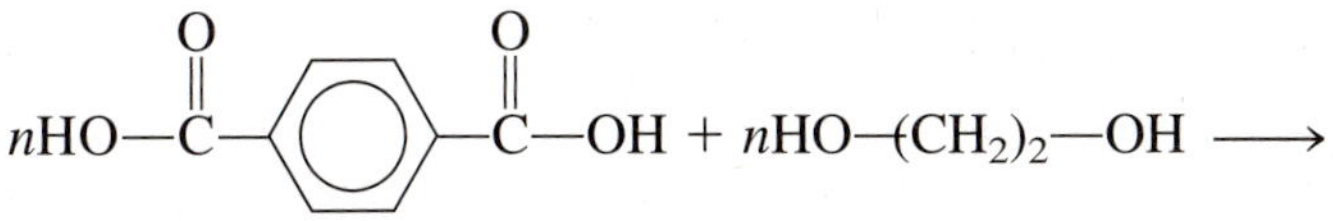

對苯二甲酸　　1, 2-乙二醇

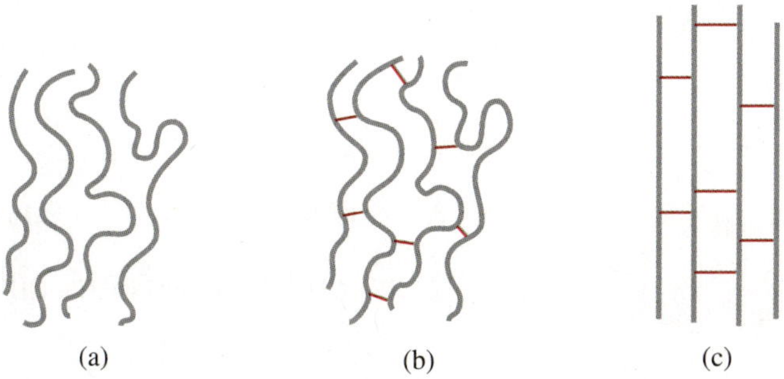

圖 19.15 橡膠原本是蜿蜒曲折的長鏈分子，圖 (a) 與 (b) 分別為其進行硫化交連前、後的形狀，而 (c) 則是分子被拉伸之後的排列情形。如果沒有進行硫化交連的話，這些分子會任意滑動，橡膠因而無法被拉伸，就此失去彈性。

7 卡羅瑟斯 (Wallace H. Carothers, 1896~1937)，美國化學家。卡羅瑟斯的貢獻來自於尼龍，但絕不僅止於它的用途廣泛而已，而是和施陶丁格一樣清楚地說明大分子的結構與性質。可惜的是，在他妹妹死後，他認為自己的人生徹底地失敗，所以在 41 歲時自殺身亡。

表 19.5 常見的人造高分子聚合物及其單體

單體		高分子聚合物	
分子式	名稱	名稱與分子式	用途
$H_2C=CH_2$	乙烯	聚乙烯 $\left[CH_2-CH_2\right]_n$	塑膠管、瓶子、絕緣體、玩具
$H_2C=C(H)(CH_3)$	丙烯	聚丙烯 $\left[CH(CH_3)-CH_2-CH(CH_3)-CH_2\right]_n$	包裝膜、地毯、飲料提籃、實驗室器具
$H_2C=C(H)(Cl)$	氯乙烯	聚氯乙烯 (PVC) $\left[CH_2-CH(Cl)\right]_n$	管子、管線、排水溝、地磚、衣物、玩具
$H_2C=C(H)(CN)$	丙烯腈 (acrylonitrile)	聚丙烯腈 (PAN) $\left[CH_2-CH(CN)\right]_n$	地毯、針織衣物
$F_2C=CF_2$	四氟乙烯	聚四氟乙烯 (teflon) $\left[CF_2-CF_2\right]_n$	炒菜鍋的表面塗料、絕緣體、承軸
$H_2C=C(COOCH_3)(CH_3)$	甲基丙烯酸甲酯 (methyl methacrylate)	聚甲基丙烯酸甲酯 (plexiglas) $\left[CH_2-C(COOCH_3)(CH_3)\right]_n$	光學設備、家具
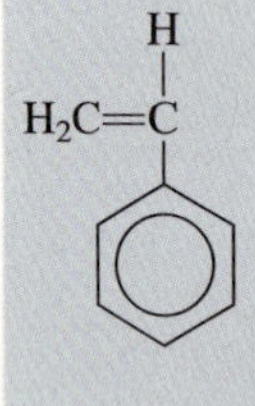	苯乙烯	聚苯乙烯 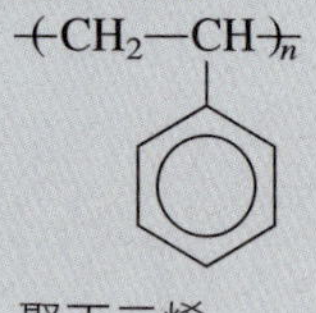	罐子、保溫工具(冰桶)、玩具
$H_2C=C(H)-C(H)=CH_2$	丁二烯	聚丁二烯 $\left[CH_2CH=CHCH_2\right]_n$	輪胎表面塗層、封膠
請參考上列結構	丁二烯與苯乙烯	聚丁苯橡膠 (SBR) 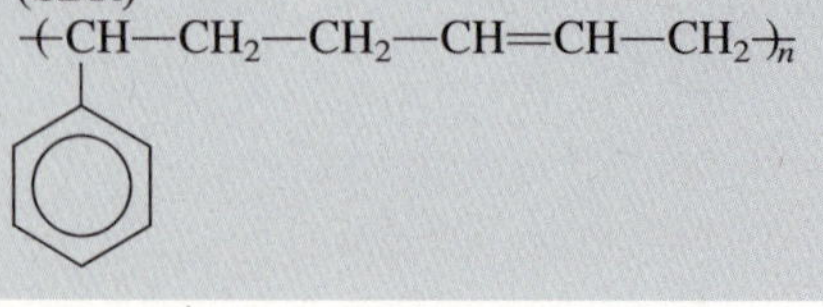	人造橡膠

口香糖含有人造橡膠——丁苯二酸。

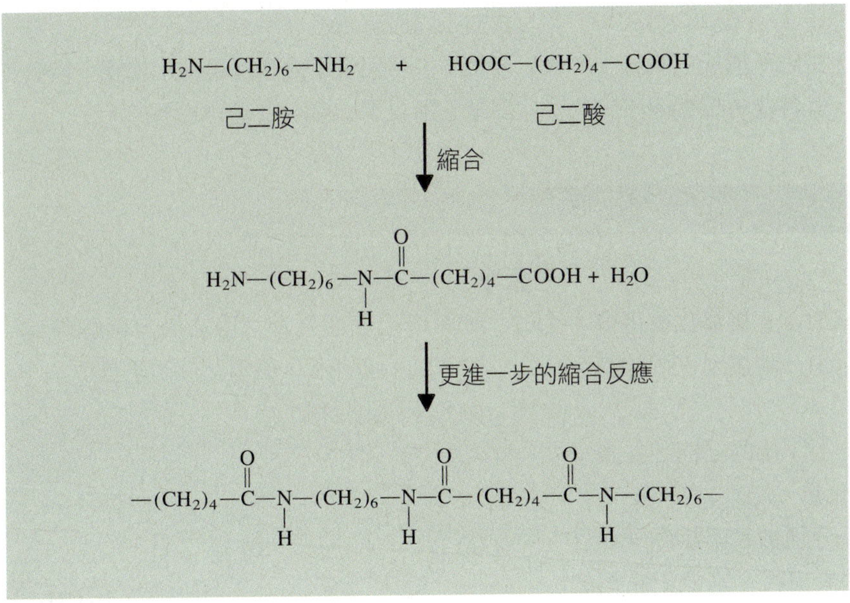

圖 19.16 己二胺與己二酸的縮合反應會生成尼龍。

圖 19.17 捲尼龍的技巧。當己二胺水溶液中加入己二醯氯 (將己二酸的羥基置換成氯之衍生物) 的己烷溶液後，會形成兩層互不相溶的溶液，尼龍會在此介面間形成，然後再被拉出來。

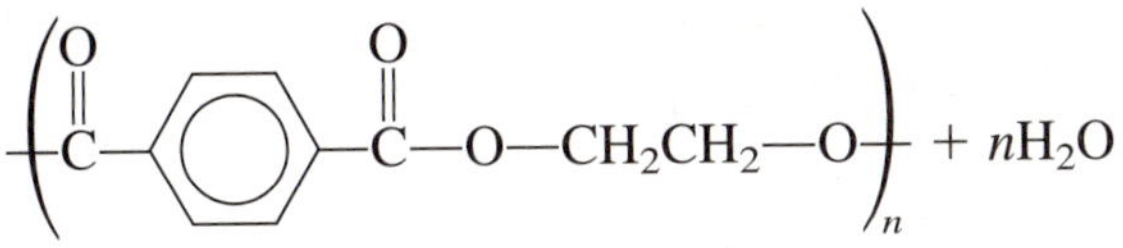

達克龍

聚酯可以用來製造纖維、成膜及生產塑膠瓶。

觀念整理

1. 因為碳原子間可以用直鏈或支鏈的方式相連，所以碳比其他任何元素所具有的化合物都還要多。
2. 有機化合物可以分為兩種：脂肪烴與芳香烴。
3. 烷類是碳氫化合物的一種，通式為 C_nH_{2n+2}，其中分子量最小的是甲烷 (CH_4)；而在所有烷類中，那些碳原子間連接成環者稱為環烷，其中分子量最小的是環丙烷。
4. 烯類 (也叫作烯烴) 是含有碳—碳雙鍵的碳氫化合物，其通式為 C_nH_{2n}，其中分子量最小的是乙烯 ($CH_2{=}CH_2$)。
5. 通式為 C_nH_{2n-2} 的化合物為炔類，它們含有碳—碳參鍵，其中乙炔 ($CH\equiv CH$) 是分子量最小的炔類。
6. 至少含有 1 個以上之苯環的化合物叫作芳香烴，這些化合物可以和鹵素或烷基進行取代反應。
7. 不同之官能基可以使分子進行特定的化學反應，所以化合物是依照其本身所具有的官能基來加以分類，例如：醇類、醚類、醛與酮、羧酸與酯及胺類等。
8. 高分子聚合物是由稱為單體的較小重複單元所構成。
9. 尼龍、達克龍及透明合作樹脂都是人造高分子聚合物的例子。
10. 有機高分子聚合物是透過加成反應或縮合反應

所製造出來的。

11. 當單體具不對稱結構時，由它所構成的高分子聚合物會有立體異構物，其性質會根據連接方式的不同而有所差異。

12. 聚氯丁二烯與丁苯橡膠都是人造橡膠，後者是由苯乙烯與丁二烯所組成的共聚物。

習 題

脂肪烴

19.1 將正戊烷 $[CH_3(CH_2)_3CH_3]$ 直接氯化後可得到幾種氯戊烷 $(C_5H_{11}Cl)$？請畫出它們的結構。

19.2 請畫出順-2-丁烯與反-2-丁烯的結構，並說明何者具有較高的氫化熱。

19.3 當乙烯有 2 個氫原子分別被氟與氯原子取代時，會產生多少種異構物？請畫出它們的結構並命名之，再另外說明哪些是結構異構物？哪些是幾何異構物？

19.4 試舉出兩種能夠幫助你分辨下列化合物的方法：

(a) $CH_3CH_2CH_2CH_2CH_3$

(b) $CH_3CH_2CH_2CH{=}CH_2$

19.5 請問當溴化氫加成至 (a) 1-丁烯；(b) 2-丁烯上面時分別會生成何種產物？

19.6 命名下列化合物：

(a) 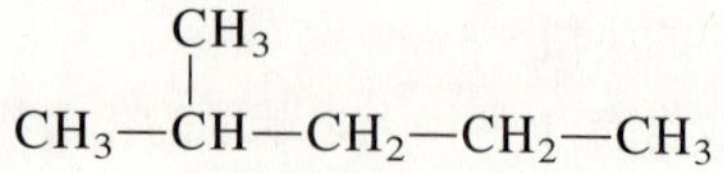

(b) 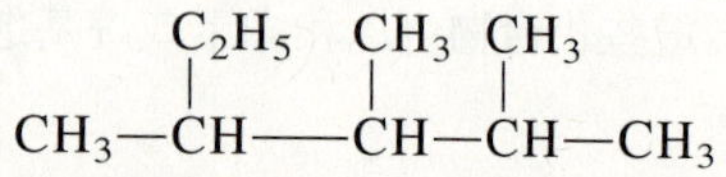

(c) 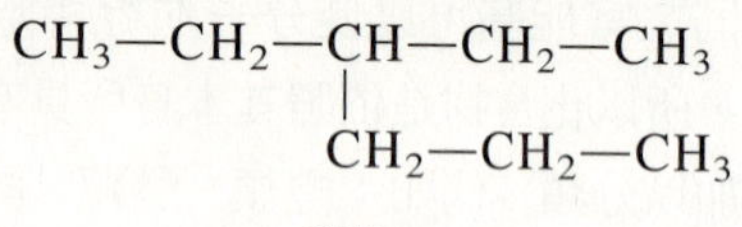

(d) 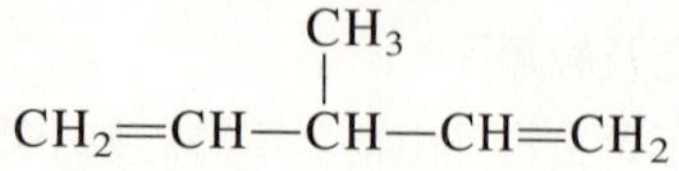

(e) $CH_3{-}C{\equiv}C{-}CH_2{-}CH_3$

(f) 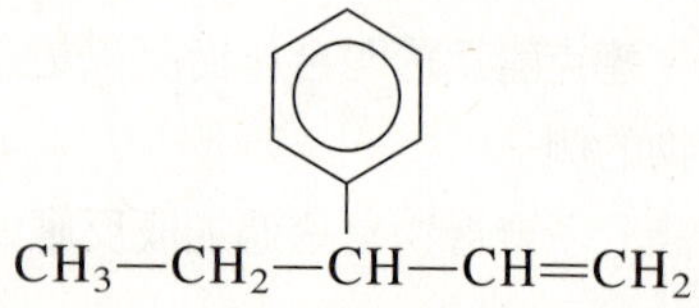

芳香烴

19.7 苯與環己烷都具有六環結構，請解釋為什麼苯為平面分子，但環己烷卻不是？

19.8 命名下列化合物：

(a) 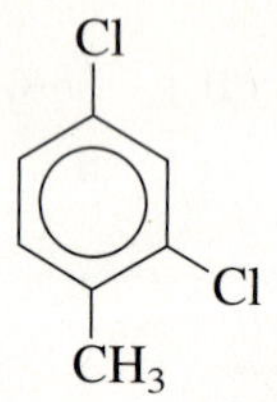

(b) 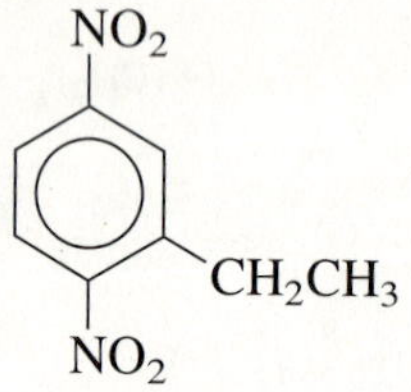

(c) 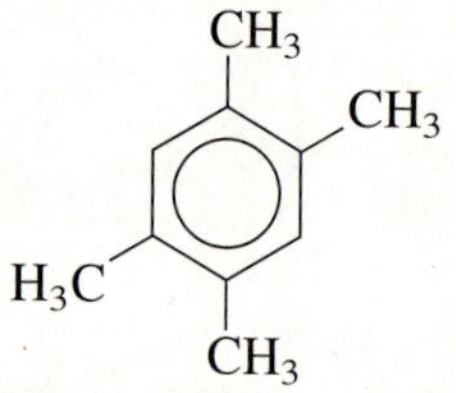

官能基的化學

19.9 寫出下列反應方程式的產物：

$$HCOOH + CH_3OH \longrightarrow$$

19.10 請問下列各反應的產物有哪些？

(a) $CH_3CH_2OH + HCOOH \longrightarrow$

(b) $H{-}C{\equiv}C{-}CH_3 + H_2 \longrightarrow$

(c) 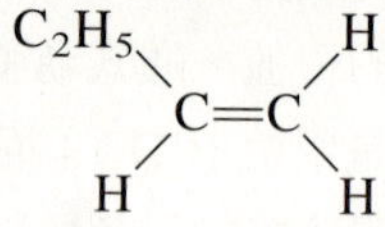 $+ HBr \longrightarrow$

人造有機高分子聚合物

19.11 試計算某聚乙烯 $\left(CH_2{-}CH_2\right)_n$ 樣品的分子量，其中 $n = 4600$。

19.12 請說明兩種用來合成有機高分子聚合物的主要反應機構。

19.13 什麼是納塔—齊格勒催化劑？它們在高分

子聚合物的合成中扮演著什麼角色？

19.14 有兩種高分子聚合物的重複單元如下：

(a) $\left(CH_2{-}CF_2\right)_n$

(b) 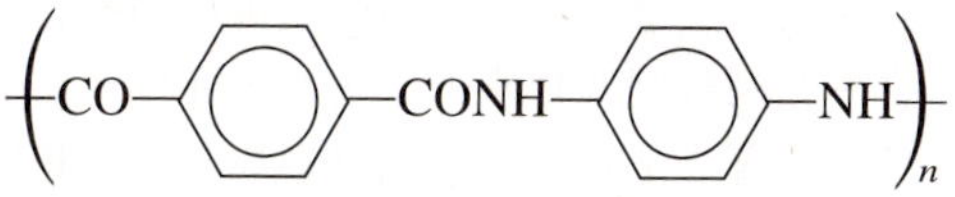

請問其可能的單體分別為何？

19.15 有兩種高分子聚合物的重複單元如下：

(a) $\left(CH_2{-}CH{=}CH{-}CH_2\right)_n$

(b) $\left(CO\left(CH_2\right)_6NH\right)_n$

請問其可能的單體分別為何？

附加問題

19.16 請指出下列各種化合物中，哪些會和水分子形成氫鍵？(a) 羧酸；(b) 烯類；(c) 醚類；(d) 醛類；(e) 烷類；(f) 胺類。

19.17 假設空氣有 78% 的體積是由氮氣所組成，剩餘的 22% 為氧氣。請問在攝氏 20 度、1.00 atm 時需要多少公升的空氣才能使 1.0 公升的辛烷 (C_8H_{18}) 完全燃燒？(辛烷是石油的成分之一，其密度為 0.70 g/mL。)

19.18 下列分子中各有多少組碳—碳單鍵？(a) 苯；(b) 環丁烷；(c) 3-乙基-2-甲基物烷。

19.19 請問你會如何以 3-甲基-1-丁炔作為起始物來製備下列化合物？

(a) $CH_2{=}C(Br){-}CH(CH_3){-}CH_3$

(b) $CH_2Br{-}CBr_2{-}CH(CH_3){-}CH_3$

(c) $CH_3{-}CH(Br){-}CH(CH_3){-}CH_3$

19.20 試比較兩種結構異構物——乙醇 (C_2H_5OH) 與二甲醚 (CH_3OCH_3) 的熔點、沸點及在水中的溶解度。

練習題答案

19.1 5 **19.2** 4, 6-二乙基-2-甲基辛烷

19.3 $CH_3{-}CH(CH_3){-}CH_2{-}CH(CH_3){-}CH(C_2H_5){-}CH(CH_3){-}CH_2{-}CH_3$

19.4 否 **19.5** $CH_3CH_2COOCH_3$ 和 H_2O

CHEMICAL Mystery 化學之謎

消失的指紋

在西元 1993 年時，有一位年輕女孩於家中遭到綁架，不過她隨後就脫離了掌控，並且在當地居民的協助之下毫髮無傷地回到自己家中，而警察在幾天後就逮捕嫌犯，並找到作案時所用的車，在法官審理案件的過程中，他們一度缺少足以將疑犯定罪的關鍵證據，所幸警方最後還是在車子裡找到從她睡衣上遺留下來的纖維。根據女孩的陳述，她一定曾經待在車上，但實際上卻怎樣也找不到她的指紋。

指紋是什麼？由於我們的指尖布滿毛孔，所以當手指碰觸到某件東西時，從毛孔中滲出的汗水就會附著在它的表面，然後形成一模一樣的紋路——這就是所謂的指紋；因為沒有任何人的指紋會完全相同，所以指紋是拿來指認嫌疑犯的有力工具。

為什麼警方無法在車上找到女孩的指紋呢？因為指紋中含有 99% 的水，而剩下的 1% 則是由油脂、脂肪酸、酯類、胺基酸及鹽類所構成。成人指紋中會含有分子量較大的油脂與具長碳鏈的酯類，但小孩指紋中所含的卻是尚未酯化的短鏈脂肪烴，所以分子量較小，也較容易揮發。

一般而言，成人的指紋可以維持好幾天，但小孩的指紋在 24 小時內就會消失無蹤，所以在調查孩童犯罪案的嫌疑犯時，手腳得要非常快才行。

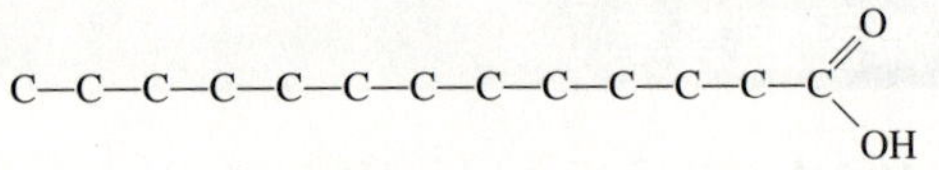

小孩的指紋中所含的物質

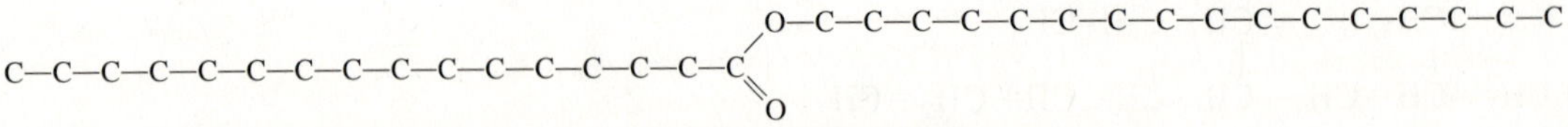

成人的指紋中所含的物質

化學線索

當手指碰觸到某物質的表面時，手上的油脂會留下看不見的圖形，也就是隱形指紋，鑑識人員必須將這些隱形指紋轉換成看得見的結果以供拍照，接著再掃描、存檔並作為呈堂證供，下列為他們常用的方法：

1. 粉末法 (dusting powder method)：這是傳統方法。將適當的粉末 (最常使用的是非晶相之碳黑，它是由碳氫化合物加熱分解後所得) 刷在無法滲透之表面上，由於汗水會黏住粉末，所以就會出現看得見的紋路，我們可以使用看得更清楚的螢光粉來改善這種方法。
2. 碘燻法 (iodine method)：碘在加熱時會昇華，其蒸氣壓可以和脂肪及油脂中的碳—碳雙鍵反應，使紋路呈現黃棕色，這種方法可用於指紋遺留在透氣物件上時，像是一般的紙或硬紙板；請你試著將此反應方程式寫出來。
3. 寧海得林法 (ninhydrin method)：這是最常用來使透氣、具吸附性物件 (如紙類與木頭) 上之指紋出現的方法，它利用的是寧海得林與胺基酸在鹼性條件下所進行的複雜反應，其產物 (Ruhemann's puple) 在加熱時會呈現紫色，下列未平衡之反應方程式中的 R 為取代基，因為汗水裡的胺基酸不會和紙類或樹木中的纖維素作用，所以這種方法可以使陳年的指紋現蹤；請用箭號來表示產物之電子在結構中的移動情形。

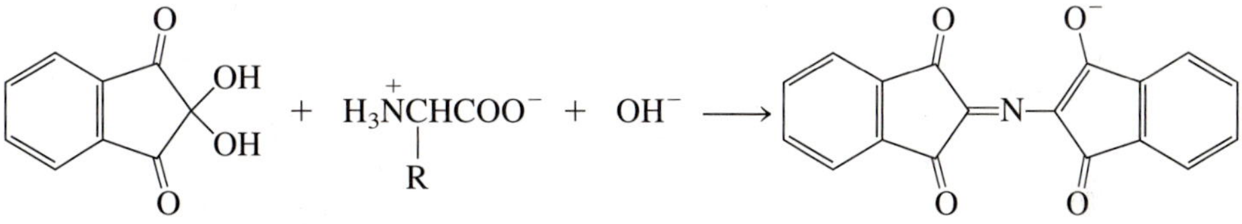

寧海得林　　胺基酸　　Ruhemann's purple

物質在 1 atm、攝氏 25 度下的熱力學資料

無機物質

物質	ΔH_f° (kJ/mol)	ΔG_f° (kJ/mol)	S° (kJ · mol)
$Ag(s)$	0	0	42.7
$Ag^+(aq)$	105.9	77.1	73.9
$AgCl(s)$	−127.0	−109.7	96.1
$AgBr(s)$	−99.5	−95.9	107.1
$AgI(s)$	−62.4	−66.3	114.2
$AgNO_3(s)$	−123.1	−32.2	140.9
$Al(s)$	0	0	28.3
$Al^{3+}(aq)$	−524.7	−481.2	−313.38
$AlCl_3(s)$	−705.6	−630.0	109.3
$Al_2O_3(s)$	−1669.8	−1576.4	50.99
$As(s)$	0	0	35.15
$AsO_4^{3-}(aq)$	−870.3	−635.97	−144.77
$AsH_3(g)$	171.5		
$H_3AsO_4(s)$	−900.4		
$Au(s)$	0	0	47.7
$Au_2O_3(s)$	80.8	163.2	125.5
$AuCl(s)$	−35.2		
$AuCl_3(s)$	−118.4		
$B(s)$	0	0	6.5
$B_2O_3(s)$	−1263.6	−1184.1	54.0
$H_3BO_3(s)$	−1087.9	−963.16	89.58
$H_3BO_3(aq)$	−1067.8	−963.3	159.8
$Ba(s)$	0	0	66.9
$Ba^{2+}(aq)$	−538.4	−560.66	12.55
$BaO(s)$	−558.2	−528.4	70.3
$BaCl_2(s)$	−860.1	−810.66	125.5
$BaSO_4(s)$	−1464.4	−1353.1	132.2
$BaCO_3(s)$	−1218.8	−1138.9	112.1
$Be(s)$	0	0	9.5
$BeO(s)$	−610.9	−581.58	14.1
$Br_2(l)$	0	0	152.3
$Br_2(g)$	30.91	3.11	245.3
$Br^-(aq)$	−120.9	−102.8	80.7
$HBr(g)$	−36.2	−53.2	198.48
C(graphite)	0	0	5.69
C(diamond)	1.90	2.87	2.4
$CO(g)$	−110.5	−137.3	197.9
$CO_2(g)$	−393.5	−394.4	213.6
$CO_2(aq)$	−412.9	−386.2	121.3

*離子的熱力學數值是根據其標準狀態定的，標準狀態為 $\Delta H_f^\circ[H^+(aq)] = 0$，$\Delta G_f^\circ[H^+(aq)] = 0$ 和 $S^\circ[H^+(aq)] = 0$。

(續下頁)

物質	ΔH_f° (kJ/mol)	ΔG_f° (kJ/mol)	S° (kJ · mol)
$CO_3^{2-}(aq)$	−676.3	−528.1	−53.1
$HCO_3^-(aq)$	−691.1	−587.1	94.98
$H_2CO_3(aq)$	−699.7	−623.2	187.4
$CS_2(g)$	115.3	65.1	237.8
$CS_2(l)$	87.3	63.6	151.0
$HCN(aq)$	105.4	112.1	128.9
$CN^-(aq)$	151.0	165.69	117.99
$(NH_2)_2CO(s)$	−333.19	−197.15	104.6
$(NH_2)_2CO(aq)$	−319.2	−203.84	173.85
$Ca(s)$	0	0	41.6
$Ca^{2+}(aq)$	−542.96	−553.0	−55.2
$CaO(s)$	−635.6	−604.2	39.8
$Ca(OH)_2(s)$	−986.6	−896.8	83.4
$CaF_2(s)$	−1214.6	−1161.9	68.87
$CaCl_2(s)$	−794.96	−750.19	113.8
$CaSO_4(s)$	−1432.69	−1320.3	106.69
$CaCO_3(s)$	−1206.9	−1128.8	92.9
$Cd(s)$	0	0	51.46
$Cd^{2+}(aq)$	−72.38	−77.7	−61.09
$CdO(s)$	−254.6	−225.06	54.8
$CdCl_2(s)$	−389.1	−342.59	118.4
$CdSO_4(s)$	−926.17	−820.2	137.2
$Cl_2(g)$	0	0	223.0
$Cl^-(aq)$	−167.2	−131.2	56.5
$HCl(g)$	−92.3	−95.27	187.0
$Co(s)$	0	0	28.45
$Co^{2+}(aq)$	−67.36	−51.46	155.2
$CoO(s)$	−239.3	−213.38	43.9
$Cr(s)$	0	0	23.77
$Cr^{2+}(aq)$	−138.9		
$Cr_2O_3(s)$	−1128.4	−1046.8	81.17
$CrO_4^{2-}(aq)$	−863.16	−706.26	38.49
$Cr_2O_7^{2-}(aq)$	−1460.6	−1257.29	213.8
$Cs(s)$	0	0	82.8
$Cs^+(aq)$	−247.69	−282.0	133.05
$Cu(s)$	0	0	33.3
$Cu^+(aq)$	51.88	50.2	−26.4
$Cu^{2+}(aq)$	64.39	64.98	−99.6
$CuO(s)$	−155.2	−127.2	43.5
$Cu_2O(s)$	−166.69	−146.36	100.8
$CuCl(s)$	−134.7	−118.8	91.6
$CuCl_2(s)$	−205.85	?	?
$CuS(s)$	−48.5	−49.0	66.5
$CuSO_4(s)$	−769.86	−661.9	113.39
$F_2(g)$	0	0	203.34
$F^-(aq)$	−329.1	−276.48	−9.6
$HF(g)$	−271.6	−270.7	173.5
$Fe(s)$	0	0	27.2

(續下頁)

物質	ΔH_f° (kJ/mol)	ΔG_f° (kJ/mol)	S° (kJ · mol)
$Fe^{2+}(aq)$	−87.86	−84.9	−113.39
$Fe^{3+}(aq)$	−47.7	−10.5	−293.3
$FeCl_3(s)$	−400	−334	142.3
$FeO(s)$	−272.0	−255.2	60.8
$Fe_2O_3(s)$	−822.2	−741.0	90.0
$Fe(OH)_2(s)$	−568.19	−483.55	79.5
$Fe(OH)_3(s)$	−824.25	?	?
$H(g)$	218.2	203.2	114.6
$H_2(g)$	0	0	131.0
$H^+(aq)$	0	0	0
$OH^-(aq)$	−229.94	−157.30	−10.5
$H_2O(l)$	−285.8	−237.2	69.9
$H_2O(g)$	−241.8	−228.6	188.7
$H_2O_2(l)$	−187.6	−118.1	?
$Hg(l)$	0	0	77.4
$Hg^{2+}(aq)$		−164.38	
$HgO(s)$	−90.7	−58.5	72.0
$HgCl_2(s)$	−230.1		
$Hg_2Cl_2(s)$	−264.9	−210.66	196.2
$HgS(s)$	−58.16	−48.8	77.8
$HgSO_4(s)$	−704.17		
$Hg_2SO_4(s)$	−741.99	−623.92	200.75
$I_2(s)$	0	0	116.7
$I_2(g)$	62.25	19.37	260.6
$I(g)$	106.6	70.16	180.7
$I^-(aq)$	−55.9	−51.67	109.37
$HI(g)$	25.9	1.30	206.3
$K(s)$	0	0	63.6
$K^+(aq)$	−251.2	−282.28	102.5
$KOH(s)$	−425.85		
$KCl(s)$	−435.87	−408.3	82.68
$KClO_3(s)$	−391.20	−289.9	142.97
$KClO_4(s)$	−433.46	−304.18	151.0
$KBr(s)$	−392.17	−379.2	96.4
$KI(s)$	−327.65	−322.29	104.35
$KNO_3(s)$	−492.7	−393.1	132.9
$Li(s)$	0	0	28.0
$Li^+(aq)$	−278.46	−293.8	14.2
$Li_2O(s)$	−595.8	?	?
$LiOH(s)$	−487.2	−443.9	50.2
$Mg(s)$	0	0	32.5
$Mg^{2+}(aq)$	−461.96	−456.0	−117.99
$MgO(s)$	−601.8	−569.6	26.78
$Mg(OH)_2(s)$	−924.66	−833.75	63.1
$MgCl_2(s)$	−641.8	−592.3	89.5
$MgSO_4(s)$	−1278.2	−1173.6	91.6
$MgCO_3(s)$	−1112.9	−1029.3	65.69
$Mn(s)$	0	0	31.76

(續下頁)

物質	ΔH_f° (kJ/mol)	ΔG_f° (kJ/mol)	S° (kJ・mol)
$Mn^{2+}(aq)$	−218.8	−223.4	−83.68
$MnO_2(s)$	−520.9	−466.1	53.1
$N_2(g)$	0	0	191.5
$N_3^-(aq)$	245.18	?	?
$NH_3(g)$	−46.3	−16.6	193.0
$NH_4^+(aq)$	−132.80	−79.5	112.8
$NH_4Cl(s)$	−315.39	−203.89	94.56
$NH_4NO_3(s)$	−365.6	−184.0	151
$NH_3(aq)$	−80.3	−26.5	111.3
$N_2H_4(l)$	50.4		
$NO(g)$	90.4	86.7	210.6
$NO_2(g)$	33.85	51.8	240.46
$N_2O_4(g)$	9.66	98.29	304.3
$N_2O(g)$	81.56	103.6	219.99
$HNO_2(aq)$	−118.8	−53.6	
$HNO_3(l)$	−173.2	−79.9	155.6
$NO_3^-(aq)$	−206.57	−110.5	146.4
$Na(s)$	0	0	51.05
$Na^+(aq)$	−239.66	−261.87	60.25
$Na_2O(s)$	−415.9	−376.56	72.8
$NaCl(s)$	−411.0	−384.0	72.38
$NaI(s)$	−288.0		
$Na_2SO_4(s)$	−1384.49	−1266.8	149.49
$NaNO_3(s)$	−466.68	−365.89	116.3
$Na_2CO_3(s)$	−1130.9	−1047.67	135.98
$NaHCO_3(s)$	−947.68	−851.86	102.09
$Ni(s)$	0	0	30.1
$Ni^{2+}(aq)$	−64.0	−46.4	−159.4
$NiO(s)$	−244.35	−216.3	38.58
$Ni(OH)_2(s)$	−538.06	−453.1	79.5
$O(g)$	249.4	230.1	160.95
$O_2(g)$	0	0	205.0
$O_3(aq)$	−12.09	16.3	110.88
$O_3(g)$	142.2	163.4	237.6
P(white)	0	0	44.0
P(red)	−18.4	13.8	29.3
$PO_4^{3-}(aq)$	−1284.07	−1025.59	−217.57
$P_4O_{10}(s)$	−3012.48		
$PH_3(g)$	9.25	18.2	210.0
$HPO_4^{2-}(aq)$	−1298.7	−1094.1	−35.98
$H_2PO_4^-(aq)$	−1302.48	−1135.1	89.1
$Pb(s)$	0	0	64.89
$Pb^{2+}(aq)$	1.6	−24.3	21.3
$PbO(s)$	−217.86	−188.49	69.45
$PbO_2(s)$	−276.65	−218.99	76.57
$PbCl_2(s)$	−359.2	−313.97	136.4
$PbS(s)$	−94.3	−92.68	91.2
$PbSO_4(s)$	−918.4	−811.2	147.28

(續下頁)

物質	ΔH_f° (kJ/mol)	ΔG_f° (kJ/mol)	S° (kJ · mol)
Pt(*s*)	0	0	41.84
$PtCl_4^{2-}$(*aq*)	−516.3	−384.5	175.7
Rb(*s*)	0	0	69.45
Rb^+(*aq*)	−246.4	−282.2	124.27
S(rhombic)	0	0	31.88
S(monoclinic)	0.30	0.10	32.55
SO_2(*g*)	−296.4	−300.4	248.5
SO_3(*g*)	−395.2	−370.4	256.2
SO_3^{2-}(*aq*)	−624.25	−497.06	43.5
SO_4^{2-}(*aq*)	−907.5	−741.99	17.15
H_2S(*g*)	−20.15	−33.0	205.64
HSO_3^-(*aq*)	−627.98	−527.3	132.38
HSO_4^-(*aq*)	−885.75	−752.87	126.86
H_2SO_4(*l*)	−811.3	?	?
SF_6(*g*)	−1096.2	?	?
Si(*s*)	0	0	18.70
SiO_2(*s*)	−859.3	−805.0	41.84
Sr(*s*)	0	0	54.39
Sr^{2+}(*aq*)	−545.5	−557.3	−39.33
$SrCl_2$(*s*)	−828.4	−781.15	117.15
$SrSO_4$(*s*)	−1444.74	−1334.28	121.75
$SrCO_3$(*s*)	−1218.38	−1137.6	97.07
Zn(*s*)	0	0	41.6
Zn^{2+}(*aq*)	−152.4	−147.2	−106.48
ZnO(*s*)	−348.0	−318.2	43.9
$ZnCl_2$(*s*)	−415.89	−369.26	108.37
ZnS(*s*)	−202.9	−198.3	57.7
$ZnSO_4$(*s*)	−978.6	−871.6	124.7

有機物質

物質	化學式	ΔH_f° (kJ/mol)	ΔG_f° (kJ/mol)	S° (kJ · mol)
Acetic acid(*l*)	CH_3COOH	−484.2	−389.45	159.8
Acetaldehyde(*g*)	CH_3CHO	−166.35	−139.08	264.2
Acetone(*l*)	CH_3COCH_3	−246.8	−153.55	198.7
Acetylene(*g*)	C_2H_2	226.6	209.2	200.8
Benzene(*l*)	C_6H_6	49.04	124.5	172.8
Butane(*g*)	C_4H_{10}	−124.7	−15.7	310.0
Ethanol(*l*)	C_2H_5OH	−276.98	−174.18	161.0
Ethanol(*g*)	C_2H_5OH	−235.1	−168.5	282.7
Ethane(*g*)	C_2H_6	−84.7	−32.89	229.5
Ethylene(*g*)	C_2H_4	52.3	68.1	219.5
Formic acid(*l*)	HCOOH	−409.2	−346.0	129.0
Glucose(*s*)	$C_6H_{12}O_6$	−1274.5	−910.56	212.1
Methane(*g*)	CH_4	−74.85	−50.8	186.2
Methanol(*l*)	CH_3OH	−238.7	−166.3	126.8
Propane(*g*)	C_3H_8	−103.9	−23.5	269.9
Sucrose(*s*)	$C_{12}H_{22}O_{11}$	−2221.7	−1544.3	360.2

11 **Na** Sodium 22.99	
11	原子序
22.99	原子量

1 1A	2 2A	3 3B	4 4B	5 5B	6 6B	7 7B	8 8B	9 8B	10 8B	11 1B	12 2B	13 3A	14 4A	15 5A	16 6A	17 7A	18 8A
1 **H** Hydrogen 1.008																	2 **He** Helium 4.003
3 **Li** Lithium 6.941	4 **Be** Beryllium 9.012											5 **B** Boron 10.81	6 **C** Carbon 12.01	7 **N** Nitrogen 14.01	8 **O** Oxygen 16.00	9 **F** Fluorine 19.00	10 **Ne** Neon 20.18
11 **Na** Sodium 22.99	12 **Mg** Magnesium 24.31											13 **Al** Aluminum 26.98	14 **Si** Silicon 28.09	15 **P** Phosphorus 30.97	16 **S** Sulfur 32.07	17 **Cl** Chlorine 35.45	18 **Ar** Argon 39.95
19 **K** Potassium 39.10	20 **Ca** Calcium 40.08	21 **Sc** Scandium 44.96	22 **Ti** Titanium 47.88	23 **V** Vanadium 50.94	24 **Cr** Chromium 52.00	25 **Mn** Manganese 54.94	26 **Fe** Iron 55.85	27 **Co** Cobalt 58.93	28 **Ni** Nickel 58.69	29 **Cu** Copper 63.55	30 **Zn** Zinc 65.39	31 **Ga** Gallium 69.72	32 **Ge** Germanium 72.59	33 **As** Arsenic 74.92	34 **Se** Selenium 78.96	35 **Br** Bromine 79.90	36 **Kr** Krypton 83.80
37 **Rb** Rubidium 85.47	38 **Sr** Strontium 87.62	39 **Y** Yttrium 88.91	40 **Zr** Zirconium 91.22	41 **Nb** Niobium 92.91	42 **Mo** Molybdenum 95.94	43 **Tc** Technetium (98)	44 **Ru** Ruthenium 101.1	45 **Rh** Rhodium 102.9	46 **Pd** Palladium 106.4	47 **Ag** Silver 107.9	48 **Cd** Cadmium 112.4	49 **In** Indium 114.8	50 **Sn** Tin 118.7	51 **Sb** Antimony 121.8	52 **Te** Tellurium 127.6	53 **I** Iodine 126.9	54 **Xe** Xenon 131.3
55 **Cs** Cesium 132.9	56 **Ba** Barium 137.3	57 **La** Lanthanum 138.9	72 **Hf** Hafnium 178.5	73 **Ta** Tantalum 180.9	74 **W** Tungsten 183.9	75 **Re** Rhenium 186.2	76 **Os** Osmium 190.2	77 **Ir** Iridium 192.2	78 **Pt** Platinum 195.1	79 **Au** Gold 197.0	80 **Hg** Mercury 200.6	81 **Tl** Thallium 204.4	82 **Pb** Lead 207.2	83 **Bi** Bismuth 209.0	84 **Po** Polonium (210)	85 **At** Astatine (210)	86 **Rn** Radon (222)
87 **Fr** Francium (223)	88 **Ra** Radium (226)	89 **Ac** Actinium (227)	104 **Rf** Rutherfordium (257)	105 **Db** Dubnium (260)	106 **Sg** Seaborgium (263)	107 **Bh** Bohrium (262)	108 **Hs** Hassium (265)	109 **Mt** Meitnerium (266)	110 **Ds** Darmstadtium (269)	111 **Rg** Roentgenium (272)	112 **Cn** Copernicium (285)	113	114	115	116	117	118

58 **Ce** Cerium 140.1	59 **Pr** Praseodymium 140.9	60 **Nd** Neodymium 144.2	61 **Pm** Promethium (147)	62 **Sm** Samarium 150.4	63 **Eu** Europium 152.0	64 **Gd** Gadolinium 157.3	65 **Tb** Terbium 158.9	66 **Dy** Dysprosium 162.5	67 **Ho** Holmium 164.9	68 **Er** Erbium 167.3	69 **Tm** Thulium 168.9	70 **Yb** Ytterbium 173.0	71 **Lu** Lutetium 175.0
90 **Th** Thorium 232.0	91 **Pa** Protactinium (231)	92 **U** Uranium 238.0	93 **Np** Neptunium (237)	94 **Pu** Plutonium (242)	95 **Am** Americium (243)	96 **Cm** Curium (247)	97 **Bk** Berkelium (247)	98 **Cf** Californium (249)	99 **Es** Einsteinium (254)	100 **Fm** Fermium (253)	101 **Md** Mendelevium (256)	102 **No** Nobelium (254)	103 **Lr** Lawrencium (257)

金屬

類金屬

非金屬

國際理論與應用化學聯合會 (IUPAC) 建議將週期表分為 1~18 族，但是並沒有被廣泛地接受。在本書中，我們採用標準美國分類法將週期表分為 1A-8A 和 1B-8B 族。原子序 113~118 的元素尚未被命名。元素是依照寫在其元素符號之上的原子序來排列。在 2011 年，IUPAC 修訂了原子質量的一些元素。這些變化是輕微的，本書並未採用。

元素的名稱、符號和原子量*

物質	符號	原子序	原子量†
錒	Ac	89	(227)
鋁	Al	13	26.98
鋂	Am	95	(243)
銻	Sb	51	121.8
氬	Ar	18	39.95
砷	As	33	74.92
砈	At	85	(210)
鋇	Ba	56	137.3
鉳	Bk	97	(247)
鈹	Be	4	9.012
鉍	Bi	83	209.0
鈹	Bh	107	(262)
硼	B	5	10.81
溴	Br	35	79.90
鎘	Cd	48	112.4
鈣	Ca	20	40.08
鉲	Cf	98	(249)
碳	C	6	12.01
鈰	Ce	58	140.1
銫	Cs	55	132.9
氯	Cl	17	35.45
鉻	Cr	24	52.00
鈷	Co	27	58.93
鎶	Cn	112	(285)
銅	Cu	29	63.55
鋦	Cm	96	(247)
鐽	Ds	110	(269)
𨧀	Db	105	(260)
鏑	Dy	66	162.5
鑀	Es	99	(254)
鉺	Er	68	167.3
銪	Eu	63	152.0
鐨	Fm	100	(253)
氟	F	9	19.00
鍅	Fr	87	(223)
釓	Gd	64	157.3
鎵	Ga	31	69.72
鍺	Ge	32	72.59
金	Au	79	197.0
鉿	Hf	72	178.5
𨭆	Hs	108	(265)
氦	He	2	4.003
鈥	Ho	67	164.9
氫	H	1	1.008
銦	In	49	114.8
碘	I	53	126.9
銥	Ir	77	192.2
鐵	Fe	26	55.85
氪	Kr	36	83.80
鑭	La	57	138.9
鐒	Lr	103	(257)
鉛	Pb	82	207.2
鋰	Li	3	6.941
鎦	Lu	71	175.0
鎂	Mg	12	24.31
錳	Mn	25	54.94
鏤	Mt	109	(266)
鍆	Md	101	(256)
汞	Hg	80	200.6
鉬	Mo	42	95.94
釹	Nd	60	144.2
氖	Ne	10	20.18
錼	Np	93	(237)
鎳	Ni	28	58.69
鈮	Nb	41	92.91
氮	N	7	14.01
鍩	No	102	(253)
鋨	Os	76	190.2
氧	O	8	16.00
鈀	Pd	46	106.4
磷	P	15	30.97
鉑	Pt	78	195.1
鈽	Pu	94	(242)
釙	Po	84	(210)
鉀	K	19	39.10
鐠	Pr	59	140.9
鉕	Pm	61	(147)
鏷	Pa	91	(231)
鐳	Ra	88	(226)
氡	Rn	86	(222)
錸	Re	75	186.2
銠	Rh	45	102.9
錀	Rg	111	(272)
銣	Rb	37	85.47
釕	Ru	44	101.1
鑪	Rf	104	(257)
釤	Sm	62	150.4
鈧	Sc	21	44.96
𨭎	Sg	106	(263)
硒	Se	34	78.96
矽	Si	14	28.09
銀	Ag	47	107.9
鈉	Na	11	22.99
鍶	Sr	38	87.62
硫	S	16	32.07
鉭	Ta	73	180.9
鎝	Tc	43	(99)
碲	Te	52	127.6
鋱	Tb	65	158.9
鉈	Tl	81	204.4
釷	Th	90	232.0
銩	Tm	69	168.9
錫	Sn	50	118.7
鈦	Ti	22	47.88
鎢	W	74	183.9
鈾	U	92	238.0
釩	V	23	50.94
氙	Xe	54	131.3
鐿	Yb	70	173.0
釔	Y	39	88.91
鋅	Zn	30	65.39
鋯	Zr	40	91.22

*所有的原子量皆為 4 位有效數字。這些數字是由國際理論與應用化學聯合會的化學教學委員會所建議使用的。

†括弧內數字為放射性元素的估計原子量。

圖片來源

第一章

章首: © Robert R. Johnson, Institute for Computational Molecular Science, Temple University; 圖 1.1a: © David Parker/Seagate/Photo Researchers; 圖 1.1b: Courtesy, Dr. Milt Gordon; 圖 1.2: © B.A.E. Inc./Alamy Images; p. 6: © NASA; 圖 1.4a-b: © McGraw-Hill Higher Education Inc./Ken Karp, Photographer; 圖 1.7: © Fritz Goro/ Time & Life Pictures/Getty Images; p. 11: © McGraw-Hill Higher Education Inc./ Ken Karp, Photographer; p. 13: © NASA; 圖 1.9: BIPM, International Bureau of Weights and Measures/Bureau International des Poids et Mesures, www.bipm.org; p. 15: © Comstock; p. 15: © McGraw-Hill Higher Education Inc./ Stephen Frisch, Photographer; p. 17: © McGraw-Hill Higher Education Inc./ Ken Karp, Photographer; p. 18: © NASA/ JPL; 圖 1.12: Courtesy of Mettler; p. 27: © Leonard Lessin/Photo Researchers; p. 29: © Charles D. Winter/Photo Researchers

第二章

章首: © Mary Evans/Photo Researchers; 圖 2.4a-c: © The McGraw-Hill Companies, Inc./Charles D. Winters/ Timeframe Photography, Inc.; p. 43: © The Image Bank/Getty Images; p. 54: © Andrew Lambert/Photo Researchers; 圖 2.13c: © E.R. Degginger/Degginger Photography; pp. 55, 59: © McGraw-Hill Higher Education Inc./Ken Karp, Photographer; 圖 2.16: © McGraw-Hill Higher Education Inc./Ken Karp, Photographer

第三章

章首: © Royalty-Free/Corbis; 圖 3.1: © McGraw-Hill Higher Education Inc./ Stephen Frisch, Photographer; p. 78: Courtesy National Scientific Balloon Facility/Palestine, Texas; p. 82: © Steve Allen/Getty Images; p. 83: © McGraw-Hill Higher Education Inc./Ken Karp, Photographer; p. 96: © McGraw-Hill Higher Education Inc./Ken Karp, Photographer; p. 98: Courtesy of Scott MacLaren, Center for Microanalysis of Materials, University of Illinois at Urbana-Champaign; p. 103: © McGraw-Hill Higher Education Inc./Ken Karp, Photographer; p. 109: © PhotoLink/ Photodisc/Getty Images

第四章

章首: © National Oceanic and Atmospheric Administration/Department of Commerce; 圖 4.1a-c: © McGraw-Hill Higher Education Inc./Ken Karp, Photographer; 圖 4.3: © McGraw-Hill Higher Education Inc./Charles Winter, Photographer; 圖 4.4: © McGraw-Hill Higher Education Inc./Ken Karp, Photographer; 圖 4.5: © McGraw-Hill Higher Education Inc./Charles Winter, Photographer; p. 122: © McGraw-Hill Higher Education Inc./Ken Karp, Photographer; 圖 4.6, p. 127, 圖 4.9, 圖 4.10, 圖 4.12a: © McGraw-Hill Higher Education Inc./Ken Karp, Photographer; 圖 4.12b: © McGraw-Hill Higher Education Inc./Ken Karp, Photographer; 圖 4.13a: © McGraw-Hill Higher Education Inc./Charles Winter, Photographer; 圖 4.13b, 4.14a-b: © McGraw-Hill Higher Education Inc./ Ken Karp, Photographer; 圖 4.15a-c: © McGraw-Hill Higher Education Inc./ Stephen Frisch, Photographer; p. 144: © Jim Varney/Photo Researchers; pp. 146, 148, 圖 4.19a-c, p. 153, 圖 4.20, 圖 4.21, p. 158: © McGraw-Hill Higher Education Inc./Ken Karp, Photographer

第五章

章首: © NASA; p. 167, 圖 5.11: © McGraw-Hill Higher Education Inc./ Ken Karp, Photographer; p. 183: Courtesy National Scientific Balloon Facility/ Palestine, Texas; p. 184: © Mark Antman/ The Image Works; p. 192: © Fred J. Maroon/Photo Researchers; p. 199: © Royalty-Free/Corbis; p. 207: © NASA; 圖 5.20: © McGraw-Hill Higher Education Inc./Ken Karp, Photographer

第六章

章首: © Sandia National Laboratories; p. 218: © Jacques Jangoux/Photo Researchers; p. 219: © Edward Kinsman/ Photo Researchers; p. 221: © McGraw-Hill Higher Education Inc./Charles Winter, Photographer; 圖 6.2: © UPI/Corbis; p. 231: © McGraw-Hill Higher Education Inc./Stephen Frisch, Photographer; p. 235: © McGraw-Hill Higher Education Inc./ Stephen Frisch, Photographer; p. 243 (上): © McGraw-Hill Higher Education Inc./ Ken Karp, Photographer; p. 243 (下): © JewelryStock/Alamy; p. 248: © Orgo-Thermite; p. 255: © McGraw-Hill Higher Education Inc./Ken Karp, Photographer

第七章

章首: © Michael Freeman/Corbis Images; 圖 7.1: © Tsuneo Nakamura/Photolibrary; 圖 7.4: © shutterstock.com; p. 266: © McGraw-Hill Higher Education Inc./ Stephen Frisch, Photographer; p. 275: © IBM San Jose Reseach Laboratory; p. 298 (上): Courtesy, Prof. Dr. Horst Weller, University of Hamburg, Institute of Physical Chemistry; p. 298 (下): From Michalet, Xavier, et.al. Quantum Dots for Live Cells, in Vivo Imaging, and Diagnostics. Science 28 (January 2005) Vol. 307 no. 5709 pp. 538–544, Fig. 4A. © AAAS

第八章

章首: © Mohd Abubakr; p. 304: © McGraw-Hill Higher Education Inc./ Charles Winter, Photographer; 圖 8.10(Na): © McGraw-Hill Higher Education Inc./Ken Karp, Photographer; 圖 8.10(Cl2), (Ar): © McGraw-Hill Higher Education Inc./Ken Karp, Photographer; 圖 8.13(Li), (Na): © McGraw-Hill Higher Education Inc./ Ken Karp, Photographer; 圖 8.13(K): © Albert Fenn/Getty Images; 圖 8.14(Ga): © McGraw-Hill Higher Education Inc./ Charles Winter, Photographer; 圖 8.15(Graphite): © McGraw-Hill Higher Education Inc./Ken Karp, Photographer; 圖 8.15(Diamond): © JewelryStock/Alamy; 圖 8.15(Ge): © McGraw-Hill Higher Education Inc./ Ken Karp, Photographer; 圖 8.15(Pb): © McGraw-Hill Higher Education Inc./ Ken Karp, Photographer; 圖 8.16(P): © Albert Fenn/Getty Images; 圖 8.16(N2): © Charles D. Winter/Photo Researchers; 圖 8.17: © McGraw-Hill Higher Education Inc./Ken Karp, Photographer; 圖 8.18a-b: © Neil Bartlett; 圖 8.19: © McGraw-Hill Higher Education Inc./ Ken Karp, Photographer

第九章

章首: © Tung Hua Co., Ltd.; p. 341:

© McGraw-Hill Higher Education Inc./Ken Karp, Photographer; p. 349: © AP Images/Eckehard Schulz; p. 360: © McGraw-Hill Higher Education Inc./Ken Karp, Photographer; p. 364: © Courtesy of James O. Schreck, Professor of Chemistry/University of Northern Colorado

第十章

章首: shutterstock.com; p. 426: © F. Stuart Westmorland/Photo Researchers; p. 427: © Luican, Adina, Guohong, Li and Andrei, Eva Y. Scanning tunneling microscopy and spectroscopy of graphene layers on graphite. Solid State Communications. 149 (2009) 1151–1156. Fig. 1C

第十一章

章首: © Bryan & Cherry Alexander/Photo Researchers; 圖 11.9: © McGraw-Hill Higher Education Inc./Ken Karp, Photographer; p. 441: © Hermann Eisenbeiss/Photo Researchers; 圖 11.11: © McGraw-Hill Higher Education Inc./Ken Karp, Photographer; p. 445: © Alan Carey/The Image Works; 圖 11.30a-d: © McGraw-Hill Higher Education Inc./Ken Karp, Photographer; p. 464: © McGraw-Hill Higher Education Inc./Ken Karp, Photographer; 圖 11.35: © McGraw-Hill Higher Education Inc./Ken Karp, Photographer

第十二章

章首: © Tung Hua Co., Ltd.; 圖 12.1 (全), p. 484: © McGraw-Hill Higher Education Inc./Ken Karp, Photographer; p. 491: © Hank Morgan/Photo Researchers; p. 492: © McGraw-Hill Higher Education Inc./Ken Karp, Photographer; 圖 12.13 (全): © David Phillips/Photo Researchers; p. 496: © John Mead/Photo Researchers; 圖 12.15: © Paul Weller; 圖 12.16: © Royalty-Free/Corbis

第十三章

章首: © U.S. Marine Corps photo by Lance Cpl. Ronald Stauffer; 圖 13.3, 13.7: © McGraw-Hill Higher Education Inc./Ken Karp, Photographer; p. 524: © McGraw-Hill Higher Education Inc./Ken Karp, Photographer; 圖 13.21: © McGraw-Hill Higher Education Inc./Ken Karp, Photographer; 圖 13.25: © Courtesy of Jason Matthey

第十四章

章首: © Michel Gangne/AFP/Getty Images; p. 560 (上): © McGraw-Hill Higher Education Inc./Ken Karp, Photographer; p. 560 (下): © McGraw-Hill Higher Education Inc./Ken Karp, Photographer; 圖 14.7, 14.10a-b, 14.11: © McGraw-Hill Higher Education Inc./Ken Karp, Photographer

第十五章

章首: © McGraw-Hill Higher Education, Inc./Amy Mendelson, Photographer; 圖 15.2: © McGraw-Hill Higher Education Inc./Ken Karp, Photographer; p. 607: © McGraw-Hill Higher Education Inc./Stephen Frisch, Photographer; 圖 15.9 (全): © McGraw-Hill Higher Education Inc./Ken Karp, Photographer; 圖 15.10, p. 643: © McGraw-Hill Higher Education Inc./Ken Karp, Photographer

第十六章

章首: © Allan Morgan/Peter Arnold/PhotoLibrary; p. 652: © McGraw-Hill Higher Education Inc./Ken Karp, Photographer; 圖 16.1, 16.3: © McGraw-Hill Higher Education Inc./Ken Karp, Photographer; p. 662: © Professors P.P.Botta and S. Correr/Science Picture Library/Photo Researchers; 圖 16.8: © McGraw-Hill Higher Education Inc./Ken Karp, Photographer; p. 672: © CNRI/SPL/Science Source/Photo Researchers; p. 675: © McGraw-Hill Higher Education Inc./Ken Karp, Photographer; p. 676, 677: © McGraw-Hill Higher Education Inc./Ken Karp, Photographer; p. 678: © Runk/Schoenberger/Grant Heilman Photography; pp. 681, 685: © McGraw-Hill Higher Education Inc./Ken Karp, Photographer; 圖 16.10–16.12: © McGraw-Hill Higher Education Inc./Ken Karp, Photographer; p. 695 (上): © Jody Dole/Getty Images; p. 695 (下): © Scientific American, March 1970, Vol. 222, No. 3, p. 88. Photo by A.R. Terepka; 圖 16.13: © McGraw-Hill Higher Education Inc./Stephen Frisch, Photographer; p. 695 (全): © McGraw-Hill Higher Education Inc./Ken Karp, Photographer

第十七章

章首: © Car Culture/Corbis; p. 703: © McGraw-Hill Higher Education Inc./Ken Karp, Photographer; p. 705: © Matthias K. Gebbert/University of Maryland, Baltimore County/Dept. of Mathematics and Statistics; p. 708: © McGraw-Hill Higher Education Inc./Ken Karp, Photographer; p. 719: © National Lime Association; p. 722: © McGraw-Hill Higher Education Inc./Ken Karp, Photographer

第十八章

章首: © Bettmann/Corbis; 圖 18.2: © McGraw-Hill Higher Education Inc./Ken Karp, Photographer; p. 761: © AP/Wide World Photos; 圖 18.12: © NASA; 圖 18.13: © McGraw-Hill Higher Education Inc./Ken Karp, Photographer; 圖 18.15: © McGraw-Hill Higher Education Inc./Ken Karp, Photographer; 圖 18.18: © McGraw-Hill Higher Education Inc./Stephen Frisch, Photographer

第十九章

章首: © Jean Miele/Corbis; p. 779: © J. H. Robinson/Photo Researchers; p. 790: © Steve Gschmeissner/SPL/Photo Researchers; p. 792: © IBM Corporation-Almaden Research Center; pp. 797, 800: © McGraw-Hill Higher Education Inc./Ken Karp, Photographer; p. 801: © Biophoto/Photo Researchers; 圖 19.12: © McGraw-Hill Higher Education Inc./Ken Karp, Photographer; 圖 19.14: © Charles Weckler/Image Bank/Getty Images; 圖 19.17: E. R. Degginger/Degginger Photography; p. 808: © Richard Hutchings/Photo Researchers; p. 812: © AP/Wide World Photos; p. 813: © Ed Bock/Corbis Images

英中索引

D

E

T

U

V

W

X